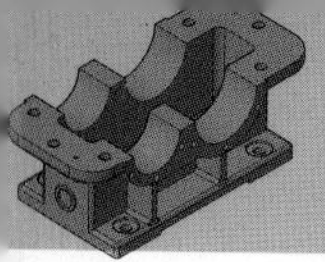

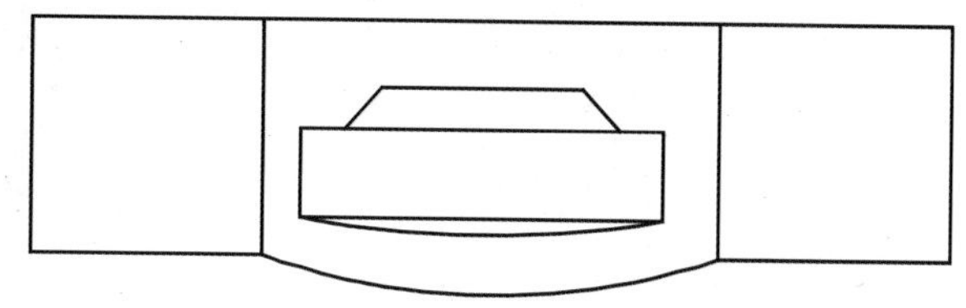

电视柜平面图效果图（第4章）

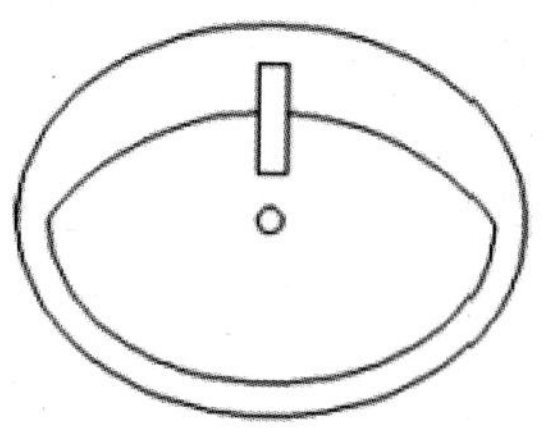

脸盆效果图（第4章）

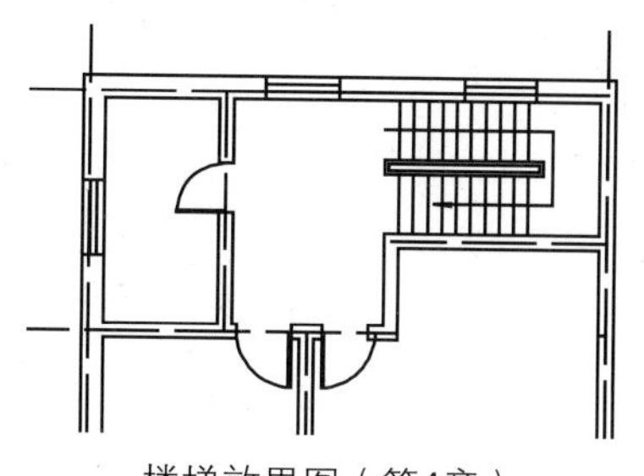

楼梯效果图（第4章）

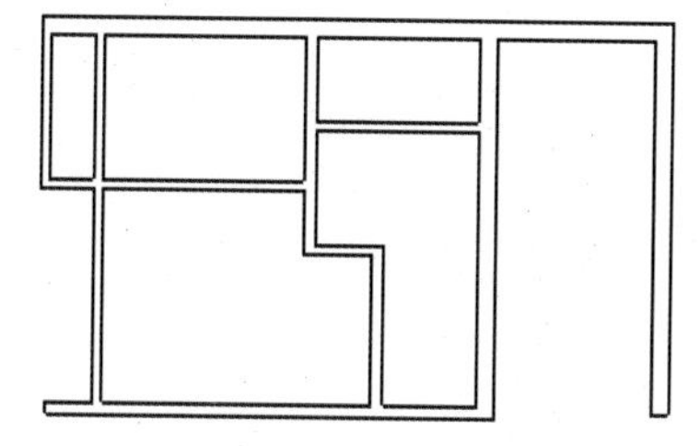

墙线效果图（第4章）

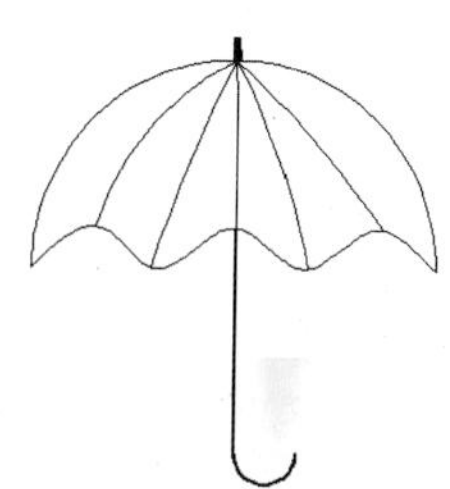

雨伞效果图（第4章）

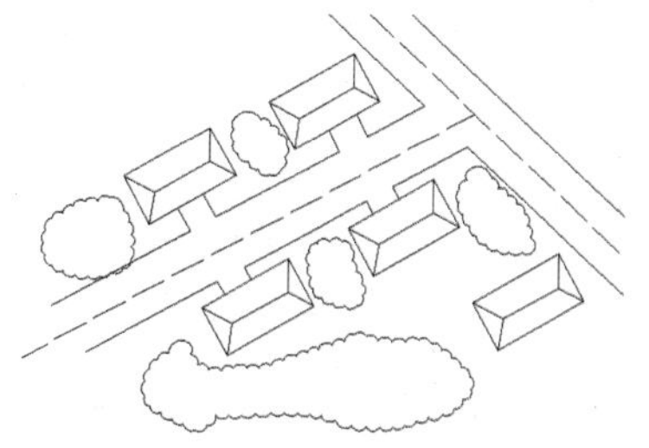

绿化带的效果图（第4章）

填充T恤衫后的效果图（第4章）

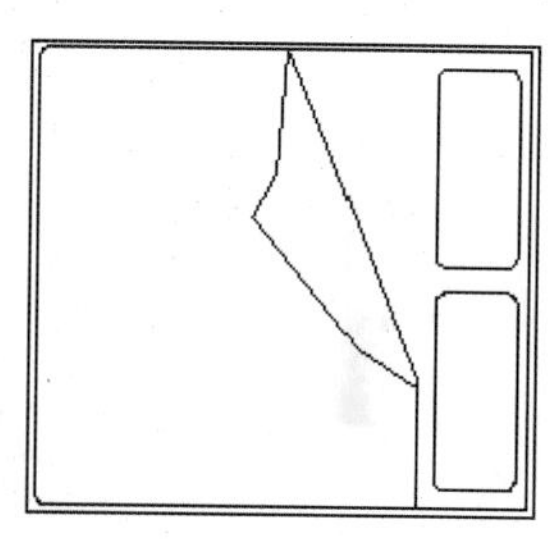

双人床俯视效果图（第4章）

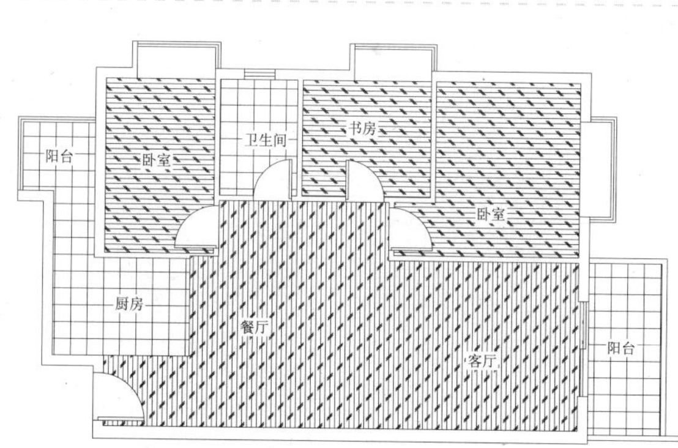

填充的住宅各房间图案（第4章）

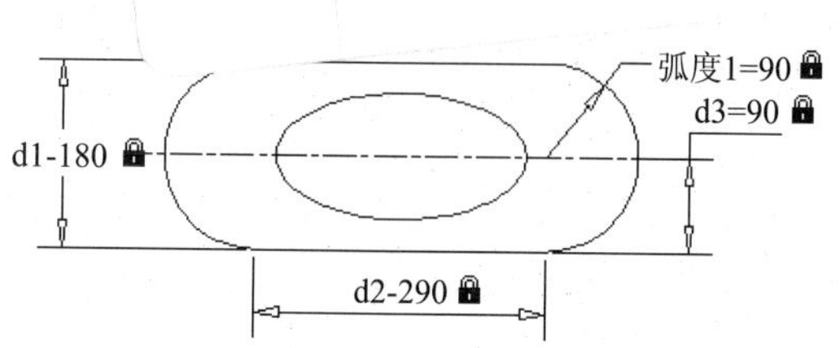

添加标注约束效果图（第5章）

书中案例效果展示

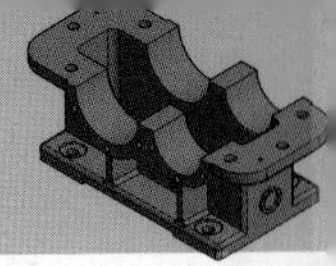

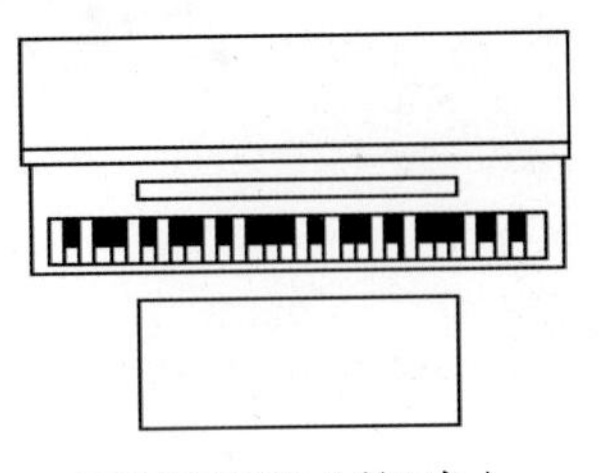

风琴平面图（第6章）

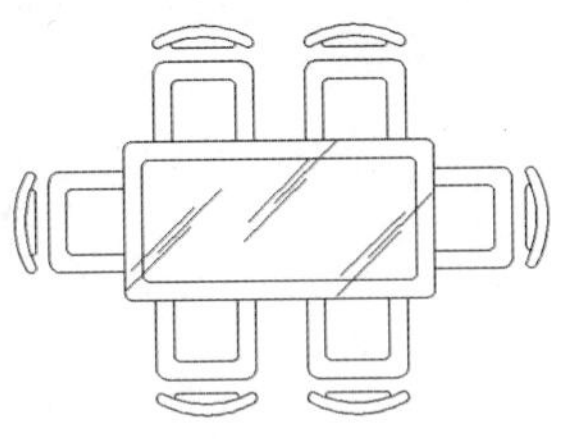

桌椅平面图（第6章）

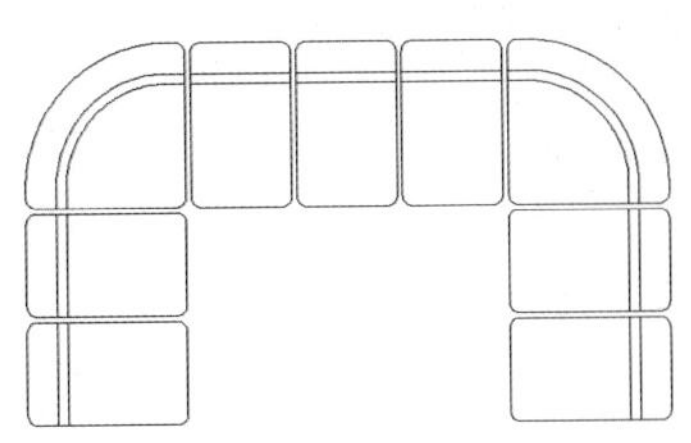

组合沙发平面图（第6章）

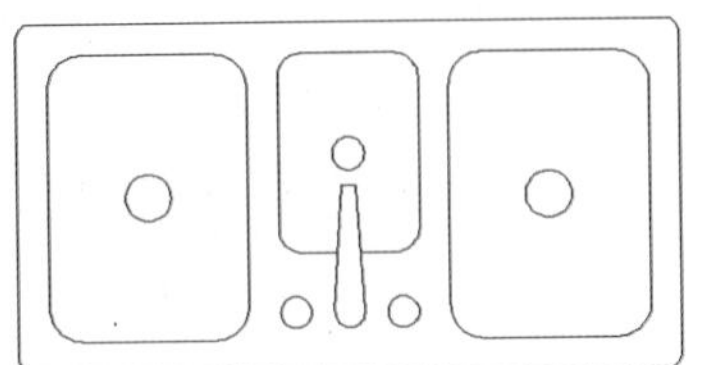

洗手池平面图（第6章）

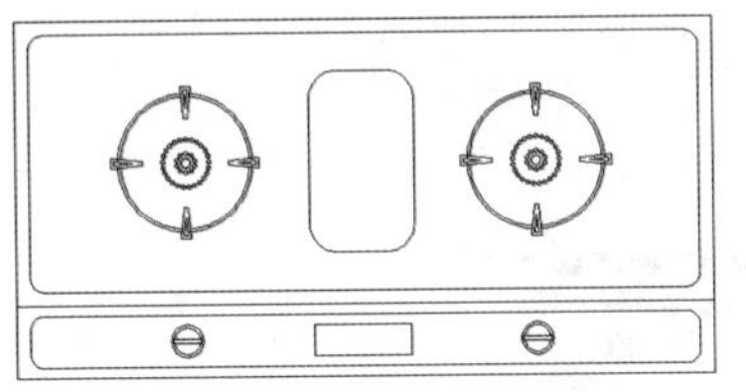

燃气灶平面图（第6章）

玻璃门效果图（第6章）

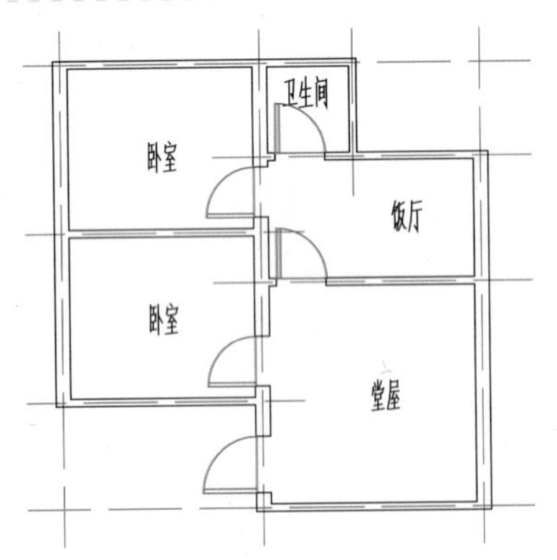

绘制并安装门块效果图（第7章）

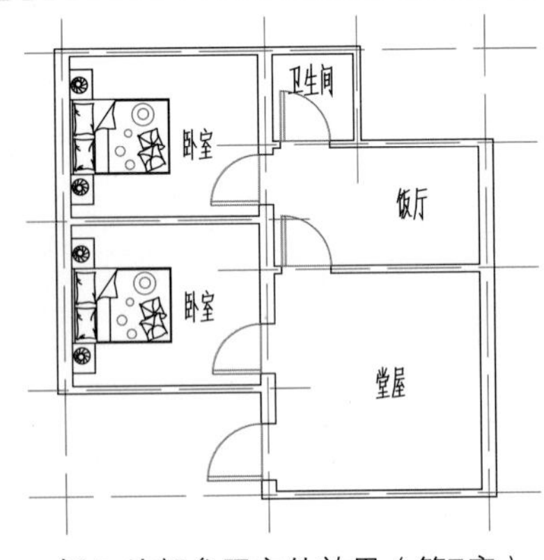

插入外部参照文件效果（第7章）

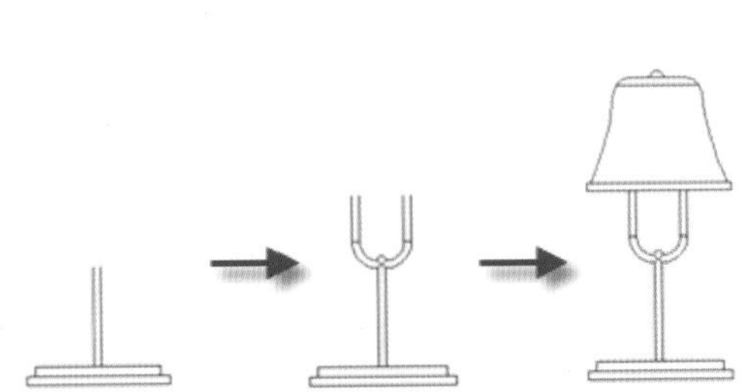

制作台灯图块文件流程图（第7章）

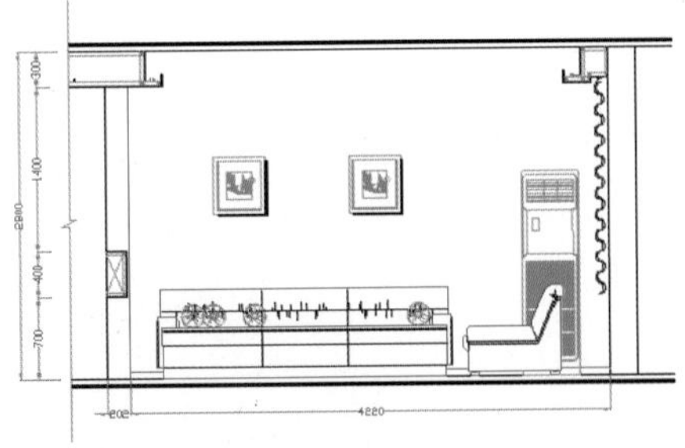

插入壁画效果图（第7章）

书中案例效果展示

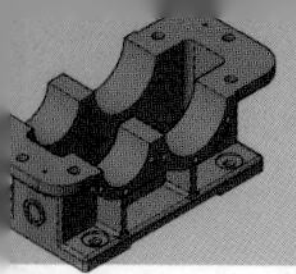

库房主要存货灯具列表					
序号	名称	型号规格	单位	数量	备注
1	西式吊灯	70W*1	套	120	充足
2	西式吊灯	120W*1	套	26	已预订
3	落地台灯	50W*1	套	58	充足
4	台灯	80W*1	套	36	充足
5	台灯	50W*1	套	4	不足
6	庭院灯	1400W*1	套	60	充足
7	草坪灯	50W*1	套	130	充足
8	台式工艺灯	1500*1000*800 节能灯 27W*2	套	32	充足
9	水中灯	J12V100W*1	套	75	充足
10					

灯具规格表（第8章）

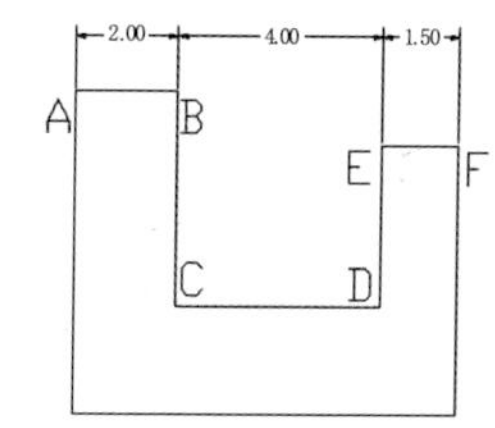

连续标注效果图（第9章）

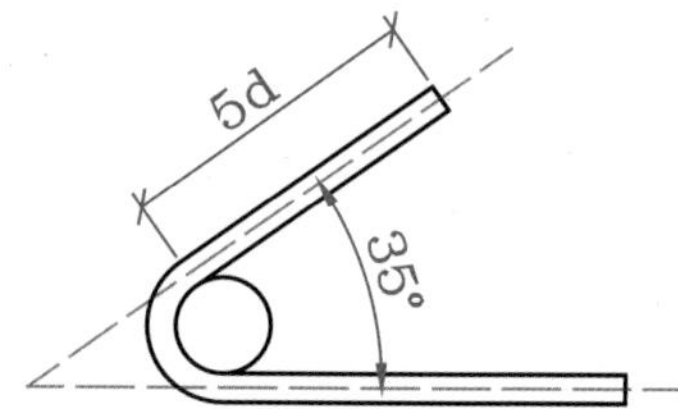

钢筋锚固的标注效果图（第9章）

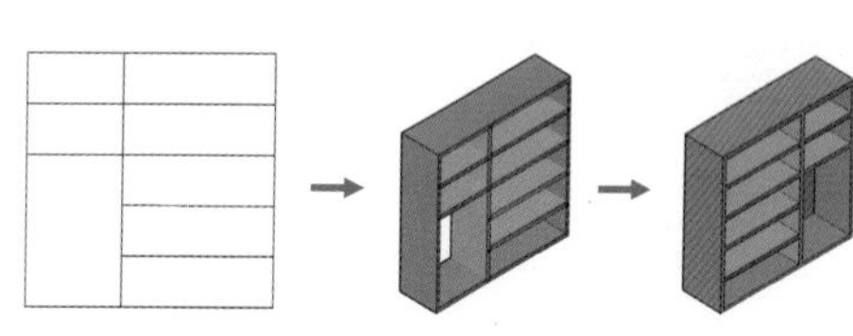

鞋柜模型流程图（第10章）

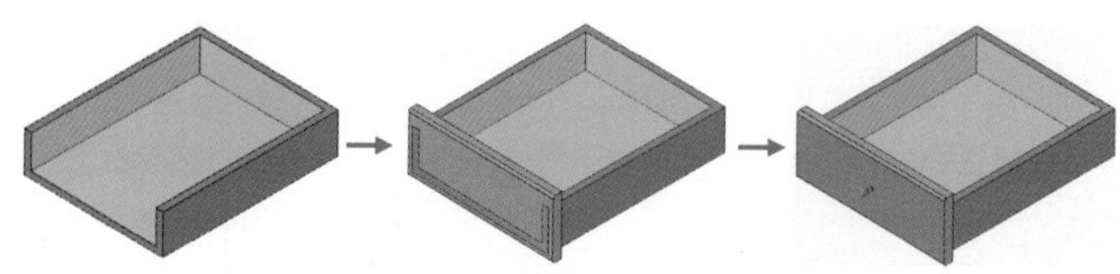

抽屉模型流程图（第10章）

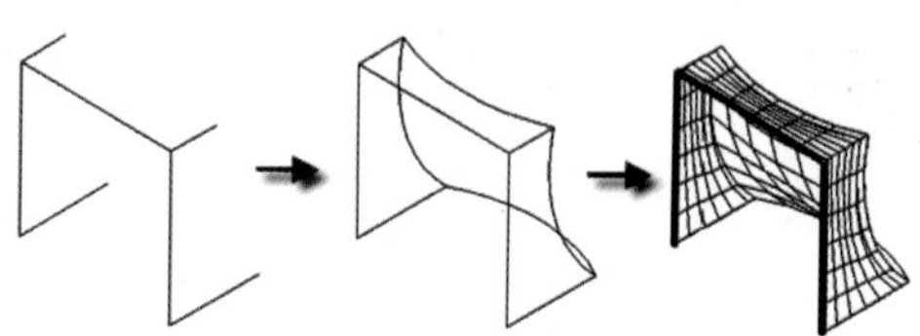

球门流程图（第10章）

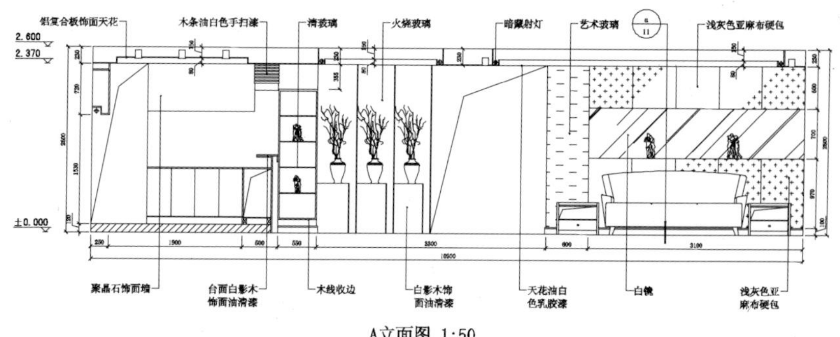

客厅装饰墙标注效果（第9章）

书中案例效果展示

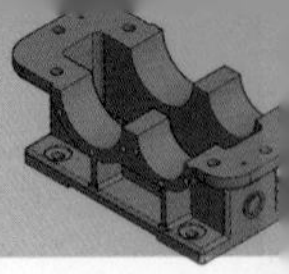

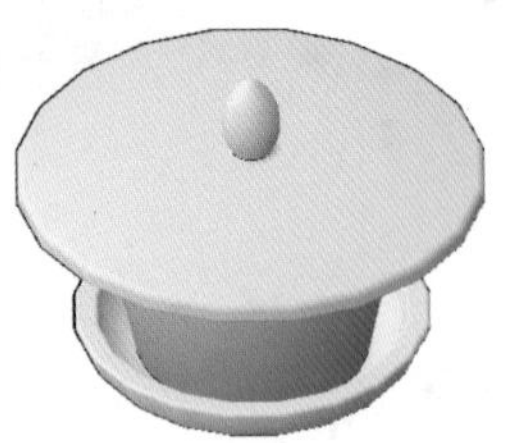

茶具效果图（第10章）

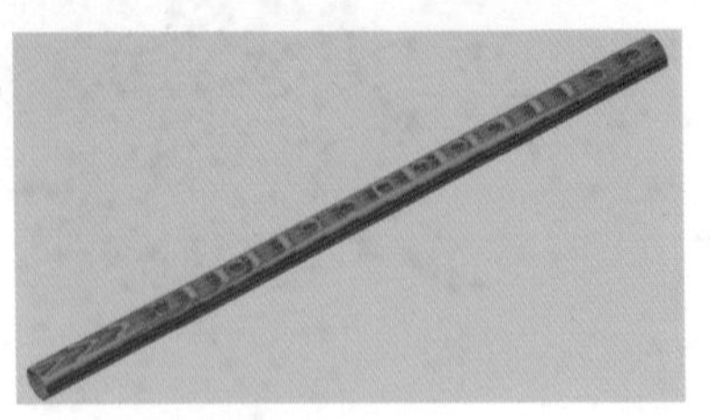

笛子效果图（第10章）

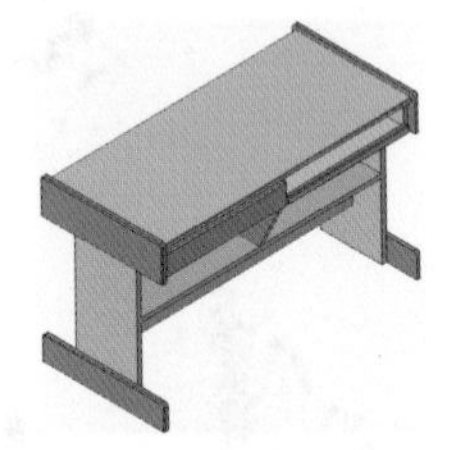

电脑桌模型效果（第10章）

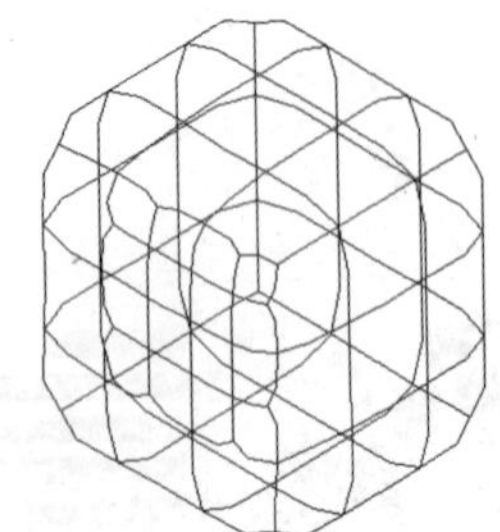

优化网格后的效果图（第10章）

三维效果图（第10章）

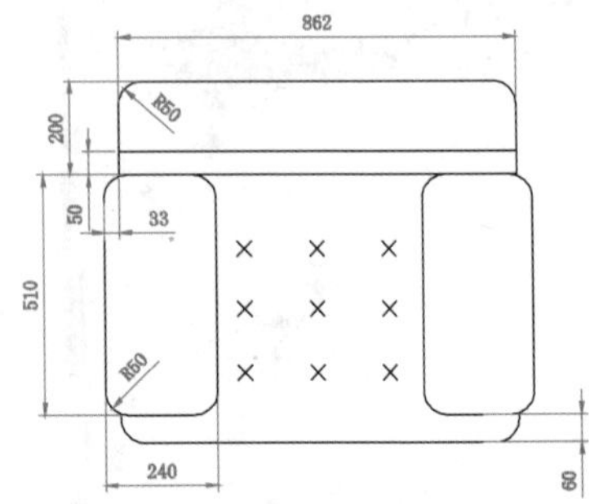

平面单人沙发效果图（第11章）

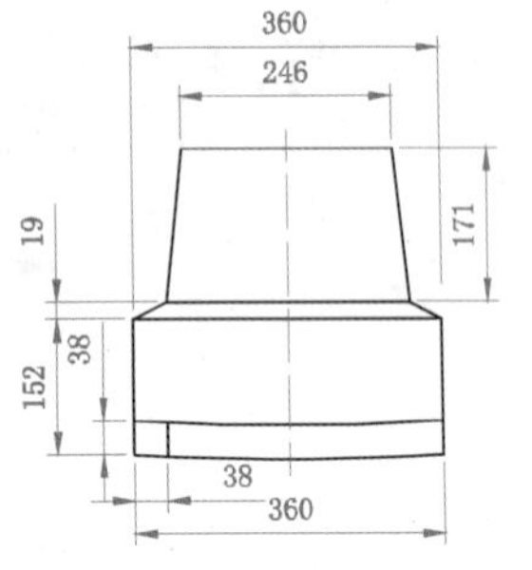

平面显示器效果图（第11章）

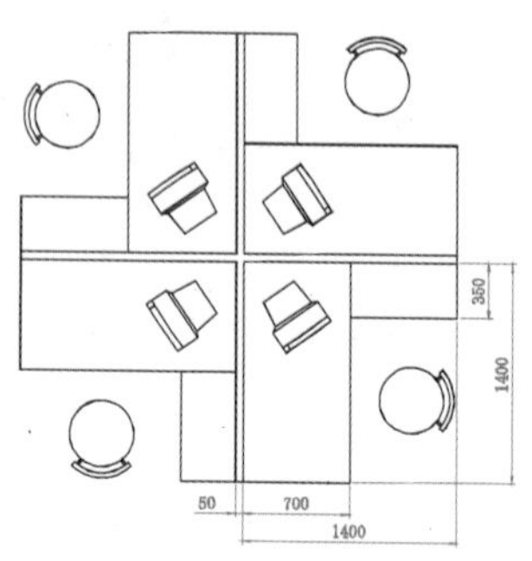

平面办公桌效果图（第11章）

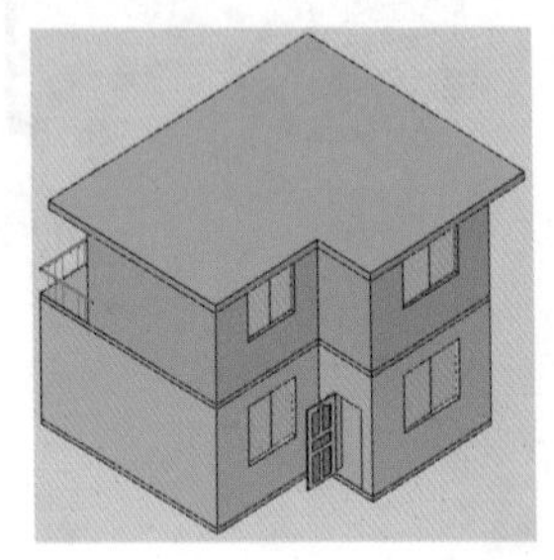

安置房三维模型图（第15章）

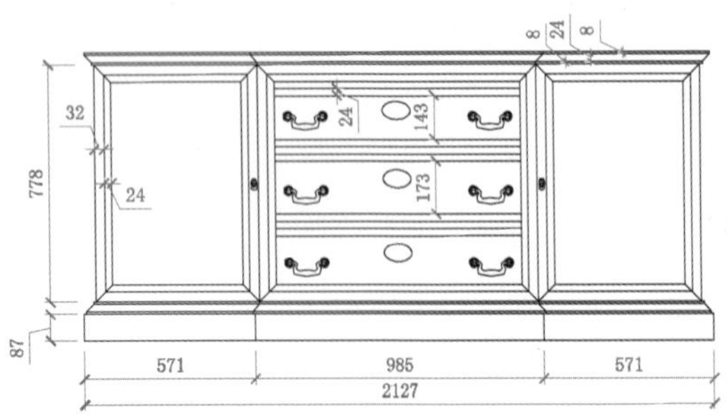

立面电视柜效果图（第13章）

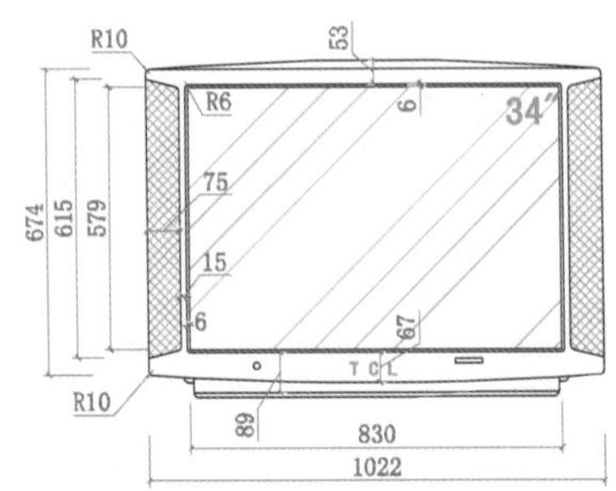

立面电视效果图（第13章）

书中案例效果展示

手把手系列

手把手教你学AutoCAD 2010

建筑实战篇

程光远 编著

電子工業出版社
Publishing House of Electronics Industry
北京•BEIJING

内 容 简 介

本书是一本 AutoCAD 建筑案例自学手册，共 115 个 AutoCAD 建筑案例，通过本书的学习，读者不仅可以提高自身的绘图技巧，同时更能汲取设计精髓。

本书从实用角度出发，采用“典型应用案例＋零起点学习＋实际工程应用”写作结构。考虑到初学者的具体学习需求，本书通过典型应用案例的操作，讲解了 AutoCAD 建筑绘图的一些基础知识，使读者熟练掌握所学到的绘图技能，然后通过实际工作的应用，精心挑选了一套完整安置房工程图，逐步讲解平面图、剖面图、立面图和三维模型图的设计和绘制技能，另外还讲解了工程图的布局、打印与发布操作，室内装饰设计的基础和各类装饰图的设计方法，起到画龙点睛的作用。

本书可作为大中专院校或社会培训 AutoCAD 的理想教材。

图书在版编目（CIP）数据

手把手教你学 AutoCAD 2010 建筑实战篇 / 程光远编著.--北京：电子工业出版社，2010.7
(手把手系列)
ISBN 978-7-121-10531-9

I. 手… Ⅱ.程… Ⅲ.建筑制图－计算机辅助设计－应用软件，AutoCAD 2010 Ⅳ.TU204

中国版本图书馆 CIP 数据核字（2010）第 043903 号

责任编辑：朱沭红
文字编辑：王　静
印　　刷：北京智力达印刷有限公司
装　　订：北京中新伟业印刷有限公司
出版发行：电子工业出版社
　　　　　北京市海淀区万寿路 173 信箱　邮编 100036
开　　本：787×1092　1/16　印张：32　字数：840 千字　彩插：2
印　　次：2010 年 7 月第 1 次印刷
印　　数：4000 册　定价：59.00 元（含光盘 1 张）

凡所购买电子工业出版社图书有缺损问题，请向购买书店调换。若书店售缺，请与本社发行部联系，联系及邮购电话：（010）88254888。

质量投诉请发邮件至 zlts@phei.com.cn，盗版侵权举报请发邮件至 dbqq@phei.com.cn。

服务热线：（010）88258888。

前　言

向你隆重推荐这个软件

Autodesk 公司推出的 AutoCAD 是一个在建筑行业使用非常广泛的辅助设计软件。该软件不仅可以快速精确地绘制出各种类型的建筑及装饰图纸，还可以创建三维模型，并加入物理光源、材质等渲染元素，将模型渲染为逼真的效果图。该软件因为应用范围广泛、绘图精度高、兼容性强等优点，广受设计绘图人员的青睐。

本书从实用角度出发，采用“典型应用案例＋零起点学习＋实际工程应用”写作结构。考虑到初学者的具体学习需求，本书通过典型应用案例的操作，讲解了 AutoCAD 建筑绘图的一些基础知识，使读者熟练掌握所学到的绘图技能，然后通过实际工作的应用，精心挑选了一套完整安置房工程图，逐步讲解平面图、剖面图、立面图和三维模型图的设计和绘制技能，另外还讲解了工程图的布局、打印与发布操作，室内装饰设计的基础和各类装饰图的设计方法，起到画龙点睛的作用。

本书内容

本书通过讲解以下内容使读者掌握 AutoCAD 2010 的各种绘图技能。

1. AutoCAD 2010 绘图与建筑制图的基础，包括 AutoCAD 的概述，图形文件的基本操作，图形对象的选择方法，辅助功能设置，坐标系的设置，图形单位与界限的设置，绘图环境的配置，图形的缩放与平移操作，图层的控制，建筑制图的规范，建筑设计的基础，建筑物的分类，建筑的统一模数制等。

2. 平面图形的绘制、参数化图形和二维图形编辑，包括直线与多边形的绘制，圆、圆弧和圆环的绘制，椭圆与椭圆弧的绘制，样条曲线与多段线的绘制，图案的填充，图形对象的复制，图形对象的调整，对象的圆角与倒角，图形对象的夹点编辑操作等。

3. 建筑图形的高效制图，包括块的创建与保存，图块属性的设置，外部参照的应用，设计中心的操作等。

4. AutoCAD 图形中尺寸、文本、表格的标注及绘制，包括文本的创建，表格的创建，尺寸标注样式的设置，各种标注工具的应用等。

5. AutoCAD 三维模型的创建与编辑操作，包括三维造型基础，三维图形的控制，三维图形的创建、三维图形的编辑。

6. 平面图、剖面图和立面图的一些基础知识和绘制方法，包括平面图、剖面图和立面图的绘制、识图方法、设计步骤、图示内容等，通过一些相关案例的绘制，更加深入地掌握平面图、立面图、剖面图的绘制方法，然后精心挑选了一套安置房的平面图、剖面图和立面图的绘制，来详细讲解它们的绘制流程，使读者真正应用到实际工作中去。

7. AutoCAD 室内装饰的设计，包括室内装饰设计基础，平面、顶棚布置图的设计，各个房间立面图的设计等。

8. 三维模型图的基础知识和其创建方法，包括三维模型图的特点、分类使用。还通过一套安置房的相关平面图、立面图、剖面图来创建该模型的三维图。

9. AutoCAD 图形的布局、打印和输出操作，使所设计出来的图纸能够真正搬到施工现场中去，让相关的人员在现场进行阅读和施工操作。

本书特色

- **紧密结合实际：**本书以职业为导向，以设计为目标，将成为未来工程师的有力助手。
- **实例驱动：**书中建筑设计案例讲解细致，使读者边学边练，由练而精。
- **丰富的光盘文件：**包括所有驱动案例的素材文件、效果文件和演示录像。

本书读者

初学 AutoCAD 的读者，通过本书达成人生的职业规划。

高中毕业生，打算通过自学软件进行专业充电的。

有志于成为建筑设计工程师的人员。

普通的建筑工人，打算通过各类案例的学习提升自己的价值，以谋求职业上进一步发展的。

本书可作为大中专院校或社会培训 AutoCAD 的理想教材。

致　谢

一分耕耘，一分收获。为了使本书尽可能满足读者的需要，许多人付出了辛勤的劳动。本书第 1～5 章由王雅茹编写，第 6～10 章由郑潮编写，第 11～16 章由张宏编写，在此向他们致以诚挚的谢意。同时感谢电子工业出版社博文视点资讯有限公司众位编辑对我们的鼎力支持。

作者博客：http://blog.sina.com.cn/qianchengguangyuan

编　者

2010 年 3 月

目　录

知识点目录

第1章 AutoCAD 2010 功能介绍

本章导读

随着计算机辅助绘图技术的不断普及和发展，使用计算机绘图全面代替手工绘图成为必然趋势。熟练掌握计算机图形生成技术，已经成为从事图形设计及绘画工作者的基本素质之一。最普及、最常用的CAD软件便是Autodesk公司的AutoCAD，目前的最新版本为AutoCAD 2010。

AutoCAD因其便捷的图形处理功能、友好的人机交互界面和强大的二次开发能力，以及方便可靠的硬件接口，已经成为世界上应用最广泛的CAD软件，并成为CAD系统的工业标准。因此，学好了AutoCAD就等于掌握了大部分CAD软件的使用方法。

本章主要学习以下内容：

- AutoCAD 在建筑方面的应用与新增功能
- AutoCAD 2010 图形文件的基本操作
- AutoCAD 中图形对象的选择方法
- AutoCAD 的捕捉与栅格的设置
- AutoCAD 的正交模式设置
- AutoCAD 对象的捕捉模式与设置
- AutoCAD 自动与极轴追踪的设置

实用案例 1.1　介绍 AutoCAD 2010 在建筑方面有哪些应用

案例解读

建筑行业是最早使用 AutoCAD 的行业之一，目前的建筑设计过程已经全部实现了计算机化。能熟练运用 CAD 软件进行设计或绘图，是建筑行业从业者必备的专业技能，可以绘制二维图形和三维图形，与传统的手工绘制相比，其绘图速度更快，精确度更高，能够方便地帮助设计人员表达设计思想。

通过本案例的学习，使读者能够进一步了解 AutoCAD 2010 在建筑方面有哪些应用。

要点流程

- 本案例介绍 AutoCAD 2010 在建筑设计和室内装饰设计的应用；
- 本案例介绍 AutoCAD 2010 在建筑施工企业的应用；
- 本案例指出 AutoCAD 2010 还可用于文档的精准插图。

操作步骤

步骤 1　建筑设计和室内装饰设计的应用

①在建筑设计方面，AutoCAD 可用于图纸的绘制、修补、合并及打印输出，是学习专业 CAD 软件必需的基础和补充。

> 注意
>
> 专业 CAD 软件有很多，主要有以下几种。
>
> AutoCAD 的系列产品，例如土木工程软件包 Autodesk Civil 3D、Autodesk Revit Building;
>
> 国内软件开发商以 AutoCAD 为图形平台开发的天正建筑 Tangent、建筑之星 ArchStar、园方等建筑设计软件；
>
> 使用自主图形平台，但也提供 AutoCAD 文件转换功能的建筑结构设计软件 PKPM 等。

②由于工程设计产品千变万化，设计人员不可能用专业的 CAD 软件完成所有设计工作，因此 AutoCAD 就成了不可或缺的设计绘图软件。

③另外，AutoCAD 的三维绘图和动态观察功能可以清楚、直观地反映设计者所设计对象的最终效果，这在建筑方案构思和室内装饰设计方面尤其必要。

步骤 2　建筑施工企业的应用

①在建筑施工企业，AutoCAD 可用于绘制招标文件的插图、施工总平面和网络图、施工模板设计图、竣工交底图等。

②尽管目前也有专门用于绘制施工网络图及施工平面图的专业软件，如 PKPM 的施工管理软件，但是在大多数情况下，使用这些软件绘制图形也需要专门的学习或者转到 AutoCAD 中进行编辑修改。

步骤 3　文档的精准插图

①AutoCAD 还可以用于绘制论文、图书、胶片等文档资料的精准插图。

②目前文档的制作大多都是通过办公软件进行的，由于办公软件的主要功能是文字处理，其绘图功能相对较弱，借助 AutoCAD 来绘制精准的插图将为我们的工作带来很大的方便。

实用案例 1.2　AutoCAD 2010 新增功能介绍

案例解读

对于很多熟悉 AutoCAD 前几个版本（比如 2008 版和 2009 版）的工程师来说，AutoCAD 的很多传统功能都应该得心应手了，那么最新的 AutoCAD 2010 版本都有哪些新的功能呢？本例简要介绍了该版本的新增功能。

要点流程

- 本案例依次介绍了参数化图形、自由形状设计、三维打印、高效的用户界面、增强的动态块、输出和发布文件、将 PDF 附着为参考底图、增强的自定义设置、增强的初始设置等新功能。

操作步骤

步骤 1　参数化图形

参数化绘图功能可以帮助你显著缩短设计修改时间。通过在对象之间定义约束关系，平行线与同心圆将分别自动保持平行和居中。

步骤 2　自由形状设计

现在，您可以设计各种造型。只需要推/拉面、边和顶点，即可创建各种复杂形状的模型，添加平滑曲面等。

步骤 3　三维打印

AutoCAD 2010 不仅仅能够实现设计的可视化，还能将其变为现实。借助三维打印机或通过相关服务提供商，您可以立即将设计创意变为现实。

步骤 4　高效的用户界面

AutoCAD 2010 增加了访问常用工具、搜索命令和浏览文档的功能。

步骤 5　增强的动态块

AutoCAD 2010 在动态块定义中使用几何约束和标注约束以简化动态块创建。

步骤 6　输出和发布文件

通过“输出到”功能区面板，用户可以快速访问用于输出模型空间中的区域或将布局输出为 DWF、DWFx 或 PDF 文件的工具。输出时，可以使用页面设置替代和输出选项控制输出文件的外观和类型。

步骤 7　将 PDF 文件附着为参考底图

可以将 PDF 文件附着到图形作为参考底图，方法与附着 DWF 和 DGN 文件时使用的方法相同。通过将 PDF 文件附着在图形上，可以利用存储在 PDF 文件中的内容，此类 PDF

文件通常附着在如详细信息或标准免责声明等内容中。

步骤 8　增强的自定义设置

AutoCAD 2010 增加了“移植面板”、“自定义快速访问工具栏”和“自定义功能区上下文选项卡状态”功能。

步骤 9　增强的初始设置

在初始设置中，可以在 AutoCAD 安装完成后执行 AutoCAD 的某些基本自定义和配置。

实用案例 1.3　介绍 AutoCAD 2010 系统要求

案例解读

本案例将给出 AutoCAD 2010 官方要求的系统配置。

要点流程

- 本案例介绍 AutoCAD 2010 32 位配置要求；
- 本案例介绍 AutoCAD 2010 64 位配置要求；
- 本案例介绍 3D 建模的其他要求（适用于所有配置）。

操作步骤

步骤 1　介绍 AutoCAD 2010 32 位配置要求

AutoCAD 2010 32 位配置要求如下。

① Microsoft Windows XP Professional 版本或 Home 版本（SP2 版本或更高版本）。

② 支持 SSE2 技术的英特尔奔腾 4 或 AMD Athlon 双核处理器（1.6 GHz 或更高主频）。

③ 2 GB 内存。

④ 1 GB 可用磁盘空间（用于安装软件）。

⑤ 1 024×768 VGA 真彩色显示器。

⑥ Microsoft Internet Explorer 7.0 或更高版本。

⑦ Microsoft Windows Vista（SP1 或更高版本），包括 Enterprise、Business、Ultimate 或 Home Premium 版本。

步骤 2　介绍 AutoCAD 2010 64 位配置要求

AutoCAD 2010 64 位配置要求如下。

① Windows XP Professional x64 版本（SP2 或更高版本）或 Windows Vista（SP1 或更高版本），包括 Enterprise、Business、Ultimate 或 Home Premium 版本。

② 支持 SSE2 技术的 AMD Athlon 64 位处理器、支持 SSE2 技术的 AMD Opteron 处理器、支持 SSE2 技术和英特尔 EM64T 的英特尔至强处理器，或支持 SSE2 技术和英特尔 EM64T 的英特尔奔腾 4 处理器。

③ 2 GB 内存。

④ 1.5 GB 可用磁盘空间（用于安装软件）。

⑤ 1,024×768 VGA 真彩色显示器。

⑥ Internet Explorer 7.0 或更高版本。

步骤 3　介绍 3D 建模的其他要求（适用于所有配置）

3D 建模的其他要求（适用于所有配置）如下。

① 英特尔奔腾Ⅳ处理器或 AMD Athlon 处理器（3 GHz 或更高主频）；英特尔或 AMD 双核处理器（2 GHz 或更高主频）。

② 2GB 或更大内存。

③ 2 GB 硬盘空间，（不包括安装软件所需的空间）。

④ 1 280×1 024 32 位彩色视频显示适配器（真彩色），工作站级显卡（具有 128 MB 或更大内存、支持 Microsoft Direct3D）。

实用案例 1.4　AutoCAD 2010 的绘图空间

案例解读

AutoCAD 2010 的工作空间相比 2009 版本又有了很大程度的改进，工作空间工具栏位于绘图界面的左上方，如图 1-1 所示。打开下拉列表，可以看到 AutoCAD 2010 中文版的主要工作空间有：AutoCAD 经典、二维草图与注释、三维建模。另外也可以自定义工作空间，如图 1-2 所示。

图 1-1　工作空间工具栏

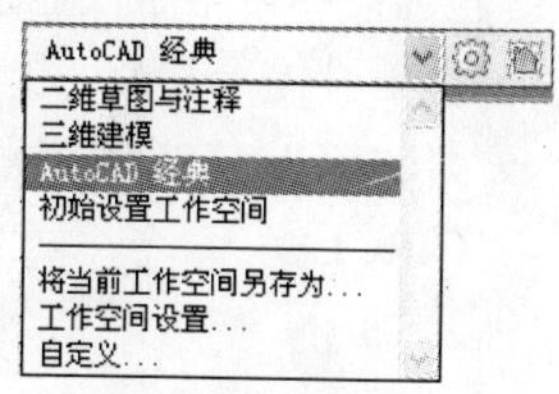

图 1-2　工作空间列表

通过工作空间工具栏，可以实现工作界面在各个工作空间之中切换。

要点流程

- 介绍 AutoCAD 经典的界面组成；
- 介绍二维草图与注释的界面组成；
- 介绍三维建模的界面组成；
- 介绍如何管理工作空间。

操作步骤

步骤 1　介绍 AutoCAD 经典的界面组成

AutoCAD 2010 中文版默认的工作空间是“AutoCAD 经典”工作空间，如图 1-3 所示。AutoCAD 经典工作空间主要由菜单栏、工具栏、绘图窗口、工具选项板和命令提示窗口组成。

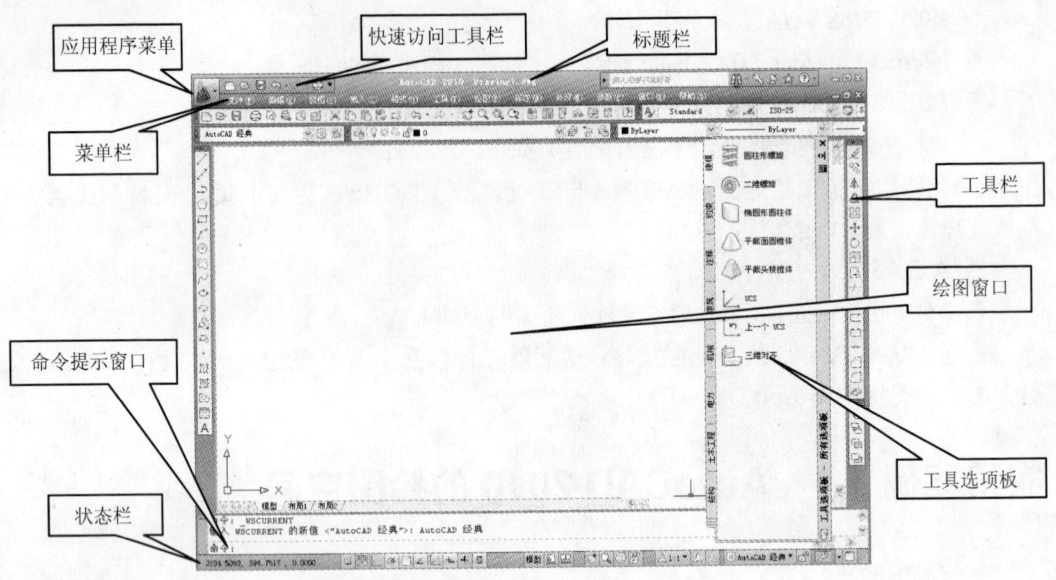

图 1-3　AutoCAD 经典工作空间

经典工作空间中各选项含义如下。

- 应用程序菜单：单击应用程序按钮旁边的图标，打开如图 1-4 所示的“应用程序菜单”，在该菜单中可以搜索命令、访问常用工具和浏览文件。这是 AutoCAD 2010 的新增功能，下面将详细介绍。
  - ➢ 搜索命令：搜索字段显示在应用程序菜单的顶部。搜索结果可以包括菜单命令、基本工具提示和命令提示文字字符串。可以输入任何语言的搜索术语。例如搜索“CIRCLE”命令的相关信息，在如图 1-4 所示菜单中的搜索文本框中输入“CIRCLE”命令，同时在该菜单中显示该命令的搜索结果，其结果如图 1-5 所示。

图 1-4　应用程序菜单

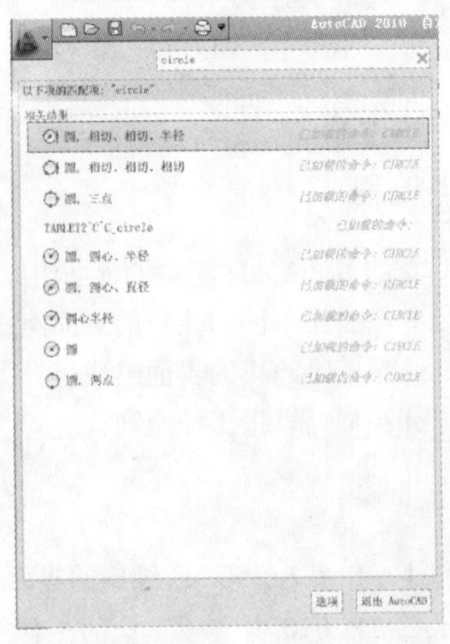

图 1-5 “CIRCLE”命令的搜索结果

  - ➢ 访问常用工具栏：用于访问应用程序菜单中的常用工具以打开或发布文件。

   ➢ 浏览文件：用于查看、排序和访问最近打开的支持文件。
- 快速访问工具栏：用于显示常用工具，位于菜单栏的上边，如图 1-6 所示。可以向快速访问工具栏添加无限多的工具。超出工具栏最大长度范围的工具会以弹出按钮显示。

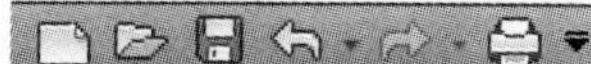

图 1-6　快速访问工具栏

- 标题栏：位于快速访问工具栏的右侧，显示软件的名称、版本以及当前正在操作的文件名。启动 AutoCAD 2010 中文版后，载入一个空白文件，默认名称为"Drawing1.dwg"。
- 菜单栏：与大多数软件一样，AutoCAD 的菜单栏位于标题栏下方，集合了几乎 AutoCAD 2010 中所有的命令，如图 1-7 所示。

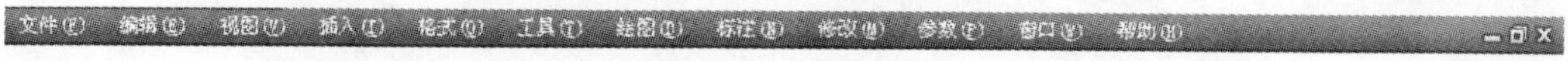

文件(F)
编辑(E)
视图(V)
插入(I)
格式(O)
工具(T)
绘图(D)
标注(N)
修改(M)
参数(P)
窗口(W)
帮助(H)

图 1-7　菜单栏

- 工具栏：是由一系列功能命令的工具按钮组成的，是对菜单栏中重要功能和常见命令的汇总，也是对软件庞大功能进行浓缩。
   ➢ 工具栏的设定可以帮助用户更方便、快捷地进行操作。
   ➢ AutoCAD 2010 共有 37 组工具栏，在 AutoCAD 经典工作空间默认的情况下显示"标准"、"工作空间"、"对象特性"、"绘图"、"绘图顺序"、"样式"、"图层"、"修改"8 组工具栏，如图 1-8 所示。
   ➢ 用户也可以根据自己的喜好和工作特性，自定义工具栏的显示，并将设置保存起来。

标准工具栏
工作空间工具栏
图层工具栏
对象特性工具栏
样式工具栏
绘图工具栏
修改工具栏
绘图顺序工具栏

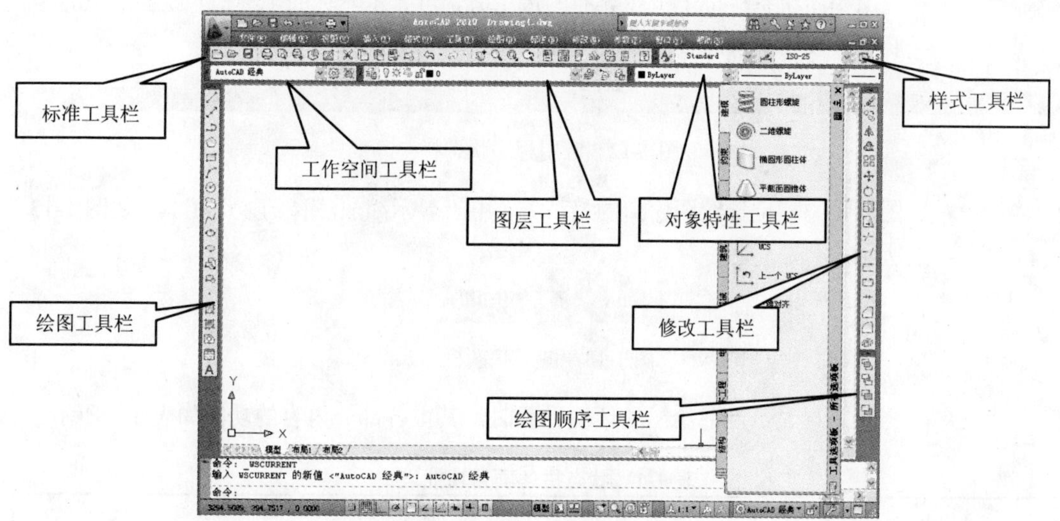

图 1-8　默认状态下的工具栏

- 命令窗口：位于 AutoCAD 绘图界面的下部，是 AutoCAD 的重要输入端，用户可以通过在命令窗口中输入命令来运行程序的各个功能。命令窗口的外观，如图 1-9 所示。
   ➢ 默认情况下，命令窗口只显示三行，包括一行用于用户输入命令。

➢ 可将鼠标放置在命令窗口上边框线附近，当鼠标变为双向箭头后，按住鼠标左键上下移动，可任意增缩命令窗口的大小，如图 1-10 所示。

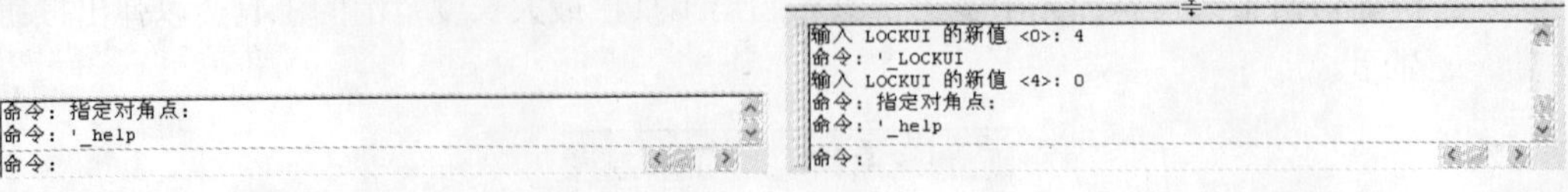

图 1-9　命令窗口　　　　图 1-10　扩大命令窗口

➢ 若需要详细了解命令窗口中的信息，可使用鼠标拖动命令窗口右侧的滚动条查看信息，也可以按 F2 键，打开“AutoCAD 文本窗口”，如图 1-11 所示，可以更加方便地查阅信息。

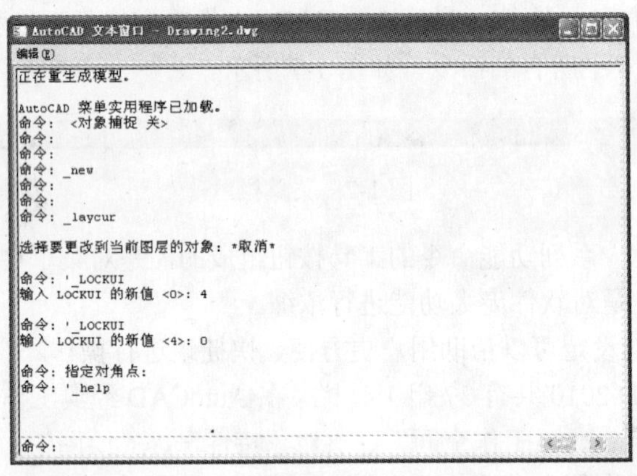

图 1-11　AutoCAD 文本窗口

- 状态栏：包括应用程序状态栏和图形状态栏。
  ➢ 应用程序状态栏位于工作界面的最下方，可显示光标的坐标值、绘图工具、导航工具及用于快速查看和注释缩放的工具，如图 1-12 所示。

图 1-12　应用程序状态栏

➢ 图形状态栏位于绘图窗口的最下方，用于显示缩放注释的多个工具，如图 1-13 所示。

图 1-13　图形状态栏

➢ 当状态栏显示当前绘图的环境设置时，其上各部分内容的功能如表 1-1 所示。

表 1-1　状态栏各项目功能表

项　目	功　能
2618.5279, 1457.8209, 0.0000	光标坐标显示区：显示当前光标的准确位置
	控制对象捕捉功能。凸起为关闭，凹下为打开
	控制栅格显示功能。凸起为关闭，凹下为打开
	控制正交模式功能。凸起为关闭，凹下为打开

续表

项　目	功　能
	控制极轴追踪模式功能。凸起为关闭，凹下为打开
	控制使用对象自动捕捉功能。凸起为关闭，凹下为打开
	控制使用对象自动追踪功能。凸起为关闭，凹下为打开
	控制动态 UCS 功能。凸起为关闭，凹下为打开
	控制动态输入功能。凸起为关闭，凹下为打开
	控制线宽显示功能。凸起为关闭，凹下为打开
图纸或模型	控制用户绘图环境，分为“图纸”和“模型”两种，单击可切换
1:1	设定注释的比例，单击右侧黑色三角形，可从列表中变更比例
	控制注释性对象可见性
	注释比例更改时自动将比例添加进注释性对象。暗色为关闭
或	控制工具栏、窗口位置锁定
	控制是否全屏显示

- 工具选项板：一般位于绘图窗口的右部，主要提供了绘制图形的快捷方式，如图 1-14 所示。其中包括“图案填充”、“建模”、“建筑”、“注释”、“机械”、“电力”等二十多种选项卡，其中的快捷方式都是日常绘图中各专业常用到的绘图工具。

  一般来说，只需选中工具选项板上的选项按钮，然后在绘图区域选择插入位置即可。

- 比如单击工具选项板“建筑”选项卡中的“树-英制”，然后单击旁边的绘图区域，则绘出了树的俯视图，如图 1-15 所示。

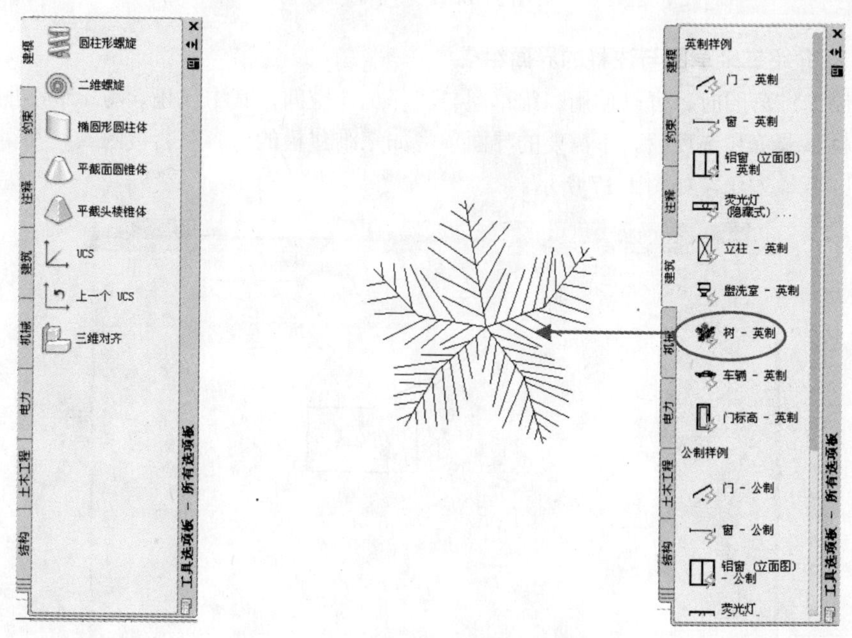

图 1-14　工具选项板（建模）　　　　图 1-15　通过工具选项板上的快捷方式绘图

- 绘图窗口：是 AutoCAD 程序最重要的组成部分，是用户绘图的工作区域，模拟工程制图中绘图板上的绘图纸面。在 AutoCAD 经典工作空间下的绘图窗口如图 1-16

所示。

➢ 绘图窗口中显示坐标系的图标。坐标系图标只是绘图的正负方向，有 X 轴和 Y 轴两个方向。

➢ 另外绘图窗口下方有绘图环境选项卡。可以通过单击选项卡切换绘图环境。如图 1-16 所示的绘图环境选项卡有“模型”、“布局 1”、“布局 2”，默认为“模型”选项卡，即处于“模型”空间，单击“布局 1”或“布局 2”选项卡则可以从“模型”空间切换到“图纸”空间。

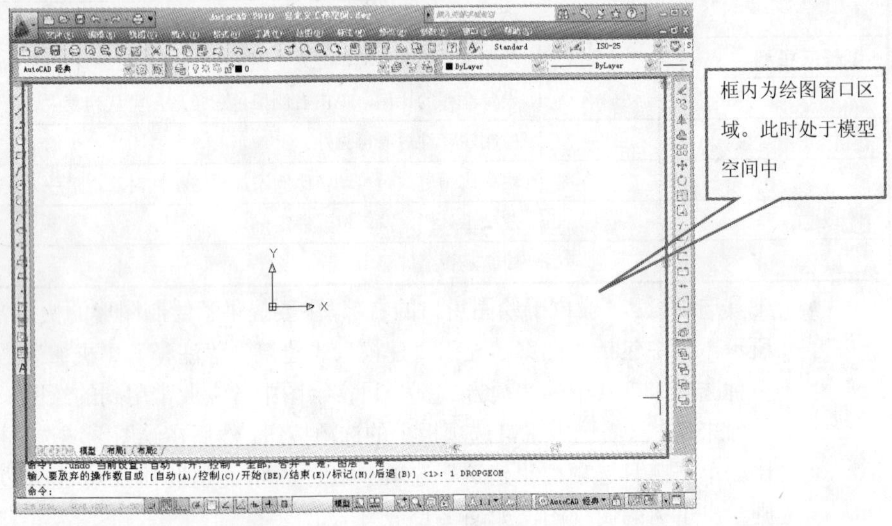

图 1-16　绘图窗口

步骤 2　介绍二维草图与注释的界面组成

在绘制二维草图时，可以使用二维草图与注释工作空间，其中仅包含与二维绘图注释相关的工具栏、菜单和选项板。不需要的界面项（如三维建模的内容）会被隐藏，使得用户的工作屏幕区域最大化，如图 1-17 所示。

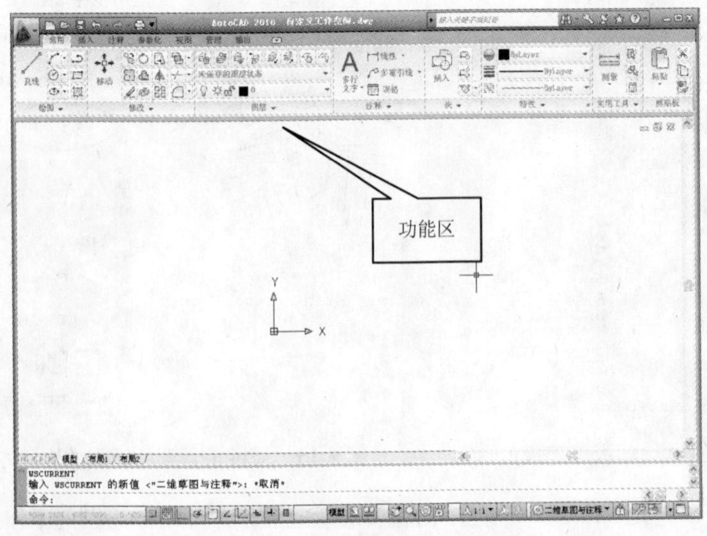

图 1-17　二维草图与注释的界面

- 如图 1-17 所示的工作空间是在默认打开“功能区”后的二维草图与注释工作空间。
- 在 AutoCAD 2010 中面板是一种特殊的选项板，用于集合与目前工作空间中任务相关联的按钮和控件，相当于有用的工具栏的集合，如图 1-18 所示。

图 1-18 二维草图与注释的功能区

步骤 3 介绍三维建模的界面组成

三维建模工作空间和二维草图与注释工作空间的性质是一样的，主要是针对三维建模的任务设定的绘图环境。三维建模的界面如图 1-19 所示。

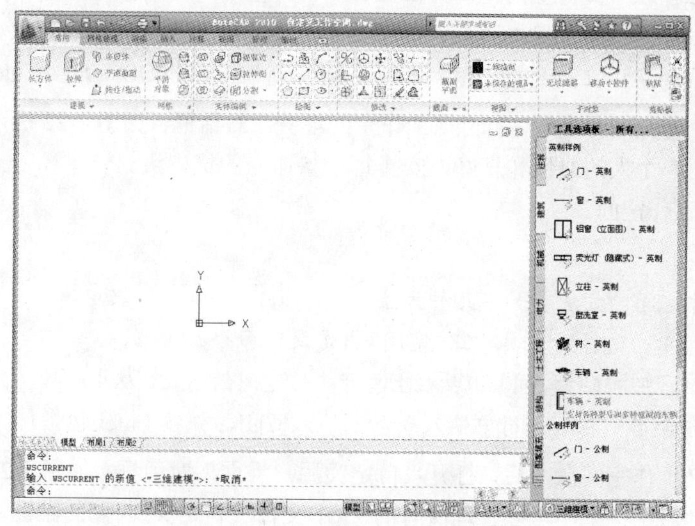

图 1-19 三维建模的界面

步骤 4 介绍如何管理工作空间

用户可以进行工作空间管理，主要包括：保存当前的工作空间，设置工作空间及自定义工作空间。也可以将当前工作空间保存为“我的工作空间”。

(1) 保存当前的工作空间。

知识要点：

保存当前的工作空间的方法有如下几种。

- 下拉菜单：选择“工具>工作空间>将当前工作空间另存为”命令。
- 工具栏：在“工作空间”工具栏上打开工作空间的列表，从中选择“将当前工作空间另存为”命令。
- 输入命令名：在命令行中输入或动态输入 WSSAVE，并按 Enter 键。

启动保存当前工作空间命令后，软件会弹出“保存工作空间”对话框，如图 1-20 所示。在对话框中输入名称，比如将之命名为“myworkspace”，则以此命名的工作空间就保存起来了。此时在“工作空间”工具栏上打开工作空间的列表，会发现在列表中增加了“myworkspace”工作空间，如图 1-21 所示。

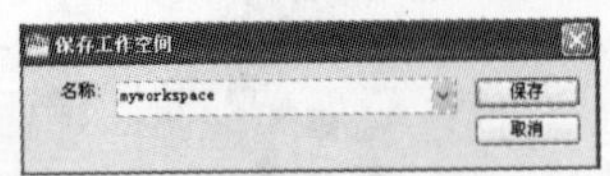

图 1-20 “保存工作空间”对话框

图 1-21 增加新的工作空间

②工作空间的设置。

知识要点：

设置工作空间的方法有如下几种。

- 下拉菜单：选择“工具>工作空间>工作空间设置”命令。
- 工具栏：在“工作空间”工具栏上打开工作空间的列表，从中选择“工作空间设置”命令；或者在“工作空间”工具栏上单击“工作空间设置”按钮。
- 输入命令名：在命令行中输入或动态输入 WSSETTINGS，并按 Enter 键。

启动设置工作空间命令后，打开“工作空间设置”对话框，如图 1-22 所示。可以通过此对话框，按照用户个人的习惯和喜好，安排每一条命令的优先级。

③自定义工作空间。

知识要点：

自定义工作空间的方法有如下几种方法。

- 下拉菜单：选择“工具>工作空间>自定义”命令。
- 工具栏：在“工作空间”工具栏上打开工作空间的列表，从中选择“自定义”命令。
- 输入命令名：在命令行中输入或动态输入 CUI，并按 Enter 键。

启动自定义工作空间命令后，打开“自定义用户界面”对话框，如图 1-23 所示。在“自定义用户界面”对话框中，可以管理所有的 CUI 文件（自定义文件）。绘图界面中的一切可视化内容，包括工具栏、面板、滚动条，都可以通过此对话框重新分配和定义。

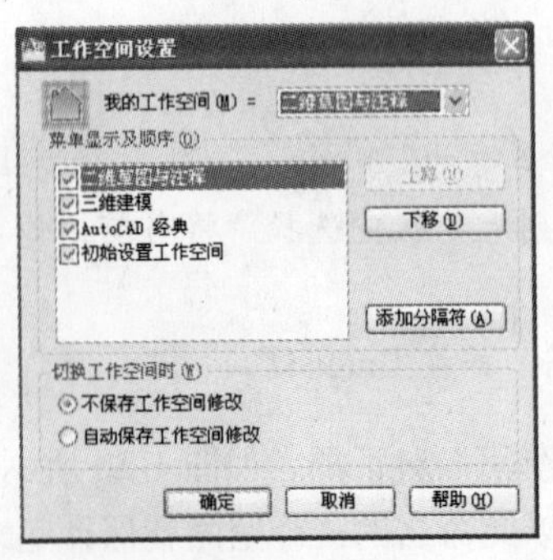

图 1-22 “工作空间设置”对话框

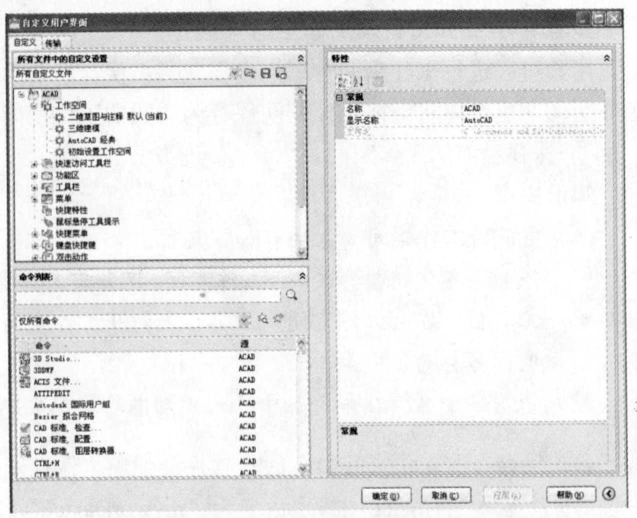

图 1-23 “自定义用户界面”对话框

实用案例 1.5　新建和保存图形文件

效果文件：	CDROM\01\效果\新建和保存图形文件.dwg
演示录像：	CDROM\01\演示录像\新建和保存图形文件.exe

案例解读

本案例讲解如何新建和保存一个图形文件，帮助读者掌握新建图形文件和保存图形文件命令。

要点流程

- 新建一个三维图形文件；
- 保存新建的三维图形文件。

操作步骤

步骤 1 新建图形文件

①启动 AutoCAD 2010 中文版，进入绘图界面。

②在“标准”工具栏上单击“新建”按钮，打开如图 1-24 所示的“选择样板”对话框。

知识要点：

当启动 AutoCAD 2010 中文版后，自动载入一个默认名为“Drawing1.dwg”的图形文件。而在大多数情况下，用户需要新建一个符合绘图要求的文件。

新建图形文件的方法有如下几种。

- 下拉菜单：选择“文件>新建”命令。
- 工具栏：在“标准”工具栏上单击“新建”按钮。
- 输入命令名：在命令行中输入或动态输入 NEW，并按 Enter 键。
- 快捷键：按 Ctrl+N 组合键。

图 1-24 “选择样板”对话框

③在“选择样板”对话框中，选择样本文件“acadiso3D.dwt”，单击“打开”按钮。“acdiso”是指公制的 acd 文件，“3D”即三维。

步骤 2 保存图形文件

在“标准”工具栏上单击“保存”按钮，打开如图 1-25 所示的“图形另存为”对话框，在文件类型的下拉列表框中选择要保存的文件类型，如图 1-26 所示。

知识要点：

在工程实践中，为了防止意外因素对设计绘图工作的影响，图形文件需要经常性地保存或备份。

“保存”命令的启动方法有如下几种。

- ◆ 下拉菜单：选择“文件>保存”命令。
- ◆ 工具栏：在“标准”工具栏上单击“保存”按钮。
- ◆ 输入命令名：在命令行中输入或动态输入 QSAVE，并按 Enter 键。
- ◆ 快捷键：按 Ctrl+S 组合键。

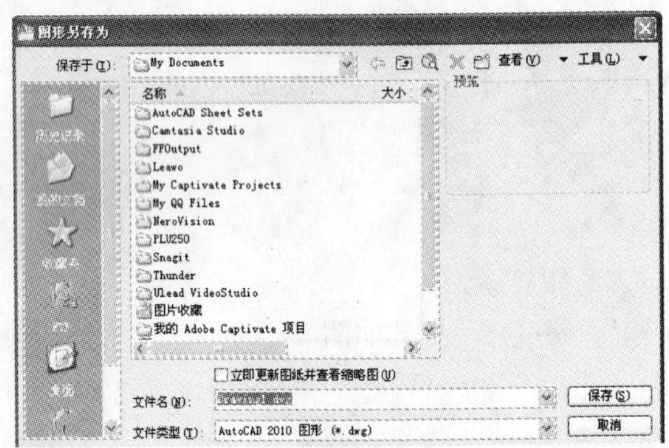

图 1-25 “图形另存为”对话框

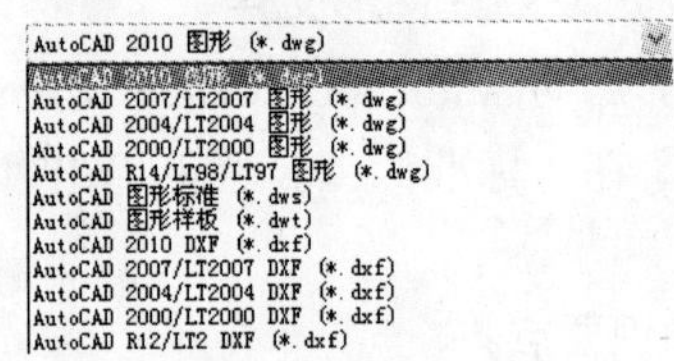

图 1-26 可以另存为的文件类型

实用案例 1.6 输入和加密图形文件

素材文件：	CDROM\01\素材\输入图形文件素材.wmf
效果文件：	CDROM\01\效果\输入图形文件.dwg
演示录像：	CDROM\01\演示录像\输入图形文件.exe

案例解读

本案例主要讲解如何输入和加密一个图形文件，帮助读者掌握输入图形文件和加密图形文件命令。

要点流程

- 输入一个图形文件；
- 加密输入的图形文件。

操作步骤

步骤 1 输入图形文件

①启动 AutoCAD 2010 中文版，进入绘图界面。

②在命令行中输入或动态输入 IMPORT，并按 Enter 键，弹出“输入文件”对话框。

知识要点：

输入图形文件，可以使其他软件所生成的文件转化成为能够被 AutoCAD 2010 所能识别的格式。

输入图形文件的方法如下。

- 下拉菜单：选择“文件>输入”命令。
- 输入命令名：在命令行中输入或动态输入 IMPORT，并按 Enter 键。

③找到附盘文件“输入图形文件素材.wmf”文件，单击“打开”按钮，输入此文件到 AutoCAD 2010 中文版软件中，如图 1-27 所示，这样就完成了图形文件输入，如图 1-28 所示。

能够输入的文件类型主要有：Windows 图元文件（*.wmf）、ACIS 实体对象文件（*.sat）、3D Studio 文件（*.3ds）、MicroStation DGN 文件（*.dgn）。

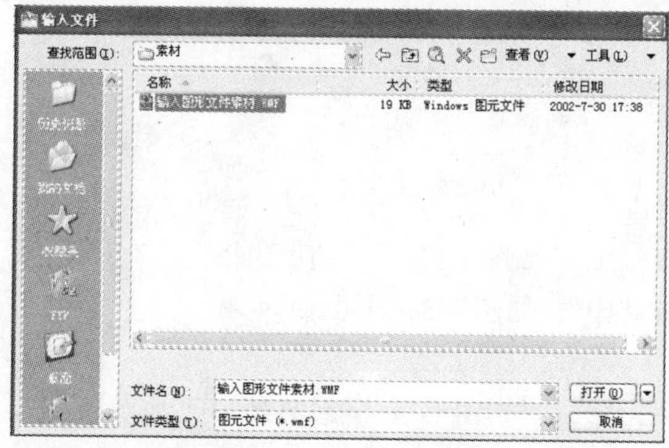

图 1-27 “输入文件”对话框

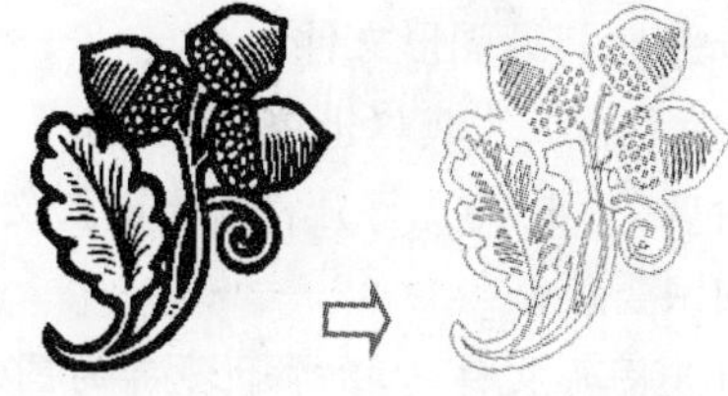

图 1-28 将 WMF 文件（左）输入到 AutoCAD 中

步骤 2 加密图形文件

①在菜单区选择“文件>另存为”命令，打开如图 1-25 所示的“图形另存为”对话框。在该对话框中的“工具”选项列表框中单击“安全选项”命令，打开如图 1-29 所示的“安全选项”对话框。

②在如图 1-29 所示对话框中，输入两次相同的密码即可。

知识要点：

加密图形文件是为了保证技术机密不被非相关人员看到，对图形文件进行加密，打开此文件时需要知道密码。

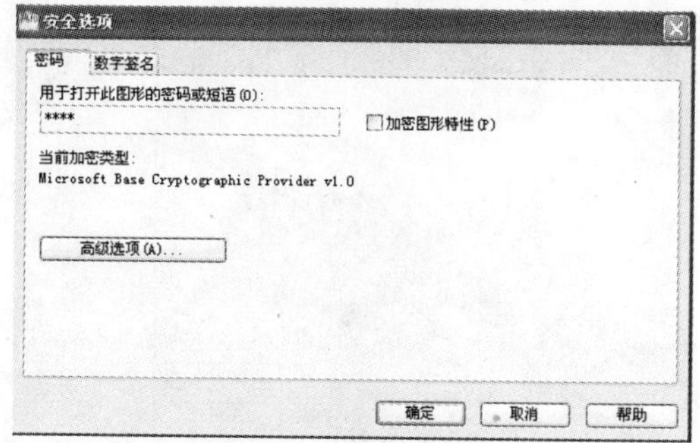

图 1-29 “安全选项”对话框

实用案例 1.7　打开和输出图形文件

素材文件：	CDROM\01\素材\打开和输出图形文件素材.dwg
效果文件：	CDROM\01\效果\打开和输出图形文件.dwf
演示录像：	CDROM\01\演示录像\打开和输出图形文件.exe

案例解读

本案例讲解如何打开和输出一个图形文件，帮助读者掌握打开图形文件和输出图形文件命令。

要点流程

- 打开一个图形文件；
- 输出打开的图形文件。

操作步骤

步骤 1　打开图形文件

在“标准”工具栏上单击“打开”按钮，打开如图 1-30 所示的“选择文件”对话框，打开附盘文件中的“打开和输出图形文件素材.dwg”，如图 1-31 所示。

知识要点：

打开图形文件是指对于现有的图形文件，通过“打开”命令，将图形文件加载到 AutoCAD 2010 中文版中。

打开图形文件的方法如下。

- 下拉菜单：选择“文件>打开”命令。
- 工具栏：在“标准”工具栏上单击“打开”按钮。
- 输入命令名：在命令行中输入或动态输入 OPEN，并按 Enter 键。
- 快捷键：按 Ctrl+O 组合键。
- 双击目标图形文件。

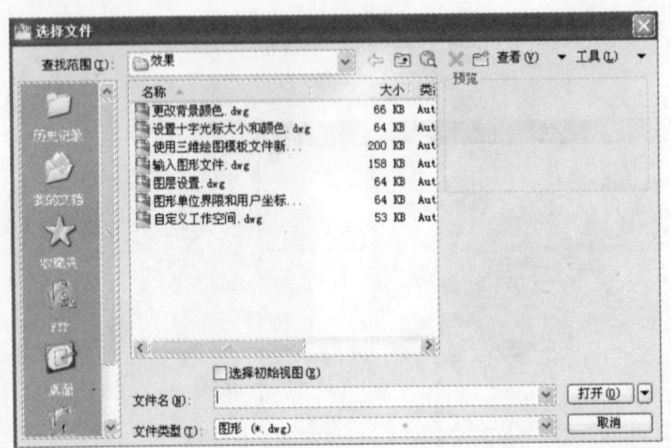

图 1-30　“选择文件”对话框

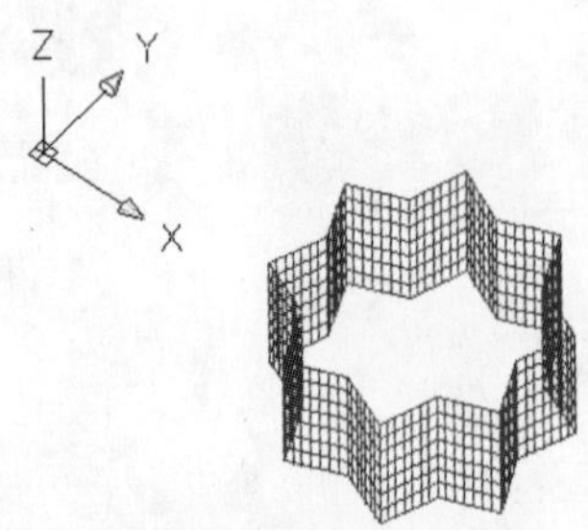

图 1-31　打开的文件素材

注意

除了直接打开图形文件之外还有几种特殊方式打开文件。单击“打开”按钮右侧的按钮▼，弹出下拉列表，如图 1-32 所示。

步骤 2　输出图形文件

①在命令行中输入或动态输入 EXPORT，并按 Enter 键，打开如图 1-33 所示的“输出数据”对话框。

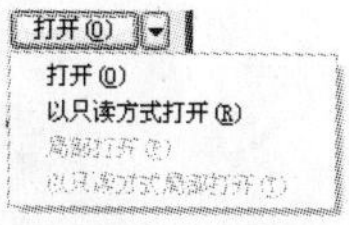

打开(O) ▼
打开(O)
以只读方式打开(R)
局部打开(P)
以只读方式局部打开(T)

图 1-32　打开方式列表

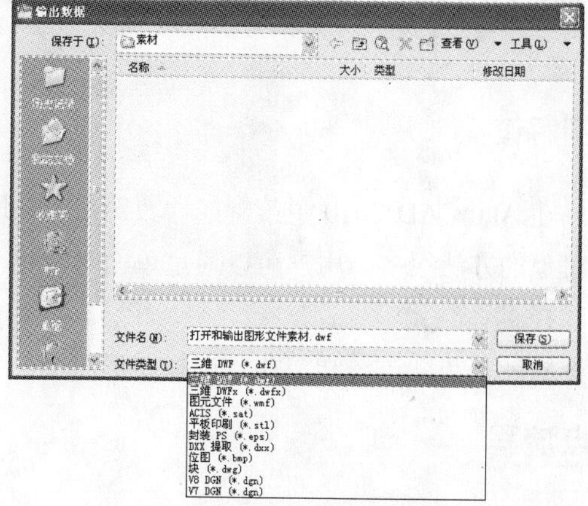

图 1-33　“输出数据”对话

知识要点：

“输出”命令可以使 AutoCAD 2010 生成的图形文件成为能够被其他软件所能识别的文件。

输出图形文件的方法如下。

- 下拉菜单：选择“文件>输出”命令。
- 输入命令名：在命令行中输入或动态输入 EXPORT，并按 Enter 键。

②选择文件类型为 3D dwf 文件，输入文件名为“打开和输出图形文件.dwf”，选择保存路径，单击“保存”按钮，输出此文件，然后系统弹出对话框，如图 1-34 所示。

③在系统对话框中单击“是”按钮，启动 Autodesk DWF Viewer，可以通过此软件查看输出后的三维八角形立柱模型，如图 1-35 所示。

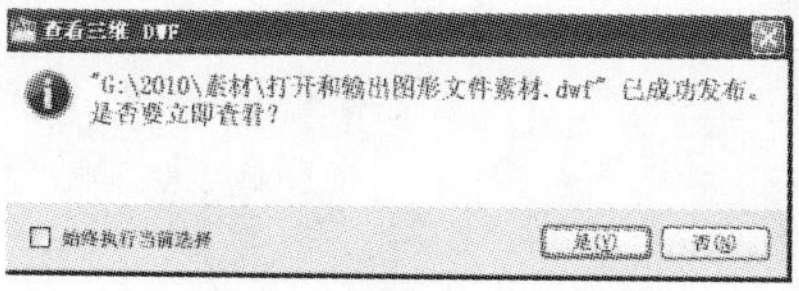

查看三维 DWF
"G:\2010\素材\打开和输出图形文件素材.dwf" 已成功发布。是否要立即查看?
始终执行当前选择
是(Y)　否(N)

图 1-34　系统对话框

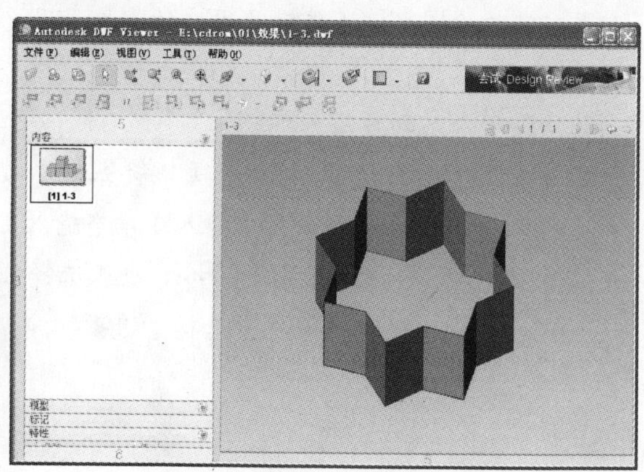

图 1-35　三维八角形立柱观察

注意

AutoCAD 能够输出的文件类型主要有：三维 DWF 文件(*.dwf)、Windows 图元文件(*.wmf)、ACIS 实体对象文件(*.sat)、实体对象立体平板印刷文件(*.stl)、封装的 PostScript 文件(*.eps)、属性提取 DXF 文件(*.dxx)、设备无关位图文件(*.bmp)、块文件(*.dwg)、MicroStation DGN 文件(*.dgn)。

实用案例 1.8　如何选择图形对象

案例解读

用户在 AutoCAD 2010 中绘制或修改图形对象时，少不了对图形对象进行选择操作。选择图形对象的方法很多，用户可以通过单击对象逐个拾取，也可以利用矩形窗口或交叉窗口等进行选择。

本案例就是帮助读者学习如何选择图形对象。

要点流程

- 设置选择的模式；
- 介绍选择对象的方法；
- 如何快速选择对象；
- 使用编组操作选择对象。

操作步骤

步骤 1 设置选择的模式

在 AutoCAD 2010 中，选择“工具>选项”命令，将弹出“选项”对话框，切换到“选择集”选项卡，即可设置拾取框大小、视觉效果、选择集模式、夹点大小、夹点颜色等，如图 1-36 所示。

知识要点：

如果当前的绘图环境不能满足用户的需求，用户可以通过“选项”对话框自行修改绘图环境。

“选项”命令启动方法如下。

- ◆ 下拉菜单：选择“工具>选项”命令。
- ◆ 输入命令名：在命令行中输入或动态输入 OPTIONS 或 OP，按 Enter 键。
- ◆ 快捷菜单：当未运行操作命令，也未选择任何对象时，在绘图区域中单击鼠标右键，在弹出的快捷菜单中选择“选项”命令。

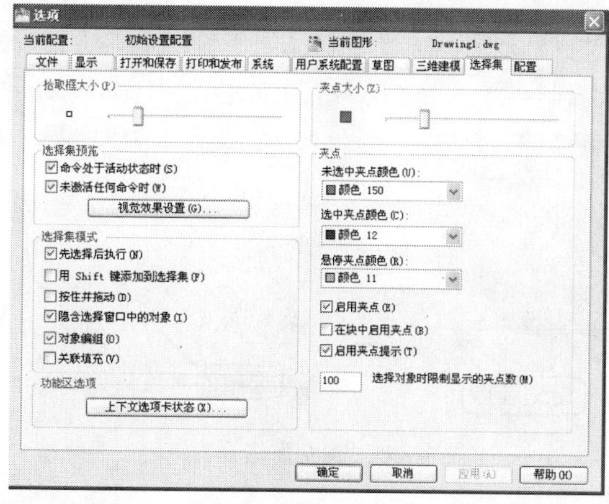

图 1-36　“选项”对话框的“选择集”选项卡

步骤 2　介绍选择对象的方法

①当用户在执行某些命令时，将提示“选择对象：”，此时光标将显示为矩形拾取框光标□，将光标放在要选择对象的位置时，将亮显对象，单击时将选择该对象（也可以逐个选择多个对象），如图 1-37 所示。

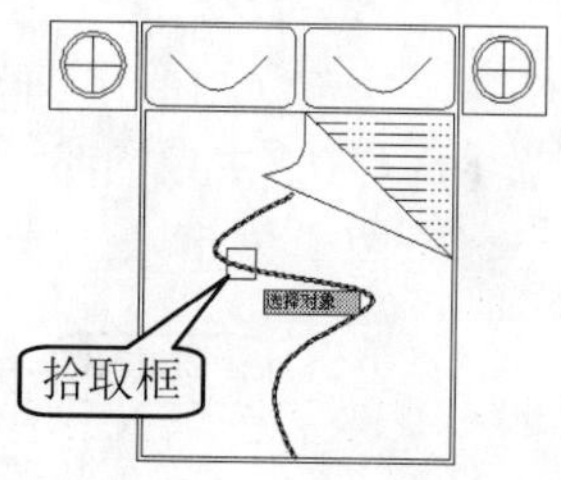

图 1-37　拾取选择对象

②用户在选择图表对象时有多种方法，若要查看选择对象有哪些方法，可以在“选择对象：”提示符下输入“？”，这时将显示如下。

```
选择对象：？　|* 输入？可以显示有哪些选择方法 *|
*无效选择*
需要点或窗口(W)/上一个(L)/窗交(C)/框(BOX)/全部(ALL)/栏选(F)/圈围(WP)/圈交(CP)/编组(G)/添加(A)/删除(R)/多个(M)/前一个(P)/放弃(U)/自动(AU)/单个(SI)/子对象(SU)/对象(O)
```

命令行中各选项含义如下。

- 需要点：可逐个拾取所需对象，该方法为默认设置。
- 窗口（W）：使用鼠标拖动一个矩形窗口将要选择的对象框住，凡是在窗口内的目标均被选中，如图 1-38 所示。

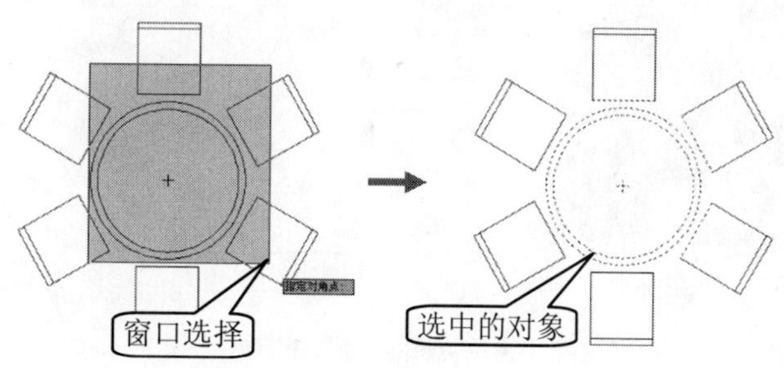

图 1- 38　“窗口”选择方式

- 上一个（L）：此方式将用户最后绘制的图形作为编辑的对象。
- 窗交（C）：选择该方式后，使用鼠标拖动一个矩形框窗口，凡是在窗口内与此窗口四边相交的对象都将被选中，如图 1-39 所示。

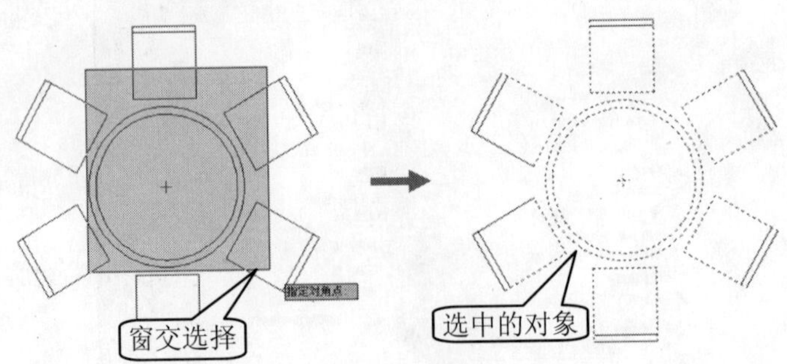

图 1-39 “窗交”选择方式

- 框（BOX）：当用户使用鼠标拖动一个矩形窗口时，其第一角点位于第二角点的左侧，此方式与窗口（W）选择方式相同；其第一角点位于第二角点的右侧时，此方式与窗交（C）方式相同。
- 全部（ALL）：屏幕中所有图形对象均被选中。
- 栏选（F）：用户可用此方式画任何折线，凡是与折线相交的图形对象均被选中，如图 1-40 所示。

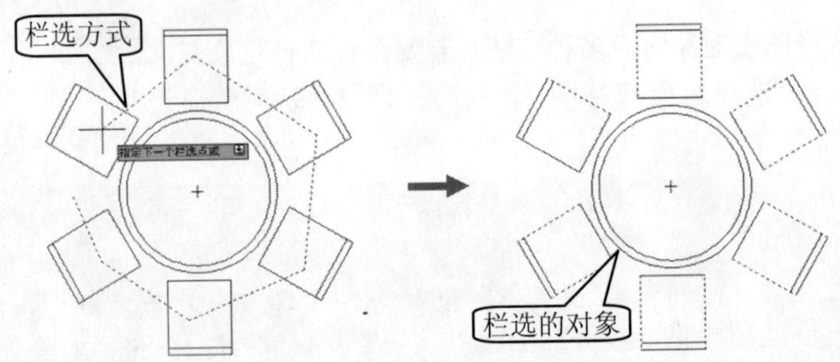

图 1-40 “栏选”选择方式

- 圈围（WP）：该选项与窗口（W）选择方式相似，但它可以构造任意形状的多边形区域，包含在多边形窗口内的图形均被选中，如图 1-41 所示。

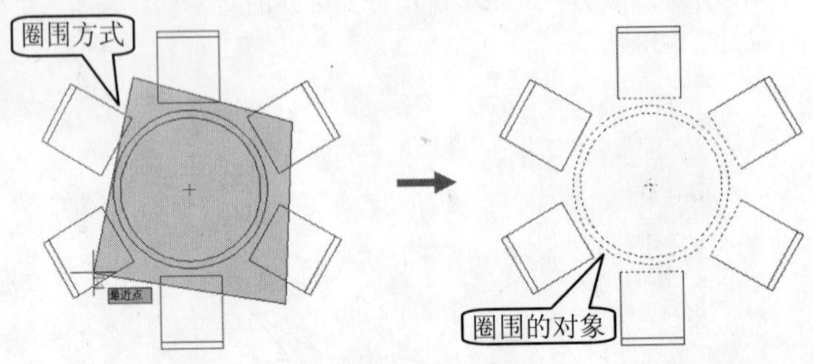

图 1- 41 “圈围”选择方式

- 圈交（CP）：该选项与窗交（C）选择方式类似，但它可以构造任意形状的多边形区域，包含在多边形窗口内的图形或与该多边形窗口相交的任意图形对象均被选中，如图 1-42 所示。

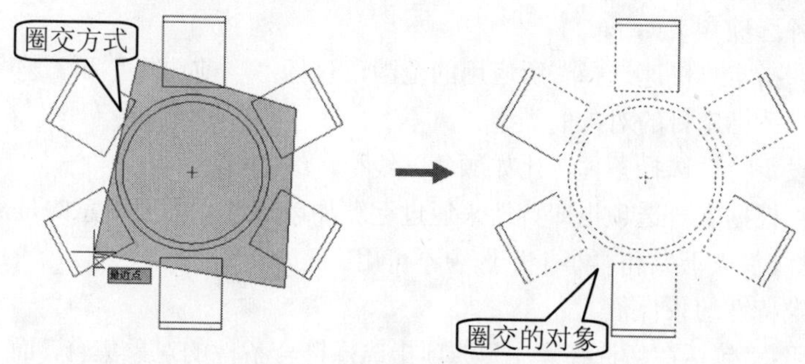

图 1- 42　“圈交”选择方式

- 编组（G）：输入已定义的选择集，系统将提示输入编组名称。
- 添加（A）：当用户完成目标选择后，还有少数目标没有选中时，可以通过此方式把目标添加到选择集中。
- 删除（R）：把选择集中的一个或多个目标对象移出选择集中。
- 前一个（P）：此方式用于选中前一次操作时所选择的对象。
- 放弃（U）：取消上一次所选中的目标对象。
- 自动（AU）：若拾取框正好有一个图形，则选中该图形；反之，则要求用户指定另一角点以选中对象。
- 单个（SI）：当命令行中出现“选择对象：”时，光标变为矩形拾取框光标□，单击要选中的目标对象即可。

(3) 根据上面的提示，用户输入其中的大写字母命令，可以指定对象的选择模式。

步骤 3　如何快速选择对象

使用如图 1-43 所示的“快速选择”对话框选择对象。

知识要点：

快速选择命令启动方法如下。

- 输入命令名：在命令行中输入或动态输入 QSELECT，并按 Enter 键。
- 下拉菜单：选择“工具>快速选择”命令。
- 没有执行其他命令的前提下，可在绘图区空白处单击鼠标右键，在弹出的快捷菜单中选取“快速选择”命令。

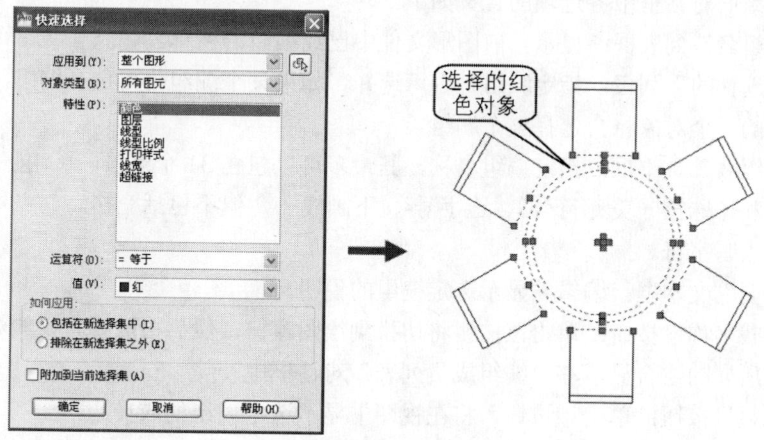

图 1-43　快速选择对象

快捷菜单中各选项含义如下。

- 应用到：指定“快速选择”所应用的范围，包括“当前选择”和“整个图形”。
- 对话类型：指定目的对象的类型。
- 特性：设定特性选择条件，比如颜色、线型、线宽等。
- 运算符：根据上一选项也即特性来通过运算加以甄选。需要注意的是，对于某些非数值特性，“大于”和“小于”选项不可用。
- 值：指定特性的条件值。
- 如何应用：“包括在新选择集中”选项指选择符合条件的对象集合，而“排除在新选择集之外”选项将反向选择不符合条件的对象集合。
- 附加到当前选择集：选择后用快速选择命令创建的集合将附加到当前已选择的集合中。

步骤 4 使用编组操作选择对象

使用如图 1-44 所示的“对象编组”对话框创建一种选择集，根据需要时选择对象。

知识要点：

“对象编组”对话框的启动方法如下。

命令行：在命令行中输入或动态输入 GROUP 或按 G，并按 Enter 键。

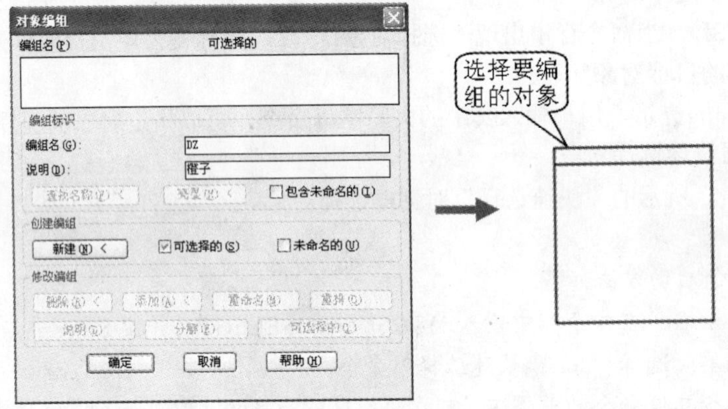

图 1-44　对象编组

“对象编组”对话框中各选项的含义如下。

- “编组名”列表框：显示当前图形文件中已经编组的名称。
- “可选择的”列表，指定编组是否可选择，如果某个编组为可选择编组，则选择该组中的一个对象将会选择整个编组。
- “编组名”文本框：指定编组名称，其最多可以包含 31 个字符，可用字符有字母、数字和特殊符（美元符号$、连字号-、下画线_），但不包括空格。其名称将自动转换为大写字符。
- “说明”文本框：编辑并显示选定编组的说明。
- “查找名称”按钮：单击该按钮将切换到绘图窗口，然后拾取要查找的对象后，系统将所属的组合显示在“编组成员列表”对话框中。
- “亮显”按钮：单击该按钮，将在视图中显示选定编组的成员。
- “包含未命名的”复选框：指定是否列出未命名编组。取消该复选框，则只显示已命名的编组。

- “新建”按钮：单击该按钮切换到视图窗口中，要求选择编组的图形对象。
- “删除”按钮：单击该按钮切换到视图窗口中，选择要从对象编组中删除的对象，然后按 Enter 键结束选择。

实用案例 1.9 设置绘图辅助功能

案例解读

手工绘图时，我们使用铅笔、三角板、丁字尺和圆规等绘图工具。在 AutoCAD 2010 中，我们通过捕捉对象以及使用栅格、设置正交模式等操作来画图。本案例我们要学习绘图辅助功能，为今后的绘图做好准备。只有熟练掌握了这些基础操作，才能使用 AutoCAD 2010 高效、高质地绘制图形。

要点流程

- 设置捕捉和栅格；
- 设置正交模式；
- 设置对象的捕捉模式；
- 设置自动与极轴追踪。

操作步骤

步骤 1 设置捕捉和栅格

①概念介绍。

“捕捉”命令用于设置鼠标光标移动的间距；“栅格”是一些标定位置的小点，使用它可以提供直观的距离和位置参照。

②打开“捕捉和栅格”选项卡。

选择“工具>草图设置”命令，将打开“草图设置”对话框。切换到“捕捉和栅格”选项卡中，可以启用或关闭“捕捉”和“栅格”功能，并设置“捕捉”和“栅格”的间距与类型，如图 1-45 所示。

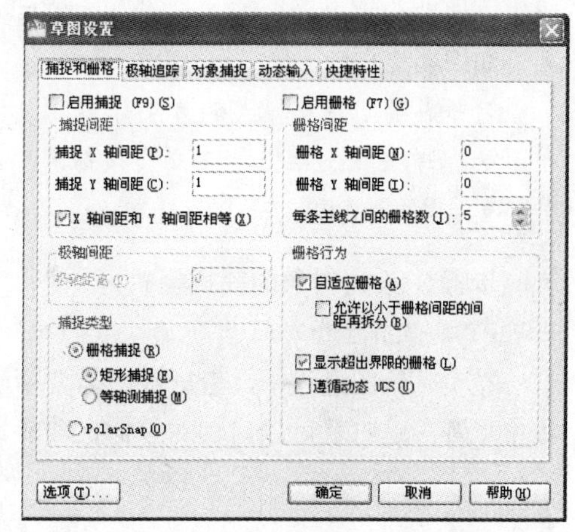

图 1-45 “捕捉和栅格”选项卡

“捕捉和栅格”选项卡中各选项含义如下。

- “启用捕捉”复选框：用于打开或关闭捕捉方式，可按 F9 键进行切换，也可在状态栏中单击按钮进行切换。
- “捕捉间距”设置区：用于设置 X 轴和 Y 轴的捕捉间距。
- “启用栅格”复选框：用于打开或关闭栅格的显示，可按 F7 键进行切换，也可在状态栏中单击按钮进行切换。当打开栅格状态时，用户可以将栅格显示为点矩阵或线矩阵，如图 1-46 所示。

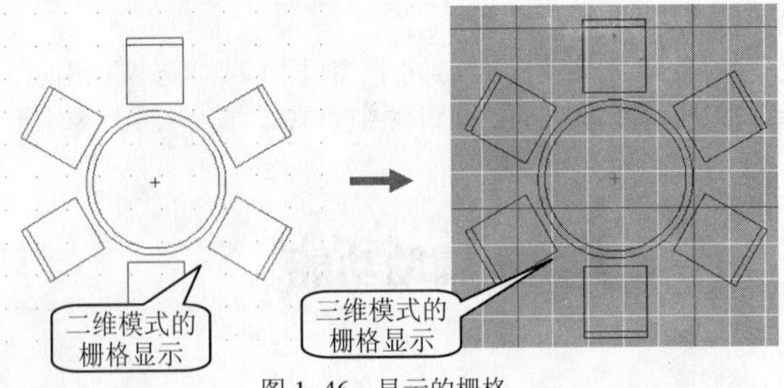

图 1-46　显示的栅格

- “栅格间距”设置区：用于设置 X 轴和 Y 轴的栅格间距，并且可以设置每条主轴的栅格数量。若栅格的 X 轴和 Y 轴间距为 0，则栅格采用捕捉 X 轴和 Y 轴间距的值。
- “栅格捕捉”单选框：可以设置捕捉样式为栅格。若选中“矩形捕捉”单选框，鼠标光标可以捕捉一个矩形栅格；若选中“等轴测捕捉”单选框，鼠标光标可以捕捉一个等轴测栅格。
- “极轴捕捉”单选框，可以设置捕捉样式为极轴捕捉，并且还可以设置极轴间距，此时光标将沿极轴角度或对象追踪角度进行捕捉。
- “自适应栅格”复选框：用于限制缩放时栅格的密度。
- “显示超出界限的栅格”复选框：用于确定是否显示图形界限之外的栅格。
- “遵循动态 UCS”复选框：跟随动态 UCS 的 XY 平面而改变栅格平面。

步骤 2　设置正交模式

在正交模式下画图，鼠标光标只能在水平和垂直方向上移动，因此用户在正交模式下可以很方便地绘制出平行于 X 轴或 Y 轴的线段。

知识要点：

打开或关闭正交模式的方法如下。

- ◆ 单击状态栏上“正交”按钮。
- ◆ 功能键 F8。

步骤 3　设置对象的捕捉模式

①概念介绍。

在实际绘图过程中，有时经常需要精确地找到已知图形的特殊点，如圆心点、切点、直线中点等，这时就可以启动对象捕捉功能。

注意

对象捕捉与捕捉不同，对象捕捉是把光标锁定在已知图形的特殊点上，它不是独立的命令，是在执行命令过程中被结合使用的模式。而捕捉是将光标锁定在可见或不可见的栅格点上，是可以单独执行的命令。

②调用对象捕捉模式的方法如下。

- “对象捕捉”工具栏。

- 按 Shift 键，同时单击鼠标右键，弹出快捷菜单。
- 在命令行中输入相应的缩写。

③“对象捕捉”工具栏。

“对象捕捉”工具栏如图 1-47 所示。在绘图过程中，需要指定点时，单击该工具栏中相应的特征点按钮，再将光标移到要捕捉的特征点附近，即可捕捉到所需要的点。

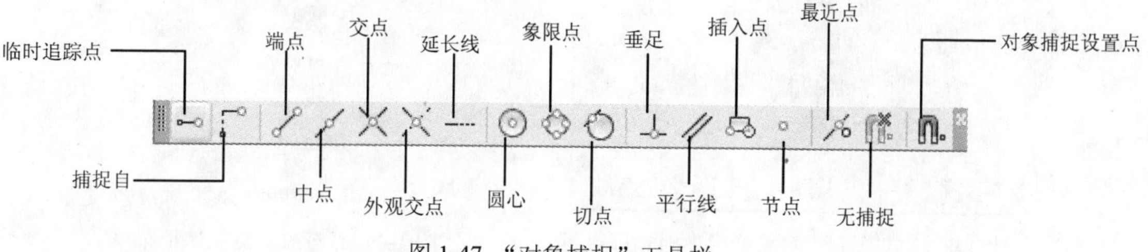

图 1-47 “对象捕捉”工具栏

④对象捕捉的设置。

绘图时需要频繁使用对象捕捉功能，为了方便用户，将某些对象捕捉方式设置为选中状态，这样当鼠标光标接近捕捉点时，系统将产生自动捕捉标记、捕捉提示和磁吸。

知识要点：

使用以下三种方式可以设置对象捕捉。

- 下拉菜单：选择“工具>草图设置”命令，弹出“草图设置”对话框。在“草图设置”对话框中，选择“对象捕捉”选项卡，如图 1-48 所示。
- 工具栏：在“对象捕捉”工具栏上单击“对象捕捉设置”按钮。
- 在状态栏上的“对象捕捉”状态上单击鼠标右键，然后在弹出的菜单中单击“设置”命令。
- 启用对象捕捉：选中该项，则在“对象捕捉模式”中选择的对象捕捉将处于有效状态。

单击状态栏上的“对象捕捉”按钮，或者使用功能键 F3 都可以打开或关闭对象捕捉。

- 启用对象捕捉追踪：选中该项，在命令中指定点时，光标可以沿基于其他对象捕捉点的对齐路径进行追踪；即用户先根据“对象捕捉”功能确定对象的某一特征点，然后以该点为基准点进行追踪，得到目标点。

单击状态栏上的“对象追踪”按钮，或者使用功能键 F11 都可以打开或关闭对象捕捉追踪。

- 对象捕捉模式：选择某一个对象捕捉模式，使之在启用了对象捕捉时有效。
- 全部选择：打开所有对象捕捉模式。
- 全部清除：关闭所有对象捕捉模式。

注意

当要求指定点时，按下 Shift 键或者 Ctrl 键，在绘图区任意一点单击鼠标右键，打开“对象捕捉”快捷菜单，如图 1-49 所示。

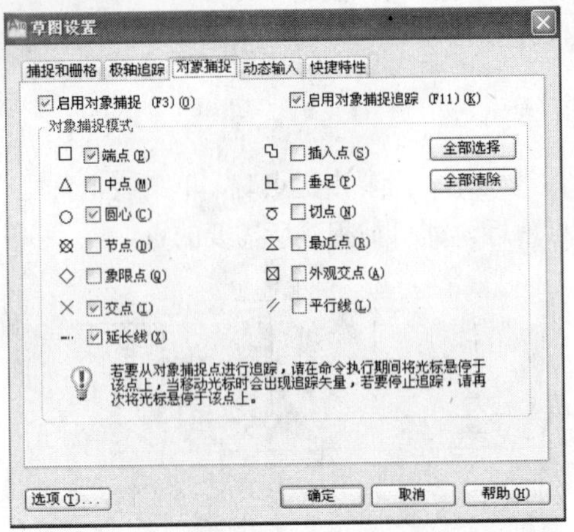

图 1-48 “草图设置-对象捕捉”对话框

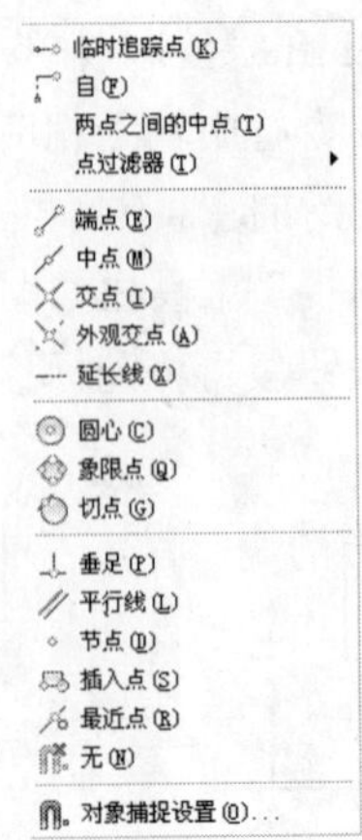

图 1-49 “对象捕捉”快捷菜单

步骤 4 设置自动与极轴追踪

①概念介绍。

自动追踪实质上也是一种精确定位点的方法，当要求输入的点在一定的角度线上，或者输入点与其他对象有一定的关系，从而可以利用自动追踪功能来确定点的位置。

自动追踪包括两种追踪方式：极轴追踪和对象捕捉追踪。极轴追踪是按事先给定的角度增量来追踪点；而对象捕捉追踪是按与已绘图形对象的某种特定关系来追踪，这种特定的关系确定了一个用户事先并不知道的角度。

> **注意**
>
> 如果用户事先知道要追踪的角度（方向），即可使用极轴追踪；而如果事先不知道具体的追踪角度（方向），但知道与其他对象的某种关系，则使用对象捕捉追踪，如图 1-50 所示。

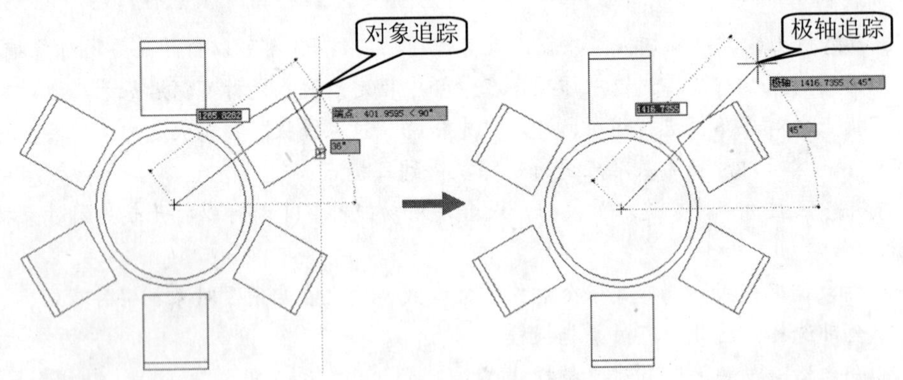

图 1-50 对象捕捉追踪和极轴追踪

②“极轴追踪”的设置方法如下。

- 下拉菜单：选择“工具>草图设置”命令，弹出“草图设置”对话框。在“草图设置”对话框中，选择“极轴追踪”选项卡，如图 1-51 所示。
- 状态栏：在状态栏的“极轴”上单击鼠标右键，然后在弹出的对话框中单击“设置”命令。

“极轴追踪”选项卡中各选项含义如下。

- “极轴角设置”设置区：用于设置极轴追踪的角度。默认的极轴追踪角度增量是 90 度，用户可在“增量角”下拉列表框中选择角度增量值。若该下拉列表框中的角度值不能满足用户的需求，可将下侧的“附加角”复选框选中。用户也可单击“新建”按钮并输入一个新的角度值，将其添加到附加角的列表框中。
- “对象捕捉追踪设置”设置区：若选择“仅正交追踪”单选框，可在启用对象捕捉追踪的同时，显示获取的对象捕捉点的正交对象捕捉追踪路径；若选择“用所有极轴角设置追踪”单选框，可以将极轴追踪设置应用到对象捕捉追踪，此时可以将极轴追踪设置应用到对象捕捉追踪上。
- “极轴角测量”设置区：用于设置极轴追踪对齐角度的测量基准。若选择“绝对”单选框，表示以当前用户坐标 UCS 的 X 轴正方向为 0 度角计算极轴追踪角；若选择“相对上一段”单选框，可以基于最后绘制的线段确定极轴追踪角度。

例如，运用“极轴跟踪”功能绘制一条斜线，其操作步骤如下。

- 选择“文件>新建”命令，建立新文件。
- 选择“工具>草图设置”命令，弹出“草图设置”对话框。在“草图设置”对话框中，选择“极轴追踪”选项卡。
- 在“极轴追踪”对话框中，选中“启用极轴追踪”复选框，并设置“增量角”为 45 度。
- 单击“确定”按钮，退出“极轴追踪”对话框。
- 在命令提示行中，输入直线命令“L”，并按 Enter 键。
- 在绘图窗口中单击，确定直线的第一点。移动光标，当光标经过 0 度角或者 45 度角时，绘图窗口中将显示对齐路径和工具栏提示，如图 1-52 所示。

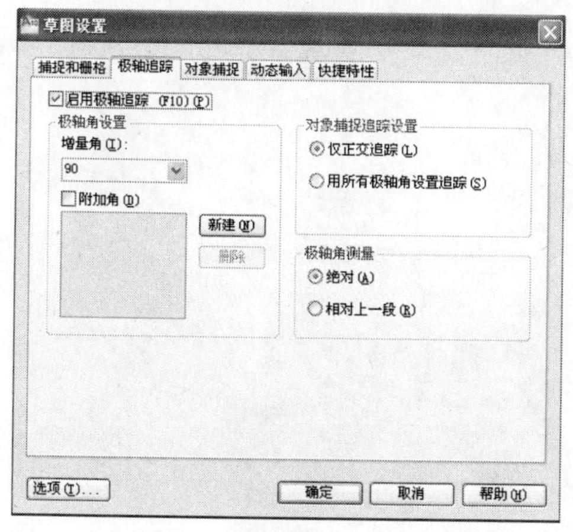

图 1-51 “极轴追踪”选项卡

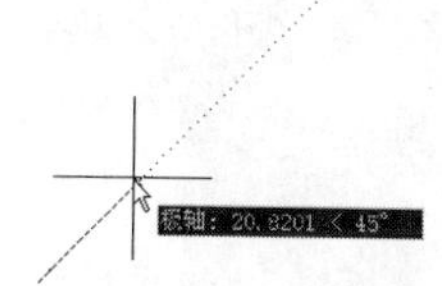

图 1-52 极轴追踪——斜线

- 此时输入斜线长度 30，并按 Enter 键。
- 按 Enter 键结束直线命令。绘图窗口中画出了一条与 X 轴正方向成 45 度角，长为 30 个单位的直线。
- 选择“文件>保存”命令，文件名定义为“斜线”，保存该文件。

第 2 章 绘图环境设置

本章导读

用户在绘制图形之前，应该在脑海里有一个全方位的轮廓。同样，使用 AutoCAD 绘制图形也是如此，事先设置好 AutoCAD 的绘图环境及参数，包括设置坐标系、设置图形界限及单位、进行图形的显示与控制、通过图层来控制图形等，从而能够更加灵活、快速、得心应手地绘制图形，使绘制的图形也更加具有灵活性，这才是一个优秀的绘图人员所必须掌握的技能。

本章主要学习以下内容：

- 掌握 AutoCAD 坐标系的类型及输入方法
- 掌握 AutoCAD 绘图单位及界限的设置方法
- 掌握 AutoCAD 绘制环境的配置方法
- 掌握图形的缩放与平移操作
- 掌握视图的命名与恢复操作
- 掌握视口的创建与设置方法
- 掌握图层的新建与删除方法
- 掌握图层的特性设置
- 掌握图形对象的特性设置方法

实用案例 2.1　如何设置坐标系

案例解读

对象在空间中的位置是通过坐标系来确定的。通过建立坐标系，输入正确的坐标值，才能使绘图准确、高效。在 AutoCAD 2010 中根据对象的不同，坐标系可分为世界坐标系（WCS）和用户坐标系（UCS）两种。图形文件中的所有对象都可以由 WCS 定义。某些情况下，使用 UCS 创建和编辑对象将更方便更快捷。

本案例将详细介绍世界坐标系和用户坐标系是如何定义的，这将为进一步的绘图奠定基础。

要点流程

- 世界坐标系；
- 用户坐标系。

操作步骤

步骤 1 世界坐标系

依据笛卡儿右手坐标系来确定图形中的各点位置，X 轴为水平方向，Y 轴为垂直方向，Z 轴为垂直于 XY 平面的方向，原点 O 的坐标为（0，0，0）。世界坐标系是一个固定不变的坐标系，是默认的坐标系，可简称为 WCS（World Coordinate System）。

知识要点：

◆ 直角坐标系

直角坐标系是由一个坐标为（0，0）的原点和通过原点且相互垂直的两个坐标轴 X 轴、Y 轴构成的。其中，X 轴为水平方向，向右为正方向；Y 轴为垂直方向，向上为正方向。通过一组坐标值（X，Y）来定义某点的位置。

◆ 极坐标系

极坐标系是由一个极点和一个水平向右的极轴构成的。点的位置可通过该点到极点的连线长度 L 和该连线与极轴的交角 θ（逆时针方向为正）确定，即通过一组坐标值（$L<\theta$）来定义点的位置。

◆ 相对坐标

在某些情况下，用户需要直接通过点与点之间的相对位移来绘制图形，这就需要使用相对坐标。在 AutoCAD 2010 中用“@”标示相对坐标。相对坐标可以使用直角坐标，也可以使用极坐标。

例如，某一条直线的起点坐标为（8，8），终点坐标为（8，10），则终点相对于起点的相对坐标为（@0，2），用相对极坐标表示应为（@2<90）。

◆ 坐标值的显示

在系统的状态栏中显示当前光标的位置坐标。在 AutoCAD 2010 中，坐标值有三种显示状态：

➢ 绝对坐标。

- 相对极坐标。
- 关闭状态：颜色变为灰色。

◆ 用户可以通过下述三种方法在三种状态之间进行切换。

- 按 F6 键或按“Ctrl+D”组合键在三种状态之间切换。
- 双击状态栏中显示坐标值的区域，进行切换。
- 在状态栏中显示坐标值的区域，单击鼠标右键弹出快捷菜单，在菜单中选择所需要的状态。

步骤 2 用户坐标系

为了便于编辑对象，相对于世界坐标系，用户可以建立无限多的用户坐标系，用户坐标系是一个可以移动的坐标系，简称为 UCS（User Coordinate System）。

知识要点：

新建用户坐标系的方法介绍如下。

◆ 下拉菜单：选择“工具>新建 UCS”命令。

◆ 输入命令名：在命令行中输入或动态输入 UCS，并按 Enter 键。

命令行操作如下。

```
命令: _ucs
当前 UCS 名称: *世界*
指定 UCS 的原点或[面(F)/命名(NA)/对象(OB)/上一个(P)/视图(V)/世界(W)/X/Y/Z/Z 轴(ZA)] <世界>: _x
指定绕 X 轴的旋转角度 <90>:
```

由命令行操作可以看出，除了用 X 轴来定义用户坐标系之外，还可以用其他几种方式来新建用户坐标系。

命令行中各选项含义如下。

- 默认选项：是“指定 UCS 的原点”，选择该种方式时将要求移动当前 UCS 的原点到指定的位置，保持其 X 轴、Y 轴和 Z 轴方向不变，从而定义新的 UCS。
- “面”选项：输入命令“F”，将 UCS 与实体对象的选定面对齐。
- “命名”选项：按名称保存并恢复通常使用的 UCS 方向。
- “对象”选项：根据选定的三维对象定义新的坐标系。该选项使得选择的对象位于新 UCS 的 XY 平面。
- “上一个”选项：恢复上一个使用的 UCS。
- “视图”选项：以平行于屏幕的平面为 XY 平面，建立新的坐标系，UCS 原点保持不变。
- “X/Y/Z”选项：绕指定轴旋转当前 UCS。
- “Z 轴”选项：定义 UCS 中的 Z 轴正半轴，从而确定 XY 平面。

实用案例 2.2　用四种坐标输入方式绘制长方形

效果文件：	CDROM\02\效果\长方形.dwg
演示录像：	CDROM\02\演示录像\长方形.exe

案例解读

在 AutoCAD 2010 中，点的坐标可以使用绝对直角坐标、绝对极坐标、相对直角坐标和相对极坐标四种方法表示。本案例就是用这四种输入方式绘制长方形，以便读者能更直观地认识四种坐标输入方式。

要点流程

- 使用绝对直角坐标方式绘制矩形；
- 使用绝对极坐标方式绘制矩形；
- 使用相对直角坐标方式绘制矩形；
- 使用相对极坐标方式绘制矩形。

操作步骤

步骤 1 绝对直角坐标方式

①概念介绍。

绝对直角坐标指当前点相对坐标原点的坐标值。

②绘制矩形。

```
命令：l
LINE 指定第一点：0，0
指定下一点或 [放弃(U)]：30，0
指定下一点或 [闭合(C)/放弃(U)]：30，40
指定下一点或 [闭合(C)/放弃(U)]：0，40
指定下一点或 [闭合(C)/放弃(U)]：c
```

步骤 2 相对直角坐标方式

①概念介绍。

相对直角坐标是指当前点相对于某一个点的坐标增量。相对直角坐标前加“@”符号。

②绘制矩形。

```
命令：l
LINE 指定第一点：0，0
指定下一点或 [放弃(U)]：@30，0
指定下一点或 [放弃(U)]：@0，40
指定下一点或 [闭合(C)/放弃(U)]：@-30，0
指定下一点或 [闭合(C)/放弃(U)]：c
```

步骤 3 绝对极坐标方式

①概念介绍。

绝对极坐标用“距离<角度”表示。距离为该点到坐标原点的距离，角度为该点和坐标原点的连线与 X 轴正向的夹角。

②绘制矩形。

```
命令：l
```

```
LINE 指定第一点: 0, 0
指定下一点或 [放弃(U)]: 30<0
指定下一点或 [放弃(U)]: 50<53
指定下一点或 [闭合(C)/放弃(U)]: 40<90
指定下一点或 [闭合(C)/放弃(U)]: c
```

步骤 4 相对极坐标方式

①概念介绍。

相对极坐标用“@距离<角度”表示，例如“@10<30”表示两点之间的距离为 10，两点的连线与 X 轴正向夹角为 30 度。例如 A 点的绝对极坐标为“50<30”，B 点相对 A 点的相对极坐标为“@10<30”，则 B 点的绝对极坐标为“60<30”。

②绘制矩形。

```
命令: l
LINE 指定第一点: 0,0
指定下一点或 [放弃(U)]: @30<0
指定下一点或 [放弃(U)]: @40<90
指定下一点或 [闭合(C)/放弃(U)]: @-30<0
指定下一点或 [闭合(C)/放弃(U)]: c
```

注意

在输入点的坐标时，要综合考虑这四种方法，从中选用最简便的方法。在实用案例 2.2 中，我们也可以使用“矩形”命令直接画出该长方形。

实用案例 2.3　设置图形单位和界限

案例解读

在手工画图之前，我们要准备好图纸和尺子。图纸即是给定图形的界限，尺子则相当于确定图形的单位。本案例讲解在 AutoCAD 2010 中如何确定图形单位和图形界限。

要点流程

- 设置图形单位；
- 设置图形界限。

操作步骤

步骤 1 设置图形单位

用如图 2-1 所示的“图形单位”对话框设置图形单位。

知识要点：

要设置图形的单位，可通过以下方法。

◆ 下拉菜单：选择“格式>单位”命令。

◆ 输入命令名：在命令行中输入或动态输入 UNITS，并按 Enter 键。

"图形单位"对话框中各选项含义如下。

- 长度的类型和精度

在长度的类型下拉列表框中选择长度类型，系统提供的长度类型有分数、工程、建筑、科学、小数五种。其中"工程"和"建筑"类型提供英尺和英寸显示。

在精度下拉列表框中选择绘图精度，即小数点后的保留位数或分数大小。

- 角度的类型和精度

在角度的类型下拉列表框中选择角度类型，系统提供的角度类型有十进制度数、百分度、度/分/秒、弧度、勘测单位五种。

在精度下拉列表框中选择角度精度。

"顺时针"复选框，用来确定是否按顺时针方向测量角度。系统默认按逆时针方向测量角度。

- 当修改单位时，"输出样例"部分将显示出该单位的示例。
- 用于缩放插入内容的单位：是指选择插入到当前图形中的块和图形的单位。如果块或图形创建时使用的单位与该选项指定的单位不同，则在插入这些块或图形时，将对其按比例缩放。插入比例是源块或图形使用的单位与目标图形使用的单位之比。如果插入块时不按指定单位缩放，应选择"无单位"选项。
- 光源：选择光源强度的单位。
- 方向：在"图形单位"对话框中，单击"方向"按钮，弹出"方向控制"对话框，如图 2-2 所示。在该对话框中，可以设置基准角度的起始方向。系统默认的角度基准是朝东方向为零度。

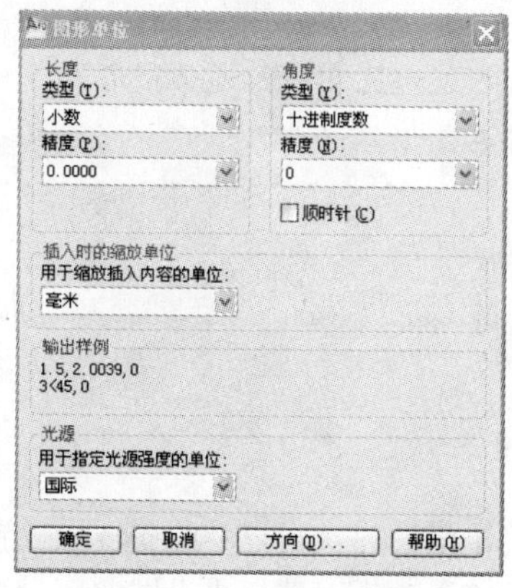

图 2-1 "图形单位"对话框

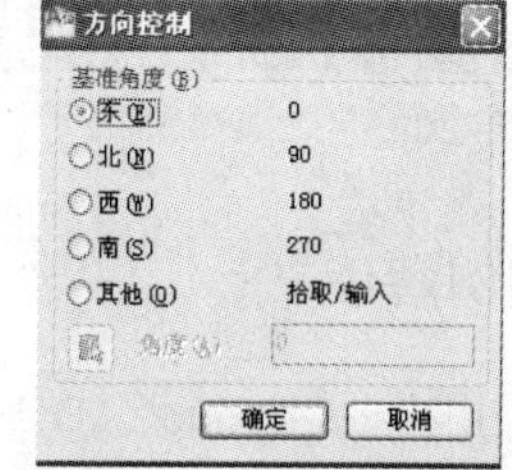

图 2-2 "方向控制"对话框

注意

当源块或目标图形中的"插入比例"设置为"无单位"时，可以在"选项"对话框的"用户系统配置"选项卡中的"源内容单位"和"目标图形单位"设置单位，便于出图。如果绘图时没有特殊要求，建议保留默认设置。

步骤 2 设置图形界限

① 概念介绍。

在开始绘制图形之前，需要指明图形的边界，规定出图形的作图范围，如同我们画图时首先要确定图纸大小一样。

(2) 用图形界限命令设置图形界限。

知识要点：

图形界限命令的启动方法如下。

- 下拉菜单：选择“格式>图形界限”命令。
- 输入命令名：在命令行中输入或动态输入 LIMITS，并按 Enter 键。

此时命令行的提示如下。

```
指定左下角点或 [开(ON)/关(OFF)] <0.0000,0.0000→:
```

命令行中各选项含义如下。

- 开(ON)：选择该项，进行图形界限检查，在超出图形界限的区域内不能绘制图形。
- 关(OFF)：选择该项，不进行图形界限检查，在超出图形界限的区域内可以绘制图形，该选项是系统的默认选项。
- 指定左下角点：设置图形左下角的位置，输入一个坐标值并按 Enter 键，也可以在绘图区选定某点。如果同意括号内的默认值，直接按 Enter 键。

确定左下角后，AutoCAD 2010 将继续提示如下。

```
指定右上角点 <420.0000,297.0000→:
```

- 设置图形右上角的位置，输入一个坐标值并按 Enter 键，也可以在绘图区选定某个点。如果同意括号内的默认值，直接按 Enter 键。

注意

图形界限只检查输入点，所以对象的延伸部分有可能超出界限。通常图形界限的设置是以图纸的大小为依据的，全部图形对象必须都绘在图形界限内。

实用案例 2.4　配置绘图环境

案例解读

当用户使用 AutoCAD 时，如果对当前的绘图环境不满意时，可以将绘图环境设置成自己所需要的。在 AutoCAD 中，用户可通过系统提供的“选项”对话框来设置各项参数。本案例将详细介绍“选项”对话框的各个选项卡功能。

要点流程

- 显示配置；
- 打开和保存配置；
- 系统配置；
- 用户系统配置；
- 草图配置；

- 选择配置。

操作步骤

步骤 1 显示配置

打开如图 2-3 所示的“选项”对话框的“显示”选项卡，在该选项卡中设置系统的各项显示。

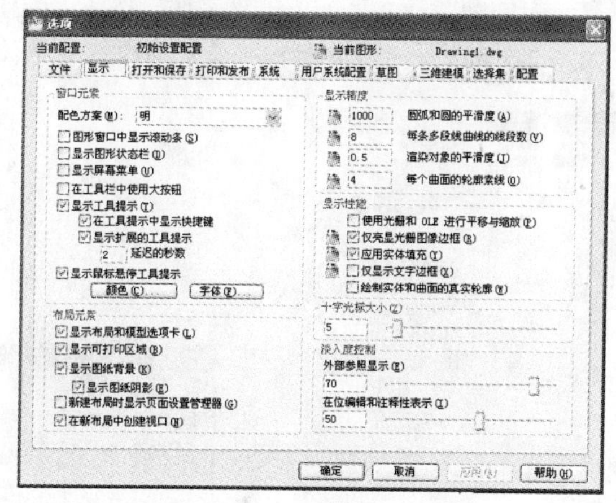

图 2-3 “选项-显示”对话框

知识要点：

“选项”对话框的启动方法如下。

- 下拉菜单：选择“工具>选项”命令。
- 输入命令名：在命令行中输入或动态输入 OPTIONS 或 OP，按 Enter 键。
- 快捷菜单：当未运行操作命令，也未选择任何对象时，在绘图区域中单击鼠标右键，在弹出的快捷菜单中选择“选项”命令。

“选项”对话框中“显示”选项卡中各选项含义如下。

- “窗口元素”选项区域
  - 配色方案：以深色或亮色控制元素（例如状态栏、标题栏、功能区栏和菜单浏览器边框）的颜色设置。
  - 图形窗口中显示滚动条：选中该项，在绘图区域的底部和右侧显示滚动条。
  - 显示图形状态栏：选中该项，在绘图区域的底部显示图形的状态栏。
  - 显示屏幕菜单：选中该项，在绘图区域的右侧显示屏幕菜单。
  - 在工具栏中使用大按钮：选中该项，在工具栏中以 32 像素×30 像素显示按钮图标。系统默认的按钮图标显示尺寸为 15 像素×16 像素。
  - 显示工具提示：选中该项，当鼠标光标停留在工具栏的按钮上时，显示该按钮的功能提示。
  - 在工具提示中显示快捷键：当鼠标光标停留在工具栏的按钮上时，显示该工具的快捷键。
  - 显示扩展的工具提示：控制扩展工具提示的显示。
  - 延迟的秒数：设置显示基本工具提示与显示扩展工具提示之间的延迟时间。

- 显示鼠标悬停工具提示：控制亮显对象的工具提示的鼠标悬停显示。ROLLOVERTIPS 系统变量控制鼠标悬停工具提示的显示。
- 修改窗口中各元素的颜色：单击“颜色”按钮，弹出“图形窗口颜色”对话框，如图 2-4 所示。在“背景”框中选择所需的背景，在“界面元素”框中选择元素名称，“颜色”框中将显示选中元素的当前颜色。此时在“颜色”下拉列表中选择一种新颜色，单击“应用并关闭”按钮完成对窗口元素颜色的修改。
- 设置命令窗口中的命令行文字：单击“字体”按钮，弹出“命令行窗口字体”对话框，如图 2-5 所示。在该对话框中设置命令行的字体、字形和字号。

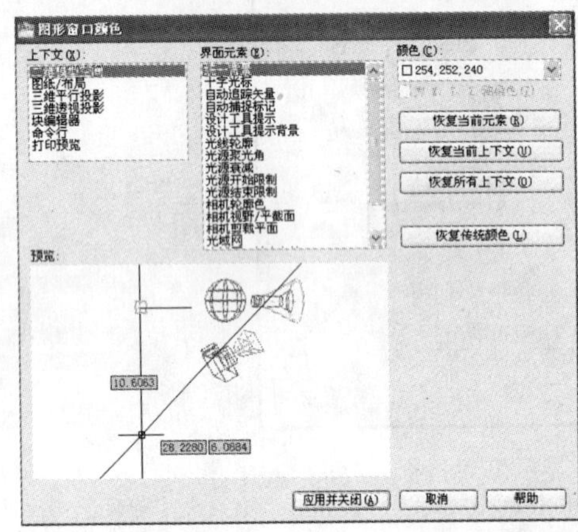

图 2-4 “图形窗口颜色”对话框

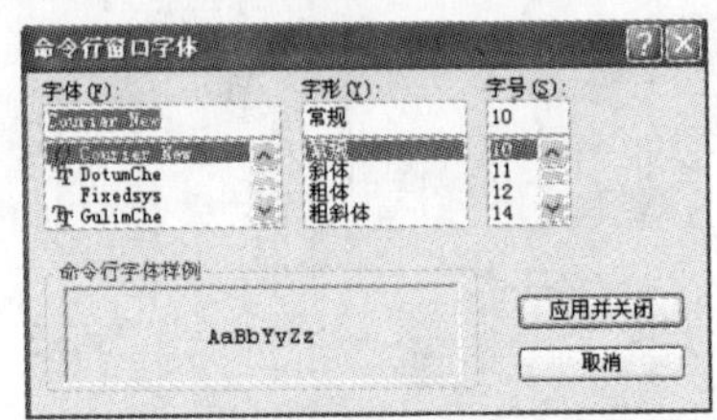

图 2-5 “命令行窗口字体”对话框

- “显示精度”选项区域
  - 圆弧和圆的平滑度：数值越大，图像越平滑。但是该数值的增大会延长平移、缩放、重生成等操作的运行时间。取值范围从 1 到 20000，系统默认的平滑度是 1000。
  - 每条多段线曲线的线段数：设置每条多段线曲线生成的线段数目。数值越大，显示速度越慢。取值范围从-32767 到 32767，默认值为 8。
  - 渲染对象的平滑度：设置着色和渲染曲面的平滑度。系统将“渲染对象的平滑度”的数值乘以“圆弧和圆的平滑度”的数值来确定如何显示实体对象。数值越大，显示速度越慢，渲染时间也越长。取值范围从 0.01 到 10，默认值是 0.5。
  - 每个曲面的轮廓素线：设置对象上每个曲面的轮廓线数目。数目越大，显示速度越慢，渲染时间也越长。取值范围从 0 到 2047，默认值是 4。
- “布局元素”选项区域
  - 显示布局和模型选项卡：选中该项，在绘图区域的底部显示布局和模型选项卡。
  - 显示可打印区域：选中该项，显示布局中的可打印区域。虚线内的区域是可打印区域，打印区域的大小由所选的输出设备决定。
  - 显示图纸背景：选中该项，显示布局中指定的图纸尺寸。图纸背景的尺寸是由图纸尺寸和打印比例确定的。
  - 显示图纸阴影：选中该项，在布局中图纸背景的周围显示阴影。仅在选中“显示图纸背景”选项后，该项才有效。
  - 新建布局时显示页面设置管理器：建立新布局时将显示页面设置管理器，设置图纸和打印设置的相关选项。

➢ 在新布局中创建视口：选中该项，在创建新布局时，将建立单个视口。

- “显示性能”选项区域

  ➢ 使用光栅和 OLE 进行平移与缩放：选中该项，平移和缩放时显示光栅图像和 OLE 对象。

  ➢ 仅亮显光栅图像边框：选中该项，则在选中光栅图像时，只亮显该图像的边框。

  ➢ 应用实体填充：选中该项，将显示图形中的实体填充。带有实体填充的对象包括多线、宽线、实体、所有图案填充（包括实体填充）和宽多段线。选中该项后，必须使用 REGEN 或 REGENALL 命令重新生成图形，才能使该设置生效。

  ➢ 仅显示文字边框：选中该项，则图形的文字部分只显示文字边框而不显示文字。必须使用 REGEN 或 REGENALL 命令重新生成图形，才能使该设置生效。

  ➢ 绘制实体和曲面的真实轮廓：控制在当前视觉样式设置为二维线框或三维线框时，是否显示三维实体对象的轮廓边。此外，该选项还决定了当三维实体对象被隐藏时是否绘制或显示网格。

- “十字光标大小”选项区域

  ➢ 通过指定“十字光标大小”框中光标与屏幕大小的百分比，来调节十字光标的尺寸。取值范围从 1%到 100%，默认值为 5%。

- 淡入度控制

  ➢ 外部参照显示：指定外部参照图形的淡入度的值。此选项仅影响屏幕上的显示。它不影响图形的打印或打印预览。XDWGFADECTL 系统变量定义 DWG 外部参照的淡入百分比。有效范围是-90 至 90 之间的整数。默认设置是 70%。如果 XDWGFADECTL 设置为负值，则不会启用外部参照淡入功能，但会存储设置。

  ➢ 在位编辑和注释性表示：在位参照编辑的过程中指定对象的淡入度值。未被编辑的对象将以较低强度显示。XFADECTL 系统变量，通过在位编辑参照，可以编辑当前图形中的块参照或外部参照。有效值范围从 0%到 90%，默认设置为 50%。

例如，用“显示配置”功能改变背景颜色，操作步骤如下。

- 选择“文件>打开”命令，打开附盘中的“背景素材.dwg”文件，如图 2-6 所示。
- 选择“工具>选项”命令，弹出的“选项”对话框。
- 在弹出的“选项”对话框中，选择“显示”选项卡。
- 在“窗口元素”选项区域内，单击“颜色”按钮，弹出“图形窗口颜色”对话框。
- 在“背景”框中选择“二维模型空间”，在“界面元素”框中选择“统一背景”，在“颜色”框中将颜色改为“白色”，如图 2-4 所示。
- 单击“应用并关闭”按钮完成对背景颜色的修改，如图 2-7 所示。

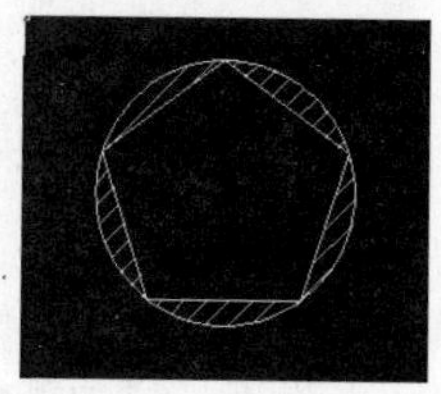

图 2-6　黑色背景

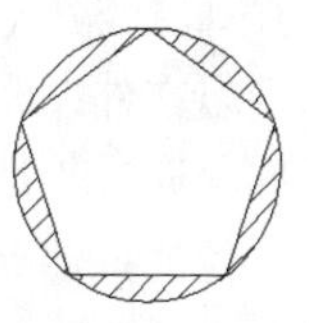

图 2-7　白色背景

步骤 2 打开和保存配置

在“选项”对话框，选择“打开和保存”选项卡，如图 2-8 所示。在该选项卡中，可以设置系统打开和保存文件的相关选项。

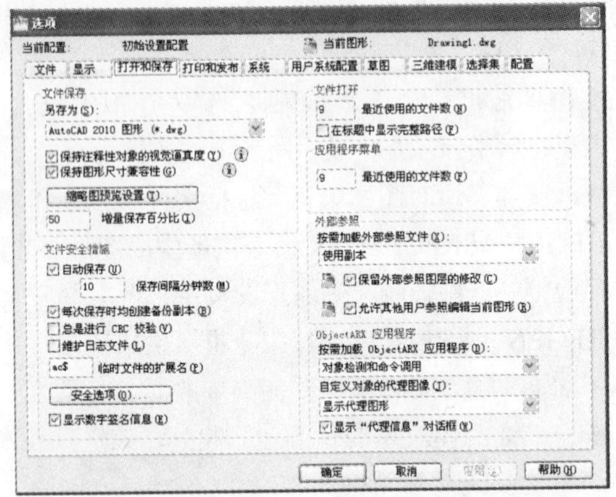

图 2-8 “选项”对话框

“打开和保存”选项卡中各选项含义如下。

- “文件保存”选项区域
  - 另存为：指定保存文件时所使用的文件格式。
  - 保持注释性对象的视觉逼真度：选中该项，在 AutoCAD 2010 以前的版本中查看注释性对象时，将保持其视觉逼真度。
  - 保持图形尺寸兼容性：指定是否使用 AutoCAD 2010 及之前版本的对象大小限制来代替 AutoCAD 2010 的对象大小限制。单击信息图标以了解有关对象大小限制以及它们如何影响打开和保存图形的信息。
  - 缩略图预览设置：单击“缩微预览设置”按钮，弹出“缩略图预览设置”对话框，如图 2-9 所示。此对话框控制保存图形时是否更新缩略图预览。
  - 增量保存百分比：增量保存比较快，但会增加图形的大小。完全保存将消除浪费的空间。如果将“增量保存百分比”设置为 0，则每次保存都是完全保存。
- “文件安全措施”选项区域
  - 自动保存：指定在某一段时间间隔，系统定期自动保存图形。
  - 每次保存时均创建备份副本：选中该项，在保存图形时创建图形的备份副本。备份副本创建在与图形文件相同的位置。
  - 总是进行 CRC 校验：该选项决定了每次将对象读入图形时是否执行循环冗余校验（CRC）。由于硬件问题或 AutoCAD 错误造成的图形破坏，可选中此项，进行 CRC 校验。
  - 维护日志文件：选中该项，将文本窗口的内容写入日志文件。日志文件的位置和名称，通过“选项”对话框中的“文件”选项卡设置。
  - 临时文件的扩展名：指定临时文件的扩展名，默认的扩展名是.ac$。
  - 安全选项：单击“安全选项”按钮，弹出“安全选项”对话框，如图 2-10 所示。在该对话框中，可以为文件设置密码和数字签名。

➢ 显示数字签名信息：选中该项，打开带有有效数字签名的文件时，将显示数字签名信息。

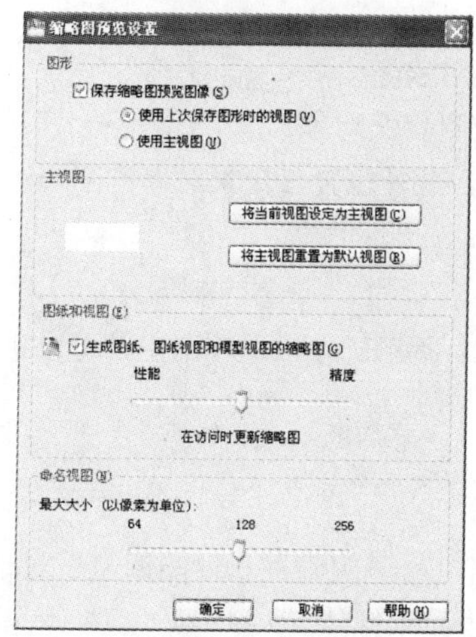

图 2-9 “缩微预览设置”对话框

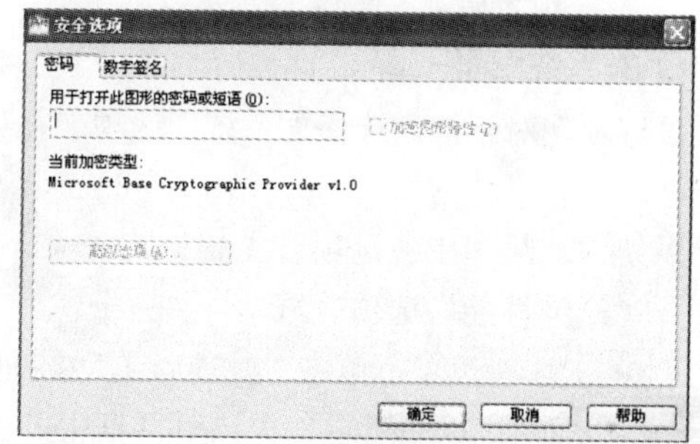

图 2-10 “安全选项”对话框

- “文件打开”选项区域
  ➢ 最近使用文件数：指定“文件”菜单中所列出的最近使用过的文件数目，以便快速调用该文件。该项的有效值为 0~9，默认值为 4。
  ➢ 在标题中显示完整路径：选中该项，在图形的标题栏中显示出当前图形文件的完整路径。
- 应用程序菜单
  ➢ 最近使用的文件数：控制 “最近使用的文档”快捷菜单中所列出的最近使用过的文件数。有效值为 0~50。
- “外部参照”选项区域
  ➢ 按需加载外部参照文件：具体介绍如下。
  禁用：关闭按需加载。
  启用：打开按需加载。选中此项，当文件被参照时，其他用户不能编辑该文件。
  使用副本：打开按需加载，仅使用参照图形的副本。其他用户可以编辑原始图形。
  ➢ 保留外部参照图层的修改：保存对依赖外部参照图层的图层特性和状态的修改。重新加载该图形时，当前被指定给依赖外部参照图层的特性将被保留。
  ➢ 允许其他用户参照编辑当前图形：选中该项，当前图形被其他图形参照时，可以在位编辑当前图形。
- “ObjectARX 应用程序”选项区域
  ➢ 按需加载 ObjectARX 应用程序：当图形含有第三方应用程序创建的自定义对象时，该选项可以指定是否以及何时按需加载此应用程序。
  关闭按需加载：不执行按需加载。
  自定义对象检测：在打开包含自定义对象的图形时，按需加载源应用程序。
  命令调用：在调用源应用程序的某个命令时，按需加载该应用程序。
  对象检测和命令调用：在打开包含自定义对象的图形时，按需加载该应用程序。

在调用源应用程序的某个命令时，按需加载该应用程序。

- ➢ 自定义对象的代理图像：管理图形中自定义对象的显示方式，可分为以下几项。
  显示代理图形：在图形中显示自定义对象。
  不显示代理图形：在图形中不显示自定义对象。
  显示代理边框：在图形中显示方框来代替自定义对象。
- ➢ 显示“代理信息”对话框：选中该复选框，打开包含自定义对象的图形时将出现警告。

步骤 3 系统配置

在“选项”对话框，选择“系统”选项卡，如图 2-11 所示。在该选项卡中，可以进行系统设置。

“系统”选项卡中各选项含义如下。

- “三维性能”选项区域
  - ➢ 性能设置：单击“性能设置”按钮，弹出“自适应降级和性能调节”对话框，如图 2-12 所示。在该对话框中，控制三维显示性能。

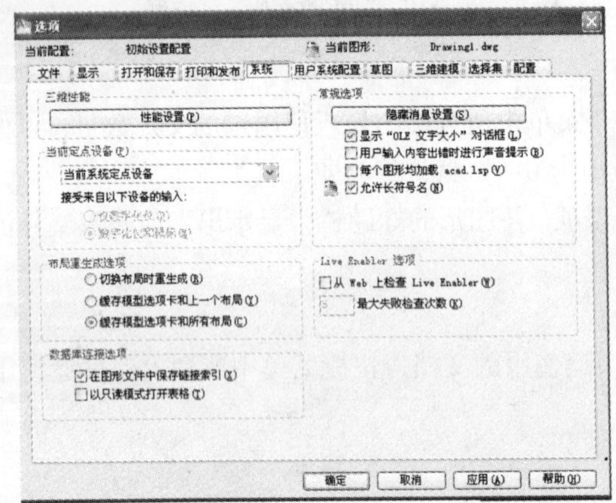

图 2-11 “选项-系统”对话框

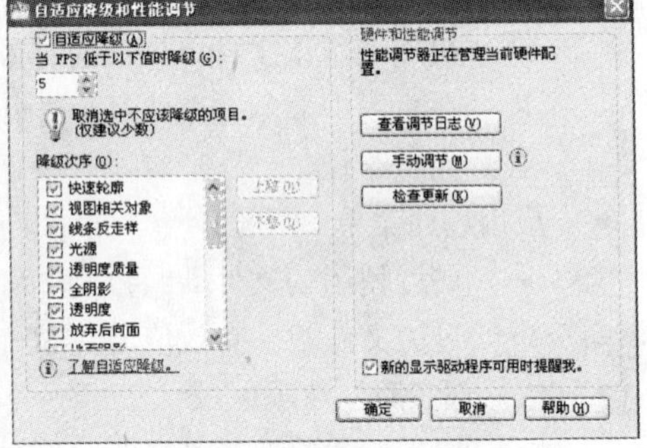

图 2-12 “自适应降级和性能调节”对话框

- “当前定点设备”选项区域
  - ➢ 当前系统定点设备：从下拉列表中选择定点设置。
  - ➢ 接受来自以下设备的输入：指定 AutoCAD 是同时接受鼠标和数字化仪的输入，还是只接受数字化仪的输入。
- “布局重生成选项”选项区域
  - ➢ 切换布局时重生成：每次切换选项卡都会重新生成图形。
  - ➢ 缓存模型选项卡和上一个布局：对于当前的模型选项卡和当前的上一个布局选项卡，将显示列表保存到内存中，并且在切换两个选项卡时禁止重新生成。对于其他的布局选项卡，切换到它们时仍然重新生成。
  - ➢ 缓存模型选项卡和所有布局：第一次切换到每个选项卡时重生成图形。对于绘图任务中的其余选项卡，显示列表将保存到内存中，当切换到这些选项卡时禁止重新生成。
- “数据库连接选项”选项区域

- ➢ 在图形文件中保存链接索引：在图形文件中保存数据库索引。
- ➢ 以只读模式打开表格：在图形文件中以只读模式打开数据库表。

● “常规选项”选项区域

- ➢ 隐藏消息设置：单击该按钮，打开“隐藏消息设置”对话框，该对话框用于显示标记为“不再次显示”或“始终使用对话框中指定选项”的所有对话框。
- ➢ 显示“OLE 文字大小”对话框：当 OLE 对象插入图形时，显示“OLE 文字大小”对话框。
- ➢ 用户输入内容出错时进行声音提示：当检测到无效输入时，进行声音提示。
- ➢ 每个图形均加载 acad.lsp：指定是否将 acad.lsp 文件加载到每个图形中。如果取消该项，那么只把 acaddoc.lsp 文件加载到图形文件中。
- ➢ 允许长符号名：允许在图形定义表中使用长名称命名对象。对象名称最多可以是 255 个字符，包括字母、数字、空格和任何 Windows 与 AutoCAD 2010 未作其他用途的特殊字符。

● “Live Enabler 选项”选项区域

- ➢ 从 Web 上检查 Live Enabler：检查 Autodesk 的网站上是否有对象激活器。
- ➢ 最大失败检查次数：设置在检查对象激活器失败后继续进行检查的次数。

步骤 4 用户系统配置

在“选项”对话框，选择“用户系统配置”选项卡，如图 2-13 所示。在该选项卡中，可以进行系统优化设置。

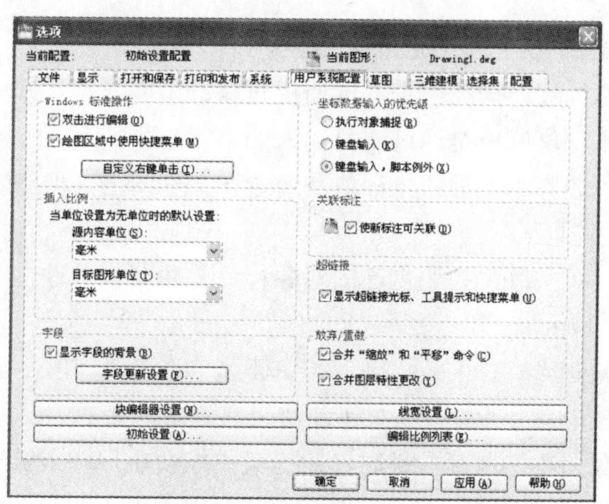

图 2-13 “选项”对话框

“用户系统配置”选项卡中各选项含义如下。

● “Windows 标准操作”选项区域

- ➢ 双击进行编辑：选中该项，在绘图区域中双击，则对图形进行编辑操作。
- ➢ 绘图区域中使用快捷菜单：选中该项，在绘图区域中单击鼠标右键可以显示快捷菜单；不选该项，则单击鼠标右键代表按 Enter 键。
- ➢ 自定义右键单击：单击“自定义右键单击”按钮，弹出“自定义右键单击”对话框，如图 2-14 所示。在该对话框中，用户可分别定义默认模式、编辑模式和命令模式下单击鼠标右键的作用。

- “插入比例”选项区域
  - ➢ 源内容单位：在没有指定单位时，设置被插入到图形中的对象的单位。
  - ➢ 目标图形单位：在没有指定单位时，设置当前图形中对象的单位。
- “字段”选项区域
  - ➢ 显示字段的背景：用浅灰色背景显示字段，打印时不会打印背景色。若未选择该项，则用与文字相同的背景显示字段。
  - ➢ 字段更新设置：单击“字段更新设置”按钮，弹出“字段更新设置”对话框，如图 2-15 所示。在该对话框中，选择在何种情况下自动更新字段。

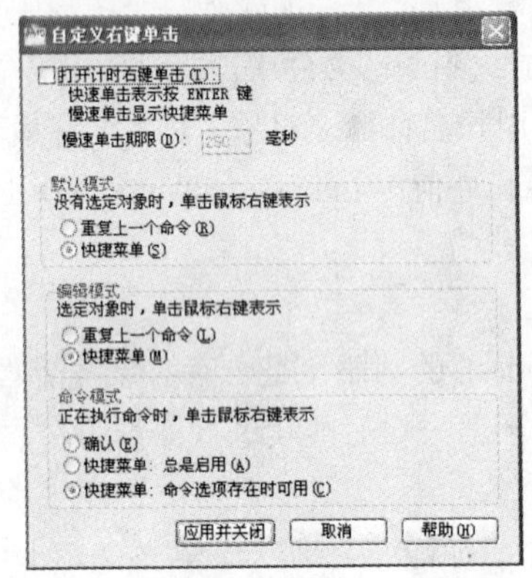

图 2-14 “自定义右键单击”对话框

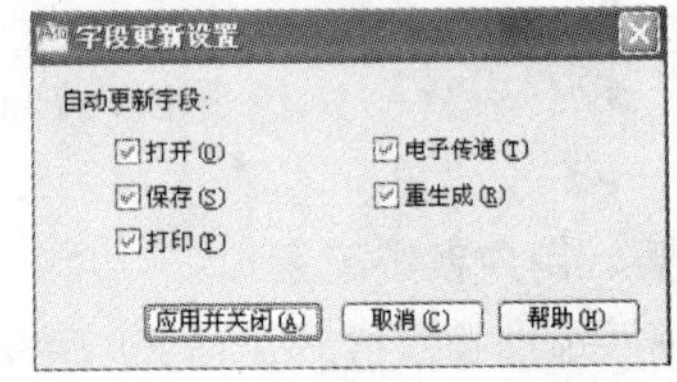

图 2-15 “字段更新设置”对话框

- “坐标数据输入的优先级”选项区域
  - ➢ 执行对象捕捉：坐标值是通过捕捉对象给出的。
  - ➢ 键盘输入：坐标值是通过键盘输入的。
  - ➢ 键盘输入，脚本例外：坐标值是通过键盘输入的，但脚本例外。
- “关联标注”选项区域
  - ➢ 使新标注可关联：指明创建的对象标注是否具有关联性。
- “超链接”选项区域
  - ➢ 显示超链接光标、工具栏提示和快捷菜单：选中该项，当定点设备移动到含有超级链接的对象上时，将显示超级链接光标和工具栏提示。当选中含有超级链接的对象，单击鼠标右键时，快捷菜单中会出现超级链接选项。
- “放弃/重做”选项区域
  - ➢ 合并“缩放”和“平移”命令：把多个连续的缩放和平移命令合并为单个动作来进行放弃和重做操作。
  - ➢ 合并图层特性更改：将从图层特性管理器所做的图层特性更改进行编组。
- 初始设置：用于为新图形提供与随附的默认样板相比可能更适用于用户所属行业的图形样板文件。

单击该按钮，打开如图 2-16 所示的“AutoCAD 2010—初始设置”对话框 1，在该对话框中选择所属行业。

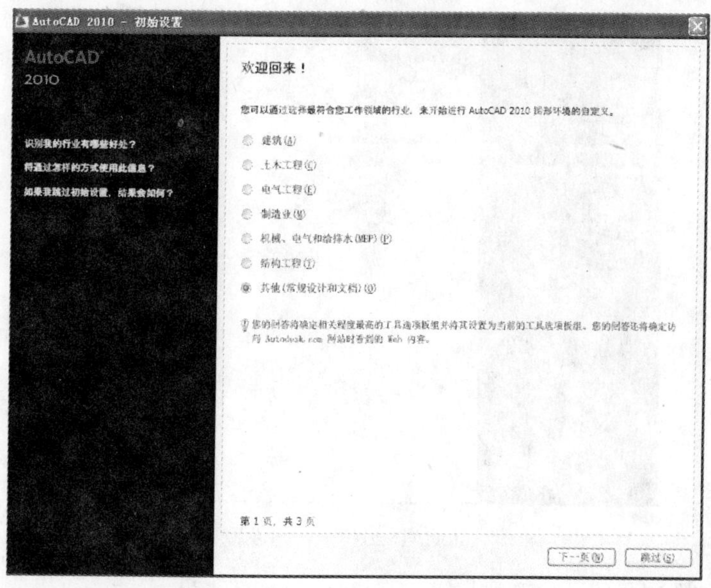

图 2-16 “AutoCAD 2010—初始设置” 对话框 1

在如图 2-16 所示对话框中，单击“下一页”按钮，打开如图 2-17 所示的“AutoCAD 2010—初始设置” 对话框 2，用于优化默认的工作空间。

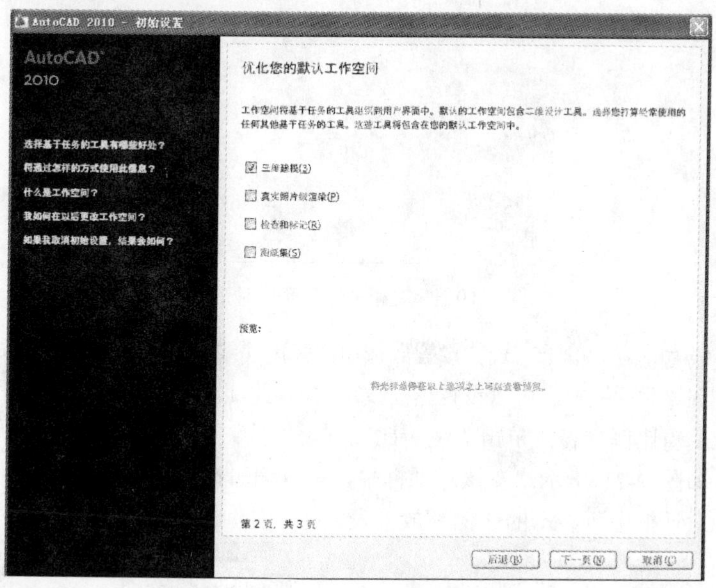

图 2-17 “AutoCAD 2010—初始设置” 对话框 2

在如图 2-17 所示对话框中，单击“下一页”按钮，打开如图 2-18 所示的“AutoCAD 2010—初始设置” 对话框 3，用于指定创建新图形时要使用的默认图形样板文件。

在如图 2-18 所示对话框中，单击 “完成” 按钮，完成初始设置。

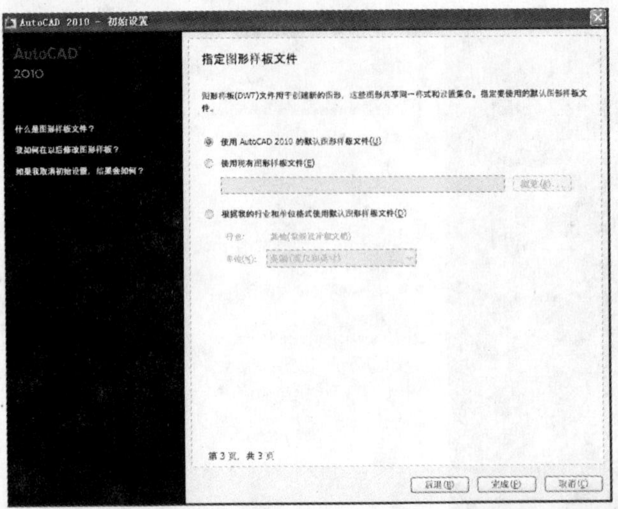

图 2-18 “AutoCAD 2010—初始设置”对话框 3

- 在其他选项区域
  - ➢ 块编辑器设置：单击该按钮，打开如图 2-19 所示的“块编辑器设置”对话框。使用此对话框控制块编辑器的环境设置。

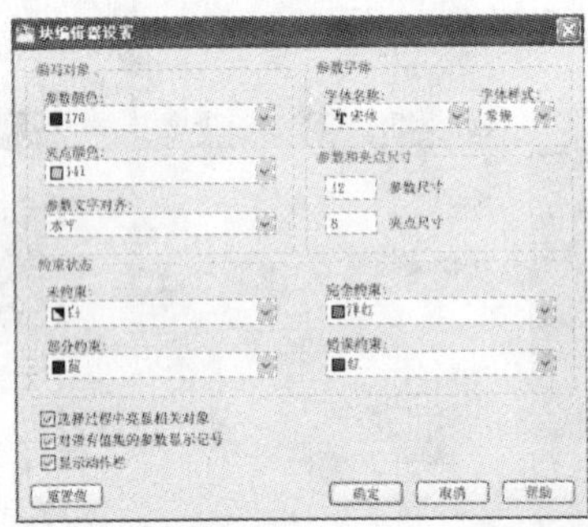

图 2-19 “块编辑器设置”对话框

  - ➢ 线宽设置：单击“线宽设置”按钮，弹出“线宽设置”对话框，如图 2-20 所示。在该对话框中，可以设置当前线宽，还可以设置线宽的显示特性和默认值。
  - ➢ 编辑比例列表：单击“编辑比例列表”按钮，弹出“编辑比例列表”对话框，如图 2-21 所示。在该对话框中，可以编辑在与布局视口和打印相关联的几个对话框中所显示的比例缩放列表。

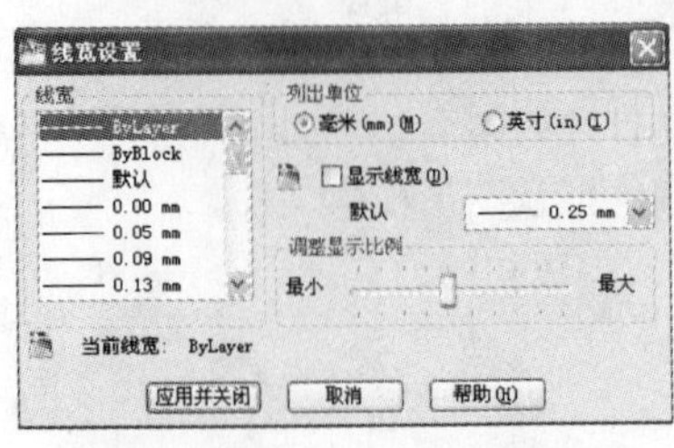

图 2-20 “线宽设置”对话框

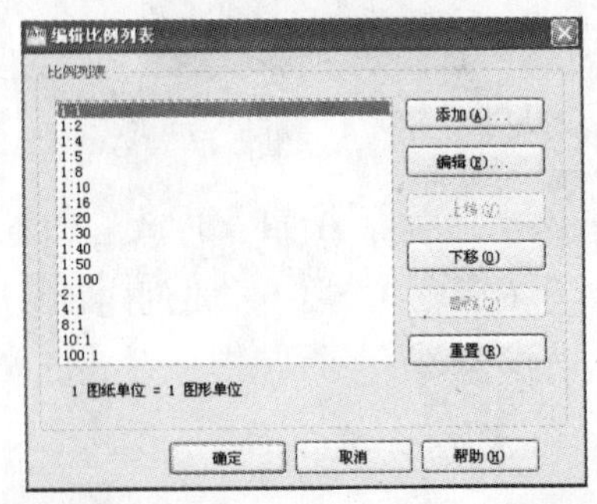

图 2-21 “编辑比例列表”对话框

步骤 5 草图配置

在“选项”对话框，选择“草图”选项卡，如图 2-22 所示。在该选项卡中，可以设置辅助绘图工具的选项。

“草图”选项卡中各选项含义如下。

- “自动捕捉设置”选项区域：具体介绍如下。
  - ➢ 标记：当光标移到捕捉点时显示的几何符号。
  - ➢ 磁吸：选中该项，可将光标锁定到最近的捕捉点上。
  - ➢ 显示自动捕捉工具栏提示：选中该项，显示自动捕捉到的对象的说明。
  - ➢ 显示自动捕捉靶框：选中该项，将显示自动捕捉靶框。靶框是捕捉对象时出现在十字光标内部的方框。
  - ➢ 颜色：单击“颜色”按钮，弹出“图形窗口颜色”对话框，如图 2-23 所示。在该对话框中，可以修改界面元素的颜色。

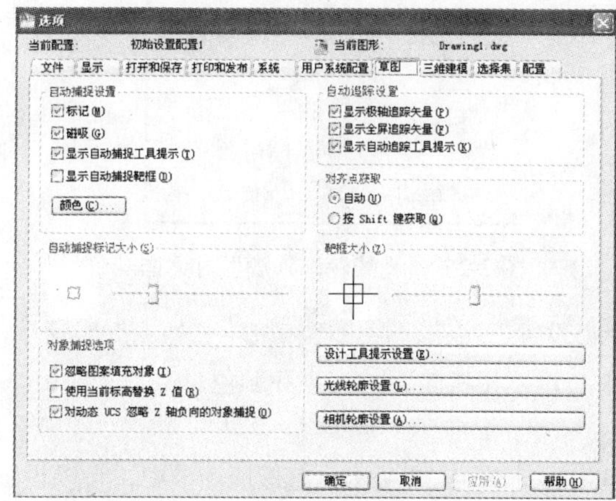

图 2-22 “选项-草图”对话框

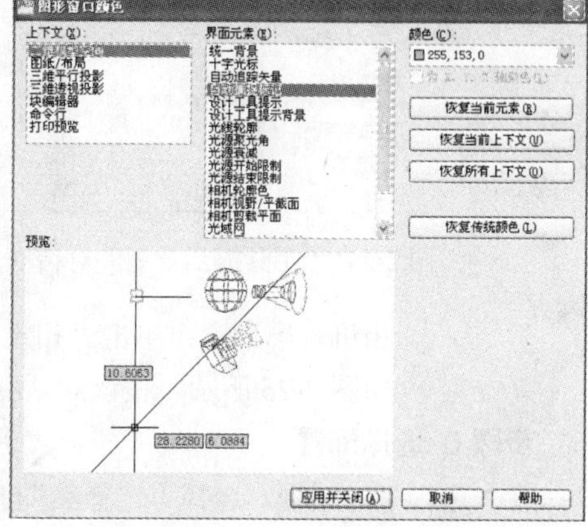

图 2-23 “图形窗口颜色”对话框

- “自动捕捉标记大小”选项区域：设置自动捕捉标记的显示尺寸。取值范围为 1 像素～20 像素。
- “对象捕捉选项”选项区域：设置对象捕捉的三个选项。
  - ➢ 忽略图案填充对象：在打开对象捕捉时，对象捕捉忽略填充图案。
  - ➢ 使用当前标高替换 Z 值：在打开对象捕捉时，忽略对象捕捉位置的 Z 值，而使用当前 UCS 设置的标高。
  - ➢ 对动态 UCS 忽略 Z 轴负向的对象捕捉：使用动态 UCS 时，对象捕捉忽略具有负 Z 值的几何体。
- “自动追踪设置”选项区域：该设置在极轴追踪或对象捕捉追踪打开时有效。
  - ➢ 显示极轴追踪矢量：当极轴追踪打开时，将沿指定角度显示一个矢量。
  - ➢ 显示全屏追踪矢量：该选项控制追踪矢量的显示。追踪矢量是辅助用户按特定角度或与其他对象特定关系绘制对象的构造线。
  - ➢ 显示自动追踪工具栏提示：选中该项，将显示自动追踪工具栏提示和正交工具栏提示。
- “对齐点获取”选项区域：具体介绍如下。
  - ➢ 自动：当靶框移到对象捕捉上时，自动显示追踪矢量。

> ➢ 按 Shift 键获取：按住 Shift 键，当靶框移到对象捕捉上时，显示追踪矢量。

- “靶框大小”选项区域：设置靶框的显示尺寸。取值范围为 1 像素至 50 像素。
- 其他选项区域：具体介绍如下。

> ➢ 设计工具提示设置：单击“设计工具提示设置”按钮，弹出“工具提示外观”对话框，如图 2-24 所示。在该对话框中，可设置工具提示的颜色、大小和透明度。
>
> ➢ 光线轮廓设置：单击“光线轮廓设置”按钮，弹出“光线轮廓外观”对话框，如图 2-25 所示。在该对话框中，设置光源、光线轮廓的大小和颜色。

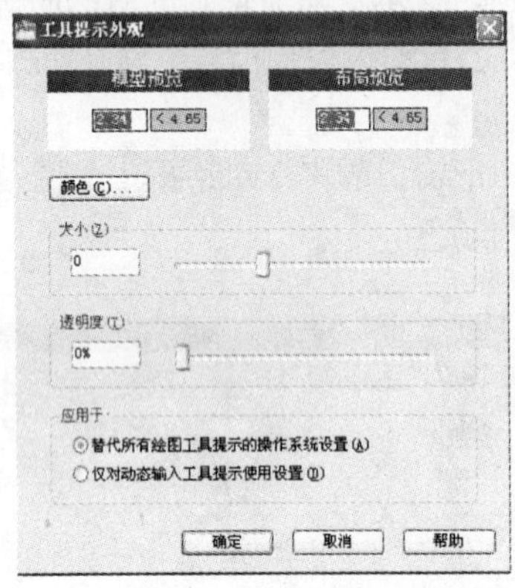

图 2-24 “工具提示外观”对话框

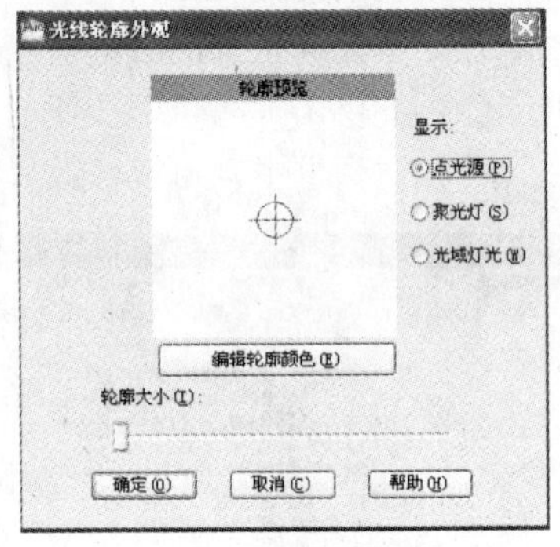

图 2-25 “光线轮廓外观”对话框

> ➢ 相机轮廓设置：单击“相机轮廓设置”按钮，弹出“相机轮廓外观”对话框，如图 2-26 所示。在该对话框中，设置相机轮廓的大小和颜色。

步骤 6 选择配置

在“选项”对话框，选择“选择集”选项卡，如图 2-27 所示。在该选项卡中，可以设置对象选择的方法。

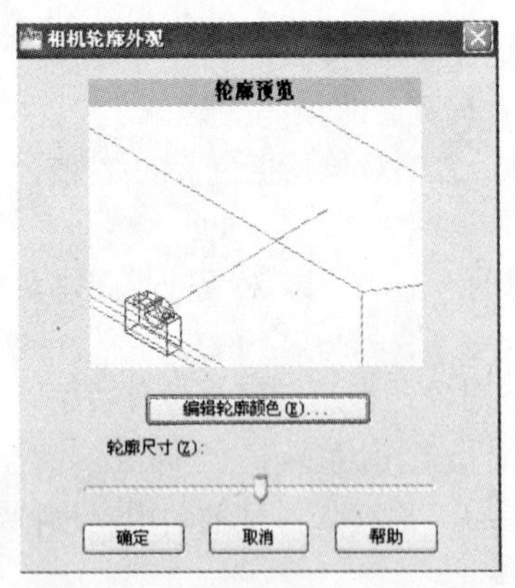

图 2-26 “相机轮廓外观”对话框

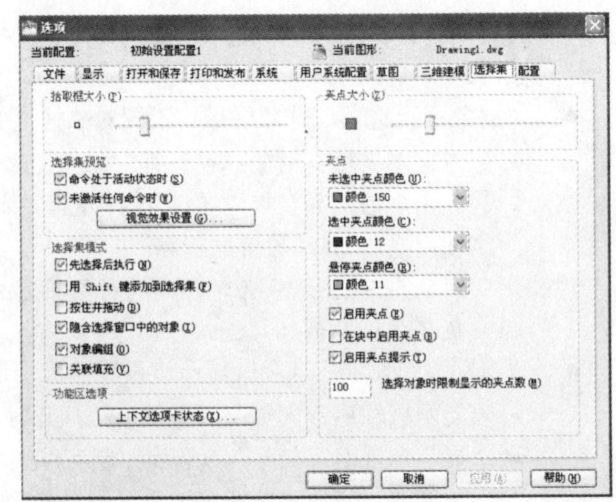

图 2-27 “选项”对话框

“选择集”选项卡中各选项含义如下。

- “拾取框大小”选项区域：控制拾取框的显示尺寸。拾取框是在编辑命令中出现的对象选择工具。有效值为 0～20，默认值为 3。

- “选择集预览”选项区域：具体介绍如下。
  - 命令处于活动状态时：选中该项，当执行某个命令，在命令行出现“选择对象”提示时，将会显示选择预览。
  - 未激活任何命令时：未激活任何命令，就可以显示选择预览。
  - 视觉效果设置：单击“视觉效果设置”按钮，弹出“视觉效果设置”对话框，如图 2-28 所示。在该对话框中，可以设置选择的显示效果。

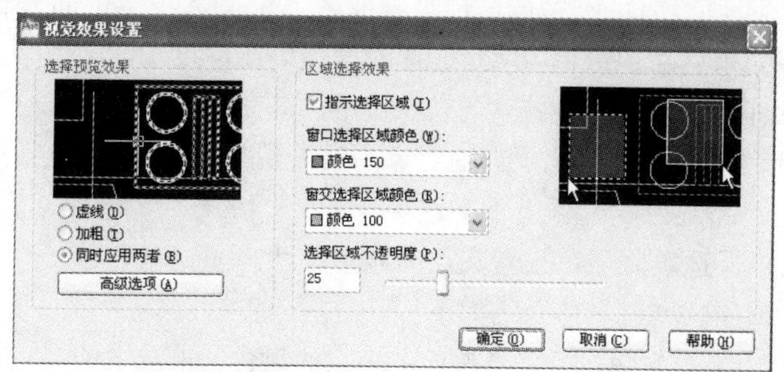

图 2-28 “视觉效果设置”对话框

- “选择集模式”选项区域：具体介绍如下。
  - 先选择后执行：在执行命令之前，先选择对象。
  - 用 Shift 键添加到选择集：按住 Shift 键，再选择对象，可向选择集中添加对象或从选择集中删除对象。
  - 按住并拖动：选择一个点，然后将定点设备拖动至第二个点来绘制选择窗口。如果未选择此选项，则可以用定点设备选择两个单独的点来绘制选择窗口。
  - 隐含选择窗口中的对象：首先在对象外选择一点，然后从左向右绘制选择窗口，可选择窗口边界内的对象。如果从右向左绘制选择窗口，可选择窗口边界内和与边界相交的对象。
  - 对象编组：选中编组中的一个对象就选择了编组中的所有对象。
  - 关联填充：选中该项，则选择关联图案填充时也选择了边界对象。
- 功能区选项：具本介绍如下。
  - 上下文选项卡状态：单击该按钮，打开如图 2-29 所示的“功能区上下文选项卡状态选项”对话框，该对话框用于设置功能区上下文选项卡的显示设置对象。对话框中的各个选项含义如下。

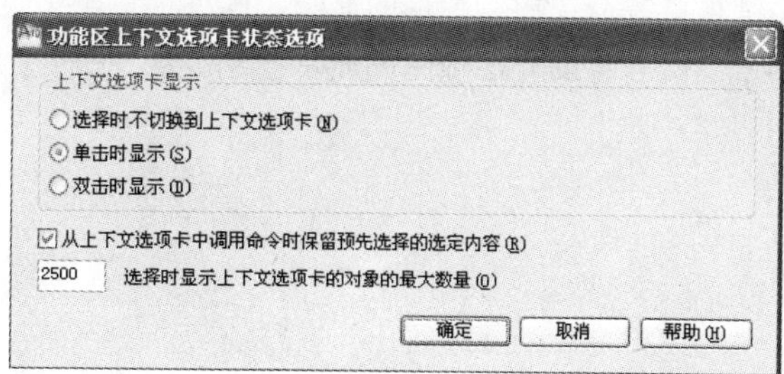

图 2-29 “功能区上下文选项卡状态选项”对话框

> ➢ 上下文选项卡显示：控制单击或双击对象时功能区上下文选项卡的显示方式。
> 选择时不切换到上下文选项卡：单击或双击对象或选择集时，焦点不会自动切换到功能区上下文选项卡。
> 单击时显示：单击对象或选择集时，焦点切换到第一个功能区上下文选项卡。
> 双击时显示 ：双击对象或选择集时，焦点切换到第一个功能区上下文选项卡。
> ➢ 从上下文选项卡中调用命令时保留预先选择的选定内容 ：如果选中该选项，预先选择的选定内容在执行了功能区上下文选项卡中的命令后仍处于选中状态。如果清除该选项，预先选择的选择集在通过功能区上下文选项卡执行命令后将不再处于选定状态。
> ➢ 选择时显示上下文选项卡的对象的最大数量 ：选择集包括的对象多于指定数量时，不显示功能区上下文选项卡。

- “夹点大小”选项区域：设置夹点的显示尺寸。
- “夹点”选项区域：具体介绍如下。

> ➢ 未选中夹点颜色：指定未被选中夹点的颜色。未选中的夹点显示为一个小方块轮廓。
> ➢ 选中夹点颜色：指定选中夹点的颜色。选中的夹点显示为一个填充小方块。
> ➢ 悬停夹点颜色：鼠标光标在夹点上滚动时夹点显示的颜色。
> ➢ 启用夹点：选择对象后在对象上显示夹点。
> ➢ 在块中启用夹点：选中该项，将显示块中每个对象上的夹点。未选中该项，则只在块的插入点显示一个夹点。
> ➢ 启用夹点提示：当光标停留在自定义对象的夹点上时，显示夹点提示。
> ➢ 选择对象时限制显示的夹点数：当初始选择集中含有超过指定数目的对象时，不显示夹点。有效范围从 1 到 32767，默认值是 100。

实用案例 2.5 视图显示控制

案例解读

所谓“视图”是指按一定比例、移动位置和角度显示的图形。绘制图形时，既要观察图形的整体效果，又要查看图形的局部细节，为此 AutoCAD 2010 提供了视图缩放和平移、命名视图、鸟瞰视图和平铺视口等命令控制图形的显示，此外还提供了重画和重生成命令刷新屏幕，重新生成图形。本案例将详细介绍视图的显示控制方法。

要点流程

- 缩放视图；
- 平移视图；
- 鸟瞰视图；
- 新建视图；
- 平铺视图；

- 设置当前视图。

操作步骤

步骤 1 视图缩放

①命令介绍。

在绘图过程中，为了看清局部图形或者看到全部图形对象，需要缩放图形。

②图形缩放命令的启动方法。

图形缩放可以通过以下方法。

- 下拉菜单：选择“视图>缩放”命令，如图 2-30 所示。
- 工具栏：在“缩放”工具栏中，根据需要选择“缩放”命令，如图 2-31 和图 2-32 所示。
- 输入命令名：在命令行中输入或动态输入 ZOOM 或 Z，并按 Enter 键。

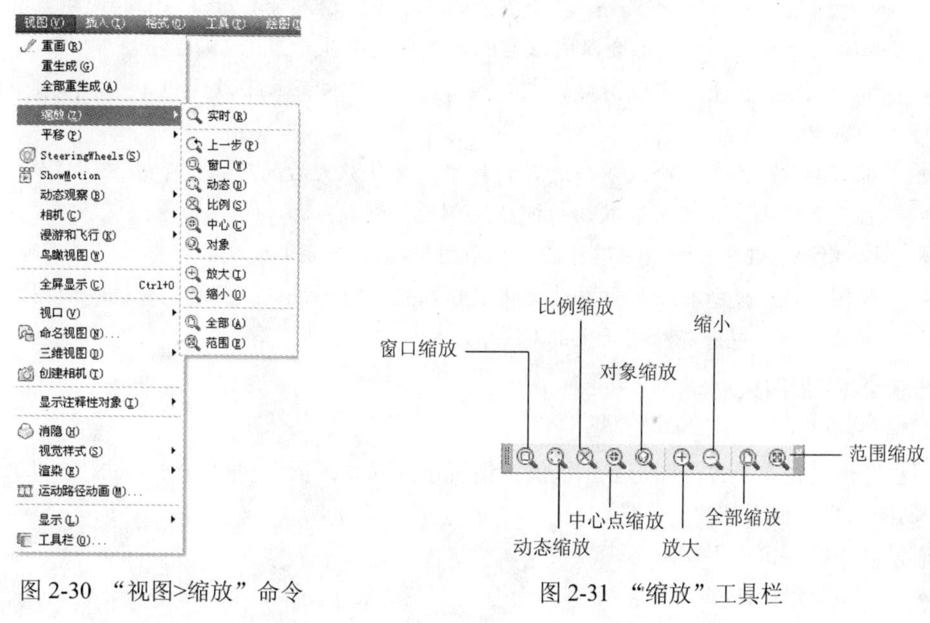

图 2-30 “视图>缩放”命令　　　　图 2-31 “缩放”工具栏

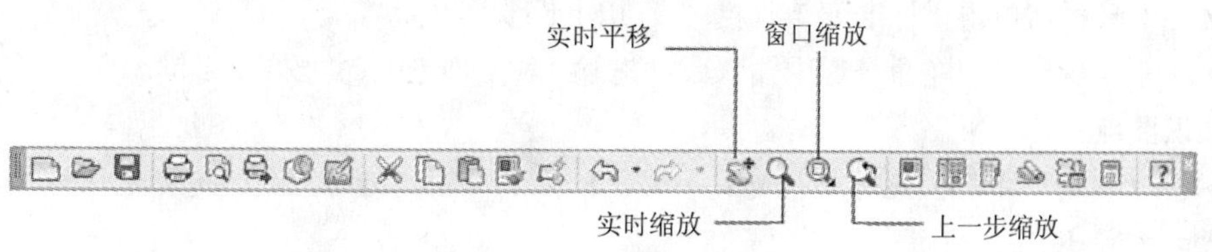

图 2-32 “标准”工具栏

知识要点：

“缩放”命令中包括以下选项。

- 实时缩放：是指随着鼠标的上下移动，图形动态地改变显示大小。执行该命令时，光标变成放大镜形状，按住鼠标左键拖动可缩放图形，向上拖动可放大图形，向下拖动可缩小图形。
- 上一步缩放：返回到上一个视图，最多可恢复此前的十个视图。
- 窗口缩放：显示由两个角点所定义的矩形窗口内的区域。

- 动态缩放：通过视图框来选定显示区域。移动视图框或调整它的大小，将其中的图像平移或缩放。

  执行该命令时，绘图区中出现两个虚线框和一个实线框，黄色虚线框代表图形范围，蓝色虚线框代表当前视图所占的区域，白色实线框是视图框。单击鼠标左键确定视图框的位置后，视图框右侧将显示一个箭头标示 。通过改变视图框的大小来改变缩放的比例，向左移动鼠标光标，将缩小视图框大小，向右移动鼠标光标，将放大视图框大小。

- 比例缩放：以指定的比例因子缩放显示。AutoCAD 2010 提供了三种形式的比例缩放。

  相对图形界限的比例缩放：在命令行的提示下，直接输入数值即可。

  相对当前视图的比例缩放：在命令行的提示下，输入带有后缀“x”的比例系数。比如输入“5x”，则图形会以当前图形的 5 倍大小显示。

  相对图纸空间的比例缩放：在命令行的提示下，输入带有后缀 xp 的比例系数。比如输入“2xp”，则图形会以图纸空间的 2 倍大小显示。

- 中心点缩放：重新定位图形的中心点。显示由中心点和缩放比例（或高度）所定义的窗口。
- 对象缩放：显示一个或多个选定的对象，并使放大后的对象位于绘图区域的中心。
- 放大和缩小：按照系统默认的缩放比例进行缩放。
- 全部缩放：在当前视口中缩放显示整个图形，取决于用户定义的栅格界限或图形界限。
- 范围缩放：使所有图形对象最大化显示，充满整个视口。视图包含已关闭图层上的对象，但不包含冻结图层上的对象。

步骤 2 视图平移

①命令介绍。

平移图形是指在不改变图形显示比例的情况下，移动图形来观察当前视图中的对象。

②图形平移命令的启动方法。

通过以下方法可以平移图形。

- 下拉菜单：选择“视图>平移”命令，如图 2-33 所示。
- 工具栏：单击“标准”工具栏中“实时平移”图标。
- 输入命令名：在命令行中输入或动态输入 PAN 或 P，并按 Enter 键。

知识要点：

- “实时”平移：此时光标变成手形，按住鼠标左键拖动，图形随着光标的移动而进行平移。
- “定点”平移：指定第一个基点（或位移）和第二个基点，图形将按指定的设置平移。
- 其他平移方式：“左”、“右”、“上”、“下”，图形将相应地平移一个单位。

步骤 3 命名视图

①命令介绍：用户可以针对一张图纸创建多个视图。当要观看图纸的某一个视图时，将该视图恢复即可。经过命名的视图，可以在绘图过程中随时恢复。在“视图管理器”对话框中，可以新建、设置和删除命名视图。

②视图管理器的启动方法如下。

- 下拉菜单：选择“视图>命名视图”命令，如图 2-34 所示。
- 工具栏：单击“视图”工具栏中“命名视图”图标。
- 输入命令名：在命令行中输入或动态输入 VIEW 或 V，并按 Enter 键。

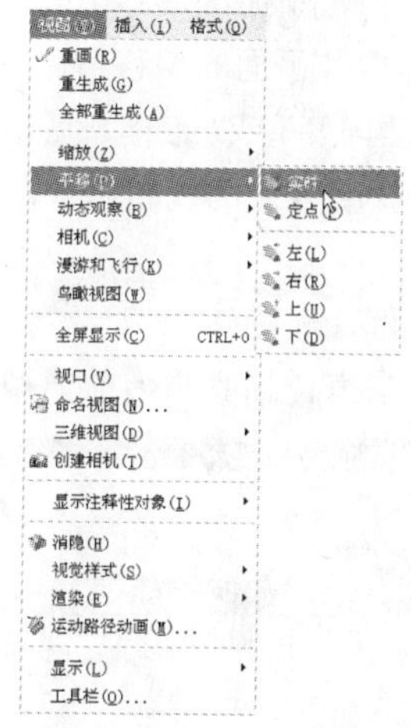

图 2-33 “视图>平移”命令

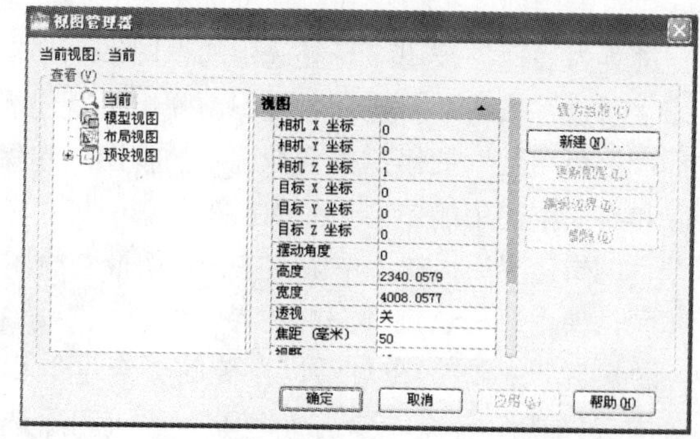

图 2-34 “视图管理器”对话框

“视图管理器”对话框中各选项含义如下。

- “查看”区域左侧栏：显示可用的视图列表。
  - 当前：显示当前视图及其“查看”和“剪裁”特性。
  - 模型视图：显示命名视图和相机视图列表，并列出选定视图的“基本”、“查看”和“剪裁”特性。
  - 布局视图：在定义视图的布局上显示视口列表，并列出选定视图的“基本”和“查看”特性。
  - 预设视图：显示正交视图和等轴测视图列表，并列出选定视图的“基本”特性。
- “查看”区域中间栏：显示视图特性。
- “视图”部分：具体介绍如下。
  - 相机 X：仅适用于当前视图和模型视图，显示视图相机的 X 坐标。
  - 相机 Y：仅适用于当前视图和模型视图，显示视图相机的 Y 坐标。
  - 相机 Z：仅适用于当前视图和模型视图，显示视图相机的 Z 坐标。
  - 目标 X：仅适用于当前视图和模型视图，显示视图目标的 X 坐标。
  - 目标 Y：仅适用于当前视图和模型视图，显示视图目标的 Y 坐标。
  - 目标 Z：仅适用于当前视图和模型视图，显示视图目标的 Z 坐标。
  - 摆动角度：指定视图的当前摆动角度。
  - 高度：指定视图的高度。
  - 宽度：指定视图的宽度。
  - 透视：适用于当前视图和模型视图，打开/关闭透视图。
  - 焦距（毫米）：适用于除布局视图之外的所有视图，指定焦距（以毫米为单位）。更改此值将相应更改“视野”设置。
  - 视野：适用于为除布局视图之外的所有视图指定水平视野。更改此值将相应更改“镜头长度”设置。

➢ “剪裁”部分：适用于除布局视图之外的所有视图，以下剪裁特性适用于特性列表的“剪裁”部分中的视图。

前向面：如果该视图已启用前向剪裁，则指定前向剪裁平面的偏移值。

后向面：如果该视图已启用后向剪裁，则指定后向剪裁平面的偏移值。

剪裁：设置剪裁选项。可以选择“关”、“前向开”、“后向开”或“前向和后向开”。

- “置为当前”按钮：在对话框中左侧的“查看”栏中选择要恢复的视图名称，单击“置为当前”按钮，恢复选定的视图。
- “新建”按钮：新建命名视图，弹出“新建视图”对话框，如图 2-35 所示。
- “更新图层”按钮：更新与选定的视图一起保存的图层信息，使其与当前模型空间和布局空间中的图层可见性匹配。
- “编辑边界”按钮：单击该按钮，切换到绘图区，使用鼠标选定视图的边界。
- “删除”按钮：在对话框左侧的“查看”栏中选择视图名称，单击“删除”按钮删除选定视图。

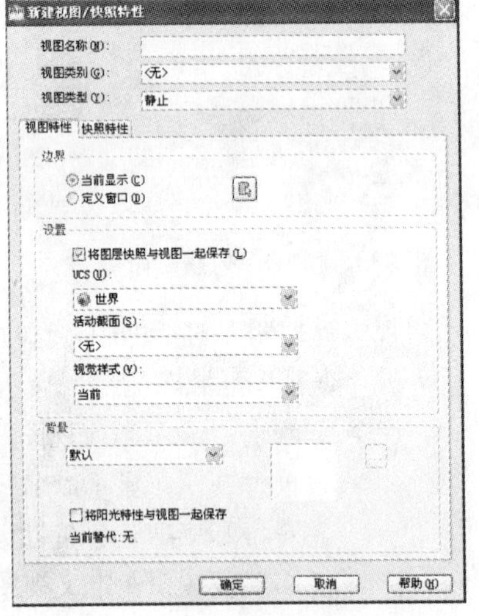

图 2-35 “新建视图”对话框

在“新建视图”对话框中各选项含义介绍如下。

- 视图名称：设置视图的名称。
- 视图类别：指定命名视图的类别。可以从列表中选择，也可以输入新类别。
- “边界”区域：具体介绍如下。
  - ➢ 当前显示：使用当前显示作为新视图。
  - ➢ 定义窗口：自定义窗口作为新视图。
  - ➢ 右侧“定义视图窗口”按钮：单击该按钮，系统将切换到绘图区，使用鼠标在绘图区域指定两个角点，将该自定义的窗口作为新视图。

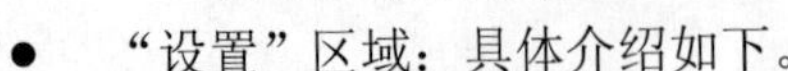

- “设置”区域：具体介绍如下。
  - ➢ 将图层快照与视图一起保存：在新的命名视图中保存当前图层的可见性。
  - ➢ UCS：（适用于模型视图和布局视图）从列表中选择与新视图一起保存的 UCS。
  - ➢ 活动截面：（仅适用于模型视图）从列表中指定恢复视图时应用的活动截面。
  - ➢ 视觉样式：（仅适用于模型视图）从列表中指定与视图一起保存的视觉样式。
  - ➢ “背景”区域：从列表中指定应用于选定视图的背景类型。
  - ➢ 将阳光特性与视图一起保存：选中该项，“阳光与天光”数据将与命名视图一起保存。当背景类型是“阳光与天光”时，系统自动选中该项。
  - ➢ 预览框：显示当前背景。
  - ➢ “选择”按钮：单击该按钮，更改当前背景设置。

步骤 4 鸟瞰视图

①命令介绍：使用 ZOOM 命令查看图形细节或使用 PAN 命令移动图形时，屏幕上显示的都只是图形中的一部分，此时用户无法了解该局部图形与整体图形，以及与图形其他部分之间的相对关系。为此，AutoCAD 2010 提供了“鸟瞰视图”工具，它可以在另外一个独立

的窗口中显示整个图形视图以便快速移动到目标区域。

② 鸟瞰视图的启动方法。

- 下拉菜单：选择“视图>鸟瞰视图”命令。
- 输入命令名：在命令行中输入或动态输入 DSVIEWER，并按 Enter 键。

知识要点：

DSVIEWER 命令可以透明使用。“鸟瞰视图”窗口如图 2-36 所示，该视图显示了整个图形，用一个粗线框标记当前视图，该粗线框称为视图框，表示当前屏幕所显示的范围，通过移动视图框的位置或者改变视图框的大小来动态更改视图显示。

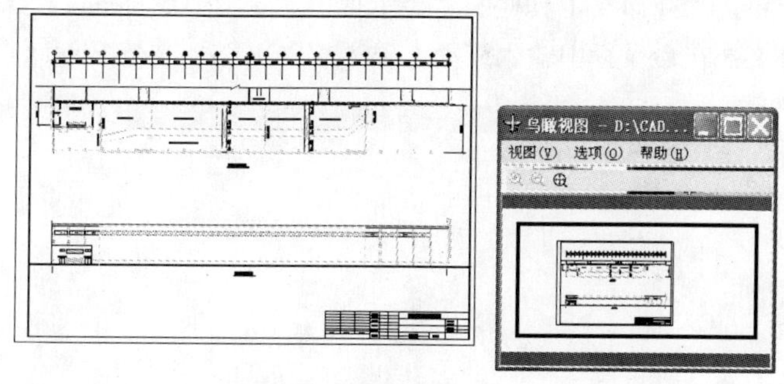

图 2-36　“鸟瞰视图”窗口

- ◆ 在鸟瞰视图窗口中单击鼠标左键，窗口中出现一个中间有“X”号标记的细线框，移动鼠标光标，整个细线框也会跟着移动。
- ◆ 单击鼠标，细线框右侧显示箭头“→”。向左移动光标，将缩小视图框大小，即放大了图形的显示比例；向右移动光标，将放大视图框大小，即缩小了图形的显示比例。
- ◆ 在鸟瞰视图窗口中单击鼠标，视图框交替处于平移和缩放状态，调整图形和视图框的相对位置和大小，单击鼠标右键确定视图框的最终位置和大小，系统窗口中相应显示视图框中所包含的图形部分。

“鸟瞰视图”窗口中各选项含义如下。

- “视图”菜单
  - ➢ 放大：以当前视图框为中心，放大两倍来增大“鸟瞰视图”窗口中的图形显示比例。
  - ➢ 缩小：以当前视图框为中心，缩小两倍来减小“鸟瞰视图”窗口中的图形显示比例。
  - ➢ 全局：在“鸟瞰视图”窗口中显示整个图形和当前视图。
- “选项”菜单
  - ➢ 自动视口：当显示多重视口时，自动显示当前视口的模型空间视图。关闭“自动视口”时，将不更新“鸟瞰视图”窗口。
  - ➢ 动态更新：编辑图形时，更新“鸟瞰视图”窗口。关闭“动态更新”时，将不更新“鸟瞰视图”窗口，直到在“鸟瞰视图”窗口中单击。
  - ➢ 实时缩放：选择该项，使用“鸟瞰视图”窗口缩放时，绘图区将实时更新。

步骤 5 平铺视图

① 命令介绍：在绘图时，常常需要将图形局部放大以显示细节，同时又需要观察图形的整体效果，这时仅使用单一的视图已无法满足需要了。在 AutoCAD 2010 中使用平铺视图功能，将绘图窗口划分为若干个视图，用来查看图形。各个视图可以独立地进行缩放和平移，而且各个视图能够同步进行图形的绘制编辑，当修改一个视图中的图形，在其他视图中也能有所体现。单击视图区域可以在不同视图间切换。

② “视口”对话框的启动方法如下。

- 下拉菜单：选择“视图>视口>新建视口”命令，如图 2-37 所示。
- 工具栏：单击“视口”工具栏中“显示视口对话框”图标。
- 输入命令名：在命令行中输入或动态输入 VPORTS，并按 Enter 键。

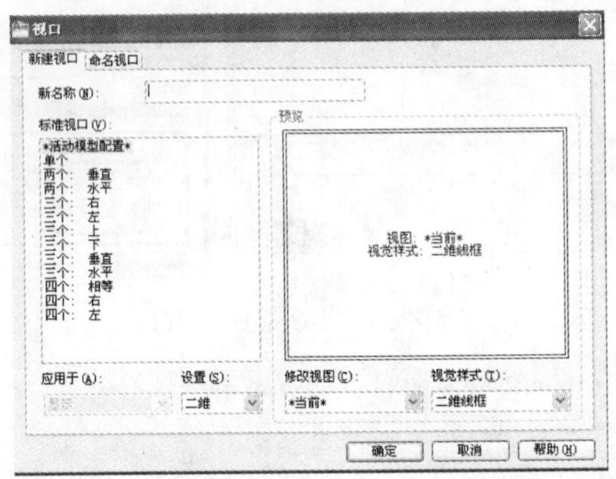

图 2-37 “视口”对话框

> **注意**
>
> “视口”对话框中可用的选项取决于是模型空间视口（“模型”选项卡）还是布局空间视口（“布局”选项卡）。

“视口”对话框中各选项含义如下。

- “新建视口”选项卡
  - 新名称：指定新建的模型空间视口的名称。
  - 标准视口：在列表中选择视口配置名称。
  - 预览：显示选定视口配置的样例，以及每个单独视口的默认配置视图。
  - 应用于：有“显示”和“当前视口”两个选项，选择将模型空间视口配置应用到整个显示窗口还是当前视口。“显示”是系统的默认设置。
  - 设置：选择二维或三维设置。
  - 修改视图：从列表中选择视图替换选定视口中的视图。

    如果“设置”是“二维”，则“修改视图”列表中可以选择命名视图。

    如果“设置”是“三维”，则“修改视图”列表中可以选择三维标准视图和命名视图。
  - 视觉样式：将视觉样式应用到视口中。有“当前”、“二维线框”、“三维隐藏”、“三维线框”、“概念”和“真实”等选项。

- “命名视口”选项卡

显示图形中已保存的模型空间视口配置。选中视口名称，单击鼠标右键可对视口进行“删除”和“重命名”操作。

创建新视口后，可以对视口进行拆分、合并等操作。

- 拆分视口：单击要拆分的视口，选择“视图>视口”命令，选择拆分数目，然后根据命令行提示进行操作。
- 合并视口：选择“视图>视口>合并”命令，选择要保留的视口，然后再选择相邻视口，将其与要保留的视口合并。

恢复单个视口操作如下。

- 下拉菜单：选择“视图>视口>一个视口”命令。
- 工具栏：在“视口”工具栏上单击“单个视口”按钮。
- 输入命令名：在命令行中输入或动态输入 VPORTS，并按 Enter 键，然后输入 SI 并按 Enter 键。

实用案例 2.6　图层操作

案例解读

绘制任何一张 CAD 图都需要使用到“图层特性管理器”，用户需要将图纸中的每一类别（如：墙体、家具、门、窗等）用不同的颜色、不同的线宽、不同的线形来显示。

在 AutoCAD 绘图过程中，使用图层是一种最基本的操作，它对图形文件中各类实体的分类管理和综合控制具有重要的意义，归纳起来主要有以下特点。

- 大大节省存储空间。
- 能够统一控制同一个图层中对象的颜色、线条宽度、线型等属性。
- 能够统一控制同类图形实体的显示、冻结等特性。
- 在同一个图形中可以建立任意数量的图层，并且同一个图层中的实体数量也没有限制。
- 各图层具有相同的性质、绘图界限及显示时的缩放倍数，可同时对不同图层上的对象进行编辑操作。

本案例将详细介绍图层操作的各个命令，以便读者掌握图层操作各个命令的用法。

要点流程

- 新建图层
- 删除图层
- 设置图层名称
- 修改图层颜色
- 修改图层线型
- 修改图层线宽
- 设置当前图层

操作步骤

步骤 1 创建和删除图层

知识要点：

在绘制图纸之前，先要新建若干个图层，以供画图时调用。对于该绘图文件不需要的图层要删除。

调用“图层特性管理器”的方法介绍如下。

- 下拉菜单：选择“格式>图层”命令。
- 工具栏：在“图层”工具栏上单击“图层特性管理器”按钮。
- 输入命令名：在命令行中输入或动态输入 LAYER 或 LA，并按 Enter 键。

下面介绍“创建/删除图层”的操作步骤。

- 打开附盘中的文件“CDROM\02\素材\图层.dwg”。该文件中含有 0 层、尺寸层、轮廓层和阴影层。
- 选择“格式>图层”命令，弹出“图层特性管理器”对话框，如图 2-38 所示。
- 在“图层特性管理器”对话框中，单击“新建图层”按钮，图层名将自动添加到图层列表中，图层名处于选中状态，此时可输入新的图层名“文字层”，如图 2-39 所示。

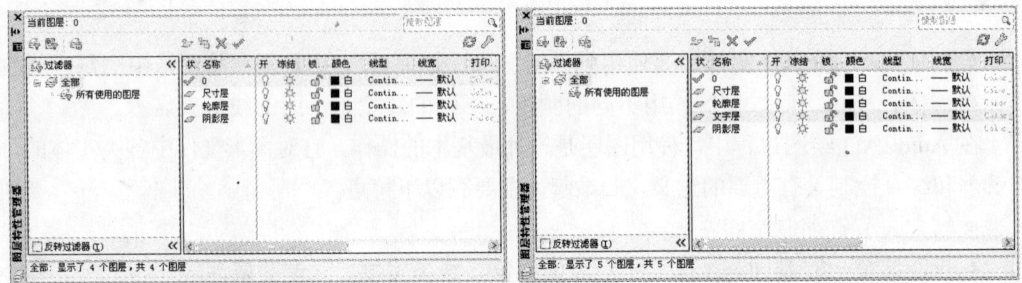

图 2-38 “图层特性管理器”对话框　　图 2-39 “图层特性管理器-新建图层”对话框

- 在图层特性管理器中选择图层“阴影层”，单击“删除图层”按钮删除该层，如图 2-40 所示。

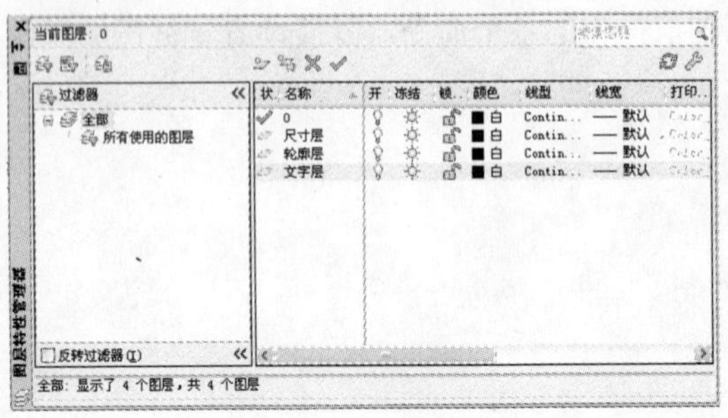

图 2-40 “图层特性管理器-删除图层”对话框

- 单击“确定”按钮，退出“图层特性管理器”对话框。此时该文件中含有 0 层、轮廓层、尺寸层和文字层。

只能删除未被参照的图层。不能删除参照的图层包括图层 0 和 DEFPOINTS、包含对象（包括块定义中的对象）的图层、当前图层以及依赖外部参照的图层。

步骤 2 设置图层名称

下面介绍“设置图层名称”的操作步骤。

- 打开附盘中的文件“CDROM\02\素材\图层.dwg”。该文件中含有 0 层、轮廓层、尺寸层和阴影层。
- 选择“格式>图层”命令，弹出如图 2-40 所示的“图层特性管理器”对话框。
- 在“图层特性管理器”对话框中，双击图层名称“阴影层”，则可以修改该图层名称，将“阴影层”改为“剖面层”，如图 2-41 所示。
- 单击“确定”按钮，退出“图层特性管理器”对话框。此时该文件中含有 0 层、轮廓层、尺寸层和剖面层。

步骤 3 设置图层的颜色

下面介绍“设置图层的颜色”的操作步骤。

- 打开附盘中的文件“CDROM\02\素材\图层.dwg”。该文件中含有 0 层、轮廓层、尺寸层和阴影层。
- 选择“格式>图层”命令，弹出“图层特性管理器”对话框。
- 在“图层特性管理器”对话框中，单击图层“尺寸层”的颜色图标图标，弹出“选择颜色”对话框，如图 2-42 所示。

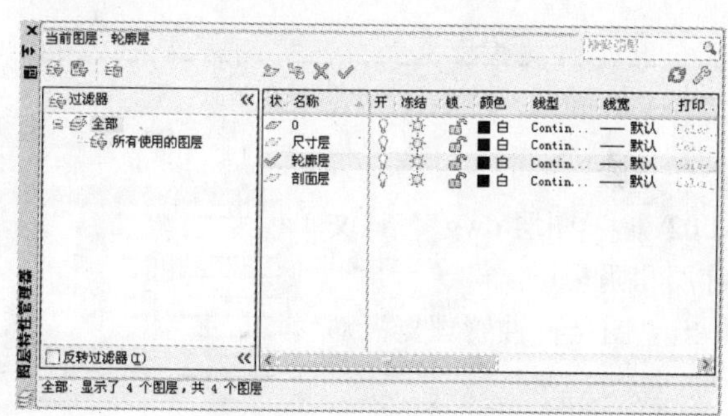

图 2-41 “图层特性管理器-图层名称”对话框

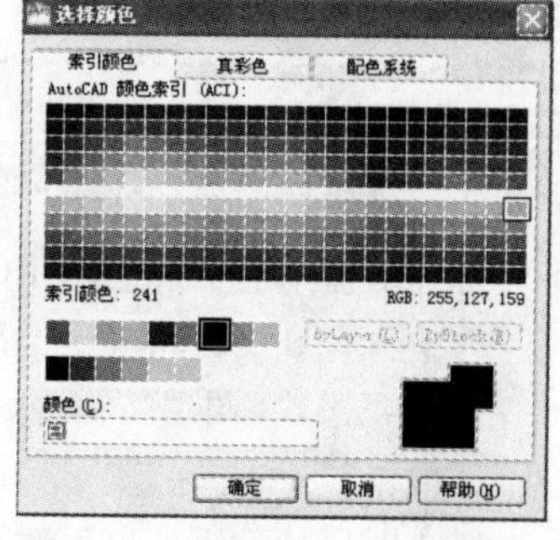

图 2-42 “选择颜色”对话框

- 在“选择颜色”对话框中，选择“索引颜色”选项卡，将“尺寸层”的颜色改为索引颜色 4 青色。
- 单击“确定”按钮，退出“选择颜色”对话框。
- 单击“确定”按钮，退出“图层特性管理器”对话框。此时“尺寸层”的颜色为索引颜色 4 青色。

步骤 4 设置图层的线型

下面介绍“修改图层的线型”的操作步骤。

- 打开附盘中的文件“CDROM\02\素材\图层.dwg”。该文件中含有 0 层、轮廓层、尺寸层和阴影层。
- 选择“格式>图层”命令，弹出“图层特性管理器”对话框。
- 在“图层特性管理器”对话框中，单击图层“轮廓层”的线型，弹出“选择线型”

对话框，如图 2-43 所示。

- 在“选择线型”对话框中，单击“加载”按钮，弹出“加载或重载线型”对话框，如图 2-44 所示。

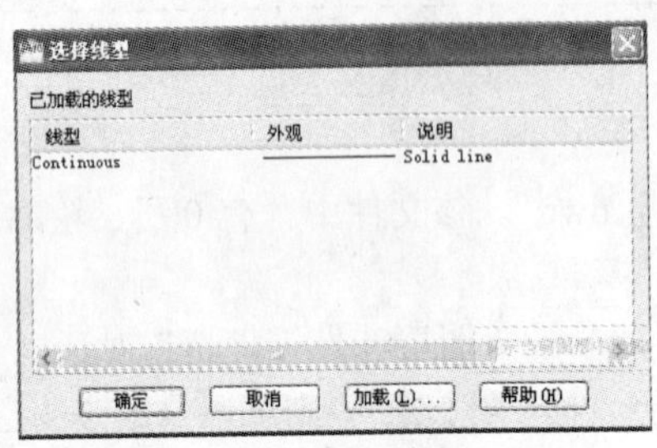

图 2-43 “选择线型”对话框

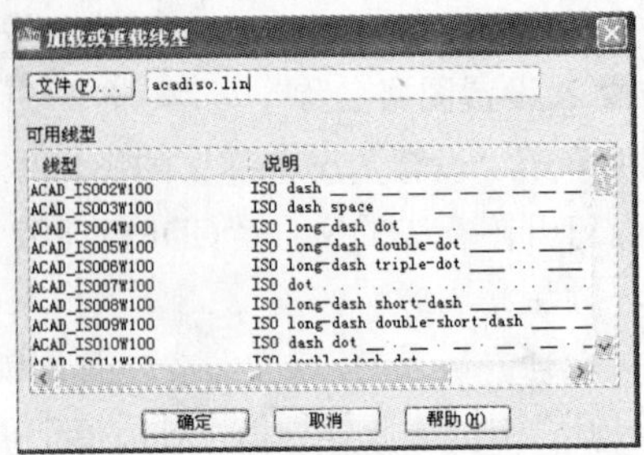

图 2-44 “加载或重载线型”对话框

- 在“加载或重载线型”对话框，选择“BORDER”线型，单击“确定”按钮，退出“加载或重载线型”对话框。
- 在“选择线型”对话框中，选中“BORDER”线型，单击“确定”按钮，退出“选择线型”对话框。
- 在“图层特性管理器”对话框中，单击“确定”按钮，退出“图层特性管理器”对话框。此时“轮廓层”的线型为“BORDER”线型。

注意

已删除的线型定义仍保存在“acad.lin”或“acadiso.lin”文件中，如果需要可以对其重新加载。

步骤 5 设置图层的线宽

下面介绍“修改图层的线宽”的操作步骤。

- 打开附盘中的文件“CDROM\02\素材\图层.dwg”。该文件中含有 0 层、轮廓层、尺寸层和阴影层。
- 选择“格式>图层”命令，弹出“图层特性管理器”对话框。
- 在“图层特性管理器”对话框中，单击图层“轮廓层”的线宽，弹出“线宽”对话框，如图 2-45 所示。

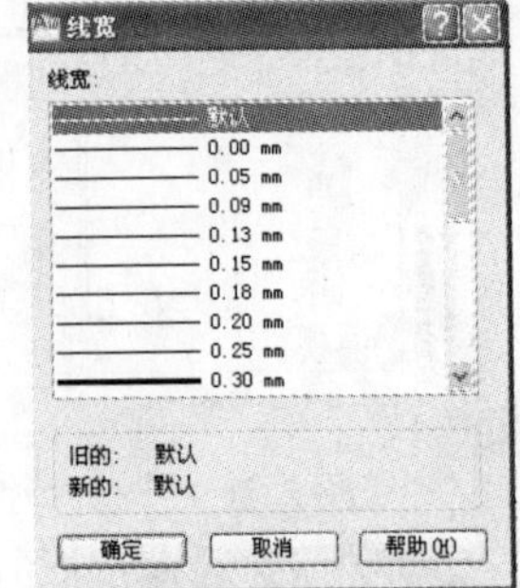

图 2-45 “线宽”对话框

- 在“线宽”对话框中，选择“0.30 毫米”线宽。
- 单击“确定”按钮，退出“线宽”对话框。
- 在“图层特性管理器”对话框中，单击“确定”按钮，退出“图层特性管理器”对话框。此时“轮廓层”的线宽为“0.30 毫米”线宽。

步骤 6 设置当前图层

绘图时，新建对象将位于当前图层上。当前图层可以是默认图层 (0)，也可以将用户创建的图层置为当前图层。新创建的对象采用当前图层的颜色、线型和其他特性。

知识要点：

设置当前图层的方法介绍如下。

◆ 在“图层特性管理器”对话框中，选中某一个图层，单击“置为当前”按钮，则该图层成为当前图层。

- 在“图层特性管理器”对话框中，选中某一个图层，单击鼠标右键，在弹出快捷菜单中，选择“置为当前”命令，则该图层成为当前图层。
- 在图层工具栏中打开图层列表，选择要置为当前图层的图层即可。
- 选择图形对象，然后在图层工具栏中，单击“将对象的图层置为当前”按钮，即可将该对象所在的图层设为当前图层。

下面介绍“设置当前图层”的操作步骤。

- 打开附盘中的文件“图层.dwg”。该文件中含有 0 层、轮廓层、尺寸层和阴影层。
- 选择“格式>图层”命令，弹出“图层特性管理器”对话框。
- 在“图层特性管理器”对话框中，选中“轮廓层”，单击“置为当前”按钮，则“轮廓层”成为当前图层。

实用案例 2.7　图层状态和特性

案例解读

图层具有开关、冻结解冻、锁定解锁等管理图形的功能，用户可以随时显示、关闭、冻结、锁定某个图层上的对象。通过对图层的管理可以方便地控制不同类型的对象。

在绘制较为复杂的图形时，经常需要创建许多图层，并为其设置相应的图层特性，若每次在创建新文件时都要创建这些图层，将会大大降低工作效率。幸好 AutoCAD 为用户提供了保存及调用图层特性的功能，可以将创建好的图层以文件的形式保存起来，供用户在需要的时候直接调出来。

要点流程

- 通过“图层特性管理器”和“图层”工具栏来控制图层状态；
- 保存并调用图层的特性及状态。

操作步骤

步骤 1　控制图层状态

①在“图层特性管理器”对话框中，通过单击“开/关”、“冻结/解冻”、“锁定/解锁”、“打印/不打印”按钮来切换图层状态，如图 2-46 所示。

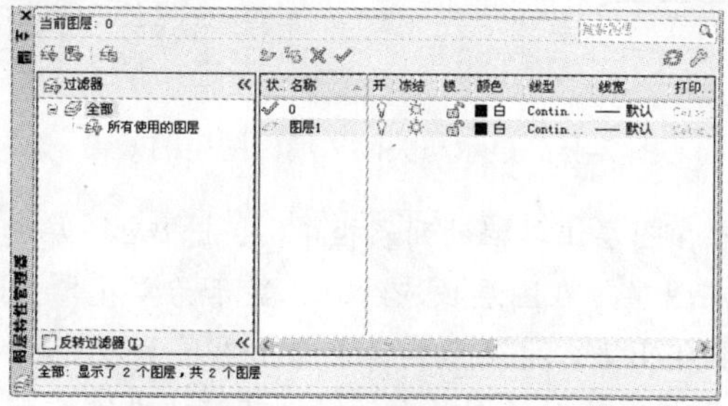

图 2-46 “图层特性管理器”对话框

下面介绍了图层显示状态，如表 2-1 所示。

表 2-1　图层显示状态说明

序号	图层	显示	打印	备注
1	开	可见	由图层的“打印/不打印”状态决定	
2	关	不可见	不能打印	可重新生成
3	解冻	可见	由图层的“打印/不打印”状态决定	
4	冻结	不可见	不能打印	不能重新生成
5	解锁	可见	由图层的“打印/不打印”状态决定	
6	锁定	可见	由图层的“打印/不打印”状态决定	不能选择、编辑
7	打印	可见	打印	只能控制可见图层
8	不打印	可见	不打印	只能控制可见图层

②通过图层工具栏也能控制图层的显示状态，如图 2-47 所示。

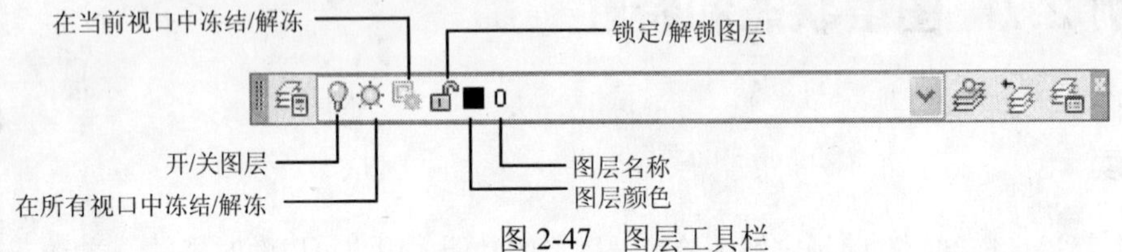

图 2-47　图层工具栏

知识要点：

- 打开/关闭图层：在图层工具栏的列表框中，单击相应图层的小灯泡图标，可以打开或关闭图层的显示与否。在打开状态下，灯泡的颜色为黄色，该图层的对象将显示在视图中，也可以在输出设置上打印；在关闭状态下，灯泡的颜色转为灰色，该图层的对象不能在视图中显示出来，也不能打印出来，如图 2-48 所示为打开或关闭图层的对比效果。

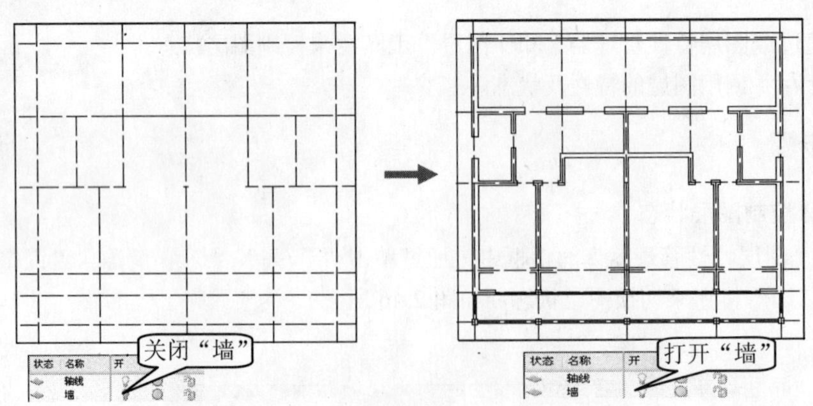

图 2-48　显示与关闭“墙”图层的效果

- 冻结/解冻图层：在图层工具栏的列表框中，单击相应图层的太阳或雪花图标，可以冻结或解冻图层。在图层被冻结时，显示为雪花图标，其图层的图形对象不能被显示和打印出来，也不能编辑或修改图层上的图形对象；在图层被解冻时，显示为太阳图标，此时的图层上的对象可以被编辑。

- ◆ 锁定/解锁图层：在图层工具栏的列表框中，单击相应图层的小锁图标，可以锁定或解锁图层。在图层被锁定时，显示为图标，此时不能编辑锁定图层上的对象，但仍然可以在锁定的图层上绘制新的图形对象。

步骤 2　保存图层的特性及状态

保存图层，其操作步骤如下所示。

- 在 AutoCAD 2010 中，打开“CDROM\02\素材\建筑平面图.dwg”图形文件。
- 选择“格式>图层”命令，弹出“图层特性管理器”面板，将看到当前图形文件中已经设置好有许多的图层。单击左上方的“图层状态管理器”按钮，弹出“图层状态管理器”对话框，如图 2-49 所示。
- 在“图层状态管理器”对话框中单击“新建”按钮，将弹出“要保存的新图层状态”对话框。在“新图层状态名”文本框中输入保存的图层特性名称，在“说明”列表框中输入图层特性文件的说明信息，如图 2-50 所示。

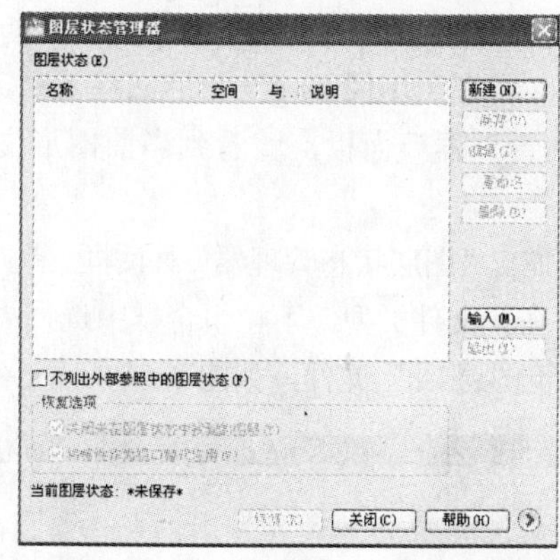

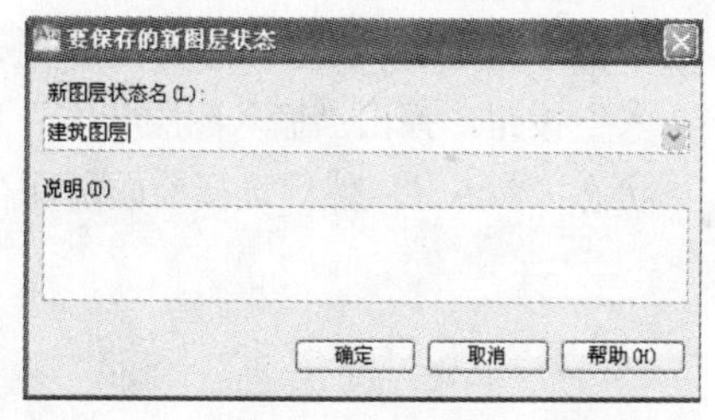

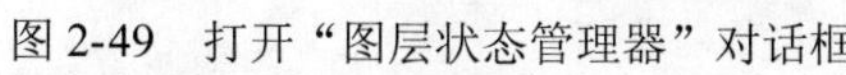
图 2-49　打开“图层状态管理器”对话框　　图 2-50　“要保存的新图层状态”对话框

- 当单击“确定”按钮后，返回到“图层状态管理器”对话框，若单击右下角的按钮，将展开显示图层的相应特性及状态，如图 2-51 所示。

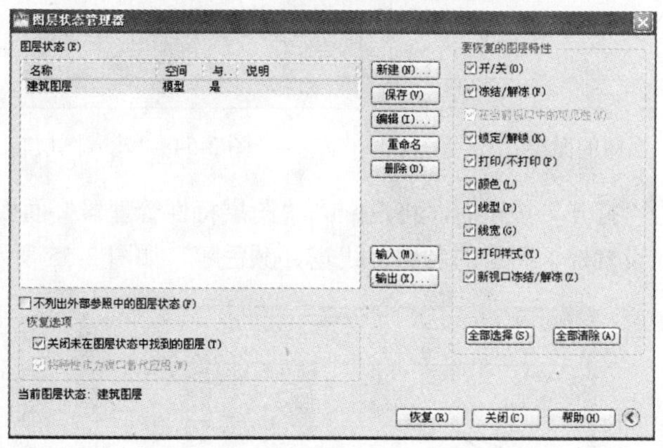

图 2-51　显示新建的图层状态信息

- 单击“输出”按钮，将弹出“输出图层状态”对话框，指定图层特性要保存到的路径及名称，其文件的后缀为.las，然后单击“保存”按钮，完成图层特性的保存，如图 2-52 所示。

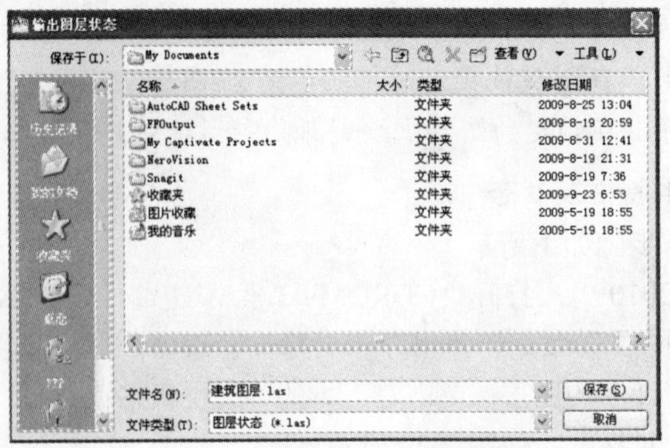

图 2-52　保存图层状态

步骤 3 调用图层的特性及状态

调用图层的特性及状态是指将保存的图层调用到新文件中。

例如，将前面保存的图层状态名称“建筑图层.las”调用到新的文件中，其操作步骤如下。

- 在 AutoCAD 2010 中，新建“CDROM\02\效果\调用图层.dwg”图形文件。
- 选择“格式>图层”命令，弹出“图层特性管理器”面板，将看到当前图形文件中只有一个图层 0，如图 2-53 所示。
- 单击左上方的“图层状态管理器”按钮，弹出“图层状态管理器”对话框。单击“输入”按钮，弹出“输入图层状态”对话框，在“文件类型”下拉组合框中选择“图层状态（*.las)”，然后选择前面所保存的“建筑图层.las”文件，如图 2-54 所示。

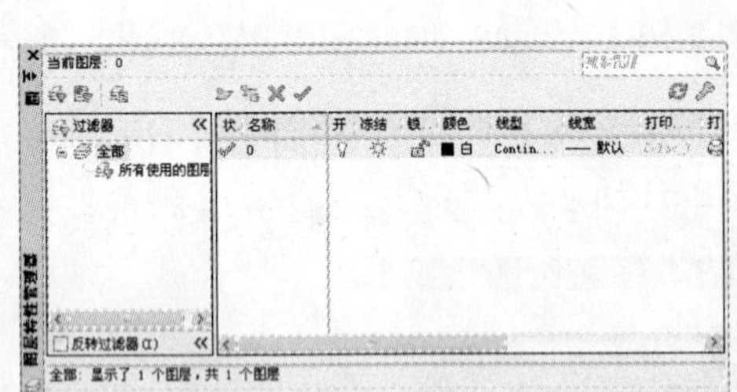

图 2-53　当前的图层

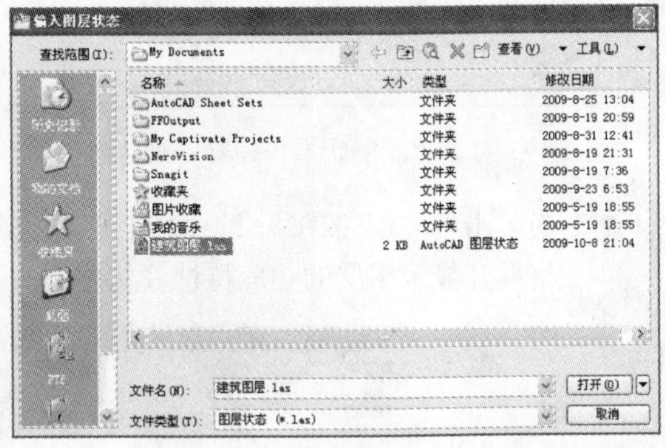

图 2-54　“输入图层状态”对话框

- 当用户单击“打开”按钮后，将返回到“图层特性管理器”面板，即可看到调用的图层和已经设置好了图层的名称、线宽、颜色等，如图 2-55 所示。

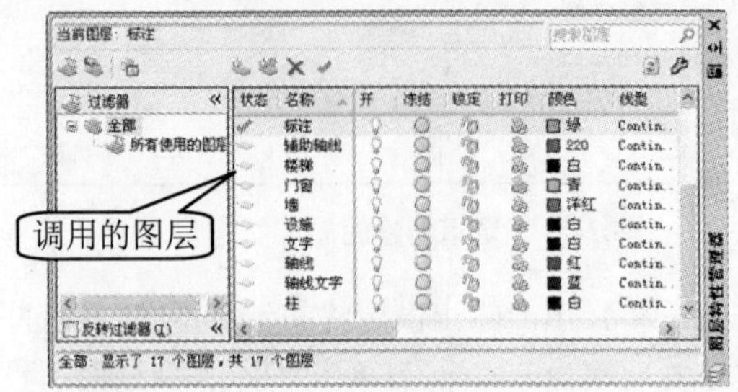

图 2-55　显示当前调用的图层

实用案例 2.8　图形特性控制

案例解读

在 AutoCAD 2010 中，用户可以为图层设置常用特性。例如：在机械图中，建立轮廓线层、中心线层、剖物线层、尺寸层和标题栏等图层，并分别给这些图层指定颜色、线型和线宽等特性。但有时又需要改变这些特性，本案例将详细介绍如何通过改变图层的特性来改变图形的特性。

要点流程

- 通过“对象特性”工具栏来快速修改对象的特性
- 通过改变对象所在的图层来修改对象的特性
- 通过“特性”选项板来查看并修改图形的特性
- 通过“特性匹配”来改变图形特性

操作步骤

步骤 1 快速改变所选图形的特性

①可以通过“对象特性”工具栏快速修改对象的特性，如图 2-56 所示。

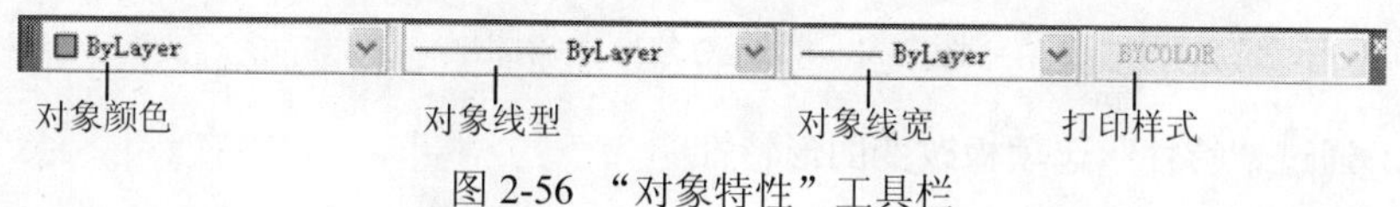

图 2-56 “对象特性”工具栏

知识要点：

在“对象特性”工具栏中，颜色、线型和线宽的特性设置中有两个重要的选项，介绍如下。

- Bylayer（随层）：表示当前设置的对象特性应和“图层特性管理器”中设置的特性一致，这是大多数特性的设置值。
- Byblock（随块）：在创建要包含在块定义中的对象之前，应将当前颜色或线型设置为“BYBLOCK”。

②将某个对象设置为特定的值，可在相应的下拉列表框中选择特定的颜色、线型或线宽。例如，在“图层管理器”面板中设置“墙”图层的颜色为“洋红”，其颜色控制为 Bylayer（随层），这时如果绘制一段多线，则绘制的图形颜色将为洋红色；如果在“对象特性”工具栏的颜色控制下拉列表框中选择为“黑白”，这时绘制的多线颜色将为“黑色”，如图 2-57 所示。

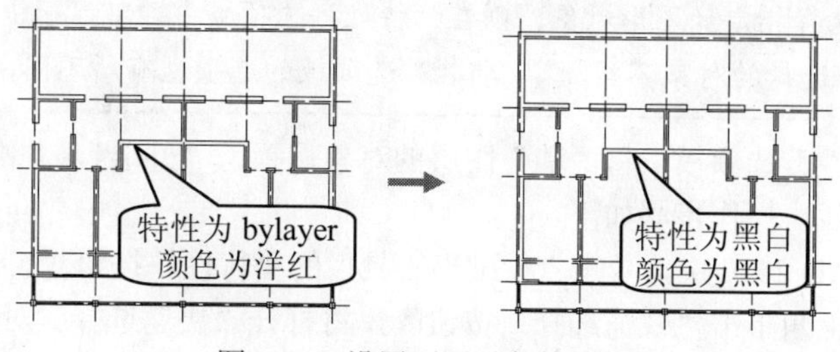

图 2-57　设置不同对象的特性

注意

用户要改变当前对象的颜色、线型和线宽时，首先要选择指定的对象，然后在命令行中输入相应的命令。如输入 COLOR 或 CO 时，将改变对象的颜色；输入 LINETYPE 或 LT 时，将改变对象的线型；输入 LWEIGHT 时，将改变对象的线宽。

步骤 2　改变对象所在的图层

用户在绘制图形的时候，经常可能会碰到所绘制的图形对象没有在指定的图层，那么这时只需选择该图形对象，然后在“图层”工具栏的图层下拉列表框中选择相应的图层。如果所绘制的图形对象的特性均设置为 Bylayer（随层），那么改变对象后的特性也将会发生改变。

例如，当前绘制的多线对象在“墙”图层，其颜色为黑色，线宽为 0.3，线型为细实线，如果将绘制的多线改变为“外墙”图层，则此时的多线颜色为蓝色，线宽为默认，线型为虚线，如图 2-58 所示。

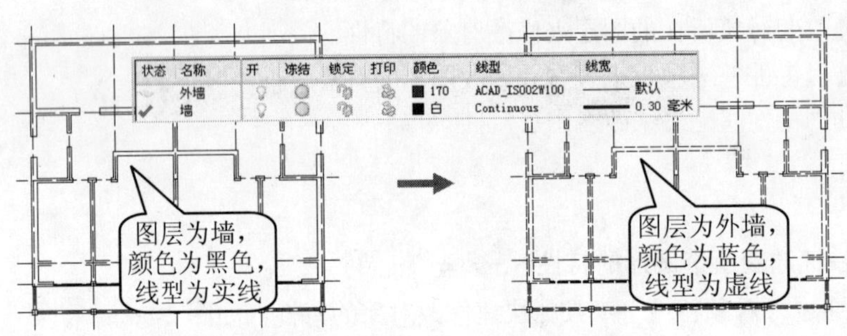

图 2-58　改变对象所在的图层

步骤 3 通过“特性”选项板改变图形特性

下面介绍“特性”选项板的功能。

在 AutoCAD 中绘制的图形对象，都可通过“特性”选项板来查看并修改图形的特性，它不仅可以修改图层、颜色、线型、线宽等特性，还可以修改对象本身的特性，如直线的长度、圆的半径、矩形的长宽等。

知识要点：

打开“特性”选项的方法如下。

◆ 下拉菜单：选择“修改>特性”命令。
◆ 工具栏：在“标准”工具栏上单击“特性”按钮。
◆ 输入命令名：在命令行中输入或动态输入 PROPERTIES，并按 Enter 键。

注意

在绘制图中选择指定的图形对象，则在“特性”选项板中即可显示出所选对象的当前特性设置。当然，选择的对象不同，其“特性”选项板的选项也有所不同，如图 2-59 所示。

下面通过“特性”选项板，将“墙”图层的对象设置为“外墙”，并修改其颜色为绿色，再将线型设置为实线，操作步骤如下。

- 在 AutoCAD 2010 中，单击“标准”工具栏的“特性”按钮，在打开的“特性”选项板右上角单击“快速选择”按钮，将打开“快速选择”对话框。
- 在“快速选择”对话框的“特性”列表框中选择“图层”，在“值”下拉组合框中选择“墙”，然后单击“确定”按钮，将图层为“墙”的所有对象全部选中，如图 2-60 所示。

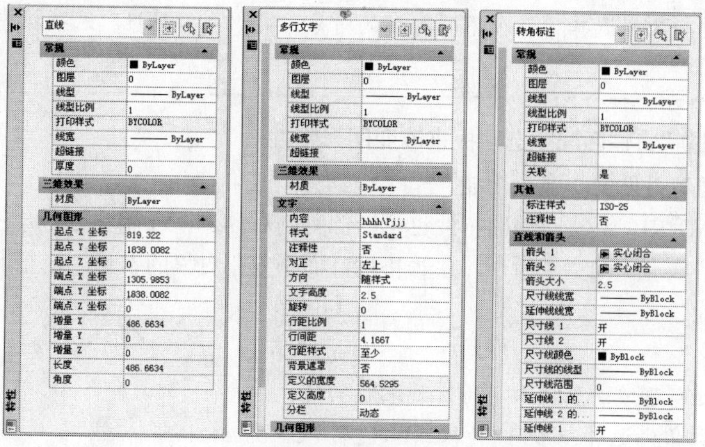

图 2-59　不同对象的“特性”选项板

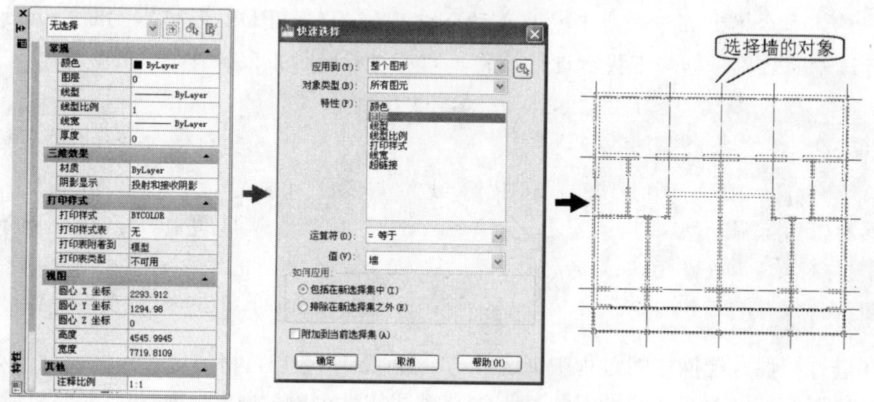

图 2-60　选择墙的所有对象

- 在“特性”选项板的“常规”栏中，将“图层”设置为“外墙”，颜色设置为“黑色”，线型设置为“实线”，此时视图中对象的特性将发生相应的改变，如图 2-61 所示。

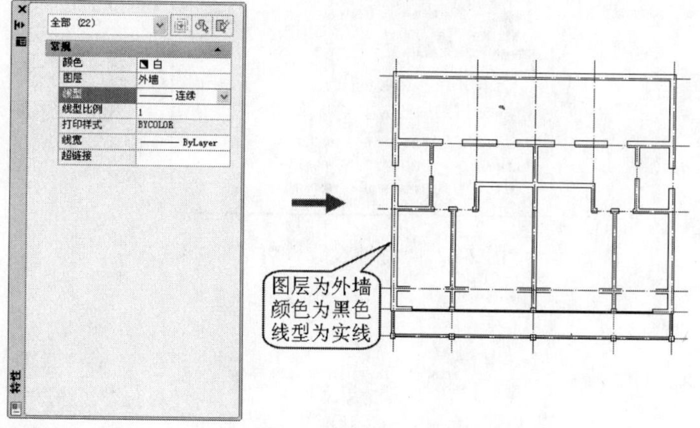

图 2-61　改变对象特性

注意

如果用户一次性选择了多个不同特性的对象，那么在“特性”选项板中将显示这些对象的共有特性。

步骤 4 通过“特性匹配”选项板来改变图形特性

下面介绍“特性匹配”命令功能。

在 AutoCAD 中，其实对象的特性也可以像复制对象那样进行复制，但它只复制对象的特性，如颜色、线型、线宽及所在图层等特性，而不复制对象的本身，这相当于 Word 软件中的格式刷功能。

知识要点：

用户可通过以下方法来调用“特性匹配”功能。

- 下拉菜单：选择“修改>特性匹配”命令。
- 工具栏：在“标准”工具栏上单击“特性匹配”按钮。
- 输入命令名：在命令行中输入或动态输入 MATCHPROP 或 MA，并按 Enter 键。

执行该命令后，根据如下提示进行操作，即可进行特性匹配操作。

命令：_matchprop （启动特性匹配命令）
选择源对象： （选择作为特性匹配的源对象）
当前活动设置： 颜色 图层 线型 线型比例 线宽 厚度 打印样式 标注 文字 填充图案 多段线 视口 表格材质 阴影显示 多重引线 （显示当前可以进行特性匹配的对象特性）
选择目标对象或 [设置(S)]： （选择需要进行特性匹配的目标对象）
选择目标对象或 [设置(S)]： （继续选择其他的目标对象，完成后按 Enter 键）

若在进行特性匹配操作的过程中，选择“设置（S）”选项，将弹出“特性设置”对话框，通过该对话框，可以选择在特性匹配过程中有哪些特性可以被复制；如果不需要复制一些特性，可以取消相应的复选框，如图 2-62 所示。

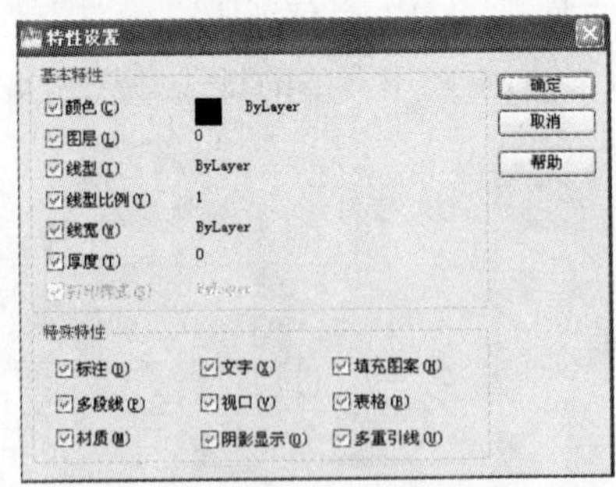

图 2-62 “特性设置”对话框

第3章 建筑设计与制图基础

本章导读

建筑设计是指建筑物在建造之前，设计者按照建设任务，把施工过程和使用过程中所存在的或可能发生的问题，事先做好通盘的设想，拟定好解决这些问题的办法、方案，用图纸和文件表达出来。

为了统一建筑结构专业制图规则，保证制图质量，提高制图效率，做到图面清晰、简明，符合设计、施工、存档的要求，适应工程建设的需要，国家技监局特制定了建筑设计的一些相关标准。用户在进行建筑绘图之前，首先要掌握建筑制图的一些基础知识，这样才能使绘制出的图形符合建筑需求及绘图标准。

本章主要学习以下内容：

- 掌握建筑制图的基本规定，包括图幅、图线、比例及符号等
- 掌握建筑制图的尺寸标注及常用材料图例
- 掌握建筑设计的构成要素、设计过程、设计内容和设计依据
- 掌握建筑物的分类与分级
- 掌握建筑统一模数制的适应范围、规定及模数概念
- 掌握建筑模数的协调原则
- 掌握建筑轴线的定位

实用案例 3.1　建筑制图简介

案例解读

工程图是表达工程设计意图的主要手段。为此，我国国家技术监督局制订了一系列关于技术制图的标准，即中华人民共和国国家标准（简称国家标准），代号为“GB”（“GB / T”为推荐性国标）。结合国家标准，本章简要介绍了建筑制图在绘图、标注和材料图例方面的基本要求。

要点流程

- 介绍建筑制图在图幅、图线、比例及符号等方面的基本规定
- 介绍建筑制图在对尺寸标注方面所做的详细规定
- 介绍建筑制图在对材料图例方面所做的详细规定

操作步骤

步骤 1　建筑制图的基本规定

①图幅。

- 图纸幅面、图框

建筑工程图纸的幅面规格共有 5 种，从大到小的幅面代号为 A0、A1、A2、A3、A4，各种图幅的幅面尺寸如表 3-1 所示。

表 3-1　幅面及图框尺寸　　单位：毫米

图纸幅面 尺寸代号	A0	A1	A2	A3	A4
B×L	841×1189	594×841	420×594	297×420	210×297
c	10			5	
a	25				

注意

长边作为水平边使用的图幅称为横式图幅，短边作为水平边的称为立式图幅。A0～A3 图幅宜横式使用，必要时立式使用，A4 只能立式使用。

在图纸上，图框线必须用粗实线画出。其格式分为不留装订边和留有装订边两种，如图 3-1 所示。但同一种产品的图样只能采用同一种格式，图样必须画在图框之内。

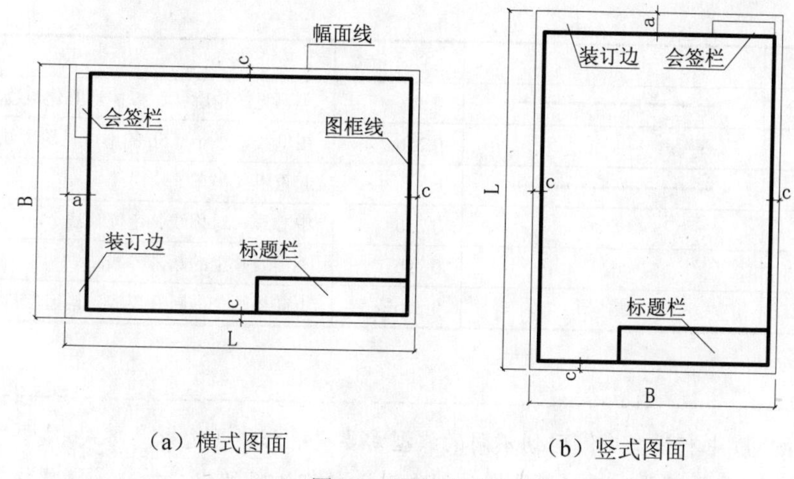

（a）横式图面　　（b）竖式图面

图 3-1　图幅格式

● 标题栏

标题栏也称图标，是用来说明图样内容的专栏，应根据工程需要确定其尺寸、格式及分区。在学生制图作业中建议采用如图 3-2 所示的简化标题栏。

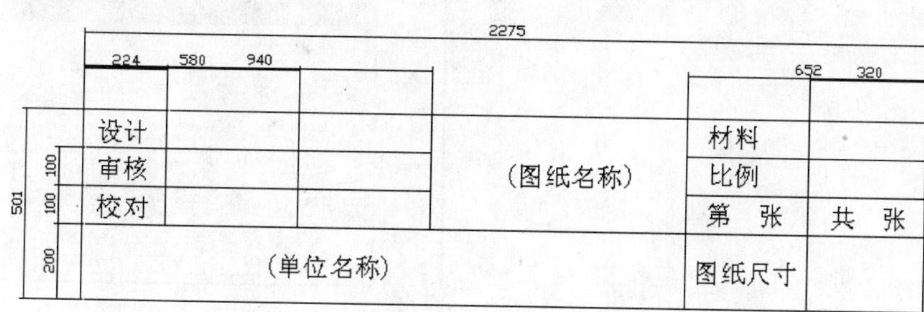

图 3-2　学生作业用标题栏

② 图线

工程图中的图线，必须按照制图家标准的规定正确使用，不同线宽、不同线型的图线表示的含义不同。

● 线型

工程图上常用的基本线型有实线、虚线、点画线、折断线、波浪线等。不同的线型使用情况也不相同，如表 3-2 所示为线型及用途表。

表 3-2 图线的线型、线宽及用途

名　称	线　型	线　宽	用　途
粗实线		b	剖面图中被剖到部分的轮廓线、建筑物或构筑物的外形轮廓线、结构图中的钢筋线、剖切符号、详图符号圆、给水管线等
中实线		0.5b	剖面图中未剖到但保留部分形体的轮廓线、尺寸标注中尺寸起止短线、原有各种给水管线等
细实线		0.25b	尺寸中的尺寸线、尺寸界线、各种图例线、各种符号图线等

续表

名　称	线　型	线　宽	用　途
中虚线		0.5b	不可见的轮廓线、拟扩建的建筑物轮廓线等
细虚线		0.25b	图例线、小于 0.5b 的不可见轮廓线
粗单点长画线		b	起重机（吊车）轨道线
细单点长画线		0.25b	中心线、对称线、定位轴线
折断线		0.25b	不需要画全的断开界线
波浪线		0.25b	不需要画全的断开界线；构造层次的断开线

注意

AutoCAD 中有线型库，用到不同的线型需要提前加载（选择“格式>线型”命令，在弹出的“线型管理器”对话框中单击“加载”按钮，将弹出“加载或重载线型”对话框，如图 3-3 所示），具体方法参考后面相应的章节。

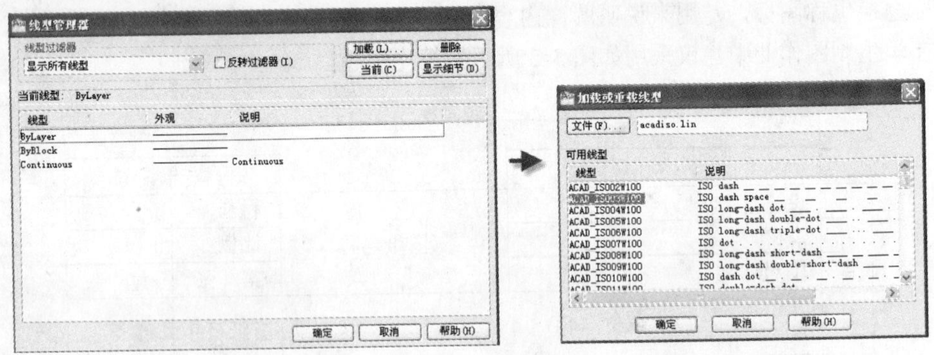

图 3-3　线型加载

- 线宽

粗线的宽度代号为 b，粗线、中粗线、细线三种线宽分别为 b、0.5b 和 0.25b。粗线线宽从下列宽度系列中选取：2.0 毫米、1.4 毫米、1.0 毫米、0.7 毫米、0.5 毫米、0.35 毫米。在同一幅图中，采用相同比例绘制的多个图，应用相同的线宽组。当绘制比较简单或是比较小的图，可以只用两种线宽，即粗线和细线两种线宽。

注意

用 AutoCAD 进行作图时，通常把不同的线型，不同粗细的图线单独放置在一个层上，方便打印时统一设置图线的线宽。

(3) 比例。

图样中图形与实物相对应的线型尺寸之比，称为比例。比例的大小就是比值的大小。需要注意的是，图中所注的尺寸是指物体的实际大小，与图样的比例无关。比例书写在图名的右侧，字号比图名字体小一号。一般情况下，一个图样选用一个比例。如果一张图纸中各图比例相同，也可以把该比例统一书写在标题栏中，如图 3-4 所示。

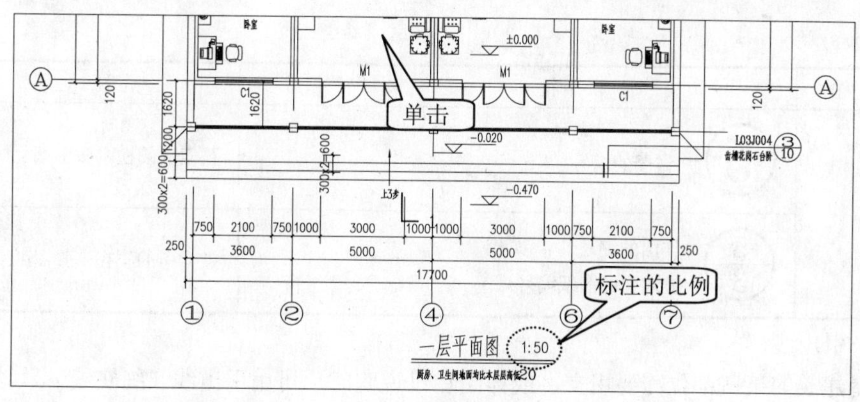

图 3-4　标注的比例

4 符号。

在进行各种建筑和室内装饰设计时，为了更清楚、更明确地表明图中的相关信息，将以不同的符合来表示。

● 剖切符号

剖面的剖切符号，应由剖切位置线及剖视方向线组成，均应以粗实线绘制。剖切位置线的长度，宜为 6 毫米~10 毫米；剖视方向线应垂直于剖切位置线，长度应短于剖切位置线，宜为 4 毫米~6 毫米。剖切符号的编号，宜采用阿拉伯数字，按顺序由左至右，由下至上连续编排，并应注写在剖视方向线的端部。需要转折的剖切位置线，在转折处如与其他图线发生混淆，应在转角的外侧加注与该符号相同的编号，如图 3-5 所示。

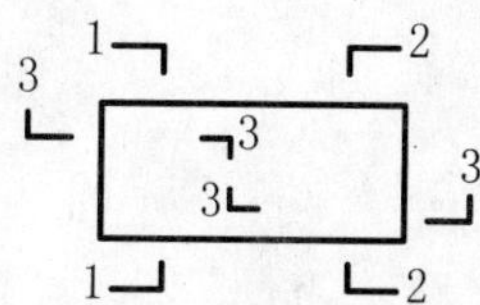

图 3-5　剖切符号

● 索引符号与详图符号

施工图中某一个部位或某一个构件如另有详图，则可画在同一张图纸内，也可画在其他有关的图纸上。为了便于查找，可通过索引符号和详图符号来反映该部位或构件与详图及有关专业图纸之间的关系。

索引符号如表 3-3 所示，是用细实线画出来的，圆的直径为 10 毫米。详图符号如表 3-3 所示，是用粗实线绘制，圆的直径为 14 毫米。

表 3-3　索引符号及详图符号

名　称	符　号	说　明
详图的索引符号	5 / — 详图的编号；详图在本张图纸上 5 / — 局部剖面详图的编号；剖面详图在本张图纸上	详图在本张图纸上
	2 / 5 详图的编号；详图所在图纸的编号 4 / 3 局部剖面详图的编号；剖面详图所在图纸的编号	详图不在本张图纸上
	J106 3 / 4 标准图册的编号；标准详图的编号；详图所在图纸的编号	标准详图

续表

名　称	符　号	说　明
详图符号	⑤ 详图的编号	被索引的在本张图纸上
	5/3 详图的编号；被索引的图纸编号	被索引的不在本张图纸上

● 引出线

房屋建筑的某些部位需要用文字或详图加以说明时，可用引出线（细实线）从该部位引出。引出线用水平方向的直线，或与水平方向成 30 度角、45 度角、60 度角或 90 度角的直线，或经上述角度再折为水平的折线。文字说明宜注写在横线的上方，也可注写在横线的端部，索引详图的引出线，应对准索引符号的圆心。

同时引出几个相同部分的引出线可画成平行线，也可画成集中于一点的放射线，如图 3-6 所示。用于多层构造的共同引出线，应通过被引出的多层构造，文字说明可注写在横线的上方，也可注写在横线的端部。说明的顺序自上至下，与被说明的各层要相互一致。若层次为横向排列，则由上至下的说明顺序要与由左至右的各层相互一致，如图 3-7 所示。

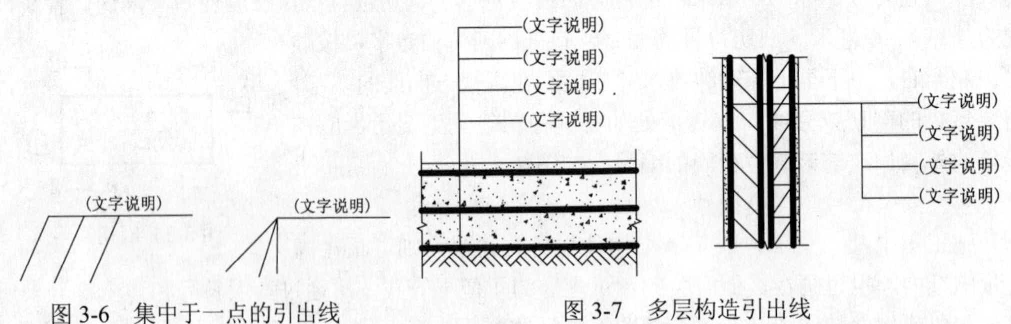

图 3-6　集中于一点的引出线　　图 3-7　多层构造引出线

● 对称符号

对称符号由对称线和两端的平行线组成，对称线用细单点长画线绘制；平行线用细实线绘制，平行线长度范围为 6 毫米~10 毫米，平行线间的距离宜范围为 2 毫米~3 毫米，平行线在对称线两侧的长度应相等，如图 3-8 所示。

● 指北针

在建筑施工图中，常用指北针来表示建筑物的朝向。指北针外圆直径为 24 毫米，采用细实线绘制，指针尖为北向，并写出“北”或“N”，指针尾部宽度为 3 毫米，如图 3-9 所示。

● 连接符号

连接符号采用两条平行状态的折断线，在折断线的端部注写字母，如图 3-10 所示。

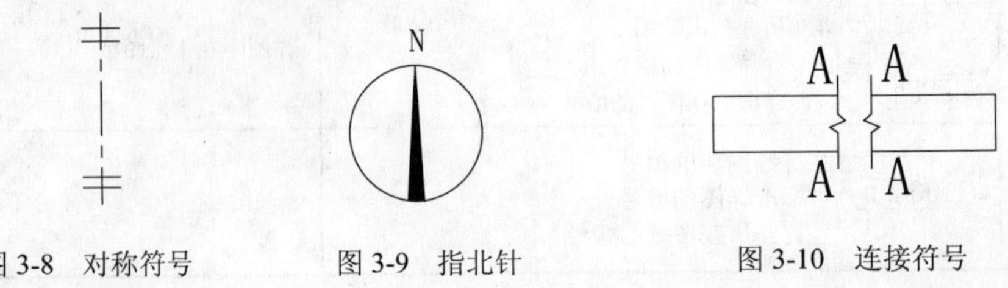

图 3-8　对称符号　　图 3-9　指北针　　图 3-10　连接符号

- 标高符号

标高用来表示建筑物各部位高度的一种尺寸形式。标高符号用细实线画出，短横线是需要注高度的界线，长横线之上或之下注出标高数字（如图 3-11（a）所示）。总平面图上的标高符号，宜用黑色的三角形表示（如图 3-11（d）所示），标高数字可注明在黑三角形的右上方，也可注写在黑三角形的上方或右面。不论哪种形式的标高符号，均为等腰直角三角形，高为 3 毫米。如图 3-11（b）、（c）中所示的短横线为需要标注高度的界限，标高数字注写在长横线的上方或下方。

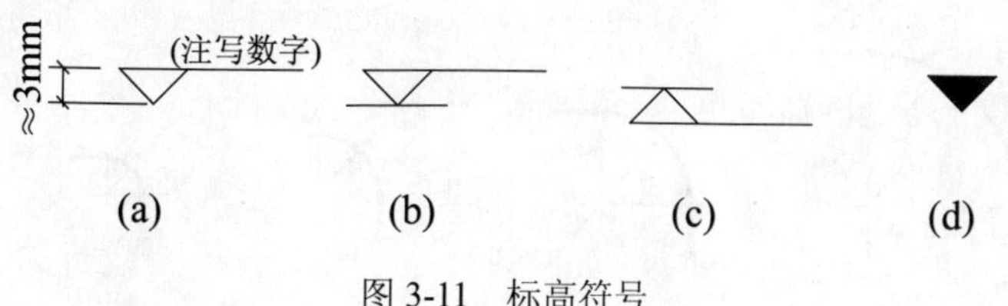

图 3-11 标高符号

标高数字以米为单位，注写到小数点后第三位（在总平面图中可注写到小数点后第两位）。零点标高应注写成“±0.000”，正数标高不注“+”，负数标高应注“-”，例如 3.000、-0.600。如图 3-12 所示为标高注写的几种格式。

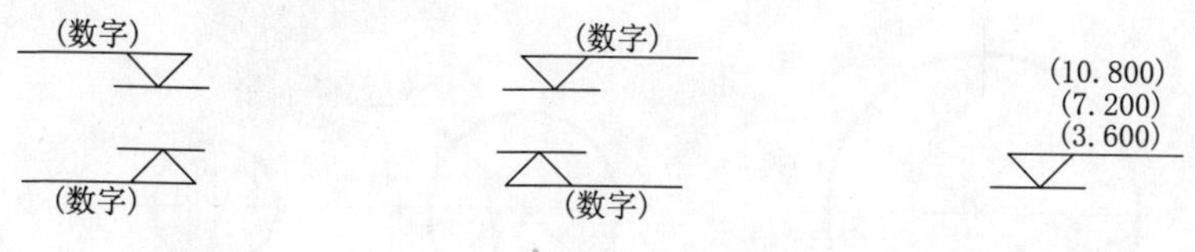

图 3-12 标高数字注写格式

步骤 2 建筑的尺寸标注

① 尺寸要素。

图样上的尺寸根据规定，由尺寸界线、尺寸线、尺寸起止符号（在 AutoCAD 中被称作“箭头”）和尺寸数字组成，如图 3-13 所示。

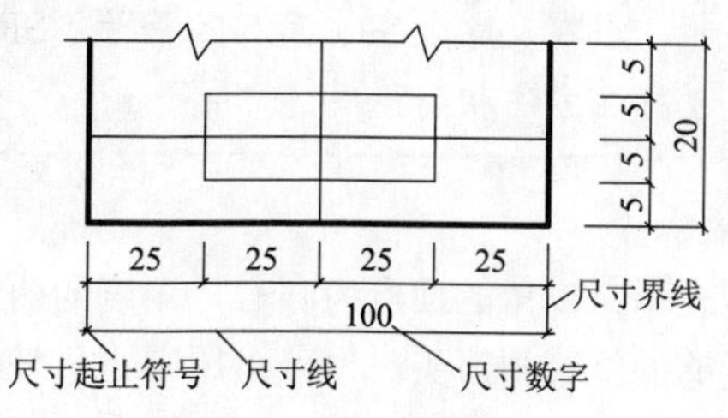

图 3- 13 尺寸组成

注意

标准规定，尺寸界线用细实线绘制，一般应与被标注的长度垂直，其中一端应离开图样轮廓线不小于（起点偏移量）2 毫米，另一端宜超出尺寸线 2 毫米~3 毫米；尺寸线也用细实线绘制，并与被标注长度平行，图样本身的图线不能用作尺寸线；尺寸起止符号一般用中粗斜短线绘制，其倾斜方向与尺寸界线成顺时针 45 度角，长度宜为 2 毫米~3 毫米。

②半径、直径、球的标注。

- 标注半径、直径和球，尺寸起止符号不用 45 度角斜短线，而用箭头表示。
- 半径的尺寸线一端从圆心开始，另一端画箭头，指向圆弧。半径数字前应加半径符号“R”。
- 标注直径时，应在直径数字前加符号“φ”。在圆内标注的直径尺寸线应通过圆心，两端画箭头指至圆弧。当圆的直径较小时，直径数字可以用引出线标注在圆外。直径标注也可以使用 45 度角斜的形式短线标注在圆外，如图 3-14 所示。

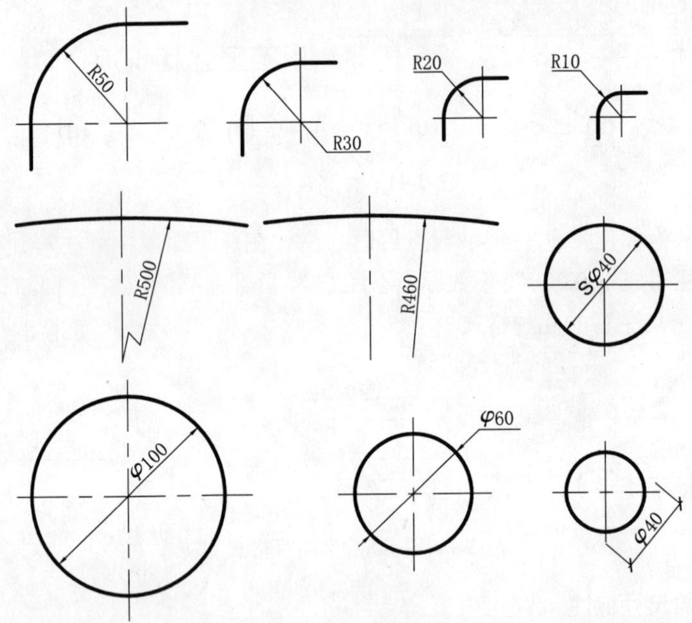

图 3-14　半径、直径的标注方法

> **注意**
>
> 标注球的半径和直径时，应在尺寸数字前面加注符号“SR”或是“Sφ”。注写方法与圆弧半径和圆直径的尺寸标注方法相同。

③角度、弧长、弦长的标注

角度的尺寸线以圆弧线表示，以角的顶点为圆心，角度的两边为尺寸界线，尺寸起止符号用箭头表示，如果没有足够的位置画箭头，也可以用圆点代替，角度数字都要水平方向书写，如图 3-15 所示。

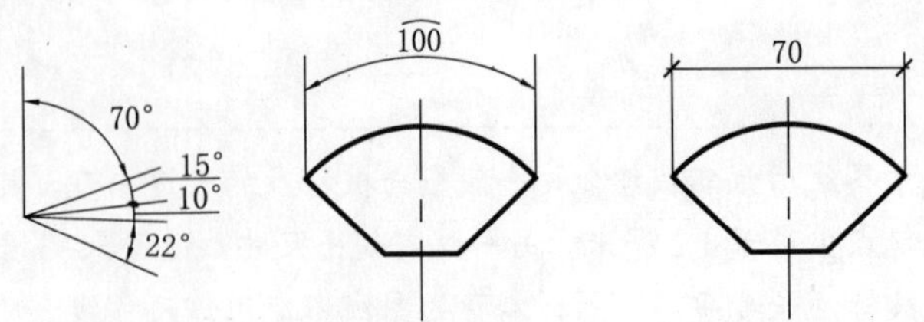

图 3-15　角度、弧长、弦长的标注方法

④其他尺寸标注。

- 标注坡度时，应沿坡度画出指向下坡的箭头，在箭头的一侧或下端注写尺寸数字，如图 3-16 所示。

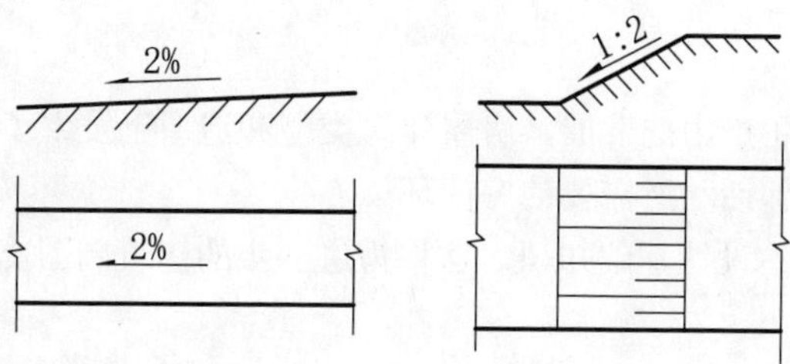

图 3-16　坡度注写方法

- 对于较多相等间距的连续尺寸，可以以乘积的形式标注。对于屋架、钢筋以及管线的单线图，可以把尺寸数字沿着杆件或线路一侧注写，如图 3-17 所示。

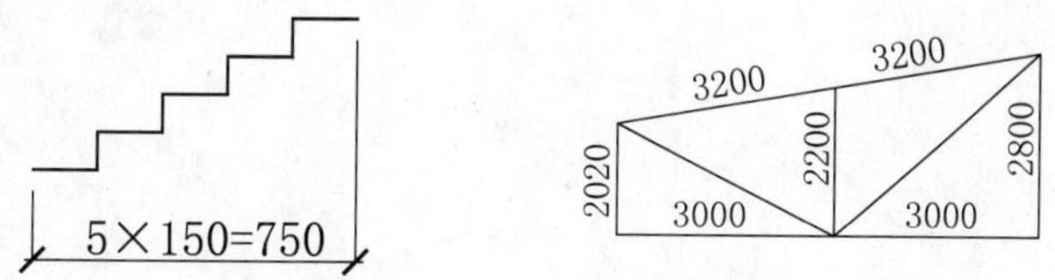

图 3-17　相等间距和杆件的注写方法

步骤 3　建筑材料图例

①图例概念。

建筑物或构筑物需要按比例绘制在图纸上，对于一些建筑物的细部节点，无法按照真实形状表示，只能用示意性的符号画出。国家标准规定的正规示意性符号，都称为图例。

②介绍常用建筑材料图例。

凡是国家批准的图例，均应统一按照标准画法表示在图形中，如果有个别新型材料还未纳入国家标准，设计人员要在图纸的空白处画出并写明符号代表的意义，方便对照阅读。常用材料图例见表 3-4 所示。

表 3- 4　常用建筑材料图例

图　　例	名　　称	图　　例	名　　称
	自然土壤		素土夯实
	砂、灰土及粉刷		空心砖
	混凝土		钢筋混凝土
	砖砌体		多孔材料
	金属材料		石材
	防水材料		塑料

实用案例 3.2　建筑的设计基础

案例解读

随着社会进步以及生产力的发展，房屋建筑类型和造型已发生了巨大的变化。建筑成为人们生活、生产或是其他活动所需要的空间环境。

本案例介绍了建模的设计基础知识，这将为进一步的建筑制图奠定基础。

要点流程

- 介绍建筑的构成要素
- 介绍建筑的设计过程
- 介绍建筑的设计内容
- 介绍建筑的设计依据

操作步骤

步骤 1　建筑的构成要素

建筑的构成分为三要素：即建筑功能、物质技术条件、建筑形象。

建筑构成三要素之间是辩证统一的关系，不能分割，但又有主次之分。第一是功能，是起主导作用的因素；第二是物质技术条件，是达到目的的手段，但是技术对功能又有约束和促进的作用；第三是建筑形象，是功能和技术的反映，如何充分发挥设计者的主观作用，在一定功能和技术条件下，可以把建筑设计得更加美观。

步骤 2　建筑的设计过程

一般建设项目可分为三个阶段进行设计，即方案阶段、初步设计阶段和施工图设计阶段。对于技术要求复杂的建设项目，可在初步设计阶段与施工图设计阶段之间增加技术设计阶段。

知识要点：

◆　方案阶段

应重新熟悉设计任务书，踏勘现场，进一步收集设计中有用的资料。在进行异地操作时，详细了解项目所在地的环境情况，如气候条件、抗震设防烈度、建筑现状、周边的人文环境以及施工条件等；了解当地的有关地方性法规，以便在设计中予以充分的重视。

◆　初步设计阶段

要求建筑专业的图纸文件一般包括：总平面图、建筑平面图、立面、剖面，标明建筑的定位轴线和轴线尺寸、总尺寸、建筑标高、总高度以及与技术工种有关的一些定位尺寸。在设计说明中则应标明主要的建筑用料和构造做法；结构专业的图纸需要提供房屋结构的布置方案图和初步计算说明以及结构构件的断面基本尺寸；各设备专业也应提供相应的设备图纸、设备估算数量及说明书。根据这些图纸和说明书，工程概算人员应当在规定的期限内完成工程概算以及主要材料用料。

◆　施工图设计阶段

施工图设计阶段，要求建筑专业的图纸应提供所有构配件的详细定位尺寸及必要的型号、数量等资料，还应绘制工程施工中所涉及的建筑细部详图。其他各专业则也应提交相关的详细设计文件及其设计依据，例如结构专业的详细计算书等，并且协同调整各专业的设计以达到完全一致。

步骤 3 建筑的设计内容

建筑的设计内容，大体上分为三个部分：即建筑设计、结构设计、设备设计。这三个过程既有分工又需要密切配合，形成一个整体，各专业的图纸、计算书、说明书等汇在一起构成完整的文件，作为建筑工程施工的依据。

知识要点：

建筑设计是指在满足总体规划的前提下，根据建设单位提供的任务书，综合考虑基地环境、建筑艺术、使用功能、材料设备、结构施工及建筑经济等问题，重点解决建筑物内部使用功能和使用空间的合理安排，建筑物与各种外部条件、与周围环境的协调配合，内部构造和外表的艺术效果，各个细部的构造方式等，最终提出建筑设计方案，并将此方案绘制成建筑设计施工图，如图 3-18 所示。

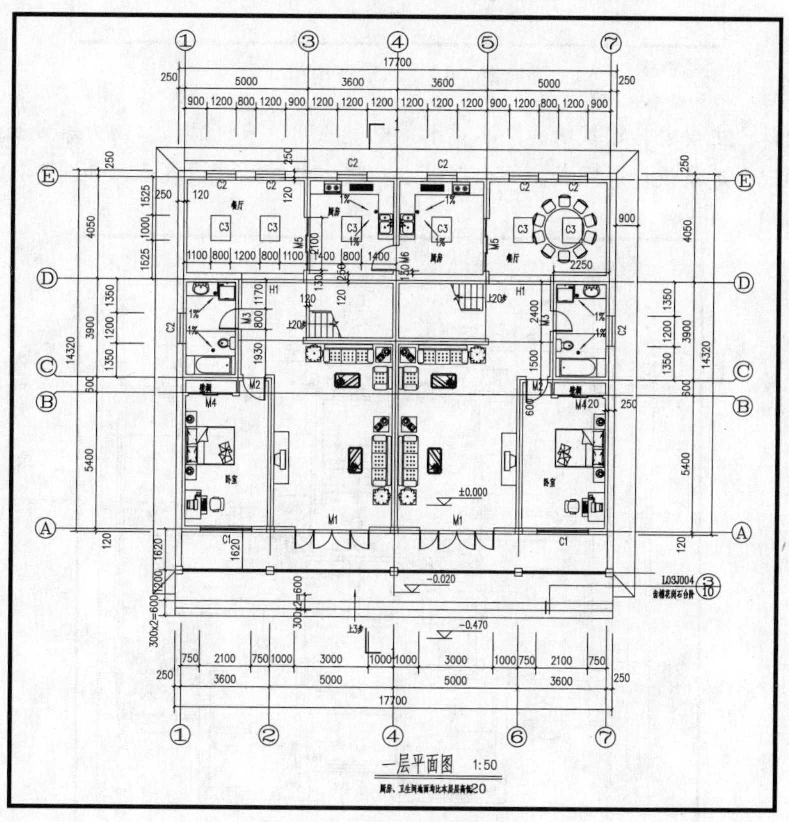

图 3-18　建筑设计图

知识要点：

结构设计：主要任务是配合建筑设计选择可行的结构方案，进行结构计算及构件设计，结构布置及构造设计等，并用结构设计图表示，一般是由结构工程师来完成，如图 3-19 所示。

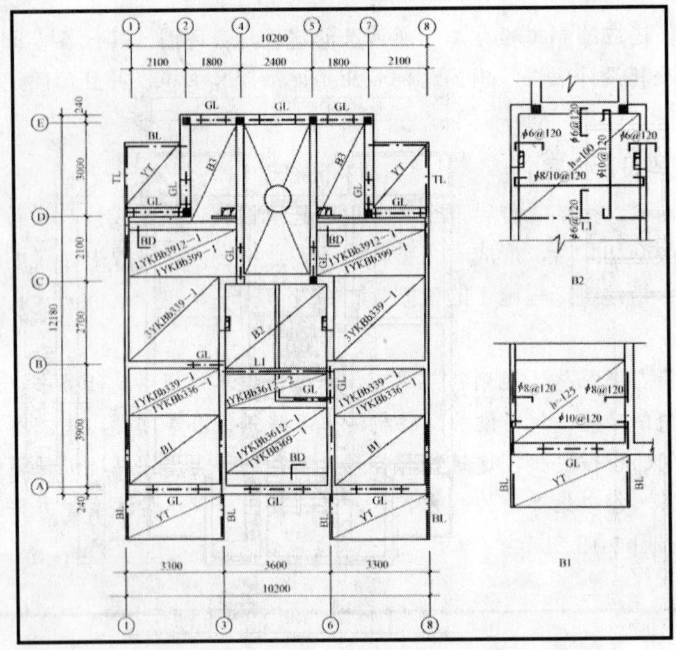

图 3-19　建筑结构图

设备设计：主要包括建筑物的给水排水、电气照明、采暖通风、动力等方面的设计，由有关工程师配合建筑设计来完成，并分别以水、暖、电等设计图表示，如图 3-20 所示。

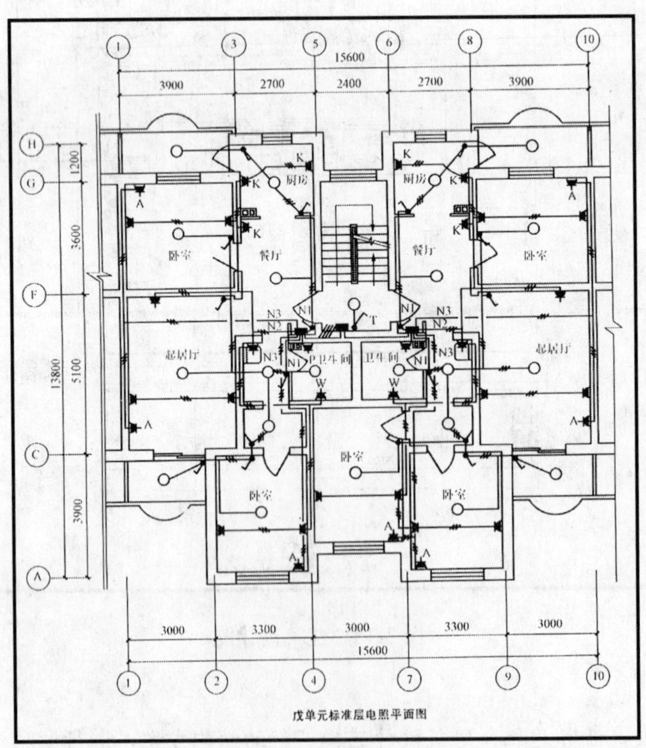

图 3-20　建筑设备图

步骤 4　建筑的设计依据

在进行建筑设计过程中，主要应遵循以下的一些依据。

- 人体尺度及人体活动的空间尺度是确定民用建筑内部各种空间尺度的主要依据。
- 家具、设备尺寸和使用它们所需的必要空间，是确定房间内部使用面积的重要依据。
- 要适时根据当地的温度、湿度、日照、雨雪、风向、风速等气候条件来进行设计。
- 要进行综合的地形、地质条件和地震强度设计。
- 要遵循我国的建筑模数和模数制。

实用案例 3.3　建筑物的分类和分级

案例解读

在众多的建筑物中，可以根据它的用途和承载结构材料进行分类，也可根据建筑物的分级进行不同级别的分级。

要点流程

- 介绍建筑物的分类方法
- 介绍建筑物是如何分级的

操作步骤

步骤 1　建筑物的分类

目前建筑物有两类分类方法：即按用途和承重结构材料划分。

- 按用途分类：主要分为民用建筑和工业建筑两种。
  - ➢ 民用建筑

    居住建筑：城镇住宅、公寓及宿舍、别墅、农村住宅

    公共建筑：办公建筑、教育建筑、科研试验建筑、纪念建筑、医疗建筑、商业建筑、金融保险建筑、交通建筑、邮电通信建筑、其他建筑。
  - ➢ 工业建筑

    按生产性质分：黑色冶金建筑、纺织工业建筑、机械工业建筑、化工工业建筑、建材工业建筑、动力工业建筑、轻工业建筑、其他建筑。

    按厂房用途分类：主要生产厂房、辅助生产厂房、动力用厂房、附属储藏建筑等。

    按厂房层数分类：单层厂房、多层厂房、混合厂房。

    按生产车间内部生产状况分类：热车间、冷车间、恒湿恒温车间等。

    按建筑物主要承重结构材料分类

- ➢ 砖木结构：一般用于单层建筑及村镇住宅。
- ➢ 砖－钢筋混凝土结构（即砖混结构）：一般用于 6 层左右民用建筑和中小型工业建筑。

➢ 钢－钢筋混凝土结构：一般用于大型公共建筑及大跨度建筑。

➢ 钢结构：一般用于超高层民用建筑和有特殊要求的工业建筑。

步骤 2 建筑物的分级

用户在对建筑物进行分级时，主要从以下几个方面来考虑。

①建筑物的耐久等级。

建筑物耐久等级的指标是耐久年限，而耐久年限的长短是依据建筑物的重要性决定的。影响建筑寿命长短的主要因素是结构构件的选材和结构体系。它一般分为 4 级，其具体划分方法如下。

- 一级建筑：耐久年限为 100 年以上，适用于重要的建筑和高层建筑。
- 二级建筑：耐久年限为 50 年～100 年，适用于一般性建筑。
- 三级建筑：耐久年限为 25 年～50 年，适用于次要的建筑。
- 四级建筑：耐久年限为 15 年以下，适用于临时性建筑。

②建筑物的耐火等级。

耐火等级取决于房屋的主要构件的耐火极限和燃烧性能，单位为小时。确定建筑物的耐火等级主要考虑以下几个方面的因素。

- 建筑物的重要性。
- 建筑物的火灾危险性。
- 建筑物的高度。
- 建筑物的火灾荷载。

③耐火极限。

耐火极限指建筑从受到火的作用起，到失去支持能力或发生穿透性裂缝或背火一面温度升高至 220℃时所延续的时间。

④燃烧性能。

燃烧性能是指建筑构件在明火或高温辐射的情况下，能否燃烧及燃烧的难易程度。建筑构件按照燃烧性能分成非燃烧体（或称非燃烧体）、难燃烧体和燃烧体。我国高层民用建筑的耐火等级分为二级，多层建筑的耐火等级分为四级。建筑物的燃烧等级分为：A 级（不燃性建筑材料）、B1 级（难燃性建筑材料）、B2 级（可燃性建筑材料）、B3 级（易燃性建筑材料）。

实用案例 3.4　建筑统一模数制

案例解读

通过规范建筑统一模数制，可以使建筑制品、建筑构配件和组合件实现工业化大规模生产，使不同材料、不同形式和不同制造方法的建筑构配件、组合件符合模数并具有较大的通用性和互换性，还可以加快设计速度，提高施工质量和效率，降低建筑造价。

要点流程

- 介绍建筑模数的适用范围及规定。
- 介绍基本模数、导出模数、模数数列和模数数列的幅度等知识要点。

- 介绍如何定位系列和模数化网格；如何定位平面和模数化高度；单轴线定位和双轴线定位的选用；介绍构配件、组合件及其定位。
- 介绍定位轴线的编号顺序、介绍附加定位轴线的编号及圆形平面图和折线形平面图中定位轴线的编号。

操作步骤

步骤 1　建筑模数的适用范围及规定

建筑统一模数制可以适用于以下几个方面。

- 一般民用与工业建筑物的设计。
- 房屋建筑中采用的各种建筑制品、构配件、组合件的尺寸及设备、储藏单元和家具等的协调尺寸。
- 编制一般民用与工业建筑物有关标准、规范和标准设计。

注意

凡属下列情况，可不执行本标准的规定。

- ◆ 改建原有不符合模数协调或受外界条件限制而执行本标准确有困难的建筑物；
- ◆ 设计有特殊功能要求的或执行本标准在技术、经济方面不合理的建筑物；
- ◆ 设计特殊形体的建筑物和建筑物的特殊形体部分。

步骤 2　模数

① 基本模数、导出模数和模数数列。

- 基本模数的数值，应为 100mm，其符号为 M 即 1M=100mm。整个建筑物和建筑物的一部分以及建筑组合件的模数化尺寸，应是基本模数的倍数。
- 导出模数应分为扩大模数和分模数，其基数应符合下列规定。
  - ➢ 水平扩大模数基数为 3M、6M、12M、15M、30M、60M，其相应的尺寸分别为 300mm、600mm、1200mm、1500mm、3000mm、6000mm；竖向扩大模数的基数为 3M 与 6M，其相应的尺寸为 300mm 和 600mm；
  - ➢ 分模数基数为 1/10M、1/5M、1/2M，其相应的尺寸为 10mm、20mm、50mm。

不同类型的建筑物及其各组成部分间的尺寸应统一与协调，应减少尺寸的范围以及使尺寸的叠加和分割有较大的灵活性。

注意

在砖混结构住宅中，必要时可采用 3400mm、2600mm 作为建筑参数。

② 模数数列的幅度。

- 水平基本模数应为 1M。1M 数列应按 100mm 进级，其幅度应由 1M 至 20M。竖向基本模数应为 1M。1M 数列应按 100mm 进级，其幅度应由 1M 至 36M。

知识要点：

水平扩大模数的幅度，应符合下列规定。

- ◆ 3M 数列按 300mm 进级，其幅度应由 3M 至 75M。
- ◆ 6M 数列按 600mm 进级，其幅度应由 6M 至 96M。

- 12M 数列按 1200mm 进级，其幅度应由 12M 至 120M。
- 15M 数列按 1500mm 进级，其幅度应由 15M 至 120M。
- 30M 数列按 3000mm 进级，其幅度应由 30M 至 360M。
- 60M 数列按 6000mm 进级，其幅度应由 60M 至 360M 等，必要时幅度不限制。

竖向扩大模数的幅度，应符合下列规定。

- 3M 数列按 300mm 进级，幅度不限制；
- 6M 数列按 600mm 进级，幅度不限制。

分模数的幅度，应符合下列规定。

- 1/10M 数列按 10mm 进级，其幅度应由 1/10M 至 2M；
- 1/5M 数列按 20mm 进级，其幅度应由 1/5M 至 4M；
- 1/2M 数列按 50mm 进级，其幅度应由 1/2M 至 10M。

步骤 3 模数协调原则

(1) 定位系列和模数化网格。

- 定位系列的确定，应把房屋建筑看做是三向直角坐标空间网格的连续系列。三向直交面中的一个应是水平的，以此为基准来确定建筑物、组合件、构配件的位置与尺寸及其相互关系。
- 模数化空间网格的确定，三向均为模数尺寸的模数化空间网格时，三向直交面中的一个应是水平的。网格中相邻两个平面间的距离，应等于基本模数或扩大模数。但空间网格的三向或一向，可采用不同的扩大模数，如图 3-21 所示。

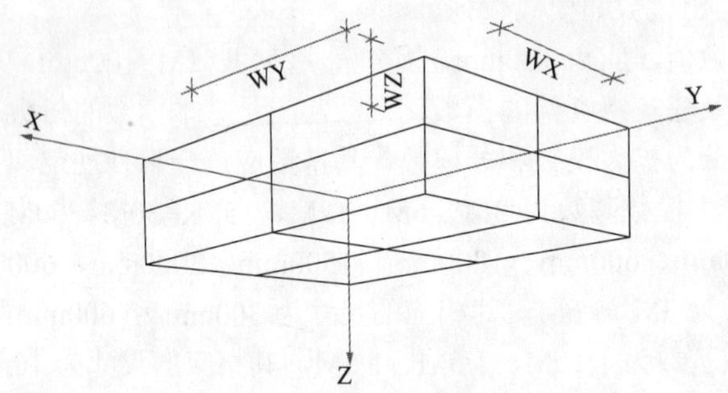

图 3-21　模数化空间风格

- 模数化网格的确定，当以模数化空间网格的水平面与垂直面的正投影为模数化网格时，此网格的两向或一向可采用不同的扩大模数，一般应符合下列规定：
  - 基本模数化网格应是模数化网格之间的距离等于基本模数的网格。
  - 扩大模数化网格应是模数化网格之间的距离等于扩大模数的网格。网格的两个方向的每一向可采用不同的扩大模数。扩大模数化网格的线，一般应与基本模数化网格的线相重合。
- 模数化网格中间区的确定，当有分隔构件必须将模数化网格加以间隔时，间隔的区域为中间区，其尺寸可不符合模数。
- 模数化网格平移的确定，当在同一个平面图中，同时采用几种模数化网格时，这些网络可在一向或两向互相平移，如图 3-22 所示。

(2) 定位平面和模数化高度。

在定平面和模数化高度时，应从以下几个方面来考虑：

- 定位轴面的确定，应以模数化空间网格中轴线网格的面为定位轴面，定位轴面应设有水平定位轴面与竖向定位轴面。
- 定位轴线的确定，应以定位轴面在水平面或垂直面的投影线为定位轴线，定位轴线应设有水平定位轴线与竖向定位轴线，如图 3-23 所示。
- 定位面的确定，应以模数化空间网格中除定位轴面以外的定位平面为定位面。定位面应设有水平定位面与竖向定位面。

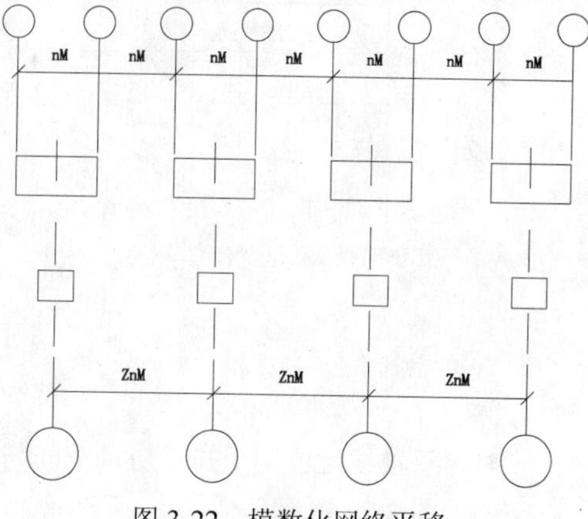

图 3-22　模数化网络平移

- 定位线的确定，应以定位面在水平面或垂直面的投影线为定位线。定位线应设有水平定位线与竖向定位线，如图 3-23 所示。
- 楼（地）面的定位平面的确定，当一组水平的模数化定位平面连续与同座房屋中其他各层的整个楼（地）面相重合时，这组水平面应重合于楼（地）面面层的上表面、楼（地）面毛面的上表面或楼（地）面结构层的上表面。
- 楼层高度的确定，应是两个相邻楼面或楼面与地面定位平面间的竖向尺度，如图 3-24 所示。
- 房间高度的确定，应是在一层中的楼板面层上表面的定位平面与该层装修完毕平顶面的定位平面之间的竖向尺度，如图 3-24 所示。
- 楼板层高度的确定，应是一个楼板层中面层上表面的定位平面和装修完毕平顶面的定位平面之间的楼板区的竖向尺度，如图 3-24 所示。

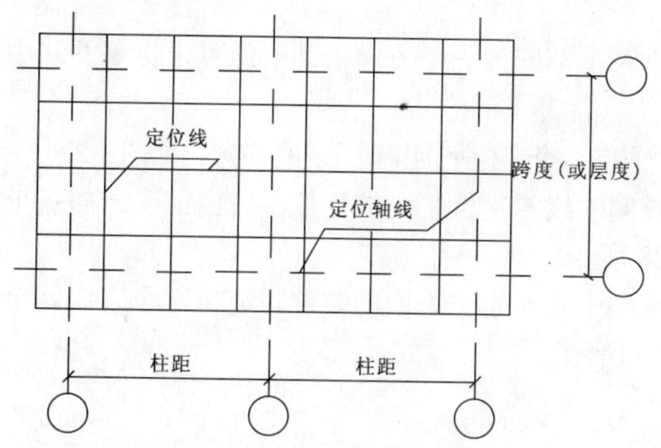

图 3-23　定位轴线和定位线

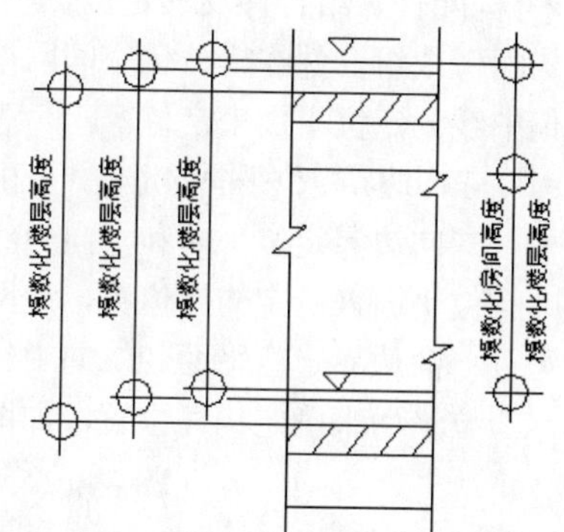

图 3-24　模数化楼层、房间、楼板层高度

③ 单轴线定位和双轴线定位的选用

- 模数化网格采用单轴线定位还是采用双轴线定位，或是两者兼用，应根据建筑设计、施工及构件生产等条件综合确定。连续的模数化网格，可采用单轴线定位，当模数化网格需要加间隔而产生中间区时，可采用双轴线定位。
- 单轴线定位用于模数协调空间与模数可容空间之间的组合，宜采用通长或穿通式构件，当模数协调空间大于技术协调空间时，出现装配空间。当模数协调空间等于技术协调空间时，不出现装配空间，如图 3-25 所示。

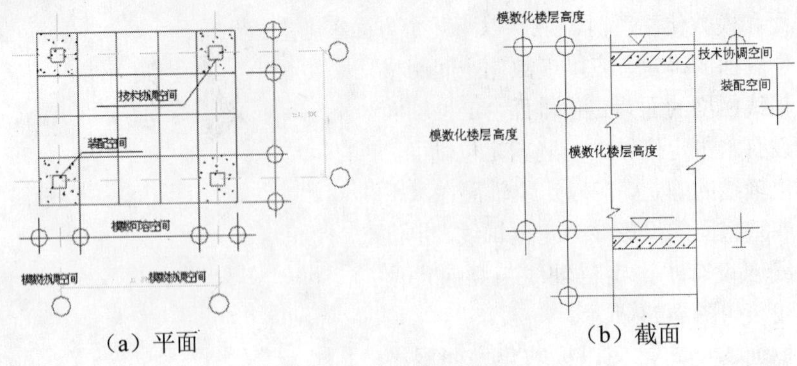

（a）平面　（b）截面

图 3-25　单轴线定位

- 双轴线定位用于技术协调空间与模数可容空间之间的协调，宜采用嵌入式构件，如图 3-26 所示。

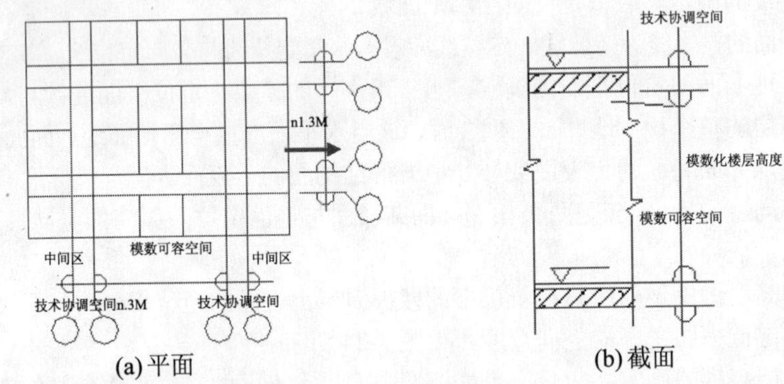

(a) 平面　(b) 截面

图 3-26　双轴线定位

④构配件、组合件及其定位。

构配件或组合件在模数化空间网格定位时，都应按三个方向借助于边界定位平面和中线（或偏中线）定位平面来定位。

- 三向边界定位平面的定位，应由三个方向六个定位平面来确定构件位置，如图 3-27 所示。
- 二向边界定位平面和一向中线（或偏中线）定位平面的定位，应由三个方向五个定位平面来确定构件位置，如图 3-28 所示。
- 一向边界定位平面和二向中线（或偏中线）定位平面的定位，应由三个方向四个定位平面来确定构件位置，如图 3-29 所示。

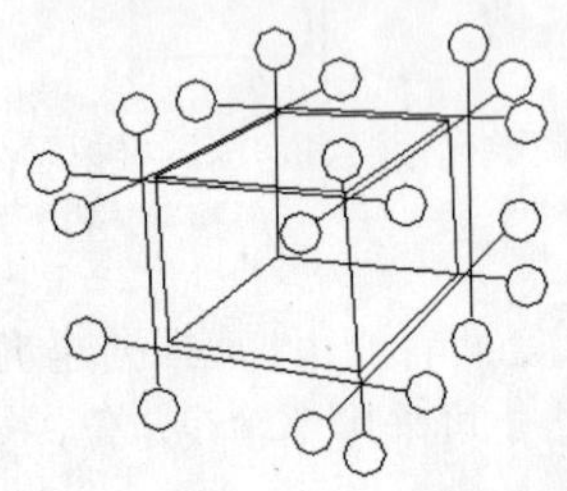

图 3-27　三向边界定位

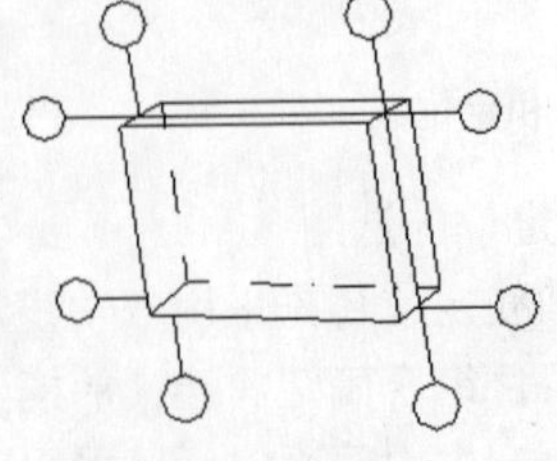

图 3-28　二向边界定位

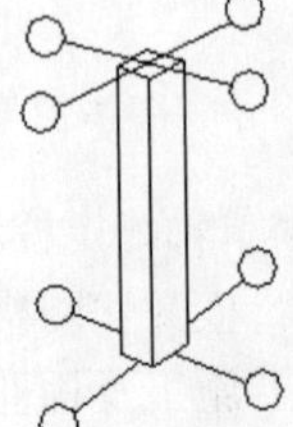

图 3-29　一向边界定位

步骤 4　建筑轴线的定位

①概念介绍。

定位轴线是用来确定建筑物主要结构及构件位置的尺寸基准线。在施工时，凡承重墙、柱、大梁或屋架等主要承重构件都应画出轴线以确定其位置。对于非承重的隔断墙及其他次要承重构件等，一般不画轴线，只需要注明它们与附近轴线的相关尺寸以确定其位置。

(2) 定位轴线的编号顺序。

- 定位轴线用细点画线表示，末端画细实线圆，圆的直径为 8 毫米，圆心应在定位轴线的延长线上或延长线的折线上，并在圆内注明编号。水平方向编号采用阿拉伯数字从左至右顺序编写；竖向编号应用大写拉丁字母从下至上顺序编写。拉丁字母中的 I、O、Z 不得用于轴线编号，以免与数字 0、1、2 混淆。如字母不够使用，可增用此字母或单字母加数字注脚，如 AA、BB、…、YY 或 A1、B1、…、Y1，如图 3-30 所示。
- 组合较复杂的平面图中定位轴线也可采用分区编号。编号的注写形式应为“分区号-该分区编号”。分区号采用阿拉伯数字或大写拉丁字母表示，如图 3-31 所示为分区轴线编号，编号原则同上。

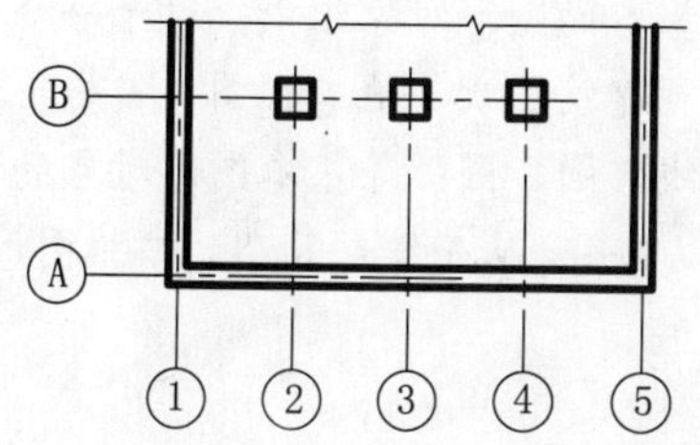

图 3-30　定位轴线及编号

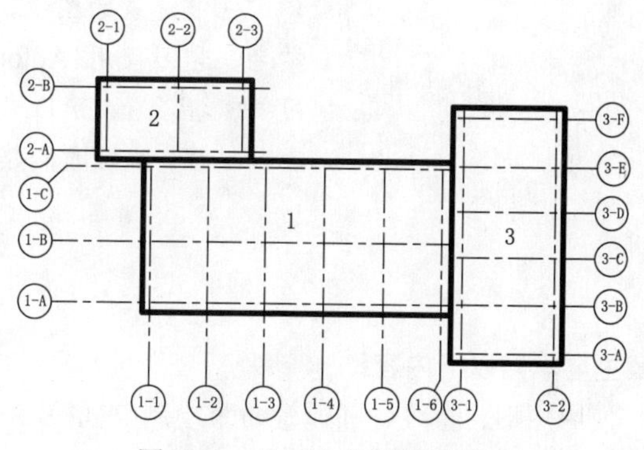

图 3-31　分区定位轴线及编号

(3) 附加定位轴线的编号。

两轴线之间，有的需要用附加轴线表示，附加轴线用分数编号。分母表示前一轴线的编号，为阿拉伯数字或是大写字母；分子表示附加轴线的编号，要用阿拉伯数字顺序编写，如图 3-30 所示。

(4) 圆形平面图、折线形平面图中定位轴线的编号。

- 在圆形平面图中定位轴线的编号，其径向轴线宜用阿拉伯数字表示，从左下角开始，按逆时针顺序编写；其圆周轴线宜用大写拉丁字母表示，从外向内顺序编写，如图 3-32 所示。
- 折线形平面图中的定位轴线如图 3-33 所示。

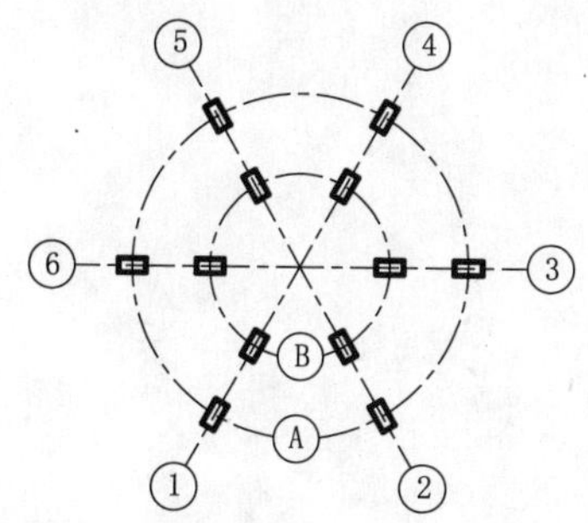

图 3-32　圆形平面图定位轴线及编号

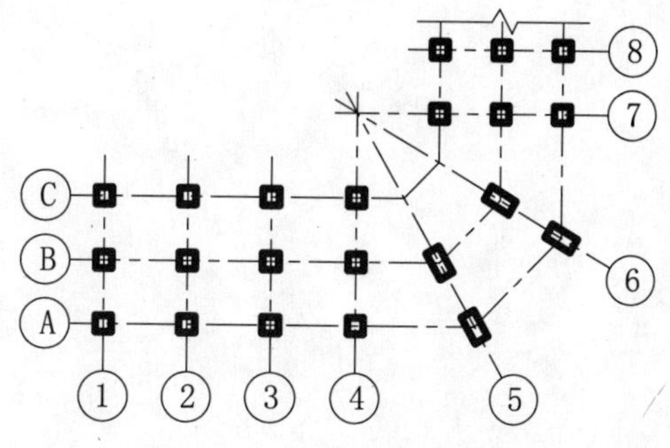

图 3-33　折线形平面图定位轴线及编号

第 4 章 基本二维图形绘制

本章导读

本章将介绍使用 AutoCAD 2010 进行基本二维图形绘制。

任何建筑的图纸，都是由基本的图形对象组成。对于每个初学者，学习使用 AutoCAD 绘制建筑图或其他工程图，首先要学习并掌握 AutoCAD 中绘制直线、圆、圆弧等基本图形对象的方法和过程，然后才能熟练地加以应用，从而绘制复杂的二维图形。

本章主要学习以下内容：

- 使用矩形、直线、圆弧等命令绘制电视柜
- 使用正多边形等命令绘制六边形饭桌平面
- 使用圆、圆弧等命令绘制圆凳
- 使用构造线、椭圆、椭圆弧等命令绘制洗脸盆
- 使用阵列、多线段等命令绘制楼梯
- 使用多线等命令绘制墙线
- 使用样条曲线等命令绘制雨伞
- 使用修订云线等命令绘制绿化带
- 使用渐变色等命令为 T 恤着色
- 使用图案填充等命令填充住宅图案
- 综合实例演练——绘制双人床的俯视图

实用案例 4.1　绘制电视柜

效果文件：	CDROM\04\效果\电视柜.dwg
演示录像：	CDROM\04\演示录像\电视柜.exe

案例解读

在本案例中，主要讲解了 AutoCAD 中绘制直线和矩形命令，包括有矩形、直线和圆弧命令。通过绘制电视柜平面图，使读者熟练掌握矩形和直线命令，其绘制完成的效果如图 4-1 所示。

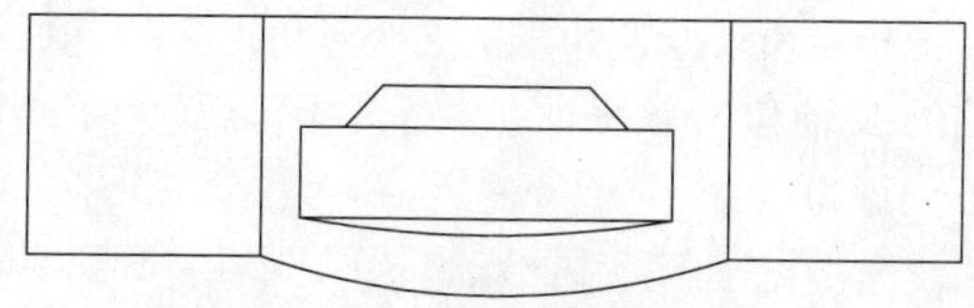

图 4-1　电视柜平面图效果

要点流程

- 使用矩形命令，绘制三个矩形，绘制电视柜轮廓。
- 使用矩形和直线命令，绘制一个矩形和多条线段，绘制电视轮廓。
- 使用圆弧和删除命令，绘制两段圆弧。

本案例的流程图如图 4-2 所示。

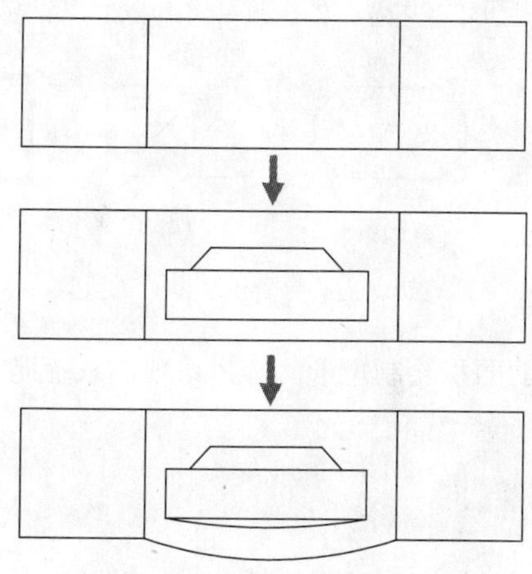

图 4-2　绘制电视柜流程图

操作步骤

步骤 1 绘制矩形

① 启动 AutoCAD 2010 中文版，在“绘图”工具栏上单击“矩形”按钮□，按照如下提示绘制一个 600×600 的矩形，如图 4-3 所示。

命令: _rectang	(启动矩形命令)
指定第一个角点或 [倒角(C)/标高(E)/圆角(F)/厚度(T)/宽度(W)]:	(指定矩形的角点)
指定另一个角点或 [面积(A)/尺寸(D)/旋转(R)]: @600,600	(输入另一角点坐标)

知识要点:

矩形是一个上下两边相等、左右两边相等,并且转角为 90 度的图形。

矩形命令的启动方法如下。

- ◆ 下拉菜单: 选择"绘图>矩形"命令。
- ◆ 工具栏: 在"绘图"工具栏上单击"矩形"按钮。
- ◆ 输入命令名: 在命令行中输入或动态输入 RECTANGLE 或 REC,并按 Enter 键。

图 4-3 绘制 600×600 的矩形

命令行中各选项含义如下。

- 指点第一个角点:指定所要绘制矩形的一个对角点。矩形的边与当前的 X 轴和 Y 轴平行。执行此操作后,系统会提示的下一行为。

```
指定另一个角点或 [面积(A)/尺寸(D)/旋转(R)]:
```

- 指定另一个角点:输入另一对角点完成矩形的绘制,如图 4-4(a)所示。
- 倒角(C):设置矩形倒角距离,对矩形的 4 个角进行处理,以满足绘图的需要,如图 4-4 (b)所示。
- 标高(E):设置矩形的标高。
- 圆角(F):设置矩形的圆角半径。将矩形的 4 个角改为由一小段圆弧连接,如图 4-4 (c)所示。
- 厚度(T):设置矩形的厚度。
- 宽度(W):设置所绘矩形的线宽,如图 4-4(d)所示。

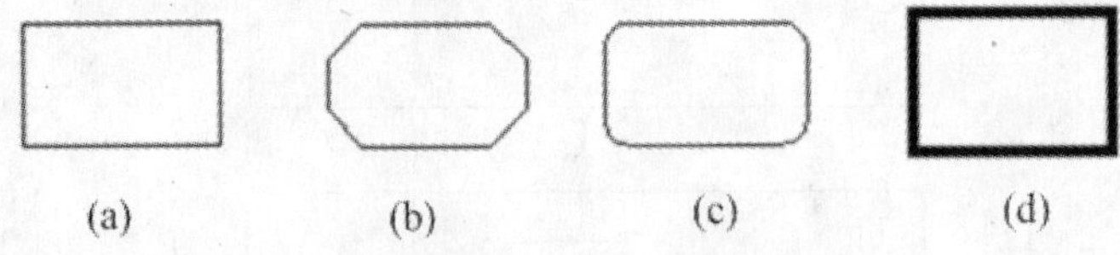

图 4-4 绘制矩形

- 面积(A):按照矩形的面积绘制矩形。选择该项,系统提示如下。

输入以当前单位计算的矩形面积 <100.0000→:	(输入矩形面积)
计算矩形标注时依据 [长度(L)/宽度(W)] <长度→:	(按 Enter 键或输入 W)
输入矩形长度 <10.0000→:	(指定矩形长度,在矩形被倒角或圆角情况下,考虑此选项)

- 旋转(R):旋转所绘制的矩形。选择该项,系统提示如下。

指定旋转角度或 [拾取点(P)] <0→:	(输入矩形要旋转的角度值)
指定另一个角点或 [面积(A)/尺寸(D)/旋转(R)]:	(指定另一个角点或选择其他选项)

- 尺寸(D):使用矩形的长和宽来绘制矩形。

注意

虽然绘制矩形过程中工具栏中有倒角功能，但在实际绘图中，一般是用专门的倒角工具进行倒角和圆角。

2 同理，在“绘图”工具栏上单击“矩形”按钮，按照如下提示来绘制一个 1200×600 的矩形，如图 4-5 所示。

```
命令: _rectang                                                        （启动矩形命令）
指定第一个角点或 [倒角(C)/标高(E)/圆角(F)/厚度(T)/宽度(W)]:              （捕捉角点）
指定另一个角点或 [面积(A)/尺寸(D)/旋转(R)]: @1200,600                 （输入另一角点坐标）
```

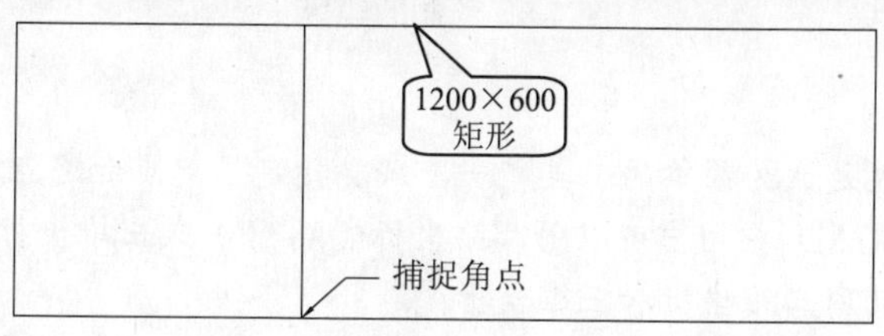

图 4-5　绘制一个 1200×600 的矩形

3 同理，在“绘图”工具栏上单击“矩形”按钮，按照如下提示绘制一个 600×600 的矩形，如图 4-6 所示。

```
命令: _rectang                                                        （启动矩形命令）
指定第一个角点或 [倒角(C)/标高(E)/圆角(F)/厚度(T)/宽度(W)]:              （捕捉角点）
指定另一个角点或 [面积(A)/尺寸(D)/旋转(R)]: @600,600                  （输入另一角点坐标）
```

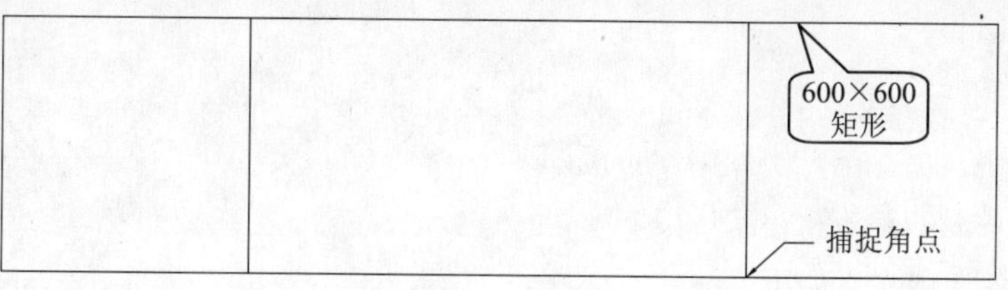

图 4-6　绘制一个 600×600 的矩形

4 同理，在“绘图”工具栏上单击“矩形”按钮，按照如下提示来绘制一个 955×228 的矩形，如图 4-7 所示。

```
命令: _rectang                                                        （启动矩形命令）
指定第一个角点或 [倒角(C)/标高(E)/圆角(F)/宽度(W)]: from                 （捕捉自命令）
基点:                                                             （捕捉角点作为基点）
<偏移>: @101,96                                                    （输入偏移的距离）
指定另一个角点或 [面积(A)/尺寸(D)/旋转(R)]:@955,228                   （输入右上角点坐标）
```

图 4-7　绘制一个 955×228 的矩形

步骤 2 绘制直线

在“绘图”工具栏上单击“直线”按钮，按照如下提示来绘制多条直线段，如图 4-8 所示。

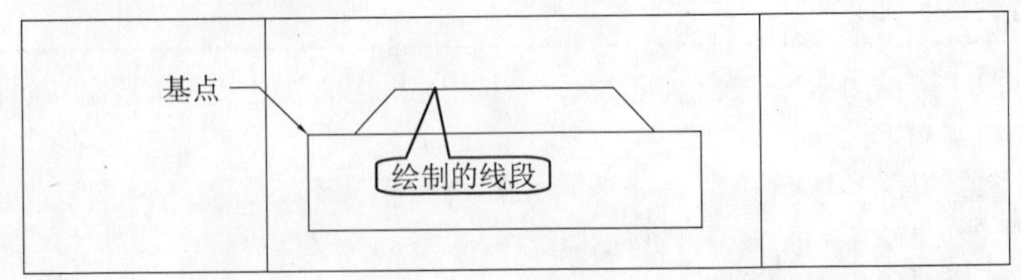

图 4-8 绘制的线段

知识要点：

直线是最实用，也是最为简单的工具之一，只要指定了起点和终点就可以绘制一条直线段。当然，在 AutoCAD 中用户可以用二维坐标（*X*，*Y*）或三维坐标（*X*，*Y*，*Z*）来指定端点，也可以混合使用二维坐标和三维坐标。

直线命令的启动方法如下。

- ◆ 下拉菜单：选择“绘图>直线”命令。
- ◆ 工具栏：在“绘图”工具栏上单击“直线”按钮。
- ◆ 输入命令名：在命令行中输入或动态输入 LINE 或 L，并按 Enter 键。

```
命令: _line                                        （ 启动直线命令 ）
指定第一点: from                                   （ 捕捉自命令 ）
基点:                                              （ 捕捉基点 ）
<偏移>: @115,0                                     （ 输入偏移距离 ）
指定下一点或 [放弃(U)]: @144<47                    （ 绘制第一条线段 ）
指定下一点或 [放弃(U)]: @529,0                     （ 绘制第二条水平线段 ）
指定下一点或 [闭合(C)/放弃(U)]: @144<-47           （ 绘制第三条斜线 ）
指定下一点或 [闭合(C)/放弃(U)]:                    （ 按 Enter 键结束命令 ）
```

命令行中各选项含义如下。

- 闭合（C）：如果绘制了多条线段，最后要形成一个封闭的图形时，选择该选项并按 Enter 键，即可将最后确定的端点与第 1 个起点重合。
- 放弃（U）：选择该选项将撤销最近绘制的直线而不退出直线 LINE 命令。

注意

在绘制直线的过程中，可以启用前面第 1 章中已经讲到的对象捕捉和追踪功能来进行绘制，从而使绘制图形的方式更加快捷、方便，精度更高。

步骤 3 使用“起点、端点、半径”方法绘制圆弧

①选择“绘图>圆弧>起点、端点、半径”命令，按照如下提示绘制半径为 2869 的圆弧，如图 4-9 所示。

知识要点：

在 AutoCAD 中，提供了多种不同的画弧方式，可以指定圆心、端点、起点、半径、角度、弦长和方向值的各种组合形式。

圆弧命令的启动方法如下。

◆　下拉菜单：选择“绘图>圆弧”命令下的子命令，如图 4-10 所示。

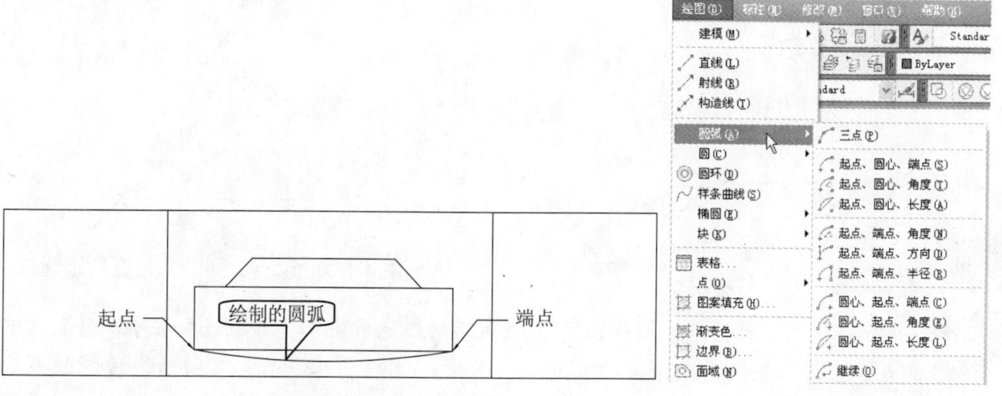

图 4-9　绘制的半径为 2869 的圆弧　　　　图 4-10　圆弧的子菜单命令

◆　工具栏：在“绘图”工具栏上单击“圆弧”按钮。

◆　输入命令名：在命令行中输入或动态输入 ARC 或 A，并按 Enter 键。

```
命令: _arc                                          （启动圆弧命令）
指定圆弧的起点或 [圆心(C)]:                          （指定圆弧的起点）
指定圆弧的端点:                                      （指定圆弧的另一端点）
指定圆弧的圆心或 [角度(A)/方向(D)/半径(R)]: _r
指定圆弧的半径: 2869                                 （输入圆弧的半径值）
```

注意

在“绘图>圆弧”子菜单下，有多种绘制圆弧的方式，每种方式的含义和提示如下。

◆　三点：通过指定三个点可以绘制圆弧。

◆　起点、圆心、端点：如果已知起点、圆心和端点，可以通过首先指定起点或圆心来绘制圆弧。其提示如下所示，视图效果如图 4-11 所示。

```
命令: _arc                                   （启动“起点、圆心、端点”命令）
指定圆弧的起点或 [圆心(C)]:                   （指定圆弧的起点）
指定圆弧的第二个点或 [圆心(C)/端点(E)]: _c     （选择圆心（C）选项）
指定圆弧的圆心:                               （指定圆心点）
指定圆弧的端点或 [角度(A)/弦长(L)]:           （指定圆弧的端点）
```

◆　起点、圆心、角度：如果存在可以捕捉到的起点和圆心点，并且已知包含角度，可使用“起点、圆心、角度”或“圆心、起点、角度”选项。其提示如下所示，视图效果如图 4-12 所示。

```
命令: _arc                                   （启动“起点、圆心、角度”命令）
指定圆弧的起点或 [圆心(C)]:                   （指定圆弧的起点）
指定圆弧的第二个点或 [圆心(C)/端点(E)]: _c     （选择圆心（C）选项）
指定圆弧的圆心:                               （指定圆心点）
指定圆弧的端点或 [角度(A)/弦长(L)]: _a         （选择角度（A）选项）
指定包含角: 120                               （输入圆弧的包含角）
```

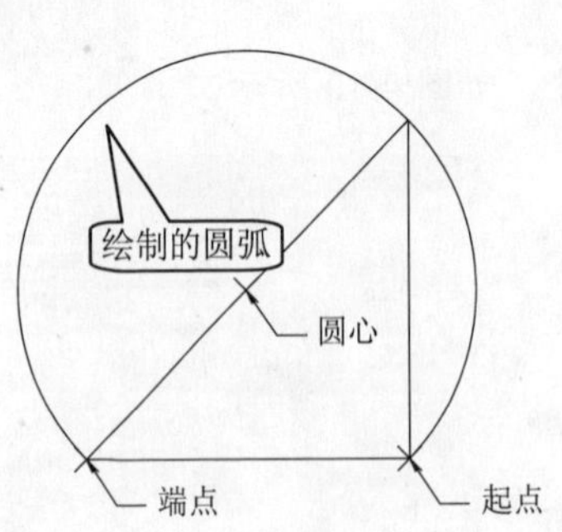

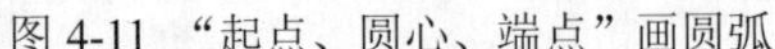
图 4-11 “起点、圆心、端点”画圆弧

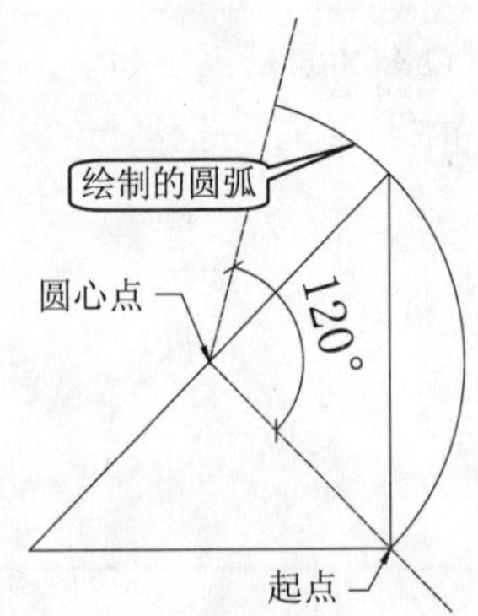

图 4-12 “起点、圆心、角度”画圆弧

◆ 起点、圆心、长度：如果存在可以捕捉到的起点和圆心，并且已知弦长，可使用“起点、圆心、长度”或“圆心、起点、长度”选项。其提示如下所示，视图效果如图 4-13 所示。

```
命令：_arc                                        （启动“起点、圆心、长度”命令）
指定圆弧的起点或 [圆心(C)]:                                    （指定圆弧的起点）
指定圆弧的第二个点或 [圆心(C)/端点(E)]: _c                  （选择圆心（C）选项）
指定圆弧的圆心:                                                  （指定圆心点）
指定圆弧的端点或 [角度(A)/弦长(L)]: _l                      （选择弦长（L）选项）
指定弦长：1000                                            （输入圆弧的弦长值）
```

◆ 起点、端点、方向/半径：如果存在起点和端点，可使用“起点、端点、方向”或“起点、端点、半径”选项。其提示如下所示，视图效果如图 4-14 所示。

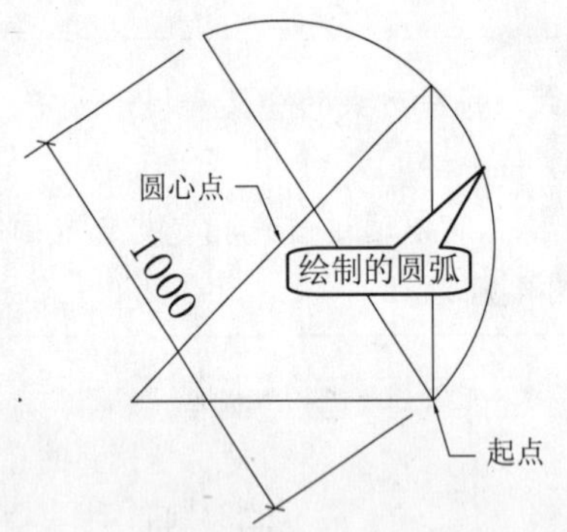

图 4-13 “起点、圆心、长度”画圆弧

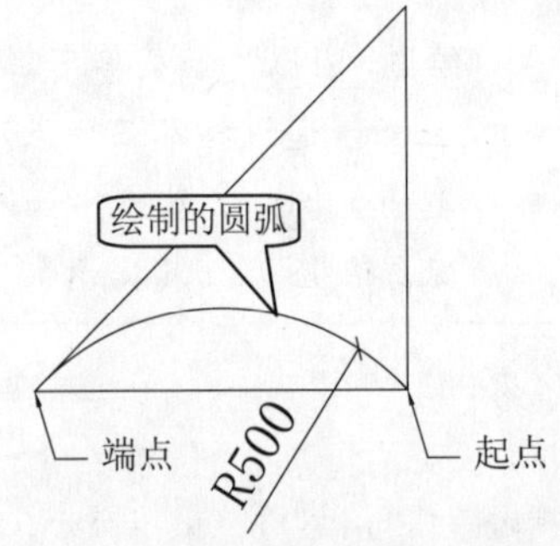

图 4-14 “起点、圆心、方向/半径”画圆弧

```
命令：_arc                                   （启动“起点、端点、方向/半径”命令）
指定圆弧的起点或 [圆心(C)]:                                    （指定圆弧的起点）
指定圆弧的第二个点或 [圆心(C)/端点(E)]: _e                  （选择端点（E）选项）
指定圆弧的端点:                                                （指定圆弧的端点）
指定圆弧的圆心或 [角度(A)/方向(D)/半径(R)]: _r              （选择半径（R）选项）
指定圆弧的半径：500                                       （输入圆弧的半径值）
```

② 同样，选择“绘图>圆弧>起点、端点、半径”命令，按照如下提示绘制半径为 1946 的圆弧，如图 4-15 所示。

```
命令：_arc                                                    （启动圆弧命令）
```

```
指定圆弧的起点或 [圆心(C)]:                           ( 指定圆弧的起点 )
指定圆弧的端点:                                       ( 指定圆弧的另一端点 )
指定圆弧的圆心或 [角度(A)/方向(D)/半径(R)]: _r
指定圆弧的半径: 1946                                  ( 输入圆弧的半径值 )
```

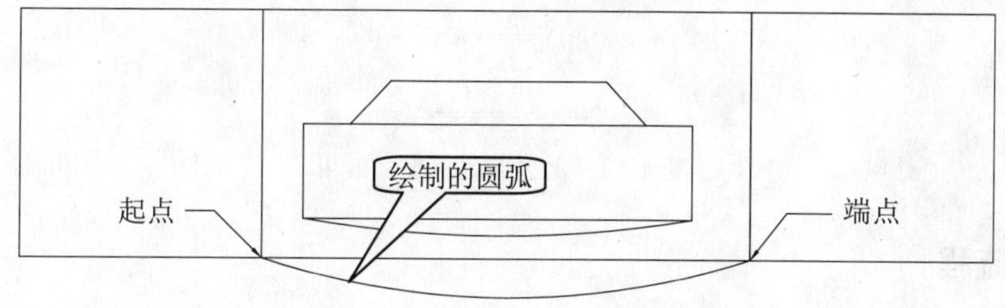

图 4-15　绘制的半径为 1946 的圆弧

步骤 4 删除矩形边

在“修改”工具栏中单击“分解”按钮，将一个 1200×600 的矩形进行打散操作，然后将矩形下侧的水平线段删除，最终效果如图 4-16 所示。

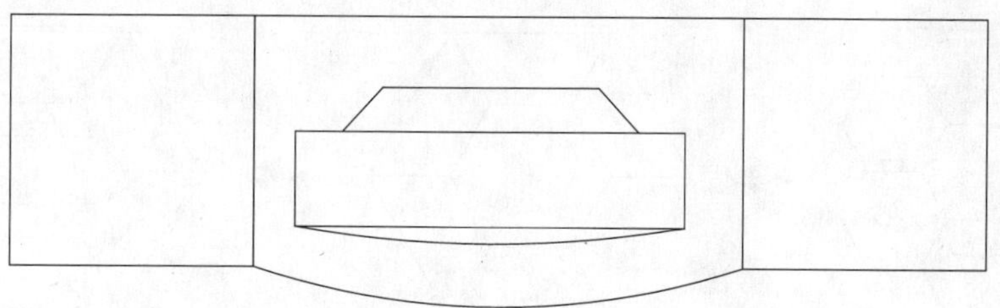

图 4-16　删除多余的水平线段

> **注意**
>
> 要删除矩形的边，首先要对矩形进行打散操作。

步骤 5 保存文件

至此，该电视柜就已经绘制完毕，在“标准”工具栏中单击“保存”按钮，保存图形文件。

实用案例 4.2　绘制六边形饭桌平面

效果文件:	CDROM\04\效果\六边形饭桌平面.dwg
演示录像:	CDROM\04\演示录像\六边形饭桌平面.exe

案例解读

在本案例中，主要讲解了在 AutoCAD 中绘制正多边形的命令，让读者熟练掌握正多边形的各种绘制方法，绘制完成的效果如图 4-17 所示。

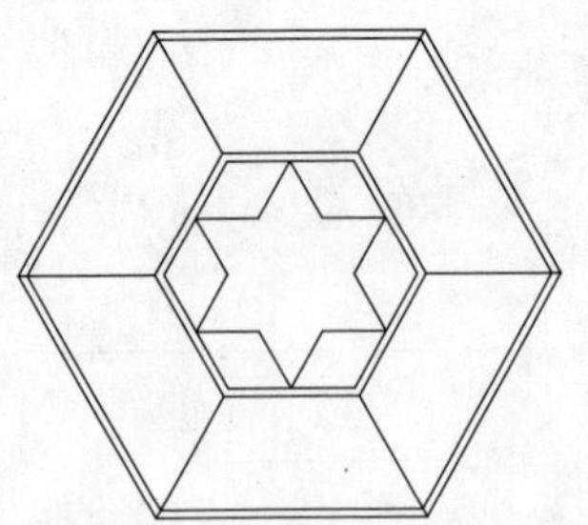

图 4-17　六边形饭桌平面效果

要点流程

- 使用正多边形命令，绘制一个内接于圆半径为 300 的正六边形；
- 使用正多边形命令，以边（E）的方式来绘制多个等边长的正六边形；
- 使用正多边形命令，绘制一个指定点的正六边形；
- 使用分解和删除命令，将多余的线段删除。

本案例流程图如图 4-18 所示。

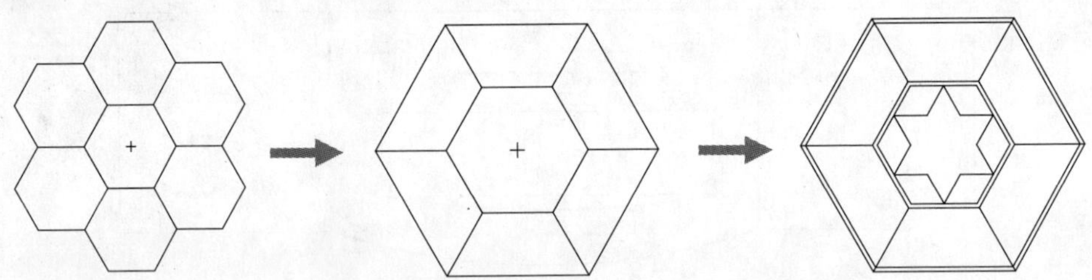

图 4-18　绘制六边形饭桌平面流程图

操作步骤

步骤 1 绘制正多边形

①启动 AutoCAD 2010 中文版，在“绘图”工具栏上单击“正多边形”按钮⬠，按照如下提示绘制正六边形，如图 4-19 所示。

知识要点：

由三条以上的线段所组成的封闭图形称为多边形，如果多边形的所有线段均相等，则组成的是正多边形。

绘制正多边形命令启动方法如下。

- 下拉菜单：选择“绘图>正多边形”命令。
- 工具栏：在“绘图”工具栏上单击“正多边形”按钮⬠。
- 输入命令名：在命令行中输入或动态输入 POLYGON 或 POL，并按 Enter 键。

```
命令: _polygon                                          ( 启动正多边形命令 )
输入边的数目 <4>:6                                   ( 输入正多边形的边数为 6 )
指定正多边形的中心点或 [边(E)]:                       ( 指定正多边形的中心点 )
输入选项 [内接于圆(I)/外切于圆(C)] <C>: I           ( 选择内接于圆 (I) 选项 )
指定圆的半径: 300                          ( 输入正六边形内接于圆的半径为 300 )
```

命令行中各选项含义如下。

- 中心点：通过指定一个点，来确定正多边形的中心点。
- 边（E）：通过指定正多边形的边长和数量来绘制正多边形。其提示如下所示，视图效果如图 4-20 所示。

```
指定边的第一个端点：                    （ 指定边的第一个端的位置 ）
指定边的第二个端点：@1000<30            （ 指定或输入第二个端点的位置 ）
```

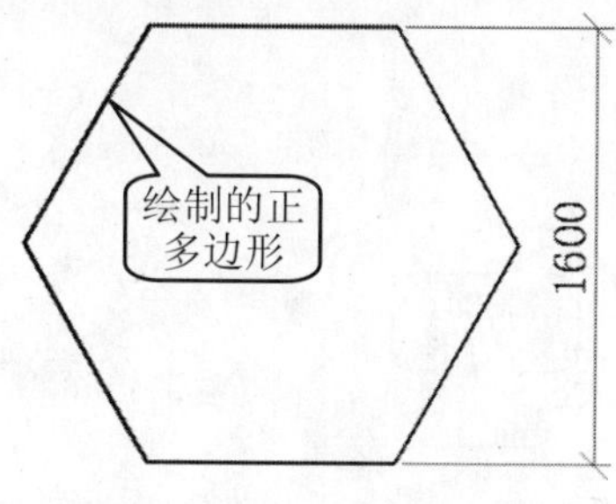

图 4-19　绘制的正多边形

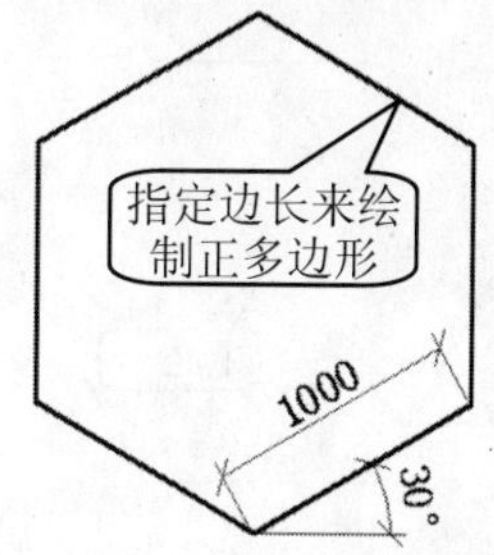

图 4-20　指定边长及角度

- 内接于圆（I）：以指定多边形内接圆半径的方式来绘制正多边形，提示如下所示，视图效果如图 4-21 所示。

```
指定圆的半径：800                       （ 输入内接于圆的半径值 ）
```

- 外切于圆（C）：以指定多边形外接圆半径的方式来绘制正多边形，提示如下所示，视图效果如图 4-22 所示。

```
指定圆的半径：800                       （ 输入内切于圆的半径值 ）
```

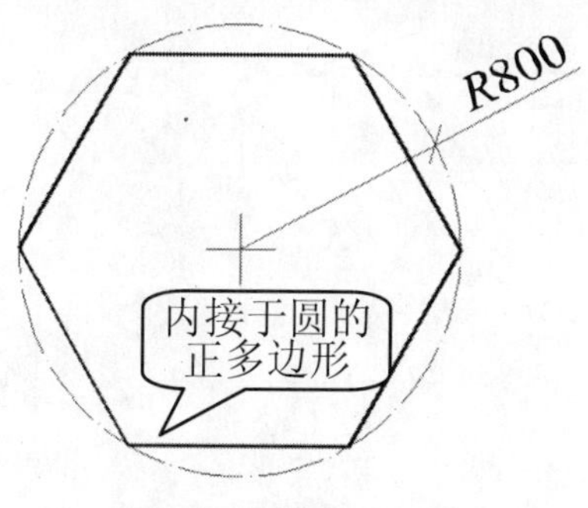

图 4-21　内接于圆

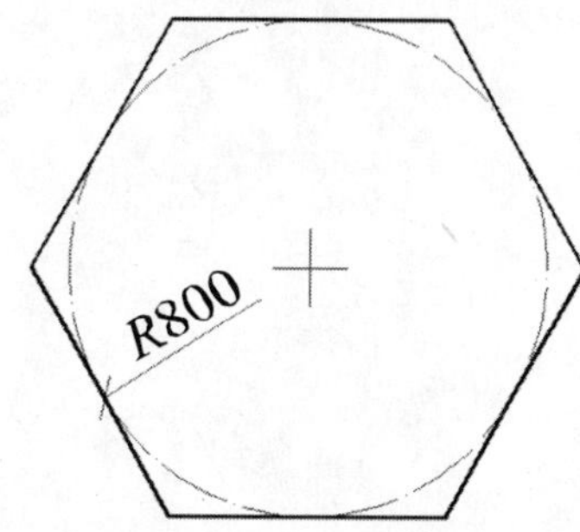

图 4-22 外切于圆

注意

在 AutoCAD 中使用“正多边形”命令（POLYGON）所绘制的对象是一个复合体，不能单独进行编辑，如确实需要进行单独编辑，应将其对象分解后操作。另外，在 AutoCAD 中最多可以绘制 3 条～1024 条等长的正多边形。

②同样，在“绘图”工具栏上单击“正多边形”按钮⬡，按照如下提示来绘制另一个正六边形，如图 4-23 所示。

```
命令：_polygon                          （ 启动正多边形命令 ）
```

```
输入边的数目 <6>:6                              ( 输入正多边形的边数为 6 )
指定正多边形的中心点或 [边(E)]:e                 ( 以边 (E) 来绘制正多边形 )
指定边的第一个端点:                              ( 指定多边形的第一个端点 )
指定边的第二个端点:                              (指定多边形的第二个端点 )
```

3 同样，在“绘图”工具栏上单击“正多边形”按钮⬠，再按照前面步骤 2 的方法来绘制另外的五个正六边形，如图 4-24 所示，接着绘制其他的正六边形，其结果如图 4-25 所示。

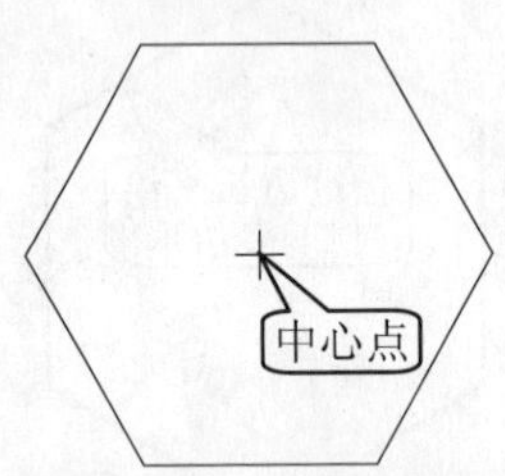

图 4-23　绘制正六边形

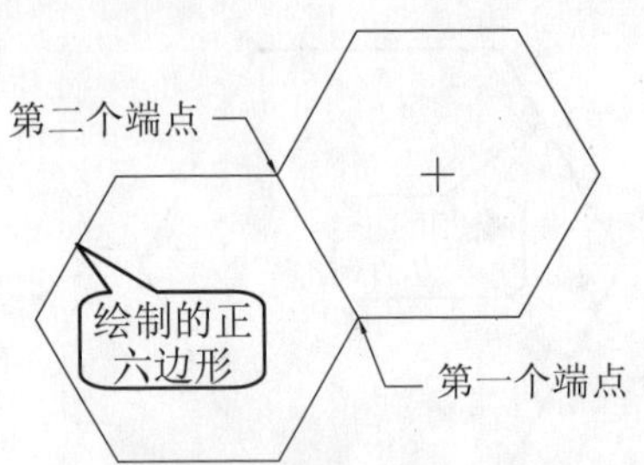

图 4-24　通过指定边来绘制正六边形

4 在“绘图”工具栏上单击“正多边形”按钮⬠，按照如下提示来绘制大的正六边形，如图 4-26 所示。

```
命令: _polygon                                   ( 启动正多边形命令 )
输入边的数目 <6>:                                ( 按 Enter 键默认当前多边形数目 )
指定正多边形的中心点或 [边(E)]:                  ( 指定正多边形的中心点 )
输入选项 [内接于圆(I)/外切于圆(C)] <C>: I        ( 选择内接于圆 (I) 选项 )
指定圆的半径:                                    ( 指定点来确定正六边形 )
```

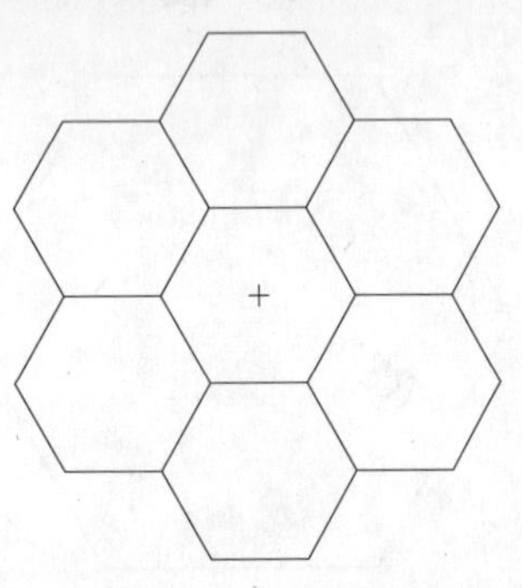

图 4-25　其他的正六边形

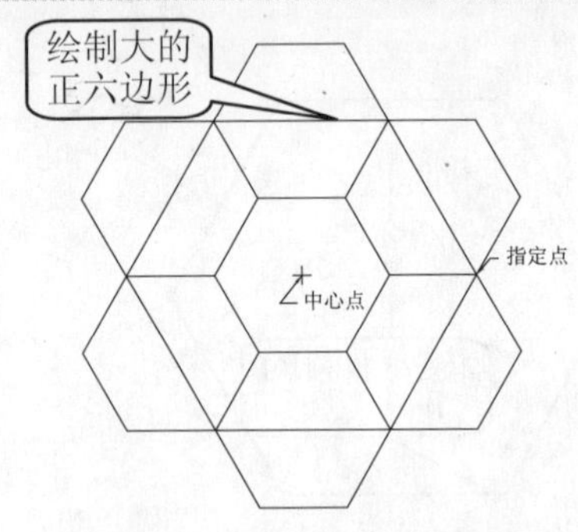

图 4-26　绘制大的正六边形

5 在工具栏中单击“分解”按钮，将绘制的所有正六边形进行打散操作，然后将多余的线条删除，效果如图 4-27 所示。

6 在“绘图”工具栏上单击“正多边形”按钮⬠，按照如下提示来绘制正六边形，如图 4-28 所示。

```
命令: _polygon                                   ( 启动正多边形命令 )
输入边的数目 <6>:                                ( 按 Enter 键默认当前多边形数目 )
指定正多边形的中心点或 [边(E)]:                  ( 指定正多边形的中心点 )
输入选项 [内接于圆(I)/外切于圆(C)] <C>: I        ( 选择内接于圆 (I) 选项 )
指定圆的半径:280                                 ( 输入正六边形的半径为 280 )
```

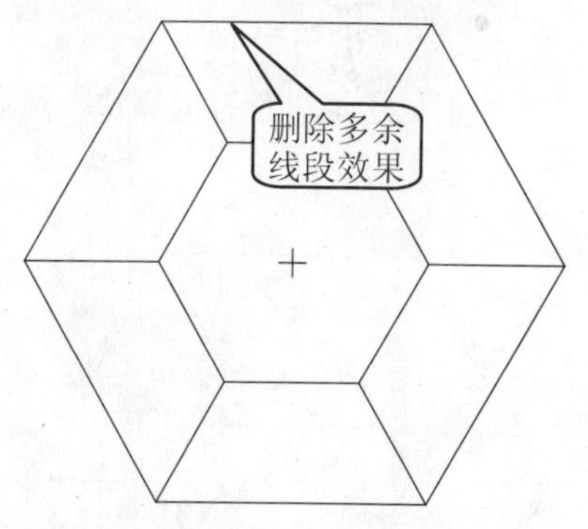

图 4-27　分解并删除的效果

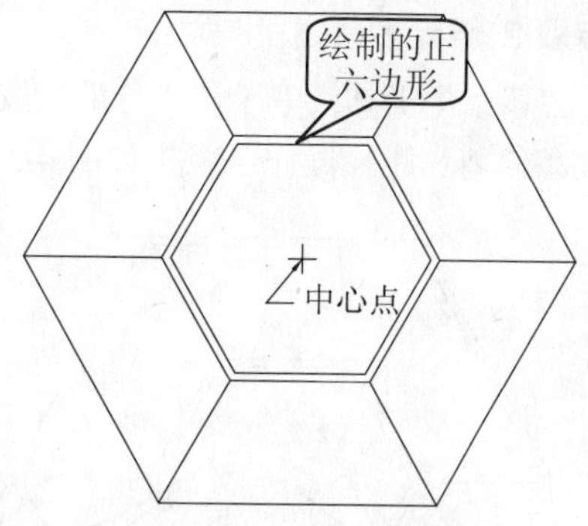

图 4-28　绘制的正六边形

⑦在“绘图”工具栏上单击“正多边形”按钮⬠，按照如下提示来绘制正六边形，如图 4-29 所示。

```
命令: _polygon                                   （ 启动正多边形命令 ）
输入边的数目 <6>:6                    （ 按 Enter 键默认当前多边形数目 ）
指定正多边形的中心点或 [边(E)]:                  （ 指定正多边形的中心点 ）
输入选项 [内接于圆(I)/外切于圆(C)] <C>: I       （ 选择内接于圆（I）选项 ）
指定圆的半径:580                            （ 输入正六边形的半径为 580 ）
```

⑧在“绘图”工具栏上单击“正多边形”按钮⬠，按照如下提示来绘制正三边形，如图 4-30 所示。

```
命令: _polygon                                   （ 启动正多边形命令 ）
输入边的数目 <6>:3                           （ 输入正多边形的边数为 3 ）
指定正多边形的中心点或 [边(E)]:                  （ 指定正多边形的中心点 ）
输入选项 [内接于圆(I)/外切于圆(C)] <C>: I       （ 选择内接于圆（I）选项 ）
指定圆的半径:                               （捕捉中点来确定正三边形*
```

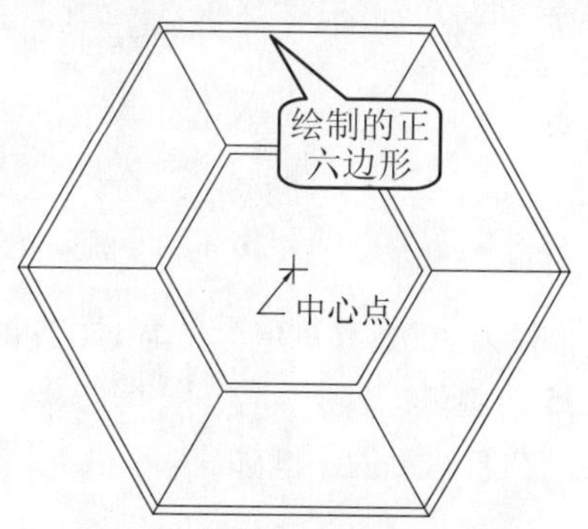

图 4-29　绘制的正六边形

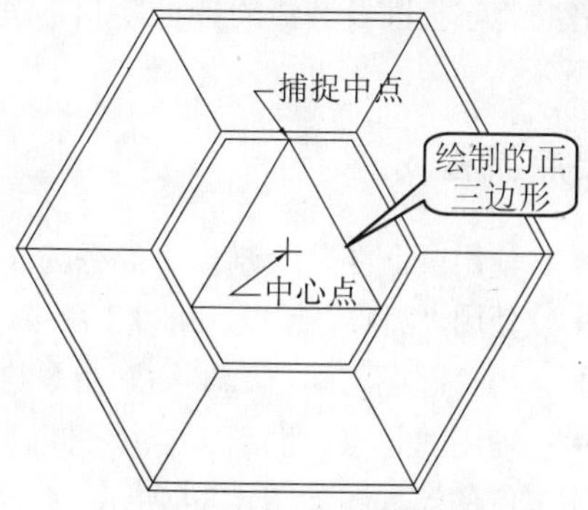

图 4-30　绘制的正三边形

⑨在“绘图”工具栏上单击“正多边形”按钮⬠，按照如下提示绘制另一个正三边形，如图 4-31 所示。

```
命令: _polygon                                   （ 启动正多边形命令 ）
输入边的数目 <6>:3                           （ 输入正多边形的边数为 3 ）
指定正多边形的中心点或 [边(E)]:                  （ 指定正多边形的中心点 ）
输入选项 [内接于圆(I)/外切于圆(C)] <C>: I       （ 选择内接于圆（I）选项 ）
指定圆的半径:                              （ 捕捉中点来确定正三边形 ）
```

步骤 2 删除多余线段

在“修改”工具栏中单击“分解”按钮，将绘制的正三边形进行打散操作，然后将多余的线条修剪和删除操作，效果如图 4-32 所示。

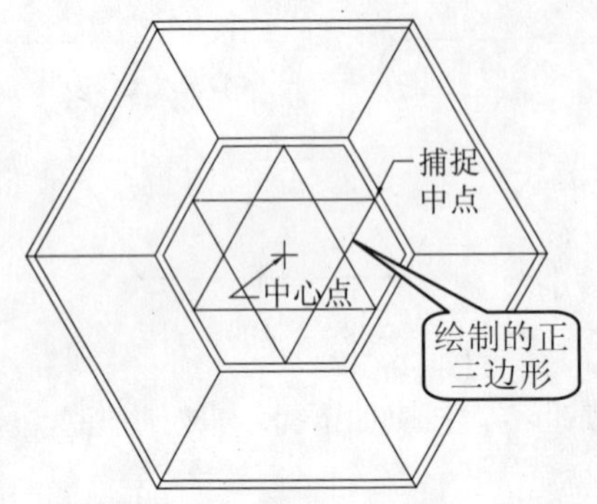

图 4-31　绘制的正三边形

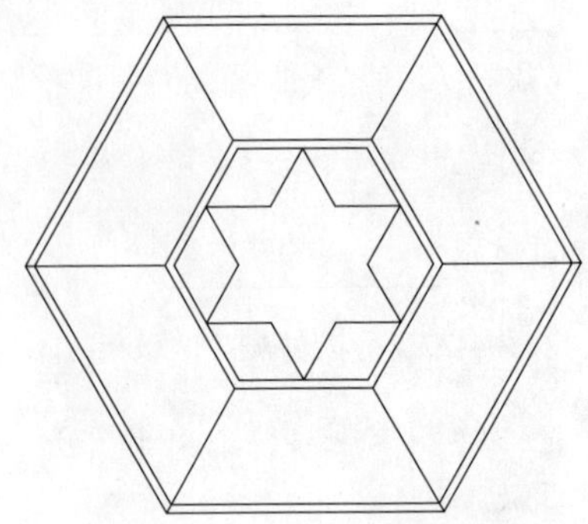

图 4-32　六边形饭桌平面效果

步骤 3 保存文件

实用案例 4.3　绘制圆凳

效果文件:	CDROM\04\效果\圆凳.dwg
演示录像:	CDROM\04\演示录像\圆凳.exe

案例解读

在本案例中，主要讲解了 AutoCAD 中绘制圆及圆弧的命令，让读者熟练掌握圆及圆弧的各种绘制方法，绘制完成后的效果如图 4-33 所示。

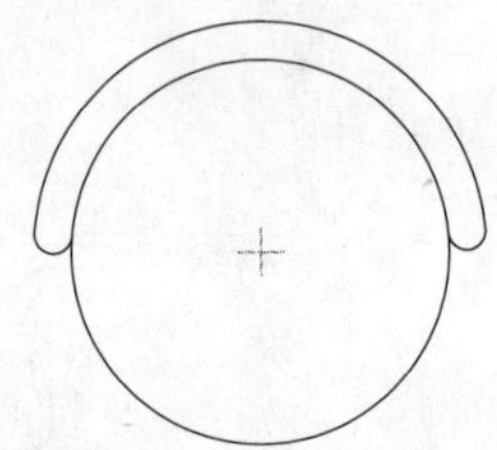

图 4-33　圆凳效果

要点流程

- 使用圆命令，绘制一个半径为 250 的圆；
- 使用“圆心、起点、角度”命令，绘制一个半径为 300，并且包含角为 170 度的圆弧；
- 用“起点、端点、半径”命令绘制半径为 25 的圆弧；
- 使用“起点、端点、半径/方向”命令，绘制左右两侧的小圆弧。

本案例的流程图如图 4-34 所示。

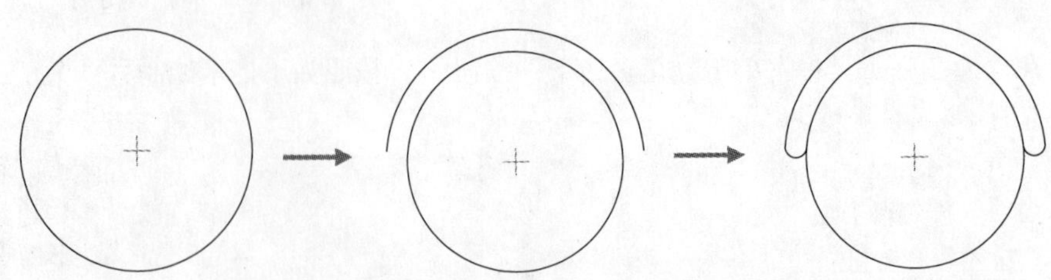

图 4-34　绘制圆凳流程图

操作步骤

步骤 1 绘制圆

启动 AutoCAD 2010 中文版，在“绘图”工具栏上单击“圆”按钮，按照如下提示绘制半径为 250 的圆，如图 4-35 所示。

知识要点：

圆命令的启动方法如下。

- 下拉菜单：选择“绘图>圆”命令下的子命令，如图 4-36 所示。
- 工具栏：在“绘图”工具栏上单击“圆”按钮。
- 输入命令名：在命令行中输入或动态输入 CIRCLE 或 C，并按 Enter 键。

```
命令: _circle                                                    ( 启动圆命令 )
指定圆的圆心或 [三点(3P)/两点(2P)/切点、切点、半径(T)]:             ( 指定圆心点 )
指定圆的半径或 [直径(D)] <0.0000>: 250                            ( 输入圆的半径值 )
```

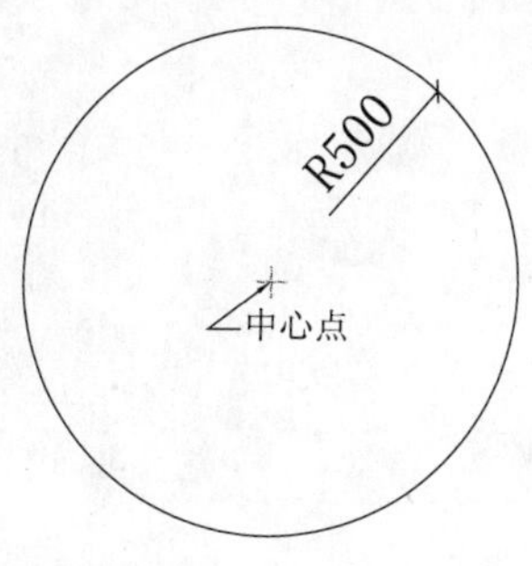

图 4-35　绘制的圆

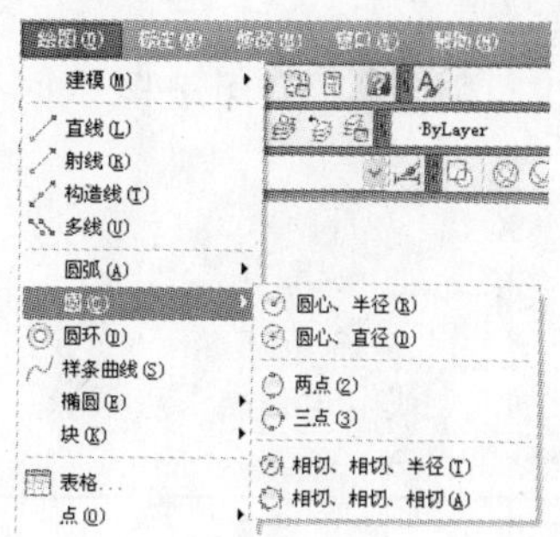

图 4-36　圆的子菜单命令

命令行中各选项含义如下。

- 三点（3P）：在视图中指定三点来绘制一个圆。其提示如下所示，视图效果如图 4-37 所示。

```
指定圆上的第一个点:                    ( 在视图中指定捕捉圆的第一点 )
指定圆上的第二个点:                    ( 在视图中指定捕捉圆的第二点 )
指定圆上的第三个点:                    ( 在视图中指定捕捉圆的第三点 )
```

- 两点（2P）：在视图中指定两点来绘制一个圆，相当于这两点的距离就是圆的直径。其提示如下所示，视图效果如图 4-38 所示。

```
指定圆直径的第一个端点:                ( 指定第一个端点 )
指定圆直径的第二个端点:                ( 指定第二个端点 )
```

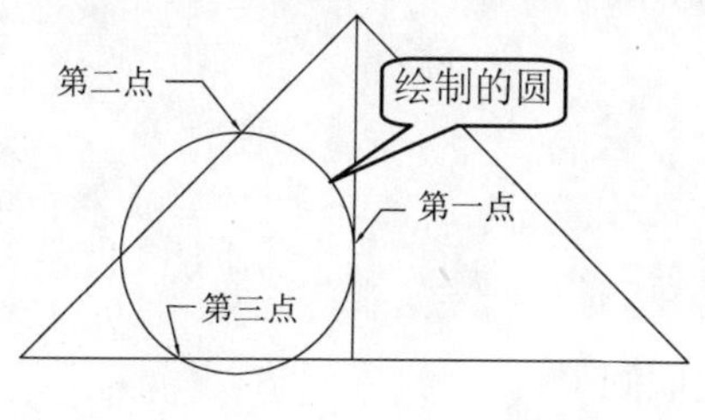

图 4-37　三点方式绘圆

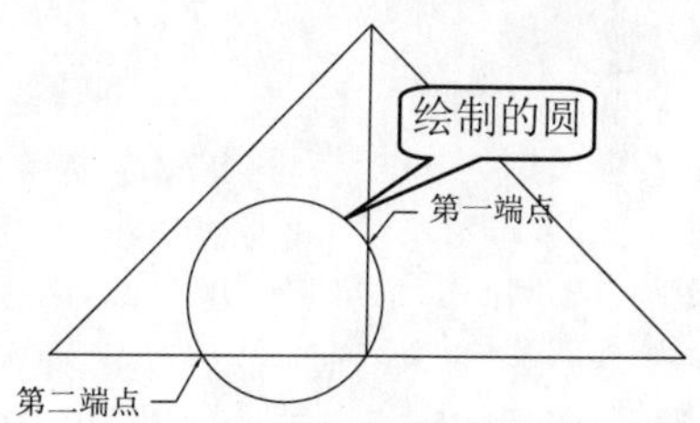

图 4-38　两点方式绘圆

- 切点、切点、半径(T)：通过和已知两个对象相切，并输入半径值来绘制圆，视图效果如图 4-39 所示。
- 相切、相切、相切（A)：这个命令是在“绘图>圆”子菜单下，表示和已知的三个对象相切所绘制的圆，视图效果如图 4-40 所示。

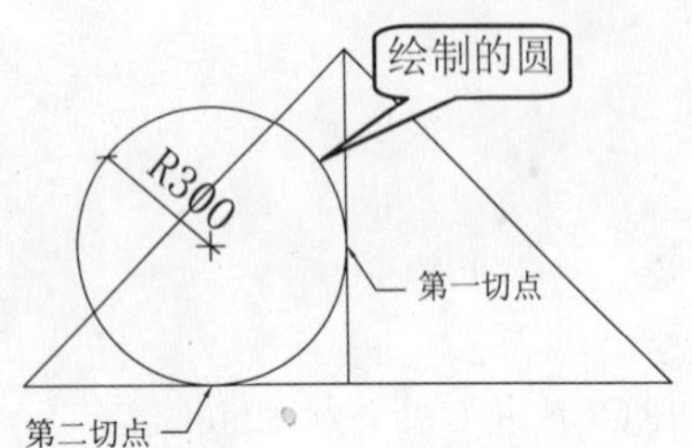

图 4-39 “切点、切点、半径”方式画圆

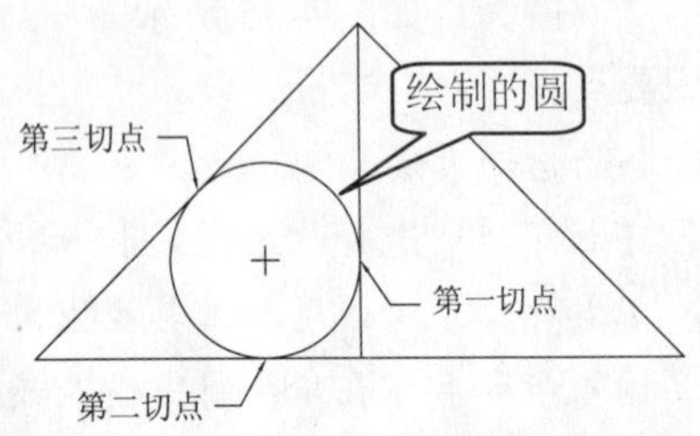

图 4-40 “相切、相切、相切”方式画圆

步骤 2 使用“圆心、起点、角度”方法绘制圆弧

选择“绘图>圆弧>圆心、起点、角度”命令，按照如下提示来绘制半径为 300，并且包含角度为 170 度的圆弧，如图 4-42 所示。

```
命令：_arc                                      （启动“圆心、起点、角度”命令）
指定圆弧的起点或 [圆心(C)]：_c                   （选择圆心（C）选项）
指定圆弧的圆心：                                  （捕捉圆心点）
指定圆弧的起点：@300<5                           （输入圆弧的起点坐标）
指定圆弧的端点或 [角度(A)/弦长(L)]：_a           （选择角度（A）选项）
指定包含角：170                                  （输入圆弧的包含角度）
```

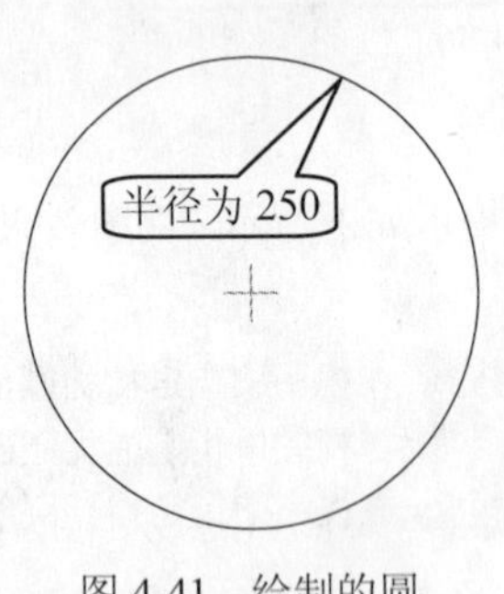

图 4-41 绘制的圆

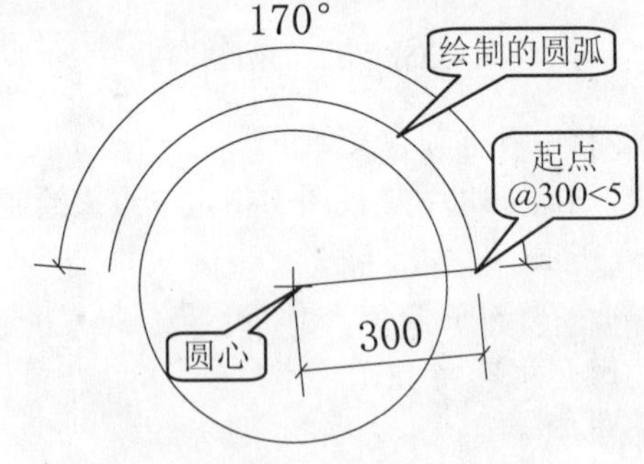

图 4-42 绘制的圆弧 1

步骤 3 使用“起点、端点、半径”方法绘制圆弧

选择“绘图>圆弧>起点、端点、半径”命令，按照如下提示来绘制半径为 25 的圆弧，如图 4-43 所示。

```
命令：_arc                                      （启动“起点、端点、半径”命令）
指定圆弧的起点或 [圆心(C)]：                      （指定圆弧的起点）
指定圆弧的第二个点或 [圆心(C)/端点(E)]：_e       （选择端点（E）选项）
指定圆弧的端点：                                  （捕捉圆弧的另一端点）
指定圆弧的圆心或 [角度(A)/方向(D)/半径(R)]：_r   （选择半径（R）选项）
指定圆弧的半径：25                               （输入圆弧的半径值）
```

步骤 4 使用“起点、端点、半径/方向”方法绘制圆弧

选择“绘图>圆弧>起点、端点、方向”命令，按照如下提示来绘制圆弧，如图 4-44 所示。

```
命令: _arc                                              （启动“起点、端点、方向”命令）
指定圆弧的起点或 [圆心(C)]:                                         （指定圆弧的起点）
指定圆弧的第二个点或 [圆心(C)/端点(E)]: _e                        （选择端点（E）选项）
指定圆弧的端点:                                               （指定圆弧的另一个端点）
指定圆弧的圆心或 [角度(A)/方向(D)/半径(R)]: _d                    （选择方向（D）选项）
指定圆弧的起点切向:                                       （使用鼠标指向下确定方向）
```

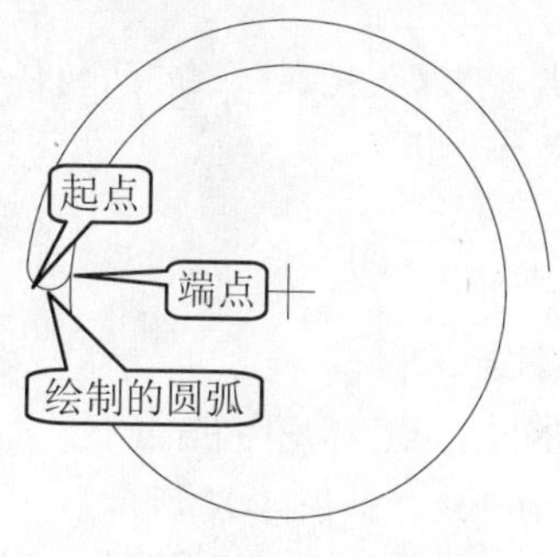

图 4-43　绘制的圆弧 2

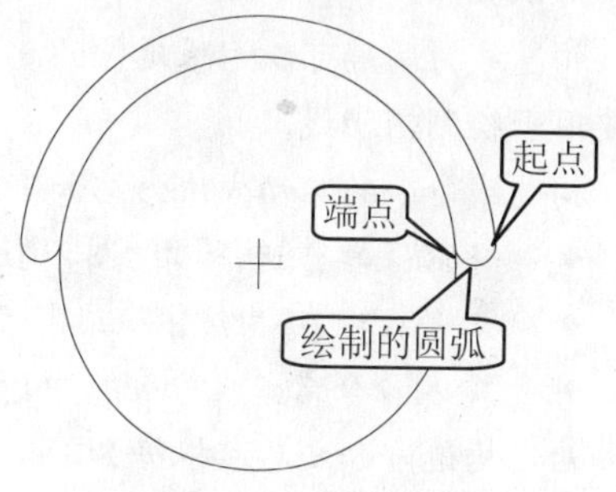

图 4-44　绘制的圆弧 3

步骤 5 保存文件

实用案例 4.4　绘制洗脸盆

效果文件:	CDROM\04\效果\洗脸盆.dwg
演示录像:	CDROM\04\演示录像\洗脸盆.exe

案例解读

在本案例中，主要讲解了 AutoCAD 中绘制构造线、椭圆及椭圆弧的命令，使读者熟练掌握构造线、椭圆及椭圆弧的绘制方法，本案例绘制完成的效果如图 4-45 所示。

要点流程

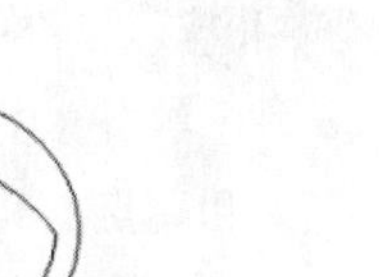

- 使用构造线命令绘制水平垂直构造线；
- 使用绘制椭圆命令绘制出一个椭圆；
- 使用绘制椭圆弧命令绘制一个同心椭圆弧；
- 使用圆、矩形和圆弧命令绘制其他部分，并删除构造线。

图 4-45　脸盆效果图

本案例的流程图如图 4-46 所示。

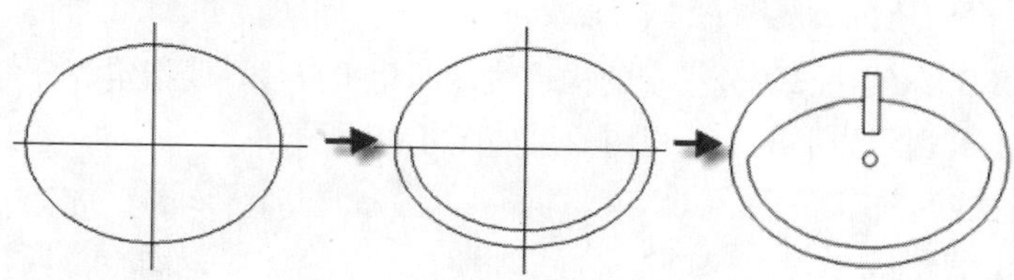

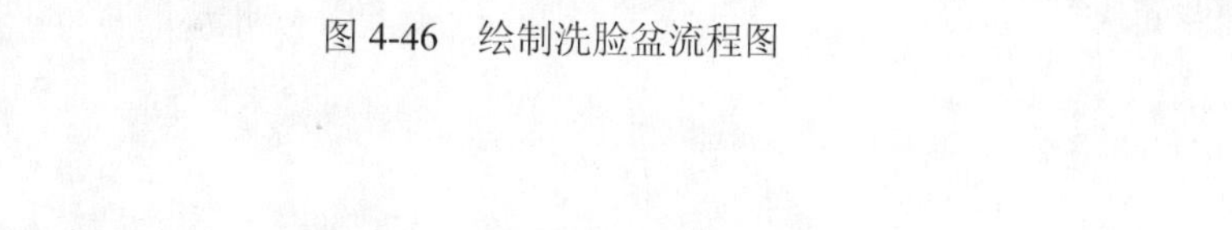

图 4-46　绘制洗脸盆流程图

操作步骤

步骤 1 绘制构造线

启动 AutoCAD 2010，使用构造线命令绘制水平垂直构造线，在“绘图”工具栏上单击“构造线”按钮，在绘图区任意位置绘制水平、垂直两条构造线。

知识要点：

构造线为两端可以无限延伸的直线，没有起点和终点，可以放置在三维空间的任何地方，主要用于绘制辅助线。

构造线命令的启动方法介绍如下。

- 下拉菜单：选择“绘图>构造线”命令。
- 工具栏：在“绘图”工具栏上单击“构造线”按钮。
- 输入命令名：在命令行中输入或动态输入 XLINE 或 XL，并按 Enter 键。

启动构造命令之后，根据如下提示进行操作，绘制构造线，如图 4-47 所示。

```
命令: _xline                                                    ( 启动构造线命令 )
指定点或 [水平(H)/垂直(V)/角度(A)/二等分(B)/偏移(O)]: h          ( 选择构造线的类型 )
指定通过点:                                          ( 指定第一点绘制第一条构造线 )
指定通过点:                                          (指定第二点绘制第二条构造线)
指定通过点:                                          (指定第 N 点绘制第 N 条构造线)
指定通过点:                            ( 按 Enter 键或 Space 键结束构造线命令 )
```

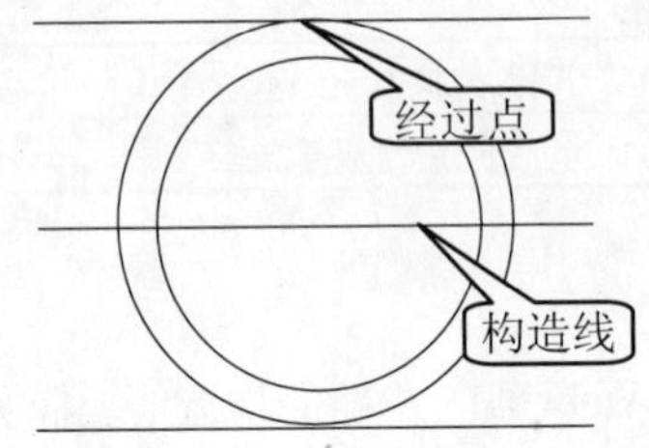

图 4-47 绘制的构造线

命令行中各选项含义如下。

- 水平（H）：创建一条经过指定点并且与当前坐标 X 轴平行的构造线。
- 垂直（V）创建一条经过指定点并且与当前坐标 Y 轴平行的构造线。
- 角度（A）：创建与 X 轴成指定角度的构造线；也可以先指定一要参考线，再指定直线与构造线的角度；还可以先指定构造线的角度，再设置必经的点，其提示如下所示。

```
输入构造线的角度 (0) 或 [参照(R)]: 45                           ( 指定输入的角度 )
```

- 二等分（B）：创建二等分指定的构造线，即角平分线，要指定等分角的顶点、起点和端点。其提示如下所示，视图效果如图 4-48 所示。

```
指定角的顶点:                                              ( 指定角平分线的顶点 )
指定角的起点:                                              ( 指定角的起点位置 )
指定角的端点:                                              ( 指定角的终点位置 )
```

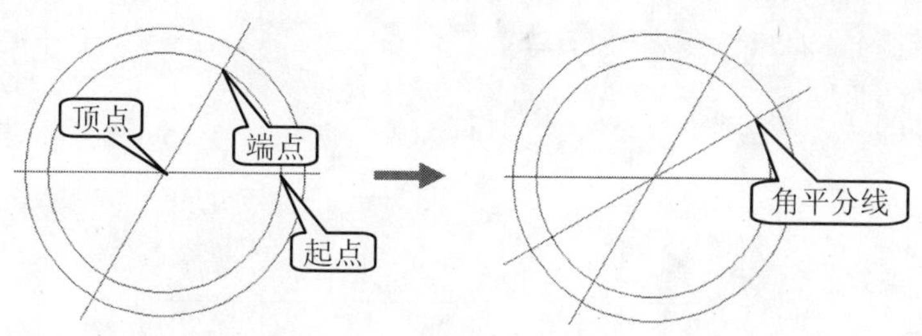

图 4-48　二等分角平分线

- 偏移（O）：创建平行指定基线的构造线，需要先指定偏移距离，选择基线，然后指明构造线位于基线的那一侧。其提示如下所示，视图效果如图 4-49 所示。

```
指定偏移距离或 [通过(T)] <通过>: 500            （指定偏移的距离）
选择直线对象:                                   （选择要偏移的直线对象）
指定向哪侧偏移:                                 （指定偏移的方向）
```

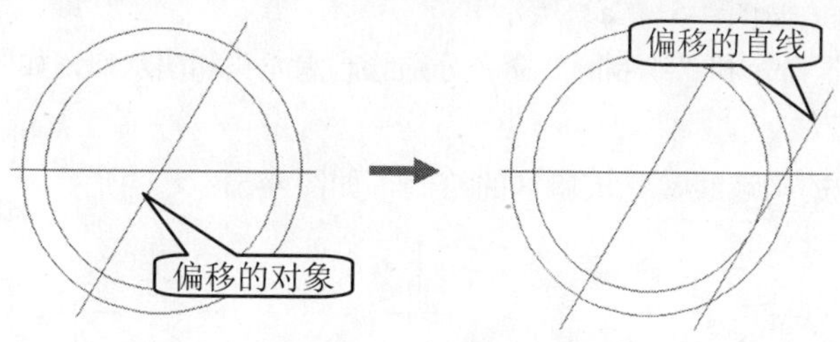

图 4-49　偏移的直线

注意

在绘制构造线时，若没有指定构造线的类型，用户可在视图中指定任意的两点来绘制一条构造线。

步骤 2 绘制椭圆

在“绘图”工具栏上单击“椭圆”按钮，启动绘制椭圆命令，绘制一个椭圆，如图 4-50（a）所示。命令行显示如下内容。

```
命令: _ellipse
指定椭圆的轴端点或 [圆弧(A)/中心点(C)]: c      （输入 c，选择中心点方式绘制椭圆）
指定椭圆的中心点:                              （鼠标选取构造线的交点）
指定轴的端点: @400,0                           （指定椭圆长半轴 400）
指定另一条半轴长度或 [旋转(R)]: 300             （指定椭圆短半轴 300）
```

步骤 3 绘制椭圆弧

在“绘图”工具栏上单击“椭圆弧”按钮，启动绘制椭圆弧命令，绘制一个椭圆弧，如图 4-50（b）所示。命令行显示如下内容。

```
命令: _ellipse
指定椭圆的轴端点或 [圆弧(A)/中心点(C)]: _a                 （启动椭圆弧命令）
指定椭圆弧的轴端点或 [中心点(C)]: c           （输入 c，选择中心点方式绘制椭圆弧）
指定椭圆弧的中心点:                                   （鼠标选取构造线的交点）
指定轴的端点: @350,0                                  （指定椭圆长半轴 350）
```

```
指定另一条半轴长度或 [旋转(R)]: 250                    (指定椭圆短半轴 250)
指定起始角度或 [参数(P)]: 180                          (指定起始角度为 180 度)
指定终止角度或 [参数(P)/包含角度(I)]: 360              (指定终止角度为 360 度)
```

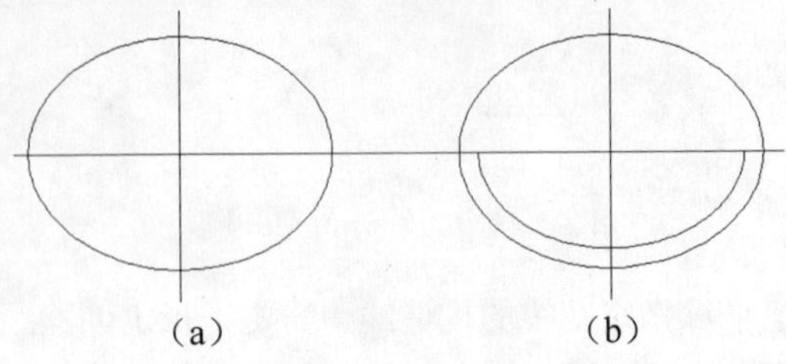

图 4-50　绘制椭圆和椭圆弧

步骤 4 使用圆弧命令

在“绘图”工具栏上单击“圆弧”按钮，以椭圆弧的两个端点为起点和端点，以 450 为半径绘制一条圆弧，如图 4-51（a）所示。

使用“绘制矩形”命令和“绘制圆”命令分别绘制水龙头和出水口，如图 4-51（b）所示。

步骤 5 删除构造线

删除作为辅助线的构造线，完成脸盆的绘制，如图 4-51（c）所示。

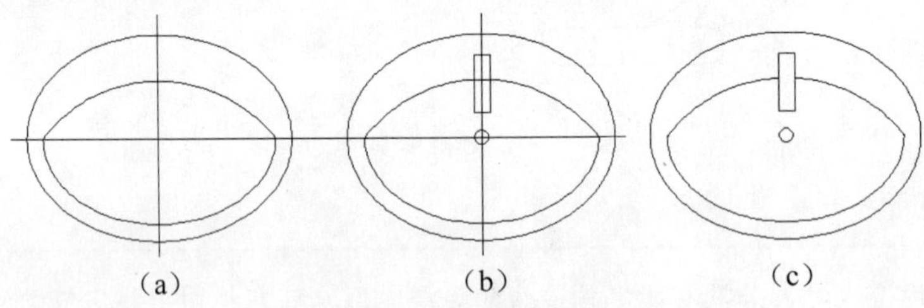

图 4-51　绘制其他的附属曲线

步骤 6 保存文件

实用案例 4.5　绘制楼梯

素材文件:	CDROM\04\素材\楼梯位置.dwg
效果文件:	CDROM\04\效果\绘制楼梯.dwg
演示录像:	CDROM\04\演示录像\绘制楼梯.exe

案例解读

在本案例中，主要讲解了 AutoCAD 中多段线的绘制，让读者熟练掌握各种不同多段线的绘制方法，绘制完成的效果如图 4-52 所示。

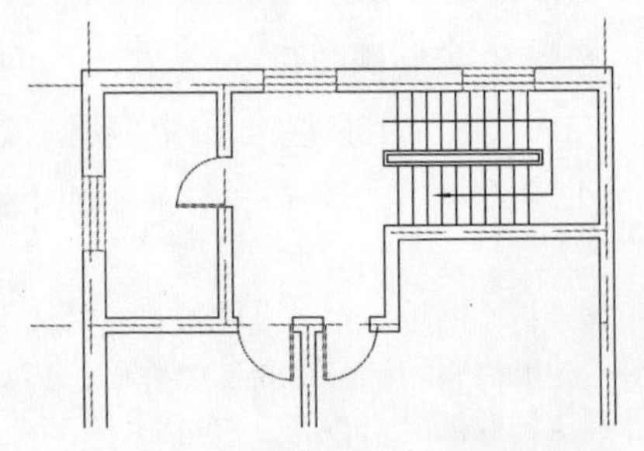

图 4-52　绘制的楼梯效果

要点流程

- 使用打开命令，将准备好的文件打开；

- 使用直线和阵列命令，绘制楼梯踏步；
- 使用多段线命令，绘制楼梯跑道；
- 使用多段线命令，绘制梯踏步的方向箭头。

本案例的流程图如图 4-53 所示。

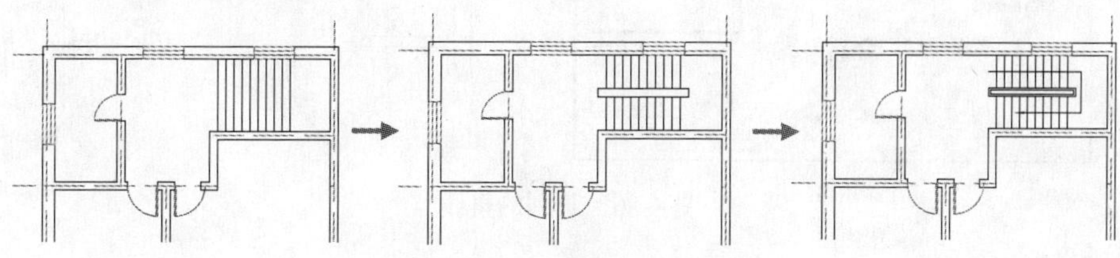

图 4-53 绘制楼梯流程图

操作步骤

步骤 1 打开文件

启动 AutoCAD 2010，选择“文件>打开”命令，将“CDROM\04\素材\楼梯位置.dwg”文件打开，如图 4-54 所示。

步骤 2 使用阵列命令

①在“绘图”工具栏中单击“直线”按钮，按照如下提示绘制一条垂直线的线段，如图 4-55 所示。

```
命令: _line                                   （启动直线命令）
指定第一点: from                               （输入捕捉自命令）
基点:                                         （捕捉指定的基点）
<偏移>: @240,0                                （输入偏移的坐标值）
指定下一点或 [放弃(U)]: @0,2160                 （输入直线下一点的坐标）
指定下一点或 [放弃(U)]:                         （按 Enter 键结束）
```

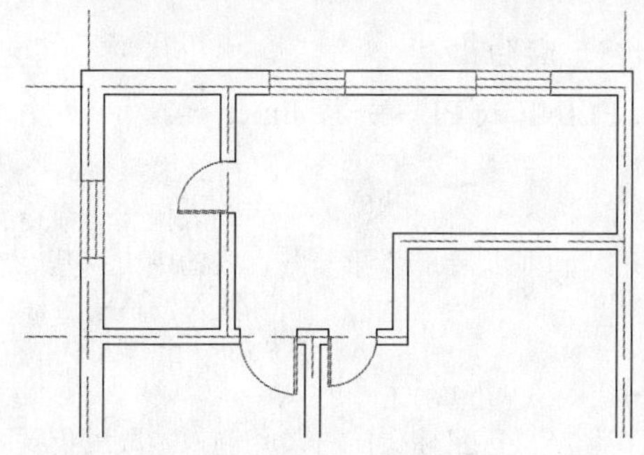

图 4-54 打开的文件

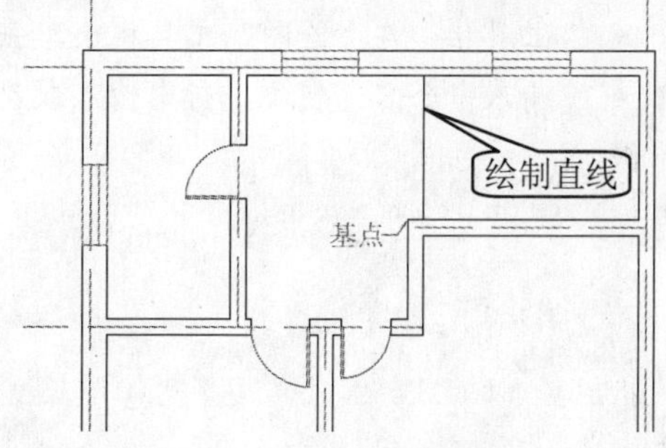

图 4-55 绘制的直线

②在“修改”工具栏中单击“阵列”按钮，将弹出“阵列”对话框，选择“矩形阵列”单选框，再单击“选择对象”按钮，在视图中选择刚绘制的垂直线段作为阵列的对象，按 Enter 键返回“阵列”对话框中，设置行数为 1，列数为 10，列偏移为 240，然后单击“确定”按钮，如图 4-56 所示。

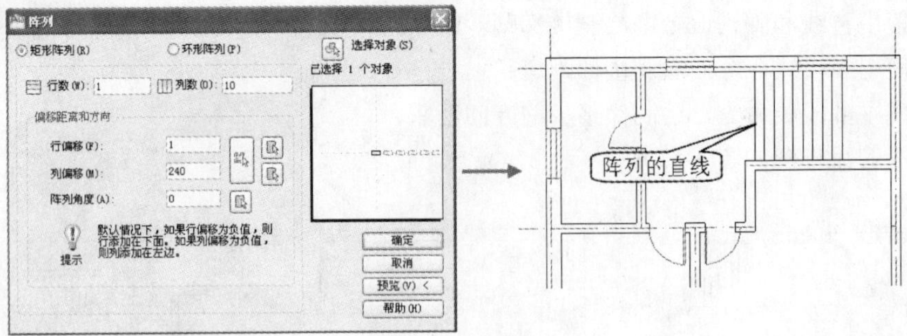

图 4-56　阵列的直线

步骤 3　绘制多段线

①在“绘图”工具栏中单击“多段线”按钮，按照如下提示绘制多段线，其绘制的效果如图 4-57 所示。

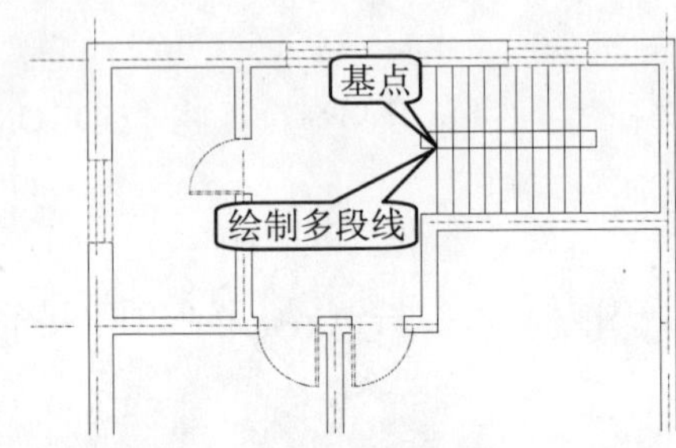

图 4-57　绘制的多段线

知识要点：

多段线是由相连接的多条直线和弧线组成，但它是一个单独的对象。

多段线命令的启动方法如下。

- 下拉菜单：选择“绘图>多段线”命令。
- 工具栏：在“绘图”工具栏上单击“多段线”按钮。
- 输入命令名：在命令行中输入或动态输入 PLINE 或 PL，并按 Enter 键。

```
命令：_pline                                                    （启动多段线命令）
指定起点：from                                                  （输入捕捉自命令）
基点：                                          （捕捉梯踏步第一条直线的中点为基点）
<偏移>：@-240,120                                               （输入偏移的坐标）
当前线宽为 0.0000
指定下一个点或 [圆弧(A)/半宽(H)/长度(L)/放弃(U)/宽度(W)]：2640
                          （切换到“正交”模式，鼠标指向右，并输入多段线长度）
指定下一点或 [圆弧(A)/闭合(C)/半宽(H)/长度(L)/放弃(U)/宽度(W)]：240
                                              （鼠标指向下，并输入多段线长度）
指定下一点或 [圆弧(A)/闭合(C)/半宽(H)/长度(L)/放弃(U)/宽度(W)]：2640
                                              （鼠标指向左，并输入多段线长度）
指定下一点或 [圆弧(A)/闭合(C)/半宽(H)/长度(L)/放弃(U)/宽度(W)]：c  （选择闭合选项）
```

命令行中各选项含义如下。

- 圆弧（A）：从绘制的直线方式切换到绘制圆弧方式。选择该项后，将显示如下提示，其绘制的效果如图 4-58 所示。

```
指定圆弧的端点或
[角度(A)/圆心(CE)/方向(D)/半宽(H)/直线(L)/半径(R)/第二个点(S)/放弃(U)/宽度(W)]:
```

- 半宽（H）：设置多段线的一半宽度，用户可分别指定多段线的起点半宽和终点半宽。选择该项后，将显示如下提示，其绘制的效果如图 4-59 所示。

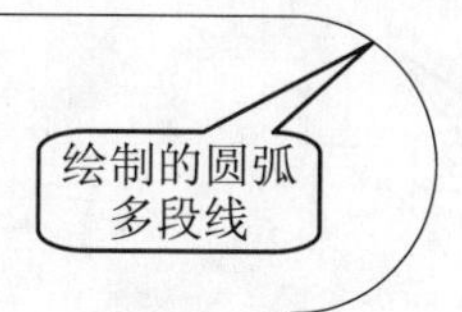

图 4-58　绘制的圆弧多段线

图 4-59　绘制的半宽多段线

```
指定起点半宽 <0.0000>:                                    ( 输入起点半宽值 )
指定端点半宽 <5.0000>:                                    ( 输入终点半宽值 )
```

- 长度（L）：指定绘制直线段的长度。选择该项后，将显示如下提示。

```
指定直线的长度:                                        ( 提示输入直线段的长度 )
```

- 放弃（U）：删除多段线的前一段对象，从而方便用户及时修改在绘制多段线过程中出现的错误。
- 宽度（W）：设置多段线的宽度。选择该项后，将显示如下提示，其绘制的效果如图 4-60 所示。

图 4-60　绘制的宽度多段线图

```
指定起点宽度 <0.0000>:                                    ( 输入起点宽度值 )
指定端点宽度 <5.0000>:                                    ( 输入终点宽度值 )
```

- 闭合（C）：与起点闭合，并结束命令。

注意

当用户设置了多段线的宽度时，可通过 FILL 变量来设置是否对多段线进行填充。如果设置为“开（ON）”，则表示填充，若设置为“关（OFF），则表示不填充，如图 4-61 所示。

当多段线的宽度大于 0 时，若想绘制闭合的多段线，一定要选择“闭合（C）”选项，这样才能使其完全闭合，否则即使起点与终点重合，也会出现缺口现象，如图 4-62 所示。

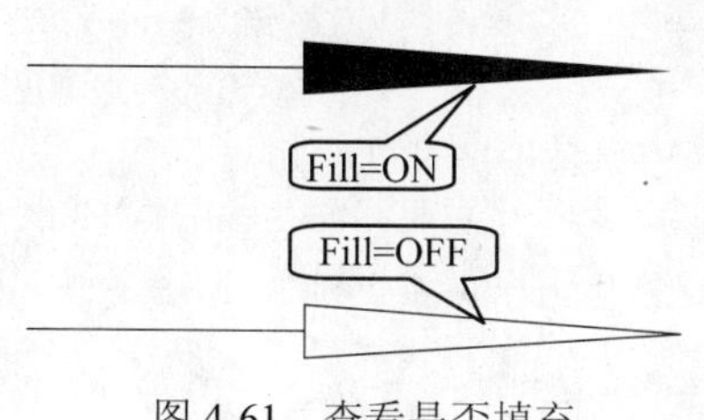

图 4-61　查看是否填充

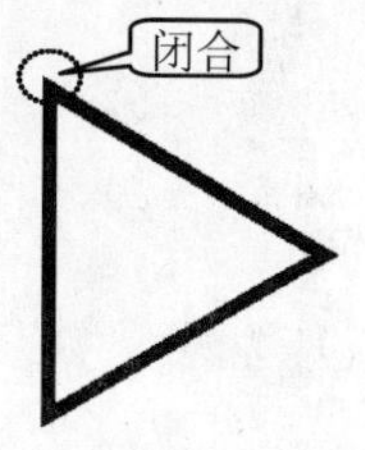

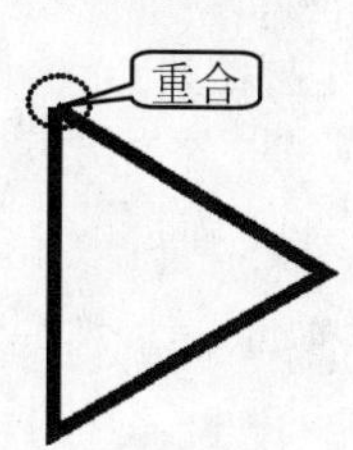

图 4-62　查看起点与终点是否闭合

②在“修改”工具栏中单击“修剪”按钮-/--，将多段线和梯踏步的中间线段进行修剪操作，其修剪后的效果如图 4-63 所示。

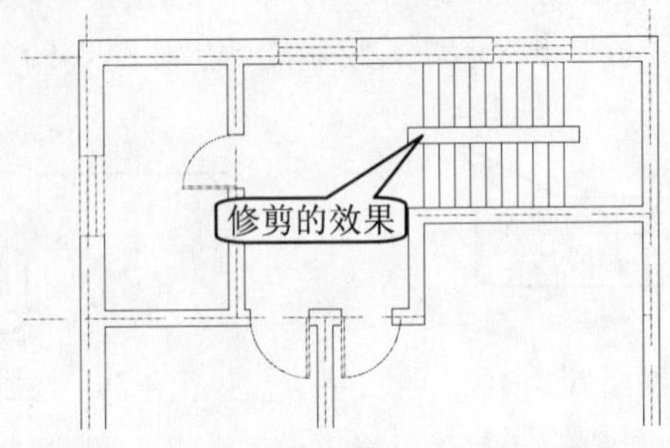

图 4-63　修剪多余线段

③在“修剪”工具栏中单击“偏移”按钮，将绘制的多段线向内偏移 60，其提示信息如下，偏移的效果如图 4-64 所示。

```
命令: _offset                                                    （ 启动偏移命令 ）
当前设置: 删除源=否   图层=源   OFFSETGAPTYPE=0
指定偏移距离或 [通过(T)/删除(E)/图层(L)] <240.0000>:  60          （ 输入偏移的距离 ）
选择要偏移的对象，或 [退出(E)/放弃(U)] <退出>:                      （ 选择绘制的多段线 ）
指定要偏移的那一侧上的点，或
 [退出(E)/多个(M)/放弃(U)] <退出>:                                （ 在多段线内单击 ）
选择要偏移的对象，或 [退出(E)/放弃(U)] <退出>:                   （ 按 Enter 键结束命令 ）
```

④在“绘图”工具栏中单击“多段线”按钮，按照如下提示绘制楼梯方向箭头的多段线，其绘制的效果如图 4-65 所示。

```
命令: _pline                                                     （ 启动多段线命令 ）
指定起点: from                                                   （ 输入捕捉自命令 ）
基点:                                           （ 捕捉梯踏步上面第一条直线的中点为基点 ）
 <偏移>: @-240,0                                                  （ 输入偏移的坐标 ）
当前线宽为 0.0000
指定下一个点或 [圆弧(A)/半宽(H)/长度(L)/放弃(U)/宽度(W)]: 2800
                             （ 切换到正交模式，鼠标指向右，并输入多段线的长度 2800 ）
指定下一点或 [圆弧(A)/闭合(C)/半宽(H)/长度(L)/放弃(U)/宽度(W)]:1200
                                         （ 鼠标指向下，并输入多段线的长度 1200 ）
指定下一点或 [圆弧(A)/闭合(C)/半宽(H)/长度(L)/放弃(U)/宽度(W)]: 1700
                                     （ 鼠标指向左，并输入多段线的长度 1700 —|
指定下一点或 [圆弧(A)/闭合(C)/半宽(H)/长度(L)/放弃(U)/宽度(W)]: w
                                                          （ 选择宽度（W）选项 ）
指定起点宽度 <0.0000>: 60                                     （ 输入起点宽度为 60 ）
指定端点宽度 <60.0000>: 0                                      （ 输入端点宽度为 0 ）
指定下一点或 [圆弧(A)/闭合(C)/半宽(H)/长度(L)/放弃(U)/宽度(W)]: 300
                                                （ 鼠标指向左，并输入长度 300 ）
指定下一点或 [圆弧(A)/闭合(C)/半宽(H)/长度(L)/放弃(U)/宽度(W)]:（ 按Enter键结束 ）
```

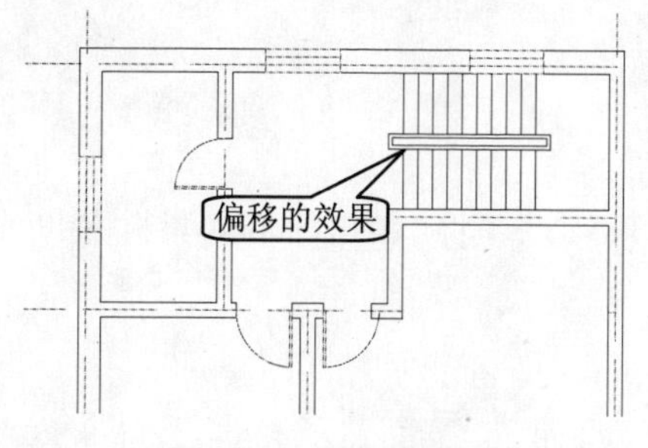

图 4-64　偏移的多段线

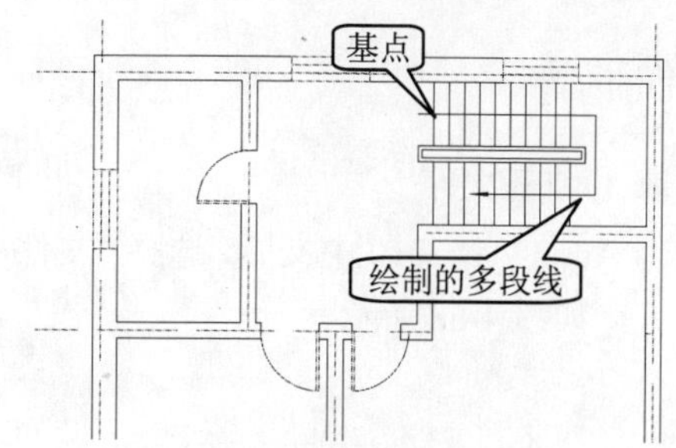

图 4-65　绘制的楼梯方向箭头

步骤 4 保存文件

实用案例 4.6　绘制墙线

素材文件：	CDROM\04\素材\辅助线.dwg
效果文件：	CDROM\04 效果\绘制墙线.dwg
演示录像：	CDROM\04\演示录像\绘制墙线.exe

案例解读

在本案例中，主要讲解了在 AutoCAD 中绘制多线样式的设置、绘制多线及多线编辑，让读者熟练掌握各种多线的绘制与编辑方法，其绘制完成的效果如图 4-66 所示。

图 4-66　绘制的墙线效果

要点流程

- 使用打开命令，将准备好的辅助线对象打开；
- 使用多线样式命令，新建 240 墙和 370 墙；
- 使用多线命令，捕捉辅助线指定的交点来绘制 370 墙和 240 墙；
- 使用多线编辑命令，将指定的多线交点位置进行 T 形合并、角点结合和十交合并操作；
- 使用直线命令，在指定的位置使用直线将开放的多线进行闭合操作。

本案例的绘制流程图如图 4-67 所示。

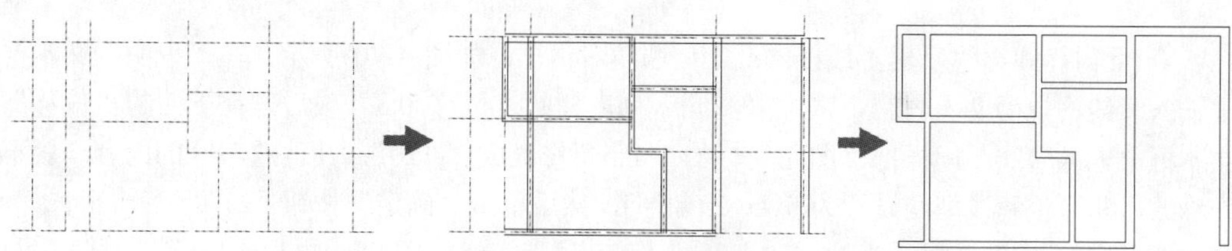

图 4-67　绘制墙线流程图

操作步骤

步骤 1 打开文件

启动 AutoCAD 2010 中文版，选择“文件>打开”命令，将“CDROM\04\素材\辅助线.dwg”文件打开，如图 4-68 所示。

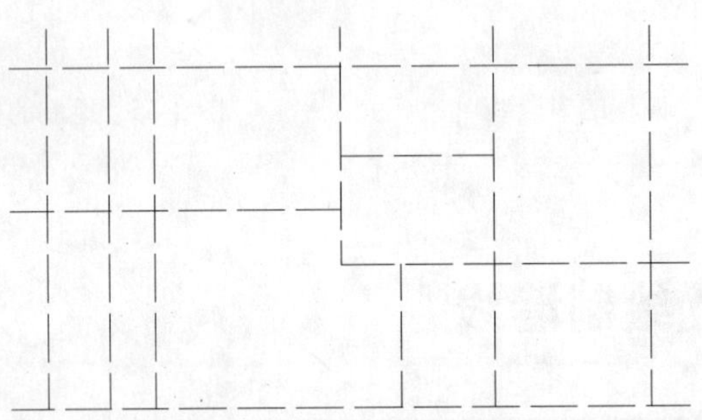

图 4-68 打开的文件

步骤 2 设置多线样式

①选择“格式>多线样式”命令，将弹出“多线样式”对话框，单击“新建”按钮，将弹出的“创建新的多线样式”对话框，在“新样式名”文本框中输入样式名称为“240 墙”，然后单击“继续”按钮，如图 4-69 所示。

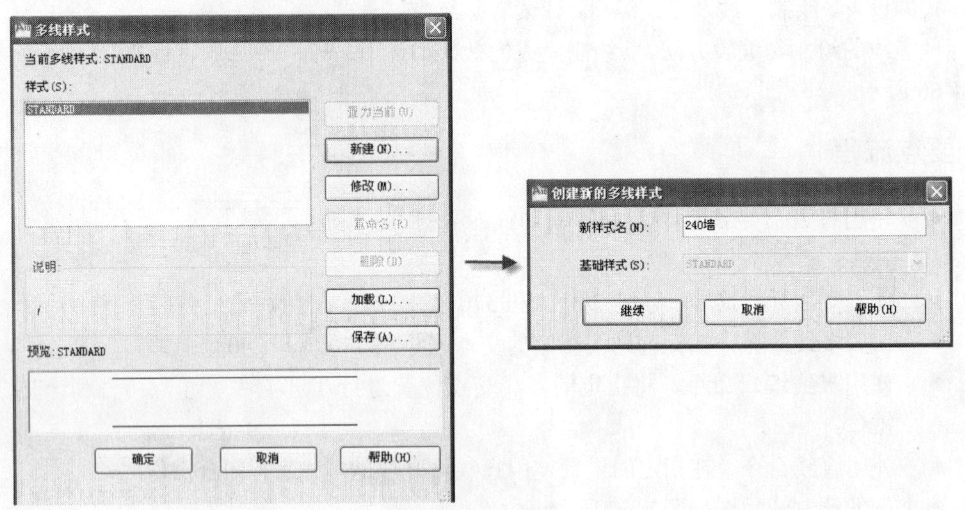

图 4-69 新建“240 墙”多线样式

②此时将弹出“新建多线样式：240 墙”对话框，如图 4-70 所示。在“说明”文本框中输入多线的说明文本内容，选中“图元”列表栏的“偏移 0.5”项后，在下面的“偏移”文本框中输入 120。同样把“图元”栏的“-0.5”修改成“-120”，其他选项区的内容一般不作修改，其颜色和线型均设置为 bylayer(随层)，然后单击“确定”按钮。

③同样，参照前面两步的方法来新建“370 墙”多线样式，如图 4-71 所示。

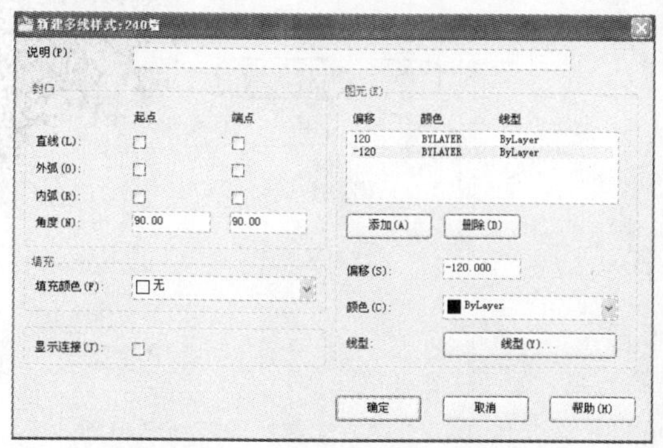

图 4-70　设置“240 墙”多线样式

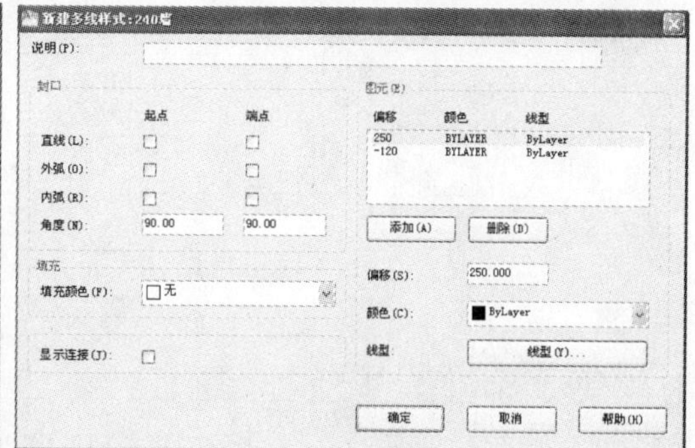

图 4-71　设置“370 墙”多线样式

④当单击“确定”按钮后，返回到“多线样式”对话框中，即可看到新建的两个多线样式。选择“370 墙”，单击“置为当前”按钮，然后再单击“确定”按钮退出，如图 4-72 所示。

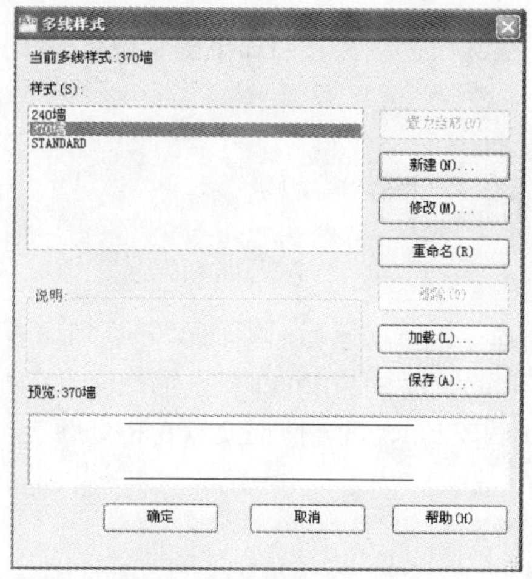

图 4-72　新建的多线样式

步骤 3 绘制多线

①选择“绘图>多线”命令，按照如下提示设置多线的样式、比例和对正方式。

```
命令: _mline                                                    ( 启动多线样式 )
当前设置: 对正 = 上, 比例 = 20.00, 样式 = 370 墙
指定起点或 [对正(J)/比例(S)/样式(ST)]:  s                 ( 选择“比例 (S)”选项 )
输入多线比例 <20.00>:  1                                      ( 设置比例为 1 )
当前设置: 对正 = 无, 比例 = 1.00, 样式 = 370 墙
指定起点或 [对正(J)/比例(S)/样式(ST)]:  j                 ( 选择“对正 (J)”选项 )
输入对正类型 [上(T)/无(Z)/下(B)] <无>:  z               ( 选择为无 (Z) 对正方式 )
当前设置: 对正 = 无, 比例 = 1.00, 样式 = 370 墙
指定起点或 [对正(J)/比例(S)/样式(ST)]:  *取消*              ( 按 Enter 键确认 )
```

②选择“绘图>多线”命令，设置“对象捕捉”状态，并按 F8 键切换到正交模式，移动鼠标捕捉轴线交点 5 和交点 1 后按 Enter 键，捕捉交点 5 和交点 19 后按 Enter 键，捕捉交点 4 和交点 18 后按 Enter 键，从而绘制 370 墙，如图 4-73 所示。

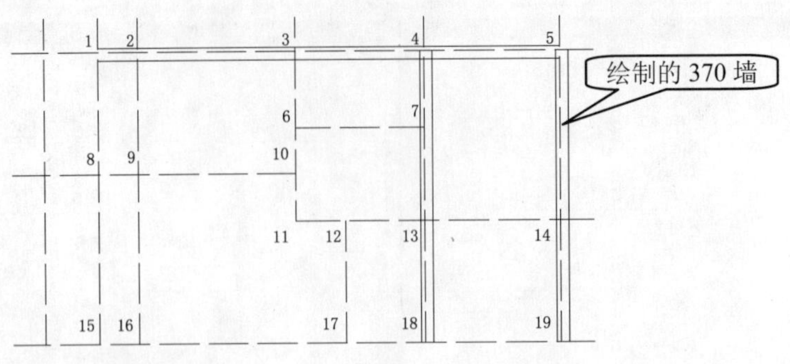

图 4-73　新建“370 墙”多线样式

注意

这里在绘制“370 墙”多线样式时，所捕捉点的顺序是有区别的。如“捕捉交点 1 和交点 5”与“捕捉交点 5 和交点 1”两种方式绘制出来的多线有别，用户不妨试一试。

③同样，选择“绘图>多线”命令，按照如下提示设置多线样式。

```
命令: _mline                                              （ 启动多线样式 ）
当前设置: 对正 = 上, 比例 = 20.00, 样式 = 370 墙
指定起点或 [对正(J)/比例(S)/样式(ST)]:  st              （ 输入“样式(ST)”选项 ）
输入多线样式名或 [?]:  240 墙                         （ 设置当前多线样式为 240 墙 ）
当前设置: 对正 = 无, 比例 = 1.00, 样式 = 240 墙
```

④选择“绘图>多线”命令，移动鼠标捕捉轴线交点 15 和交点 18 后按 Enter 键，捕捉交点 3、交点 11、交点 12 和交点 17 后按 Enter 键，捕捉交点 2 和交点 16 后按 Enter 键，捕捉交点 1、交点 8 和交点 10 后按 Enter 键，捕捉交点 6 和交点 7 后按 Enter 键，从而绘制 240 墙，如图 4-74 所示。

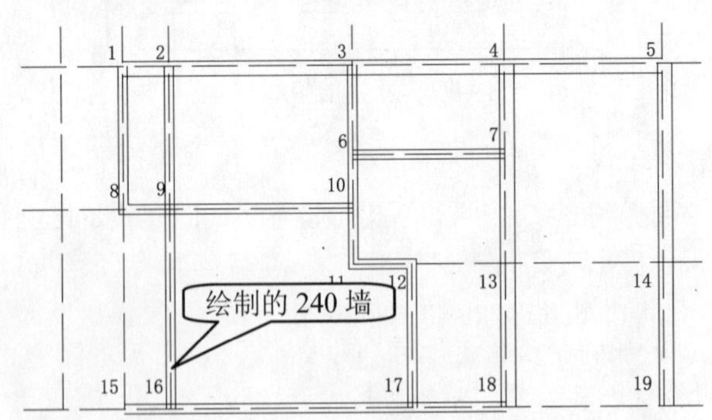

图 4-74　新建“240 墙”多线样式

步骤 4　编辑多线

①选择“修改>对象>多线”命令，打开“多线编辑工具”对话框，如图 4-75 所示，该对话框包含了 12 种工具按钮，每个按钮对应每种编辑后的图形。

②单击“T 形合并”按钮，依照提示完成如图 4-75 所示的交点 2、交点 3、交点 4、交点 6、交点 7、交点 10、交点 16、交点 17 的合并操作，如图 4-76 所示。

③同样，单击“角点结合”按钮，完成交点 1、交点 5、交点 18 的角点结合操作；单击“十字合并”按钮，完成交点 9 的十字合并操作，如图 4-77 所示。

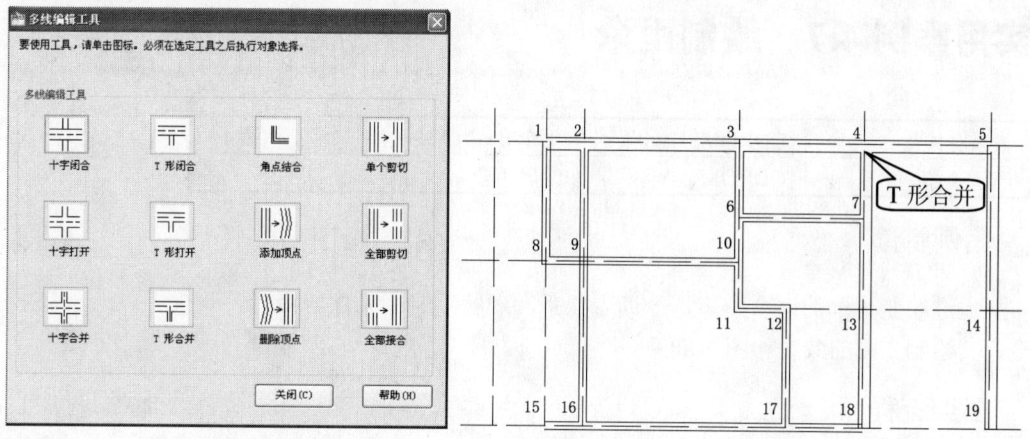

图 4-75　“多线编辑工具”对话框　　图 4-76　完成“T 形合并”编辑

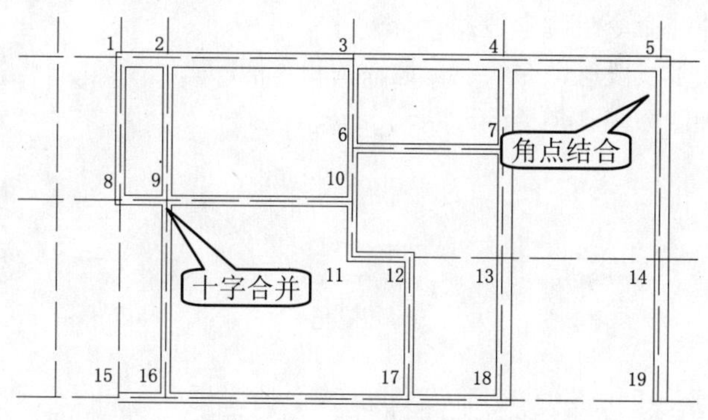

图 4-77　完成“角点结合”和“十字合并”编辑

步骤 5 闭合多线段

①选择“格式>图层”命令，在弹出的“图层特性管理器”面板中，将“轴线”和“辅助轴线”图层隐藏，如图 4-78 所示。

②在“绘图”工具栏中单击“直线”按钮，在交点 15 和交点 19 两处绘制直线段，将其开放的线段进行闭合操作，如图 4-79 所示。

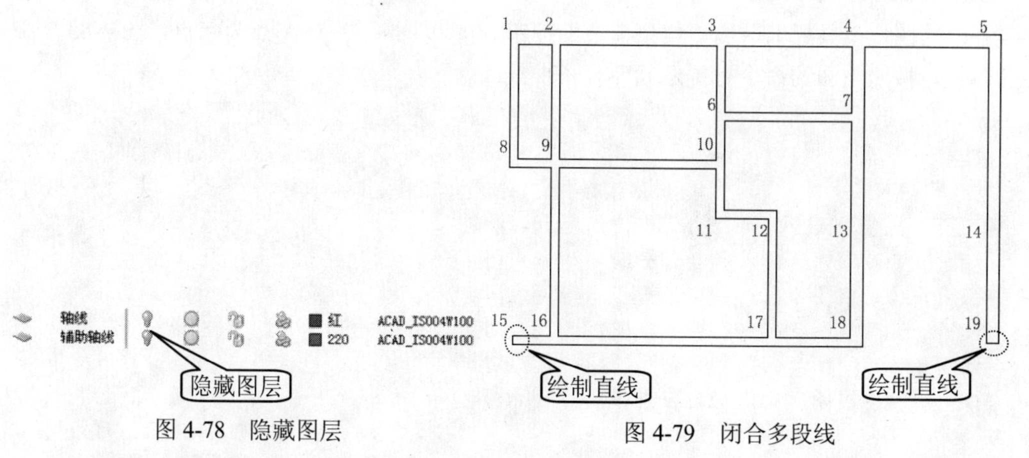

图 4-78　隐藏图层　　图 4-79　闭合多段线

步骤 6 保存文件

实用案例 4.7　绘制雨伞

效果文件:	CDROM\04\效果\绘制雨伞.dwg
演示录像:	CDROM\04\演示录像\绘制雨伞.exe

案例解读

通过绘制简单的雨伞图案，令读者熟悉和理解绘制样条曲线命令，其绘制完成的效果如图 4-80 所示。

图 4-80　雨伞效果图

要点流程

- 绘制一个半径为 100 的半圆，确定雨伞的大致形状；
- 使用样条曲线命令绘制伞边；
- 使用圆弧和多线段等命令绘制伞边辐条和伞柄。

绘制雨伞的流程图如图 4-81 所示。

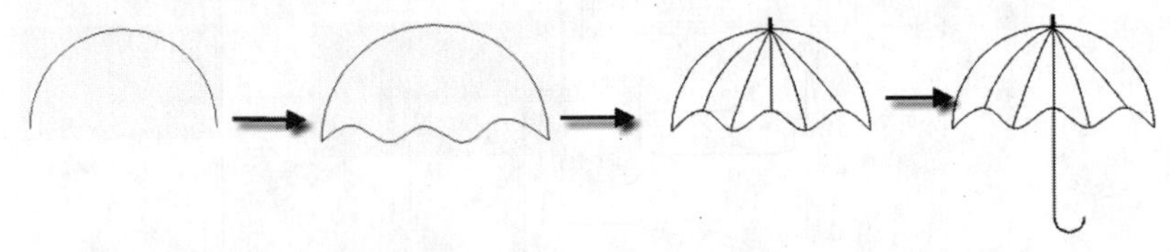

图 4-81　绘制雨伞的流程图

操作步骤

步骤 1 绘制圆弧

启动 AutoCAD 2010，在“绘图”工具栏上单击“圆弧”按钮，在绘图区任意位置绘制一个半径为 100 的半圆。

步骤 2 绘制样条曲线

在“绘图”工具栏上单击“样条曲线”按钮，以图 4-82 中 A 点为起点，图 4-83 中 B 点为端点，按照下面的命令行提示绘制样条曲线。

```
命令: _spline
指定第一个点或 [对象(O)]:                    (鼠标选取 A 点为样条曲线的起点)
指定下一点:                (鼠标在适当位置单击指定样条曲线的下一点，以下操作相同)
指定下一点或 [闭合(C)/拟合公差(F)] <起点切向>:
指定下一点或 [闭合(C)/拟合公差(F)] <起点切向>:
指定下一点或 [闭合(C)/拟合公差(F)] <起点切向>:
指定下一点或 [闭合(C)/拟合公差(F)] <起点切向>:
指定下一点或 [闭合(C)/拟合公差(F)] <起点切向>:
指定下一点或 [闭合(C)/拟合公差(F)] <起点切向>:
指定起点切向:                                      (移动鼠标指定起点切向)
指定端点切向:                                      (移动鼠标指定端点切向)
```

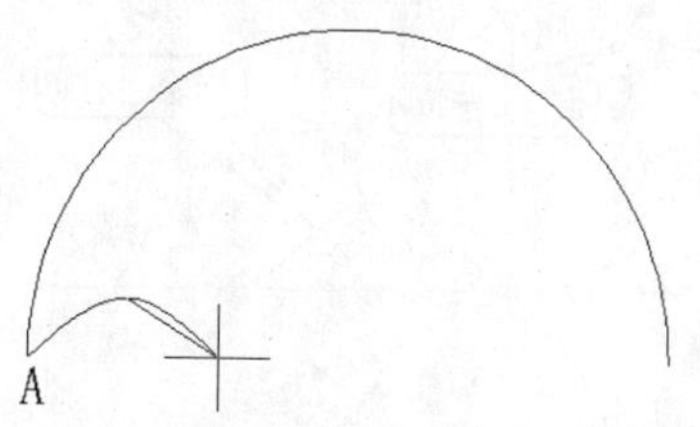

图 4-82　绘制样条曲线起始

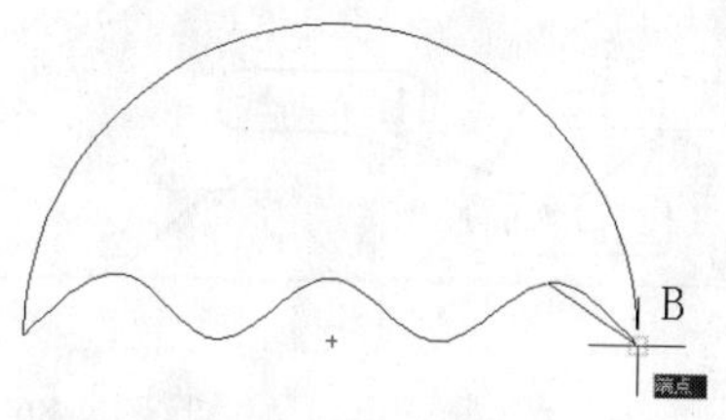

图 4-83　绘制样条曲线终止

知识要点：

样条曲线是一种通过或接近指定点的拟合曲线，它通过起点、控制点、终点及偏差变量来控制曲线，一般用于表达具有不规则变化曲率的曲线。

样条曲线命令的启动方法如下。

◆　下拉菜单：选择“绘图>样条曲线”命令。

◆　工具栏：在“绘图”工具栏上单击“样条曲线”按钮。

◆　输入命令名：在命令行中输入或动态输入 SPLINE 或 SPL，并按 Enter 键。

命令行中各选项含义如下。

- 闭合（C）：封闭样条曲线，并显示“指定切向：”提示信息，要求指定样条曲线的起点同时也是终点的切线方向，如图 4-84 所示。

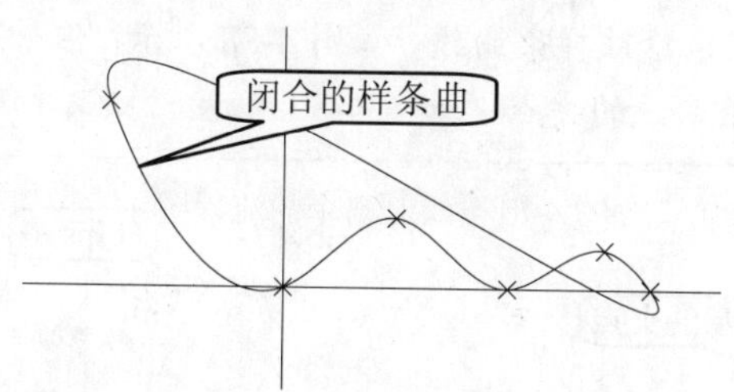

图 4-84　闭合的样条曲线

- 拟合公差（F）：设置样条曲线的拟合公差值。输入的值越大，绘制的曲线偏离指定的点越远；输入的值越小，绘制的曲线偏离指定的点越近，如图 4-85 所示。

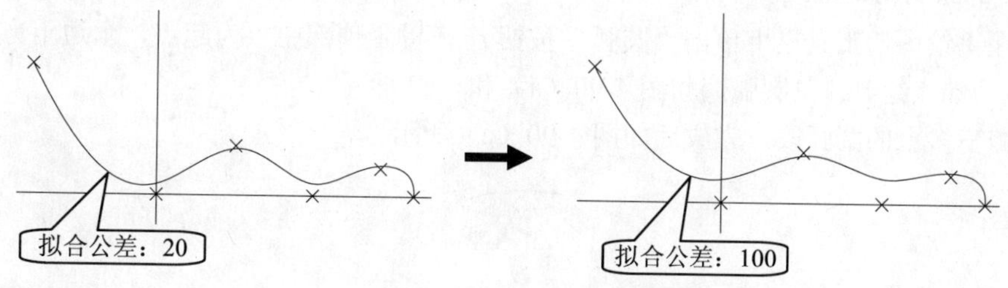

图 4-85　不同的似合公差效果

- 起点方向：指定样条曲线起始点的切线方向，如图 4-86 所示。

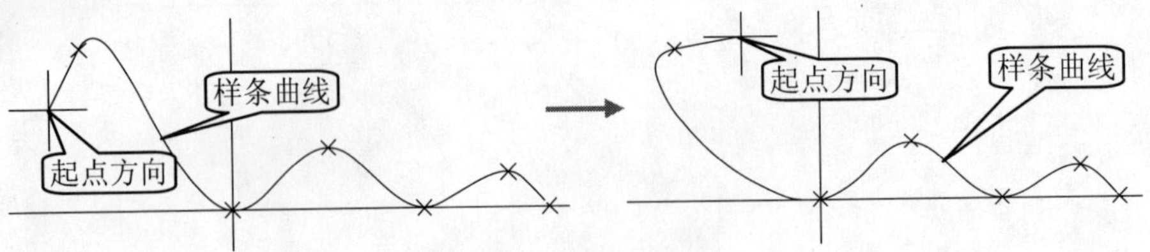

图 4-86　不同起点方向的效果

- 端点方向：指定样条曲线端点的切线方向，如图 4-87 所示。

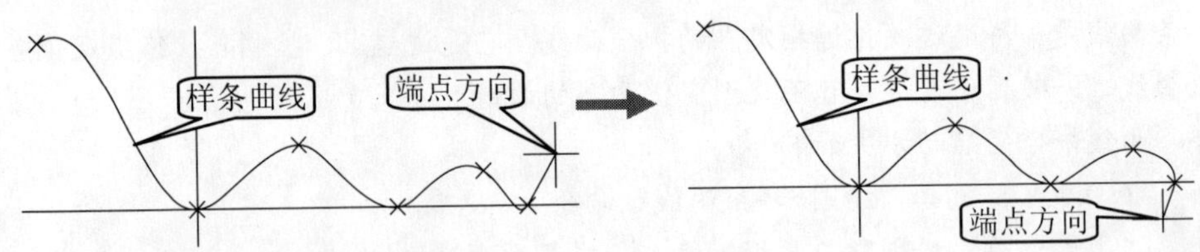

图 4-87　不同端点方向的效果

注意

如果要修改绘制的样条曲线，此时使用鼠标选择该样条曲线，将在曲线的顶点位置显示夹点，可以通过夹点来修改样条曲线，如图 4-88 所示。但如果 GRIPS 变量设置为 0 时，则不会显示出该样条曲线的夹点，如图 4-89 所示。

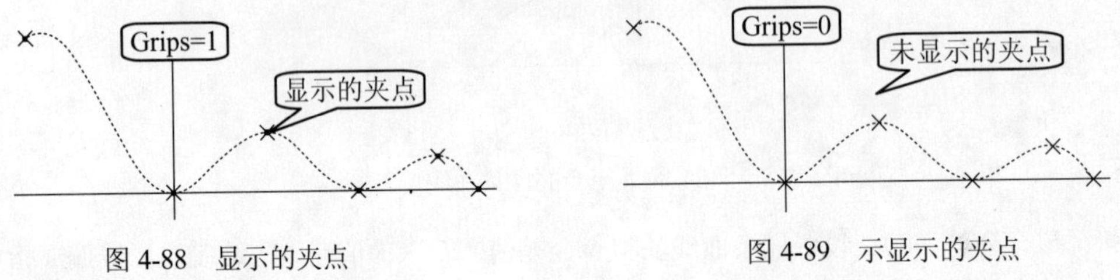

图 4-88　显示的夹点　　图 4-89　示显示的夹点

步骤 3 绘制雨伞辐条和伞柄

①在“绘图”工具栏上单击“圆弧”按钮，以伞顶部中点为起点，伞边下方适当位置上的点为端点绘制几条圆弧，如图 4-90（a）和（b）所示。

②修剪多余的圆弧段，完成后如图 4-90（c）所示。

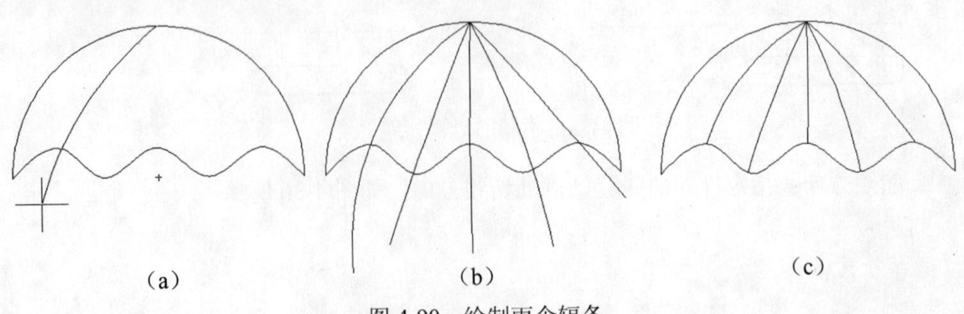

图 4-90　绘制雨伞辐条

③在“绘图”工具栏上单击“多段线”按钮，设置起点半宽为 1.5，端点半宽为 1，在伞顶部绘制一条多段线，如图 4-91（a）所示。

④重复“绘制多段线”命令，设置半宽为 1，绘制伞柄，这样就完成了雨伞图案的绘制，如图 4-91（b）所示。

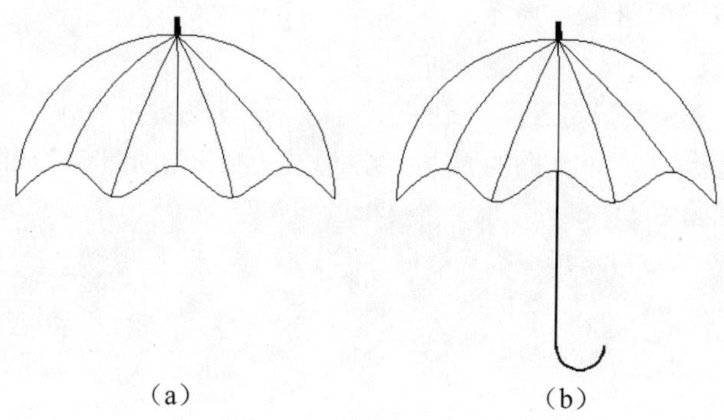

图 4-91　绘制伞顶和伞柄

步骤 4 保存文件

实用案例 4.8　绘制绿化带

素材文件：	CDROM\04\素材\住宅小区平面图.dwg
效果文件：	CDROM\04\效果\绘制绿化带.dwg
演示录像：	CDROM\04\演示录像\绘制绿化带.exe

案例解读

通过绘制绿化带，使读者熟悉和理解绘制修订云线命令，其绘制完成的效果如图 4-92 所示。

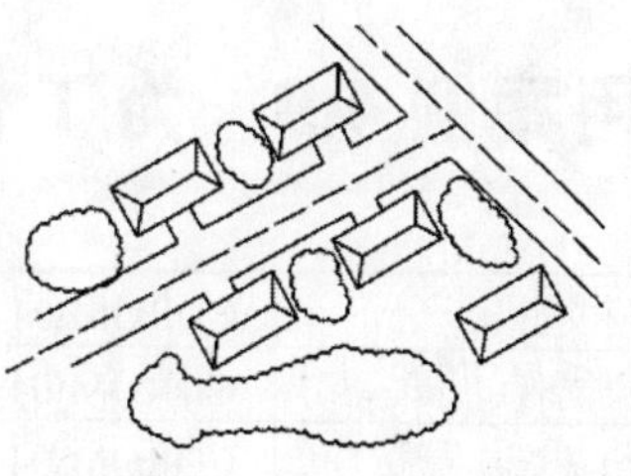

图 4-92　绿化带的效果图

要点流程

- 用修订云线命令绘制住宅小区和道路周边的绿化带。

绘制绿化带的流程图如图 4-93 所示。

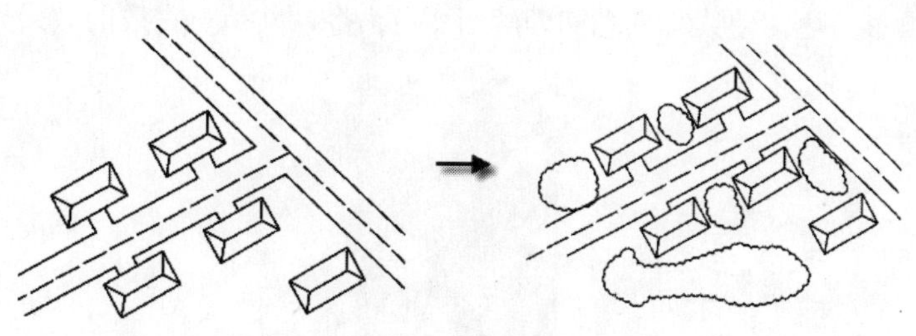

图 4-93　绘制绿化带的流程图

操作步骤

步骤 1 打开文件

选择“文件>打开”命令，将“CDROM\04\素材\绘制绿化带素材.dwg”文件打开，如图 4-94 所示。

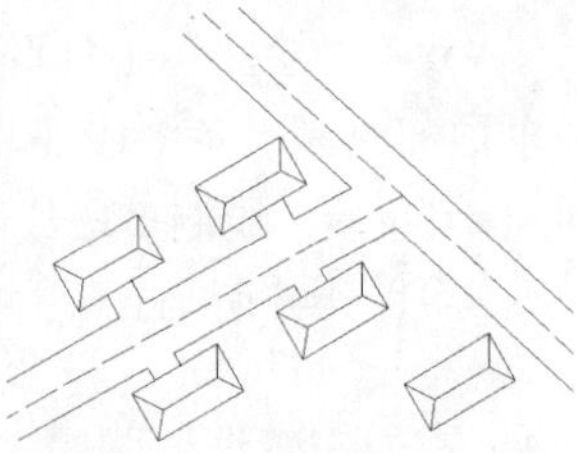

图 4-94 住宅小区平面图

步骤 2 修订云线

在绘图工具栏上单击“修订云线”按钮，启动修订云线命令后，按如下命令行提示在房屋和道路的周边绘制云线作为绿化带的图案，如图 4-94 所示。

```
最小弧长: 15   最大弧长: 15   样式: 普通
指定起点或 [弧长(A)/对象(O)/样式(S)] <对象>: a                (输入 a，设置弧长)
指定最小弧长 <15>: 4
指定最大弧长 <4>:4                                      (设置最大最小弧长为 4)
```

知识要点：

修订云线是由连续圆弧组成的多段线构成云线形。

修订云线绘制命令启动方法如下。

- 下拉菜单：选择“绘图>修订云线”命令；
- 工具栏：在绘图工具栏上单击“修订云线”按钮；
- 输入命令名：在命令行中输入或动态输入 REVCLOUD，并按 Enter 键。

命令行中各选项含义如下。

- 指定起点：开始绘制修订云线时的起点。
- 弧长(A)：指定云线中弧线的长度。
- 样式(S)：选择修订云线的样式。

步骤 3 保存文件

实用案例 4.9 为 T 恤衫着色

素材文件：	CDROM\04\素材\未着色的 T 恤.dwg
效果文件：	CDROM\04\效果\着色的 T 恤.dwg
演示录像：	CDROM\04\演示录像\着色的 T 恤.exe

案例解读

通过给 T 恤衫着色，使读者熟悉和理解渐变色命令，其填充完成的效果如图 4-95 所示。

图 4-95 填充 T 恤衫后的效果图

要点流程

- 用渐变色命令填充未着色的 T 恤衫。

填充 T 恤衫的流程图如图 4-96 所示。

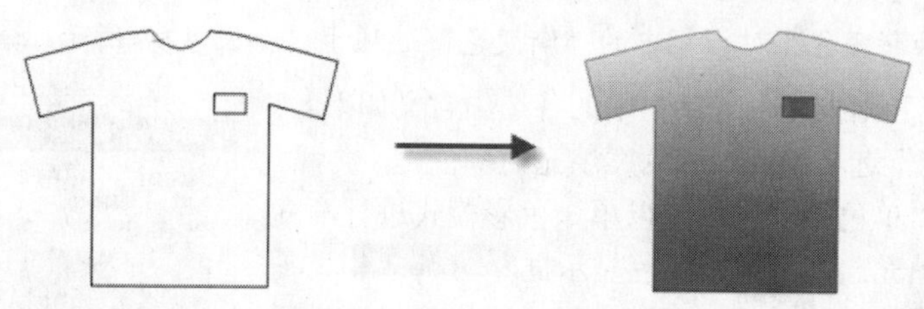

图 4-96　填充 T 恤衫的流程图

操作步骤

步骤 1　打开文件

选择“文件>打开”命令，将“CDROM\04\素材\未着色的 T 恤衫.dwg”文件打开，如图 4-97 所示。

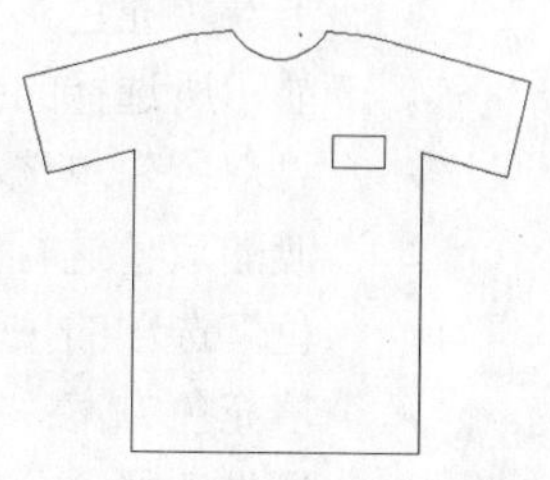

图 4-97　未着色的 T 恤衫

步骤 2 使用渐变色填充图案

在“绘图”工具栏上单击“渐变色”按钮，打开“图案填充和渐变色”对话框中的“渐变色”选项卡，如图 4-98 所示。分别按照如图 4-98 和图 4-99 所示的配色方式为 T 恤衫和胸章填充颜色，其中 T 恤衫为红黄双色，胸章为单色，其结果如图 4-95 所示。

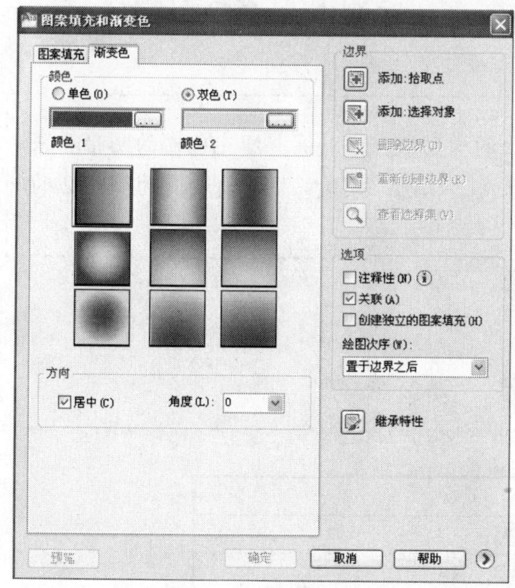

图 4-98　双色填充

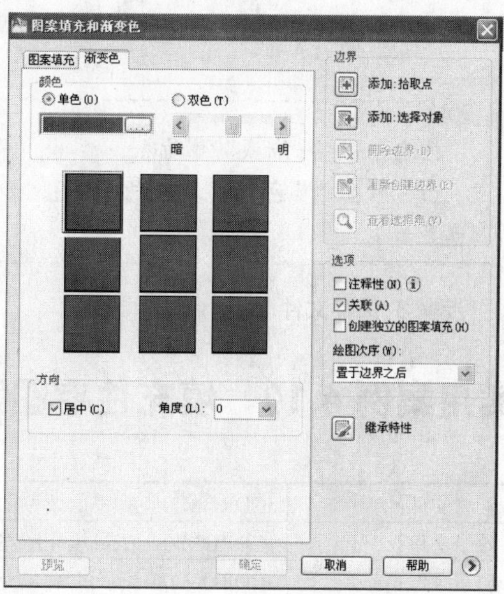

图 4-99　单色填充

知识要点：

渐变色命令的启动方法如下。

◆ 下拉菜单：选择“绘图>渐变色”命令。

◆ 工具栏：在“绘图”工具栏上单击“渐变色”按钮。

◆ 输入命令名：在命令行中输入或动态输入 GRADIENT，并按 Enter 键。打开“图案填充和渐变色”对话框中的“渐变色”选项卡，如图 4-98 所示。

“图案填充和渐变色”对话框中的各选项含义如下。

- “颜色”选项组：设置图案填充的颜色。
  - “单色”单选框：以单一色彩模式进行渐变填充。其下有个颜色显示框，单击按钮，可以打开“选择颜色”对话框，如图 4-100 所示，可以用它的“索引颜色”、“真彩色”和“配色系统”三个选项卡对填充色彩进行设置，颜色显示框中就会显示所选择的颜色。
  - “双色”单选框：用在两种颜色之间平滑过渡的双色进行渐变填充。可以通过单击“双色”选项的按钮，对第二个颜色进行设置。
  - 填充色方案：在“单色”选项和“双色”选项下面，有九种填充渐变色的方案可供选择，分别代表颜色渐变的九种不同方式。

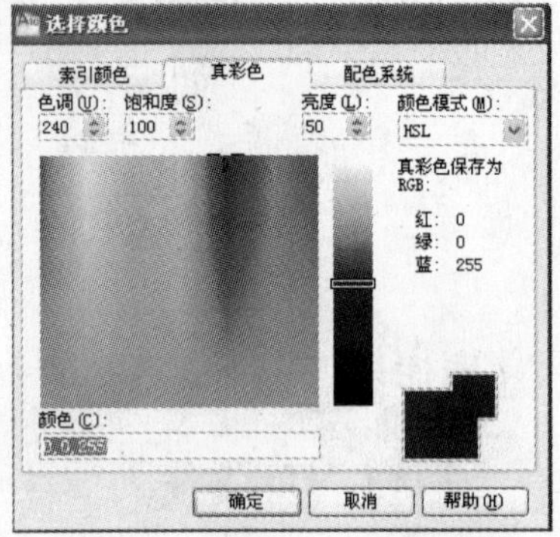

图 4-100 “选择颜色”对话框

- “方向”选项组：设置填充颜色的渐变中心和填充颜色的角度。
  - 居中：设置填充颜色的渐变中心。如果选中该项，则填充颜色呈中心对称，若不选中该项，则填充颜色呈不对称渐变。
  - 角度：设置填充颜色的填充角度。在下拉列表中，选择渐变色的填充角度。

> **注意**
>
> 拖动“着色－渐浅”滑动条上的滑动块，可以调整填充色彩的明暗和深浅，但它只在“单色”模式下才能使用，如果是“双色”模式，则它自动变为颜色 2 的颜色显示框。

步骤 3 保存文件

实用案例 4.10　填充住宅图案

素材文件：	CDROM\04\素材\原始平面图.dwg
效果文件：	CDROM\04\效果\填充图案.dwg
演示录像：	CDROM\04\演示录像\填充图案.exe

案例解读

在本案例中，主要讲解了 AutoCAD 中的图案填充，使读者熟练掌握图案填充的操作方法，其填充完成的效果如图 4-101 所示。

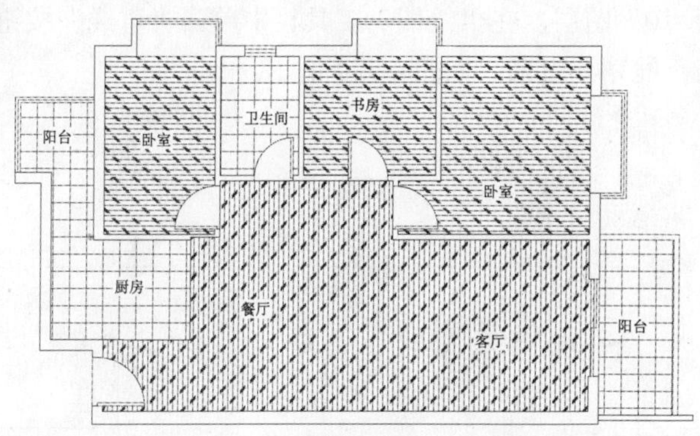

图 4-101　填充的住宅各房间图案

要点流程

- 使用打开命令，将素材文件打开；
- 使用直线命令，将各房间使用直线段进行分隔；
- 使用填充命令，分别对各房间进行不同图案及比例的填充操作。

本案例绘制的流程图如图 4-102 所示。

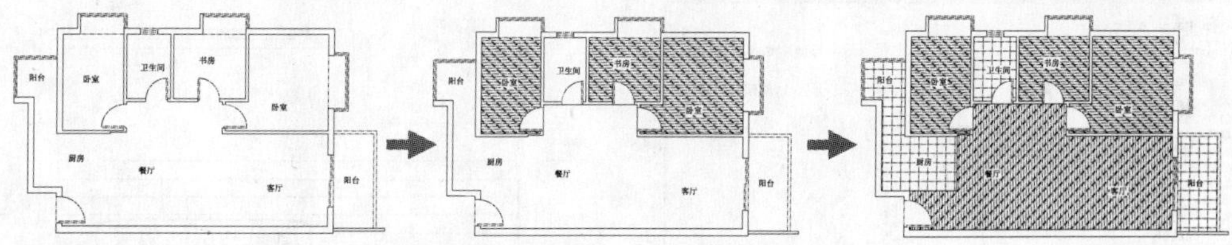

图 4-102　绘制住宅平面轮廓流程图

操作步骤

步骤 1 打开文件

启动 AutoCAD 2010 中文版，选择“文件>打开”命令，将“CDROM\04\素材\原始平面图.dwg”文件打开，如图 4-103 所示。

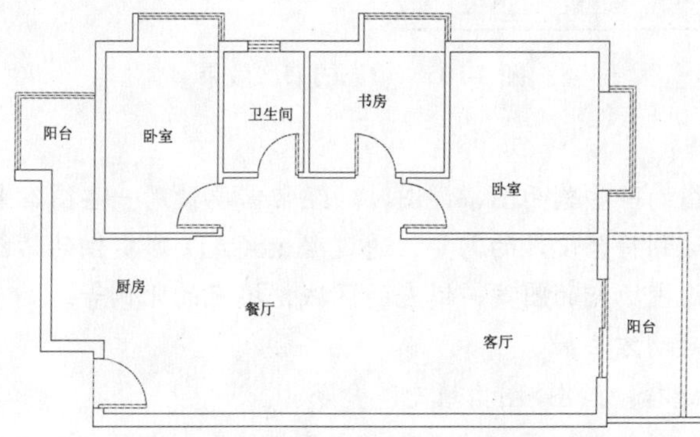

图 4-103　打开的“原始平面图.dwg”文件

步骤 2 使用直线命令分隔各房间

将当前图层置于“0”图层，在“绘图”工具栏中单击“直线”按钮，把平面图中不同地面材料分隔处用直线划分出来，如图 4-104 所示。

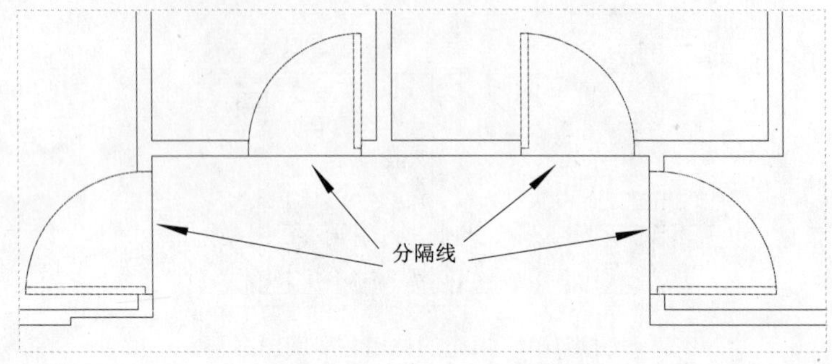

图 4-104　分隔线位置

步骤 3 图案填充

①将当前图层置于“填充”图层，在“绘图”工具栏中单击“图案填充”按钮，将弹出“图案填充和渐变色”对话框，选择“CORK”图案，设置比例为“30”，将书房进行图案填充，如图 4-105 所示。

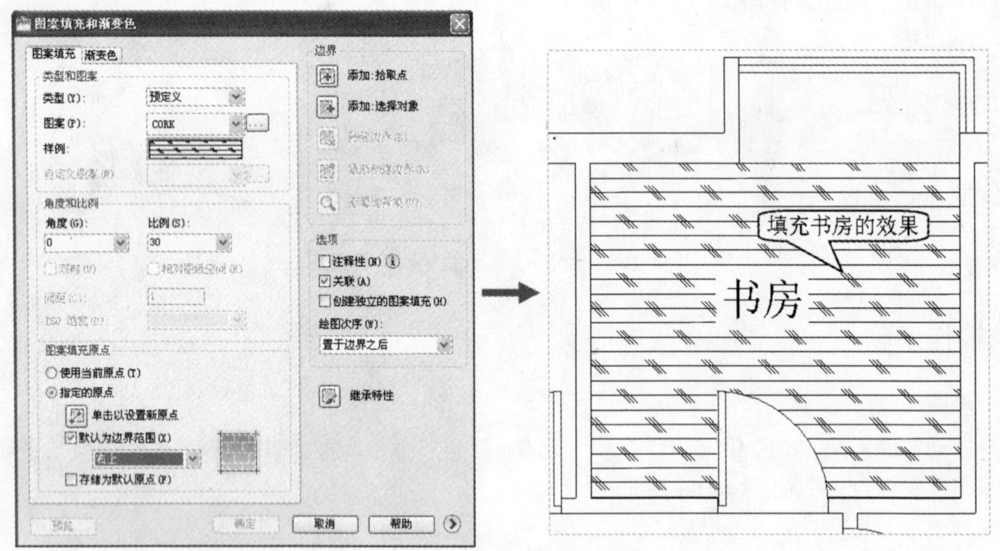

图 4-105　填充的书房效果

知识要点：

用户在绘制建筑图的一些剖面图、详图时，经常需要使用一些图案来对其封闭的图形区域进行图案填充，以达到符合设计的需要。通过 AutoCAD 所提供的“图案填充”功能就可以根据用户的需要来设置填充的图案、填充的区域、填充的比例等。

图案填充命令的启动方法如下。

- 下拉菜单：选择“绘图>图案填充”命令。
- 工具栏：在“绘图”工具栏上单击“图案填充”按钮。
- 输入命令名：在命令行中输入或动态输入 BHATCH，并按 Enter 键。

启动图案填充命令之后，将弹出“图案填充或渐变色”对话框，根据要求选择一个封闭的图形区域，并设置填充的图案、比例、填充原点等，即可对其进行图案填充，如图 4-106 所示。

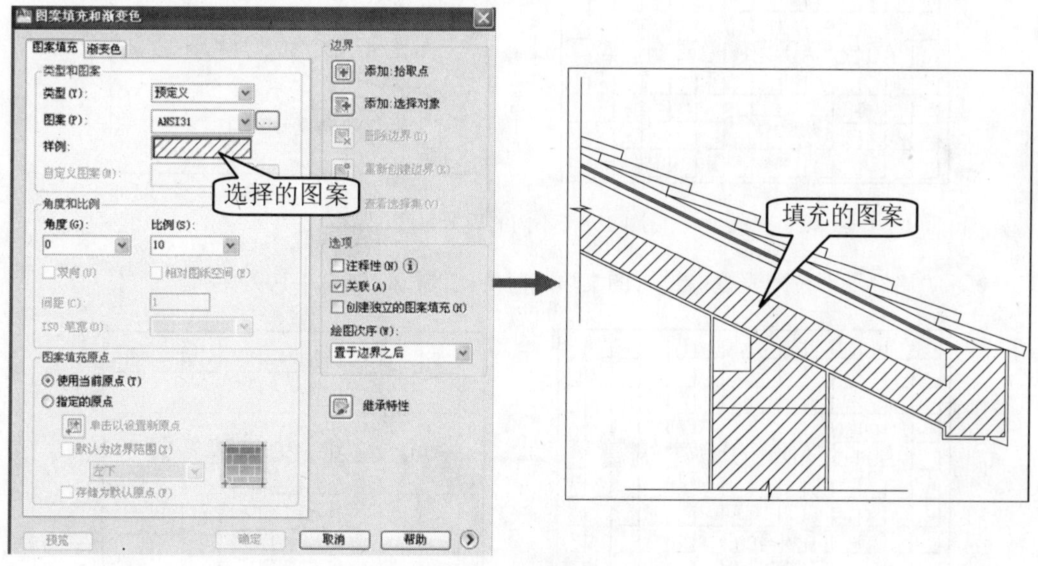

图 4-106　图案填充

“图案填充或渐变色”对话框中各选项含义如下。

- “类型”下拉列表框：设置填充的图案类型，包括有预定义、用户定义和自定义 3 个选项。
- “图案”下拉列表框：设置填充的图案，若单击其后的按钮[...]，将打开“填充图案选项板”对话框，从中选择相应的填充图案即可，如图 4-107 所示。

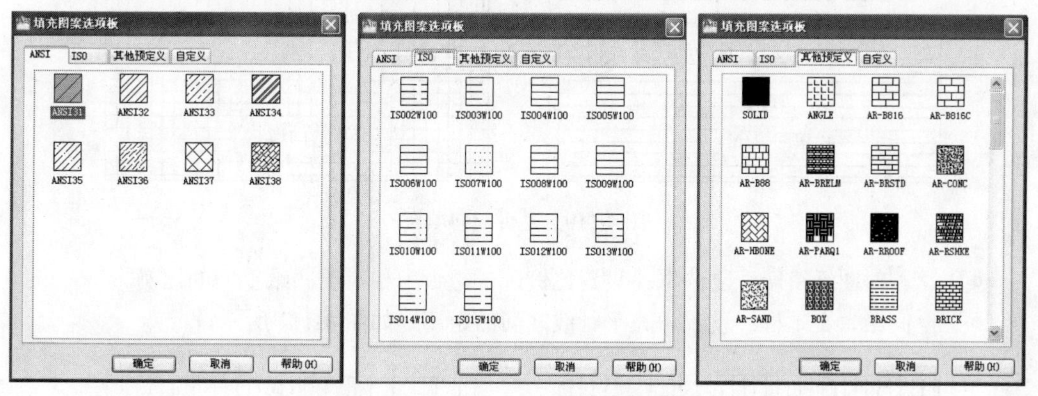

图 4-107　“填充图案选项板”对话框

- “样例”预览窗口：显示当前选中的图案样例，单击所选的样例图案，可以在打开“填充图案选项板”对话框中选择图案。
- “自定义图案”下拉列表框：当填充的图案类型为“自定义”时，该选项才可用，从而可以在其下拉列表框中选择图案。若单击其后的按钮[...]，将弹出“填充图案选项”对话框，并自动切换到“自定义”选项卡中进行选择。

- “角度”下拉列表框：设置填充图案的旋转角度，如图 4-108 所示。

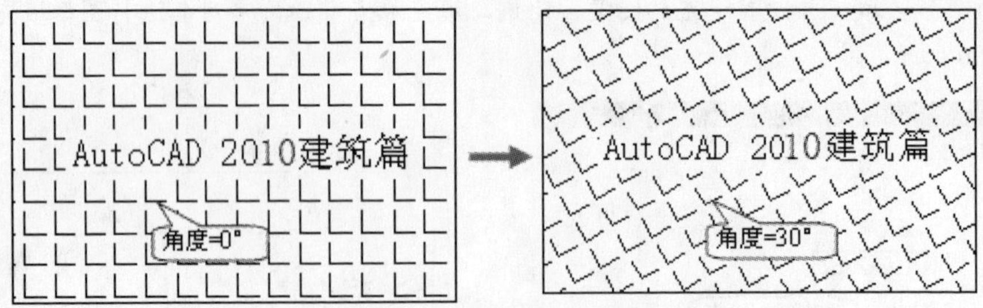

图 4-108　不同的旋转角度

- “比例”下拉列表框：设置图案填充时的比例值，如图 4-109 所示。

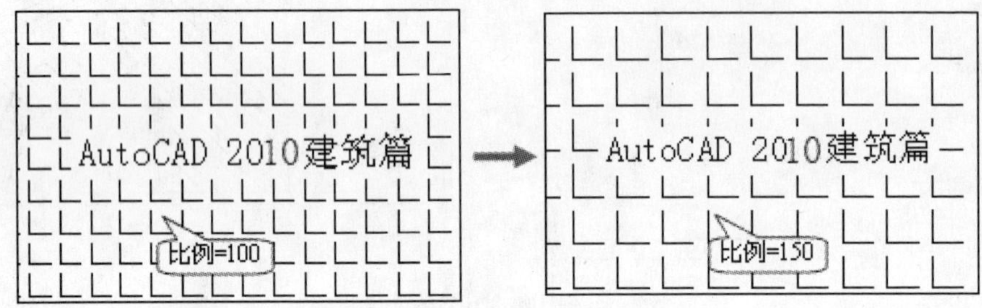

图 4-109　不同的填充比例

- “双向”复选框：当在“类型”下拉列表框中选择“用户定义”选项时，选中该复选框，可以使用相互垂直的两组平行线填充图案；否则为一组平行线，如图 4-110 所示。

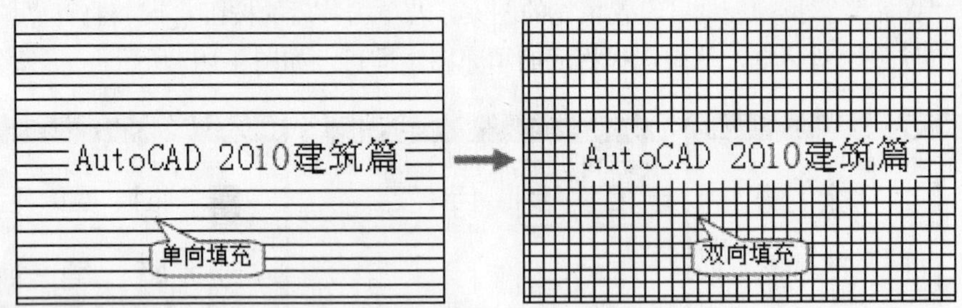

图 4-110　是否双向填充

- “相对图纸空间”复选框：设置比例因子是否为相对于图纸空间的比例。
- “间距”文本框：设置填充平行线之间的距离，如图 4-111 所示。

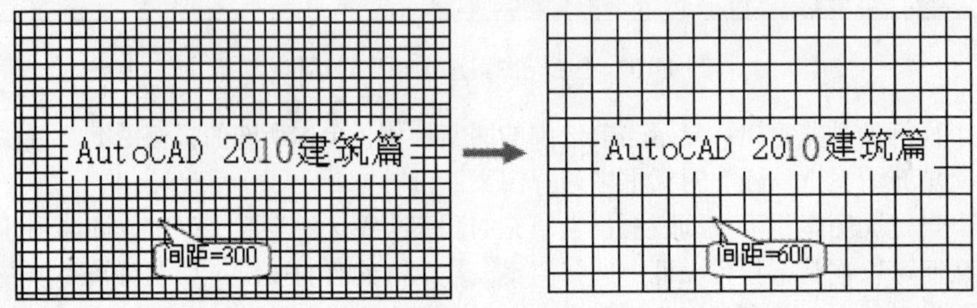

图 4-111　设置填充平行线之间的间距

- “ISO 笔宽”下拉列表框：当填充图案采用 ISO 图案时，该选项才可用，它用于设置线的宽度。
- “使用当前原点”单选框：可以使用当前 UCS 的原点（0，0）作为图案填充的原点。
- “指定的原点”单选框：选中该单选框，可以通过指定点作为图案填充的原点。若单击“单击以设置新原点”按钮，可以从绘图窗口中选择某一点作为图案填充原点，如图 4-112 所示；若选中“默认为边界范围”复选框，可以以填充边界左下角、右下角、右上角、左上角或圆心作为图案填充的原点，如图 4-113 所示。

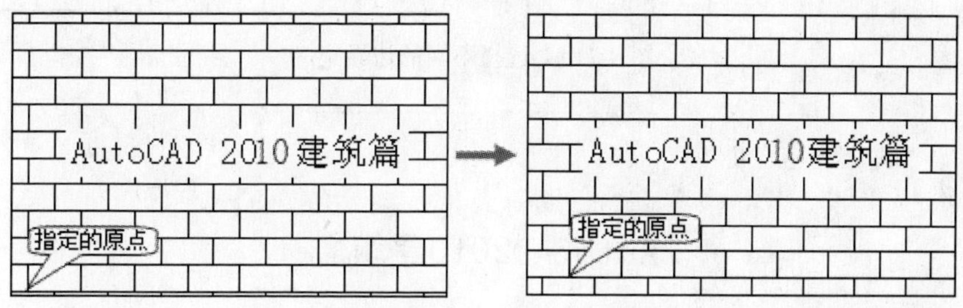

图 4-112　指定填充原点

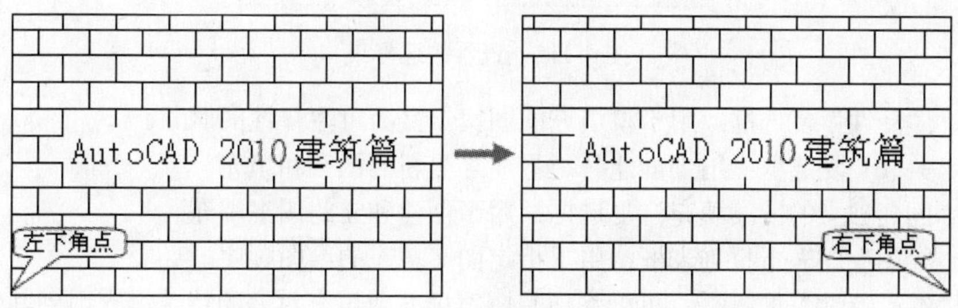

图 4-113　指定角点填充

- “添加：拾取点”按钮：单击该按钮切换到绘图窗口中，以拾取点的方式来指定对象封闭的区域中的点。
- “添加：选择对象”按钮：单击该按钮切换到绘图窗口中，选择封闭区域的对象来定义填充区域的边界。
- “删除边界”按钮：单击该按钮切换到绘图窗口中，选择需要删除的填充区域边界。

注意

如果填充的图案与某个对象（例如文本、属性或实体填充对象）相交，并且该对象被选定为边界集的一部分，则 HATCH 命令将围绕该对象来填充。如果单击“删除边界”按钮，并选择该文本对象，将该文本对象的边界删除，则在填充图形时，将忽略这个文本对象进行填充，如图 4-114 所示。

- “重新创建边界”按钮：单击该按钮切换到绘图窗口中，重新创建图案的填充边界。
- “查看选择集”按钮：单击该按钮，将切换到绘图窗口中，并将已定义的填充边界以虚线的方式显示出来，如图 4-115 所示。

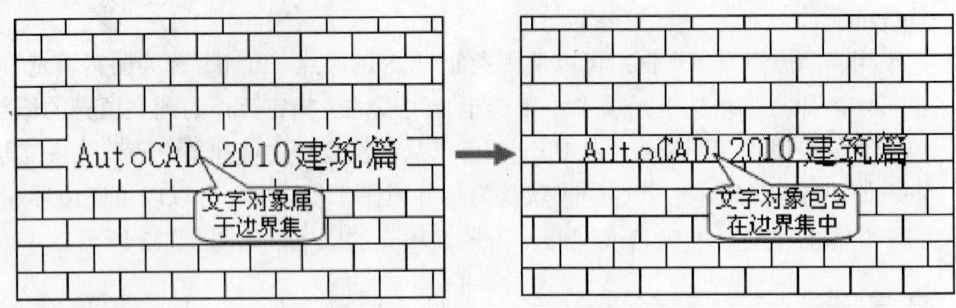

图 4-114　选择不同的边界集

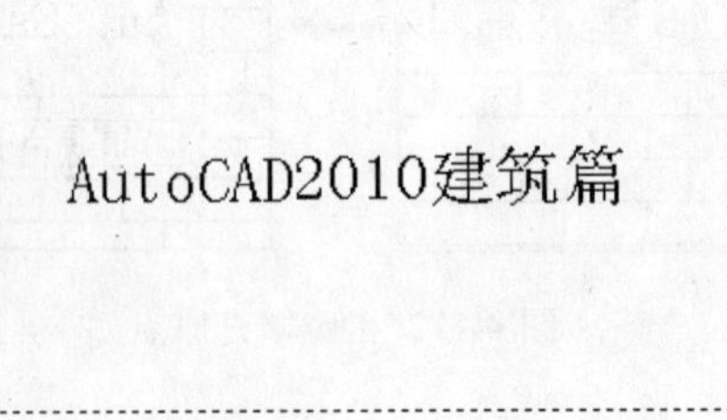

图 4-115　查看的选择集

- “注释性”复选框：用于将填充的图案定义为可注释性的对象。
- “关联”复选框：用于创建其边界随之更新的图案和填充。
- “创建独立的图案填充”复选框：用于创建独立的图案填充。
- “绘图次序”下拉列表框：用于指定图案填充的绘图顺序。
- “继承特性”按钮：可以将现有图案填充或填充对象的特性，应用到其他图案填充或填充对象。
- “孤岛检测”复选框：可以指定在最外层边界内填充对象的方法。
- “普通”单选框：将从最外层的外边界向内边界填充，第一层填充，第二层不填充，第三层填充，依次交替进行填充，直到选定边界被填充完毕为止，如图 4-116 所示。
- “外部”单选框：只填充从最外层边界向内第一层边界之间的区域，其系统变量 HPNAME 设置为 0，如图 4-117 所示。

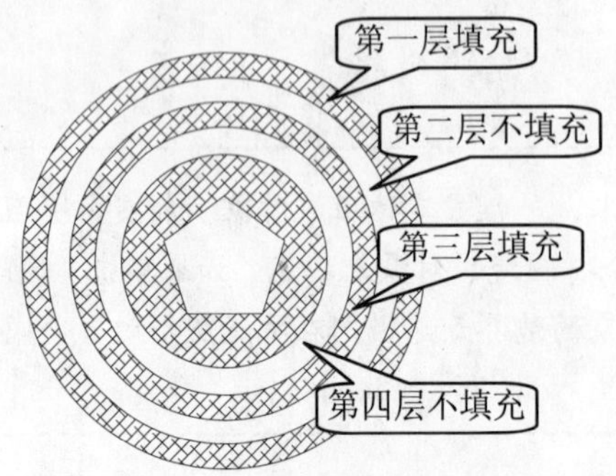

图 4-116 “普通”填充方式

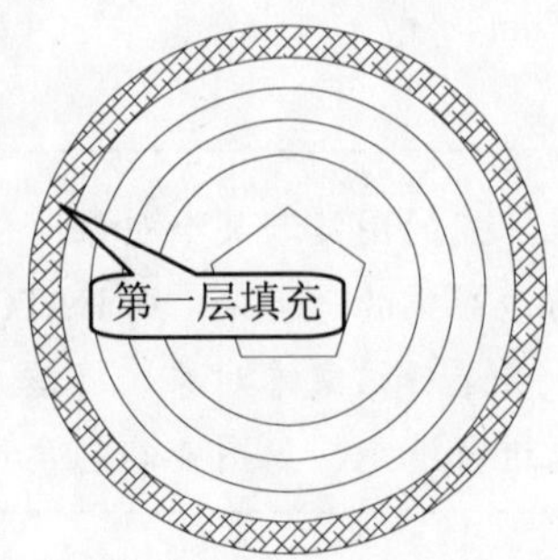

图 4-117 “外部”填充方式

- “忽略”单选框：表示忽略边界，从最外层边界到内部将全部被填充，如图 4-118 所示。

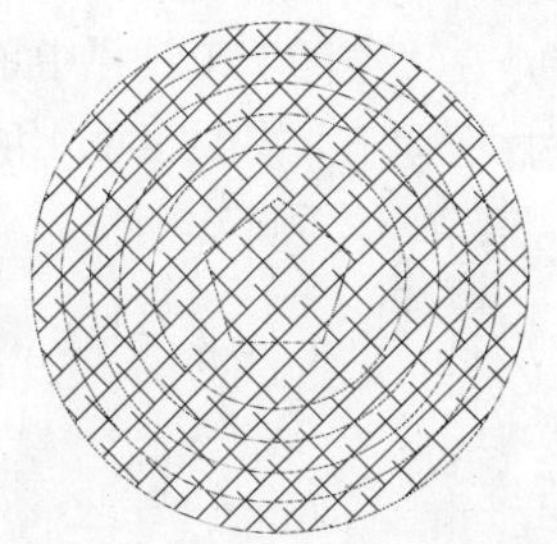

图 4-118 “忽略”填充方式

- “保留边界”复选框：可将填充边界以对象的形式被保留，并可以从“对象类型”下拉列表框中选择填充边界的保留类型。

注意

如果要填充边界未完全闭合的区域，可以设置 HPGAPTOL 系统变量以桥接间隔，将边界视为闭合，如图 4-119 所示。但 HPGAPTOL 系统变量仅适用于指定直线与圆弧之间的间隙，经过延伸后两者会连接在一起。

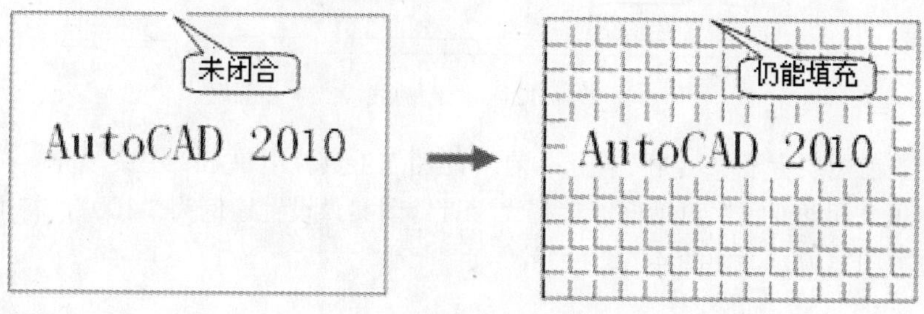

图 4- 119 桥接连接填充图案

2 同样，单击“图案填充”按钮，将两个卧室也用“CORK”图案进行填充，比例为 30，如图 4-120 所示。

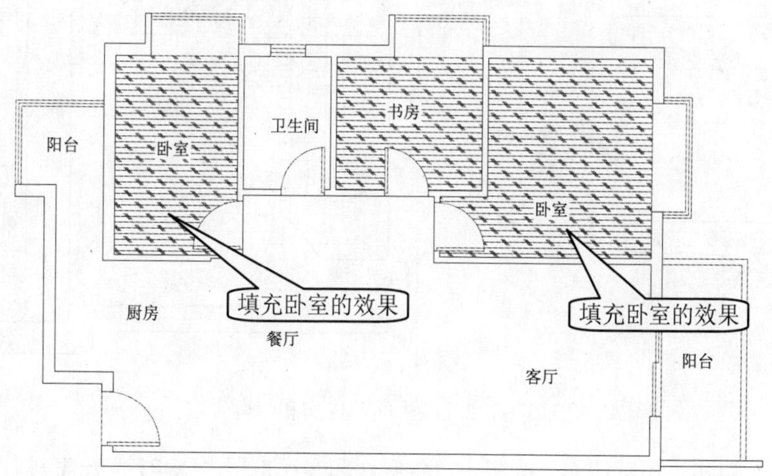

图 4-120 填充的卧室效果

③将当前图层置于“0”图层，在“绘图”工具栏中单击“直线”按钮，按照如下提示绘制两段直线，从而将厨房和餐厅分隔开，如图 4-121 所示。

```
命令: _line                                          ( 启动直线命令 )
指定第一点:                                          ( 捕捉角点 A )
指定下一点或 [放弃(U)]: <正交 开> 1650    ( 鼠标指向右，并输入水平线段长度 )
指定下一点或 [放弃(U)]: 1850              ( 鼠标指向上，并输入垂直线段长度 )
指定下一点或 [闭合(C)/放弃(U)]:               ( 按 Enter 键结速直线命令 )
```

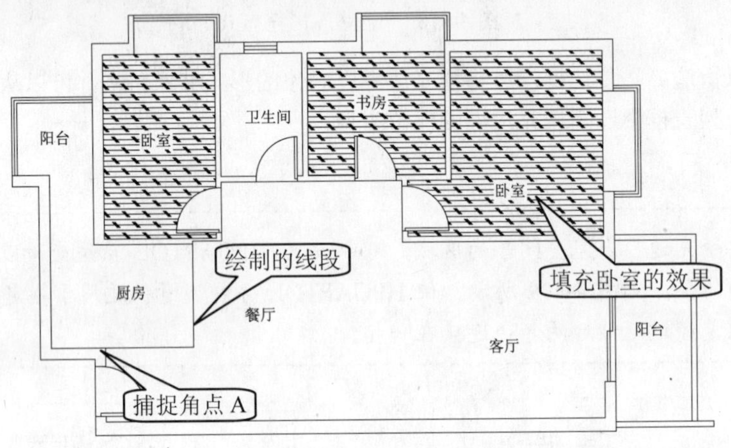

图 4-121　绘制的线段

④ 将当前图层置于“填充”图层，在“绘图”工具栏中单击“图案填充”按钮，将弹出“图案填充和渐变色”对话框，选择“NET”图案，设置比例为“100”，将卫生间、厨房和阳台进行图案填充，如图 4-122 所示。

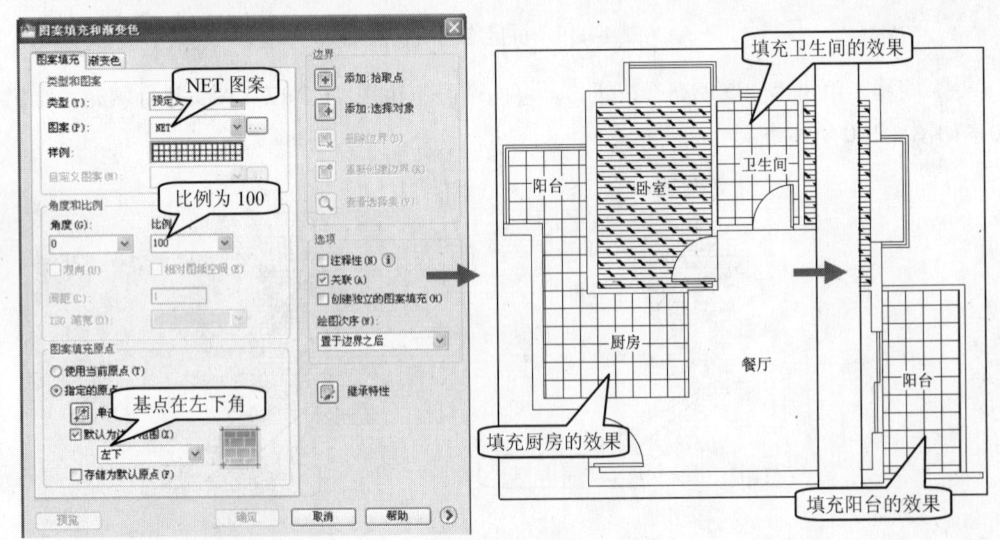

图 4-122　卫生间、厨房和阳台

⑤同样，单击“图案填充”按钮，将餐厅和客厅也用“CORK”图案进行填充，角度为 90 度，比例为“30”，如图 4-123 所示。

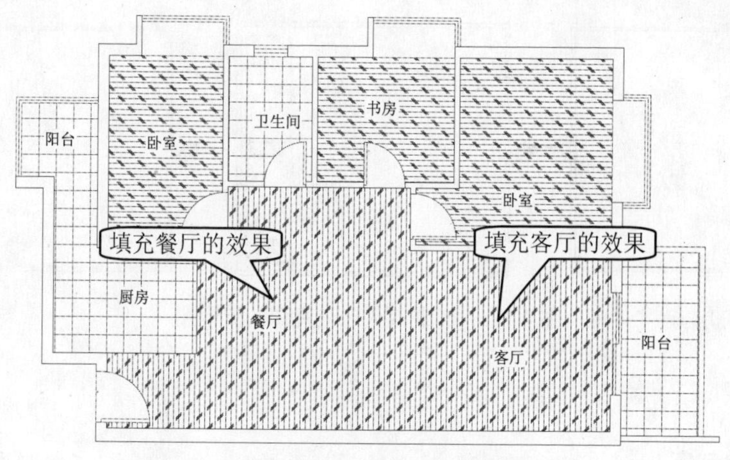

图 4-123　填充的餐厅和客厅效果

步骤 4 保存文件

综合实例演练——绘制双人床的俯视图

效果文件:	CDROM\04\效果\双人床.dwg
演示录像:	CDROM\04\演示录像\双人床.exe

案例解读

本案例的目的是：绘制双人床平面图块，与上一个案例类似，均用于家居布局设计。本案例使用了直线、圆弧、圆角工具，另外读者也可以预习到后面章节讲解的偏移、倒角和夹点编辑等命令。

本案例的效果图如图 4-124 所示。

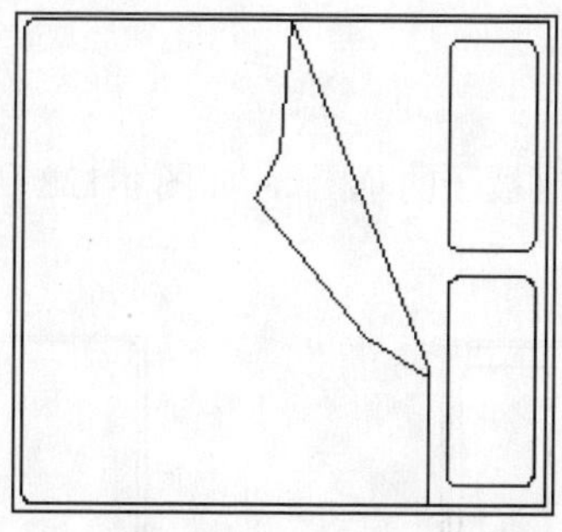

图 4-124　双人床俯视图效果图

要点流程

- 使用矩形和偏移等命令绘制床；
- 使用距离命令绘制带圆角的枕头；
- 使用多线段命令绘制被子并进行夹点拉伸。

绘制双人床俯视图的流程图如图 4-125 所示。

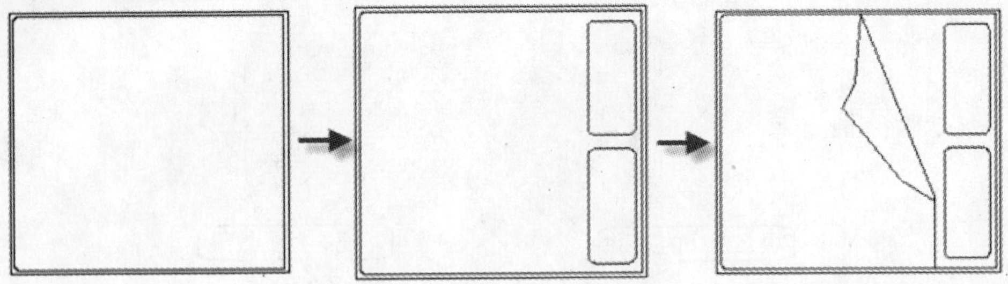

图 4-125　绘制双人床俯视图的流程图

操作步骤

步骤 1 绘制床

首先绘制床的外框，使用矩形命令绘制一个 2000×1800 的边框，使用偏移命令将矩形边向内偏移 30，然后对内矩形的两角进行圆角处理，如图 4-126 所示。

步骤 2 绘制枕头

使用矩形命令会一个带圆角半径为 50，尺寸为 760×330 的矩形，将其移到外框内的适当位置，并对其进行镜像编辑，如图 4-127 所示。

图 4-126　绘制外框

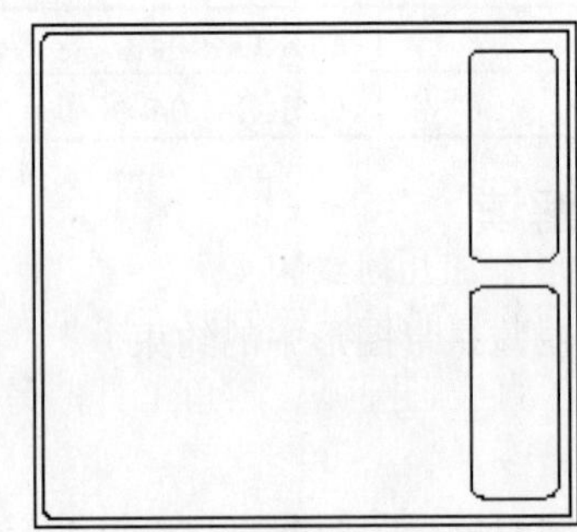

图 4-127　绘制枕头

步骤 3 绘制被子

使用多段线命令“PL”，绘制被子的草图 ，如图 4-128 所示。然后使用夹点对其进行拉伸编辑，结果如图 4-129 所示。

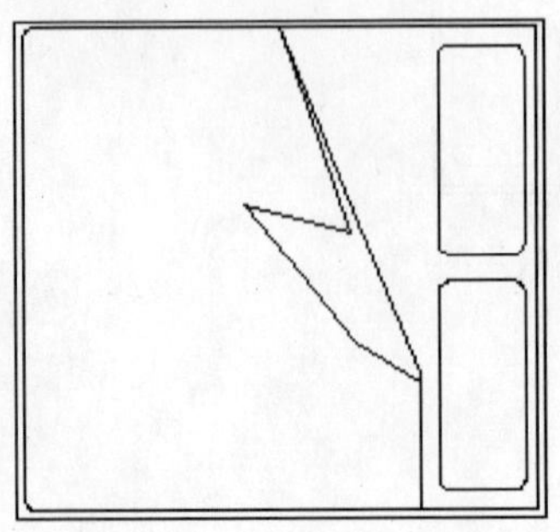

图 4-128　夹点拉伸

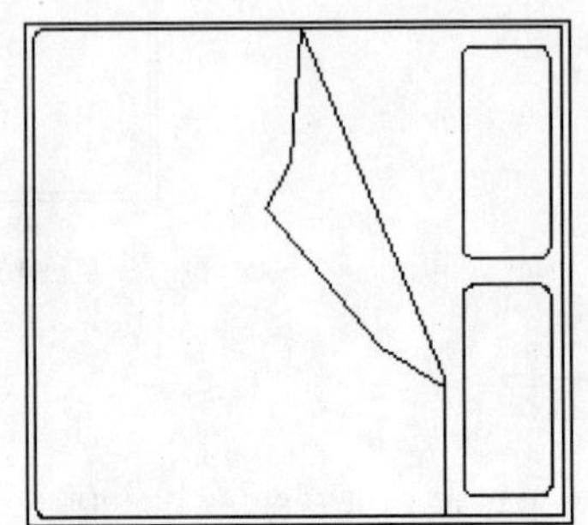

图 4-129　双人床的俯视图

步骤 4 保存文件

第 5 章 参数化图形

本章导读

参数化图形是一项用于约束设计的技术。约束是应用至二维几何图形的关联和限制。有两种常用的约束类型：几何约束和标注约束。在工程的设计阶段，通过约束，可以在进行各种设计或更改时强制执行要求。对对象所做的更改可能会自动调整其他对象，并将更改限制为距离和角度值。

本章主要学习以下内容：

- 给图形添加几何约束
- 显示隐藏拱形图形中的约束
- 为浴缸图形添加标注约束
- 添加自动约束
- 用“参数管理器”选项板编辑参数
- 工程师实践——参数化拨叉二视图

实用案例 5.1　应用几何约束实例

素材文件:	CDROM\05\素材\应用几何约束素材.dwg
效果文件:	CDROM\05\效果\应用几何约束.dwg
演示录像:	CDROM\05\演示录像\应用几何约束.exe

案例解读

通过给方头平键二视图应用几何约束，使读者熟悉和理解如何添加几何约束，其完成的效果如图 5-1 所示。

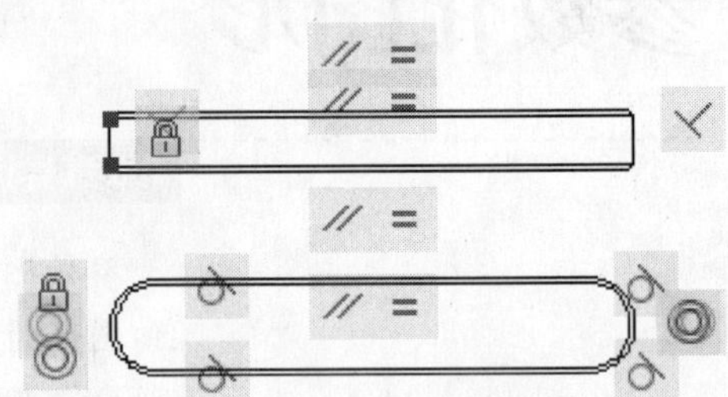

图 5-1　应用几何约束实例效果图

要点流程

- 打开附盘中的“CDROM\05\素材\几何约束素材.dwg”文件；
- 依次添加固定、垂直、重合等几何约束。

给方头平键二视图应用几何约束的流程图如图 5-2 所示。

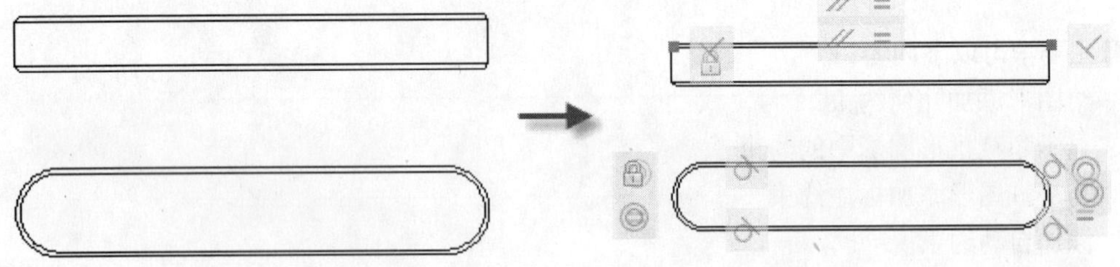

图 5-2　给方头平键二视图应用几何约束

操作步骤

步骤 1 固定约束

①选择“文件>打开”命令，打开附盘中的“CDROM\05\素材\几何约束素材.dwg”文件，如图 5-3 所示。

②在“几何约束”工具栏中单击固定图标，在视图区选择需要固定的几何对象，其结果如图 5-4 所示。

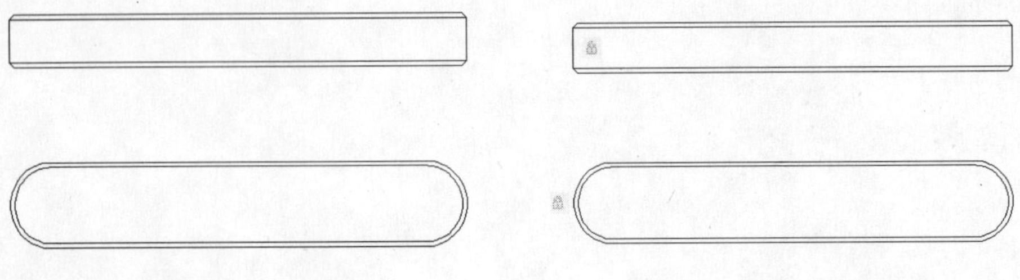

图 5-3　应用几何约束素材　　图 5-4　应用固定约束

知识要点：

应用几何约束是指将几何对象关联在一起，或者指定固定的位置或角度。几何约束相关命令的启动方法如下。

- 下拉菜单：选择“参数化>几何约束”的子菜单中，如图 5-5 所示。
- 工具栏：在如图 5-6 所示的“几何约束”工具栏上单击相应的约束按钮。
- 输入命令名：在命令行中输入或动态输入 GEOMCONSTRAINT，并按 Enter 键，然后选择需要的命令即可。

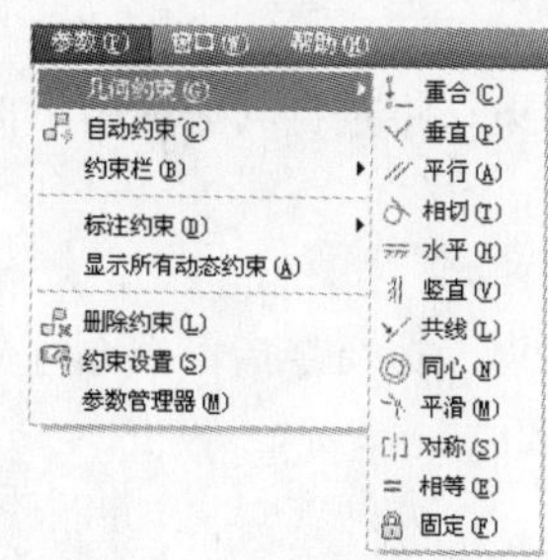

图 5-5　几何约束子菜单

如图 5-6 “几何约束”工具栏

注意

在某些情况下，应用约束时选择两个对象的顺序十分重要。通常，所选的第二个对象会根据第一个对象进行调整。例如，应用垂直约束时，用户选择的第二个对象将调整为垂直于第一个对象。

“几何约束”命令设置中各选项含义如下。

- 水平：使直线或点位于与当前坐标系的 X 轴平行的位置。启动该命令后，命令行提示如下。

```
选择对象或 [两点(2P)] <两点→:                (选择同一对象或不同对象上的不同约束点)
```

  - 两点：选择两个约束点而非一个对象。

- 竖直：使直线或点位于与当前坐标系的 Y 轴平行的位置。启动该命令后，命令行提示如下。

```
选择对象或 [两点(2P)] <两点→:                (选择同一对象或不同对象上的不同约束点)
```

  - 两点：选择两个约束点而非一个对象。

- 垂直：使选定的直线位于彼此垂直的位置。垂直约束在两个对象之间应用。
- 平行：使选定的直线位于彼此平行的位置。平行约束在两个对象之间应用。
- 相切：将两条曲线约束为保持彼此相切或其延长线保持彼此相切。相切约束在两个对象之间应用。
- 平滑：将样条曲线约束为连续，并与其他样条曲线、直线、圆弧或多段线保持 G2 连续性。
- 重合：约束两个点使其重合，或者约束一个点使其位于曲线（或曲线的延长线）上。可以使对象上的约束点与某个对象重合，也可以使其与另一对象上的约束点重合。启动该命令后，命令行提示如下。

```
选择第一个点或 [对象(O)/自动约束(A)] <对象→:
选择第二个点或 [对象(O)] <对象→:
```

- ➢ 对象：选择对象而非约束点。指定第一个点时将在命令行第一个提示下显示此选项。如果某个点在命令行第一个提示下指定，则它将仅显示在命令行第二个提示下。
- ➢ 多选：拾取连续点与第一个对象重合。使用“对象”选项选择第一个对象时，将显示“多个”选项。
- ➢ 自动约束：选择多个对象。重合约束将通过未受约束的相互重合点应用于选定对象。应用的约束数显示在命令提示下。

- 同心：将两个圆弧、圆或椭圆约束到同一个中心点。结果与将重合约束应用于曲线的中心点所产生的结果相同。
- 共线：使两条或多条直线段沿同一直线方向。
- 对称：使选定对象受对称约束，相对于选定直线对称。启动该命令后，命令行提示如下。

```
选择第一个对象或 [两点(2P)] <两点→:
选择第二个对象:
选择对称直线:
```

- ➢ 两点：选择两个点和一条对称直线。选定点将相对于该轴（对称直线）对称。

- 等于：将选定圆弧和圆的尺寸重新调整为半径相同，或将选定直线的尺寸重新调整为长度相同。启动该命令后，命令行提示如下。

```
选择第一个对象或 [多个(M)]:
选择第二个对象:
```

- ➢ 多个：拾取连续对象以使其与第一个对象相等。

- 固定：将点和曲线锁定在位。启动该命令后，命令行提示如下。

```
选择点或 [对象(O)] <对象→:
```

- ➢ 对象：使用户可以选择对象而非约束点。按 Enter 键或单击下拉列表以选择对象。

步骤 2 垂直约束

在“几何约束”工具栏中单击垂直约束图标，在如图 5-4 所示图形中应用垂直约束，其结果如图 5-7 所示。

步骤 3 重合约束

在“几何约束”工具栏中单击重合约束图标，在如图 5-7 所示图形中应用重合约束，其结果如图 5-8 所示。

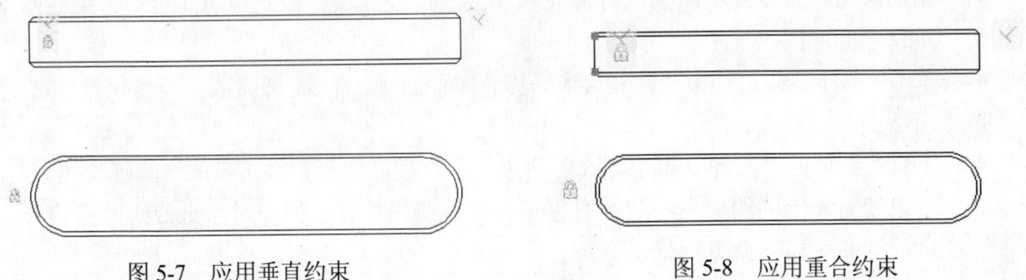

图 5-7 应用垂直约束　　　　图 5-8 应用重合约束

注意

为减少混乱，重合约束应默认显示为蓝光小正方形。如果需要，可以使用“约束设置”对话框中的某个选项将其关闭。

步骤 4 平行约束

在“几何约束”工具栏中单击平行约束图标 ⫽，在如图 5-8 所示图形中应用平行约束，其结果如图 5-9 所示。

步骤 5 同心约束

在“几何约束”工具栏中单击同心约束图标 ◎，在如图 5-9 所示图形中应用同心约束，其结果如图 5-10 所示。

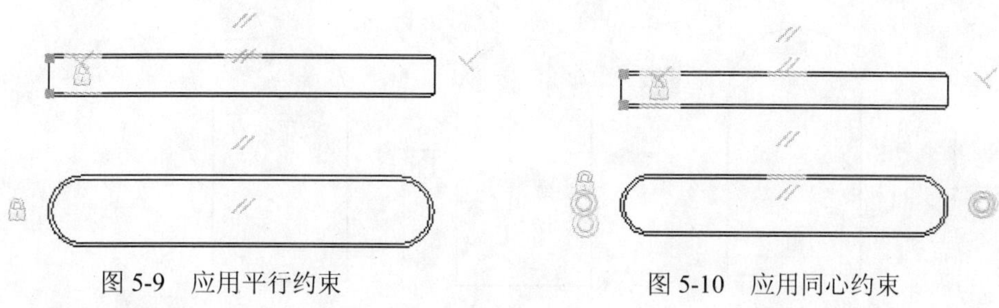

图 5-9　应用平行约束　　图 5-10　应用同心约束

步骤 6 相切约束

在“几何约束”工具栏中单击相切约束图标 ，在如图 5-10 所示图形中应用相切约束，其结果如图 5-11 所示。

步骤 7 等于约束

在“几何约束”工具栏中单击等于约束图标＝，在如图 5-11 所示图形中应用等于约束，其结果如图 5-12 所示。

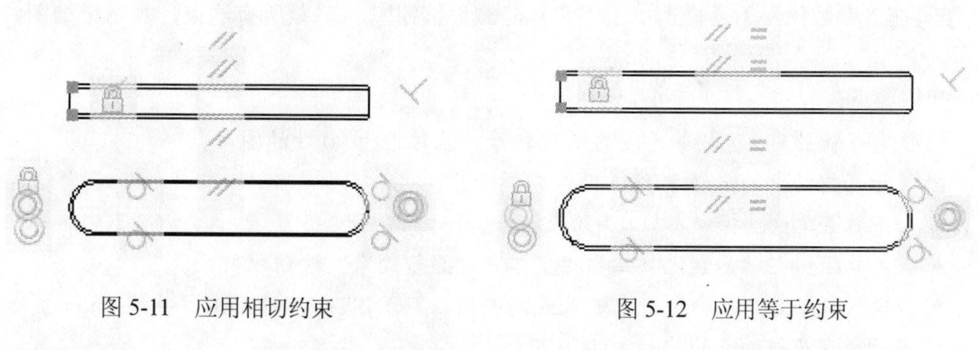

图 5-11　应用相切约束　　图 5-12　应用等于约束

步骤 8 保存文件

实用案例 5.2　显示和隐藏拱形图形中的约束

素材文件：	CDROM\05\素材\显示和隐藏约束素材.dwg
效果文件：	CDROM\05\效果\显示和隐藏约束.dwg
演示录像：	CDROM\05\演示录像\显示和隐藏约束.exe

案例解读

通过显示和隐藏拱形图形中的几何约束实例，使读者熟悉和理解如何显示和隐藏几何约束。

要点流程

- 打开附盘中的“显示和隐藏约束素材.dwg”文件；
- 隐藏所有几何约束；
- 只显示和圆弧相切的约束。

显示和隐藏拱形图形中的几何约束实例的流程图如图 5-13 所示。

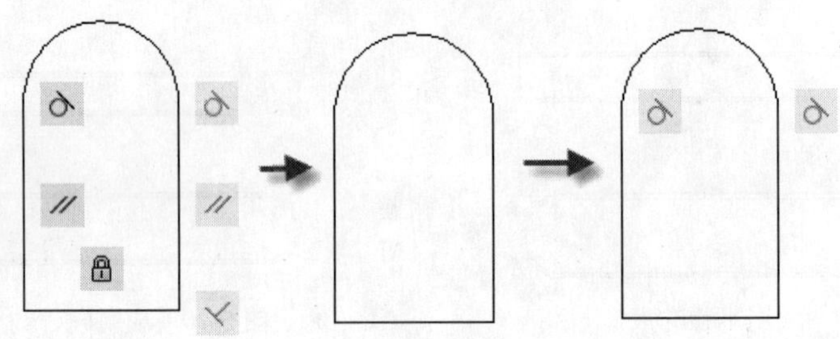

图 5-13　显示和隐藏拱形图形中的几何约束实例的流程图

操作步骤

步骤 1　隐藏所有约束

①选择“文件>打开”命令，打开附盘中的“显示和隐藏约束素材.dwg”文件，如图 5-14 所示。

②在“参数化”工具栏上单击“全部隐藏”按钮，隐藏所有约束，其结果如图 5-15 所示。

知识要点：

矩形是一个上下两边相等、左右两边相等，且转角为 90 度的图形。

1. 显示几何约束的启动方法如下。

- 下拉菜单：选择“参数化>约束栏>选择对象”命令。
- 工具栏：在“参数化”工具栏上单击“显示约束”按钮。
- 输入命令名：在命令行中输入或动态输入 CONSTRAINTBAR，并按 Enter 键。

2. 显示所有几何约束的启动方法如下。

- 下拉菜单：选择“参数化>约束栏>全部显示”命令。
- 工具栏：在“参数化”工具栏上单击“全部显示”按钮。
- 输入命令名：在命令行中输入或动态输入 CONSTRAINTBAR，并按 Enter 键后，选择相应的选项即可。

3. 隐藏所有几何约束的启动方法如下。

- 下拉菜单：选择“参数化>约束栏>全部显示”命令。
- 工具栏：在“参数化”工具栏上单击“全部隐藏”按钮。

◆ 输入命令名：在命令行中输入或动态输入 CONSTRAINTBAR，并按 Enter 键后，选择相应的选项即可。

4. 使用约束栏快捷菜单更改约束栏设置来显示/隐藏几何约束。

步骤 2 显示约束

在“参数化”工具栏上单击“显示约束”按钮，选择拱形顶端的圆弧，按 Enter 键结束选择，显示圆弧的所有约束，其结果如图 5-16 所示。

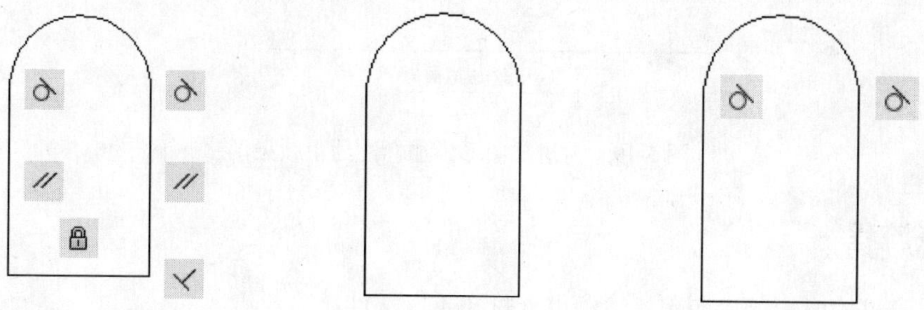

图 5-14　显示和隐藏约束素材　　图 5-15　隐藏所有约束　　图 5-16　显示圆弧约束

步骤 3 显示所有约束

在“参数化”工具栏上单击“全部显示”按钮，显示所有约束，如图 5-14 所示。

步骤 4 “约束设置”对话框

选中如图 5-14 所示图形中的一个约束，单击鼠标右键，打开如图 5-17 所示的约束栏快捷菜单，单击“约束栏设置”命令，打开如图 5-18 所示的“约束设置”对话框，在该对话框中不勾选“垂直”、“平行”、“固定”复选框，单击“确定”按钮，只显示圆弧约束，如图 5-16 所示。

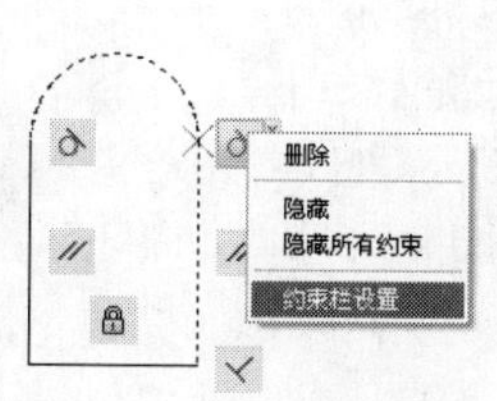

图 5-17　约束栏快捷菜单

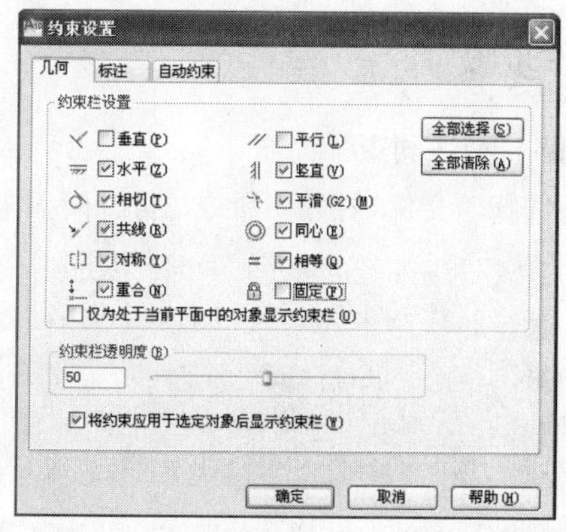

图 5-18　“约束设置”对话框

实用案例 5.3　为浴缸图形添加标注约束

素材文件：	CDROM\05\素材\应用标注约束素材.dwg
效果文件：	CDROM\05\效果\应用标注约束.dwg
演示录像：	CDROM\05\演示录像\应用标注约束.exe

案例解读

通过为浴缸图形添加标注约束，使读者熟悉和理解如何使用标注约束，其效果图如图 5-19 所示。

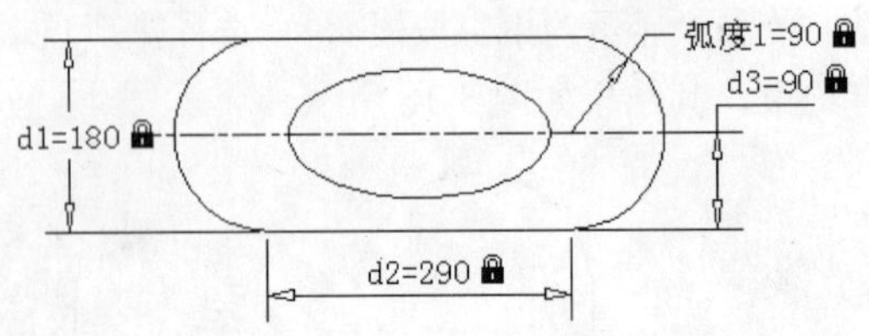

图 5-19　为浴缸图形添加标注约束效果图

要点流程

- 打开附盘中的“应用标注约束素材.dwg”文件；
- 依次添加对齐约束、水平约束、竖直约束和半径约束。

为浴缸图形添加标注约束的流程图如图 5-20 所示。

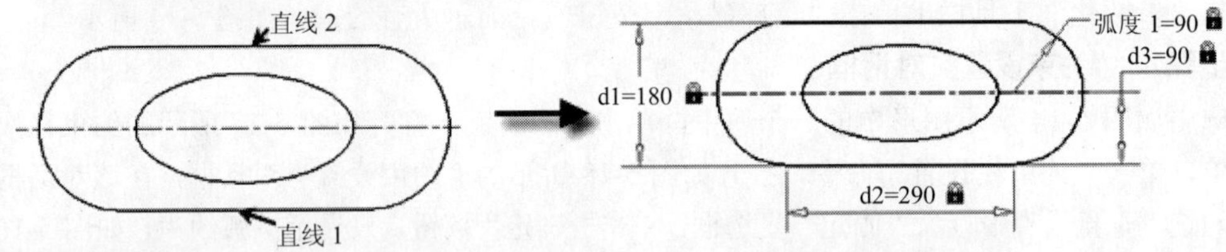

图 5-20　为浴缸图形添加标注约束的流程图

操作步骤

步骤 1 对齐约束

①选择“文件>打开”命令，打开附盘中的“应用标注约束素材.dwg”文件，如图 5-21 所示。

②在“标注约束”工具栏上单击对齐约束图标，命令行提示如下。

```
选择要转换的关联标注或 [线性(LI)/水平(H)/竖直(V)/对齐(A)/角度(AN)/半径(R)/直径(D)/形式(F)] <对齐→:_Aligned
指定第一个约束点或 [对象(O)/点和直线(P)/两条直线(2L)] <对象→: 2l
```

在命令行中输入“2l”，在视图区依次选择如图 5-21 所示的直线 1 和直线 2，然后动态确定尺寸线的位置，其结果如图 5-22 所示。

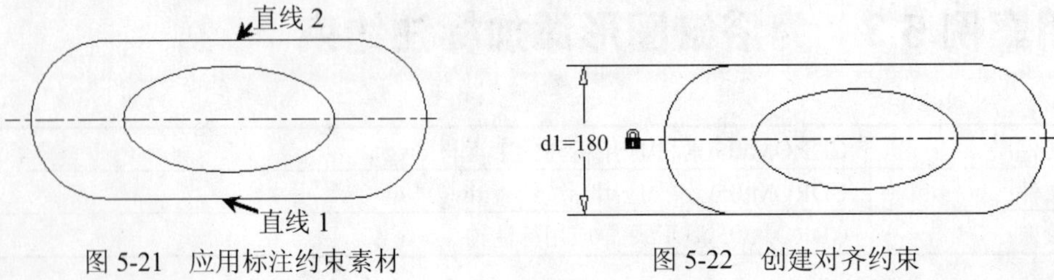

图 5-21　应用标注约束素材　　　　图 5-22　创建对齐约束

知识要点：

应用标注约束是指将标注约束应用于选定的对象或对象上的点。

标注约束的启动方法如下。

- ◆ 下拉菜单：选择“参数化>标注约束”命令，如图 5-23 所示。
- ◆ 工具栏：在如图 5-24 所示的“标注约束”工具栏上单击相应的约束按钮。
- ◆ 输入命令名：在命令行中输入或动态输入 DIMMCONSTRAINT，并按 Enter 键，然后选择所需命令即可。

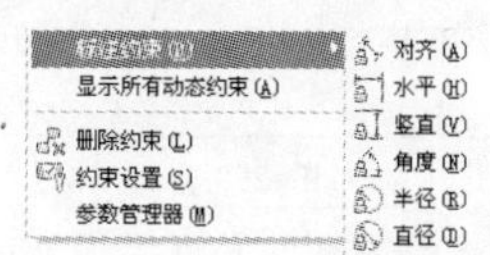

图 5-23　标注约束子菜单

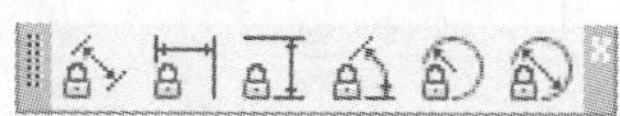

图 5-24 “标注约束”工具栏

“标注约束”命令中各选项含义如下。

- 对齐：约束对象上的两个点或不同对象上两个点之间的距离。启动命令后，命令行提示如下。

```
指定第一个约束点或 [对象(O)/点和直线(P)/两条直线(2L)] <对象→:
```

  - ➢ 对象：选择对象而非约束点。按 Enter 键或单击下拉列表以选择对象。
  - ➢ 点和直线：选择一个点和一个直线对象。对齐约束可控制直线上的某个点与最接近的点之间的距离。
  - ➢ 两条直线：选择两个直线对象。这两条直线将被设为平行，对齐约束可控制它们之间的距离。

- 水平：约束对象上的点或不同对象上两个点之间的 X 距离。启动命令后，命令行提示如下。

```
指定第一个约束点或 [对象(O)] <对象→:
```

  - ➢ 对象：选择对象而非约束点。按 Enter 键或单击下拉列表以选择对象。

- 竖直：约束对象上的点或不同对象上两个点之间的 Y 距离。启动命令后，命令行提示如下。

```
指定第一个约束点或 [对象(O)] <对象→:
```

- 对象：选择对象而非约束点。按 Enter 键或单击下拉列表以选择对象。
  - ➢ 角度：约束直线段或多段线段之间的角度、由圆弧或多段线圆弧段扫掠得到的角度，或对象上三个点之间的角度。启动命令后，命令行提示如下。

```
选择第一条直线或圆弧或 [三点(3P)] <三点→:
```

- 三点：选择对象上的三个有效约束点。
  - ➢ 半径：约束圆或圆弧的半径。
  - ➢ 直径：约束圆或圆弧的直径。

步骤 2 水平约束

①在“标注约束”工具栏上单击水平约束图标，命令行提示如下。

```
指定第一个约束点或 [对象(O)] <对象→: o
```

②在命令行输入“O”，在视图区依次选择如图 5-21 所示的直线 1，然后动态确定尺寸线的位置，其结果如图 5-25 所示。

步骤 3 竖直约束

在“标注约束”工具栏上单击竖直约束图标，在视图区依次选择如图 5-21 所示的直线 1 和利用对象捕捉工具栏选择右边圆弧的圆心，然后动态确定尺寸线的位置，其结果如图 5-26 所示。

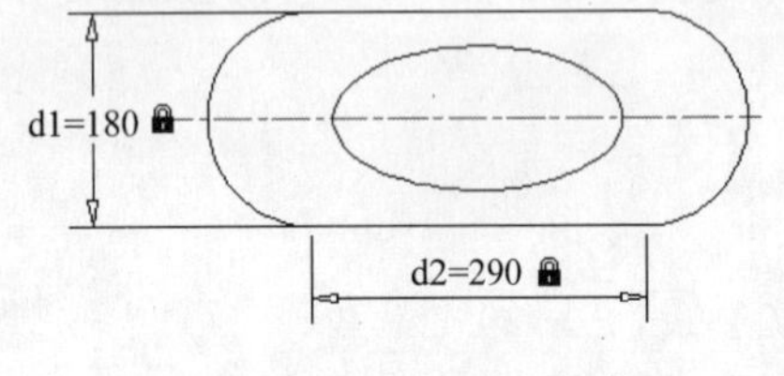

图 5-25 创建水平约束

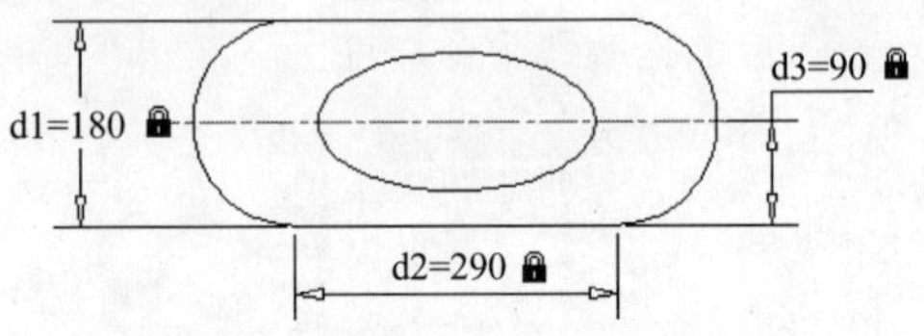

图 5-26 创建竖直约束

步骤 4 半径约束

在“标注约束”工具栏上单击半径约束图标，在视图区选择右边的圆弧，然后动态确定尺寸线的位置，其结果如图 5-27 所示。

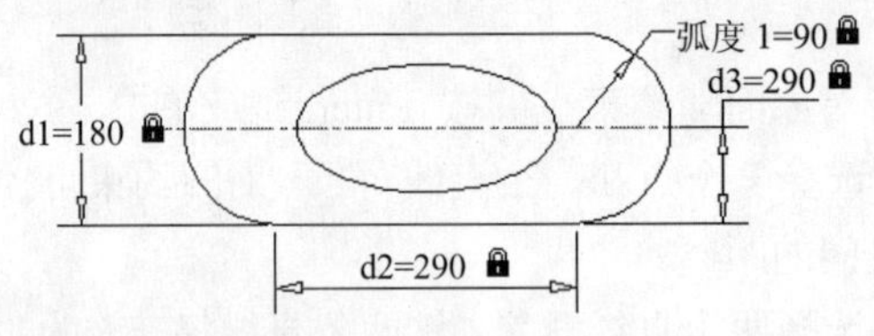

图 5-27 创建半径约束

步骤 5 保存文件

实用案例 5.4 添加自动约束

素材文件：	CDROM\05\素材\应用几何约束素材.dwg
效果文件：	CDROM\05\效果\自动约束.dwg
演示录像：	CDROM\05\演示录像\自动约束.exe

案例解读

通过给方头平键二视图添加自动约束，使读者熟悉和理解如何使用自动约束命令添加几何约束，其效果图如图 5-28 所示。

图 5-28 为方头平键二视图添加标注约束效果图

要点流程

- 打开附盘中素材文件；
- 使用自动约束命令给方头平键二视图添加自动约束。

给方头平键二视图添加自动约束的流程图如图 5-29 所示。

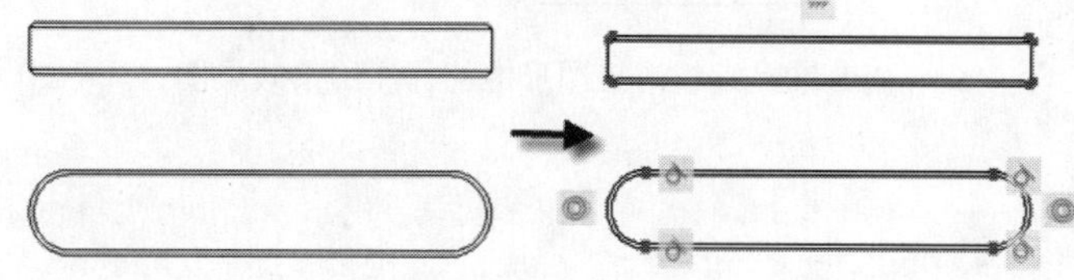

图 5-29　给方头平键二视图添加自动约束的流程图

操作步骤

步骤 1 自动约束

①选择“文件>打开”命令，打开附盘中的“几何约束素材.dwg”文件，如图 5-3 所示。

②在“参数化”工具栏上单击自动约束按钮，在视图区选择所有图形对象，按 Enter 键结束选择，其结果如图 5-28 所示。

知识要点：

自动约束是指根据对象相对于彼此的方向将几何约束应用于对象的选择集中。

自动约束的启动方法如下。

- ◆ 下拉菜单：选择“参数化>自动约束”命令。
- ◆ 工具栏：在“参数化”工具栏上单击“自动约束”按钮。
- ◆ 输入命令名：在命令行中输入或动态输入 AUTOCONSTRAIN，并按 Enter 键。

启动命令后，命令行提示如下。

```
选择对象或 [设置(S)]:
```

- ◆ 设置：在命令行输入 S 后，打开“约束设置”对话框的“自动约束”选项卡。通过该选项卡，可在指定的公差集内将几何约束应用至几何图形的选择集。指定“设置”选项以更改应用的约束类型、约束应用的顺序以及适用的公差。

步骤 2 保存文件

实用案例 5.5　用“参数管理器”选项板编辑参数

素材文件：	CDROM\05\效果\应用标注约束素材.dwg
效果文件：	CDROM\05\效果\用参数管理器选项板编辑参数.dwg
演示录像：	CDROM\05\演示录像\用参数管理器选项板编辑参数.exe

案例解读

通过编辑浴缸图形中的应用标注变量，使读者熟悉和理解参数管理器选项板的功能，其效果图如图 5-30 所示。

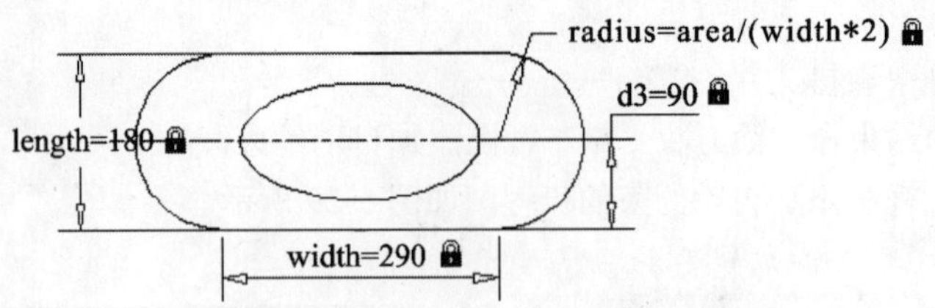

图 5-30　编辑浴缸图形中的标注约束效果图

要点流程

- 打开附盘中的素材文件；
- 打开“参数管理器”选项板，重命名变量名；
- 创建用户参数变量；
- 编辑参数变量表达式。

编辑浴缸图形中的标注约束的流程图如图 5-31 所示。

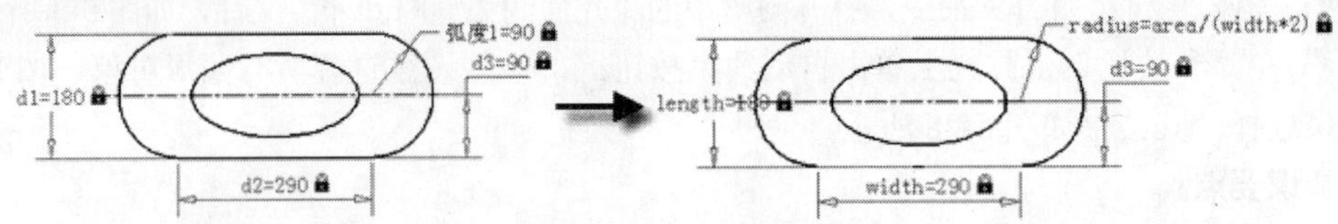

图 5-31　编辑浴缸图形中的标注约束的流程图

操作步骤

步骤 1 启动“参数管理器”命令

①选择“文件>打开”命令，打开附盘中的“应用标注约束素材.dwg”文件，如图 5-19 所示。

②在“参数化”工具栏上单击参数管理器按钮*fx*，打开如图 5-32 所示的“参数管理器”选项板。

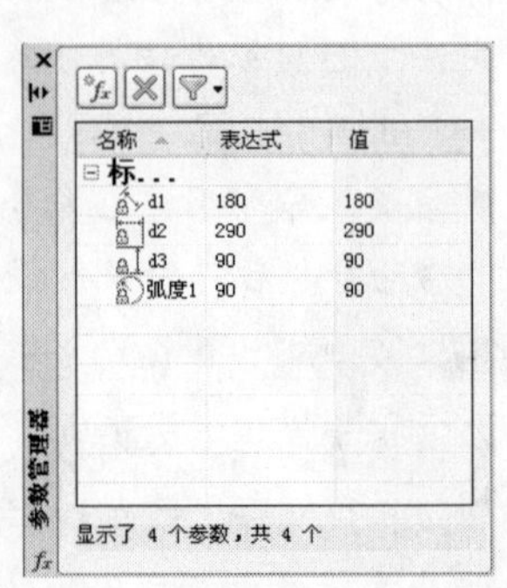

图 5-32 “参数管理器”选项板

知识要点：

矩形是一个上下两边相等、左右两边相等，且转角为 90 度的图形。

参数管理器可以使用包含标注约束的名称、用户变量和函数的数学表达式控制几何图形。可以在标注约束内或通过定义用户变量将公式和方程式表示为表达式。

参数管理器的启动方法如下。

- ◆ 下拉菜单：选择“参数化>参数管理器”命令。
- ◆ 工具栏：在“参数化”工具栏上单击“参数管理器”按钮*fx*。
- ◆ 输入命令名：在命令行中输入或动态输入 PARAMETERS，并按 Enter 键。

启动命令后，打开如图 5-32 所示的“参数管理器”选项板。该选项板将显示图形中可以使用的所有关联变量（标注约束变量和用户定义变量）。在该选项板中可以创建、编辑、重命名和删除关联变量。

“参数管理器”选项板中各选项含义如下。

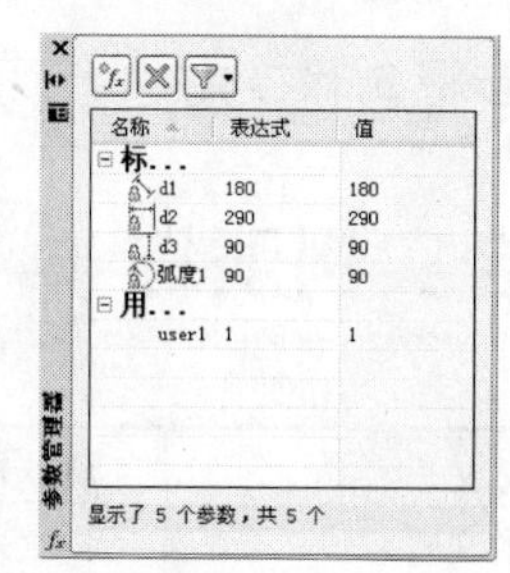

图 5-33　添加“用户参数”列表

- f_x：用于创建新的用户参数，单击该图标，在“参数管理器”选项板中自动添加“用户参数”列表，如图 5-33 所示。
- ✕：用于删除标注约束变量和用户定义变量。
- ▽▾：用于控制过滤变量的显示，其下拉列表框有两个选项，如下所示。
  - ➢ 显示所有参数：显示所有关联变量。未应用任何过滤器。
  - ➢ 显示表达式中使用的参数：显示包含要计算值的表达式的所有变量，以及表达式中包含的变量。
- 名称：用于显示变量命。双击变量名称，可重命名变量名称。
- 表达式：用于显示实数或表达式的方程式。双击变量表达式，可编辑变量表达式。
- 值：用于显示表达式的值。

步骤 2 重命名变量名

双击变量名称“d1”，重命名变量名称为“length”。同理重命名变量名“d2”和“弧度 1”，其结果如图 5-34 所示。同时更改视图区该标注约束变量名称，如图 5-35 所示。

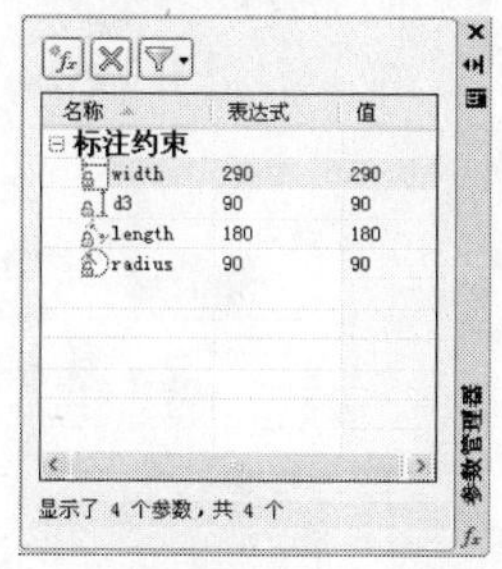

图 5-34　重命名标注变量名称

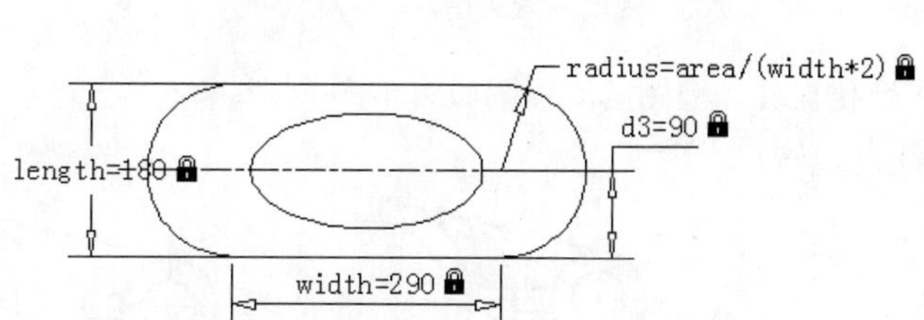

图 5-35　更改视图区标注约束变量名称

步骤 3 创建用户变量

在“参数管理器”选项板中单击 f_x 图标，创建用户参数变量，并编辑参数变量，其结果如图 5-36 所示。

步骤 4 编辑参数变量

双击变量“radius”的表达式，输入“area/(2*width)”，更改表达式，其结果如图 5-37 所示。同时更改视图区该标注约束变量表达式，如图 5-30 所示。

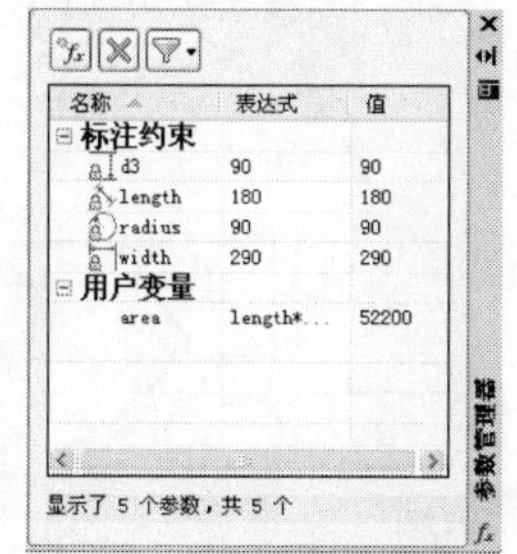

图 5-36　创建用户标注变量

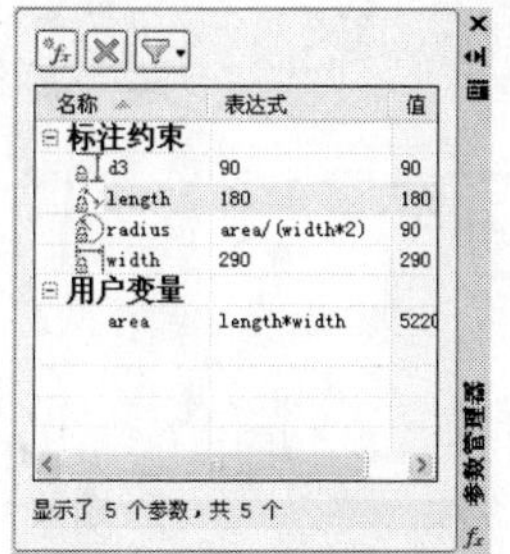

图 5-37　更改表达式

步骤 5 保存文件

综合实例演练——参数化拨叉二视图

素材文件：	CDROM\05\素材\参数化拨叉二视图素材.dwg
效果文件：	CDROM\05\效果\参数化拨叉二视图.dwg
演示录像：	CDROM\05\演示录像\参数化拨叉二视图.exe

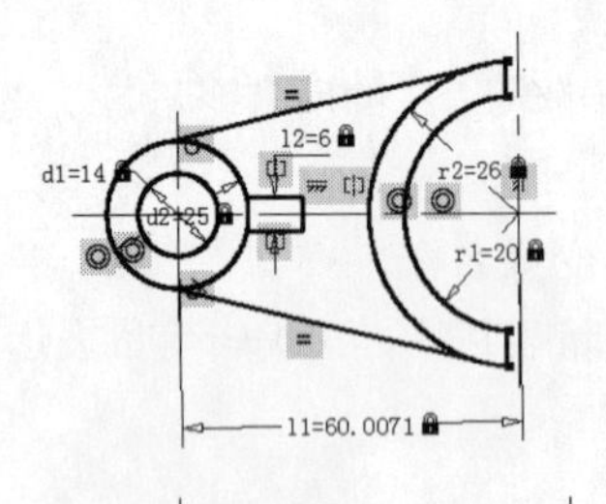

图 5-38 参数化拨叉二视图的效果图

案例解读

通过参数化拨叉二视图，使读者进一步熟悉和掌握添加几何约束、标注约束、参数化标注约束变量的方法。其效果图如图 5-38 所示。

要点流程

- 打开附盘中的素材文件；
- 添加几何约束；
- 隐藏所有几何约束，添加标注约束；
- 参数化标注约束；
- 显示所有几何约束。

参数化拨叉二视图的流程图如图 5-39 所示。

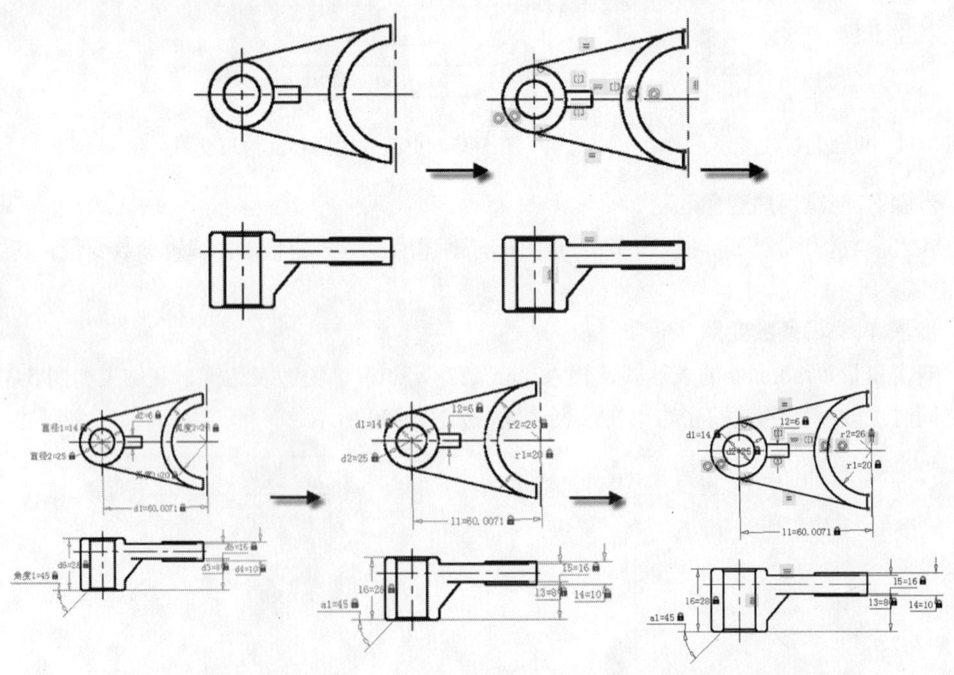

图 5-39 参数化拨叉二视图的流程图

操作步骤

步骤 1　打开图形文件

①选择“文件>打开”命令，打开附盘中的“参数化拨叉二视图素材.dwg”文件，如图 5-40 所示。

步骤 2　添加几何约束

在“几何约束”工具栏中依次选择约束图标、、、、、和，为如图 5-40 所示的图形添加几何约束，其结果如图 5-41 所示。

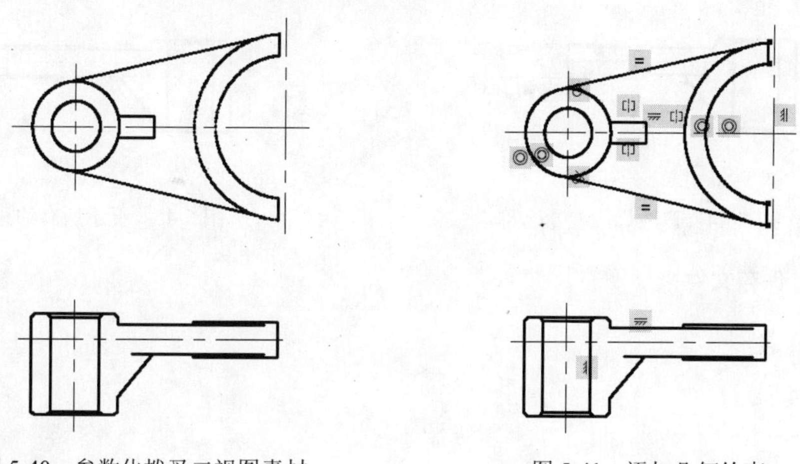

图 5-40　参数化拨叉二视图素材　　　　图 5-41　添加几何约束

步骤 3　隐藏所有几何约束

在“参数化”工具栏上单击“全部隐藏”按钮，隐藏所有几何约束。

步骤 4　添加标注约束

在“标注约束”工具栏上依次单击标注约束图标、、、、和，为如图 5-40 所示的图形添加几何约束，其结果如图 5-42 所示。

步骤 5　参数化标注约束变量

在“参数化”工具栏上单击“参数管理器”按钮 *fx*，打开“参数管理器”对话框。在该对话框中修改标注变量名称，如图 5-43 所示。同时视图区显示结果如图 5-44 所示。

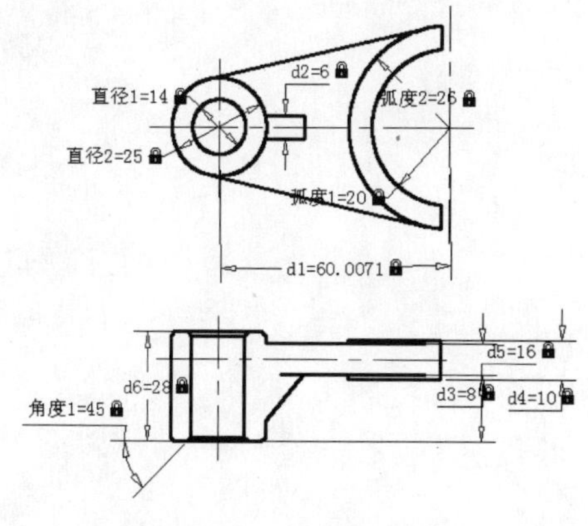

图 5-42　添加标注约束

图 5-43　“参数管理器”对话框

步骤 6 显示所有几何约束

在“参数化”工具栏上单击“全部显示”按钮，显示所有几何约束，如图 5-45 所示。

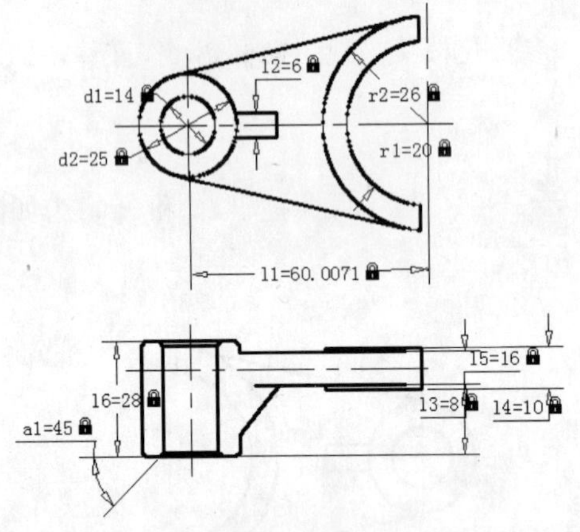

图 5-44 修改标注变量名称

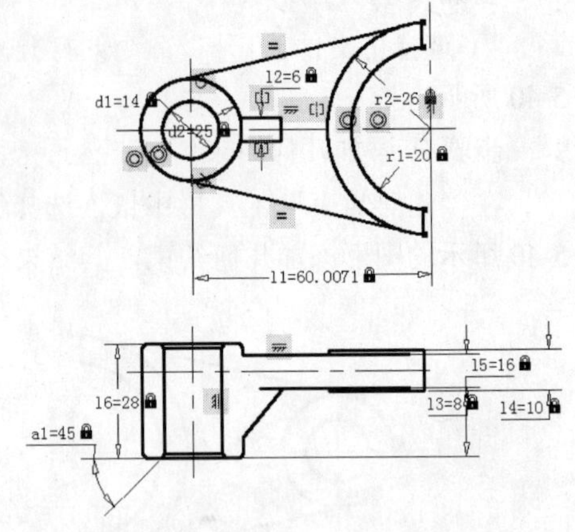

图 5-45 .显示所有约束

步骤 7 保存文件

第6章 编辑对象

本章导读

本章将介绍使用 AutoCAD 2010 进行基本二维平面图形的编辑，并绘制实用案例。

在绘制建筑平面图形时，离不开绘制一些最基本的建筑平面图块，如餐厅桌椅、衣柜、沙发、床、燃气灶等平面图形。对于每个初学者来说，学习使用 AutoCAD 来绘制建筑工程图，首先要从绘制最基本的图块开始，熟练掌握之后，才能加以应用，从而绘制更加复杂的建筑建筑图形。

正因为本章知识的基础性，因此本章每个知识点都是工程绘图中常用到的内容，更需要受到初学者重视。

本章主要学习以下内容：

- 使用分解、偏移、阵列、复制等命令绘制风琴平面图
- 使用圆角、移动、修剪、镜像、旋转等命令绘制餐厅桌椅平面图
- 使用延伸、拉长等命令绘制组合沙发平面图
- 使用删除、缩放等命令绘制洗手池
- 使用拉伸、环形阵列等命令绘制燃气灶平面图
- 使用倒角、打断等命令绘制浴缸平面图
- 使用夹点镜像、夹点移动、夹点旋转、夹点缩放等命令绘制操作门
- 综合实例演练——绘制玻璃门

实用案例 6.1　绘制风琴平面图

效果文件:	CDROM\06\效果\风琴平面图.dwg
演示录像:	CDROM\06\演示录像\风琴平面图.exe

案例解读

在本案例中，主要讲解了 AutoCAD 中的绘制和编辑命令，包括有矩形、复制、偏移、多段线、分解和移动命令。通过绘制风琴平面图，使读者熟练掌握复制和移动命令，其绘制完成的效果如图 6-1 所示。

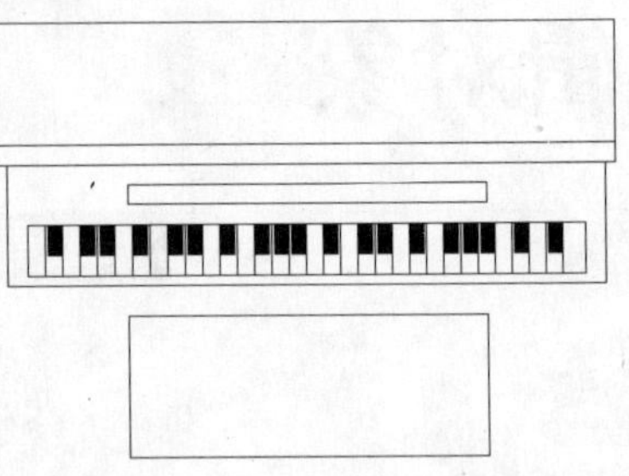

图 6-1　风琴平面图效果

要点流程

- 首先启动 AutoCAD 2010 中文版，进入 AutoCAD 经典界面；
- 使用矩形命令绘制出不同大小的矩形，并移动到相应的位置；
- 使用多段线命令绘制一段多段线，并使用复制命令复制到相应的位置；
- 将完成后的风琴平面图保存。

绘制风琴平面图的流程图如图 6-2 所示。

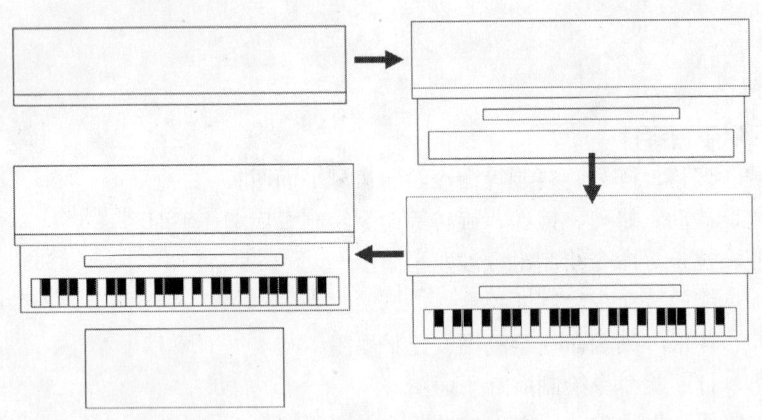

图 6-2　绘制风琴流程图

操作步骤

步骤 1 使用分解命令

①启动 AutoCAD 2010 中文版，选择“工具>工作空间>AutoCAD 经典”命令，进入到 AutoCAD 的经典环境界面中。

②在“绘图”工具栏上单击“矩形”按钮▭，在视图中绘制一个 1574×355 的矩形，如图 6-3 所示。

③在“修改”工具栏中单击“分解”按钮，将绘制的矩形打散。

知识要点：

分解图形对象命令用于将作为整体的一个对象分解为若干部分，以方便对各部分进行修改。

分解图形对象命令启动方法如下。

- 下拉菜单：选择“修改>分解”命令。
- 工具栏：在“修改”工具栏上单击“分解”按钮。
- 输入命令名：在命令行中输入或动态输入 EXPLODE 或 X，并按 Enter 键。

步骤 2 偏移图形对象

在“修改”工具栏中单击“偏移”按钮，将矩形下侧的水平线段垂直向上偏移 50，如图 6-4 所示。

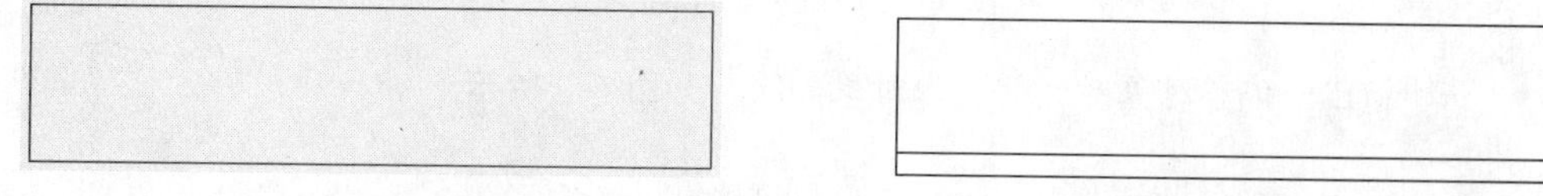

图 6-3　绘制 1574×355 矩形

图 6-4　偏移的线段

知识要点：

偏移对象可以对选定的对象（包括直线、圆、圆弧、椭圆、椭圆弧等）进行同向偏移复制。可以利用“偏移”命令的特性来创建平行线或等距离分布图形对象。

偏移命令的启动方法如下。

- 下拉菜单：选择“修改>偏移”命令。
- 工具栏：在“修改”工具栏上单击“偏移”按钮。
- 输入命令名：在命令行中输入或动态输入 OFFSET 或 O，并按 Enter 键。

启动偏移命令之后，根据如下提示进行操作，即可进行偏移图形对象操作，其偏移的图形效果如图 6-5 所示。

```
命令：_offset                                                    （执行“偏移”命令）
当前设置：删除源=否  图层=源  OFFSETGAPTYPE=0                    （显示当前设置）
指定偏移距离或 [通过(T)/删除(E)/图层(L)] <20.0000>:  20          （输入偏移距离为 20）
选择要偏移的对象，或 [退出(E)/放弃(U)] <退出>:                    （选择偏移对象）
指定要偏移的那一侧上的点，或 [退出(E)/多个(M)/放弃(U)] <退出>:    （指定偏移方法）
选择要偏移的对象，或 [退出(E)/放弃(U)] <退出>:                    （按 Enter 键结束）
```

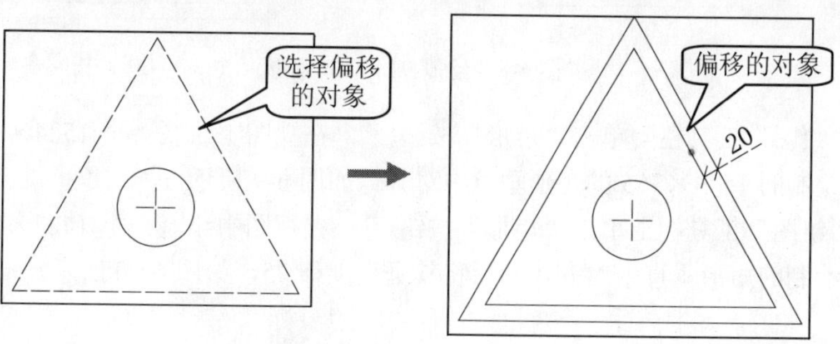

图 6-5　偏移的对象

命令行中各选项含义如下。

- ◆ 偏移距离：在距现有对象指定的距离处创建对象，如图 6-5 所示。
- ◆ 通过(T)：创建通过指定点的对象，如图 6-6 所示。

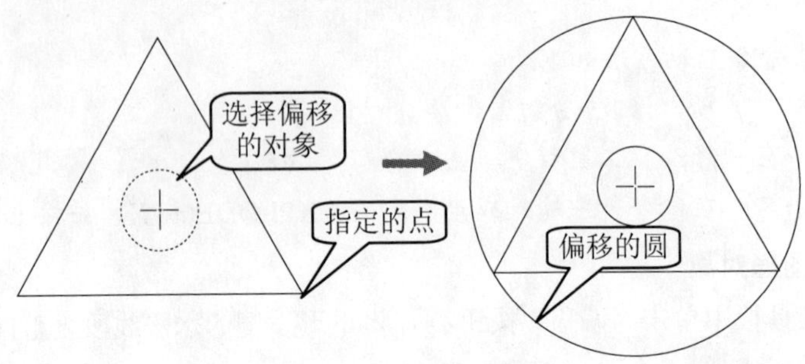

图 6-6 通过点进行偏移

- ◆ 删除(E)：偏移对象后，将其源对象删除，如图 6-7 所示。

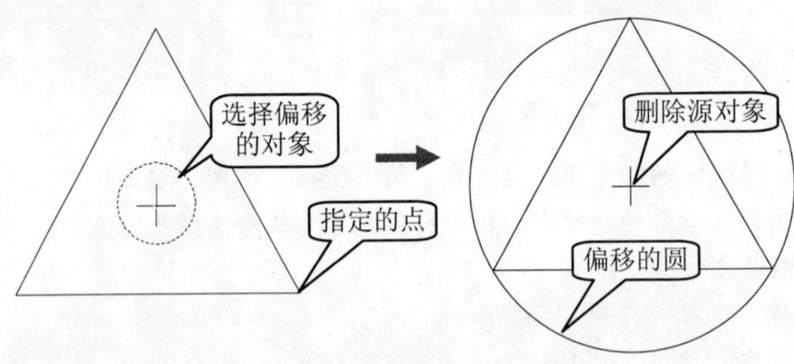

图 6-7 偏移后删除源对象

- ◆ 图层(L)：将偏移对象创建在当前图层上还是偏移在源对象所在的图层上。

步骤 3 使用阵列命令

①在“绘图”工具栏上单击“矩形”按钮▭，在视图中绘制一个 914×50 的矩形，将其与前面绘制的矩形垂直中对齐，然后将其垂直下移 50，如图 6-8 所示。

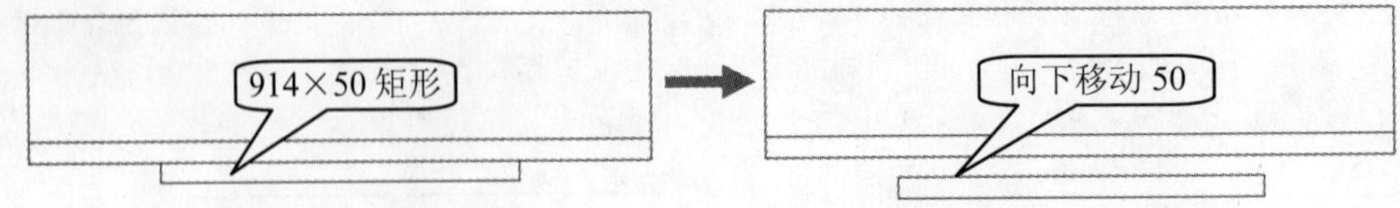

图 6-8 绘制 914×50 矩形

②在“绘图”工具栏上单击“矩形”按钮▭，在视图中绘制一个 1524×304 的矩形，将其与前面绘制的 1574×355 的矩形垂直中对齐，如图 6-9 所示。

③在“绘图”工具栏上单击“矩形”按钮▭，在视图中绘制一个 1422×127 的矩形，将其与前面绘制的矩形垂直中对齐，然后将其垂直上移 25，如图 6-10 所示。

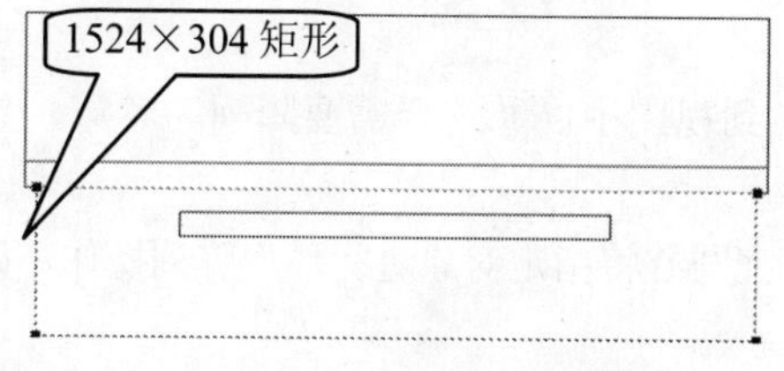

图 6-9　绘制 1524×304 矩形

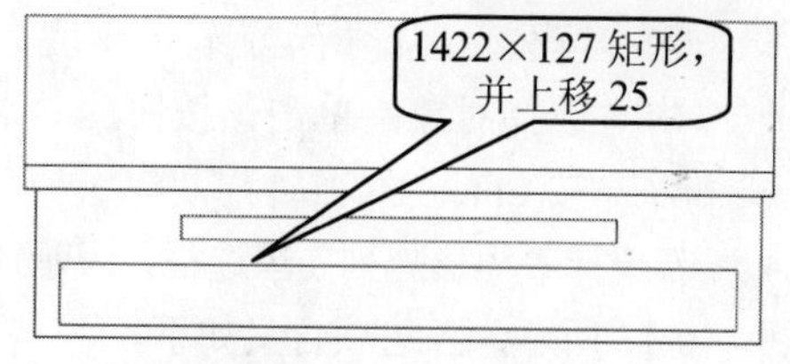

图 6-10　绘制 1422×127 矩形

4 在“修改”工具栏中单击“分解”按钮，将绘制的 1422×127 的矩形打散。再单击“阵列”按钮，选择打散 1422×127 矩形的左端垂直线段，向右阵列 32 个对象，如图 6-11 所示。

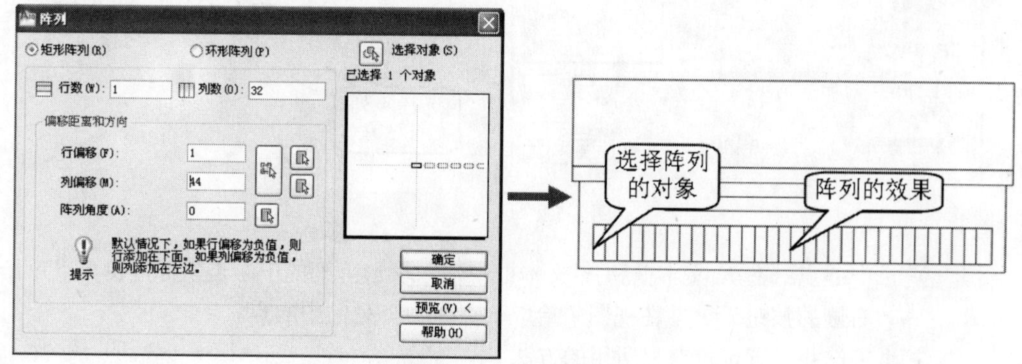

图 6-11　矩形阵列

知识要点：

阵列(Array)命令按矩形或环形方式多重复制指定的对象。使用矩形阵列选项时，由选定对象副本的行数和列数来定义的阵列；使用环形选项时，通过围绕圆心复制指定对象来创建阵列。

阵列命令的启动方法如下。

- 下拉菜单：选择“修改>阵列”命令。
- 工具栏：在“修改”工具栏上单击“偏移”按钮。
- 输入命令名：在命令行中输入或动态输入 ARRAY 或 AR，并按 Enter 键。

启动阵列命令之后，将弹出“阵列”对话框，选择阵列的类型、阵列的对象，并设置阵列的行数、列数，以及阵列的行、列间距即可，然后单击“确定”按钮即可，从而按照指定的要求进行阵列复制操作，如图 6-11 所示。

“阵列”对话框中各选项含义如下。

- 若选择“矩形阵列”单选框，表示通过指定行数和列数进行阵列，各选项的含义如下。
  - 行数：指定阵列中的行数。
  - 列数：指定阵列中的列数。
  - 行偏移：指定行间距。若向下添加行，应指定负值；若使用定点设备指定行间距，应单击后面的“拾取行偏移”按钮，然后在视图中捕捉两点来确定行偏移的距离。
  - 列偏移：指定列间距。若向左添加列，应指定负值。

- ➢ 阵列角度：指定旋转的角度。
- ➢ 选择对象：单击该按钮，将切换到视图中，并选择需要阵列的对象，然后按 Enter 键确认。

- 若选择“环形阵列”单选框，表示通过围绕圆心将指定对象进行环形阵列操作，如图 6-12 所示，各选项含义如下。

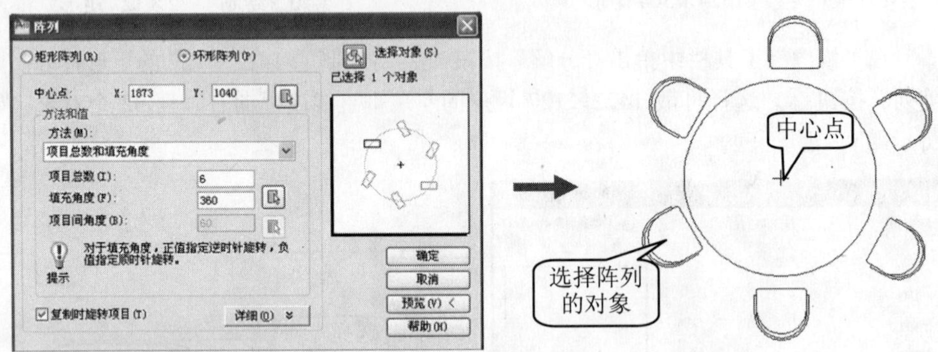

图 6-12 环形阵列

- ➢ 中心点：在 X 文本框和 Y 文本框中输入环形阵列的中心点坐标，也可以单击右侧的按钮，并在视图中拾取一点作为阵列的中心点。
- ➢ 方法：设置定位对象所用的方法。
- ➢ 项目总数：设置在结果阵列中显示的对象数目。
- ➢ 填充角度：通过定义阵列中第一个元素和最后一个元素之间的包含角来设置阵列大小。正值是按逆时针旋转，负值是按顺时针旋转。
- ➢ 复制时旋转项目：指定在进行环形阵列操作时，其复制阵列的对象是否与中心点对齐。

技巧

如果不勾选“复制时旋转项目”复选框，则环形阵列的对象将不围绕中心点进行旋转，如图 6-13 所示。

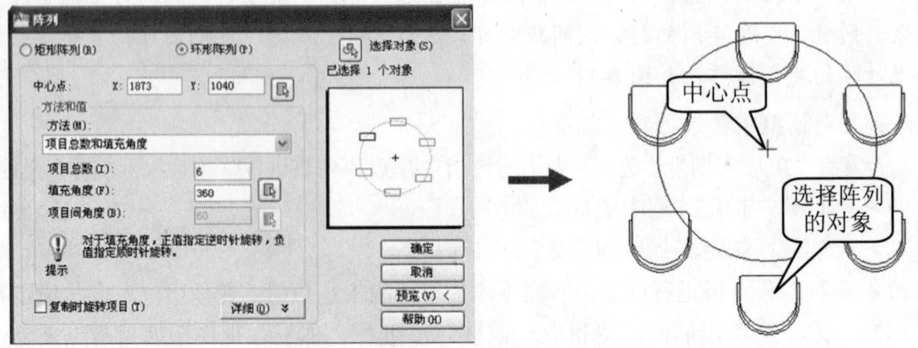

图 6-13 阵列对象没有旋转

步骤 4 使用复制命令

①在“绘图”工具栏中单击“多段线”按钮，设置宽度为 38，长度为 76，在指定位置绘制多段线，然后以多段线的右上角点为基点，移动到线段的交点位置，如图 6-14 所示。

知识要点：

AutoCAD 提供了复制（COPY）命令，使用户可以轻松地将目标对象复制到新的位置，达到重复绘制相同对象的目的。

复制命令的启动方法如下。

- 下拉菜单：选择“修改>复制”命令。
- 工具栏：在“修改”工具栏上单击“复制”按钮。
- 输入命令名：在命令行中输入或动态输入 COPY 或 CO，并按 Enter 键。

启动复制命令之后，根据如下提示进行操作，即可进行复制图形对象操作，其复制的图形效果如图 6-15 所示。

```
命令：_copy
选择对象：(选择小圆) 找到 1 个
选择对象：                                              (单击鼠标右键完成选择)
当前设置：复制模式 = 多个
指定基点或 [位移(D)/模式(O)] (多段线的右上角点为基点)<位移>：指定第二个点或 <使用
第一个点作为位移>：                                      (移动到线段的交点位置)
```

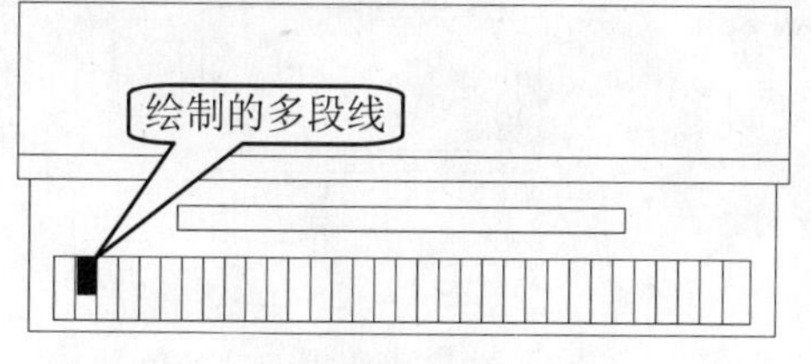

图 6-14　绘制的多段线

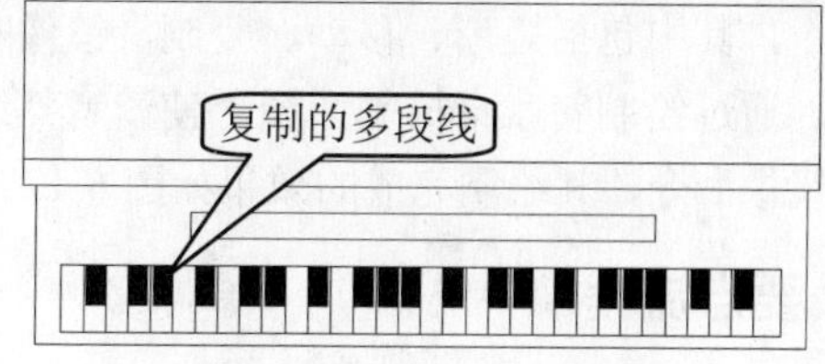

图 6-15　复制的多段线

命令行中各选项含义如下。

- 位移：使用坐标指定相对距离和方向，并显示如下提示信息。

```
指定位移 <上个值>：                                      (输入表示矢量的坐标)
```

- 模式：控制是否自动重复该命令，并显示如下提示信息。该设置由 COPYMODE 系统变量控制。

```
输入复制模式选项 [单个(S)/多个(M)] <当前>：               (输入 s 或 m)
```

技巧

若要按指定距离复制对象，还可以在“正交”模式和极轴追踪功能打开的同时，使用直接输入距离值的方式。

②同样，将绘制的多段线向右侧进行复制，如图 6-15 所示。

③在“绘图”工具栏上单击“矩形”按钮，在视图中绘制一个 914×356 的矩形，将其与前面绘制的矩形垂直中对齐，然后将其延垂直方向下移 76，如图 6-16 所示。

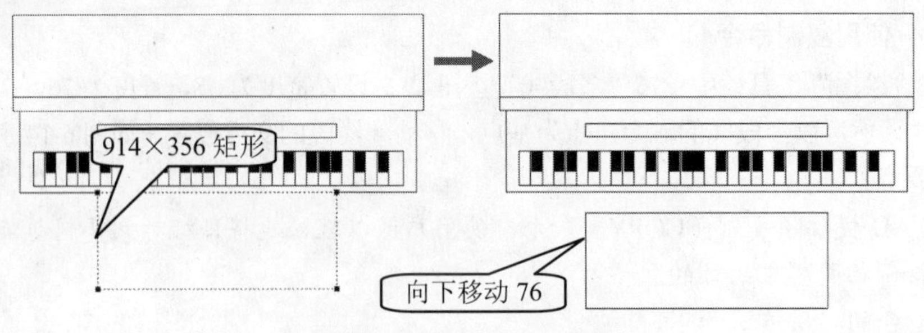

图 6-16　绘制 914×356 矩形

步骤 5 保存文件

实用案例 6.2　绘制餐厅桌椅平面图

效果文件：	CDROM\04\效果\餐厅桌椅平面图.dwg
演示录像：	CDROM\04\演示录像\餐厅桌椅平面图.exe

案例解读

在本案例中，主要讲解了 AutoCAD 中绘制和编辑命令，其中包括矩形、移动、复制、镜像和旋转等命令。通过绘制餐厅桌椅平面图，使读者熟练掌握复制和镜像命令，其绘制完成的效果如图 6-17 所示。

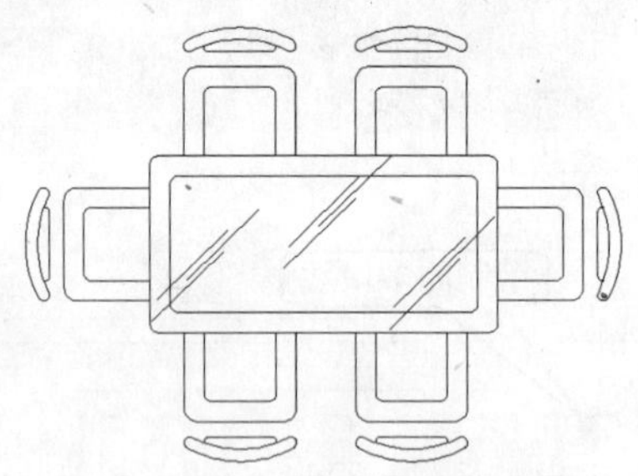

图 6-17　桌椅平面图效果

要点流程

- 首先启动 AutoCAD 2010 中文版，进入 AutoCAD 经典界面；
- 使用矩形、直线和圆角命令绘制餐厅桌子的平面图；
- 使用矩形、圆弧、圆角和复制命令，绘制餐厅椅子平面图；
- 使用移动、复制和镜像命令，对椅子进行复制和镜像操作。

绘制桌椅流程图如图 6-18 所示。

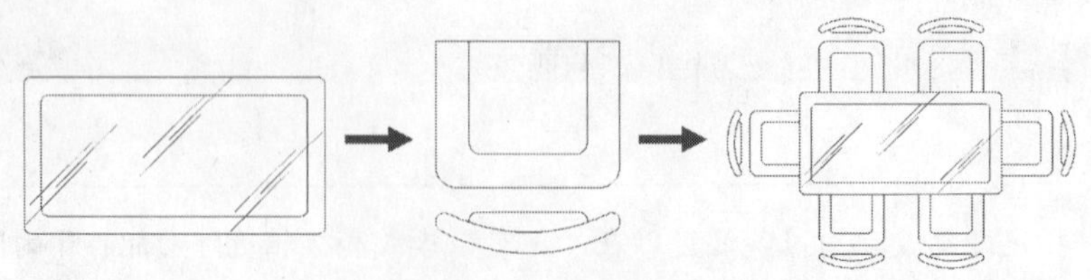

图 6-18　绘制桌椅流程图

操作步骤

步骤 1 使用圆角等命令绘制餐厅桌子的平面图

①启动 AutoCAD 2010 中文版，选择“工具>工作空间>AutoCAD 经典”命令，进入到

AutoCAD 的经典环境界面中。

②在“绘图”工具栏上单击“矩形”按钮，在视图中绘制一个 1400×700 的矩形，并在“修改”工具栏上单击“偏移”按钮，将矩形向内偏移 80，如图 6-19 所示。

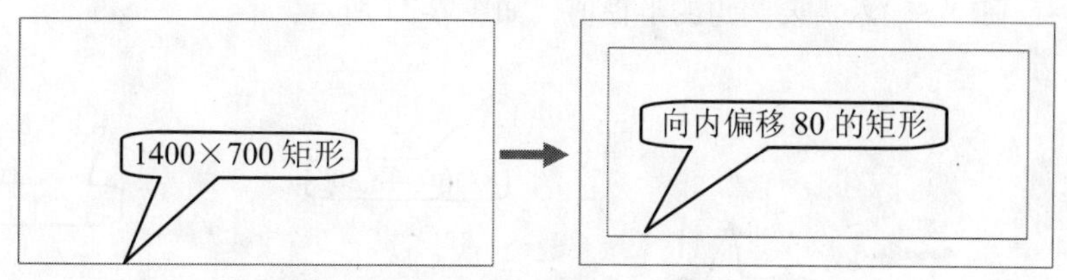

图 6-19　绘制 1400×700 矩形

③在“修改”工具栏上单击“圆角”按钮，设置圆角的半径为 30，然后对两个矩形进行圆角操作，如图 6-20 所示。

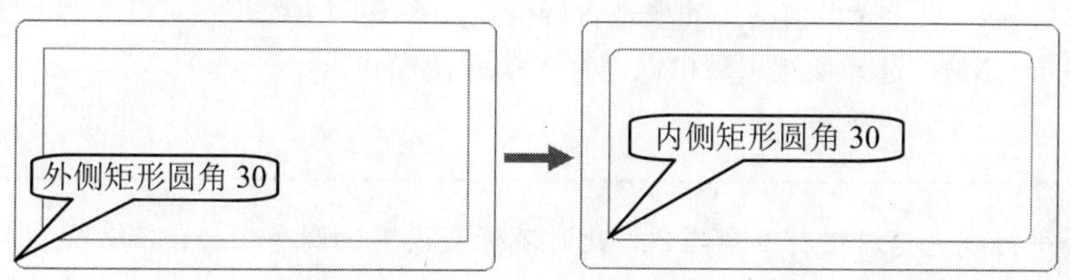

图 6-20　对矩形进行圆角操作

知识要点：

圆角（FILLET）命令表示用一段指定半径的圆弧光滑地连接两个对象，其圆角的对象包括有直线、多段线、样条曲线、构造线和射线等。

圆角命令的启动方法如下。

- 下拉菜单：选择“修改>圆角”命令。
- 工具栏：在“修改”工具栏上单击“圆角”按钮。
- 输入命令名：在命令行中输入或动态输入 FILLET 或 F，并按 Enter 键。

启动圆角命令之后，根据如下提示进行操作，即可进行圆角对象操作，其圆角的图形效果如图 6-21 所示。

```
命令：_fillet                                                      （启动圆角命令）
当前设置：模式 = 修剪，半径 = 15.0000                              （显示当前圆角设置）
选择第一个对象或 [放弃(U)/多段线(P)/半径(R)/修剪(T)/多个(M)]: r   （设置圆角选项）
指定圆角半径 <15.0000>: 770                                        （指定圆角的半径）
选择第一个对象或 [放弃(U)/多段线(P)/半径(R)/修剪(T)/多个(M)]:      （选择第一个对象）
选择第二个对象，或按住 Shift 键选择要应用角点的对象:               （选择第二个对象）
```

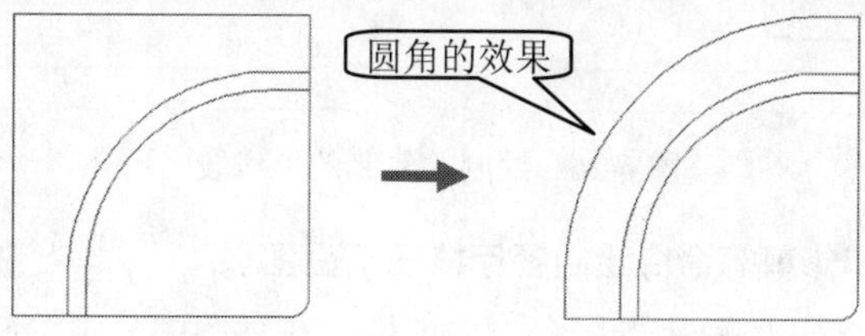

图 6-21　圆角对象

命令行中各选项含义如下。

- 多段线（P）：提示选择二维多段线，并将其指定的多段线的尖角处，按照指定的圆角半径进行多次圆角操作，如图 6-22 所示。
- 半径（R）：输入需要圆角的半径值，如图 6-23 所示。

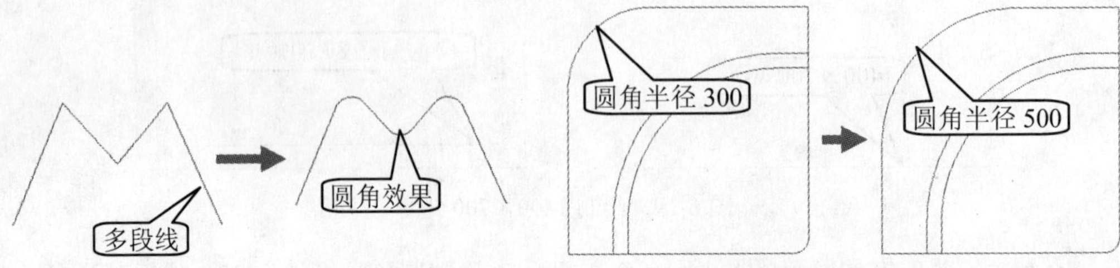

图 6-22　多段线圆角　　图 6-23　不同圆角半径效果

- 修剪（T）：选择当前圆角的框是否修剪，如图 6-24 所示。
- 多个（M）：选择该选项后可以进行多次圆角操作。

技巧

两条平行线也可以进行圆角操作，此时不管新设置的圆角半径值有多大，AutoCAD 将自动在其端点画一个半圆，并且半圆的半径为两平行线段垂直距离的一半，如图 6-25 所示。

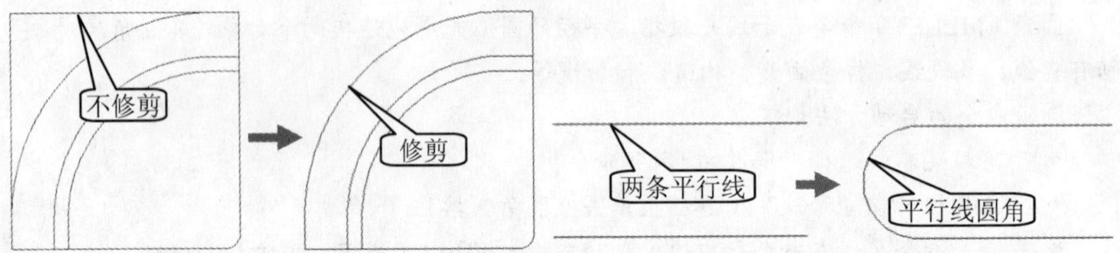

图 6-24　是否修剪圆角　　图 6-25　平行线圆角

④在“绘图”工具栏上单击“直线”按钮，绘制一组三条不规则的斜线段，然后将其三条斜线段复制到其他位置，从而完成桌子的绘制，如图 6-26 所示。

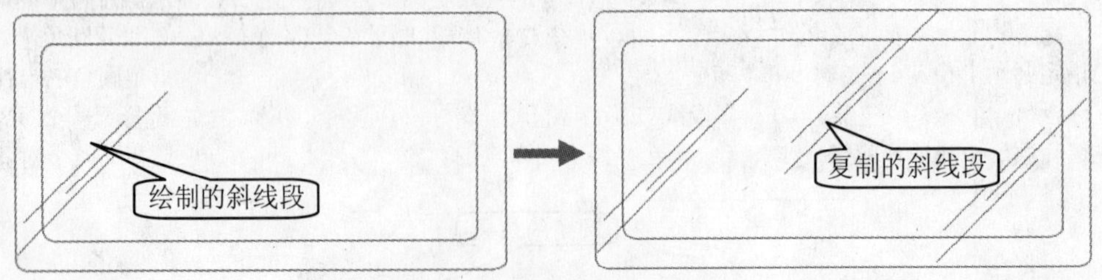

图 6-26　绘制并复制的斜线段

步骤 2　使用移动和修剪等命令绘制餐厅椅子平面图

①在“绘图”工具栏上单击“矩形”按钮，在视图中分别绘制尺寸为 450×352 和 290×272 的两个矩形，并将它们垂直顶端中点对齐，如图 6-27 所示。

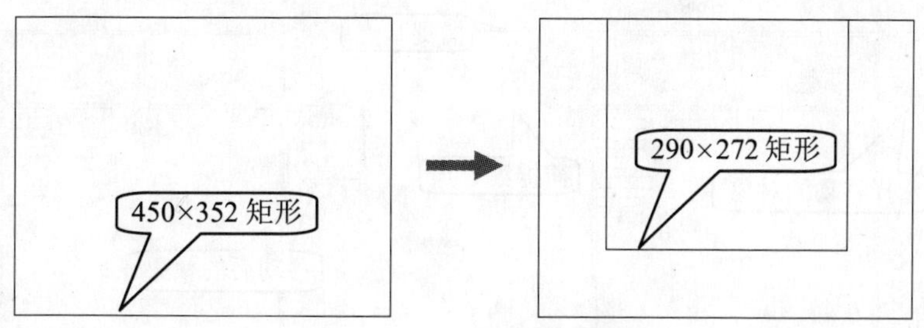

图 6-27　绘制两个矩形

2 选择“绘图>圆弧>起点、端点、半径”命令，依次捕捉矩形的左下角点和右下角点，然后输入圆弧的半径为 450，从而绘制一段圆弧，如图 6-28 所示。

3 在“修改”工具栏中单击“移动”按钮，将绘制的圆弧垂直向下移动 48，再在“修改”工具栏中单击“复制”按钮，将移动的圆弧向下复制 50，如图 6-29 所示。

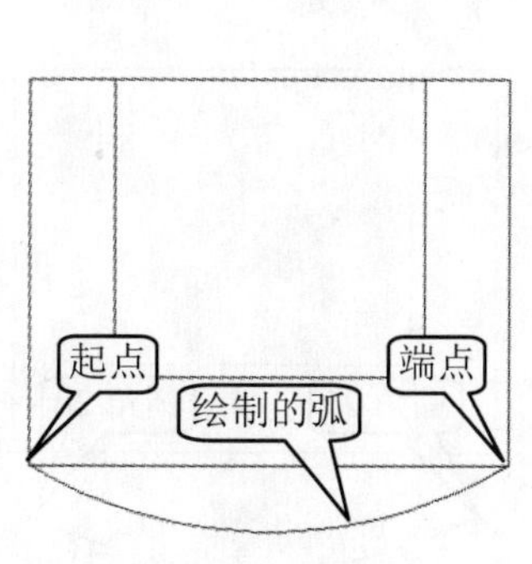

图 6-28　绘制的弧

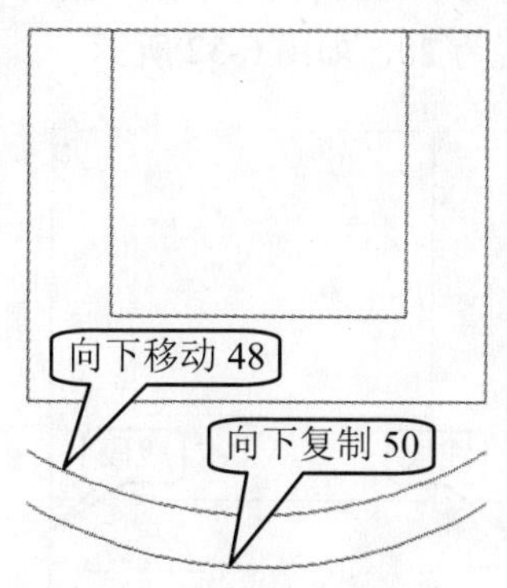

图 6-29　移动并复制圆弧

知识要点：

移动图形对象是指改变对象的位置，而不改变对象的方向、大小和特性等。通过使用坐标和对象捕捉，可以精确地移动对象，并且可以通过“特性”窗口更改坐标值来重新计算对象。

移动命令的启动方法如下。

- 下拉菜单：选择“修改>移动”命令。
- 工具栏：在“修改”工具栏上单击“移动”按钮。
- 输入命令名：在命令行中输入或动态输入 MOVE 或 M，并按 Enter 键。

启动移动命令之后，根据如下提示进行操作，即可进行移动图形对象操作，其移动的图形效果如图 6-30 所示。

```
命令: _move                                       （ 启动移动命令 ）
选择对象:找到 14 个                                （ 选择要移动的图形对象 ）
指定基点或 [位移(D)] <位移>:                       （ 捕捉移动的基点位置 ）
指定第二个点或 <使用第一个点作为位移>:             （ 捕捉移动的目标点位置 ）
```

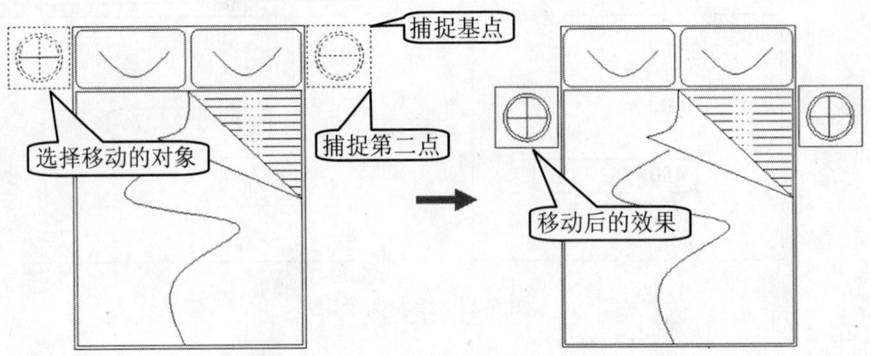

图 6-30　移动对象

④在“绘图”工具栏中单击“直线”按钮，并按 F8 键切换到“正交”模式，通过矩形下侧的左右端点绘制两条垂直的线段，如图 6-31 所示。

⑤在“修改”工具栏中单击“圆角”按钮，将绘制的圆弧和垂直线段进行圆角操作，其圆角的半径为 20，如图 6-32 所示。

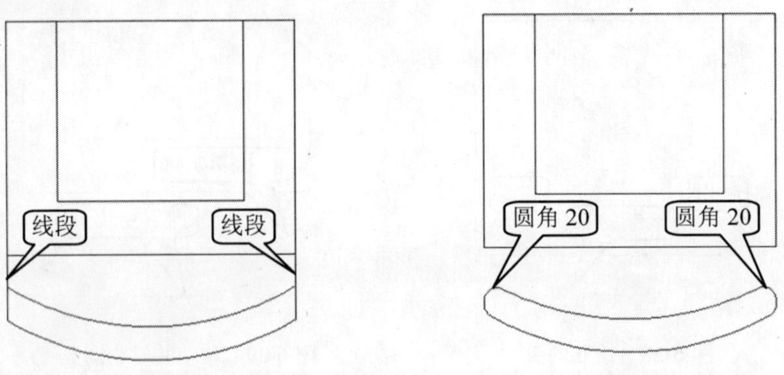

图 6-31　绘制的垂直线段　　图 6-32　圆角操作

⑥在“绘图”工具栏上单击“矩形”按钮，在视图中绘制一个 290×50 的矩形，并将其与大矩形下侧对齐，然后将其垂直向下移动 60，如图 6-33 所示。

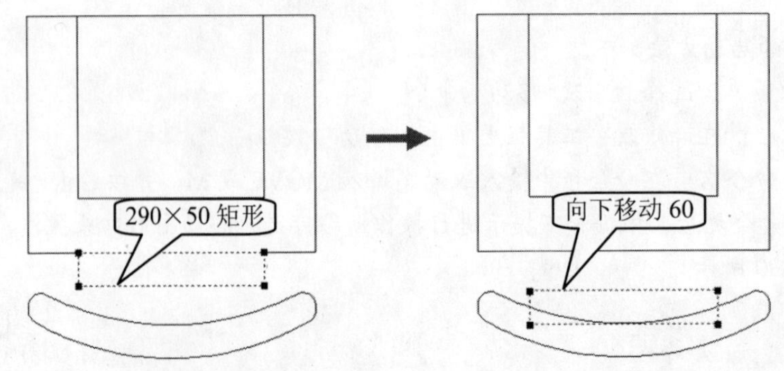

图 6-33　绘制并移动的矩形

⑦在“修改”工具栏中单击“圆角”按钮，将绘制的矩形按照半径为 20 进行圆角操作，再单击“修改”工具栏的“修剪”按钮，对其多余的线段进行修剪操作，如图 6-34 所示。

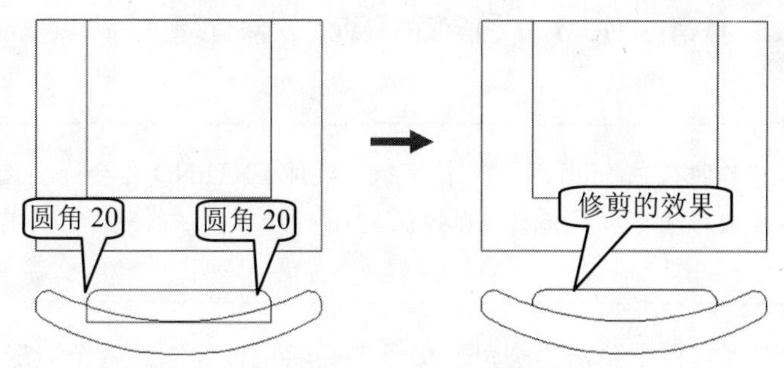

图 6-34　圆角并修剪操作

知识要点：

使用修剪（TRIM）命令可以以某一对象为剪切边修剪其他对象。

修剪命令的启动方法如下。

- 下拉菜单：选择“修改>修剪”命令。
- 工具栏：在“修改”工具栏上单击“修剪”按钮。
- 输入命令名：在命令行中输入或动态输入 TRIM 或 TR，并按 Enter 键。

启动修剪命令之后，根据如下提示进行操作，即可进行修剪图形对象操作，其修剪的图形效果如图 6-35 所示。

```
命令：_trim                                                    （ 启动修剪命令 ）
当前设置:投影=UCS，边=无                                        （ 显示当前设置 ）
选择剪切边...
选择对象或 <全部选择>： 指定对角点：找到 9 个                   （ 选择待修剪的对象 ）
选择要修剪的对象，或按住 Shift 键选择要延伸的对象，或
[栏选(F)/窗交(C)/投影(P)/边(E)/删除(R)/放弃(U)]：   （ 使用鼠标选择需要修剪的边 ）
```

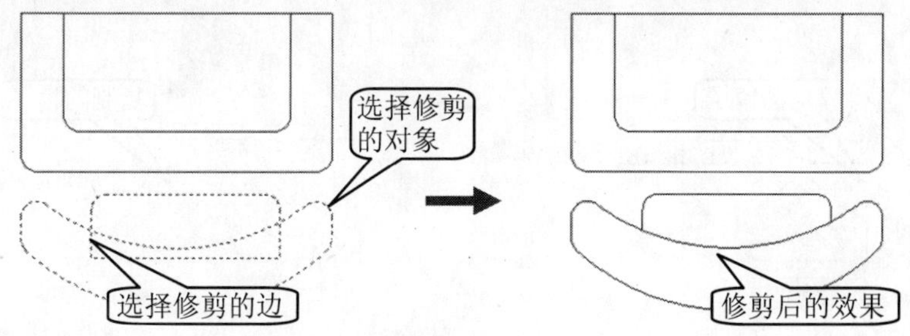

图 6-35　修剪对象

命令行中各选项含义如下。

- 全部选择：按 Enter 键可快速选择视图中所有可见的图形，从而用作剪切边或边界的边。
- 栏选（F）：选择与栏选相交的所有对象。
- 窗交（C）：选择矩形区域（由两点确定）内部或与之相交的对象。
- 投影（P）：指定修剪对象时 AutoCAD 使用的投影模式。
- 边（E）：确定对象在另一对象的延长边处进行修剪，还是仅在三维空间中与该对象相交的对象处进行修剪。
- 删除（R）：直接删除所选中的对象。

- 放弃（U）：撤销由 TRIM 命令所做的最近一次修剪。

注意

在进行修剪操作时按住 Shift 键，可转换执行延伸 EXTEND 命令。当选择要修剪的对象时，若某条线段未与修剪边界相交，则按住 Shift 键后单击该线段，可将其延伸到最近的边界。

⑧在“修改”工具栏中单击“圆角”按钮，将前面绘制的两个矩形进行圆角操作，其圆角的半径分别为 50 和 30，完成椅子的绘制，如图 6-36 所示。

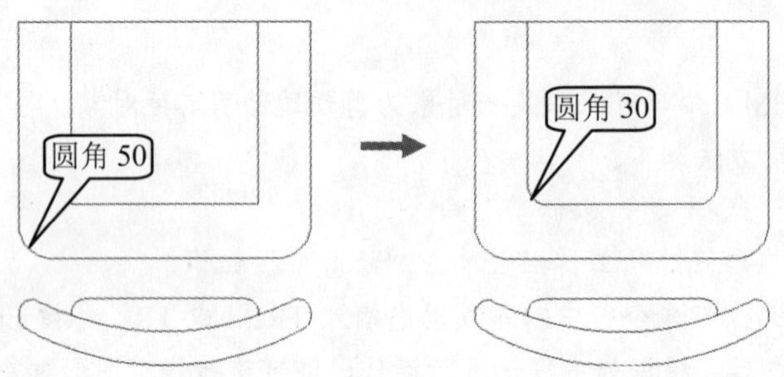

图 6-36　对两个矩形圆角操作

步骤 3 使用镜像命令

①在“修剪”工具栏中单击“移动”按钮，将前面绘制的椅子移动到桌子下侧，并距桌子左侧 136，再单击“修改”工具栏的“复制”按钮，将其椅子水平向右复制 690，如图 6-37 所示。

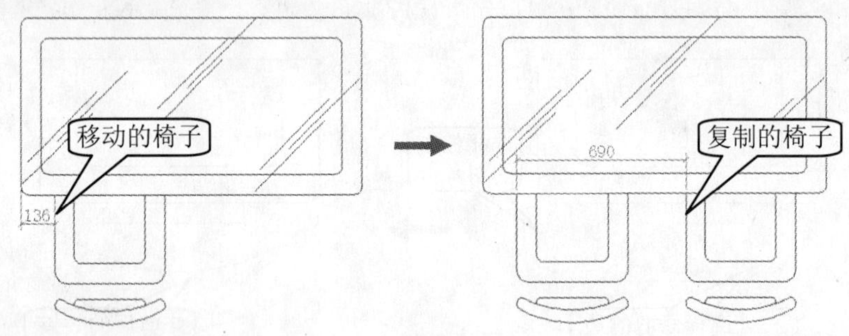

图 6-37　移动并复制的椅子

②在“修改”工具栏中单击“镜像”按钮，选择桌子下侧的两把椅子对象，然后依次捕捉桌子左侧垂直线段的中点和右侧垂直线段的中点，即可对椅子进行镜像操作，如图 6-38 所示。

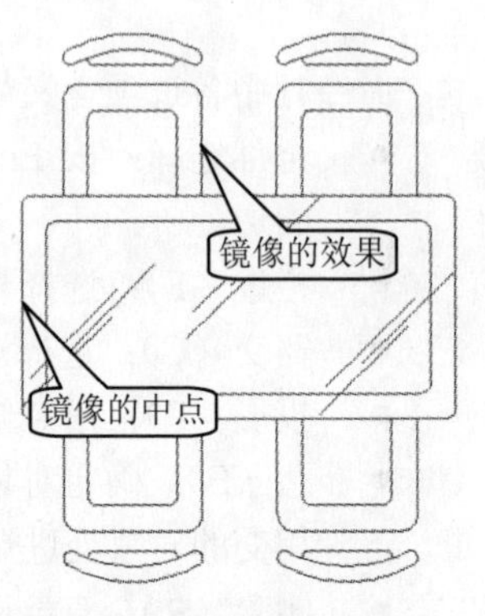

图 6-38　镜像操作

知识要点：

在绘图过程中，经常会碰到一些对称的图形，为此 AutoCAD 提供了图形镜像（MIRROR）功能，只需要绘制出对称图形的公共部分，再利用镜像命令即可将对称的另一部分镜像复制出来。

镜像命令的启动方法如下。

◆　下拉菜单：选择“修改>镜像”命令。

◆　工具栏：在“修改”工具栏上单击“镜像”按钮。

◆　输入命令名：在命令行中输入或动态输入 MIRROR 或 MI，并按 Enter 键。

启动镜像命令之后，根据如下提示进行操作，即可进行镜像图形对象操作，其镜像的图形效果如图 6-39 所示。

```
命令：_mirror                                              （启动镜像命令）
选择对象：指定对角点：找到 1 个                              （选择镜像的对象）
选择对象：                                                 （按 Enter 键结束选择）
指定镜像线的第一点：                                        （捕捉交点 1）
指定镜像线的第二点：                      （切换到“正交”模式，指定垂直线上任意一点 2）
要删除源对象吗？[是(Y)/否(N)] <N>:                          （按 Enter 键不删除源对象）
```

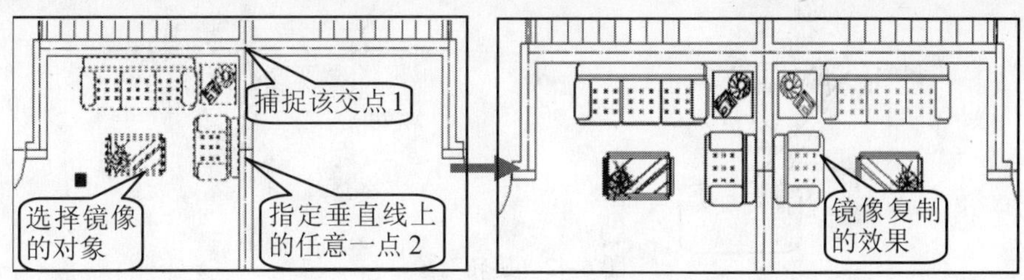

图 6-39　镜像对象

技巧

默认情况下，镜像文字、属性和属性定义时，它们在镜像图像中不会反转或倒置，文字的对齐和对正方式在镜像对象前后相同。如果确实要反转文字，要将 MIRRTEXT 系统变量设置为 1，如图 6-40 所示。

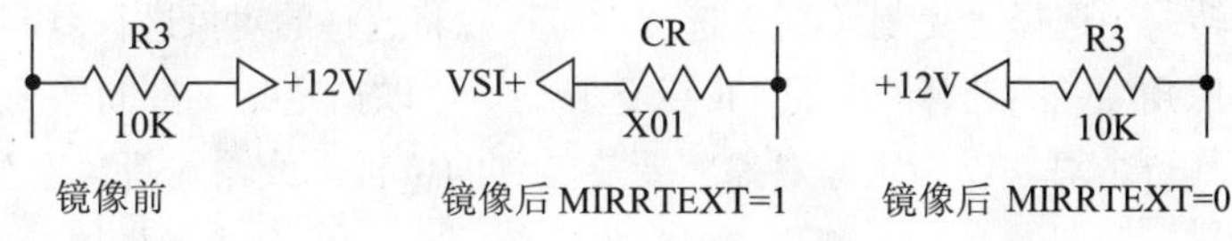

图 6-40　镜像的文字对象

步骤 5 使用旋转命令

①在“修改”工具栏中单击“复制”按钮，将上侧的其中一把椅子复制到空白位置，再单击“修改”工具栏的“旋转”按钮，将其旋转 90 度，然后单击“修改”工具栏中的“移动”按钮，将其移动到桌子左侧的中点位置，如图 6-41 所示。

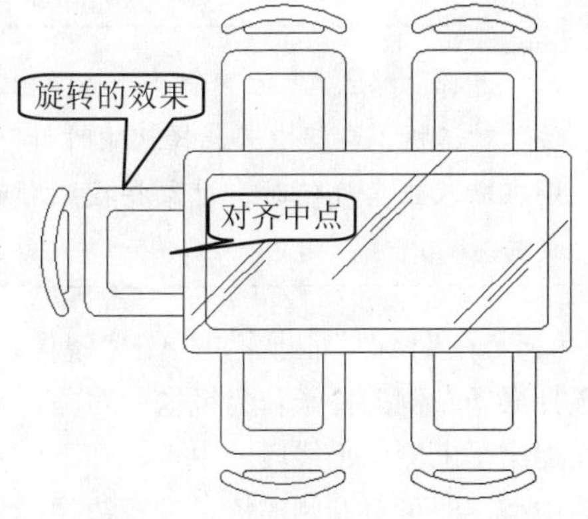

图 6-41　旋转并移动的效果

知识要点：

旋转对象就是将选择的对象绕指定基点以某种角度进行旋转操作。

旋转命令的启动方法如下。

◆　下拉菜单：选择“修改>旋转”命令。

◆　工具栏：在“修改”工具栏上单击“旋转”按钮。

- 输入命令名：在命令行中输入或动态输入 ROTATE 或 RO，并按 Enter 键。

启动旋转命令之后，根据如下提示进行操作，即可进行旋转图形对象操作，其旋转的图形效果如图 6-42 所示。

```
命令：_rotate                                              （启动旋转命令）
UCS 当前的正角方向： ANGDIR=逆时针  ANGBASE=0               （显示当前旋转模式）
选择对象：指定对角点：找到 18 个                           （在视图中选择要旋转的对象）
选择对象：                                                 （按 Enter 键结束选择的对象）
指定基点：                                                 （指定旋转的基点）
指定旋转角度，或 [复制(C)/参照(R)] <0>:  90                 （输入旋转的角度）
```

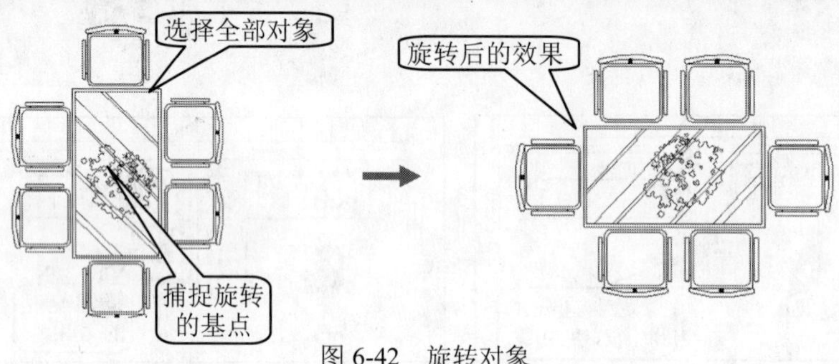

图 6-42 旋转对象

命令行中各选项含义如下。

- 输入角度值：输入角度值（0 度~360 度），还可以按弧度、百分度或勘测方向输入值。一般情况下，若输入正角度值时，表示按逆时针旋转对象；若输入负角度值，表示按顺时针旋转对象。
- 通过拖动旋转对象：绕基点拖动对象并指定第二点。有时为了更加精确地通过拖动鼠标操作来旋转对象，可以切换到正交、极轴追踪或对象捕捉模式进行操作。
- 复制旋转：当选择“复制（C）”选项时，可以将选择的对象进行复制性的旋转操作。
- 指定参照角度：当选择“参照（R）”选项时，可以指定某一方向作为起始参照角度，然后选择一个对象以指定原对象将要旋转到的位置，或输入新角度值来指定要旋转到的位置。

注意

选择“格式>单位”命令，将弹出“图形单位”对话框，在其中若选择“顺时针”复制框，则在输入正角度值时，对象将按照顺时针进行旋转。

②在“修改”工具栏中单击“镜像”按钮，选择桌子左侧的椅子作为镜像的对象，然后依次捕捉桌子上侧水平线段的中点，和下侧水平线段的中点，即可对左侧的椅子进行镜像操作，如图 6-43 所示。

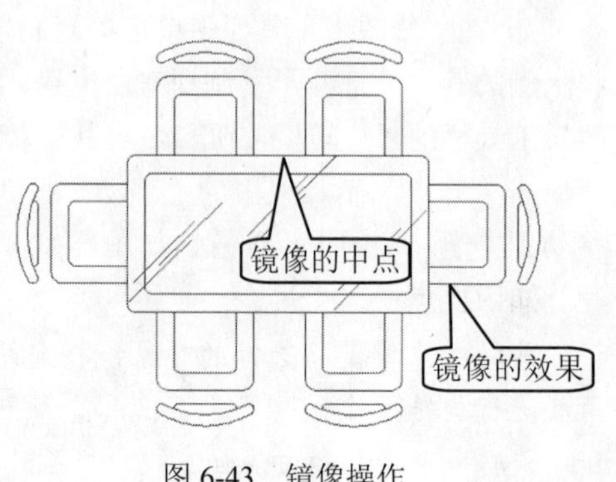

图 6-43 镜像操作

步骤 6 保存文件

实用案例 6.3　绘制组合沙发平面图

效果文件：	CDROM\04\效果\组合沙发平面图.dwg
演示录像：	CDROM\04\演示录像\组合沙发平面图.exe

案例解读

在本案例中，主要讲解了 AutoCAD 中绘制和编辑命令，包括有矩形、偏移、延伸、复制、旋转、移动、圆角、镜像等命令。通过绘制组合沙发平面图，使读者熟练掌握旋转、复制、镜像命令，其绘制完成的效果如图 6-44 所示。

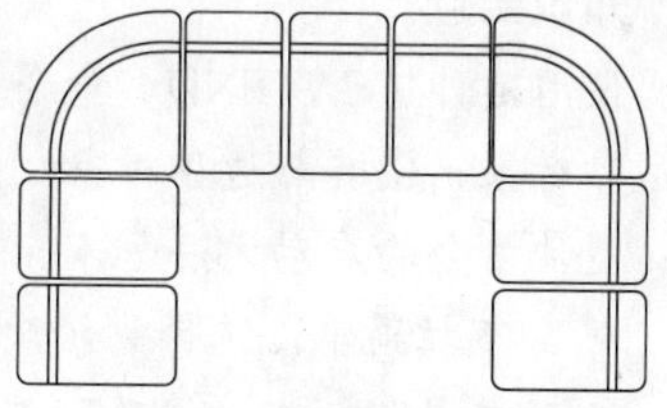

图 6-44　组合沙发平面图效果

要点流程

- 首先启动 AutoCAD 2010 中文版，进入 AutoCAD 经典界面；
- 使用矩形、偏移、延伸命令，绘制单人沙发；
- 使用复制、移动、旋转命令，完成其他沙发的绘制；
- 使用偏移、拉长、偏移、圆角命令，绘制转角沙发；
- 使用镜像命令，完成另一转角沙发的绘制。

绘制组合沙发平面图的流程图如图 6-45 所示。

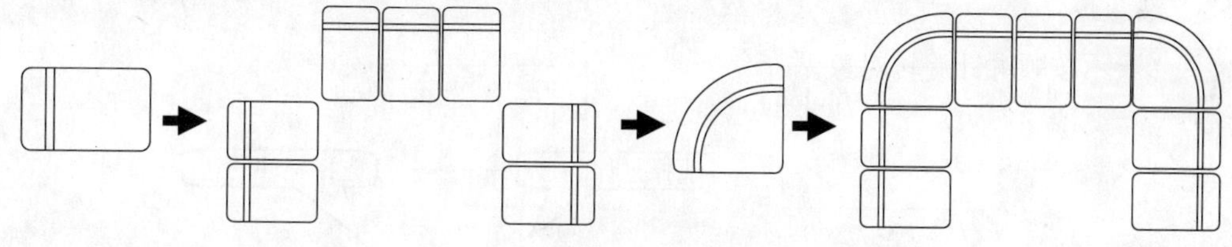

图 6-45　绘制组合沙发流程图

操作步骤

步骤 1 使用延伸等命令绘制单人沙发

①启动 AutoCAD 2010 中文版，选择“工具>工作空间>AutoCAD 经典”命令，进入到 AutoCAD 的经典环境界面中。

②在“绘图”工具栏中单击“矩形”按钮，在视图中绘制 880×550 的圆角矩形，其圆角的半径为 55。

③在“修改”工具栏中单击“分解”按钮，将圆角矩形打散；再单击“修改”工具栏的“偏移”命令，将矩形左侧的垂直平线段向右偏移 165 和 55。

④在“修改”工具栏单击“延伸”按钮，先分别选择矩形上下两侧的水平线段作为延伸的边界，再分别单击偏移线段的两端，完成线段的延伸操作，从而完成单沙发的绘制，如图 6-46 所示。

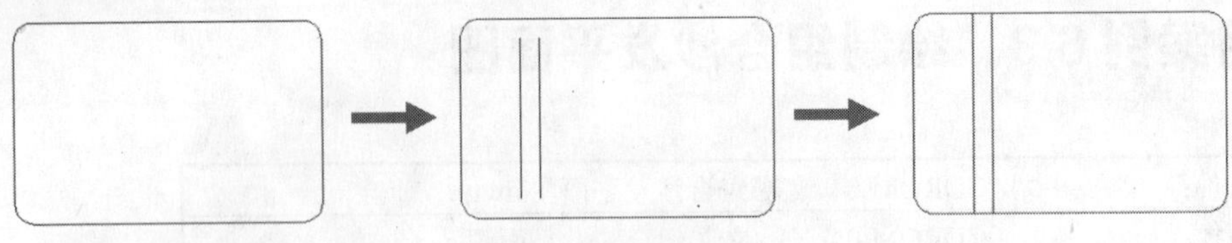

图 6-46　绘制单人沙发

知识要点：

使用延伸（EXTEND）命令可以将直接、圆弧、椭圆弧、非闭合多段线和射线延伸到一个边界对象，使其与边界对象相交。

延伸命令的启动方法如下。

- ◆ 下拉菜单：选择“修改>延伸”命令。
- ◆ 工具栏：在“修改”工具栏上单击“延伸”按钮。
- ◆ 输入命令名：在命令行中输入或动态输入 EXTEND 或 EX，并按 Enter 键。

启动延伸命令之后，根据如下提示进行操作，即可进行延伸图形对象操作，其延伸的图形效果如图 6-47 所示。

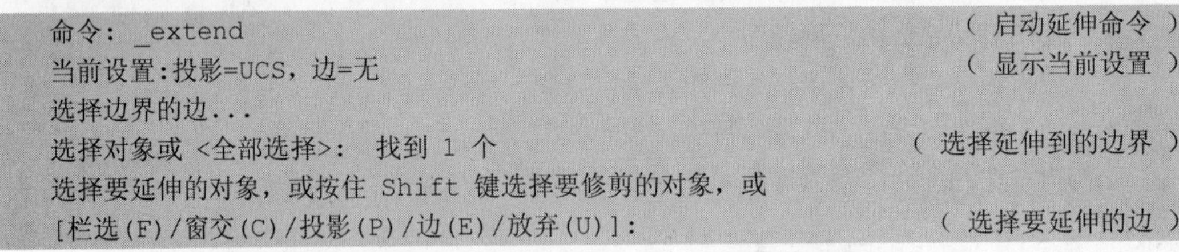

```
命令: _extend                                              （启动延伸命令）
当前设置:投影=UCS，边=无                                    （显示当前设置）
选择边界的边...
选择对象或 <全部选择>:  找到 1 个                          （选择延伸到的边界）
选择要延伸的对象，或按住 Shift 键选择要修剪的对象，或
[栏选(F)/窗交(C)/投影(P)/边(E)/放弃(U)]:                   （选择要延伸的边）
```

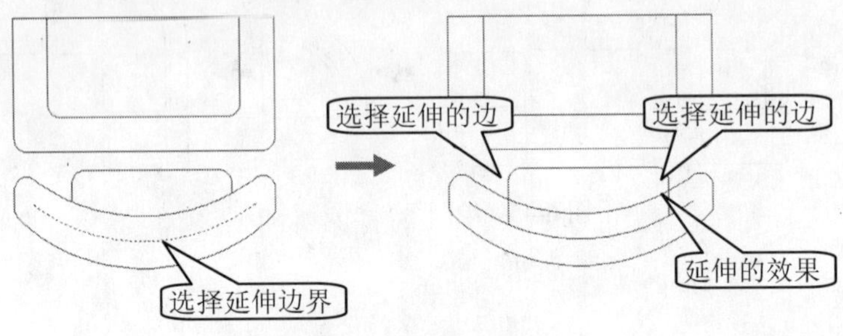

图 6-47　修剪对象

技巧

延伸图形对象命令与修剪图形对象命令的选项完全相同，各选项含义在此不再赘述。

步骤 2 绘制其他沙发

①在“修改”工具栏中单击“复制”按钮，将绘制的单沙发垂直向上复制两次，其复制的间距均为 580。

②在“修改”工具栏中单击“旋转”按钮，将最上侧的单沙发旋转-90 度；再在“修改”工具栏中单击“移动”按钮，将旋转的沙发水平向右移动 30，如图 6-48 所示。

③在“修改”工具栏中单击“复制”按钮，将旋转的单沙发水平向右复制三次，其复制的间距均为 580。

④在“修改”工具栏中单击“旋转”按钮，将最右侧的单沙发旋转-90 度；再在“修

改”工具栏中单击“移动”按钮，将旋转的沙发水平向下移动 30。

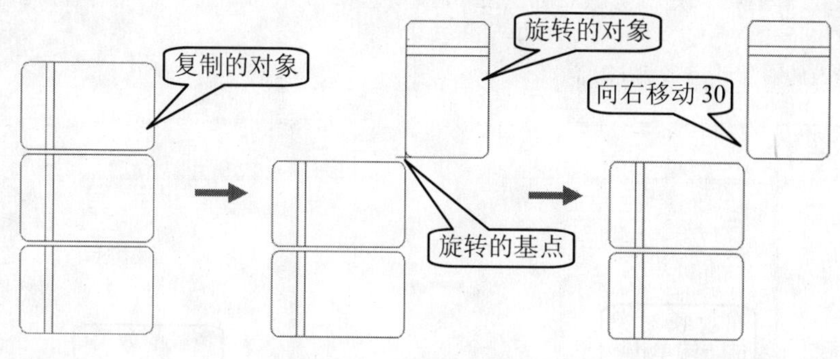

图 6-48　复制并旋转沙发

⑤在“修改”工具栏中单击“复制”按钮，将旋转的单沙发垂直向下复制一次，其复制的间距为 580，如图 6-49 所示。

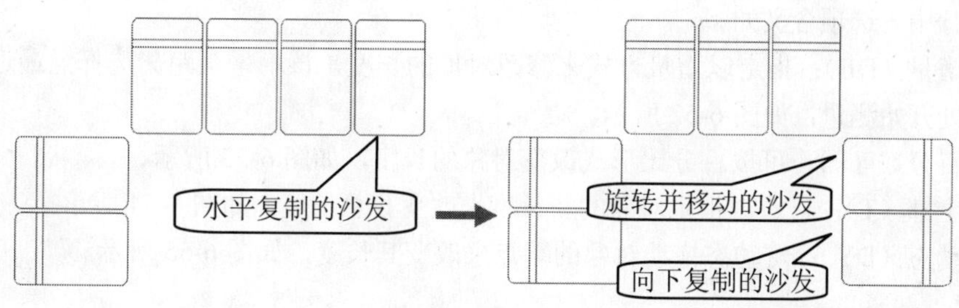

图 6-49　复制并旋转沙发

技巧

在旋转操作之前，应先在要旋转圆角矩形的圆角边位置绘制互相垂直的辅助线段，从而形成交点，这个交点就是要进行旋转的基点，如图 6-50 所示。

步骤 3　使用拉长等命令绘制转角沙发

①在“修改”工具栏中单击“偏移”按钮，将左上角的垂直线段向左偏移 30，将水平线段向上偏移 30。

②在“修改”工具栏中单击“拉长”按钮，选择“增量（DE）”选项，设置增量值为 55，然后分别单击偏移线段的两端。

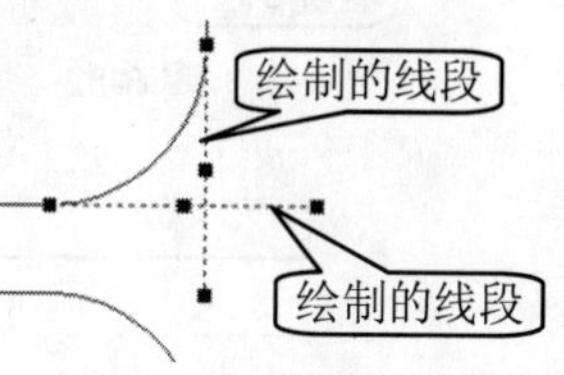

图 6-50　绘制的辅助线

知识要点：

使用拉长（LENGTHEN）命令可以改变非闭合直线、圆弧、非闭合多段线、椭圆弧和非闭合样条曲线的长度，也可以改变圆弧的角度。

拉长命令的启动方法如下。

- 下拉菜单：选择“修改>拉长”命令。
- 工具栏：在“修改”工具栏上单击“拉长”按钮。
- 输入命令名：在命令行中输入或动态输入 LENGTHEN 或 LEN，并按 Enter 键。

启动拉长命令之后，根据如下提示进行操作，即可进行拉长图形对象操作，其拉长的图形效果如图 6-51 所示。

```
命令: _lengthen                                            （启动拉长命令）
选择对象或 [增量(DE)/百分数(P)/全部(T)/动态(DY)]: de     （选择“增量（DE）”选项）
输入长度增量或 [角度(A)] <0.0000>: 200                    （输入增量的长量）
选择要修改的对象或 [放弃(U)]:                             （在拉长对象的一端单击）
```

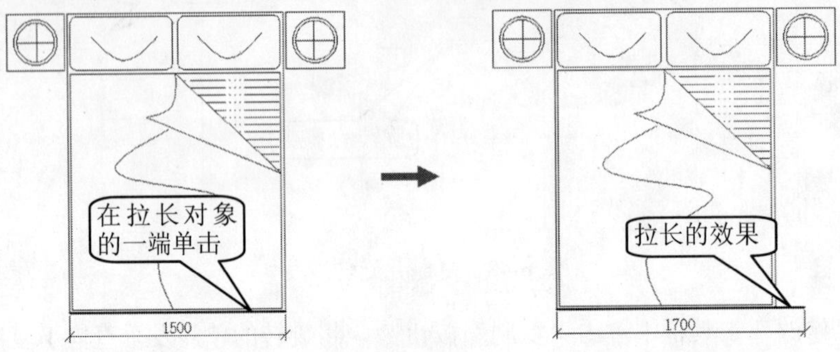

图 6-51　拉长对象

命令行中各选项含义如下。

- 增量（DE）：指定以增量方式来修改对象的长度，该增量从距离选择点最近的端点处开始测量，如图 6-52 所示。
- 百分数（P）：可按百分比形式改变对象的长度，如图 6-53 所示。
- 全部（T）：可通过指定对象的新长度来改变其总长度，如图 6-54 所示。
- 动态（DY）：可动态拖动对象的端点来改变其长度，如图 6-55 所示。

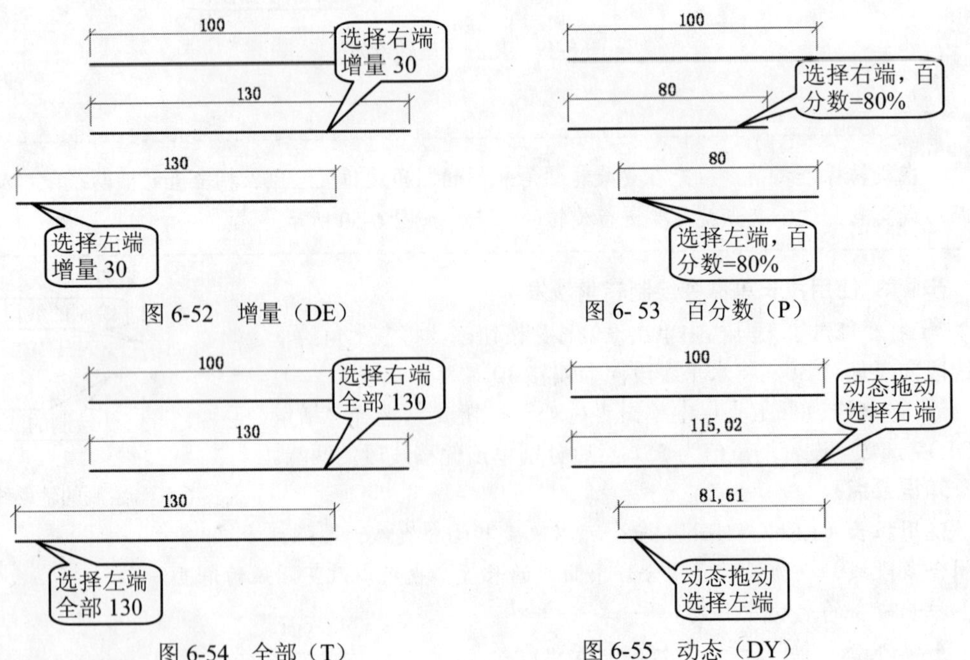

图 6-52　增量（DE）　　图 6-53　百分数（P）

图 6-54　全部（T）　　图 6-55　动态（DY）

注意

在默认情况下，“修改”工具栏上没有“拉长”按钮，用户可通过自定义工具栏，将需要的按钮添加到工具栏上。

③在“修改”工具栏中单击“偏移”按钮，将拉长的水平线段向上偏移 660、55 和 165；将拉长的垂直线段向左偏移 660、55 和 165，如图 6-56 所示。

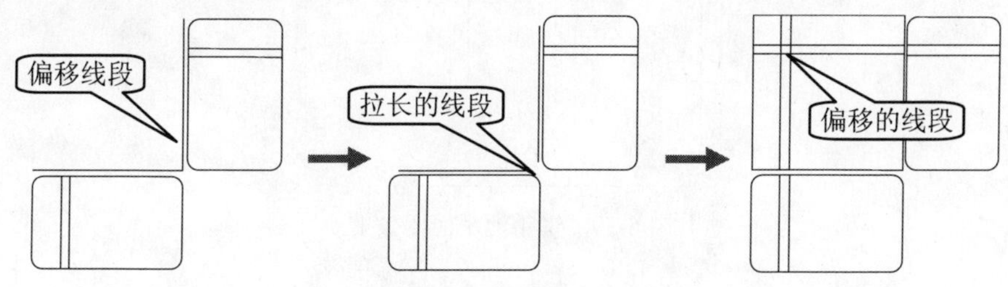

图 6-56　偏移并拉长的线段

④在“修改”工具栏中单击“圆角”按钮，将偏移和拉长的线段进行圆角操作，其圆角的半径分别为 550、605、770 和 55，从而形成转角沙发，如图 6-57 所示。

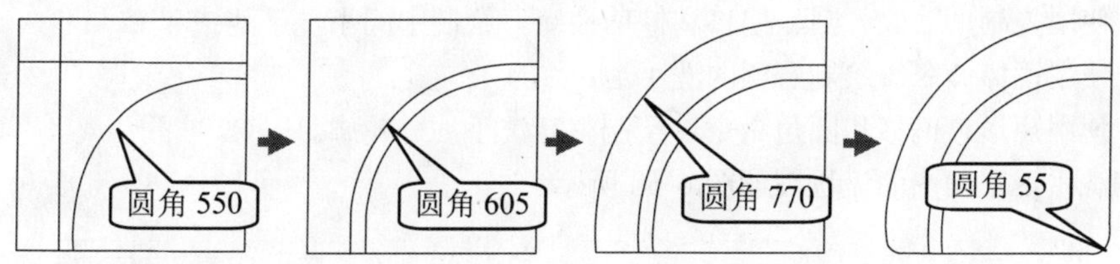

图 6-57　进行圆角操作

步骤 4　绘制另一个转角沙发

在“修改”工具栏中单击“镜像”按钮，将绘制的转角沙发进行水平镜像操作，其镜像的中心点为上侧中间沙发的中点，如图 6-58 所示。

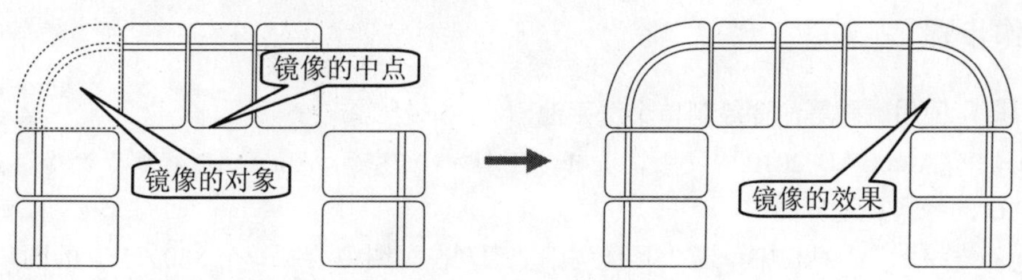

图 6-58　进行镜像操作

步骤 5　保存文件

实用案例 6.4　绘制洗手池平面图

效果文件：	CDROM\04\效果\洗手池平面图.dwg
演示录像：	CDROM\04\演示录像\洗手池平面图.exe

案例解读

在本案例中，主要讲解了 AutoCAD 中绘制和编辑命令，包括有矩形、复制、缩放、偏移、修剪、直线、镜像等命令。通过绘制洗手池平面图，使读者熟练掌握复制、缩放、镜像、修剪等命令，其绘制完成的效果如图 6-59 所示。

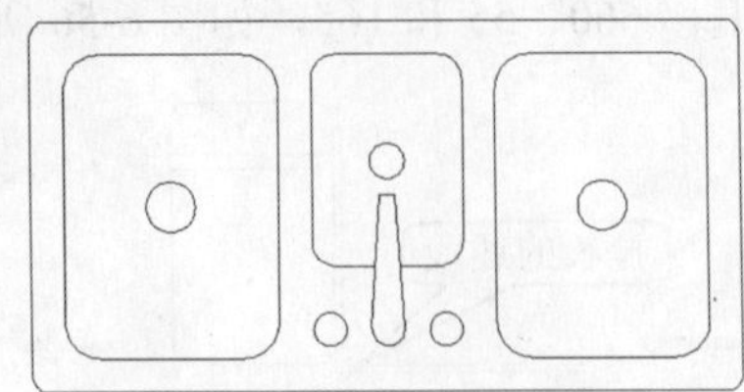

图 6-59　洗手池平面图效果

要点流程

- 首先启动 AutoCAD 2010 中文版，进入 AutoCAD 经典界面；
- 使用矩形、直线和圆命令，绘制单个洗手池；
- 使用复制、缩放、圆、偏移和修剪命令，绘制中间小洗手池；
- 使用镜像命令，绘制右侧的洗手池；
- 使用矩形、偏移和圆角命令，绘制整套洗手池外轮廓。

绘制洗手池平面图的流程图如图 6-60 所示。

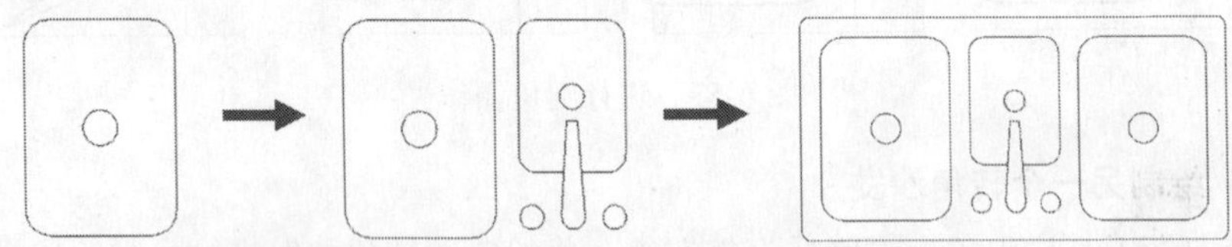

图 6-60　绘制洗手池流程图

操作步骤

步骤 1　使用删除等命令绘制单个洗手池

①启动 AutoCAD 2010 中文版，选择“工具>工作空间>AutoCAD 经典”命令，进入到 AutoCAD 的经典环境界面中。

②在“绘图”工具栏中单击“矩形”按钮，在视图中绘制一个 880×550 的圆角矩形，其圆角的半径为 51；再在“绘图”工具栏中单击“直线”按钮，过圆角矩形垂直线的中点绘制一条水平的辅助线段。

③在“绘图”工具栏中单击“圆”按钮，以水平辅助线段的中点为圆心，绘制一个半径为 38 的圆；再在“修改”工具栏中单击“删除”按钮，将前面绘制的水平辅助线段删除，从而完成单个洗手池，如图 6-61 所示。

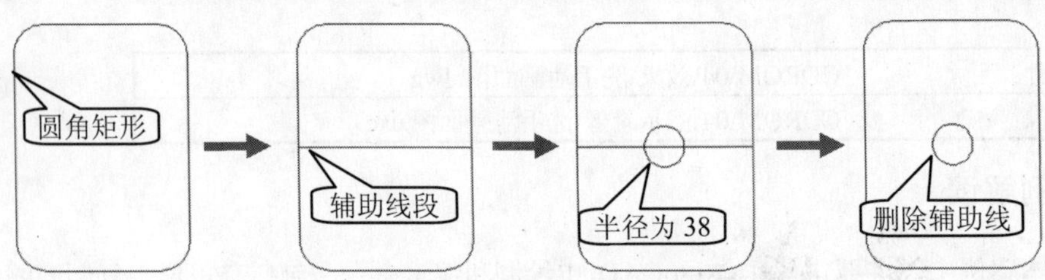

图 6-61　绘制的单个洗手池

知识要点：

当图形中有不需要的对象时，可以使用删除命令（ERASE）将其删除。

删除命令的启动方法如下。

- 下拉菜单：选择“修改>删除”命令。
- 工具栏：在“修改”工具栏上单击“删除”按钮。
- 输入命令名：在命令行中输入或动态输入 ERASE 或 E，并按 Enter 键。

启动删除命令之后，根据如下提示进行操作，即可进行删除图形对象操作，其删除的图形效果如图 6-62 所示。

```
命令：_erase                          （启动删除命令）
选择对象：找到 1 个                    （选择要删除的对象）
选择对象：                            （按 Enter 键结选择）
```

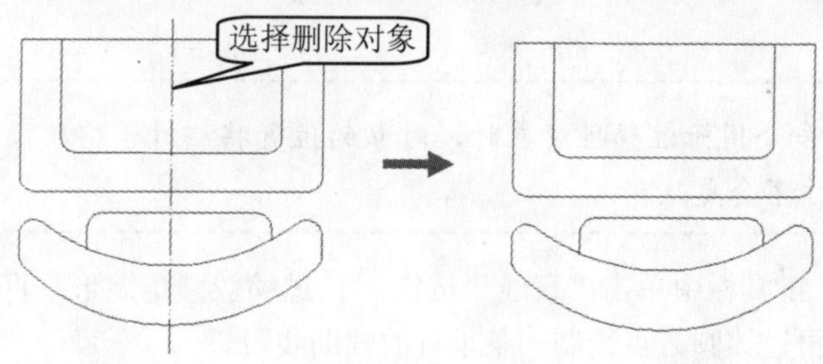

图 6-62　删除对象

步骤 2 使用缩放命令

①在“修改”工具栏中单击“复制”按钮，将绘制的单个洗手池水平向右复制 381；再在“修改”工具栏中单击“缩放”按钮，将复制的洗手池以 0.7 的比例因子进行缩放，其缩放的基点为左上角点，如图 6-63 所示。

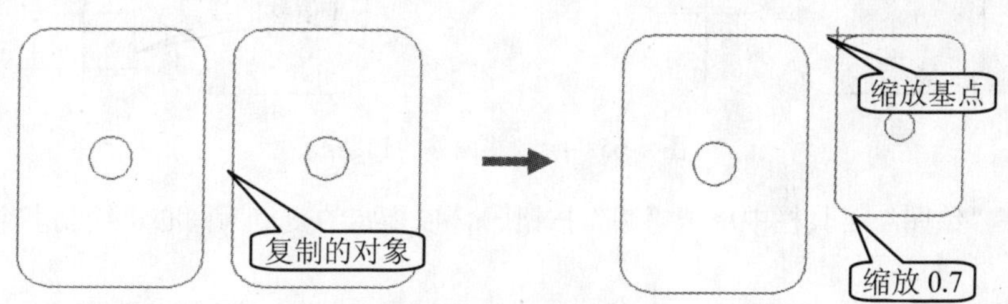

图 6-63　复制并缩放操作

知识要点：

使用缩放（SCALE）命令可以通过指定的比例因子引用与另一个对象间的指定距离，或用这两种方法相结合来改变相对于给定基点的现有对象的尺寸。

缩放命令的启动方法如下。

- 下拉菜单：选择“修改>缩放”命令。
- 工具栏：在“修改”工具栏上单击“缩放”按钮。
- 输入命令名：在命令行中输入或动态输入 SCALE 或 SC，并按 Enter 键。

启动缩放命令之后，根据如下提示进行操作，即可进行缩放图形对象操作，其缩放的图形效果如图 6-64 所示。

```
命令: _scale                                         ( 启动缩放命令 )
选择对象: 指定对角点: 找到 8 个                        ( 选择要缩放的图形对象 )
指定基点:                                            ( 指定缩放的中心基点 )
指定比例因子或 [复制(C)/参照(R)] <1.0000>:  0.8        ( 输入缩放的比例因子 )
```

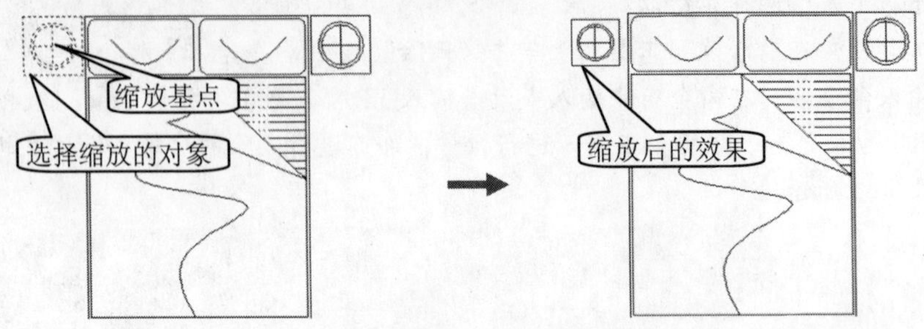

图 6-64　缩放对象

注意

将 SCALE 命令用于注释性对象时，对象的位置将相对于缩放操作的基点进行缩放，但对象的尺寸不会更改。

②在“绘图”工具栏中单击“直线”按钮，过缩放圆角矩形垂直线的中点绘制一条水平的辅助线段，再过该圆心点绘制一条垂直的辅助线段。

③在“修改”工具栏中单击“偏移”按钮，将水平辅助线分别向下偏移 51、203，将垂直辅助线向左右两侧各偏移 89，如图 6-65 所示。

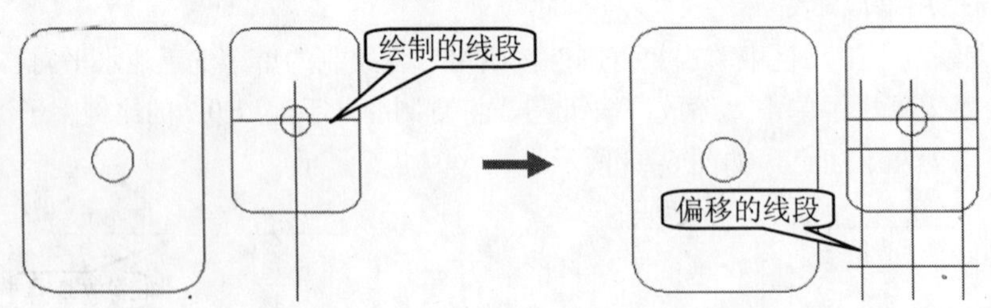

图 6-65　绘制并偏移的辅助线

④在“绘图”工具栏中单击“圆”按钮，以指定的交点为圆心，绘制多个半径为 25 的圆。

⑤再在“修改”工具栏中单击“删除”按钮，将不需要的辅助线删除，再将中间的垂直辅助线向左右两侧各偏移 12.5，使用“直线”命令，以其交点和圆的切点相连接。

⑥再在“修改”工具栏中单击“删除”按钮，将不需要的辅助线删除，再在“修改”工具栏中单击“修剪”按钮，将多余的线段和圆弧进行修剪操作，如图 6-66 所示。

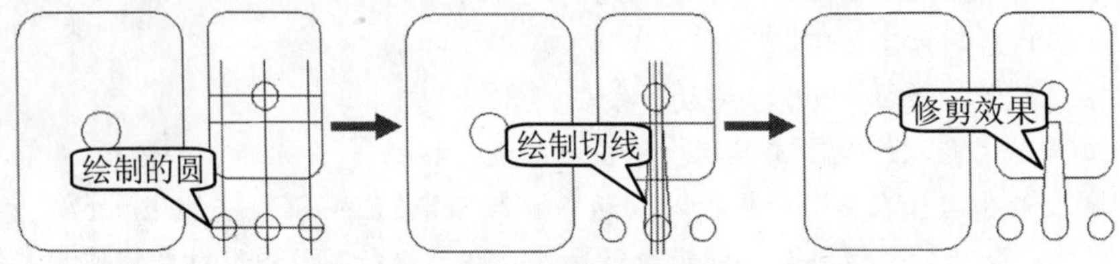

图 6-66　绘制圆并修剪操作

步骤 3 绘制右侧的洗手池

在“修改”工具栏中单击“镜像”按钮，选择左侧的对象，以其中间对象的中点进行水平镜像操作，如图 6-67 所示。

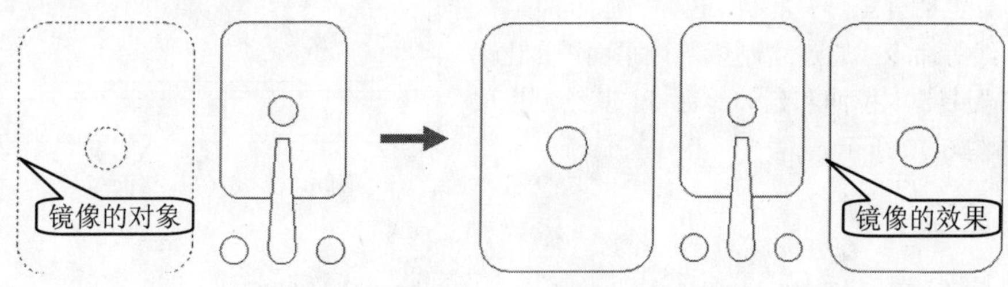

图 6-67 镜像操作

步骤 4 绘制整套洗手池外轮廓

①在“绘图”工具栏中单击“直线”按钮，在图形的左上角和右下角圆角的端点绘制水平和垂直的辅助线段，从而确定交点；再在“绘图”工具栏中单击“矩形”按钮，从而绘制一个直角矩形，如图 6-68 所示。

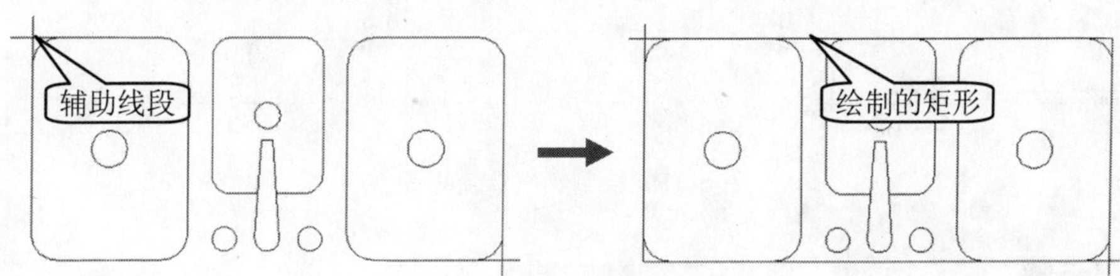

图 6-68 绘制直角矩形

②在“修改”工具栏中单击“偏移”按钮，将直角矩形向外偏移 51；再在“修改”工具栏中单击“删除”按钮，将不需要的辅助线和直角矩形删除。

③在“修改”工具栏中单击“圆角”按钮，将直角矩形进行圆角操作，其圆角的半径均为 25，如图 6-69 所示。

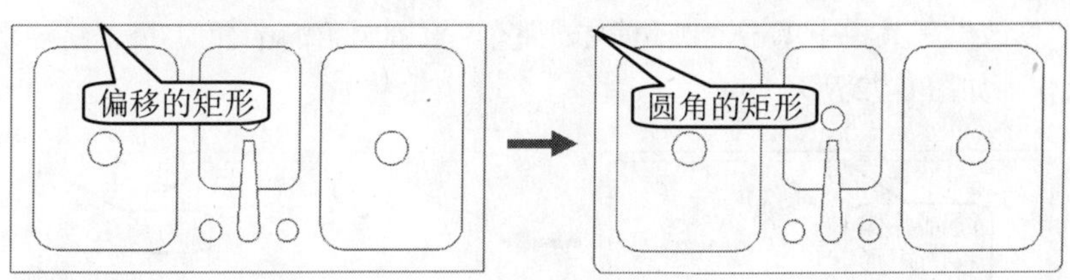

图 6-69 偏移并圆角矩形

步骤 5 保存文件

实用案例 6.5 绘制燃气灶平面图

效果文件：	CDROM\04\效果\燃气灶平面图.dwg
演示录像：	CDROM\04\演示录像\燃气灶平面图.exe

案例解读

在本案例中，主要讲解了 AutoCAD 的绘制和编辑命令，包括有矩形、复制、拉伸、延伸、偏移、修剪、直线等命令。通过绘制燃气灶平面图，让读者熟练掌握复制、拉伸和延伸等命令，其绘制完成的效果如图 6-70 所示。

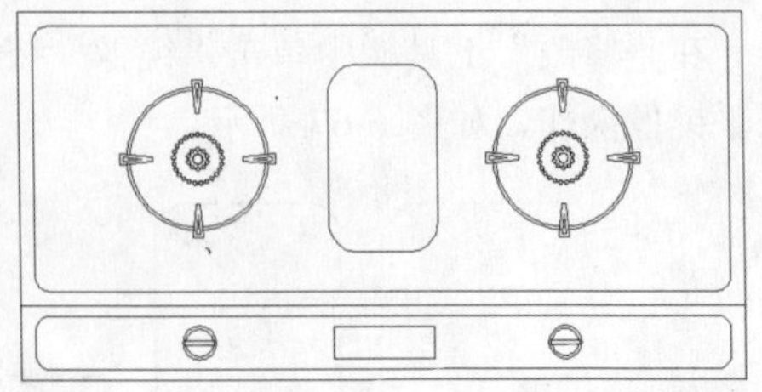

图 6-70　燃气灶平面图效果

要点流程

- 使用矩形、偏移、拉伸和延伸等命令，绘制燃气灶的轮廓；
- 使用圆、多段线、偏移、修剪等命令，绘制灶芯；
- 使用圆、矩形和修剪等命令，绘制开关；
- 使用直线、移动、删除等命令，将绘制的灶芯和开关移到指定位置。

绘制燃气灶流程图如图 6-71 所示。

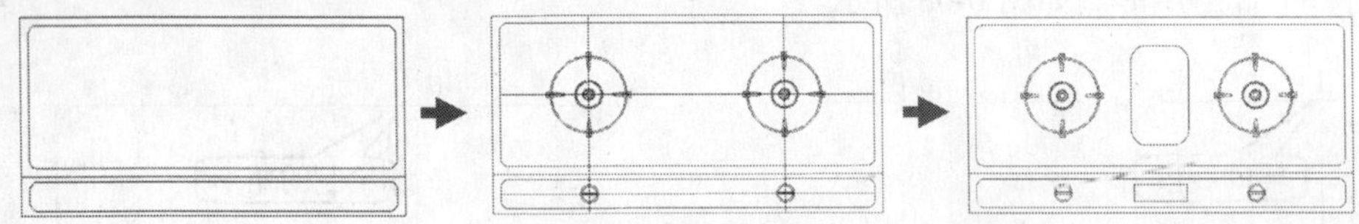

图 6-71　绘制燃气灶流程图

操作步骤

步骤 1 使用拉伸命令

①启动 AutoCAD 2010 中文版，选择“工具>工作空间>AutoCAD 经典”命令，进入到 AutoCAD 的经典环境界面中。

②在“绘图”工具栏中单击“矩形”按钮，在视图中绘制一个 750×300 的矩形；再在“修改”工具栏中单击“偏移”按钮，将矩形向内偏移 15。

③在“修改”工具栏中单击“圆角”按钮，设置圆角的半径为 15，将矩形的四个角进行圆角操作，如图 6-72 所示。

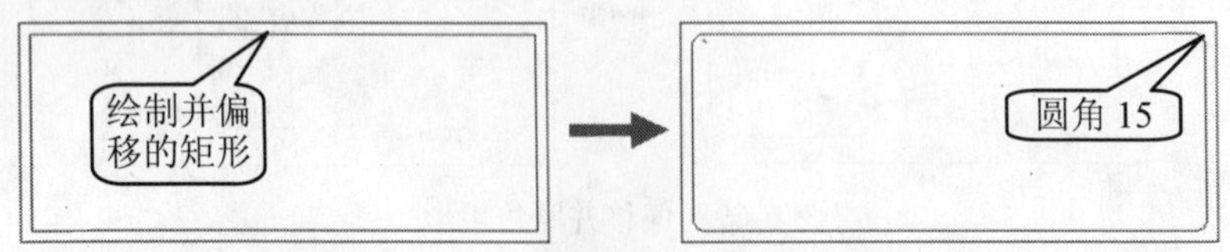

图 6-72　绘制矩形并进行圆角操作

④在“修改”工具栏中单击“复制”按钮，将圆角的矩形垂直向下复制，间距为 295。

⑤在“修改”工具栏中单击“分解”按钮，将所有的图形对象进行打散操作；再在“修改”工具栏中单击“拉伸”按钮，以交叉选择方式将复制圆角矩形的下侧部分进行选择，捕捉下侧水平线段的中点作为拉伸的基点，按 F8 键切换到正交模式，将鼠标光标指向上，然后输入拉伸的距离为 215，如图 6-73 所示。

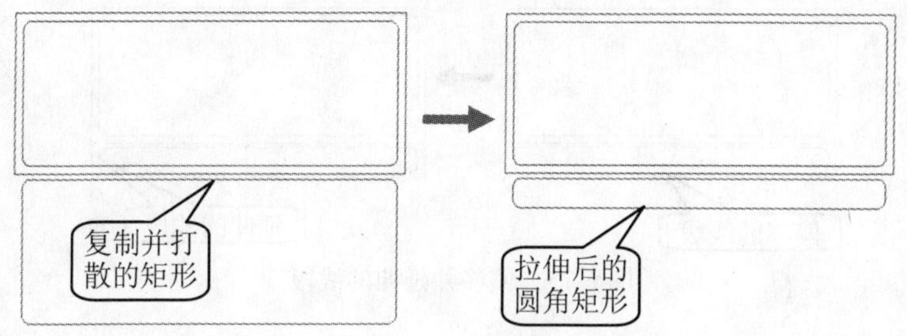

图 6-73　复制并拉伸的圆角矩形

知识要点：

使用拉伸（STRETCH）命令可以拉伸、缩短和移动对象。在拉伸对象操作时，首先要为拉伸对象指定一个基点，然后再指定一个位移点。

拉伸命令的启动方法如下所示。

- 下拉菜单：选择“修改>拉伸”命令。
- 工具栏：在“修改”工具栏上单击“拉伸”按钮。
- 输入命令名：在命令行中输入或动态输入 STRETCH 或 S，并按 Enter 键。

启动拉伸命令之后，根据如下提示进行操作，即可进行拉伸图形对象操作，其拉伸的图形效果如图 6-74 所示。

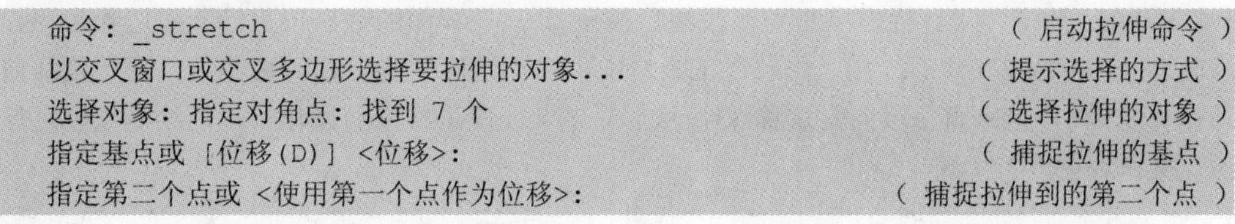

```
命令: _stretch                                    （启动拉伸命令）
以交叉窗口或交叉多边形选择要拉伸的对象...            （提示选择的方式）
选择对象: 指定对角点: 找到 7 个                     （选择拉伸的对象）
指定基点或 [位移(D)] <位移>:                        （捕捉拉伸的基点）
指定第二个点或 <使用第一个点作为位移>:                （捕捉拉伸到的第二个点）
```

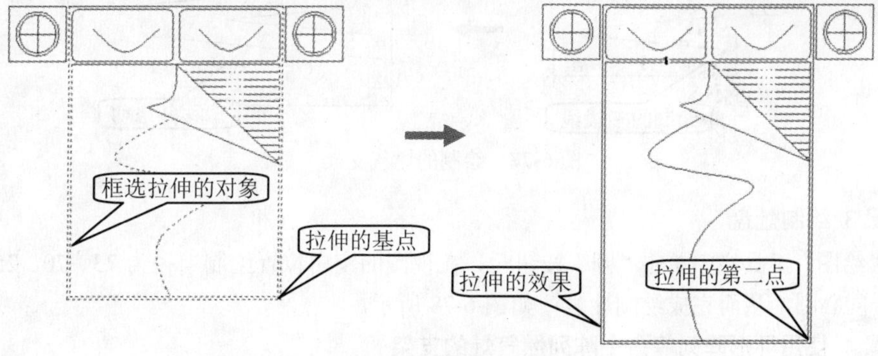

图 6-74　拉伸对象

注意

在指定拉伸的第二点时，同样可以按 F8 键切换到“正交”模式，并指定拉伸的方向，然后输入拉伸的数值。

⑤ 在“修改”工具栏中单击“偏移”按钮，将直角矩形下侧的水平线段垂直向下偏移 75；再在“修改”工具栏中单击“延伸”按钮，选择偏移的水平线段作为延伸的边界线，然后选择矩形左右两侧垂直线段的下端，如图 6-75 所示。

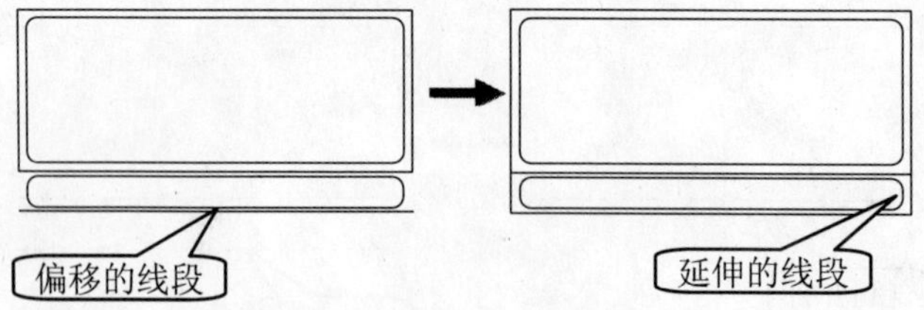

图 6-75　偏移并延伸的线段

步骤 2 绘制燃气灶的支架

①在“修改”工具栏中单击“偏移”按钮，将矩形的左侧垂直线段向右偏移 185 和 376；在“绘图”工具栏中单击“直线”按钮，分别过上下两个圆角矩形垂直线段的中点绘制两条水平线段，如图 6-76 所示。

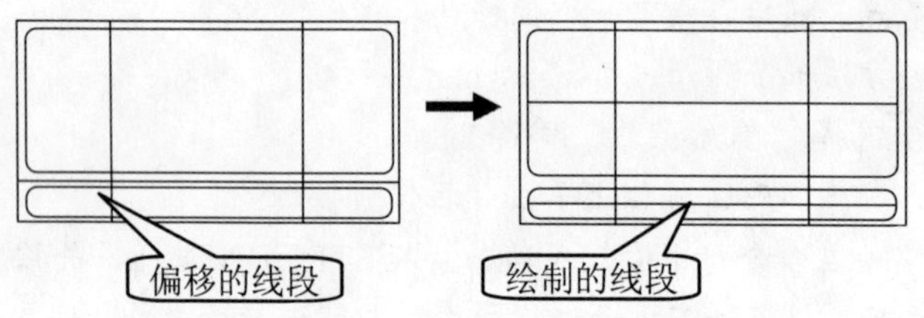

图 6-76　偏移和绘制的线段

②在“绘图”工具栏中单击“多段线”按钮，在视图的空白位置绘制底边长为 4、高度为 19 的等腰三角形；在“修改”工具栏中单击“偏移”按钮，再将三角形多段线向外偏移 3，将左侧垂直线段向右偏移 33，然后对多余线段进行修剪操作，从而绘制完燃气灶的支架，如图 6-77 所示。

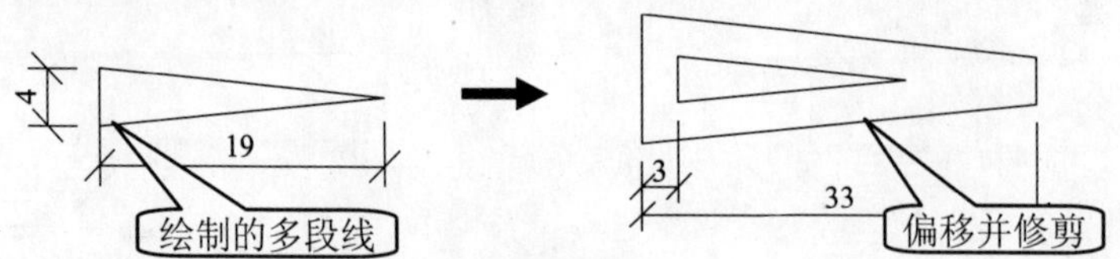

图 6-77　绘制的燃气支架

步骤 3 绘制灶盘

在“绘图”工具栏中单击“圆”按钮，在视图的空白位置绘制半径为 73、70、25、10、5 的五个同心圆，从而完成绘制灶盘，如图 6-78 所示。

步骤 4 使用环形阵列等命令阵列燃气灶的支架

①在“修改”工具栏中单击“移动”按钮，将绘制的支架移到灶盘左侧的象限点位置，并向左水平移动 7 个单位，如图 6-79 所示。

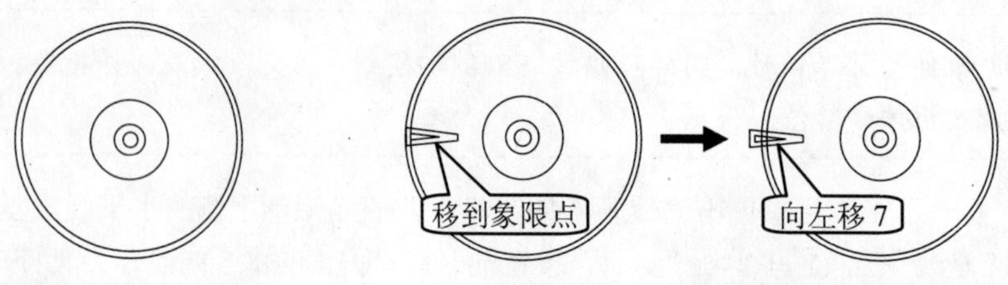

图 6-78　绘制同心圆　　　　图 6-79　放置支架到灶盘

②在“修改”工具栏中单击“阵列”按钮，将放置的支架绕灶中心点进行环形阵列，阵列数量为 4，如图 6-80 所示。

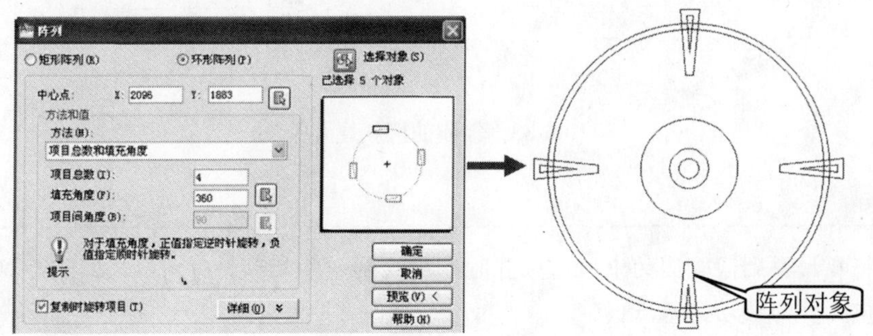

图 6-80　环形阵列支架

步骤 5 绘制灶芯

①在“修改”工具栏中单击“修剪”按钮，将多余的线段进行修剪操作；再使用“圆”命令在圆半径为 25 的象限点上绘制半径为 2 的小圆，然后使用“阵列”命令对小圆环形阵列，阵列数量为 25，从而绘制外侧气孔，如图 6-81 所示。

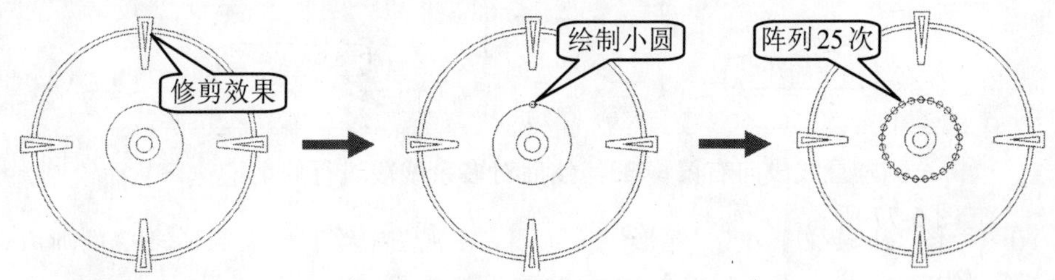

图 6-81　环形阵列支架

②同样，使用“圆”命令在圆半径为 10 的象限点上绘制半径为 2 的小圆，再使用“阵列”命令对小圆环形阵列，阵列数量为 9，然后使用“修剪”命令，对多余的圆弧进行修剪操作，从而完成灶芯的绘制，如图 6-82 所示。

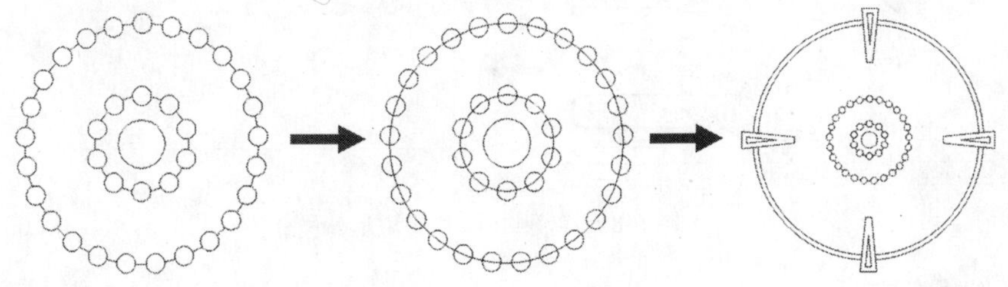

图 6-82　绘制的灶芯效果

步骤 6 绘制开关

在“绘图”工具栏中单击“圆”按钮，在视图的空白位置绘制半径为 17 和 14 的两个同心圆；在“绘图”工具栏中单击“矩形”按钮，在视图中绘制一个 30×4 的矩形，将绘制的矩形移动到两个同心圆的中心位置；然后使用“修剪”命令，对多余的线段进行修剪操作，从而完成燃气灶开关的绘制，如图 6-83 所示。

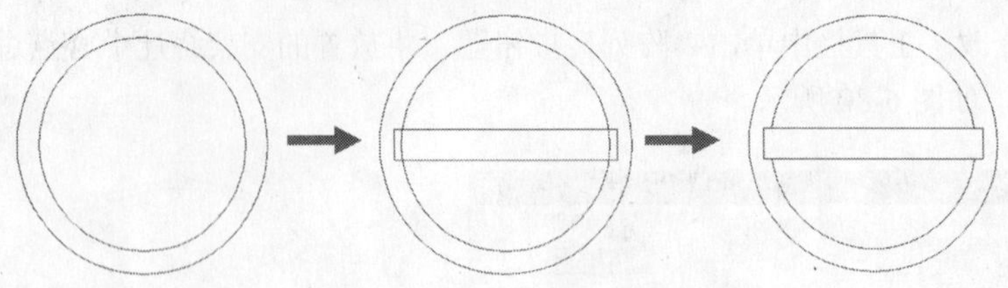

图 6-83　绘制的燃气灶开关

注意

在将矩形移到同心圆的中心点位置时，应绘制一条矩形的对角线段，然后以其对角线段的中点作为移动的基点。

步骤 7　将绘制的灶芯和开关移到指定位置

①在“修改”工具栏中单击“复制”按钮，将绘制的灶芯和开关复制到燃气灶指定的交点位置，如图 6-84 所示。

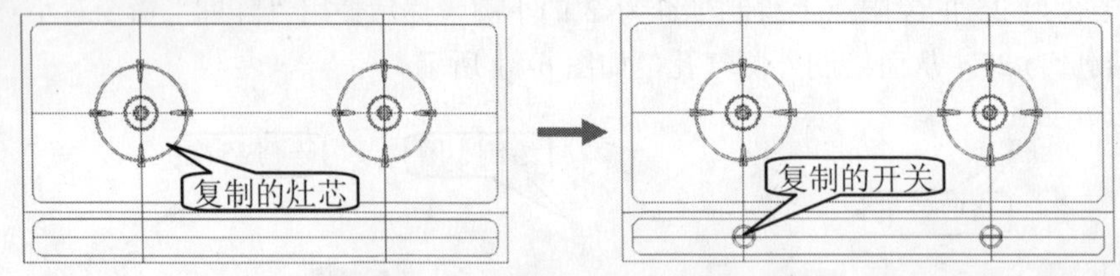

图 6-84　复制的灶芯和开关

②在“绘图”工具栏中单击“矩形”按钮，在视图中绘制一个 111×192 的圆角矩形，其圆角半径为 30；同样，再绘制一个 104×33 的直角矩形。

③使用“直线”命令，过燃气灶水平线段的中点绘制一条垂直辅助线段；再使用“移动”命令，将绘制的两个矩形移到指定的交点位置；然后使用“删除”命令，将多余的辅助线段删除，如图 6-85 所示。

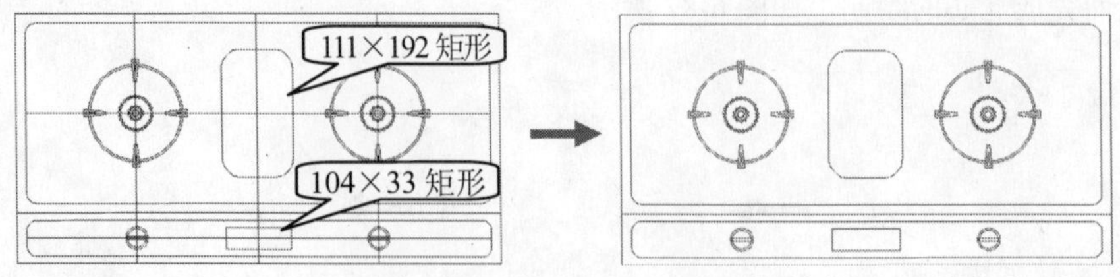

图 6-85　绘制并移到的矩形

步骤 8　保存文件

实用案例 6.6　绘制浴缸平面图

效果文件:	CDROM\04\效果\浴缸平面图.dwg
演示录像:	CDROM\04\演示录像\浴缸平面图.exe

案例解读

在本案例中，主要讲解了 AutoCAD 的绘制和编辑命令，包括有矩形、倒角、椭圆、旋转、打断等命令。通过绘制浴缸平面图，使读者熟练掌握倒角和打断命令，其绘制完成的效果如图 6-86 所示。

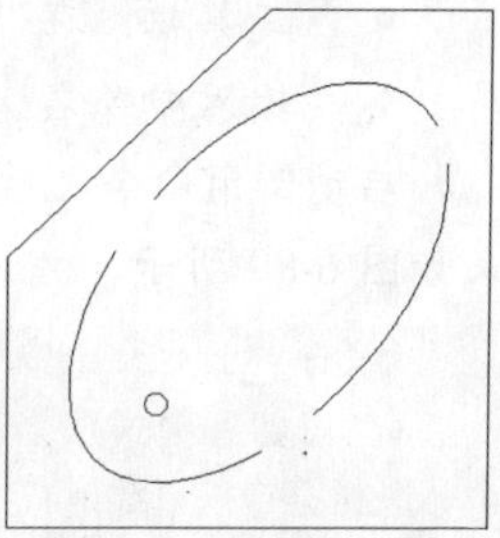

图 6-86　浴缸平面图效果

要点流程

- 使用多段线和偏移命令，绘制沙发轮廓；
- 使用圆角命令进行圆角操作；
- 使用样条曲线和修剪命令，绘制沙发轮廓和靠背。

绘制浴缸平面图的流程图如图 6-87 所示。

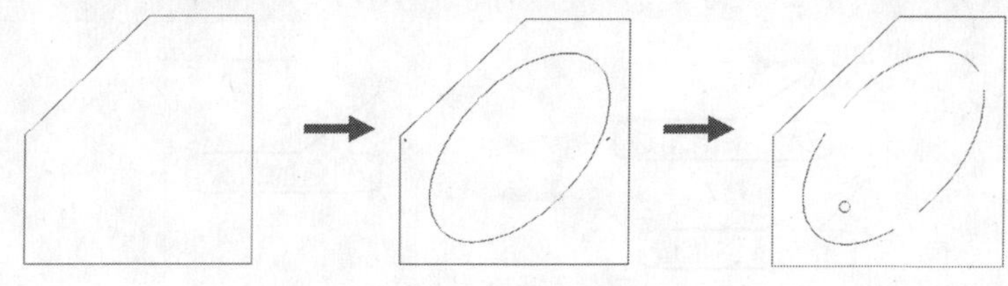

图 6-87　绘制浴缸流程图

操作步骤

步骤 1 使用倒角等命令绘制浴缸轮廓

①启动 AutoCAD 2010 中文版，选择“工具>工作空间>AutoCAD 经典”命令，进入到 AutoCAD 的经典环境界面中。

②在“绘图”工具栏中单击“矩形”按钮，在视图中绘制一个 1092×1149 的矩形；在“修改”工具栏中单击“倒角”按钮，设置倒角的两段距离为 549、592，对矩形的左上角进行倒角操作，如图 6-88 所示。

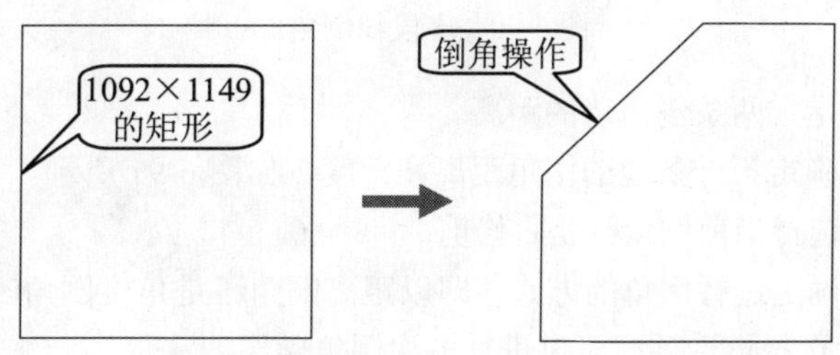

图 6-88　绘制矩形并倒角操作

知识要点：

倒角（CHAMFER）命令表示将两条相交的直线用斜角边连接起来。可以进行倒角操作的对象有直线、多段线、射线、构造线和三维实体等。

倒角命令的启动方法如下。

◆ 下拉菜单：选择“修改>倒角”命令。

◆ 工具栏：在“修改”工具栏上单击“倒角”按钮。
◆ 输入命令名：在命令行中输入或动态输入 CHAMFER 或 CHA，并按 Enter 键。

启动倒角命令之后，根据如下提示进行操作，即可进行倒角对象操作，其倒角的图形效果如图 6-89 所示。

```
命令：_chamfer                                                    （启动倒角命令）
（“修剪”模式）当前倒角距离 1 = 0.00，距离 2 = 0.00            （显示当前模式与距离）
选择第一条直线或[放弃(U)/多段线(P)/距离(D)/角度(A)/修剪(T)/方式(E)/多个(M)]: d
                                                                  （设置倒角距离）
指定第一个倒角距离 <0.0000>: 200                                 （输入第一条倒角距离）
指定第二个倒角距离 <200.0000>: 400                               （输入第二条倒角距离）
选择第一条直线或 [放弃(U)/多段线(P)/距离(D)/角度(A)/修剪(T)/方式(E)/多个(M)]:
                                                                  （选择第一条倒角的线段）
选择第二条直线，或按住 Shift 键选择要应用角点的直线：            （选择第二条倒角的线段）
```

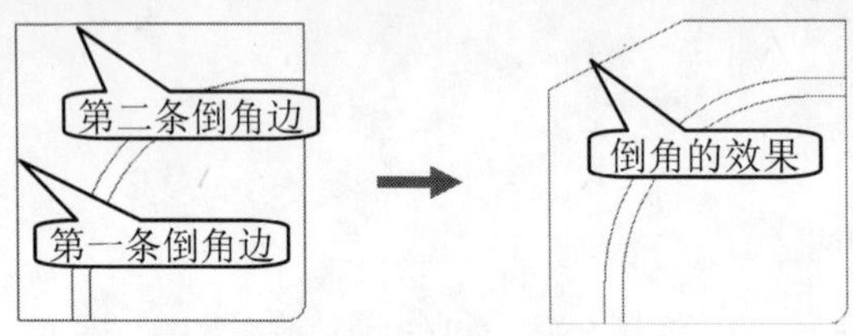

图 6-89　倒角对象

命令行中各选项含义如下。

- 多段线（P）：提示选择二维多段线，并将其指定的多段线的尖角处，按照指定的倒角距离进行多次倒角操作，如图 6-90 所示。

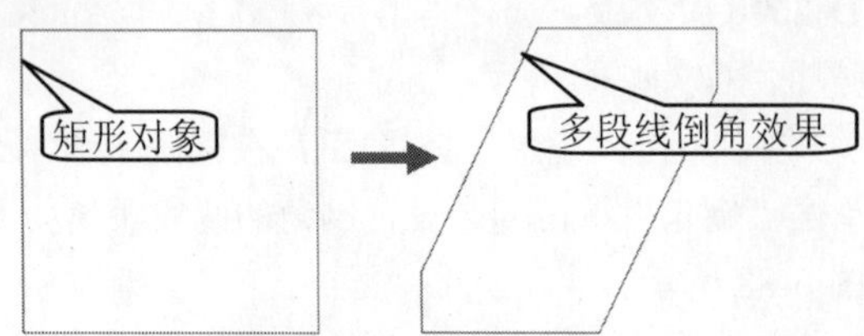

图 6-90　多段线倒角

- 距离（D）：指定两条倒角边的距离。
- 角度（A）：确定第一条边的倒角距离和角度，如图 6-91 所示。
- 修剪（T）：选择当前倒角框是否修剪。
- 方式（E）：确定进行倒角的方式，即以距离倒角还是角度倒角。
- 多个（M）：选择该选项后可以进行多次倒角操作。

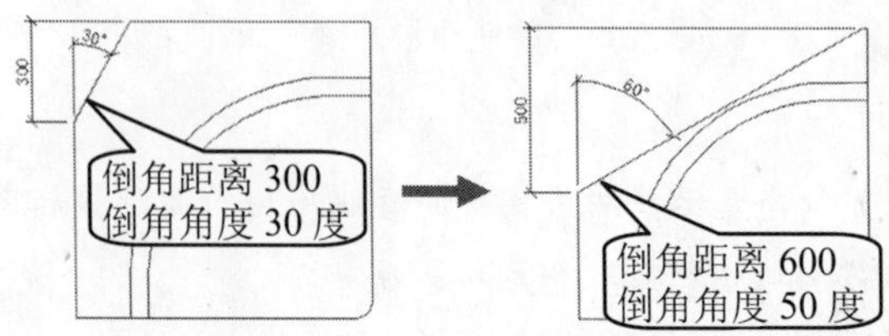

图 6-91　按照角度进行倒角

技巧

用户可以针对两条没有闭合的线段进行倒角操作。若倒角的两条边距离均为 0，则可以将其线段进行闭合操作，如图 6-92 所示。

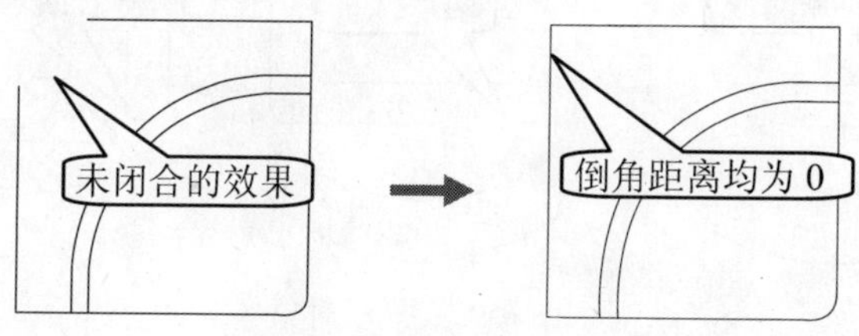

图 6-92　倒角距离均为 0

③在“绘图”工具栏中单击“椭圆”按钮，其椭圆的长轴半径为 537，短轴半径为 350；在“修改”工具栏中单击“旋转”按钮，将其椭圆绕中心点旋转 47 度；然后利用“移动”命令将旋转的椭圆移至倒角矩形适当位置上，如图 6-93 所示。

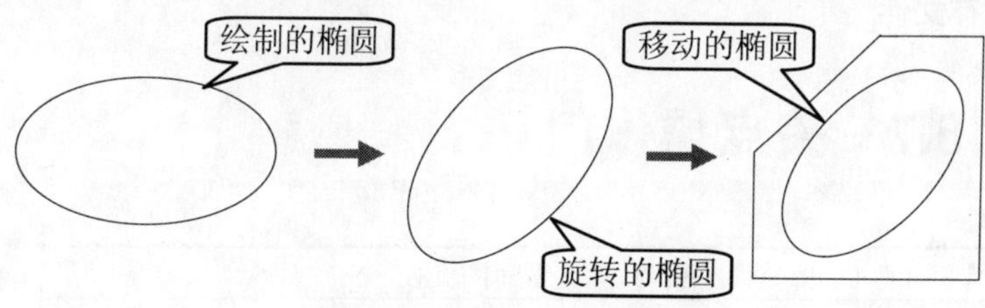

图 6-93　绘制并移动的椭圆

步骤 2　使用打断命令进行细节处理

在“绘图”工具栏中单击“圆”按钮，在椭圆的左下角适当的位置处绘制一个半径为 25 的圆；再在“修改”工具栏中单击“打断”按钮，将椭圆的指定位置进行多次打断操作，如图 6-94 所示。

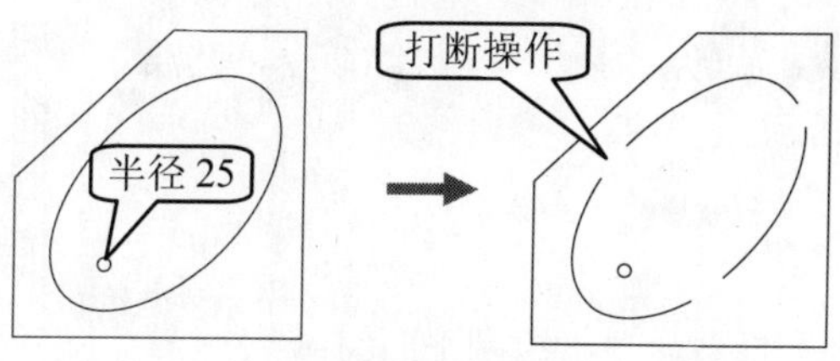

图 6-94　绘制圆并打断椭圆

知识要点：

使用打断（BREAK）命令可以将对象指定两点间的部分删除，或将一个对象打断成两个具有同一端点的对象。

打断命令的启动方法如下。

- 下拉菜单：选择“修改>打断”命令。
- 工具栏：在“修改”工具栏上单击“打断”按钮，或“打断一点”按钮。
- 输入命令名：在命令行中输入或动态输入 BREAK 或 BR，并按 Enter 键。

启动打断命令之后，根据如下提示进行操作，即可进行打断图形对象操作，其打断的图形效果如图 6-95 所示。

```
命令: _break                                          ( 启动打断命令 )
选择对象:                                             ( 选择要打断的对象 )
指定第二个打断点 或 [第一点(F)]:                      ( 在打断对象的另一点处单击 )
```

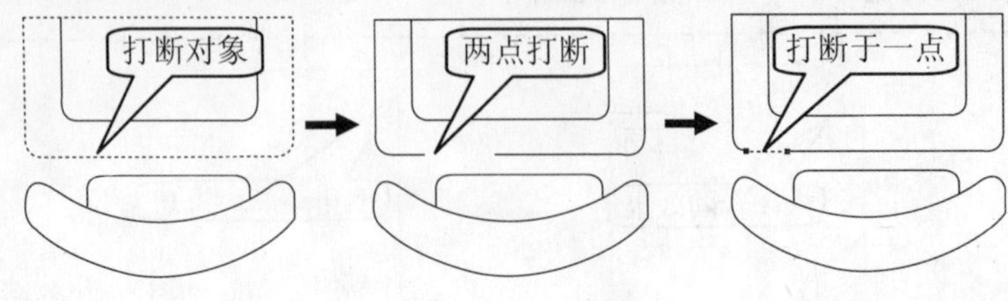

图 6-95　打断对象

注意

启动打断命令之后，首先选择需要打断的对象，并将选择的点作为打断的第一点，然后再在另一个位置单击确定打断的第二个点。

步骤 3 保存文件

实用案例 6.7　夹点操作门

素材文件:	CDROM\05\素材\建筑平面图.dwg
效果文件:	CDROM\04\效果\夹点操作门.dwg
演示录像:	CDROM\04\演示录像\夹点操作门.exe

案例解读

在本案例中，主要讲解了 AutoCAD 中绘制和编辑命令，包括有矩形、圆弧、移动、夹点操作命令。通过夹点操作门，使读者熟练掌握夹点移动、旋转、移动、缩放等命令，其绘制完成的效果如图 6-96 所示。

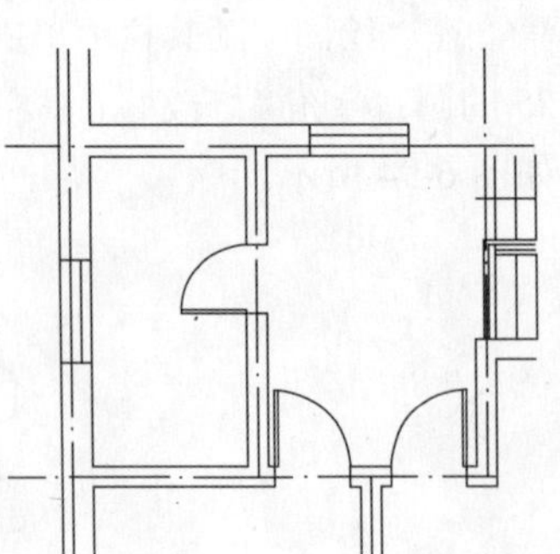

图 6-96　夹点操作门效果

要点流程

- 使用矩形、圆弧和修剪命令，绘制平面门；
- 使用编组命令将平面门编组为 M1；
- 使用复制命令将编组的 M1 复制到平面图的指定位置。
- 使用夹点镜像、旋转、缩放、移动等操作，重新安装门。

夹点操作门的流程图如图 6-97 所示。

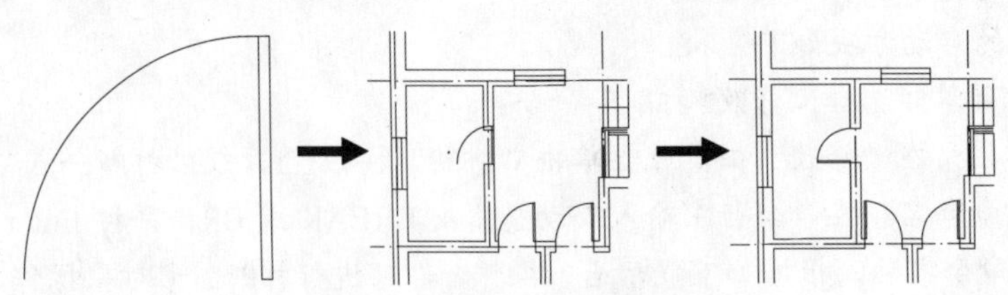

图 6-97　夹点操作门的流程图

操作步骤

步骤 1 绘制平面门

①启动 AutoCAD 2010 中文版，选择“工具>工作空间>AutoCAD 经典”命令，进入到 AutoCAD 的经典环境界面中。

②在“标准”工具栏中单击“打开”按钮，打开附盘的“建筑平面图.DWG”文件，如图 6-98 所示。

③在“绘图”工具栏中单击“矩形”按钮，视图空白位置绘制一个 40×900 的矩形；再在“绘制”工具栏中单击“圆弧”按钮，绘制角度为 90 度的圆弧，从而绘制门示意图，如图 6-99 所示。

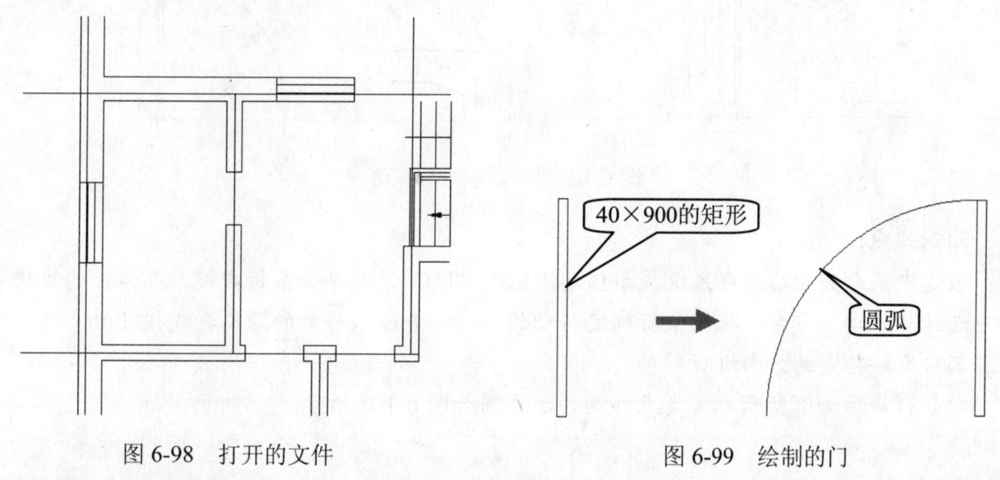

图 6-98　打开的文件　　　　图 6-99　绘制的门

步骤 2 使用编组命令将平面门编组为 M1

在命令行中输入组命令 G，将绘制的门编辑为一个 M1 的组，如图 6-100 所示。

步骤 3 复制编组的平面门

在“修改”工具栏中单击“复制”按钮，将编组为 M1 的门依次复制到平面图的指定位置，如图 6-101 所示。

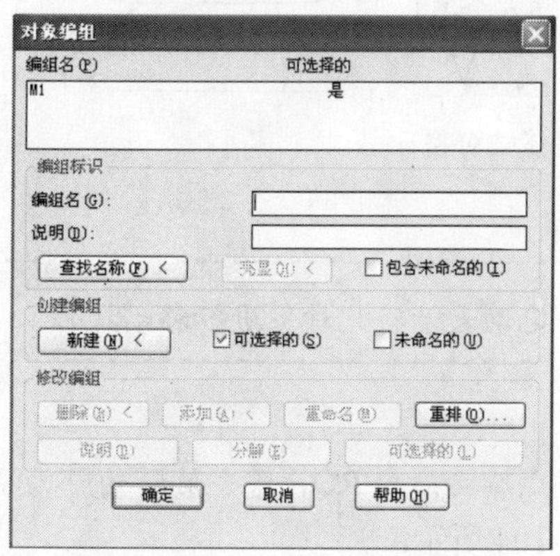

图 6-100　将门编组为 M1

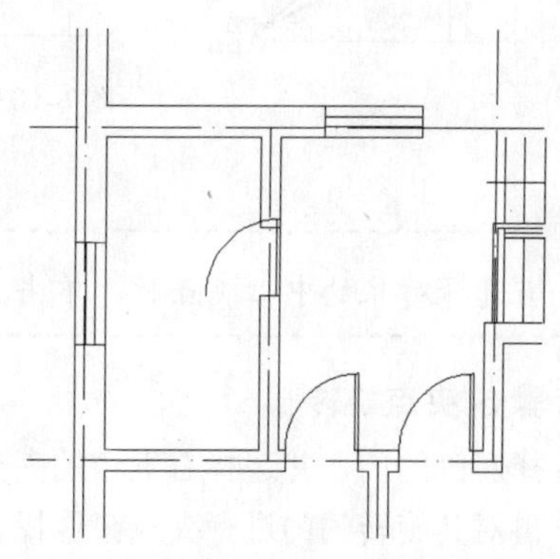

图 6-101　复制的门

步骤 4 夹点镜像

①选择中间的门，并选择右下角的夹点，输入夹点镜像命令 MI，再选择右上角点为镜像的第二点进行水平镜像。

知识要点：

利用夹点镜像图形对象命令启动方法如下。

◆ 选中夹点，反复按 Enter 键或者 Space 键，直到命令行显示“** 镜像 **”为止。

◆ 选中夹点，单击鼠标右键，在弹出的快捷菜单内选择“镜像”命令。

②同样，选择镜像的门，并选择左下角夹点，输入夹点移动命令 MO，将其移至指定角点，如图 6-102 所示。

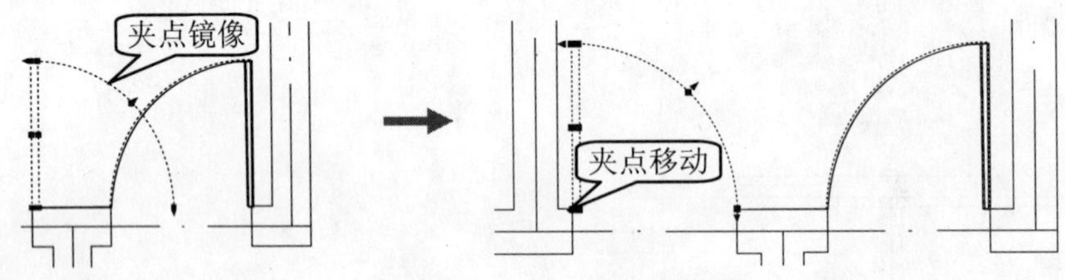

图 6-102　夹点镜像与移动

知识要点：

当选中某个夹点后，在系统提示信息下输入“MO”，或单击鼠标右键，在弹出的快捷菜单中选择“移动”命令，拖动鼠标确定移动的方向，并输入移动的距离，或按 Enter 键，即可将其对象按指定的方向进行移动。

命令行提示如下所示，其夹点移动的示意图如图 6-103 所示。

```
** 拉伸 **                                                    （选择的夹点默认为拉伸模式）
指定拉伸点或 [基点(B)/复制(C)/放弃(U)/退出(X)]: mo              （输入夹点移动命令）
** 移动 **                                                    （显示当前夹点操作的模式）
指定移动点或 [基点(B)/复制(C)/放弃(U)/退出(X)]: 100             （输入移动夹点的距离）
```

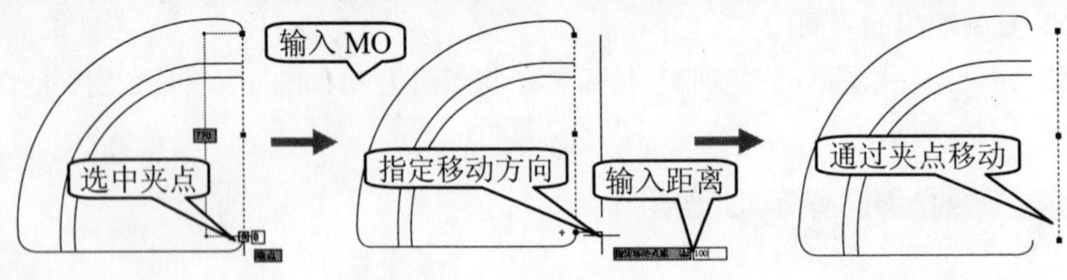

图 6-103　利用夹点移动对象

注意

当选择对象的中心夹点时，单击鼠标左键并拖动表示将此对象进行移动操作。

步骤 5 夹点旋转

选择左侧的门，并选择右下角的夹点，输入夹点旋转命令 RO，输入旋转角度为 90 度；同样，再对其旋转的门进行夹点镜像操作，如图 6-104 所示。

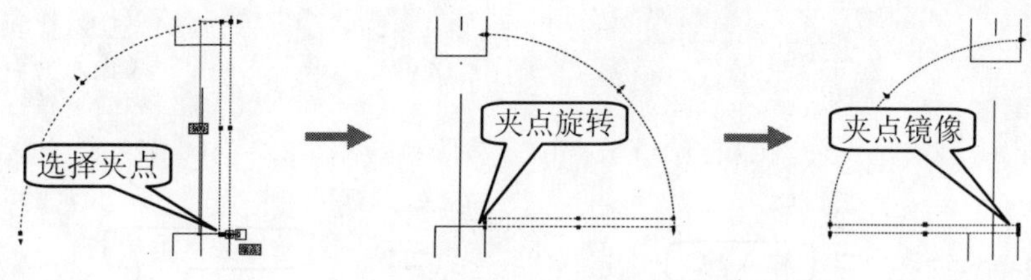

图 6-104　夹点旋转和镜像操作

知识要点：

当选中某个夹点后，在系统提示信息下输入“RO”，或单击鼠标右键，在弹出的快捷菜单中选择“旋转”命令，单击鼠标左键并拖动确定旋转的方向，输入旋转的角度，或按 Enter 键，即可将对象按指定的方向进行旋转。其命令行提示如下所示，其夹点旋转的示意图如图 6-105 所示。

```
** 拉伸 **                                              ( 选择的夹点默认为拉伸模式 )
指定拉伸点或 [基点(B)/复制(C)/放弃(U)/退出(X)]: ro              ( 输入夹点旋转命令 )
** 旋转 **                                              ( 显示当前夹点操作的模式 )
指定旋转角度或 [基点(B)/复制(C)/放弃(U)/参照(R)/退出(X)]:        ( 指定旋转方向 )
```

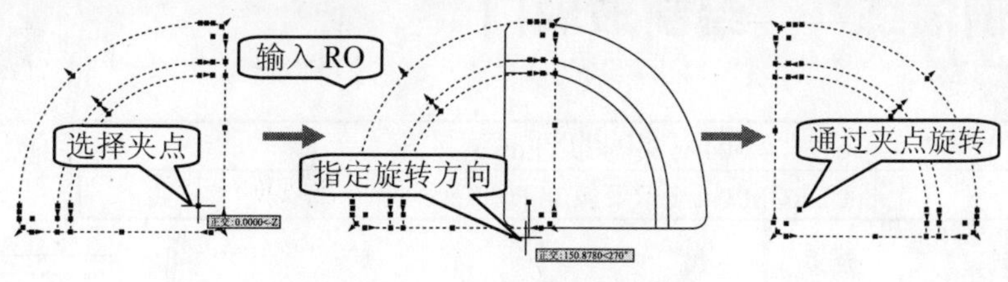

图 6-105　利用夹点旋转对象

注意

在选择对象时将显示夹点效果，再使用鼠标选中某个夹点并进行旋转时，表示将以选中的夹点为中心进行旋转。

步骤 6　夹点缩放

同样，将夹点镜像的门进行夹点移动，再对其进行夹点缩放操作，设置其缩放的比例为“0.89”，如图 6-106 所示。

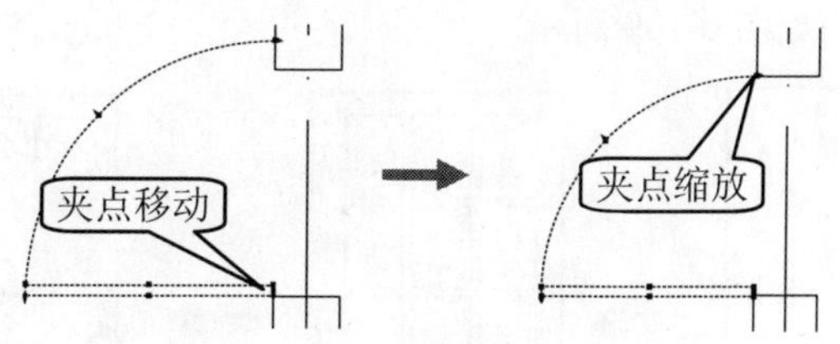

图 6-106　夹点移动和缩放操作

知识要点：

当选中某个夹点后，在系统提示信息下输入“SC”，或单击鼠标右键，在弹出的快捷菜单中选择“缩放”命令，单击鼠标左键并拖动，按 Enter 键，或输入比例因子，即可将对象进行缩放。其命令行提示如下所示，夹点缩放的示意图如图 6-107 所示。

```
** 拉伸 **                                                    ( 选择的夹点默认为拉伸模式 )
指定拉伸点或 [基点(B)/复制(C)/放弃(U)/退出(X)]: sc              (输入夹点缩放命令 )
** 比例缩放 **                                                ( 显示当前夹点操作的模式 )
指定比例因子或 [基点(B)/复制(C)/放弃(U)/参照(R)/退出(X)]: 0.6    ( 输入缩放比例 )
```

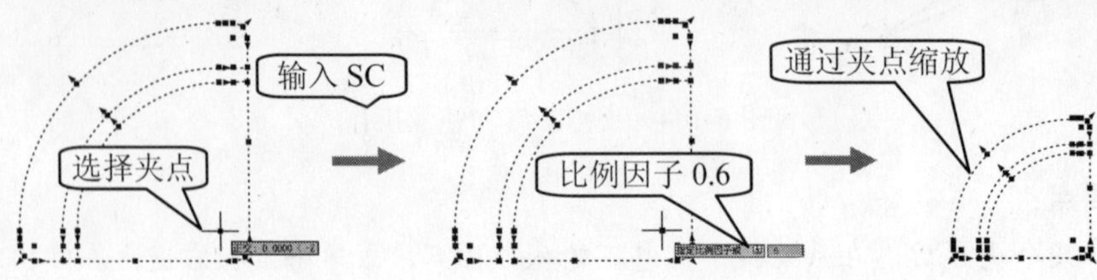

图 6-107　利用夹点缩放对象

> **注意**
>
> 锁定图层上的对象不显示夹点。

步骤 7 保存文件

综合实例演练——绘制玻璃门

效果文件：	CDROM\04\效果\玻璃门.dwg
演示录像：	CDROM\04\演示录像\玻璃门.exe

案例解读

该案例是在建筑立面图设计中使用的玻璃门，本案例使用了矩形、偏移、阵列、复制和图案填充命令，其效果图如图 6-108 所示。

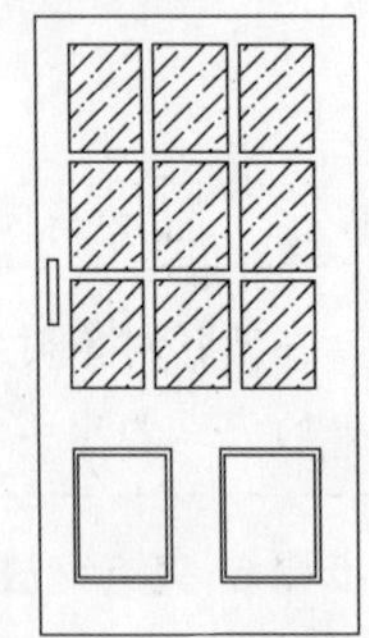

图 6-108　玻璃门效果图

要点流程

- 使用矩形等命令绘制玻璃门的外框；
- 使用偏移命令偏移玻璃门下面的矩形并复制偏移后的矩形；
- 使用矩形阵列命令阵列上面的矩形，并进行图案填充，最后绘制门把手。

绘制玻璃门的流程图如图 6-109 所示。

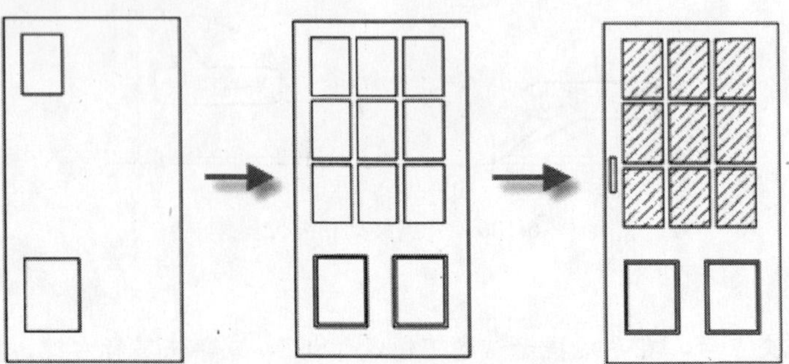

图 6-109　绘制玻璃门的流程图

操作步骤

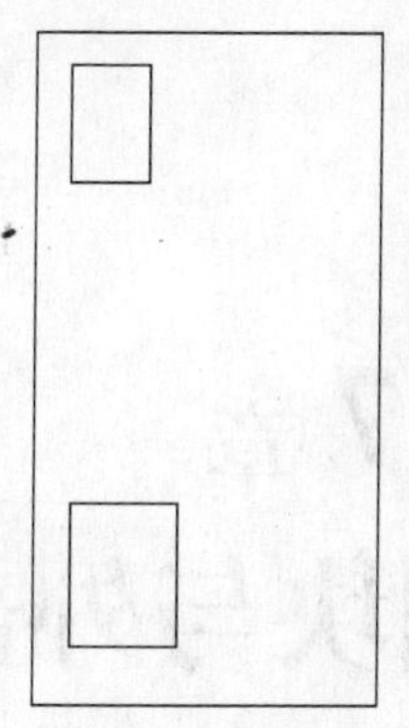
图 6-110　玻璃门外框

步骤 1 绘制矩形

使用矩形命令，绘制玻璃门的外框，结果如图 6-110 所示。

步骤 2 偏移图形对象

利用偏移命令，对玻璃门最下面的矩形进行偏移处理，如图 6-111 所示。

步骤 3 复制图形对象

复制玻璃门下面的矩形。

步骤 4 矩形阵列图形对象

使用阵列命令，打开“阵列”对话框。选取“矩形阵列”单选框，单击“选择对象”按钮，切换到绘图窗口，选择左上角的小矩形为阵列对象，按 Enter 键返回“阵列”对话框，设置行数为 3，列数为 3，行间距和列间距通过单击“拾取行间距”按钮和“拾取列间距”按钮指定。单击“确定”按钮，绘图结果如图 6-112 所示。

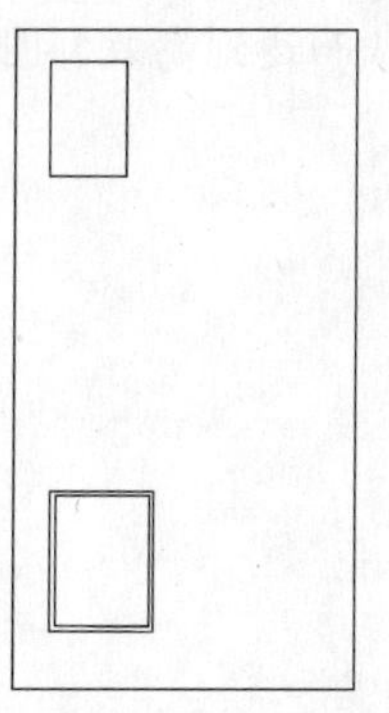
图 6-111　偏移玻璃门

图 6-112　阵列玻璃门

步骤 5 图案填充阵列的图形并绘制门把手

使用图案填充命令，填充玻璃门上的小矩形并绘制门把手，结果如图 6-112 所示。

步骤 6 保存文件

第7章 图块与外部参照

本章导读

用户在绘制图形时，如果图形中有很多相同或相似的图形对象，或者所绘制的图形与已有的图形对象相同，这时可以将重复绘制的图形创建为块，然后在需要时插入即可。若在另一个文件中需要使用已有图形文件中的图层、块、文字样式等，则可以通过“设计中心”进行复制操作，从而达到高效制图的目的。

本章主要学习以下内容：

- 讲解建筑图块的作用、种类和特点
- 使用创建块、插入图块等命令绘制并安装门块
- 使用写块等命令制作台灯图块
- 使用定义属性块等命令创建并插入属性图块
- 使用块编辑等命令创建并标高图块
- 使用动态块等命令制作动态沙发图块
- 使用动态块等命令添加几何约束和约束参数
- 使用外部参照等命令插入外部参照文件
- 使用设计中心功能添加图层和图块
- 综合实例演练——插入客厅壁画

实用案例 7.1　建筑图块概述

案例解读

在 AutoCAD 绘图的过程中，经常会出现用到相同内容的情况，比如说图框、标题栏、符号、标准件等。通常读者都是画好一个后采用复制、粘贴的方式，这样的确是一个省事的方法。如果用户对 AutoCAD 中的块图形操作了解的话，就会发现插入块会比复制、粘贴操作更加高效。

要点流程

- 介绍绘制建筑图块的作用；
- 介绍建筑图块的种类；
- 介绍建筑图块的特点。

操作步骤

步骤 1　建筑图块的作用

①在建筑图形中，有许多图形元素会重复出现。

以如图 7-1 所示建筑立面图为例，立面图上有许多大小形状相同的窗户图形，按照建筑布局和一定的规律排列着。如果用户把一个窗户图形组合成一个图块，就可以依照立面的窗户排列方式，把这个窗户图块像施工安装一样，一个一个地镶嵌到立面上，而无须逐个地去绘制它们。

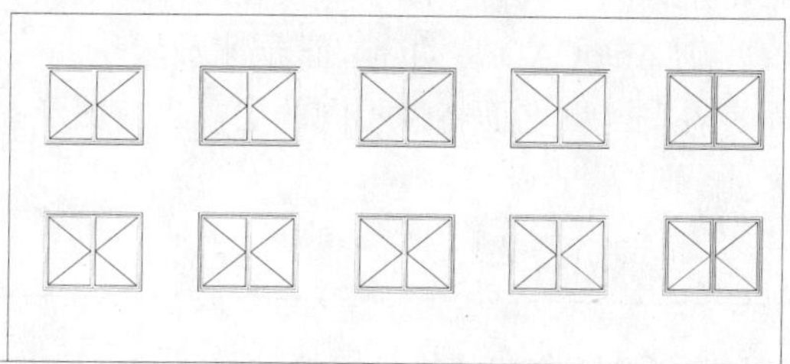

图 7-1　某建筑北立面图

注意

建筑图块的绘制和积累是 AutoCAD 操作中比较核心的工作，许多绘图工作者都建立了各种各样的图块。这些图块给他们的工作带来了简便。

②建筑图中的图块可以分为建筑图块和基本图块两种。

知识要点：

- 建筑图块是指构成建筑图形的建筑元素，如门、窗、楼梯、台阶、装饰图案、家具等；
- 基本图块是指构成图纸的基本图形元素，如标高符号、轴线标注符号等。

注意

在建筑制图中，基本图块的大小需要严格执行制图标准的要求，而建筑图块的大小往往要随绘图比例的变化而变化。建筑图块的大小变化，会导致尺寸标注和文字大小发生改变，因此需要了解图块中尺寸标注及文字的特性。

步骤 2 建筑图块的种类

①建筑图块有内部图块和外部图块两种。

知识要点：

- 内部图块：在绘图过程中，要插入的图块来自当前绘制的图形之中，这种图块为“内部图块”。
- 外部图块“内部图块”可用 WBLOCK 命令保存到磁盘上，这种以文件的形式保存于计算机磁盘上，可以插入到其他图形文件中的图块为“外部图块”。一个已经保存在磁盘的图形文件也可以当成“外部图块”，用插入命令插入到当前图形中。

②另外，在 AutoCAD 还有一种图块称为匿名块。

知识要点：

匿名块：匿名块是用 AutoCAD 绘图或标注命令绘制的一些图元组合，如多线、尺寸线、引出线等，这些图形元素之所以被称之为匿名块，是由于它们没有像真正的图块那样有明确的命名过程，但是又具有图块的基本特性。

步骤 3 建筑图块的特点

①“随层”块特性。

- 如果由某个具有“随层”设置的层的实体组成一个内部块，这个层的颜色和线型等特性将设置并储存在块中，以后不管在哪一层插入都保持这些特性。
- 如果在当前图形中插入一个具有“随层”设置的外部图块，当外部图块所在层在当前图形中没定义，则 AutoCAD 自动建立该层来放置块。
- 如果当前图形中存在与之同名而特性不同的层，当前图形中该层的特性将覆盖块原有的特性。

注意

- 在通常情况下，AutoCAD 会自动把绘图特性设置为“ByLayer（随层）”，除非在前面的绘图操作中修改了这种设置方式。
- 一个“随层”图块在制作过程中，会有相关的图层、颜色、文字样式、标注样式等很多图形特征属性，当图块被保存的时候，这些特征也同时被保存下来。那么，在新的文件中插入这个图块的时候，这些特征也同时加入到新的文件中，这是图块的一个很重要的特点。所以，用户在制作图块的时候要留意到当前层是否正确，以及在制作图块的环境中是不是存在用户并不需要的其他特征属性，比如一些并不用的标注样式。
- 在绘图时，要建立很多层，要建立多种标注、文字样式，要插入很多块，如果要想图层清晰明了，颜色线型统一，标注样式简单实用，就应该时刻留意制作图块的创建及插入环境。

例如，要制作一个 2100mm×1500mm 高的窗图块，假定原先是在 Windows 图层中制作的，现在将这个图块插入到一个并没有 Windows 层的新文件的当前层，这个文件就会新增一个 Windows 层。如果关闭当前层，则插入当前层的窗户块不会随当前层中的其他图形一起从图形窗口中消失，也就是说当前层对这个图块起不到控制作用；同样，如果改变当前层的颜色、线型等，也不会改变窗子图块，这是因为窗图块的特性受控于 Windows 层。如果新文件中已经存在一个中文的“窗”层，即使把图块插入到“窗”层中，Windows 层也会加入，并且不能被删除。

(2)“随块”特性。

- 如果组成块的实体采用“ByBlock（随块）”设置，则块在插入前没有任何层，颜色、线型、线宽设置被视为白色连续线。
- 当块插入当前图形中时，块的特性按当前绘图环境的层（颜色、线型和线宽）进行设置。

例如，当前绘图环境为“建筑立面”层，颜色为红色，线型为 CENTER，线宽为 0.5mm，则此时插入“随块”块的特性同样为“建筑立面”层，即红色、CENTER 线型以及 0.5mm 线宽，因为“随块”块的特性是随不同的绘图环境而变化的。

(3)在“0”层上创建的图块具有浮动特征。

在进入 AutoCAD 绘图环境之后，AutoCAD 默认的图层是“0”层。如果组成块的实体是在“0”层上绘制的并且用“随层”设置特性，则该块无论插入哪一个图层，其特性都采用当前插入层的设置。

例如，当前层为“1”层，“1”层的颜色为蓝色，线型为 CENTER，线宽为 0.5mm，当插入在“0”层创建的随层块时，不管先前图块是哪种颜色、线型和线宽，其颜色、线型和线宽都会变为“1”层的特性，其颜色会变为蓝色，线型则会变为 CENTER，线宽会变为 0.5mm 线宽。“0”层创建图块所具有的这种浮动特性，可以使图块自动与插入图层的图形颜色、线宽、线型特性相匹配。利用“0”层图块的浮动特性，可以大大提高标准图块的使用效率。

注意

- 在创建“标高符号”、“轴线符号”等标准图块时，可以充分利用图块的这种浮动特征，创建浮动图块，进而提高绘图效率。
- 创建图块之前的图层设置及绘图特性设置是很重要的一个环节，在具体绘图工作中，要根据图块是建筑图块还是标准图块来考虑图块内图形的线宽、线型、颜色的设置，并创建需要的图层，选择适当的绘图特性。在插入图块之前，还要正确地选择要插入的图层及绘图特性。

(4)关闭或冻结选定层上的块。

当非“0”层中的块在某一层插入时，插入块实际上仍处于创建该块的层中（“0”层中的块除外），因此不管它的特性怎样随插入层或绘图环境变化，当关闭该插入层时，图块仍会显示出来，只有将建立该块的层关闭或将插入层冻结，图块才不再显示。

注意

在“0”层上建立的块，无论它的特性怎样随插入层或绘图环境变化，当关闭插入层时，插入的“0”层块会随着关闭。即在“0”层上建立的块是随各插入层浮动的，插入哪层，“0”层块就置于哪层上。

步骤 4 保存文件

实用案例 7.2　绘制并安装门块

素材文件：	CDROM\07\素材\安置房底层平面图.dwg
效果文件：	CDROM\07\效果\绘制并安装门块.dwg
演示录像：	CDROM\07\演示录像\绘制并安装门块.exe

案例解读

在本案例中，主要讲解了 AutoCAD 中块的定义和插入操作，让读者熟练掌握块的定义方法与块的基点位置确定，并且让读者掌握块的插入、块的旋转和块的缩放等，其绘制完成的效果如图 7-2 所示。

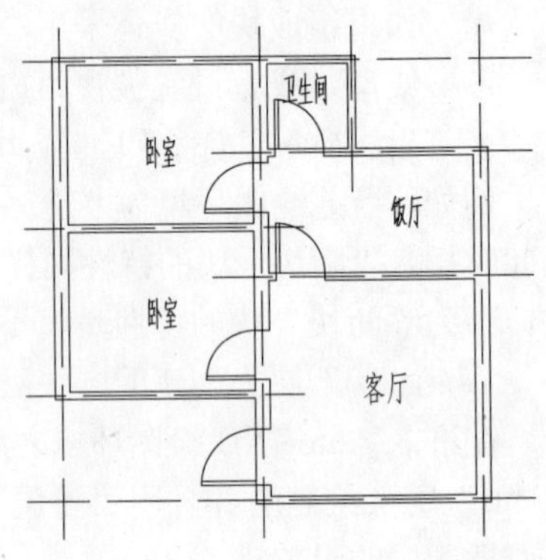

图 7-2　绘制并安装门块的效果

要点流程

- 启动 AutoCAD 2010 中文版，打开“安置房底层平面图.dwg”文件；
- 使用直线、圆弧和修剪命令，绘制门示意图；
- 使用创建块命令，将绘制的门示意图保存为“M-1”图块；
- 使用插入块命令，将定义的“M-1”图块，分别插入到相应的门框位置。

本案例的流程图如图 7-3 所示。

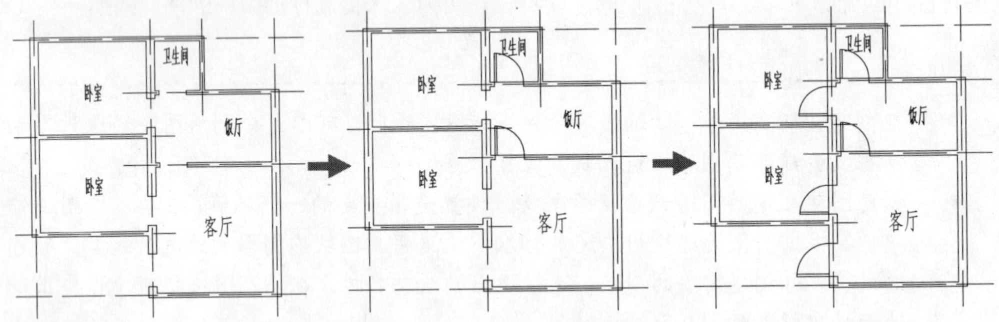

图 7-3　绘制并安装门块的程图

操作步骤

步骤 1　绘制门示意图

①启动 AutoCAD 2010 中文版，选择“文件>打开”命令，将“安置房底层平面图.dwg”文件打开，如图 7-4 所示。

②将“0”图层置于当前图层，使用直线、圆弧和修剪命令，在视图的空白位置绘制如图 7-5 所示的门示意效果图。

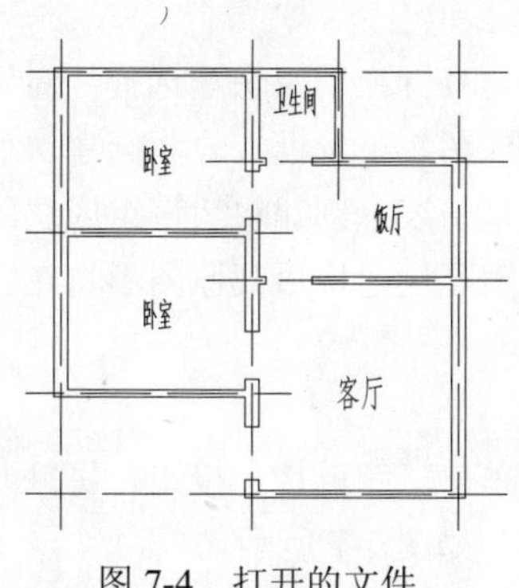

图 7-4 打开的文件

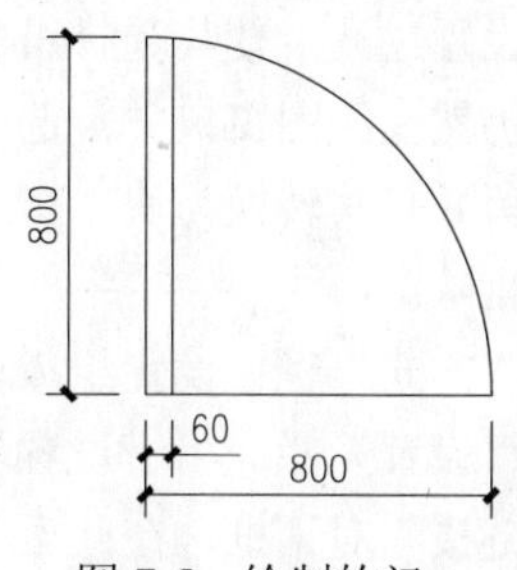

图 7-5 绘制的门

步骤 2 创建门图块

在“绘图”工具栏中单击“创建块”按钮，将弹出“块定义”对话框，在“名称”文本框中输入块的名称“M-1”，单击“选择对象”按钮，切换到视图中选择绘制的整个门示意图后返回，再单击“拾取点”按钮，切换到视图中捕捉门示意图的左下角点作为基点，在“说明”文本框中输入相应的文字说明，然后单击“确定”按钮，如图 7-6 所示。

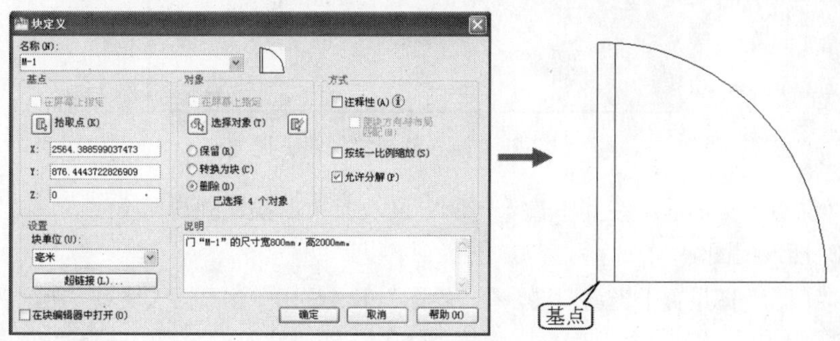

图 7-6 定义“M-1”图块

知识要点：

块的定义就是将图形中选定的一个或几个图形对象组合在一个整体，并为其取名保存，这样它就被视作一个实体在图形中随时进行调用和编辑，即所谓的“内部图块”。

定义块命令的启动方法如下。

- 下拉菜单：选择“绘图>块>创建”命令。
- 工具栏：在“绘图”工具栏上单击“创建块”按钮。
- 输入命令名：在命令行中输入或动态输入 BLOCK 或 B，并按 Enter 键。

启动定义块命令之后，系统将弹出如图 7-6 所示的“块定义”对话框。

“块定义”对话框中的各选项含义如下。

- “名称”文本框：输入块的名称，但最多可使用 255 个字符，可以包括字母、数字、空格以及 Windows 和 AutoCAD 没有用作其他用途的特殊字符。
- “基点”栏：用于确定插入点位置，默认值为（0，0，0）。用户可以单击“拾取点”按钮，然后用十字光标在绘图区内选择一个点；也可以在 X 文本框、Y 文本框、Z 文本框中输入插入点的具体坐标参数值。一般基点选在块的对称中心、左下角或其他有特征的位置。
- “对象”栏：设置组成块的对象。单击“选择对象”按钮，可切换到绘图区中选择构成块的对象；单击“快速选择”按钮，在弹出的“快速选择”对话框中进行设置过滤，使其选择组成块的对象；选中“保留”单选框，表示创建块后其原图形仍然在绘图窗口中；选中“转换为块”单选框，表示创建块后将组成块的各对象保留并将其转换为块；选中“删除”单选框，表示创建块后其原图形将在图形窗口中删除。

- “方式”栏：设置组成块对象的显示方式。
- “设置”栏：用于设置块的单位是否链接。单击“超链接”按钮，将打开“插入超链接”对话框，在此可以插入超链接的文档，如图 7-7 所示。

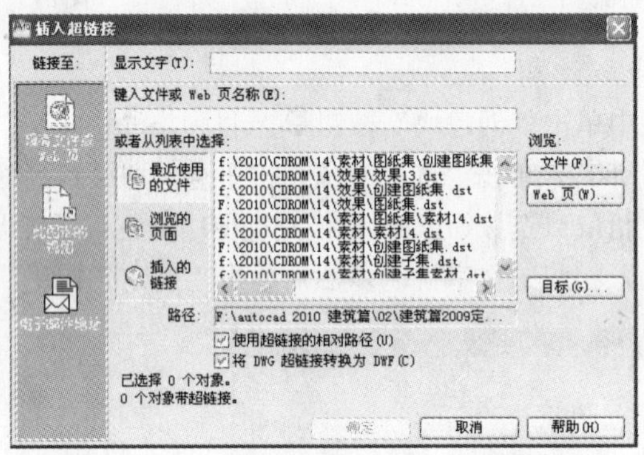

图 7-7 “插入超链接”对话框

- “说明”文本框：在其中输入与所定义块有关的描述性说明文字。

步骤 3 插入门图块

①将“门窗”图层置于当前图层，在“绘图”工具栏中单击“插入块”按钮，将弹出“插入”对话框，在“名称”下拉列表框中选择“M-1”，在“插入点”栏中选择“在屏幕上指定”复选框，单击“确定”按钮，然后在视图中的指定位置捕捉插入的位置，如图 7-8 所示。

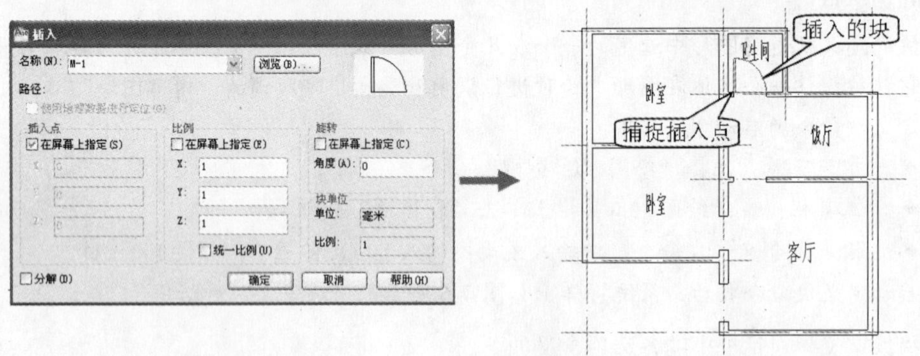

图 7-8 插入“M-1”图块

知识要点：

当用户在图形文件中定义了块以后，即可在内部文件中进行任意的插入块操作，还可以改变所插入块的比例和旋转角度。

插入块命令的启动方法如下。

- ◆ 下拉菜单：选择“插入>块”命令。

◆ 工具栏：在“绘图”工具栏上单击“插入块”按钮。
◆ 输入命令名：在命令行中输入或动态输入 INSERT 或 I，并按 Enter 键。

启动插入块命令之后，系统将弹出如图 7-8 所示的“插入”对话框。

“插入”对话框中的各选项含义如下。

- “名称”下拉列表框：用于选择已经存在的块或图形名称。若单击其后的“浏览”按钮，打开“选择图形文件”对话框，从中选择已经存在的外部图块或图形文件。
- “插入点”栏：确定块的插入点位置。若选择“在屏幕上指定”复选框，表示用户将在绘图窗口内确定插入点；若不选中该复选框，用户可在其下的 X 文本框、Y 文本框、Z 文本框中输入插入点的坐标值。
- “比例”栏：确定块的插入比例系数。用户可直接在 X 文本框、Y 文本框、Z 文本框中输入块在 3 个坐标方向的不同比例；若选中“统一比例”复选框，表示所插入的比例一致。
- “旋转”栏：用于设置块插入时的旋转角度，可直接在“角度”文本框中输入角度值，也可直接在屏幕上指定旋转角度。
- “分解”复选框：表示是否将插入的块进行分解成各基本对象。

注意

用户在插入图块对象过后，也可以单击“修改”工具栏的“分解”按钮对其进行分解操作。

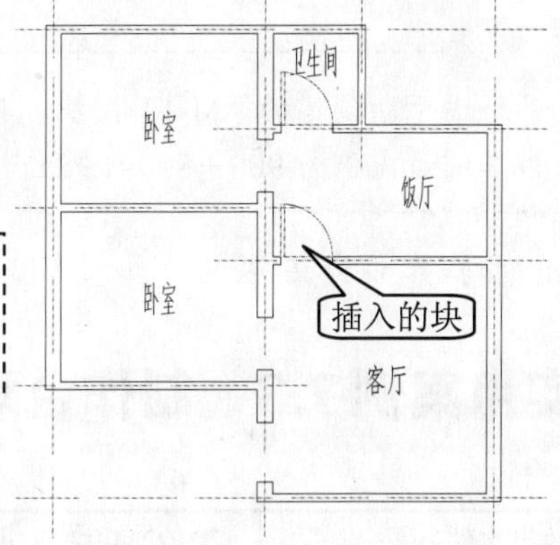

图 7-9　在饭厅插入“M-1”图块

②同样，将“M-1”图块插入到饭厅门的开口位置，如图 7-9 所示。

③在“绘图”工具栏中单击“插入块”按钮，将弹出“插入”对话框，在“名称”下拉列表框中选择“M-1”，在“插入点”栏中选择“在屏幕上指定”复选框，在“旋转”栏的“角度”文本框中输入“90”，单击“确定”按钮，然后在视图中的指定位置捕捉插入点的位置，如图 7-10 所示。

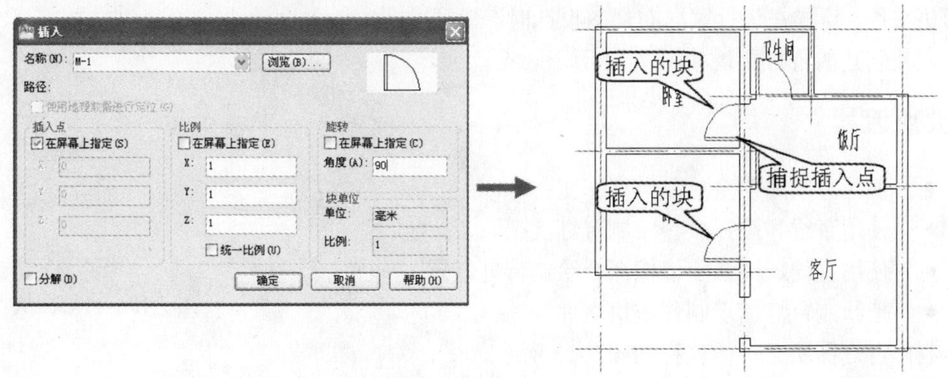

图 7-10　插入并旋转的“M-1”图块

④同样，在“绘图”工具栏中单击“插入块”按钮，将弹出“插入”对话框，在“名

称”下拉列表框中选择“M-1”，在“插入点”栏中勾选“在屏幕上指定”复选框，在“旋转”栏的“角度”文本框中输入 90，单击“确定”按钮，然后在视图中的指定位置捕捉插入的位置，如图 7-11 所示。

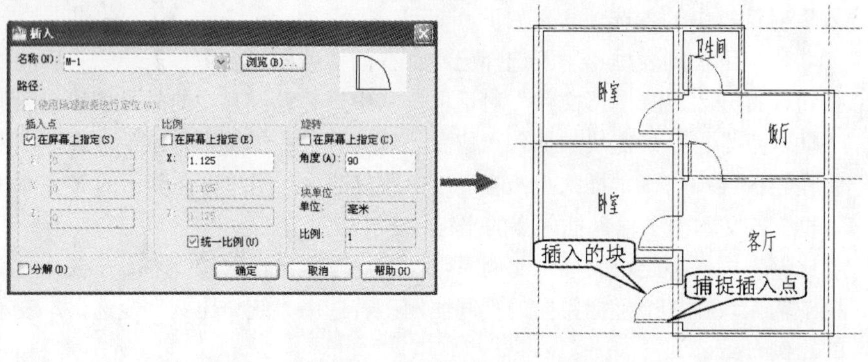

图 7-11　插入、旋转并缩放的“M-1”图块

注意

由于所创建的“M-1”图块，其尺寸大小是 800，而此处的门的尺寸应该是 900，所以其缩放比例为 900 ÷ 800=1.125。

步骤 4　保存文件

实用案例 7.3　制作台灯图块

效果文件:	CDROM\07\效果\制作台灯图块.dwg
演示录像:	CDROM\07\演示录像\制作台灯图块.exe

案例解读

通过绘制台灯图块，应用二维绘图及编辑命令绘制台灯，将其定义为块文件。这样在进行家居布局图设计时，就可以多次插入这个块文件，其创建的台灯图块如图 7-12 所示。

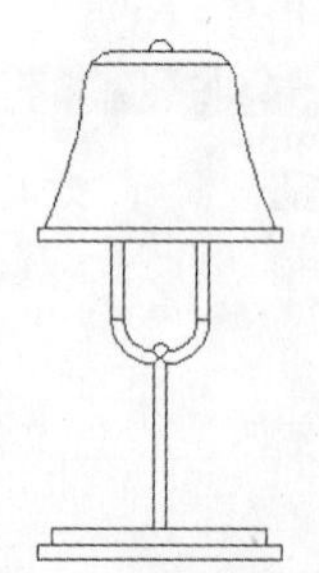

图 7-12　台灯图块

要点流程

- 使用直线等命令绘制台灯基座；
- 使用直线和圆弧命令绘制台灯支架；
- 使用直线、圆弧和镜像命令绘制台灯灯罩；
- 把绘制台灯图形制作成块文件。

制作台灯图块文件的流程如图 7-13 所示。

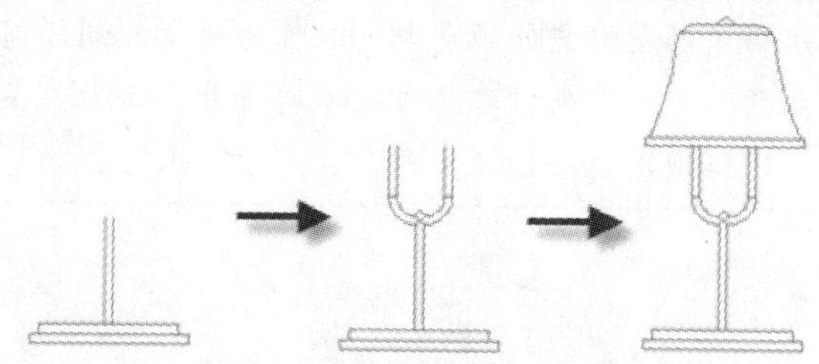

图 7-13　制作台灯图块文件的流程图

操作步骤

步骤 1 绘制台灯基座

调用直线命令，绘制台灯基座，如图 7-14 所示。

步骤 2 绘制台灯支架

调用直线命令和圆弧命令，绘制台灯支架，如图 7-15 所示。

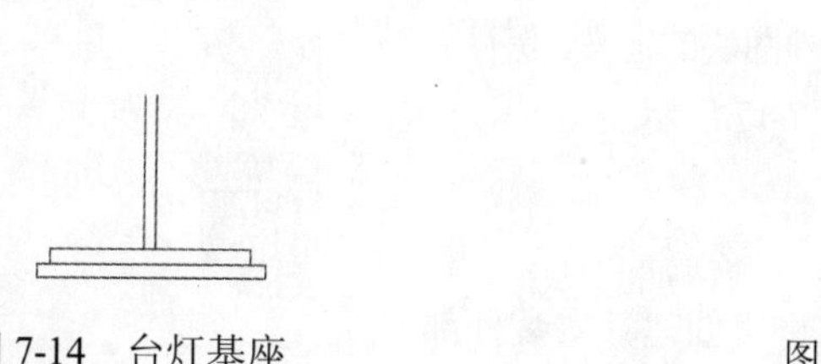

图 7-14　台灯基座　　　图 7-15　台灯支架

步骤 3 绘制台灯灯罩

调用直线、圆弧和镜像命令，绘制台灯灯罩，结果如图 7-12 所示。

步骤 4 创建块文件

使用 WBLOCK 命令，打开“写块”对话框，拾取台灯基座的底线中点为基点，选取整个图形为对象；指定文件保存路径并输入图块名称为“制作台灯图块”，单击“确定”按钮保存，完成台灯图块的创建。

知识要点：

如果要将指定的图形文件以块的形式进行保存，并能够随意地插入到任何图形对象中，那这就是前面所讲解的“外部图块”。

块存盘操作的命令，就是在命令行中输入或动态输入 WBLOCK 或 W，并按 Enter 键，将弹出“写块”对话框，按照块的定义方法来创建一个“外部图块”，如图 7-16 所示。

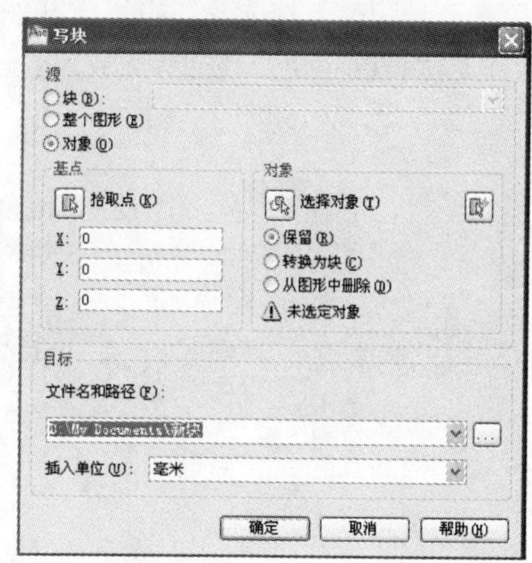

图 7-16　“写块”对话框

技巧

用户可以使用 SAVE 或 SAVEAS 命令创建并保存整个图形文件，也可以使用 EXPORT 或 WBLOCK 命令从当前图形中创建选定的对象，然后保存到新图形中。不论使用哪一种方法创建普通的图形文件，它都可以作为块插入到任何其他图形文件中。如果需要作为相互独立的图形文件来创建几种版本的符号，或者要在不保留当前图形的情况下创建图形文件，建议使用 WBLOCK 命令。

步骤 5 保存文件

实用案例 7.4 创建并插入属性图块

素材文件：	CDROM\07\素材\创建并安装外部图块.dwg
效果文件：	CDROM\07\效果\创建并插入属性图块.dwg
演示录像：	CDROM\07\演示录像\创建并插入属性图块.exe

案例解读

在本案例中，主要讲解了 AutoCAD 中属性块的创建和插入操作，让读者熟练掌握带属性图块的定义、保存与插入方法，其绘制完成的效果如图 7-17 所示。

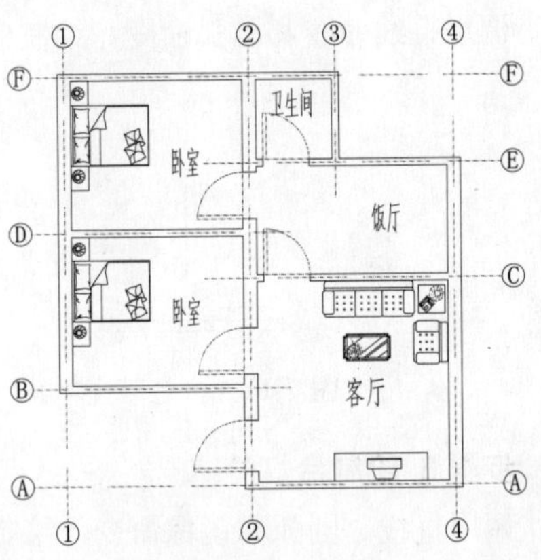

图 7-17 创建并插入属性图块的效果

要点流程

- 启动 AutoCAD 2010，将“创建并安装外部图块.dwg”文件打开；
- 使用圆命令，绘制一个圆，并使用属性定义的方法，在圆的中心点插入一个属性值文本，使用存储块命令（WBLOCK）将其属性值进行保存操作；
- 使用插入块命令，将定义并保存的属性块插入到当前图形文件的指定位置，并分别设置不同的属性值。

本案例流程图如图 7-18 所示。

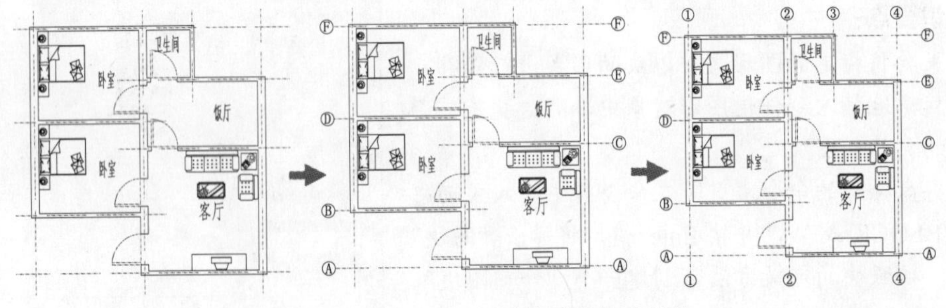

图 7-18 创建并插入属性图块的流程图

操作步骤

步骤 1 创建带属性的块

①启动 AutoCAD 2010，选择“文件>打开”命令，打开附盘的“创建并安装外部图

块.dwg”文件，如图 7-19 所示。

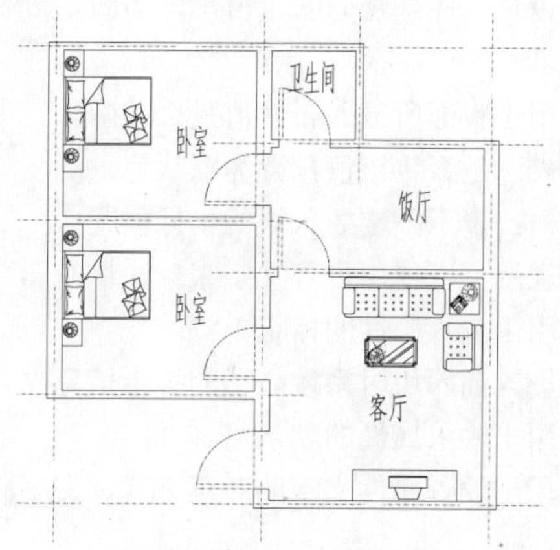

图 7-19　打开的文件

2 使用“圆”命令，在视图的空白位置绘制一个直径为 200 的圆。

3 选择“绘图>块>定义属性”命令，将弹出“属性定义”对话框，在“属性”栏中输入相应的信息，并在“对正”栏中选择“中间”项，在“文字高度”框中输入 300，再单击“确定”按钮，然后在视图中捕捉圆心点位置即可，如图 7-20 所示。

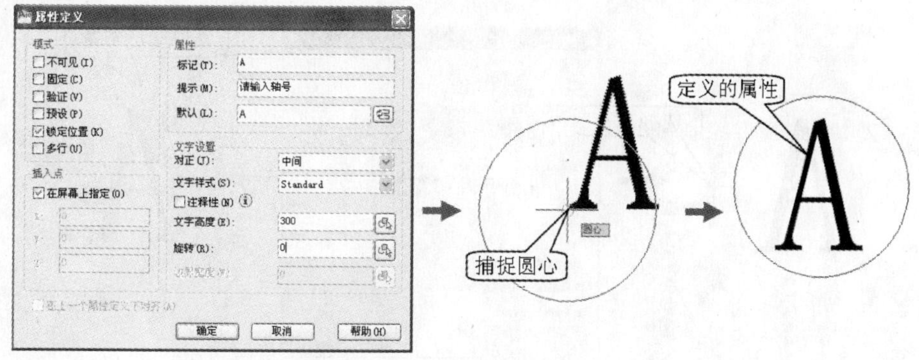

图 7-20　定义的属性

知识要点：

属性概念：属性是随着块插入的附属文本信息。属性包含用户生成技术报告所需的信息，它可以是常量或变量、可视或不可视的，当用户将一个块及属性插入到图形中时，属性按块的缩放、比例和转动来显示。

创建属性：要创建属性，首先创建包含属性特征的属性定义。特征包括标记（标示属性的名称）、插入块时显示的提示、值的信息、文字格式、块中的位置和所有可选模式（不可见、常数、验证、预设、锁定位置和多行）。

创建带属性块的启动方法如下。

- 下拉菜单：选择“绘图>块>定义属性”命令。
- 输入命令名：在命令行中输入或动态输入 ATTDED 或 ATT，并按 Enter 键。

创建带属性块的命令之后，将弹出“属性定义”对话框，如图 7-20 所示。

“属性定义”对话框中各选项含义如下。

- “不可见”复选框：表示插入块后是否显示其属性值。
- “固定”复选框：设置属性是否为固定值。当为固定值时，插入块后该属性值不再发生变化。
- “验证”复选框：用于验证所输入属性值是否正确。
- “预设”复选框：表示是否将该值预置为默认值。
- “锁定位置”复选框：表示固定插入块的坐标位置。
- “多行”复选框：表示可以使用多行文字来标注块的属性值。
- “标记”文本框：用于输入属性的标记。
- “提示”文本框：输入插入块时系统显示的提示信息内容。
- “默认”文本框：用于输入属性的默认值。
- “文字位置”栏：用于设置属性文字的对正方式、文字样式、高度值、旋转角度等格式。

> **注意**
>
> 在通过“属性定义”对话框定义属性后，还要使用前面的方法来创建或存储图块。

④在命令行中输入 WBLOCK 命令，弹出“写块”对话框，按照前面讲解的方法将其定义为一个“轴号”属性图块，如图 7-21 所示。

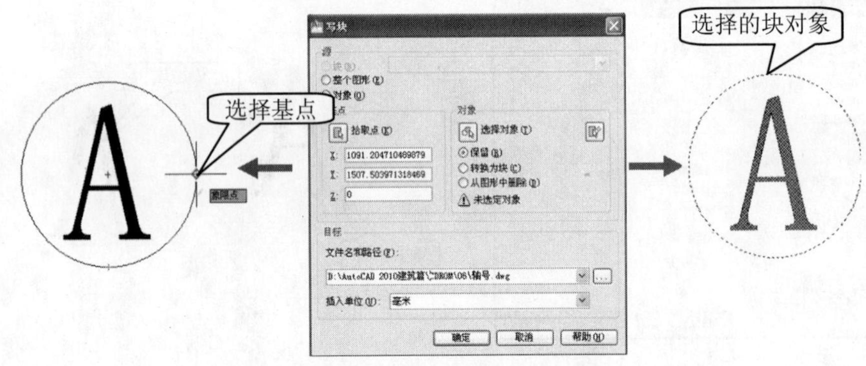

图 7-21　定义的属性块

步骤 2 插入一个带属性的块

①在命令行中输入“I”，按 Enter 键后，将弹出“插入”对话框，单击“名称”后面的“浏览”按钮，选择“CDROM\07\轴号.dwg”带属性的文件并返回，如图 7-22 所示。

②单击“确定”按钮，在视图中捕捉左下角处的水平轴线的端点，然后在“请输入轴号 <A>:”提示下输入“A”并按 Enter 键，即可插入一个轴号，如图 7-23 所示。

③按照同样的方法，在左侧插入“轴号”属性块文件，并分别设置其属性值为 B、D、F，如图 7-24 所示。

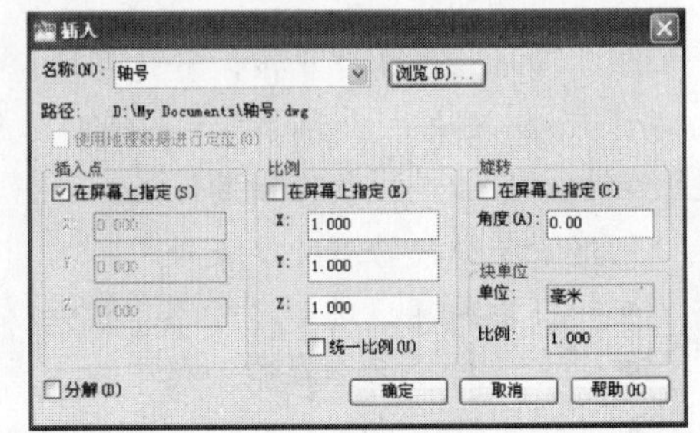

图 7-22　选择带属性的块

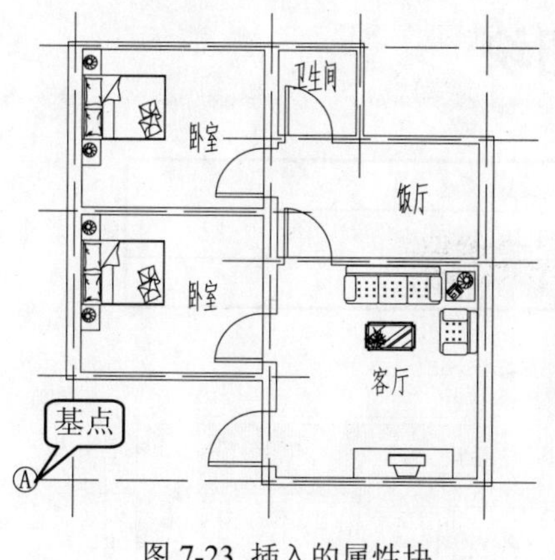

图 7-23 插入的属性块

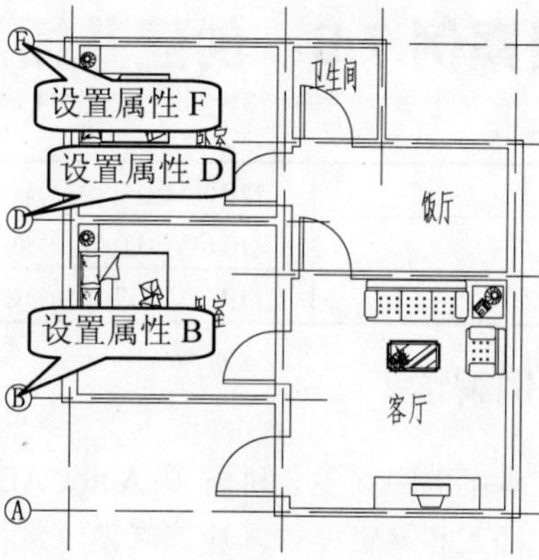

图 7-24　插入并设置左侧的属性块

④同样，在右侧插入“轴号”属性块文件，并分别设置其属性值为 A、C、E、F，如图 7-25 所示。

⑤在“修改”工具栏中单击“移动”按钮，将右侧插入的属性块对象向右水平移动，以圆左侧的象限点为基点，移至水平线段右侧的端点上，如图 7-26 所示。

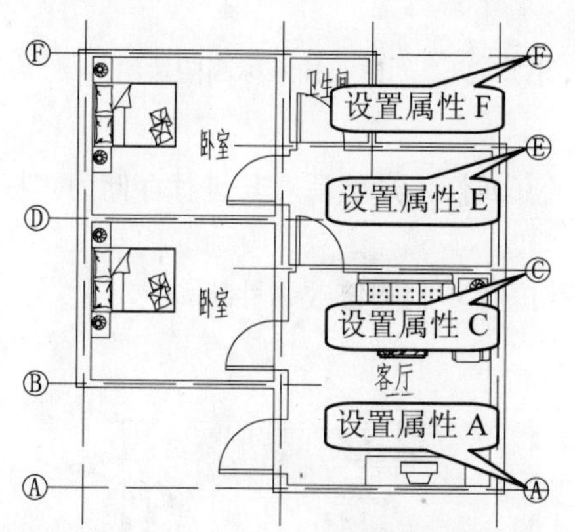

图 7-25　插入并设置右侧的属性块

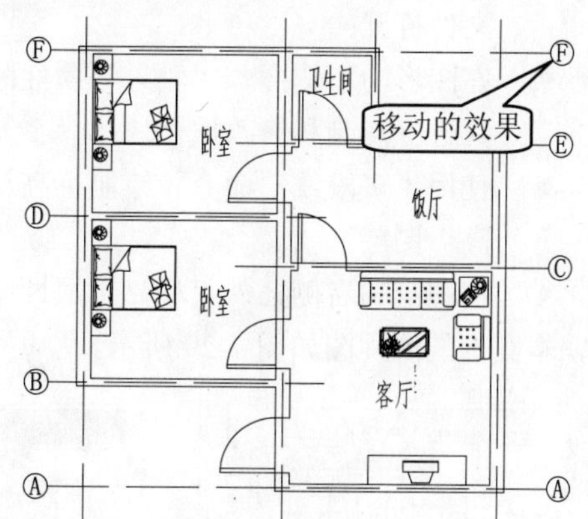

图 7-26　移动右侧的属性块

⑥参照前面的方法，分别在图形的上下两侧插入属性块，分别输入属性值为 1、2、3、4 和 1、2、4，并对其插入的属性块进行相应的移动，如图 7-27 所示。

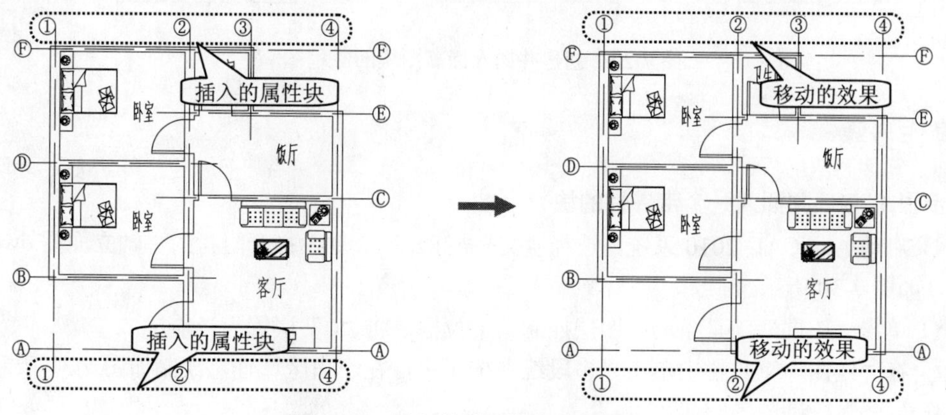

图 7-27　插入并设置的水平属性块

步骤 3 保存文件

实用案例 7.5　创建并插入标高图块

素材文件：	CDROM\07\素材\轴立面图.dwg
效果文件：	CDROM\07\效果\创建并插入标高图块.dwg
演示录像：	CDROM \07\演示录像\创建并插入标高图块.exe

案例解读

在本案例中，主要讲解了 AutoCAD 中属性块的创建、插入和编辑操作，让读者熟练掌握带属性图块的定义、保存、插入和编辑方法，其绘制完成的效果如图 7-28 所示。

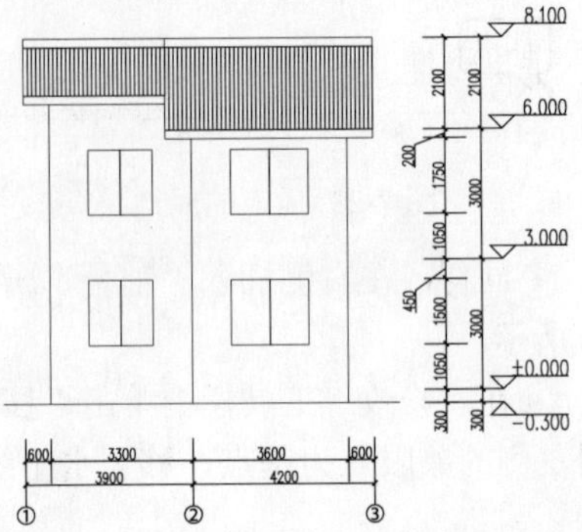

图 7-28　创建并插入标高图块的效果

要点流程

- 启动 AutoCAD 2010，将“轴立面图.dwg”文件打开；
- 在图形的下侧插入“轴号”属性图块，并对其进行复制和修改属性块；
- 使用“多段线”命令，绘制标高符号，并定义其属性值，然后对其进行存储为“标高”图层。
- 在图形的右侧插入“标高”属性图块，并对其进行复制和修改属性块。

本案例的流程图如图 7-29 所示。

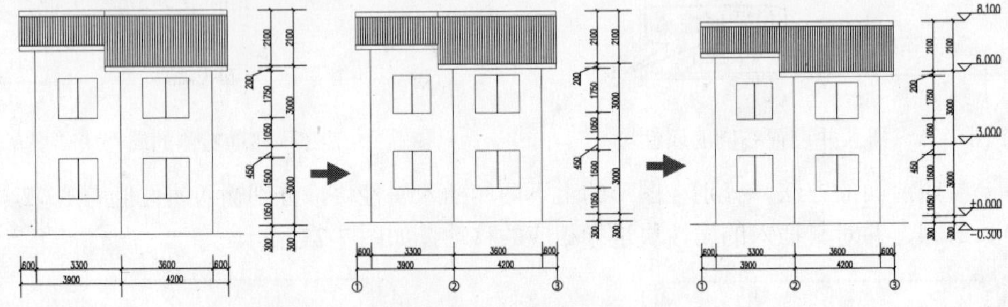

图 7-29　创建并插入标高图块的流程图

操作步骤

步骤 1　创建并插入一个带属性的块

①启动 AutoCAD 2010 系统，选择“文件>打开”命令，打开附盘的“轴立面图.dwg”文件，如图 7-30 所示。

②单击“图层”工具条的“图层控制”下拉框，将“0”层置为当前层。

③在“绘图”工具栏中单击“多段线”按钮，在空白区域任意绘制如图 7-31 所示的标高符号。

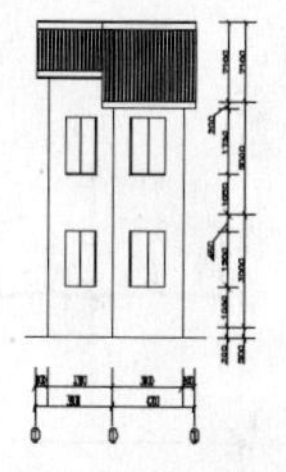

图 7-30　打开的文件

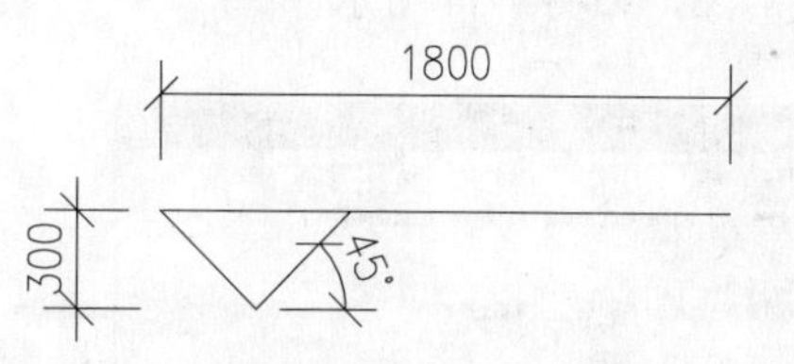

图 7-31　绘制的标高符号

4 选择“绘图>块>定义属性”命令，打开“属性定义”对话框，在“属性”栏中输入相应的信息，并在“对正”栏中选择“右对齐”选项，再单击“确定”按钮，然后在视图中捕捉端点位置即可，如图 7-32 所示。

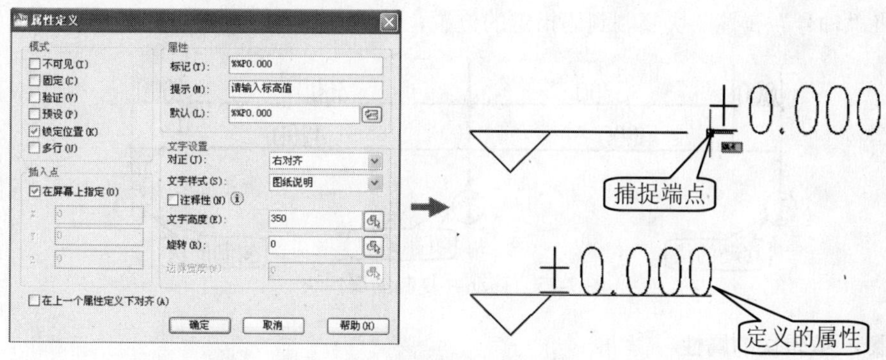

图 7-32　定义的属性

5 在命令行中输入 WBLOCK 或 W 命令，打开“写块”对话框，单击“选择对象”按钮后，选择绘制的标高符号及其属性，单击“拾取点”按钮，用鼠标下侧三角形的顶点作为基点，在“文件名和路径”文本框中输入“CDROM\07\效果\标高.dwg”，然后单击“确定”按钮，如图 7-33 所示。

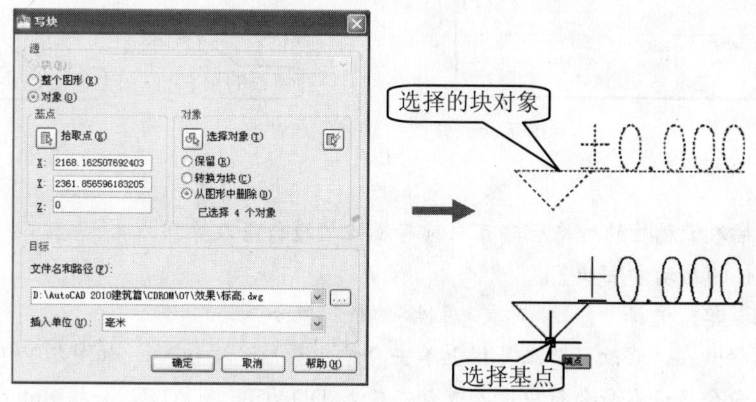

图 7-33　保存的“标高”属性块

6 在“绘图”工具栏中单击“插入块”按钮，将弹出“插入”对话框，单击“浏览”按钮选择“CDROM\07\效果\轴号.dwg”文件，再单击“确定”按钮，然后在视图中捕捉左下侧的标注线端点，并在“请输入轴号 <A>:”提示下输入数字“1”并按 Enter 键，得到插入的属性块对象，如图 7-34 所示。

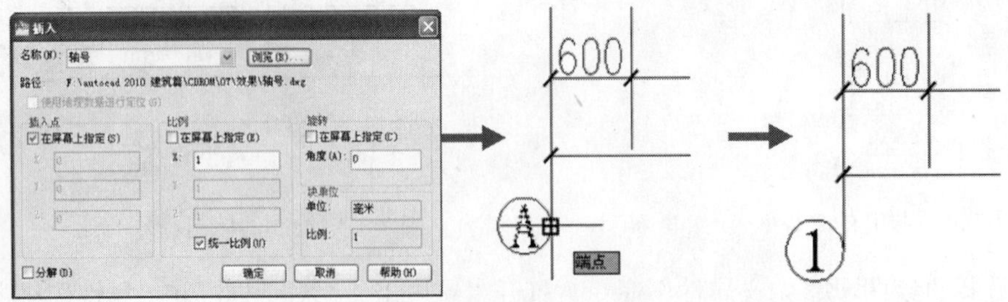

图 7-34　保存的“轴号”属性块

⑦使用“移动”命令，将插入的“轴号”属性图块移动到正确的位置，再使用“复制”命令，将“轴号”属性图块复制到的指定的位置，如图 7-35 所示。

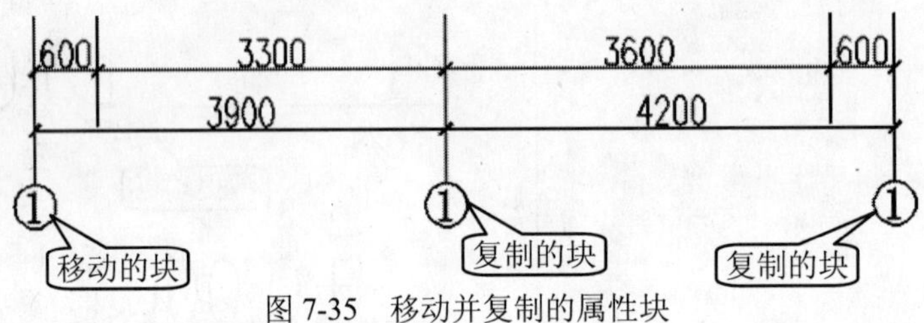

图 7-35　移动并复制的属性块

步骤 2　编辑块的属性

①使用鼠标分别双击复制的图块，将弹出“增强属性编辑器”对话框，在“属性”选项的“值”文本框中分别输入“2”和“3”，从而修改所复制的属性块，如图 7-36 所示。

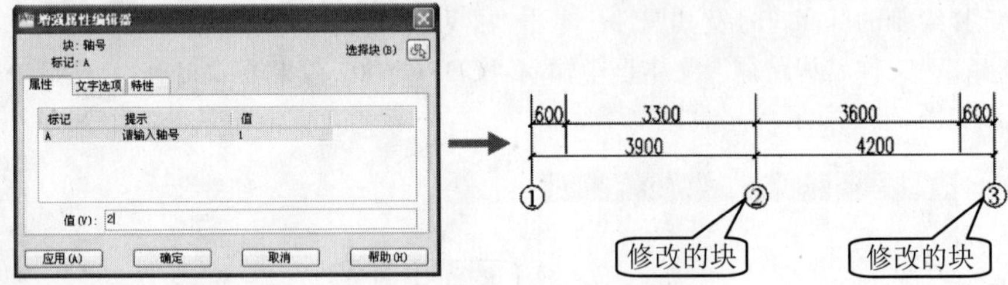

图 7-36　修改“轴号”属性块

知识要点：

当用户在插入带属性的对象后，可以对其属性值进行修改操作。

编辑块属性的启动方法如下。

- 下拉菜单：选择“修改>对象>属性>单个”命令。
- 工具栏：在“修改 II”工具栏上单击“编辑属性”按钮，如图 7-37 所示。
- 输入命令名：在命令行中输入或动态输入 DDATTE 或 ATE，并按 Enter 键。

启动编辑块属性之后，系统提示“选择对象:”后，用户使用鼠标在视图中选择带属性块的对象，系统将弹出“增强特性编辑器”对话框，根据要求编辑属性块的值即可，如图 7-36 所示。

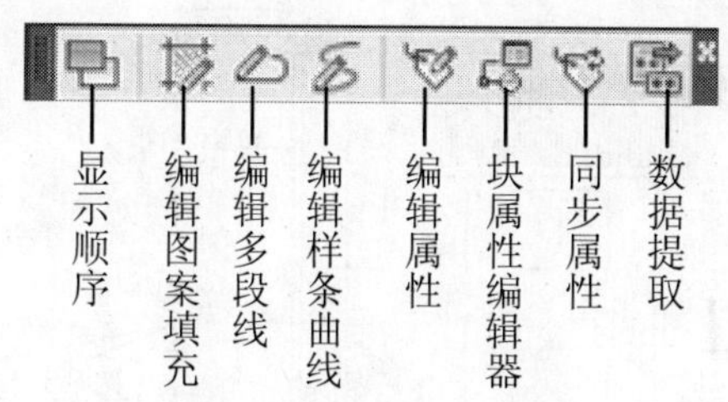

图 7-37 “修改Ⅱ”工具栏

技巧

用户可以使用鼠标双击带属性块的对象，将弹出“增强属性编辑器”对话框。

“增强属性编辑器”对话框各选项含义如下。

- “属性”选项卡：用户可修改该属性的属性值。
- “文字选项”选项卡：用户可修改该属性的文字特性，包括文字样式、对正方式、文字高度、比例因子、旋转角度等，如图 7-38 所示。
- “特性”选项卡：用户可修改该属性文字的图层、线宽、线型、颜色等特性，如图 7-39 所示。

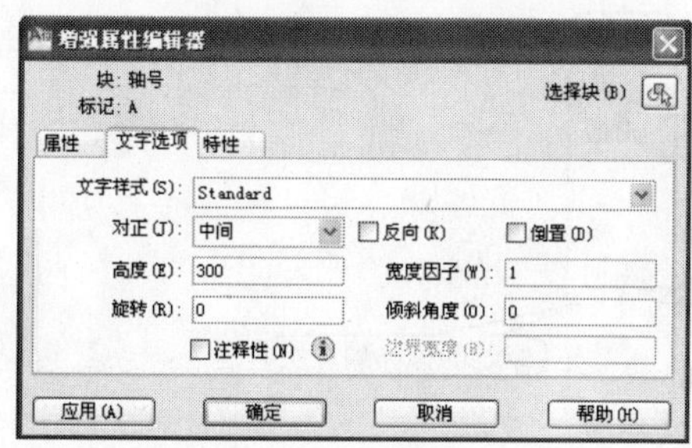

图 7-38 “文字选项”选项卡

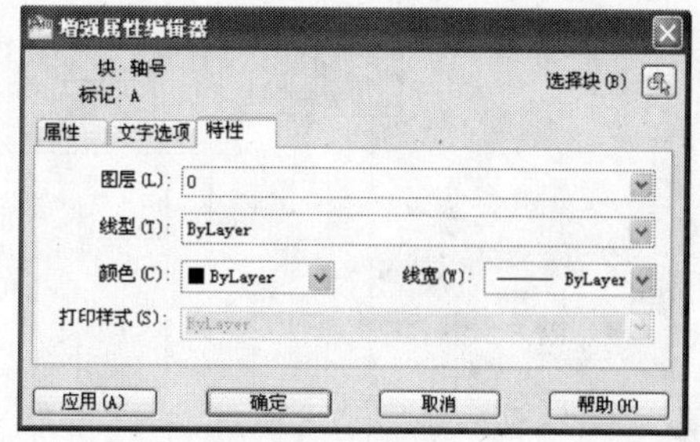

图 7-39 “特性”选项卡

②同样，在“绘图”工具栏中单击“插入块”按钮，将弹出“插入”对话框，单击“浏览”按钮选择“CDROM\07\效果\标高.dwg”文件，再单击“确定”按钮，然后在视图中捕捉右侧的标注线端点，并在“请输入标高值 <±0.000>:”提示下按 Enter 键，得到插入的标高属性块，如图 7-40 所示。

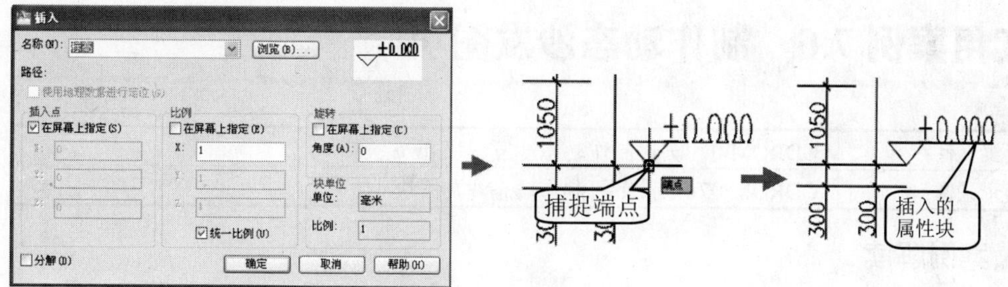

图 7-40 插入“标高”属性块

③使用“复制”命令，将插入的“标高”属性图块复制到的指定的位置，如图 7-41 所示。

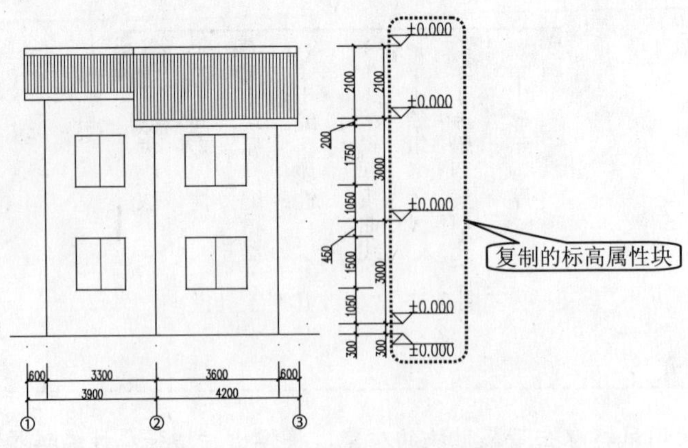

图 7-41 复制的"标高"属性块

注意

复制最下侧"标高"属性块后，应使用"镜像"命令将其进行垂直镜像。

④使用鼠标分别双击复制的图块，将弹出"增强特性编辑器"对话框，在"属性"选项卡的"值"文本框中分别输入相应的标高值，从而修改所复制的属性块，如图 7-42 所示。

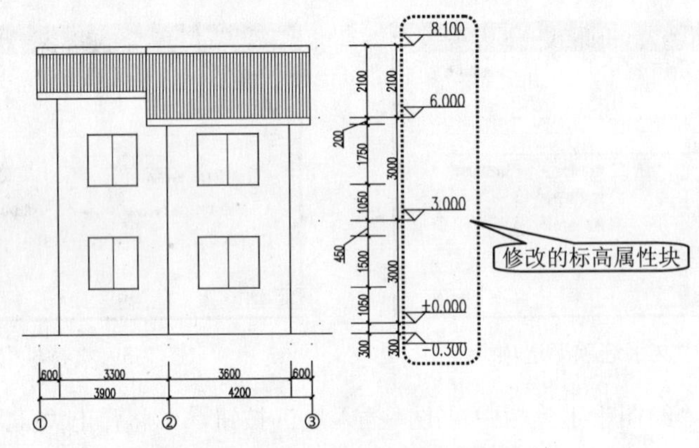

图 7-42 修改的"标高"属性块

步骤 3 保存文件

实用案例 7.6 制作动态沙发图块

效果文件：	CDROM\07\效果\制作动态沙发图块.dwg
演示录像：	CDROM\07\演示录像\制作动态沙发图块.exe

案例解读

本案例是绘制动态沙发图块，从线条上看其造型很简单，只要应用直线和圆角命令绘制即可，然后将其定义为动态块文件，重点使用 INSERT 命令和 BEDIT 命令。此图块可用于家居平面布局图的设计引用，能够生成不同尺寸的沙发模型，其效果如图 7-43 所示。

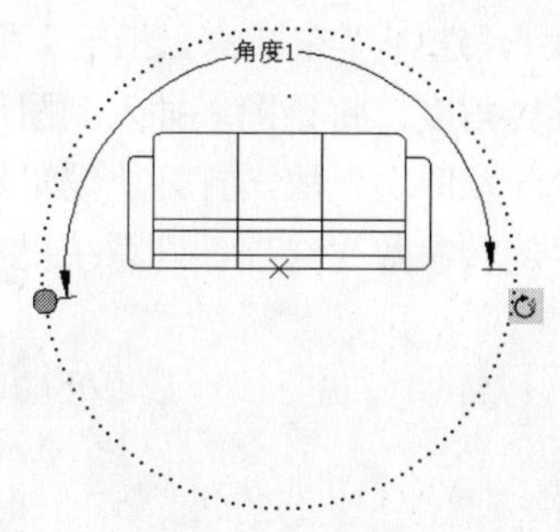

图 7-43　动态沙发图块

要点流程

- 使用直线命令、分解命令和偏移命令绘制沙发轮廓；
- 使用 WBLOCK 命令，制作沙发图块；
- 插入沙发图块，并用 BEDIT 命令制作动态沙发图块。

本案例流程图如图 7-44 所示。

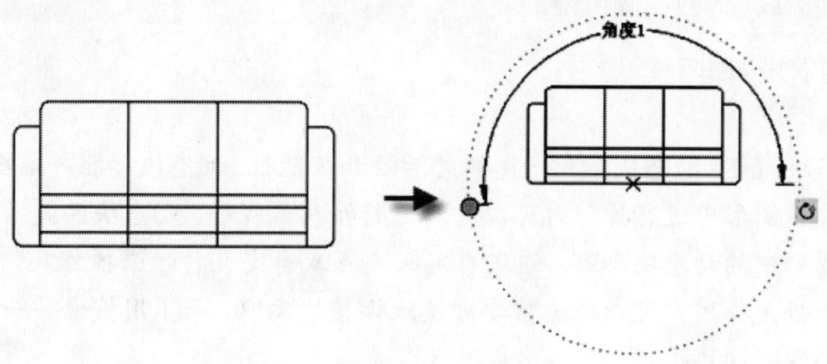

图 7-44　制作动态沙发图块流程图

操作步骤

步骤 1 绘制沙发

①启用直线命令、分解命令和偏移命令绘制沙发轮廓。结果如图 7-45 所示。

②启用圆角命令进行圆角处理，结果如图 7-46 所示。

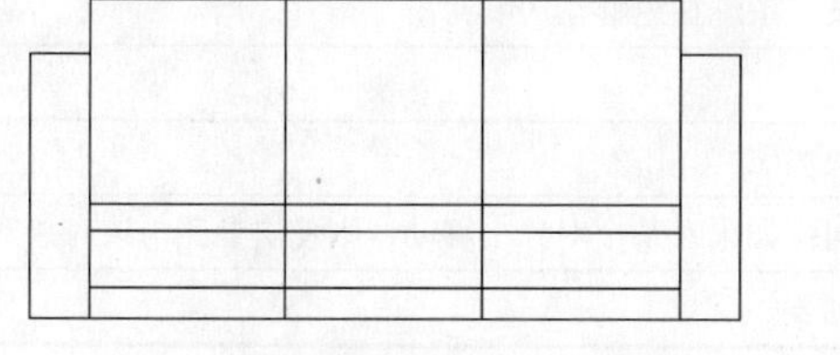

图 7-45　沙发-轮廓

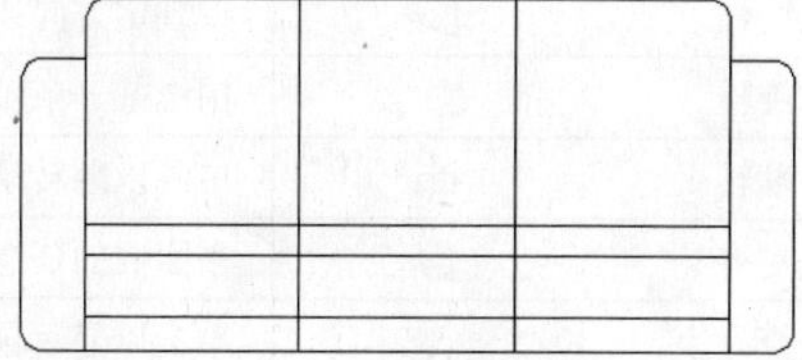

图 7-46　沙发-圆角

步骤 2 制作动态图块

①使用 WBLOCK 命令，打开“写块”对话框。拾取沙发最下面的直线中点为基点，选取整个图形为对象；指定文件保存路径并输入图块名称“制作沙发图块”，确认后退出。

②新建一个图形文件，利用 INSERT 命令打开“插入”对话框，单击“浏览”按钮找到

刚才保存的图块“制作沙发图块”。选择“在屏幕上指定”插入点、比例和旋转角度，插入时选择适当的插入点、比例和旋转角度，将该图块插入到图形中。

(3)利用 BEDIT 命令选择“沙发图块”块，打开块编辑界面和块编写选项板。在块编写选项板的“参数”选项卡选择“旋转参数”选项，则系统提示如下。

```
命令: _BParameter 旋转
指定基点或 [名称(N)/标签(L)/链(C)/说明(D)/选项板(P)/值集(V)]:
                                    (指定沙发图块最下面的直线中点为基点)
指定参数半径:
指定默认旋转角度或 [基准角度(B)] <0>:
指定标签位置:
```

在块编写选项板的“动作”选项卡中选择“旋转动作”选项，系统提示如下。

```
命令: _BActionTool 旋转
选择参数:                                   (选择刚设置的旋转参数)
指定动作的选择集
选择对象:                                   (选择沙发图块)
选择对象:
指定动作位置或 [基点类型(B)]:
```

本案例的效果如图 7-45 所示。

知识要点：

- 动态块概述：动态块具有一定的灵活性和智能性。动态块参照并非图形的固定部分，用户在图形中进行操作时可以对其进行修改或操作。动态块的灵活性是指可轻松更改图形中的动态块参照，通过自定义夹点或自定义特性来操作几何图形。动态块的智能性是指用户可以根据需要方便地调整块参照，而不用搜索另一个块以插入或重定义现有的块。
- 在默认情况下，动态块的自定义夹点与标准夹点在颜色和样式上均不同。如表 7-1 所示，显示了可以包含在动态块中的不同类型的自定义夹点。如果分解或按非统一缩放某个动态块参照，它就会丢失其动态特性。

表 7-1　夹点操作方式表

夹点类型	图标	夹点在图形中的操作方式
标准	■	平面内的任意方向
线性	▶	按规定方向或沿某一条轴往返移动
旋转	●	围绕某一条轴
翻转	⇦	单击以翻转动态块参照
对齐	▶	平面内的任意方向；如果在某个对象上移动，则使块参照与该对象对齐
查寻	▼	单击以显示项目列表

- 动态块效果示意，如表 7-2 所示。在图形中插入一个门块参照，用户可能在编辑图形时需要更改门的大小。如果该块是动态的，并且定义为可调整大小，那么只需拖动自定义夹点或在“特性”选项板中指定不同的大小就可以修改门的大小。用户可能还需要修改门的打开角度。该门块还可能会包含对齐夹点，使用对齐夹点可以轻松地将门块参照与图形中的其他几何图形对齐。

表7-2 动态块效果示意

图块操作	效果示意
拉伸图块长度	
控制门开启角度	
控制门对齐	

知识要点：

块编辑器对话框：块编辑器命令专门用来创建块定义并添加可以使块成为一个动态块的元素。利用块编辑器创建动态块，用户可以重新创建块或者为现有块定义添加参数和动态行为，也可以与在绘图区域中一样创建几何图形。

块编辑器命令启动方法如下。

- 下拉菜单：选择“工具>块编辑器”命令。
- 工具栏：在“标准”工具栏上单击“块编辑器”按钮。
- 输入命令名：在命令行中输入或动态输入 BEDIT，并按 Enter 键。

知识要点：

块编辑器选项板：块编辑选项板有四个块编写选项卡，分别是“参数”、“动作”、“参数集”和“约束”。块编写选项板只能显示在块编辑器中。用户可以使用这些选项板向动态块定义添加参数和动作。

- “参数”选项卡如图 7-47 所示，用于定义块的自定义特性。
- “动作”选项卡如图 7-48 所示，用于定义在图形中操作动态块参照的自定义特性时，该块参照的几何图形将如何移动或修改。
- “参数集”选项卡如图 7-49 所示，使用块编写选项板上的“参数集”选项卡可以为动态块定义添加一般成对的参数和动作。
- “约束”选项卡如图 7-50 所示，使用块编写选项板上的“约束”选项卡可以为动态块定义添加几何约束和标注约束。

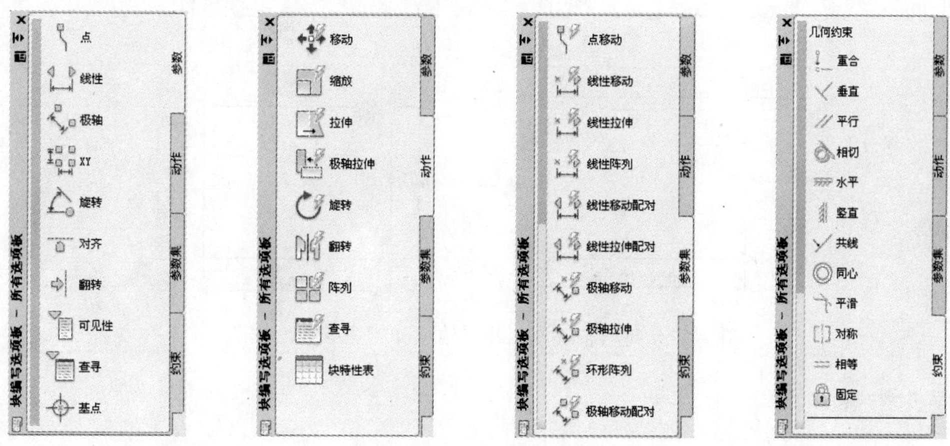

图7-47 “参数”选项卡 图7-48 “动作”选项卡 图7-49 “参数集”选项卡 图7-50 “约束”选项卡

④单击“块工具栏”上的“保存块定义”按钮，保存块定义，关闭块编辑器。

步骤3 保存文件

实用案例 7.7 向动态块添加几何约束和约束参数

素材文件：	CDROM\07\素材\向动态块添加几何约束和约束参数素材.dwg
效果文件：	CDROM\07\效果\向动态块添加几何约束和约束参数.dwg
演示录像：	CDROM\07\演示录像\向动态块添加几何约束和约束参数.exe

案例解读

本案例的目的是让读者熟悉和了解动态块的新增功能，以及如何向动态块添加几何约束和约束参数。本案例的效果如图 7-51 所示。

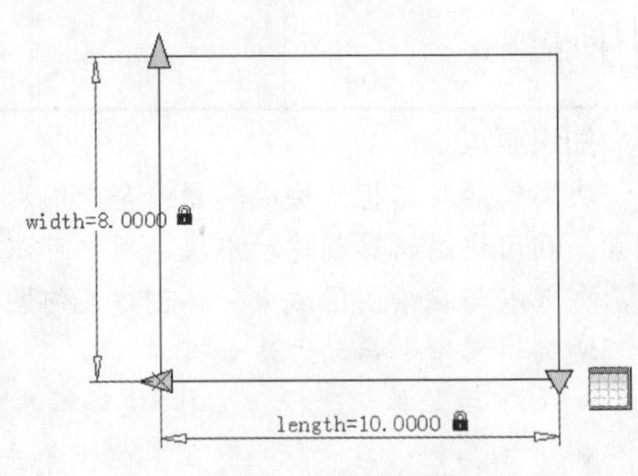

图 7-51 效果图

要点流程

- 打开附盘中的文件"向动态块添加几何约束和约束参数素材.dwg"；
- 进入"块编辑器"窗口，添加几何约束和参数约束；
- 在"参数管理器"面板中修改各个变量名称；
- 在"块特性表"面板中创建用户参数和参数约束变量，设置多个不同的矩形尺寸；
- 测试块。

本案例制作的流程图如图 7-52 所示。

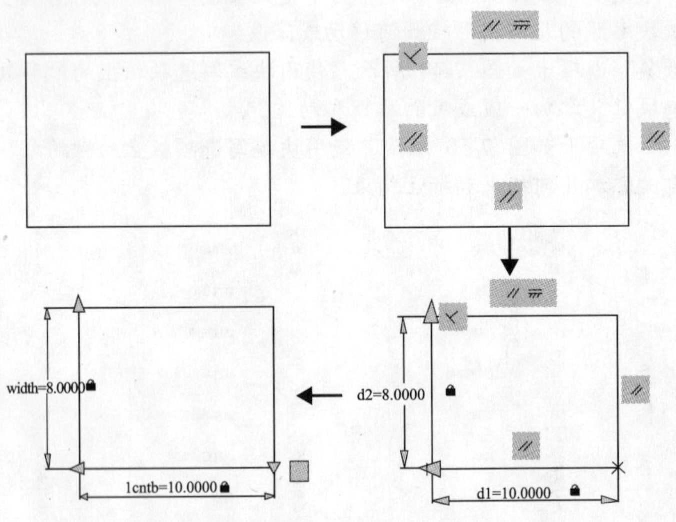

图 7-52 向动态块添加几何约束和约束参数流程图

操作步骤

步骤 1 添加几何约束

①打开附盘中的文件“向动态块添加几何约束和约束参数素材.dwg”，如图 7-53 所示。

②在“绘图”工具栏上单击“块编辑器”按钮，启动块编辑器命令，弹出“编辑块

定义”对话框。

③在“要创建或编辑的块”文本框中选择“<当前图形>”，然后单击“确定”按钮，进入“块编辑器”窗口。

④单击“块编写选项板”窗口中的“约束”选项卡，选择其中的 平行 、 水平 和 垂直 约束，在视图区添加几何约束，其结果如图 7-54 所示。

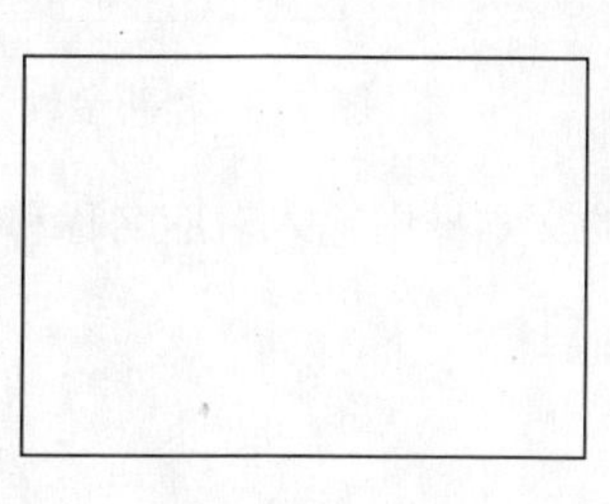

图 7-53　矩形

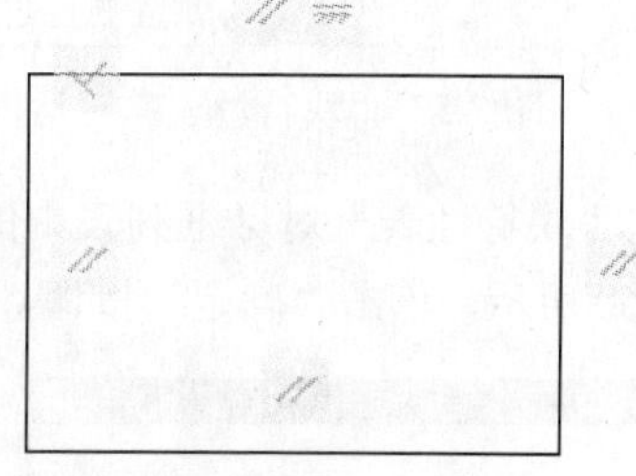

图 7-54　添加几何约束

⑤在“约束”选项卡中选择 水平 和 竖直 两个选项，添加尺寸约束，其结果如图 7-55 所示。

> **注意**
>
> ◆　在创建或修改动态块后，必须完成保存块定义才能退出“块编辑器”窗口。
>
> ◆　约束参数和标注约束是不同的，在块定义中可使用标注约束和约束参数，但是只有约束参数可以为该块定义显示可编辑的自定义特性且包含夹点。

步骤 2　修改约束参数变量名称

在“块编辑器”窗口的上方单击参数管理器图标 f_x，打开“参数管理器”面板，修改各个变量的名称，其结果如图 7-56 所示。

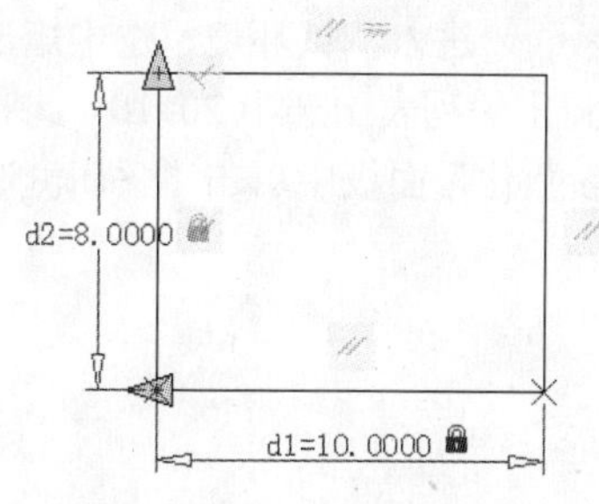

图 7-55　添加尺寸约束

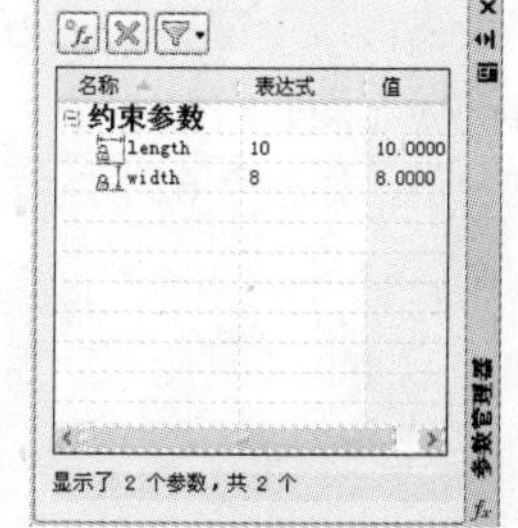

图 7-56　“参数管理器”面板

步骤 3　创建块特性表

①在“块编辑器”窗口的上方单击块表图标，选择矩形的右下角的顶点为参考位置，设置夹点为 1，打开如图 7-57 所示的“块特性表”对话框，单击“创建一个新的用户参数并将其添加到表中” f_x 图标，打开“新参数”对话框，对话框设置如图 7-58 所示。单击“确定”按钮，新建的用户参数 parameter 添加到如图 7-57 所示的列表中。接着单击“添加在表中显示列的特性” f_x 图标，打开如图 7-59 所示的“添加参数特性”对话框，选中参数 length 和 width，单击“确定”按钮，参数 length 和 width 添加到如图 7-59 所示的列表中。

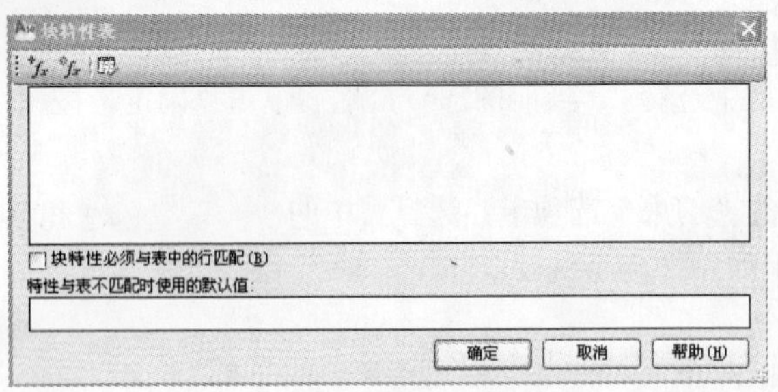

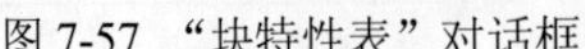

图 7-57 “块特性表”对话框

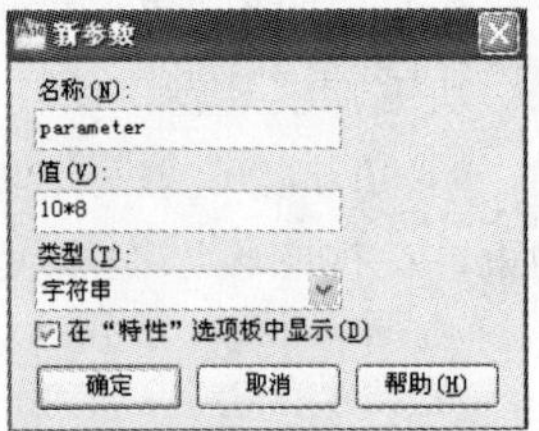

图 7-58 “新参数”对话框

②在“块特性表”对话框列表中的各个参数下方的文本框中输入对应名称和值，其结果如图 7-60 所示，单击“确定”按钮，完成输入。

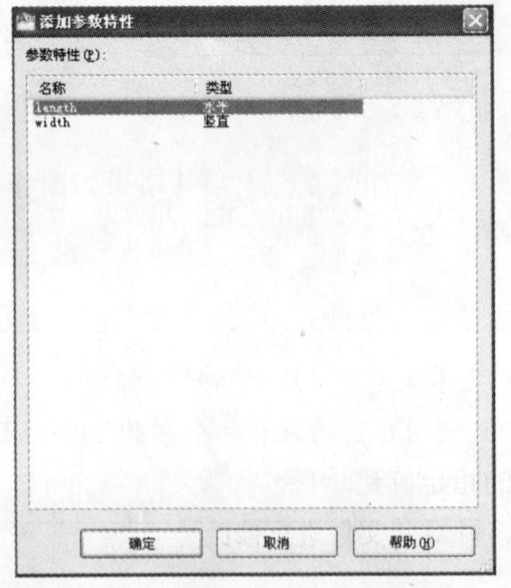

图 7-59 “添加参数特性”对话框

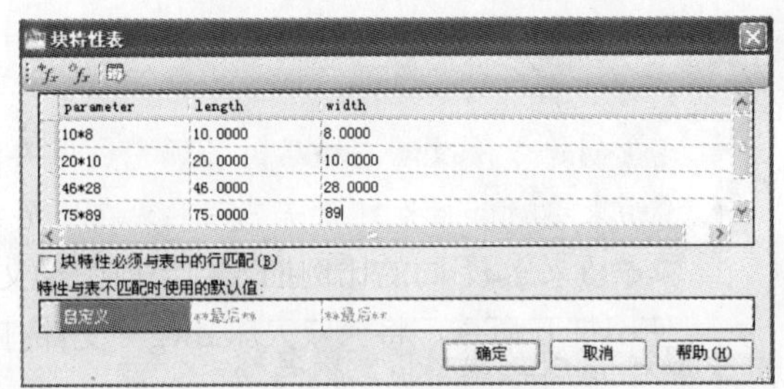

图 7-60 输入参数

步骤 4 测试块

在“块编辑器”窗口的上方单击“测试块”图标，进入测试环境，选中矩形，选中夹点单击鼠标左键打开特性表，如图 7-61 所示。在弹出的列表中选中 20*10，此时视图中矩形尺寸改变了，如图 7-62 所示。在“功能区”的“参数化”面板中单击“关闭测试块窗口”，关闭测试窗口。

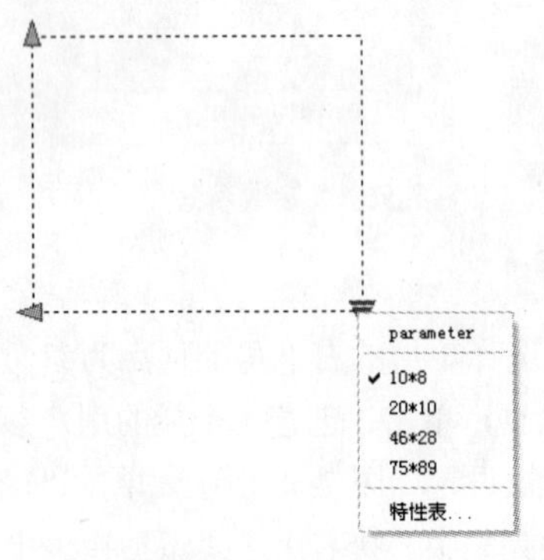

图 7-61 打开特性表

图 7-62 矩形尺寸改变

步骤 5 保存块定义

单击“保存块定义”按钮，存储块定义设置。

步骤6 保存文件

实用案例7.8　插入外部参照文件

素材文件：	CDROM\07\素材\绘制并安装门块.dwg CDROM\07\素材\双人床.dwg
效果文件：	CDROM\07\效果\插入外部参照文件.dwg
演示录像：	CDROM\07\演示录像\插入外部参照文件.exe

案例解读

在本案例中，主要讲解了AutoCAD中插入外部参照的操作，使读者熟练掌握外部参照的插入与更新方法，其绘制完成的效果如图7-63所示。

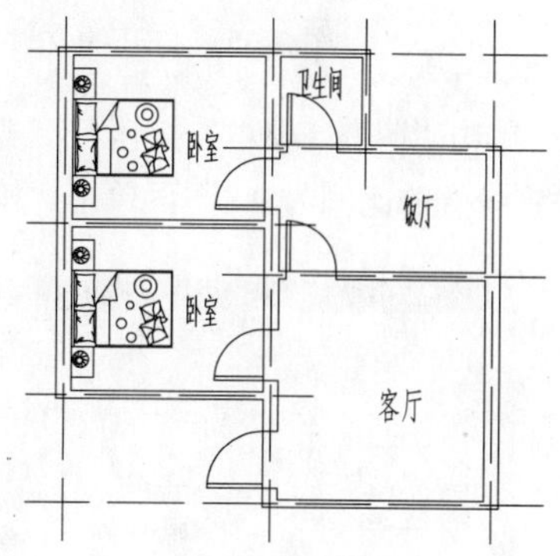

图7-63　插入外部参照文件的效果

要点流程

- 启动AutoCAD 2010，打开附盘的“绘制并安装门块.dwg”文件；
- 使用“外部参照”命令，将“双人床.dwg”文件分别以不同的比例插入到当前图形文件的指定位置；
- 使用打开命令，将“双人床.dwg”文件打开，并对其文件进行修改操作；

本案例的流程图如图7-64所示。

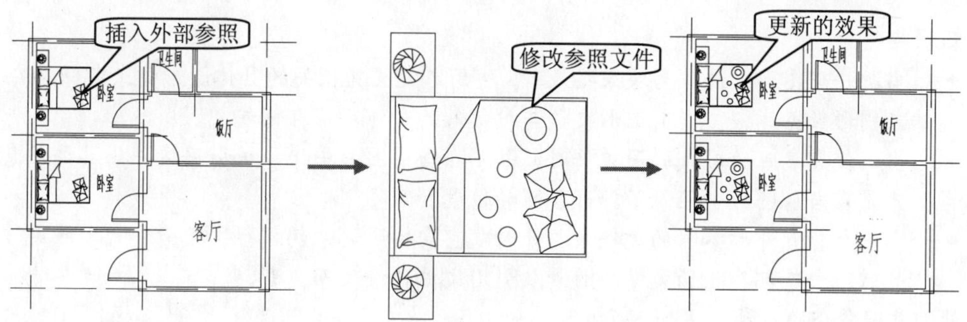

图7-64　插入外部参照文件的流程图

操作步骤

步骤1 引入外部参照

① 启动AutoCAD 2010中文版，选择“文件>打开”命令，打开附盘的“绘制并安装门块.dwg”文件打开，如图7-65示。

② 当前图层置于“设施”图层，选择“插入>外部参照”命令，将弹出“外部参照”选项板，如图7-66所示。

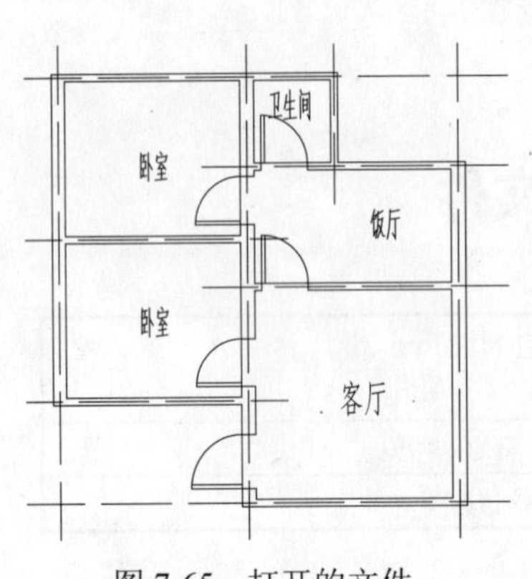

图 7-65　打开的文件

图 7-66　“外部参照”选项板

3 单击“附着 DWG”按钮，选择“双人床.dwg”文件，并在弹出的“外部参照”对话框中设置统一的比例为 0.8，再单击“确定”按钮，然后在视图中指定插入点，如图 7-67 所示。

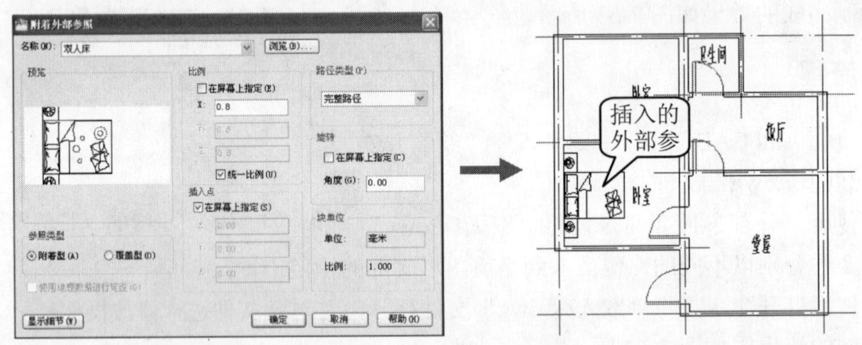

图 7-67　插入的外部参照

知识要点：

- 当把一个图形文件作为块来插入时，块的定义及其相关的具体图形信息都保存在当前图形数据库中，当前图形文件与被插入的文件不存在任何关联。
- 当以外部参照的形式引用文件时，并不在当前图形中记录被引用文件的具体信息，只是在当前图形中记录了外部参照的位置和名字。
- 当一个含有外部参照的文件被打开时，它会按照记录的路径去搜索外部参照文件，此时，含外部参照的文件会随着被引用文件的修改而更新。

外部参照命令的启动方法如下。

- 下拉菜单：选择“插入>外部参照”命令。
- 工具栏：在“参照”工具栏上单击“外部参照”按钮。
- 输入命令名：在命令行中输入或动态输入 XREF，并按 Enter 键。

启动外部参照命令之后，系统将弹出“外部参照”选项板，如图 7-66 所示。在该面板上单击左上角的“附着 DWG” 按钮，选择参照文件后，将打开“外部参照”对话框，利用该对话框可以将图形文件以外部参照的形式插入到当前图形中，如图 7-67 所示。

4 参照上一步的方法，同样再次插入“双人床”，此时即可看到“外部参照”面板的“文件参照”列表框中多了“双人床”文件，如图 7-68 所示。

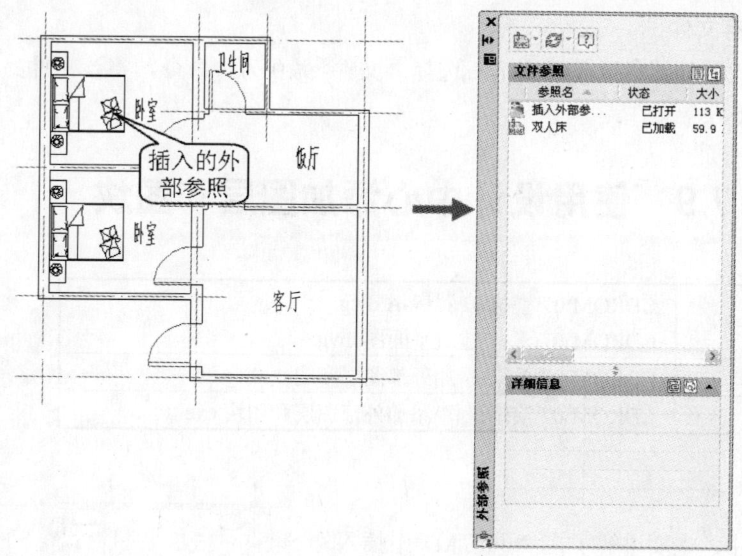

图 7-68　再次插入的外部参照

⑤选择“文件>打开”命令，将“双人床.dwg”文件打开，使用“圆”命令在此图形对象上绘制几个圆，并设置圆的颜色为红色，如图 7-69 所示。

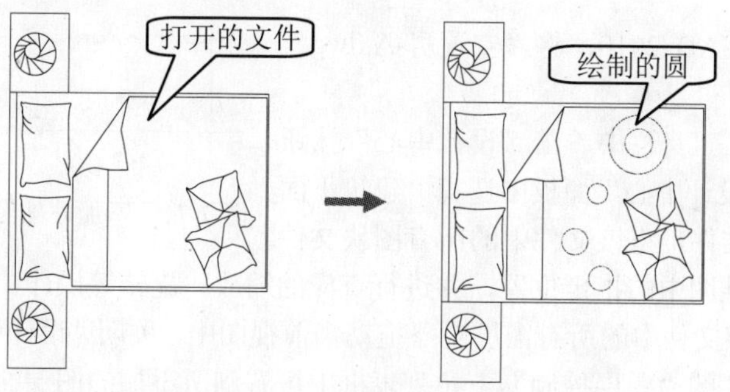

图 7-69　打开文件并绘制圆

⑥在“标准”工具栏中单击“保存”按钮，再在“窗口”菜单下选择“绘制并安装门块.dwg”文件，则窗口的右下角将弹出“外部参照文件已修改”的提示，用户只要单击下面的链接就可以将该视图中插入的外部参照对象进行更新，如图 7-70 所示。

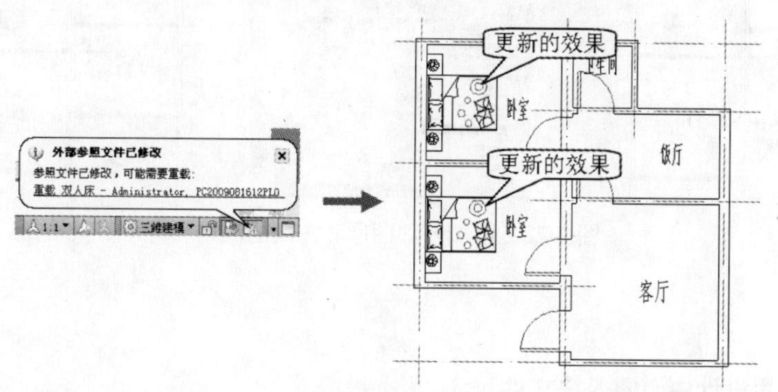

图 7-70　更新的外部参照

步骤 2 保存文件

至此，插入的外部参照已经完毕，选择“文件>另存为”命令，将该文件另存为“插入外部参照文件.dwg”文件。

实用案例 7.9　使用设计中心添加图层和图块

素材文件：	CDROM\07\素材\安置房-A.dwg CDROM\07\素材\建筑平面图.dwg
效果文件：	CDROM\07\效果\添加外部图层和图块.dwg
演示录像：	CDROM\07\演示录像\添加外部图层和图块.exe

案例解读

在本案例中，主要讲解了在 AutoCAD 中插入外部参照的操作，让读者熟练掌握外部参照的插入与更新方法，其绘制完成的效果如图 7-71 所示。

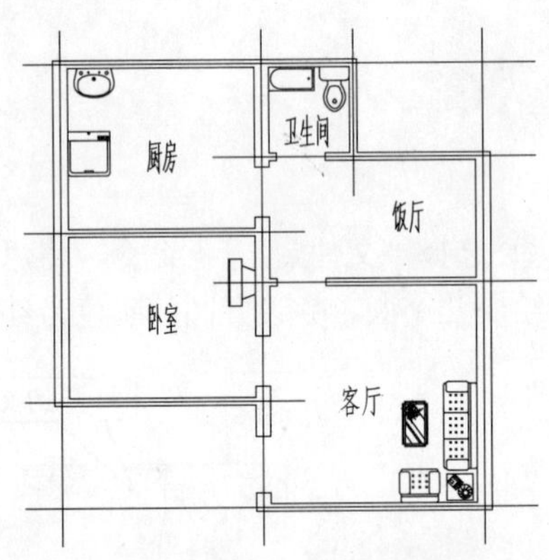

图 7-71　添加外部图层和图块的效果

要点流程

- 启动 AutoCAD 2010，将“安置房-A.dwg”文件打开；
- 在“标准”工具栏中单击“设计中心”按钮，在“设计中心”面板中选择“建筑平面图.dwg”文件，将该文件中的所有图块文件拖动当前视图中的指定位置，并进行查应的缩放、旋转等操作；
- 同样，将该文件中的所有图层对象拖动当前视图中，关闭“设计中心”面板，在“图层”工具栏的“图层控制”下拉列表框中可看到所添加的图层。

本案例的流程图如图 7-72 所示。

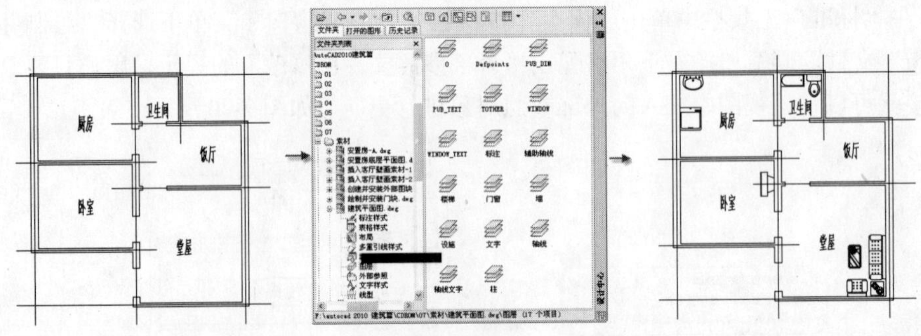

图 7-72　添加外部图层和图块的流程

操作步骤

步骤 1 使用设计中心插入块文件

①启动 AutoCAD 2010 中文版，选择“文件>打开”命令，将“安置房-A.dwg”文件

打开。

②在“标准”工具栏中单击“设计中心”按钮，将打开“设计中心”面板，切换至“打开的图形”选项卡中，可以看到当前已经打开图形文件的已有图块和图层，如图 7-73 所示。

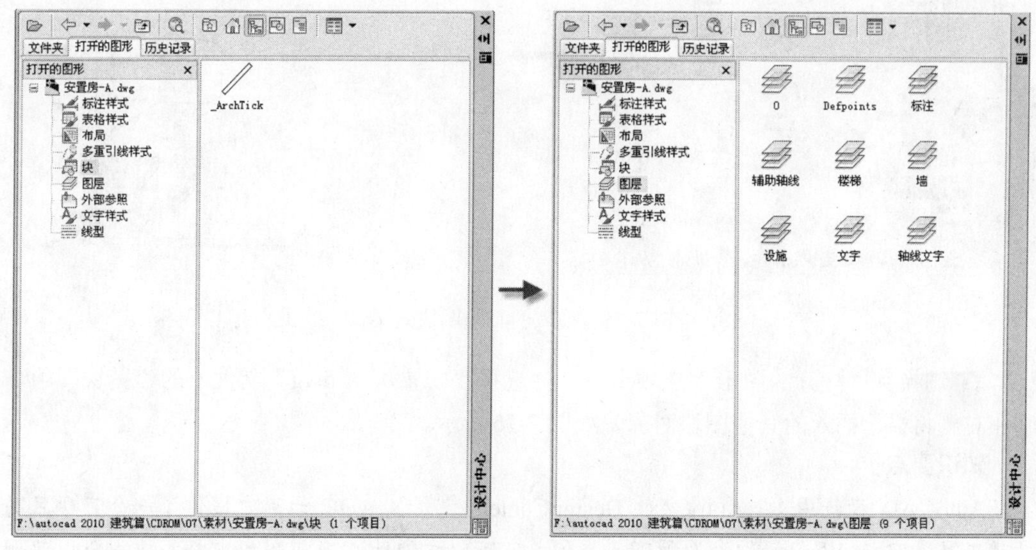

图 7-73　已有的图块和图层

③切换到“文件夹”选项卡中，选择“建筑平面图.dwg”文件，并选择“块”选项，即可看到右侧的项目列表中已有很多的图块对象，选择其中的一个图块对象，按住鼠标左键，将其拖动到视图中的指定位置，如图 7-74 所示。

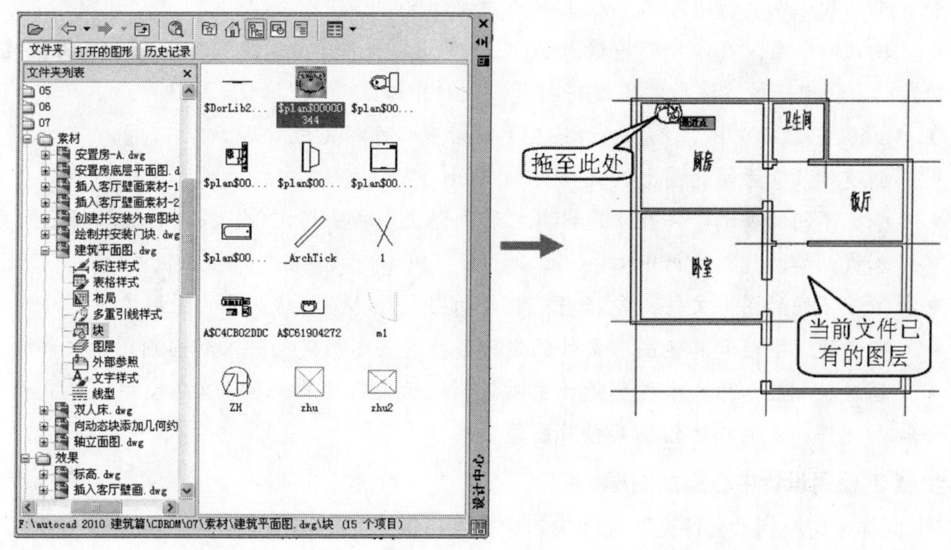

图 7-74　拖动的图块效果

④同样，将“设计中心”选项卡的其他图块拖至视图的相应位置，并对其进行相应的旋转、缩放等操作，如图 7-75 所示。

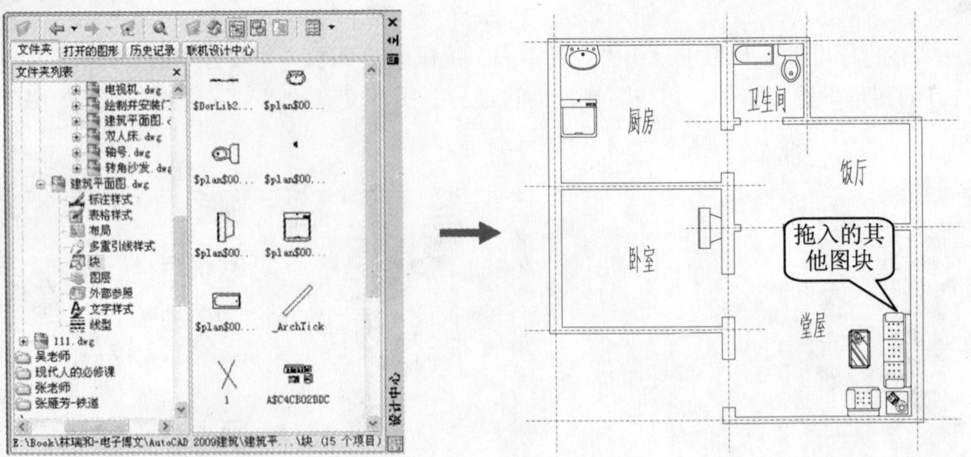

图 7-75　拖入的其他图块效果

⑤切换到“打开的图形”选项卡中，并选择“安置房-A.dwg”文件下的“图块”项，则在右侧将显示插入的其他图块对象，如图 7-76 所示。

知识要点：

AutoCAD 设计中心 (AutoCAD DesignCenter ，简称 ADC)为用户提供了一个直观且高效的工具，它与 Windows 资源管理器类似。它可以方便地在当前图形中插入块，引用光栅图像及外部参照，在图形之间复制块、复制图层、线型、文字样式、标注样式以及用户定义的内容等。

打开“设计中心”面板的方法如下。

- 下拉菜单：选择“工具>选项板>设计中心”命令。
- 工具栏：在“标准”工具栏上单击“设计中心”按钮。
- 输入命令名：在命令行中输入 ADCENTER，并按 Enter 键，或按 Ctrl+2 组合键。

执行以上任何一种方法后，系统将打开“设计中心”面板，如图 7-73 所示。

在 AutoCAD 2010 中，使用 AutoCAD 设计中心可以完成如下工作。

- 创建对频繁访问的图形、文件夹和 Web 站点的快捷方式。
- 根据不同的查询条件在本地计算机和网络上查找图形文件，找到后可以将它们直接加载到绘图区或设计中心。
- 浏览不同的图形文件，包括当前打开的图形和 Web 站点上的图形库。
- 查看块、图层和其他图形文件的定义并将这些图形定义插入到当前图形文件中。
- 通过控制显示方式来控制设计中心控制板的显示效果，还可以在控制板中显示与图形文件相关的描述信息和预览图像。

步骤 2 使用设计中心添加图层

①同样，切换到“文件夹”选项中，选择“建筑平面图.dwg”文件，再选择“图层”选项，即可看到右侧的项目列表中已有很多的图层对象，如图 7-77 所示。

②选择其中的一个图层对象，将其拖动到视图中的空白位置。

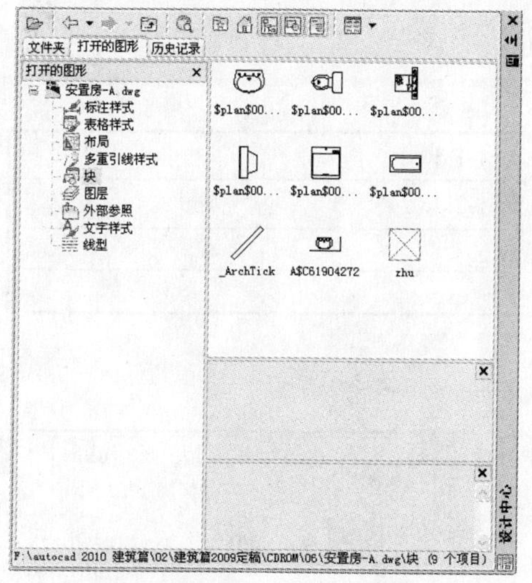

图 7-76　显示当前文件中的图块

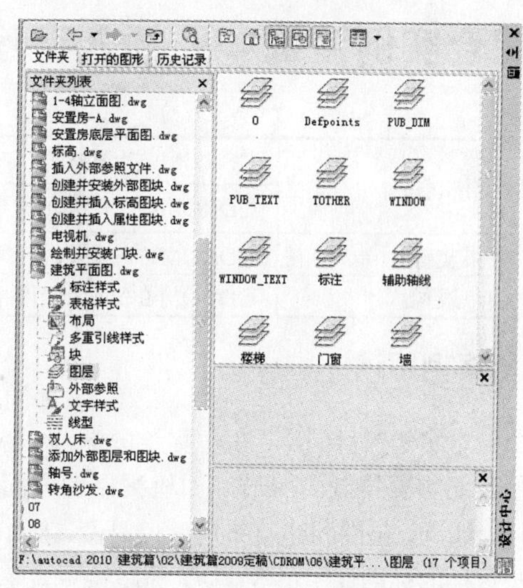

图 7-77　选择文件中的图层

步骤 3 查看已添加的图层

①重复上一步的操作，将其他的图层用同样的方法拖动至视图中的空白位置，再切换到“打开的图形”选项卡中，并选择“安置房-A.dwg”文件下的“图层”选项，则在选项卡右侧将显示插入的其他图层对象，如图 7-78 所示。

②在“图层”工具栏中单击“图层控制”下拉列表，即可看到当前文件中已有的图层，如图 7-79 所示。

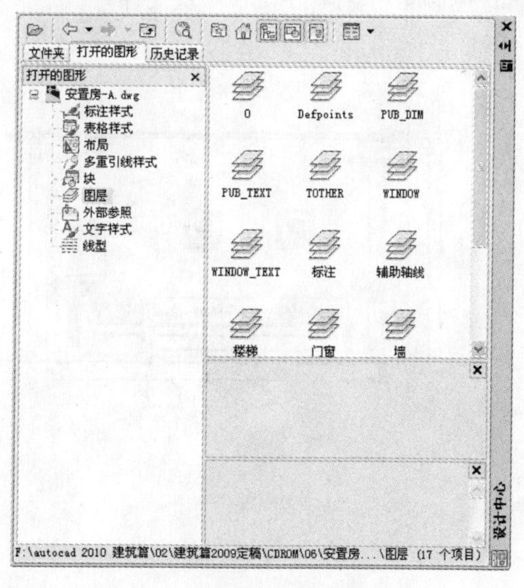

图 7-78　显示当前文件中的图层

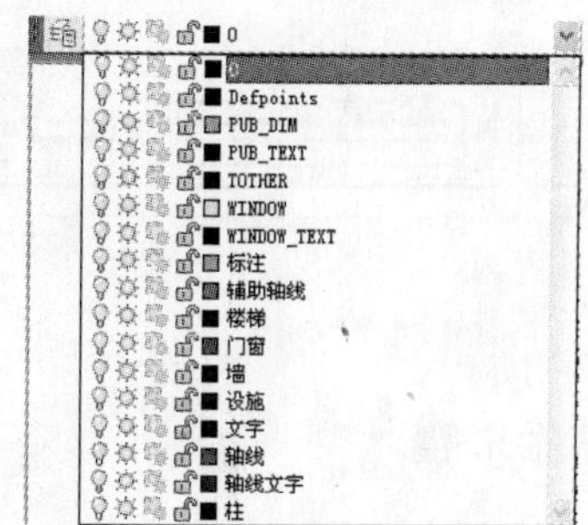

图 7-79　“图层控制”中的图层

步骤 4 保存文件

至此，通过设计中心来添加的外部图层和图块已经操作完毕，选择“文件>另存为”命令，将该文件另存为“添加外部图层和图块.dwg”文件。

综合实例演练——插入客厅壁画

<table>
<tr><td rowspan="2">素材文件：</td><td>CDROM\07\素材\插入客厅壁画素材-1.dwg</td></tr>
<tr><td>CDROM\07\素材\插入客厅壁画素材-2.dwg</td></tr>
<tr><td>效果文件：</td><td>CDROM\07\效果\插入客厅壁画.dwg</td></tr>
<tr><td>演示录像：</td><td>CDROM\07\演示录像\插入客厅壁画.exe</td></tr>
</table>

案例解读

本实例的目的是：在实际绘图中，经常有大量需要重复绘制的图形，如机械制图方面的螺栓、螺母、垫圈和建筑布局的门、窗、椅子、壁画这样的标准件图形等。为了提高绘图效率我们将运用到本章的内容，将这样的图形定义成块，当需要绘制它们时，将对应块的按指定的比例和角度插入即可，效果如图 7-80 所示。

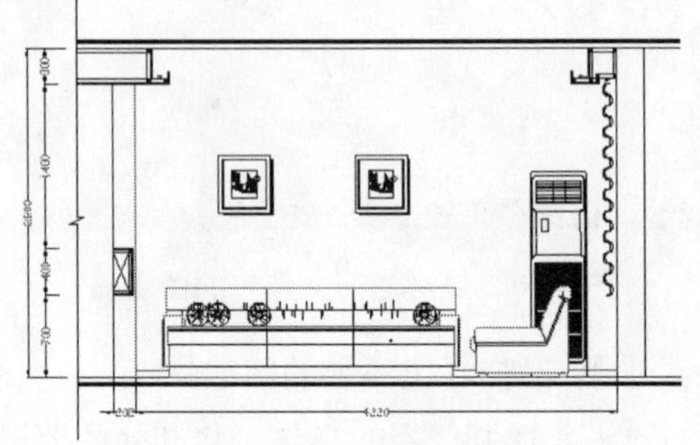

图 7-80　插入壁画效果图

要点流程

- 打开附盘中的文件"插入客厅壁画素材-1.dwg"；
- 用插入图块命令插入附盘的"插入客厅壁画素材 21-2.dwg"图块文件。

本案例的流程图如图 7-81 所示。

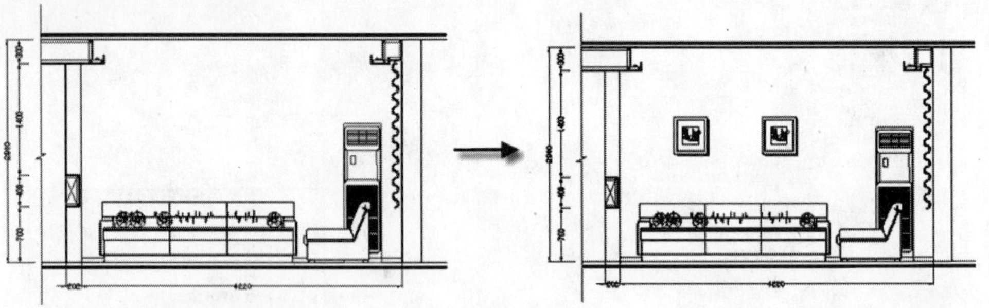

图 7-81　流程图

操作步骤

步骤 1　打开图形文件

打开附盘中的"插入客厅壁画素材-1.dwg"文件，如图 7-82 所示。

步骤 2　插入图块文件

①在绘图工具栏上单击"插入图块"按钮，启动插入图块命令，弹出"插入"对话框，如图 7-83 所示。

②单击"浏览"按钮，打开"选择图形文件"对话框，如图 7-84 所示。

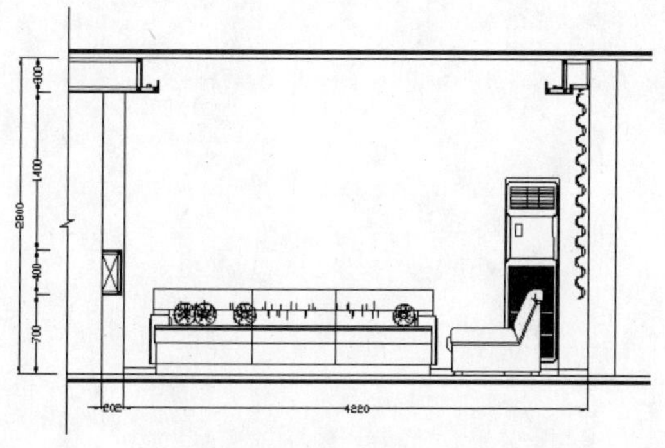

图 7-82　插入客厅壁画素材

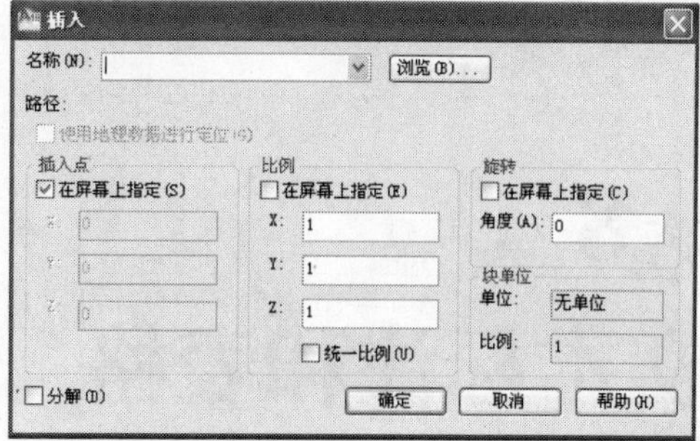

图 7-83 “插入”对话框

③双击“插入客厅壁画素材-2.dwg”图形文件，如图 7-85 所示。返回“插入”对话框。

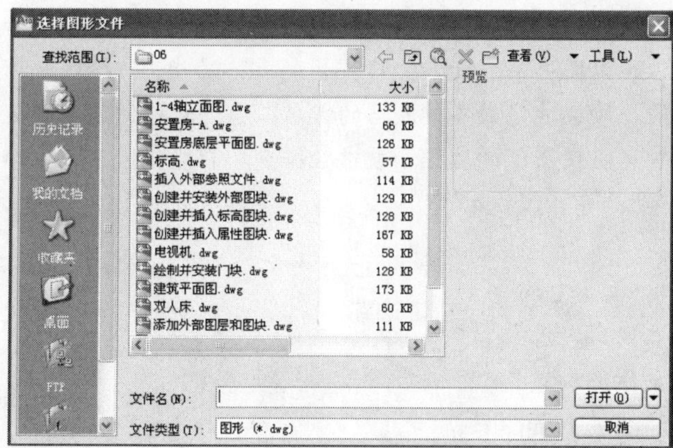

图 7-84 “浏览”对话框

图 7-85　壁画素材

④用户可以在“比例缩放”和“旋转”栏中，对所插入的图形文件进行比例缩放、旋转角度等操作。

⑤单击“确定”按钮，完成插入图形文件的查找和设置操作。

⑥在绘图屏幕上拾取插入的坐标位置，完成插入工作。

步骤 3 保存文件

第 8 章 文本标注和表格

本章导读

文本标注是图形中很重要的一部分内容，进行各种设计时，通常不仅要给出图形对象，还要在图形中标注一些文字说明，如技术要求、注释说明等。AutoCAD 提供的表格功能，使绘图时可以更加方便、快捷地完成各种表格的需求。通过表格的创建与链接等操作，可以使图纸的边框和表中数据更加智能化。

本章主要学习以下内容：

- 使用单行文字等命令绘制学生作业用的标题栏
- 使用多行文字等命令绘制楼面结构平面布置图
- 使用表格等命令制作门窗统计表
- 使用表格的链接数据功能链接并计算劳动力计划表
- 综合实例演练——制作灯具规格表

实用案例 8.1　绘制学生作业用标题栏

效果文件：	CDROM\08\学生作业用标题栏.dwg
演示录像：	CDROM \08\学生作业用标题栏.exe

案例解读

在本案例中，主要讲解了 AutoCAD 的矩形、偏移、修剪和单行文字命令。通过学生作业用标题栏的绘制，让读者熟练掌握单行文字的应用，其绘制完成的效果如图 8-1 所示。

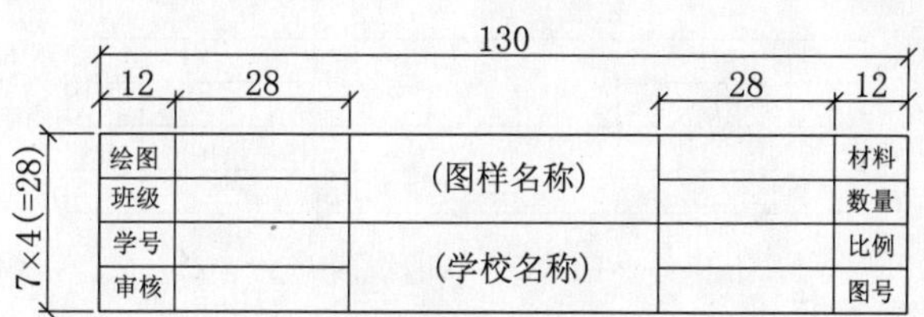

图 8-1　学生作业用标题栏效果

要点流程

- 首先启动 AutoCAD 2010 中文版，新建一个 DWG 文档；
- 使用矩形命令，绘制一个 130×28 的矩形，并对其进行分解操作；
- 使用偏移命令，对其线段进行偏移，并对其进行修剪操作；
- 使用单行文字命令，分别在指定的单元格内输入文字内容，并设置不同的文字高度。

本案例的流程图如图 8-2 所示。

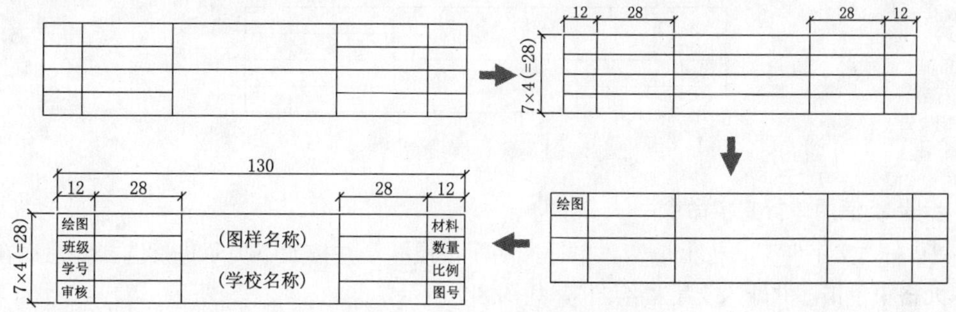

图 8-2　学生作业用标题栏流程图

操作步骤

步骤 1 绘制标题栏

①启动 AutoCAD 2010 中文版，新建一个 AutoCAD 文档。

②在“绘图”工具栏上单击“矩形”按钮，在视图中绘制一个 130×28 的矩形，如图 8-3 所示。

③在“修改”工具栏中单击“分解”按钮，将绘制的矩形打散。

④在“修改”工具栏中单击“偏移”按钮，选择左侧的垂直线段，将其分别向右偏移 12 和 28；选择右侧的垂直线段，将其分别向左偏移 12 和 28；选择上侧的水平线段，将其向下偏移 7，如图 8-4 所示。

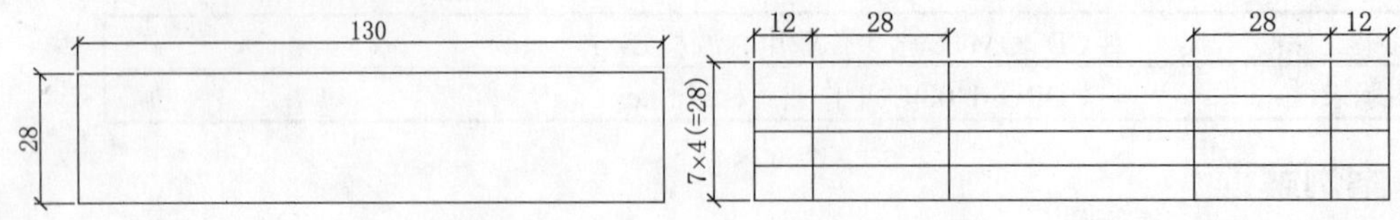

图 8-3 绘制的矩形　　图 8-4 偏移线段

⑤在“修改”工具栏中单击“修剪”按钮，将多余的线段进行修剪，如图 8-5 所示。

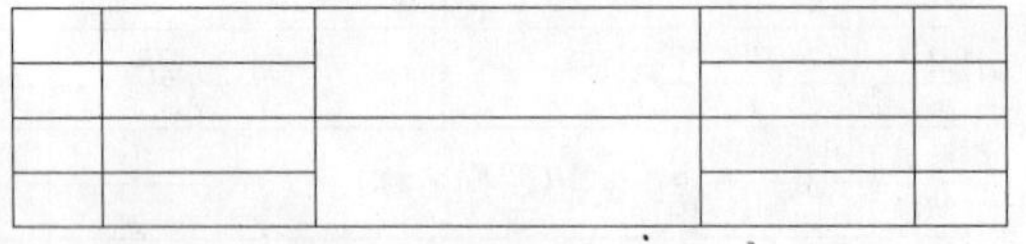

图 8-5 修剪线段

⑥选择“修改>对象>多段线”命令，然后按照如下提示将外侧的 4 条轮廓线转换为多段线，并设置其线宽为 0.3，如图 8-6 所示。

```
命令: _pedit                                                    ( 执行多段线命令 )
选择多段线或 [多条(M)]: m                                       ( 选择“多条 (M)”选项 )
选择对象: 找到 1 个，总计 4 个                                  ( 分别选择外侧的 4 条线段 )
选择对象:                                                       ( 按 Enter 键结束选择 )
是否将直线和圆弧转换为多段线? [是(Y)/否(N)]? <Y> y              ( 将其转换为多段线 )
输入选项 [闭合(C)/打开(O)/合并(J)/宽度(W)/拟合(F)/样条曲线(S)
/非曲线化(D)/线型生成(L)/放弃(U)]: w                            ( 输入“宽度 (W)”选项 )
指定所有线段的新宽度: 0.3                                       ( 设置新的宽度的 0.3 )
```

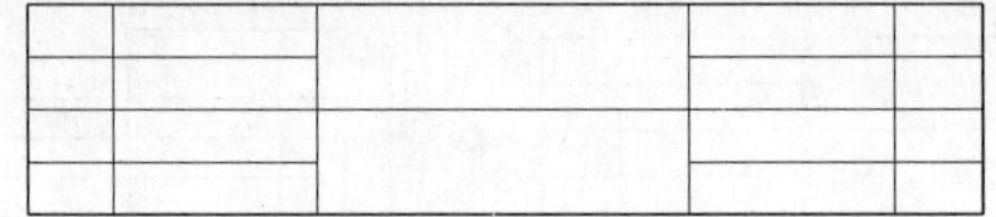

图 8-6 设置线宽

步骤 2 使用单行文字命令

①在“文字”工具栏上单击“单行文字”按钮，并按如下提示进行选择，然后在表格单元格中单击，并输入文字“绘图”，如图 8-7 所示。

```
命令: _dtext                                                    ( 启动单行文字命令 )
当前文字样式: “Standard”  文字高度: 2.5000  注释性: 否          ( 显示当前设置 )
指定文字的起点或 [对正(J)/样式(S)]: j                           ( 选择对正 (J) 选项 )
输入选项 [对齐(A)/布满(F)/居中(C)/中间(M)/右对齐(R)/左上(TL)/中上(TC)/右上(TR)/左
中(ML)/正中(MC)/右中(MR)/左下(BL)/中下(BC)/右下(BR)]: m          ( 选择中间 (M) 选项 )
指定文字的中间点:                                               ( 在左上角单元格中间位置单击 )
指定高度 <2.5000>: 3                                            ( 输入文字高度为 3 )
指定文字的旋转角度 <0>:                                         ( 按 Enter 键，不设置旋转角度 )
                                                                ( 在闪烁光标位置输入文本 )
```

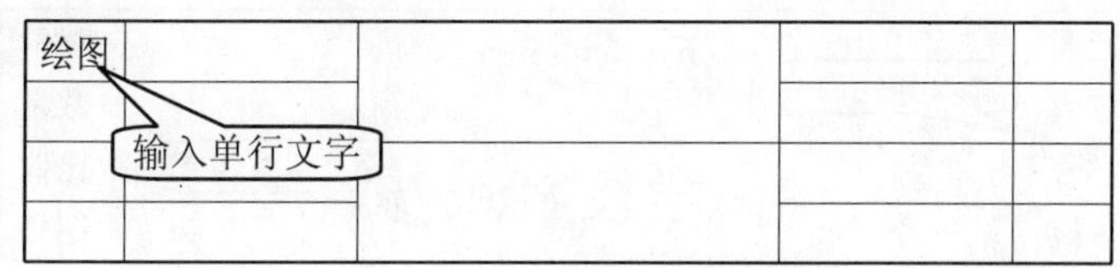

图 8-7　输入的单行文字

知识要点：

单行文字命令：使用单行文字创建一行或多行文字，其中，每行文字都是独立的对象，可对其进行重定位、调整格式或其他修改。

单行文字命令的启动方法如下。

◆　下拉菜单：选择“绘图>文字>单行文字”命令。

◆　工具栏：在“文字”工具栏上单击“单行文字”按钮AI。

◆　输入命令名：在命令行中输入或动态输入 TEXT 或 DT，并按 Enter 键。

执行以上命令时，命令行提示如下。

```
当前文字样式： "Standard"  文字高度： 2.5000  注释性： 否
```

在创建单行文字时，系统将提示用户指定文字的起点、选择“对正”或“样式”选项。其中，选择“对正（J）”选项可以设置文字的对齐方式；选择“样式（S）”选项可以设置文字的使用样式。选择文字对齐方式时，用户需要输入字母“J”，并且出现如下所示的命令提示行。

```
指定文字的起点或 [对正(J)/样式(S)]: j
输入选项 [对齐(A)/调整(F)/中心(C)/中间(M)/右(R)/左上(TL)/中上(TC)/右上(TR)/左中(ML)/正中(MC)/右中(MR)/左下(BL)/中下(BC)/右下(BR)]:
```

命令行中各选项含义如下。

- 对齐（A）：提示用户确定文字串的起点与终点。系统将自动调整各行文字高度和宽度，使文字均匀分布在两点之间。
- 调整（F）：提示用户确定文字串的起点与终点。在不改变高度的情况下，使文字的宽度自由调整，均匀分布在两点之间。
- 中心（C）：用于确定文字串的基线的水平中点。
- 中间（M）：用于指定一点，确定文字串基线的水平和竖直中点。
- 右（R）：确定文字串基线的右端点，输入字体高度和旋转角度。
- 左上（TL）：文字对齐在第一个字符的文字单元的左上角。
- 中上（TC）：文字对齐在文字单元串的顶部，文字串向中间对齐。
- 右上（TR）：文字对齐在文字串最后一个文字单元的右上角。
- 左中（ML）：文字对齐在第一个文字单元左侧的垂直中点。
- 正中（MC）：文字对齐在文字串的垂直中点和水平中点。
- 右中（MR）：文字对齐在右侧文字单元的垂直中点。
- 左下（BL）：文字对齐在第一个文字单元的左角点。
- 中下（BC）：文字对齐在基线中点。
- 右下（BR）：文字对齐在基线的最右侧。

系统默认的文字对齐方式为左对齐。当选择其他对齐方式时，按 Enter 键可改变对齐方式。

②按照上一步的方法，分别在其他地方输入相应的单行文字内容，如图 8-8 所示。

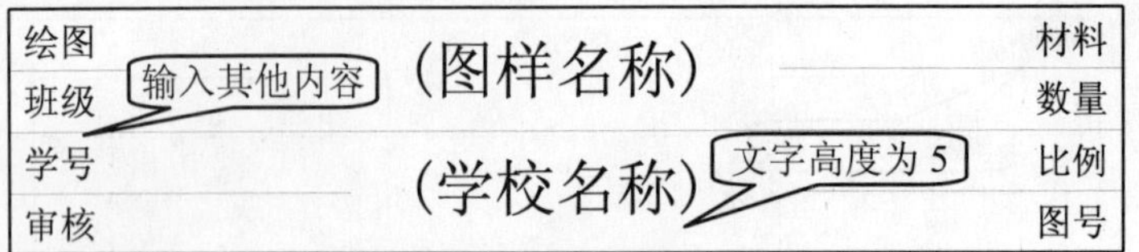

图 8-8　输入的其他内容

步骤 3 保存文件

实用案例 8.2　绘制楼面结构平面布置图

素材文件：	CDROM\08\素材\楼面结构平面布置图-A.dwg CDROM\08\素材\某设计院专用标题栏.dwg
效果文件：	CDROM\08\效果\楼面结构平面布置图.dwg
演示录像：	CDROM\08\演示录像\楼面结构平面布置图.exe

案例解读

在本案例中，主要讲解了 AutoCAD 中的矩形、偏移、插入块和缩放命令。通过楼面结构平面布置图的绘制，使读者熟练掌握多行文字的应用及各种特性的设计，以及单行文字内容的修改，其绘制完成的效果如图 8-9 所示。

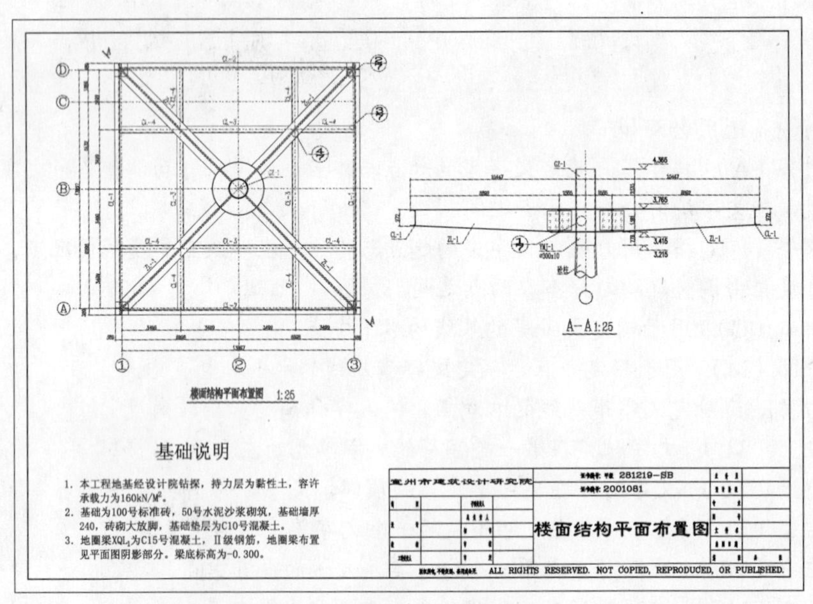

图 8-9　楼面结构平面布置图效果

操作步骤

步骤 1 创建图幅

①启动 AutoCAD 2010 中文版，打开附盘的“楼面结构平面布置图-A.dwg”文件，如图 8-10 所示。

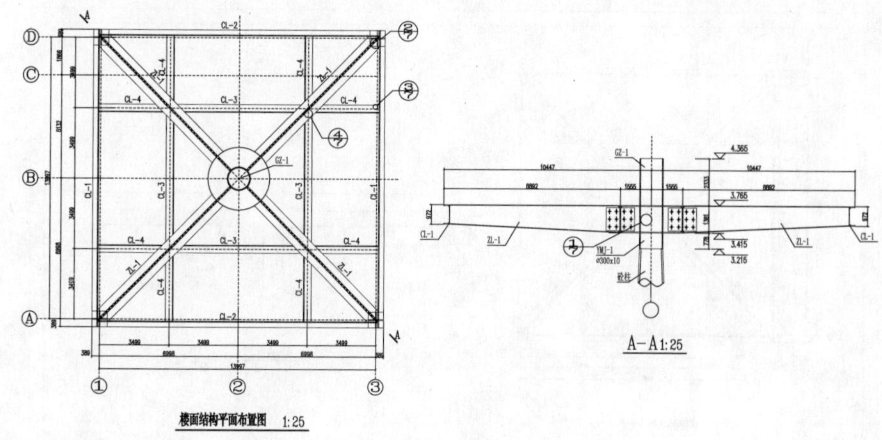

图 8-10 打开的文件

②在“图层”工具栏的“图层控制”组合框中选择“0”图层，使之成为当前图层，如图 8-11 所示。

图 8-11 设置当前图层

③在“绘图”工具栏单击“矩形”按钮，在视图中绘制一个 297×210 的矩形，再使用“偏移”命令，将矩形向内偏移 5，如图 8-12 所示。

④在“绘图”工具栏中单击“插入块”按钮，将上一个案例绘制的“某设计院专用标题栏.dwg”文件插入到当前文件中，使用“移动”命令将其移至内侧矩形的右下角处，从而形成图幅，如图 8-13 所示。

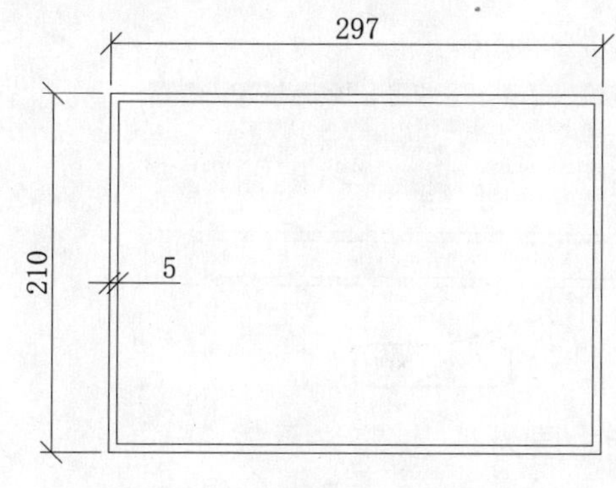

图 8-12 绘制并偏移的矩形

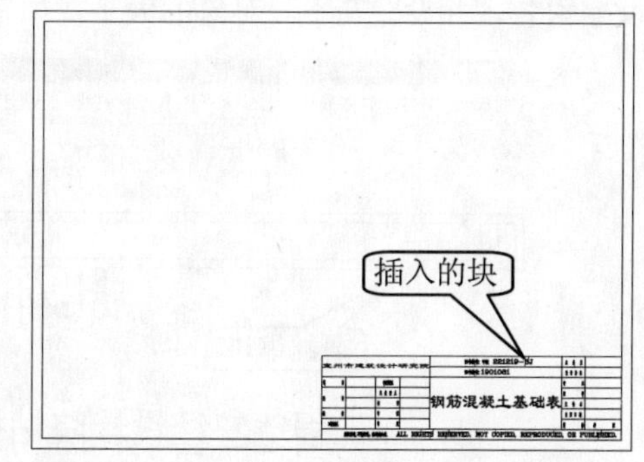

图 8-13 创建的图幅

步骤 2 输入多行文字

①在“修改”工具栏中单击“缩放”按钮，选择前几步创建的图幅对象，并选择其中的一个角点作为基点，将其放大 160 倍，再使用移动命令，将其移至适当的位置，使之框住图形对象效果，如图 8-14 所示。

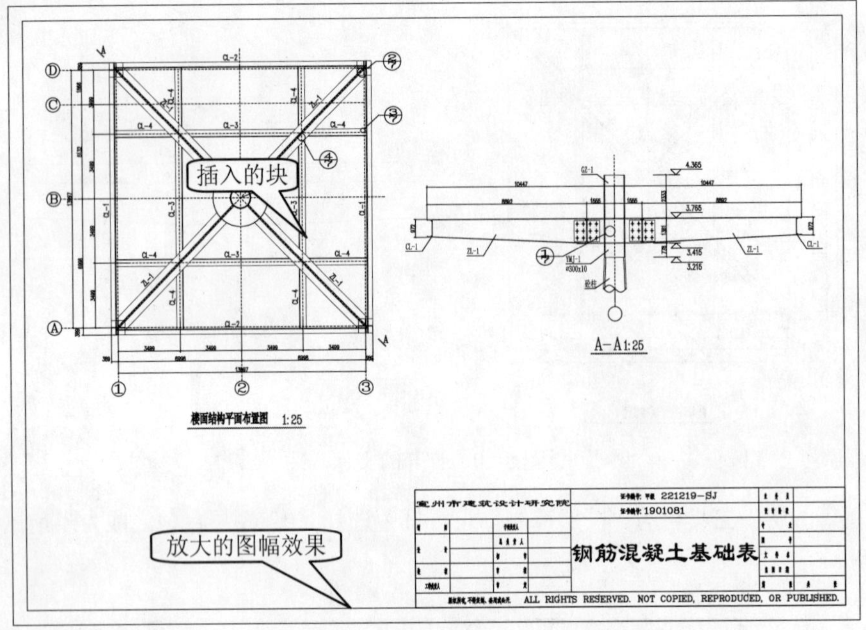

图 8-14 放大的图幅

②在“样式”工具栏的“文字样式控制”下拉组合框中选择“说明文字”项，使之成为当前样式，如图 8-15 所示。

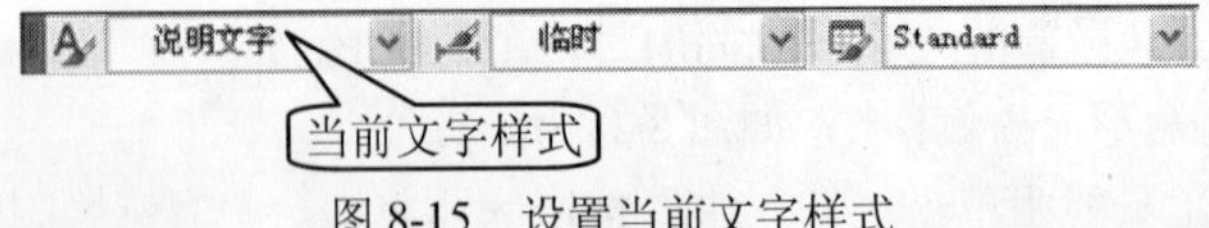

图 8-15 设置当前文字样式

③在“文字”工具栏上单击“多行文字”按钮A，使用鼠标在图幅框的左下角处拖动一个矩形区域，将弹出“文字格式”工具栏，并显示文字输入窗口，然后根据要求输入相应的文字内容，并设置其不同对象的大小，如图 8-16 所示。

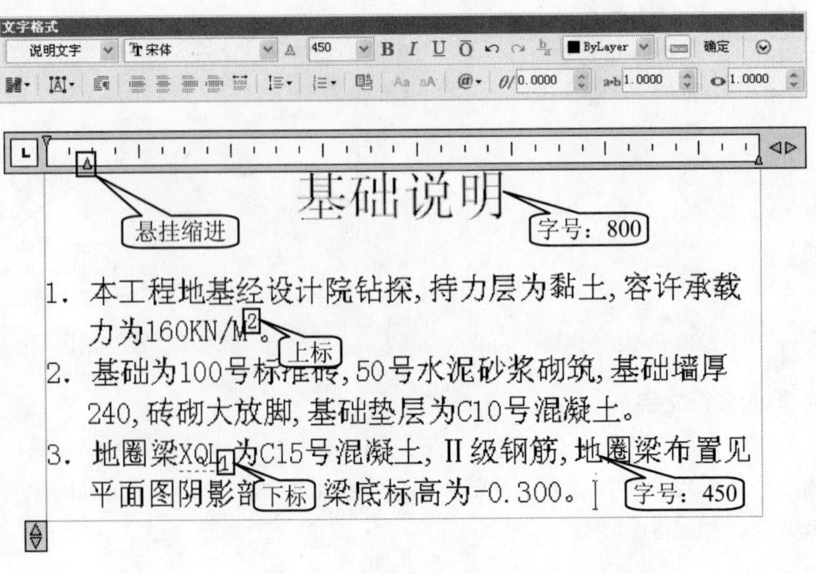

图 8-16 输入的文字

知识要点：

多行文字命令：多行文字又称为段落文字，是一种更易于管理的文字对象，可以由两行以上的文字组成，而且各行文字都是作为一个整体处理。

多行文字命令的启动方法如下。

- 下拉菜单：选择“绘图>文字>多行文字”命令。
- 工具栏：单击“文字”工具栏中的“多行文字” A 图标。
- 输入命令名：在命令行中输入或动态输入 MTEXT 命令，并按 Enter 键。

使用上述任何一种方法，在绘图窗口中，单击指定一点并向下方拖动鼠标绘制出一个矩形框，此时光标为“+”形式。此时，系统将弹出在位文字编辑器，该编辑器显示了一个“文字格式”工具栏和顶部带标尺的文字编辑输入窗口，如图 8-17 所示。在在位文字编辑器中，利用“文字格式”工具栏，可以设置字符的样式、字体、高度、颜色及字符格式等参数，在文字编辑区中可以输入多行文字。

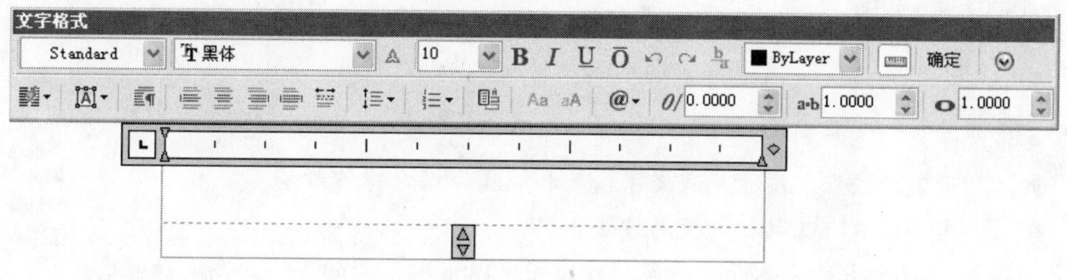

图 8-17 创建多行文字

此时，命令行操作如下。

```
指定对角点或 [高度(H)/对正(J)/行距(L)/旋转(R)/样式(S)/宽度(W)/栏(C)]:
```

命令行中各选项含义如下。

- “指定对角点”：此为默认项，用于确定对角点。对角点可通过拖动鼠标来确定。
- “高度”：用于确定文字的高度。
- “对正”：用于设置多行文字的排列对齐方式。
- “行距”：用于设置多行文字的行间距。
- “旋转”：用于设置多行文字的旋转角度。
- “样式”：用于设置多行文字样式。
- “宽度”：用于指定多行文字的行宽度。

在如图 8-17 所示的“文字格式”工具栏中，大多数的设置选项与 Word 文字处理软件的设置有些相似，下面简要介绍一下常用的选项。

工具栏中各选项含义如下。

- “文字样式”下拉列表框：列出当前已有的文字样式。选择字体后，可从列表中选择样式，设置文字样式。
- “字体”下拉列表框：用于设置或指定文字高度。
- “字高”下拉列表框：用于指定文字高度。
- “粗体”按钮：用于确定字体是否以粗体形式标注。
- “斜体”按钮：用于确定字体是否以斜体形式标注。
- “下画线”按钮：用于确定字体是否加下画线标注。

- “取消”按钮：用于取消上一步操作。
- “重做”按钮：用于恢复所做的取消操作。
- “堆叠”按钮：用于确定字体是否以堆叠形式标注。利用“/”、“^”、“#”符号，可以用不同的方式表示分数。在分子、分母中间输入“/”符号可以得到一个标准分式；在分子、分母中间输入“^”符号可以得到左对正的公差值。操作方法是从右向左选取字体对象，单击“堆叠”按钮即可，使用“堆叠”前后显示效果比较如图 8-18 所示。

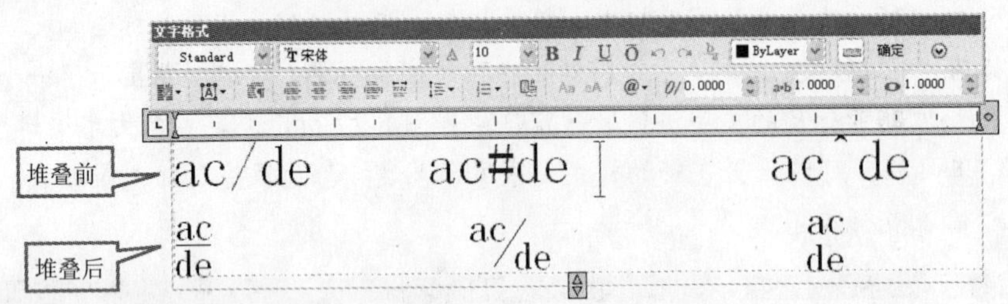

图 8-18 “堆叠”的效果

- “颜色”下拉列表框：用于设置文字的颜色。
- “确定”按钮：用于完成文字输入和编辑，结束操作命令。
- “文字格式”工具栏的使用方法如下。
  - 对于多行文本而言，各部分文字可以采用不同的字体、高度和颜色等。
  - 单击“粗体”工具按钮**B**和“斜体”工具按钮*I*，为新输入的文字或选定的文字打开或关闭粗体或斜体格式。这两个选项仅适用于使用了 TrueType 字体的字符。
  - 单击“左对齐”工具按钮、“居中对齐”工具按钮和“右对齐”工具按钮，可以设置左右文字边界的对正和对齐。“左上”选项是默认设置。在一行的末尾输入的空格是文字的一部分，会影响该行的对正。
  - 单击“编号”工具按钮可以使用编号创建带有句点的列表。
  - 单击“插入字段”工具按钮，将打开“字段”对话框，从中可以选择要插入到文字中的字段。关闭该对话框后，字段的当前值将显示在文字中。
  - 单击“符号”工具按钮@·，将弹出一个子菜单，如图 8-19 所示，选中子菜单中的各项可以在当前光标位置插入度数符号等。
  - “倾斜角度”工具按钮0/用于确定文字是向前倾斜还是向后倾斜。倾斜角度表示的是相对于 90 度角方向的偏移角度。倾斜角度的值为正时，文字向右倾斜；倾斜角度的值为负时，文字向左倾斜。
  - “追踪”工具按钮a·b用于增大或减小选定字符之间的间距，常规间距为 1.0。设置为大于 1.0 可增大间距，设置为小于 1.0 可减少间距。
  - “宽度比例”工具按钮用于扩展或收缩选定字符。字体中字母的常规宽度为 1.0。
  - “文字格式”工具栏中的“选项”工具按钮用于控制“文字格式”工具栏的显示，并提供其他编辑选项，如图 8-20 所示。
- “选项”子菜单的主要选项含义如下。

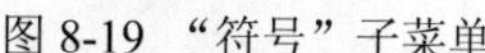
图 8-19 “符号”子菜单

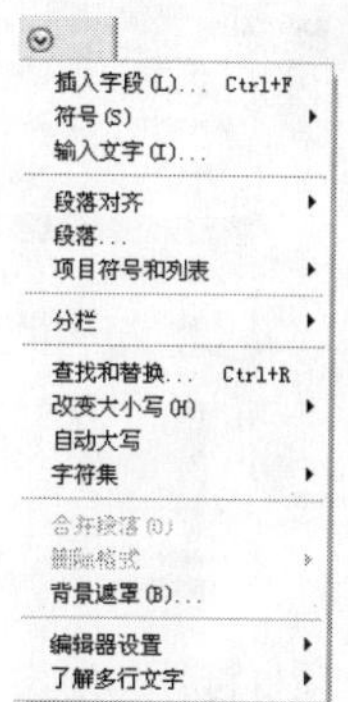

图 8-20 “选项”工具

- 输入文字：在“选项”子菜单中单击该项，系统将显示“选择文件”对话框，可选择 TXT 格式和 RTF 格式的文件，输入文字的文件必须小于 32KB。选定一个文本文件后，其内容将出现在文字编辑区中，输入的文字保留原始字符格式和样式特性，但可以在在位文字编辑器中编辑和格式化输入的文字。
  - 项目符号和列表：显示用于创建列表的选项（表格单元不能使用此选项），如图 8-21 所示。
  - “关闭”选项：从应用列表格式的选定文字中删除字母、数字和项目符号。
  - “以字母标记”选项：将带有句点的字母用于列表中项的列表格式。
  - “以数字标记”选项：将带有句点的数字用于列表中项的列表格式。
  - “以项目符号标记”选项：将项目符号用于列表中项的列表格式。
  - “重新启动”选项：在列表格式中启动新的字母或数字序列。
  - “继续”选项：将选定的段落添加到上面最后一个列表后继续序列。
  - “允许自动列表”选项：以输入的方式应用列表格式。
  - “仅使用制表符分隔”选项：仅当字母、数字或项目符号字符后的空格通过按 Tab 键而不是 Space 键创建时，列表格式才会应用于文字。默认情况下此选项是选中的。
  - “允许项目符号和列表”选项：列表格式将被应用于外观类似列表的多行文字对象中的所有纯文本。
- 背景遮罩：背景遮罩是向多行文字对象添加不透明背景或进行填充，在快捷菜单中单击该项，系统将显示“背景遮罩”对话框，如图 8-22 所示。边界偏移因子 1.0 非常适合多行文字对象，偏移因子 1.5（默认值）会使背景扩展文字高度的 0.5 倍。在“填充颜色”选项区下，选中“使用图形背景颜色”复选框，可使背景的颜色与图形背景的颜色相同；单击“选择颜色”按钮，可打开“选择颜色”对话框。

知识要点：

编辑多行文字的方法如下。

- 可以双击输入的多行文字；
- 在输入的多行文字上单击鼠标右键，从弹出的快捷菜单中选择“编辑多行文字”命令，打开“文字格式”对话框，然后编辑文字即可。
- 用户还可以借助“特性”面板来修改多行文字的对齐方式、高度等。

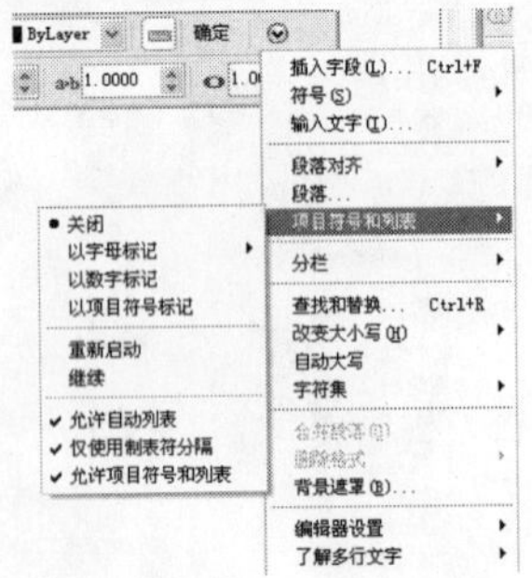

图 8-21　项目符号和列表

图 8-22　“背景遮罩”对话框

④当单击“确定”按钮过后，则输入的多行文字将显示在视图中，用户可以使用“移动”命令，将其创建的多行文字适当地移动位置，并将内侧的矩形设置为多段线，然后设置其宽度为 50，如图 8-23 所示。

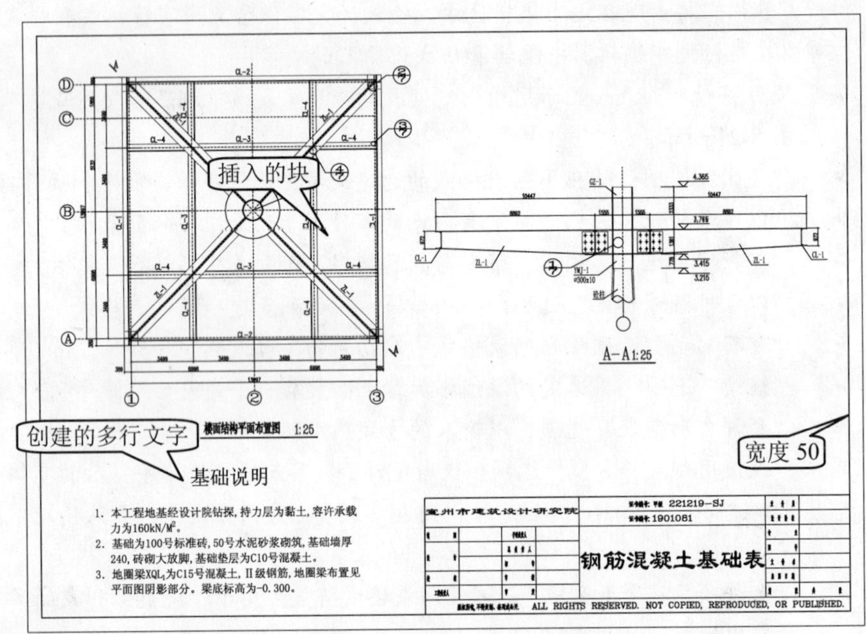

图 8-23　创建的多行文字内容

步骤 3　分解标题栏

在“修改”工具栏中单击“分解”按钮，将右下角插入的标题栏进行打散操作。

步骤 4　编辑单行文字

修改指定文字的内容，如图 8-24 所示。

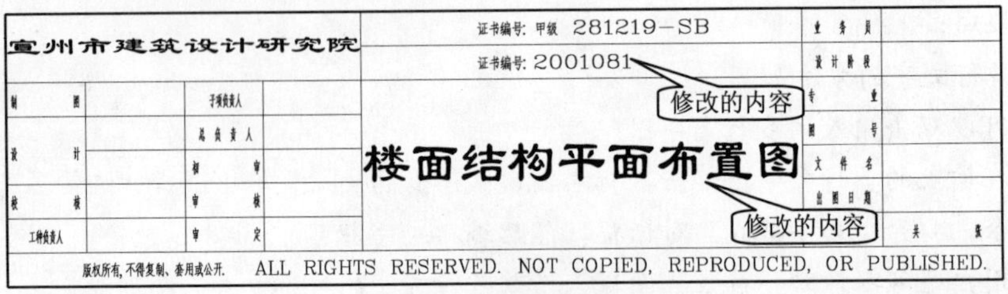

宣州市建筑设计研究院
证书编号: 甲级　281219—SB
证书编号: 2001081
修改的内容
制　图　　子项负责人
　　　　　总负责人
设　计　　审　定
校　核　　审　核
工种负责人　审　定
楼面结构平面布置图
修改的内容
业务员　设计阶段　专业　图号　文件名　出图日期　共　张
版权所有，不得复制、套用或公开。 ALL RIGHTS RESERVED. NOT COPIED, REPRODUCED, OR PUBLISHED.

图 8-24　修改标题栏内容

知识要点：

- 编辑单行文字包括编辑文字的内容、对正方式及缩放比例等，可以通过选择“修改>对象>文字”命令进行设置。如果输入的标注文本不符合绘图的要求，则需要在原来的基础上进行编辑修改。对单行文字的编辑修改主要包括修改文本内容和编辑文本特性两个方面。
- 要修改文字内容，可直接双击文字，进入当行文字的在位编辑器，输入新的文字内容，按 Enter 键退出在位编辑状态，选择要编辑的另一个文字对象，或按 Enter 键结束命令，如图 8-25 所示。
- 要编辑单行文字的特性，可通过在菜单栏选择“修改>特性”命令，打开如图 8-26 所示的“特性”面板。利用该面板可以编辑图形的基本特性、三维效果、打印样式、视图等。

编辑单行文字

图 8-25　编辑单行文字

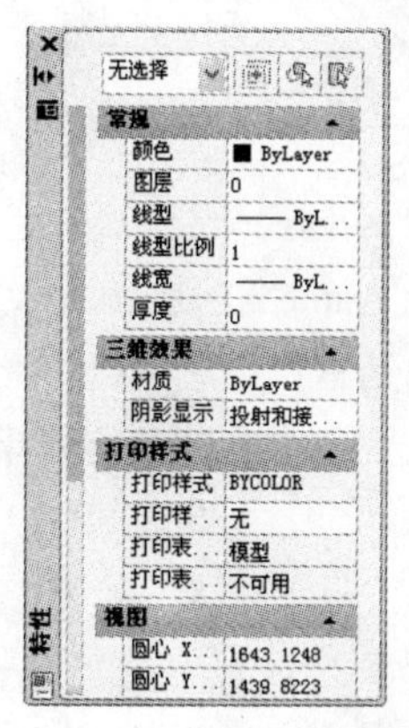

图 8-26　“特性”面板

步骤 5　保存文件

实用案例 8.3　制作门窗统计表

效果文件：	CDROM\08\效果\门窗统计表.dwg
演示录像：	CDROM\08\演示录像\门窗统计表.exe

案例解读

在本案例中，主要讲解了 AutoCAD 中的插入与编辑表格命令。通过门窗统计表的绘制，使读者熟练掌握 AutoCAD 2010 中表格的插入与编辑操作及其应用，以及表格中文字内容的输入，其绘制完成的效果如图 8-27 所示。

门窗统计表

类别	设计编号	洞口尺寸(mm)		数量	标准图集及编号		备注
		宽	高		图集代号	编号	
门	M-1	900	2000	1	西南J601		镶板门
	M-2	800	2000	6	西南J601		镶板门
	M-3	700	2000	1			镶板门
	M-4	2000	2000	1			门联窗
窗	C-1	1800	1500	2			铝合金推拉窗
	C-2	1500	1500	2			铝合金推拉窗
	C-3	800	800	1			铝合金推拉窗
	C-4	800	1500	1			铝合金推拉窗

图 8-27　门窗统计表效果

要点流程

- 首先启动 AutoCAD 2010 中文版，使用表格命令插入一个表格；

- 使用单元格合并及插入行功能，将该表格进行编辑；
- 双击单元格，根据要求输入相应的文字内容，并设置文字的大小。

本案例的流程图如图 8-28 所示。

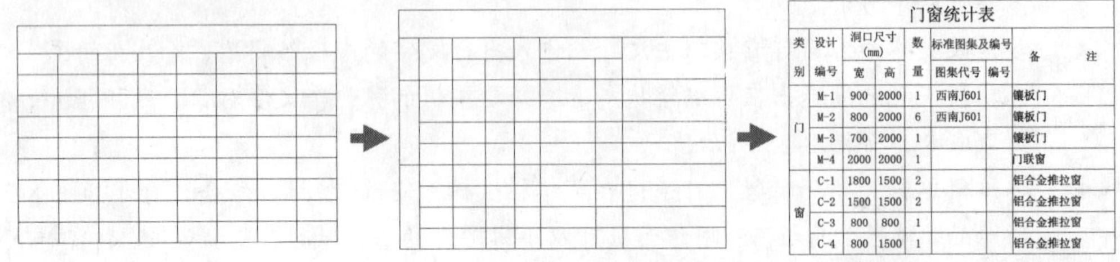

门窗统计表							
类别	设计编号	洞口尺寸(mm)		数量	标准图集及编号		备注
		宽	高		图集代号	编号	
门	M-1	900	2000	1	西南J601		镶板门
	M-2	800	2000	6	西南J601		镶板门
	M-3	700	2000	1			镶板门
	M-4	2000	2000	1			门联窗
窗	C-1	1800	1500	2			铝合金推拉窗
	C-2	1500	1500	2			铝合金推拉窗
	C-3	800	800	1			铝合金推拉窗
	C-4	800	1500	1			铝合金推拉窗

图 8-28　门窗统计表流程图

操作步骤

步骤 1 创建表格

启动 AutoCAD 2010 中文版，在“绘图”工具栏中单击“表格”按钮，将弹出“插入表格”对话框，设置表格的列数为 8，列宽为 100，行数为 8，行高为 8，然后单击“确定”按钮，在视图中的空白位置指定一点，即可创建一个表格，如图 8-29 所示。

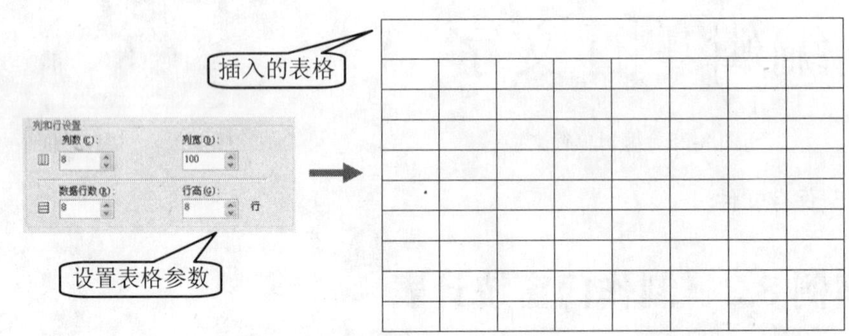

图 8-29　插入的表格

知识要点：

表格是在行和列中包含数据的对象。创建表格对象时，首先创建一个空表格，然后在空表格的单元中添加内容。AutoCAD 2010 提高了创建和编辑表格的功能，可以自动生成各类数据表格。

创建表格命令的启动方法如下。

- 下拉菜单：选择“绘图>表格”命令。
- 工具栏：单击“绘图”工具栏中的“表格”图标。
- 输入命令名：在命令行中输入或动态输入 TABLE 命令，并按 Enter 键。
- 启动“表格”命令后，打开“插入表格”对话框，如图 8-30 所示。

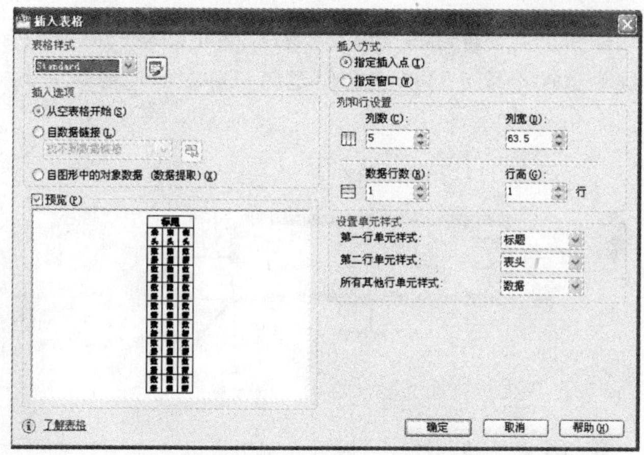

图 8-30 “插入表格”对话框

“插入表格”对话框中各选项含义如下。

- “表格样式”下拉列表框：用来选择系统提供或用户已经创建好的表格样式，单击其后的按钮，可以在打开的对话框中对所选表格样式进行修改。
- “指定插入点”单选框：在绘图区中的某点插入固定大小的表格。
- “指定窗口”单选框：在绘图区中通过拖动表格边框来创建任意大小的表格。
- “列和行设置”区域：可以通过改变“列”、“列宽”、“数据行”和“行高”文本框中的数值，来调整表格的外观大小。
- “预览”区域：显示表格的预览效果。

步骤 2 编辑表格

①按照如图 8-31 所示来调整单元格列的宽度，以及对指定的单元进行合并，使之符合设计的要求。

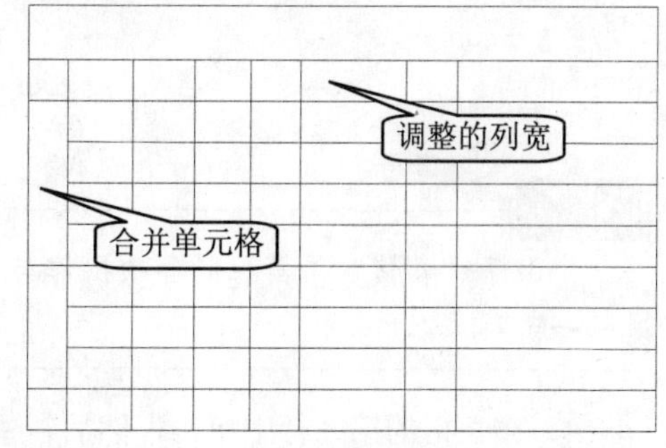

图 8-31 调整列宽并合并单元格

知识要点：

◆ 编辑表格：当插入表格过后，用户可以单击该表格上的任意网格线以选中该表格，然后使用鼠标拖动夹点来修改该表格，如图 8-32 所示。

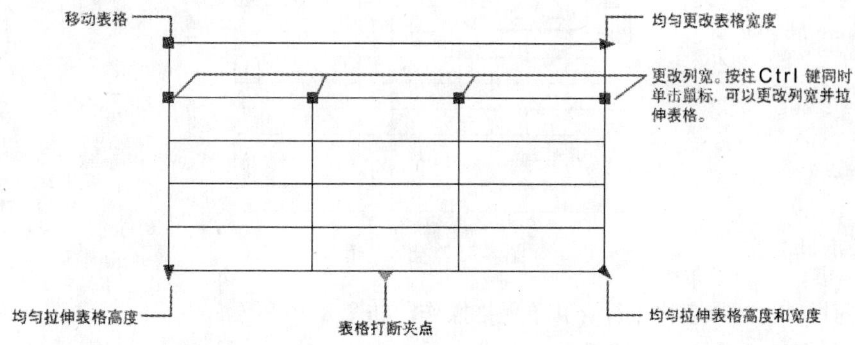

图 8-32 表格控制的夹点

◆ 选择单元格：在表格中单击某单元格，即可选中单个单元格；要选择多个单元格，可单击单元格并在多个单元格上拖动；按住 Shift 键并在另外一个单元格内单击，可以同时选中这两个单元格以及它们之间的所有单元格。选中的单元格效果如图 8-33 所示。

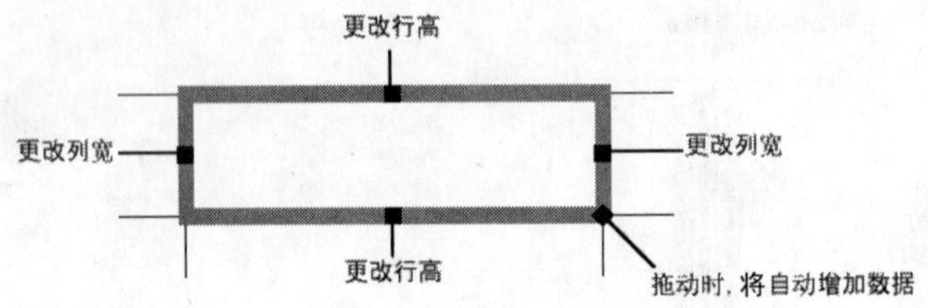

图 8-33　选中的单元格

◆　在选中单元格的同时，将显示“表格”工具栏，从而可以借助该工具栏对 AutoCAD 的表格进行多项操作，如图 8-34 所示。

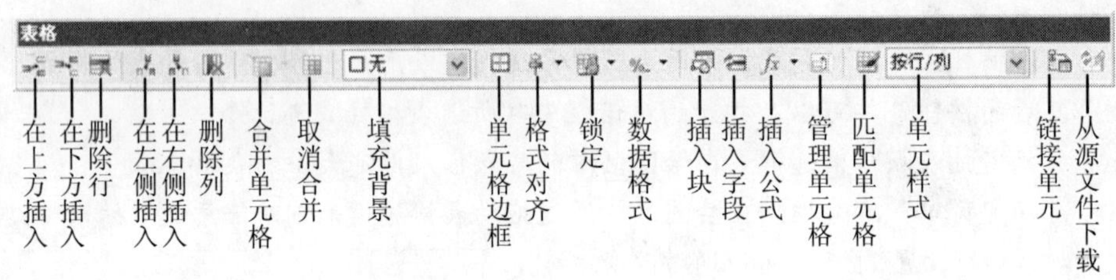

图 8-34　“表格”工具栏

注意

由于“表格”工具栏的各项操作与 Word、Excel 中表格的操作大致相同，在此就不一一讲解。

②在表格的第二行中单击，然后在“表格”工具栏中单击“在上方插入”按钮，使之在当前行的上方插入一行，如图 8-35 所示。

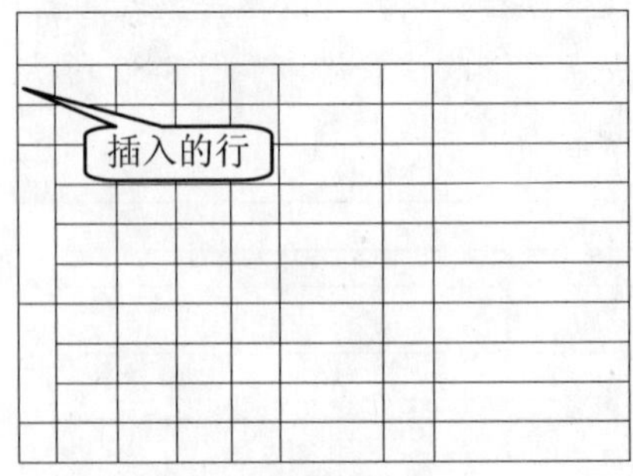

图 8-35　插入一行

③同样，再对该表格进行合并单元格操作，如图 8-36 所示。

步骤 3　输入文字内容并设置大小

在指定的单元格内双击，然后输入相应的文字内容，并设置字号大小为 20 或 30，以及设置它的对齐方式为“居中”或“左中”对齐，如图 8-37 所示。

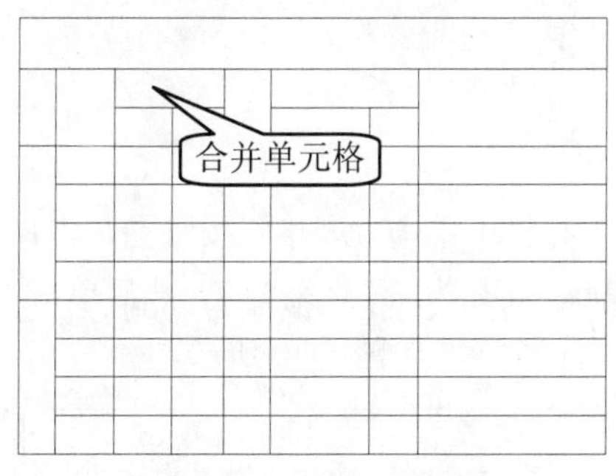

图 8-36　合并单元格

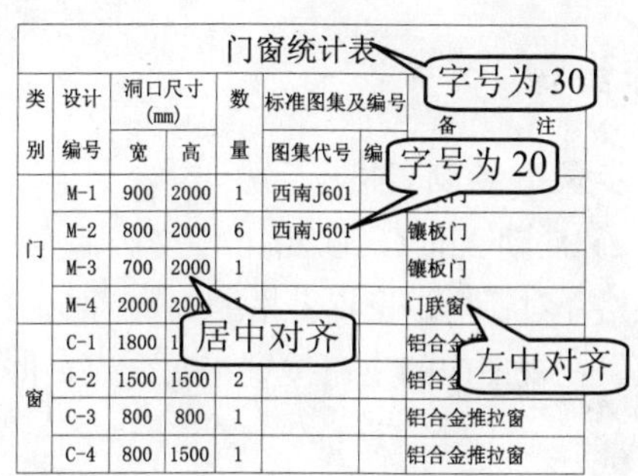

图 8-37　输入的表格内容

步骤 4　保存文件

实用案例 8.4　链接并计算劳动力计划表

效果文件：	CDROM\08\效果\劳动力计划表.dwg
演示录像：	CDROM\08\演示录像\劳动力计划表.exe

案例解读

在本案例中，主要讲解了 AutoCAD 中插入、编辑表格命令，以及链接数据与公式计算等。通过链接并计算劳动力计划表的绘制，使读者熟练掌握 AutoCAD 2010 中表格数据的链接和公式的操作，其绘制完成的效果如图 8-38 所示。

劳动力计划表						
专业职称 工　种	按工程施工阶段投入劳动力情况					小计
	基础工程	主体工程	装饰工程	安装工程	屋面工程	
木　工	20	40	20	10	15	105
钢筋工	15	40	5	10	5	75
砼　工	30	60	20	10	20	140
砖　工	10	60	10	10	5	95
抹灰工	10	30	60	20	10	130
普　工	30	60	30	20	15	155

图 8-38　劳动力计划表效果

要点流程

- 首先启动 AutoCAD 2010 中文版，使用表格命令插入一个表格；
- 将指定的单元格进行合并，并在相应的单元格输入文字内容；
- 使用链接单元命令，将指定的单元格区域链接至外部的“CDROM\08\效果\劳动力计划表.XLS”文件，其链接的范围是 B5:F10；
- 使用“表格”工具栏的“求和”功能，将表格中“小计”列中各单元格进行求和计算。

本案例的流程图如图 8-39 所示。

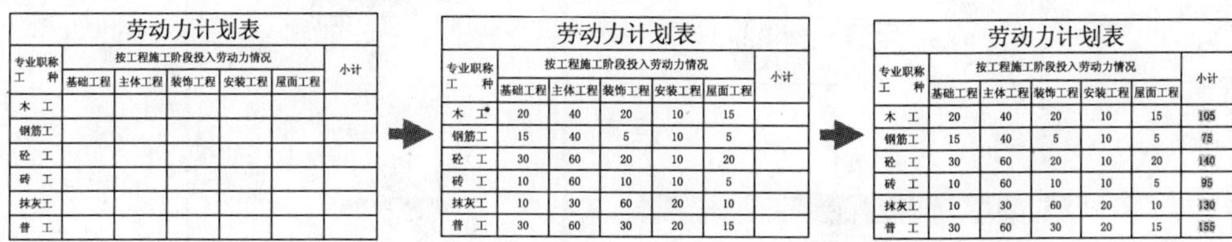

图 8-39　制作劳动力计划表流程图

操作步骤

步骤 1 绘制表格

①启动 AutoCAD 2010 中文版，在“绘图”工具栏中单击“表格”按钮，将弹出“插入表格”对话框，设置表格的列数为 7，列宽为 100，行数为 7，行高为 7，然后单击“确定”按钮，在视图中的空白位置指定一点，即可创建一个表格，如图 8-40 所示。

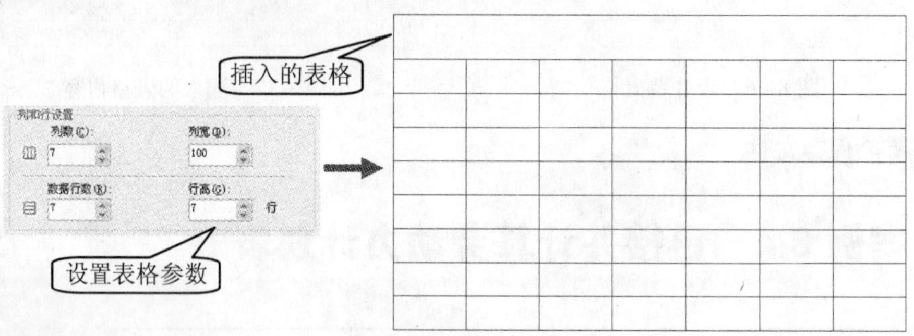

图 8-40　插入的表格

②按照如图 8-41 所示对指定的单元可进行合并，使之符合设计的要求。

③在指定的单元格双击，然后输入相应的文字内容，如图 8-42 所示。

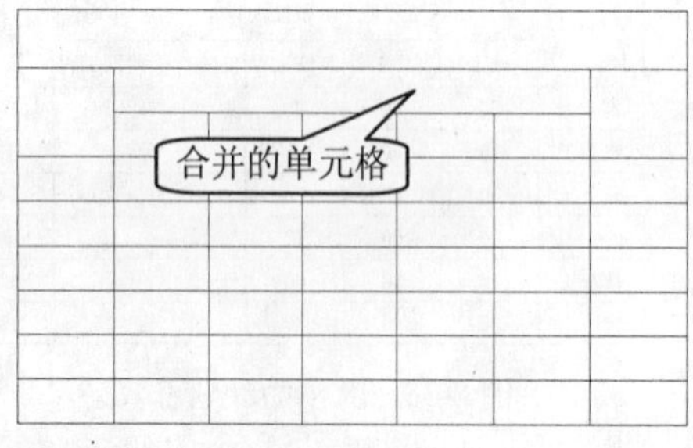

图 8-41　合并单元格

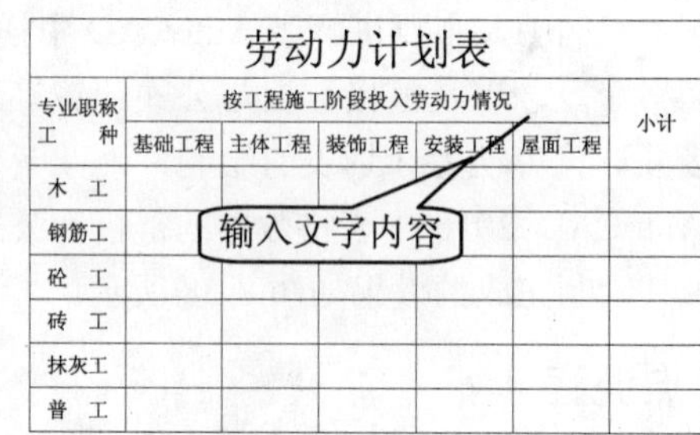

劳动力计划表						
专业职称 工　种	按工程施工阶段投入劳动力情况					小计
	基础工程	主体工程	装饰工程	安装工程	屋面工程	
木　工						
钢筋工						
砼　工						
砖　工						
抹灰工						
普　工						

图 8-42　输入表格内容

步骤 2 链接数据

①在插入的表格中选择 B4 单元格，将弹出“表格”工具栏，单击“数据链接”按钮，将弹出“选择数据链接”对话框，选择“创建新的 Excel 数据链接”项，在弹出的“输入数据链接名称”对话框中输入数据链接名称，如图 8-43 所示。

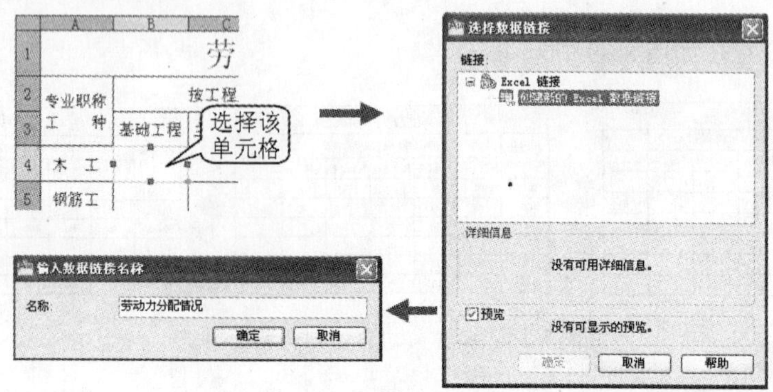

图 8-43　输入链接名称

②当单击“确定”按钮后，弹出“新建 Excel 数据链接：劳动力分配情况”对话框，单击“文件”栏的按钮[...]，将弹出“另存为”对话框，选择“CDROM\08\素材\劳动力计划表.xls”文件，然后单击“打开”按钮返回，如图 8-44 所示。

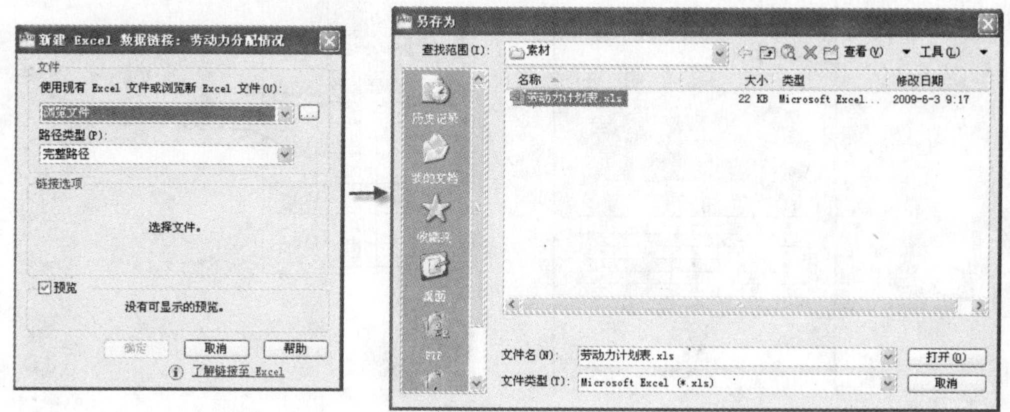

图 8-44　选择链接的文件

③此时的“新建 Excel 数据链接：劳动力分配情况”对话框将根据情况会发生变化，选择“链接至范围”单选框，并在其下的文本框中输入“B5：F10”，单击后面的“预览”按钮，则在下侧的“预览”框中显示所链接的数据效果，如图 8-45 所示。

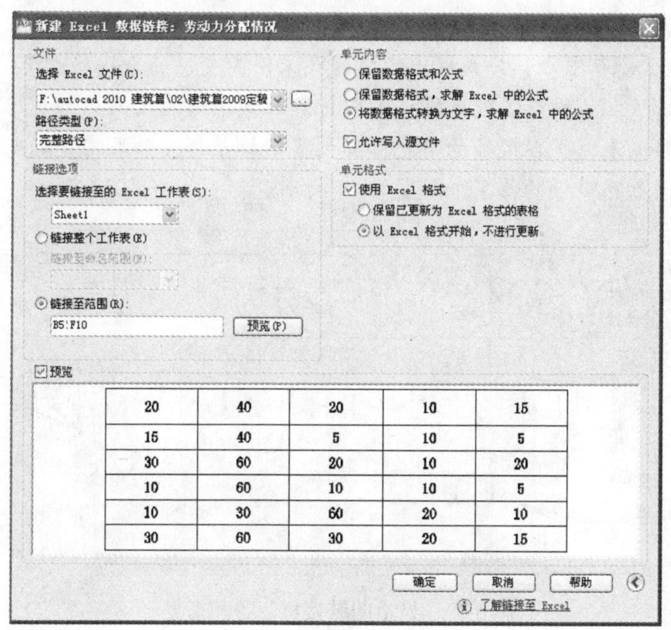

20	40	20	10	15
15	40	5	10	5
30	60	20	10	20
10	60	10	10	5
10	30	60	20	10
30	60	30	20	15

图 8-45　选择链接的范围

④当单击“确定”按钮后返回到“选择数据链接”对话框，在“链接”框中将增加一个“劳动力分配情况”选项，单击“确定”按钮，则表格中的指定单元格将添加一些数据，如图 8-46 所示。

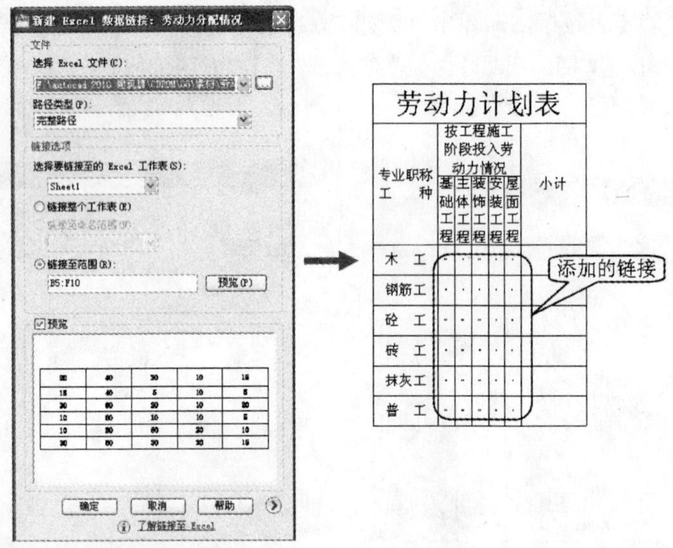

图 8-46　已经链接到的数据

知识要点：

可以将表格链接至 Microsoft Excel（XLS、XLSX 或 CSV）文件中的数据。用户可以将其链接至 Excel 中的整个电子表格、各行、列、单元或单元范围。

可以通过以下三种方式将数据从 Microsoft Excel 中引入表格。

- 通过附着了支持的数据格式的公式。
- 通过在 Excel 中计算公式得出的数据（未附着支持的数据格式）。
- 通过在 Excel（附着了数据格式）中计算公式得出的数据。

包含数据链接的表格将在链接的单元格周围显示标示符。如果将鼠标光标悬停在数据链接上，将显示有关数据链接的信息，如图 8-47 所示。

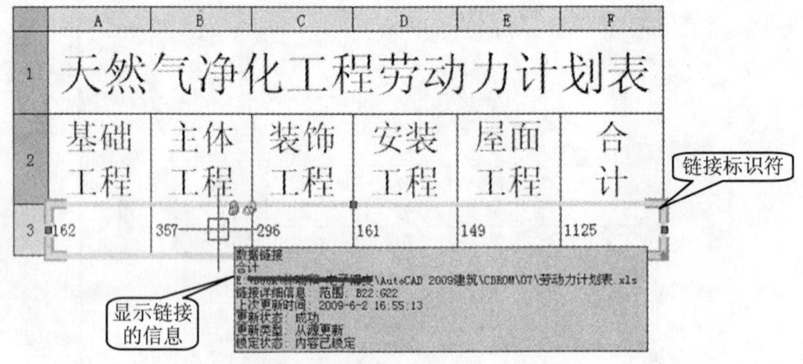

图 8-47　显示的链接标示符和信息

注意

如果链接的电子表格已更改（如数据发生的改变），则可以使用 DATALINKUPDATE 命令更新图形中的表格，如图 8-48 所示。

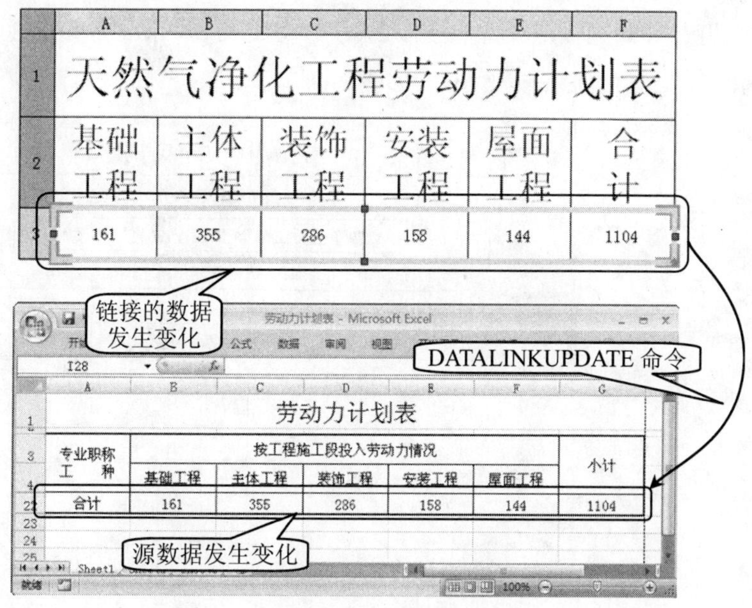

图 8-48　链接数据的更新

⑤这时会发现，表格的格式发生了变化，选择要链接的单元格，使用鼠标将右侧的“更改列宽”夹点向右拖动，使之符合要求，如图 8-49 所示。

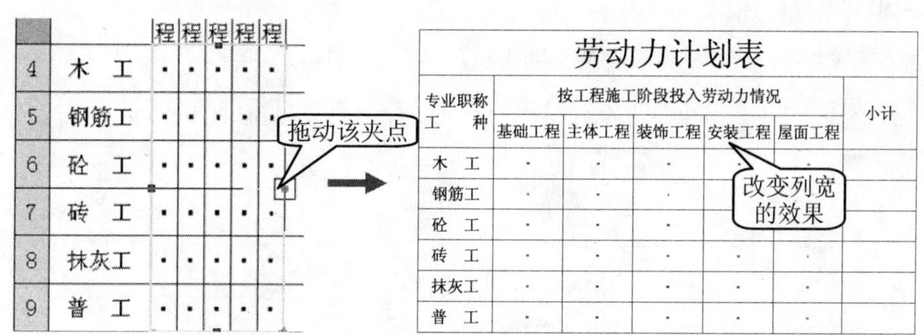

图 8-49　改变单元格列宽

⑥选择“B4:F9”单元格，在“表格”工具栏中单击“解锁”选项，则所链接的状态将取消锁定状态，此时该链接的数据可以进行更改操作，如图 8-50 所示。

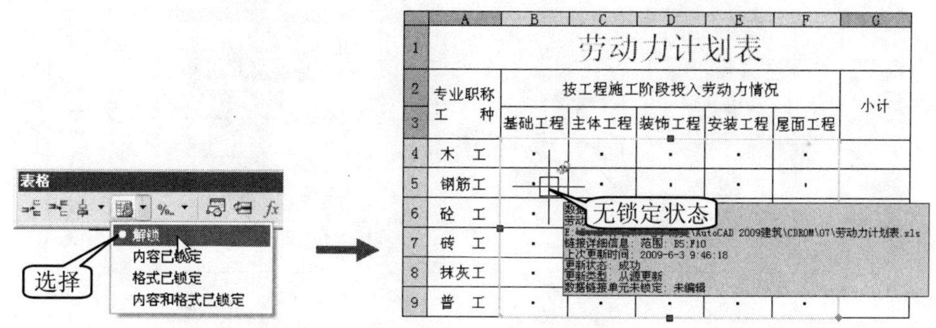

图 8-50　取消单元格锁定

⑦在“标准”工具栏中单击“特性”按钮，将弹出“特性”面板，在“文字高度”

选项中输入 15 并按 Enter 键，则所选择的单元格字号将变成 15，如图 8-51 所示。

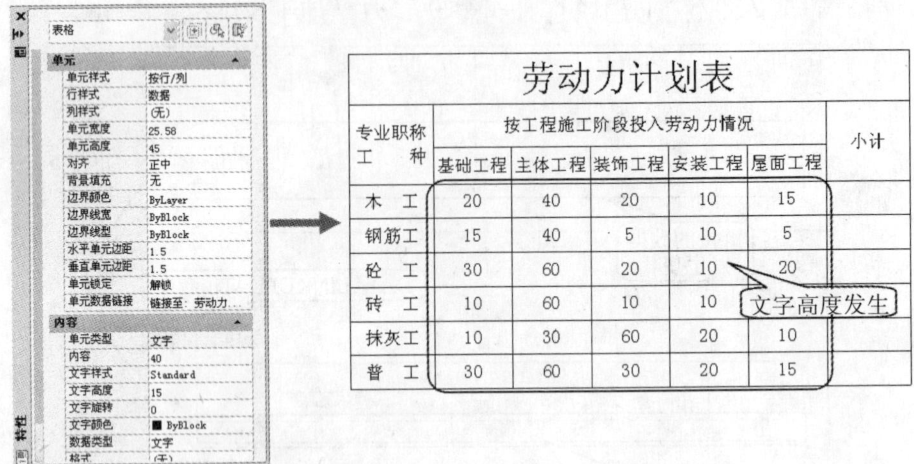

图 8-51　改变单元格格式

步骤 3　在表格中套用公式

①选择 G4 单元格，在“表格”工具栏中选择“求和”选项，然后在系统的提示下选择 B4 至 F4 单元格，此时在 G4 单元格将显示“=Sum(B4:F4)”，然后按 Ctrl+Entcr 组合键确认，则计算出求和结果，如图 8-52 所示。

	A	B	C	D	E	F	G
1	劳动力计划表						
2	专业职称 工　种	按工程施工阶段投入劳动力情况					小计
3		基础工程	主体工程	装饰工程	安装工程	屋面工程	
4	木　工	20	40	20	10	15	=Sum(B4:F4)
5	钢筋工	15	40	5	10	5	
6	砼　工	30	60	20	10	20	
7	砖　工	10	60	10	10	5	
8	抹灰工	10	30	60	20	10	
9	普　工	30	60	30	20	15	

显示公式

劳动力计划表						
专业职称 工　种	按工程施工阶段投入劳动力情况					小计
	基础工程	主体工程	装饰工程	安装工程	屋面工程	
木　工	20	40	20	10	15	105
钢筋工	15	40	5	10	5	
砼　工	30	60	20	10	20	
砖　工	10	60	10	10	5	
抹灰工	10	30	60	20	10	
普　工	30	60	30	20	15	

显示结果

图 8-52　求和计算

②选择 G4 单元格，并拖动右下角夹点，将其拖到 G9 单元格处，将分别计算出相应的单元格的和，如图 8-53 所示。

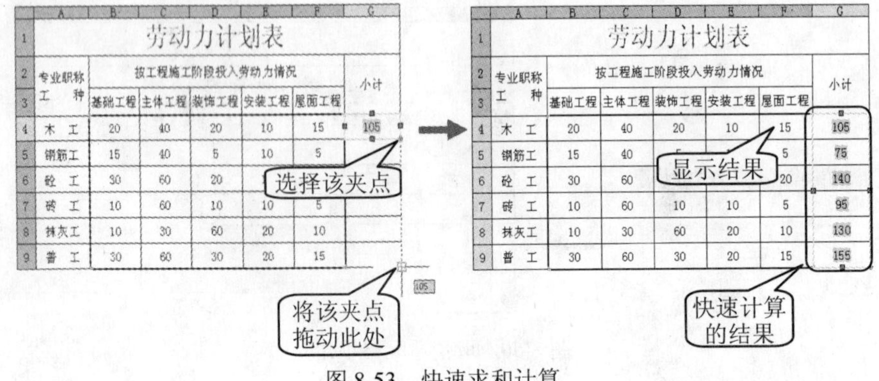

图 8-53　快速求和计算

知识要点：

AutoCAD 2010 中的表格单元可以包含使用其他表格单元中的值进行计算的公式。用户在选定表格单元后，可以从“表格”工具栏及快捷菜单中插入公式，也可以打开在位文字编辑器，然后在表格单元中手动输入公式。

在表格中输入套用公式时，应注意以下几点。

- 单元格的表示。在公式中，可以通过单元格的列字母和行号引用单元。例如，表格中左上角的单元为 A1；合并的单元格使用左上角单元格的编号；单元格的范围由第一个单元格和最后一个单元格定义，并在它们之间加一个冒号（:），如范围 A2:E10 包括第 2～10 行和 A～E 列中的单元格。
- 输入公式。公式必须以等号（=）开始；用于求和、求平均值和计数的公式将忽略空单元格以及未解析为数据值的单元格；如果在算术表达式中有任何单元格为空，或者包括非数据，则其公式结果将显示错误（#）。
- 复制单元格。在表格中将一个公式复制到其他单元格时，范围会随之更改，以反映新的位置。例如，如果 F6 单元格中的公式为对 A6～E6 单元格中的值求和，则将其复制到 F7 单元格时，单元格的范围将发生更改，从而该公式将对 A7～E7 单元格中的值求和。
- 绝对引用。如果在复制和粘贴公式时不希望更改单元格地址，应在地址的列或行处添加一个“$”符号。例如，如果输入$E7，则列会保持不变，但行会更改；如果输入E7，则列和行都保持不变。

步骤 4 保存文件

综合实例演练——制作灯具规格表

效果文件：	CDROM\08\效果\制作灯具规格表.dwg
演示录像：	CDROM\08\演示录像\制作灯具规格表.exe

案例解读

本案例是绘制灯具规格表，通过该表格可说明设计图中灯的型号规格、数量和高度。建立灯具规格表首先要绘制表格，然后填写明细表。其效果如图 8-54 所示。

库房主要存货灯具列表					
序号	名称	型号规格	单位	数量	备注
1	西式吊灯	70W*1	套	120	充足
2	西式吊灯	120W*1	套	26	已预订
3	落地台灯	50W*1	套	58	充足
4	台灯	80W*1	套	36	充足
5	台灯	50W*1	套	4	不足
6	庭院灯	1400W*1	套	60	充足
7	草坪灯	50W*1	套	130	充足
8	台式工艺灯	1500*1000*800 节能灯 27W*2	套	32	充足
9	水中灯	J12V100W*1	套	75	充足
10					

图 8-54　灯具规格表

要点流程

- 用表格命令插入一个表格；
- 在表格中输入文字；
- 用夹点编辑插入表格，调整表格的宽度。

本案例的流程图如图 8-55 所示。

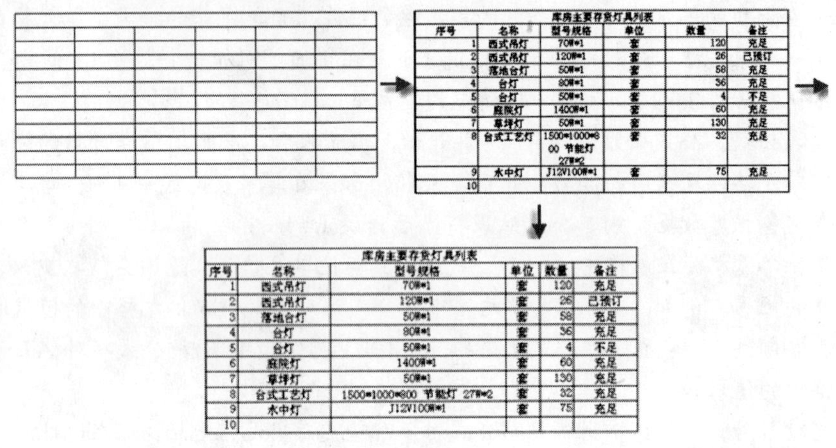

库房主要存货灯具列表					
序号	名称	型号规格	单位	数量	备注
1	西式吊灯	70W*1	套	120	充足
2	西式吊灯	120W*1	套	26	已预订
3	落地台灯	50W*1	套	58	充足
4	台灯	80W*1	套	36	充足
5	台灯	50W*1	套	4	不足
6	庭院灯	1400W*1	套	60	充足
7	草坪灯	50W*1	套	130	充足
8	台式工艺灯	1500*1000*800 节能灯 27W*2	套	32	充足
9	水中灯	J12V100W*1	套	75	充足
10					

图 8-55　流程图

操作步骤

步骤 1 插入表格

①在“绘图”工具栏中，单击“表格”图标▦，弹出“插入表格”对话框，单击“启动表格样式对话框”按钮，打开的“表格样式”对话框。

②在打开的“表格样式”对话框中修改所选的表格样式，将标题、表头和数据中的文字高度设为 6，字体设为“宋体”。

③在“插入表格”对话框中，设置表格的列数为 6、数据行为 10。设置第一行单元样式为“标题”，第二行单元样式为“表头”，所有其他行单元样式为“数据”，其他设置如图 8-56 所示。结果如图 8-57 所示。

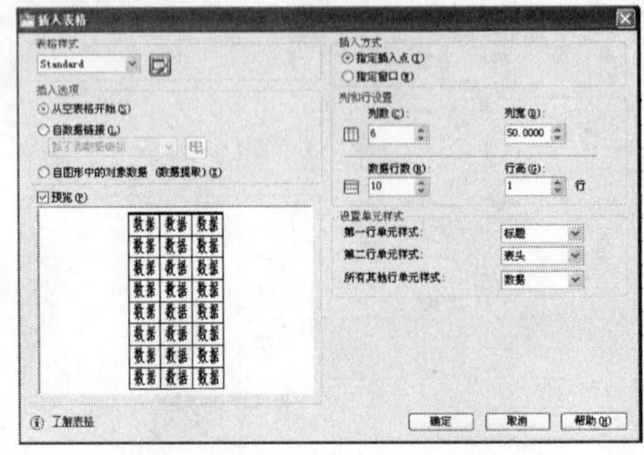

图 8-56　灯具规格表格的设置

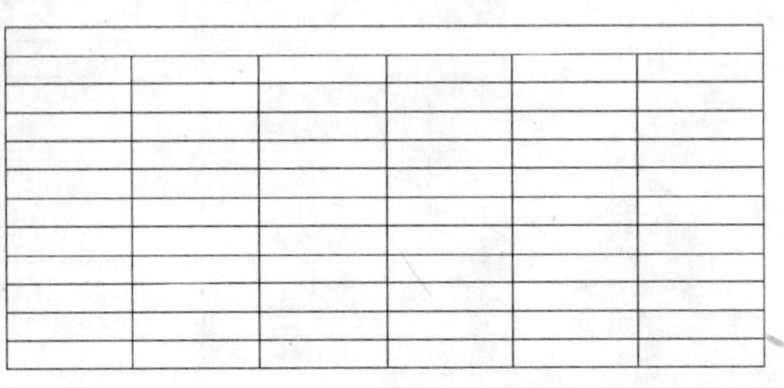

图 8-57　灯具规格表格

步骤 2 在表格中输入文字

在表格单元中输入文字，结果如图 8-58 所示。

库房主要存货灯具列表					
序号	名称	型号规格	单位	数量	备注
1	西式吊灯	70W*1	套	120	充足
2	西式吊灯	120W*1	套	26	已预订
3	落地台灯	50W*1	套	58	充足
4	台灯	80W*1	套	36	充足
5	台灯	50W*1	套	4	不足
6	庭院灯	1400W*1	套	60	充足
7	草坪灯	50W*1	套	130	充足
8	台式工艺灯	1500*1000*800 节能灯 27W*2	套	32	充足
9	水中灯	J12V100W*1	套	75	充足
10					

图 8-58　灯具规格表-输入文字

步骤 3 调整表格宽度

使用夹点编辑表格，调整表格单元的宽度，结果如图 8-54 所示。

步骤 4 保存文件

第9章
尺寸标注和管理

本章导读

建筑形体的投影图虽然已经可以清楚地表达形体的形状和各部分的相互关系，但必须还得标注上实际的尺寸，才能明确形体的实际大小和各部分的相对位置。在标注建筑形体的尺寸时，要考虑两个问题：即投影图上应标注哪些尺寸和尺寸应标注在投影图的什么位置上。

在建筑制图时，其尺寸标注有它自己的规范，用户只有完全掌握了它的标注规范，才能使所绘制的图形符合要求。AutoCAD提供了标注样式的创建和修改功能，通过标注样式的操作，用户即可快速、方便、灵活地控制其标注的对象。

本章主要学习以下内容：

- 使用“标注样式管理器”对话框创建并应用建筑标注样式
- 使用线性、基线和对齐等命令给薄板标注尺寸
- 使用连续标注命令给连续标注素材标注尺寸
- 使用半径标注、直径标注等命令给圆垫标注尺寸
- 使用角度标注等命令给钢筋锚固标注尺寸
- 使用多重引线相关命令给客厅墙进行引线标注
- 综合实例演练——客厅装饰墙标注

实用案例 9.1　创建并应用建筑标注样式

素材文件：	CDROM\09\素材\结构平面布置图.dwg
效果文件：	CDROM\09\效果\建筑标注样式的应用.dwg
演示录像：	CDROM \09\演示录像\建筑标注样式的应用.exe

案例解读

在本案例中，主要讲解了使用 AutoCAD 创建并设置标注样式操作，包括创建标注样式、设置标注样式、应用标注样式、应用文字样式等。通过建筑标注样式的应用，让读者熟练掌握样式的创建及设置方法，以及将选择的样式应用为新的标注样式，其绘制完成的效果如图 9-1 所示。

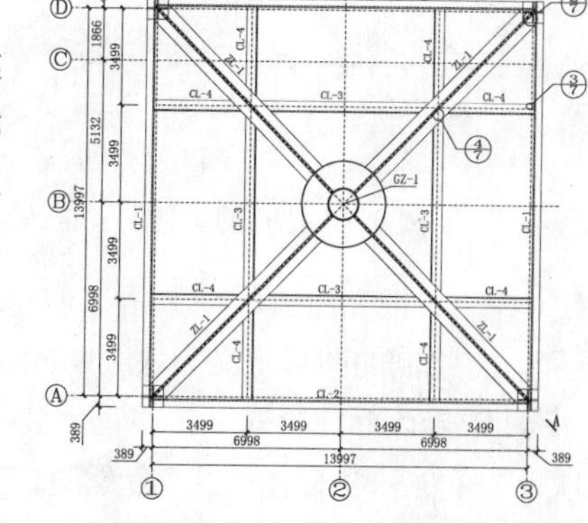

图 9-1　建筑标注样式的应用效果

要点流程

- 首先启动 AutoCAD 2010 中文版，打开事先准备好的文件；
- 使用直线和多段线命令，绘制一个图形并定义为 DimP1 图块，作为后面箭头符号使用；
- 打开“修改标注样式”对话框，查看当前已经标注的样式设置参照；
- 新建“建筑标注”样式，并设置相应的标注样式，使之符合需要；
- 在视图被选择之前被标注对象，然后应用为新建的标注样式“建筑标注”；
- 选择视图中已有的单行文字对象，将其应用为“说明文字”文字样式。

本案例的流程图如图 9-2 所示。

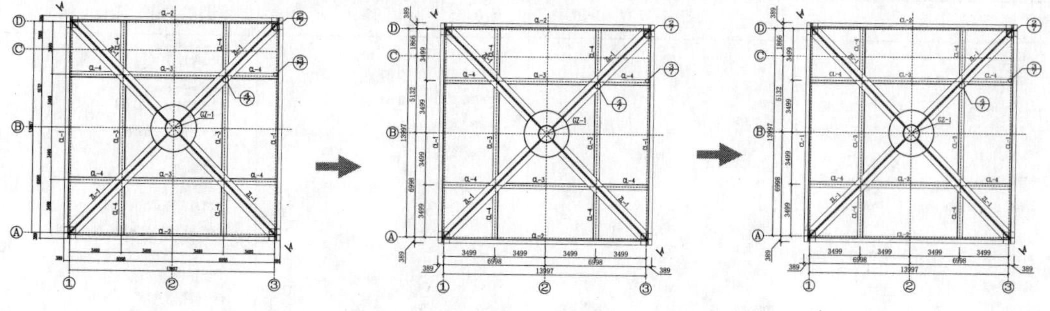

图 9-2　建筑标注样式的应用流程图

操作步骤

步骤 1 绘制一个图形并定义图块

①启动 AutoCAD 2010 中文版，选择“文件>打开”命令，打开附盘的“结构平面布置图.dwg”文件，如图 9-3 所示。

②将当前图层置于“0”图层，使用“直线”命令绘制一段 1 毫米长的水平线段，使用“多

段线”命令绘制一段长 1 毫米倾斜 45 度角的线段，其线段的宽度为 0.5，如图 9-4 所示。

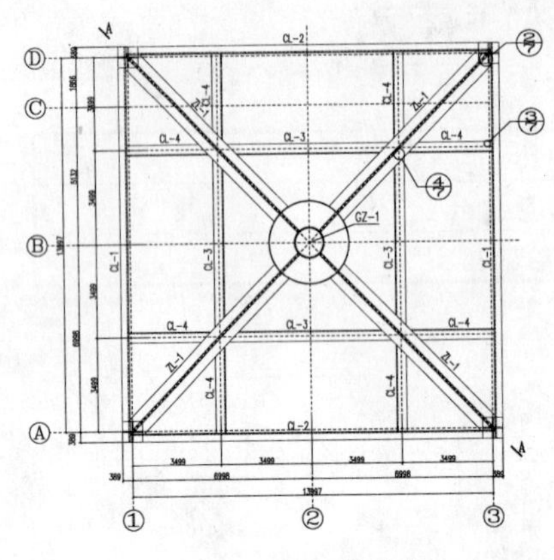

图 9-3　打开的文件

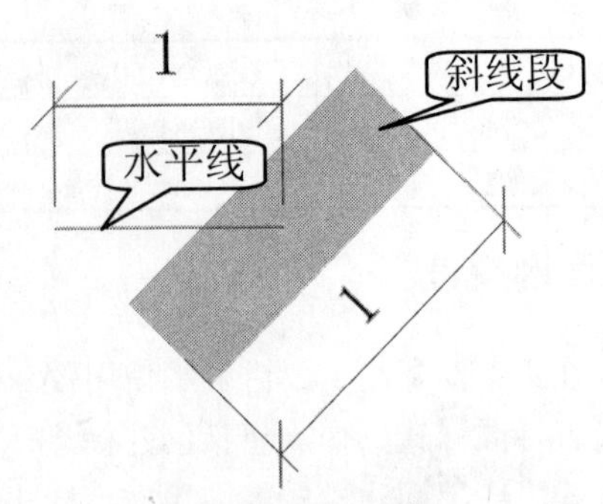

图 9-4　绘制的图形

③在“绘图”工具栏中单击“创建块”按钮，将绘制的图形定义为块“DimP1”。

步骤 2　修改标注样式

①选择“格式>标注样式”命令，打开“标注样式管理器”对话框，可以看到当前文件有“线性标注 25”和“临时”两种标注样式，如图 9-5 所示。

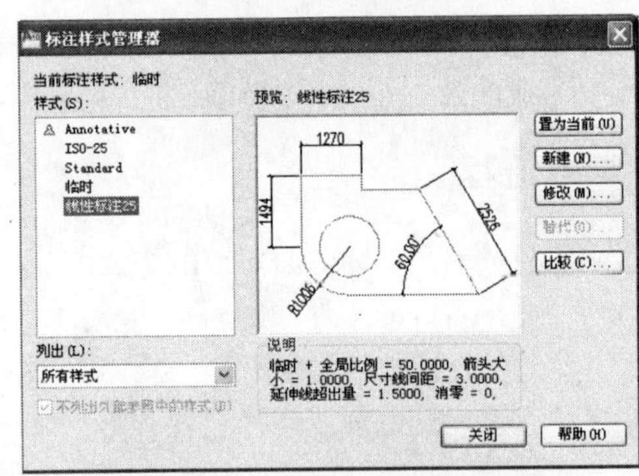

图 9-5　“标注样式管理器”对话框

②选择“线性标注 25”样式，并单击右侧的“修改”按钮，打开“修改标注样式”对话框，用户可以从“线”、“符号和箭头”、“文字”和“调整”选项卡中设置该标注样式，其具体参数设置如表 9-1 所示。

表 9-1　“线性标注 25”样式的参数设置

“线”选项卡	“符号和箭头”选项卡	“文字”选项卡	“调整”选项卡

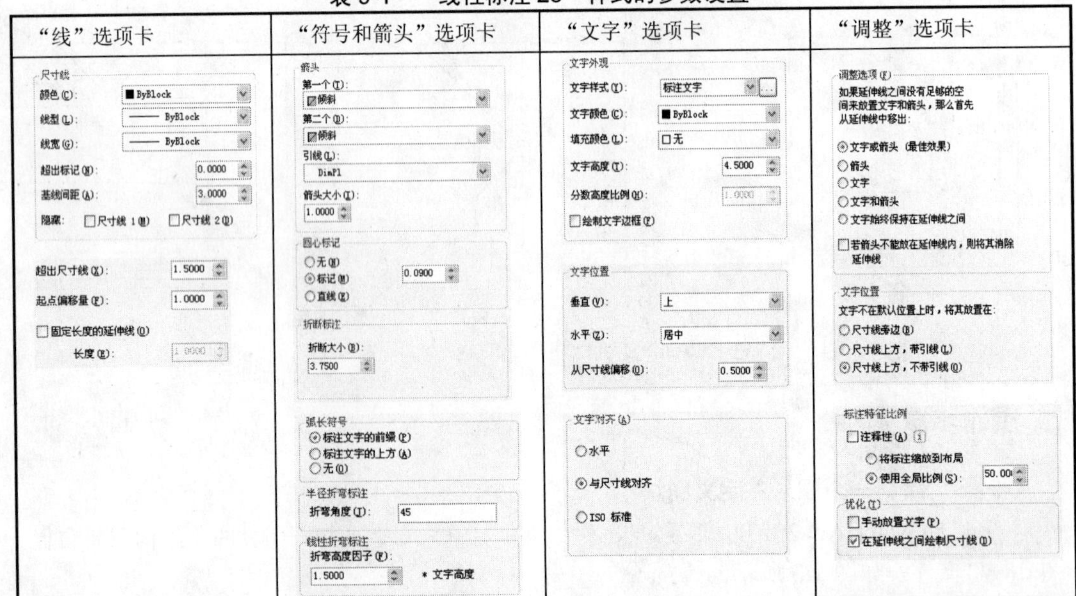

步骤 3 创建标注样式

①关闭“修改标注样式”对话框，返回到“标注样式管理器”对话框，单击“新建”按钮，弹出“创建新标注样式”对话框。在“新样式名”文本框中输入“建筑样式”，然后单击“继续”按钮，进入到“新建标注样式”对话框，如图 9-6 所示。

②在进入到“新建标注样式”对话框中，选择“线”选项卡，在该选项卡中，设置尺寸线和尺寸界线的格式和特性，其设置如图 9-7 所示。

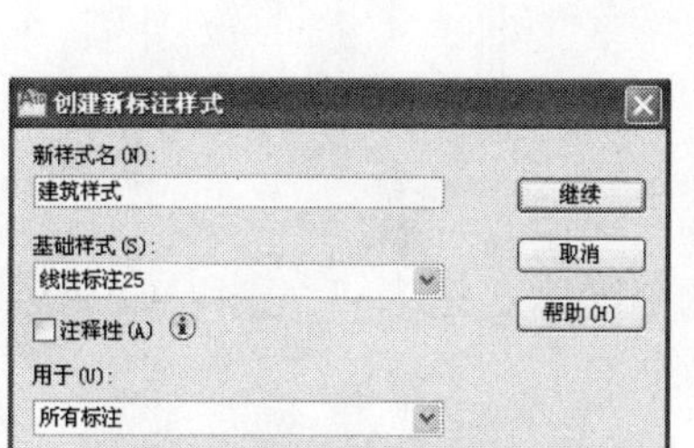

图 9-6　新建标注样式名

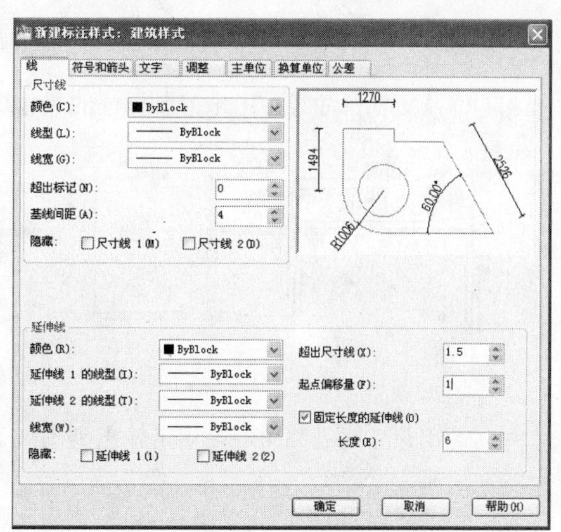

图 9-7　“线”选项卡

“线”选项卡中各选项含义如下。

- 线的颜色、线型、线宽：在 AutoCAD 中，每个图形实体都有自己的颜色、线型、线宽。可以为颜色、线型、线宽设置具体的真实参数，以颜色为例，可以把某个图形实体的颜色设置为红、蓝或绿等物理色。另外，为了实现绘图的一些特定要求，AutoCAD 还允许对图形对象的颜色、线型、线宽设置成 ByBLock（随块）和 ByLayer（随层）两种逻辑值；ByLayer（随层）是与图层的颜色设置一致，ByBLock（随块）是指随图块定义的图层。
- 超出标记：当用户采用“倾斜”或“建筑符号”作为箭头符号时，该选项即可激活，从而确定尺寸线超出尺寸界线的长度，如图 9-8 所示。

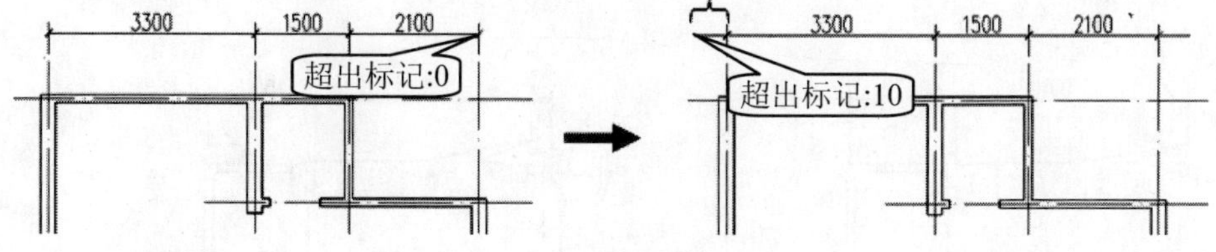

图 9-8　不同的超出标记

- 基线间距：用于限定“基线”标注命令标注的尺寸线离开基础尺寸标注的距离，在建筑图标注多道尺寸线时有用，在其他情况下也可以不进行特别设置，如图 9-9 所示。如果要设置的话，应设置在 7 毫米~10 毫米之内。

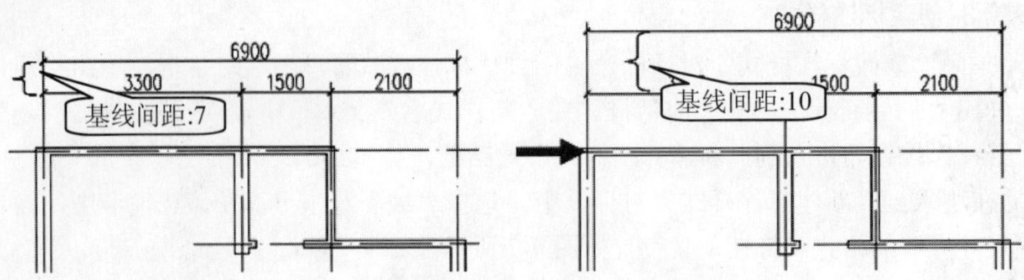

图 9-9　不同的基线间距

- “隐藏”尺寸线：用来控制标注的尺寸线是否隐藏，如图 9-10 所示。

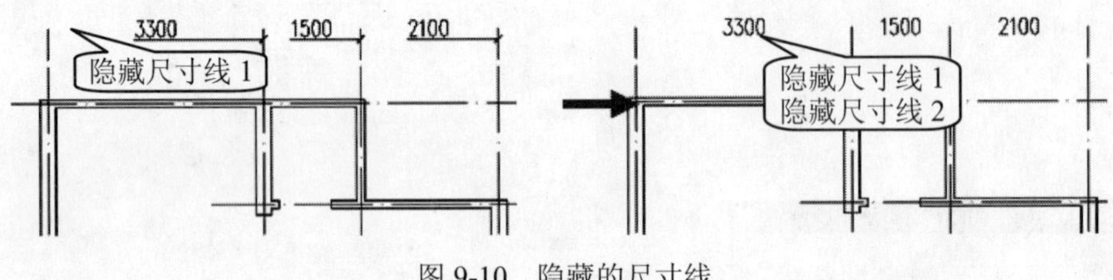

图 9-10　隐藏的尺寸线

- 超出尺寸线：制图规范规定输出到图纸上的值的范围为 2 毫米~3 毫米，如图 9-11 所示。

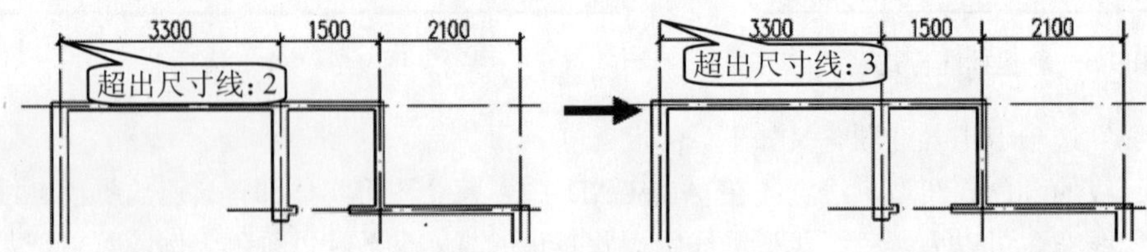

图 9-11　不同的超出尺寸线

- 起点偏移量：制图标准规定离开被标注对象距离不能小于 2 毫米。绘图时应依据具体情况设定，一般情况下，尺寸界线应该离标注对象有一定距离，以使图面表达清晰易懂，如图 9-12 所示。比如在平面图中有轴线和柱子，标注轴线尺寸时一般是通过单击轴线交点确定尺寸线的起止点，为了使标注的轴线不和柱子平面轮廓冲突，应根据柱子的截面尺寸设置足够大的“起点偏移量”，从而使尺寸界线离柱子有一定距离。

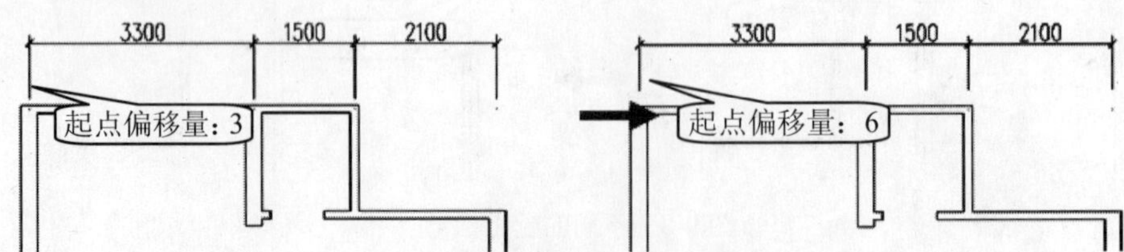

图 9-12　不同的起点偏移量

- 固定长度的延伸线：当勾选该选项后，可以在下面的“长度”文本框中输入尺寸界线的固定长度的值，如图 9-13 所示。

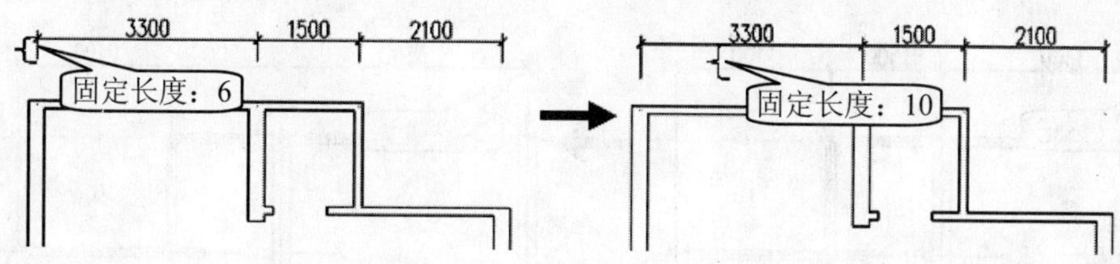

图 9-13　不同的固定长度

- “隐藏”界线：用来控制标注的尺寸界线是否被隐藏，如图 9-14 所示。

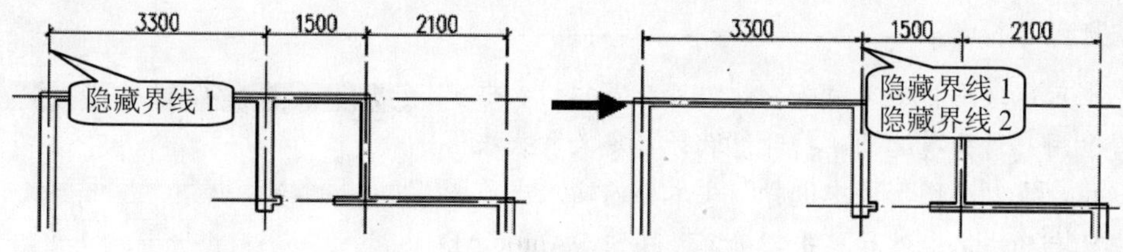

图 9-14　被隐藏的尺寸线

③选择“符号和箭头”选项卡，可以设置箭头的类型及大小、引线类型、圆心标记、折断标注等，其设置结果如图 9-15 所示。

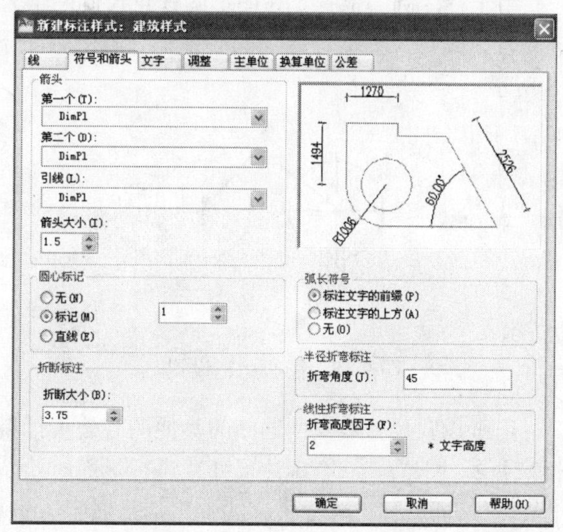

图 9-15　“符号和箭头”选项卡

“符号和箭头”选项卡中的各选项含义如下。

- “箭头”栏为了适用于不同类型的图形标注需要，AutoCAD 设置了 20 多种箭头样式。在 AutoCAD 中，其“箭头”标记就是建筑制图标准里的尺寸线起止符，制图标准规定尺寸线起止符应该选用中粗 45 度角斜短线，短线的图纸长度为 2 毫米~3 毫米。其“箭头大小”定义的值指箭头的水平或竖直投影长度，如值为 1.5 时，实际绘制的斜短线总长度为 2.12，如图 9-16 所示。“引线”标注在建筑绘图中也时常用到，制图规范中规定引线标注不需要箭头。

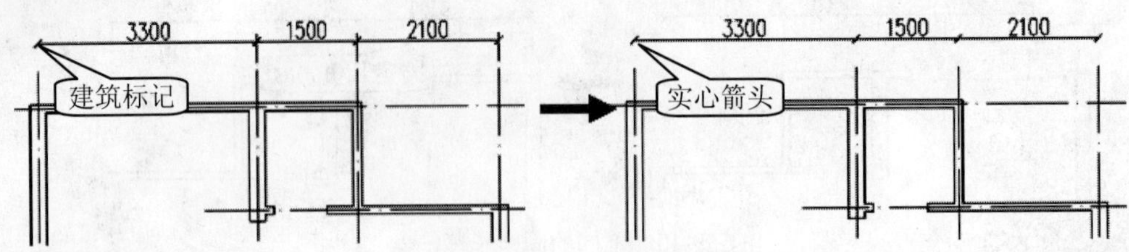

图 9-16　箭头符号

注意

也可以使用自定义箭头，此时可在下拉列表框中选择“用户箭头”选项，打开“选择自定义箭头块”对话框，在“从图形块中选择”文本框内输入当前图形中已有的块名，然后单击“确定”按钮，AutoCAD 将以该块作为尺寸线的箭头样式，此时块的插入基点与尺寸线的端点重合，如图 9-17 所示。

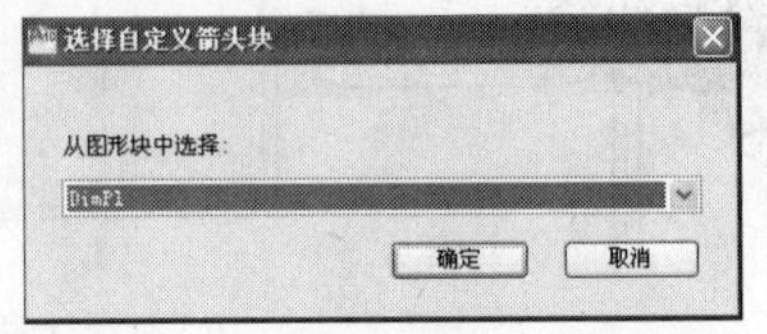

图 9-17　选择自定义箭头块

- “圆心标记”栏用于标注圆心位置。在图形区任意绘制两个大小相同的圆后，分别把圆心标记定义为 2 或 4，选择“标注>圆心标记”命令后，分别标记刚绘制的两个圆，如图 9-18 所示。

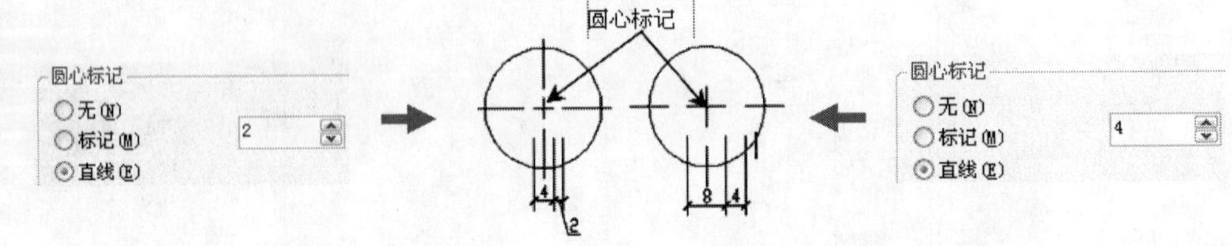

图 9-18　圆心标记设置

- “折断标注”栏用于设置尺寸线在所遇到的其他图心处被打断后，其尺寸界线的断开距离。“线性弯折标注”为把一个标注尺寸线进行折断时绘制的折断符高度与尺寸文字高度的比值。“折断标注”和“折弯线性”都是属于 AutoCAD 中“标注”菜单下的标注命令，执行这两个命令后，被打断和弯折的尺寸标注效果如图 9-19 所示。

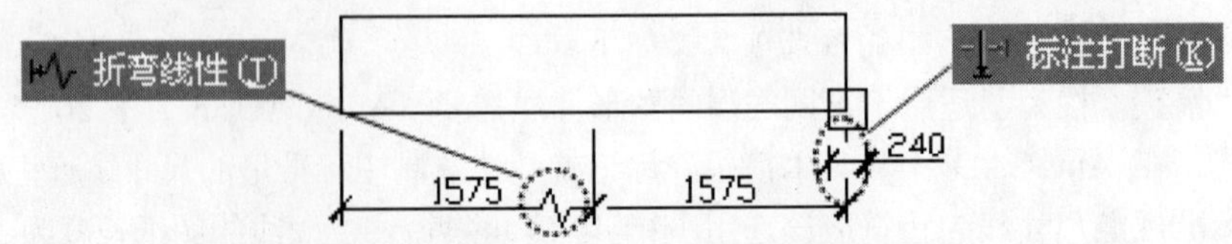

图 9-19　折断标注或弯折线性标注设置

- “弧长符号”栏用于设置弧长符号（⌒）的显示位置，包括“标注文字的前缀”、“标注文字的上方”和“无”3 种，如图 9-20 所示。

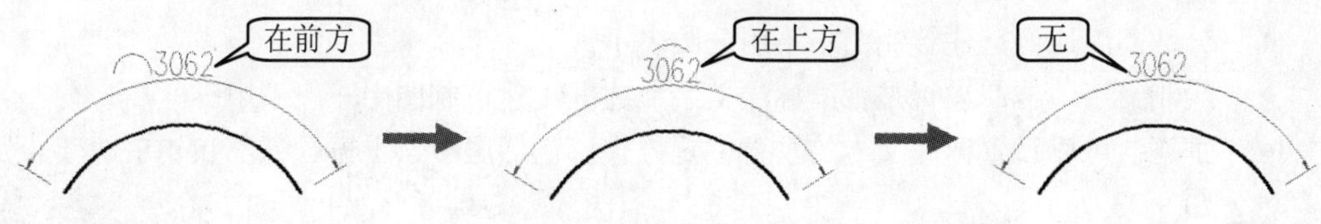

图 9-20　弧长符号的显示位置

- “半径折变标注”栏用于设置标注圆弧半径时标注线的折变角度大小。

4 选择“文字”选项卡，可以设置标注文字的外观、位置和对齐方式，其设置结果如图 9-21 所示。

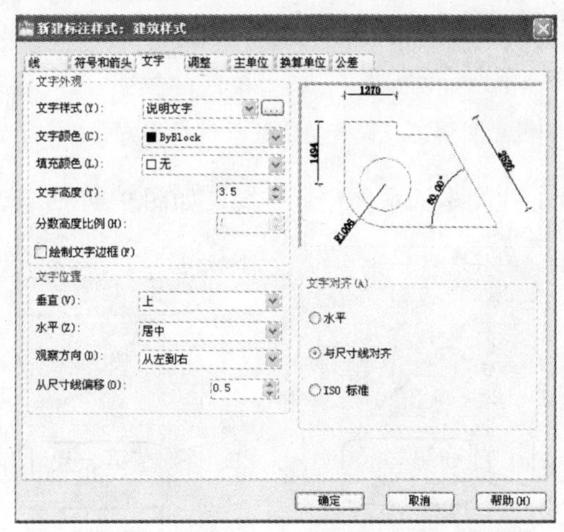

图 9-21　“文字”选项卡

“文字”选项卡中各选项含义如下。

- 文字样式：应使用仅供尺寸标注的文字样式，如果没有，可单击按钮[...]，打开“文字样式”对话框，新建尺寸标注专用的文字样式，然后回到“新建标注样式”对话框的“文字”选项卡选用这个文字样式。

注意

在进行“文字”参数设置中，标注用的文字样式中文字高度值必须设置为零，而在“标注样式”对话框中设置尺寸文字的高度为图纸高度，否则容易导致尺寸标注设置混乱。其他参数可以不管，可直接选用 AutoCAD 默认设置值。

- 文字高度：就是指定标注文字的大小，也可以使用变量 DIMTXT 来设置，如图 9-22 所示。

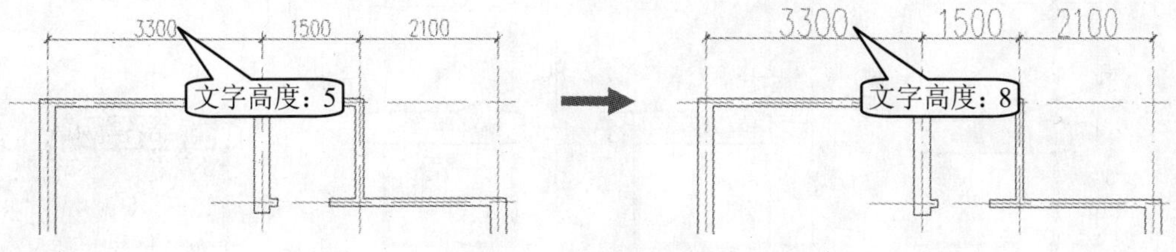

图 9-22　设置文字高度

- 分数高度比例：建筑制图中不用分数表示。
- 绘制文字边框：设置是否给标注文字加边框，建筑制图中一般不用。
- 垂直：可以设置标注文本的垂直位置方式，包括居中、上方、外部和 JIS 选项，如图 9-23 所示。

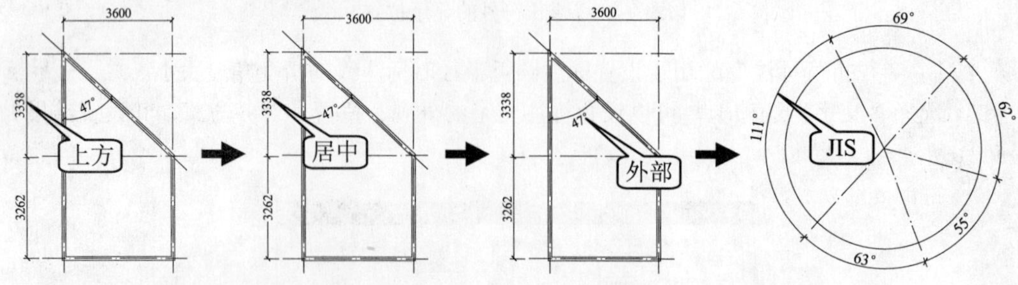

图 9-23　设置文字的垂直对齐方式

- 水平：可以设置标注文本的水平位置方式，如图 9-24 所示。

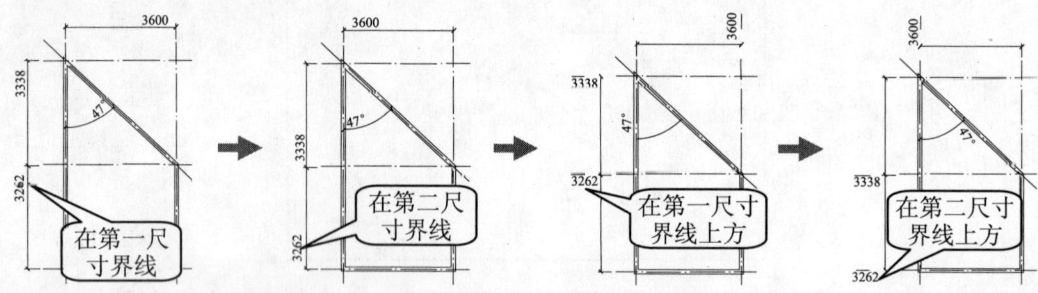

图 9-24　设置文字的水平对齐方式

注意

建筑制图依据《建筑制图标准》中的规定，文字垂直位置选择居于尺寸线的“上方”，文字水平位置选择“居中”。建筑制图依据《建筑制图标准》中的规定，文字对其方向应选择“与尺寸线对齐”，如图 9-25 所示。

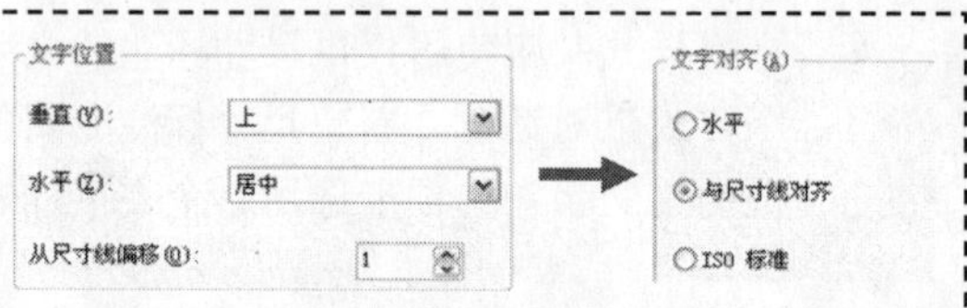

图 9-25　标注样式文字位置

- 从尺寸线偏移：可以设置一个数值以确定尺寸文本和尺寸线之间的偏移距离；如果标注文字位于尺寸线的中间，则表示断开处尺寸端点与尺寸文字的间距，如图 9-26 所示。

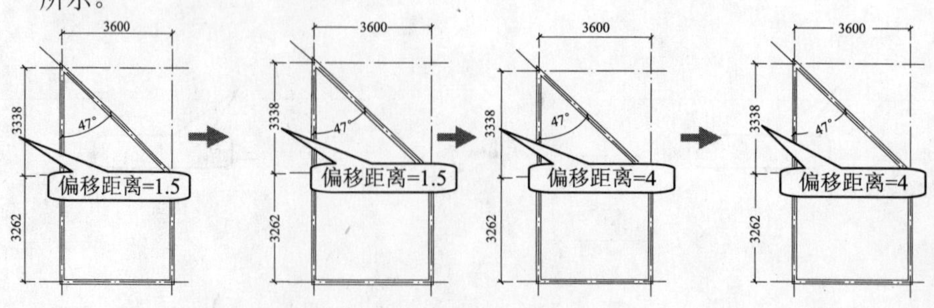

图 9-26　设置文本的偏移距离

⑤选择“调整”选项卡，可以对标注文字、尺寸线、尺寸箭头等进行调整，其结果如图 9-27 所示。

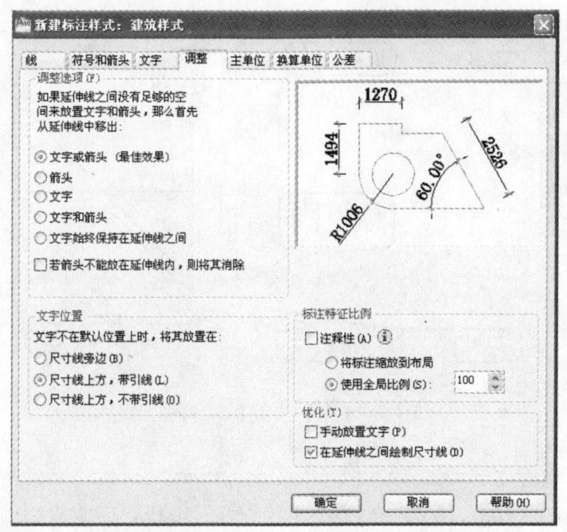

图 9-27　“调整”选项卡

“调整”选项卡中各选项含义如下。

- “调整选项”栏，当尺寸界线之间没有足够的空间同时放置标注文字和箭头时，可通过“调整”选项组来设置，将其移出到尺寸线的外面。
- “文字位置”栏，当尺寸文字不能按“文字”选项卡设定的位置放置时，尺寸文字按此栏中的设置放置。选择“尺寸线旁边”调整方式，容易和其他尺寸文字混淆，建议不要使用。在实际绘图时，一般可以选择在“尺寸线上方，带引线”调整方式。
- 注释性：注释性标注时需要勾选此选项。
- 将标注缩放到布局：在布局卡上激活视口后，将在视口内进行标注，按此项设置。标注时，尺寸参数将自动按所在视口的视口比例放大。
- 使用全局比例：全局比例因子的作用是把标注样式中的所有几何参数值都按其因子值放大后，再绘制到图形中，如文字高度为 3.5，全局比例因子为 100，则图形内尺寸文字高度为 350。在模型卡上进行尺寸标注时，应按打印比例或视口比例设置此项参数值。

注意

“标注特征比例”选项组是尺寸标注中的一个关键设置，在建立尺寸标注样式时，应依据具体的标注方式和打印方式进行设置。

⑥当“建筑样式”的标注样式参数设置完成后，依次单击“确定”和“关闭”按钮退出，使用鼠标选择视图中的所有标注对象，然后在“标注”工具栏的“标注样式控制”下拉列表框中选择“建筑样式”，则所有选择的标注样式将更新为“建筑样式”，如图 9-28 所示。

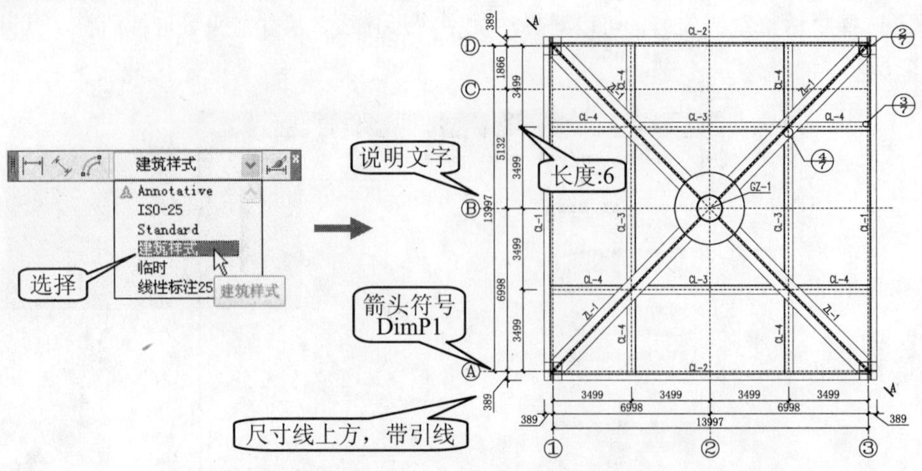

图 9-28 更改的标注样式

> **技巧**
>
> 用户在更改了标注过后，如果发现视图中的标注样式并没有改变，用户可选择“视图>全部重生成”命令。

步骤 4 设置单行文字对象为“说明文字”样式

使用鼠标分别选择视图中标注的单行文字内容，在“样式”工具栏的“文字样式控制”下拉列表框中可以看出，它们都属于“标注文字”样式，用户在此下拉列表框中选择“说明文字”选项，则将其所选择的单行文字标注对象更改为“说明文字”文字样式，如图 9-29 所示。

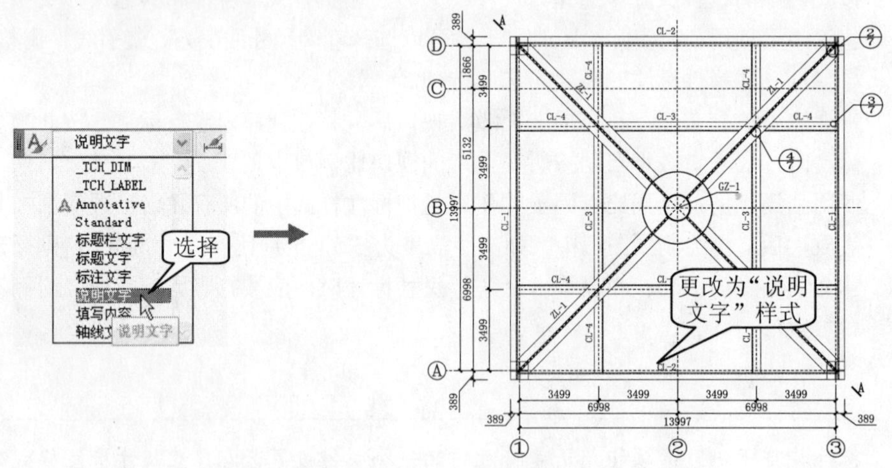

图 9-29 更改的文字样式

步骤 5 保存文件

实用案例 9.2 薄板的尺寸标注

效果文件：	CDROM\09\效果\薄板的尺寸标注.dwg
演示录像：	CDROM\09\演示录像\薄板的尺寸标注.exe

案例解读

在本案例中，主要讲解了 AutoCAD 中直线、线性标注、基线标注和对齐标注，使读者熟练掌握基线标注和对齐标注的使用方法，其绘制完成的效果如图 9-30 所示。

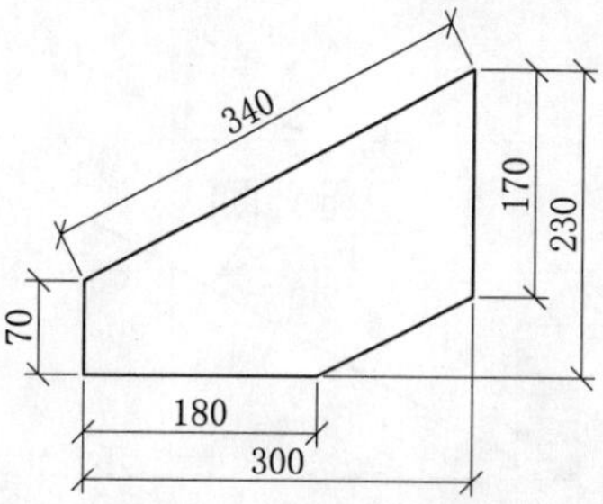

图 9-30 薄板的尺寸标注效果

要点流程

- 首先启动 AutoCAD 2010 中文版，新建 DWG 文件，并绘制一个薄板图形；
- 使用线性标注命令，对其薄板进行初步的线性尺寸标注；
- 使用基线标注命令，选择已有的线性标注进行基线标注；
- 使用对齐标注命令，并拾取薄板的斜线段，从而进行对齐标注。

本案例的流程图如图 9-31 所示。

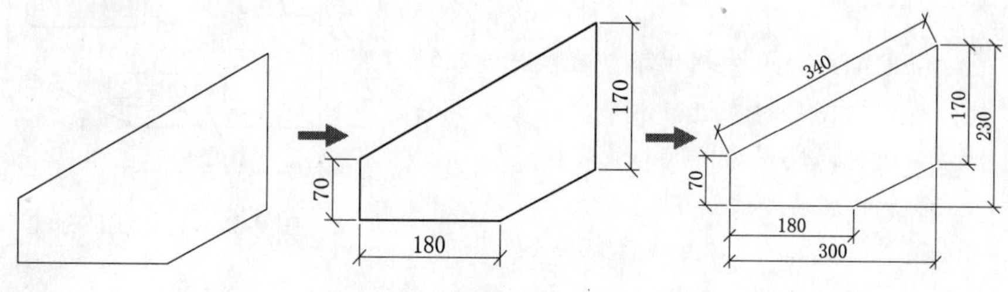

图 9-31 薄板的尺寸标注流程图

操作步骤

步骤 1 绘制薄板图形

①启动 AutoCAD 2010 中文版，新建 DWG 文档。

②在“绘图”工具栏中单击“直线”按钮，在视图中分别绘制一条水平和垂直的线段，并且相交，如图 9-32 所示。

③在“修改”工具栏中单击“偏移”按钮，将垂直的线段分别向右偏移 180 和 120，将水平的线段分别向上偏移 60、10 和 160，如图 9-33 所示。

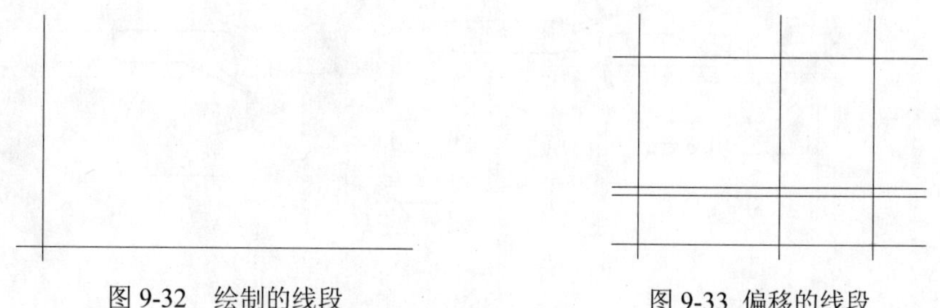

图 9-32 绘制的线段　　图 9-33 偏移的线段

④在“绘图”工具栏中单击“直线”按钮，在视图中按指定的交点进行连接，然后将偏移的线段删除，如图 9-34 所示。

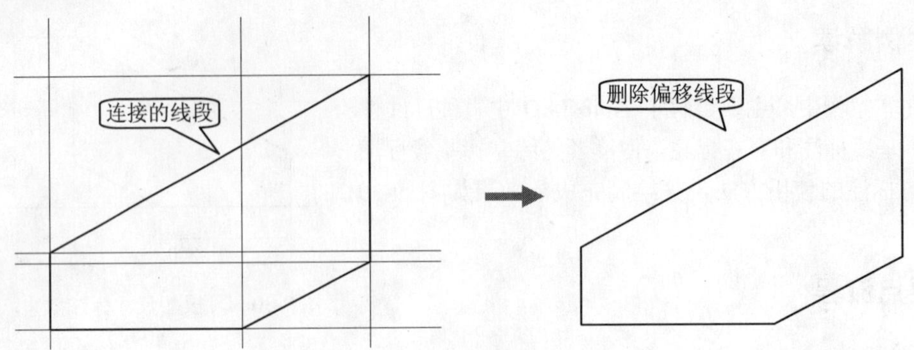

图 9-34　连接连段并删除偏移线段

步骤 2 线性标注

在“标注”工具栏中单击“线性标注”按钮，在视图中按照如图 9-35 所示进行线性标注。

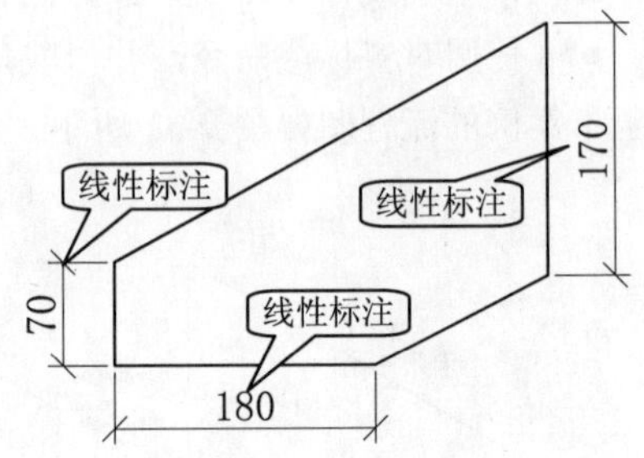

图 9-35　进行线性标注

知识要点：

- 在 AutoCAD 2010 中提供了“线性标注”功能，可以对图形对象进行水平、垂直和倾斜标注，还可以设置为角度与放置标注。

线性标注命令的启动方法如下。

- 下拉菜单：选择“标注>线性”命令。
- 工具栏：在“标注”工具栏上单击“线性”按钮。
- 输入命令名：在命令行中输入或动态输入 DIMLINEAR，并按 Enter 键。

启动线性标注命令之后，用户根据如下的提示信息进行操作，即可对图形对象进行线性标注，如图 9-36 所示。

```
命令：_dimlinear                                          （启动线性标注命令）
指定第一条延伸线原点或 <选择对象>:                          （指定标注的起点）
指定第二条延伸线原点:                                      （指定标注的终点）
指定尺寸线位置或                                          （指定文字旋转的位置）
[多行文字(M)/文字(T)/角度(A)/水平(H)/垂直(V)/旋转(R)]:      （可以设置标注的选项）
标注文字 = 3300                                           （显示当前标注的数值）
```

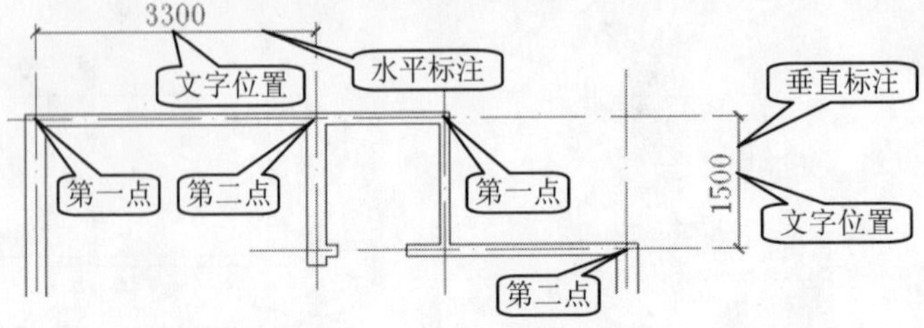

图 9-36　进行线性标注

命令行中各选项含义如下。

- 选择对象：如果用户在“线性”标注命令提示下直接按 Enter 键，然后在视图中选择要选择尺寸的对象，则 AutoCAD 将该对象的两个端点作为两条尺寸界线的起点进行尺寸标注。

- 多行文字（M）：可以输入并修改标注的文字内容，并且标注文字的文字类型为多行文字，如图 9-37 所示。
- 文字（T）：表示以单行文字的形式输入标注文字，如图 9-38 所示。
- 角度（A）：设置标注文字的旋转角度。
- 水平（H）：创建水平的线性标注。
- 垂直（V）：创建垂直的线性标注。
- 旋转（R）：旋转标注对象的尺寸线。

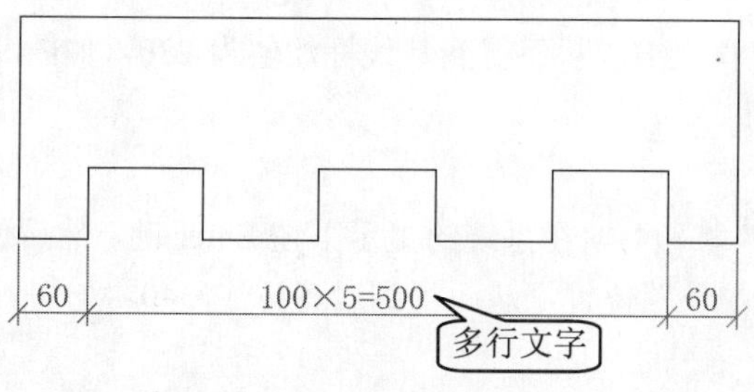

图 9-37 “多行文字”效果

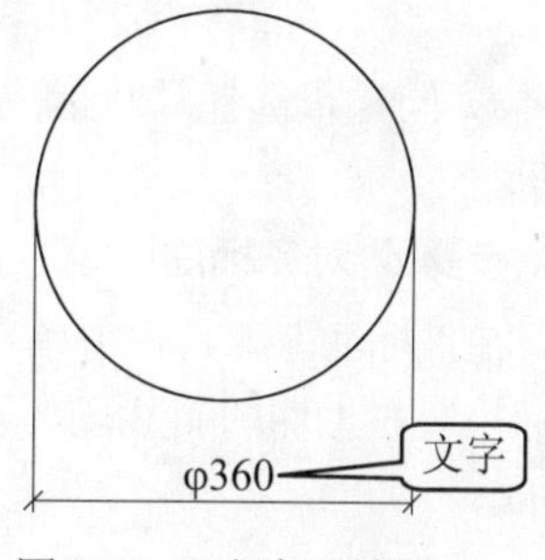

图 9-38 “文字”效果

注意

用户可以使用“线性”标注功能来创建具有一定倾斜角度的标注效果，特别是针对轴测视图的对象进行标注时有用，后面将通过一个实用案例做进一步的讲解。

步骤 3 基线标注

①在“标注”工具栏中单击“基线标注”按钮，在系统的提示下按 Enter 键，并在视图中选择尺寸标注 180 的左侧，再捕捉端点 A，从而得到基线标注值为 300，如图 9-39 所示。

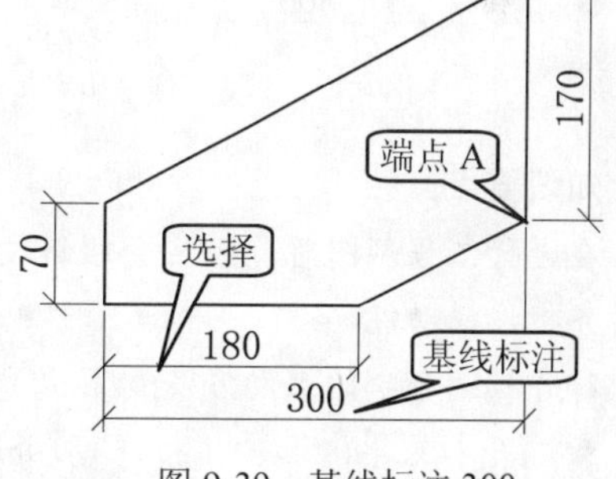

图 9-39　基线标注 300

知识要点：

“基线”标注表示从上一个或选定标注的基线做连续的线性、角度或坐标标注。

基线标注命令的启动方法如下。

- 下拉菜单：选择“标注>基线”命令。
- 工具栏：在“标注”工具栏上单击“基线”按钮。
- 输入命令名：在命令行中输入或动态输入 DIMBASELINE，并按 Enter 键。

启动基线标注命令之后，用户根据如下的提示信息进行操作，即可对图形对象进行基线标注，如图 9-40 所示。

```
命令: _dimbaseline                                      (启动基线标注命令)
选择基准标注:                                            (选择已经有尺寸标注)
指定第二条延伸线原点或 [放弃(U)/选择(S)] <选择>:          (指定第二条延伸线原点)
标注文字 = 4800                                          (显示标注的数值)
指定第二条延伸线原点或 [放弃(U)/选择(S)] <选择>:          (指定第二条延伸线原点*
标注文字 = 6900                                          (显示标注的数值)
```

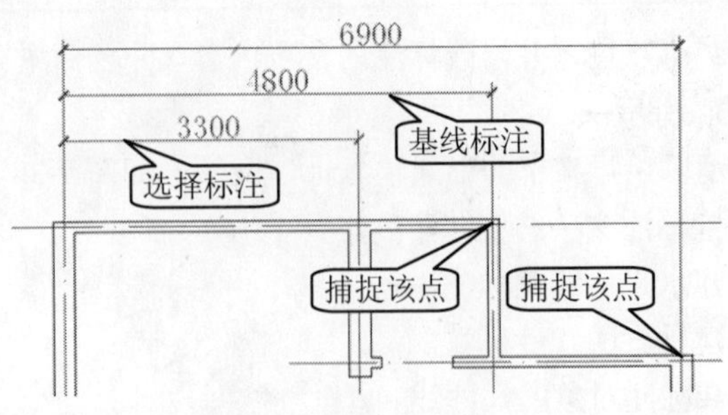

图 9-40　进行基线标注

②同样，选择尺寸标注 170，再捕捉端点 B，从而得到基线标注值为 230，如图 9-41 所示。

步骤 4　对齐标注

在“标注”工具栏中单击“对齐标注”按钮，在系统的提示下按 Enter 键，然后使用鼠标拾取左上侧的斜线段，再指定尺寸线的放置位置，从而得到对齐标注 340，如图 9-42 所示。

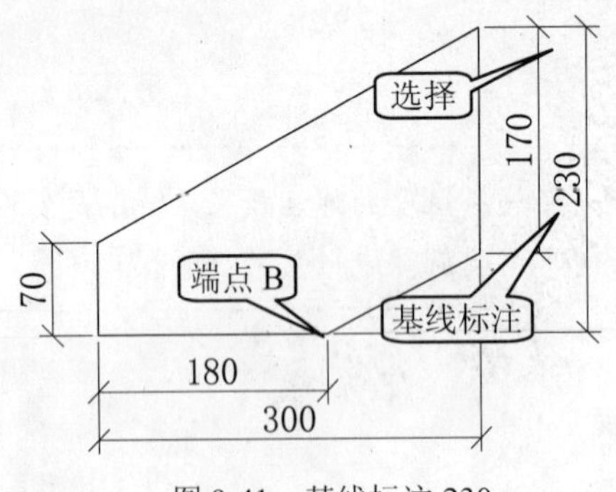

图 9-41　基线标注 230

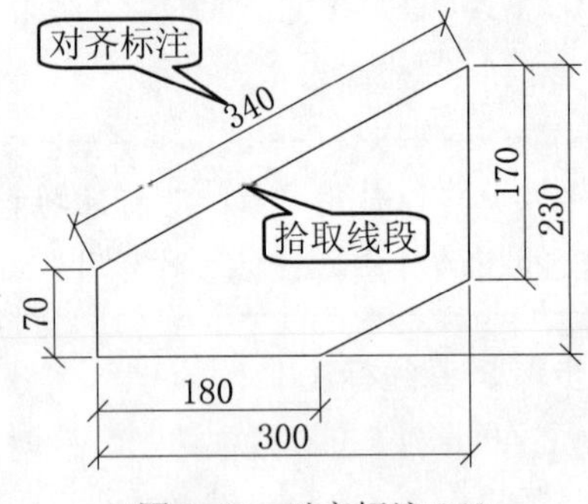

图 9-42　对齐标注 340

知识要点：

在进行工程制图时，经常会碰斜坡线、坡面等的尺寸标注，AutoCAD 2010 为用户提供了对齐标注的功能。

对齐标注命令的启动方法如下。

- 下拉菜单：选择“标注>对齐”命令。
- 工具栏：在“标注”工具栏上单击“对齐”按钮。
- 输入命令名：在命令行中输入或动态输入 DIMALIGNED，并按 Enter 键。

启动对齐标注命令之后，用户根据如下的提示信息进行操作，即可对图形对象进行对齐标注，如图 9-43 所示。

```
命令: _dimaligned                              （ 启动对齐标注 ）
指定第一条延伸线原点或 <选择对象>:              （ 选择标注的起点 ）
指定第二条延伸线原点:                           （ 选择标注的终点 ）
指定尺寸线位置或                                （ 指定尺寸线放置的位置 ）
[多行文字(M)/文字(T)/角度(A)]:                  （ 设置对齐标注的选项 ）
标注文字 = 4993                                 （ 显示标注的数据 ）
```

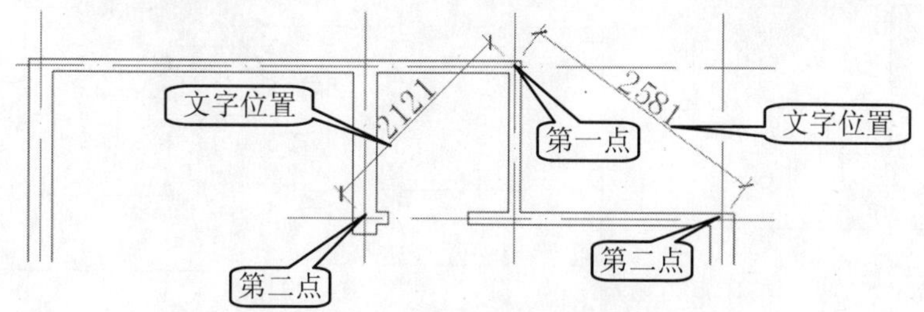

图 9-43　进行对齐标注

注意

在对其“线性”标注和“对齐”标注时，所标注的数据是不一样的，只有“对齐”标注时，才是斜线段的真实数据，如图 9-44 所示。

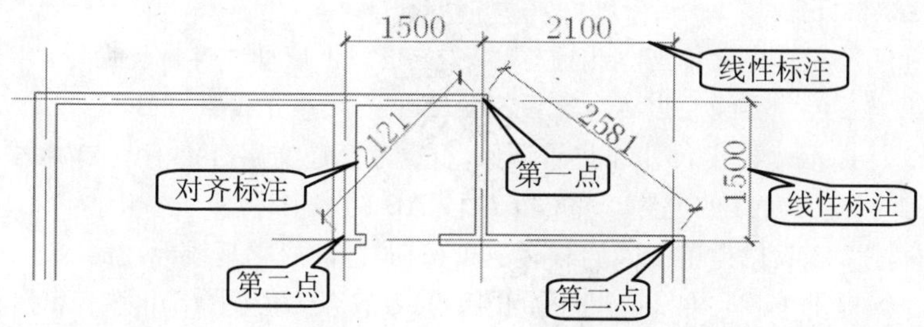

图 9-44　进行对齐标注

步骤 5 保存文件

实用案例 9.3　连续标注

素材文件：	CDROM\09\素材\凹槽素材.dwg
效果文件：	CDROM\09\效果\连续标注.dwg
演示录像：	CDROM\09\演示录像\连续标注.exe

案例解读

通过给凹槽标注尺寸，使读者掌握和了解连续标注命令，其效果如图 9-45 所示。

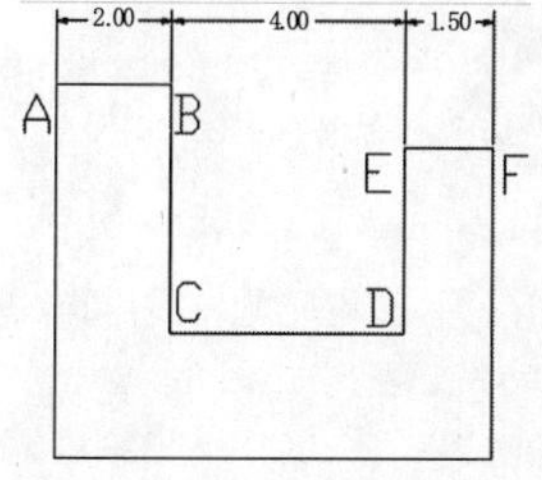

图 9-45　连续标注效果图

要点流程

- 打开附盘中的文件“凹槽素材.dwg”文件；
- 使用线性标注命令标注 AB 段水平尺寸；
- 使用连续标注命令标注 BE 段和 EF 段尺寸。

本案例的流程图如图 9-46 所示。

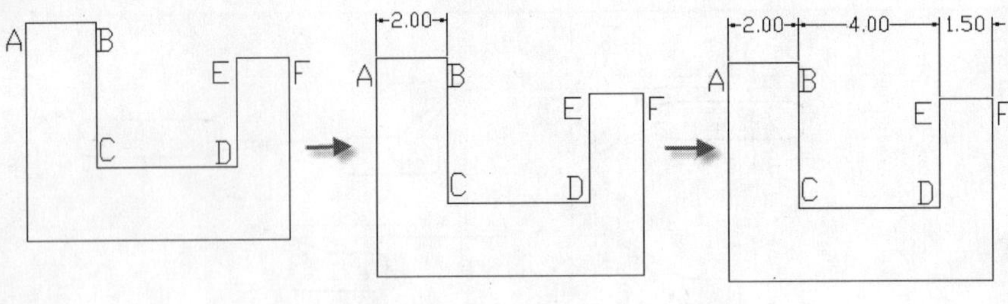

图 9-46　流程图

操作步骤

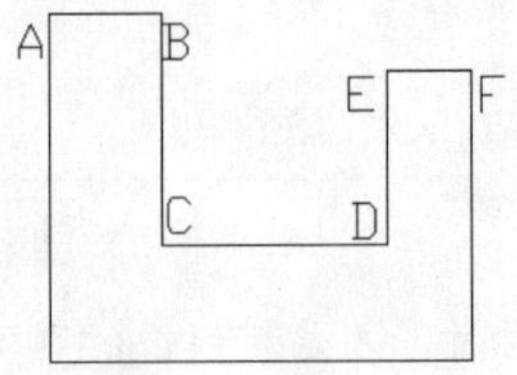

图 9-47　凹槽素材

步骤 1 打开图形文件

打开附盘中的文件“凹槽素材.dwg”文件，如图 9-47 所示。

步骤 2 连续标注

①在“标注”工具栏上单击“线性标注”按钮，启动线性标注命令。

②指定第一条尺寸界线原点 A，然后指定第二条尺寸界线原点 B。

③在命令行提示“指定尺寸线位置或[多行文字(M)/文字(T)/角度(A)/水平(H)/垂直(V)/旋转(R)]:”下，指定尺寸线的位置，完成了线段 AB 的水平标注。

④在“标注”工具栏上单击“连续标注”按钮，启动基线标注命令。

⑤在命令行提示“指定第二条尺寸界线原点或[放弃(U)/选择(S)]<选择>:”下，指定第二条尺寸界线原点 E，完成线段 BE 的基线标注。

⑥在命令行提示“指定第二条尺寸界线原点或[放弃(U)/选择(S)]<选择>:”下，指定第二条尺寸界线原点 F，完成线段 EF 的基线标注。

⑦在命令行提示“指定第二条尺寸界线原点或[放弃(U)/选择(S)]<选择>:”下，按 Enter 键。

⑧在命令行提示“选择连续标注:”下，按 Enter 键，结束“连续标注”命令。标注如图 9-45 所示。

命令行的操作如下。

```
命令: _dimlinear
指定第一条尺寸界线原点或 <选择对象>:                                    （指定 A 点）
指定第二条尺寸界线原点:（指定 B 点）
指定尺寸线位置或[多行文字(M)/文字(T)/角度(A)/水平(H)/垂直(V)/旋转(R)]:
                                                                    （指定尺寸线位置）
标注文字 = 2.00
命令: _dimcontinue
指定第二条尺寸界线原点或 [放弃(U)/选择(S)] <选择>:                      （指定 E 点）
标注文字 = 4.00
指定第二条尺寸界线原点或 [放弃(U)/选择(S)] <选择>:                      （指定 F 点）
标注文字 = 1.50
指定第二条尺寸界线原点或 [放弃(U)/选择(S)] <选择>:
选择连续标注:
```

知识要点：

“连续”标注表示创建从上一个或选定标注的第二条延伸线开始的线性、角度或坐标标注。线连标注命令的启动方法如下。

◆ 下拉菜单：选择“标注>连续”命令。

◆ 工具栏：在“标注”工具栏上单击“连续”按钮。

◆ 输入命令名：在命令行中输入或动态输入 DIMCONTINUE，并按 Enter 键。

> **注意**
>
> 同基线标注一样，执行连续标注前，必须先标注出一个尺寸，以确定连续标注所需要的前一个尺寸标注的尺寸界线。

步骤 3 保存文件

实用案例 9.4　标注圆垫

素材文件：	CDROM\09\素材\圆垫.dwg
效果文件：	CDROM\09\效果\圆垫的标注.dwg
演示录像：	CDROM\09\演示录像\圆垫的标注.exe

案例解读

在本案例中，主要讲解了 AutoCAD 中半径和直径的标注，让读者熟练掌握半径的多行文字标注和直径的标注方法，其绘制完成的效果如图 9-48 所示。

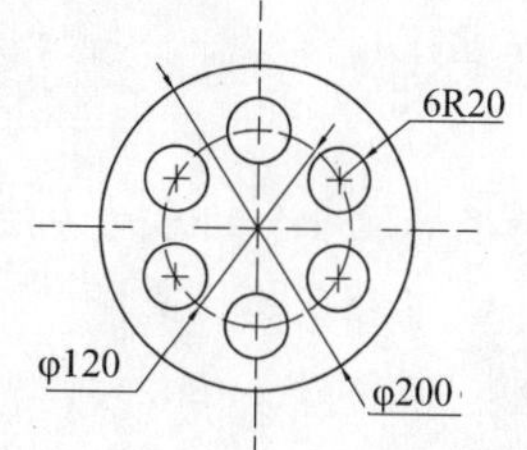

图 9-48　圆垫的标注效果

要点流程

- 首先启动 AutoCAD 2010 中文版，打开“圆垫.dwg”文件；
- 使用半径标注命令，对小圆进行多行文字的半径标注；
- 使用直径标注命令，对大圆及虚线圆进行直径的标注。

本案例的流程图如图 9-49 所示。

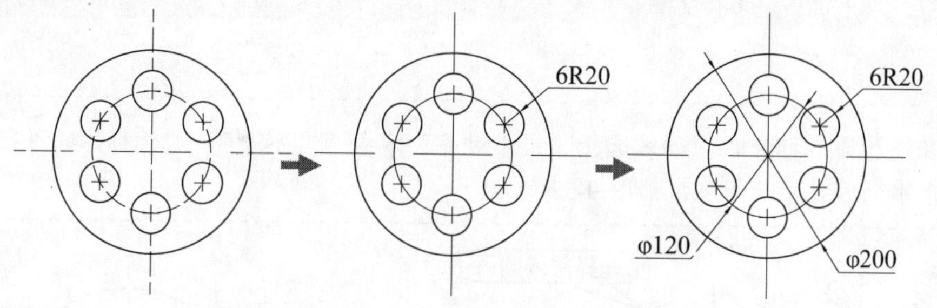

图 9-49　圆垫的标注流程图

操作步骤

步骤 1 打开图形文件

启动 AutoCAD 2010 中文版，打开附盘的“圆垫.dwg”文件，如图 9-50 所示。

步骤 2 半径标注

在“标注”工具栏中单击“半径标注”按钮，在视图中拾取小圆作为标注的对象，并选择“多行文字（M）”选项，将弹出“文字格式”工具栏，在“文字输入”窗口中将显示标注的半径符号 R 和半径值 20，将鼠标移至 R 前面并输入 6，然后单击“确定”按钮返回，再使用鼠标指定标注的位置，如图 9-51 所示。

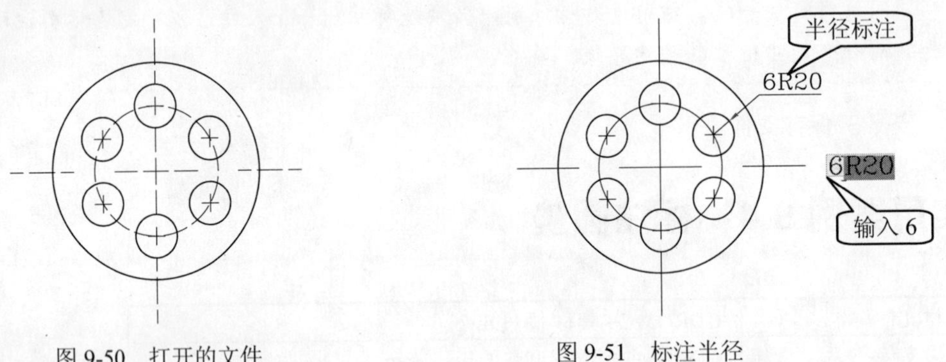

图 9-50 打开的文件　　图 9-51 标注半径

知识要点：

“半径”标注可以测量选定圆或圆弧的半径，并显示前面带有半径符号（R）的标注文字。

半径标注命令的启动方法如下。

- 下拉菜单：选择“标注>半径”命令。
- 工具栏：在“标注”工具栏上单击“半径”按钮。
- 输入命令名：在命令行中输入或动态输入 DIMRADIUS，并按 Enter 键。

启动半径标注命令之后，用户根据如下的提示信息进行操作，即可对图形对象进行半径标注，如图 9-52 所示。

```
命令：_dimradius                                    （ 启动半径标注命令 ）
选择圆弧或圆：                          （ 在视图中选择要进行半径标注的圆或圆弧 ）
标注文字 = 180                                      （ 显示标注的半径值 ）
指定尺寸线位置或 [多行文字(M)/文字(T)/角度(A)]：      （ 指定尺寸线的位置 ）
```

注意

在进行圆弧标注时，如果选择“文字对齐”方式为“水平”，则所标注的半径数值将以水平的方式显示出来，如图 9-53 所示。

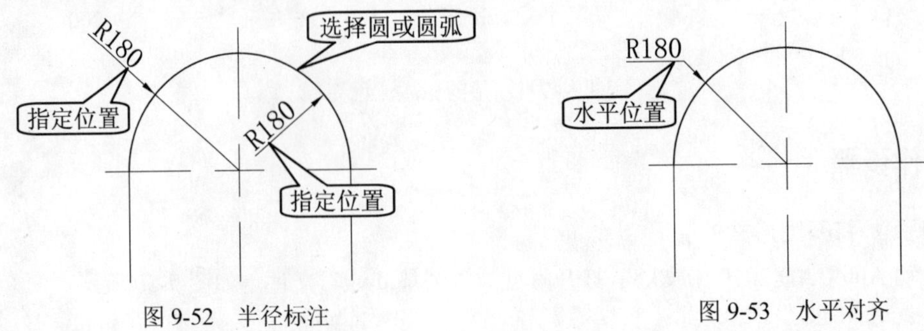

图 9-52 半径标注　　图 9-53 水平对齐

步骤 3 直径标注

在“标注”工具栏中单击“直径标注”按钮⃠，分别标注图形的外侧大小的直径和虚线圆的直径，如图 9-54 所示。

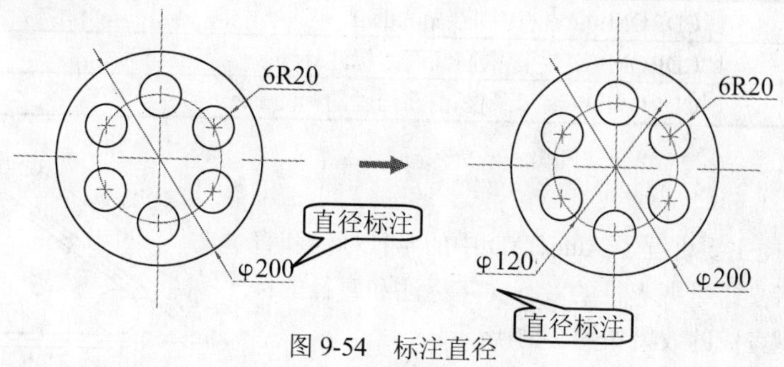

图 9-54　标注直径

知识要点：

“直径标注”用于测量选定圆或圆弧的直径，并显示前面带有直径符号（φ）的标注文字。

直径标注命令的启动方法如下。

- 下拉菜单：选择“标注>直径”命令。
- 工具栏：在“标注”工具栏上单击“直径”按钮⃠。
- 输入命令名：在命令行中输入或动态输入 DIMDIAMETER，并按 Enter 键。

启动直径标注命令之后，用户根据如下的提示信息进行操作，即可对图形对象进行直径标注，如图 9-55 所示。

```
命令: _dimdiameter                                    （ 启动直径标注命令 ）
选择圆弧或圆:                                  （ 在视图中选择要标注的圆或圆弧 ）
标注文字 = 360                                       （ 显示标注的直径值 ）
指定尺寸线位置或 [多行文字(M)/文字(T)/角度(A)]:        （ 指定尺寸线的位置 ）
```

> **注意**
>
> 用户可以打开“新建/修改标注样式”对话框的“调整”选项卡，在“调整选项”和“文字位置”栏中设置不同的选项时，则在进行圆弧尺寸标注时将有不同的效果，如图 9-56 所示。

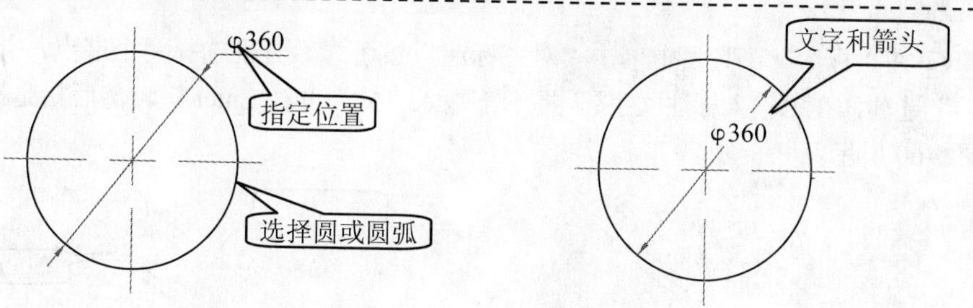

图 9-55 直径标注　　　　图 9-56　调整位置

> **注意**
>
> 在建筑制图中，一般的半径标注、直径标注、角度标注、弧长标注的箭头符号，应设置为“-”项。

步骤 4 保存文件

实用案例 9.5　钢筋锚固的标注

素材文件：	CDROM\09\素材\钢筋锚固.dwg
效果文件：	CDROM\09\效果\钢筋锚固的标注.dwg
演示录像：	CDROM\09\演示录像\钢筋锚固的标注.exe

案例解读

在本案例中，主要讲解了 AutoCAD 中的半径标注和直径标注，让读者熟练掌握半径的多行文字标注和直径的标注方法，其绘制完成的效果如图 9-57 所示。

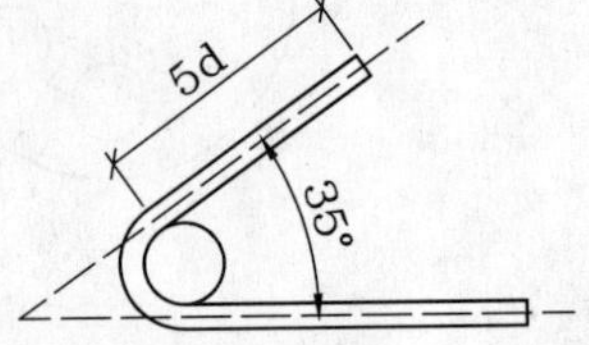

图 9-57　钢筋锚固的标注效果

要点流程

- 首先启动 AutoCAD 2010 中文版，打开“钢筋锚固.dwg”文件；
- 使用对齐标注命令，对钢筋头折断长度进行对齐标注；
- 使用角度标注命令，对钢筋头折断的度角进行角度标注。

本案例的流程图如图 9-58 所示。

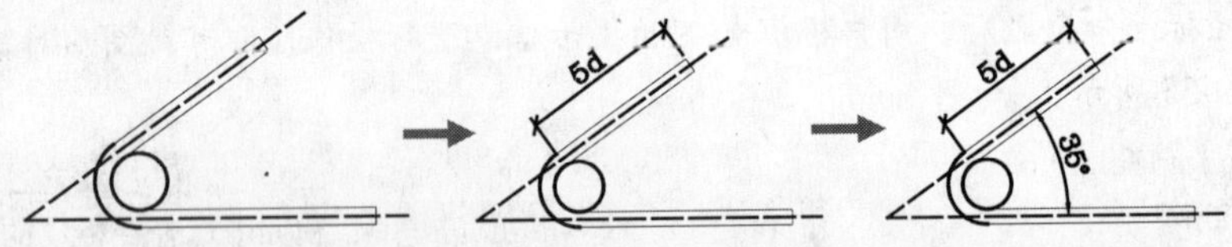

图 9-58　钢筋锚固的标注流程图

操作步骤

步骤 1 对钢筋头折断长度进行标注

①启动 AutoCAD 2010 中文版，打开附盘的“钢筋锚固.dwg”文件打开，如图 9-59 所示。

②在“标注”工具栏中单击“对齐标注”按钮，分别选择两个端点，并选择“文字（T）”选项，在“输入标注文字：”提示下输入“5d”并按 Enter 键，然后指定标注的位置，如图 9-60 所示。

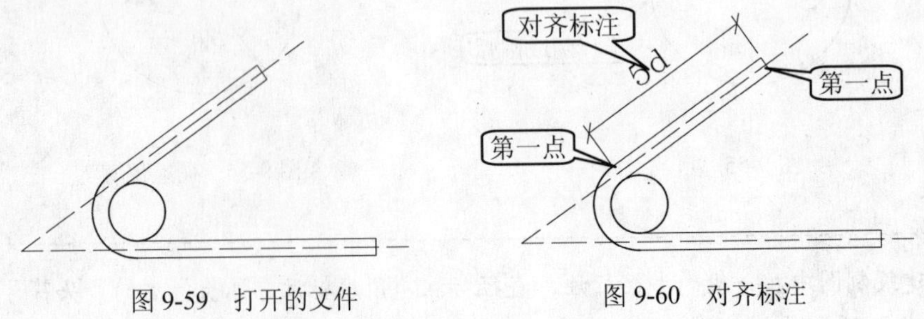

图 9-59　打开的文件　　图 9-60　对齐标注

步骤 2 角度标注

在“标注”工具栏中单击“角度标注”按钮，分别指定两条虚线，再确定标注的位置，从而完成角度的标注，如图 9-61 所示。

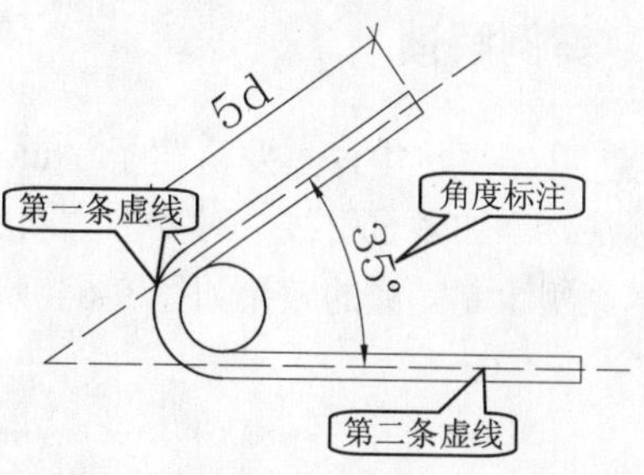

图 9-61　角度标注

知识要点：

“角度”标注用于测量选定的对象或者 3 个点之间的角度。可以选择的对象有圆、弧、圆和直线等。

角度标注命令的启动方法如下。

- 下拉菜单：选择“标注>角度”命令。
- 工具栏：在“标注”工具栏上单击“角度”按钮。
- 输入命令名：在命令行中输入或动态输入 DIMANGULAR，并按 Enter 键。

启动角度标注命令之后，根据如下的提示信息进行操作，即可对图形对象进行角度标注，如图 9-62 所示。

```
命令: _dimangular                                              （启动角度标注命令）
选择圆弧、圆、直线或 <指定顶点>:                                  （选择的对象）
选择第二条直线:                                                 （选择的第二条直线）
指定标注弧线位置或 [多行文字(M)/文字(T)/角度(A)/象限点(Q)]:          （指定位置）
标注文字 = 36                                                   （显示标注的角度值）
```

注意

当用户在“选择圆弧、圆、直线或 <指定顶点>:”提示下直接选择圆弧对象时，系统将直接标注圆弧的起点与端点之间的角度，如图 9-63 所示。

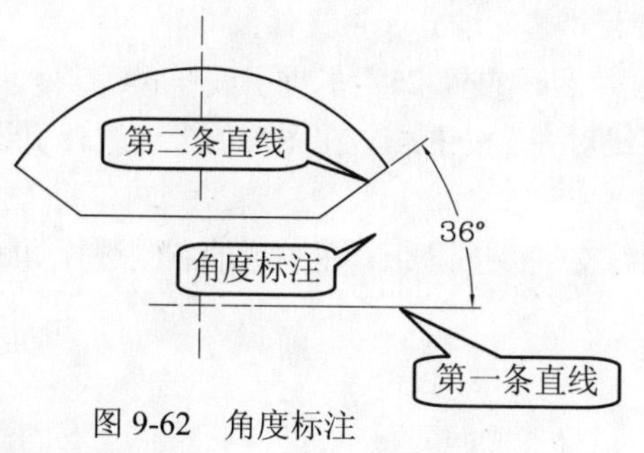

图 9-62　角度标注

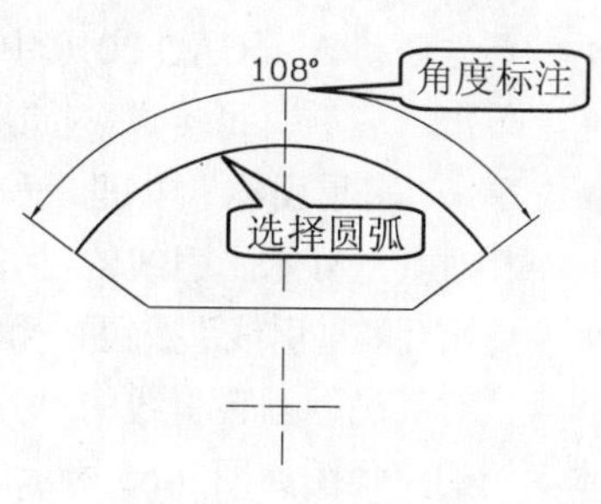

图 9-63　直接标注圆弧的角度

步骤 3 保存文件

实用案例 9.6　引线标注客厅墙

素材文件:	CDROM\09\素材\客厅墙.dwg
效果文件:	CDROM\09\效果\引线标注客厅墙.dwg
演示录像:	CDROM\09\演示录像\引线标注客厅墙.exe

案例解读

在本案例中，主要讲解了 AutoCAD 中的多重引线标注，包括创建多重引线样式、引线标注、添加多重引线、对齐多重引线等命令，让读者熟练掌握多重引线的标注方法和技巧。本案例绘制完成的效果如图 9-64 所示。

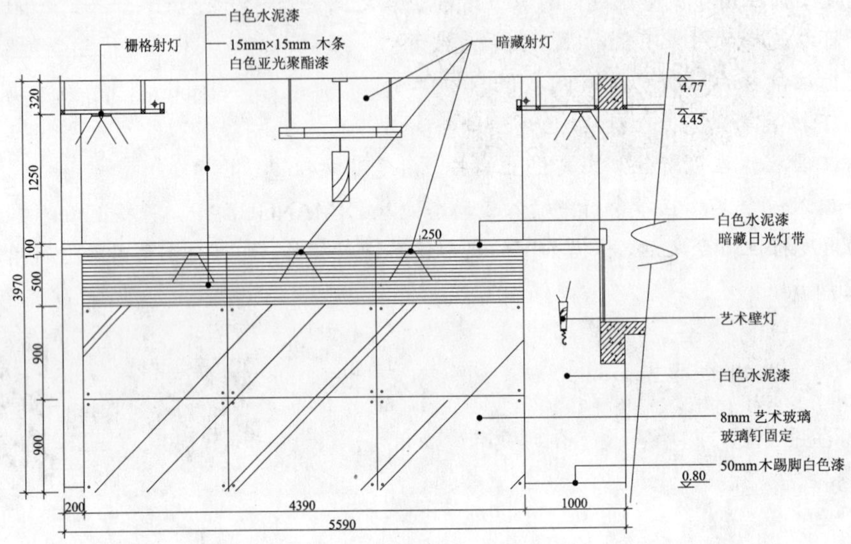

图 9-64　引线标注客厅墙效果

要点流程

- 首先启动 AutoCAD 2010 中文版，打开“客厅墙.dwg”文件；
- 单击“多重引线样式”按钮，创建“客厅布置-25”多重引线样式；
- 单击“多重引线”按钮和“多重引线对齐”按钮，在图形的上侧进行引线标注，并对其进行水平引线的对齐操作；
- 单击“多重引线”按钮和“多重引线对齐”按钮，在图形的右侧进行引线标注，并对其进行垂直引线的对齐操作。

本案例的流程图如图 9-65 所示。

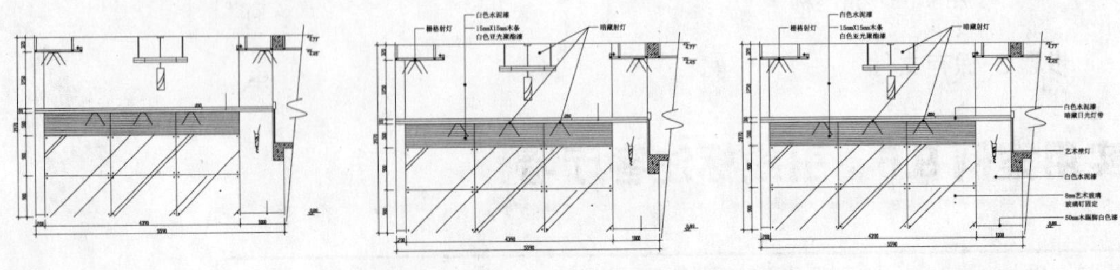

图 9-65　引线标注客厅墙流程图

操作步骤

步骤 1 创建新多重引线样式

①启动 AutoCAD 2010 中文版，打开附盘的“客厅墙.dwg”文件，如图 9-66 所示。

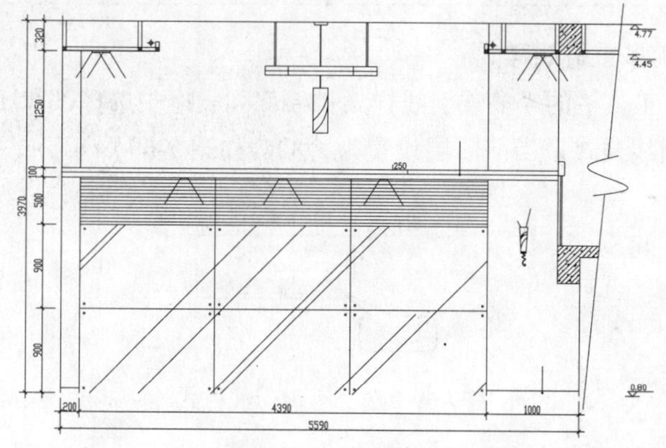

图 9-66　打开的文件

②在“多重引线”工具栏中单击“多重引线样式”按钮，在弹出的“多重引线样式管理器”对话框中单击“新建”按钮，将弹出“创建新多重引线样式”对话框，在“新样式名”文本框中输入“客厅布置-25”，如图 9-67 所示。

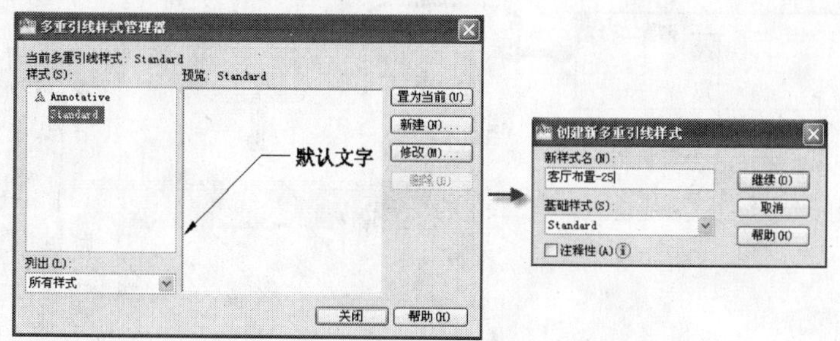

图 9-67　创建“客厅布置-25”引线样式

③当单击“继续”按钮后，将弹出“修改多重引线样式：客厅布置-25”对话框，在“引线格式”选项卡中，设置箭头符号为■点，箭头大小为 2；在“引线结构”选项卡中，设置基线间距为 8，指定比例为 25；在“内容”选项中保持默认选项，然后单击“确定”按钮，如图 9-68 所示。

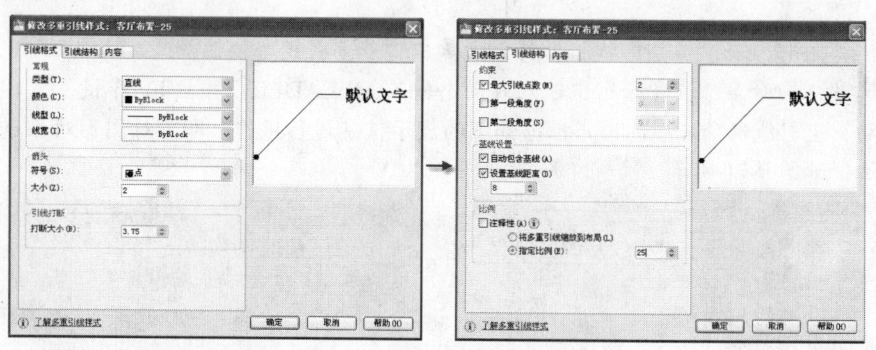

图 9-68　进行引线样式的设置

注意

多重引线样式与标注样式一样，也可以创建新的样式来对不同的图形进行引线标注。在“修改多重引线样式：XXX”对话框中，各选项的设置方法与“新建标注样式：XXX”对话框中的设置方法大致相同，在这里就不一一讲解了。

步骤 2 设置当前多重引线样式

在“多重引线”工具栏的“多重引线样式控制”列表框中选择“客厅布置-25”选项，使之成为当前的多重引线样式，当前图层设置为“8”，如图 9-69 所示。

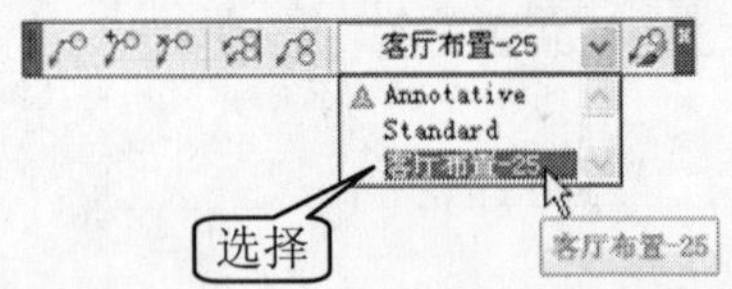

图 9-69 选择当前引线样式

步骤 3 创建多重引线标注

①在“多重引线”工具栏中单击“多重引线”按钮，在图形的左上角指定位置处确定箭头的位置，垂直“画出”引出线并单击鼠标确定位置，然后输入文字“栅格射灯”，从而创建多重引线，如图 9-70 所示。

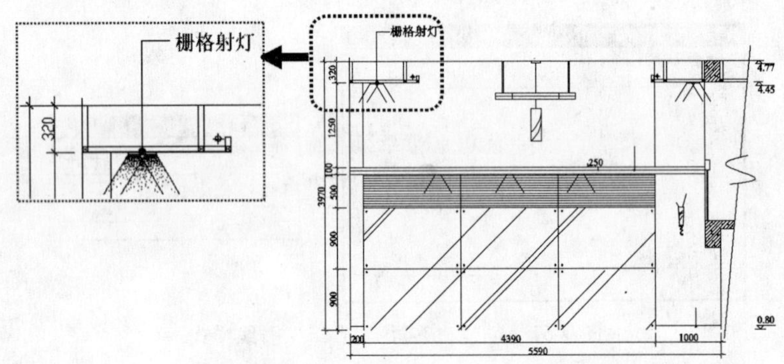

图 9-70 创建的多重引线

知识要点：

创建多重引线命令的启动方法。

- 下拉菜单：选择“标注>多重引线”命令。
- 工具栏：在“多重引线”工具栏上单击“多重引线”按钮。
- 输入命令名：在命令行中输入或动态输入 MLEADER，并按 Enter 键。

启动多重引线命令之后，用户根据如下的提示信息进行操作，即可对图形对象进行多重引线标注，如图 9-71 所示。

```
命令：_mleader                                              （启动多重引线命令）
指定引线箭头的位置或 [引线基线优先(L)/内容优先(C)/选项(O)] <选项>:
                                                    （指定箭头位置或设置选项）
指定引线基线的位置:                                     （指定引线基线的位置）
                                                  （开始输入引线的文字内容）
```

在创建多重引线时，所选择的多重引线样式类型应尽量与标注的类型一致，否则所标注出来的效果与标注样式不一致。

知识要点：

- 修改多重引线样式：当用户需要修改所创建的多重引线时，用户可以在该多重引线对象上单击鼠标右键，从弹出的快捷菜单中选择“特性”命令，将弹出“特性”面板，从而可以修改多重引线的样式、箭头样式与大小、引线类型、是否水平基线、基线间距等，如图 9-72 所示。

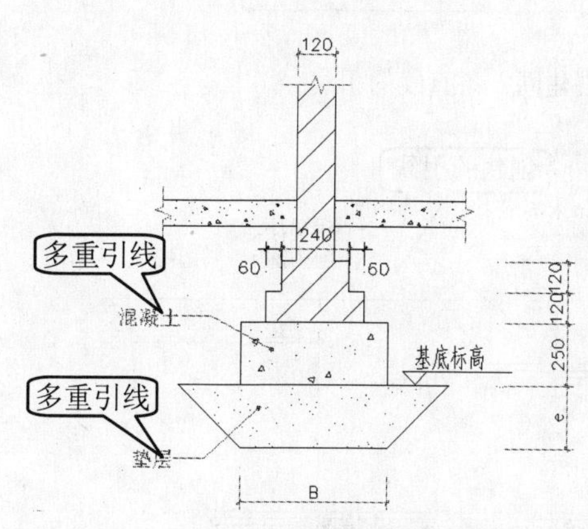

图 9-71　创建多重引线

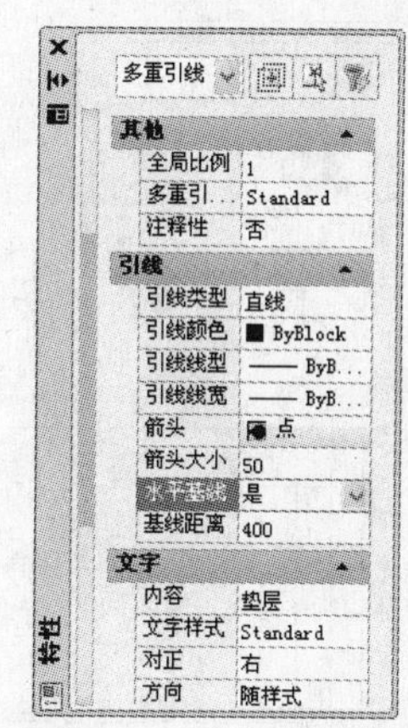

图 9-72　修改多重引线

- 例如，在如图 9-73 所示的工程图中，就是修改基线类型、是否水平基线、改变基线间距、改变文字大小等选项的对比效果。

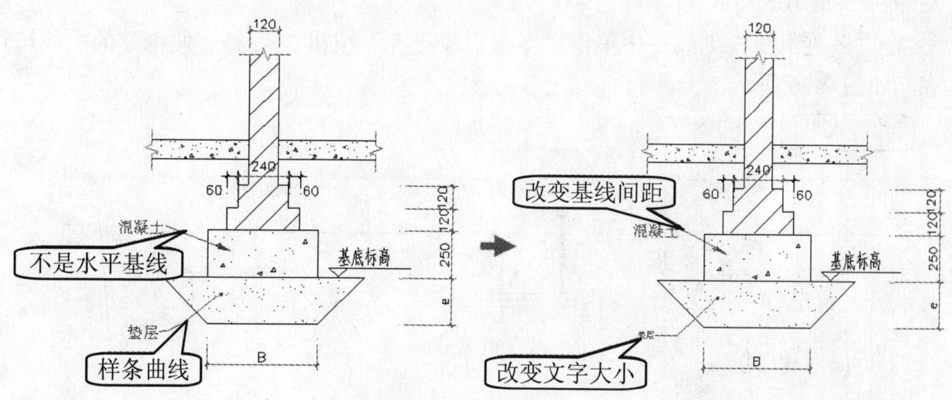

图 9-73　修改多重引线样式

②同样，创建一个多重引线，再在该引线的垂直位置创建另一个多重引线，使这两条引线重合，如图 9-74 所示。

③使用前面的操作方法，再创建一个引线，并在该引线的基础上添加另外两条引线，如图 9-75 所示。

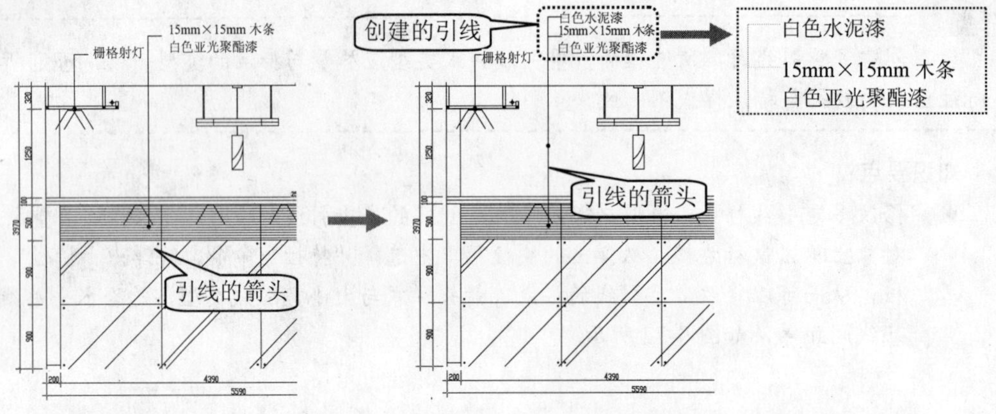

图 9-74　创建同一条直线的引线

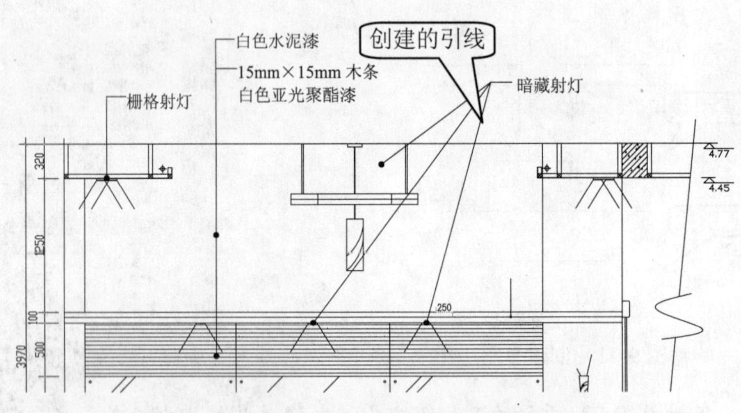

图 9-75　创建并添加的多重引线

步骤 4　多重引线对齐

①在"多重引线"工具栏中单击"多重引线对齐"按钮，将上侧创建的引线进行水平对齐，如图 9-76 所示。

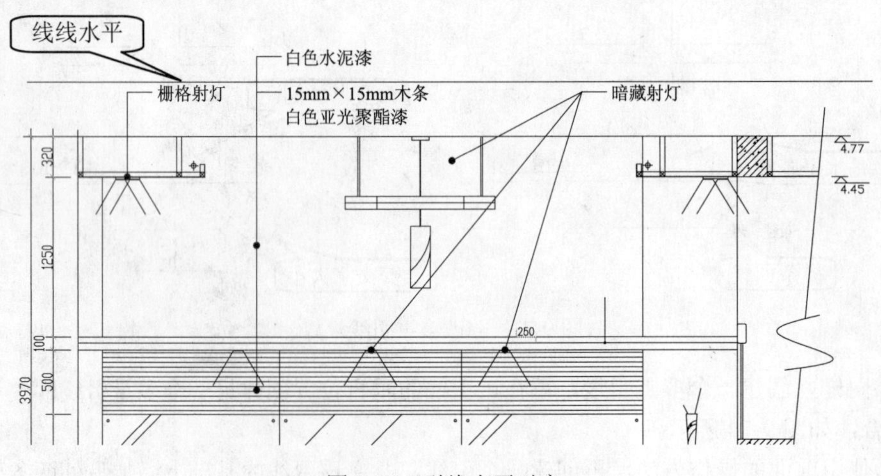

图 9-76　引线水平对齐

知识要点：

当一个图形中有多处引线标注时，如果没有对齐操作，会显得图形不规范，也不符合要求，这时可以通过 AutoCAD 2010 提供的多重引线对齐功能来操作，它所需要的多个多重引线以某个引线为基准进行对齐操作。

在“多重引线”工具栏中单击“多重引线对齐”按钮，并根据如下提示选择要对齐的引线对象，再选择要作为对齐的基准引线对象及方向即可，如图 9-77 所示。

```
命令: _mleaderalign                              (启动多重引线对齐命令)
选择多重引线: 找到 1 个, 总计 3 个                (选择多个要对齐的引线对象)
选择多重引线:                                    (按 Enter 键结束选择)
当前模式: 使用当前间距                            (显示当前的模式)
选择要对齐到的多重引线或 [选项(O)]:                (选择要对齐到的引线)
指定方向:                                        (使用鼠标来指定对齐的方向)
```

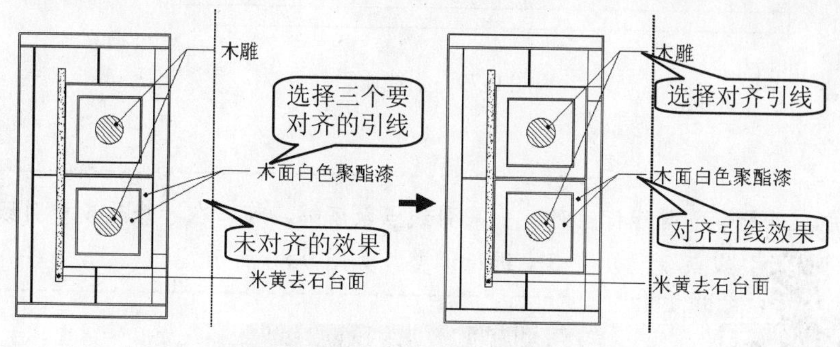

图 9-77　对齐多重引线

② 同样，参照前面的方法，对图形的右侧进行引线标注，再对其进行多重引线垂直对齐操作，如图 9-78 和图 9-79 所示。

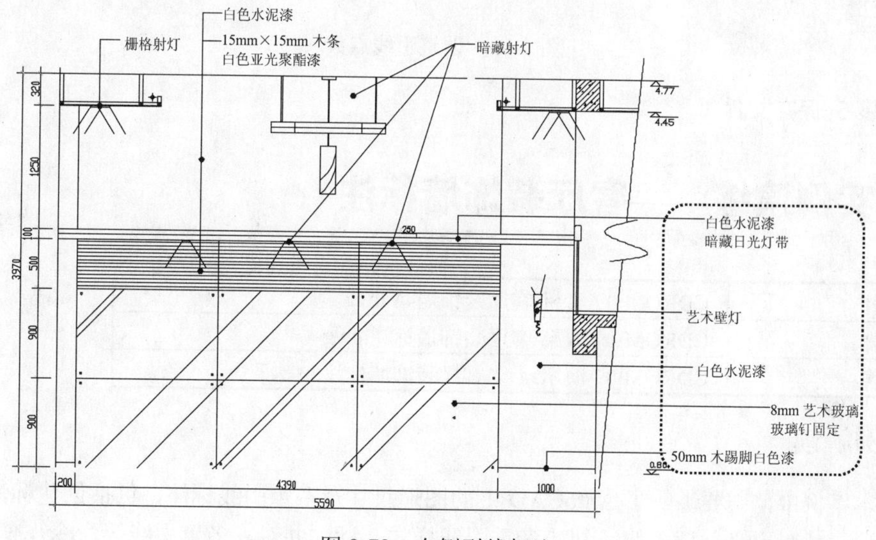

图 9-78　右侧引线标注

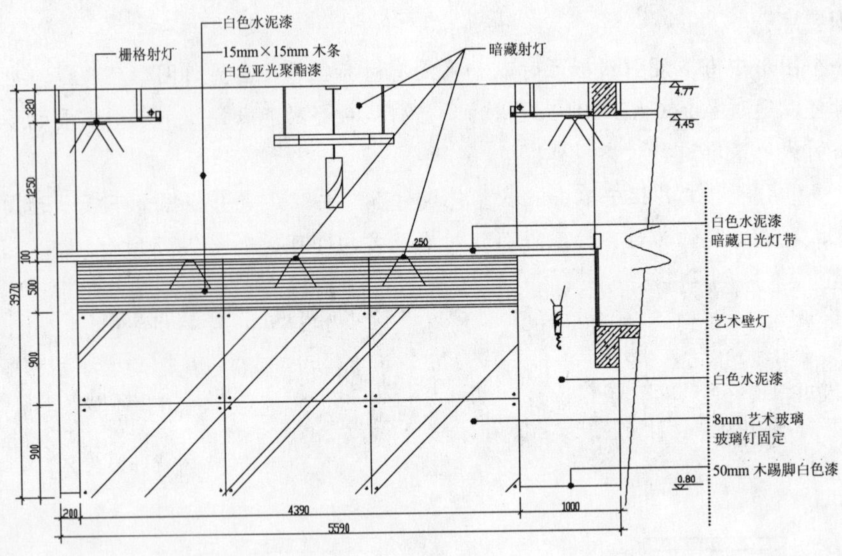

图 9-79　引线垂直对齐

注意

用户在进行多重引线标注时，如果引线点数不够，可以在“修改多重引线样式”对话框的“最大引线点数”数值框中进行调整，如图 9-80 所示。

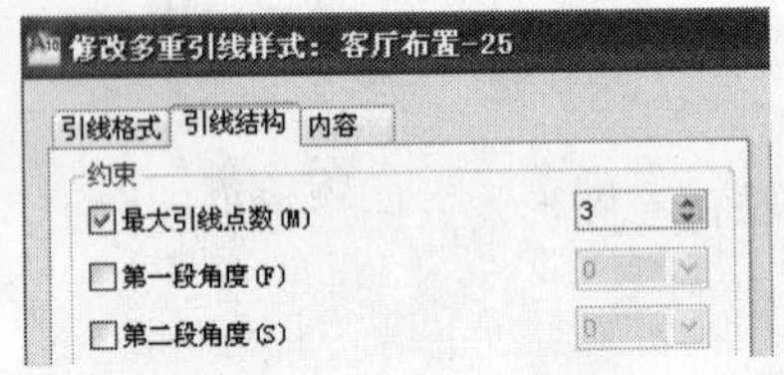

图 9-80　调整引线点数

步骤 5 保存文件

综合实例演练——客厅装饰墙标注

素材文件：	CDROM\09\素材\客厅装饰墙-A.dwg
效果文件：	CDROM\09\效果\客厅装饰墙标注.dwg
演示录像：	CDROM\09\演示录像\客厅装饰墙标注.exe

案例解读

在本案例中，主要讲解了 AutoCAD 中的图形尺寸及多重引线标注，包括创建标注样式、标注图形尺寸、定义并插入块、创建多重引线样式、标注并对齐多重引线等命令，使读者熟练掌握图形尺寸及多重引线的标注方法和技巧，其绘制完成的效果如图 9-81 所示。

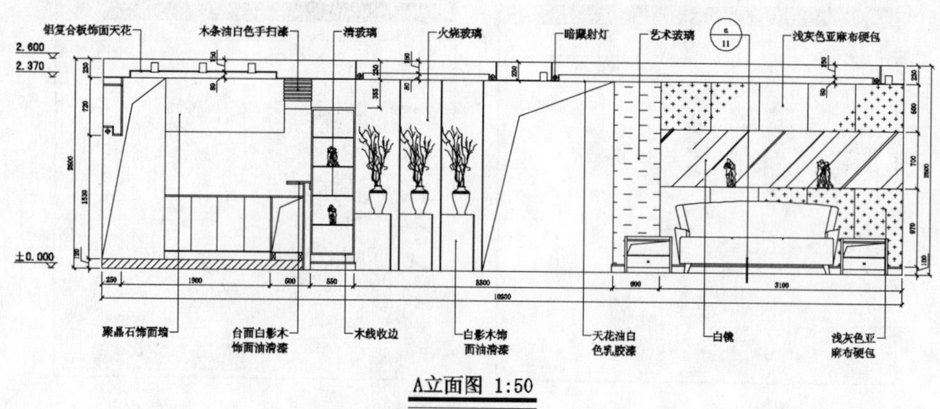

图 9-81　客厅装饰墙标注效果

要点流程

- 首先启动 AutoCAD 2010 中文版，打开“客厅装饰墙-A.dwg”文件；
- 建立“装饰标注-25”标注样式，并对图形进行尺寸标注；
- 创建标高图块“BG”，并在图形的左侧插入标高符号 BG；
- 建立“装饰引线-25”引线样式，在图形的上侧和下侧进行引线标注；
- 建立“详图符号-25”引线样式，标注出图形的详图符号。

本案例的流程图如图 9-82 所示。

打开源文件→建立“装饰标注-25”标注样式→对图形进行尺寸标注→创建标高图块→插入标高符号→建立“装饰引线-25”引线样式→对图形进行引线标注→建立“详图符号-25”引线样式→详图符号标注→绘制标题文字

图 9-82　客厅装饰墙标注流程图

操作步骤

步骤 1 打开文件

启动 AutoCAD 2010 中文版，打开附盘的“客厅装饰墙-A.dwg”文件，如图 9-83 所示。

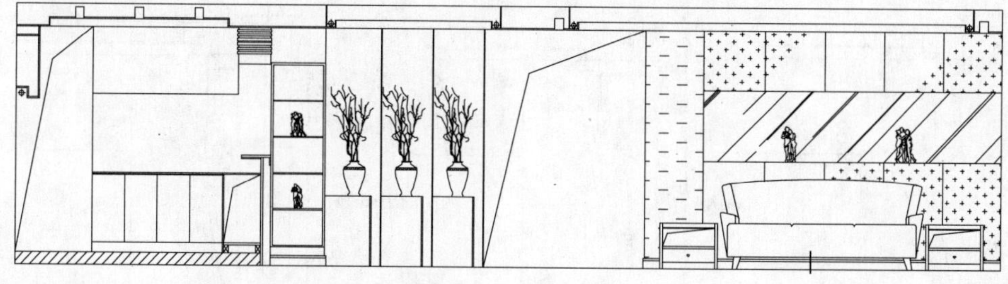

图 9-83　打开的文件

步骤 2 新建标注样式

在“标注”工具栏中单击“标注样式”按钮，新建“装饰标注-25”标注样式，其各项设置如图 9-84 和图 9-85 所示。

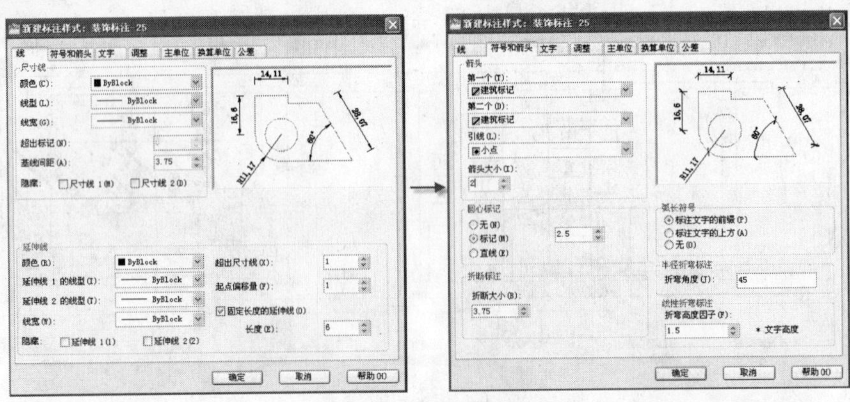

图 9-84　设置标注线和箭头符号

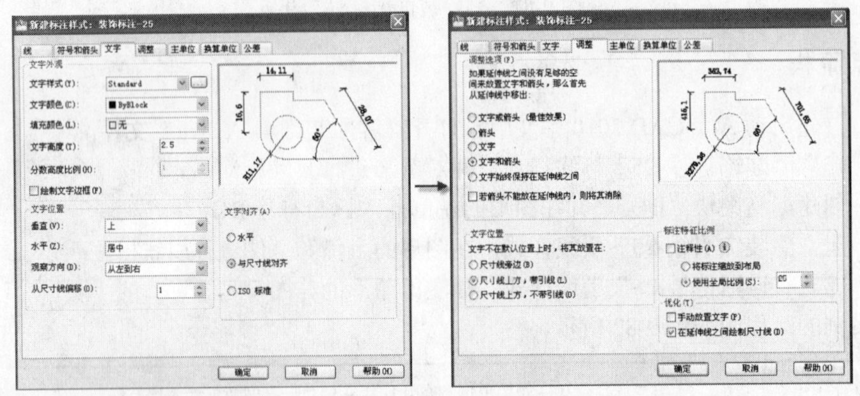

图 9-85　设置文字和调整项

步骤 3　设置当前标注样式

在“图层”工具栏的“图层控制”框中选择“标注”图层，在“标注”工具栏的“标注样式控制”框中选择“装饰标注-25”标注样式，使它们成为当前项。

步骤 4　线性和连续标注

①在“标注”工具栏中单击“线性标注”按钮和“连续标注”按钮，将图形的左侧进行线性及连续标注，如图 9-86 所示。

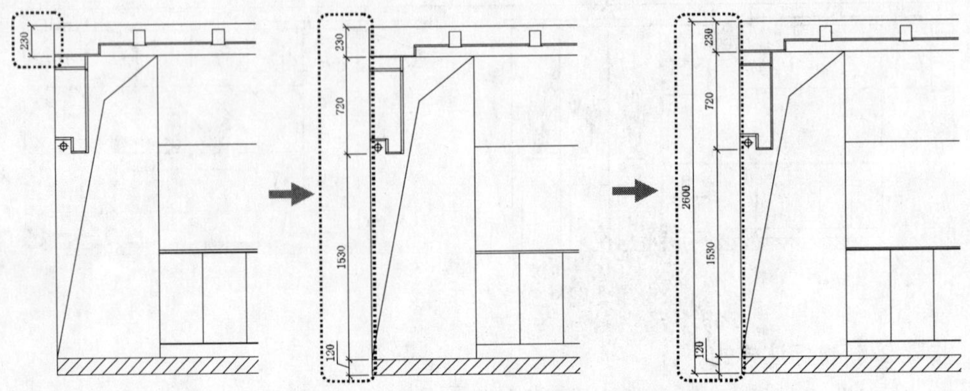

图 9-86　对图形的左侧进行尺寸标注

②同样，针对图形的右侧进行线性及连续标注，如图 9-87 所示。

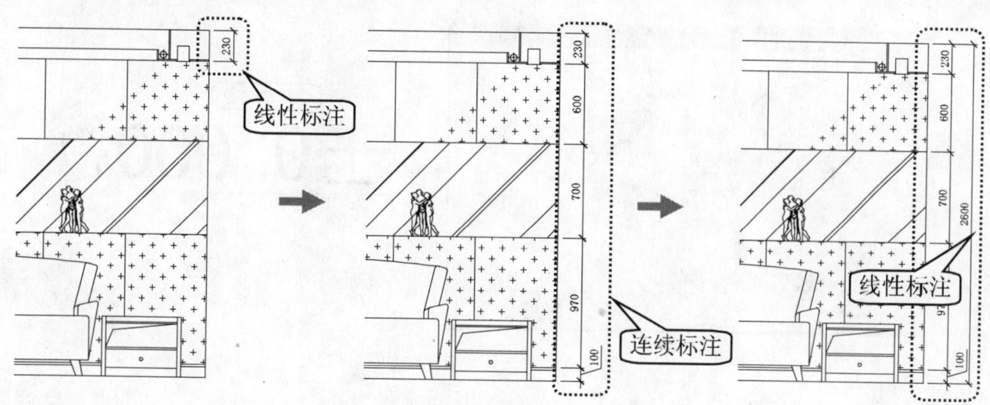

图 9-87　对图形的右侧进行尺寸标注

③同样，再对图形的上侧和下侧进行线性及连续标注，使图形的标注数据更加完善，如图 9-88 和图 9-89 所示。

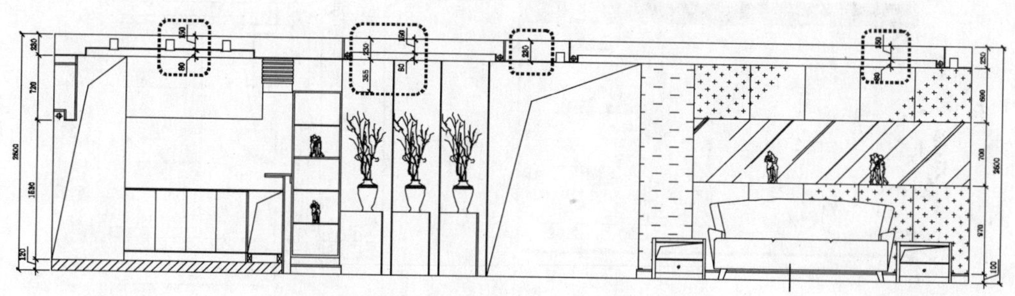

图 9-88　对图形的上侧进行尺寸标注

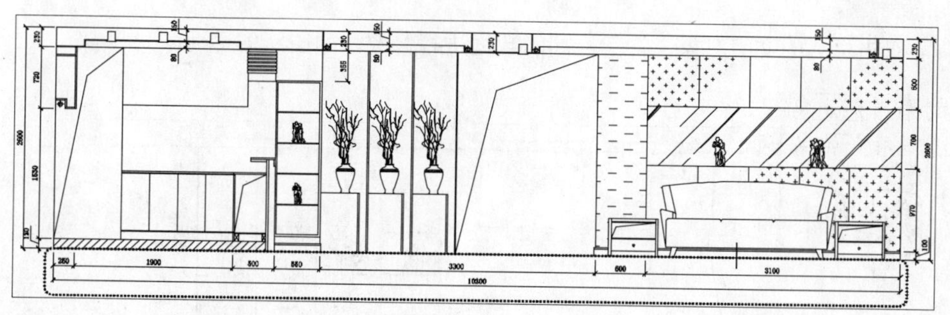

图 9-89　对图形的下侧进行尺寸标注

步骤 5 制作并插入标高符号块

①将当前图层置于“0”图层，在视图的空白位置绘制标高符号，并输入相应的文字内容，其文字的字体为宋体，高度为 100，如图 9-90 所示。

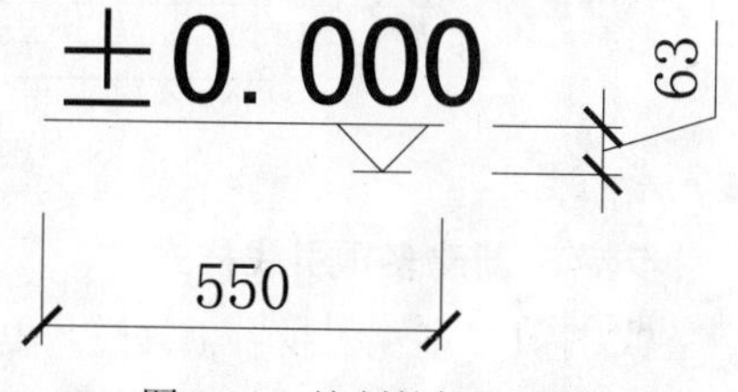

图 9-90　绘制的标注符号

②在“绘图”工具栏中单击“创建块”按钮，将弹出“块定义”对话框，在“名称”文本框中输入“BG”；单击“选择对象”按钮，切换到视图中，选择所绘制的标高符号及文字对象后，按 Enter 键返回；单击“拾取点”按钮，切换到视

图中，捕捉下侧尖角点作为基点后返回，然后单击“确定”按钮，如图 9-91 所示。

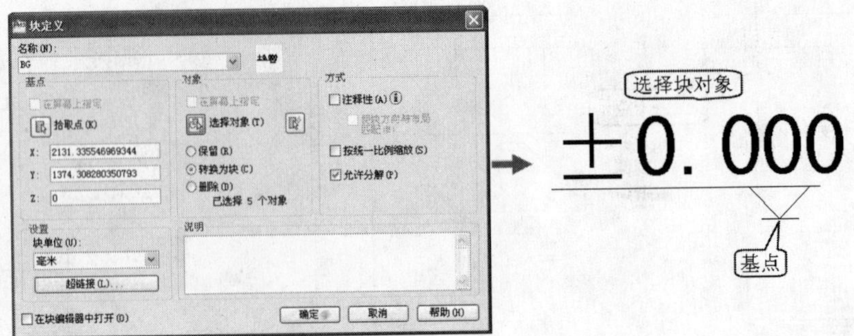

图 9-91　定义“BG”块

③在“绘图”工具栏中单击“插入块”按钮，在视图的左侧插入三次 BG 图块，并对其插入的块进行分解操作，如图 9-92 所示。

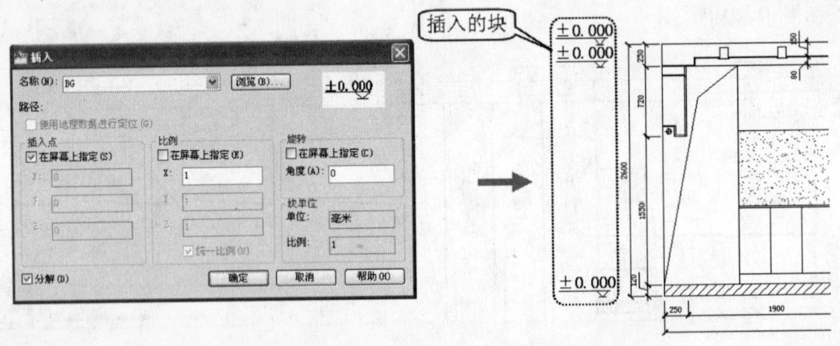

图 9-92　插入“BG”图块

④双击标高的文字对象，将其标高的数据进行修改，如图 9-93 所示。

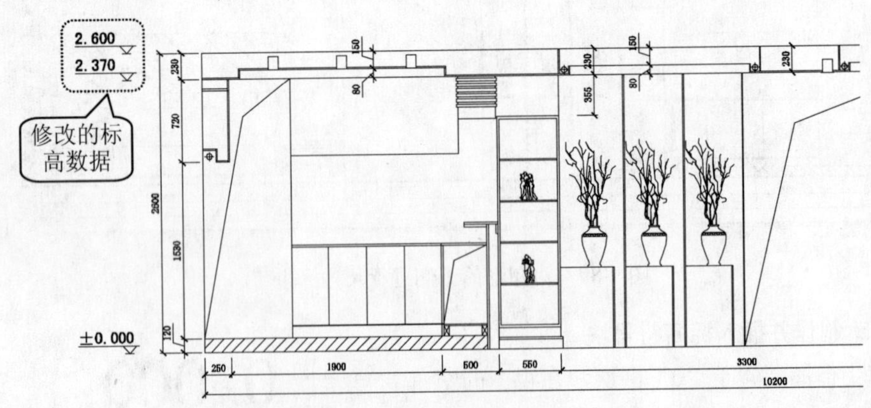

图 9-93　修改标高数据

步骤 6　新建多重引线样式

①打开“多重引线”工具栏，单击该工具栏的“多重引线样式”按钮，通过打开的“多重引线样式管理器”对话框新建“装饰引线-25”引线样式，如图 9-94 所示。

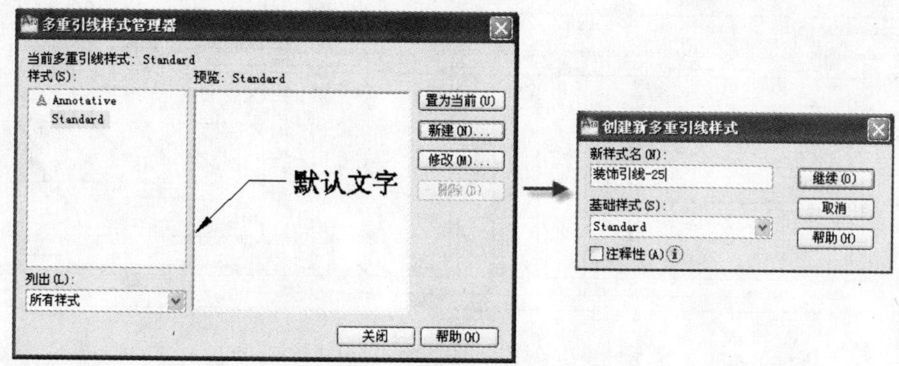

图 9-94　创建“装饰引线-25”引线样式

②当单击“多重引线样式管理器”对话框中的“继续”按钮后，将弹出“修改多重引线样式：装饰引线-25”对话框，在其中设置引线样式的格式、结构和内容，如图 9-95 所示。

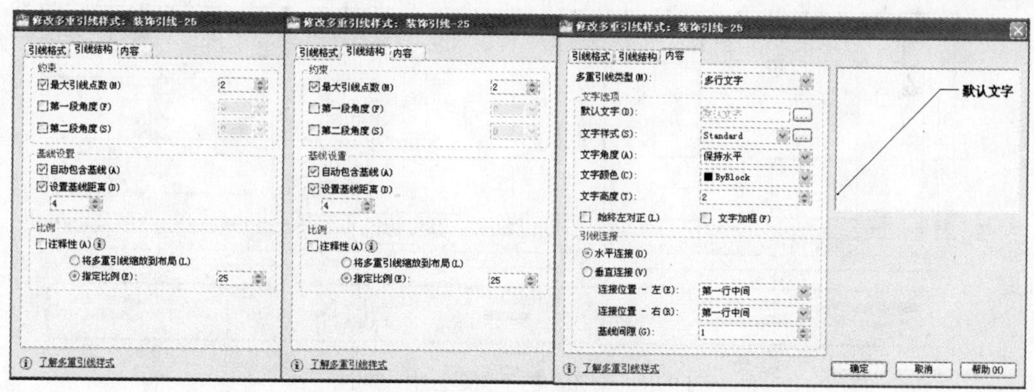

图 9-95　设置引线的格式

步骤 7 设置当前多重引线样式

在“多重引线”工具栏的“引线样式控制”框中选择“装饰引线-25”，使之置为当前引线样式；在“图层”工具栏的“图层控制”框中选择“文字”，使之成为当前图层，如图 9-96 所示。

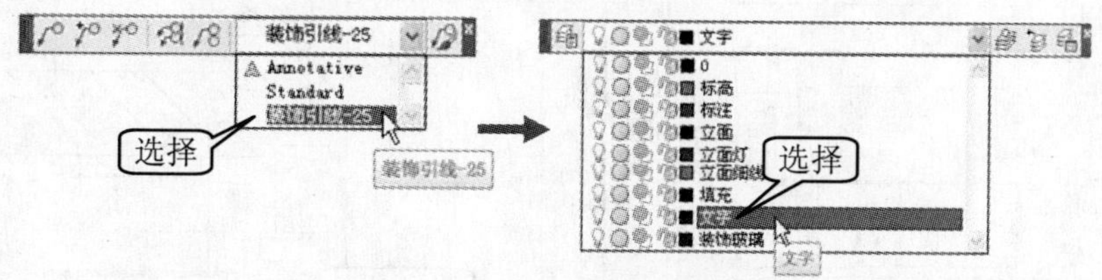

图 9-96　设置当前引线和图层

步骤 8 绘制多重引线

①在“多重引线”工具栏中单击“多重引线”按钮，分别在图形的上侧创建相应的引线标注对象，如图 9-97 所示。

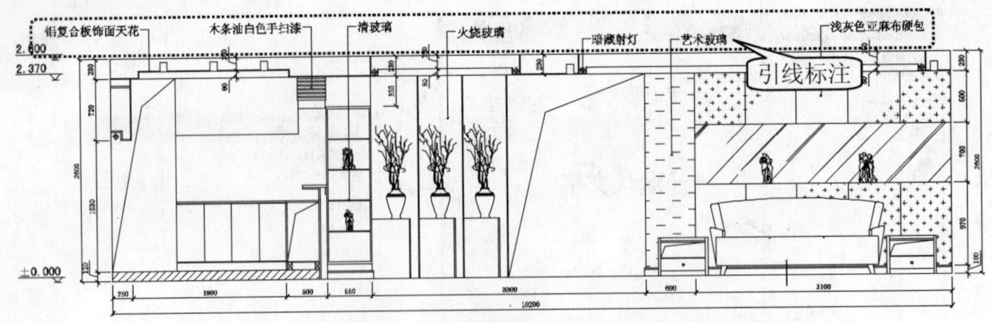

图 9-97　对图形的上侧进行引线标注

②同样，在“多重引线”工具栏中单击“多重引线”按钮，分别在图形的下侧创建相应的引线标注对象，如图 9-98 所示。

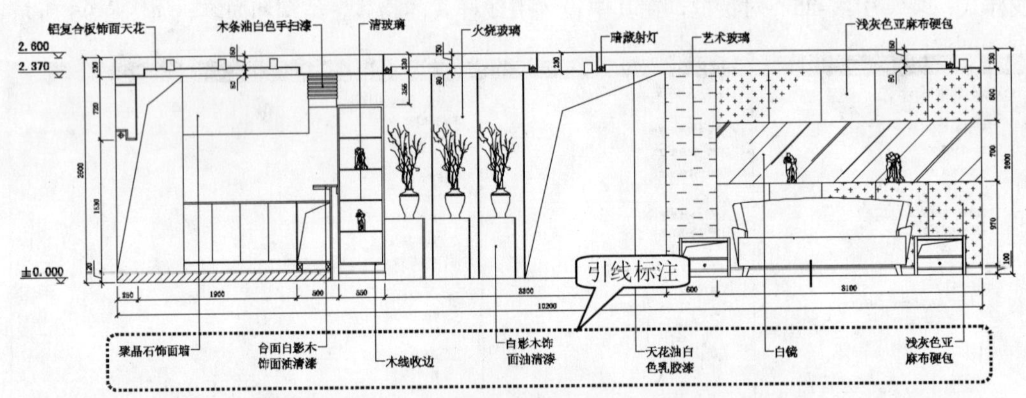

图 9-98　对图形的下侧进行引线标注

步骤 9 多重引线水平对齐标注

在“多重引线”工具栏中单击“多重引线对齐”按钮，分别将图形中上侧和下侧的引线标注进行水平对齐操作，如图 9-99 所示。

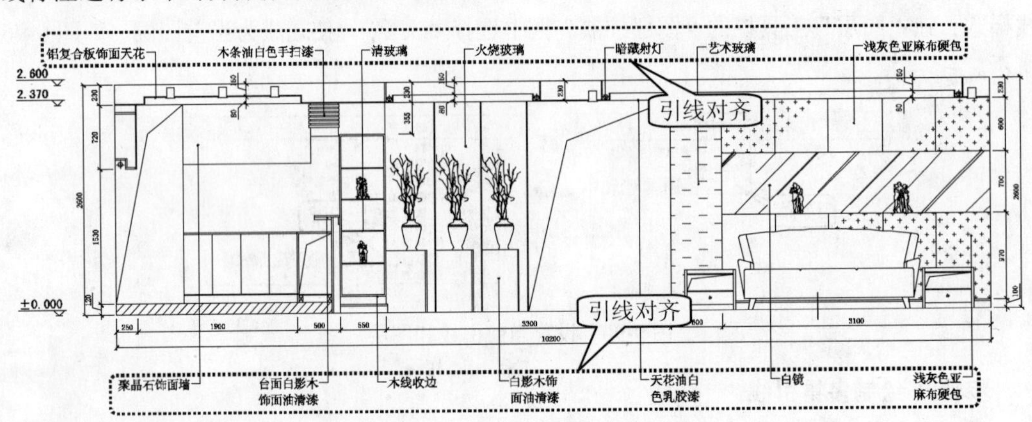

图 9-99　分别对齐上下侧的引线标注

步骤 10 新建多重引线样式

①在“多重引线”工具栏单击“多重引线样式”按钮，通过在弹出的“多重引线样

式管理器”对话框中新建“详图符号-25”引线样式，并选择“装饰引线-25”作为基线样式，如图 9-100 所示。

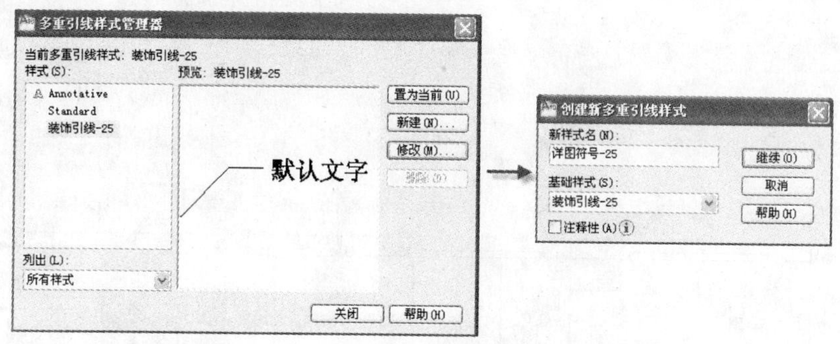

图 9-100　创建“详图符号-25”引线样式

②当单击“继续”按钮后，将弹出“修改多重引线样式：详图符号-25”对话框，在“内容”选项卡的“多重引线类型”下拉列表中选择“块”选项，其他选项不进行修改，如图 9-101 所示。

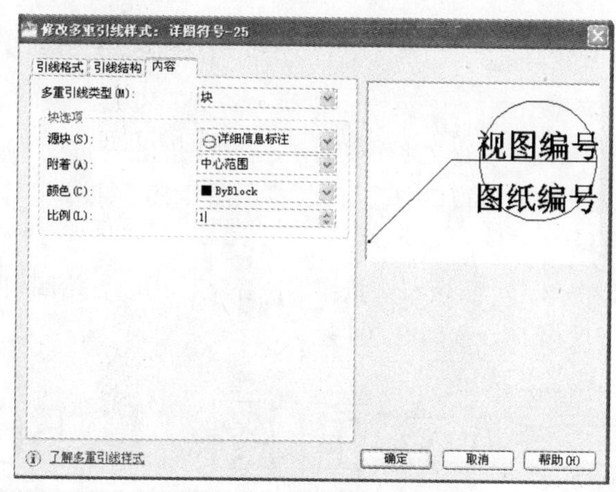

图 9-101　设置引线的类型

步骤 11 设置当前多重引线样式

在“多重引线”工具栏的“引线样式控制”列表框中选择“详图符号-25”，使之置为当前引线样式，如图 9-102 所示。

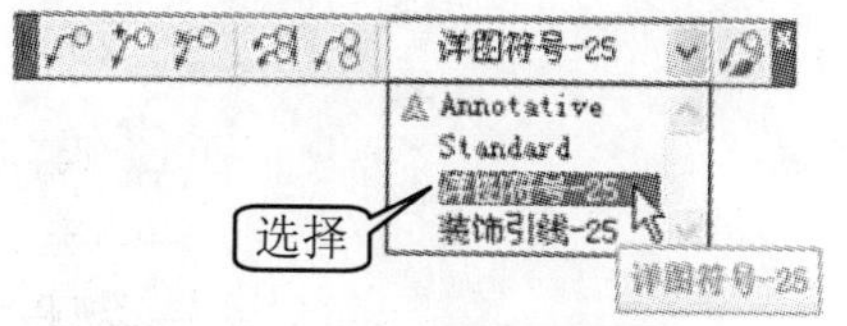

图 9-102　设置当前引线样式

步骤 12 绘制多重引线

①在“多重引线”工具栏中单击“多重引线”按钮，按照如下提示进行操作，从而标注出详图符号，如图 9-103 所示。

```
命令: _mleader                                                    ( 启动多重引线命令 *)
指定引线箭头的位置或 [引线基线优先(L)/内容优先(C)/选项(O)] <选项>:
                                                  ( 指定箭头符号位置在剖切符号的位置处 )
指定引线基线的位置:                        ( 在正交模式下，向上移动鼠标至图形的上侧 )
输入属性值
输入视图编号 <视图编号>: a                           ( 使用键盘输入视图的编号 a )
输入图纸编号 <图纸编号>: 11                        ( 使用键盘输入图纸的编号 11 )
```

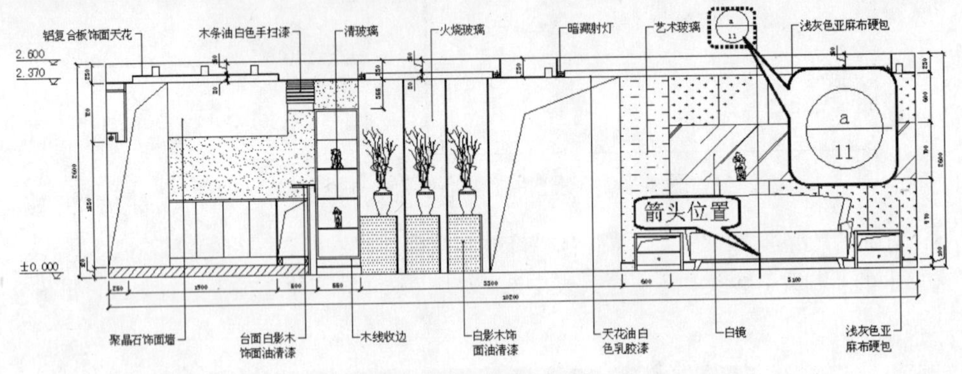

图 9-103　详图符号的标注

步骤 13 输入多行文字

在“文字”工具栏中单击“多行文字”按钮A，在视图的空白位置“画”出一个矩形框，将弹出“文字格式”工具栏，在输入窗口中输入“A 立面图 1:50”，设置字体为宋体，字号为 180。

步骤 14 绘制多线段

在“绘图”工具栏中单击“多段线”按钮，在文字的下方绘制相等的水平多段线，其中上面的一条多段线宽度为 50，如图 9-104 示。

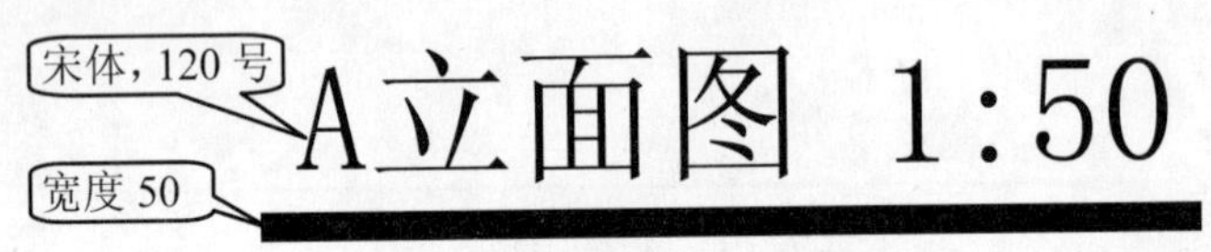

图 9-104　制图纸的标题

步骤 15 移动图形对象

在“修改”工具栏中单击“移动”按钮，将如图 9-105 所示的图形移至整个图形的正下方。

步骤 16 保存文件

第10章 三维图形绘制

本章导读

AutoCAD 2010 提供了强大的三维绘图功能，可以根据不同的视图设置进行多个面的旋转以观察图形，通过材质的设置，可使设计的模型更加形象逼真。用户初次学习 AutoCAD 的三维实体的创建时，首先应熟练掌握用户坐标系的建立与改变、三维视图的设置与观察、基本三维模型的创建，根据二维图形创建三维实体，最后用户可以将已创建的模型进行三维实体的操作，使创建的模型实体更加符合用户的需求。

本章主要学习以下内容：

- 使用相机等命令设置并控制相机
- 使用运动路径动画等命令动态观察灶台
- 使用多段体、UCS、并集等命令绘制鞋柜模型
- 使用圆柱体、球体、圆锥体等命令绘制铅笔模型
- 使用拉伸、长方体、差集、旋转等命令绘制抽屉模型
- 使用直纹网格、扫掠等命令绘制雨伞模型
- 使用边界网格等命令绘制球门
- 使用旋转网格、边界等命令绘制茶具
- 使用复制面、剖切等命令绘制笛子
- 使用偏移面、拉伸面、圆角、三维镜像、抽壳等命令绘制电脑桌模型
- 使用复制边、三维对齐等命令绘制组合柜
- 使用平滑网格、优化网格、分割面等命令进行自由形状设计
- 综合实例演练——绘制公共汽车吊把

实用案例 10.1　设置并控制相机

素材文件：	CDROM\10\素材\餐车.dwg
效果文件：	CDROM\10\效果\设置并控制相机.dwg
演示录像：	CDROM\10\演示录像\设置并控制相机.exe

案例解读

在本案例中，主要讲解了 AutoCAD 中的创建相机命令，包括有切换视图、创建相机、调整相机位置、切换视觉样式等，让读者熟练设置并控制相机的命令和方法，其效果如图 10-1 所示。

图 10-1　设置并控制相机效果

要点流程

- 首先启动 AutoCAD 2010 中文版，打开附盘的“餐车.dwg”文件；
- 使用“创建相机”命令，在图形左上角创建一个相机；
- 切换到“前视图”效果，调整相机的位置，使其能够查看整个餐车效果；
- 在“相机预览”窗口中选择显示的视觉模式为“概念”。

本案的流程图如图 10-2 所示。

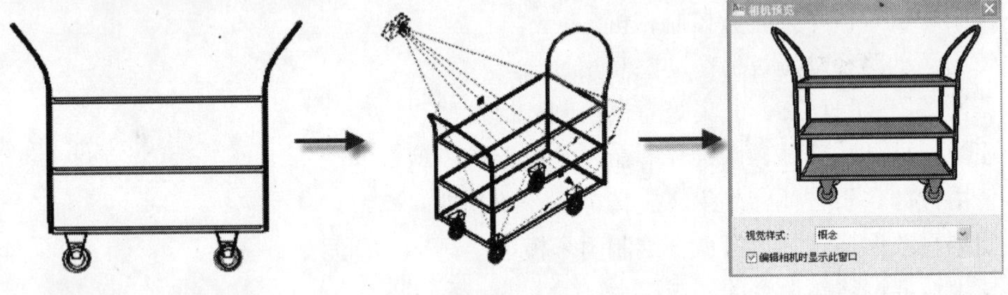

图 10-2　设置并控制相机流程图

操作步骤

步骤 1　东南等轴测视图显示图形

①启动 AutoCAD 2010 中文版，打开附盘的“餐车.dwg”文件，如图 10-3 所示。

②在“视图”工具栏中单击“东南等轴测视图”按钮，将当前图形转换到东南等轴测视图，如图 10-4 所示。

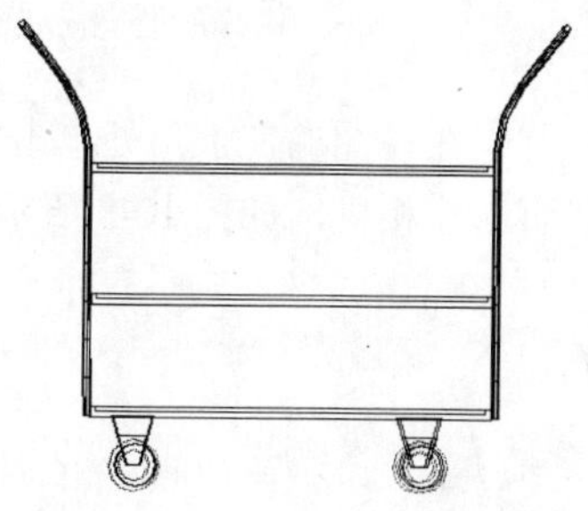

图 10-3 打开的文件

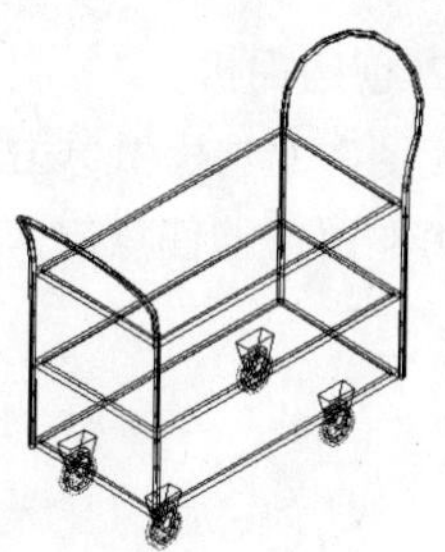

图 10-4 切换视图

知识要点：

◆ 视图工具栏：在 AutoCAD 系统中，提供了“视图”工具栏，用户可以方便快捷地对图形中的几个常用视图进行操作，如图 10-5 所示。

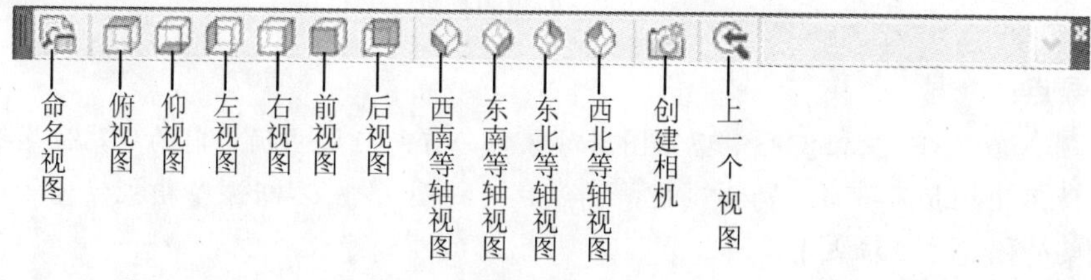

图 10-5 “视图”工具栏

◆ 改变三维视图的观察效果：直接在“视图”工具栏中单击相应的按钮即可。如图 10-6 所示就是针对不同的视觉模式所观察到三维模型效果。

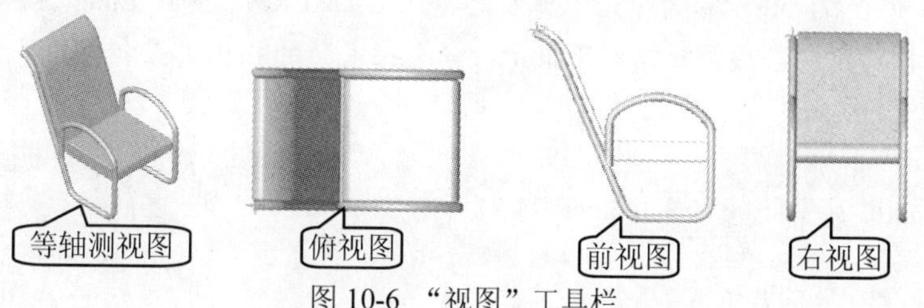

图 10-6 “视图”工具栏

注意

用户实质上可以选择“视图>三维视图”子菜单下的相应命令来操作，如图 10-7 所示。

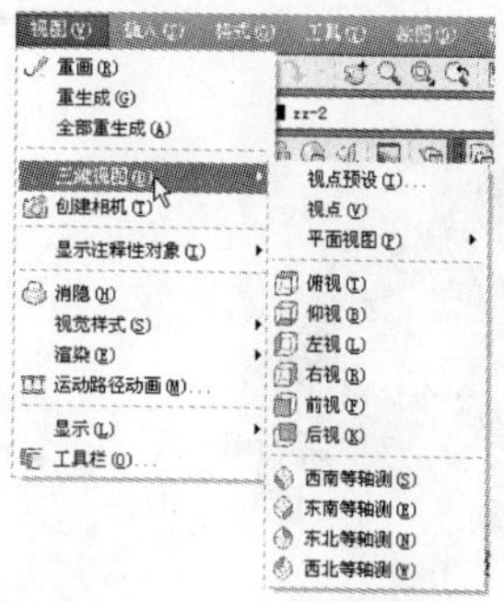

图 10-7 子菜单命令

步骤 2 创建相机

在“视图”工具栏中单击“创建相机”按钮，首先在视图的左上角处单击，确定相机的位置，再在图形的任意位置单击确定目标位置，从而创建相机，如图 10-8 所示。

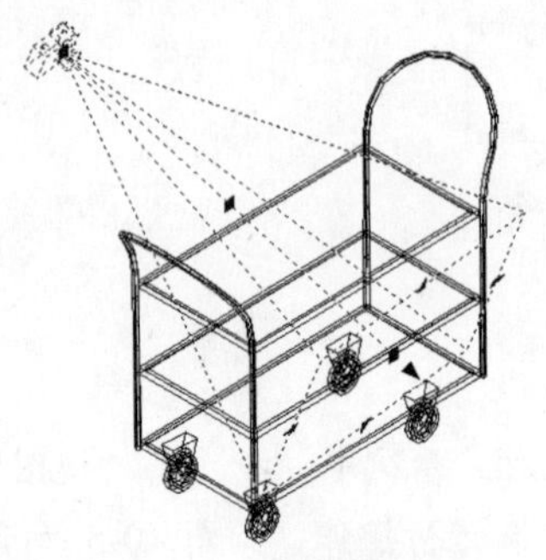

图 10-8 创建的相机

知识要点：

用户在 AutoCAD 三维空间内观察图形对象时，首先应该明确当前的观察位置和目标位置。如同使用相机拍照一样，为得到理想的照片（视图），应不断调整相机位置（观察点）和摄影对象的位置（目标点）。

创建相机命令的启动方法如下。

- 下拉菜单：选择“视图>创建相机”命令。
- 工具栏：在“视图”工具栏上单击“创建相机”按钮。
- 输入命令名：在命令行中输入或动态输入 CAMERA，并按 Enter 键。

启动创建相机命令之后，根据如下提示，分别指定新的相机位置和新的目标位置，如图 10-9 所示。

```
命令：_camera                                          （启动创建相机命令）
当前相机设置：高度=0.0000 焦距=50.0000 毫米              （显示当前相机的设置）
指定相机位置：                                          （指定相机的位置）
指定目标位置：                                          （指定目标的位置）
忽略倾斜、不按统一比例缩放的对象。
输入选项 [?/名称(N)/位置(LO)/高度(H)/坐标(T)/镜头(LE)/剪裁(C)/视图(V)/退出(X)]
<退出>:                                                 （创建相机的不同选项操作）
```

在选择相机时，将打开“相机预览”对话框以显示相机视图效果，如图 10-10 所示。

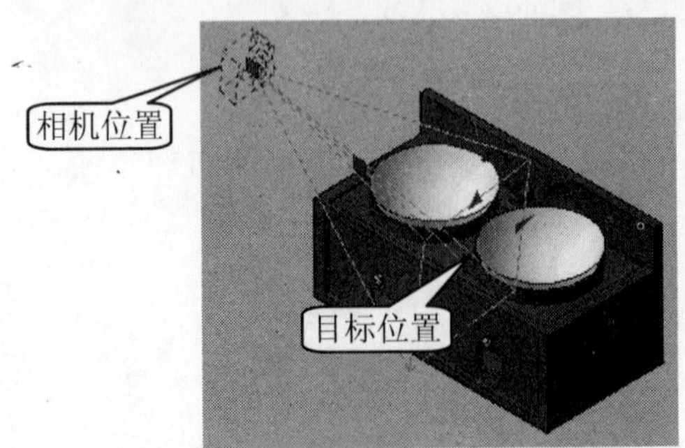

图 10-9 创建的相机

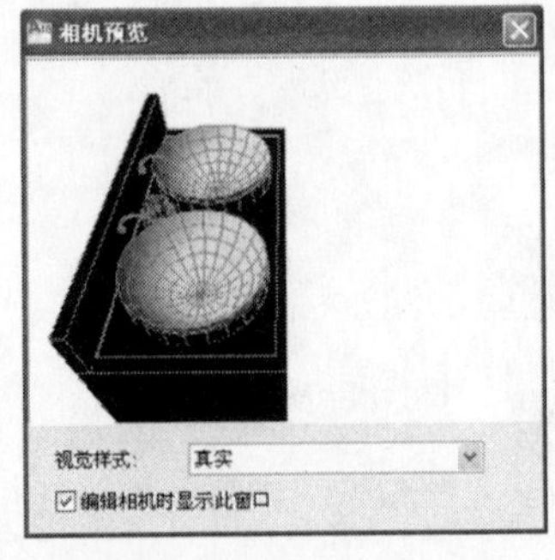

图 10-10 “相机预览”窗口

知识要点：

更改相机设置的方法介绍如下。

◆ 单击并拖动夹点以调整焦距或视野的大小，或对其重新定位，如图 10-11 所示。

◆ 选择夹点，使用动态输入工具提示输入 X 轴、Y 轴、Z 轴坐标值，如图 10-12 所示。

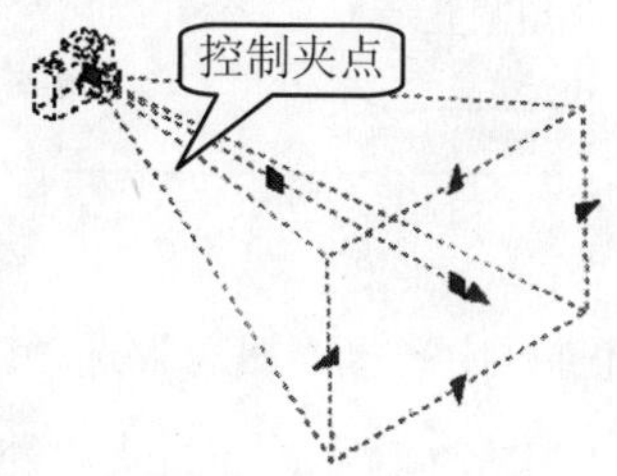

图 10-11　通过夹点设置相机

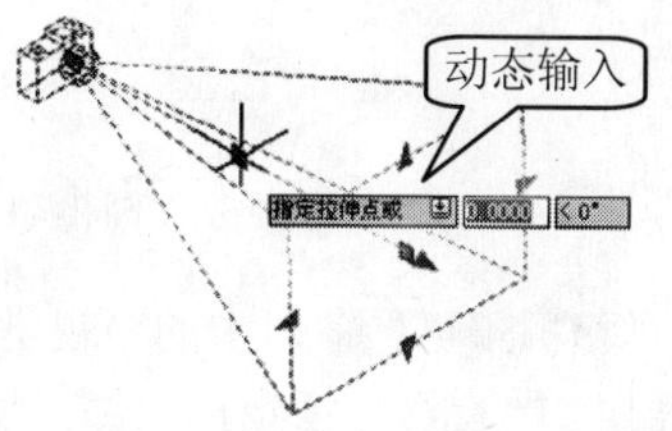

图 10-12　动态设置

◆ 选择相机并单击鼠标右键，从弹出的快捷菜单中选择“特性”命令，从弹出的“特性”面板中进行相机的设置，如图 10-13 所示。

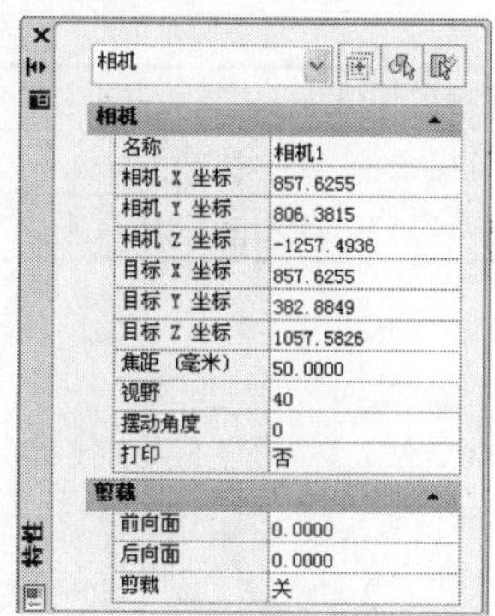

图 10-13　相机“特性”面板

步骤 3　在“相机预览”窗口中预览图形

①在视图中单击创建的相机图标，将弹出“相机预览”窗口，即可看到当前所创建的相机并不能完全显示出餐车效果，如图 10-14 所示。

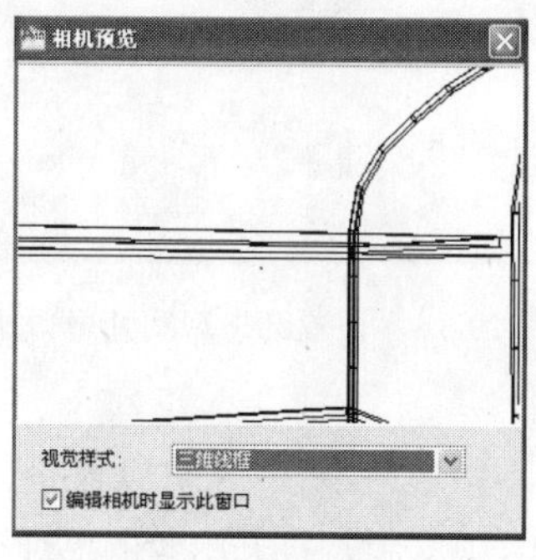

图 10-14　“相机预览”窗口

②在“视图”工具栏中单击“前视图”按钮，将图形切换到“前视图”模式，使用鼠标选择相机位置的夹点，并水平向左进行拖动，直至“相机预览”窗口中全部显示出餐车效果，如图 10-15 所示。

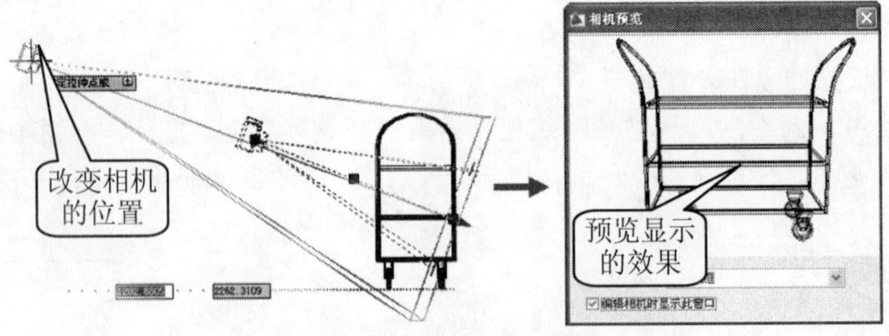

图 10-15　改变相机的位置

③在“相机预览”窗口中的“视觉样式”下拉组合框中选择“概念”选项，则所预览的相机效果将以“概念”视觉样式进行显示，如图 10-1 所示。

步骤 4 保存文件

实用案例 10.2　动态观察灶台

素材文件:	CDROM\10\素材\灶台.dwg
效果文件:	CDROM\10\效果\动态观察灶台.mwv
演示录像:	CDROM\10\演示录像\动态观察灶台.exe

案例解读

在本案例中，主要讲解了 AutoCAD 中的创建动态相机动画命令，包括有切换视图、绘制路径、指定相机路径、指定相机目标点等，让读者熟练创建动态相机动画命令和方法，其效果如图 10-16 所示。

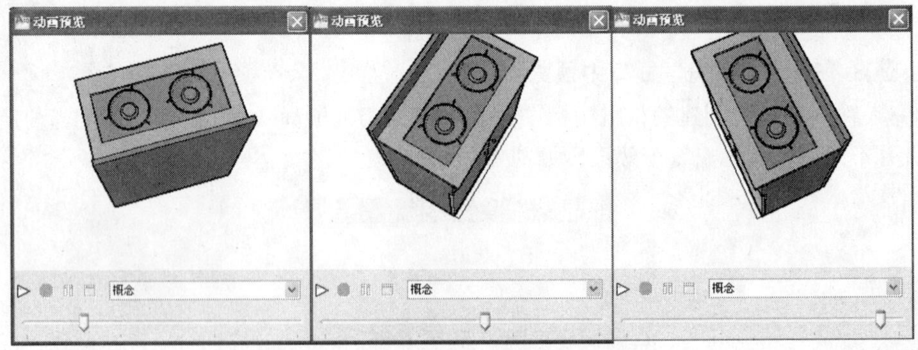

图 10-16　设置动态观察灶台效果

要点流程

- 首先启动 AutoCAD 2010 中文版，打开附盘的“灶台.dwg”文件；
- 绘制大小不相等的两个圆，并对其进行上下垂直移动，使之成为相机的路径和目标点；
- 执行“运动路径动画”命令，并设置相机的路径和目标点，预览动态相机的效果，然后保存为动画文件。

本案例的流程图如图 10-17 所示。

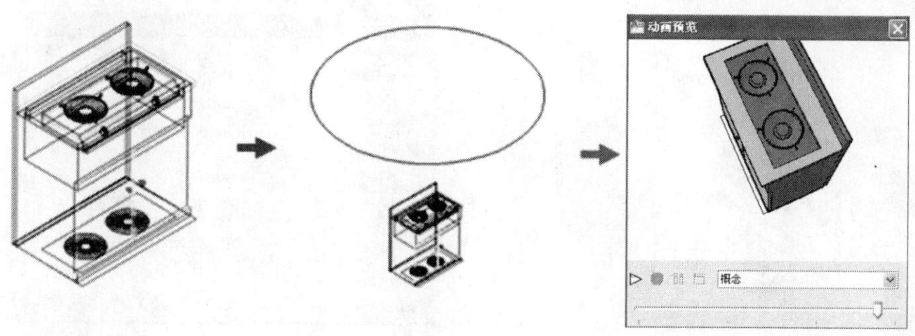

图 10-17 动态观察灶台流程图

操作步骤

步骤 1 绘制路径

①启动 AutoCAD 2010 中文版，打开附盘的“灶台.dwg”文件，如图 10-18 所示。

②在“视图”工具栏中单击“俯视图”按钮，效果如图 10-19 所示。

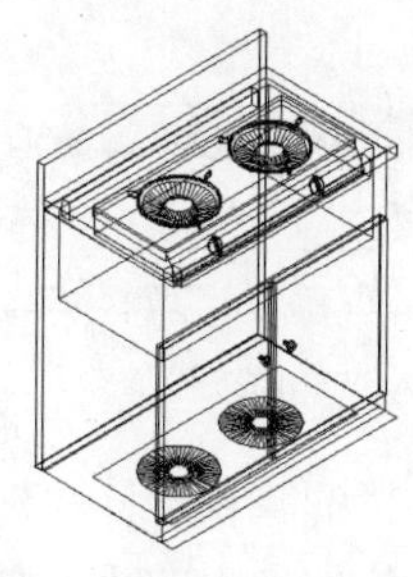

图 10-18 打开的文件

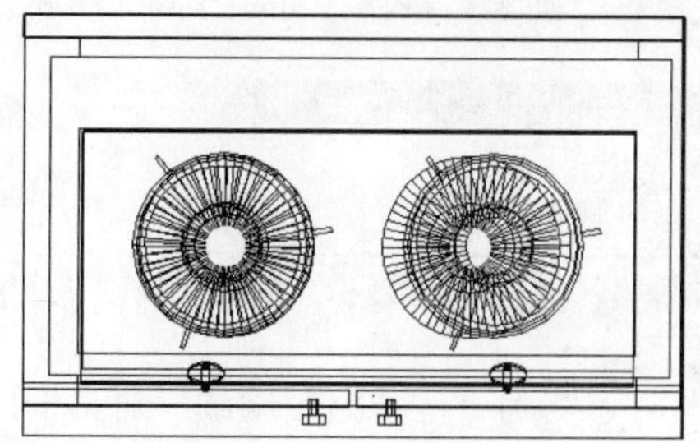

图 10-19 切换视图

③在“绘图”工具栏中单击“圆”按钮，在图形的中心位置处绘制一个大圆和一个小圆，如图 10-20 所示。

④在“视图”工具栏中单击“前视图”按钮，使用“移动”命令将绘制的两个圆分别进行垂直移动，如图 10-21 所示。

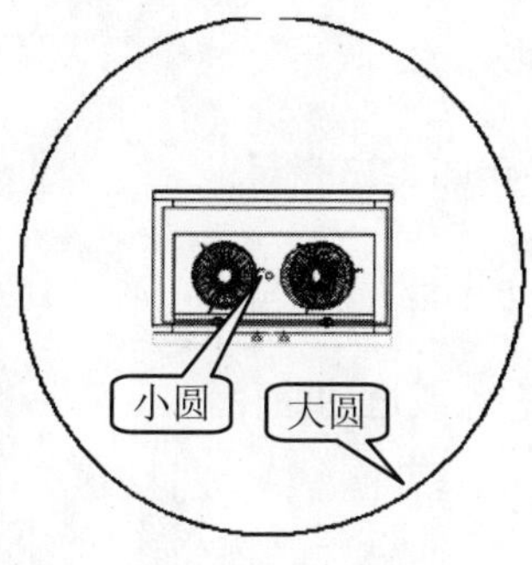

图 10-20 绘制的两个圆

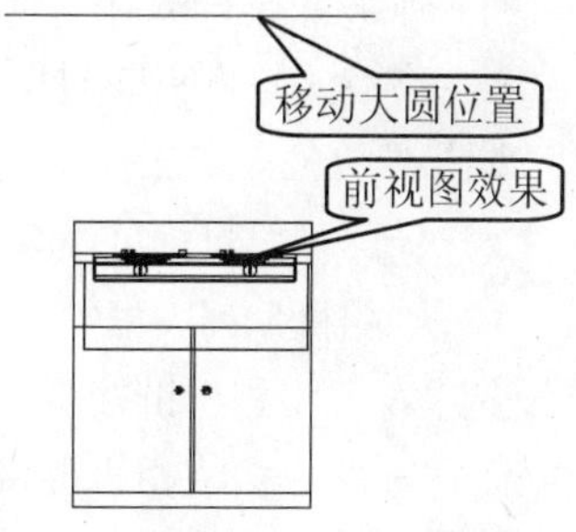

图 10-21 垂直移动的圆

步骤 2 运动路径动画

①在“视图”工具栏中单击“西南等轴测视图”按钮，如图 10-22 所示。

②选择“视图>运动路径动画”命令，打开“运动路径动画”对话框，如图 10-23 所示。

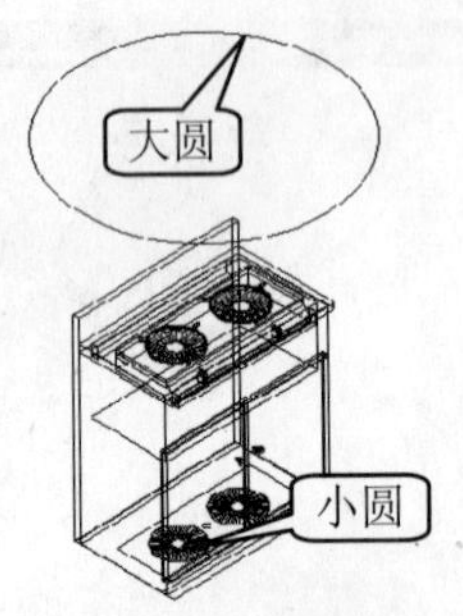

图 10-22　切换视图

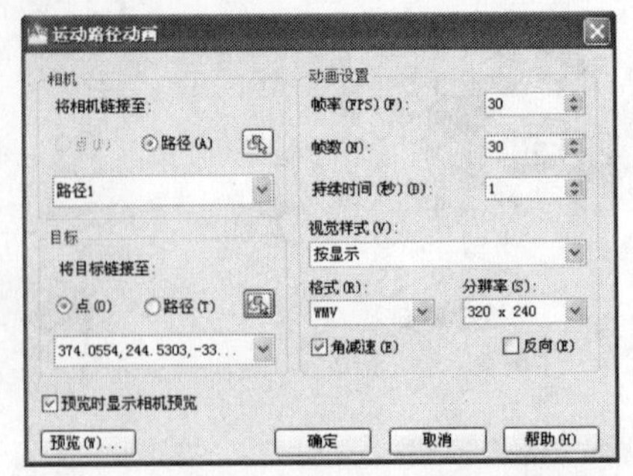

图 10-23　“运动路径动画”对话框

③在“相机”栏中选择“路径”单选框，再单击后面的“选择路径”按钮，切换到视图中选择所绘制的大圆作为相机的运动路径，此时将弹出“路径名称”对话框，保持默认的名称后单击“确定”按钮，如图 10-24 所示。

④在“目标”栏中选择“点”单选框，再单击后面的“拾取点”按钮，切换到视图中捕捉绘制的小圆的圆心点作为相机的目标位置，此时将弹出“点名称”对话框，保持默认的名称后单击“确定”按钮，如图 10-25 所示。

图 10-24　输入路径名称

图 10-25　输入点名称

⑤此时返回到“运动路径动画”对话框中，在“动画设置”栏的“视觉样式”下拉组合框中选择“概念”，其他项保持默认设置，单击“预览”按钮，将在弹出的“动画预览”窗口中动态显示相机效果，如图 10-16 所示。

知识要点：

运动路径动画命令用于指定运动路径动画的设置并创建动画文件，向技术客户和非技术客户形象地演示模型，可以录制和回放导航过程，动态地传达设计意图。

运动路径动画命令启动方法如下。

- 下拉菜单：选择“视图>运动路径动画”命令。
- 命令名：ANIPATH。
- 启动命令后，打开“运动路径动画”对话框，如图 10-23 所示。

“运动路径”对话框中各选项含义如下。

- “相机”列表框
  - 将相机链接至：将相机链接至图形中的静态点或运动路径。
  - 点：将相机链接至图形中的静态点。
  - 路径：将相机链接至图形中的运动路径。
  - 拾取点/选择路径按钮：选择相机所在位置的点或沿相机运动的路径，这取决于选择的是“点”还是“路径”。
  - 点/路径列表：显示可以链接相机的命名点或路径列表。要创建路径，可以将相机链接至直线、圆弧、椭圆弧、圆、多段线、三维多段线或样条曲线。

- 目标
  - 将目标链接至：将目标链接至点或路径。
  - 点：如果将相机链接至路径，应将目标链接至图形中的静态点。
  - 路径：将目标链接至图形中的运动路径。
  - 拾取点/选择路径按钮：选择目标的点或路径，这取决于选择的是“点”还是“路径”。
  - 点/路径列表：显示可以链接目标的命名点或路径列表。要创建路径，可以将目标链接至直线、圆弧、椭圆弧、圆、多段线、三维多段线或样条曲线。
- 动画设置
  - 帧率（FPS）：动画运行的速度，以每秒帧数为单位计量。指定范围为 1 到 60 的值。默认值为 30。
  - 帧数：指定动画中的总帧数。该值与帧率共同确定动画的长度。更改该数值时，将自动重新计算“持续时间”值。
  - 持续时间（秒）：指定动画（片断中）的持续时间。更改该数值时，将自动重新计算“帧数”值。
  - 视觉样式：显示可应用于动画文件的视觉样式和渲染预设的列表。
  - 格式：指定动画的文件格式。可以将动画保存为 EXE、MOV、MPG 或 WMV 文件格式以便以后回放。仅当安装 Apple QuickTime Player 后 MOV 格式才可用。仅当安装 Microsoft Windows Media Player 9 或更高版本后，WMV 格式才可用并将作为默认选项。否则，EXE 将作为默认选项。
  - 分辨率：以屏幕显示单位定义生成的动画的宽度和高度。默认值为 320×240。
  - 角减速：相机转弯时，以较低的速率移动相机。
  - 反向：反向旋转动画的运动方向。
- 预览时显示相机预览：显示“动画预览”对话框，从而可以在保存动画之前进行预览。
- “预览”按钮：显示视口中动画的相机移动。如果勾选了“预览时显示相机预览”复选框，则“动画预览”对话框将显示动画的预览。

步骤 3 保存文件

实用案例 10.3　绘制鞋柜

效果文件：	CDROM\10\效果\鞋柜模型.dwg
演示录像：	CDROM\10\演示录像\鞋柜模型.exe

案例解读

在本案例中，主要讲解了 AutoCAD 中的创建多段体命令，包括 UCS 坐标原点的改变、UCS 坐标的旋转等，使读者熟练掌握多段体的创建方法和技巧，其效果如图 10-26 所示。

要点流程

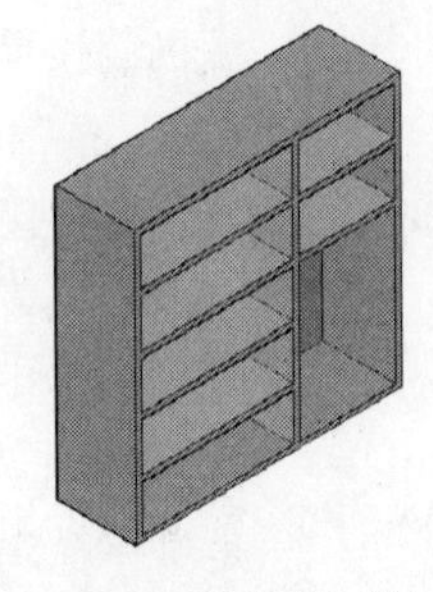

图 10-26 鞋柜模型效果

- 首先启动 AutoCAD 2010 中文版，并绘制鞋柜的平面轮廓；
- 使用多段体命令，将绘制的鞋柜轮廓转换为多段体；
- 调整 UCS 坐标原点并进行旋转，绘制一条水平线段，同样将其转换为多段线，使之成为鞋柜的背面。
- 使用并集功能，将所有的多段体对象进行并集操作。

本案例的流程图如图 10-27 所示。

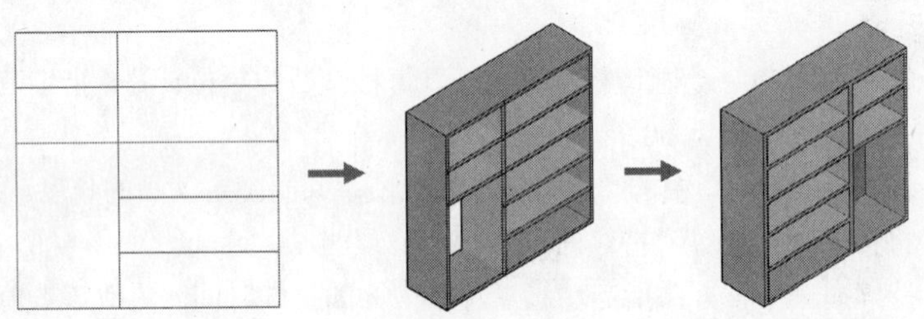

图 10-27 鞋柜模型流程图

操作步骤

步骤 1 绘制鞋柜的平面轮廓

①启动 AutoCAD 2010 中文版，在“视图”工具栏中单击“前视图”按钮。

②在“绘图”工具栏中单击“矩形”按钮，在视图中绘制一个 900×900 的矩形。

③在“绘制”工具栏中单击“直线”按钮，过上下两侧的中点绘制一条垂直的线段，如图 10-28 所示。

④选择“格式>点样式”命令，在弹出的“点样式”对话框中设置点的样式为“×”，如图 10-29 所示。

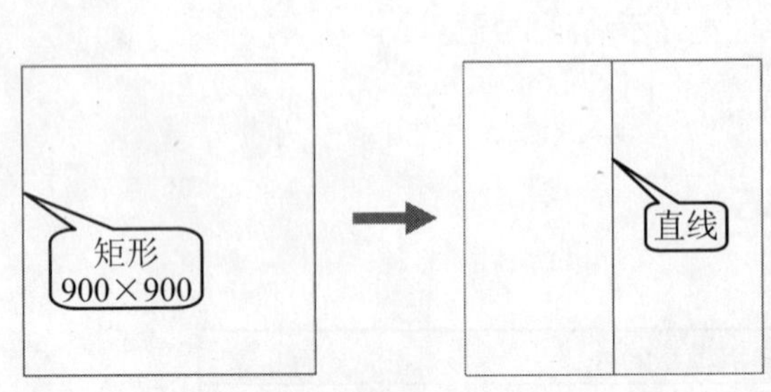

图 10-28 绘制的矩形和直线

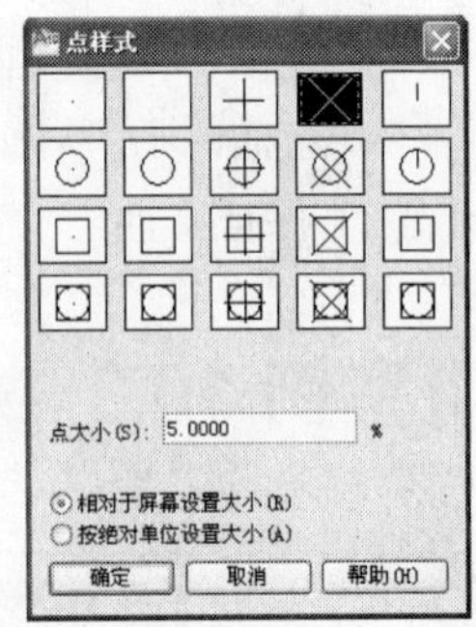

图 10-29 设置点样式

⑤选择“绘图>点>定数等分”命令，将绘制的垂直线段分成 5 等份，即可看到绘制的直线段上显示的 4 个点。

⑥在“绘制”工具栏中单击“直线”按钮，分别过 4 个点绘制 4 条水平的线段，如图 10-30 所示。

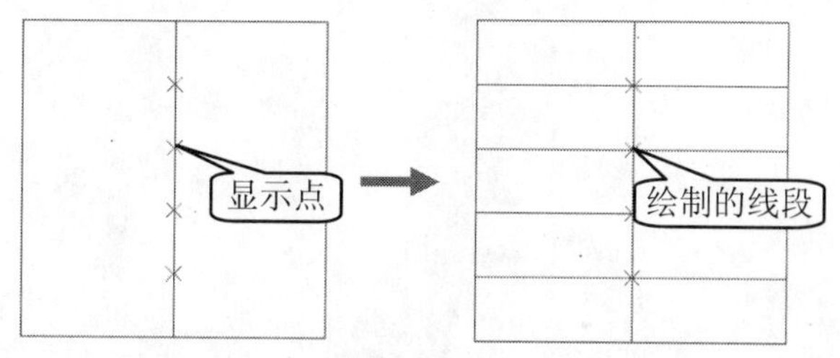

图 10-30　等分线段并绘制直线

⑦在“修改”工具栏中单击“移动”按钮，将中间的垂直线段向左移动 100，并将绘制的 4 个点删除。

⑧在“修改”工具栏中单击“修剪”按钮，将多余的线段进行修剪，如图 10-31 所示。

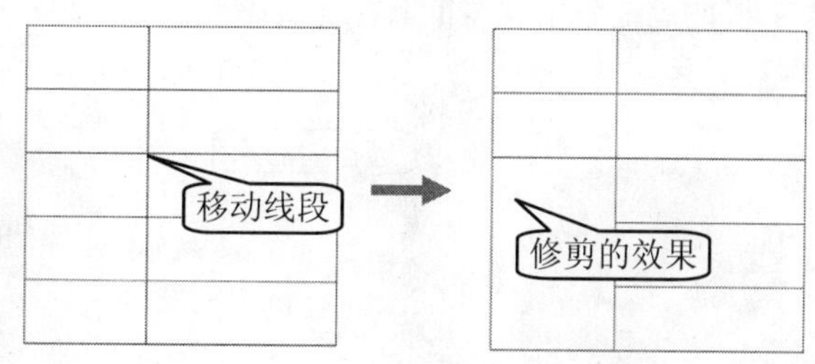

图 10-31　移动并修剪线段

步骤 2 多段体命令

①在“视图”工具栏中单击“西南等轴测”按钮，将视图切换到西南等轴测效果。

②在“建模”工具栏中单击“多段体”按钮，按照如下提示进行操作，将绘制的矩形创建为多段体，如图 10-32 所示。

知识要点：

创建多段体与绘制多段线的方法相同。默认情况下，多段体始终带有一个矩形轮廓，用户可以通过指定轮廓的高度和宽度来进行创建，如在模型中创建墙体。

创建多段体的启动方法如下。

- 下拉菜单：选择“绘图>建模>多段体”命令。
- 工具栏：在“建模”工具栏上单击“多段体”按钮。
- 输入命令名：在命令行中输入或动态输入 POLYSOLID，并按 Enter 键。

```
命令：_Polysolid                                              （启动多段体命令）
高度 = 80.0000，宽度 = 5.0000，对正 = 居中
指定起点或 [对象(O)/高度(H)/宽度(W)/对正(J)] <对象>：h         （选择高度(H)选项）
指定高度 <80.0000>：250                                        （输入多段体的高度值）
指定起点或 [对象(O)/高度(H)/宽度(W)/对正(J)] <对象>：w         （选择宽度(W)选项）
指定宽度 <5.0000>：20                                          （输入多段体的宽度值）
高度 = 250.0000，宽度 = 20.0000，对正 = 居中                    （显示当前多段体的设置）
指定起点或 [对象(O)/高度(H)/宽度(W)/对正(J)] <对象>：           （按 Enter 键）
选择对象：
                                                               （使用鼠标选择矩形）
```

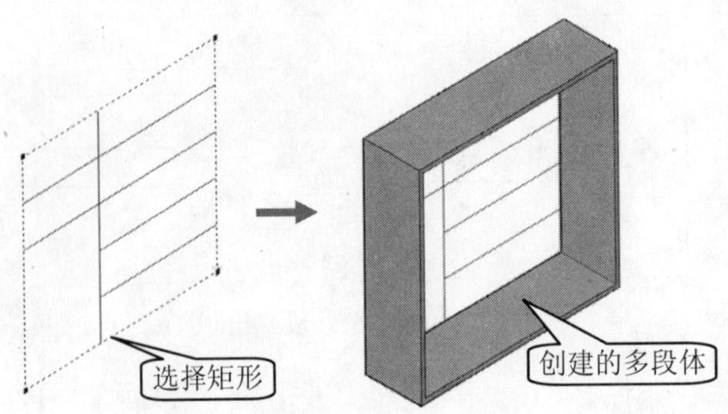

图 10-32　将矩形创建为多段体

命令行中各选项含义如下。

- 对象（O）：表示将通过视图中现有的直线、二维多段线、圆弧或圆等对象来创建多段体，如图 10-33 所示。

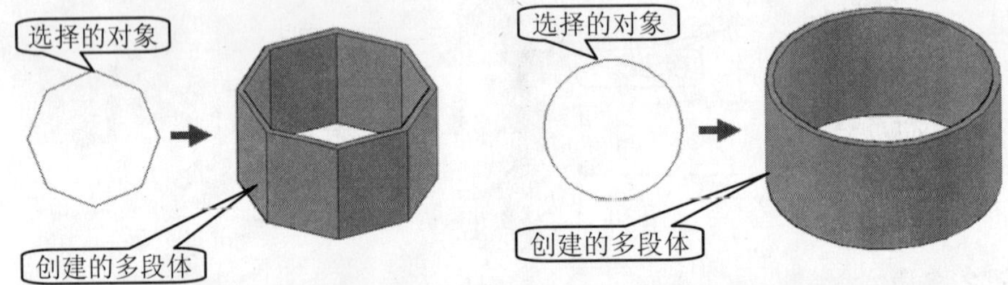

图 10-33　通过对象创建多段体

- 高度（H）：用于设置多段体的高度，如图 10-34 所示。

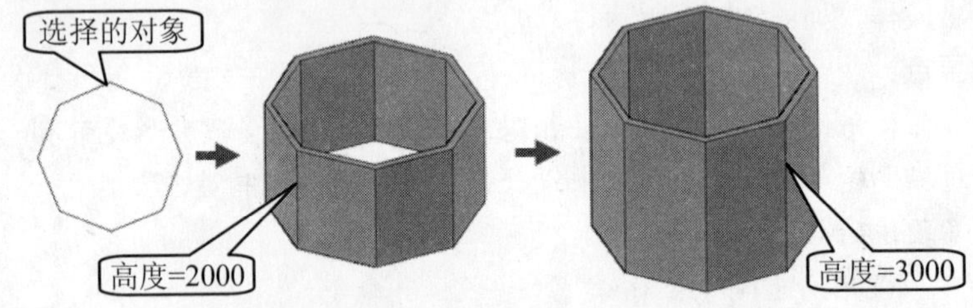

图 10-34　设置不同的高度

- 高度（H）：用于设置多段体的宽度，如图 10-35 所示。

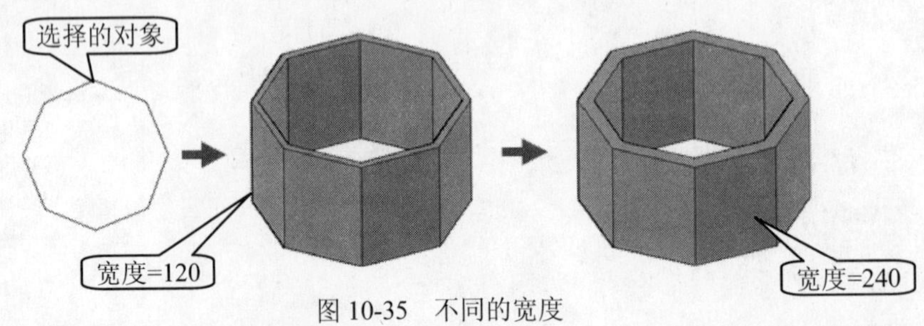

图 10-35　不同的宽度

- 对正（J）：用于设置多段体的对齐方式，包括左对齐、居中对齐和右对齐，如图 10-36 所示。

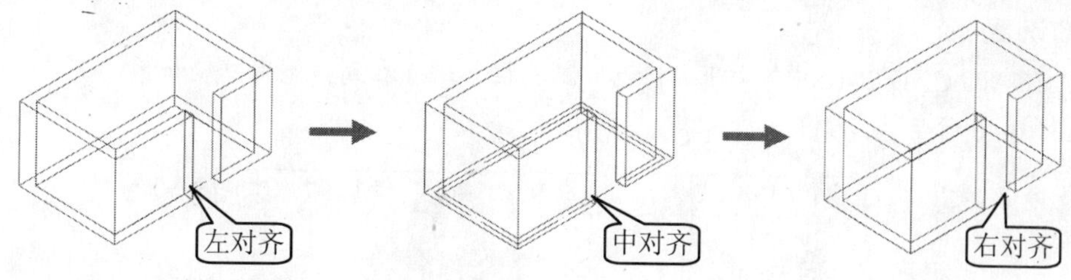

图 10-36　设置不同的对齐方式

注意

用户可以使用 PSOLWIDTH 系统变量设置多实体的默认宽度，PSOLHEIGHT 系统变量可以设置多实体的默认高度。

③同样，在“建模”工具栏中单击“多段体”按钮，将绘制的水平线段和垂直线段也转换为多段体，其效果如图 10-37 所示。

④在工具栏中单击“东南等轴测”按钮，使用“直线”命令通过两个端点绘制一条水平的直线，如图 10-38 所示。

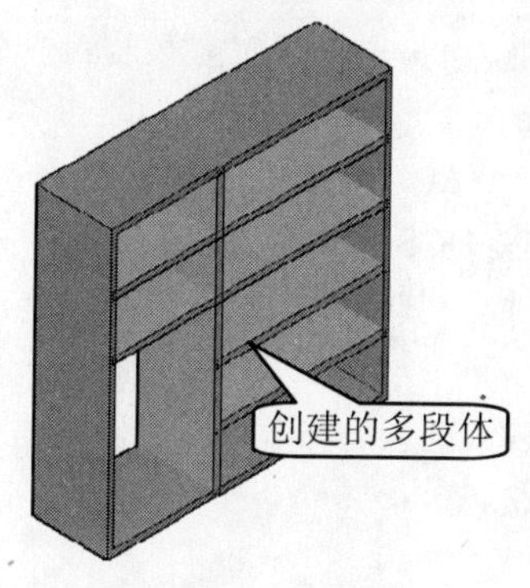

图 10-37　转换为多段体

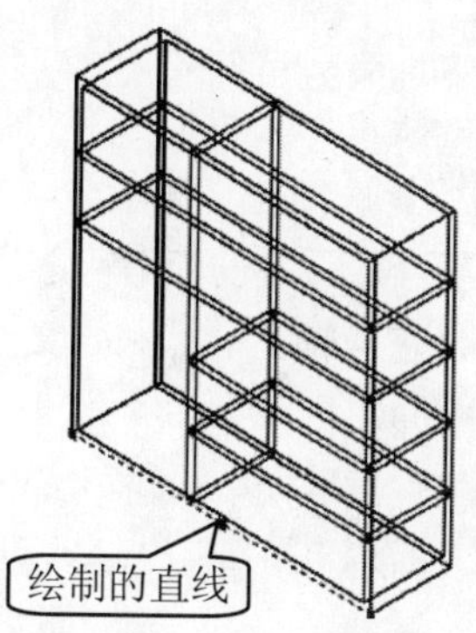

图 10-38　绘制的直线

步骤 3 用 UCS 等命令绘制鞋柜的背面

①在“UCS”工具栏中单击“原点”按钮，将其坐标原点置于直线的端点上，再单击“UCS”工具栏的“X”按钮，将其坐标绕 X 轴负方向旋转 90 度，如图 10-39 所示。

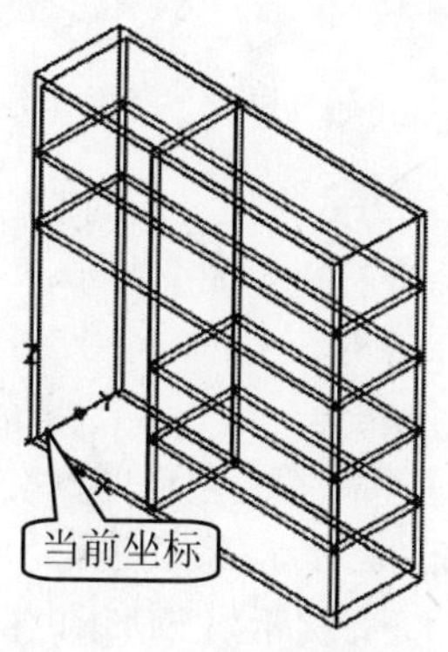

图 10-39　当前 UCS 的坐标

知识要点：

在 AutoCAD 2010 中，打开“UCS”工具栏，即可看到控制用户坐标系的工具按钮，如图 10-40 所示。

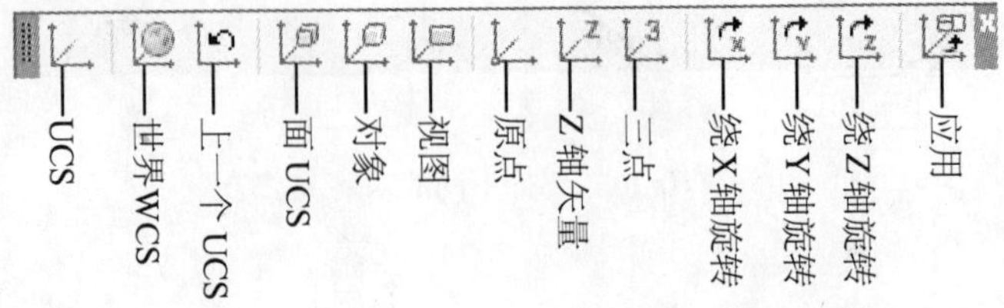

图 10-40 “UCS”工具栏

在 AutoCAD 环境中，单击“UCS”工具栏的“UCS”按钮，或者在命令行中输入“UCS”命令，可以方便地移动坐标系的原点、改变坐标轴的方向、建立用户坐标系。

该命令的命令格式如下。

```
命令: _ucs                                                        (启动 UCS 命令)
当前 UCS 名称: *世界*                                          (显示当前坐标的名称)
指定 UCS 的原点或 [面(F)/命名(NA)/对象(OB)/上一个(P)/视图(V)/世界(W)/X/Y/Z/Z
轴(ZA)] <世界>:n                                              (UCS 坐标的控制选项)
指定新 UCS 的原点或 [Z 轴(ZA)/三点(3)/对象(OB)/面(F)/视图(V)/X/Y/Z] <0,0,0>:
                                                              (新建UCS 坐标的方式)
```

命令行中各选项含义如下。

- Z 轴（ZA）：表示用特定的 Z 轴正半轴来定义 UCS。通过指定新的原点和位于新建 Z 轴正半轴上的点来定义新坐标系的 Z 轴方向。其命令行提示如下，建立的效果如图 10-41 所示。

```
指定新原点或 [对象(O)] <0,0,0>:                        (可使用鼠标指定坐标原点的位置)
在正 Z 轴范围上指定点 <100.0000,0.0000,31.0000>:              (指定 Z 轴所在的方向)
```

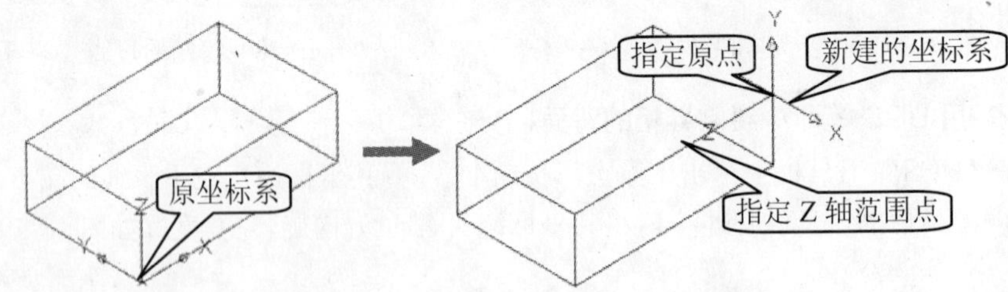

图 10-41 通过原点与 Z 轴来建立 UCS

- 三点（3）：表示通过三点的方式来定义新的 UCS，此时需要指定新的 UCS 原点、X 轴和 Y 轴的正方向。其命令行提示如下所示，视图效果如图 10-42 所示。

```
指定新原点 <0,0,0>:                                         (指定新的坐标原点位置)
在正 X 轴范围上指定点 <101.0000,0.0000,30.0000>:                         (指定 X 轴)
在 UCS XY 平面的正 Y 轴范围上指定点 <100.0000,-1.0000,30.0000>:         (指定 Y 轴)
```

- 对象（OB）：表示根据选定的三维对象来定义新的坐标系，其 UCS 的拉伸方向为选定对象的方向（X 轴）。其命令行提示如下所示，视图效果如图 10-43 所示。

```
选择对齐 UCS 的对象:                                          (指定对象的 X 轴位置)
```

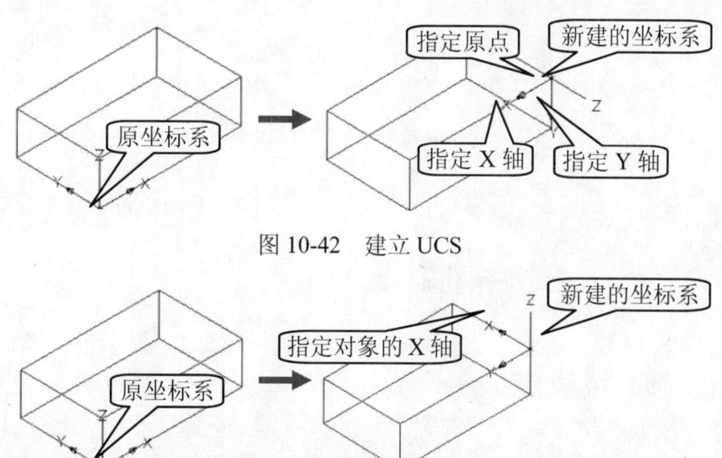

图 10-42　建立 UCS

图 10-43　指定对象的 X 轴来建立 UCS

- 面（F）：表示将 UCS 坐标系与三维对象的选定面对齐。其命令行提示如下所示，视图效果如图 10-44 所示。

选择实体对象的面：	（ 指定对象的一个面来确定 XY 平面 ）

图 10-44　指定对象的面来建立 UCS

- 视图（V）：表示以平行于屏幕的平面为 XY 平面所建立新的坐标系，但 UCS 的原点将保持不变。
- X/Y/Z：表示绕指定轴旋转当前 UCS。其命令行提示如下所示，视图效果如图 10-45 所示。

指定绕 X 轴的旋转角度 <90>:	（ 输入绕指定的轴旋转的角度 ）

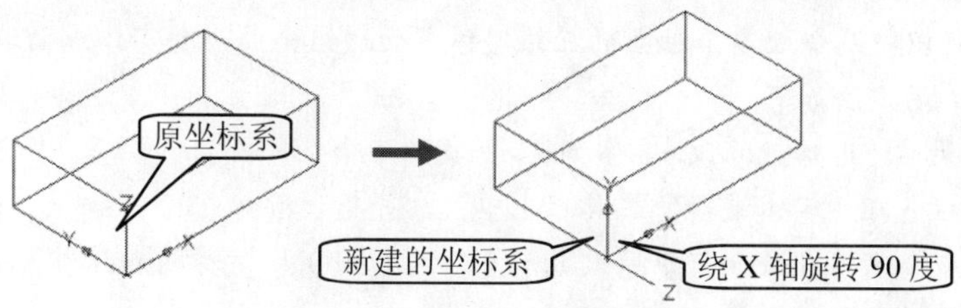

图 10-45　绕指定轴旋转所建立的 UCS

注意

在“UCS”工具栏中单击“原点”按钮，使用鼠标在视图中指定新的坐标点，即可“移动”坐标原点，从而使所建立的 UCS 的 XY 平面保持不变，Z 轴方向也不变，如图 10-46 所示。

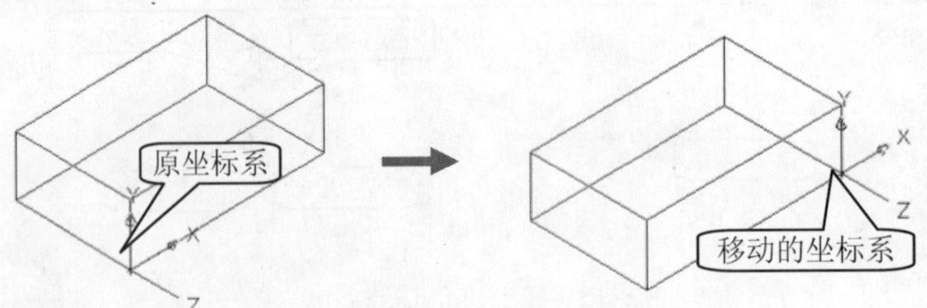

图 10-46　移动坐标系原点

②在“建模”工具栏中单击“多段体”按钮，按照如下提示进行操作，将绘制的直线转换为多段体，如图 10-47 所示。

```
命令: _Polysolid                                                    ( 启动多段体命令 )
高度 = 250.0000, 宽度 = 20.0000, 对正 = 左对齐
指定起点或 [对象(O)/高度(H)/宽度(W)/对正(J)] <对象>: h             ( 选择高度(H)选项 )
指定高度 <250.0000>: 920                                          ( 指定多段体的高度值 )
高度 = 920.0000, 宽度 = 20.0000, 对正 = 左对齐
指定起点或 [对象(O)/高度(H)/宽度(W)/对正(J)] <对象>:                    ( 按 Enter 键 )
选择对象:                                                    ( 选择刚绘制的水平直线段 )
```

图 10-47　创建的多段体

步骤 4 并集运算

在“建模”工具栏中单击“并集”按钮，将所有创建的多段体并集操作。

知识要点：

并集运算可以把两个或多个独立的三维实体或面域组合成一个实体或面域。

并集命令启动方法如下。

- 下拉菜单：选择“修改>实体编辑>并集”命令。
- 工具栏：在“实体编辑”工具栏上单击“并集”按钮。
- 输入命令名：在命令行中输入或动态输入 UNION，并按 Enter 键。

步骤 5 保存文件

实用案例 10.4　绘制铅笔

效果文件：	CDROM\10\效果\铅笔模型.dwg
演示录像：	CDROM\10\演示录像\铅笔模型.exe

案例解读

在本案例中，主要讲解了在 AutoCAD 中创建铅笔模型的方法，包括圆柱体、球体、圆锥体和并集命令等，使读者熟练掌握长方体的创建方法和技巧，其效果如图 10-48 所示。

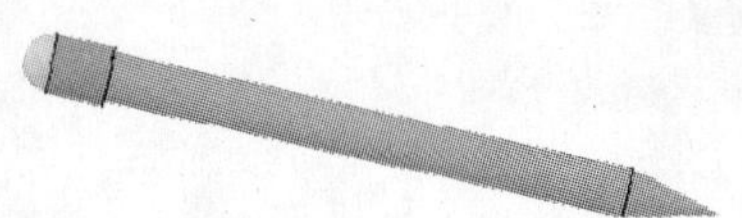

图 10-48　铅笔模型效果

要点流程

- 首先启动 AutoCAD 2010 版，切换到西南等轴测；
- 单击“圆柱体”按钮，创建铅笔杆和铅笔帽实体；
- 单击“球体”按钮，创建铅笔擦胶实体；
- 单击“圆锥体”按钮，创建铅笔尖实体。

本案例的流程图如图 10-49 所示。

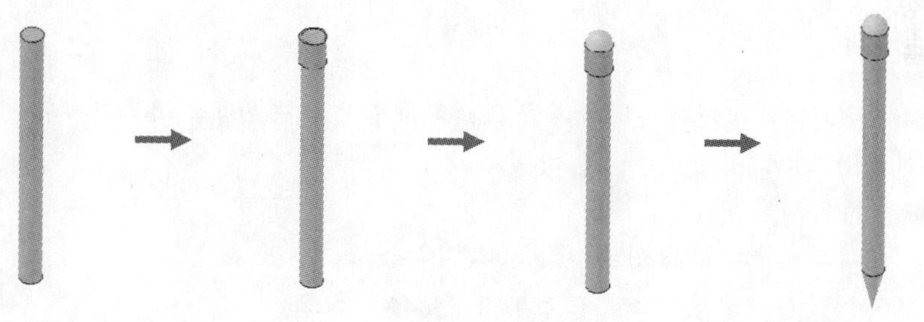

图 10-49　铅笔模型流程图

操作步骤

步骤 1　绘制圆柱体

①启动 AutoCAD 2010 中文版，在“视图”工具栏中单击“西南等轴测”按钮。

②在“建模”工具栏中单击“圆柱体”按钮，按照如下提示创建圆柱体，从而形成铅笔杆，如图 10-50 所示。

```
命令: _cylinder                                                    (启动圆柱体命令)
指定底面的中心点或 [三点(3P)/两点(2P)/切点、切点、半径(T)/椭圆(E)]:   (指定圆心点)
指定底面半径或 [直径(D)]: 5                                         (输入底面圆半径值)
指定高度或 [两点(2P)/轴端点(A)]: 120                                (输入圆柱体的高度值)
```

知识要点：

圆柱体命令启动方法如下。

- 下拉菜单：选择“绘图>建模>圆柱体”命令。
- 工具栏：在“建模”工具栏上单击“圆柱体”按钮。
- 输入命令名：在命令行中输入或动态输入 CYLINDER，并按 Enter 键。

③同样，在“建模”工具栏中单击“圆柱体”按钮，按照如下提示创建圆柱体，从而形成铅笔帽，如图 10-51 所示。

```
命令: _cylinder                                                    (启动圆柱体命令)
```

```
指定底面的中心点或 [三点(3P)/两点(2P)/切点、切点、半径(T)/椭圆(E)]：（ 指定圆心点 ）
指定底面半径或 [直径(D)] <5.000>: 6                        （ 输入底面圆半径值 ）
指定高度或 [两点(2P)/轴端点(A)]<120.000>: 12                （ 输入圆柱体的高度值 ）
```

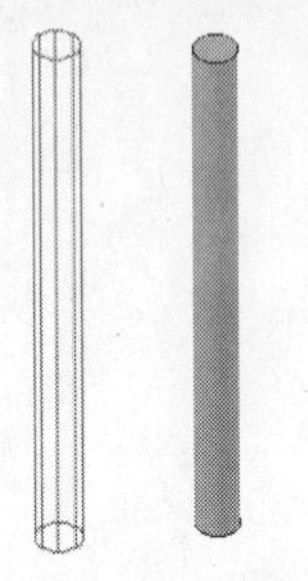

图 10-50　创建的铅笔杆

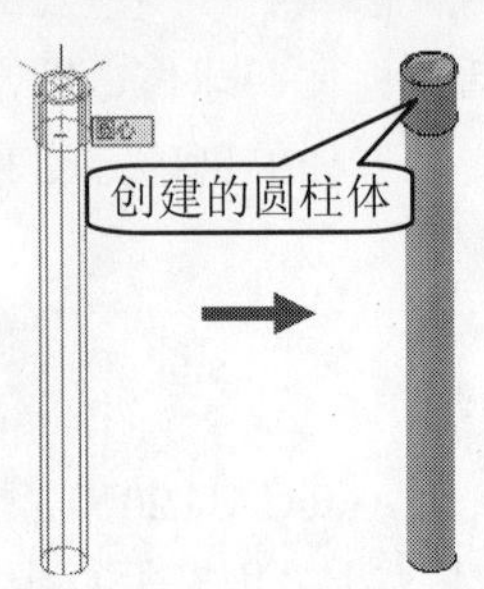

图 10-51　创建的铅笔帽

步骤 2 绘制球体

在“建模”工具栏中单击“球体”按钮，按照如下提示创建球体，从而形成铅笔的橡皮擦，如图 10-52 所示。

知识要点：

在 AutoCAD 中创建球体非常简单，在指定圆心后，放置球体使其中心轴平行于当前用户坐标系 (UCS) 的 Z 轴。

创建球体的启动方法如下。

- ◆ 下拉菜单：选择“绘图>建模>球体”命令。
- ◆ 工具栏：在“建模”工具栏上单击“球体”按钮。
- ◆ 输入命令名：在命令行中输入或动态输入 SPHERE，并按 Enter 键。

```
命令：_sphere                                              （ 启动球体命令 ）
指定中心点或 [三点(3P)/两点(2P)/切点、切点、半径(T)]：      （ 指定球体中心点 ）
指定半径或 [直径(D)]: 6                                    （ 输入球体的半径值 ）
```

命令行中各选项含义如下。

- 三点(3P)：通过在三维空间的任意位置指定三个点来定义球体的圆周，这三个指定点还定义了圆周平面。
- 两点(2P)：通过在三维空间的任意位置指定两个点来定义球体的圆周，圆周平面由第一个点的 Z 值定义。
- 相切、相切、半径(T)：定义具有指定半径，并且与两个对象相切的球体，指定的切点投影在当前 UCS 上。

注意

用户所创建的三维实体，可通过 ISOLINES 变量来改变线框的数量。

步骤 3 绘制圆锥体

①在“建模”工具栏中单击“圆锥体”按钮，按照如下提示创建圆锥体，从而形成铅笔尖，如图 10-53 所示。

```
命令：_cone                                                （ 启动圆锥体命令 ）
指定底面的中心点或 [三点(3P)/两点(2P)/切点、切点、半径(T)/椭圆(E)]：（ 指定圆心点 ）
```

```
指定底面半径或 [直径(D)]: 5                                  ( 指定圆锥体底面半径值 )
指定高度或 [两点(2P)/轴端点(A)/顶面半径(T)]: 20                ( 指定圆锥体的高度值 )
```

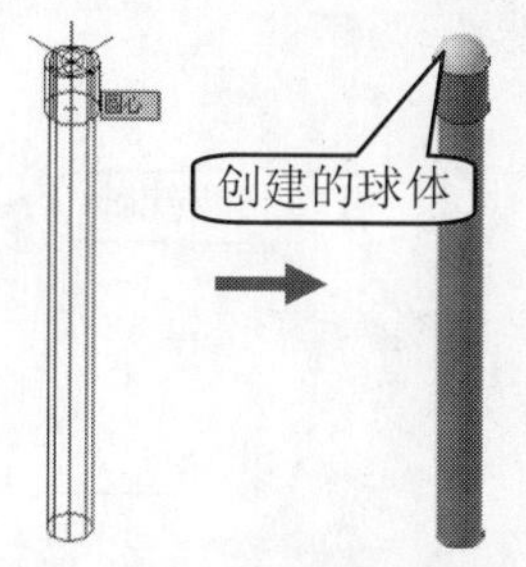

图 10-52　创建铅笔的橡皮擦

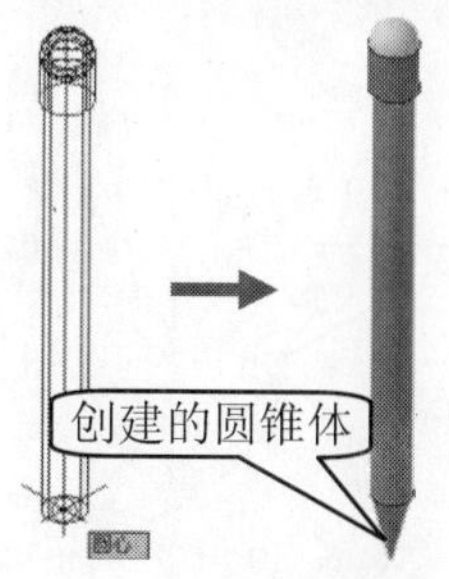

图 10-53　创建的铅笔尖

知识要点：

在 AutoCAD 中，可以以圆或椭圆为底面、将底面逐渐缩小到一点来创建实体圆锥体，也可以通过逐渐缩小到与底面平行的圆或椭圆平面来创建圆台。

创建圆锥体的启动方法如下。

- 下拉菜单：选择"绘图>建模>圆锥体"命令。
- 工具栏：在"建模"工具栏上单击"圆锥体"按钮。
- 输入命令名：在命令行中输入或动态输入 CONE，并按 Enter 键。

当用户启动圆锥体命令后，用户可按如下三种方式来创建圆锥体。

- 若以圆作为底面创建圆锥体，用户可按如下提示进行操作，其创建的圆锥体如图 10-54 所示。

```
命令: _cone                                                   ( 启动圆锥体命令 )
指定底面的中心点或 [三点(3P)/两点(2P)
/切点、切点、半径(T)/椭圆(E)]:                                      ( 指定中心点 )
指定底面半径或 [直径(D)] <60.000>: 1000                          ( 指定底面半径值 )
指定高度或 [两点(2P)/轴端点(A)/顶面半径(T)] <97.508>: 2000        ( 输入圆锥高度 )
```

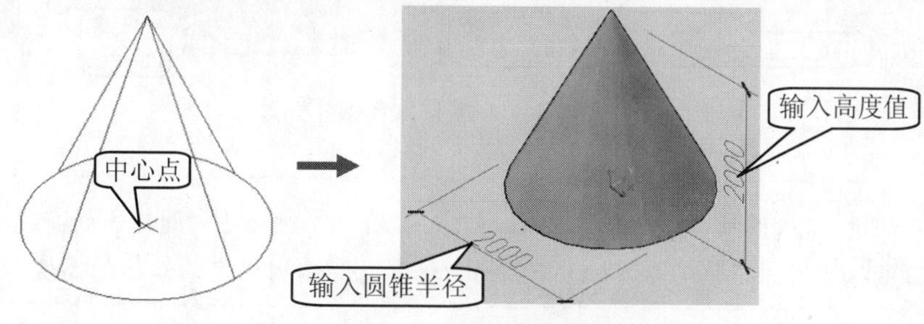

图 10-54　创建圆锥体

- 若以椭圆作为底面创建圆锥体，用户可按如下提示进行操作，其创建的圆锥体如图 10-55 所示。

```
命令: _cone                                                   ( 启动圆锥体命令 )
指定底面的中心点或 [三点(3P)/两点(2P)
/切点、切点、半径(T)/椭圆(E)]: e                          ( 选择"椭圆(E)"选项 )
指定第一个轴的端点或 [中心(C)]:                                     ( 指定轴端点 )
指定第一个轴的其他端点: 2000                              ( 输入第一个轴的端点值 )
```

```
指定第二个轴的端点: 1000                                                  (输入第二个轴的端点值 )
指定高度或 [两点(2P)/轴端点(A)/顶面半径(T)] <2000.000>: 1500             ( 输入高度值 )
```

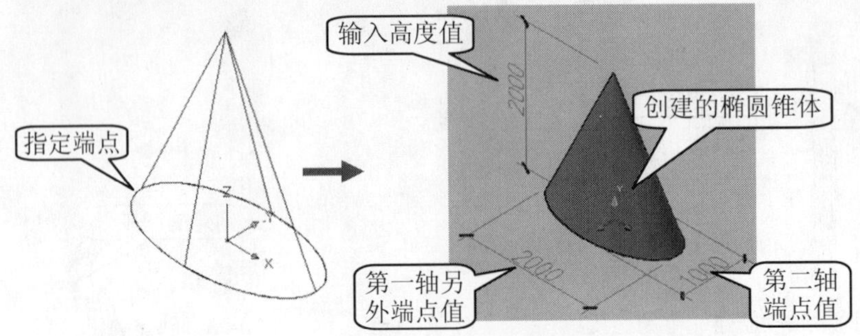

图 10-55　创建的椭圆锥体

- 在指定圆锥体高度之前，选择“顶面半径（T）”选项，可以按照如下提示来创建圆台锥体，其创建的圆台锥体如图 10-56 所示。

```
命令: _cone                                                              ( 启动圆锥体命令 )
指定底面的中心点或 [三点(3P)/两点(2P)
/切点、切点、半径(T)/椭圆(E)]:                                            ( 指定圆锥底面圆心点 )
指定底面半径或 [直径(D)] <1000.000>: 1000                                 ( 输入底面半径值 )
指定高度或 [两点(2P)/轴端点(A)/顶面半径(T)] <80.000>: t                  ( 选择“顶面半径(T)”项 )
指定顶面半径 <0.000>: 500                                                 ( 输入顶面半径值 )
指定高度或 [两点(2P)/轴端点(A)] <2000.000>: 2000                          ( 输入圆台锥体的高度值 )
```

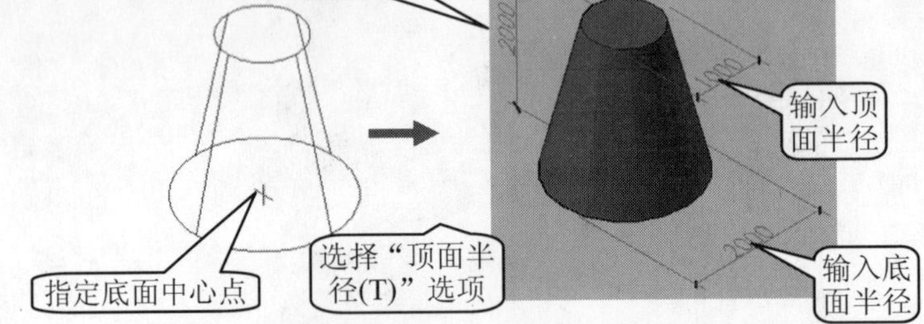

图 10-56　创建的圆台锥体

注意

在默认情况下，圆锥体的底面位于当前 UCS 的 XY 平面上，圆锥体的高度与 Z 轴平行。但可以使用圆锥体命令（CONE）的“轴端点”选项确定圆锥体的高度和方向。

② 在“建模”工具栏中单击“并集”按钮，将所有创建的模型并集操作。

步骤 4 保存文件

实用案例 10.5　绘制抽屉

效果文件:	CDROM\10\效果\抽屉模型.dwg
演示录像:	CDROM\10\演示录像\抽屉模型.exe

案例解读

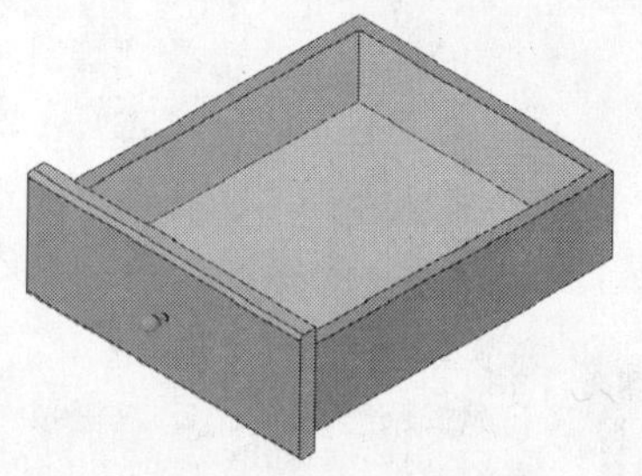
图 10-57　抽屉模型效果

在本案例中，主要讲解了在 AutoCAD 中创建抽屉模型的方法，包括矩形、面域、拉伸、长方体、差集、圆角、移动、旋转和并集等命令，使读者熟练掌握抽屉模型的创建方法和技巧，其效果如图 10-57 所示。

要点流程

- 首先启动 AutoCAD 2010 中文版，绘制矩形并拉伸大长方体；
- 使用长方体命令绘制小长方体，并与大长方体进行差集操作；
- 绘制圆角矩形，并进行面域及拉伸实体，然后移至适当的位置。
- 绘制拉手的剖面轮廓，再对其进行面域及旋转实体操作，然后进行并集运算。

本案例的流程图如图 10-58 所示。

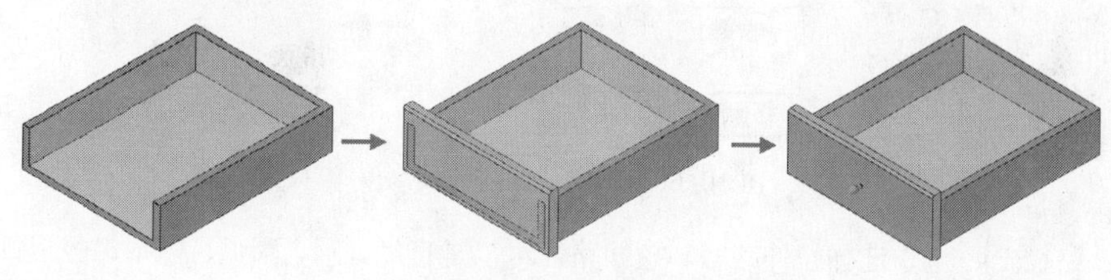
图 10- 58　抽屉模型流程图

操作步骤

步骤 1　使用拉伸等命令绘制实体

①启动 AutoCAD 2010 中文版，在“绘图”工具栏中单击“矩形”按钮，在视图中绘制一个 400×320 的矩形。

②在“视图”工具栏中单击“西南等轴测”按钮，再单击“面域”按钮，将绘制的矩形进行面域操作。

③在“建模”工具栏中单击“拉伸”按钮，将面域的矩形向上拉伸 90，如图 10-59 所示。

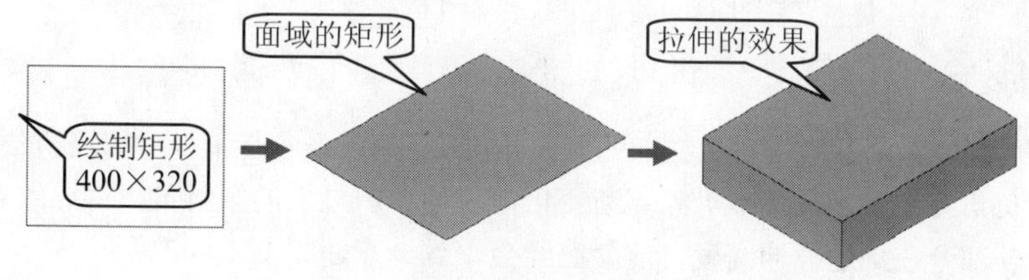

图 10-59　绘制并拉伸的矩形

知识要点：

在 AutoCAD 中，用户可以在对二维图形对象进行面域操作后，沿着指定的路径进行拉伸，或者指定拉伸对象的倾斜角度，或者改变拉伸的方向来创建拉伸实体。

拉伸实体的启动方法如下。

- 下拉菜单：选择“绘图>建模>拉伸”命令。
- 工具栏：在“建模”工具栏上单击“拉伸”按钮。
- 输入命令名：在命令行中输入或动态输入 EXTRUDE，并按 Enter 键。

启动拉伸实体命令后，根据如下提示进行操作，即可创建拉伸实体对象，如图 10-59 所示。

```
命令：_extrude                                                   （启动拉伸命令）
当前线框密度： ISOLINES=4                                        （显示当前线框密度）
选择要拉伸的对象：找到 1 个                                        （选择拉伸的面域对象）
选择要拉伸的对象：                                                （按 Enter 键结束选择）
指定拉伸的高度或 [方向(D)/路径(P)/倾斜角(T)] <60.0000>: 90          （输入拉伸高度）
```

命令行中各选项含义如下。

- 方向(D)：通过指定两点确定对象的拉伸长度和方向，如图 10-60 所示。

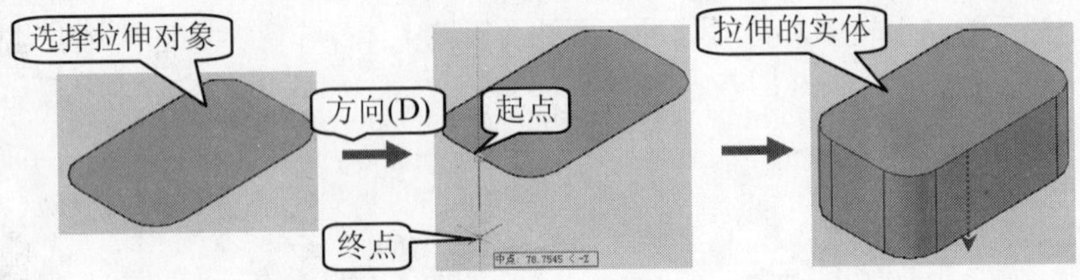

图 10- 60　确定拉伸方向及高度

- 路径(P)：用于选择拉伸路径。拉伸路径可以是直线、圆、圆弧、椭圆、椭圆弧、多段线或样条曲线。路径既不能与轮廓共面，也不能具有高曲率的区域。拉伸实体开始于轮廓所在的平面，终止于路径端点处与路径垂直的平面。路径的一个端点应该在轮廓平面上，否则，AutoCAD 将移动路径到轮廓的中心，如图 10-61 所示。

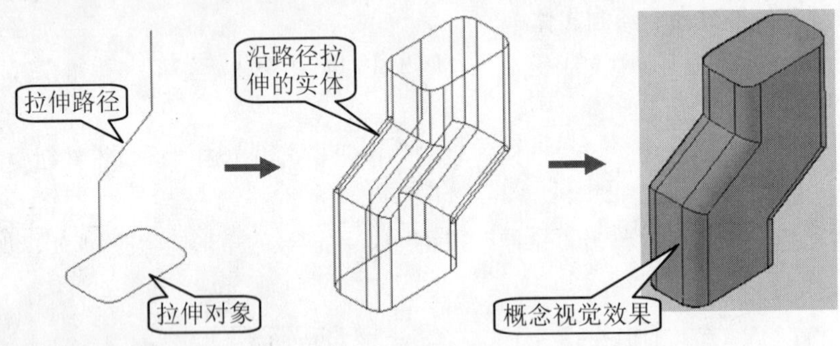

图 10-61　沿路径拉伸实体

- 倾斜角(T)：用于确定对象拉伸的倾斜角度。正角度表示从基准对象逐渐变细地拉伸，而负角度则表示从基准对象逐渐变粗地拉伸。但过大的倾斜角，将导致对象或对象的一部分在到达拉伸高度之前就已经会聚到一点，如图 10-62 所示。

```
命令：_extrude                                                   （启动拉伸命令）
当前线框密度： ISOLINES=4
选择要拉伸的对象：找到 1 个                                        （选择拉伸的对象）
选择要拉伸的对象：                                                （按 Enter 键结束选择）
指定拉伸的高度或 [方向(D)/路径(P)/倾斜角(T)] <35.4362>: t          （选择倾斜角(T)选项）
指定拉伸的倾斜角度 <0>: 30                                        （输入倾斜角度值）
指定拉伸的高度或 [方向(D)/路径(P)/倾斜角(T)] <35.4362>: 50          （输入拉伸高度值）
```

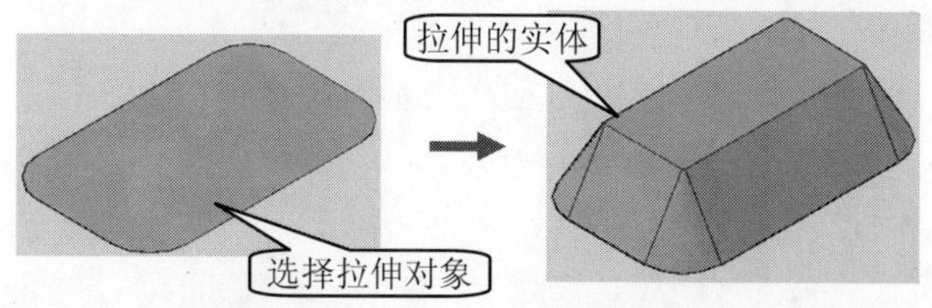

图 10-62　创建倾斜角度的拉伸实体

注意

如果拉伸闭合对象，则生成的对象为实体；如果拉伸开放对象，则生成的对象为曲面，如图 10-63 所示。

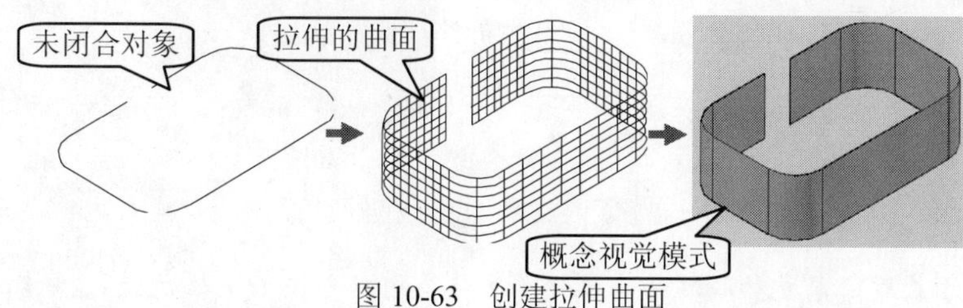

图 10-63　创建拉伸曲面

步骤 2 使用长方体等命令绘制实体

①在“建模”工具栏中单击“长方体”按钮，按照如下所示绘制一个尺寸为 385×290×75 的长方体，其效果如图 10-64 所示。

```
命令: _box                                        （启动长方体命令）
指定第一个角点或 [中心(C)]:                       （捕捉指定的角点）
指定其他角点或 [立方体(C)/长度(L)]: l             （选择长度(L)选项）
指定长度: 290                                     （输入长度值）
指定宽度: 385                                     （输入宽度值）
指定高度或 [两点(2P)] <90.0000>: 75               （输入高度值）
```

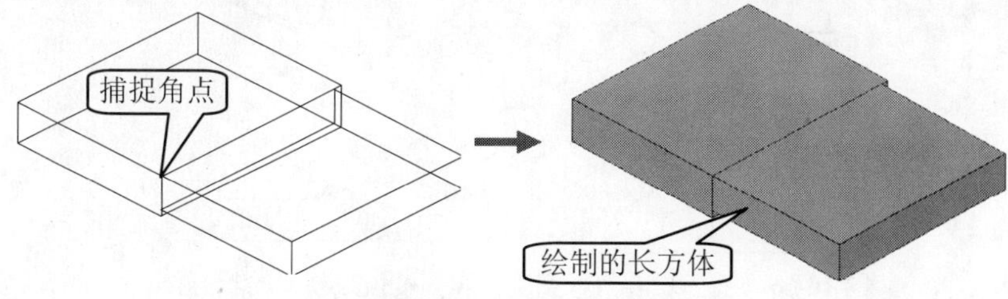

图 10-64　绘制的长方体

在 AutoCAD 中，用户可以通过基于两点和一个高度值来创建长方体，或者基于长度、宽度和高度值来创建长方体，或者基于一个中心点、角点和高度值来创建长方体。

创建长方体的启动方法如下。

- 下拉菜单：选择“绘图>建模>长方体”命令。
- 工具栏：在“建模”工具栏上单击“长方体”按钮。
- 输入命令名：在命令行中输入或动态输入 BOX，并按 Enter 键。

知识要点：

创建长方体的方法：启动命令后，主要有三种方法创建长方体。

- 若基于两点和一个高度来创建长方体，可按如下提示进行创建，其创建的长方体如图 10-65 所示。

```
命令: _box                                        （ 启动长方体命令 ）
指定第一个角点或 [中心(C)]:                       （ 指定长方体的一个基点 ）
指定其他角点或 [立方体(C)/长度(L)]:               （ 指定长方体的另一个基点 ）
指定高度或 [两点(2P)] <80.000>: 2000              （ 输入长方体的高度 ）
```

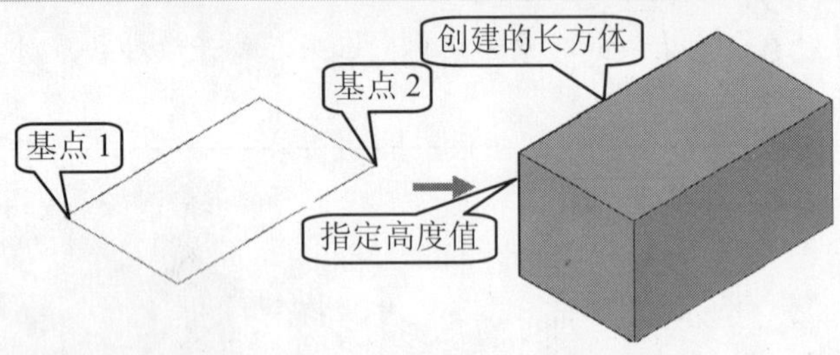

图 10-65 基于两点和高度值创建的长方体

- 若基于长度、宽度和高度值来创建长方体，用户可按如下提示进行操作，其创建的长方体如图 10-66 所示。

```
命令: _box                                        （ 启动长方体命令 ）
指定第一个角点或 [中心(C)]:                       （ 指定长方体的其中一角点 ）
指定其他角点或 [立方体(C)/长度(L)]: l             （ 选择“长度(L)”选项 ）
指定长度: 2250                                    （ 输入长度值 ）
指定宽度: 3900                                    （ 输入宽度值 ）
指定高度或 [两点(2P)] <80.000>: 2000              （ 输入高度值 ）
```

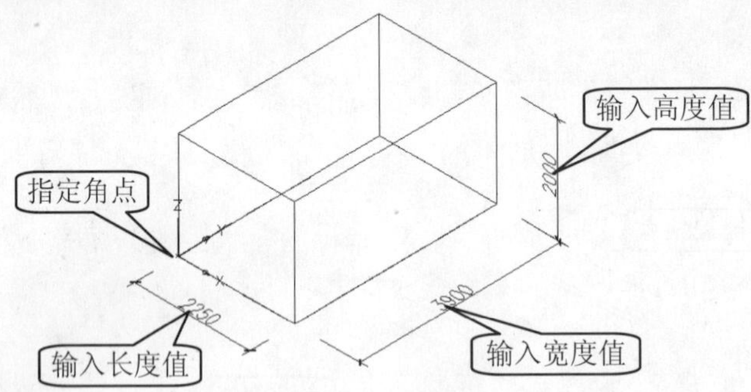

图 10-66 基于长度值、宽度值和高度值来创建的长方体

- 若基于一个中心点、角点和高度值来创建长方体，可按如下提示进行创建，其创建的长方体如图 10-67 所示。

```
命令: _box                                        （ 启动长方体命令 ）
指定第一个角点或 [中心(C)]: c                     （ 选择“中心(C)”选项 ）
指定中心:                                         （ 指定中心点 ）
指定角点或 [立方体(C)/长度(L)]:                   （ 指定角点 ）
指定高度或 [两点(2P)] <2000.000>: 1000            （ 输入长方体高度值 ）
```

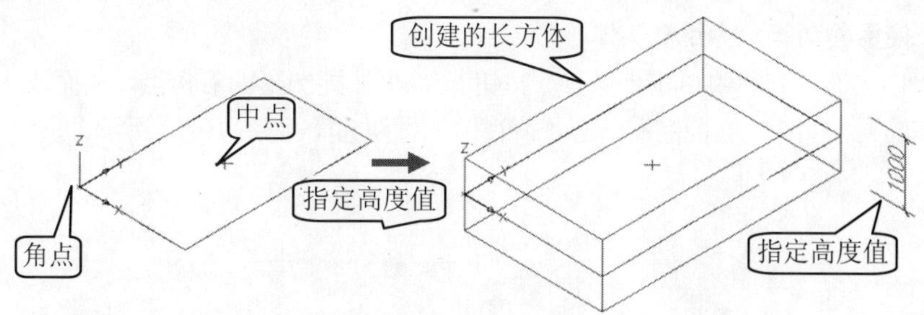

图 10-67　基于一个中心点、角点和高度值来创建长方体

提示

如果在创建长方体时使用了“立方体”选项，将创建正方体。在 AutoCAD 中创建长方体时，其各边应分别与当前 UCS 坐标的 X 轴、Y 轴和 Z 轴平等，在输入长方体的长度、宽度和高度值时，可输入正、负值。

2 在“修改”工具栏中单击“移动”按钮，按 F8 键切换到正交模式，将小长方体的中点，移至大长方体的中点上，如图 10-68 所示。

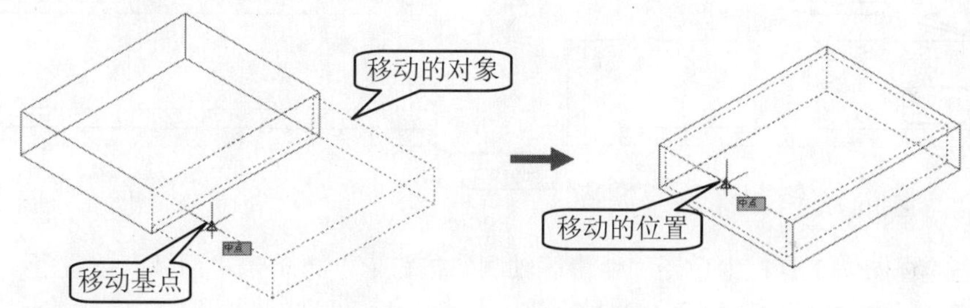

图 10-68　移动的长方体

步骤 3 差集运算

在“建模”工具栏中单击“差集”按钮，将小长方体从大长方体中减去，如图 10-69 所示。

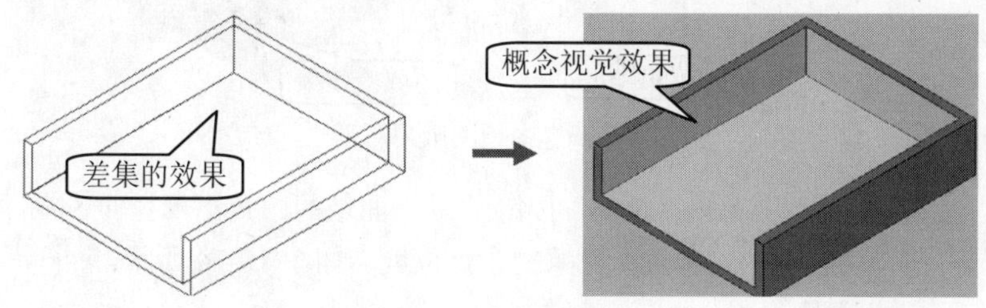

图 10-69　差集的效果

知识要点：

差集运算可以从一组实体中减去另一组实体，保留余下的部分作为一个实体。

差集命令启动方法如下。

- 下拉菜单：选择“修改>实体编辑>差集”命令。
- 工具栏：在“实体编辑”工具栏上单击“差集”按钮。
- 输入命令名：在命令行中输入或动态输入 SUBTRACT，并按 Enter 键。

步骤 4 使用移动等命令绘制实体

①在“UCS”工具栏中单击“原点”按钮，再捕捉图形的右角点，从而改变 UCS 的坐标原点，再在“视图”工具栏中单击“前视图”按钮，如图 10-70 所示。

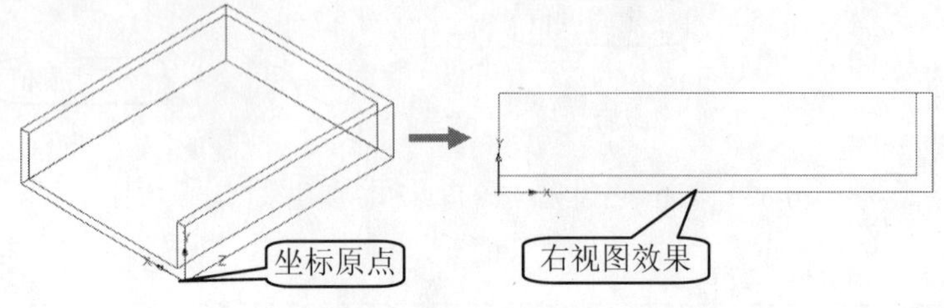

图 10-70　改变坐标原点及视图

②在“绘图”工具栏中单击“矩形”按钮，在视图中绘制一个 20×130 的矩形，并且中点对齐，如图 10-71 所示。

③在“修改”工具栏中单击“圆角”按钮，将矩形的左上角和左下角按照半径值为 5 进行圆角操作，如图 10-72 所示。

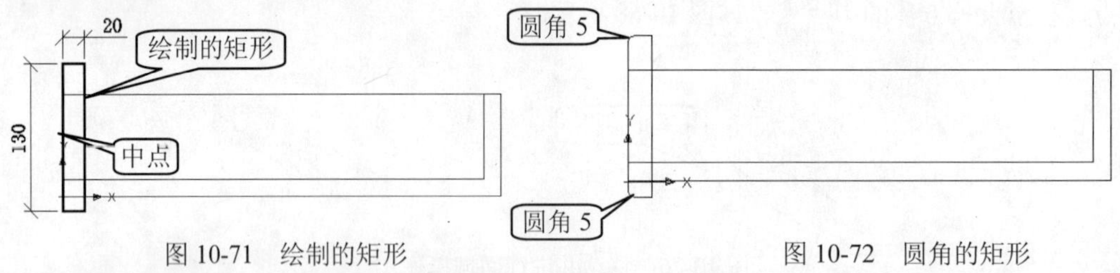

图 10-71　绘制的矩形　　图 10-72　圆角的矩形

④在“视图”工具栏中单击“西南等轴测”按钮，再单击“面域”按钮，将绘制的圆角矩形进行面域操作，如图 10-73 所示。

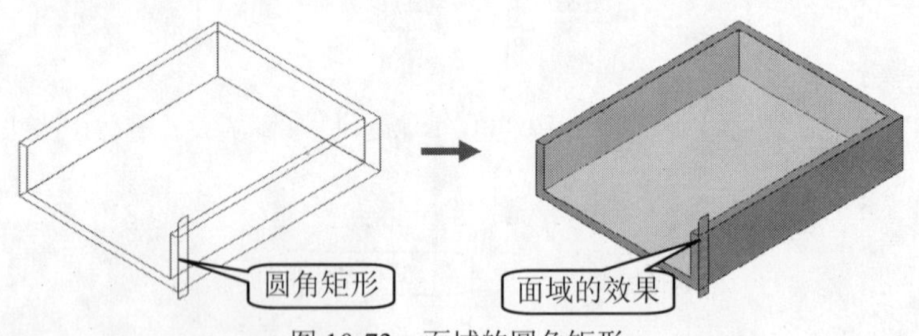

图 10-73　面域的圆角矩形

⑤在“建模”工具栏中单击“拉伸”按钮，将面域的圆角矩形拉伸 340，再使用“移动”命令（move），将拉伸的对象移至对象的中点位置，如图 10-74 所示。

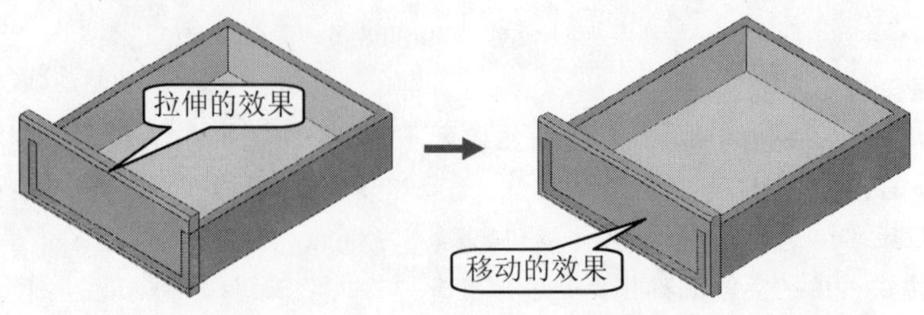

图 10-74　拉伸并移动的实体

步骤 5 使用旋转等命令绘制实体

①在“视图”工具栏中单击“前视图”按钮，使用圆、圆角、直线和修剪命令，绘制如图 10-75 所示轮廓对象。

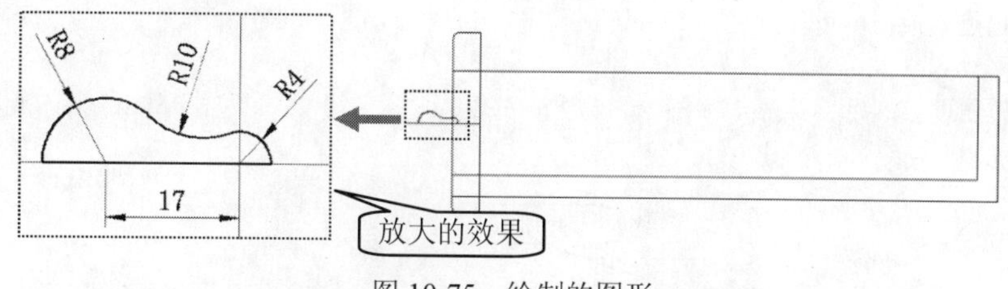

图 10-75　绘制的图形

②在“视图”工具栏中单击“西南等轴测”按钮，使用“移动”命令（Move）将图形平移 170，使之位于图形的中间位置，再单击“面域”按钮，将绘制的图形进行面域操作，如图 10-76 所示。

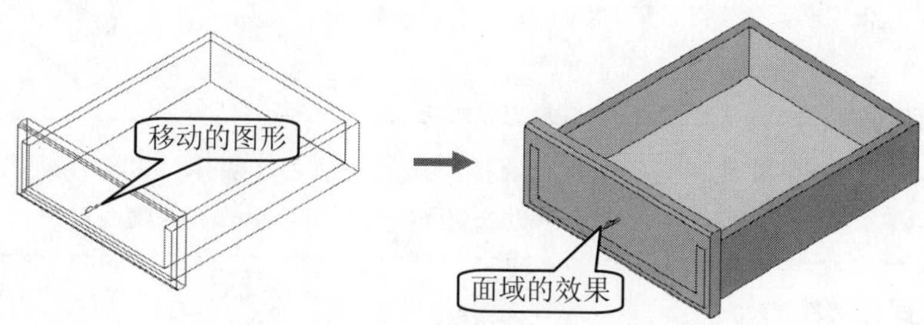

图 10-76　移动并进行面域操作

③在“建模”工具栏中单击“旋转”按钮，将面域的对象旋转 360 度，再单击“并集”按钮，将整个图形进行面域操作，如图 10-77 所示。

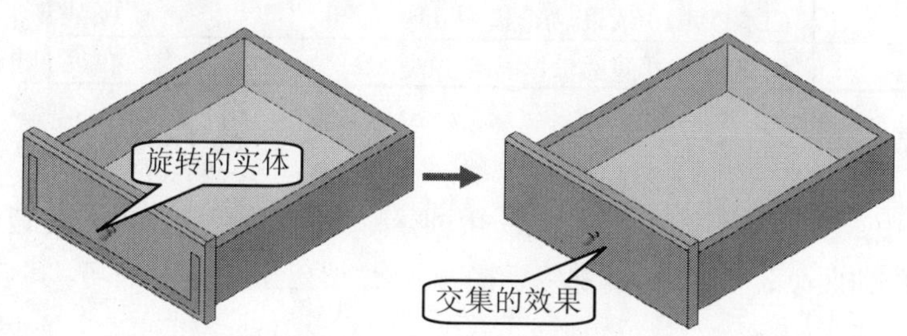

图 10-77　旋转操作与并集操作

知识要点：

在 AutoCAD 中，可以通过绕坐标轴旋转开放或闭合对象来创建实体或曲面。

旋转实体的启动方法如下。

- 下拉菜单：选择“绘图>建模>旋转”命令。
- 工具栏：在“建模”工具栏上单击“旋转”按钮。
- 输入命令名：在命令行中输入或动态输入 REVOLVE，并按 Enter 键。

启动旋转实体命令后，根据如下提示进行操作，即可创建旋转实体对象，如图 10-78 所示。

```
命令: _revolve                                                    ( 启动旋转命令 )
当前线框密度: ISOLINES=4
选择要旋转的对象: 找到 1 个                                          ( 选择旋转的对象 )
选择要旋转的对象:
指定轴起点或根据以下选项之一定义轴 [对象(O)/X/Y/Z] <对象>:              ( 按 Enter 键 )
选择对象:                                                          ( 选择旋转的轴对象 )
指定旋转角度或 [起点角度(ST)] <360>: -270                             ( 输入旋转的角度 )
```

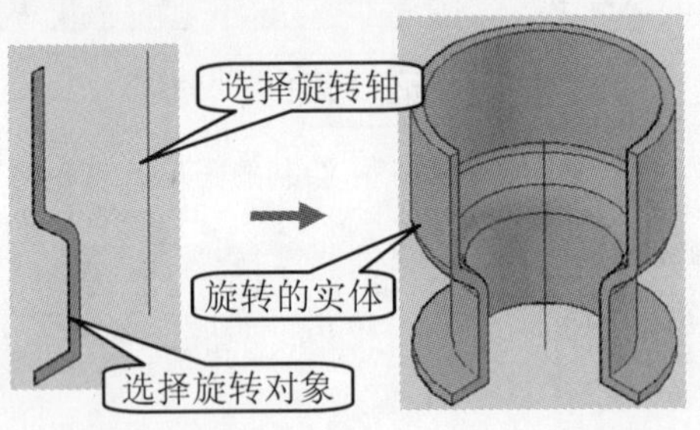

图 10-78 创建旋转实体

注意

如果要使用与多段线相交的直线或圆弧组成的轮廓创建实体，需要在使用旋转命令（REVOLVE）前使用 PEDIT 的“合并”选项将它们转换为一个多段线对象。

步骤 6 保存文件

实用案例 10.6 绘制雨伞

效果文件:	CDROM\10\效果\雨伞模型.dwg
演示录像:	CDROM\10\演示录像\雨伞模型.exe

案例解读

在本案例中，主要讲解了在 AutoCAD 中创建雨伞模型的方法，包括多段线、多边形、移动、点和直纹曲面命令等，使读者熟练掌握雨伞模型的创建方法和技巧，其效果如图 10-79 所示。

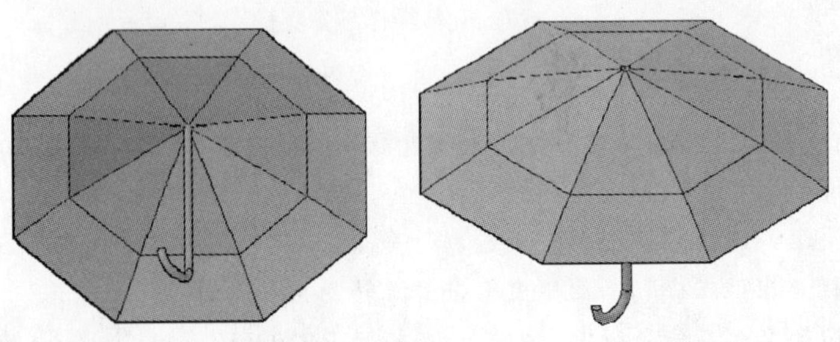

图 10-79 雨伞模型效果

要点流程

- 首先启动 AutoCAD 2010 中文版，绘制多段线，形成伞钩；
- 使用多边形命令，绘制、偏移并移动正八边形，然后将其打散；
- 使用直纹曲面命令，采用点与直线或直线与直线的方式进行直纹曲面；
- 绘制一个小圆，采用扫掠实体命令，将绘制的伞钩进行扫掠。

本案例的流程图如图 10-80 所示。

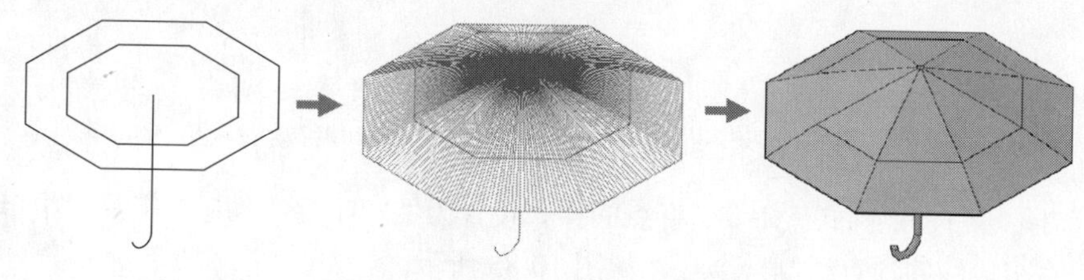

图 10-80　雨伞模型流程图

操作步骤

步骤 1 绘制伞钩轮廓

①启动 AutoCAD 2010 中文版，在“视图”工具栏中单击“前视图”按钮。

②在“绘图”工具栏中单击“多段线”按钮，在视图中指定多段线的起点，按 F8 键切换到“正交”模式，光标指向下，并输入长度为 600；再选择“圆弧(A)”选项，光标指向左，并输入圆弧的直径值为 100，所绘制的多段线如图 10-81 所示。

步骤 2 绘制雨伞面轮廓

①在“视图”工具栏中单击“西南等轴测”按钮，在“绘图”工具栏中单击“多边形”按钮，按照如下提示绘制正八边形，如图 10-82 所示。

```
命令: _polygon                                          ( 启动多边形命令 )
输入边的数目:8                                          ( 输入多边形的边数 )
指定正多边形的中心点或 [边(E)]:                         ( 指定多边形的中心点 )
输入选项 [内接于圆(I)/外切于圆(C)] <C>: I               ( 选择内接于圆(I)项 )
指定圆的半径: 500                                       ( 输入多边形的半径值 )
```

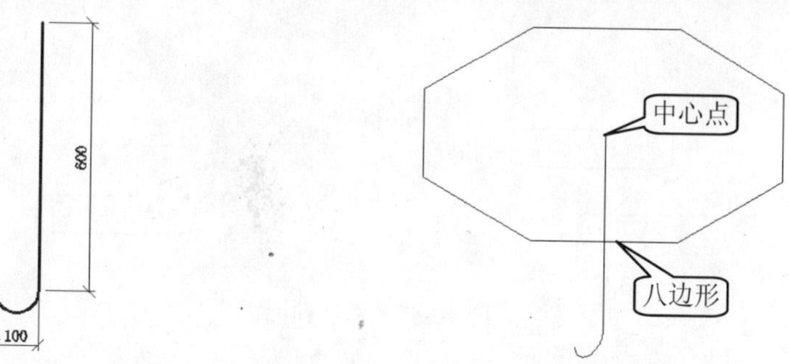

图 10-81　绘制的多段线

图 10-82　绘制的八边形

②在“修改”工具栏中单击“偏移”按钮，将绘制的正八边形向内偏移 150，如图 10-83 所示。

③在“视图”工具栏中单击“前视图”按钮，在“修改”工具栏中单击“移动”按钮，分别将两个正八边形向下移动 200 和 120，如图 10-84 所示。

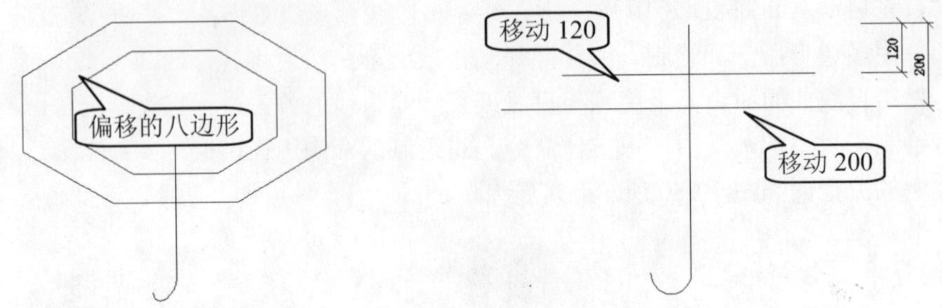

图 10-83 偏移的八边形　　图 10-84 移动的八边形

④选择“格式>点样式”命令，将点的样式设置为“×”，在“绘图”工具栏中单击“点”按钮，在多段线的顶点绘制一个点，如图 10-85 所示。

⑤在“修改”工具栏中单击“分解”按钮，将图形中的正八边形进行分解，并在“视图”工具栏中单击“西南等轴测”按钮，切换到西南等轴测视图，如图 10-86 所示。

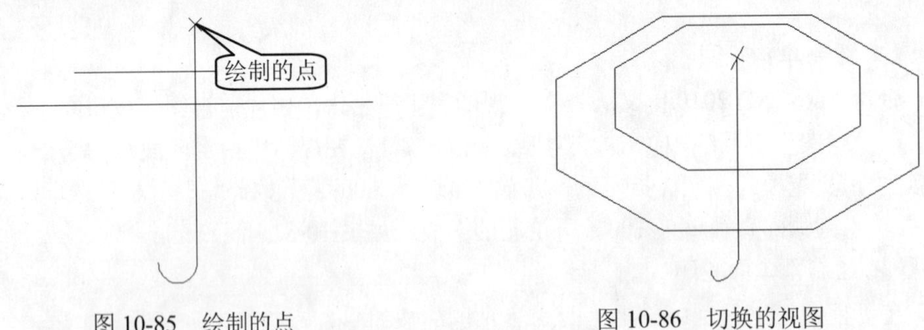

图 10-85 绘制的点　　图 10-86 切换的视图

步骤 3 使用直纹网格命令等绘制伞面

①在命令行中输入 SURFTAB1，然后在提示下输入 50，设置线框的密度为 50。

②选择“绘图>建模>网格>直纹网格”命令，首先选择绘制点，再单击分解的小正八边形的其中一条边，从而进行直纹曲面操作，如图 10-87 所示。

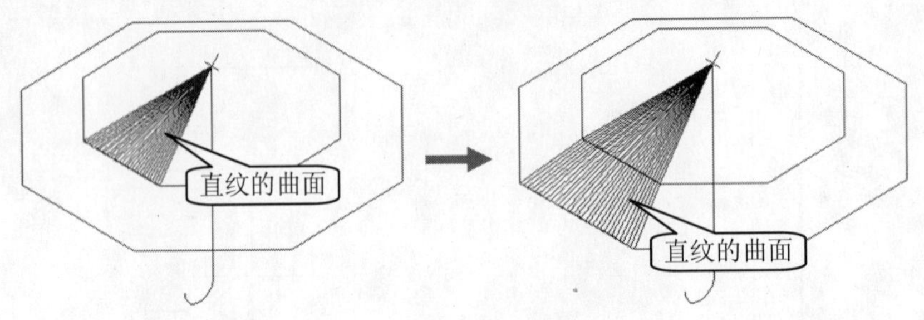

图 10-87 直纹曲面

知识要点：

在 AutoCAD 中使用直纹曲面命令（RULESURF），可以在两条直线或曲线之间创建网格。作为直纹网格“轨迹”的两个对象必须全部开放或全部闭合，而点对象可以与开放或闭合对象成对使用。

绘制直纹网格的启动方法如下。

◆ 下拉菜单：选择“绘图>建模>网格>直纹网格”命令。

◆ 输入命令名：在命令行中输入或动态输入 RULESURF，并按 Enter 键。

启动直纹曲面命令后，根据如下提示的指定两条对象，即可创建直纹曲面对象，如图 10-88 所示。

```
命令：_rulesurf                              （启动直纹网格命令）
当前线框密度：SURFTAB1=20                     （显示当前线框的密度）
选择第一条定义曲线：                           （指定第一条对象）
选择第二条定义曲线：                           （指定第二条对象）
```

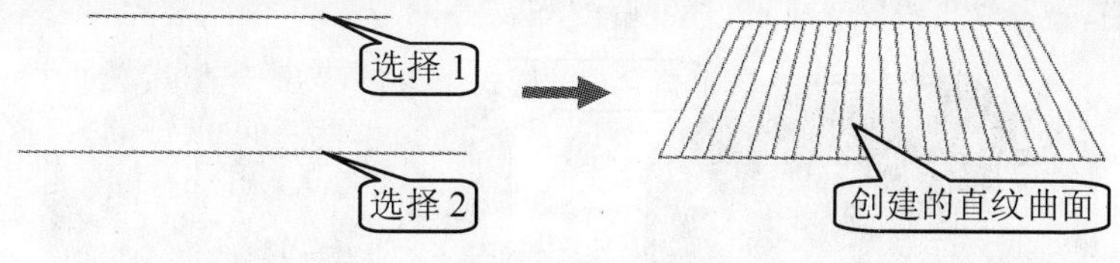

图 10-88 创建的直纹曲面

注意

在选择对象时，如果选择对象的不同端点，将产生交叉的直纹曲面，如图 10-89 所示。

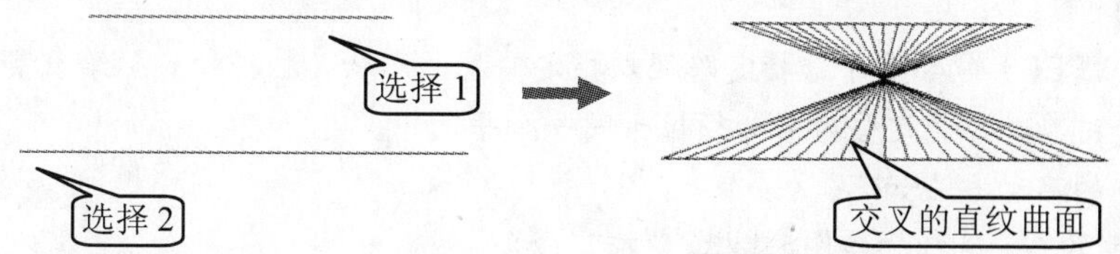

图 10-89 交叉的直纹曲面

定义直纹网格的边界的对象有：直线、点、圆弧、圆、椭圆、椭圆弧、二维多段线、三维多段线或样条曲线，如图 10-90 所示。

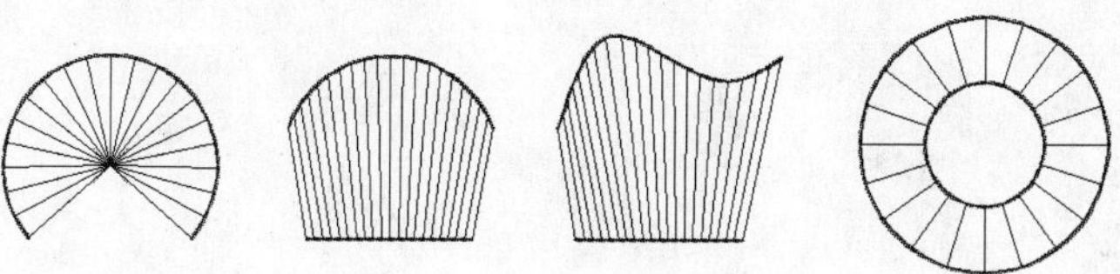

图 10-90 不同对象的直纹曲面

3 按照同样的方法，将其他的边进行同样的直纹操作，如图 10-91 所示。

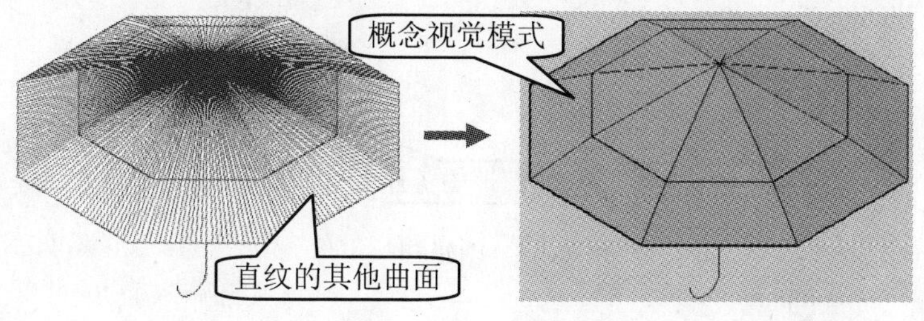

图 10-91 直纹的其他曲面

步骤 4 使用扫掠命令绘制伞钩

①在“绘图”工具栏中单击“圆”按钮，选择多段线的末端点为圆心，绘制半径为 10 的圆。

②在“建模”工具栏中单击“扫掠”按钮，按照如下提示对绘制的小圆按照多段线进行扫掠操作，如图 10-92 所示。

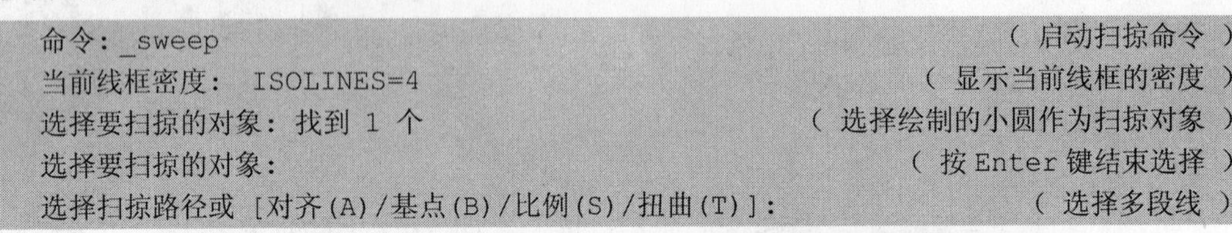
命令：_sweep （启动扫掠命令）
当前线框密度： ISOLINES=4 （显示当前线框的密度）
选择要扫掠的对象：找到 1 个 （选择绘制的小圆作为扫掠对象）
选择要扫掠的对象： （按 Enter 键结束选择）
选择扫掠路径或 [对齐(A)/基点(B)/比例(S)/扭曲(T)]： （选择多段线）

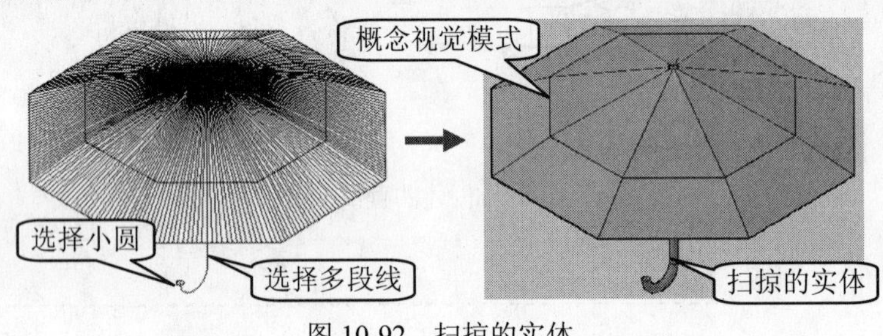

图 10-92 扫掠的实体

知识要点：

扫掠（SWEEP）命令用于沿指定路径以指定轮廓的形状（扫掠对象）绘制实体或曲面。可以扫掠多个对象，但是这些对象必须位于同一个平面中。

扫掠实体的启动方法如下。

- 下拉菜单：选择“绘图>建模>扫掠”命令。
- 工具栏：在“建模”工具栏上单击“扫掠”按钮。
- 输入命令名：在命令行中输入或动态输入 SWEEP，并按 Enter 键。

启动扫掠实体命令后，根据如下提示进行操作，即可创建扫掠实体对象，如图 10-93 所示。

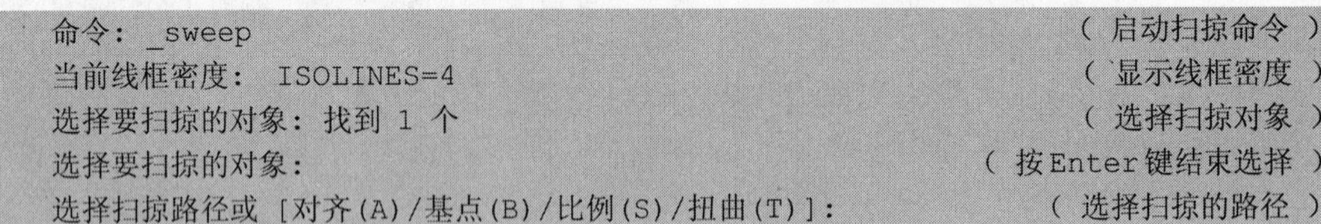
命令：_sweep （启动扫掠命令）
当前线框密度： ISOLINES=4 （显示线框密度）
选择要扫掠的对象：找到 1 个 （选择扫掠对象）
选择要扫掠的对象： （按 Enter 键结束选择）
选择扫掠路径或 [对齐(A)/基点(B)/比例(S)/扭曲(T)]： （选择扫掠的路径）

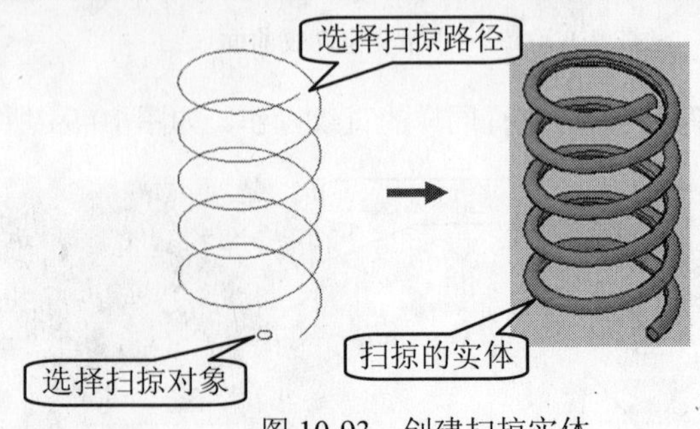

图 10-93 创建扫掠实体

命令行中各选项含义如下。

- 对齐（A）：用于设置扫掠前是否对齐垂直于路径的扫掠对象。
- 基点（B）：用于设置扫掠基点。
- 比例（S）：用于设置扫掠的前后端比例因子，如图 10-94 所示。
- 扭曲（T）：用于设置扭曲角度或允许非平面扫掠路径倾斜。

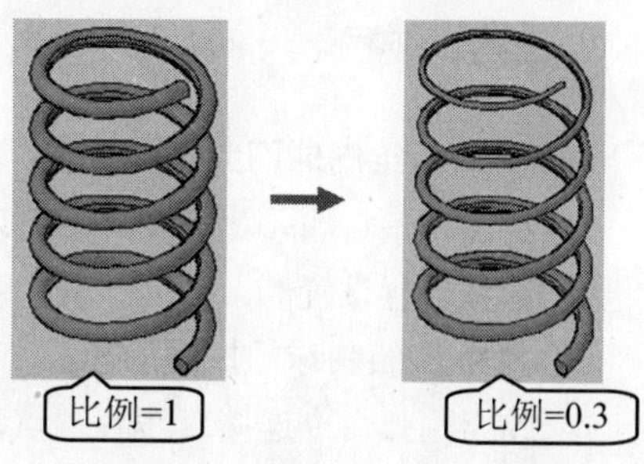

图 10-94　不同的扫掠比例因子

注意

用户可以使用 DELOBJ 系统变量控制是否在创建实体或曲面后自动删除轮廓和扫掠路径，以及是否在删除轮廓和路径时进行提示。

步骤 5 保存文件

实用案例 10.7　绘制球门

效果文件：	CDROM\10\效果\球门.dwg
演示录像：	CDROM\10\演示录像\球门.exe

案例解读

本案例是绘制一个简易的球门，用于三维景观设计。主要用直线命令和圆弧命令绘制球门轮廓，重点练习使用边界网格命令绘制球门的拦网，最后利用圆柱体命令绘制门框。效果图如 10-95 所示。

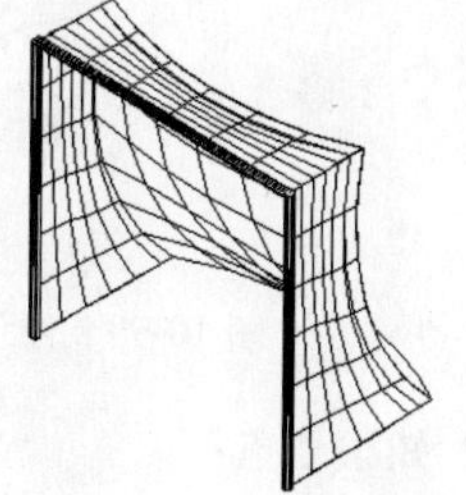
图 10-95　足球门效果

要点流程

- 使用直线等命令绘制球门骨架；
- 使用圆弧命令绘制球门拦网轮廓；
- 使用边界网格命令绘制拦网；
- 使用圆柱体命令绘制门柱和横梁。

本案例的流程图如图 10-96 所示。

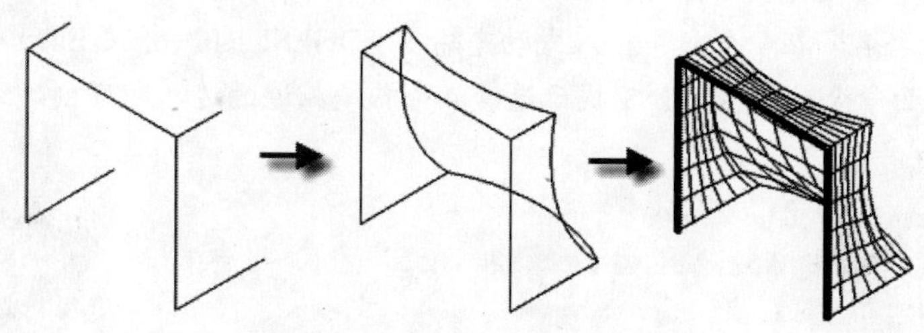
图 10-96　流程图

操作步骤

步骤 1 绘制球门大致的骨架

绘制几条直线，如图 10-97 所示，完成球门大致的骨架。关于骨架的尺寸，可以根据需要由读者自行设置。

步骤 2 绘制球门拦网的轮廓

使用圆弧命令连接直线各端点，完成整个球门拦网的轮廓，如图 10-98 所示。

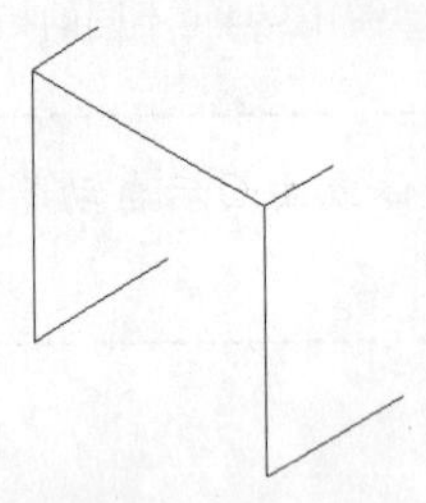

图 10-97 球门骨架

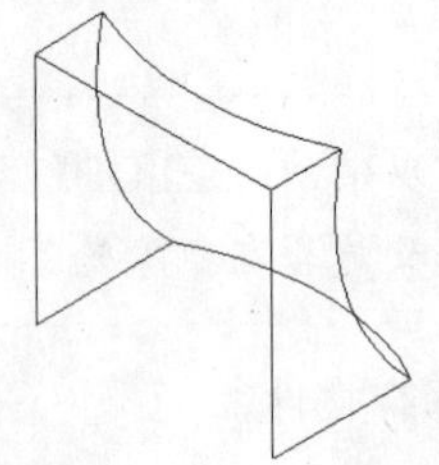

图 10-98 球门拦网轮廓

步骤 3 绘制边界网格

(1) 选择“绘图>建模>网格>边界网格”命令，绘制边界曲面，如图 10-99 所示，完成一个区域的网格。

(2) 对其他区域增加边界网格，如图 10-100 所示。

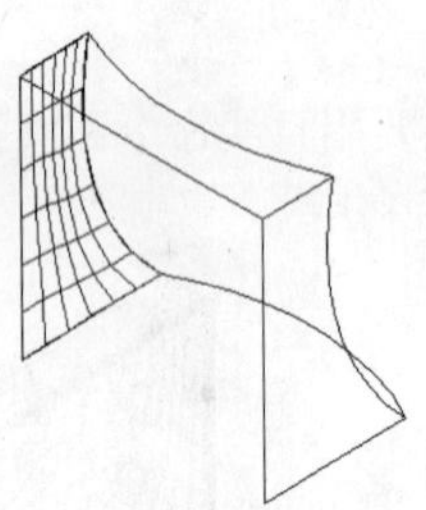

图 10-99 绘制边界曲面

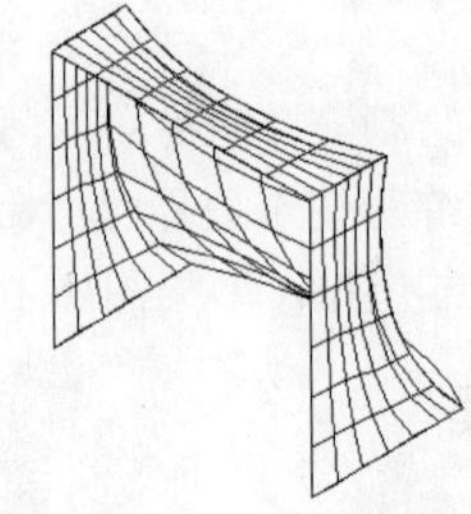

图 10-100 绘制拦网

知识要点：

边界网格曲面是指用 4 条首尾相连的边所绘制的三维多边形网格曲面。

绘制边界网格的启动方法如下。

- 下拉菜单：选择“绘图>建模>网格>边界网格”命令。
- 输入命令名：在命令行中输入或动态输入 EDGESURF，并按 Enter 键。

启动边界曲面命令后，根据如下提示选择 4 条首尾相连的边，即可创建边界曲面对象，如图 10-101 所示。

```
命令：_edgesurf                                   （启动边界曲面命令）
当前线框密度：SURFTAB1=12  SURFTAB2=20             （显示当前线框的密度）
选择用作曲面边界的对象 1:                          （选择曲面边界 1）
选择用作曲面边界的对象 2:                          （选择曲面边界 2）
选择用作曲面边界的对象 3:                          （选择曲面边界 3）
选择用作曲面边界的对象 4:                          （选择曲面边界 4）
```

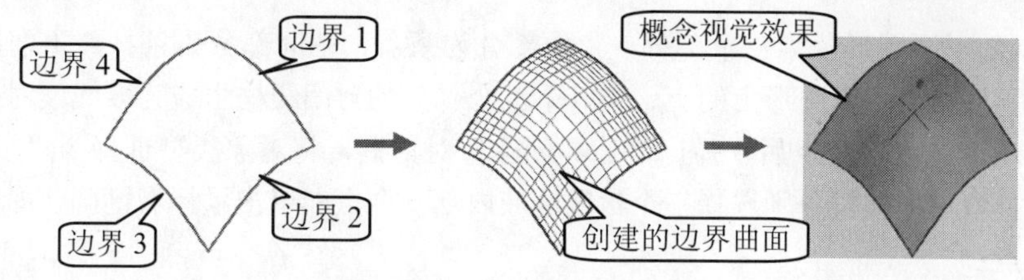

图 10-101　绘制的边界曲面

> **注意**
>
> 在绘制边界曲面时，其 4 条边必须是首尾相连，并且为闭合的图形对象。

步骤 4　绘制门柱和横梁

利用圆柱体命令绘制门柱和横梁，可以使球门看起来更加气派，最终结果如图 10-95 所示。

步骤 5　保存文件

实用案例 10.8　绘制茶具

素材文件：	CDROM\10\素材\茶具二维平面图形.dwg
效果文件：	CDROM\10\效果\茶具.dwg
演示录像：	CDROM\10\演示录像\茶具.exe

案例解读

本案例是绘制一个茶具，重点学习使用旋转网格命令绘制茶具。其效果图如 10-102 所示。

要点流程

- 打开附盘的图形文件“茶具二维平面图形.dwg”；
- 使用边界等命令绘制旋转对象；
- 使用旋转网格命令绘制茶盖、茶杯和茶碟。

本案例的流程图如图 10-103 所示。

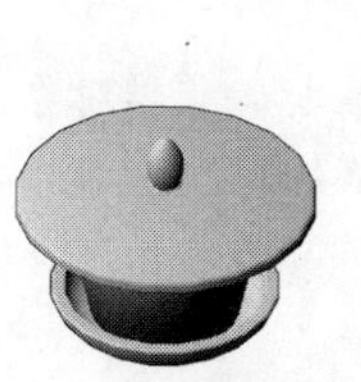

图 10-102　绘制茶具效果图

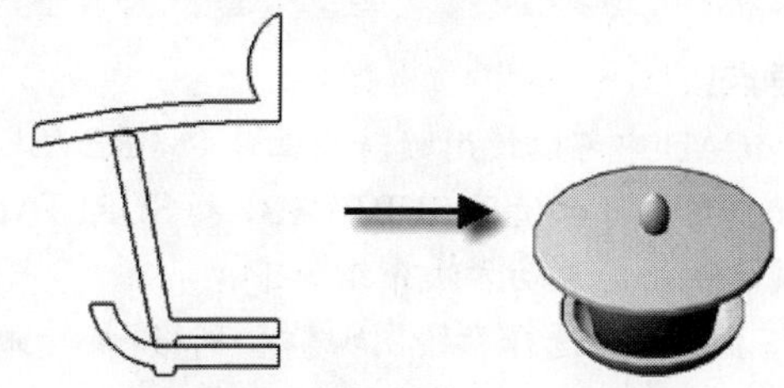

图 10-103　绘制茶具流程图

操作步骤

步骤 1　使用边界命令茶具封闭的多线段

① 打开附盘的图形文件“茶具二维平面图形.dwg”，如图 10-104 所示。

②茶具的平面图形分为三个部分，上面部分为茶盖，中间部分为茶杯，下面部分为茶碟；用“边界”命令，将图形上的上、中、下三个部分的封闭线框生成为多线段对象；在下拉菜单中启动“边界”命令后，弹出“边界创建”对话框，将对象类型选择为“多段线”，然后单击“拾取点”按钮分别选择三个封闭区域内部一个点，单击鼠标右键确认即可。

知识要点：

边界命令的启动方法介绍如下。

- 下拉菜单：选择“绘图>边界”命令；
- 命令名：BOUNDARY。

启动命令后，系统弹出如图 10-105 所示的“边界创建”对话框。在“对象类型”下拉列表中，选择需要创建对象的类型，再单击“拾取点”按钮后，根据命令行中提示信息，在封闭区域中拾取一点，边界对象就创建完成。

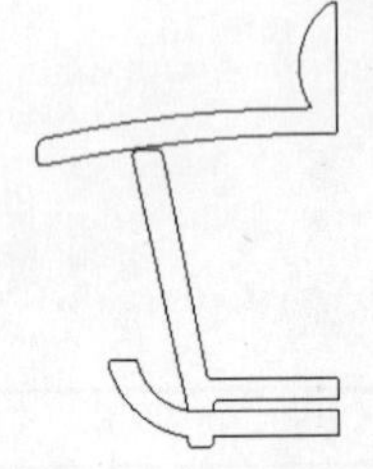
图 10-104　茶具二维平面图形

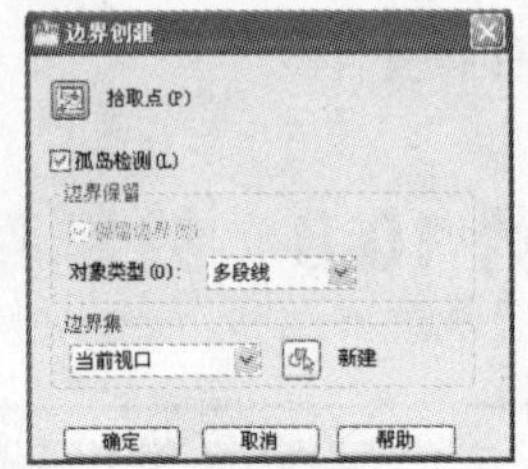

图 10-105　“边界创建”对话框

③选择除上一步生成的多线段以外的所有曲线并删除。

步骤 2　设置当前线框密度

在命令行中分别输入命令 SURFTAB1 和 SURFTAB2，将当前线框密度改为 30。

步骤 3　使用旋转网格命令绘制茶具

①在命令行中输入 REVSURF，按 Enter 键启动三维网格命令，命令行提示如下。

```
命令：_revsurf
当前线框密度：SURFTAB1=30  SURFTAB2=30
选择要旋转的对象：                                （选择上面茶盖的多段线线框）
选择定义旋转轴的对象：                                      （选择中心轴线）
指定起点角度 <0>:                                      （单击鼠标右键确认）
指定包含角 (+=逆时针，-=顺时针) <360>:                  （单击鼠标右键确认）
```

知识要点：

在 AutoCAD 中可以使用旋转曲面命令（REVSURF）通过绕坐标轴旋转对象的轮廓来绘制旋转曲面。用户可以使用 SURFTAB1 和 SURFTAB2 来控制网格的密度。

绘制旋转曲面的启动方法介绍如下。

- 下拉菜单：选择“绘图>建模>网格>旋转曲面”命令。
- 输入命令名：在命令行中输入或动态输入 REVSURF，并按 Enter 键。
- 启动旋转曲面命令后，根据如下提示选择对象，即可创建旋转曲面对象，如图 10-106 所示。

```
命令：_revsurf                                      （ 启动旋转曲面命令 ）
当前线框密度：SURFTAB1=20  SURFTAB2=15            （ 显示当前线框的密度 ）
选择要旋转的对象：                                  （ 选择要旋转的对象 ）
```

选择定义旋转轴的对象：　　（选择旋转轴对象）
指定起点角度 <0>:　　（指定起点角度值）
指定包含角（+=逆时针，-=顺时针）<360>:　　（输入旋转角度值）

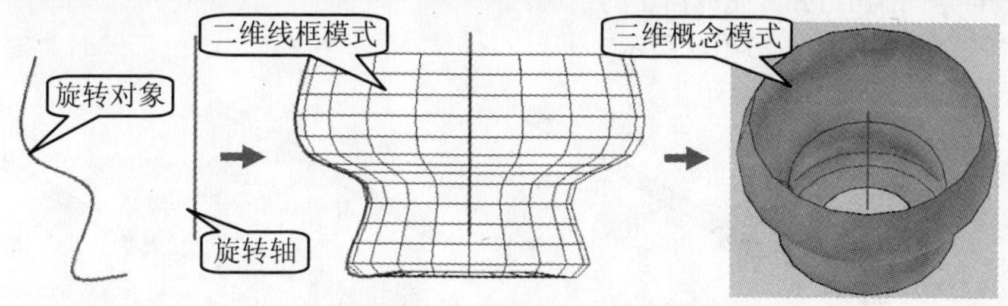

图 10-106　创建的旋转曲面

注意

用户选择旋转轴时，在轴上拾取点的位置会影响曲线的旋转方向，其旋转方向可由右手定则来判断，如图 10-107 所示。

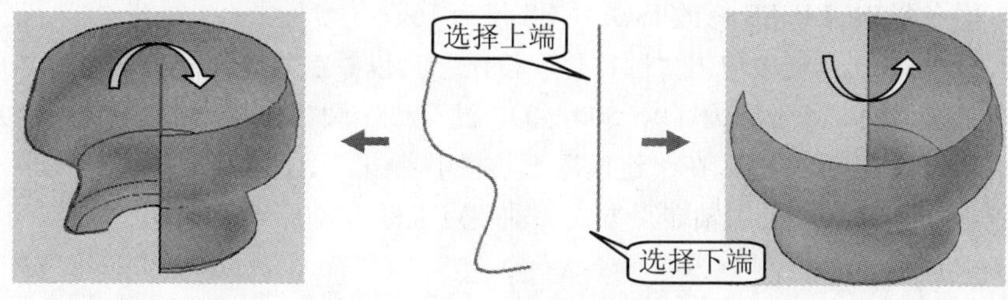

图 10-107　不同的旋转方向

(2) 再以同样的方法绘制出茶杯和茶碟，结果如图 10-102 所示。

步骤 4 保持文件

实用案例 10.9　绘制笛子

效果文件	CDROM\10\效果\笛子.dwg
演示录像	CDROM\10\演示录像\笛子.exe

案例解读

在笛子的绘制过程中会用到复制面操作，将作为笛子吹气孔的面作复制操作，复制面只能得到面，因此在完成复制面操作后，可以用剖切命令将其围成的那部分实体从笛子中剖切出去得到笛子形状。效果图如图 10-108 所示。

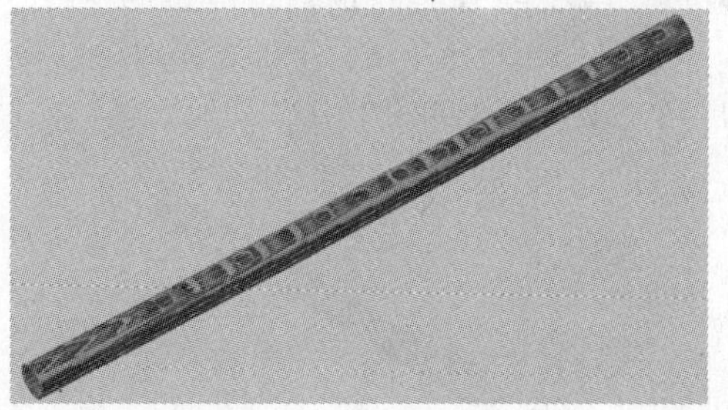

图 10-108　笛子效果图

要点流程

- 使用圆柱体等命令绘制笛子孔；

- 使用复制面命令复制吹气孔的面；
- 使用剖切命令，以复制面操作得到的笛子吹气孔面作为剖切面，将其围成的实体从笛子中剖切出去，完成笛子的绘制。

本案例的流程图如图 10-109 所示。

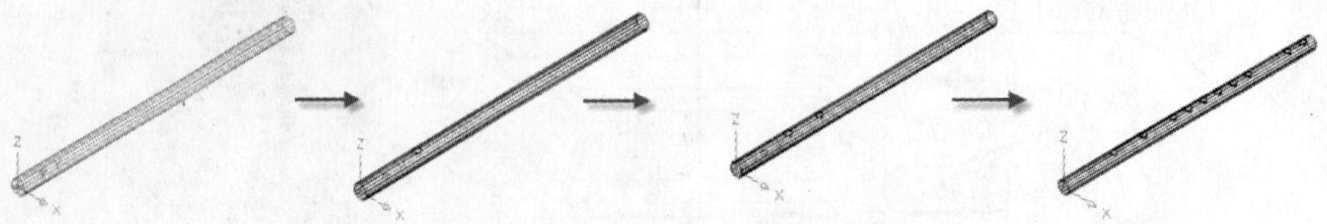

图 10-109　绘制笛子流程图

操作步骤

步骤 1 绘制笛子孔

①启动 AutoCAD 2010，选择“视图>三维视图>东南等轴测”命令，切换到东南等轴测视图状态。用命令 ISOLINES 修改 ISOLINES 值为 16。

②在“建模”工具栏中单击“圆柱体”按钮，以原点为底面圆心，设置半径为 12，采用轴端点方式，轴端点坐标为（0，500，0），建立一个圆柱体，结果如图 10-110 所示。

③建立笛管的内管圆柱，在“建模”工具栏中单击“圆柱体”按钮，以原点为底面圆心，设置半径值为 10，采用轴端点方式，轴端点坐标为（0，500，0），建立一个圆柱体，结果如图 10-111 所示。

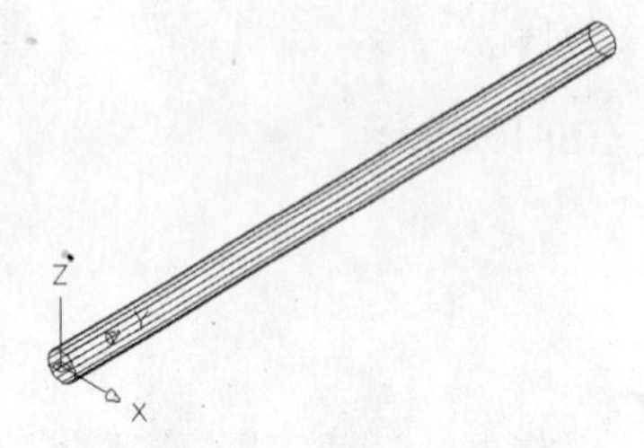

图 10-110　建立外圆柱体

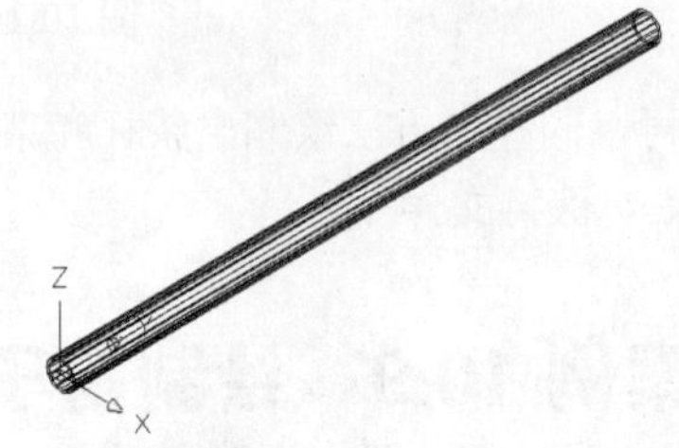

图 10-111　建立内圆柱体

④使用三维布尔运算中的差集命令，将外圆柱体减去内圆柱体得到空心的笛管。

⑤在“建模”工具栏中单击“圆柱体”按钮，以（0，100，0）为底面圆心，设置半径为 6，高为 20 建立一个圆柱体，结果如图 10-112 所示。

⑥使用三维布尔运算中的差集命令，将上一步中建立的圆柱体减去，得到一个笛子上的一个吹孔，结果如图 10-113 所示。

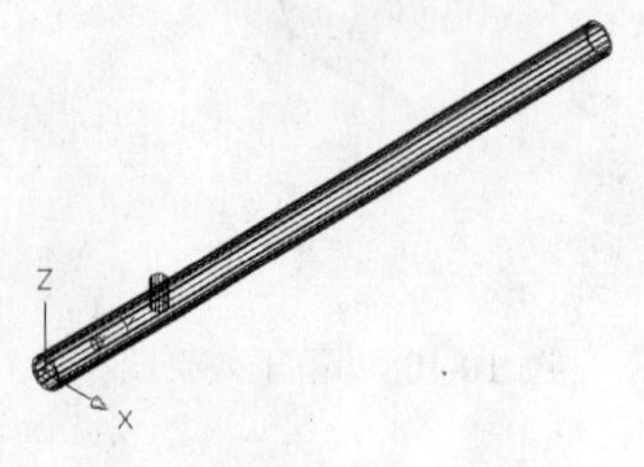

图 10-112　建立吹气孔圆柱体

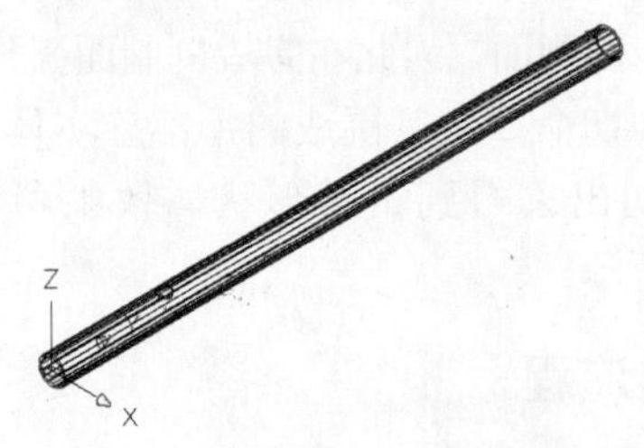

图 10-113　差集运算

步骤 2 使用复制面命令复制吹气孔面

①在“实体编辑”工具栏中单击“复制面”按钮，选择上一步中得到的吹孔的面，将其作复制面操作，如图 10-114 所示，此时命令行显示如下。

```
命令：_solidedit
实体编辑自动检查： SOLIDCHECK=1
输入实体编辑选项 [面(F)/边(E)/体(B)/放弃(U)/退出(X)] <退出>：_face
输入面编辑选项
[拉伸(E)/移动(M)/旋转(R)/偏移(O)/倾斜(T)/删除(D)/复制(C)/颜色(L)/材质(A)/放弃(U)/退出(X)] <退出>：_copy
选择面或 [放弃(U)/删除(R)]：                                    (选择吹孔面)
找到一个面。
选择面或 [放弃(U)/删除(R)/全部(ALL)]：                          (按 Enter 键)
指定基点或位移：0,100,0                                         (输入基点坐标)
指定位移的第二点：@0,60,0                                       (输入第二点坐标)
输入面编辑选项
[拉伸(E)/移动(M)/旋转(R)/偏移(O)/倾斜(T)/删除(D)/复制(C)/颜色(L)/材质(A)/放弃(U)/退出(X)] <退出>：*取消*                  (按 Esc 键退出)
```

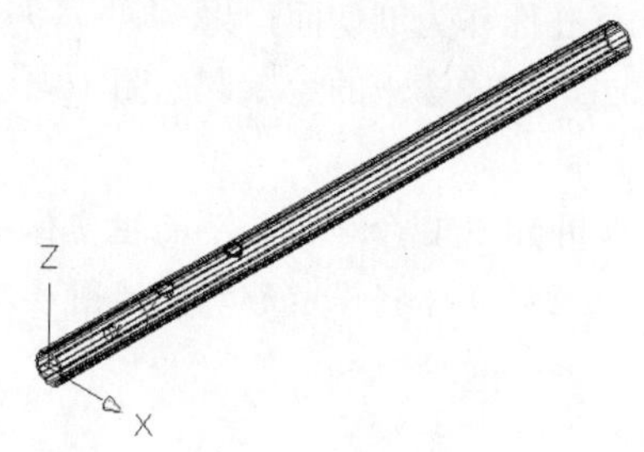

图 10-114　复制面操作

知识要点：

“复制面”命令就是将指定的实体表面按指定的方向和距离复制一个单独面的操作。

复制面的启动方法介绍如下。

- 下拉菜单：选择“修改>实体编辑>复制面”命令。
- 工具栏：在“实体编辑”工具栏上单击“复制面”按钮。

当启动复制面命令后，并按照如下提示操作即可复制指定的面，如图 10-115 所示。

```
命令：_solidedit
实体编辑自动检查： SOLIDCHECK=1
输入实体编辑选项 [面(F)/边(E)/体(B)/放弃(U)/退出(X)] <退出>：_face   ( 选择面 )
输入面编辑选项
[拉伸(E)/移动(M)/旋转(R)/偏移(O)/倾斜(T)/删除(D)/复制(C)/颜色(L)/材质(A)/放弃(U)/退出(X)] <退出>：_ copy                  ( 选择复制面选项 )
选择面或 [放弃(U)/删除(R)]：找到一个面。                        ( 选择要复制的面 )
选择面或 [放弃(U)/删除(R)/全部(ALL)]：                          ( 按 Enter 键结束选择 )
指定基点或位移：                                                ( 选择复制的基点 )
指定位移的第二点： <正交 关> <正交 开>                           ( 选择复制的位置点 )
```

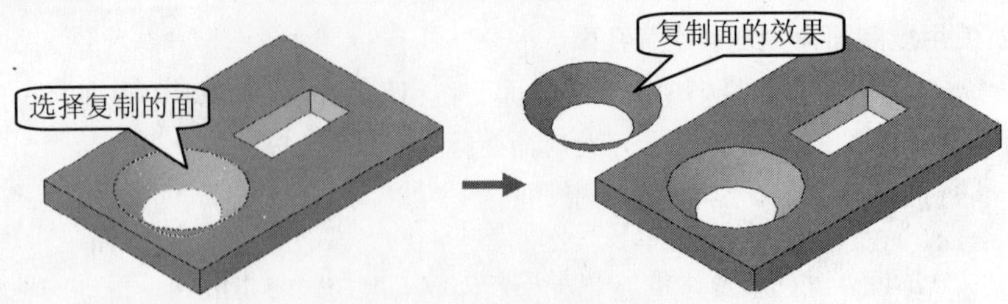

图 10-115　复制的面

②继续复制面命令，选择在上一步中得到的吹气孔面，在命令行提示“指定位移的第二点：”时分别输入（@0,120,0）、（@0,150,0）（@0,180,0）（@0,210,0）（@0,240,0）（@0,270,0）（@0,350,0)、(@0,380,0)，其余命令行操作与上一步复制面命令相同，得到笛子的所有吹气孔面，如图 10-116 所示。

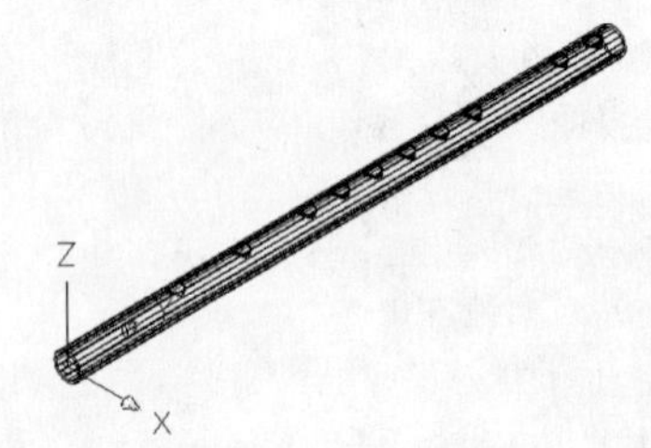

图 10-116　得到笛子的所有吹气孔面

步骤 3 剖切实体

在菜单栏中单击“修改>三维操作>剖切”命令，通过复制面操作得到的笛子吹气孔面作为剖切面，将其围成的实体从笛子中剖切出去，完成笛子的绘制，如图 10-108 所示。

知识要点：

在 AutoCAD 2010 中，可以用 SLICE 命令沿某平面把实体一分为二，保留被剖切实体的一半或全部并生成新实体。剖切后的实体将保留原实体的图层及颜色等信息，但原实体的历史记录将不被保存。

剖切三维实体命令的启动方法介绍如下。

- 下拉菜单：选择“修改>三维操作>剖切”命令。
- 输入命令名：在命令行中输入或动态输入 SLICE，并按 Enter 键。

按照如下命令行操作进行，剖切面为平分实体中两个圆孔的平面，保留实体的内侧部分，得到剖切后的实体如图 10-117 所示。

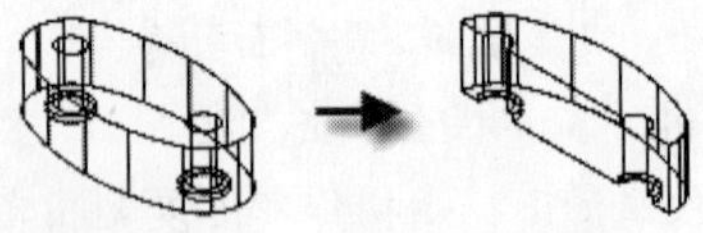

图 10-117　完成剖切后的实体

命令行的操作如下。

```
命令：_slice
选择要剖切的对象：（选择实体）找到 1 个
选择要剖切的对象：                                                    （按 Enter 键）
指定切面的起点或[平面对象(O)/曲面(S)/Z 轴(Z)/视图(V)/XY(XY)/YZ(YZ)/ZX
(ZX)/三点(3)]<三点>:                                          （选择左边圆孔的中心点）
指定平面上的第二个点：                                        （选择右边圆孔的中心点）
在所需的侧面上指定点或[保留两个侧面(B)] <保留两个侧面>：（指定实体内侧的任意一个点）
```

命令行中各选项含义如下。

剖切实体的默认方式是：指定两个点定义垂直于当前 UCS 的 XY 平面的剪切平面，然后选择要保留的部分。也可以通过指定平面对象、三点、曲面、Z 轴、视图、各坐标平面等来定义剖切平面，这些都可以在命令行出现提示时加以选择。

- “平面对象”选项：可以将已选择的平面对象所在的平面作为剖切面，该平面对象可以为曲线、圆、椭圆、圆弧、二维样条曲线、二维多段线等。
- “曲面”选项：会把剖切平面与所选曲面对齐。
- “Z 轴”选项：通过在平面上指定一点和在平面的 Z 轴（法向）上指定另一点来定义剪切平面。
- “视图”选项：以平行于当前视图的平面作为剖切面。
- “XY/YZ/ZX”选项：将剖切平面与当前用户坐标系的各坐标平面相对齐。
- “三点”选项：将所选择的三点所在的平面作为剖切平面。

步骤 4 保存文件

实用案例 10.10　绘制电脑桌

效果文件：	CDROM\10\效果\电脑桌模型.dwg
演示录像：	CDROM\10\演示录像\电脑桌模型.exe

案例解读

在本案例中，主要讲解了 AutoCAD 中创建电脑桌模型的方法，包括直线、多段体、移动、面域、拉伸、剖切、旋转、圆角、拉伸面、偏移面、三维镜像和并集等命令，使读者熟练掌握电脑桌模型的创建方法和技巧，其效果如图 10-118 所示。

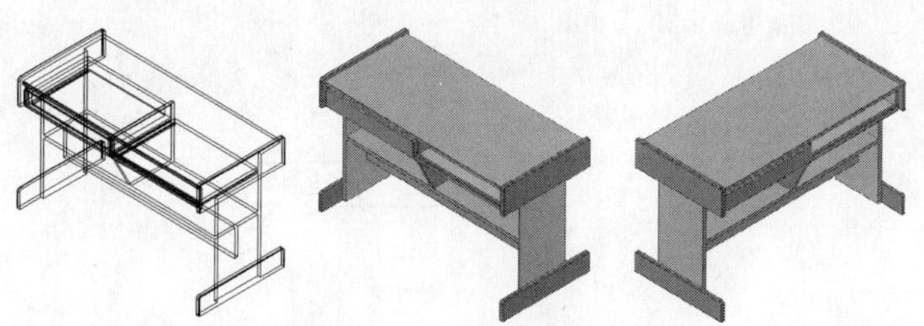

图 10-118　电脑桌模型效果

要点流程

- 首先启动 AutoCAD 2010 中文版，绘制直线并转换为多段体，复制该多段体，再使用偏移面命令对指定的面进行偏移，从而创建电脑架一侧的实体；
- 同样创建电脑架横栏多段体对象，将前面创建电脑架一侧实体进行三维镜像操作，从而形成整个电脑架实体；
- 创建拉伸实体，再用抽壳与偏移等功能来创建抽屉和键盘面板实体；
- 使用移动命令将创建的抽屉和键盘面板移至电脑架的相应位置；
- 绘制矩形并拉伸实体，从而创建电脑桌的面板。

本案例流程图如图 10-119 所示。

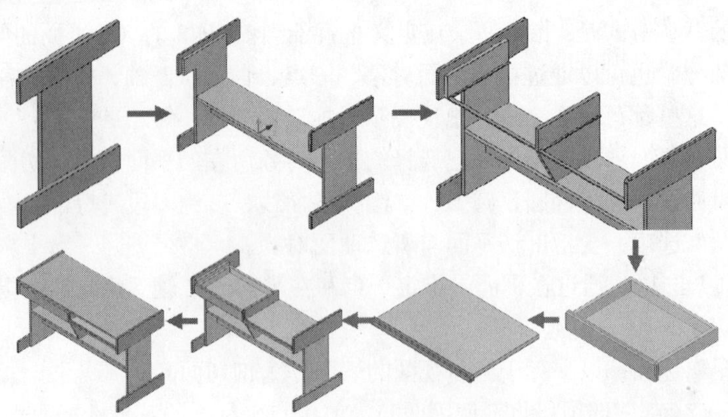

图 10-119　电脑桌模型流程图

操作步骤

步骤 1 使用复制等命令绘制实体

①启动 AutoCAD 2010 中文版，切换到“右视图”，在“绘图”工具栏中单击“直线”按钮，在视图中绘制一条水平长为 290 的直线段。

②切换到“西南等轴测视图”，在“建模”工具栏中单击“多段体”按钮，按照如下提示将绘制的直线段转换为多段体，如图 10-120 所示。

```
命令: _Polysolid                                              (启动多段体命令)
高度 = 80.0000, 宽度 = 5.0000, 对正 = 居中                    (显示当前的多段体参数)
指定起点或 [对象(O)/高度(H)/ /对正(J)] <对象>: w              (选择宽度(W)选项)
指定宽度 <5.0000>: 20                                         (输入新的宽度值)
指定起点或 [对象(O)/高度(H)/宽度(W)/对正(J)] <对象>: h        (选择高度(H)选项)
指定高度 <80.0000>: 110                                       (输入新的高度值)
高度 = 110.0000, 宽度 = 20.0000, 对正 = 居中                  (显示所设置的多段体参数)
指定起点或 [对象(O)/高度(H)/宽度(W)/对正(J)] <对象>:          (按 Enter 键)
选择对象:                                                     (选择绘制的直线段)
```

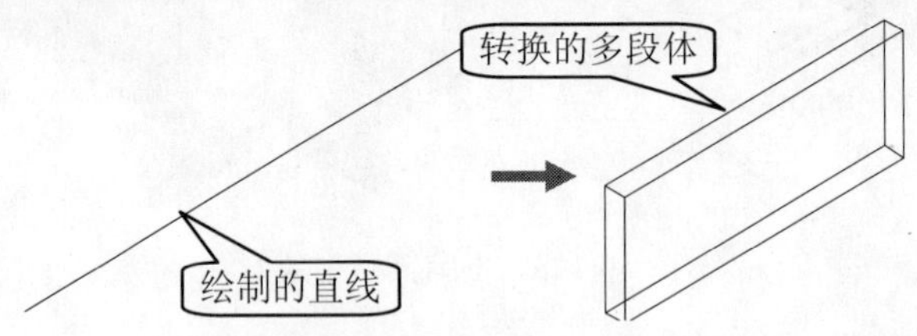

图 10-120　绘制直线并转换为多段体

③使用“复制”命令（COPY），将创建的多段体对象以 20 的距离向右复制，如图 10-121 所示。

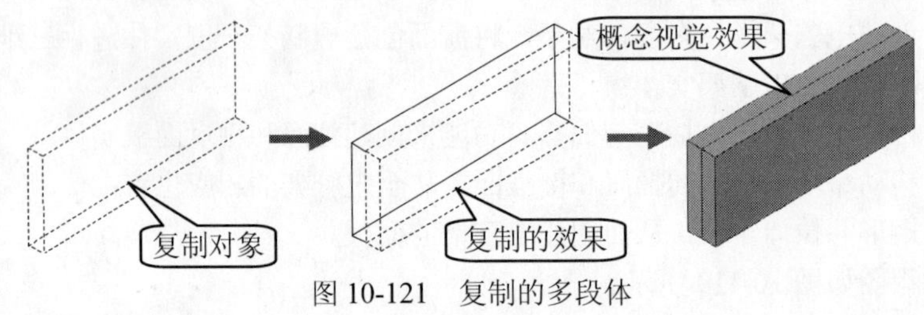

图 10-121　复制的多段体

步骤 2 使用偏移面命令

①在“实体编辑”工具栏中单击“偏移面”按钮，按照如下提示偏移实体的面，其偏移的效果如图 10-122 所示。

```
命令: _solidedit
实体编辑自动检查:  SOLIDCHECK=1
输入实体编辑选项 [面/边(E)/体(B)/放弃(U)/退出(X)] <退出>: _face ( 选择面(F)项 )
输入面编辑选项
[拉伸(E)/移动(M)/旋转(R)/偏移(O)/倾斜(T)/删除(D)/复制(C)/颜色(L)/材质(A)/放弃(U)/退出(X)] <退出>: _offset                ( 选择偏移(O)项 )
选择面或 [放弃(U)/删除(R)]: 找到一个面。                   ( 选择实体的面 )
选择面或 [放弃(U)/删除(R)/全部(ALL)]:                   ( 按 Enter 键结束选择 )
指定偏移距离: 145                                     ( 输入偏移的距离值 )
```

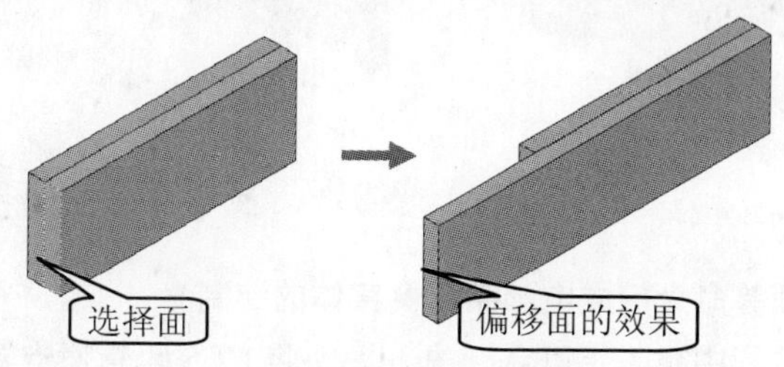

图 10-122　偏移实体面

知识要点：

“偏移面”命令就是将指定的实体表面按指定的距离进行偏移操作。首先启动偏移面命令，再选择实体上的面，选择完毕后按 Enter 键，然后输入偏移距离后按 Enter 键即可。

偏移面的启动方法介绍如下。

- 下拉菜单：选择“修改>实体编辑>偏移面”命令。
- 工具栏：在“实体编辑”工具栏上单击“偏移面”按钮。

当启动偏移面命令后，并按照如下提示即可偏移指定的面，如图 10-123 所示。

```
命令: _solidedit
实体编辑自动检查:  SOLIDCHECK=1
输入实体编辑选项 [面(F)/边(E)/体(B)/放弃(U)/退出(X)] <退出>: _face ( 选择面 )
输入面编辑选项
[拉伸(E)/移动(M)/旋转(R)/偏移(O)/倾斜(T)/删除(D)/复制(C)/颜色(L)/材质(A)/放弃(U)/退出(X)] <退出>: _offset                ( 选择偏移面选项 )
选择面或 [放弃(U)/删除(R)]: 找到一个面。                   ( 选择要移动的面 )
选择面或 [放弃(U)/删除(R)/全部(ALL)]:                   ( 按 Enter 键结束选择 )
指定偏移距离: 100                                     ( 输入偏移的距离值 )
```

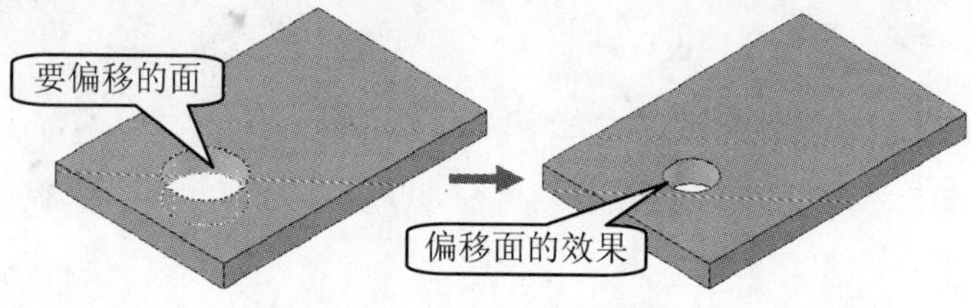

图 10-123　偏移的面

注意

如果在此输入偏移距离为-100，则指定的面将放大。

②将该实体的另一端面进行偏移，其偏移距离仍然为 145，如图 10-124 所示。

③同样，选择另外一个实体的上端面，将其向上偏移，其偏移的距离为 600，如图 10-125 所示。

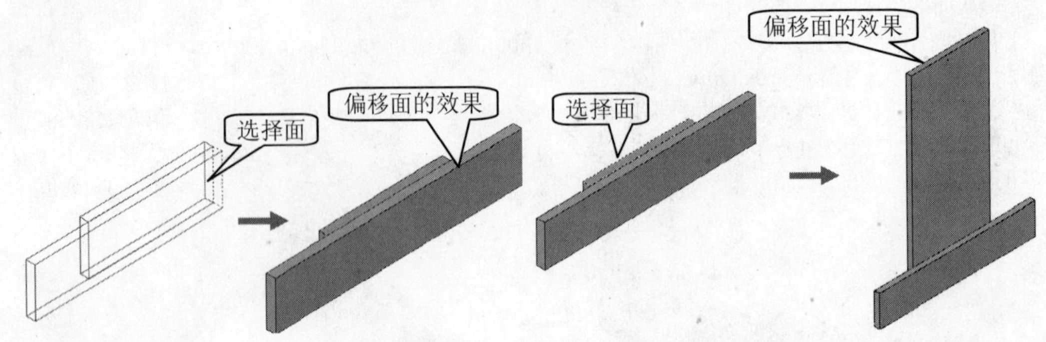

图 10-124 偏移实体的另一端面　　图 10-125 偏移另一实体的面

步骤 3 使用拉伸面等命令完成电脑架一侧实体的绘制

①在"UCS"工具栏中单击"原点"按钮，将 UCS 坐标原点置于偏移实体的端点位置，再单击"Z 轴矢量"按钮，然后在"指定新原点或 [对象(O)] <0,0,0>:"提示下输入"0，0，-120"坐标，从而将 UCS 坐标垂直向下移动 120，如图 10-126 所示。

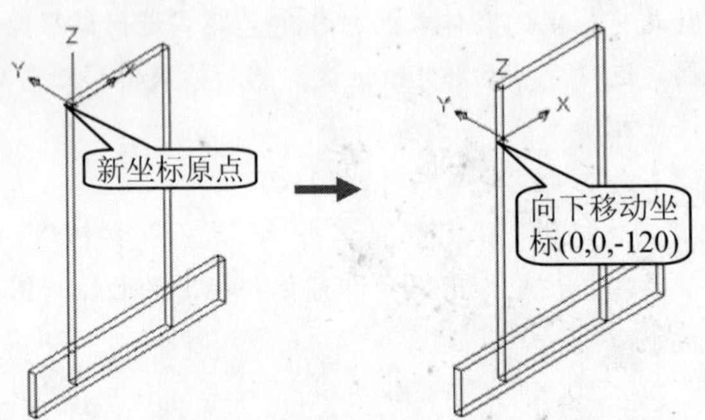

图 10-126 改变 UCS 坐标原点

②选择"修改>三维操作>剖切"命令，按照如下提示将刚偏移面得到的实体以 UCS 坐标原点位置进行剖切操作，其剖切的效果如图 10-127 所示。

```
命令: _slice                                             （启动剖切实体命令）
选择要剖切的对象: 找到 1 个                              （选择要剖切的实体对象）
选择要剖切的对象:                                        （按 Enter 键结束选择）
指定 切面 的起点或 [平面对象(O)/曲面(S)/Z 轴(Z)/视图(V)/ /YZ(YZ)/ZX(ZX)/三点
(3)] <三点>: xy                                          （选择 XY(XY)选项）
指定 XY 平面上的点 <0,0,0>:                              （按 Enter 键以坐标原点进行剖切）
在所需的侧面上指定点或 [保留两个侧面(B)] <保留两个侧面>:  （按 Enter 键保留两侧）
```

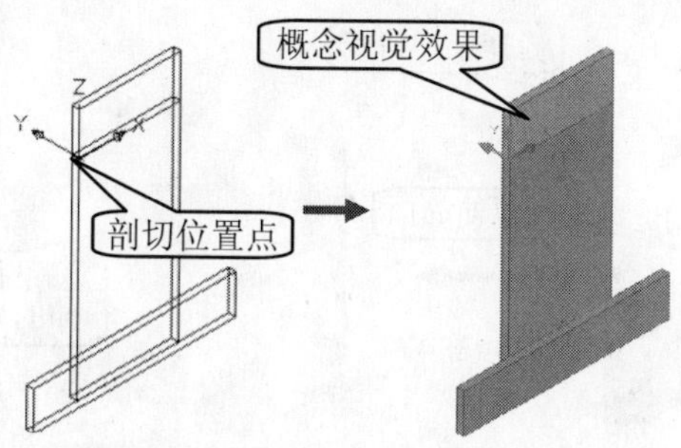

图 10-127　对实体进行剖切操作

③在“建模”工具栏中单击“拉伸面”按钮，按照如下提示进行操作，将选择的实体面进行拉伸操作，如图 10-128 所示。

```
命令: _solidedit
实体编辑自动检查:  SOLIDCHECK=1
输入实体编辑选项 [面(F)/边(E)/体(B)/放弃(U)/退出(X)] <退出>: _face
输入面编辑选项
[拉伸(E)/移动(M)/旋转(R)/偏移(O)/倾斜(T)/删除(D)/复制(C)/颜色(L)/材质(A)/放弃(U)/退出(X)] <退出>: _extrude          ( 选择拉伸(E)选项 )
选择面或 [放弃(U)/删除(R)]: 找到一个面。                ( 选择要拉伸的实体面 )
选择面或 [放弃(U)/删除(R)/全部(ALL)]:                  ( 按 Enter 键结束选择 )
指定拉伸高度或 [路径(P)]: 110                          ( 输入拉伸的高度值 )
指定拉伸的倾斜角度 <0>:                                ( 按 Enter 键不倾斜 )
```

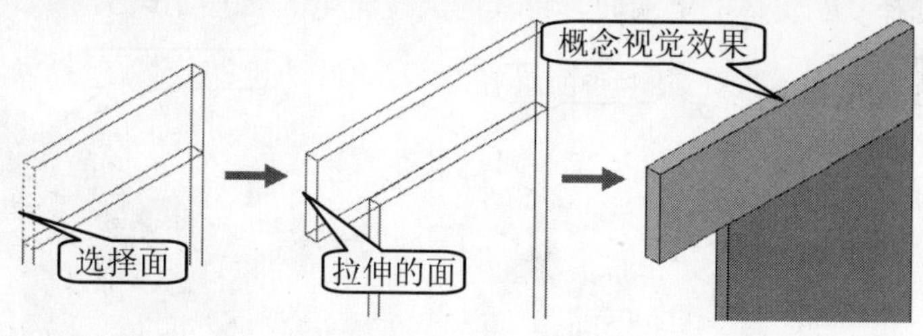

图 10-128　拉伸实体面

知识要点：

“拉伸面”命令就是将指定的实体表面按指定的长度或指定的路径进行拉伸。首先选择启动拉伸面命令，再选择实体上的面，选择完毕后按 Enter 键，然后输入拉伸的高度值后按 Enter 键，再根据需要输入拉伸倾斜角度值。

拉伸面的启动方法介绍如下。

- 下拉菜单：选择“修改>实体编辑>拉伸面“命令。
- 工具栏：在“实体编辑”工具栏上单击“拉伸面”按钮。
- 输入命令名：在命令行中输入或动态输入 EXTRUDE，并按 Enter 键。

注意

用户在选择要拉伸的面时，如果多选了并要取消指定的面时，应按住 Shift 键再选择要取消的面即可。如果用户需要将指定的面按照路径进行拉伸时，应事先绘制好拉伸面的路径对象，但这时系统就不会提示输入拉伸的倾斜角度，如图 10-129 所示。

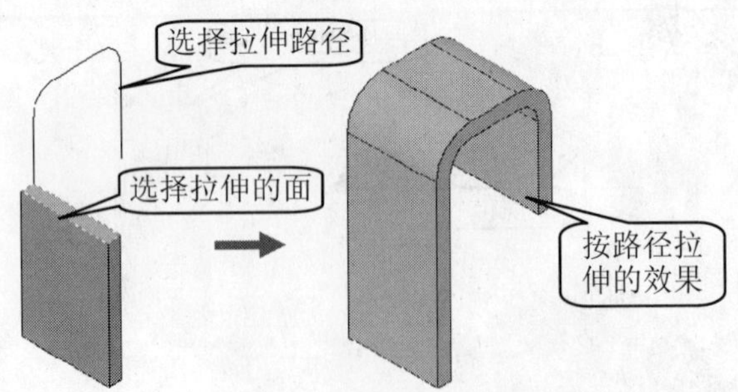

图 10-129　按路径拉伸的面

④使用“复制”命令（COPY），将另外的一个实体垂直向上复制，复制的距离为 600，如图 10-130 所示。

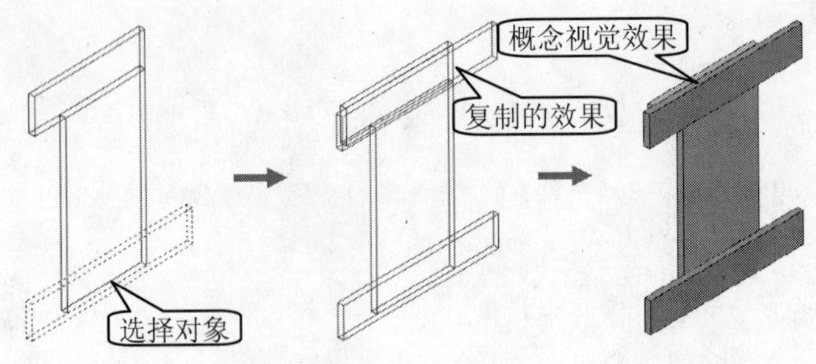

图 10-130　复制的实体

⑤同样，选择复制实体的上端面，将其向上拉伸 40，如图 10-131 所示。

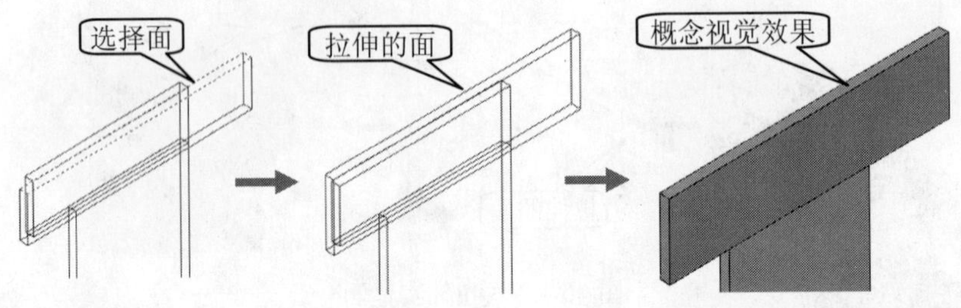

图 10-131　拉伸的实体面

步骤 4　使用圆角命令

①使用“直线”命令（LINE），按 F8 键切换到正交模式，过实体下侧轮廓线的中点绘制一条长 1160 的线段，再单击“多段体”按钮，以宽度为 20、高度为 175、中对齐的方式将线段转换为多段体，如图 10-132 所示。

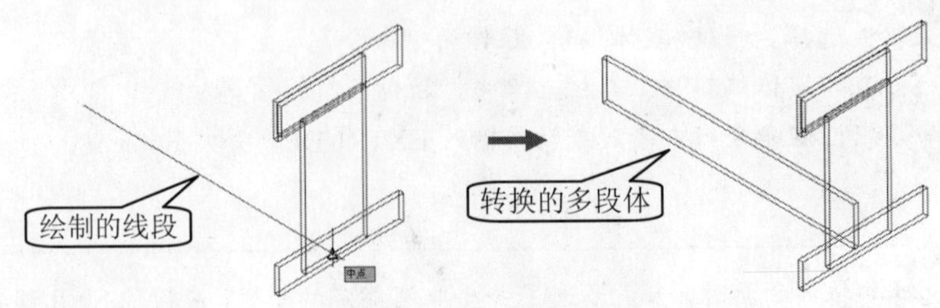

图 10-132　绘制直线并转换为多段体

②使用“直线”命令（LINE）绘制一条长 290 的线段（直线的中点在实体轮廓边的中

点位置），并改变 UCS 坐标轴的原点和方向，如图 10-133 所示。

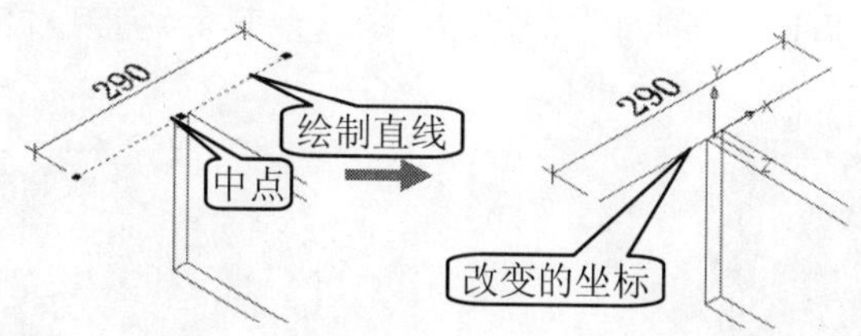

图 10-133　绘制直线并改变坐标

③在“建模”工具栏中单击“多段体”按钮，以宽度为 20、高度为 1160、右对齐的方式将上一步绘制的线段转换为多段体，如图 10-134 所示。

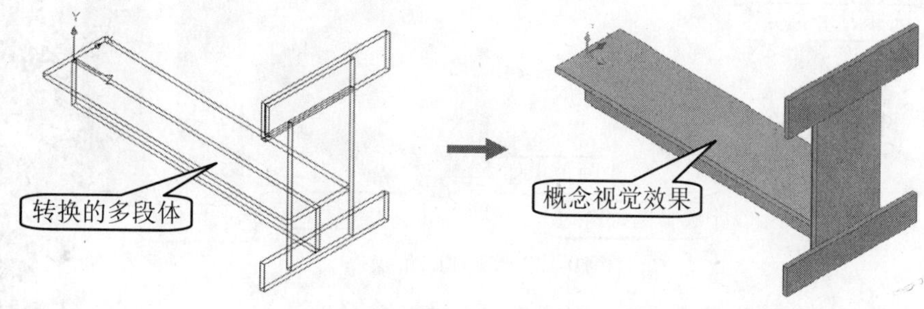

图 10-134　转换的多段体

④使用“移动”命令（MOVE），将创建的两个多段体对象垂直向上移动 175，如图 10-135 所示。

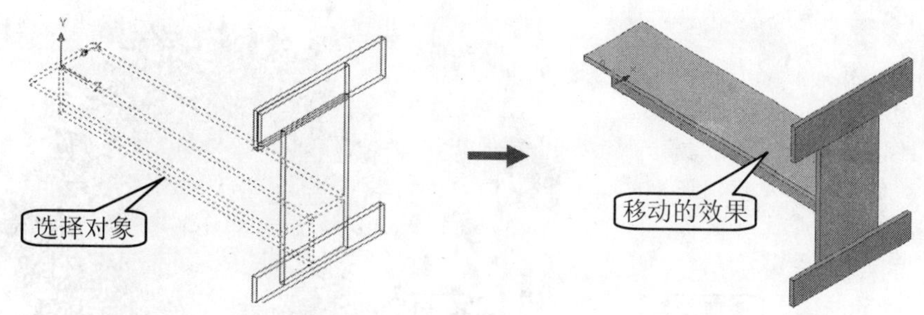

图 10-135　移动的多段体

⑤单击“圆角”按钮，将指定实体的轮廓边分别以半径为 15 和 5 进行圆角处理，然后对右侧的多个实体进行并集处理，如图 10-136 所示。

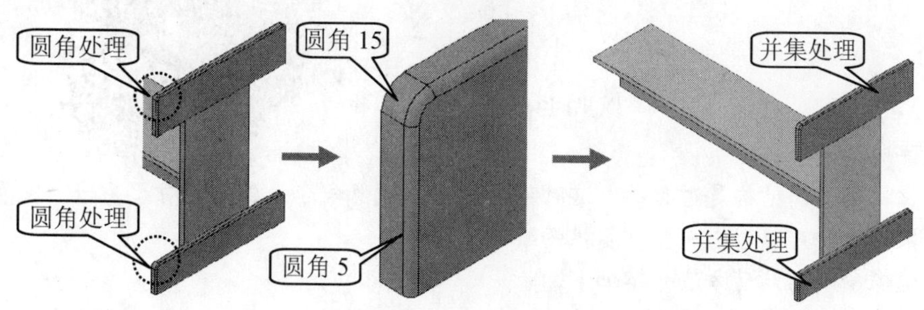

图 10-136　圆角与并修集处理

知识要点：

在“修改”工具栏中单击“圆角”按钮，按照如下提示即可对实体的指定边进行圆角操作，如图 10-137 所示。

```
命令：_fillet                                                  （启动圆角命令）
当前设置：模式 = 修剪，半径 = 10.0000
选择第一个对象或 [放弃(U)/多段线(P)/半径(R)/修剪(T)/多个(M)]：    （选择圆角的对象）
输入圆角半径 <10.0000>：5                                       （指定圆角的半径值）
选择边或 [链(C)/半径(R)]：c                                     （选择链(C)选项）
选择边链或 [边(E)/半径(R)]：                                    （选择的链边）
选择边链或 [边(E)/半径(R)]：                                    （按Enter键结束选择）
```

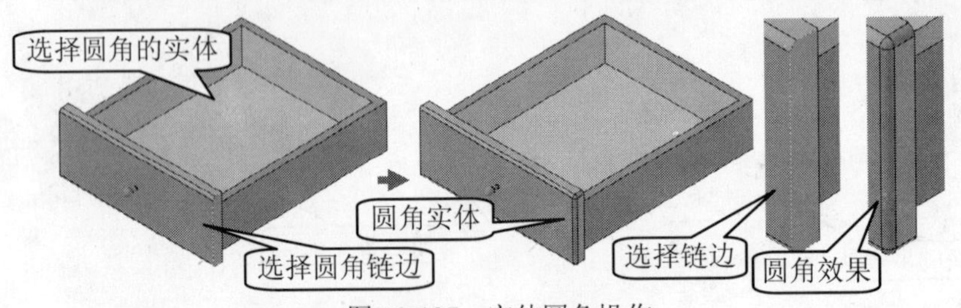

图 10-137　实体圆角操作

步骤 5 使用三维镜像等命令完成整个电脑架实体的绘制

①参照前面的方法改变 UCS 坐标轴的原点和方向，选择“修改>三维操作>三维镜像”命令，将刚刚进行并集处理的实体对象在 UCS 坐标的原点（0，0，0）进行镜像，其操作提示如下，效果如图 10-138 所示。

```
命令：_mirror3d                                                 （启动三维镜像命令）
选择对象：找到 1 个                                             （选择并集的实体对象）
选择对象：                                                      （按Enter键结束选择）
指定镜像平面（三点）的第一个点或 [对象(O)/最近的(L)/Z 轴(Z)/视图(V)/XY 平面(XY)/YZ 平面(YZ)/ZX 平面(ZX)/三点(3)] <三点>：xy     （选择XY平面(XY)选项）
指定 XY 平面上的点 <0,0,0>：                         （按Enter键以原点<0,0,0>进行镜像）
是否删除源对象？[是(Y)/否(N)] <否>：N                           （不删除源对象）
```

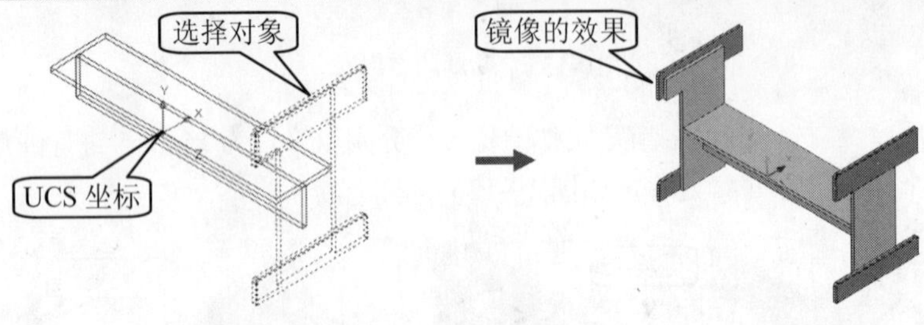

图 10-138　三维镜像操作

知识要点：

有些机械零件的结构是对称的，这时可以用三维镜像命令来创建相对于某一个空间平面的镜像对象，这样可以省去一些重复性的绘制步骤。

三维镜像命令的启动方法介绍如下。

- 下拉菜单：选择“修改>三维操作>三维镜像”命令。
- 输入命令名：在命令行中输入或动态输入 MIRROR3D，并按 Enter 键。

◆ 命令启动后按如下命令行操作，三维镜像实体如图 10-139 所示。

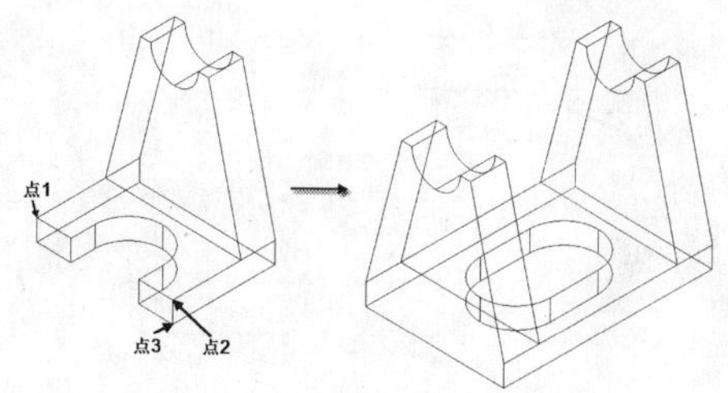

图 10-139　三维镜像实体

命令行的操作如下。

```
命令: _mirror3d
选择对象:(选择直立的实体) 找到 1 个
选择对象:                                              (按 Enter 键表示完成选择)
指定镜像平面 (三点) 的第一个点或
  [对象(O)/最近的(L)/Z 轴(Z)/视图(V)/XY 平面(XY)/YZ 平面(YZ)/ZX 平面(ZX)/三点
(3)] <三点>:                   (按默认方式即"三点"方式定义镜像平面，选择第一个点)
在镜像平面上指定第二点:(选择第二个点) 在镜像平面上指定第三点:           (选择第三个点)
是否删除源对象? [是(Y)/否(N)] <否>:N      (按 Enter 键接受默认选择，即不删除源对象)
```

命令行中各选项含义如下。

- “对象”选项：使用选定平面对象所在的平面作为镜像平面。
- “最近的”选项：以最后定义的镜像平面作为当前的镜像平面。
- “Z 轴”选项：根据平面上的一个点和平面法线上的一个点定义镜像平面。
- “视图”选项：将镜像平面与当前视口中通过指定点的视图平面对齐。
- “XY 平面/YZ 平面/ZX 平面”选项：以通过一个定点并且与 XY 平面/YZ 平面/ZX 平面平行的平面作为镜像平面。
- “三点”选项：通过指定三个点来定义镜像平面。

②切换到“二维线框模式”和“西南等轴测视图”，调整 UCS 坐标，并单击“多段线”按钮绘制相应的闭合轮廓对象，如图 10-140 所示。

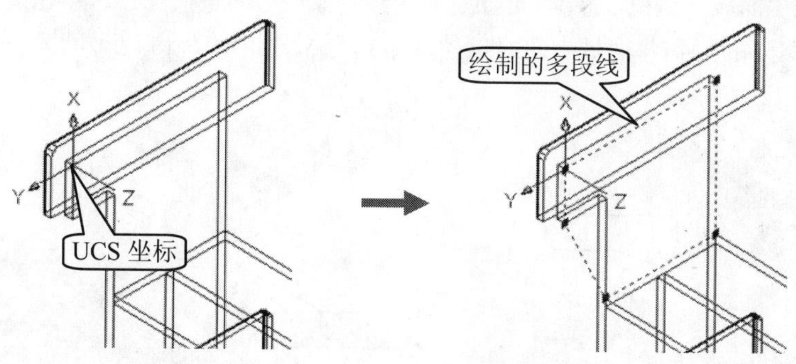

图 10-140　调整坐标并绘制多段线

③单击“面域”按钮，将闭合的多段线对象进行面域操作，再单击“建模”工具栏中的“拉伸”按钮，将其面域的对象拉伸 20，如图 10-141 所示。

④使用“移动”命令（MOVE），选择刚拉伸的实体对象，并以其左下角点为基点向 Z 轴正方向移动 570，如图 10-142 所示。

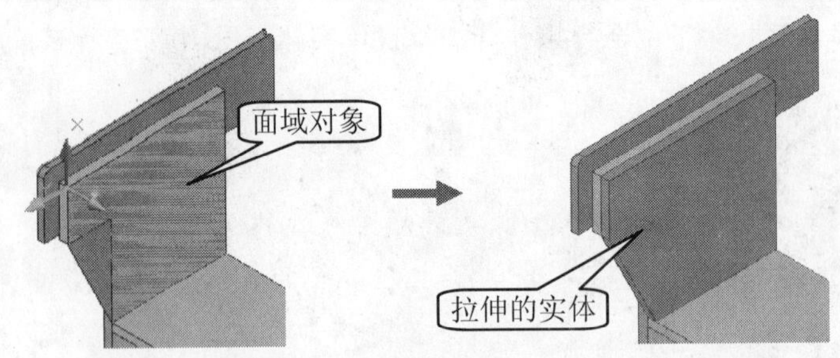

图 10-141　面域轮廓并拉伸操作

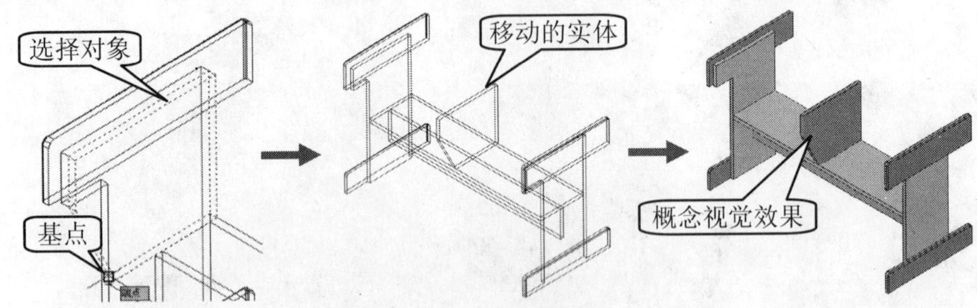

图 10-142　移动的实体

5 调整 UCS 坐标，单击“多段线”按钮，绘制如图 10-143 所示的多段线。

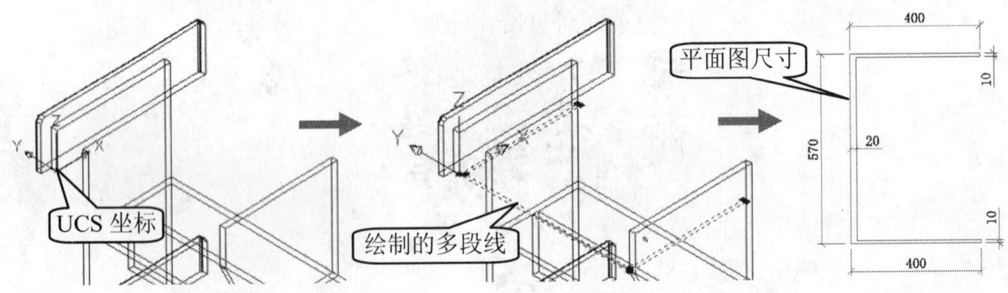

图 10-143　绘制的闭合多段线

6 单击“面域”按钮，将闭合的多段线对象进行面域操作，再单击“建模”工具栏中的“拉伸”按钮，将面域上的对象拉伸距离为 5，如图 10-144 所示。

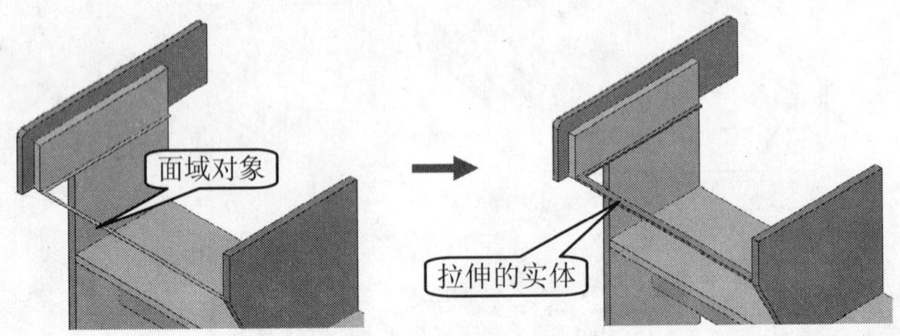

图 10-144　面域轮廓并拉伸操作

7 使用“复制”命令（COPY），将刚拉伸的“匚”形状的实体向右进行复制，其复制的距离为 590，如图 10-145 所示。

8 单击“并集”按钮，将绘制的电脑桌架子进行并集操作。

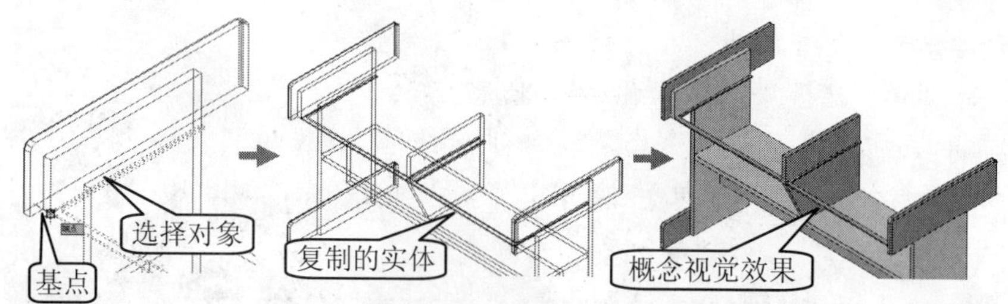

图 10-145　复制的实体

步骤 6 使用抽壳等命令绘制抽屉

①切换到“二维线框模式”和“俯视图”，使用“矩形”命令绘制一个 400×560 的矩形；单击“面域”按钮，将矩形进行面域操作，再单击“建模”工具栏中的“拉伸”按钮，将面域的对象拉伸 70，如图 10-146 所示。

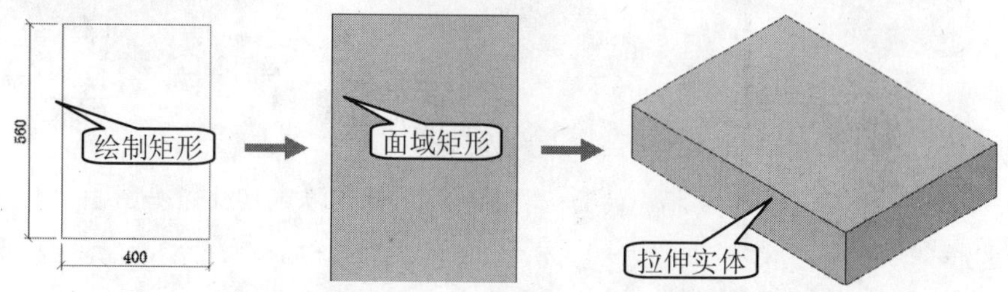

图 10-146　绘制矩形并拉伸实体

②在“实体编辑”工具栏中单击“抽壳”按钮，按照如下提示对拉伸的实体进行抽壳操作，如图 10-147 所示。

```
命令: _solidedit
实体编辑自动检查:  SOLIDCHECK=1
输入实体编辑选项 [面(F)/边(E)/体(B)/放弃(U)/退出(X)] <退出>: _body
输入体编辑选项[压印(I)/分割实体(P)/抽壳(S)/清除(L)/检查(C)
/放弃(U)/退出(X)] <退出>: _shell                        ( 选择抽壳(S)选项 )
选择三维实体:                                          ( 选择要抽壳的实体对象 )
删除面或 [放弃(U)/添加(A)/全部(ALL)]: 找到一个面，已删除 1 个。    ( 选择抽壳面 )
删除面或 [放弃(U)/添加(A)/全部(ALL)]: 找到一个面，已删除 1 个。    ( 选择抽壳面 )
删除面或 [放弃(U)/添加(A)/全部(ALL)]:                       ( 按 Enter 键结束选择 )
输入抽壳偏移距离: 20                                     ( 输入抽壳的偏移距离值 )
```

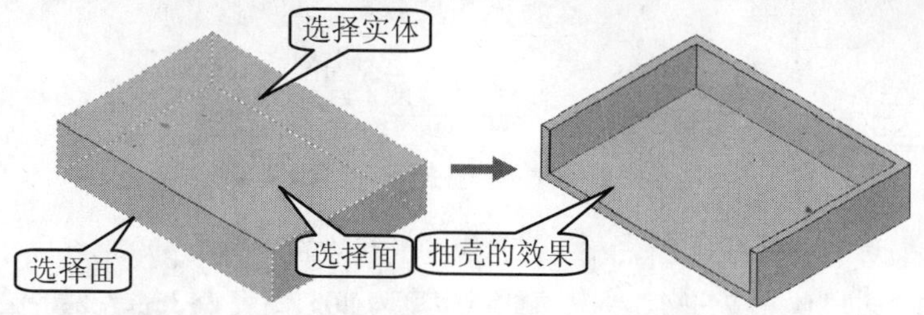

图 10-147　实体抽壳操作

知识要点：

“抽壳”命令用于以指定的厚度在实体对象上创建中空的薄壁操作。

抽壳的启动方法介绍如下。

- 下拉菜单：选择“修改>实体编辑>抽壳”命令。
- 工具栏：在“实体编辑”工具栏上单击“抽壳”按钮。

当启动抽壳命令后，并按照提示对实体指定的面进行抽壳，如图 10-147 所示。

注意

在输入抽壳偏距离时，若值为正，则实体表面向内偏移形成壳体；若值为负，则向外偏移形成壳体，如图 10-148 所示。

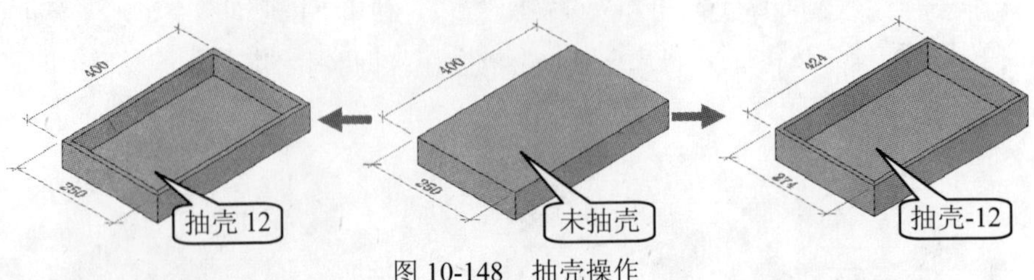

图 10-148　抽壳操作

如果在抽壳时选择了多个要抽壳的面，将抽壳成其他形状的实体，如图 10-149 所示。

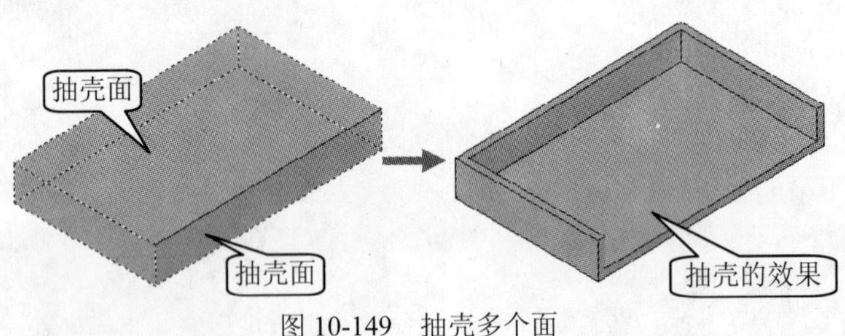

图 10-149　抽壳多个面

③在“建模”工具栏中单击“偏移面”按钮，将抽壳实体的底面向下偏移 10，如图 10-150 所示。

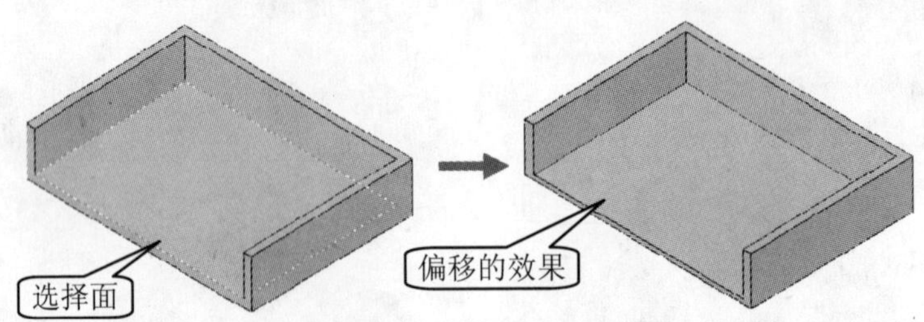

图 10-150　偏移的实体面

④使用“直线”命令（LINE），在实体轮廓的底端绘制一条长 590 的线段，并置于其中点位置，再单击“多段体”按钮，将其直线以宽度为 20、高度为 85、左对齐的方式转换为多段体，如图 10-151 所示。

⑤在“实体编辑”工具栏中单击“偏移面”按钮，将多段体的底面向下偏移 15，如图 10-152 所示。

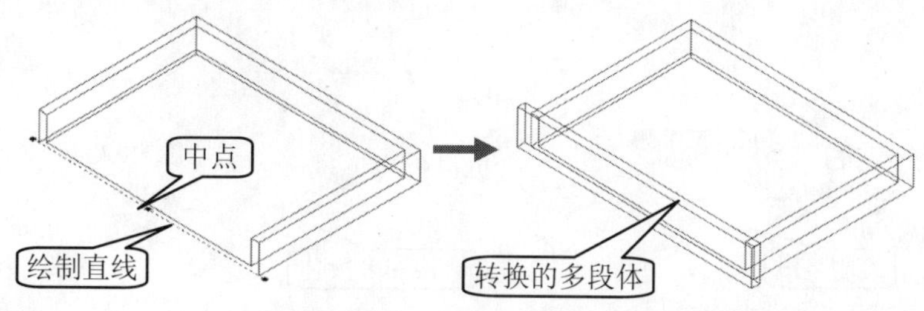

图 10-151 绘制直线并转换为多段体

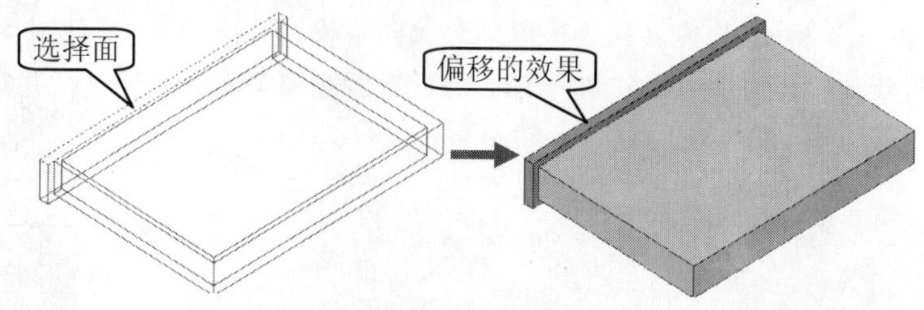

图 10-152 偏移的实体面

⑥单击“圆角”按钮，将抽屉面板实体进行圆角处理，其圆角半径分别为 10 和 5，然后对整个抽屉实体进行并集处理，如图 10-153 所示。

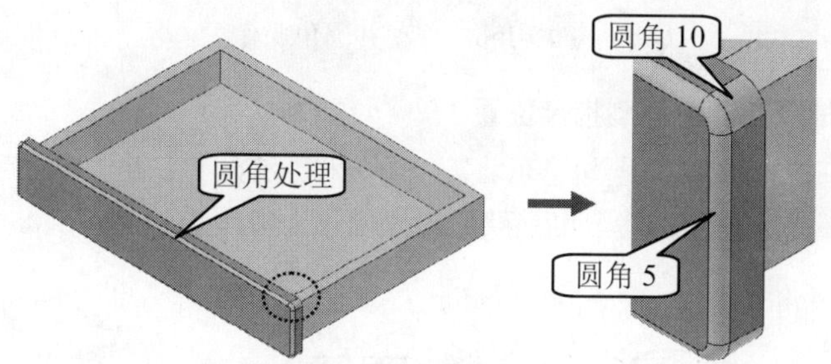

图 10-153 圆角处理

步骤 7 绘制键盘面板

①切换到“二维线框模式”和“俯视图”，使用“矩形”命令绘制一个 400×560 的矩形；单击“面域”按钮，将矩形进行面域操作，再单击“建模”工具栏中的“拉伸”按钮，将其面域的对象拉伸 20，如图 10-154 所示。

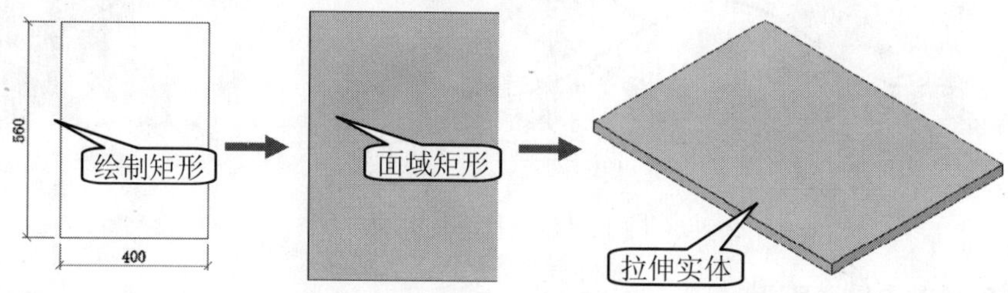

图 10-154 绘制矩形并拉伸实体

②使用“直线”命令（LINE），在实体轮廓的底端绘制一条长 590 的线段，并置于其中点位置，再单击“多段体”按钮，将直线以宽度为 20、高度为 30、左对齐的方式转换为多段体，如图 10-155 所示。

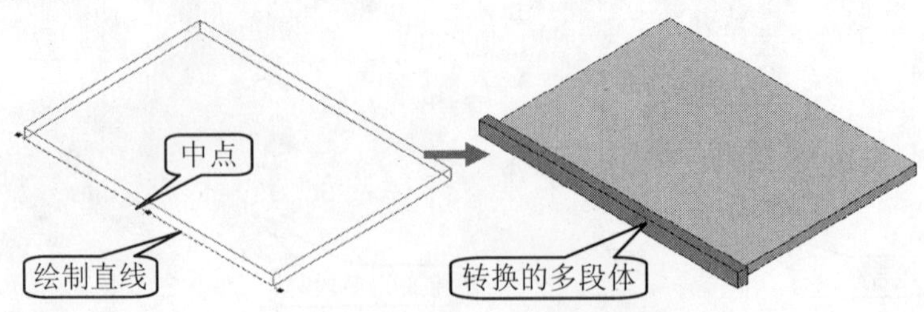

图 10-155　绘制直线并转换为多段体

③使用"移动"命令，将刚转换为多段体对象向下移动距离为 5，再使用"圆角"命令，对实体进行圆角处理，其圆角半径分别为 10 和 5，然后对整个键盘面板进行并集处理，如图 10-156 所示。

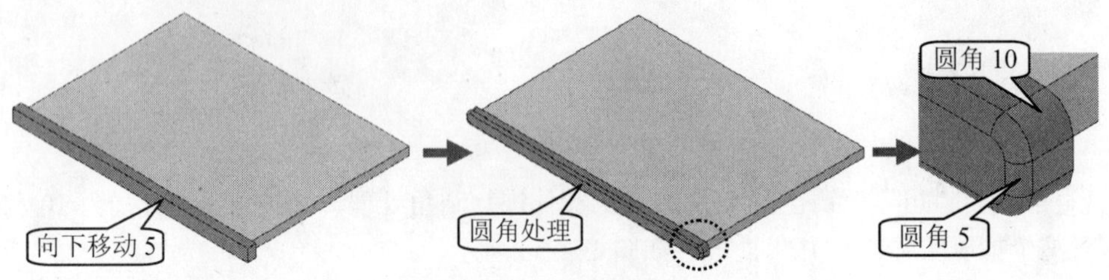

图 10-156　移动并圆角操作

步骤 8 移动抽屉和键盘面到指定位置

切换到"二维线框模式"和"东北等轴测视图"，使用"移动"命令（MOVE），将创建的抽屉和键盘面板分别移至电脑架的相应位置，如图 10-157 所示。

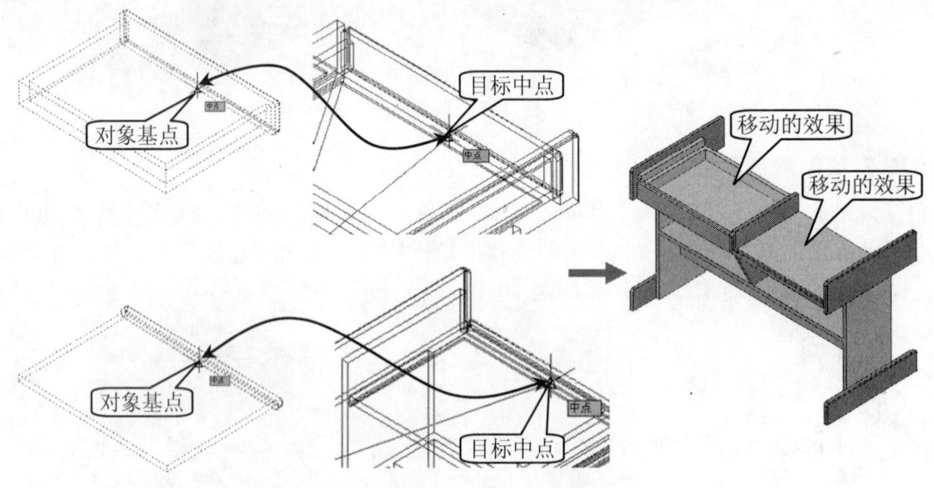

图 10-157　移动的效果

步骤 9 绘制电脑桌面板

①切换到"俯视图"，使用"矩形"命令绘制一个 550×1200 的矩形，再对矩形进行面域操作，如图 10-158 所示。

②在"建模"工具栏中单击"拉伸"按钮，将面域的矩形向上拉伸距离为 20，再使用"圆角"命令，对拉伸的实体前侧轮廓进行圆角操作，其圆角半径为 5，如图 10-159 所示。

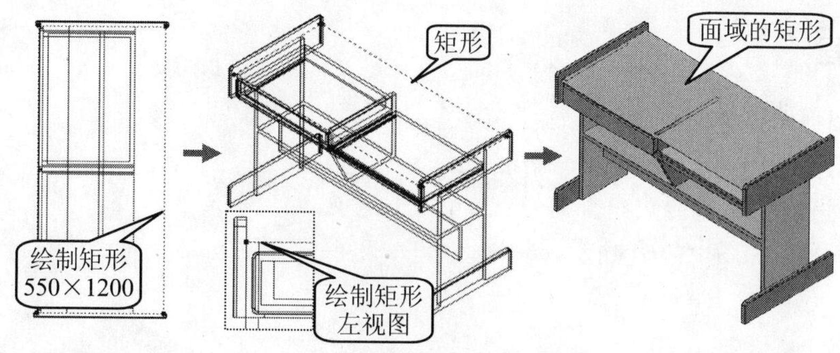

图 10-158　绘制矩形并进行面域操作

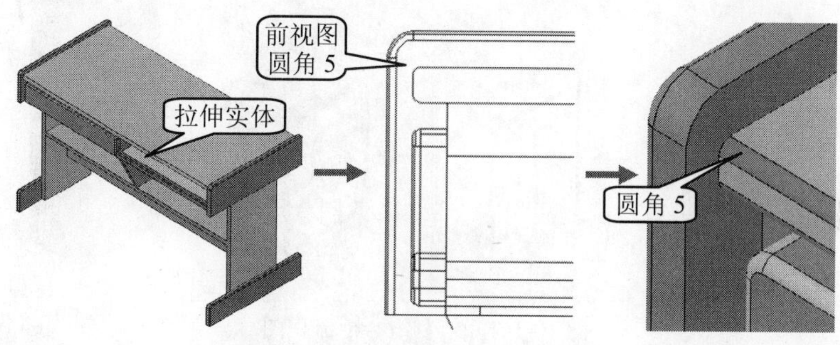

图 10-159　拉伸实体并进行圆角操作

③使用"并集"命令，将绘制的电脑桌面板与架子进行并集处理。

步骤 10 保存文件。

实用案例 10.11　绘制组合柜

效果文件：	CDROM\10\效果\绘制组合柜.dwg
演示录像：	CDROM\10\演示录像\绘制组合柜.exe

案例解读

通过组合柜的绘制，使读者掌握拉伸面、抽壳、复制边、三维对齐等命令的用法，效果如图 10-160 所示。

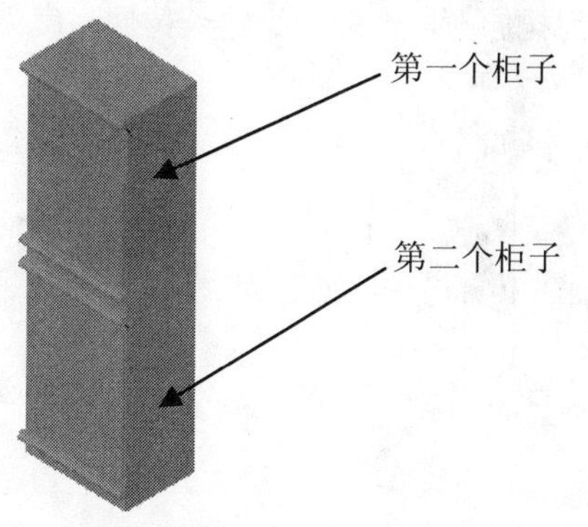

图 10-160　组合柜效果图

要点流程

- 使用抽壳等命令绘制第二个柜子；
- 使用复制边等命令绘制第一个柜子；
- 使用三维对齐命令，组合第一个和第二个柜子。

本案例流程图如图 10-161 所示。

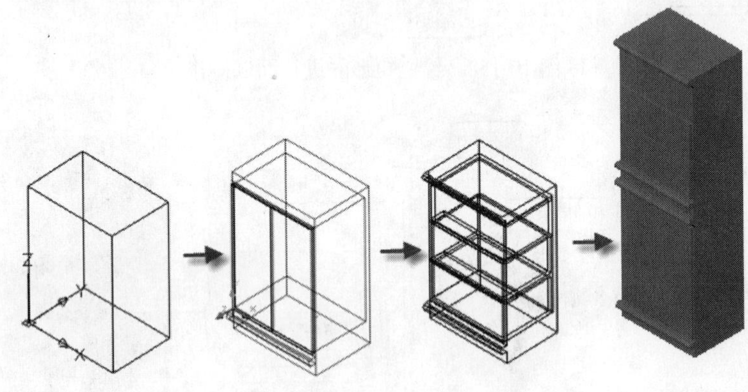

图 10-161　绘制组合柜流程图

操作步骤

步骤 1　绘制第二个柜子

①启动 AutoCAD 2010，进入绘图界面。

②在菜单栏中，选择“视图>三维视图>东南等轴测”命令，切换到东南等轴测视图状态。用命令 ISOLINES 修改 ISOLINES 值为 16。

③在“建模”工具栏中，单击“长方体”按钮，启动长方体绘制命令，在命令行中依次输入点坐标（0，0，0），（600，400，800），创建一个长度为 600，宽为 400，高为 800 的长方体，如图 10-162 所示。

④在“实体编辑”工具栏单击“抽壳”按钮，启动抽壳命令，选中步骤③所创建的长方体，选择如图 10-162 所示的删除面，按 Enter 键选择删除面，输入抽壳距离为 15，结果如图 10-163 所示。

⑤在“实体编辑”工具栏单击“拉伸面”按钮，启动拉伸面命令，选择如图 10-163 所示实体的底面为拉伸面，在命令行输入拉伸高度为 120，倾斜角度为 0，结果如图 10-164 所示。

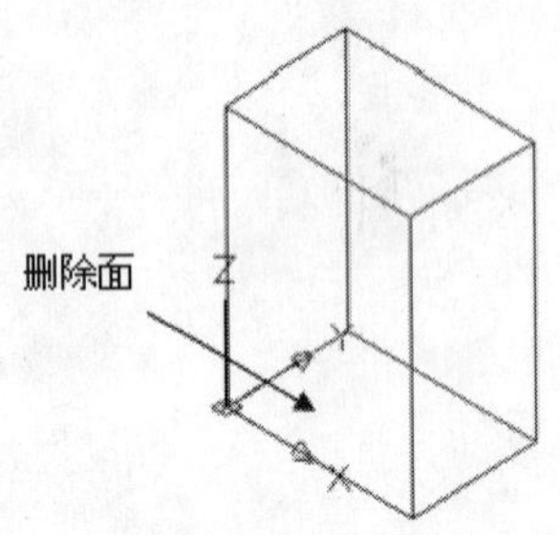

图 10-162　绘制长方体

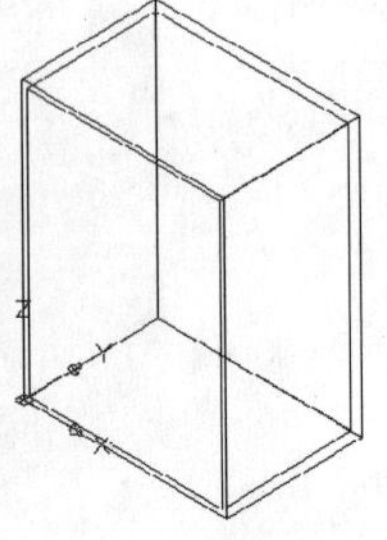

图 10-163　执行抽壳命令

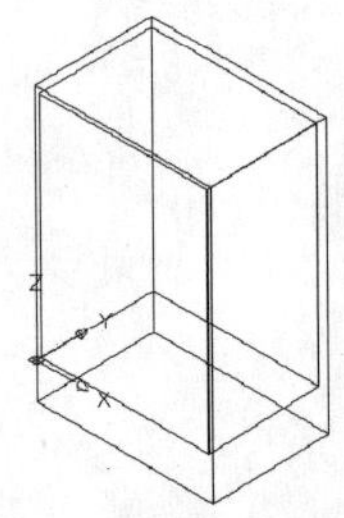

图 10-164　执行拉伸面命令

⑥在“建模”工具栏中，单击“长方体”按钮，启动长方体绘制命令，在命令行依次输入点坐标（0，0，0），（600，-50，40），创建一个长度为 600，宽为 50，高为 40 的长方体，如图 10-165 所示。

⑦在“修改”工具栏单击“圆角”按钮，对步骤⑥所绘制的长方体的边 1 和边 2 进行圆角处理，其圆角半径为 20，其结果如图 10-166 所示。

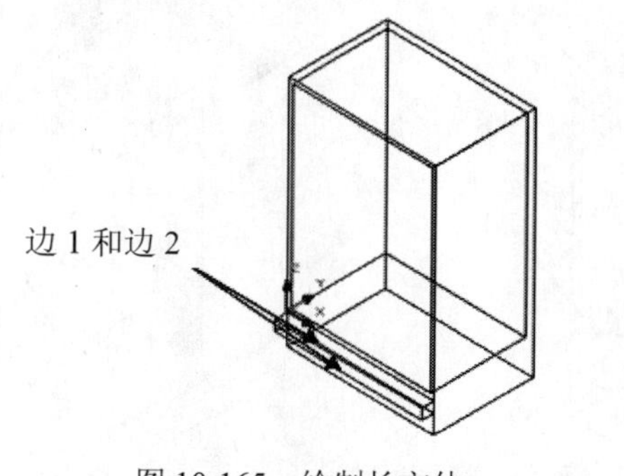

图 10-165　绘制长方体

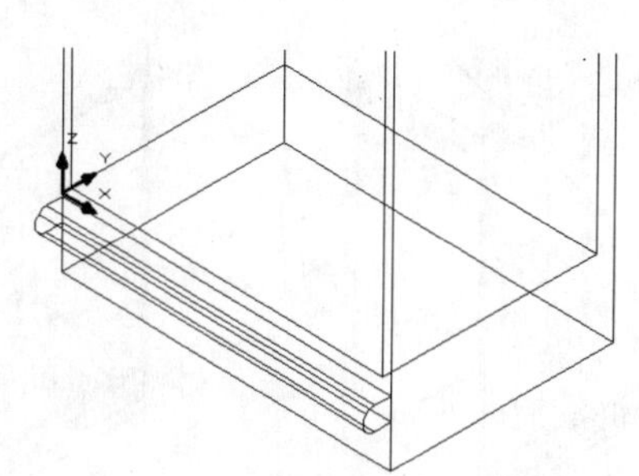

图 10-166　圆角处理

⑧在“实体编辑”工具栏单击“拉伸面”按钮，启动拉伸面命令，选择如图 10-166 所示实体的顶面为拉伸面，在命令行输入拉伸高度为 55，倾斜角度为 0，其结果如图 10-167 所示。

⑨在命令行输入 UCS，启动新建 UCS 坐标命令，在绘图区选择新的原点，结果如图 10-168 所示。

⑩在“建模”工具栏中，单击“长方体”按钮，启动长方体绘制命令，在命令行依次输入点坐标（-5，0，-5），（285，-15，775），创建一个长度为 290，宽为 15，高为 780 的长方体，如图 10-169 所示。

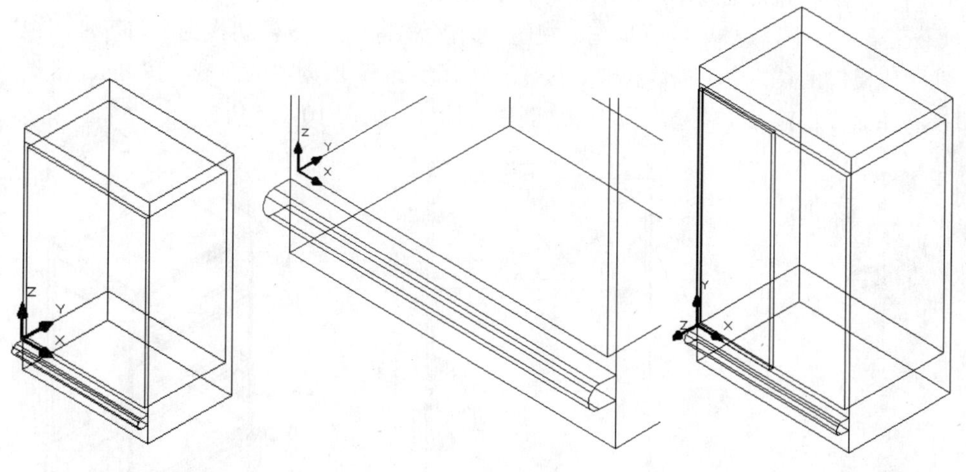

图 10-167　拉伸实体顶面　　图 10-168　新建 UCS　　图 10-169　绘制长方体

⑪在“修改”工具栏单击“圆角”按钮，对步骤⑩所绘制的长方体的进行圆角处理，其圆角半径为 2，结果如图 10-170 所示。

⑫在下拉菜单中选择“修改>三维操作>三维镜像”命令，启动三维镜像命令。选择如图 10-170 所示平面中的三点作为镜像平面，结果如图 10-171 所示。这样柜门绘制完毕。

⑬选择上面的步骤⑥和步骤⑦所绘制的实体，单击鼠标右键，在弹出菜单中，选择“带基点复制”命令，选择如图 10-171 所示的点 1 为基点。在绘图空白区单击鼠标右键，在弹出菜单中，选择“粘贴”命令，选择如图 10-171 所示的点 2 为插入基点，结果如图 10-172 所示。

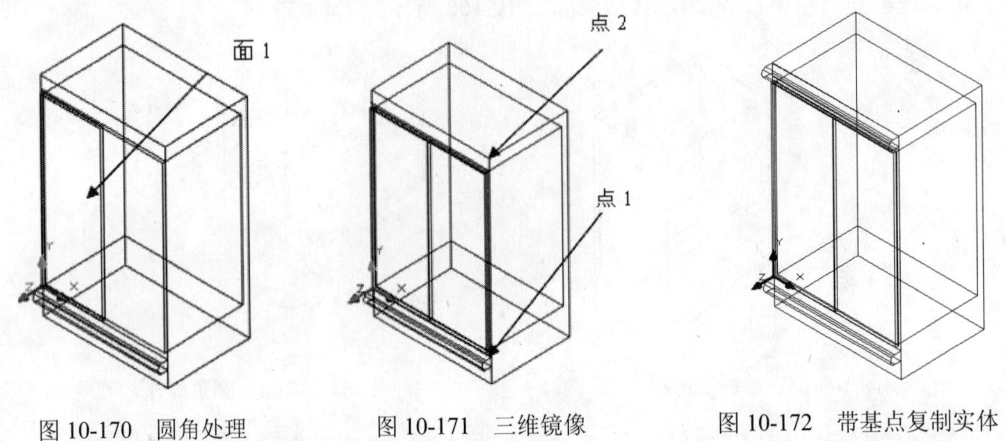

图 10-170 圆角处理　　图 10-171 三维镜像　　图 10-172 带基点复制实体

⑭“实体编辑”工具栏单击“并集”按钮，合并出柜门以外的实体。至此，组合柜的第二个柜子绘制完毕。

步骤 2 使用复制边等命令绘制第一个柜子

①选择上面步骤中所合并的实体，单击鼠标右键，在弹出菜单中，选择“带点复制”命令，选择如图 10-171 所示的点 2 为基点。在绘图空白区单击鼠标右键，在弹出菜单中，选择“粘贴”命令，在绘图区选择一点为插入基点，结果如图 10-173 所示。

②在菜单区选择“视图>三维视图>前视”命令，切换到前视图状态。绘制如图 10-174 所示的两个矩形，并将这两个矩形创建为两个面域。

③在菜单栏中，选择“视图>三维视图>东南等轴测”命令，切换到东南等轴测视图状态。在“建模”工具栏中单击“拉伸”按钮，选择步骤⑯所创建的面域，按 Enter 键结束选择，接着在命令行输入拉伸高度为-100，创建拉伸体，如图 10-175 所示。

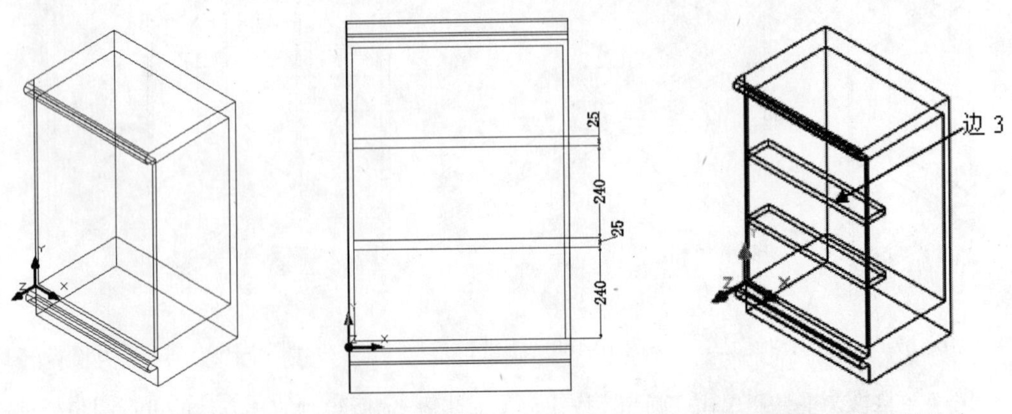

图 10-173 复制合并实体　　图 10-174 绘制矩形并创建面域　　图 10-175 创建拉伸体

④在“实体编辑”工具栏单击“复制边”按钮，选择如图 10-175 所示的边 3，按 Enter 键结束选择，在视图区选择要放置该边的基点，结果如图 10-176 所示。

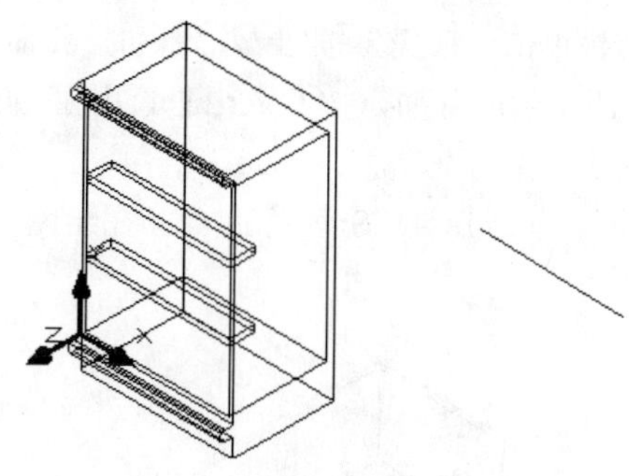

图 10-176　复制边

知识要点：

“复制边”命令就是将指定的实体边进行复制操作。复制边的方法与复制二维对象的方法大致相同，在此就不详细讲解了。

复制边的启动方法介绍如下。

◆ 下拉菜单：选择“修改>实体编辑>复制边”命令。

◆ 工具栏：在“实体编辑”工具栏上单击“复制边”按钮。

◆ 当启动复制边命令后，按照如下提示即可复制指定的边，如图 10-177 所示。

```
命令：_solidedit
实体编辑自动检查：  SOLIDCHECK=1
输入实体编辑选项 [面(F)/边(E)/体(B)/放弃(U)/退出(X)] <退出>: _edge    ( 选择边 )
输入边编辑选项 [复制(C)/着色(L)/放弃(U)/退出(X)] <退出>: _copy     ( 选择复制 )
选择边或 [放弃(U)/删除(R)]:                                          ( 选择大圆边 )
选择边或 [放弃(U)/删除(R)]:                                          ( 选择小圆边 )
选择边或 [放弃(U)/删除(R)]:                                    ( 按 Enter 键结束选择 )
指定基点或位移:                                                ( 选择复制的基点位置 )
指定位移的第二点:                                              ( 选择复制的位置点 )
```

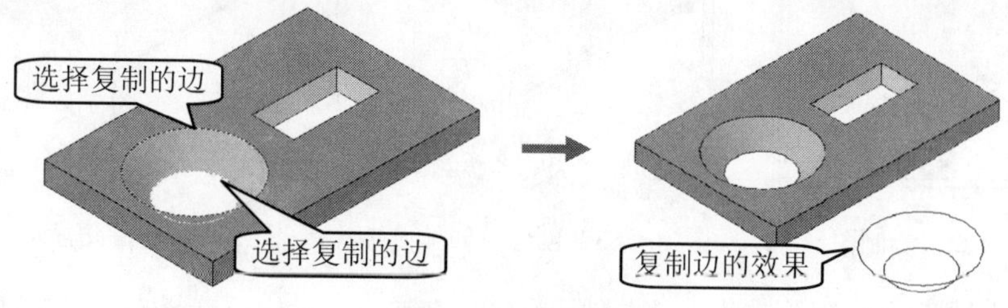

图 10-177　复制的边

⑤在“修改”工具栏中单击“偏移”按钮，在命令行输入偏移距离为 240，在视图区复制边的下方单击一下鼠标，偏移直线，然后在“绘图”工具栏中单击“直线”按钮，连接两条直线的端点，并创建面域，其结果如图 10-178 所示。

⑥在“建模”工具栏中单击“拉伸”按钮，选择步骤⑲所创建的面域，按 Enter 键结束选择，接着在命令行输入拉伸高度为-385，创建拉伸体，如图 10-179 所示。

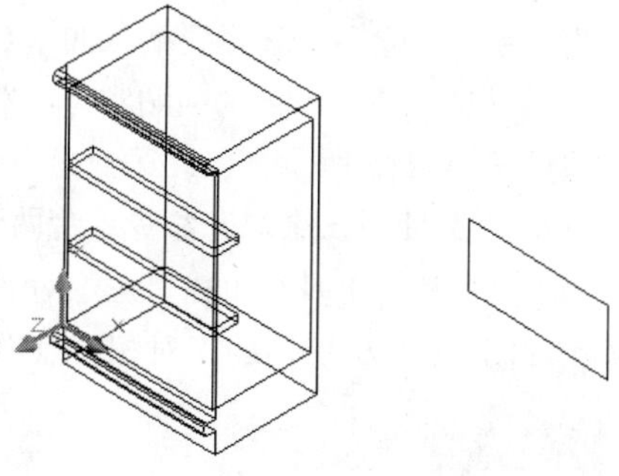

图 10-178　绘制图形并创建面域

⑦在“实体编辑”工具栏单击“抽壳”按钮，启动抽壳命令，选中步骤⑳中所创建的拉伸体，选择如图 10-179 所示的删除面，按 Enter 键介绍删除面的选择，输入抽壳距离为 15，结果如图 10-180 所示。

⑧在命令行输入 UCS，启动新建 UCS 坐标命令，在绘图区选择新的原点，结果如图 10-181 所示。

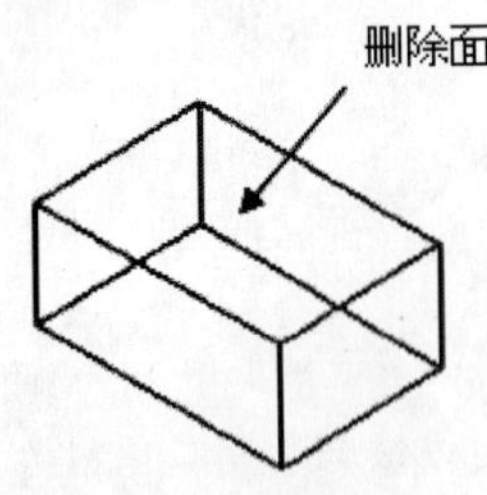

图 10-179 创建拉伸体

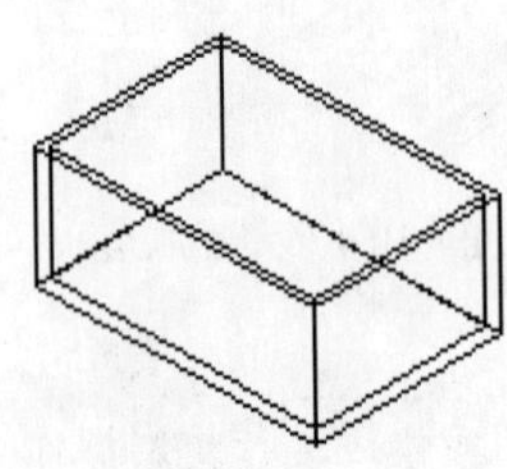

图 10-180 抽壳拉伸体

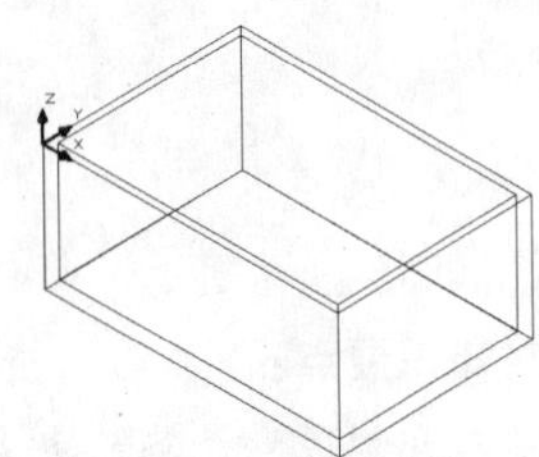

图 10-181 设置新 UCS

⑨在命令行输入 PLAN 命令，按 Enter 键，默认选择，进入绘制平面，绘制如图 10-182 所示的图形并创建面域。

⑩在菜单栏中，选择“视图>三维视图>东南等轴测”命令，切换到东南等轴测视图状态。在“建模”工具栏中单击“拉伸”按钮，选择步骤⑨所创建的面域，按 Enter 键结束选择，接着在命令行输入拉伸高度为 20，创建拉伸体，如图 10-183 所示。

⑪在“实体编辑”工具栏单击“并集”按钮，合并步骤⑦和步骤⑩所创建的实体。

⑫在“修改”工具栏单击“圆角”按钮，对步骤⑪所绘制的实体进行圆角处理，其圆角半径为 2，其结果如图 10-184 所示。

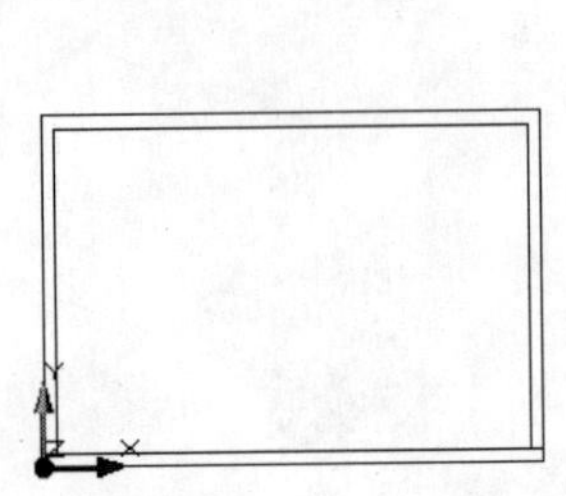

图 10-182 绘制图形

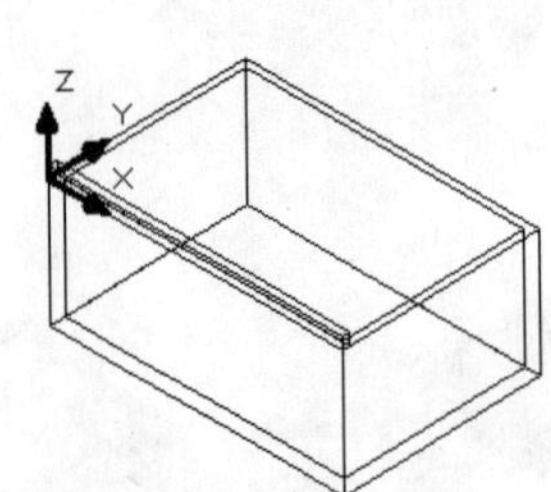

图 10-183 创建拉伸体

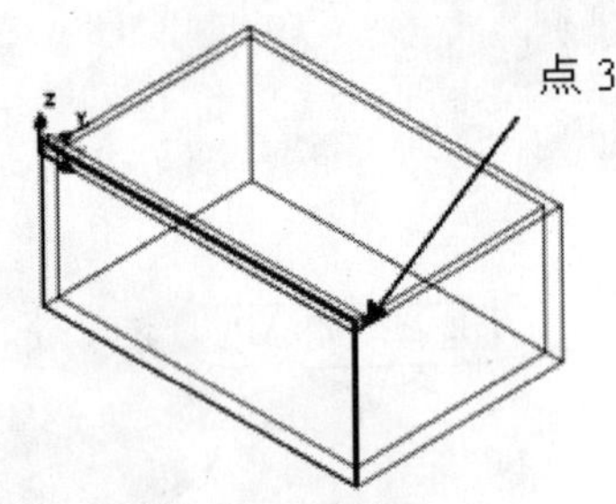

图 10-184 圆角处理

⑬选择步骤⑫绘制的实体，单击鼠标右键，在弹出菜单中，选择“带点复制”命令，选择如图 10-184 所示的点 3 为基点。在绘图空白区单击鼠标右键，在弹出菜单中，选择“粘贴”命令，在绘图区选择要插入的基点。

⑭依据步骤⑬再次粘贴实体，然后移动上一步骤复制的实体到最上面的抽屉洞中，其结果如图 10-185 所示。至此第一个柜子绘制完毕。

步骤 3 使用三维对齐命令组合两个柜子

在“建模”工具栏单击“三维对齐”按钮，启动三维对齐命令。指定源对象和目标对象上如图 10-186 所示的三对相应点后，组装第一个柜子和第二个柜子，其结果如图 10-160 所示。

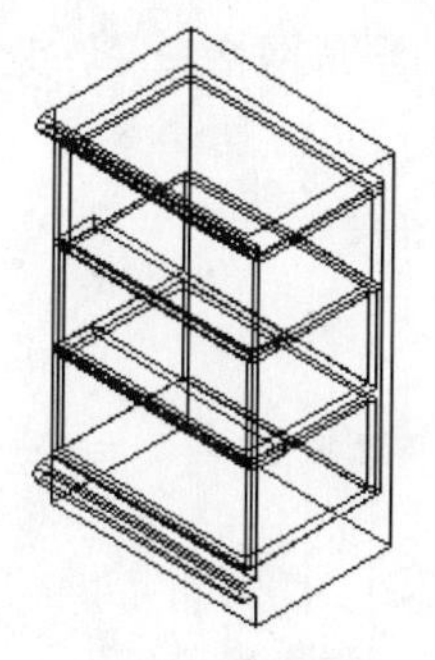
图 10-185　绘制第一个柜子

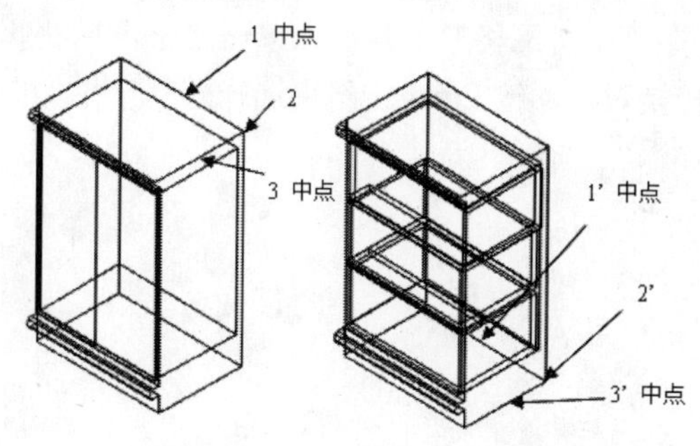

图 10-186　三对相应点

知识要点：

在 AutoCAD 2010 中，三维对齐是指定义源平面及目标平面后，使得两个三维实体模型以源平面和目标平面对齐。

三维对齐命令启动方法介绍如下。

- 下拉菜单：选择“修改>三维操作>三维对齐”命令。
- 工具栏：在“建模”工具栏上单击“三维对齐”按钮。
- 输入命令名：在命令行中输入或动态输入 3DALIGN，并按 Enter 键。

步骤 4 保存文件

实用案例 10.12　自由形状设计实例

案例解读

通过本案例的学习，使读者学会并掌握用平滑网格、优化网格、分割面、锐化网格、取消锐化网格和小控件控制等命令进行自由形状设计。

要点流程

- 使用平滑网格命令平滑网格；
- 使用优化网格命令优化网格；
- 使用分割面命令来分割网格子对象；
- 使用锐化网格命令来锐化网格；
- 使用取消锐化网格命令取消部分网格的锐化；
- 使用三维缩放、拉伸等命令来重塑网格子对象形状。

操作步骤

步骤 1 平滑网格

素材文件：	CDROM\10\素材\平滑网格素材.dwg
效果文件：	CDROM\10\效果\平滑网格效果.dwg
演示录像：	CDROM\10\演示录像\平滑网格效果.exe

①打开附盘中的文件“平滑网格素材.dwg”，如图 10-187 所示。

②在“平滑网格”工具栏上单击“平滑网格”按钮，启动平滑网格命令，选择长方体作为转换对象，按 Enter 键结束选择，其结果如图 10-188 所示。

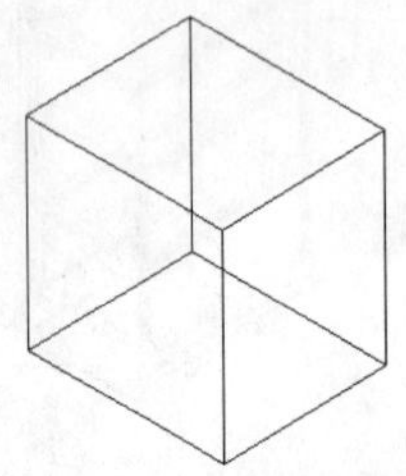
图 10-187　平滑网格素材

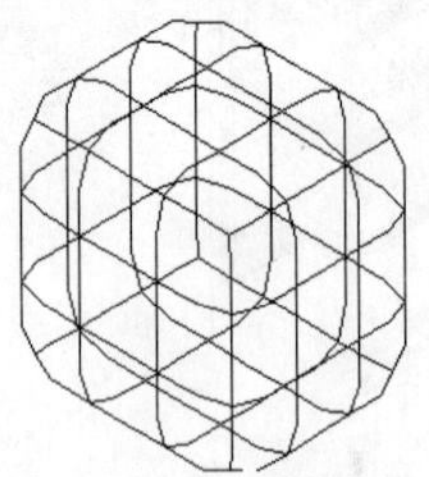
图 10-188　平滑网格后的效果图

知识要点：

平滑网格命令是将三维对象（例如多边形网格、曲面和实体）转换为网格对象。

平滑网格命令的启动方法介绍如下。

- 下拉菜单：选择“绘图>建模>网格>平滑网格”命令。
- 工具栏：在“平滑网格”工具栏上单击“平滑网格”按钮。
- 输入命令名：在命令行中输入或动态输入 MESHSMOOTH，并按 Enter 键。

注意

默认网格设置是在“网格镶嵌选项”对话框中进行定义的。对象转换时的平滑度取决于此对话框中设置的网格类型。如果未将网格类型设置为要进行优化，则不对转换后的对象执行平滑处理。

步骤 2　优化网格

素材文件：	CDROM\10\素材\平滑网格效果.dwg
效果文件：	CDROM\10\效果\优化网格效果.dwg
演示录像：	CDROM\10\演示录像\优化网格效果.exe

①打开附盘中的文件“平滑网格效果.dwg”，如图 10-189 所示。

②在绘图区域中单击鼠标右键在弹出的菜单中选择“子对象选择过滤器>面”命令。

③在“平滑网格”工具栏上单击“优化网格”按钮，启动优化网格命令，按住 Ctrl 键并单击一个或多个要优化的网格面，如图 10-189 所示，按 Enter 键结束选择，结果如图 10-190 所示。

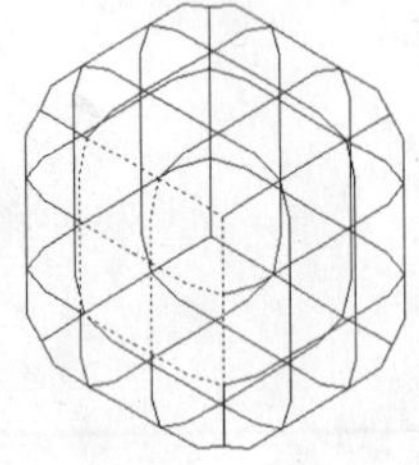
图 10-189　优化网格素材

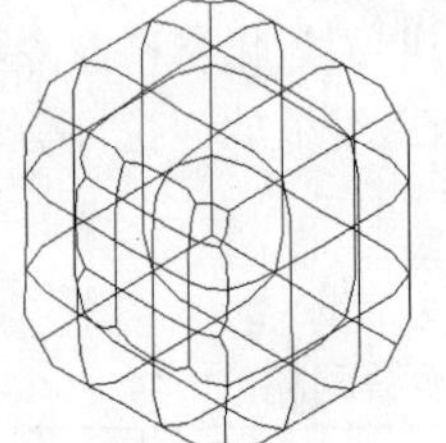
图 10-190　优化网格后的效果图

知识要点：

优化网格命令是用于成倍增加选定网格对象或面的面数。从而提供对精细建模细节的附加控制。要保留程序内存，可以优化特定面而非整个对象。

优化网格命令的启动方法介绍如下。

- 下拉菜单：选择“修改>网格编辑>优化网格”命令。
- 工具栏：在“平滑网格”工具栏上单击“平滑网格”按钮。
- 输入命令名：在命令行中输入或动态输入 MESHREFINE，并按 Enter 键。

启动命令后命令行提示如下。

选择要优化的网格对象或面子对象：(指定要优化的三维网格对象或网格面。按 `Ctrl` 键并单击以隔离特定面。)

注意

- 优化对象会将指定给该对象的平滑度重置为 0（零）。此平滑度将成为对象的新基线。也就是说，无法再将此平滑度减小到该级别范围之外。优化子对象并不会重置平滑度。
- 对象的平滑度必须为 1 或大于 1。每个面都被分为四个新面。

步骤 3 分割面

素材文件：	CDROM\10\素材\分割面素材.dwg
效果文件：	CDROM\10\效果\分割面效果.dwg
演示录像：	CDROM\10\演示录像\分割面效果.exe

①打开附盘中的文件“分割面素材.dwg”，如图 10-191（a）所示。

②在绘图区域中单击鼠标右键，在弹出的菜单中选择“子对象选择过滤器→面”命令。

③在菜单区选择“修改>网格编辑>分割面”命令，启动分割面命令，按住 Ctrl 键并单击一个网格面，如图 10-191（a）所示，按 Enter 键结束选择，其结果如图 10-191（b）所示。

知识要点：

分割面命令是将一个网格面拆分为两个面。

分割面命令的启动方法介绍如下。

- 下拉菜单：选择“修改>网格编辑>分割面”命令。
- 输入命令名：在命令行中输入或动态输入 MESHSPLIT，并按 Enter 键。

启动命令后命令行提示如下。

选择要分割的网格面：　　(在绘图区域中，指定要拆分的网格面)
指定第一个分割点：　　(在网格面的边上设置位置)
指定第二个分割点：　　(在要定义分割路径的网格面的边上设置第二个位置)

④接着执行分割面命令，分割网格面，结果如图 10-191（c）所示。

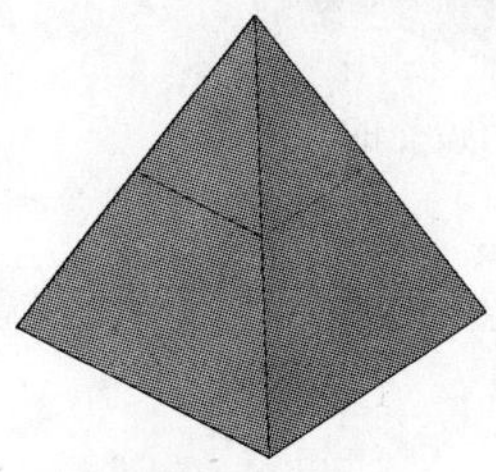

（a）分割面素材

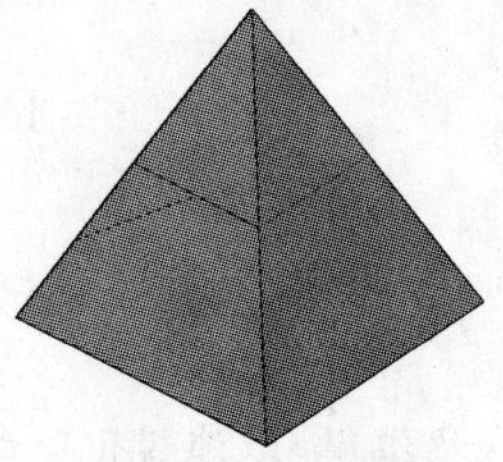

（b）分割一个面后的效果图

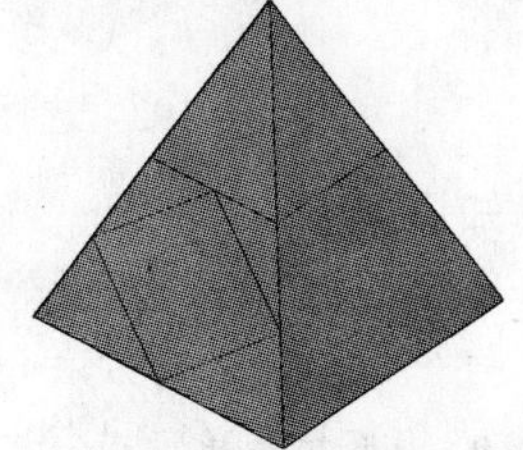

（c）分割多个面后的效果图

图 10-191　执行分割面命令

步骤 4 锐化网格

素材文件:	CDROM\10\素材\锐化素材.dwg
效果文件:	CDROM\10\效果\锐化效果.dwg
演示录像:	CDROM\10\演示录像\锐化效果.exe

①打开附盘中的文件“锐化素材.dwg”，如图 10-192（a）所示。

②在绘图区域中单击鼠标右键，在弹出的菜单中选择“子对象选择过滤器>面”命令。

③在菜单区选择“修改>网格编辑>锐化”命令，启动锐化命令，按住 Ctrl 键并单击一个或多个需要锐化的网格面，如图 10-192（a）所示，按两次 Enter 键结束命令。

④在“平滑网格”工具栏上单击“提高网格平滑度”按钮，提高网格平滑度，其结果如图 10-192 所示。

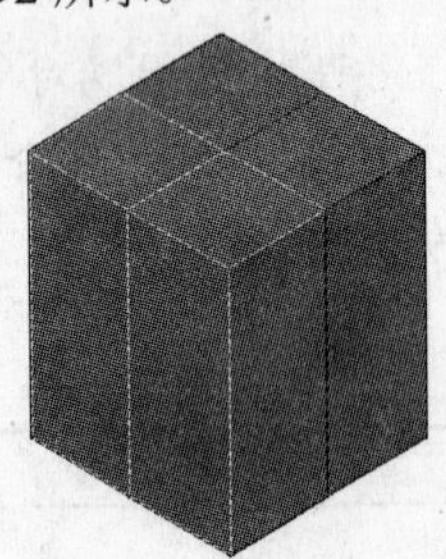

（a）锐化素材

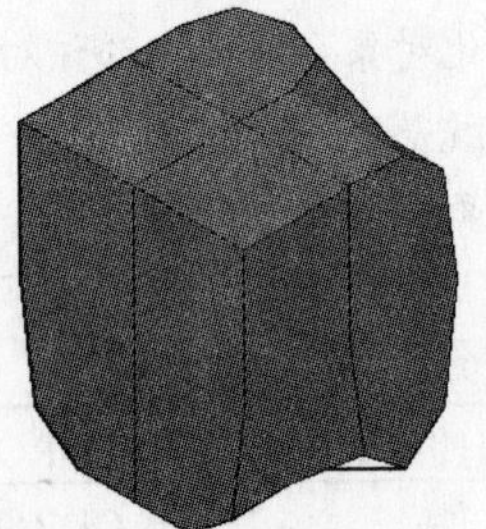

（b）提高网格平滑度后的效果图

图 10-192　锐化后提高平滑度的效果图

步骤 5 取消锐化网格

素材文件:	CDROM\10\效果\锐化效果.dwg
效果文件:	CDROM\10\效果\取消锐化效果.dwg
演示录像:	CDROM\10\演示录像\取消锐化效果.exe

①打开附盘中的文件“锐化效果.dwg”，如图 10-192（b）所示。

②在绘图区域中单击鼠标右键，在弹出的菜单中选择“子对象选择过滤器>面”命令。

③在菜单区选择“修改>网格编辑>取消锐化”命令，启动取消锐化命令，选择一个或多个需要取消锐化的网格面，如图 10-193 所示，按 Enter 键结束命令，结果如图 10-194 所示。

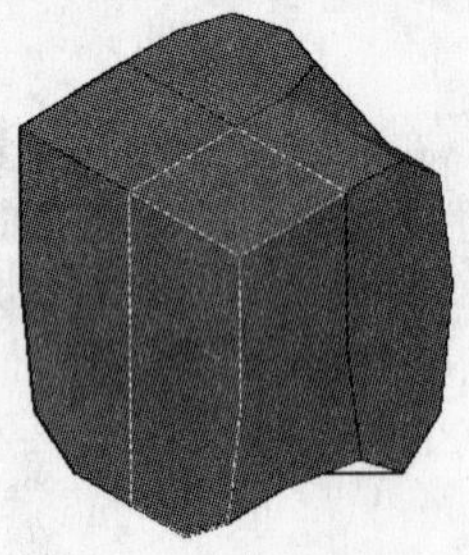

图 10-193　选择网格面

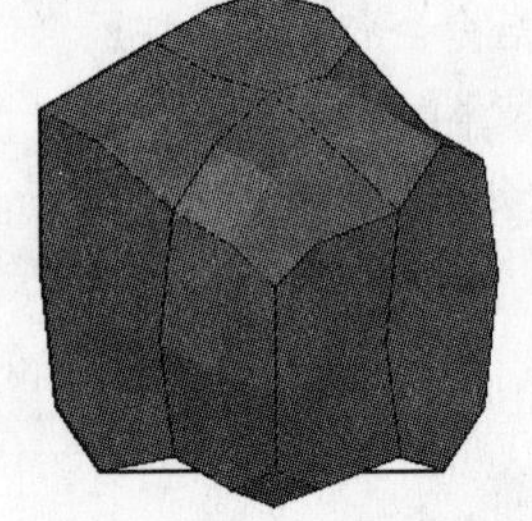

图 10-194　取消锐化的效果图

知识要点：

取消锐化命令是用于删除选定网格面、边或顶点的锐化，恢复已锐化的边的平滑度。

锐化命令的启动方法介绍如下。

- 下拉菜单：选择“修改>网格编辑>取消锐化”命令。
- 工具栏：在“平滑网格”工具栏上单击“取消锐化”按钮。
- 输入命令名：在命令行中输入或动态输入 MESHUNCREASE，并按 Enter 键。

启动命令后命令行提示如下。

选择要删除的锐化：（指定要进行平滑处理的锐化边。）

注意

也可以通过将“类型”值更改为“无”，删除“特性”选项板的“锐化”区域中的选定锐化。

步骤 6　重塑网格子对象形状

素材文件：	CDROM\10\素材\重塑网格子对象形状素材.dwg
效果文件：	CDROM\10\效果\重塑网格子对象形状效果.dwg
演示录像：	CDROM\10\演示录像\重塑网格子对象形状效果.exe

①打开附盘中的文件“重塑网格子对象形状素材.dwg”，如图 10-195 所示。

②在绘图区域中单击鼠标右键，在弹出的菜单中选择“子对象选择过滤器>面”命令。在视图区选择如图 10-195 所示的子对象，接着在命令行输入 3DSCALE，按 Enter 键，选择基点为（0，0，0）。设置 XY 平面为缩放平面，缩放比例为“0.5”，结果如图 10-196 所示。

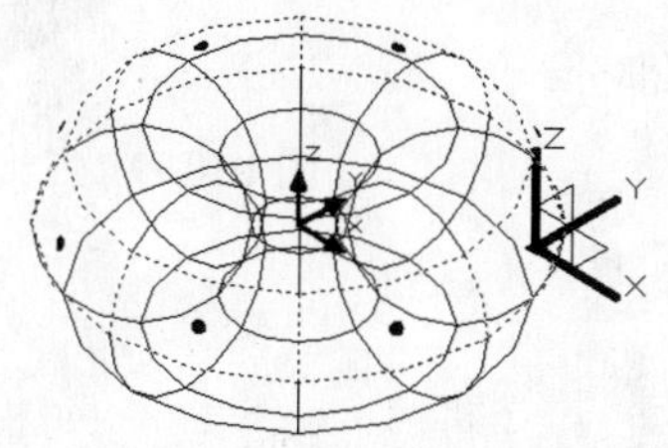

图 10-195　重塑网格子对象形状素材

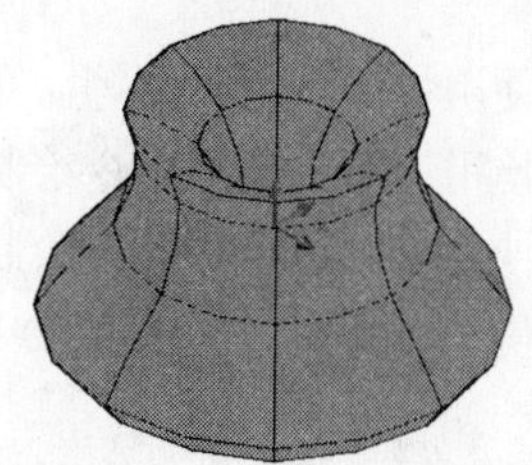

图 10-196　三维缩放后的效果图

③按住 Ctrl 键并单击一个网格面，如图 10-197 所示，在“建模”工具栏单击“拉伸”按钮，拉伸所选择的网格面，其结果如图 10-198 所示。

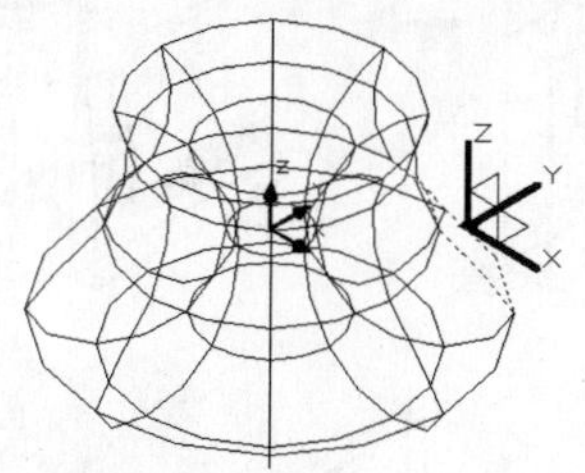

图 10-197　选择网格面

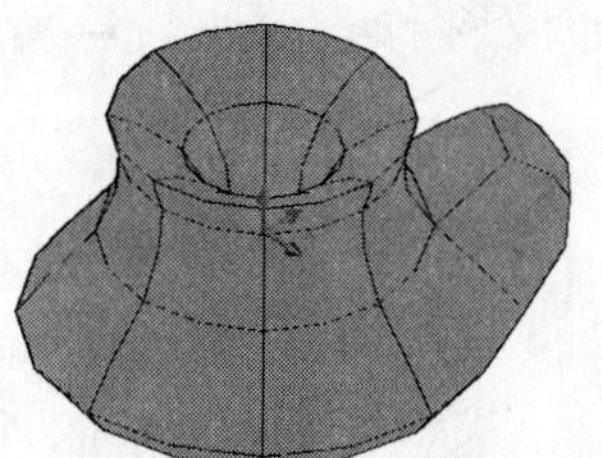

图 10-198　拉伸网格面

知识要点：

夹点不适用于网格，但是可以使用以下方法操作整个网格模型或各个子对象。

- 子对象选择和编辑：使用与选择三维实体子对象相同的方法选择面、边和顶点。按 Ctrl 键并单击部件。子对象亮显指示所选的内容。按 Shift 键并再次单击以从子对象中删除选择。通过打开子对象选择过滤器，可以将选择限制到特定子对象。
- 小控件编辑。选择网格对象或子对象后，会自动显示三维移动、旋转或缩放小控件。（可以设置默认情况下显示的小控件。）可以使用这些小控件统一修改选择，也可以沿指定平面或轴修改。

注意

- 使用右键快捷菜单，将子对象选择过滤器设置为仅选择面、边或顶点。
- 拖曳夹点可拉伸、旋转或移动一个或多个网格子对象，包括面、边缘或顶点。拖动夹点时，周围的面和边会继续附着到修改的子对象的边界。

综合实例演练——绘制公共汽车吊把

效果文件:	CDROM\14\效果\公共汽车吊把三维图.dwg
演示录像:	CDROM\14\演示录像\公共汽车吊把三维图.exe

案例解读

通过绘制公共汽车吊把，使读者熟悉并掌握倾斜面、倒圆角、三维镜像等命令的使用方法，效果图如图 10-199 所示。

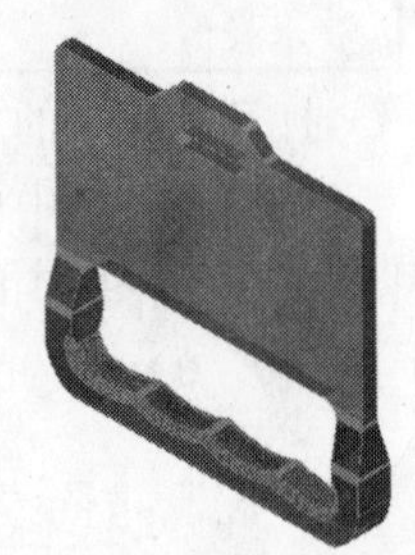

图 10-199　三维效果图

要点流程

- 使用拉伸、倾斜面等命令绘制四分之一把手部分；
- 使用三维镜像等命令绘制二分之一吊把；
- 使用三维镜像等命令绘制整个吊把。

本案例的流程图如图 10-200 所示。

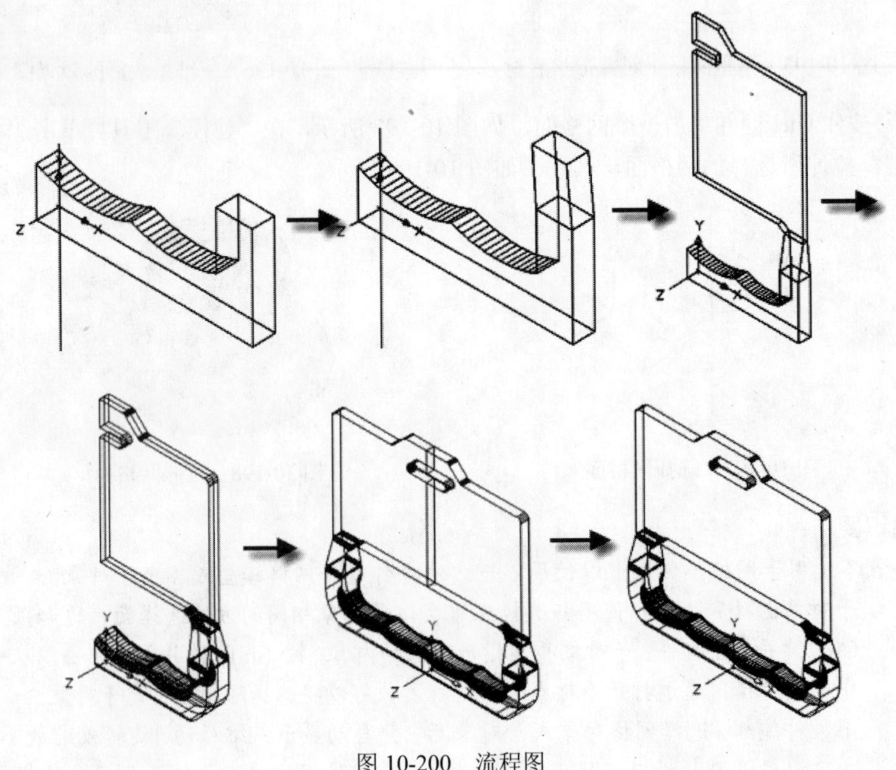

图 10-200　流程图

操作步骤

步骤 1 绘图设置

启动 AutoCAD 2010，在菜单栏中选择“视图>三维视图>主视”命令，使主视图为当前视图；输入命令 ISOLINES，将其值改为 16；为方便绘制图形，使“对象捕捉”处于打开状态。

步骤 2　绘制图形

①在“绘图”工具栏上单击“构造线”按钮，沿着当前 Y 轴方向绘制一条构造线。

②单击“绘图”工具栏上的“直线”按钮，从坐标原点开始绘制如图 10-201 所示的直线段。

③在“绘图”工具栏上单击“圆”按钮，分别以（11，33，0）和（31，33，0）为圆心，以 25 为半径绘制两个圆，如图 10-202 所示。

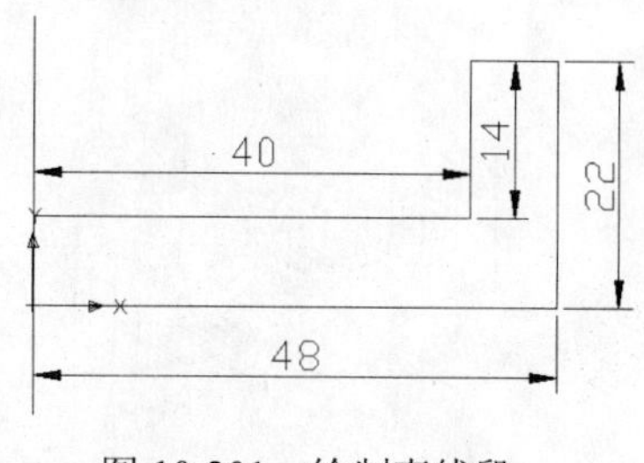

图 10-201　绘制直线段

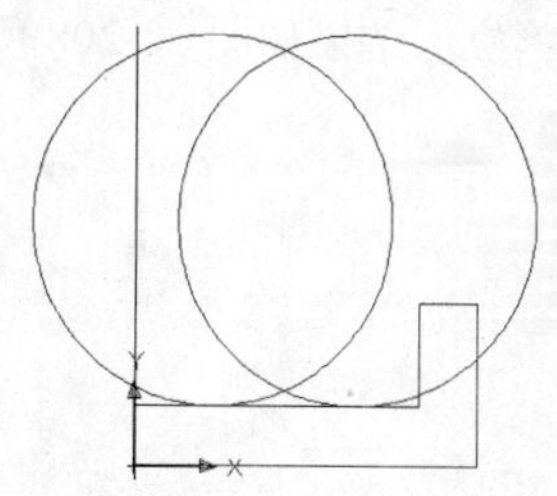

图 10-202　绘制两个圆

④在“修改”工具栏上单击“修剪”按钮，对如图 10-202 所示的图形进行修剪操作，完成后的图形如图 10-203 中的虚线部分所示；选择“绘图>面域”命令，将此虚线部分创建为一个面域。

步骤 3 分段拉伸得到主要结构

①在菜单栏中，选择“视图>三维视图>东南等轴测”命令，在此视图状态下，单击“建模”工具栏中的“拉伸”按钮，将上一步中绘制的面域沿当前坐标系的 Z 轴正半轴拉伸 5 个单位，结果如图 10-204 所示。

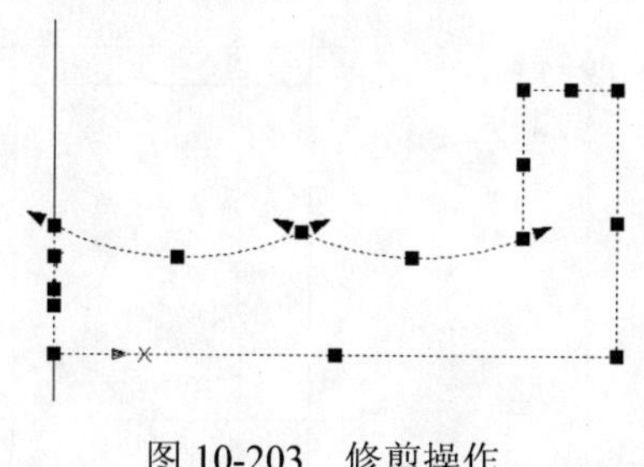

图 10-203　修剪操作

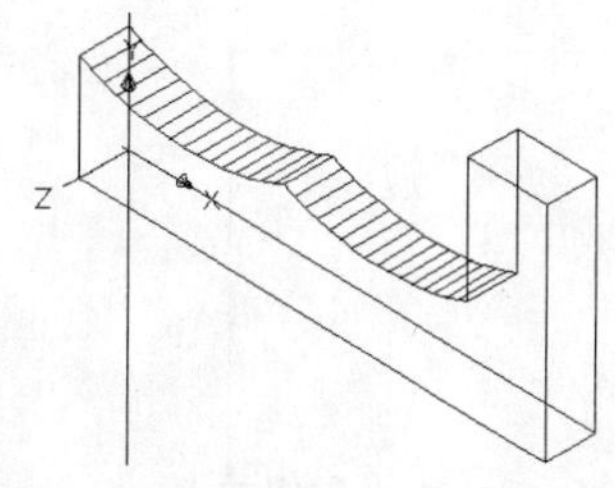

图 10-204　拉伸面域

②在菜单栏中，选择“视图>三维视图>主视”命令，回到主视图平面。在“绘图”工具栏上单击“构造线”按钮，选择偏置方式，沿 X 轴向上偏移 34 单位，如图 10-205 所示。

③单击“绘图”工具栏上的“直线”按钮，绘制如图 10-206 中虚线所示的直线，其中的两条直线角度如图中标注所示。

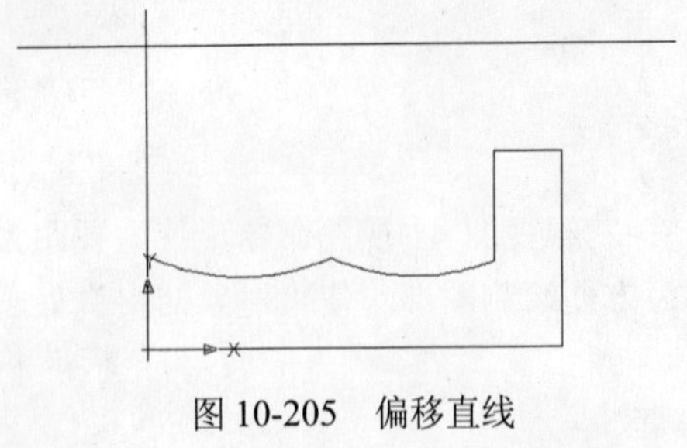

图 10-205　偏移直线

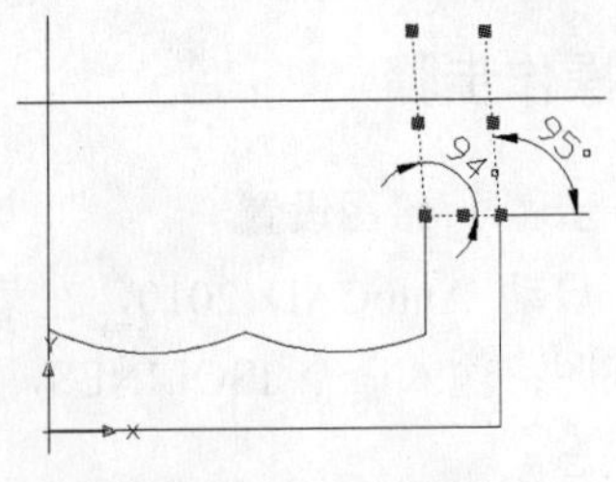

图 10-206　绘制三段直线

④在“修改”工具栏上单击“修剪”按钮，对上两步中绘制的图形进行修剪操作，完成后的图形如图 10-207 中的虚线所示；选择“绘图>面域”命令，将此虚线部分创建为一个面域。

⑤在菜单栏中，选择“视图>三维视图>东南等轴测”命令，在此视图状态下单击“建模”工具栏中的“拉伸”按钮，将上一步中绘制得到的面域沿当前坐标系的 Z 轴正半轴拉伸 5 个单位，结果如图 10-208 所示。

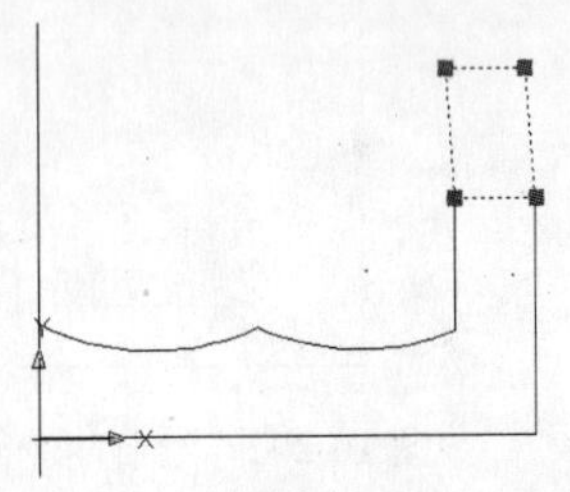

图 10-207　修剪操作及面域创建

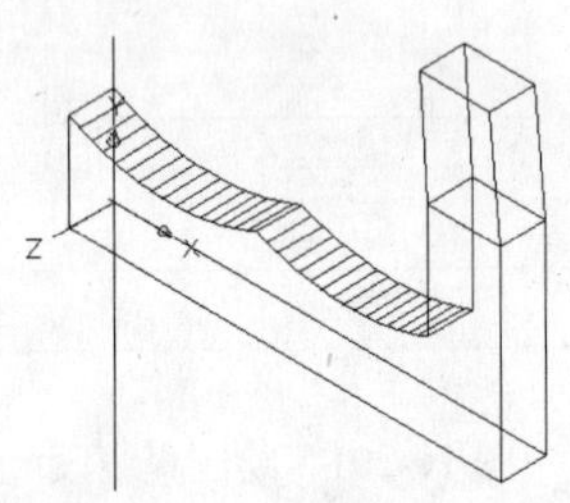

图 10-208　拉伸面域

⑥在菜单栏中，选择“视图>三维视图>主视”命令，回到主视图平面。在“绘图”工具栏上单击“多段线”按钮，绘制如图 10-209 中虚线所示的多段线。

⑦在“绘图”工具栏上单击“构造线”按钮，选择偏置方式，绘制三条如图 10-210 中虚线所示的直线，各偏置距离如图 10-210 中标注所示。

⑧单击“绘图”工具栏上的“直线”按钮，绘制两条与水平方向成角度的直线，角度值如图 10-211 中标注所示。

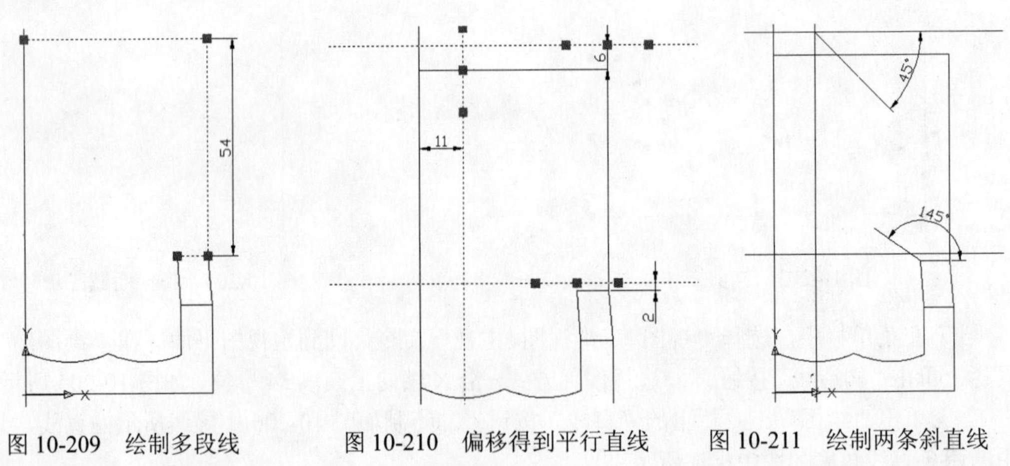

图 10-209　绘制多段线　　图 10-210　偏移得到平行直线　　图 10-211　绘制两条斜直线

⑨在“修改”工具栏上单击“修剪”按钮，对上两步中绘制的图形进行修剪操作，

完成后的图形如图 10-212 中的虚线所示；选择“绘图>面域”命令，将此虚线部分创建为一个面域。

⑩绘制一个如图 10-213 中虚线部分表示的矩形，并将其创建为一个面域。

⑪用“差集”命令将图 10-212 中虚线表示的面域减去图 10-213 中的面域，结果如图 10-214 所示。

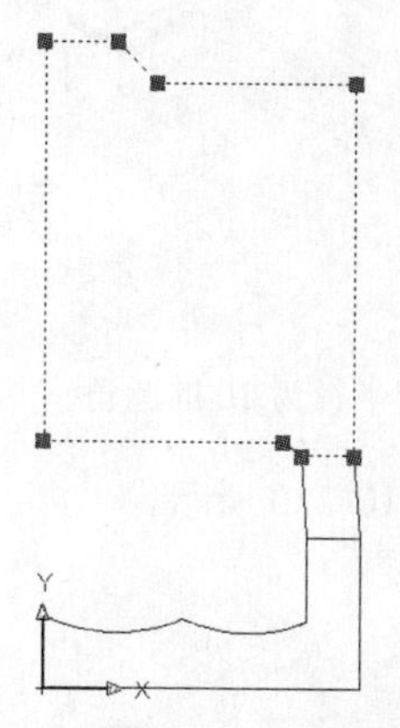

图 10-212　修剪操作并创建面域

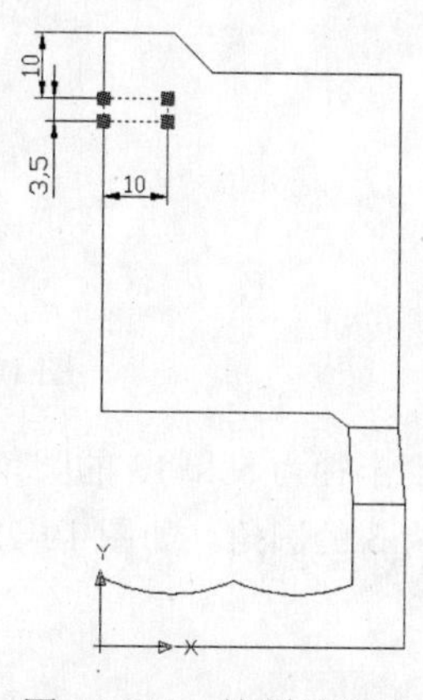

图 10-213　绘制长方体

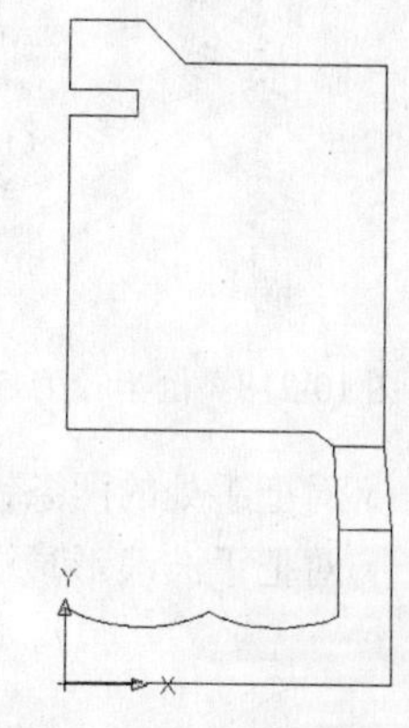

图 10-214　面域的差集运算

⑫在菜单栏中选择“视图>三维视图>东南等轴测”命令，在“实体编辑”工具栏上单击“倾斜面”按钮，选择如图 10-215 中虚线表示的面进行倾斜操作，以（48，22，0）为基点，以（48，23，0）为倾斜轴的第二点，倾斜角度设为 14，结果如图 10-216 所示。

⑬单击“建模”工具栏中的“拉伸”按钮，将图 10-214 中差集后得到的面域沿当前坐标系的 Z 轴正半轴拉伸，利用对象捕捉功能，使其拉伸后刚好与倾斜面操作后的手把顶端重合，结果如图 10-217 所示。

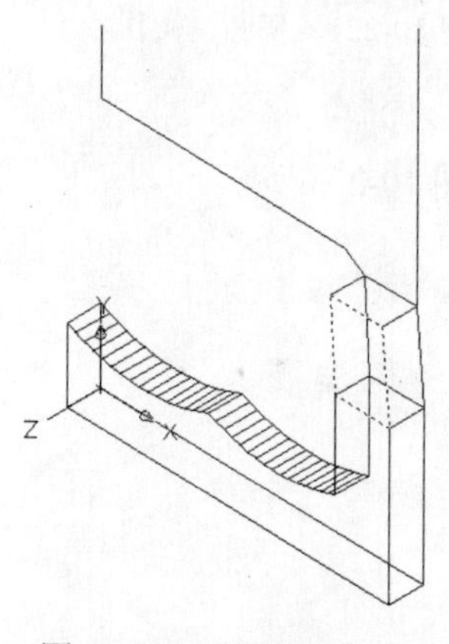

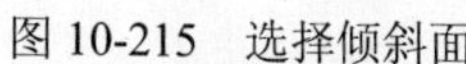

图 10-215　选择倾斜面

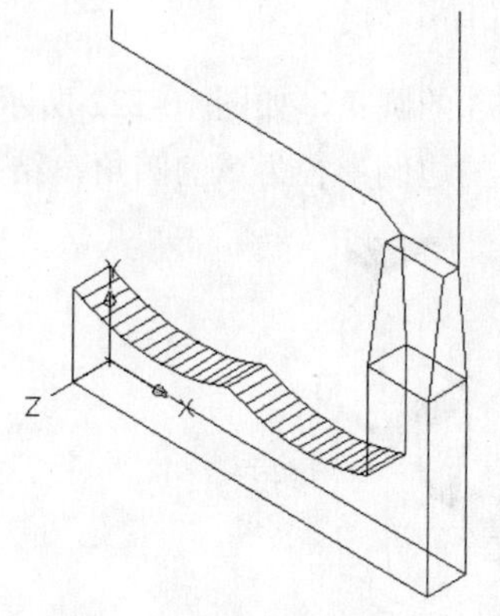

图 10-216　倾斜面后

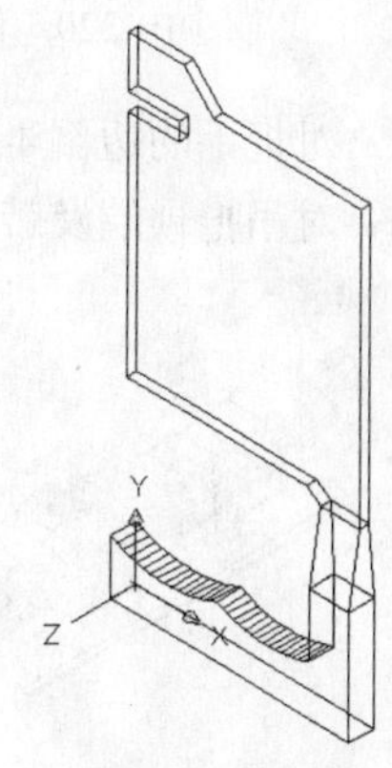

图 10-217　拉伸操作

⑭对已绘制完成的实体求并集运算，将其合并为一个实体。

步骤 4　对连接部及把手倒圆角

①单击“修改”工具栏中的“圆角”按钮，选择圆角半径为 5，对吊把与吊带连接处的两条边倒圆角，结果如图 10-218 所示。

②对连接处的其余几条边倒半径为 10 的圆角，结果如图 10-219 所示。

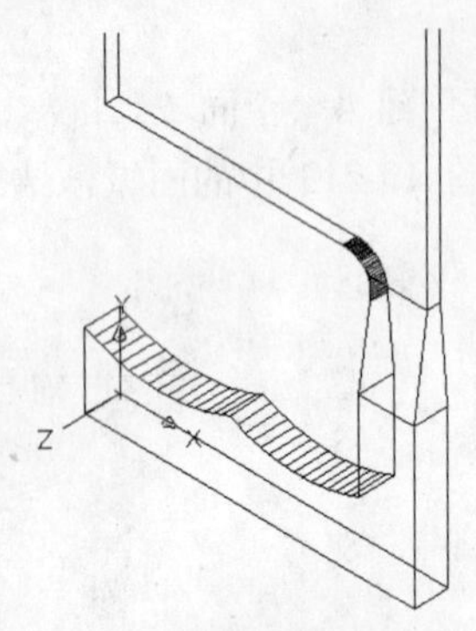

图 10-218 倒半径为 5 的圆角

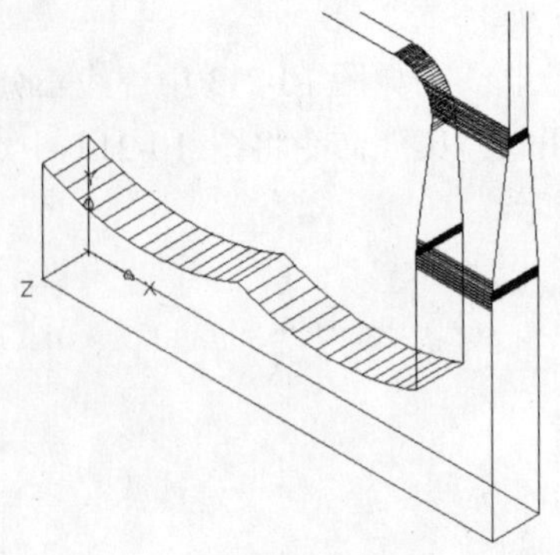

图 10-219 倒半径为 10 的圆角

③对把手处的两条锐边分别倒半径为 5 和 13 的圆角，如图 10-220 所示。

④对把手波浪形顶端倒半径为 3 的圆角，如图 10-221 所示。

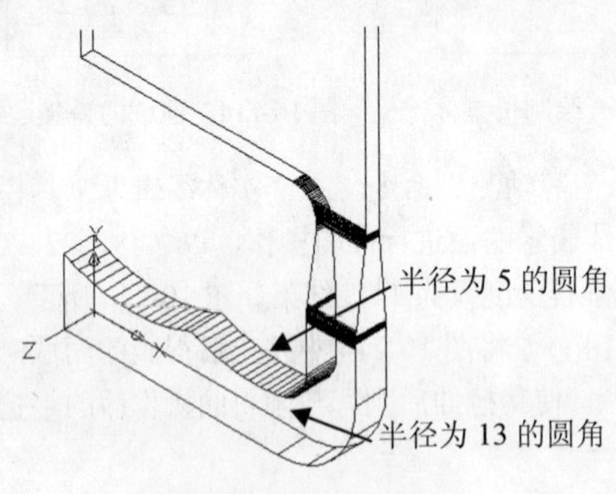

图 10-220 倒圆角操作

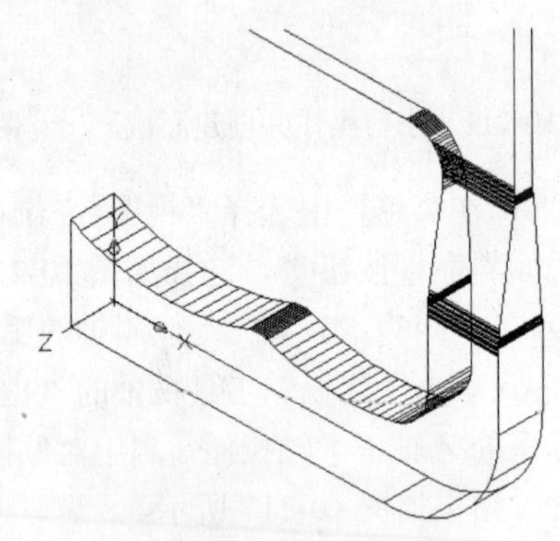

图 10-221 倒圆角操作

⑤对把手的边倒半径为 3 的圆角，如图 10-222 所示。

⑥对吊把顶端及带孔内的边倒半径为 2 的圆角，结果如图 10-223 所示。

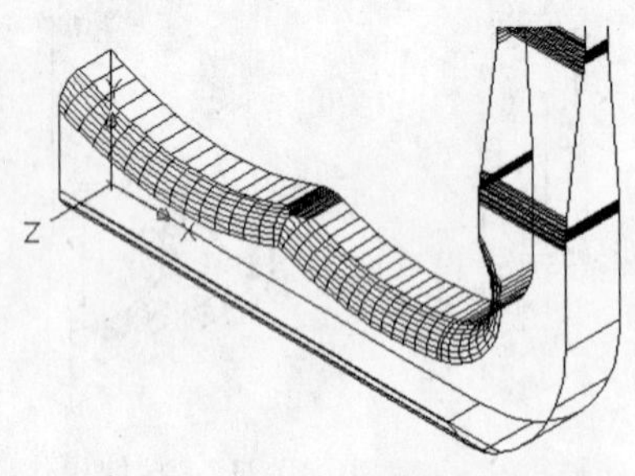

图 10-222 倒半径为 3 的圆角

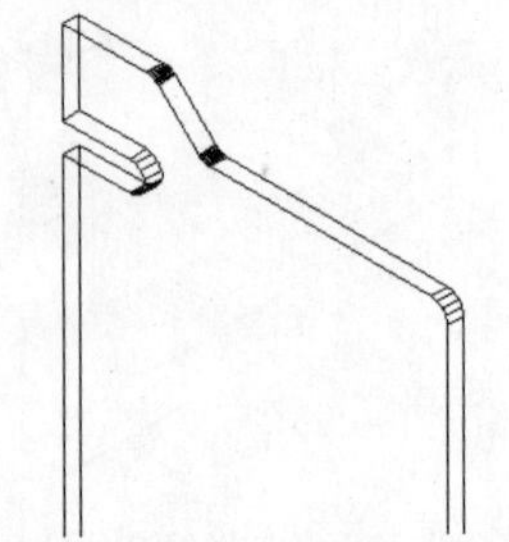

图 10-223 倒半径为 2 的圆角

步骤 5 三维镜像完成整个绘制

①在菜单栏中选择“修改>三维操作>三维镜像”命令，将已绘制完成的整个实体以 XY 平面为镜像平面作镜像操作，结果如图 10-224 所示。

②对两个实体求并集运算，使其并为一个实体。

③在菜单栏中选择“修改>三维操作>三维镜像”命令，将求并后的整个实体沿 YZ 平面

为镜像平面作镜像操作，结果如图 10-225 所示。

④ 对实体求并集运算，使其合并为一个实体，结果如图 10-226 所示。

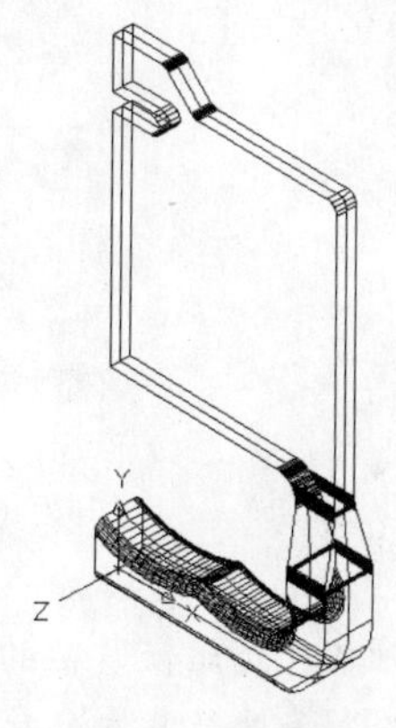

图 10-224　三维镜像

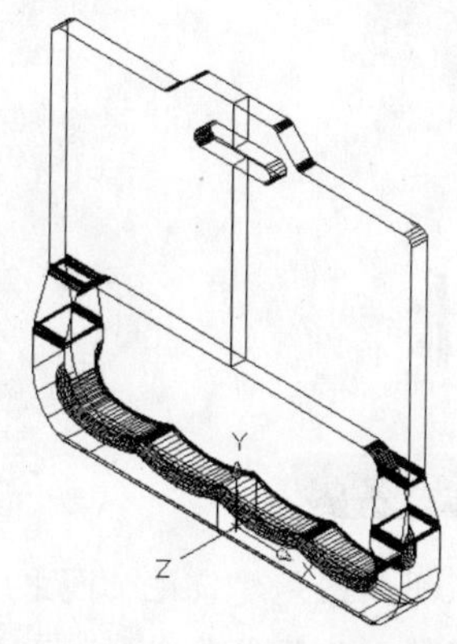

图 10-225　再次三维镜像

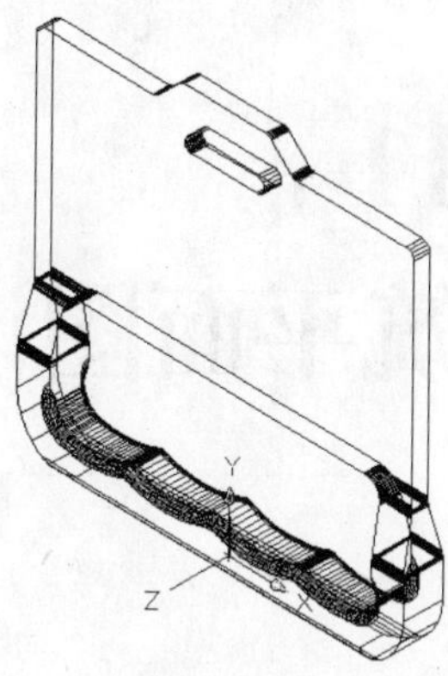

图 10-226　并集运算

⑤ 对手把正中间的波浪尖倒半径为 3 的圆角，结果如图 10-227 所示，这样吊把实体的绘制就完成了。

⑥ 经过渲染后的图形如图 10-228 所示。

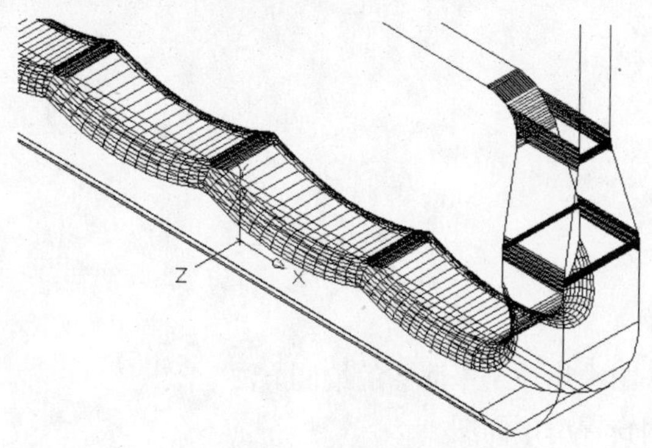

图 10-227　倒圆角操作

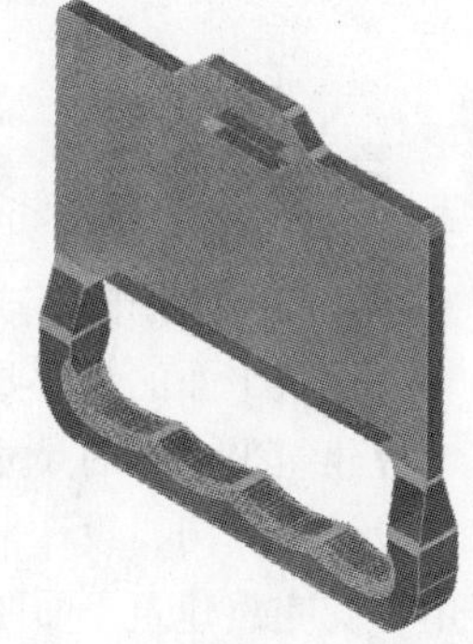

图 10-228　渲染后的公交吊把

步骤 6　保存文件

第 11 章

建筑平面图设计

本章导读

建筑平面图是建筑施工图中比较基础，也是比较复杂的图纸之一。在绘制建筑平面图形时，离不开绘制一些最基本的建筑平面图块，如餐厅桌椅、衣柜、沙发、床、燃气灶等平面图形。对于每个初学者来说，学习用 AutoCAD 来绘制建筑工程图，首先要从绘制最基本的图块开始，熟练掌握之后，才能加以应用，从而绘制更加复杂的建筑图形。

本章主要学习以下内容：

- 掌握建筑平面图的形成、图名及比例
- 掌握建筑平面的线型要求及基本内容
- 掌握建筑平面图的尺寸标注及绘图步骤
- 以设计平面门、设计平面床柜等案例介绍常用建筑平面图的绘制方法
- 用一套完整建筑平面图的绘制方法绘制安置房平面图

实用案例 11.1　建筑平面图设计基本原则

案例解读

建筑平面图是建筑施工图中最基本的图样之一。主要表示建筑物的平面形状、大小、房屋布局、门窗位置、楼梯、走道安排、墙体厚度及承重构件的尺寸等。它是施工放线、砌筑、安装门窗、室内外装修以及编制预算、备料等工作的依据。

要点流程

- 介绍建筑平面图的概念；
- 介绍建筑平面图的图名及比例要求；
- 介绍建筑平面图的线性要求及常用建筑构配件图例；
- 介绍建筑平面图基本内容；
- 介绍建筑平面图的尺寸标注要求；
- 介绍建筑平面图的绘制步骤。

操作步骤

步骤 1　建筑平面图的概念

假想用一个水平剖切平面沿房屋的门窗洞口的位置把房屋剖开，移去上部之后，再将剖切面以下部分向水平面投影画出的水平剖面图，称为建筑平面图，简称平面图，如图 11-1 所示。

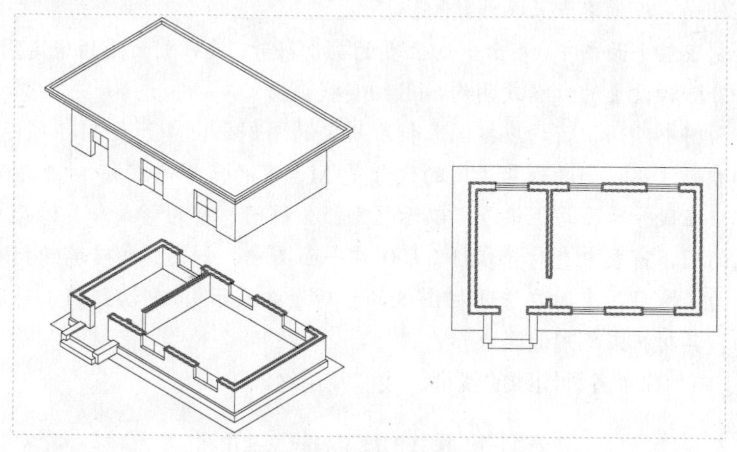

图 11-1　平面图的形成

步骤 2　设置建筑平面图的图名及比例

①建筑平面图的图名要求介绍如下。

知识要点：

建筑平面图的图名要求如下。

◆　一般按房屋的层次剖切并绘制的建筑平面图分别称为：底层平面图、二层平面图、三层平面图等，并在图形的下方注明相应的图名，图名的下方应加上一条粗实线，在图名右方标注比例。

- ◆ 当某些楼层平面布置相同时，可以只画出其中一个平面图，称其为标准层平面图。
- ◆ 屋顶需要专门绘制其水平投影图，称为屋顶平面图。

注意

在同一张图纸上绘制多于一层的平面图时，各层平面图宜按层数的顺序从左至右或从下至上布置。顶棚平面图如用直接投影法不易表达清楚，可用镜像投影法绘制，但应在图名后加注“镜像”二字。

② 房屋的建筑平面图一般比较详细，通常采用较大的比例，如 1∶50、1∶100 和 1∶200，并标出实际的详细尺寸。

步骤 3 建筑平面图的线型要求

① 建筑平面图中的图线应粗细有别、层次分明，常用的线型有实线、单点长画线。由于建筑平面图实际上是水平剖面图，应该符合剖面图的有关规定和要求。

知识要点：

建筑平面图图线的有关规定和要求介绍如下。

- ◆ 被剖到的墙、柱的断面轮廓用粗实线（b）画出，没有被剖到的可见轮廓线，如窗台、台阶、明沟、花台、梯段等用中粗实线（0.5b）画出。
- ◆ 尺寸线、尺寸界线、图例线、标高符号、定位轴线的圆圈等用细实线（0.25b）画出。
- ◆ 粉刷层在 1∶100 的平面图中不必画出，在 1∶50 或比例更大的平面图中则用实线画出。
- ◆ 定位轴线采用细单点长画线绘制。
- ◆ 在绘制底层平面图中，表示剖切位置的剖切符号，按照剖面图的规定用粗实线表示，所有外墙脚设置的散水或明沟，用细实线画出。
- ◆ 在平面图中，门、窗均应按国家标准规定的图例画出（如表 11-1 所示），在门、窗图例旁应注明它们的代号（门的代号是 M，窗的代号是 C）。对于不同类型的门、窗，应在代号后面写上编号，以示区别。各种门、窗的形式和具体尺寸，可在汇总编制的门、窗表中查对。在 1∶100 在平面图中，剖切到的砖墙的材料图例不必画出（为了醒目，有时在透明描图纸的背后涂红表示），剖切到的钢筋混凝土构件的断面，其材料图例用涂黑表示。

② 表 11-1 中列出了各种图线的线型、线宽及用途。

表 11-1 图线的线型、线宽及用途

名称	线型	线宽	用途
粗实线	———	b	剖面图中被剖到部分的轮廓线、建筑物或构筑物的外形轮廓线、结构图中的钢筋线、剖切符号、详图符号圆、给水管线等
中实线	———	0.5b	剖面图中未剖到但保留部分形体的轮廓线、尺寸标注中尺寸起止短线、原有各种给水管线等

续表

名称	线型	线宽	用途
细实线		0.25b	尺寸中的尺寸线、尺寸界线、各种图例线、各种符号图线等
中虚线		0.5b	不可见的轮廓线、拟扩建的建筑物轮廓线等
细虚线		0.25b	图例线、小于 0.5b 的不可见轮廓线
粗单点长画线		b	起重机（吊车）轨道线
细单点长画线		0.25b	中心线、对称线、定位轴线
折断线		0.25b	不需要画全的断开界线
波浪线		0.25b	不需要画全的断开界线 构造层次的断开线

③ 如表 11-2 所示为常用建筑构配件图例。

表 11-2　常用建筑构配件图例

名称	图例	名称	图例
单扇门		单层外开平开窗	
双扇门		单层中悬窗	
双扇双面弹簧门		单层固定窗	
推拉门		推拉窗	
通风道		烟道	
高窗		底层楼梯	上
墙上预留洞或槽			

步骤 4 建筑平面图的基本内容

用户在绘制建筑平面图时，其绘制的基本内容包括以下几个对象。

- 承重墙、柱及其定位轴线和轴线编号，内外门窗位置、编号及定位尺寸，门的开启方向，注明房间名称或编号；
- 轴线总尺寸（或外包总尺寸）、轴线间尺寸（柱距，跨度）、门窗洞口尺寸、分段尺寸；
- 墙身厚度（包括承重墙和非承重墙），柱与壁柱的宽尺寸、深尺寸（必要时），及其与轴线关系尺寸；
- 变形缝位置、尺寸及做法索引；
- 主要建筑设备和固定家具的位置及相关做法索引，如卫生器具、雨水管、水池、台、橱、柜、隔断等；
- 电梯、自动扶梯及步道（注明规格）、楼梯（爬梯）位置和楼梯上下方向示意和编号索引；
- 主要结构和建筑构造部件的位置、尺寸和做法索引，如中庭、天窗、地沟、地坑、重要设备或设备机座的位置尺寸，各种平台、夹层、人孔、阳台、雨篷、台阶、坡道、散水、明沟等；
- 楼地面预留孔洞和通气管道、管线竖井、烟囱、垃圾道等位置、尺寸和做法索引，以及墙体（主要为填充墙，承重砌体墙）预留洞的位置、墙体尺寸与标高或高度等；
- 车库的停车位和通行路线；
- 特殊工艺要求的土建配合尺寸；
- 室外地面标高、底层地面标高、各楼层标高、地下室各层标高；
- 剖切线位置及编号（一般只标注在底层平面或需要剖切的平面位置）；
- 有关平面节点详图或详图索引号；
- 指北针（画在底层平面）；
- 每层建筑平面中防火分区面积和防火分区分隔位置示意（宜单独成图，如为一个防火分区，可不注防火分区面积）；
- 屋面平面应有女儿墙、檐口、天沟、坡度、坡向、雨水口、屋脊（分水线）、变形缝、楼梯间、水箱间、电梯间、天窗及挡风板、屋面上人孔，检修梯、室外消防楼梯及其他构筑物，必要的详图索引号、标高等；表述内容单一的屋面可缩小比例绘制；
- 根据工程性质及复杂程度，必要时可选择绘制局部放大平面图；
- 可自由分隔的大开间建筑平面宜绘制平面分隔示例系列，其分隔方案应符合有关标准及规定（分隔示例平面可缩小比例绘制）；
- 建筑平面较长较大时，可分区绘制，但须在各分区平面图适当位置上绘出分区组合示意图，并明显表示本分区部位编号；
- 图纸名称、比例；
- 图纸的省略：如果是对称平面，对称部分的内部尺寸可省略，对称轴部位用对称符号表示，但轴线号不得省略；楼层平面除轴线间等主要尺寸及轴线编号外，与底层相同的尺寸可省略；楼层标准层可共用同一个平面，但需注明层次范围及各层的标高。

步骤 5 建筑平面图的尺寸标注

①建筑平面图中，所有的外墙一般应标注三道尺寸，通常布置在图形的下方和左方。当平面图形不对称时，图形四周均应标注尺寸。

- 最内侧一道尺寸是外墙的门、窗洞口的宽度和洞间墙的尺寸（从轴线注起）；
- 中间第二道尺寸是轴线间距的尺寸，是房间的“开间”和“进深”尺寸；
- 最外侧的一道尺寸是建筑两端外墙面之间的总尺寸，称为外包尺寸，表示建筑物的总长和总宽。
- 此外，还需要标注出某些局部尺寸，如内外墙的厚度，各柱子的断面尺寸，内墙上门洞口、窗洞口尺寸及其定位尺寸，楼梯的起步尺寸，以及某些装饰主要尺寸和某些固定设备的定位尺寸等。
- 这些尺寸，除了预制花饰等装饰构件外，均为不包括粉刷层的厚度尺寸。

②建筑平面图中还须注明楼地面、台阶顶面、阳台顶面、楼梯休息平台面以及室外地面的标高。

步骤 6 建筑平面图的绘制步骤

用户在绘制建筑平面图时，可遵循以下步骤。

- 设置并调整绘图环境。用户应根据所绘建筑图形的长宽尺寸来调整绘图区域、数字和角度单位，并建立相应的图层（如轴线、墙体、柱子、门窗、楼梯、阳台、标注和其他 8 个图层），再设置文字样式；
- 绘制定位轴线。先在轴线图层上用点画线将主要的轴线绘制出来，从而形成轴线网格；
- 绘制各种建筑构配件，如墙体、柱子、门窗洞口等；
- 绘制、编辑建筑图细部内容；
- 标注尺寸、索引符号和相关文字注释；
- 添加图框和图名、比例等内容，调整图幅比例和各部分位置；
- 进行图纸的布局操作，并设置打印机及纸张大小和方向，然后进行打印输出。

注意

用户在采用 AutoCAD 绘制建筑平面图时，一般都按照建筑设计尺寸绘制，绘制完成后应根据具体图纸篇幅套入相应的图框打印出来。一幅图上的主要比例应一致，比例不同的应根据出图时所用比例表示清楚。

实用案例 11.2 设计平面门

素材文件：	CDROM\11\素材\建筑平面图样板.dwt
效果文件：	CDROM\11\效果\平面门.dwg
演示录像：	CDROM\11\演示录像\平面门.exe

案例解读

在本案例中，主要讲解了包括有直线、圆、偏移、矩形、复制、修剪和镜像等命令，使读者掌握绘制平面门的方法，其绘制完成的效果如图 11-2 所示。

要点流程

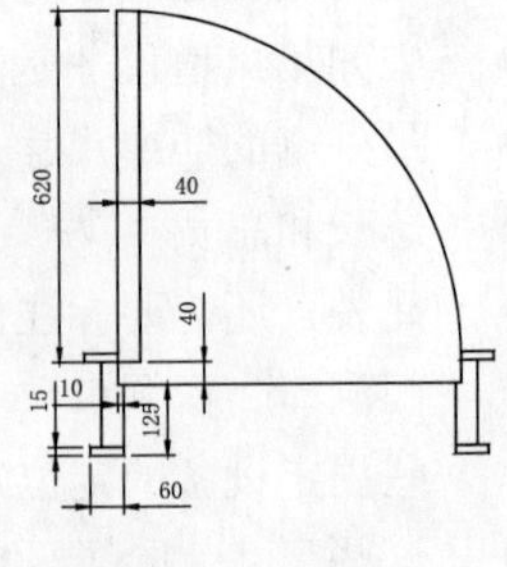

图 11-2　平面门效果

- 首先启动 AutoCAD 2010 中文版，使用直线命令绘制互相垂直的线段，再使用圆命令过交点为圆心、端点为终点来绘制一个圆，并使用修剪命令对其进行修剪操作；
- 使用偏移命令对直线段进行偏移操作，再使用直线命令绘制相应的直线段，然后绘制一个矩形，并将绘制的矩形向上复制；
- 使用镜像命令，将绘制的左侧对象进行镜像操作。

本案例的流程图如图 11-3 所示。

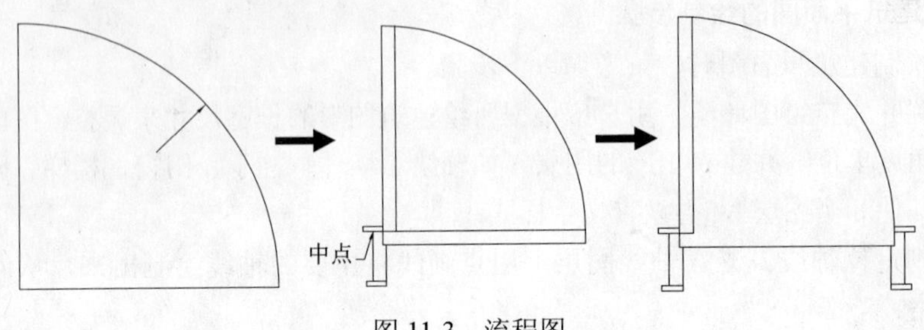

图 11-3　流程图

操作步骤

步骤 1 打开并另存图形文件

启动 AutoCAD 2010 中文版，打开附盘的“建筑平面图样板.dwt”文件，再选择“文件>另存为”命令，将其保存为“平面门.dwg”。

步骤 2 绘制直线

当“门窗”图层置为当前图层，在“绘图”工具栏中单击“直线”按钮，按 F8 键切换到正交模式，绘制互相垂直的两条线段，其长度均为 620。

步骤 3 绘制圆

单击“圆”按钮，过直线的交点绘制一个径为 620 的圆，再使用“修剪”命令（TR）对绘制的圆进行修剪。

步骤 4 偏移图形对象

在“修改”工具栏中单击“偏移”按钮，将水平的线段向下偏移 40，将垂直的线段向右偏移 40，如图 11-4 所示。

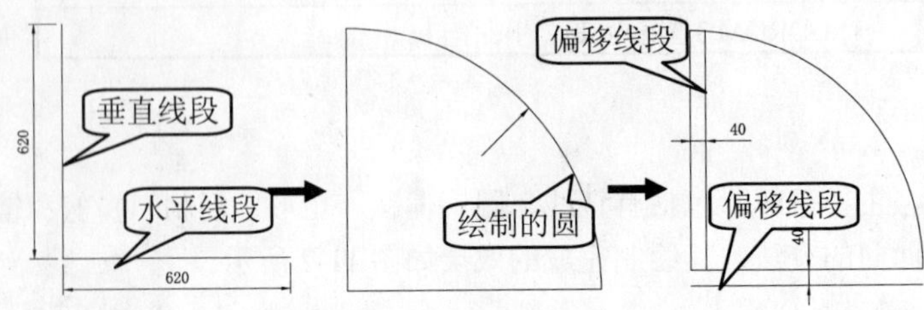

图 11-4　绘制直线和圆并偏移

步骤 5 绘制直线

使用“直线”命令（L），绘制相应的直线，并进行连接。再使用“直线”命令（L），按照如下提示绘制一条垂直的线段，长 125，如图 11-5 所示。

```
LINE                                        （启动直线命令）
指定第一点: from                              （输入捕捉自命令）
基点:                                          （捕捉基点）
<偏移>: @10,0                                 （输入偏移的距离）
指定下一点或 [放弃(U)]: 125           （鼠标指向下，并输入线段长度值）
```

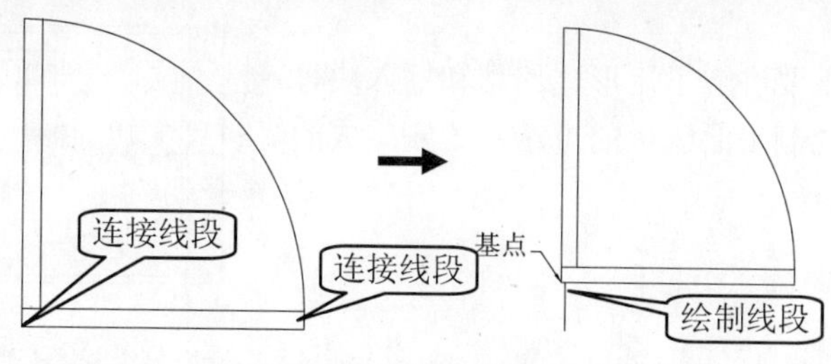

图 11-5　连接并绘制的线段

步骤 6 绘制矩形

使用“矩形”命令（REC）绘制一个 60×15 的矩形，并将绘制的矩形以右下角点作为基点，移至直线段的端点位置，再使用“复制”命令（CO），将绘制的矩形进行复制，如图 11-6 所示。

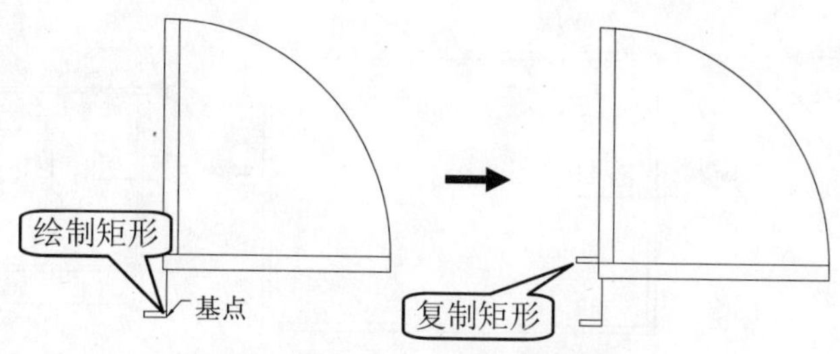

图 11-6　绘制并复制的矩形

步骤 7 绘制直线并镜像图形对象

使用“直线”命令（L），过上面矩形下侧水平线段的中点绘制一条垂直的线段，再使用“镜像”命令（MI），将绘制的矩形和直线段进行镜像，然后将多余的线段进行修剪操作，如图 11-7 所示。

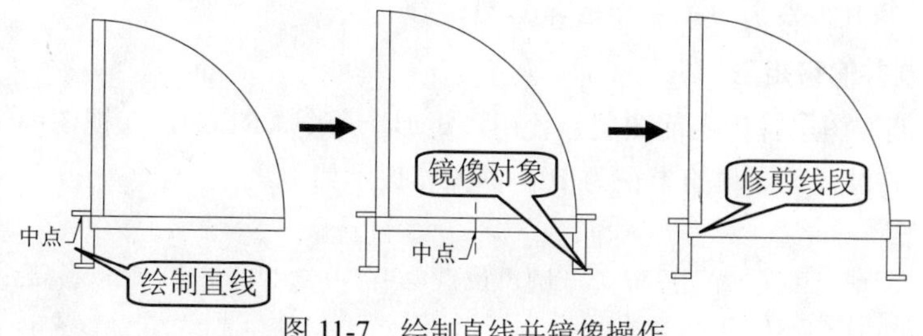

图 11-7　绘制直线并镜像操作

步骤 8 保存文件

实用案例 11.3　设计平面床柜

素材文件：	CDROM\11\素材\建筑平面图样板.dwt CDROM\11\素材\座机.dwg
效果文件：	CDROM\11\效果\平面床柜.dwg
演示录像：	CDROM\11\演示录像\平面床柜.exe

案例解读

在本案例中，主要讲解了矩形、偏移和插入块等命令，让读者掌握绘制平面床柜的方法，绘制完成的效果如图 11-8 所示。

图 11-8　平面床柜效果

要点流程

- 首先启动 AutoCAD 2010 中文版，使用矩形命令绘制圆角矩形；
- 使用偏移命令，将绘制的圆角矩形向内进行偏移；
- 使用插入块命令，将保存好的图块文件“座机.dwg”插入到当前图形文件的指定位置。

本案例的流程图如图 11-9 所示。

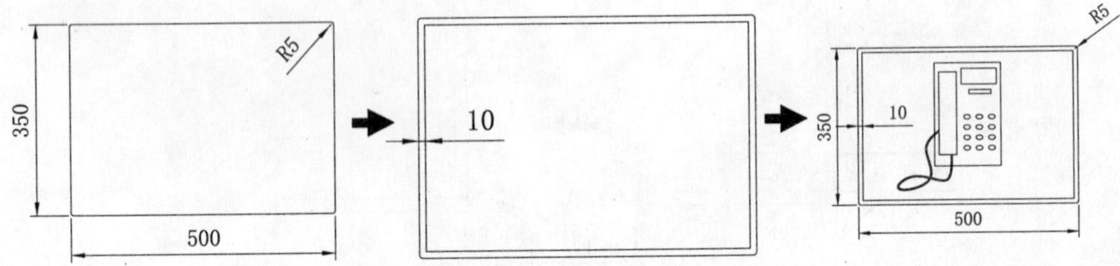

图 11-9　绘制平面床柜流程图

操作步骤

步骤 1 打开并另存图形文件

启动 AutoCAD 2010 中文版，打开附盘的“建筑平面图样板.dwt”文件，再选择“文件>另存为”命令，将其保存为“平面床柜.dwg”。

步骤 2 绘制并偏移矩形

①将“设施”图层置为当前图层，使用“矩形”命令（REC），在视图中绘制一个 500×350 的矩形，并设置其圆角的半径为 10，其操作提示如下。

```
命令: rec                                                    （启动矩形命令）
指定第一个角点或 [倒角(C)/标高(E)/圆角(F)/厚度(T)/宽度(W)]: f    （选择圆角(F)项）
指定矩形的圆角半径 <0.000>: 5                                  （设置圆角的半径值）
指定第一个角点或 [倒角(C)/标高(E)/圆角(F)/厚度(T)/宽度(W)]:       （指定矩形的角点）
指定另一个角点或 [面积(A)/尺寸(D)/旋转(R)]: @500,350             （矩形另一个角点坐标）
```

②使用“偏移”命令（O），将绘制的圆角矩形向内偏移 10，如图 11-10 所示。

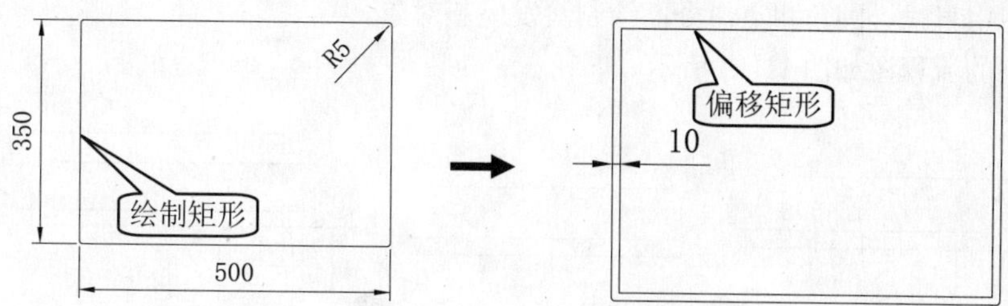

图 11-10　绘制并偏移矩形

步骤 3 插入图块

使用“插入块”命令（I），将“座机.dwg”图块文件插入到当前平面床柜的中间位置，如图 11-11 所示。

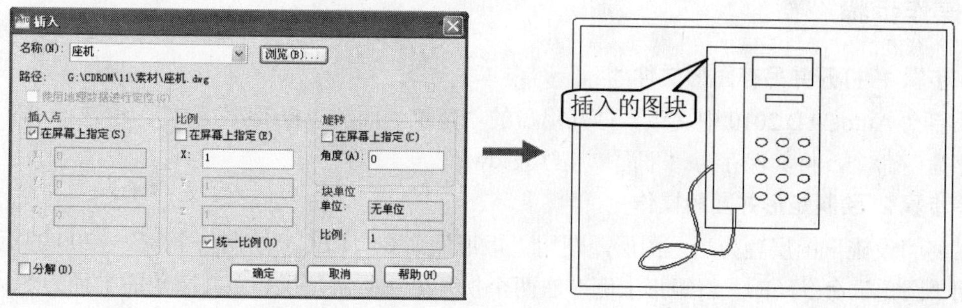

图 11-11　插入的图块

步骤 4 保存文件

实用案例 11.4　设计平面单人沙发

素材文件：	CDROM\11\素材\建筑平面图样板.dwt
效果文件：	CDROM\11\效果\平面单人沙发.dwg
演示录像：	CDROM\11\演示录像\平面单人沙发.exe

案例解读

在本案例中，主要讲解了包括有矩形、偏移、圆角、直线、镜像等命令，使读者掌握绘制平面单人沙发的方法，绘制完成的效果如图 11-12 所示。

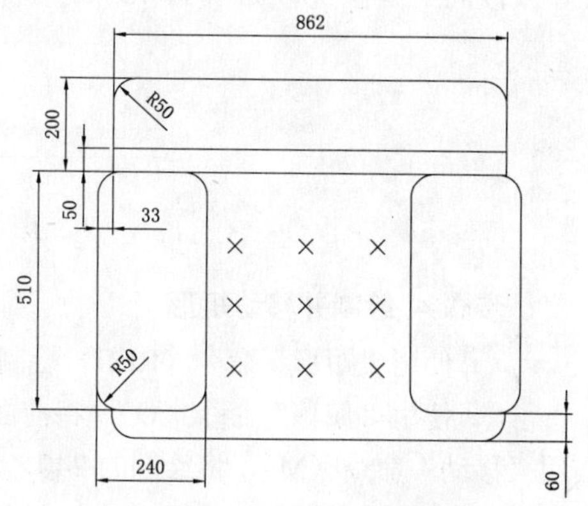

图 11-12　平面单人沙发效果

要点流程

- 首先启动 AutoCAD 2010 中文版，使用矩形命令绘制矩形，并对其进行圆角和偏移操作，从而形成沙发靠背对象；
- 使用矩形命令绘制矩形，并对其进行移动、圆角和镜像操作，从而形成沙发扶手对象；

- 使用直线、圆角和点命令，绘制沙发座垫对象。

本案例的流程图如图 11-13 所示。

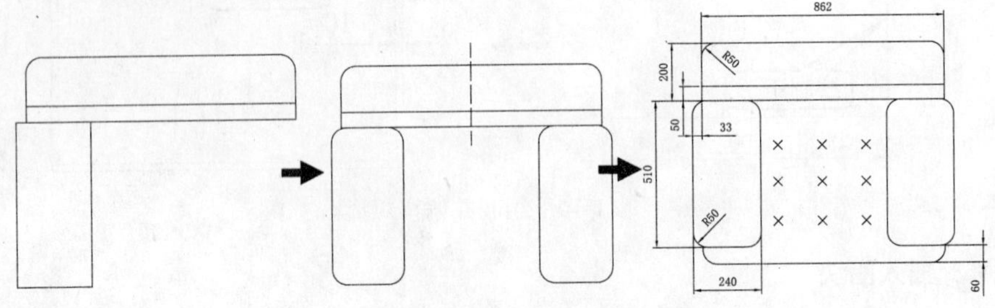

图 11-13　平面单人沙发流程图

操作步骤

步骤 1 打开并另存图形文件

启动 AutoCAD 2010 中文版，打开附盘的“建筑平面图样板.dwt”文件，再选择“文件>另存为”命令，将其保存为“平面单座沙发.dwg”。

步骤 2 绘制矩形并圆角操作

将“设施”图层置为当前图层，使用“矩形”命令（REC）绘制一个 862×200 的矩形，使用“圆角”命令（F），将矩形上侧左右两个拐角处进行圆角操作，其圆角的半径为 50，如图 11-14 所示。

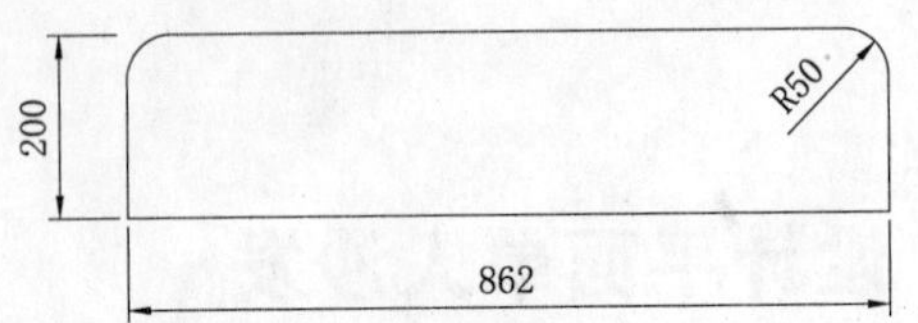

图 11-14　绘制矩形并圆角操作

步骤 3 打散并偏移图形对象

单击“打散”按钮，将绘制的矩形进行打散，再使用“偏移”命令（O），将下侧的水平线段向上偏移 50，如图 11-15 所示。

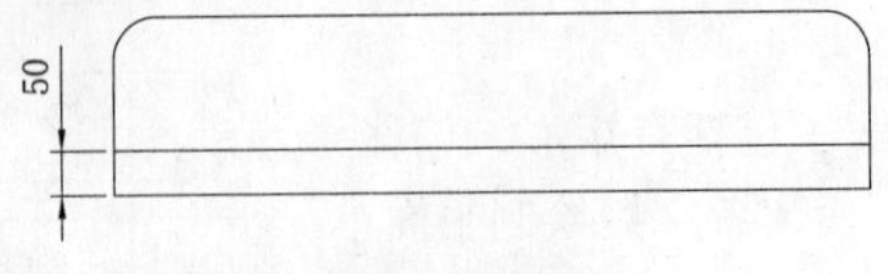

图 11-15　偏移对象

步骤 4 绘制并移动矩形

①使用“矩形”命令（REC）绘制一个 240×510 的矩形。

②使用“偏移”命令（O），将前面绘制的圆角矩形左侧的垂直线段向左偏移 33，再使用“移动”命令（M），将绘制的 240×510 的矩形以左上角点作为基点，移至偏移线段下侧的端点位置，如图 11-16 所示。

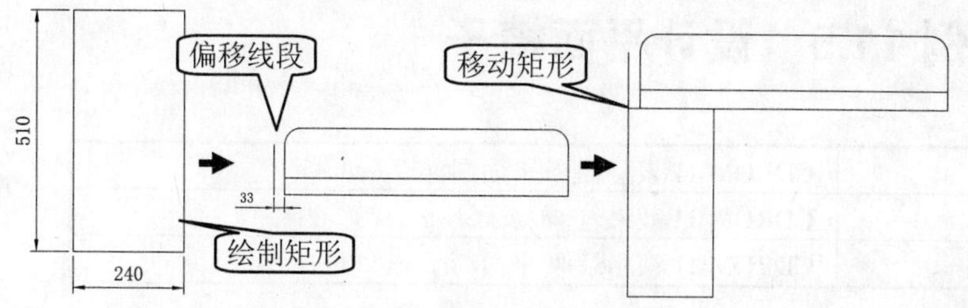

图 11-16 绘制并移动矩形

步骤 5 圆角矩形并镜像操作

使用“圆角”命令（F），将 240×510 的矩形进行圆角，其圆角的半径为 50，再使用“镜像”命令（MI），将圆角的矩形以水平线段的中点进行镜像操作，如图 11-17 所示。

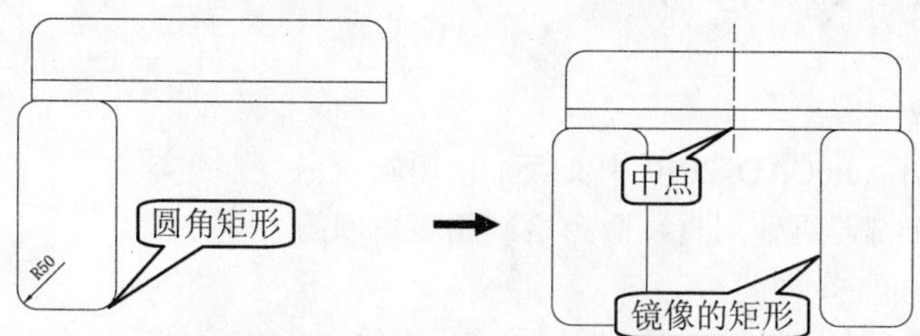

图 11-17 圆角矩形并镜像操作

步骤 6 绘制辅助线和直线段

①使用“直线”命令（L），分别过上侧矩形的下侧端点绘制两条垂直的线段，再绘制一条水平的线段，并且水平线段和圆角矩形下侧距离为 60，然后将绘制的线段转换为“辅助轴线”图层。

②再使用“直线”命令（L），过指定的交点绘制相应的直线段，如图 11-18 所示。

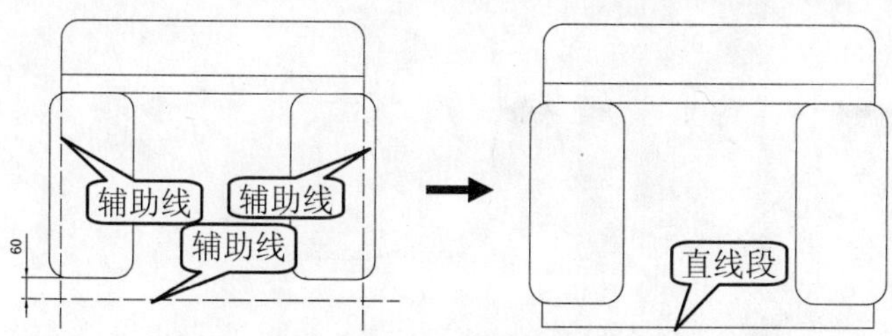

图 11-18 绘制辅助线和直线段

步骤 7 圆角操作并绘制点

使用“圆角”命令（F），将绘制的直线段进行圆角操作，其圆角的半径为 50，再单击“点”按钮 ，在相应的位置绘制 9 个点，如图 11-19 所示。

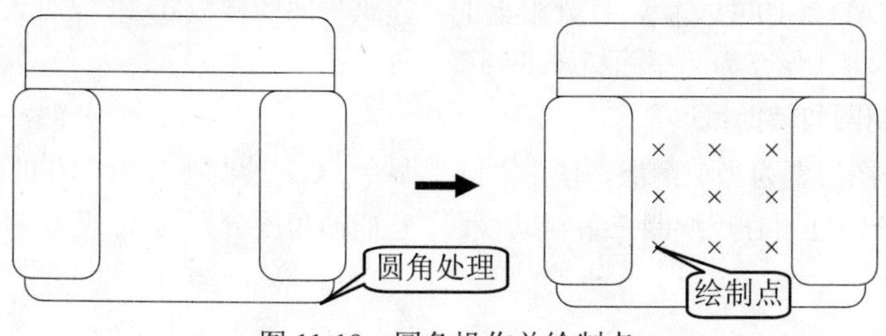

图 11-19 圆角操作并绘制点

步骤 8 保存文件

实用案例 11.5　设计平面椅子

素材文件：	CDROM\11\素材\建筑平面图样板.dwt
效果文件：	CDROM\11\效果\平面椅子.dwg
演示录像：	CDROM\11\演示录像\平面椅子.exe

案例解读

在本案例中，主要讲解了包括有圆、直线、圆弧、偏移和修剪等命令，使读者掌握绘制平面椅子的方法，其绘制完成的效果如图 11-20 所示。

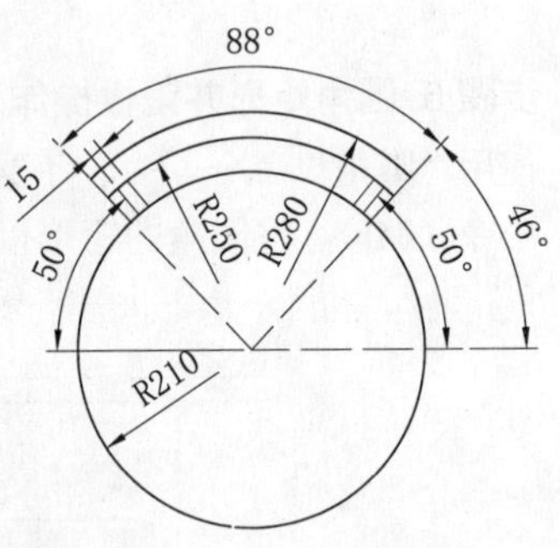

图 11-20　平面椅子效果

要点流程

- 首先启动 AutoCAD 2010 中文版，使用圆命令绘制一个圆，再使用直线命令绘制相应角度的斜线段；
- 使用圆弧命令绘制相应的圆弧，并使用直线命令将所绘制的圆弧连接起来；
- 使用直线命令，绘制指定角度的斜线段，并对其进行偏移操作，然后进行修剪。

本案例的流程图如图 11-21 所示。

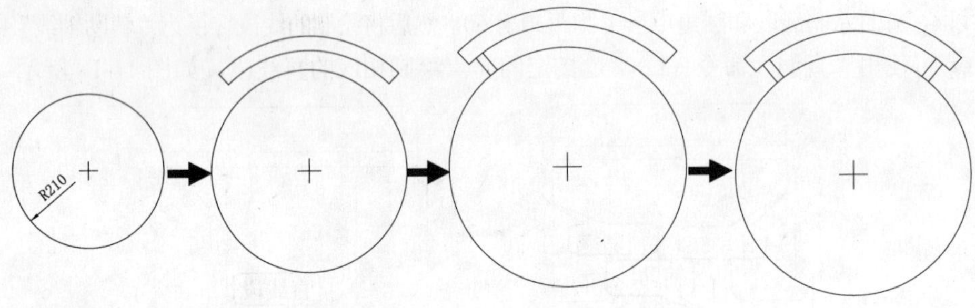

图 11-21　平面椅子流程图

操作步骤

步骤 1　打开并另存图形文件

启动 AutoCAD 2010 中文版，打开附盘的“建筑平面图样板.dwt”文件，再选择“文件>另存为”命令，将其保存为“平面椅子.dwg”。

步骤 2　绘制圆和辅助线

将“设施”图层置为当前图层，使用“圆”命令（C）绘制半径为 210 的圆，再使用“直线”命令（L），分别过圆心点绘制三条辅助线段，它们的角度分别为 46 度和 88 度，如图 11-22 所示。

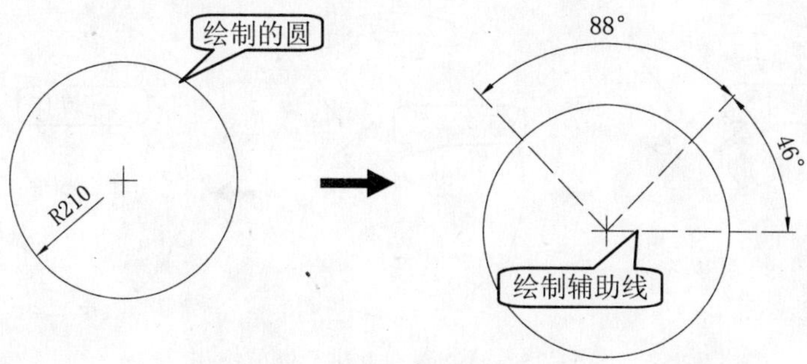

图 11-22　绘制圆和辅助线

步骤 3 绘制圆弧并连接线段

使用“圆弧”命令（ARC），分别绘制半径为 250 和 280 的两段圆弧，再将绘制的辅助线删除，使用“直线”命令（L）将绘制的圆弧连接起来，如图 11-23 所示。

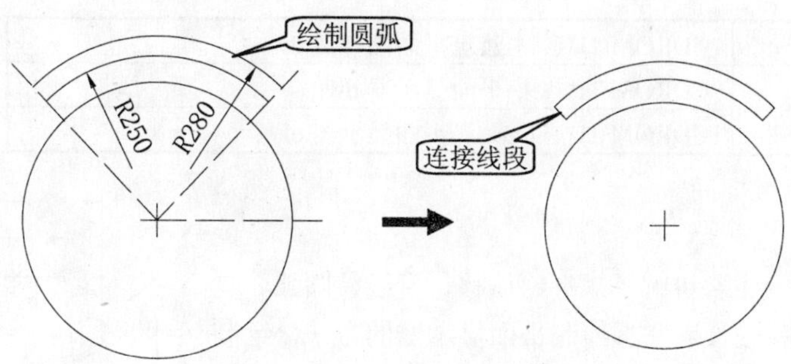

图 11-23　绘制圆弧并连接线段

步骤 4 绘制斜线并进行修剪操作

使用“直线”命令（L），捕捉圆心点作为起点，输入“@300<130”绘制直线段，再使用“偏移”命令（O），将绘制的斜线段向右偏移 15，然后使用“修剪”命令（TR），将多余的线段进行修剪，如图 11-24 所示。

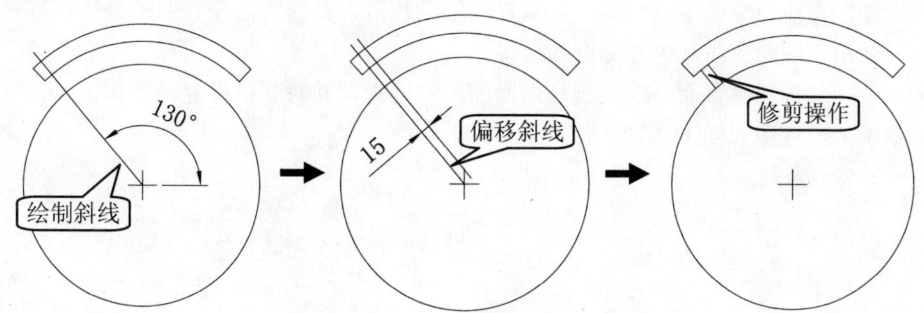

图 11-24　绘制斜线并进行修剪操作

步骤 5 绘制斜线并进行修剪操作

同样，使用“直线”命令（L），捕捉圆心点作为起点，输入“@300<50”绘制直线段，再使用“偏移”命令（O），将绘制的斜线段向左偏移 15，然后使用“修剪”命令（TR），将多余的线段进行修剪，如图 11-25 所示。

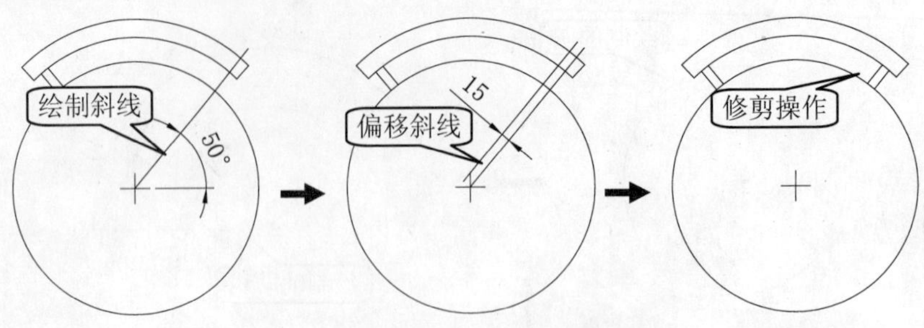

图 11-25　绘制斜线并进行修剪操作

步骤 6 保存文件

实用案例 11.6　设计平面显示器

素材文件：	CDROM\11\素材\建筑平面图样板.dwt
效果文件：	CDROM\11\效果\平面显示器.dwg
演示录像：	CDROM\11\演示录像\平面显示器.exe

案例解读

在本案例中，主要讲解了矩形、偏移、直线、圆弧、复制和修剪等命令，使读者掌握绘制平面显示器的方法，绘制完成的效果如图 11-26 所示。

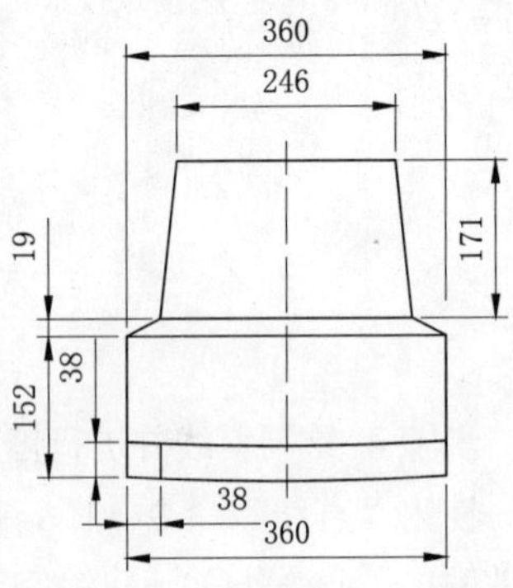

图 11-26　平面显示器效果

要点流程

- 先启动 AutoCAD 2010 中文版，使用矩形命令绘制矩形，并对其进行打散，然后将指定的线段向上进行偏移；
- 使用直线命令过中点绘制一条垂直的辅助线段，并对其向左右两侧进行偏移，然后使用直线命令对其进行交点的连接；
- 使用偏移和圆弧命令，绘制显示器前段的圆弧，并对其进行复制操作。

本案例的流程图如图 11-27 所示。

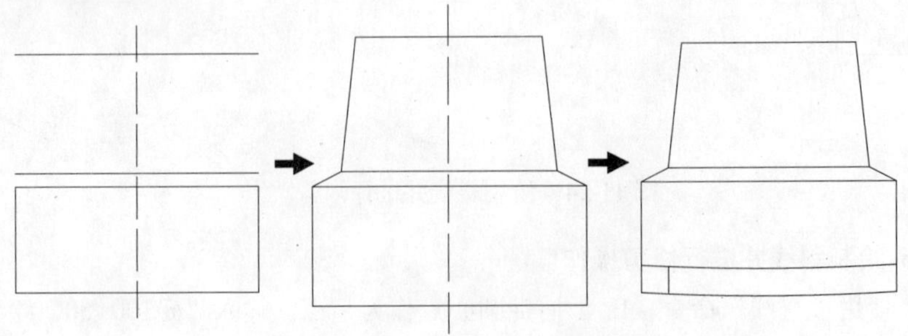

图 11-27　平面显示器流程图

操作步骤

步骤 1 打开并另存图形文件

启动 AutoCAD 2010 中文版，打开附盘的“建筑平面图样板.dwt”文件，再选择“文件>另存为”命令，将其保存为“平面显示器.dwg”。

步骤 2 绘制矩形并偏移线段

①将“设施”图层置为当前图层，使用“矩形”命令（REC）绘制一个 360×152 矩形，单击“分解”按钮将绘制的矩形进行打散操作。

②使用“偏移”命令（O），将上侧水平线段分别向上偏移 19 和 171，如图 11-28 所示。

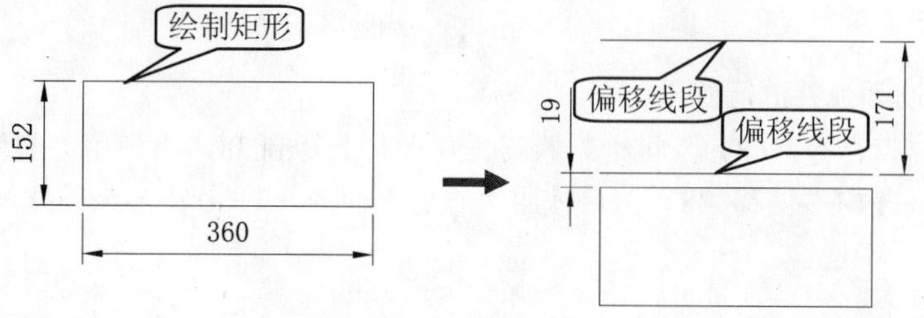

图 11-28　绘制矩形并偏移线段

步骤 3 绘制辅助线并偏移操作

使用“直线”命令（L），过直线的中点绘制一条垂直的辅助线段，再使用“偏移”命令（O），对垂直辅助线向两侧各偏移 123 和 142，如图 11-29 所示。

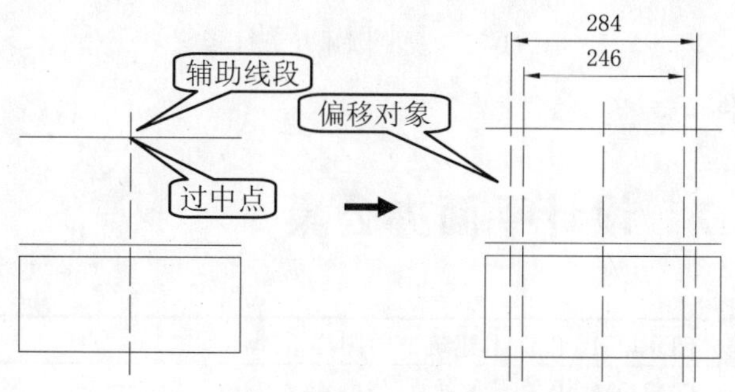

图 11-29　绘制辅助线并偏移操作

步骤 4 连接线段并进行修剪

使用“直线”命令（L），对指定的交点进行连接，再将偏移的辅助线删除，然后使用“修剪”命令（TR）将多余的线段进行修剪，如图 11-30 所示。

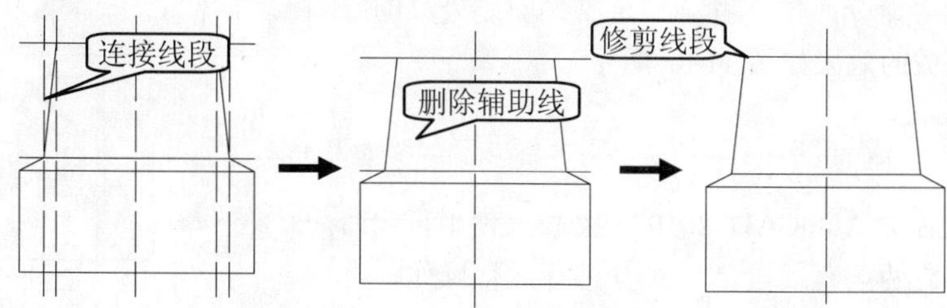

图 11-30　连接线段并进行修剪

步骤 5 绘制圆弧并删除多余线段

使用"偏移"命令，将下侧的水平线段向下偏移 2，再使用"圆弧"命令（ARC）分别过三点来绘制一段圆弧，然后将多余的水平线删除，如图 11-31 所示。

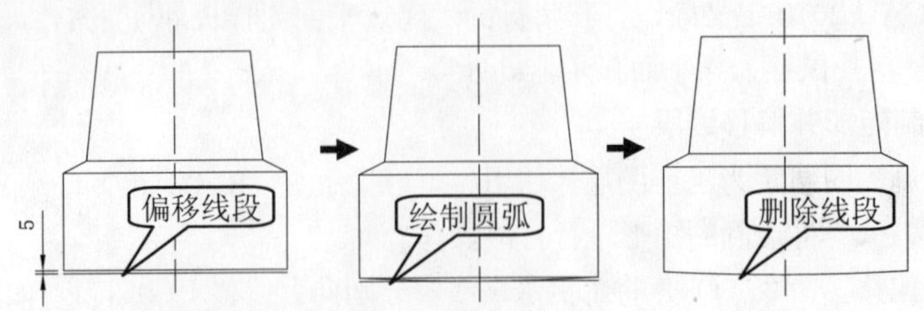

图 11-31 绘制圆弧并删除多余线段

步骤 6 复制圆弧并进行修剪

使用"复制"命令（CO），将绘制的圆弧垂直向上复制 38，再使用"偏移"命令（O），将左侧的垂直线段向右偏移 38，然后使用"修剪"命令（TR）将多余的线段进行修剪，如图 11-32 所示。

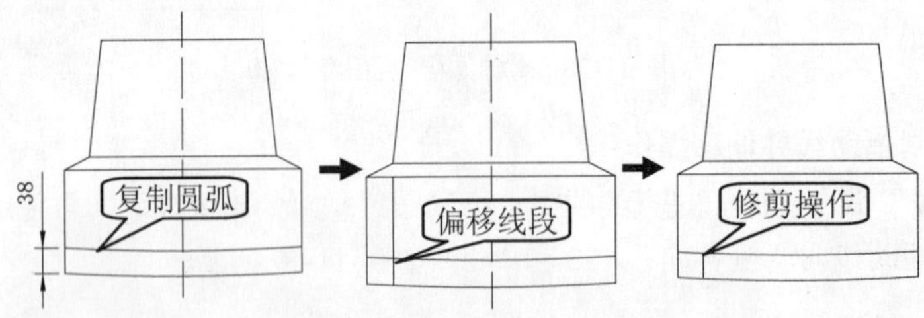

图 11-32 复制圆弧并进行修剪

步骤 7 保存文件

实用案例 11.7 设计平面办公桌

素材文件:	CDROM\11\素材\建筑平面图样板.dwt
效果文件:	CDROM\11\效果\平面办公桌.dwg
演示录像:	CDROM\11\演示录像\平面办公桌.exe

案例解读

在本案例中，主要讲解了包括有直线、偏移、修剪、插入块、阵列等命令，使读者掌握绘制平面办公桌的方法，其绘制完成的效果如图 11-33 所示。

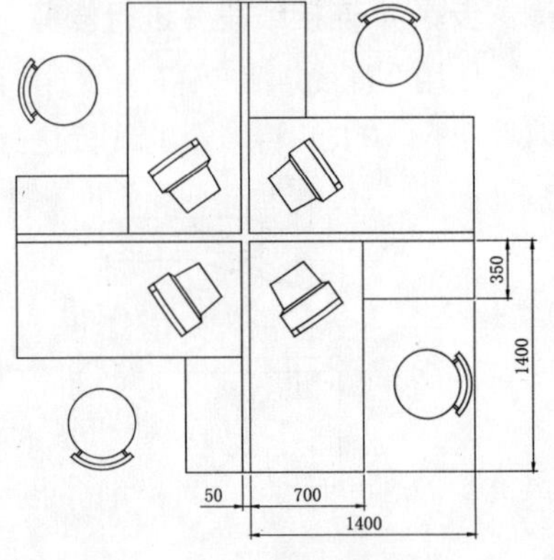

图 11-33 平面办公桌效果

要点流程

- 首先启动 AutoCAD 2010 中文版，使用直线命令绘制两条直线段，再对其进行偏移操作，然后进行直线接连和修剪操作；

- 使用插入块命令，将前面建立的图形文件插入到当前文件中，并对其进行打散，将标注对象进行删除，然后使用移动和旋转命令，将对象移到指定的位置；
- 使用阵列命令，对绘制的单组办公桌进行环形阵列操作，再使用直线命令绘制相应的直线段，将其进行端点连接。

本案例的流程图如图 11-34 所示。

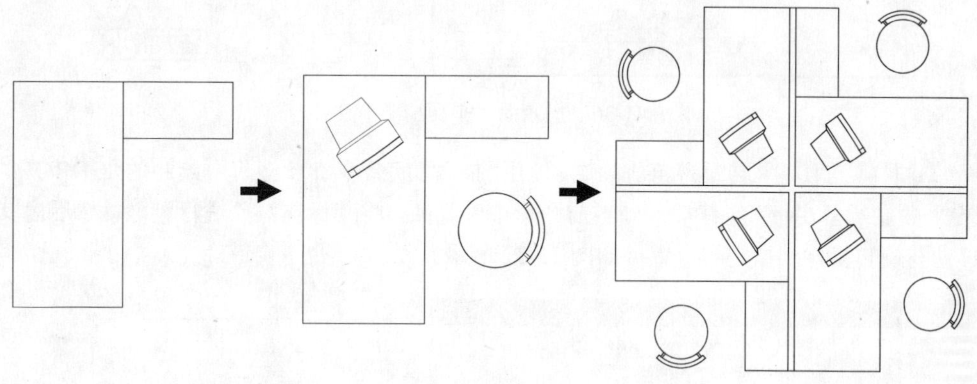

图 11-34　平面办公桌流程图

操作步骤

步骤 1 打开并另存图形文件

启动 AutoCAD 2010 中文版，打开附盘的“建筑平面图样板.dwt”文件，再选择“文件>另存为”命令，将其保存为“平面办公桌.dwg”。

步骤 2 绘制办公桌

①将“设施”图层置为当前图层，使用“直线”命令（L）绘制水平和垂直的两条线段，设置长度为 1400，且端点相交。

②使用“偏移”命令（O），将垂直的线段向右偏移 700，将水平的线段向下偏移 350。

③使用“直线”命令（L），将指定的端点进行直线连接，然后使用“修剪”命令（TR）将多余的线段进行修剪操作，从而形成办公桌平面效果，如图 11-35 所示。

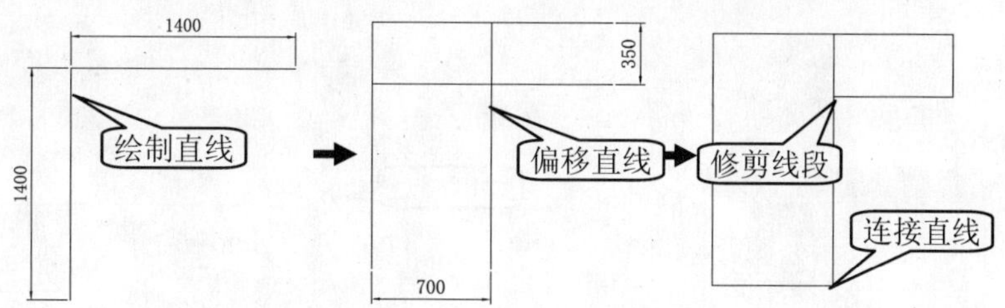

图 11-35　绘制的办公桌

步骤 3 插入平面椅子和平面显示器

①当“0”图层置为当前图层，使用“插入块”命令（I），将前面绘制的“CDROM\11\效果\平面椅子.dwg”文件插入到当前图形中并打散，将标注对象进行删除，然后进行移动与旋转操作到指定的位置，如图 11-36 所示。

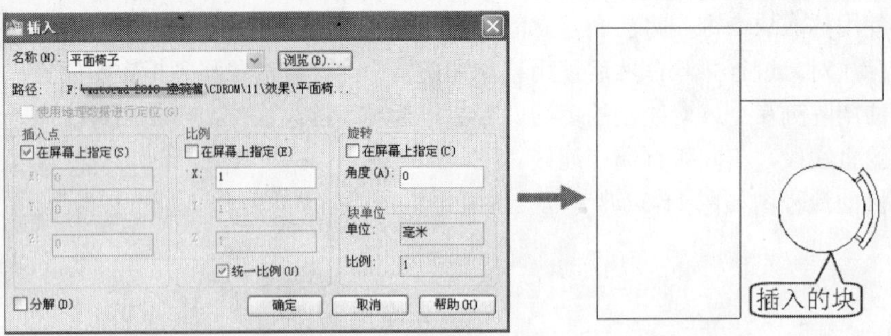

图 11-36 插入的“平面椅子”文件

②同样，当“0”图层置为当前图层，使用“插入块”命令(I)，将前面绘制的“CDROM\11\效果\平面显示器.dwg”文件插入到当前图形中并打散，将其标注对象进行删除，然后对其进行移动与旋转操作到指定的位置，如图 11-37 所示。

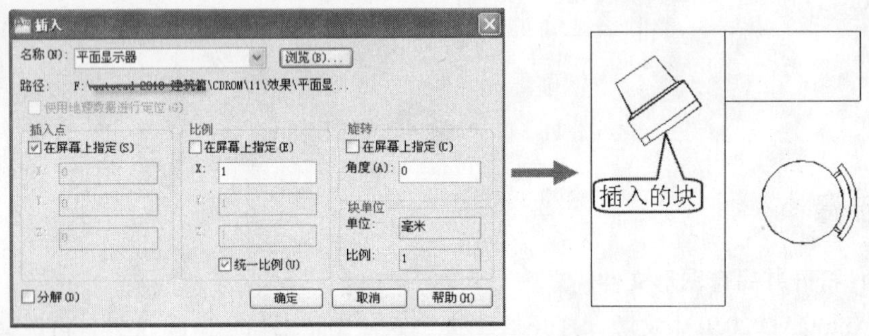

图 11-37 插入的“平面显示器”文件

步骤 4 设置点样式并绘制点

①选择“格式>点样式”命令，设置点的样式为“X”，然后单击“确定”按钮，如图 11-38 所示。

②单击“点”按钮 ，按照如下提示绘制一个点，如图 11-39 所示。

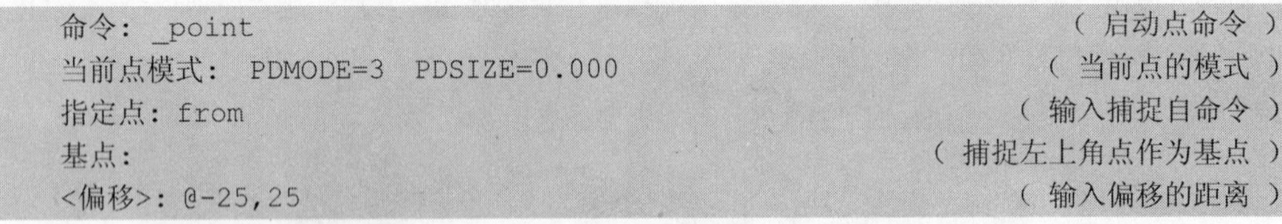

```
命令: _point                                  ( 启动点命令 )
当前点模式:  PDMODE=3  PDSIZE=0.000           ( 当前点的模式 )
指定点: from                                  ( 输入捕捉自命令 )
基点:                                         ( 捕捉左上角点作为基点 )
<偏移>: @-25,25                               ( 输入偏移的距离 )
```

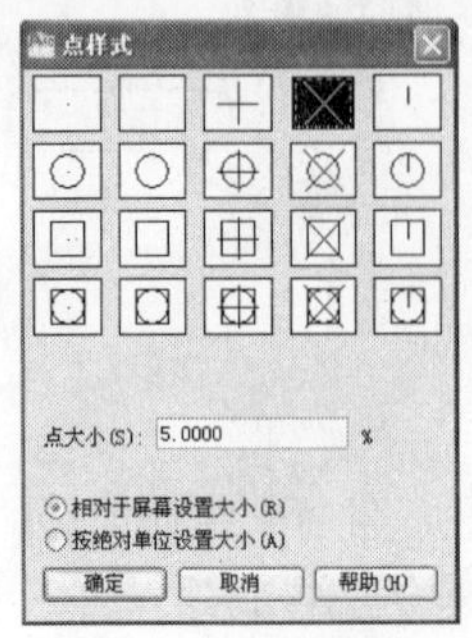

图 11-38 设置点样式

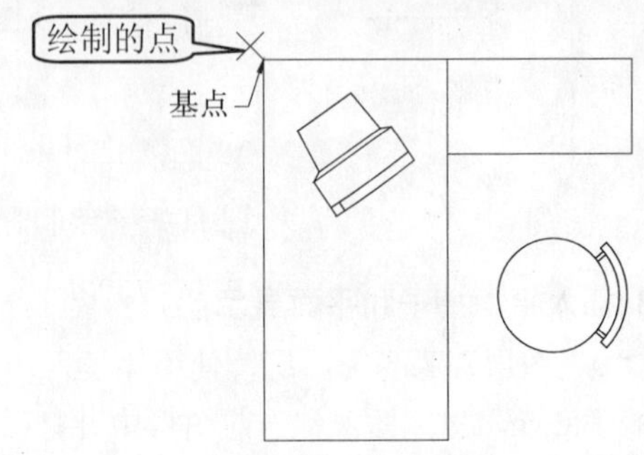

图 11-39 绘制的点

步骤 5 环形阵列图形文件

使用“阵列”命令（AR），将弹出的“阵列”对话框，选择“环形阵列”单选框，单击“选择对象”按钮，在视图中选择所有对象，单击“中心点”按钮，在视图中捕捉绘制的点作为旋转的中心点，在“项目总数”文本框中输入 4，然后单击“确定”按钮，如图 11-40 所示。

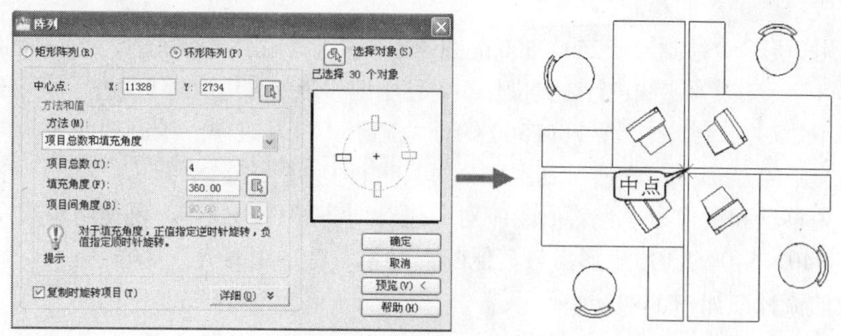

图 11-40　环形阵列操作

步骤 6 保存文件

实用案例 11.8　设计平面炉具

素材文件:	CDROM\11\素材\建筑平面图样板.dwt
效果文件:	CDROM\11\效果\平面炉具.dwg
演示录像:	CDROM\11\演示录像\平面炉具.exe

案例解读

在本案例中，主要讲解了矩形、直线、偏移、构造线、修剪、阵列、镜像、移动、圆、复制等命令，使读者掌握绘制平面炉具的方法，绘制完成的效果如图 11-41 所示。

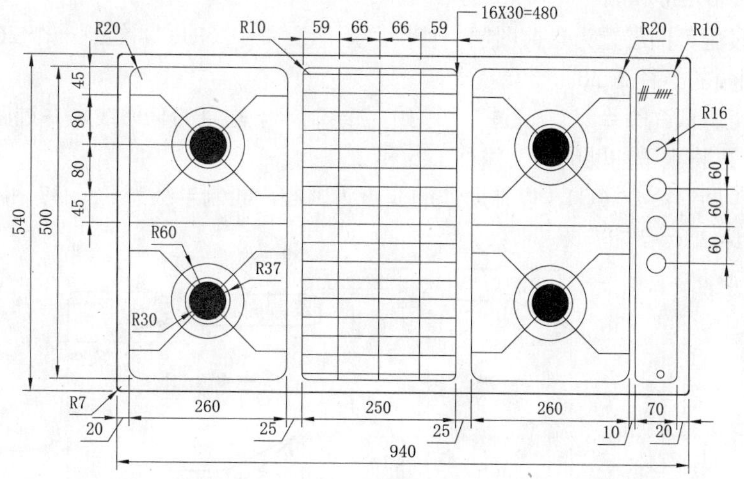

图 11-41　平面炉具效果

要点流程

- 首先启动 AutoCAD 2010 中文版，使用矩形命令绘制一个 260×500 的圆角矩形，分别过中点绘制辅助线，再对辅助线进行偏移。过辅助线的交点绘制三个同心圆，再过圆心点绘制构造线，对小圆进行图案填充，然后对其进行复制和修剪操作，从而完成单侧炉芯的绘制；
- 使用矩形命令绘制一个 250×500 的圆角矩形，过圆角的端点位置绘制水平的线段，使用阵列命令对其水平线进行阵列操作，再使用偏移命令对其垂直线段进行偏移操作；
- 使用矩形命令绘制一个 70×500 的圆角矩形，分别过中点绘制辅助线，再以辅助线的交点绘制一个圆，使用复制命令对其进行复制操作；
- 使用移动和镜像命令，对所绘制对象进行对齐和移动操作，再使用矩形命令绘制一个 940×540 的圆角矩形，与其他图形对象进行居中对齐。

本案例的流程图如图 11-42 所示。

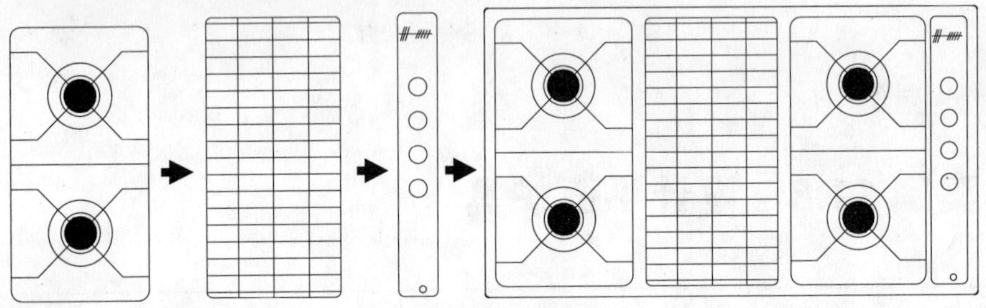

图 11-42　平面炉具流程图

操作步骤

步骤 1 打开并另存图形文件

启动 AutoCAD 2010 中文版，打开附盘的“建筑平面图样板.dwt”文件，再选择“文件>另存为”命令，将其保存为“CDROM\11\平面炉具.dwg”。

步骤 2 绘制矩形和圆

①将“设施”图层置为当前图层，使用“矩形”命令（REC）绘制一个 260×500 的圆角矩形，其圆角的半径为 20。

②使用“直线”命令（L），过矩形的中点绘制一条垂直的辅助线，并过底边绘制一条水平辅助线，再将水平辅助线向上偏移 125 和 250。

③使用“圆”命令（C），以辅助线的交点为圆心，绘制半径为 30、37 和 60 的三个同心圆，如图 11-43 所示。

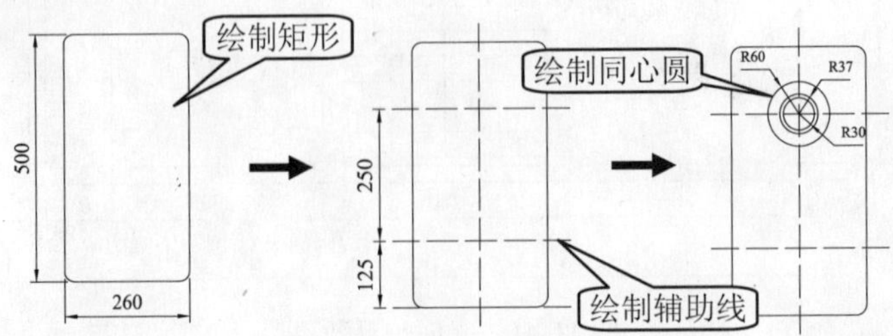

图 11-43　绘制矩形和圆

步骤 3 绘制构造线并修剪

使用"偏移"命令（O），将水平辅助线向上下两侧各偏移 80，使用"构造线"命令（XL）绘制夹角为 45 度和 135 度的两条构造线，然后使用直线和修剪命令绘制相应的直线段，如图 11-44 所示。

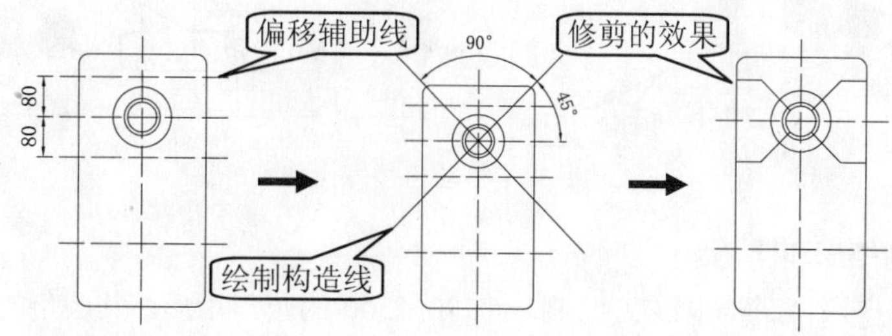

图 11-44　绘制构造线并修剪

步骤 4 完成炉芯的绘制

使用"图填填充"命令（BH），将图形中心的圆以"SOLD"图案进行填充，使用"复制"命令（CO），将绘制的炉芯对象向下复制。使用"直线"命令（L），过垂直线段的中点绘制一条水平线段，如图 11-45 所示。

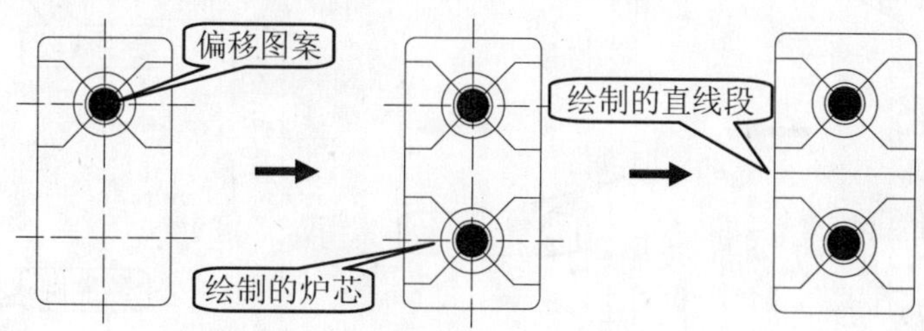

图 11-45　绘制完成的炉芯

步骤 5 绘制完成的炉芯

①使用"矩形"命令（REC）绘制一个 250×500 的圆角矩形，其圆角的半径为 10，使用"直线"命令（L），过矩形的圆角象限点绘制一条水平的线段。

②使用"阵列"命令（AR），将绘制的水平线段向上阵列 16 次，其阵列的间距为 30，然后将圆角矩形打散，将左侧的垂直线段向右依次偏移 59、66、66、59，如图 11-46 所示。

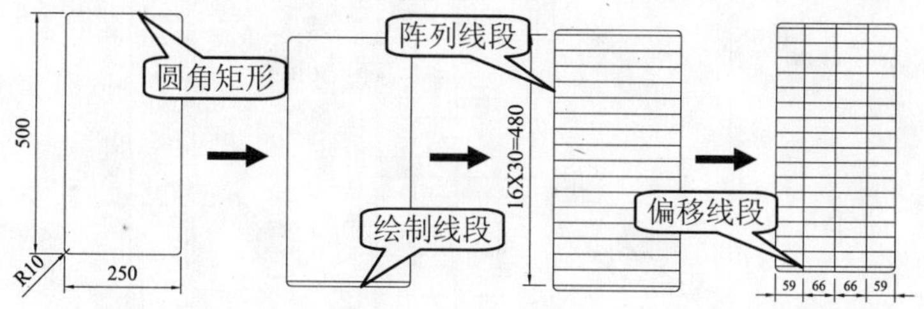

图 11-46　绘制矩形并阵列

步骤 6 移动与镜像操作

使用"移动"命令（M），将绘制的两个单独对象水平对齐，并且间距为 25，再使用"镜像"命令（MI），将左侧对象进行镜像操作，如图 11-47 所示。

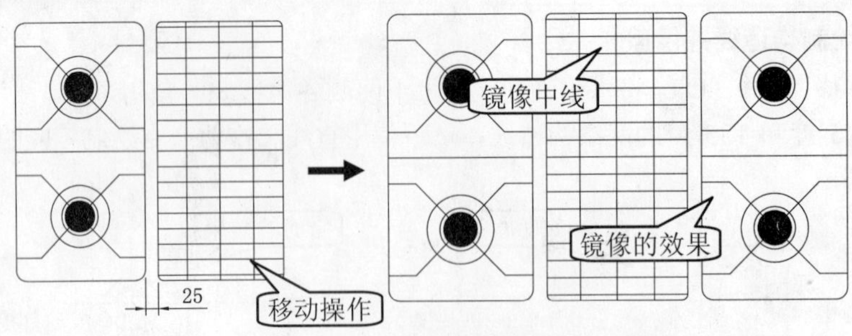

图 11-47　移动与镜像操作

步骤 7　绘制矩形和圆

①使用“矩形”命令（REC）绘制一个 70×500 的圆角矩形，其圆角的半径为 10，使用“直线”命令（L），过矩形的中点绘制互相垂直的辅助线。

②使用“圆”命令（C），以辅助线的交点为圆心绘制半径为 16 的圆，使用“复制”命令（CO）对圆进行垂直复制，间距均为 60。再使用圆和直线命令，绘制其他的对象，如图 11-48 所示。

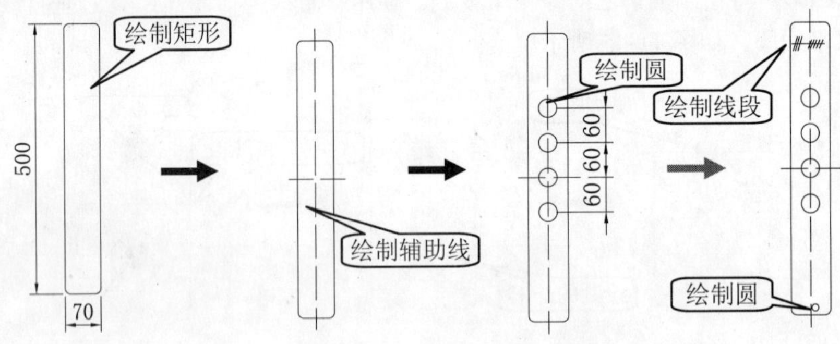

图 11-48　绘制矩形和圆

步骤 8　完成炉具的绘制

使用“移动”命令（M），将刚绘制的对象移至相应的水平对齐位置，间距为 10。使用“矩形”命令（REC），绘制一个 940×540 的圆角矩形，其圆角的半径为 7，然后将其与主体对象进行水平与垂直居中对齐操作，如图 11-49 所示。

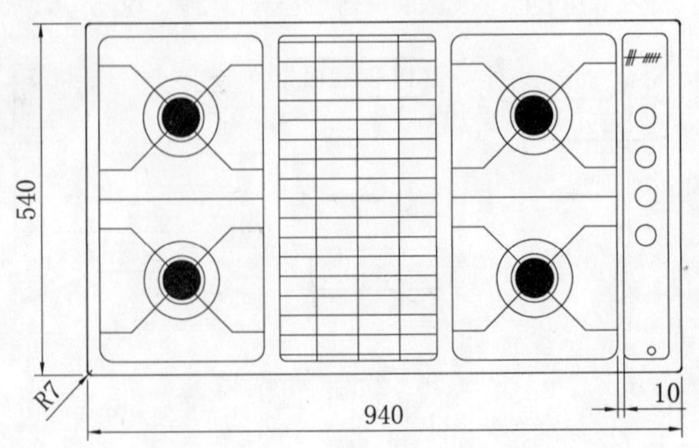

图 11-49　绘制完成的炉具

步骤 9　保存文件

实用案例 11.9　设计茶几和地毯

素材文件：	CDROM\11\素材\建筑平面图样板.dwt CDROM\11\素材\案花.dwg
效果文件：	CDROM\11\效果\茶几地毯.dwg CDROM\11\效果\平面茶几.dwg
演示录像：	CDROM\11\演示录像\茶几地毯.exe

案例解读

在本案例中，主要讲解了包括有矩形、分解、偏移、直线、圆、拉长、构造线、镜像、插入块、写块、图案填充、修剪等命令，使读者掌握绘制茶几和地毯的方法，其绘制完成的效果如图 11-50 所示。

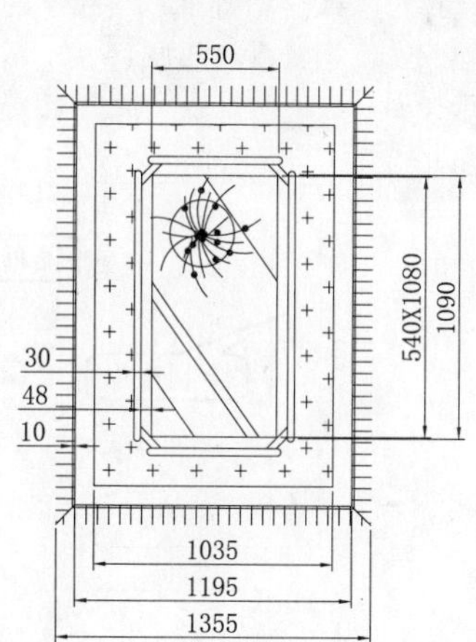

图 11- 50　茶几和地毯效果

要点流程

- 首先启动 AutoCAD 2010 中文版，使用矩形命令绘制矩形，将矩形打散后进行偏移。将偏移的线段两端均拉长，再绘制圆弧，然后对其镜像操作；
- 使用直线命令绘制不规则的斜线段，形成茶几面板效果，再插入准备好的“案花”文件，然后将整个图形保存为“平面茶几”；
- 使用矩形命令绘制一个矩形，并将其向内多次偏移，再将保存的“平面茶几”图形文件插入到矩形的中心位置；
- 使用图案填充命令，对最内侧的矩形进行“外部”方式的图案填充，再对其外侧矩形进行直线方式的图案填充，然后将外侧矩形删除，从而完成茶几和地毯的绘制。

本案例的流程图如图 11-51 所示。

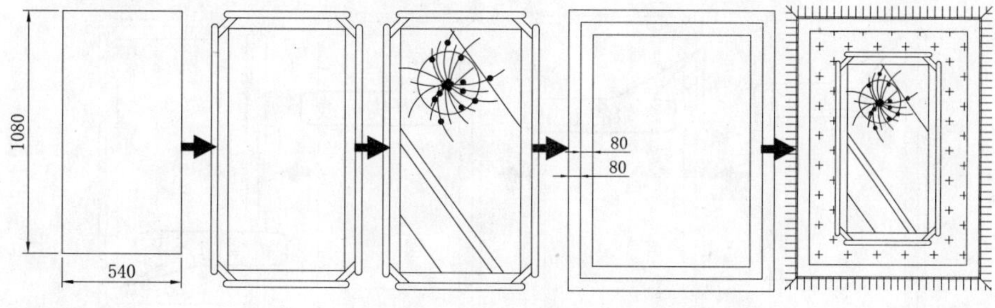

图 11-51　茶几和地毯流程图

操作步骤

步骤 1 打开并另存图形文件

启动 AutoCAD 2010 中文版，打开附盘的“建筑平面图样板.dwt”文件，选择“文件>另存为”命令，将其保存为“茶几地毯.dwg”。

步骤 2 绘制矩形并偏移

①将“设施”图层置为当前图层，使用“矩形”命令（REC）绘制一个 540×1080 的矩形，使用“分解”命令将绘制的矩形进行打散操作，再使用“偏移”命令（O）将垂直和水平线段偏移 48 和 30。

②选择“修改>拉长”命令，按照如下提示将偏移线段的两端各拉长 5，如图 11-52 所示。

```
命令: _lengthen                                              （启动拉长命令）
选择对象或 [增量(DE)/百分数(P)/全部(T)/动态(DY)]: de          （选择增量(DE)选项）
输入长度增量或 [角度(A)]: 5                                   （指定增量的长度值）
选择要修改的对象或 [放弃(U)]:                   （使用鼠标分别在指定偏移线段的每一端）
```

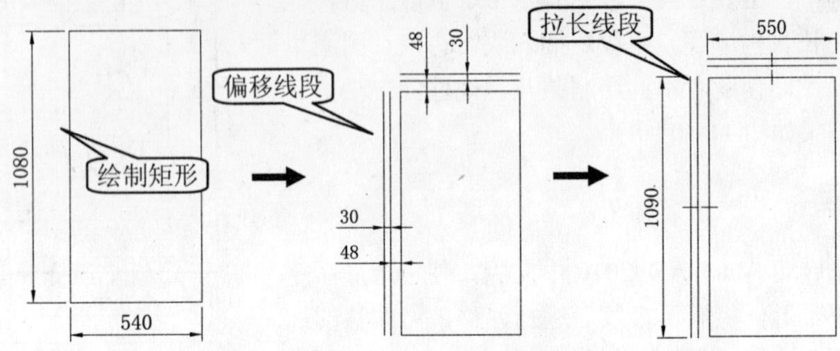

图 11-52　绘制矩形并偏称操作

步骤 3 绘制圆弧并镜像操作

①使用“直线”命令（L），将偏移线段的两端用直线连接，再使用“圆”命令（C），以连接直线的中点作为圆心，捕捉直线的端点来作为半径值，再使用“修剪”命令（TR）将多余的线段和圆弧进行修剪操作。

②使用“构造线”命令（XL），绘制夹角为 45 度的构造线，并对其构造线偏移 30，然后使用“修剪”命令（TR）对多余的构造线进行修剪操作。

③使用“镜像”命令（MI），将所绘制的对象进行水平和垂直镜像操作，如图 11-53 所示。

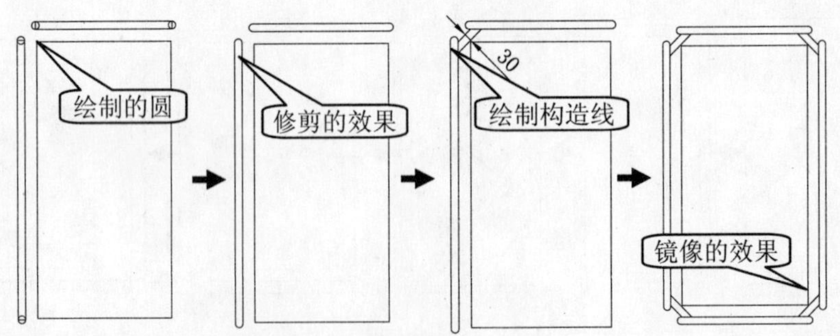

图 11-53　绘制圆弧并镜像操作

步骤 4 绘制斜线并插入图块

使用“直线”命令（L），绘制相应不规则的斜线段，再使用“插入块”命令（I），将附盘的“案花.dwg”图块插入当前视图中，并且插入时的比例为 0.8，从而完成平面和茶几的绘制，如图 11-54 所示。

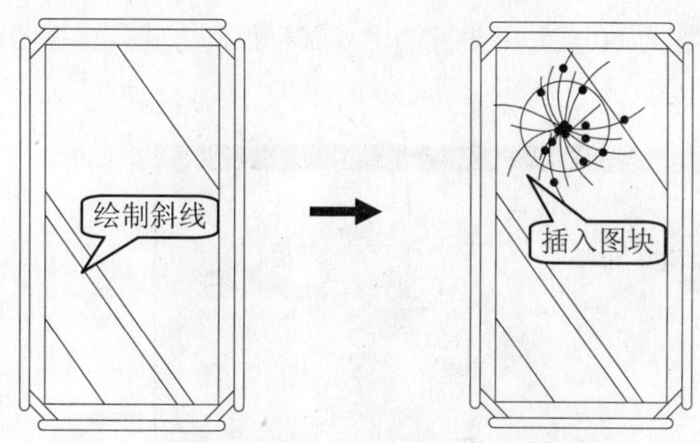

图 11-54　绘制斜线并插入图块

步骤 5 创建块文件并绘制矩形

①使用“写块”命令（W），将所绘制的图形对象保存为“平面茶几.dwg”文件。

②使用“矩形”命令（REC），绘制一个 1355×1816 的矩形，使用“偏移”命令（O），将绘制的矩形向内偏移两次，其偏移的距离均为 80，如图 11-55 所示。

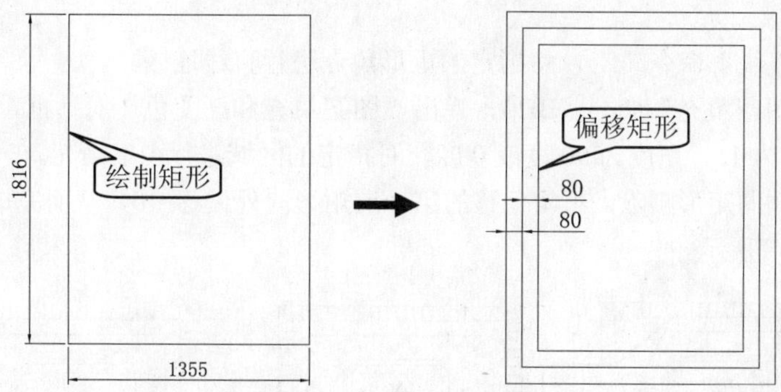

图 11-55　绘制斜线并插入图块

步骤 6 插入平面茶几

使用“插入块”命令（I），将之前保存的“平面茶几.dwg”文件插入到当前图形文件的中心位置，如图 11-56 所示。

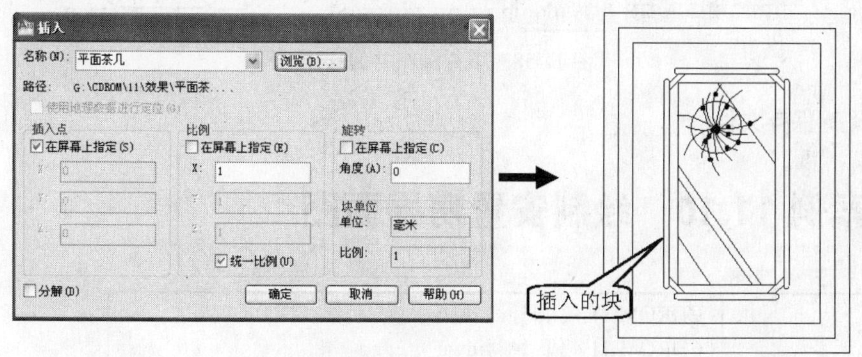

图 11-56　插入图块操作

步骤 7 图案填充

①使用“图案填充”命令（BH），将弹出“图案填充和渐变色”对话框，选择“CROSS”

图案，比例为 15，角度为 90 度，并设置为“外部”孤岛方式，选择图形对象内部的对象进行填充，如图 11-57 所示。

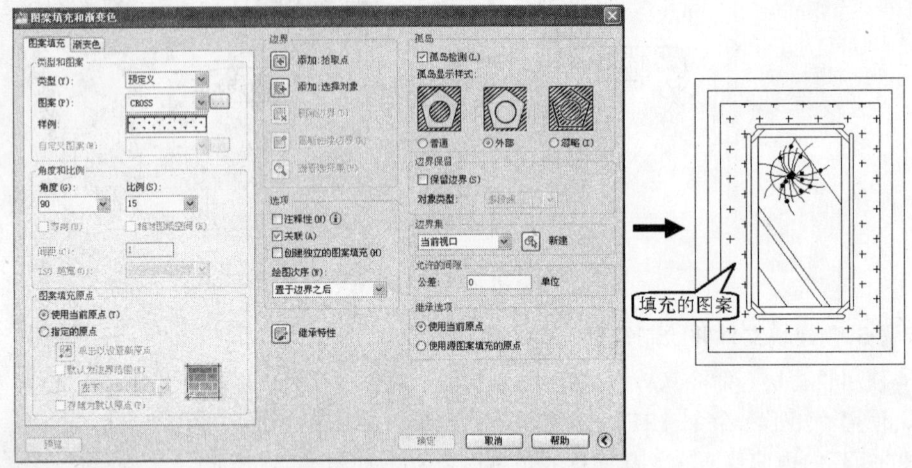

图 11- 57　填充的图案

②使用“直线”命令（L），将指定的矩形角点进行直线连接。

③使用“图案填充”命令（BH），弹出“图案填充和渐变色”对话框，选择“LINE”图案，设置比例为 15，角度为 90 度或 0 度，对指定的区域进行图案填充。

④将最外侧的矩形删除，再将偏移的第一道矩形向外偏移 10，从而完成茶几和地毯的绘制，如图 11-58 所示。

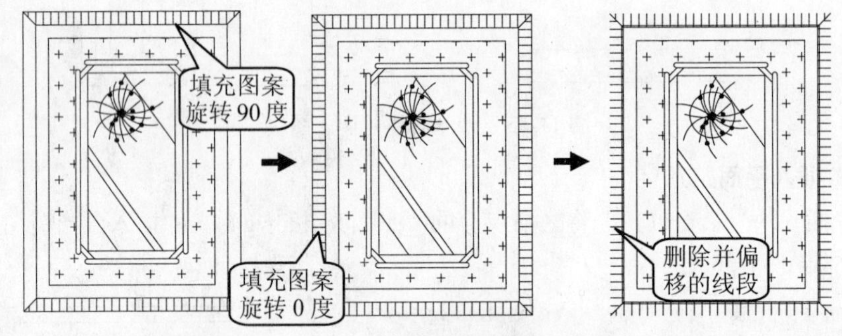

图 11-58　填充图案并偏移矩形

步骤 8 保存文件

实用案例 11.10　绘制安置房平面图

素材文件:	CDROM\11\效果\标高.dwg CDROM\11\效果\轴号.dwg
效果文件:	CDROM\11\效果\安置房平面图.dwg CDROM\11\效果\建筑样板.dwt CDROM\11\效果\M-2.dwt
演示录像:	CDROM\11\演示录像\安置房平面图.exe

案例解读

在本案例中，主要讲解了安置房底层平面图的绘制方法，其中包括建筑平面图绘图环境的设置、轴线的定位、墙线的绘制方法、门窗的绘制、文字的标注、面积的标注、尺寸的标注和轴号的标注等，绘制完成的效果如图 11-59 所示。

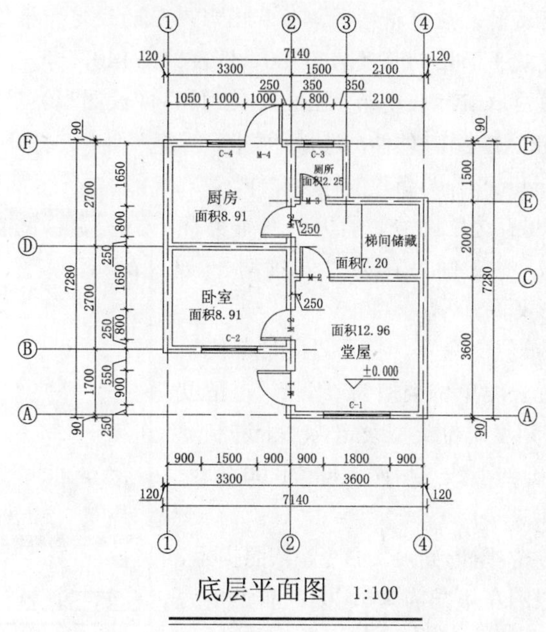

图 11-59　安置房平面图效果

要点流程

- 首先启动 AutoCAD 2010 中文版，新建一个文件，对其进行绘图区的设置、图层的规划、文字样式的设定、标注样式的设定等，然后将其保存为图形样板文件（DWT），以便后期进行使用；
- 使用直线命令绘制水平与垂直的轴线，并按照指定的尺寸进行偏移，形成各房间的开间及进深，再使用多线样式的方式来定义“180 墙”和“240 墙”多线样式，然后使用多线命令分别绘制不同的墙线，再对多线进行编辑；
- 对轴线进行偏移，确定门窗的位置及尺寸大小，再绘制窗的多线样式和门图块，然后使用多线样式“180 窗”来绘制平面图中的各个平面窗，使用插入块的方式将图块（M-2）插到入指定位置，并设置不同的比例及旋转角度；
- 使用单行文字命令对各个房间进行文字标注，再使用查询命令，将各个房间的面积进行查询，使用文字命令将其所查询得到的面积标注在相应房间。
- 使用标注命令对平面图的门窗、进深与开间、外包总尺寸进行标注，使用多行文字命令进行图名及比例的标注，再使用多段线命令绘制两条相等的多段线，并设置不同的宽度，从而完成整个平面图的绘制。

操作步骤

步骤 1 设置绘图环境

①设置绘图区。

知识要点：

用户在设置绘图区域时，应包括绘图单位和图形界限的设定。根据如图 11-59 所示的平面图可知，该安置房建筑平面图的长度为 7280，宽度为 7140，考虑尺寸线等所占位置，那么平面图形的区域范围应取实际长度的 1.3 倍至 1.5 倍，即设图形界限为 10500 × 10500。

- 正常启动 AutoCAD 2010 软件，选择“文件>新建”命令，打开“选择样板”对话框，然后选择“acadiso”作为新建的样板文件。
- 选择“文件>另存为”命令，打开“图形另存为”对话框，将文件另存为“安置房平面图.dwg”图形文件。
- 选择“格式>单位”命令，打开“图形单位”对话框，设置长度单位类型为“小数”，精度为“0.000”，角度单位类型设定为“十进制度数”，精度精确到小数点后两位即“0.00”，如图 11-60 所示。
- 选择选择“格式>图形界限”命令，依照提示，设定图形界限的左下角为（0，0），右上角为（10500，10500）。

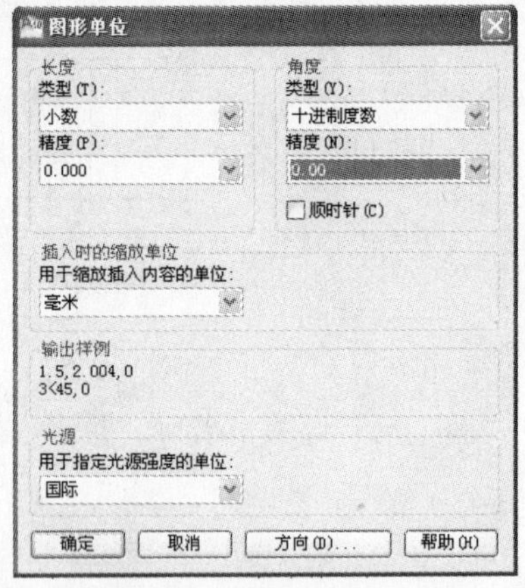

图 11-60 设置的图形单位

②规划图层。

- 由图 11-59 所示可知，该安置房平面图形主要由轴线、门窗、墙体、楼梯、设施、文本标注、尺寸标注等元素组成，因此绘制平面图时，需要建立如表 11-3 所示的图层。

表 11-3 图层设置

序号	图层名	描述内容	线宽	线型	颜色	打印属性
1	轴线	定位轴线	0.15	点画线	红色	打印
2	轴线文字	轴线圆及轴线文字	0.15	实线	蓝色	打印
3	辅助轴线	辅助轴线	0.15	点画线	红色	不打印
4	墙	墙体	0.3	实线	粉红	打印
5	柱	柱	0.3	实线	黑色	打印
6	标注	尺寸线、标高	0.15	实线	绿色	打印
7	门窗	门窗	0.15	实线	青色	打印
8	楼梯	楼梯	0.15	实线	黑色	打印
9	文字	图中文字	0.15	实线	黑色	打印
10	设施	家具、卫生设备	0.15	实线	黑色	打印

- 单击“图层”工具栏的“图层”按钮，打开“图层特性管理器”面板，依次创建如表 11-3 所示的安置房平面图的图层，结果如图 11-61 所示。

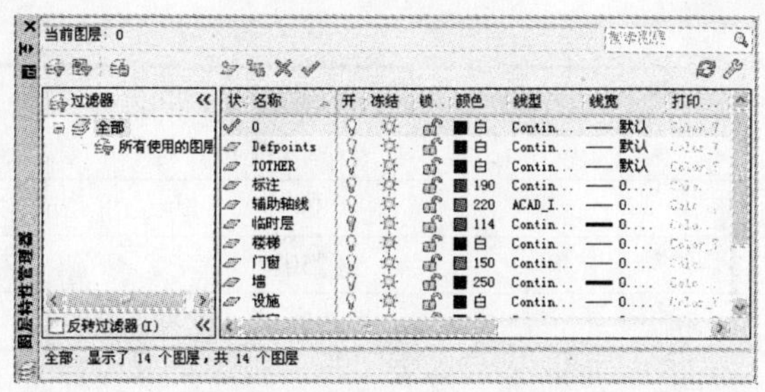

图 11-61　安置房平面图的图层设置

③线型设置。

- 选择“格式>线型”命令，打开“线型管理器”对话框，单击“显示细节”按钮，打开细节选项组，输入“全局比例因子”为“50.0000”，如图 11-62 所示。

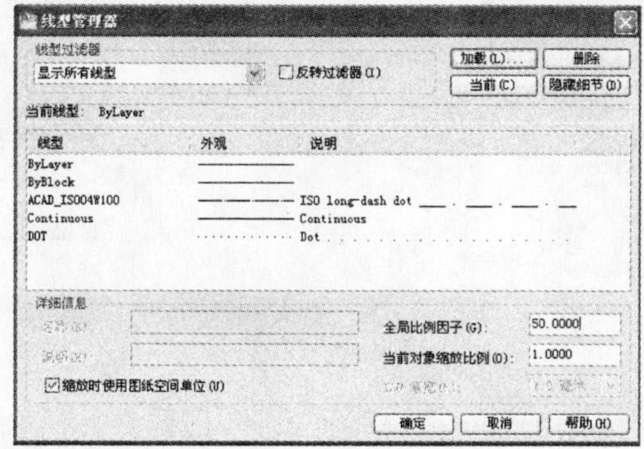

图 11-62　线型比例设置

注意

轴线使用的是短画线，为了保证图形的效果，必须进行线型比例的设定。AutoCAD 默认的全局线型缩放比例为 1.0000，通常线型比例应和打印比例相协调，如打印比例是 1∶10，则线型比例大约设为 10.0000。

④设置文字样式。

知识要点：

由如图 11-59 所示可知，该安置房平面图上的文字有尺寸文字、标高文字、图内说明、剖切符号文字、图名文字、轴线符号等，打印比例为 1∶50，文字样式中的高度为打印到图纸上的文字高度与打印比例倒数的乘积。根据建筑制图标准，该安置房平面图文字样式的规划如表 11-4 所示。

表 11-4　文字样式

文字样式名	打印到图纸上的文字高度	图形文字高度（文字样式高度）	字体文件
图内说明	3.5	175	宋体
尺寸文字	3.5	0	宋体
标高文字	3.5	175	宋体

续表

文字样式名	打印到图纸上的文字高度	图形文字高度（文字样式高度）	字体文件
剖切及轴线符号	7	350	宋体
图纸说明	5	250	宋体
图名文字	7	350	宋体

- 选择“格式>文字样式”命令，打开“文字样式”对话框，单击“新建”按钮打开“新建文字样式”对话框，样式名定义为“图内说明”，在“字体”下拉框中选择字体“宋体”，在“高度”文本框中输入“175.0000”，单击“应用”按钮，完成该文字样式的设置，如图 11-63 所示。

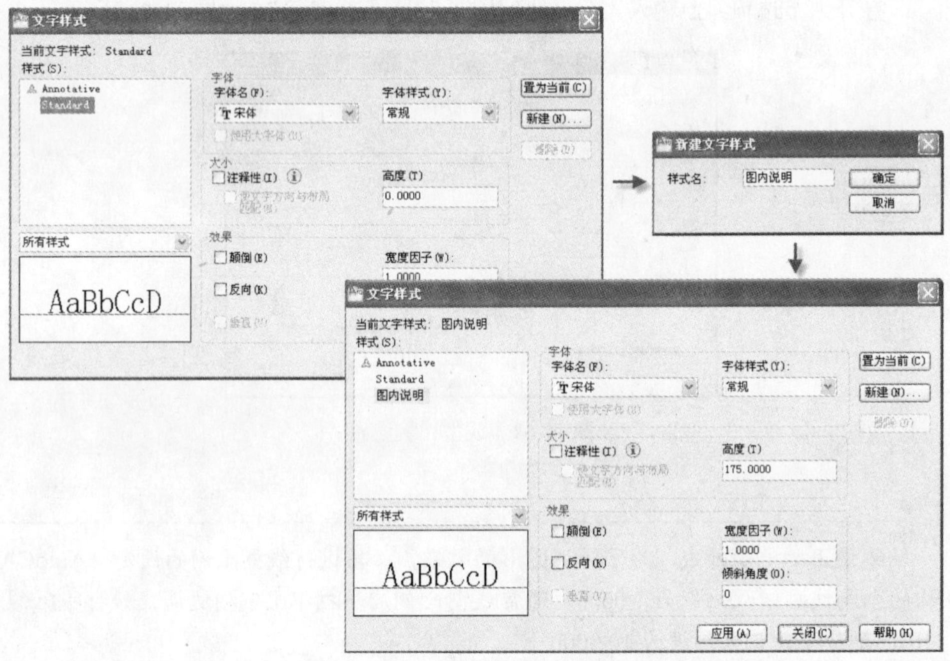

图 11-63　新建“图内说明”文字样式

- 重复上一步的操作，建立如表 11-4 所示中其他各种文字样式，如图 11-64 所示。

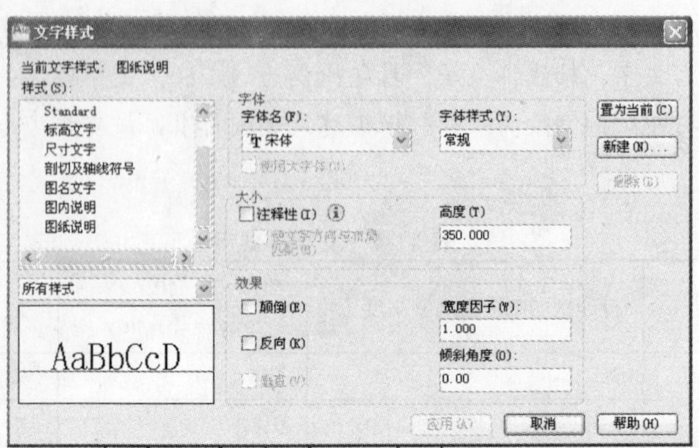

图 11-64　新建“图纸说明”文字样式

⑤设定标注样式。

- 选择“格式>标注样式”命令，打开“标注样式管理器”对话框，单击“新建”按钮，打开“创建新标注样式”对话框，新建样式名定义为“建筑平面标注”，单击“继续”按钮，则进入“新建标注样式”对话框。
- 在“线”选项卡中，设置基线间距为 10，超出尺寸线为 3，起点偏移量为 10；在“符号及箭头”选项卡中，设置箭头为“建筑标注”，箭头大小为 2，如图 11-65 所示。

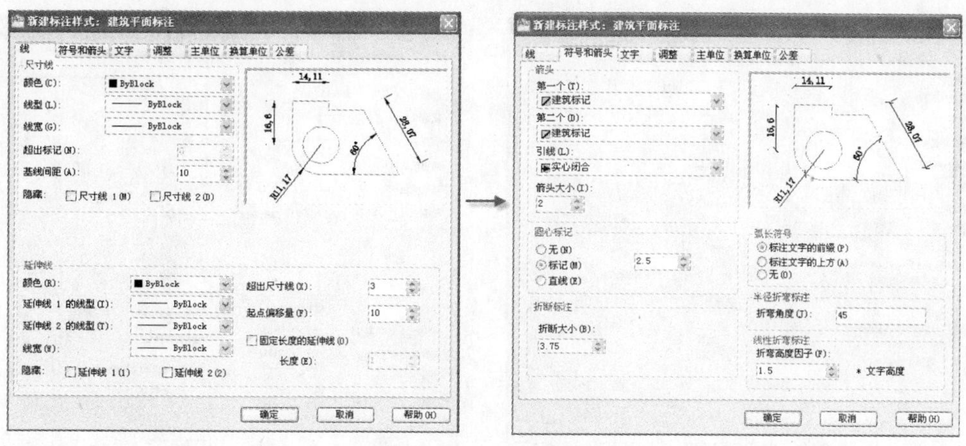

图 11-65　设置线、符号和箭头

注意

国家制图标准规定离开被标注对象距离不能小于 2 毫米，绘图时应根据具体情况设定，如在平面图中有轴线和柱子，标注轴线尺寸时一般是通过单击轴线交点确定尺寸线的起止点，为了使标注的轴线不和柱子平面轮廓冲突，应根据柱子的截面尺寸设置足够大的“起点偏移量”，使尺寸界线与柱子一定距离。

- 单击“文字”选项卡，选择文字样式为“尺寸文字”，文字高度为 5，文字位置为垂直居上和水平居中，从尺寸线偏移距离为 1，选择“与尺寸线对齐”单选框；单击“调整”选项卡，在“标注特征比例”选项区，选择“使用全局比例”单选框，并将全局比例设为 50，如图 11-66 所示。

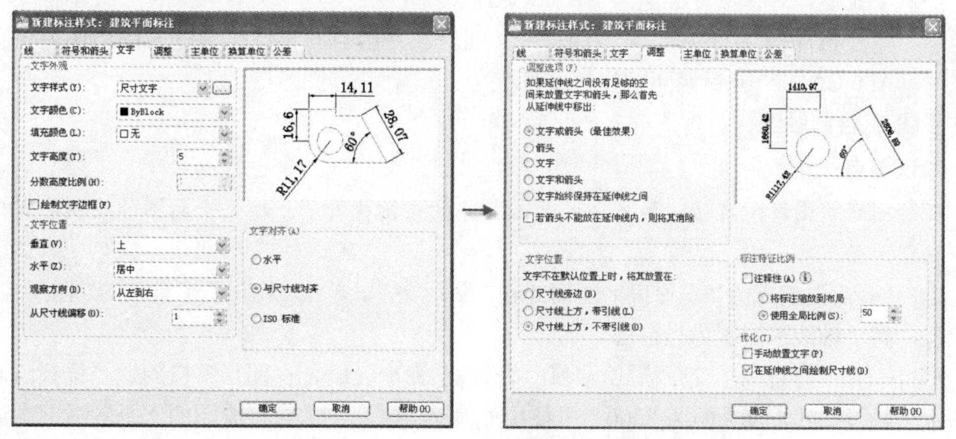

图 11-66　设置文字和调整比例

- 单击“主单位”选项卡，单位格式为“小数”，精度为“0”，测量单位比例因子设为“1”（本例在绘图时不存在图形缩放问题），如图 11-67 所示。
- 单击“确定”按钮，返回“标注样式管理器”对话框，再次单击“新建”按钮，以“建筑平面标注”为基础样式建立名为“建筑平面标注 2”的标注样式，单击“线”选项卡，勾选“固定长度的延伸线”复选框，并在“长度”微调框中输入数值“4”，其他选项卡的内容不变，从而完成该样式的设置，如图 11-68 所示。

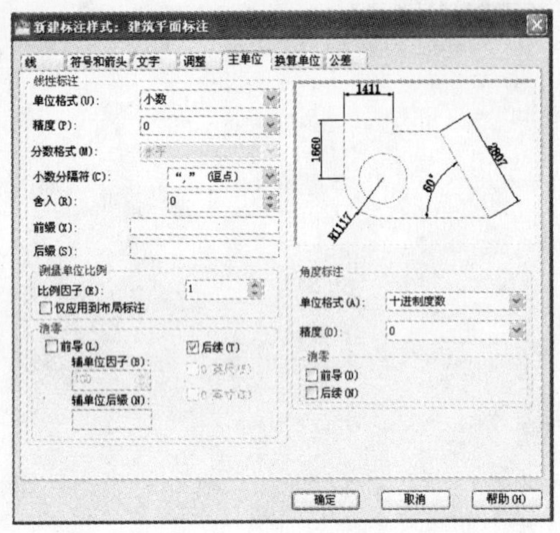

图 11-67　设置主单位

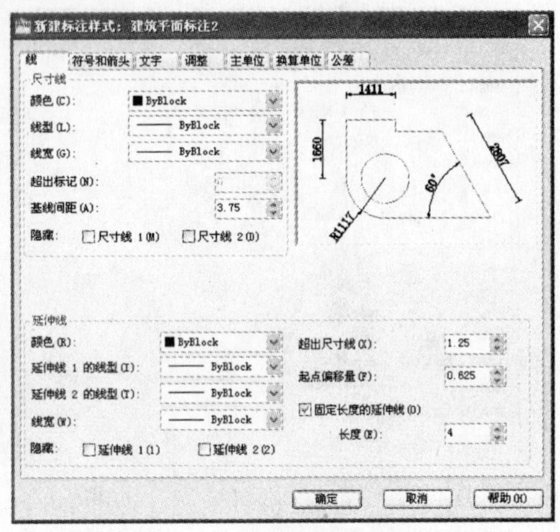

图 11-68　“建筑平面标注 2”的样式

注意

由于此案例的门窗不是全部位于平面图的外围轴线上，对于标注平面图中的第一道门窗定位尺寸时，很难确定尺寸界线的起点偏移量，因此可采用固定尺寸界线长度的办法。长度大小的确定可以根据第一道尺寸线距图形最外围之间的距离灵活确定，不宜小于 10 毫米以及尺寸界线端部离开图形外围不小于 2 毫米。

- 单击“关闭”按钮，关闭“标注样式管理器”对话框，完成尺寸标注样式的设置。
- 选择“文件>另存为”菜单命令，打开“图形另存为”对话框，单击“文件类型”下拉框，选择文件类型为“AutoCAD 图形样板（*.dwt）”，在文件名文本框中输入“建筑样板”，然后单击“保存”按钮，系统会自动将已设置好的图形环境保存到 AutoCAD 2010 目录下的样板文件夹中。

步骤 2 绘制轴线

知识要点：

在绘图好绘图环境之后，用户即可开始具体的绘图操作了。建筑平面图的绘制要首先从绘制轴线开始。

①打开前面建立的“安置房平面图.dwg”图形文件，单击“图层”工具条的“图层控制”下拉框，将“轴线”层置为当前层。

②按 F8 键打开“正交”模式，使用“直线”命令（L），在图形窗口的适当位置绘制第一条水平轴线，其长度大约为 8000，再使用“偏移”命令（O），将绘制的水平轴线向上进行偏移，如图 11-69 所示。

用同样方法绘制竖直轴线，再使用“偏移”命令（O），将竖直轴线向右偏移，然后使用夹点操作或修剪的方式将一些轴线段调整得短一些，如图 11-70 所示。

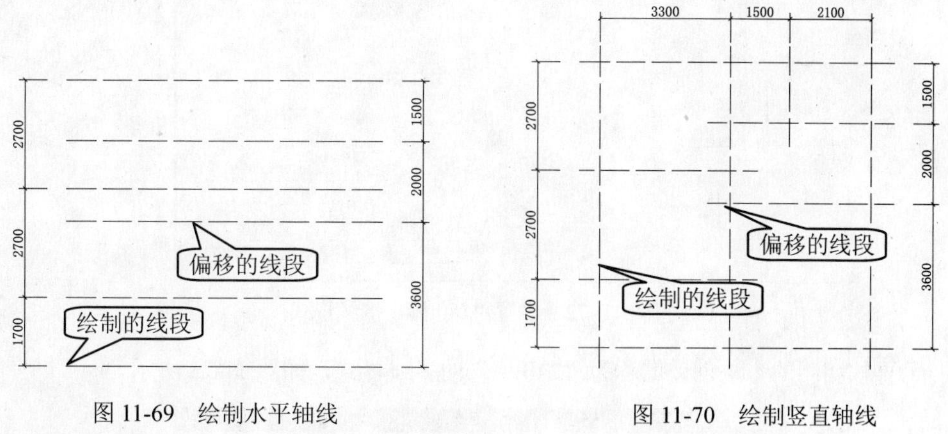

图 11-69　绘制水平轴线　　　　图 11-70　绘制竖直轴线

步骤 3 绘制墙线

知识要点：

在安置房平面图的轴线绘制好后，用户即可根据所绘制的轴线来绘制墙线。在绘制墙线时，用户可使用多线的方式来绘制墙线，根据安置房平面图的要求，有 180 墙和 240 墙，因此用户应设置“180 墙”和“240 墙”两种多线样式。

①选择“格式>多线样式”命令，将弹出“多线样式”对话框，单击“新建”按钮，在“新样式名”文本框中输入“180 墙”，如图 11-71 所示。

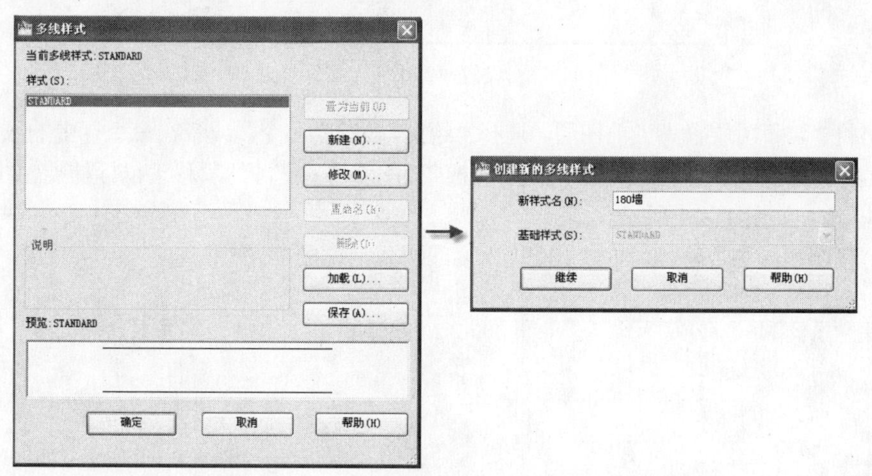

图 11-71　新建“180 墙”多线样式

②单击“继续”按钮，将弹出“新建多线样式：180 墙”对话框，选中“图元”栏的“偏移 0.5”项后，在下面的“偏移”文本框中输入“90”。同样把“图元”选项栏的偏移值“-0.5”修改成“-90”，其他选型区的内容一般不修改，单击“确定”按钮，返回“多线样式”对话框，如图 11-72 所示。

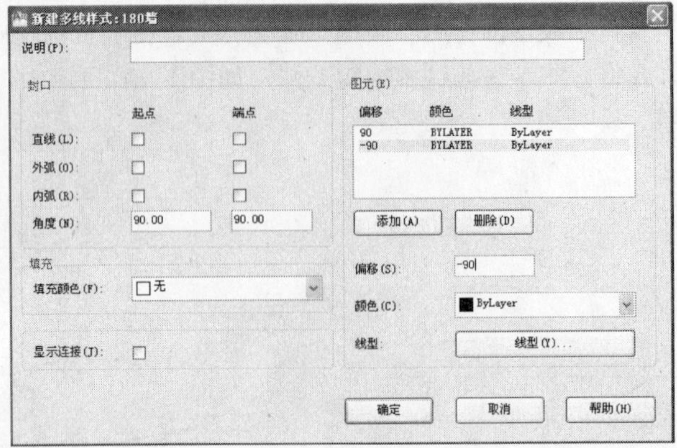

图 11- 72　设置“180 墙”多线样式

3 再按相同的方法创建名称为“240 墙”的多线样式，如图 11-73 所示。

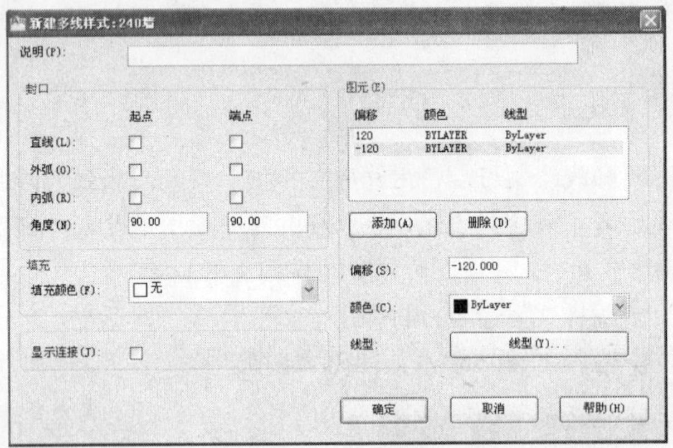

图 11-73　设置“240 墙”多线样式

4 将“墙”图层置为当前图层，选择“绘图>多线”命令，或者在命令行中输入“ML”，设置对正方式为“无”，比例为“1”，多线样式为“240 墙”，然后移动鼠标捕捉轴线的交点绘制 240 墙，如图 11-74 所示。

5 按照相同的方法，绘制“180 墙”多线样式，如图 11-75 所示。

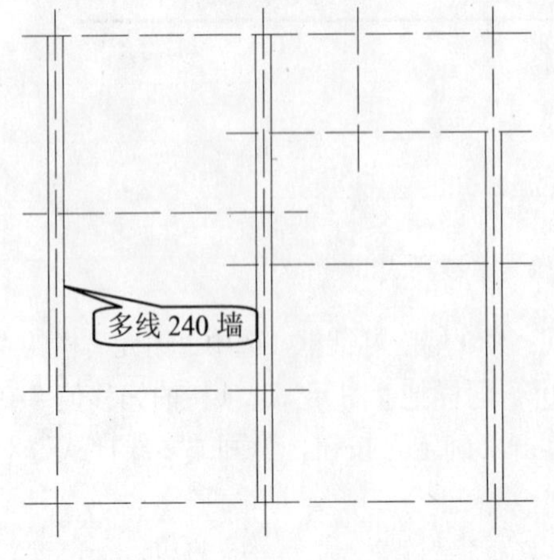

图 11-74　绘制的 240 墙线

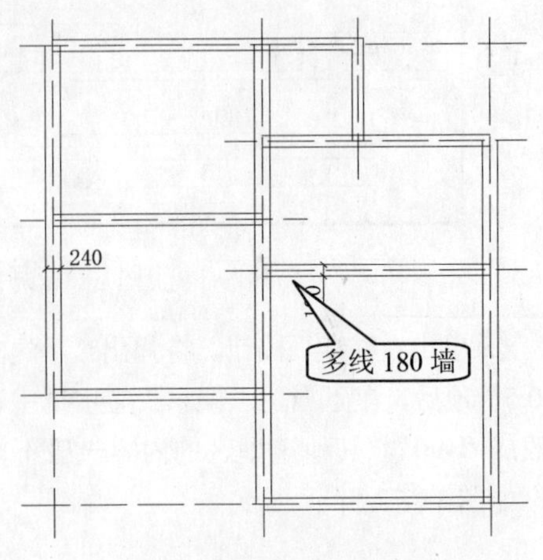

图 11-75　绘制的 180 墙线

⑥选择“修改>对象>多线”命令，打开“多线编辑工具”对话框，该对话框包含了 12 种工具按钮，每个按钮对应每种编辑后的图形，如图 11-76 所示。

⑦单击“T 形合并”按钮，依照提示完成交点 2、3、4、6、7、8、9、11 的合并操作。单击鼠标右键，重复多线编辑命令，单击“角点结合”按钮，完成交点 1、5、10、12、13 的合并操作，其编辑后的效果如图 11-77 所示。

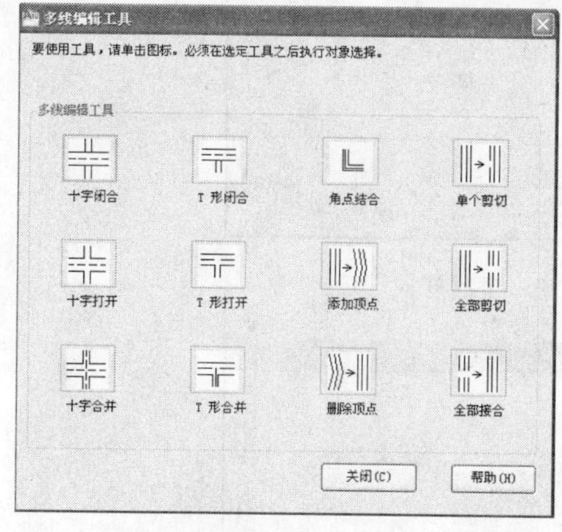

图 11-76 “多线编辑工具”对话框

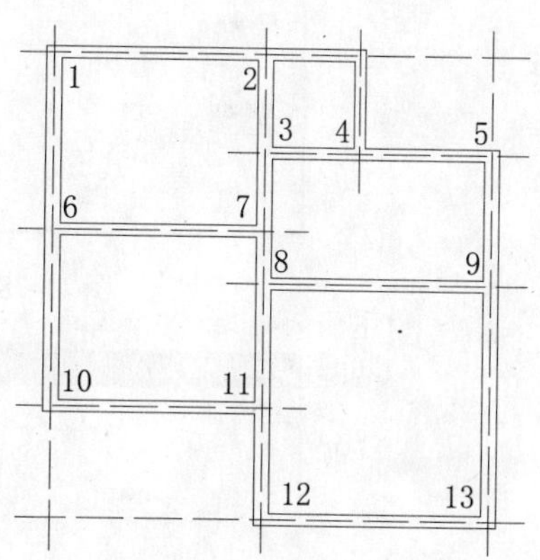

图 11-77　编辑多线的效果

步骤 4 绘制门窗

知识要点：

已经绘制好了安置房的墙线，接下来绘制安置房的门窗。用户在绘制该安置房的门窗时，应按照表 11-5 所示的尺寸来绘制这些门窗。

表 11-5　门窗统计表

类别	设计编号	洞口尺寸		数量	采用标准图集及编号		备注
		宽	高		图集代号	编号	
门	M-1	900	2000	1	西南 J601		镶板门
	M-2	800	2000	6	西南 J601		镶板门
	M-3	700	2000	1			镶板门
	M-4	1000	2000	1			门联窗
窗	C-1	1800	1500	2			铝合金推拉窗
	C-2	1500	1500	2			铝合金推拉窗
	C-3	800	800	1			铝合金推拉窗
	C-4	500	1500	1			铝合金推拉窗

注意

用户在设计平面窗的时候，可以使用创建相应的多线来制作平面窗。

①将“门窗”图层置为当前图层，选择“格式>多线样式”命令，按照前面创建“180 墙”和“240 墙”的方式来创建“180 窗”和“240 窗”，如图 11-78 和图 11-79 所示。

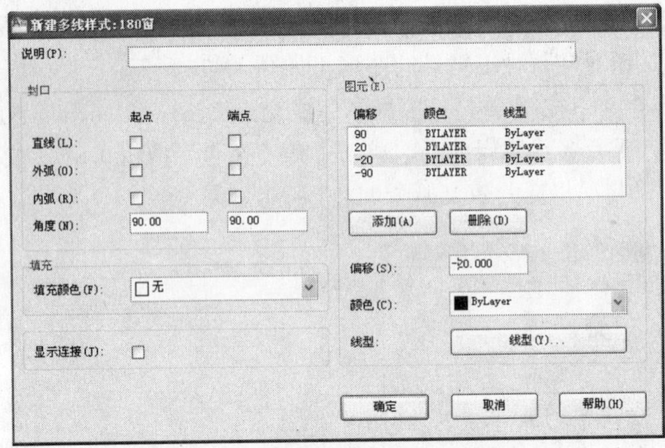

图 11-78 设置“180 窗”多线样式

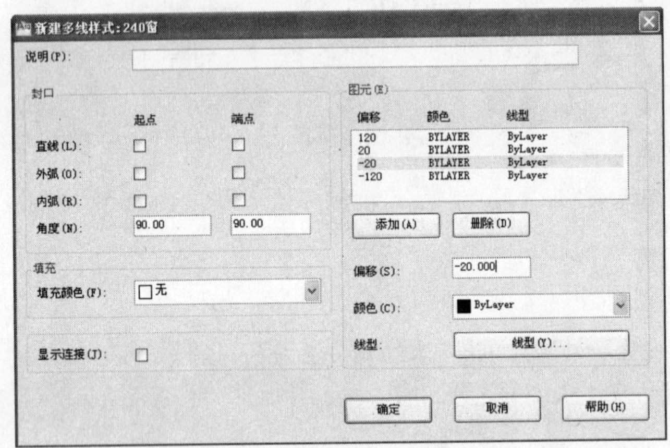

图 11-79 设置“240 窗”多线样式

注意

用户在绘制平面门时，可以以 M-2 为基准来创建一个平面门，然后保存为图块，在插入其他的平面门时（如 M-1），可根据 M-2 与 M-1 之间的大小比例来确定插入图块的比例大小。

②将“0”图层置为当前图层，使用矩形、圆弧命令，按照如图 11-80 所示的尺寸来绘制平面门图形对象。

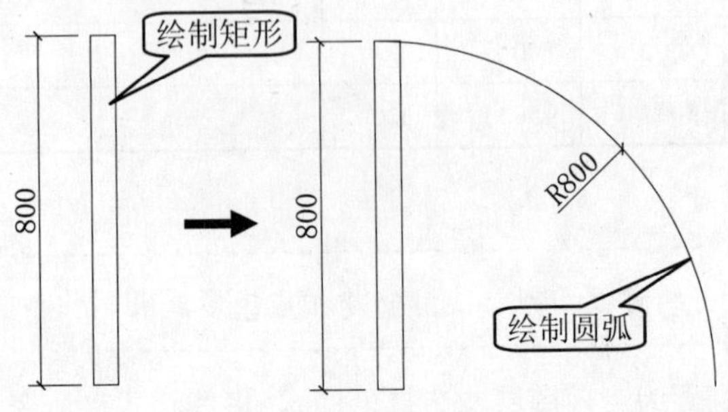

图 11- 80 绘制的平面门

③使用“写块”命令（W），将绘制平面门对象保存为“M-2.dwg”图块对象，其基点为左下角点。

④将“门窗”图层置为当前图层，使用“偏移”命令（O），按照图形指定的数据要求对轴线进行偏移，从而确定门窗的位置，如图 11-81 所示。

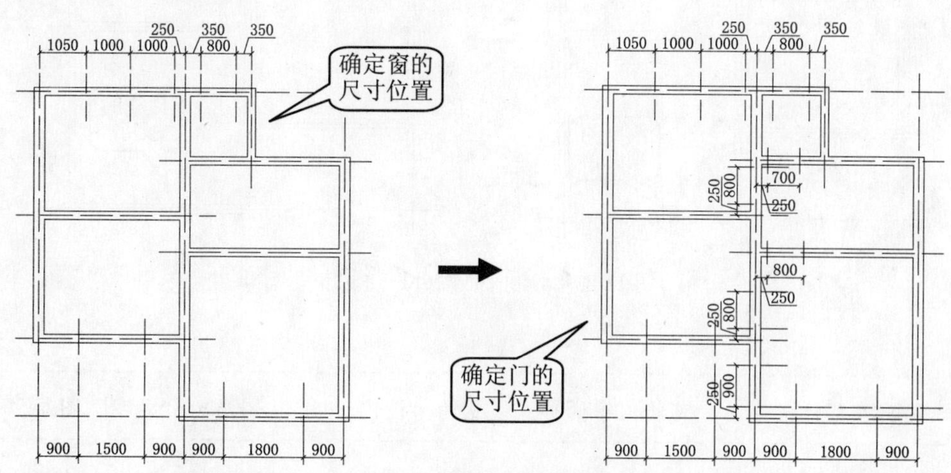

图 11-81　确定门窗尺寸位置

⑤使用“修剪”命令（TR），将确定的门窗尺寸处进行修剪操作，再使用“直线”命令（L），将开口的多线进行连接，如图 11-82 所示。

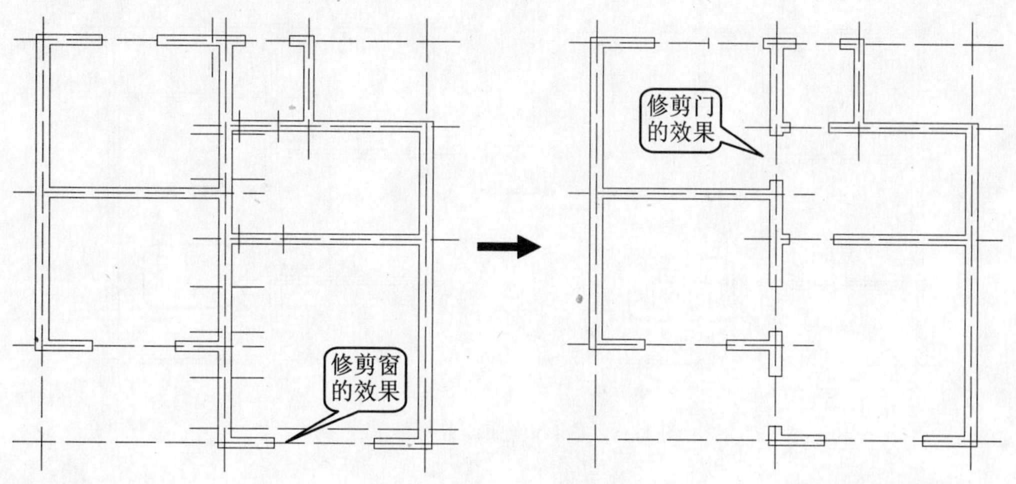

图 11-82　修剪门窗的效果

注意

用户可以新建一个“临时”图层，将暂时不需要的门窗位置辅助线置于该图层，然后将该图层进行隐藏。

⑥使用“多线”命令（ML），选择“180 窗”多线样式，设置对正方式为“无”，在指定的位置绘制相应的“180 窗”多线来作为所绘制的窗平面图效果，单击“单行文字”按钮 AI 在指定窗的位置输入窗的型号，如图 11-83 所示。

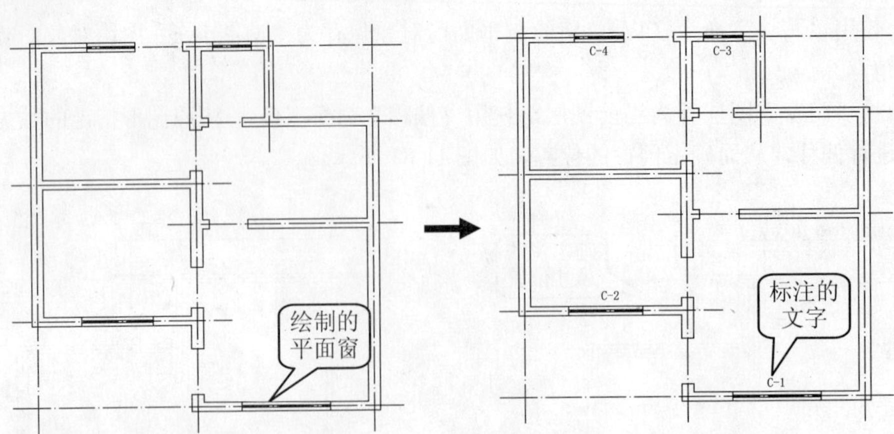

图 11-83　绘制平面窗并标注文字

> **注意**
>
> 用户在标注文字时，可将文字的样式设置为“图内说明”，图层为“文字”图层。

⑦使用“插入块”命令（I），将前面保存的图形文件“M-2.dwg”插入到指定的门位置，并旋转方向和缩放比例，同样再使用“单行文字”按钮 AI，在指定门的位置输入门的型号，如图 11-84 所示。

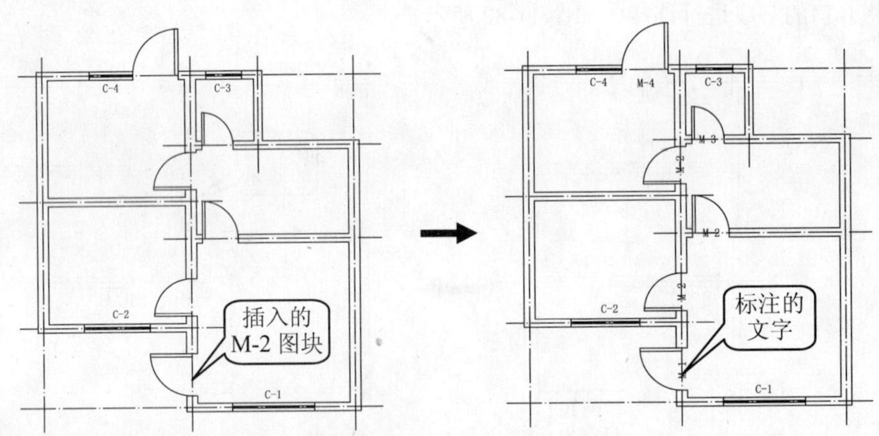

图 11-84　插入平面门并标注文字

步骤 5 标注文字

知识要点：

当定位完门窗尺寸和绘制完平面门窗效果后，接下来即可将不同的房间功能进行文字标注。

①将“文字”图层置于当前图层，将“图纸说明”文字样式置为当前样式，在“文字”工具栏中单击“单行文字”按钮 AI，在指定的房间标注文字内容，再使用“复制”命令（CO），将标注的单行文字对象分别复制到其他房间的相应位置，如图 11-85 所示。

②在“文字”工具栏中单击“编辑”按钮 A，将指定房间中的单行文字对象进行修改，如图 11-86 所示。

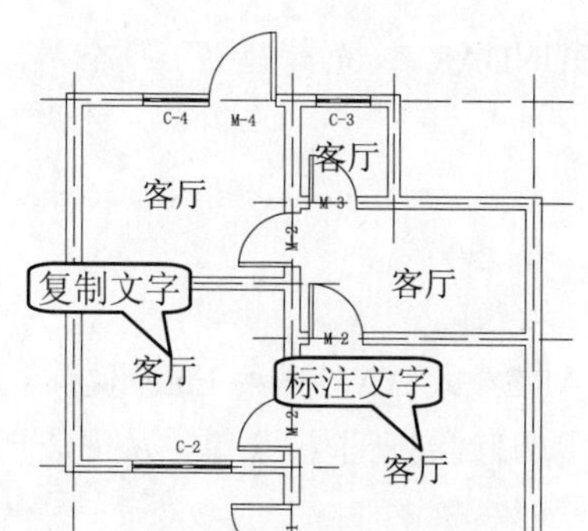

图 11-85　标注文字并进行复制

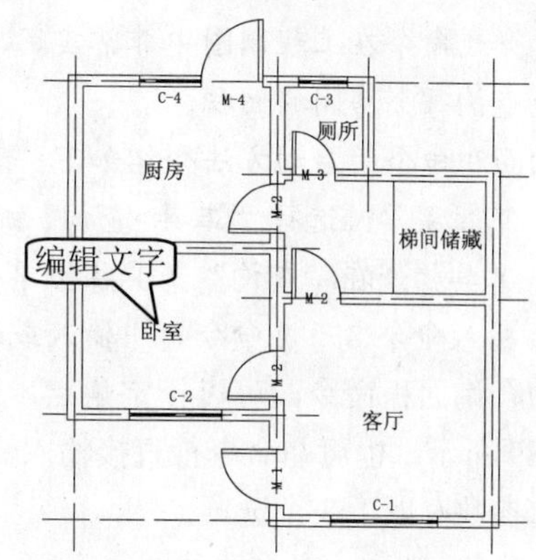

图 11-86　编辑的文字对象

步骤 6 标注面积

知识要点：

现在各个房间的尺寸都已经确定了，这时用户就可以进行房间面积的标注。

①关闭除“轴线”和“文字”的其他图层对象，选择“工具>查询>面积”命令，按照系统如下提示依次捕捉轴线的 4 个交点，然后按 Enter 键，即可看到所查询的面积和周长，然后单击“单行文字”按钮 A 将查询得到面积数据标注在相应的位置，如图 11-87 所示。

```
命令：_area                                          （启动查询面积命令）
指定第一个角点或 [对象(O)/加(A)/减(S)]:                （捕捉第一点）
指定下一个角点或按 ENTER 键全选:                       （捕捉第二点）
指定下一个角点或按 ENTER 键全选:                       （捕捉第三点）
指定下一个角点或按 ENTER 键全选:                       （捕捉第 4 点）
指定下一个角点或按 ENTER 键全选:                       （按 Enter 键结束选择）
面积 = 12960000.000，周长 = 14400.000                 （显示所查询的数据结果）
```

②按照前面的方法，依次对其他的房间进行面积的标注，然后再将墙、门窗图层显示出来，如图 11-88 所示。

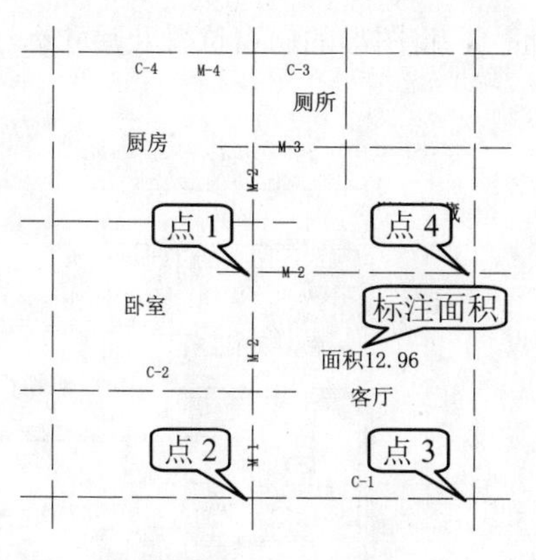

图 11-87 进行面积的标注

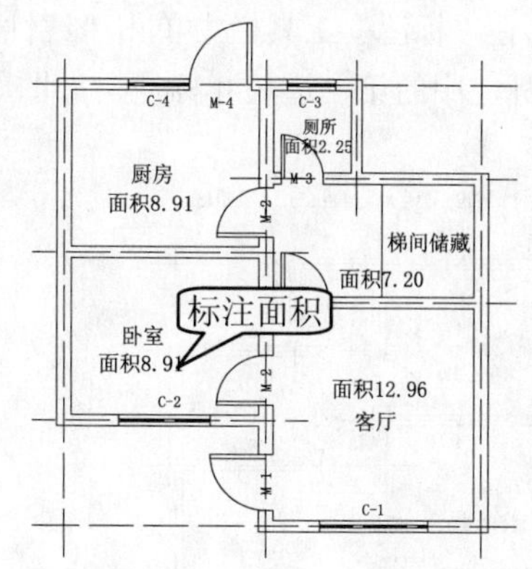

图 11- 88　标注其他房间的面积

知识要点：

查询面积命令 AREA 可以查询开放或封闭二维图形的周长和面积，对于三维图形对象则不能计算。此命令在工程制图中非常实用，配合 BOUNDARY（创建边界）命令，工程师可以方便地查询每个房间的面积。

查询面积命令的启动方法介绍如下。

◆ 下拉菜单：选择“工具>查询>面积”命令。

◆ 工具栏：在“查询”工具栏上单击“面积”按钮。

◆ 输入命令名：在命令行中输入或动态输入 AREA 或 AA，并按 Enter 键。

启动查询面积命令，可以指定角点，或按键盘上的↓键展开下拉菜单，从中选择参数，如图 11-89 所示，也可在命令行直接输入快捷键选择参数。

可选参数有以下 3 个选项。

- 对象：选取一条多段线或一个闭合图形等对象，不能同时选取多个对象。
- 增加面积：使用此参数后可分别求若干个区域的面积，然后自动汇总。
- 减少面积：使用此参数后可对若干区域的面积求差。

指定第一个角点或 3415.3478 3450.7762
• 对象(O)
增加面积(A)
减少面积(S)
退出(X)

图 11-89　下拉菜单选择参数

步骤 7　标注尺寸

知识要点：

当完成安置房的轴线、墙线、门窗等的绘制后，接下来即可开始进行尺寸的标注。

①将“标注”图层置为当前图层，将“标注”工具栏打开，并将“建筑平面标注 2”样式设置为当前样式，如图 11-90 所示。

图 11-90　选择标注样式

②在“标注”工具栏中单击“线性标注”按钮，将图形的门窗位置及尺寸标注出来，即建筑标注中的第一道尺寸标注，如图 11-91 所示。

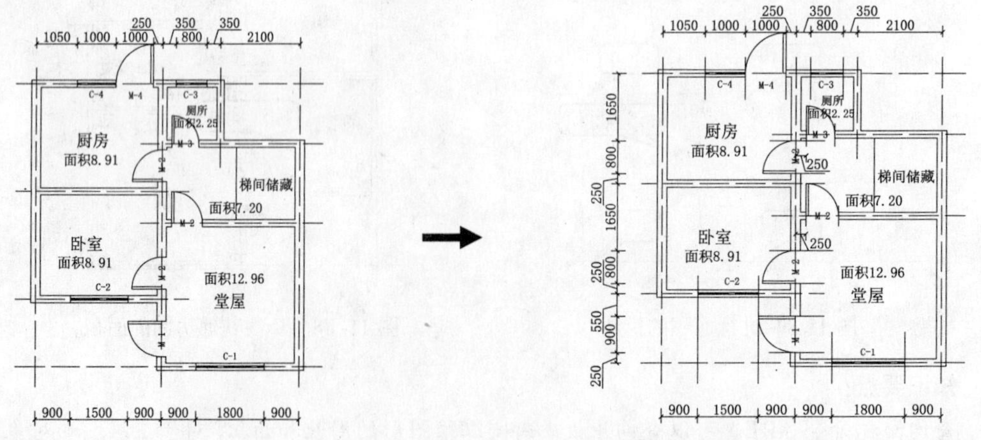

图 11-91　标注门窗位置及尺寸

3 同样，使用“线性标注”和“连续标注”命令，对轴线间距进行标注，即标注安置房的“开间”和“进深”尺寸，如图 11-92 所示。

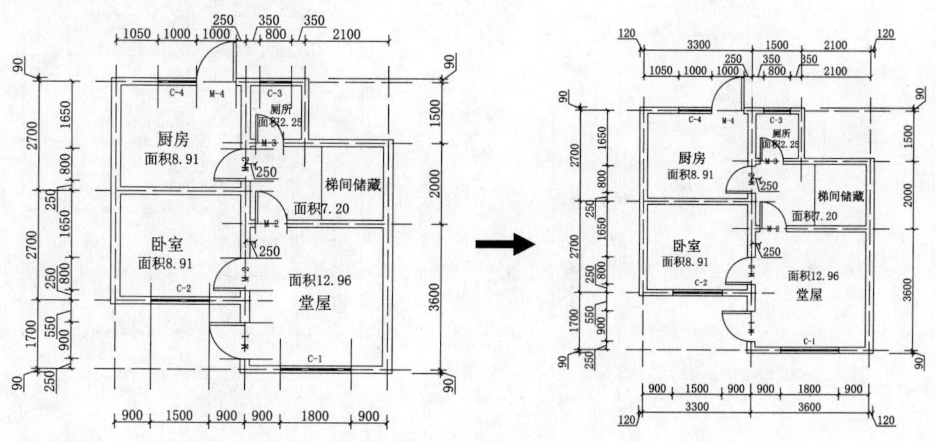

图 11- 92 标注第二道尺寸

4 同样，对安置房的“外包”尺寸进行标注，即标注建筑物的总长和总宽，如图 11-93 所示。

5 使用“插入块”命令，将“CDROM\07\效果\标高.dwg”图块文件插入到“客厅”房间位置，如图 11-94 所示。

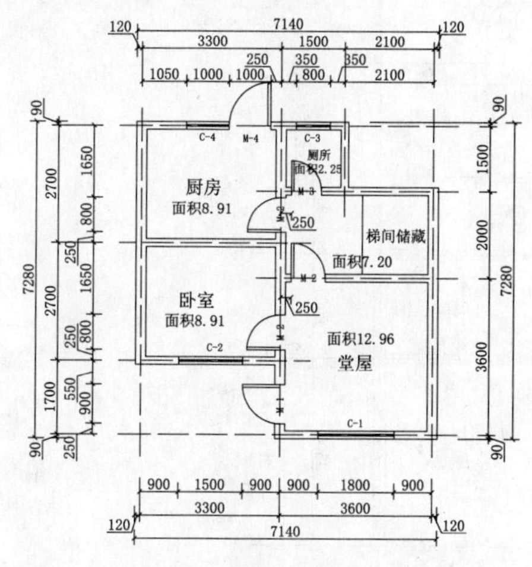

图 11-93 进行外包尺寸的标注

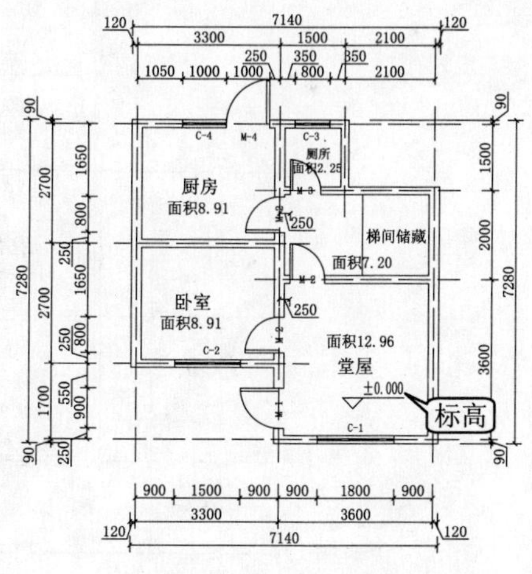

图 11-94 插入标高图块

步骤 8 标注轴号及图名

知识要点：

平面图的绘制中除了包括轴线、墙线、门窗、尺寸标注外，还应该有完整的轴号及图名，接下来对安置房标注轴号及图名。

1 使用“直线”命令（L），过轴线的交点位置绘制垂直的线段，使用“圆”命令（C），绘制一个半径为 250 的圆，再使用“单行文字”命令，在圆的中心位置插入文字 1，其文字的样式为“图纸说明”，如图 11-95 所示。

(2) 按照相同的方法，对轴线的交点位置也进行轴号的标注，如图 11-96 所示。

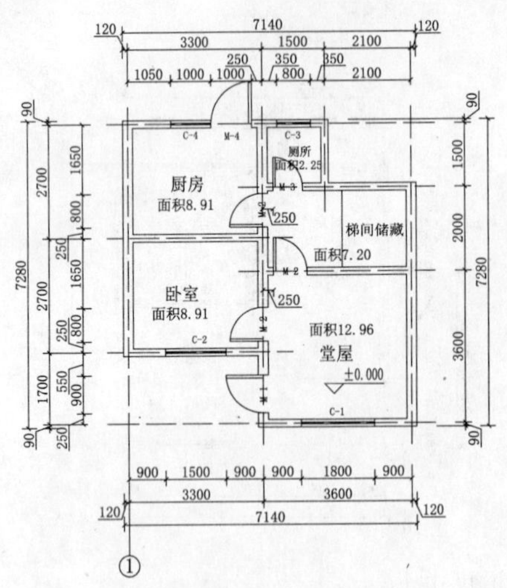

图 11-95　标注一个轴号

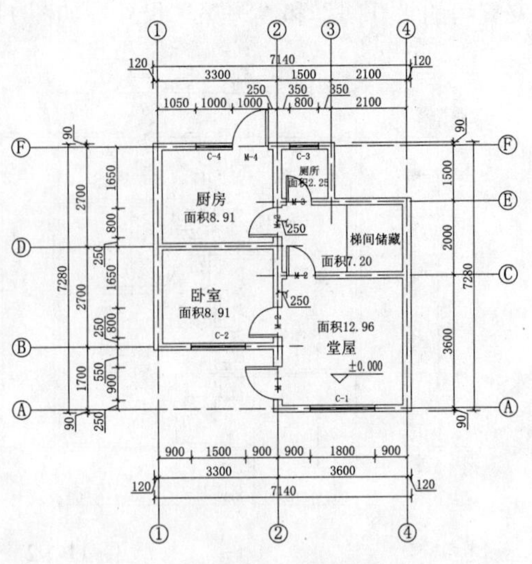

图 11-96　标注其他所有的轴号

(3) 将“文字”图层置于当前图层，使用“多行文字”命令在图形的正下方输入文字“底层平面图 1:100”，并设置不同的字号，然后使用“多段线”命令在文字的下方绘制两条水平线段，并设置不同的宽度，如图 11-97 所示。

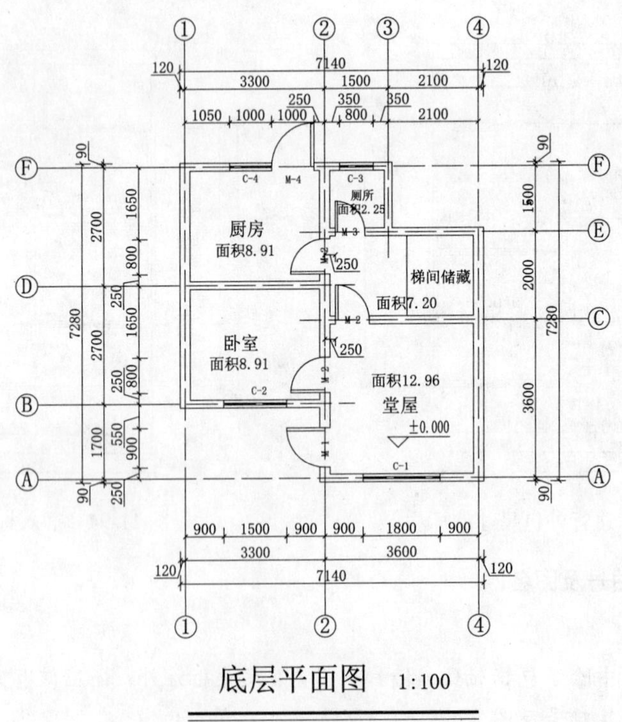

图 11-97　标注图名及比例

步骤 9　保存文件

第 12 章 建筑剖面图设计

本章导读

本章介绍了建筑剖面图的画法，主要讲解建筑设计中的剖面设计，并完成建筑物剖面图的绘制。建筑剖面图主要表达建筑物各部分应有的高度、建筑层、建筑空间的组合和利用等方面，剖面图从内部反映了建筑立面的效果。通过绘制剖面图，使读者掌握绘制剖面图的方法。

本章主要学习以下内容：

- 掌握建筑剖面图的形成方法
- 掌握建筑剖面图的图示内容
- 掌握建筑剖面图的绘制要求
- 绘制建筑剖面图的轴线方法及应用案例
- 掌握墙线、地坪线、楼板和楼梯的绘制方法及应用案例
- 掌握剖面图的尺寸标注方法及应用案例
- 掌握剖面图的文字标注及图名标注方法及应用案例

实用案例 12.1 建筑物剖面图设计基本原则

案例解读

建筑物剖面图是将建筑物作垂直剖切所得到的投影图，主要表示建筑物在垂直方向上的各部分的形状、尺度和组合关系，以及在建筑物剖面位置的层数、层高、结构形式和构造方法等。

要点流程

- 介绍建筑剖面图的形成；
- 介绍建筑剖面图的图示内容；
- 介绍建筑剖面图的绘制要求。

操作步骤

步骤 1 建筑剖面图的形成

①剖面图概念介绍如下。

剖面图用于表示房屋内部的结构或构造形式、分层情况和各部位的联系、材料及其高度等，是与平面图、立面图相互配合的不可缺少的重要图样之一。假想用一个或多个垂直于外墙轴线的铅垂剖切面，将房屋剖开，所得的投影图，称为建筑剖面图，简称剖面图，如图 12-1 所示。

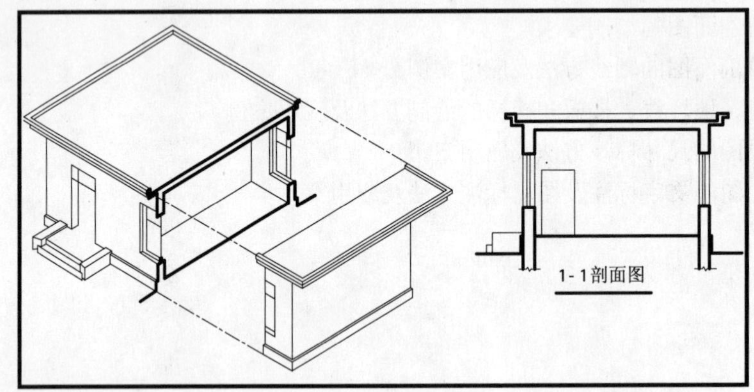

图 12-1 剖面图的形成

②建筑剖面图的剖切位置。

知识要点：

建筑剖面图的剖切位置介绍如下。

建筑剖面图的剖切位置一般选择在建筑物内部构造复杂或者具有代表性的位置，使之能够反映建筑物内部的构造特征。剖切位置一般应平行于建筑物的长向方向或者宽向方向，并且宜通过门、窗洞。投影方向一般为向左、向上。

③剖面图的数量

知识要点：

剖面图的数量介绍如下。

剖面图的数量是根据房屋的具体情况和施工实际需要而决定的。剖切面一般为横向，即平行于侧面，必要时也可纵向，即平行于正面。其位置应选择在能反映出房屋内部构造比较复杂与典型的部位，并应通过门窗洞的位置。若为多层房屋，应选择在楼梯间或层高不同、层数不同的部位。剖面图的图名应与平面图上所标注剖切符号的编号一致，如“1-1 剖面图”、“2-2 剖面图”等。

步骤 2　建筑剖面图的图示内容

用户在绘制建筑剖面图时，要完整地表示出剖面图的相关信息内容，如图 12-2 所示。

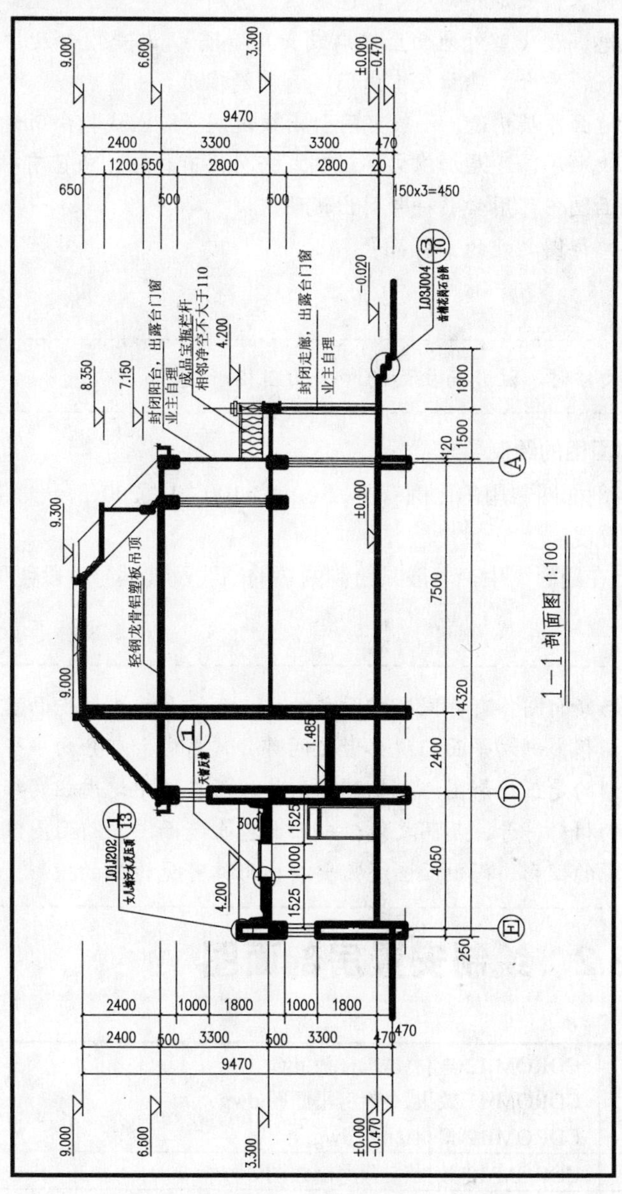

图 12-2　建筑剖面图

知识要点：

建筑剖面图主要包括以下内容。

- 表示墙、柱及其定位轴线。
- 表示室内底层地面、地坑、地沟、各层楼面、顶棚，屋顶(包括檐口、女儿墙，隔热层或保温层、天窗、烟囱、水池等)、门、窗、楼梯、阳台、雨篷、留洞、墙裙、踢脚板、防潮层、室外地面、散水、排水沟及其他装修等剖切到或能见到的内容。
- 标出各部位完整面的标高和高度方向尺寸。
- 标高内容。室内外地面、各层楼面与楼梯平台、檐口或女儿墙顶面、高出屋面的水池顶面、烟囱顶面、楼梯间顶面、电梯间顶面等处的标高。
- 高度尺寸内容。一是外部尺寸，包括门、窗洞口（包括洞口上部和窗台）高度，层间高度及总高度（室外地面至檐口或女儿墙顶）。二是内部尺寸，包括地坑深度和隔断、隔板、平台、墙裙及室内门、窗等的高度。
- 表示楼、地面各层构造。一般可用引出线说明。引出线指向所说明的部位，并按其构造的层次顺序，逐层加以文字说明。若另画有详图，或已有“构造说明一览表”时，在剖面图中可用索引符号引出说明。
- 表示需要画详图之处的索引符号。

> **注意**
>
> 注写标高及尺寸时，注意与立面图和平面图相一致。

步骤 3 建筑剖面图的绘制要求

① 比例。绘制剖面图常用的比例有 1∶50、1∶100、1∶200，一般采用 1∶100 的比例，这样绘制起来比较方便。

② 定位轴线。在剖面图中，一般只绘制两端的轴线及其编号，以便和平面图对照确定。

> **注意**
>
> 建筑剖面图与断面图各有异同。相同之处：二者均是用剖切平面沿形体内部构造复杂部位进行剖切，移去剖切平面与观察者之间部分，将剩余部分向平行于剖切平面的投影面投影，所得到的是正投影图。剖切到的形体轮廓在图中均用粗实线表示，剖切到的断面要绘出相应的材料符号。不同之处：剖面图包含断面图，断面图仅绘出与剖切平面相交部分断面轮廓的投影，而剖面图还需要绘出形体可见轮廓的投影。

实用案例 12.2 绘制安置房剖面图

素材文件：	CDROM\12\素材\建筑样板.dwt CDROM\11\效果\安置房平面图.dwg CDROM\12\素材\标高.dwg
效果文件：	CDROM\12\效果\安置房剖面图.dwg
演示录像：	CDROM\12\演示录像\安置房剖面图.exe

案例解读

本剖面图是在第 11 章中绘制的安置房底层平面图基础上，绘制 1-1 剖面图。如图 12-3 所示为该安置房的底层平面图，图中显示了 1-1 剖面图的剖切位置与剖视方向。建筑剖面图的横向的尺寸由平面图确定，竖向尺寸由立面图确定，因此绘制剖面图时，为了便于尺寸的查找以及辅助线的定位，用户可以将已绘制的安置房平面图的 1 号、2 号、4 号轴线复制到剖面图的文件中，然后按剖面图的绘制步骤绘制各图形元素，所绘制的安置房剖面图效果如图 12-4 所示。

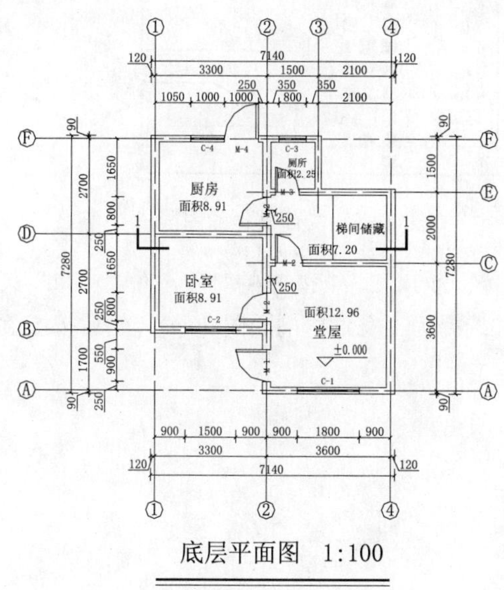

图 12-3 安置房平面图

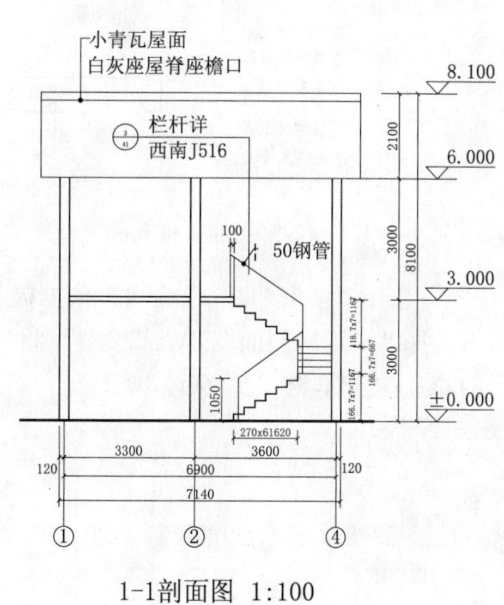

图 12-4 安置房剖面图

要点流程

- 首先启动 AutoCAD 2010 中文版，根据已有的“建筑样板.dwt”文件来创建一个新的“安置房剖面图.dwg”图形文件，打开“CDROM\11\效果\安置房平面图.dwg”文件，将指定的轴线对象复制到新建的文件中；
- 根据需要绘制相应的层高轴线，再使用多段线及直线功能绘制地坪线、墙线、楼板和楼梯对象；
- 选择建立好的标注样式，对剖面图进行结构尺寸的标注，再使用多重引线功能对剖面图进行文字的标注说明，使用文字功能进行图名及比例的标注。

操作步骤

步骤 1 绘制定位轴线

①为了能够快速绘制图形，打开附盘的“建筑样板.dwt”样板文件，并保存为新的图形文件“安置房剖面图.dwg”。

②启动 AutoCAD 2010 软件，选择“文件>新建”命令，打开附盘的“建筑样板”文件，选择“文件>另存为”命令，另存为“安置房剖面图.dwg”文件。

③同样，打开图形文件“CDROM\11\效果\安置房平面图.dwg”，用户即可在“窗口”菜单下看到有两个同时打开的图形文件，如图 12-5 所示。

④打开“图层”工具条的“图层控制”下拉列表，关闭除了“轴线”、“轴线文字”之外的所有图层，如图 12-6 所示。

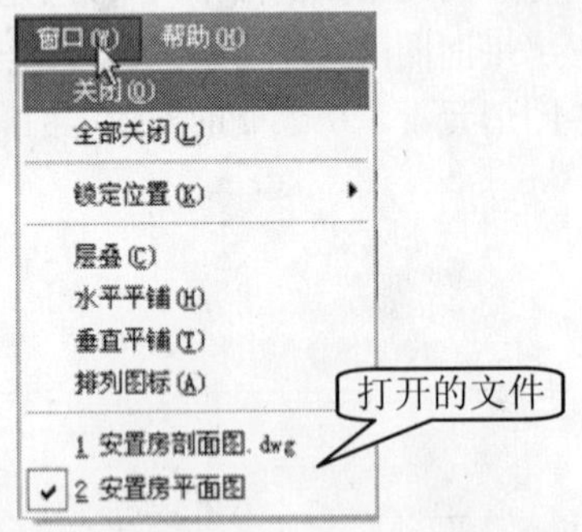

图 12-5 当前所打开的文件

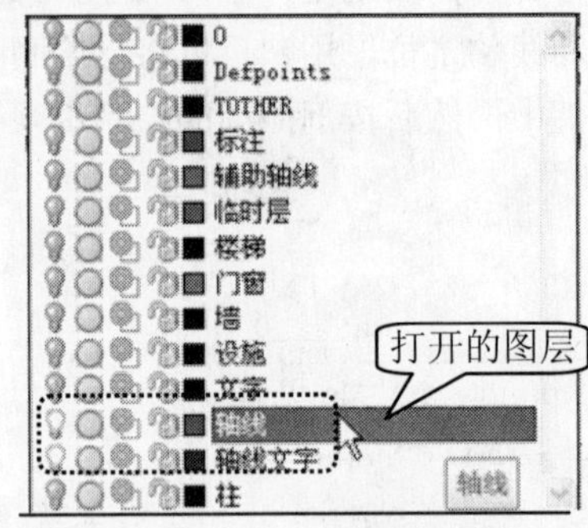

图 12-6 关闭其他的图层

⑤选择“编辑>复制”命令，依据提示选取编号为 1、2、4 和 A 的对象，在“窗口”菜单下选择“安置房剖面图.dwg”文件，将当前文件选择为“安置房剖面图.dwg”，然后按键盘上的 Ctrl+V 组合键，如图 12-7 所示。

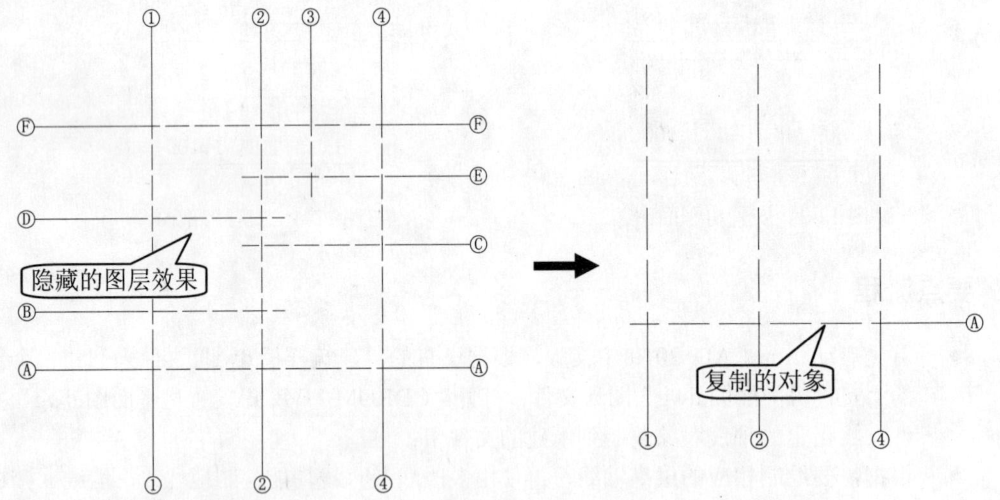

图 12-7 复制指定的对象

注意

这里只有三条垂直轴线，如果图形中有二三十条轴线，使用此方法更能显示出该方法的便捷。如果该图形有事先准备好的立面图形，同样可以将其立面图打开，选择指定的水平轴线一并复制到相应的位置，即可确定剖面图的水平、垂直轴线。

⑥使用“偏移”命令（O），将水平的轴线向上分别偏移 3000、3000、2100，再将左右两侧的垂直轴线向外侧各偏移 600，将最上侧的水平轴线向下偏移 200，如图 12-8 所示。

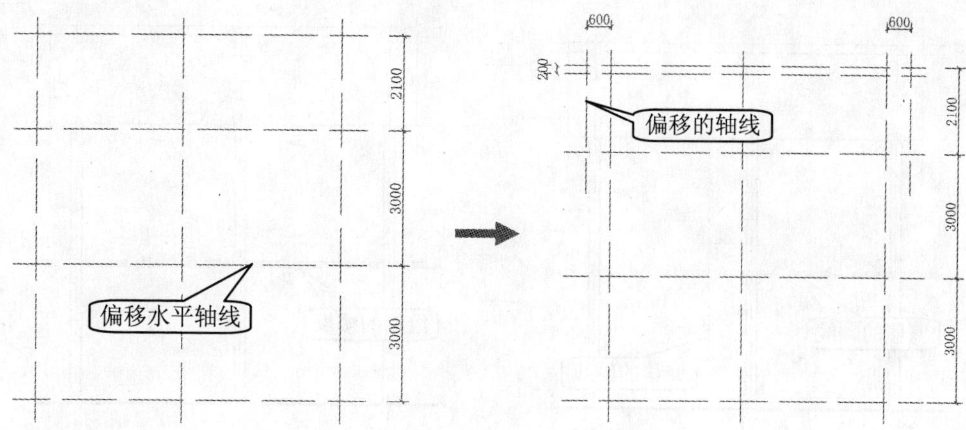

图 12-8　偏移的轴线

步骤 2 绘制地坪线及墙线

在对剖面图的轴线绘制完成后，接下来绘制安置房剖面图的地坪线及墙线。

①当“墙”图层置为当前图层，使用“多段线”命令（PL），以底侧的水平轴为基础绘制一条水平的多段线，其多段线的宽度为 60，如图 12-9 所示。

②再使用“直线”命令（L），绘制上侧的对象，使用“多线”命令（ML），选择“240 墙”多线样式来绘制多线，如图 12-10 所示。

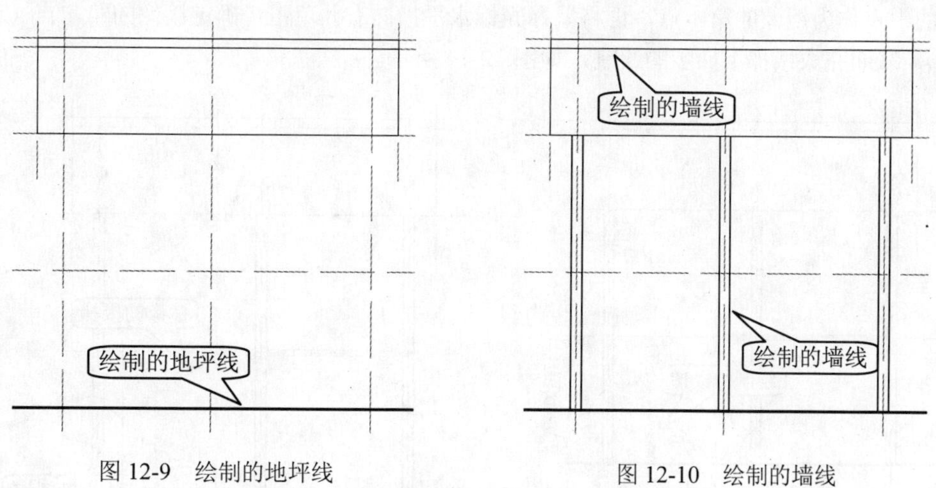

图 12-9　绘制的地坪线　　　图 12-10　绘制的墙线

注意

用户在绘制完“240 墙”多线样式后，应将其打散，然后转换为多段线，并设置其宽度为 30。

步骤 3 绘制楼板

①使用“偏移”命令（O），将标高为 3.00 的水平轴线分别向上向下各偏移 60，将 2 号垂直轴线向右偏移 990，如图 12-11 所示。

②使用“多段线”命令（PL），分别过偏移轴线的交点来绘制几条多段线，其多段线的宽度为 30，绘制完成的楼板，如图 12-12 所示。

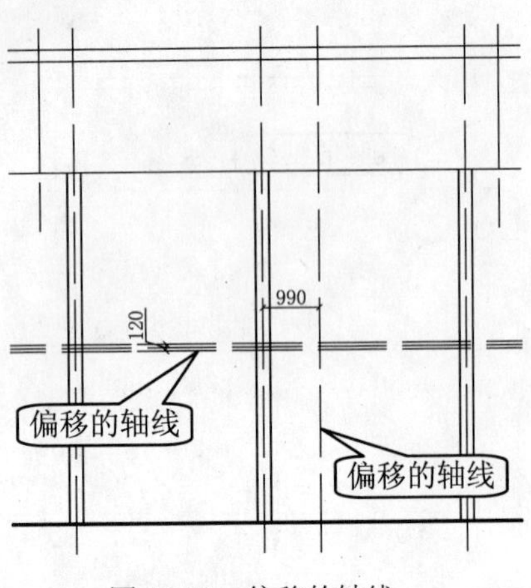

图 12-11　偏移的轴线

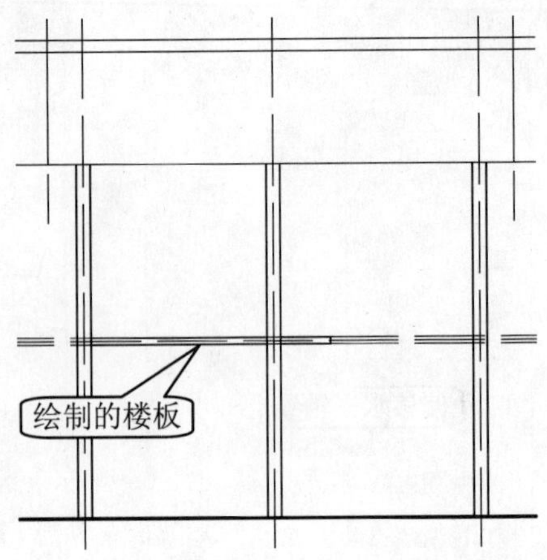

图 12-12　绘制的楼板

步骤 4 绘制楼梯

①选择“多段线”命令（PL），使用鼠标捕捉偏移线与地坪线的交点处，按 F8 键切换到正交模式，移动鼠标光标指向上，输入“167”后按 Enter 键，再移动鼠标光标指向右，输入“270”后按 Enter 键，依次复制绘制的多段线，从而完成楼梯下梯步剖面图的绘制，如图 12-13 所示。

②使用“直线”命令（L），过地坪线和楼梯轴线位置绘制一条垂直的辅助线段，再使用“镜像”命令（MI），选择前面绘制的多段线楼梯作为镜像的对象。捕捉刚绘制垂直辅助线段的中点作为镜像的第一点，再将鼠标光标水平指向右并单击，确定镜像的第二点（正交模式），从而完成楼梯上梯步的绘制，如图 12-14 所示。

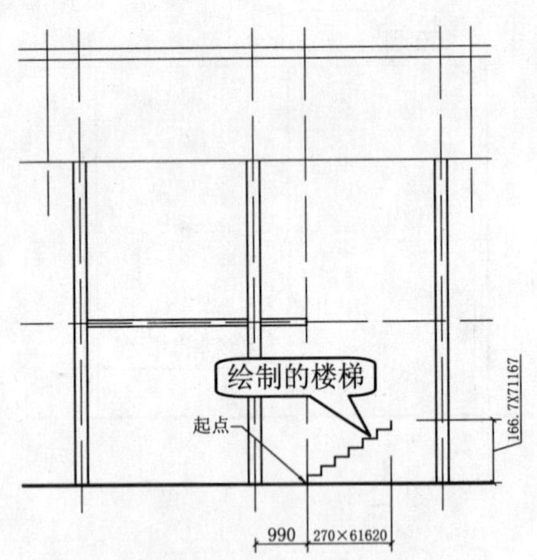

图 12-13　绘制楼梯下梯步

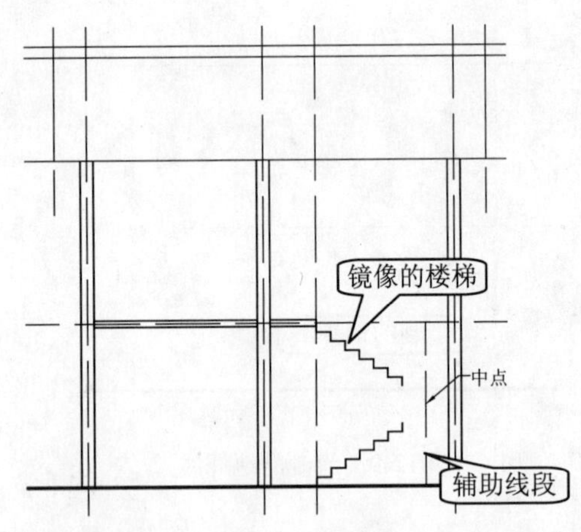

图 12-14　镜像的楼梯下梯步

③使用“直线”命令（L），接着绘制楼梯的上下梯步，并绘制相应的水平线段，完成楼梯平台的绘制，如图 12-15 所示。

注意

在绘制楼梯平台的时候，先将上下楼梯用直连接起来，再使用“定数等分”命令将该直线分成 4 等份，并设置点的样式为“×”，此时该直线上显示三个点（×），然后使用直线命令过点绘制相应的水平线段。

④使用“直线”命令（L），绘制一条长 1050 的垂直线段，使用“复制”命令（CO），复制该垂直线段，然后再使用直线对其进行连接，从而形成楼梯扶杆，如图 12-16 所示。

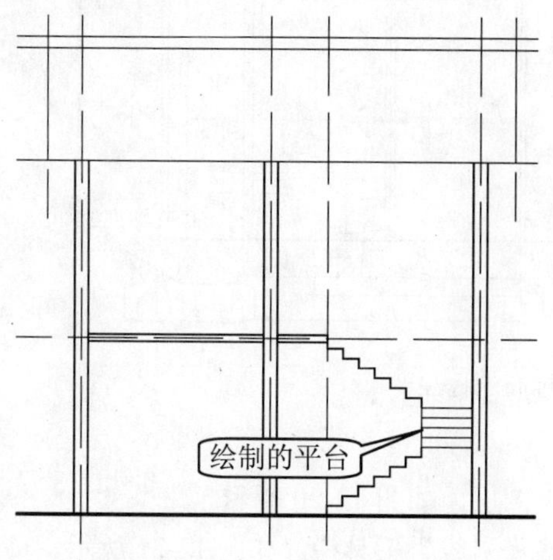

图 12-15　绘制的楼梯平台

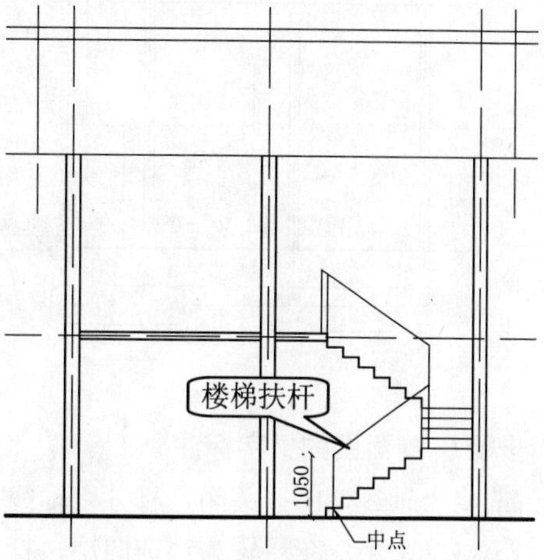

图 12-16　绘制的楼梯扶杆

步骤 5 剖面图的尺寸标注

在绘制完成剖面图的轮廓效果后，接下来开始对剖面图进行尺寸的标注。

①将“标注”图层置于当前图屋，选择“建筑平面标注”样式作为当前标注样式。

②使用“线性”标注命令，对剖面图的楼梯尺寸进行标注，如图 12-17 所示。

③同样，使用“线性”标注命令，对整个剖面图进行开间及层高的标注，如图 12-18 所示。

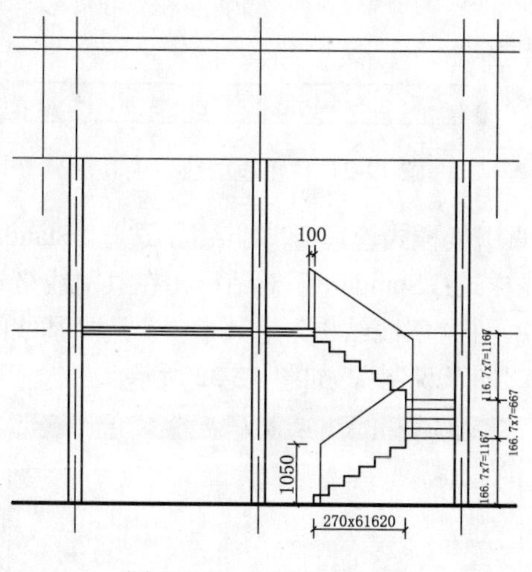

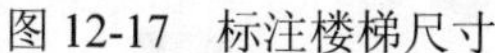

图 12-17　标注楼梯尺寸

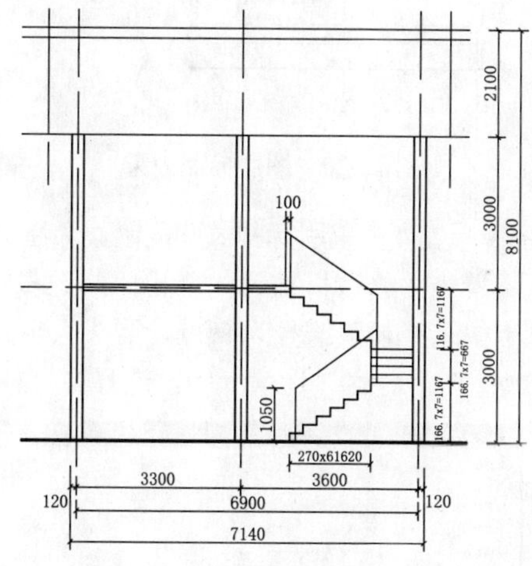

图 12-18　标注剖面图开间及层高

④使用“插入块”命令（I），将“CDROM\12\素材\标高.dwg”图块文件插入到当前图形的地坪线位置，再使用“复制”命令（CO），将“标高”图块分别复制到指定的楼层位置，然后使用“文本”工具栏的“编辑”命令，将标高文字进行编辑修改，如图 12-19 所示。

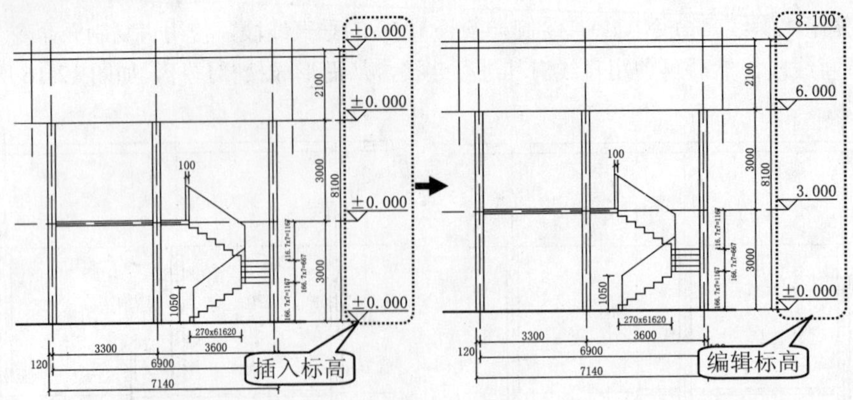

图 12-19　进行标高的标注

步骤 6 剖面图的文字标注

①将“轴线”图层关闭，打开“轴线文字”图层，如图 12-20 所示。

②将“文字”图层置为当前图层，打开“多重引线”工具栏，如图 12-21 所示。

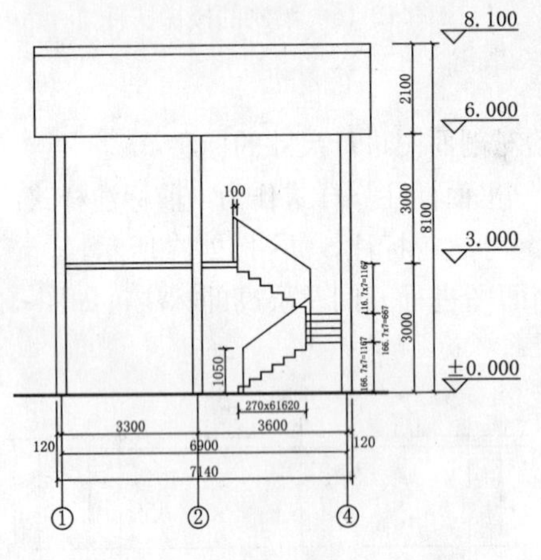

图 12-20　图层控制效果

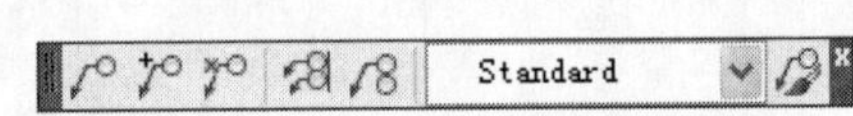

图 12-21　“多重引线”工具栏

③单击“多重引标样式”按钮，弹出“多重引线样式管理器”对话框，选择“Standard”样式。单击“修改”按钮，弹出“修改多重引线样式：Standard”对话框，在“引线格式”选项卡中选择箭头符号为■点，箭头大小为 100；在“引线结构”选项卡中，选择基线间距为 100；在“内容”选项卡中，选择文字样式为“图纸说明”，如图 12-22 所示。

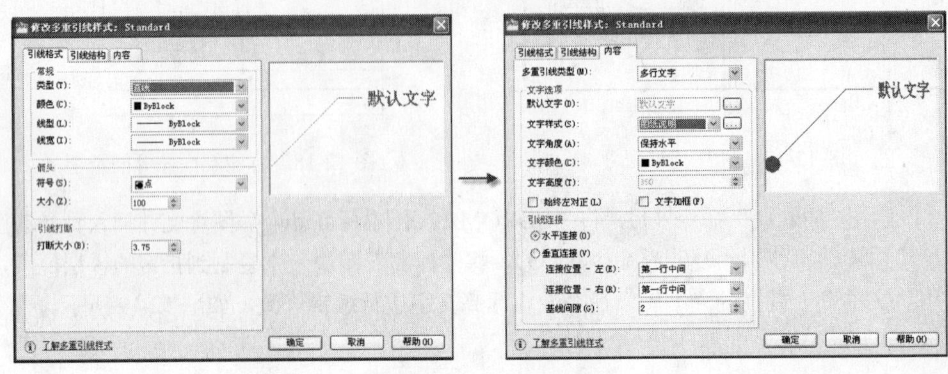

图 12-22　修改引线样式

4 在“多重引线”工具栏中单击“多重引线”按钮，按照如图 12-23 所示创建多重引线对象，并输入文字内容。

5 单击“多重引标样式”按钮，弹出“多重引线样式管理器”对话框，选择“Standard”样式，并单击“新建”按钮，创建“引线块”多重引线样式，如图 12-24 所示。

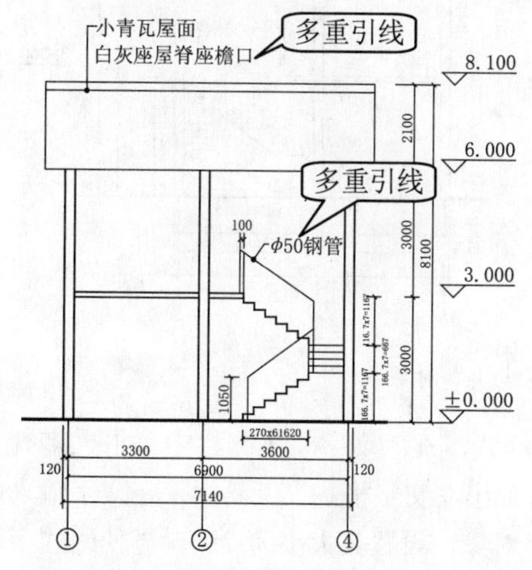

图 12-23 创建多重引线

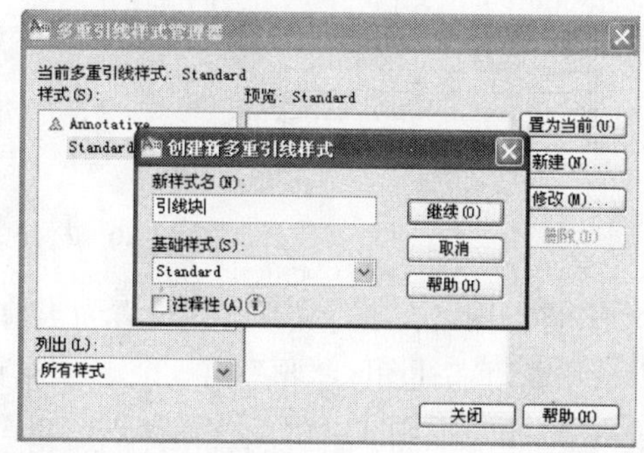

图 12-24 创建“引线块”样式

6 单击“继续”按钮后，弹出“新建多重引线样式：引线块”对话框，在“引线结构”选项卡中，设置引线基线距离为 50，指定比例为 40，在“内容”选项卡中，选择多重引线类型为“块”，选择源块为“详细信息标注”项，如图 12-25 所示。

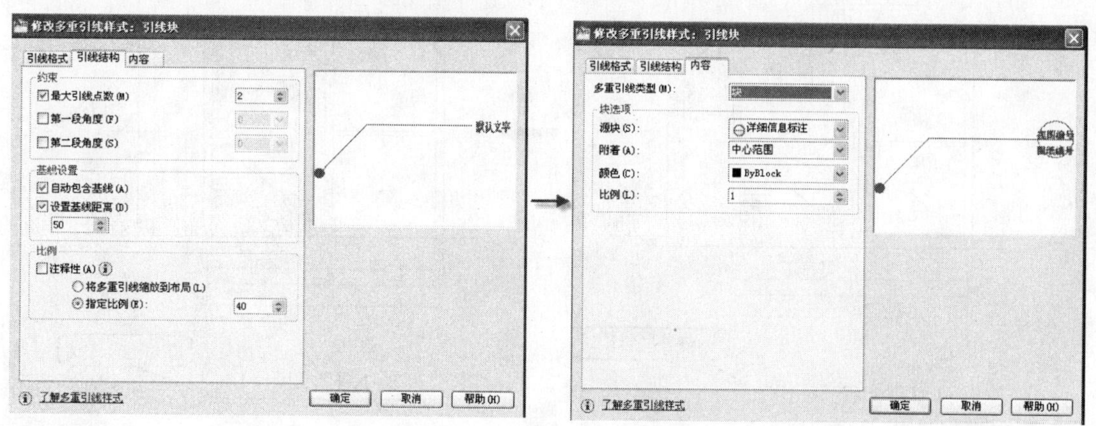

图 12-25 设置“引线块”引线样式

7 在“多重引线”工具栏的“引线控制”栏中选择“引线块”选项，将其设置为当前引线样式，单击“多重引线”按钮，指定引线箭头位置，再指定基线位置，然后在“输入视图编号：”提示下输入“3”后按 Enter 键，在“输入图纸编号：”提示下输入“41”后按 Enter 键，再根据要求输入相应的文字内容，如图 12-26 所示。

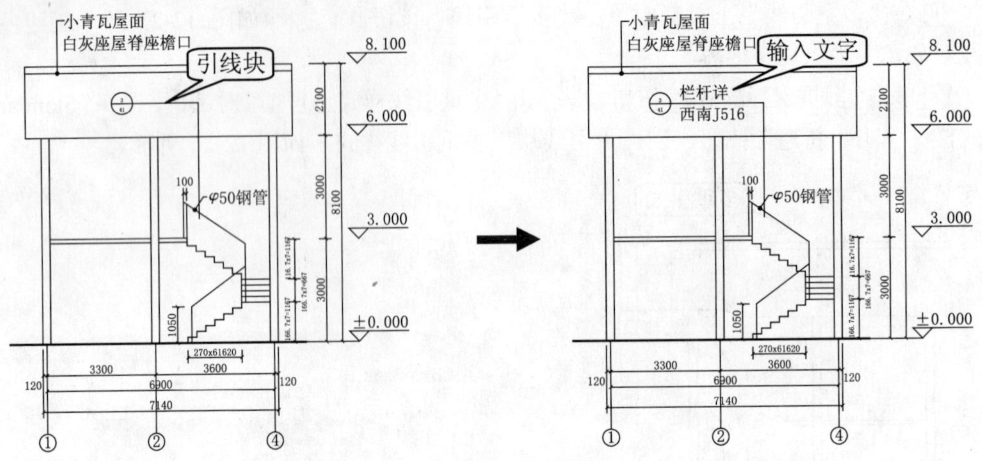

图 12-26　标注的“引线块”对象

⑧将“图名文字”文字样式设置为当前文字样式，在“文字”工具栏中单击“多行文字”按钮A，在视图区“画”出一个矩形区域，将弹出“文字格式”工具栏，在文字输入区内输入“1-1 剖面图 1:100”，并选择“1:100”文字对象，设置其大小为 250。再使用“多段线”命令（PL）绘制两条长度相同的水平多段线，其上侧的一条多段线的宽度为 30，如图 12-27 所示。

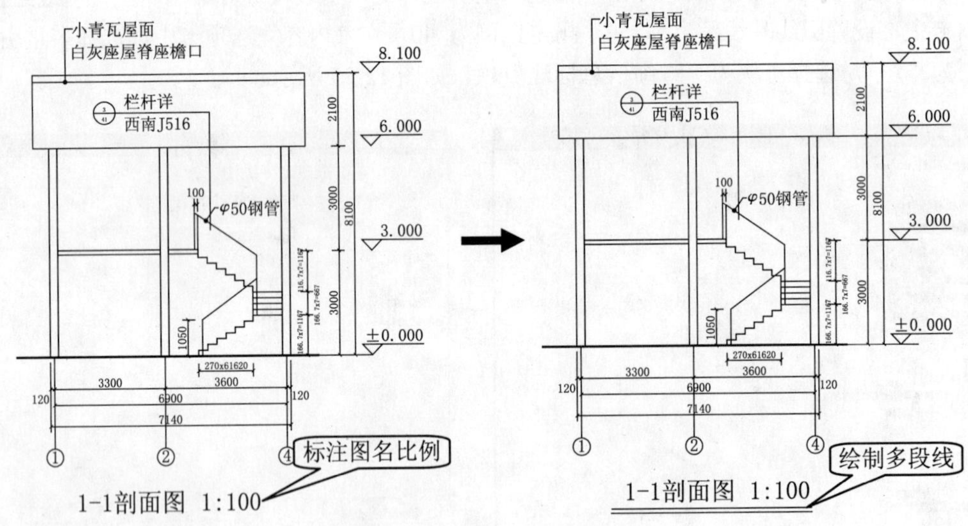

图 12-27　标注图名及比例

步骤 7　保存文件

第 13 章 建筑立面图设计

本章导读

建筑图纸中的平面图、立面图、剖面图是施工图中不可缺少的部分。其建筑立面图主要用来表达房屋的外部造型、门窗位置及形式、外墙的装、阳台、雨蓬等部分的材料和做法等，用标高表示出建筑物的总高度、各楼层高度、室内外地坪标高以及烟囱高度等。一般按照建筑各墙面的朝向来命名，如东立面图、西立面图、南立面图、北立面图。

本章主要学习以下内容：

- 掌握建筑立面图的形成及命名方式
- 掌握建立立面图的图示内容及绘制要求
- 掌握立面门、沙发、电视柜的绘制方法及应用案例
- 掌握立面椅子、电视机的绘制方法及应用案例
- 掌握建筑立面图的绘制方法及应用案例

实用案例 13.1　建筑立面图基本设计原则

案例解读

建筑立面图主要用来表示建筑物的外形、外貌和外墙面装饰材料的要求，是建筑物施工中进行高度控制的技术要求，原则上东、南、西、北每一个立面都要画出它的立面图，用来表示建筑物的体型和外貌，并表明外墙面装饰要求等图样。

要点流程

- 建筑立面图的形成；
- 建筑立面图的命名；
- 建筑立面图的图示内容；
- 建筑立面图的绘制要求。

操作步骤

步骤 1　建筑立面图的形成

建筑立面图概念：它是用直接正投影法将建筑物的各个墙面进行投影所得到的正投影图，即投影面与各外墙面平行，投射线垂直于投影面所作的正投影图。用户可以将几个投影图分别叫做东立面图、西立面图、南立面图、北立面图，如图 13-1 所示。

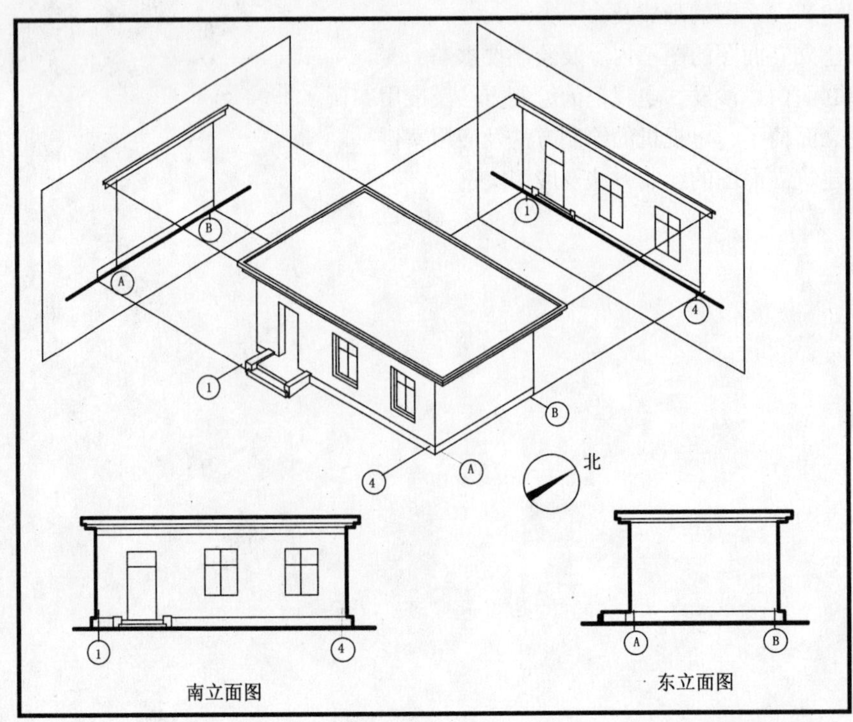

图 13-1　建筑立面图的形成

对于某些平面形状曲折的建筑物，可绘制展开立面图，圆形或多边形平面的建筑物，可分段展开绘制立面图，但均应在图名后加注“展开”二字。

步骤 2 建筑立面图的命名

用户在给建筑立面图命名时，可以根据不同的方式来进行命令。

- 以建筑墙面的特征命名：正立面图，把建筑主入口所在的墙面或反映房屋外貌主要特征的墙面的立面图称为正立面图；背立面图，与正立面相对应墙面的立面图；侧立面图，包括左侧立面图和右侧立面图。
- 以建筑物各墙面的朝向命名：墙面朝向哪个方位就命名为哪个方位的立面图，如东立面图、南立面图、西立面图、北立面图。
- 以建筑物两端定位轴线编号命名：就是以建筑立面图两端定位轴线的编号来命名，如①~⑦立面图，⑦~①立面图等。

步骤 3 建筑立面图的图示内容

建筑立面图的图示内容包括以下几个部分。

- 反映建筑物的特性及屋顶外形：从建筑物的立面特征可区别其不同的用途，如住宅，一般有小巧的入口和阳台；教学楼，外墙面以窗为主，多为满堂窗。
- 房屋的层数及高度：通过立面窗的层数，反映出建筑物的层数；通过立面图的标注知道建筑物的高度。
- 建筑物外墙面的装修材料及做法：在立面图中用指引线引出，用文字注明建筑物外墙面各部位的装修做法。
- 外部构配件的位置及形式：门窗、阳台、雨篷、入口的台阶、窗楣、花池、勒脚、雨水管等位置及形式。
- 各部位的标高及尺寸：室外整平地面、首层地面、窗洞上、下口、屋顶或女儿墙顶，并标注各部位的尺寸。
- 建筑两端的定位轴线编号及详图索引符号。

步骤 4 建筑立面图的绘制要求

用户在绘制建筑立面图时，应遵循以下的绘制要求。

- 比例：绘制立面图常用比例有 1∶50、1∶100、1∶200，一般采用 1∶100 的比例，这样绘制起来比较方便。
- 定位轴线：在立面图中，一般只绘制两端的轴线及其编号，以便和平面图对照确定立面图的观看方向。
- 线型：在建筑立面图中，为了加强立面图的表达效果，使建筑物的轮廓凸出，通常采用不同的线型来表达不同的对象。屋脊线和外墙轮廓线一般采用粗实线，室外地干线采用加粗实线；具有明显的凹凸起伏的所有形体与构造，例如建筑物的转折、立面上的阳台、雨蓬、室外台阶、窗台、凸出地面的柱子等，这些也采用粗实线绘制；其他部分的图形、文字说明、标高等采用细实线绘制即可。
- 图例：门窗都是采用图例来绘制的，一般只给出有关轮廓，具体的门窗等尺寸可以查看有关建筑标准，会单独列表给出。
- 尺寸标注：在建筑立面图中，主要是建筑物的标高，要注意不同的地方采用不同的标高符号。

- 详图索引符号：一般在屋顶平面图附近有檐口、女儿墙和雨水口等构造详图，凡是需要绘制详图的地方都要标注详图符号。

实用案例 13.2　设计立面门

素材文件：	CDROM\13\素材\建筑立面图样板.dwt
效果文件：	CDROM\13\效果\立面门.dwg
演示录像：	CDROM\13\演示录像\立面门.exe

案例解读

在本案例中，主要讲解了包括有矩形、偏移、镜像等命令，使读者掌握绘制立面门的方法，其绘制完成的效果如图 13-2 所示。

图 13-2　立面门效果

要点流程

- 首先启动 AutoCAD 2010 中文版，打开准备好的样板文件，将其另存一个新的文件，再使用矩形命令绘制一个大矩形，并打散该矩形；
- 使用偏移命令将左侧和上侧的线段进行偏移，再使用矩形命令绘制三个小矩形，并且移至相应的位置；
- 使用偏移命令对三个矩形向内进行偏移，再使用镜像命令对三个小矩形及偏移的矩形进行垂直镜像操作。

本案例的流程图如图 13-3 所示。

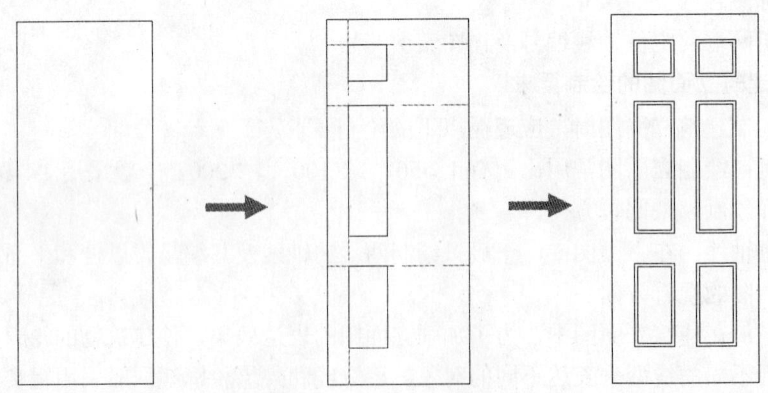

图 13-3　绘制立面门流程图

操作步骤

步骤 1　打开并另存图形文件

启动 AutoCAD 2010 中文版，打开附盘的“建筑立面图样板.dwt”文件，再选择“文件>

另存为”命令，将其保存为“立面门.dwg”。

步骤 2 绘制的不同矩形

①使用“矩形”命令（REC），在视图中绘制一个 800×2000 的矩形。

②使用“分解”命令将绘制的矩形打散，使用“偏移”命令（O）将左侧的垂直线段向右侧偏移 122，将上侧的水平线段向下分别偏移 138、334、878，并将偏移的线段转换为“轴线”图层对象。

③再使用“矩形”命令（REC），在视图中分别绘制 218×200、218×714、218×450 的三个矩形，矩形的左上角点分别在相应位置的交点处，如图 13-4 所示。

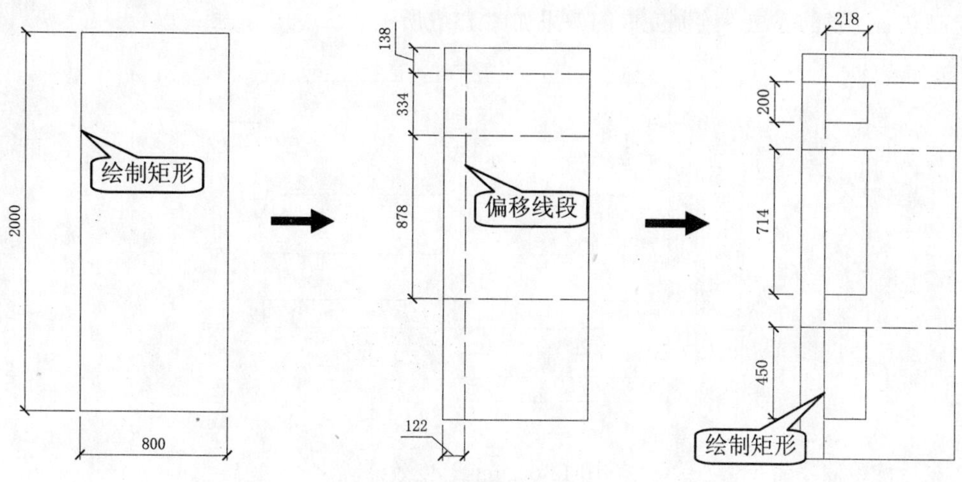

图 13-4　绘制的不同矩形

步骤 3 偏移并镜像的矩形

①将前面偏移的“轴线”删除，使用“偏移”命令（O），分别将三个小矩形向内均偏移 17。

②使用“镜像”命令（MI），将大矩形内的所有矩形进行垂直镜像，镜像的中点分别为大矩形上下两条直线的中点，如图 13-5 所示。

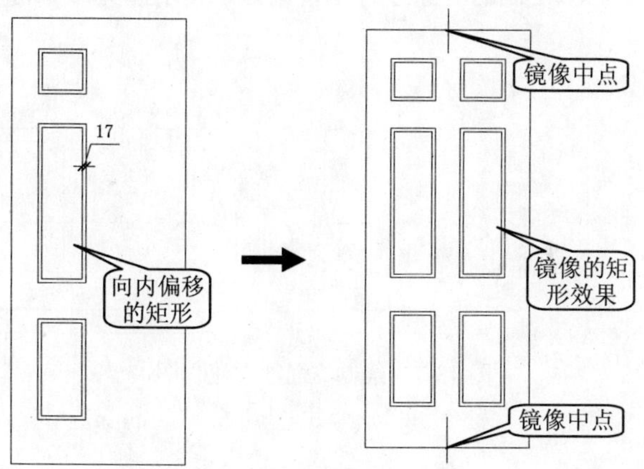

图 13-5　偏移并镜像的矩形

步骤 4 保存文件

实用案例 13.3 设计立面沙发

素材文件:	CDROM\13\素材\建筑立面图样板.dwt
效果文件:	CDROM\13\效果\立面沙发.dwg
演示录像:	CDROM\13\演示录像\立面沙发.exe

案例解读

在本案例中，主要讲解了包括有矩形、圆角、样条曲线、修剪、镜像等命令，使读者掌握绘制立面沙发的方法，绘制完成的效果如图 13-6 所示。

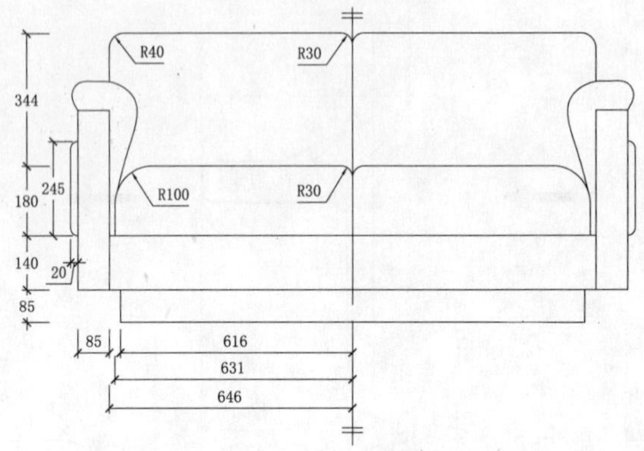

图 13-6 立面沙发效果

要点流程

- 首先启动 AutoCAD 2010 中文版，使用矩形命令绘制不同尺寸的矩形，并将其放置在指定的位置；
- 使用圆角命令对指定的矩形角点进行不同半径的圆角处理，再使用样条曲线来绘制沙发扶手；
- 使用镜像命令，将绘制的对象进行垂直镜像，使用修剪命令将多余的线段进行修剪操作。

本案例的流程图如图 13-7 所示。

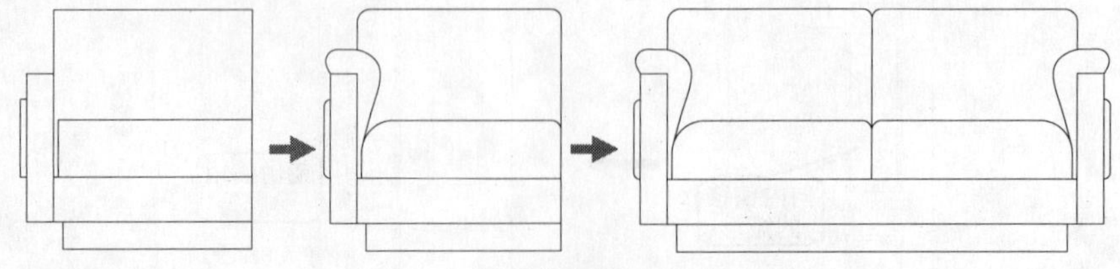

图 13-7 绘制立面沙发流程图

操作步骤

步骤 1 打开并另存图形文件

启动 AutoCAD 2010 中文版，打开附盘的“建筑立面图样板.dwt”文件再选择“文件>另存为”命令，将其保存为“立面沙发.dwg”。

步骤 2 绘制矩形

①使用“矩形”命令（REC），在视图中绘制五个尺寸不等的矩形，尺寸分别为 616×85、646×140、631×180、646×525、85×465，再使用“移动”命令（M），将绘制的矩形移动到相应的位置，如图 13-8 所示。

②同样，使用“矩形”命令（REC），绘制一个 20×245 的矩形，并移动到相应的位置，如图 13-9 所示。

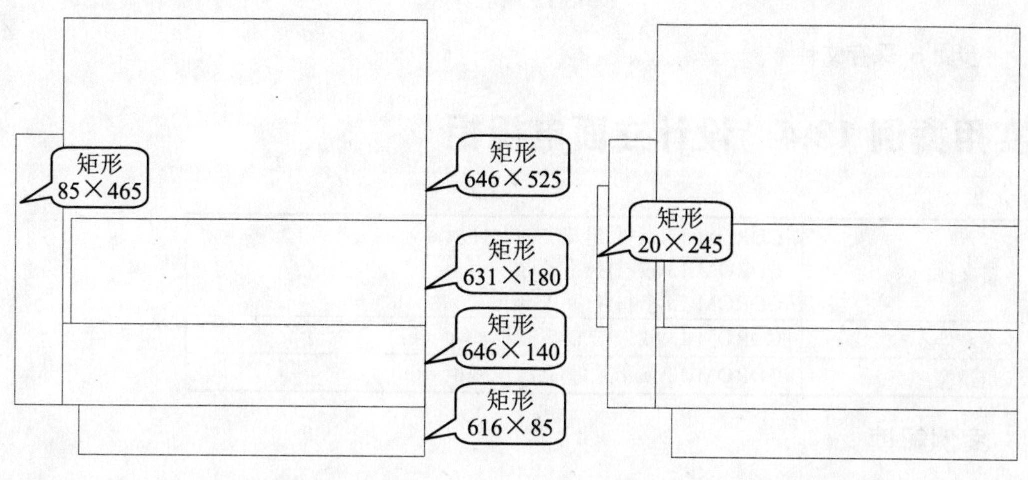

图 13-8　绘制的矩形　　图 13-9　绘制的矩形 20×245

步骤 3 圆角操作并绘制样条曲线

①使用“圆角”命令（F），对指定的角点进行圆角处理，如图 13-10 所示。

②使用“样条曲线”命令，在图形的左侧绘制沙发扶手，使用“修剪”命令，将多余的线段进行修剪，如图 13-11 所示。

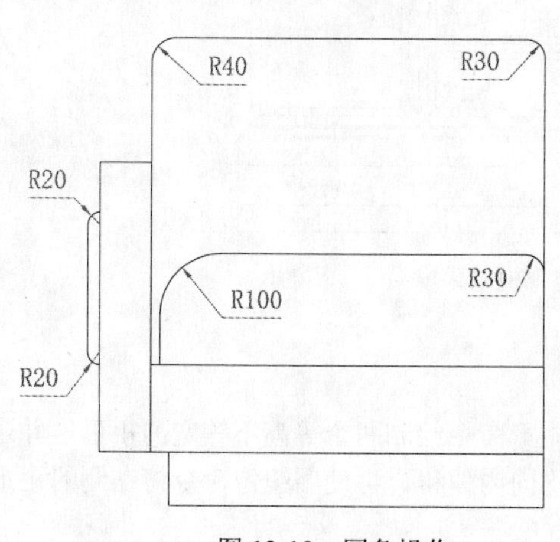

图 13-10　圆角操作

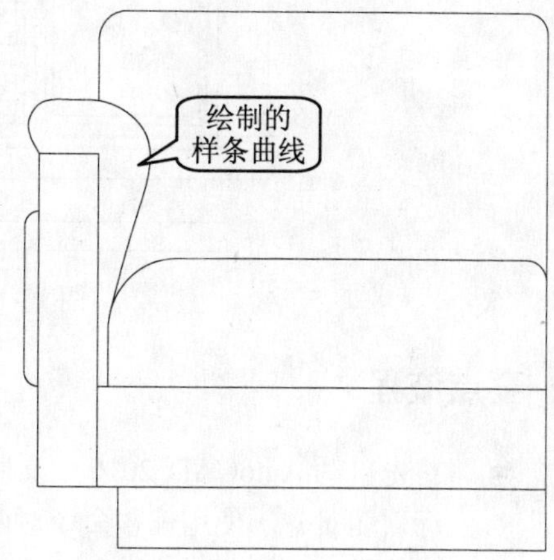

图 13-11　绘制的样条曲线

步骤 4 镜像图形对象

使用“镜像”命令（MI），选择所有的图形对象作为镜像源对象，捕捉最右侧垂直线段的端点作为镜像端点，然后使用修剪命令将多余的线段进行修剪操作，如图 13-12 所示。

图 13-12 镜像操作

步骤 5 保存文件

实用案例 13.4 设计立面电视柜

素材文件：	CDROM\13\素材\建筑立面图样板.dwt CDROM\13\素材\拉手.dwg CDROM\13\素材\拉手 1.dwg
效果文件：	CDROM\13\效果\立面电视柜.dwg
演示录像：	CDROM\13\演示录像\立面电视柜.exe

案例解读

在本案例中，主要讲解了包括有矩形、偏移、镜像、延伸、直线、椭圆、插入块等命令，使读者掌握绘制立面电视柜的方法，其绘制完成的效果如图 13-13 所示。

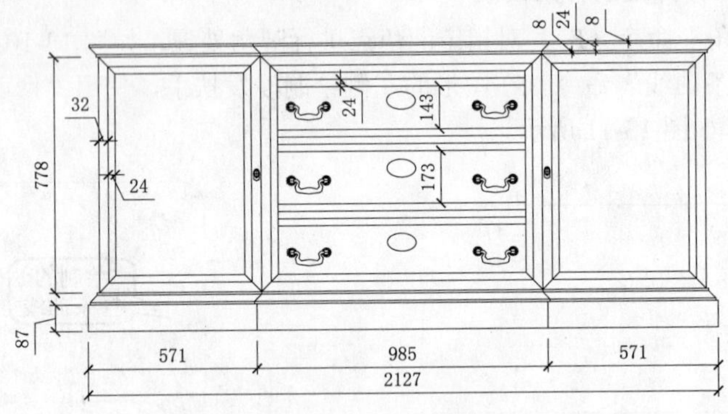

图 13-13 立面电视柜效果

要点流程

- 首先启动 AutoCAD 2010 中文版，使用矩形命令绘制两个等高不等宽的矩形，并进行顶端对齐。使用偏移命令对两个矩形均向内偏移，再使用镜像命令将左侧的矩形对象垂直镜像；
- 使用直线命令过矩形上侧左右两侧的端点绘制一条直线，并将其分别向上偏移，再使用延伸和修剪等命令对其进行操作，完成顶板的绘制。使用镜像命令将顶板对象垂直向下进行镜像；
- 使用偏移命令，将中柜的水平线段进行不同距离的偏移操作；

- 使用椭圆命令在指定的位置绘制适当大小的椭圆。使用插入块命令，将准备好的拉手图块插入到当前图形的指定位置，从而完成立面电视柜的绘制。

本案例的流程图如图 13-14 所示。

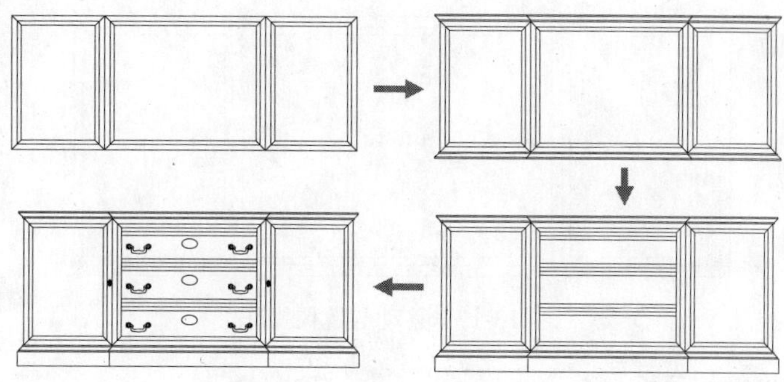

图 13-14　绘制立面电视柜流程图

操作步骤

步骤 1 打开并另存图形文件

启动 AutoCAD 2010 中文版，选择“文件>打开”命令，打开附盘的“建筑立面图样板.dwt”文件，再选择“文件>另存为”命令，将其保存为“立面电视柜.dwg”。

步骤 2 绘制左柜

使用“矩形”命令（REC），绘制一个 548×778 的矩形，再使用“偏移”命令（O），将绘制的矩形向内分别偏移 32 和 24。使用“直线”命令（L），将四个角点进行直线连接，完成电视柜左柜的绘制，如图 13-15 所示。

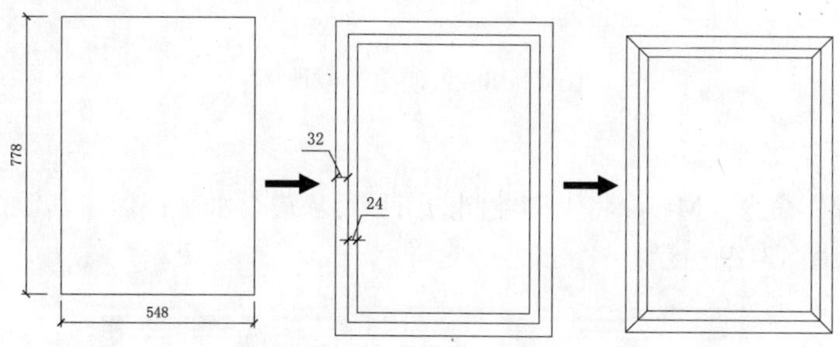

图 13-15　绘制的左柜

步骤 3 绘制中柜

同样，使用“矩形”命令（REC），绘制一个 952×778 的矩形，并将其向内偏移距离分别为 32 和 24，再用直线将其角点进行连接，完成电视柜中柜的绘制，如图 13-16 所示。

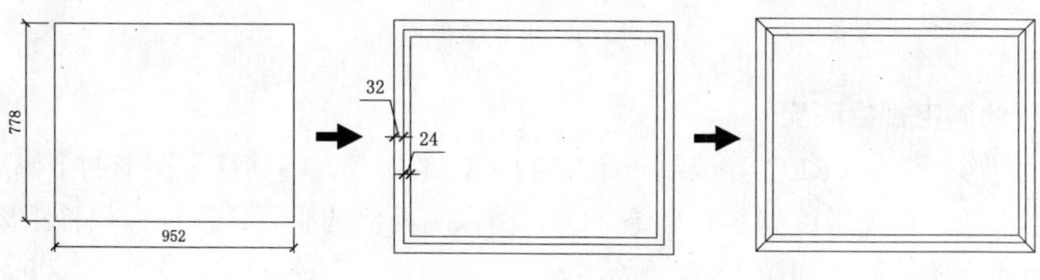

图 13-16　绘制的中柜

步骤 4 移动与镜像操作

使用“移动”命令（MI），将绘制完的左柜与中柜对齐，使用“镜像”命令（MI），将左侧进行垂直镜像，其镜像点在中柜上、下两侧的中点位置，如图 13-17 所示。

图 13-17 移动与镜像操作

步骤 5 绘制电视柜顶板

使用“直线”命令“(L)，过中柜上侧左右两个端点绘制一条水平直线段，再使用偏移”命令（O），将其绘制的水平直线段向上偏移距离分别为 8、24、8，然后将最上侧的一条线段使用夹点编辑的方式，分别将向左、向右适当拉长。使用“延伸”命令（EXTEND），将绘制的斜线段进行延伸，再将水平线段向两端各进行延伸，然后使用“修剪”命令（TR）将多余的线段进行修剪，完成电视柜顶板的绘制，如图 13-18 所示。

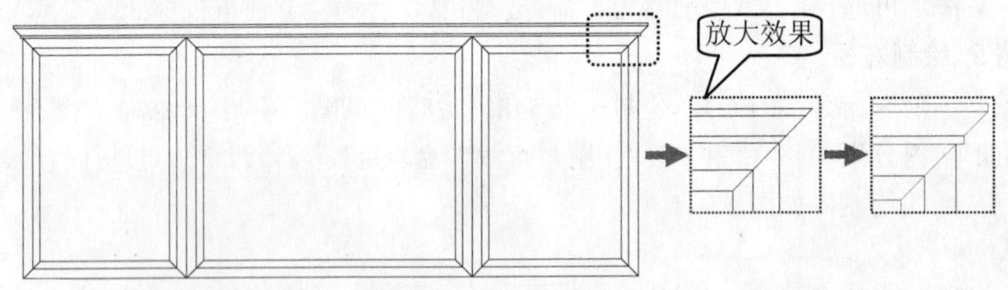

图 13-18 绘制电视柜顶板

步骤 6 水平镜像操作

使用“镜像”命令（MI），将上侧绘制的图形对象进行水平镜像，其镜像点分别为垂直线段的中点，如图 13-19 所示。

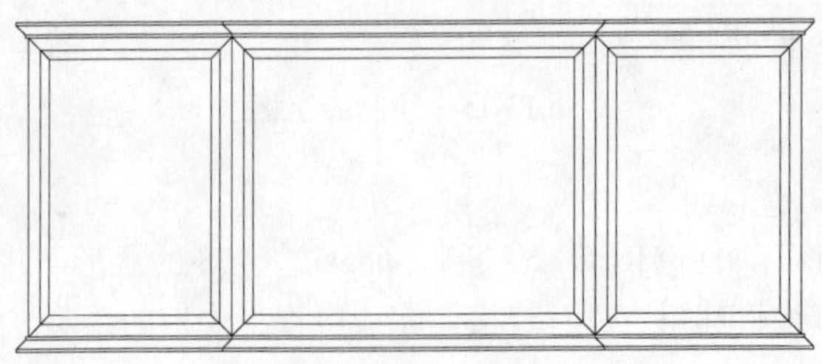

图 13-19 水平镜像操作

步骤 7 绘制电视柜底座

使用“矩形”命令（REC），绘制一个 2127×87 的矩形，将其移至图形的下侧居中对齐，并将该矩形打散。再使用“偏移”命令（O），将左右两侧的垂直线段向内偏移距离为 571，完成电视柜底座的绘制，如图 13-20 所示。

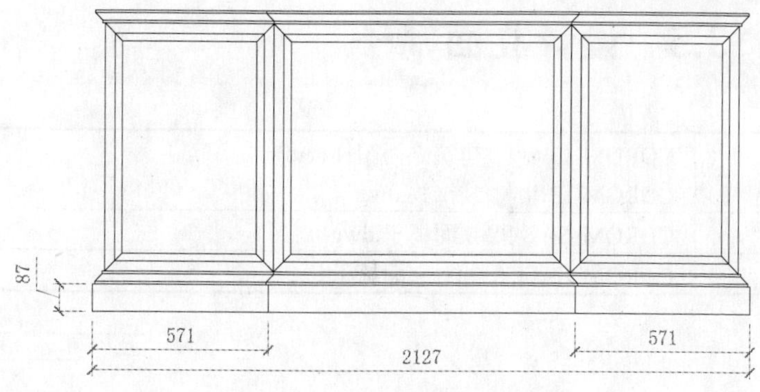

图 13-20　绘制电视柜底座

步骤 8 偏移图形对象

将中柜内侧的矩形打散，使用“偏移”命令（O），将上侧的水平线向下分别进行偏移操作，如图 13-21 所示。

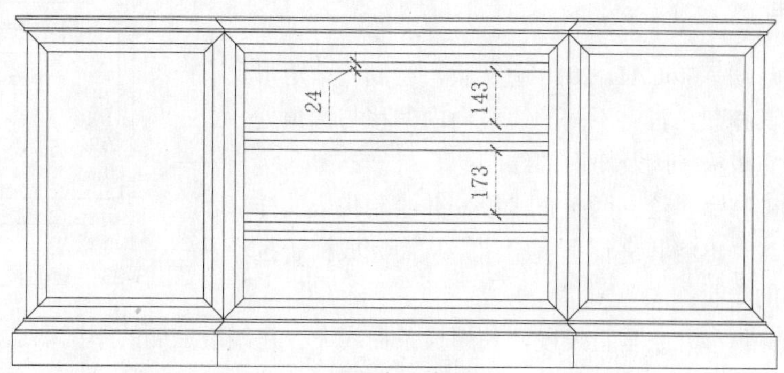

图 13-21　偏移的线段

步骤 9 插入的图块

使用“椭圆”命令（EL），在中柜绘制适当大小的椭圆，使用“插入块”命令（I），将附盘的“拉手.dwg”和“拉手 1.dwg”图块文件插入到当前图形的指定位置，如图 13-22 所示。

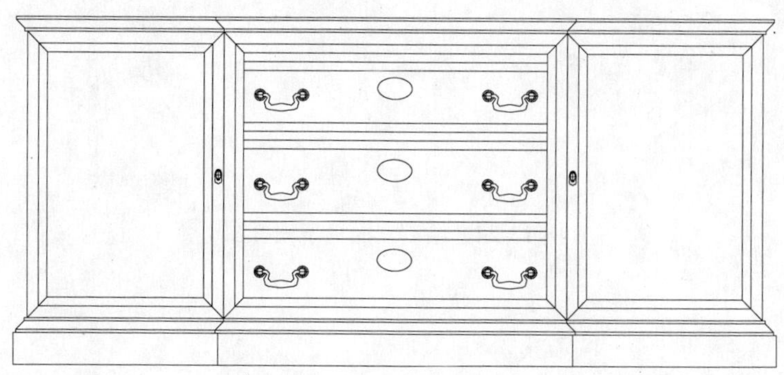

图 13-22　插入的图块

步骤 10 保存文件

实用案例 13.5　设计立面椅子

素材文件：	CDROM\13\素材\建筑立面图样板.dwt CDROM\13\素材\装饰福.dwg
效果文件：	CDROM\13\效果\立面椅子.dwg
演示录像：	CDROM\13\演示录像\立面椅子.exe

案例解读

在本案例中，主要讲解了包括有矩形、偏移、修剪、镜像、直线、圆角、样条曲线、复制、插入块、移动等命令，使读者掌握绘制立面椅子的方法，其绘制完成的效果如图 13-23 所示。

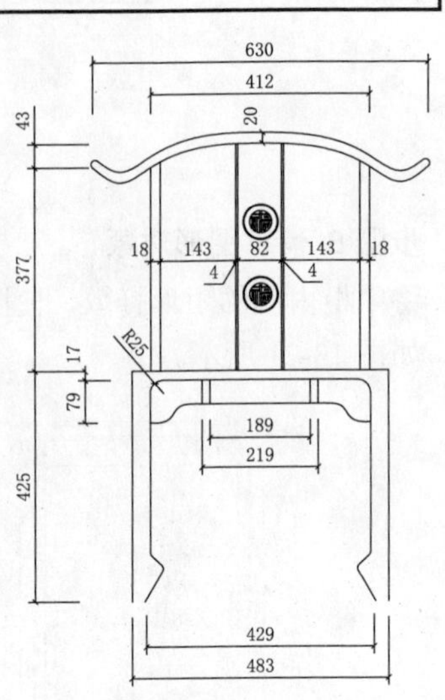

图 13-23　立面椅子效果

要点流程

- 首先启动 AutoCAD 2010 中文版，绘制一个矩形并将其打散，再将不同的线段向内偏移与圆角处理，完成椅子脚及座面的绘制；
- 使用偏移命令绘制两条直线段，并绘制相应的样条曲线，再将其进行垂直镜像，从而完成椅子拉力杆的绘制；
- 绘制并偏移几条垂直线段，使用样条曲线命令在线段上侧的不同端点来绘制样条曲线，再将样条曲线向上复制，然后绘制两端的圆弧；
- 使用偏移命令对指定的垂直线段进行偏移，插入准备好的“装饰福”图块文件到椅子靠背的指定位置，最后将椅子靠背移至椅子座面上侧的中点位置，从而完成整个立面椅子的绘制。

本案例的流程图如图 13-24 所示。

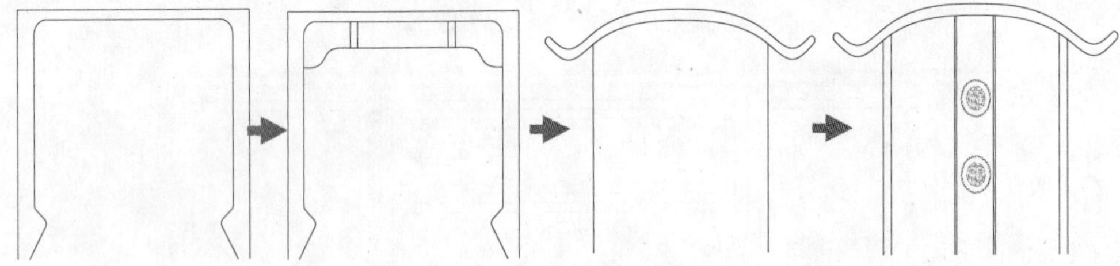

图 13-24　绘制立面椅子流程图

操作步骤

步骤 1 打开并另存图形文件

启动 AutoCAD 2010 中文版，选择“文件>打开”命令，打开附盘的“建筑立面图样板.dwt”文件，再选择“文件>另存为”命令，将其保存为“立面椅子.dwg”。

步骤 2 绘制矩形并圆角处理

使用“矩形”命令（REC），绘制一个 483×425 的矩形，单击“分解”按钮将矩形打散，将下侧的线段删除，再使用“偏移”命令（O），将左右侧的垂直线段向内偏移 34，将上侧的水平线段向下偏移 17，再使用“圆角”命令（F），将偏移的线段进行圆角处理，圆角的半径为 25，如图 13-25 所示。

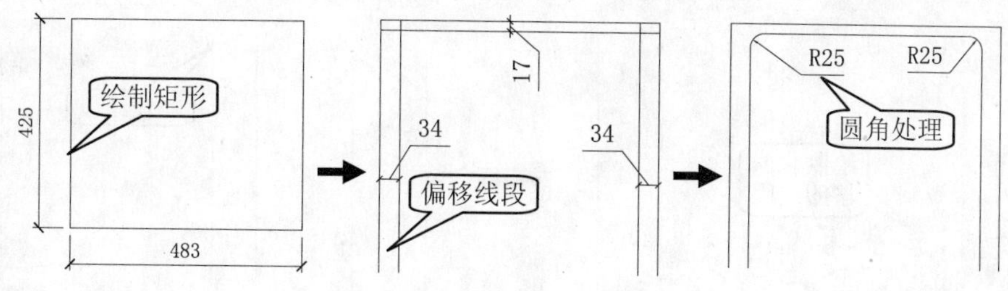

图 13-25　绘制矩形并圆角处理

步骤 3 绘制椅子脚

使用“直线”命令（L），过下侧线段的端点绘制一条水平轴线，使用“偏移”命令（O），将该轴线向上偏移 87，使用直线功能绘制一条折线段，并对转角位置按照半径为 10 进行圆角处理，形成椅子脚。再使用“镜像”命令（MI）将椅子脚进行水平镜像操作，如图 13-26 所示。

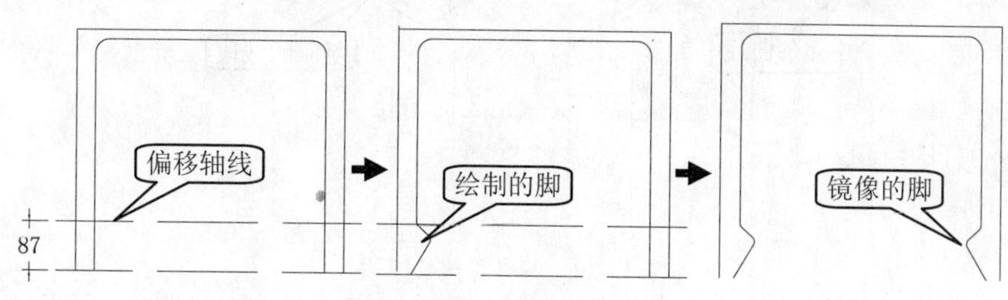

图 13-26　绘制的椅子脚

步骤 4 偏移并镜像操作

①使用“偏移”命令（O），将上侧圆角的水平直线段分别向下偏移 45、34，将左垂直线段向右偏移 98。使用“延伸”命令（EXTEND），将指定的线段进行延伸，再使用修剪命令对其进行修剪操作。

②使用“样条曲线”命令（SPL），在图形的左侧绘制样条曲线，使用“偏移”命令（O），将垂直的线段向右偏移 15，然后将多余的线段进行删除。

③使用“镜像”命令（MI），将左侧的样条曲线和两条垂直线段进行垂直镜像，其镜像的中点分别为上侧线段的中点，从而完成椅子座面的绘制，如图 13-27 所示。

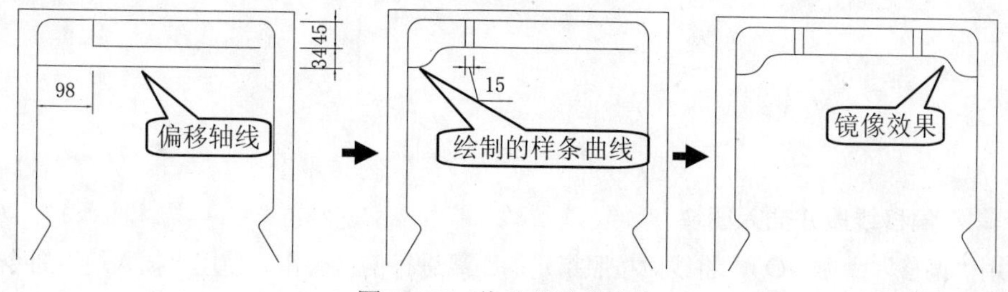

图 13-27　偏移并镜像操作

步骤 5 偏移并拉长线段

①使用“直线”命令（L），在视图中绘制长为 377 的垂直线段，使用“偏移”命令（O），将其向右分别偏移 109、206、206、109。

②选择“修改>拉长”命令，将中间的垂直线段向上拉长，其拉长后的总长度为 420，如图 13-28 所示。

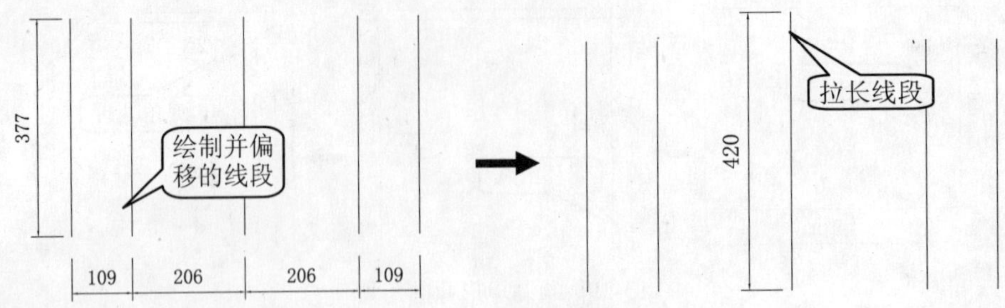

图 13-28 偏移并拉长线段

③使用“样条曲线”命令（SPL），分别捕捉指定的端点来绘制一段样条曲线，再使用“复制”命令（CO），将其向上复制，距离为 20，如图 13-29 所示。

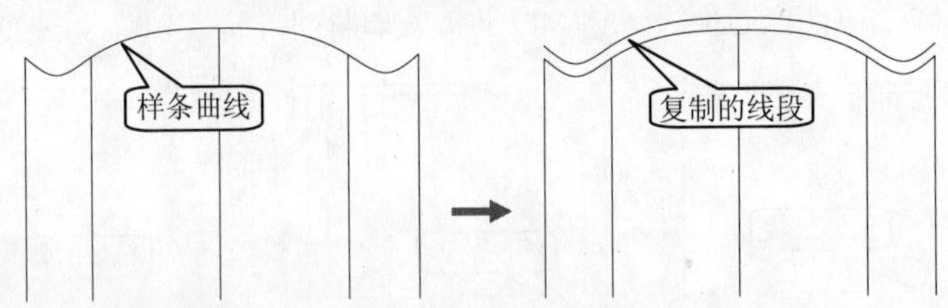

图 13-29 偏移并拉长线段

步骤 6 绘制圆弧

将左右两侧和中间的垂直线段删除，再过下侧样条曲线左右两侧的端点绘制一条直线，并且与上侧样条曲线垂直。使用“圆”命令（C），以过该线段的中点为圆心，绘制与该直线段等长度的直径圆，然后使用“修剪”命令（TR），将多余的线段进行修剪操作，如图 13-30 所示。

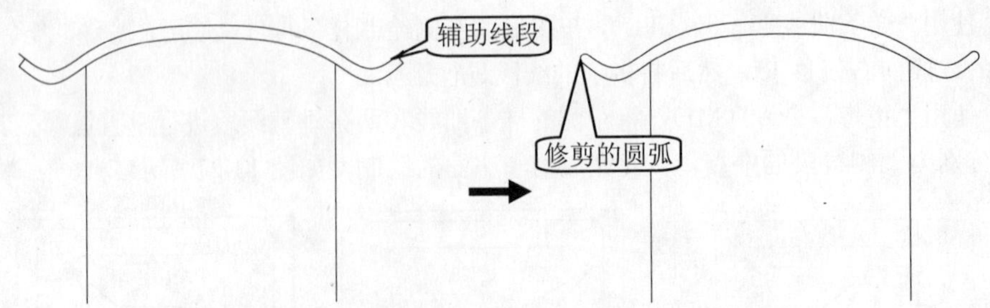

图 13-30 绘制的圆弧

步骤 7 偏移线段并插入图块

使用“偏移”命令（O），将线段按照指定的距离进行偏移操作。使用“插入块”命令（I），将“装饰福.dwg”文件插入到图形中指定的位置，从而完成椅子靠背的绘制，如图 13-31 所示。

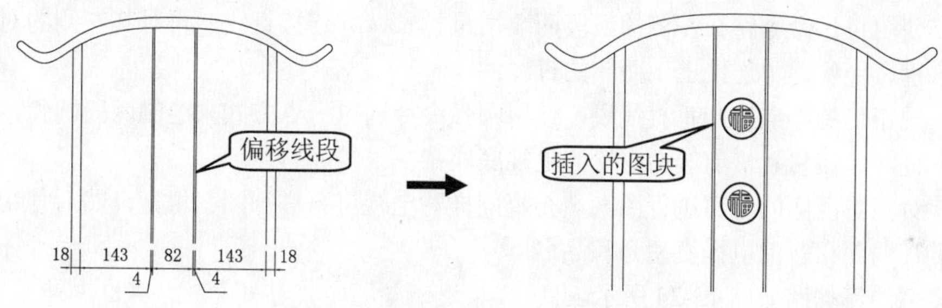

图 13-31 偏移线段并插入图块

步骤 8 移动图形对象

使用“移动”命令（M），将绘制的椅子靠背移至椅子座面上，并且居中对齐，从而完成整个立面椅子的绘制，如图 13-32 所示。

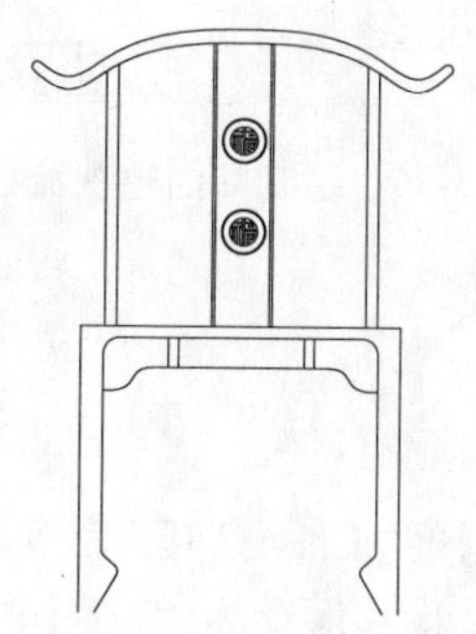

图 13-32 绘制的立面椅子

步骤 9 保存文件

实用案例 13.6 设计立面电视

素材文件:	CDROM\13\素材\建筑立面图样板.dwt
效果文件:	CDROM\13\效果\立面电视.dwg
演示录像:	CDROM\13\演示录像\立面电视.exe

案例解读

在本案例中，主要讲解了矩形、偏移、圆角、拉长、直连、镜像、圆弧、图案填充等命令，使读者掌握绘制立面电视的方法，绘制完成的效果如图 13-33 所示。

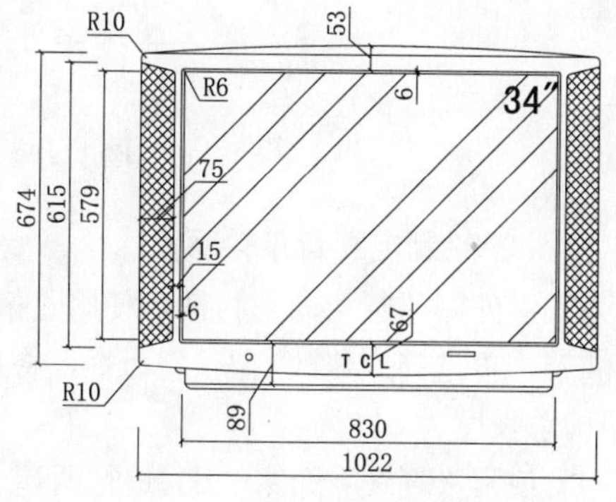

图 13-33 立面电视效果

要点流程

- 首先启动 AutoCAD 2010 中文版，绘制一个矩形并向外偏移，再对偏移的矩形进行圆角处理，然后将矩形打散，将左侧的线段进行多次偏移；

- 使用拉长命令将最左侧的线段两端增量拉长，并连接直线，再对其左侧的对象进行垂直镜像，再连接上下两侧的直线；
- 过矩形的中点绘制垂直线段，使用圆弧命令通过三点方式来绘制两段圆弧，再使用直线、偏移、修剪等命令绘制电视底座；
- 对左右两侧的音箱进行图案填充，同样对电视屏幕进行图案填充，然后使用文字工具输入相应的电视机型号和品名。

本案例的流程图如图 13-34 所示。

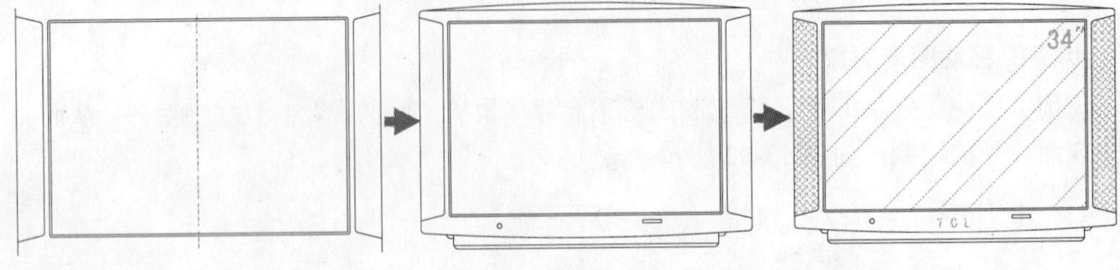

图 13-34　绘制立面电视流程图

操作步骤

步骤 1 打开并另存图形文件

启动 AutoCAD 2010 中文版，选择“文件>打开”命令，打开附盘的“建筑立面图样板.dwt”文件,再选择“文件>另存为”命令，将其保存为“立面电视.dwg”。

步骤 2 绘制与偏移矩形

使用“矩形”命令（REC）绘制一个 830×579 的矩形，再使用“偏移”命令（O）将矩形向外偏移 6，然后使用“圆角”命令（F），将外侧的圆角矩形按照半径为 6 进行圆角处理，如图 13-35 所示。

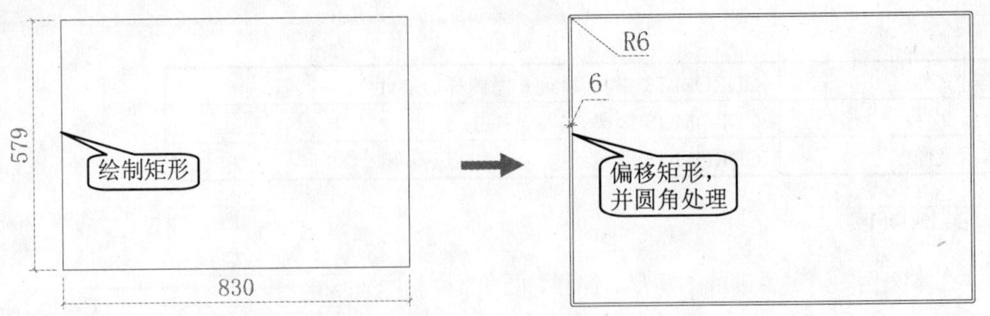

图 13-35　绘制与偏移矩形

步骤 3 绘制电视音箱轮廓

①将外侧的圆角矩形打散，使用“偏移”命令（O），将左侧的垂直线段分别向左偏移 15 和 75，再选择“修改>拉长”命令，将最左侧的线段上下两段各“增量（DE）”18，则该线段的总长度为 615。

②使用“直线”命令（L）进行两端的直线连接，再使用“圆角”命令（F），按照半径为 10 进行圆角处理，完成电视音箱轮廓的绘制，如图 13-36 所示。

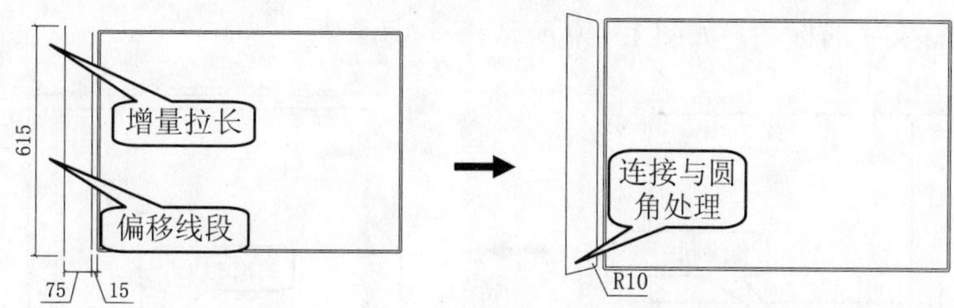

图 13-36　绘制电视音箱轮廓

步骤 4 拉长与镜像操作

①选择"修改>拉长"命令，将最左侧的线段上侧"增量（DE）"21，下侧增量（DE）"38，则该线段的总长度为 615。

②使用"镜像"命令（MI），将左侧的音箱轮廓对象垂直镜像，其镜像线为内侧矩形的上下两边的中点连线，如图 13-37 所示。

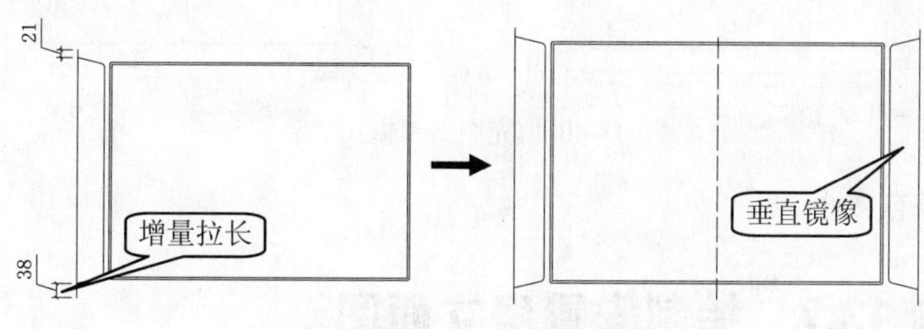

图 13-37　拉长与镜像操作

步骤 5 绘制直线和圆弧

①使用"直线"命令（L）对上下水平线段进行连接，再使用"圆角"命令（F）将四个角点按照半径为 10 进行圆角操作。

②使用"直线"命令（L）过连接直线的中点分别绘制长度为 20 和 67 的垂直线段，再将下侧的水平线段删除，然后使用"圆弧"命令（ARC），分别过水平线段和垂直线段的端点绘制两条圆弧，如图 13-38 所示。

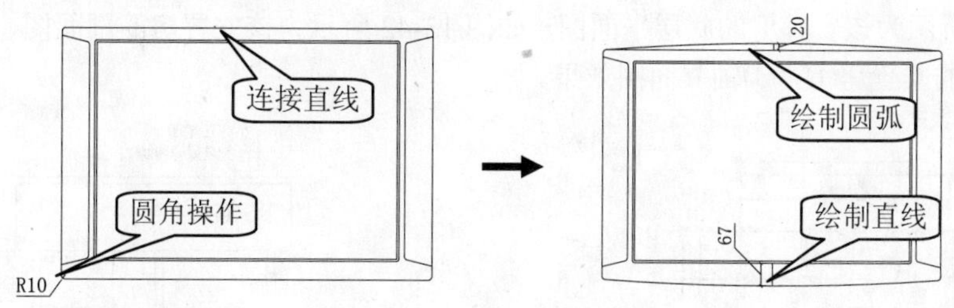

图 13-38　绘制直线和圆弧

步骤 6 绘制底座和开关

同样，使用偏移、圆角、修剪等命令，绘制电视机的底座，再使用圆、矩形命令绘制电视机的控制开关轮廓，如图 13-39 所示。

步骤 7 填充图案和输入文字

使用"图案填充"命令（BH），将左右两侧的音箱按照"ANSI 37"图案进行填充，比例为 5。将中间的电视屏按照"ANSI 34"图案进行填充，比例为 20。再使用"文字"工具在相应的位置进行文字的标注，如图 13-40 所示。

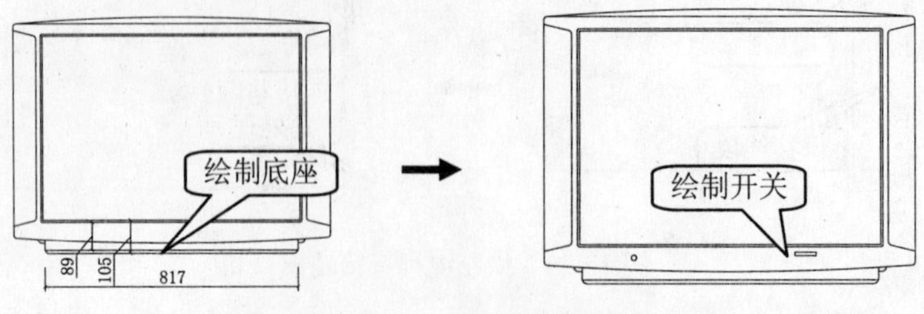

图 13-39　绘制底座和开关

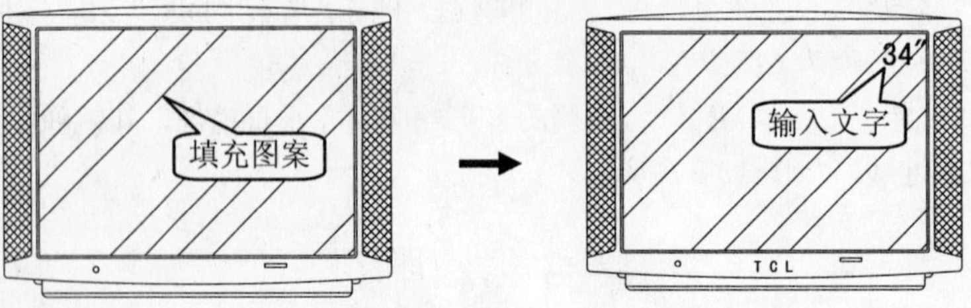

图 13-40 填充图案和输入文字

步骤 8 保存文件

实用案例 13.7　绘制安置房立面图

素材文件：	CDROM\12\素材\标高.dwg
效果文件：	CDROM\13\效果\安置房立面图.dwg
演示录像：	CDROM\13\演示录像\安置房立面图.exe

案例解读

此立面图是在前面第 10 章底层平面图和第 11 章剖面图的基础上，绘制①～④轴立面图。如图 13-41 所示为该安置房的底层平面图，如图 13-42 所示为该安置房的剖面图，如图 13-43 所示为绘制的安置房①～④轴立面图效果。

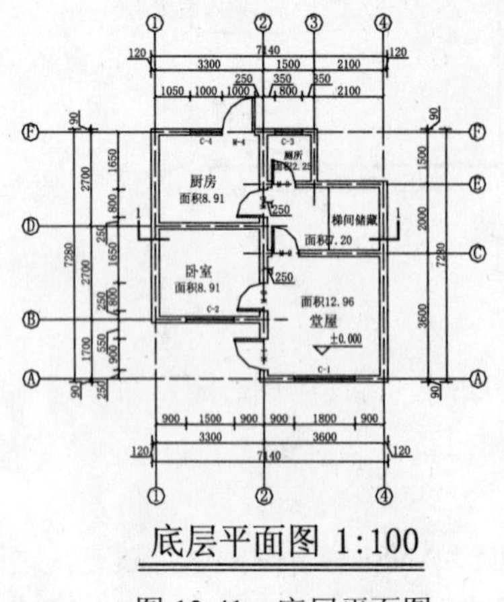

图 13-41　底层平面图

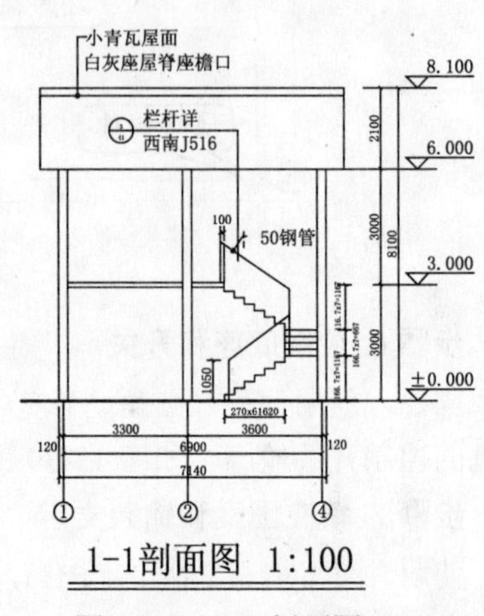

图 13-42　1-1 剖面图

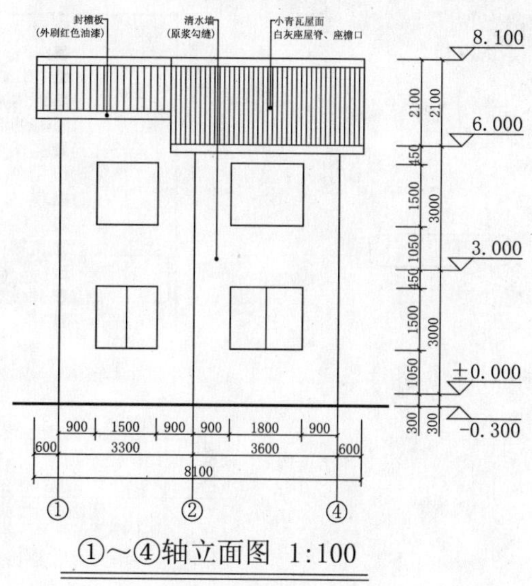

图 13-43 ①～④轴立面图效果

要点流程

- 首先启动 AutoCAD 2010 中文版，根据已有的“建筑样板.dwt”文件来创建一个新的“安置房立面图.dwg”图形文件，并打开“CDROM\12\效果\安置房剖面图.dwg”文件，将指定的轴线对象复制到新建的文件中；
- 使用多段线及直线功能绘制地坪线及外轮廓线；
- 根据要求绘制相应的立面窗 C-1 和 C-2，偏移轴线确定立面窗的位置，然后使用移动和复制命令将绘制的立面窗分别插入到指定的位置；
- 分别对立面图的内外尺寸进行标注，插入标高图块，分别复制到指定的位置，并对其标高的数据进行编辑。再使用多重引线功能进行立面图的文字标注，然后使用文字功能，对立面图进行图名的文字标注。

操作步骤

步骤 1 绘制定位轴线

①启动 AutoCAD 2010 软件，选择“文件>新建”命令，选择 “CDROM\12\素材\建筑样板.dwt”，然后单击“打开”按钮，再选择“文件>另存为”命令，将其另存为“安置房立面图.dwg”。

②同样，打开图形文件“CDROM\12\安置房剖面图.dwg”，用户即可在“窗口”菜单下看到有两个同时打开的图形文件，如图 13-44 所示。

③单击“图层”工具条的“图层控制”下拉列表，关闭除了“轴线”、“轴线文字”之外的所有图层，如图 13-45 所示。

④选择“编辑>复制”命令，选择视图中的所有图形对象，在“窗口”菜单下选择“安置房立面图.dwg”文件，将当前文件选择为“安置房立面图.dwg”，然后按键盘上的 Ctrl+V 组合键，如图 13-46 所示。

⑤使用“偏移”命令（O），将指定的轴线进行偏移，然后将“轴线文字”图层关闭，如图 13-47 所示。

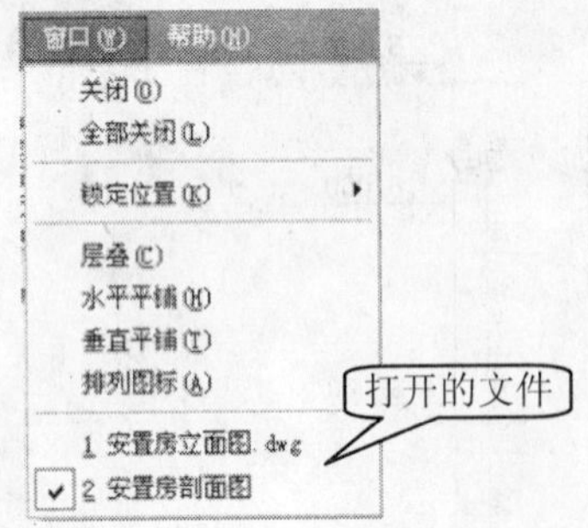

图 13-44　当前所打开的文件

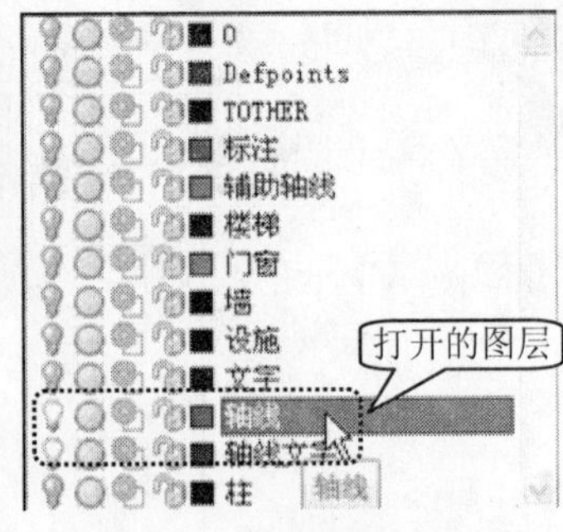

图 13- 45　关闭其他的图层

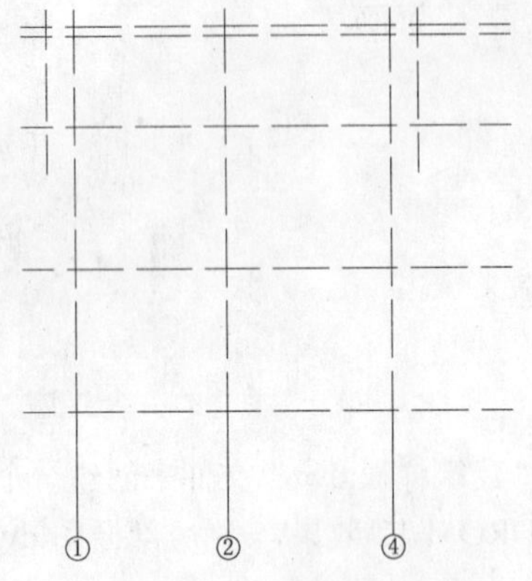

图 13-46　复制的对象

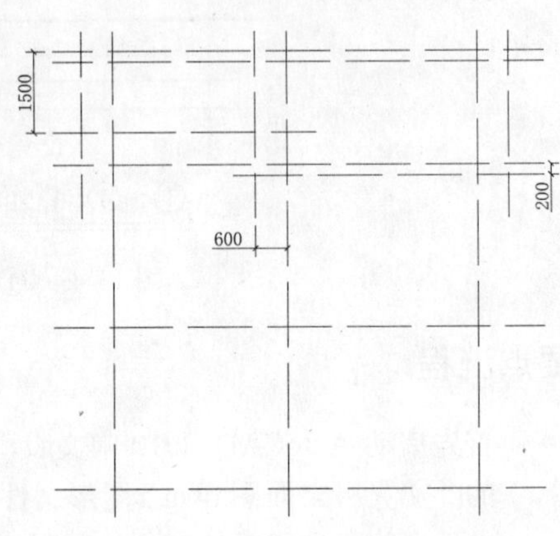

图 13-47　偏移的轴线

步骤 2 绘制地坪线及外轮廓

已经确定好建筑立面图的定位轴线，接下来开始绘制立面图的地坪线及外轮廓线。

①当“墙”图层置为当前图层，使用“多段线”命令（PL），以底侧的水平轴为基础绘制一条水平的多段线，多段线的宽度为 60，如图 13-48 所示。

②用“多段线”命令（PL），绘制立面图的外轮廓线，多段线的宽度为 30，如图 13-49 所示。

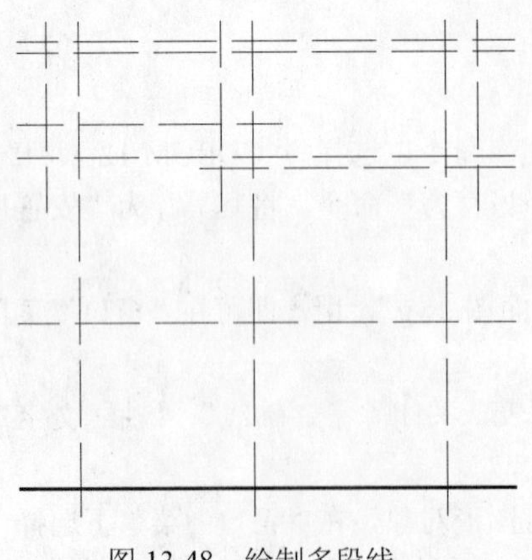

图 13-48　绘制多段线

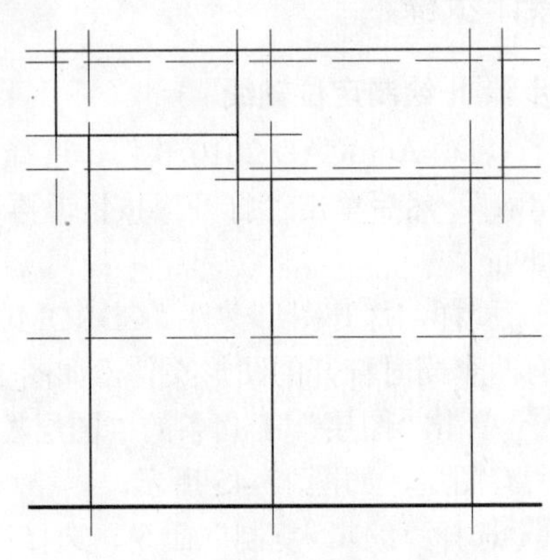

图 13-49　绘制外轮廓线

③使用“直线”命令（L），过相应辅助线交点绘制直线段，如图 13-50 所示。

④选择“绘图>建模>网格>直纹网格”命令，分别对左右两侧进行直纹网格操作，网格的数量分别为 20 和 40，如图 13-51 所示。

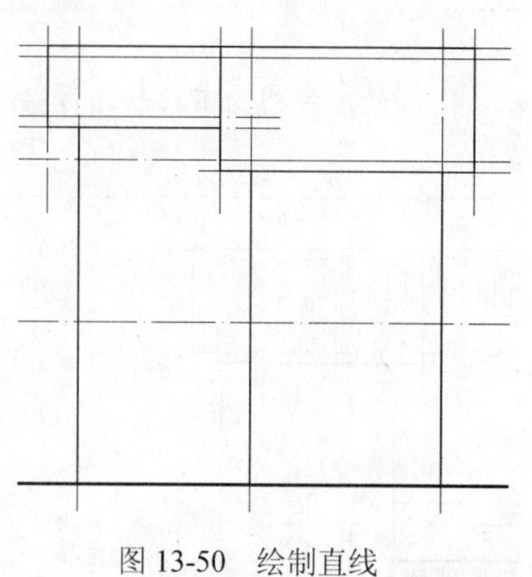

图 13-50　绘制直线

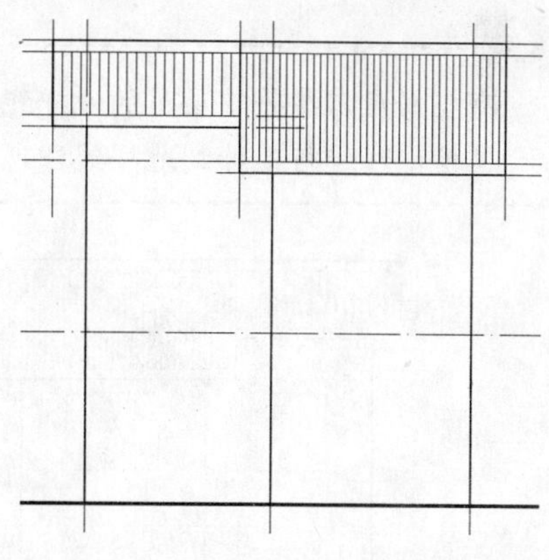

图 13-51　直纹网格

步骤 3 绘制并插入立面窗

根据该安置房平面图的分析，左右两侧分别为 C-1（1800×1500）和 C-2（1500×1500）的窗结构，每种类型的窗距楼顶板距离为 450。

①将“门窗”图层置为当前图层，使用“矩形”命令（REC）在视图的空白位置分别绘制 1800×1500 和 1500×1500 的两个矩形，然后将矩形转换为多段线，并且多段线的宽度为 30，再使用“直线”命令（L），分别过多段线上下两侧的中间绘制一条垂直线段，如图 13-52 所示。

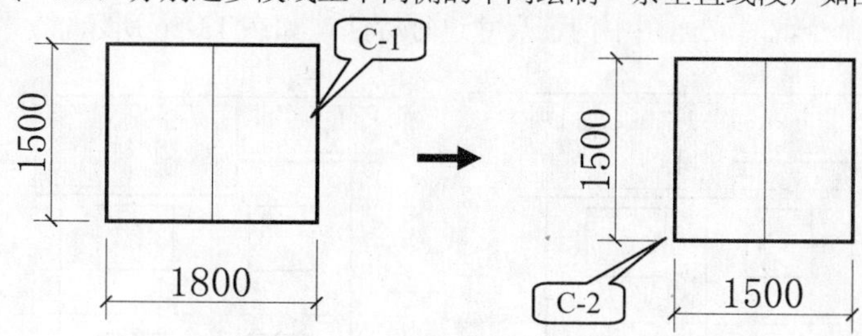

图 13-52　绘制立面窗 C-1 和 C-2

②使用“偏移”命令（O），分别将垂直轴线①和轴线②向右偏移 900，再分别将 3 米高和 6 米高的水平轴线向下偏移 450，如图 13-53 所示。

③使用移动与复制命令，将前面绘制的立面窗 C-1 和 C-2 分别插入到指定的轴线交点位置，如图 13-54 所示。

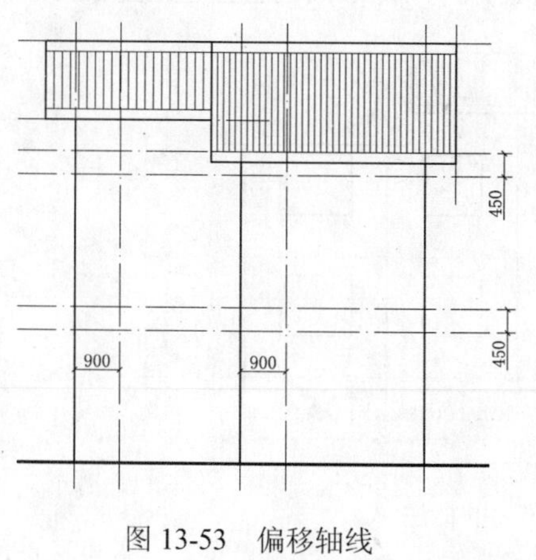

图 13-53　偏移轴线

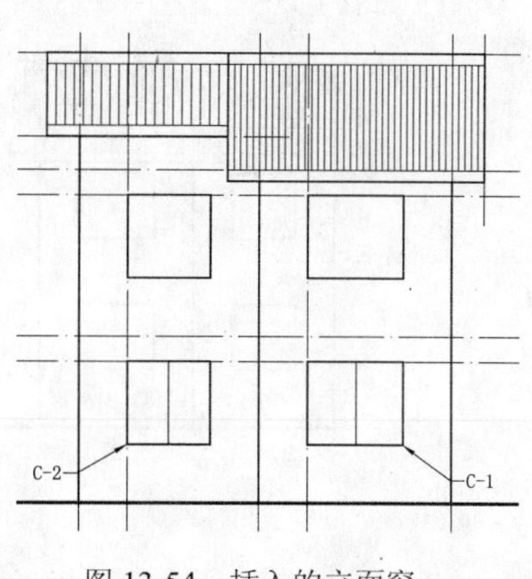

图 13-54　插入的立面窗

注意

有些房屋需要将首层屋的地坪线向下沉，则可以将绘制的地坪线向下移动，再将绘制的其他墙线进行延伸到地坪线即可，如图 13-55 所示。

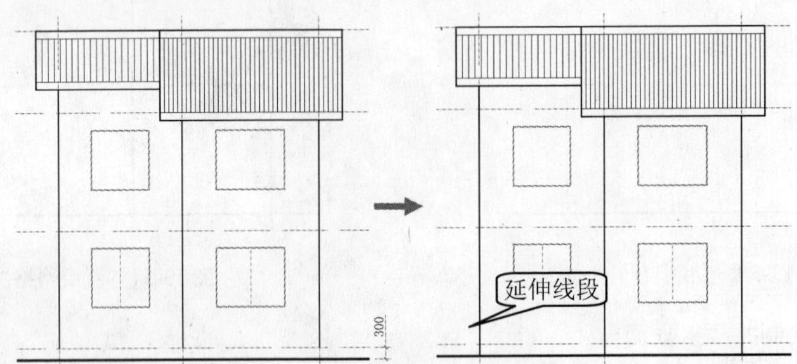

图 13-55　移动地坪线并延伸墙线

步骤 4　立面图的尺寸标注

在绘制完成立面图的轮廓效果后，接下来开始对立面图进行尺寸的标注。

(1) 将“标注”图层置于当前图层，选择“建筑平面标注”样式作为当前标注样式。使用“线性”标注命令，对立面图中门窗尺寸进行标注，如图 13-56 所示。

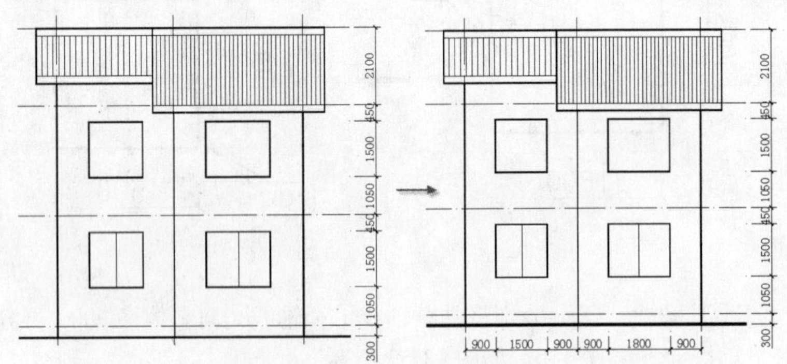

图 13-56　门窗尺寸定位的标注

(2) 同样，使用“线性”标注命令，整个立面图进行开间及层高的标注，如图 13-57 所示。

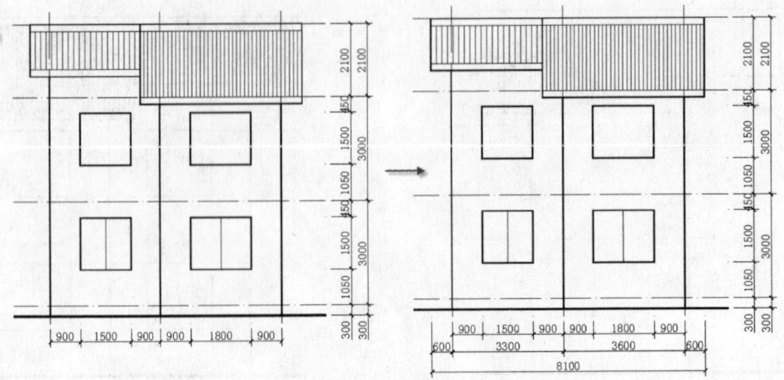

图 13- 57　开间及层高的标注

③使用“插入块”命令（I），将“CDROM\11\素材\标高.dwg”图块文件插入到当前图形的地坪线位置。使用“复制”命令（CO），将“标高”图块分别复制到指定的楼层位置，然后使用“文本”工具栏的“编辑”命令，将标高文字进行编辑修改，如图 13-58 所示。

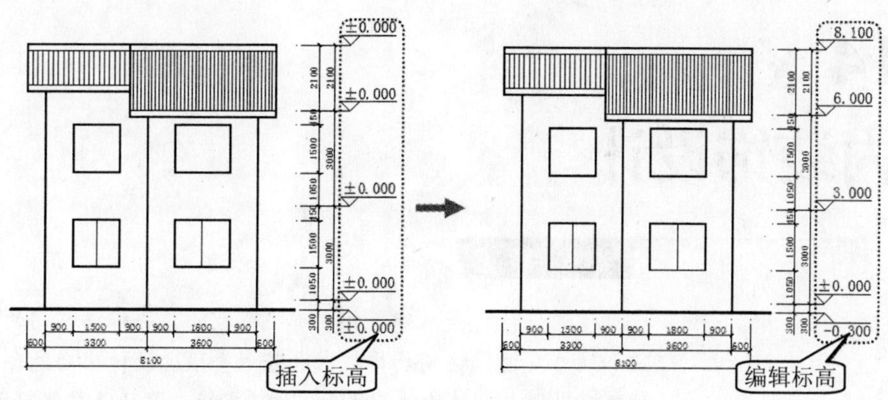

图 13-58　进行标高的标注

注意

此时用户可以将“轴线”图层关闭，以便更好观察效果。

步骤 5 立面图的文字及图名标注

在绘制完成的立面图中，用户应将相应的墙面、屋脊、封檐板等用料进行标注。

①将“文字”图层置为当前图层，修改多重引线的箭头样式为圆点，箭头大小为 100，文字样式设定为“图内说明”。

②在“多重引线”工具栏中单击“多重引线”按钮，按照如图 13-59 所示对进行文字的标注。

③将“轴线文字”图层打开，选择“图名文字”样式作为当前文字样式，使用多行文字命令在图形的下侧输入“①～④轴立面图　1:100”，并选择“1:100”文字对象，设置字号大小为 300，再使用多段线命令在图名的下侧绘制两条等条的线段，如图 13-60 所示。

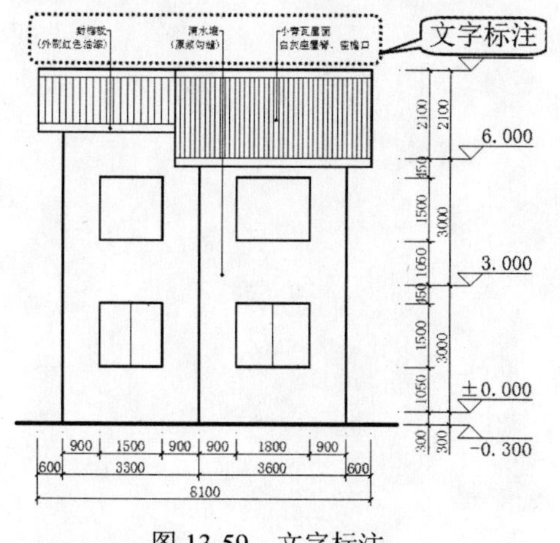

图 13-59　文字标注

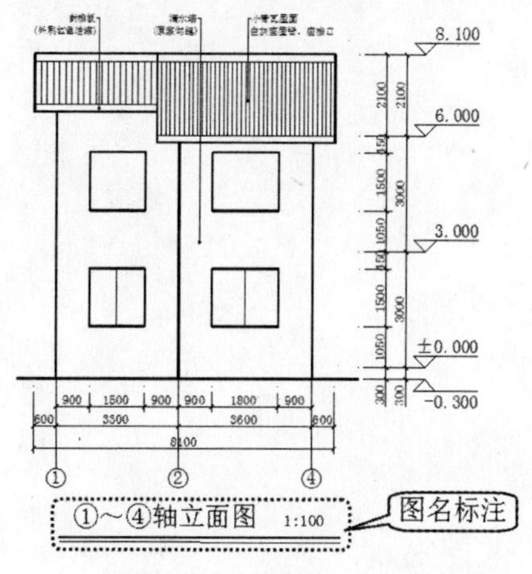

图 13-60　图名标注

步骤 6 保存文件

第 14 章 室内装饰设计

本章导读

室内设计就是从建筑物内部把握空间，并根据空间的使用性质和所处环境，运用物质技术及艺术手段，设计出功能合理、舒适美观，使人心情愉快，便于工作、生活、学习的内部空间环境。

作为一位职业室内设计师，要了解整个室内装饰工程的工作流程。设计时要应用到其他相关专业知识，既包含了视觉艺术、工程技术领域，还包括对建筑物理的要求，以及对社会、经济、文化、环境等综合因素的考虑。

本章主要学习以下内容：

- 掌握室内装饰设计平面布置图的基础及应用案例
- 掌握室内装饰设计顶棚布置图的基础及应用案例
- 掌握室内装饰设计立面图的基础及应用案例
- 掌握室内装饰设计剖面图、构造详图的概念及图示内容

实用案例 14.1　室内装饰设计基本原则

案例解读

建筑装饰施工图包括室外装饰和室内装饰，它是由效果图、装饰施工图和室内设备施工图组成，它是形象、材质、色彩、光影与氛围等艺术处理的重要依据。

要点流程

- 介绍室内装饰工程的工作流程；
- 介绍室内装饰施工图设计；
- 介绍室内装饰平面布置图；
- 介绍室内装饰顶棚平面图；
- 介绍室内装饰立面图；
- 介绍室内装饰剖面图；
- 介绍室内装饰构造详图。

操作步骤

步骤 1 室内装饰工程的工作流程

在进行室内装饰工程时，用户应掌握它的工作流程，如下所示。

接受装修业务→现场勘察测量→根据勘察结果设计初稿→根据客户意见修改设计方案→制作工程相关效果图→预算审核→制定报价单、报价→议价、签约→收取工程预付款→确定工程→项目经理布置各部门工程任务→施工所需要的工程详图→消防审核报审→按工程进度进行材料采购→工程队进场施工→按合同催收进度工程→工程竣工、验收→工程总结算→工程售后服务

步骤 2 室内装饰施工图设计

施工图设计是设计师对整个设计项目的最后决策，必须与其他各专业进行充分协调，综合解决各种技术问题，向材料商与承包商提供准确的信息，施工图设计文件比设计方案更为详细，室内设计师提供的文件一般包括：施工说明、门窗表、平面图、平顶图或仰视图、内立面展开图或剖视图、剖面图、节点详图和造价预算。

步骤 3 室内装饰平面布置图

- 装饰施工图分为基本图和详图两个部分，基本图包括装饰平面图、装饰立面图、装饰剖面图，而详图包括装饰构配件详图和装饰节点详图。
- 室内装饰平面图包括平面布置图和顶棚平面图，都是建筑装饰施工放样、制作安装、预算和备料，以及绘制室内有关设备施工图的重要依据。
- 平面布置图的内容尤其繁杂，它是以平行于地面的切面在距地面 1.5 米左右的位置，将房屋上部切去而形成的正投影图，如图 14-1 所示。

知识要点

在室内装饰平面布置图中，主要应该清楚地表达以下几项内容。

- 建筑结构与构造的平面形式和基本尺寸。
- 墙体、门窗、隔断、空间布局、室内家具、家电与陈设、室内环境绿化、人流交通路线、地面材料（也可单独绘制地面材料平面图）。
- 标注房间尺寸、室内家具、地面材料与陈设尺寸。相对复杂的公共建筑，应标注轴线编号。
- 标注房间名称及室内家具名称。
- 标注室内地面标高。
- 标注详图索引符号、图例、立面内视符号。
- 标注图名和比例。
- 标注材料及施工工艺的文字说明，如果需要还应提供统计表格。

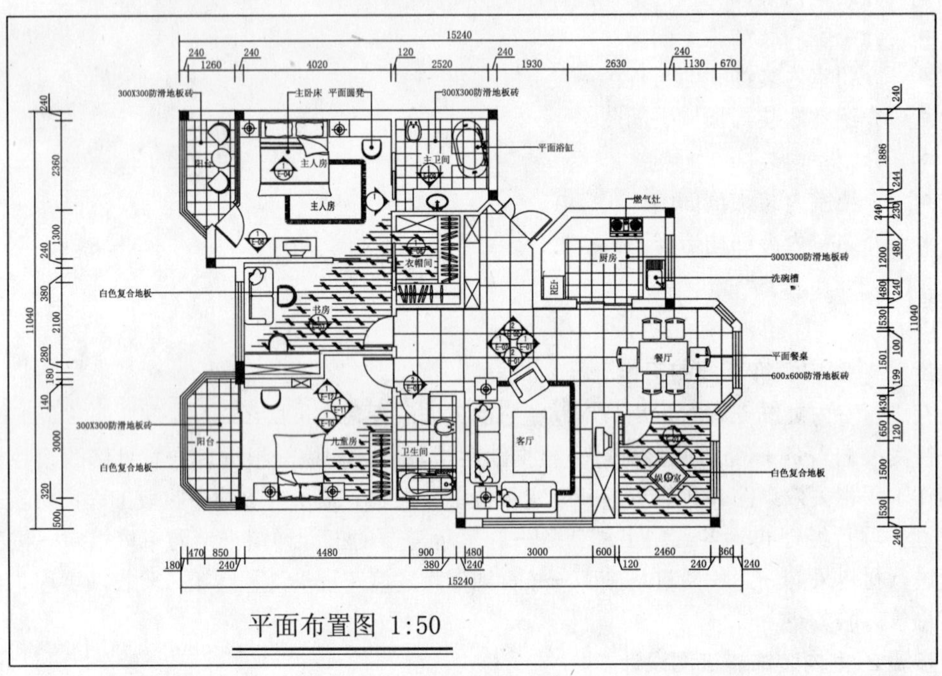

图 14-1 平面布置图

步骤 4 室内装饰顶棚平面图

顶棚平面图一般是用镜面视图或仰视图的图视法绘制。室内装饰设计顶棚平面图主要是表示室内空间顶面装饰装修的构造、形状、标高、尺寸、材料及设备的位置，如图 14-2 所示。

知识要点：

在室内装饰顶棚平面中，主要应该清楚地表达以下一些内容。

- 顶棚的造型、材料及施工做法说明。
- 顶棚各种灯具的布置位置与类型，标明灯具的排放间距及安装方式。
- 顶棚消防装置和通风装置布置情况。
- 标注顶棚的尺寸、细部造型尺寸。
- 标注顶棚的标高。
- 标注顶棚的详图索引符号、图名、比例等。
- 顶棚做法如需要用剖面图表达时，顶棚平面图中还应指明剖面图的剖切位置。

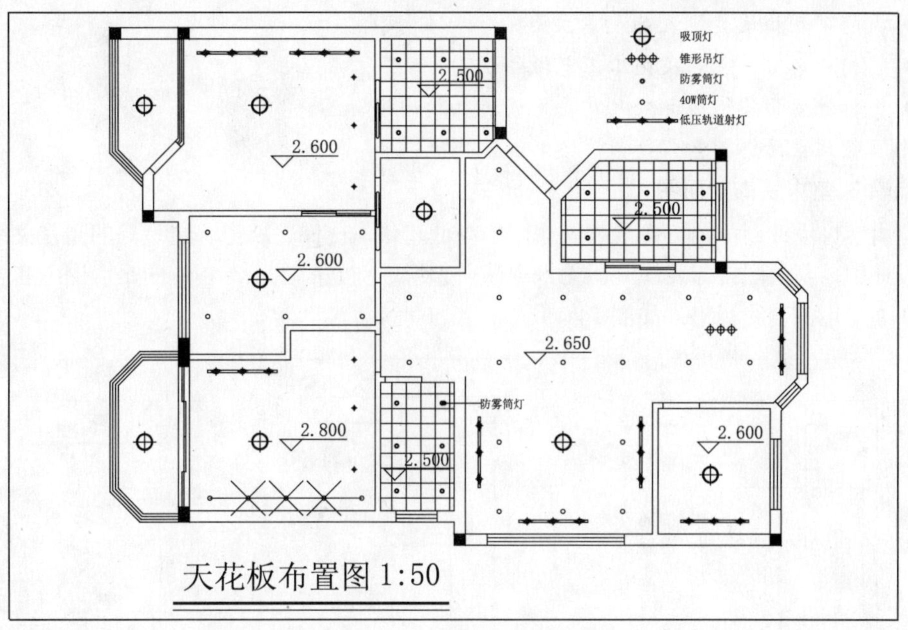

图 14-2　天花板布置图

步骤 5 室内装饰立面图

室内装饰设计立面图，是以平行于室内墙面的切面将前面部分切去后，剩下部分的正投影图，是表现室内墙面装修及位置的图样，如图 14-3 所示。

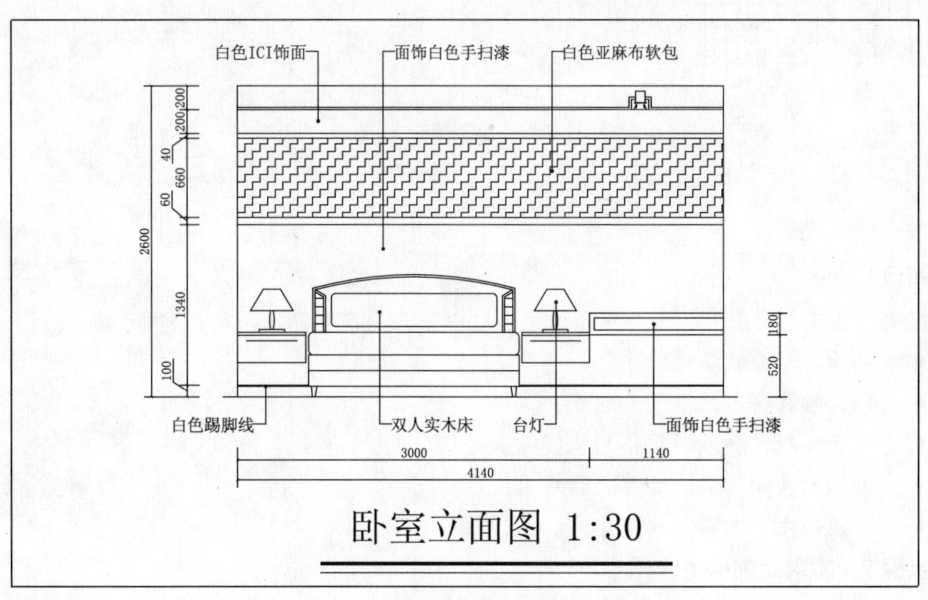

图 14-3　卧室立面图

知识要点：

在室内装饰立面图中，主要应该清楚地表达以下一些内容。

- 墙面造型、材质及家具、家电、陈设在立面上的正投影图。

◆ 门窗立面及其他装饰元素立面。

◆ 材料名称、色彩及施工工艺做法说明。

◆ 标注立面各组成部分尺寸、地面标高、顶棚标高。

◆ 标注立面详图索引符号、图名、比例等。

步骤 6 室内装饰剖面图

室内装饰设计剖面图，主要表现空间的高低起伏，楼梯、坡道、造型等的高差关系，在室内设计中，剖面图常与表现立面的剖视图一起形成剖立面图。在相应的平面图上应将剖切位置和编号用剖切线标出，如图 14-4 所示。

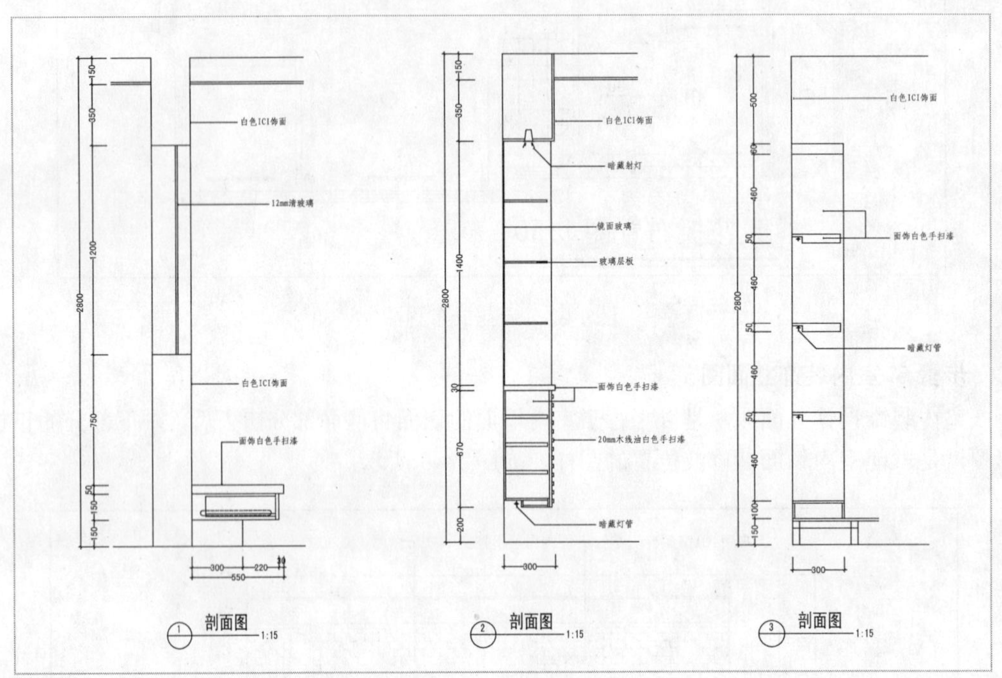

图 14-4　装饰剖面图

知识要点：

在室内装饰剖面图中，主要应该清楚表达以下几项内容。

◆ 墙面、柱面的装修做法。

◆ 门、窗及窗帘的位置和形式。

◆ 表示隔断、屏风、花格的装修做法。

◆ 表示出顶棚的做法和其上的灯具。

◆ 标注尺寸、图名、比例等。

步骤 7　室内装饰构造详图

因为平面图、立面图、剖面图受图幅、比例的制约，往往无法表示清楚装修细部、装饰构配件和一些装修剖面节点的详细构造，而根据施工需要，必须另外绘制比例比较大（如 1∶50，1∶5，1∶3，1∶2，1∶1）的图样才能表达清楚，为了放大个别设计内容和细部做法，多以剖面图的方式表达局部剖开后的情况，这就是构造详图。室内装饰设计构造详图是室内平面图、立面图、剖面图的补充，如图 14-5 所示。

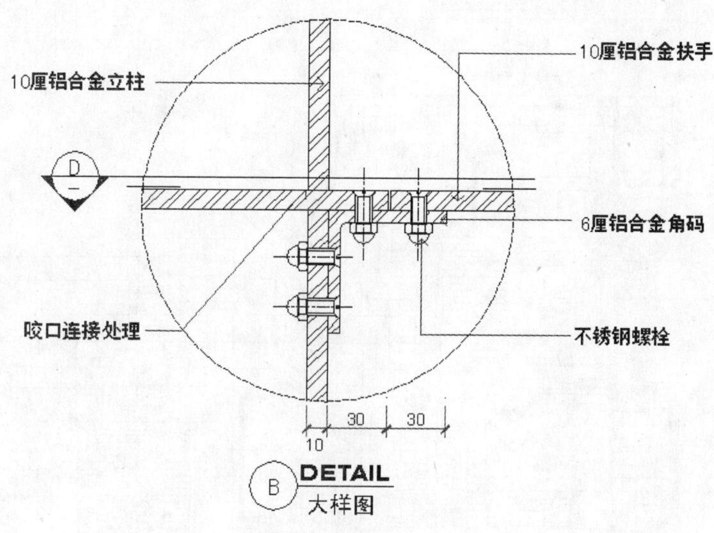

图 14-5　装饰构造详图

知识要点：

在室内装饰构造详图中，主要应该清楚表达以下几项内容。

- 以剖面图的绘制方法绘制出各种材料断面、构配件断面及其相互关系。
- 用细线表示出剖视方向上看到的部位轮廓及相互关系。
- 标出材料断面图例。
- 用指引线标出构造层次的材料名称及做法。
- 标出各部分尺寸。
- 标注详图编号和比例。

> **注意**
>
> 透视图是根据透视原理在平面上绘制出能够反映三维空间效果的图形，它接近人的空间感受。室内装饰设计透视图常用的绘制方法有一点透视、两点透视、鸟瞰图三种。透视图的绘制在本书中不进行详细讲解。

实用案例 14.2　平面布置图设计

素材文件：	CDROM\14\素材\原始平面图.dwg
效果文件：	CDROM\14\效果\平面布置图.dwg
演示录像：	CDROM\14\演示录像\平面布置图.exe

案例解读

在本案例中，通过提供的“原始平面图.dwg”文件来进行平面布置图的设计，包括文字命令、插入图块命令、直线命令、填充图案、多重引线和标注命令，使读者熟练掌握平面布置图的设计与方法，其绘制完成的效果如图 14-6 所示。

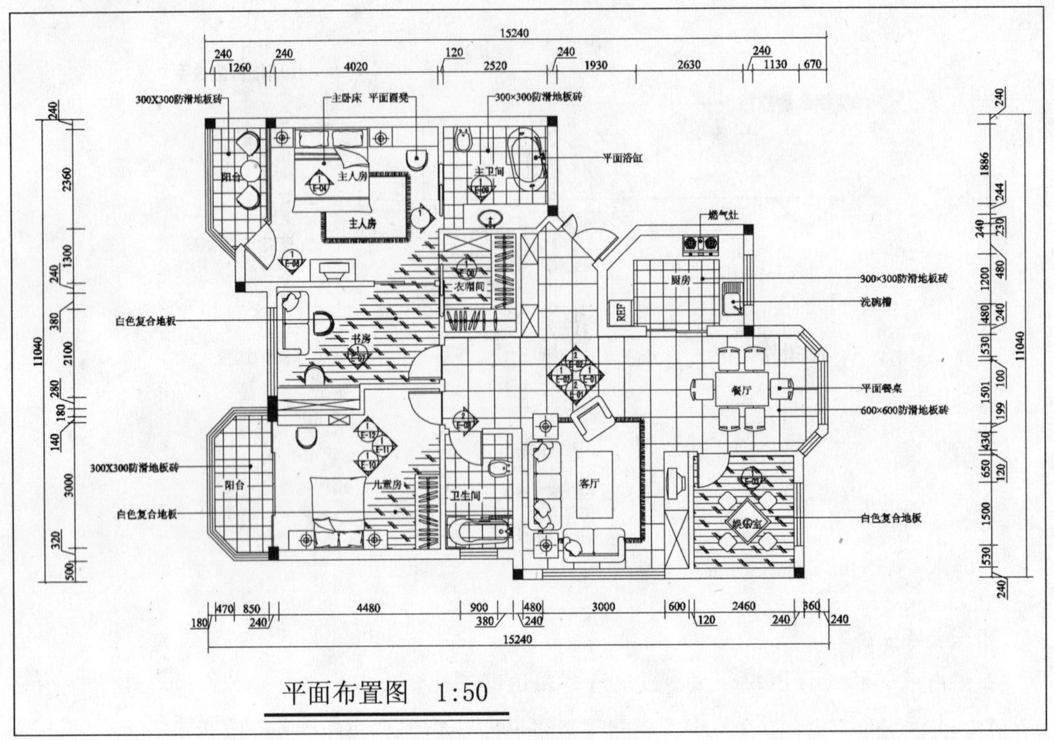

图 14-6 平面布置图效果

要点流程

- 首先打开事先准备好的“原始平面图.dwg”图形文件，再将其另存为用户所需的“平面布置图.dwg”。
- 使用文字命令在图形的指定位置进行房间功能的说明，再使用插入图块的命令，在每一个房间分别插入不同的图块进行布置，使用图案填充的方法，将不同的房间按照不同的图案和比例进行图案填充；
- 使用多重引线命令合建引线的样式，分别将各填充区域和部分布置的图块进行文字说明，再使用标注命令对布置图的纵横尺寸进行标注。

操作步骤

步骤 1 打开并另存图形文件

启动 AutoCAD 2010 中文版，打开附盘的“原始平面图.dwg”，如图 14-7 所示，再将其另存为“平面布置图.dwg”。

> **注意**
>
> 用户在进行室内装饰设计过程中，均应以建筑平面图为依据来绘制各种室内装饰设计图。在下面的各种应用案例过程中，以如图 14-7 所示的原始平面图为依据，绘制相应的平面布置图、顶棚平面图、灯具开关布置图、客厅 A 立面图等。

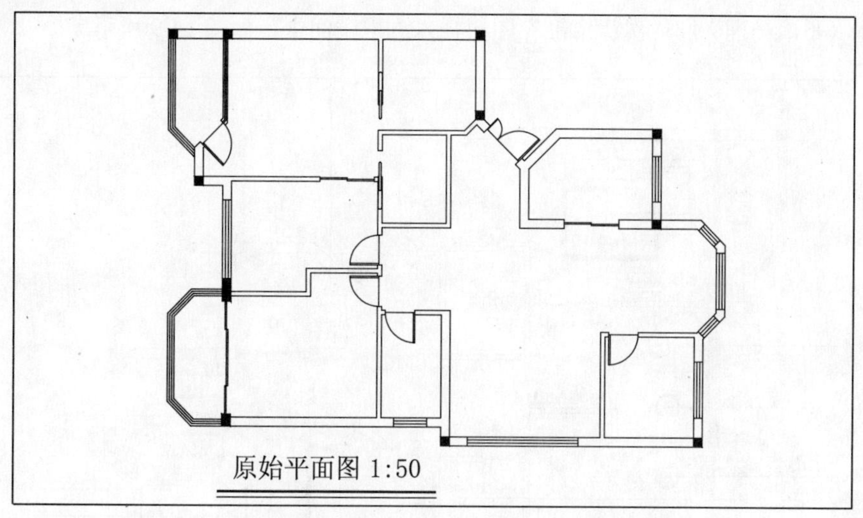

图 14-7　原始平面图

步骤 2 标注居室功能文字说明

将“文字”图层置为当前图层，选择“图内说明”文字样式，单击“工具”工具栏的“单行文字”按钮 AI，然后在图形的相应位置输入居室的用途说明。单击“工具”工具栏的“编辑”按钮 A，将图名更改为“平面布置图”，如图 14-8 所示。

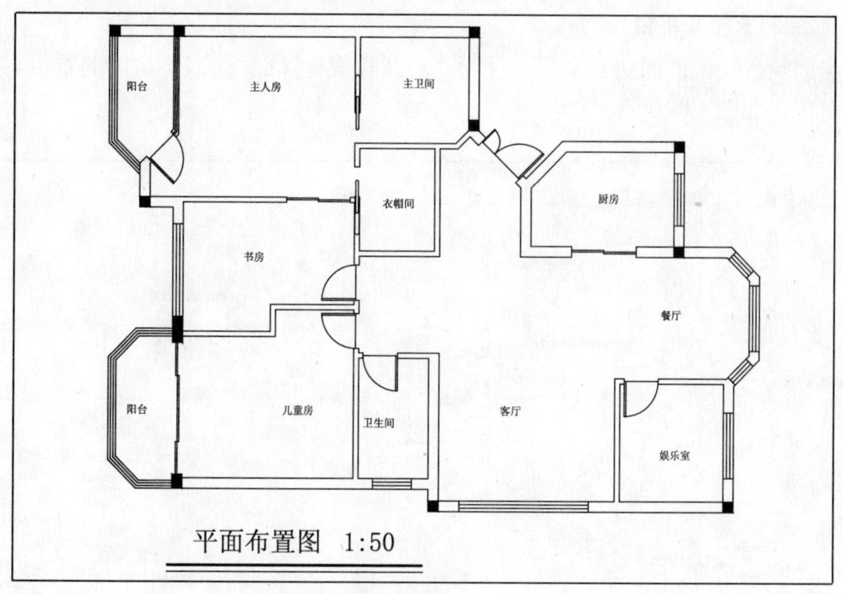

图 14-8　标注居室功能文字说明

步骤 3 插入图块

当“设施”图层置为当前图层，使用“插入块”命令（I），将“CDROM\14\素材\图块”文件夹中的“客厅沙发”和“平面电视”图块插入到客厅的相应位置；将“娱乐桌”图块插入到娱乐室中；将“燃气灶”、“平面冰箱”和“洗碗槽”图块插入到厨房中；将“平面浴缸”、“洗脸盆”和“平面马桶”图块插入到主卫间中；将“主卧床”和“平面电视”图块插入到主人房中；将“电脑桌”和“平面凳子”图块插入到书房中；将“平面凳子”图块插入到阳台中；将“平面马桶”和“洗澡浴缸”图块插入到卫生间中，如图 14-9 所示。

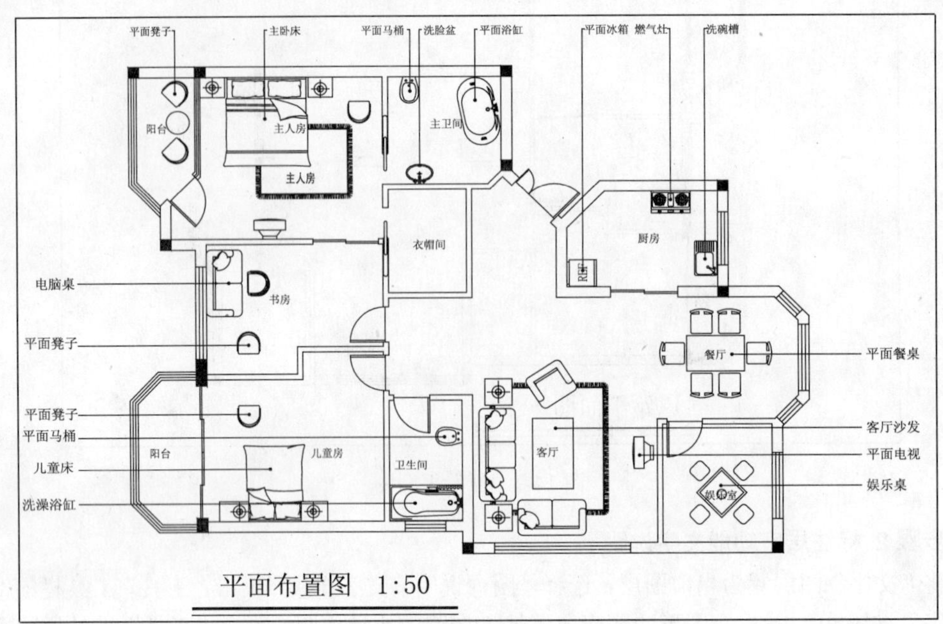

图 14-9 插入各房间的图块对象

步骤 4 绘制衣柜和平台

在各房间插入相应的图块对象后，使用“直线”命令（L）绘制各房间的衣柜、平面桌、平面台等对象，如图 14-10 所示。

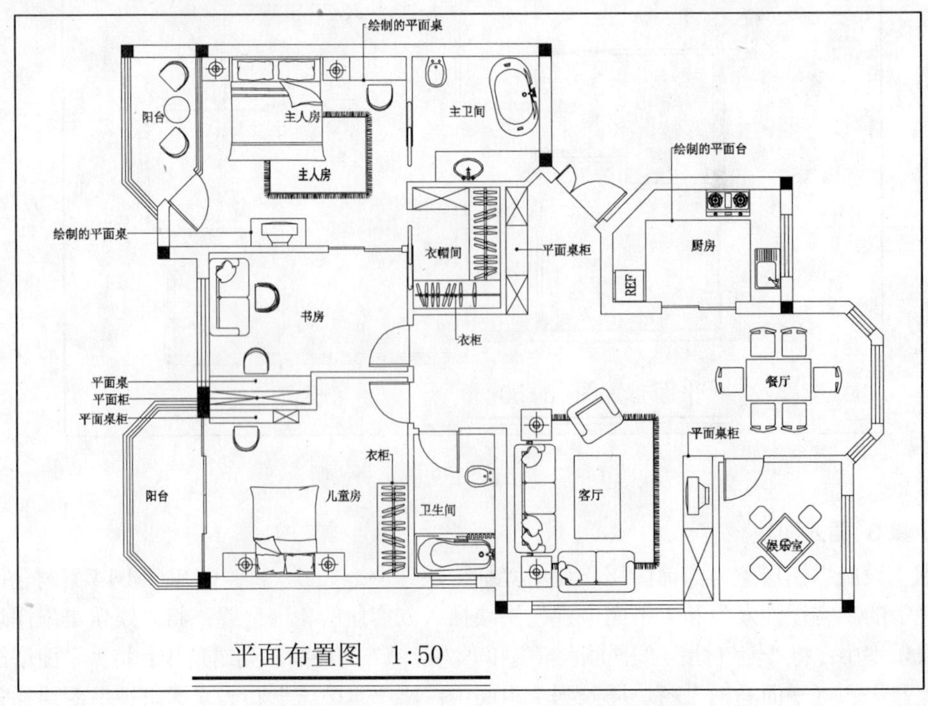

图 14-10 绘制的衣柜和平台

步骤 5 新建图层并图案案填充

①新建“图案填充”图层，颜色设置为灰色（颜色代号为 8），并置为当前图层，如图 14-11 所示。

✓ 图案填充　　■ 8　Continuous

图 14-11　新建的图层

②填充图案。单击“图案填充”按钮，选择两个阳台、主卫间、卫生间、厨房区域作为填充的区域，填充图案类型为“NET”图案，填充比例为 100，填充后的效果如图 14-12 所示。

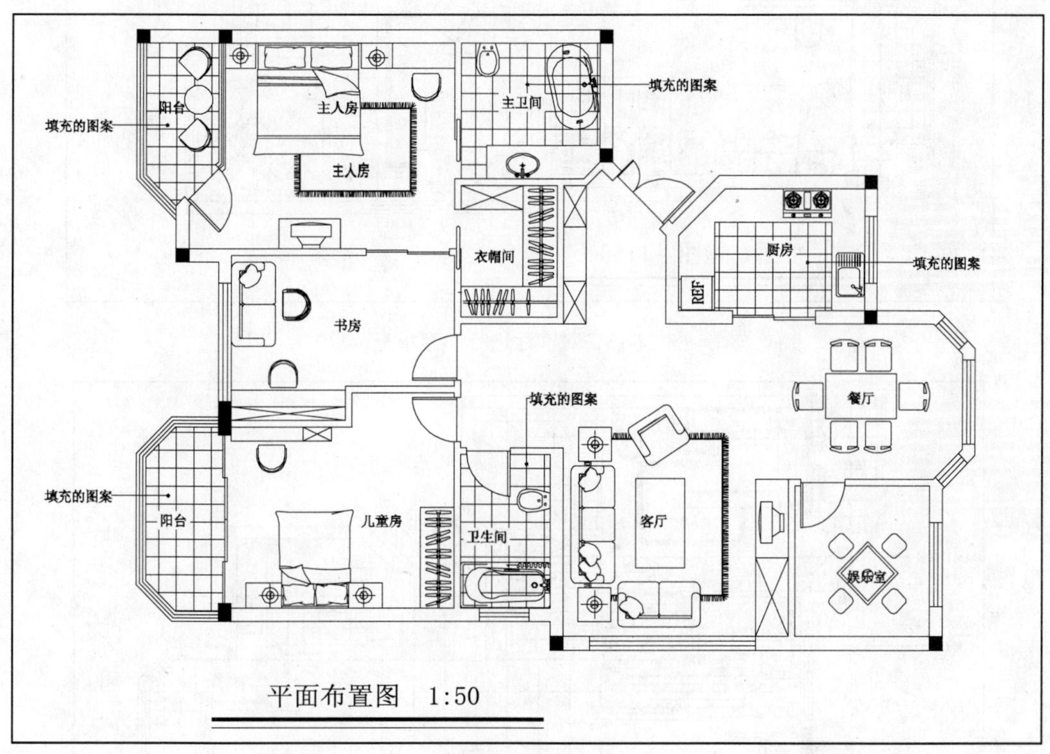

图 14-12　填充图案

③同样，选择客厅区域作为填充的区域，填充图案类型为“NET”图案，填充比例为 200，填充后的效果如图 14-13 所示。

④单击“图案填充”按钮，选择主人房、衣帽间、书房、儿童房、娱乐室区域作为填充的区域，填充图案类型为“CORK”图案，填充比例为 50，填充后的效果如图 14-14 所示。

注意

用户在对各房间进行图案填充时，可以只填充其中一角，以免填充后的图案效果影响其他的文字说明内容等。

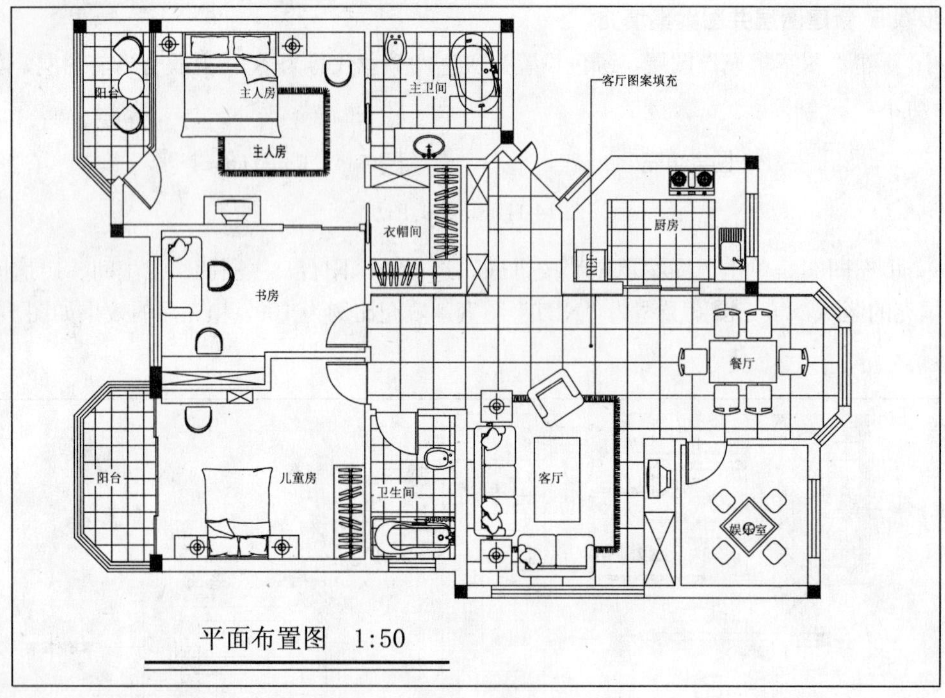

图 14-13 对客厅进行图案填充

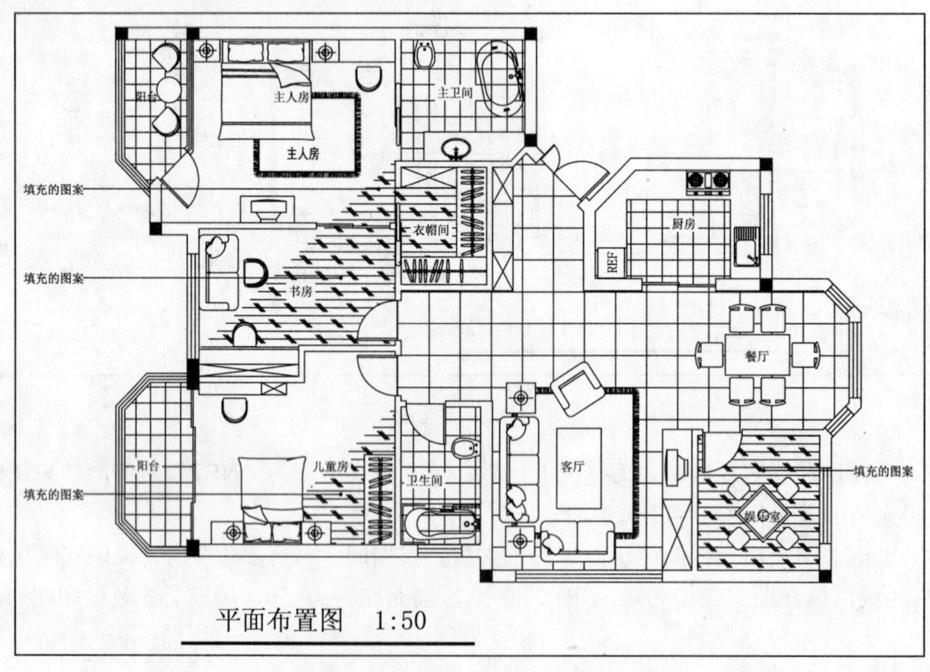

图 14-14 对各个房间进行图案填充

步骤 6 插入索引号图块

将“文字”图层置为当前图层，使用“插入块”命令（I），将文件“CDROM\14\素材\图块\索引号.dwg”插入到当前文件的空白位置，并将其打散。然后使用移动、复制、修改、组合、旋转等命令对布置图进行索引号的标注，如图 14-15 所示。

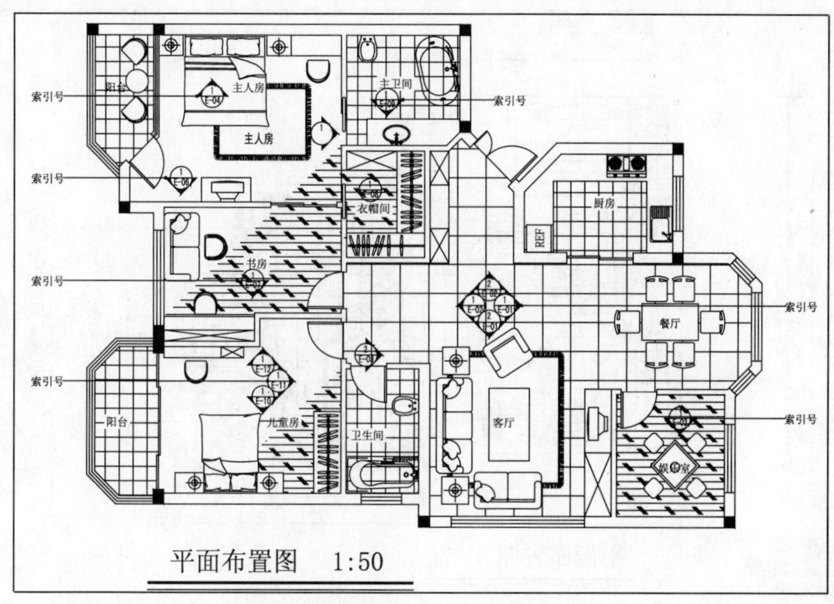

图 14-15　布置图索引号的标注

步骤 7　多重引线样式设置并绘制多重引线

①打开“多重引线”工具栏，新建“文字标注”多重引线样式。设置箭头符号为点，箭头大小为 80，引线类型为“多行文字”，文字样式为“图内说明”，然后将“文字标注”多重引线样式置为当前。

②单击“多重引线”按钮，分别对指定的对象进行文字说明标注，如图 14-16 所示。

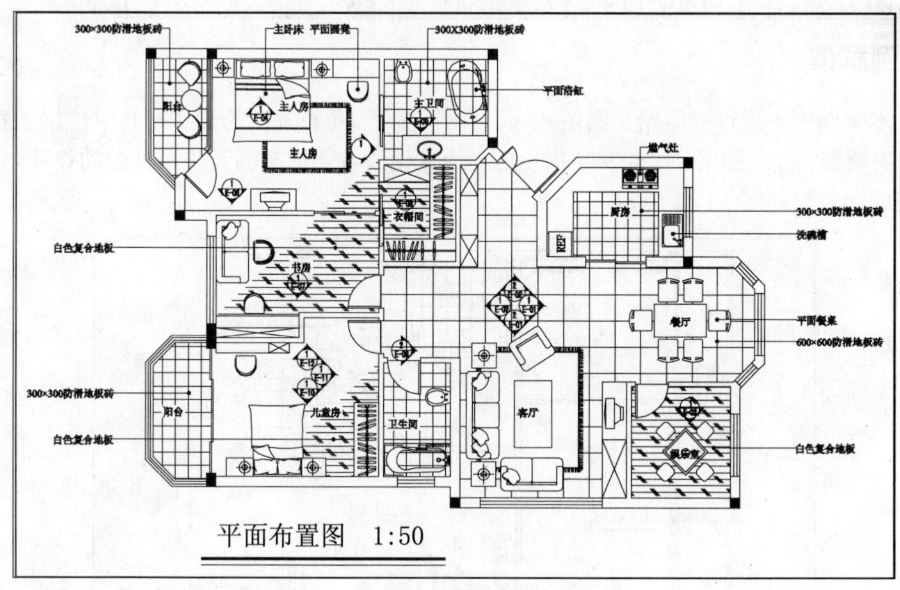

图 14-16　文字说明标注

步骤 8　尺寸标注

将“标注”图层置为当前图层，分别对各房间的尺寸大小进行标注，如图 14-17 所示。

步骤 9　保存文件

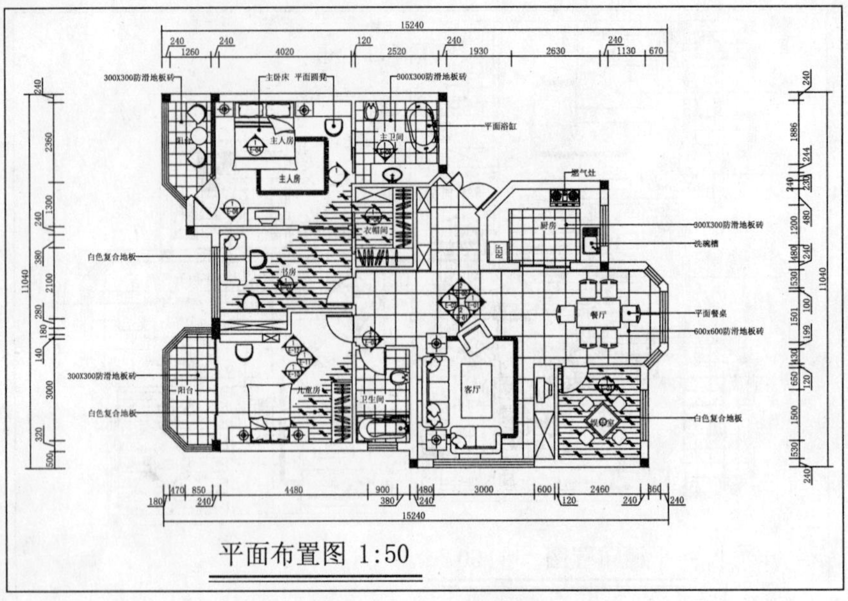

图 14-17 进行尺寸标注

实用案例 14.3 天花布置图设计

素材文件：	CDROM\14\素材\原始平面图.dwg
效果文件：	CDROM\14\效果\天花布置图.dwg
演示录像：	CDROM\14\演示录像\天花布置图.exe

案例解读

在本案例中，通过“原始平面图.dwg”文件进行天花布置图的设计，其中使用了直线命令、图案填充、插入图案、修改文字标注等命令，使读者熟练掌握天花布置图的设计与方法，绘制完成的效果如图 14-18 所示。

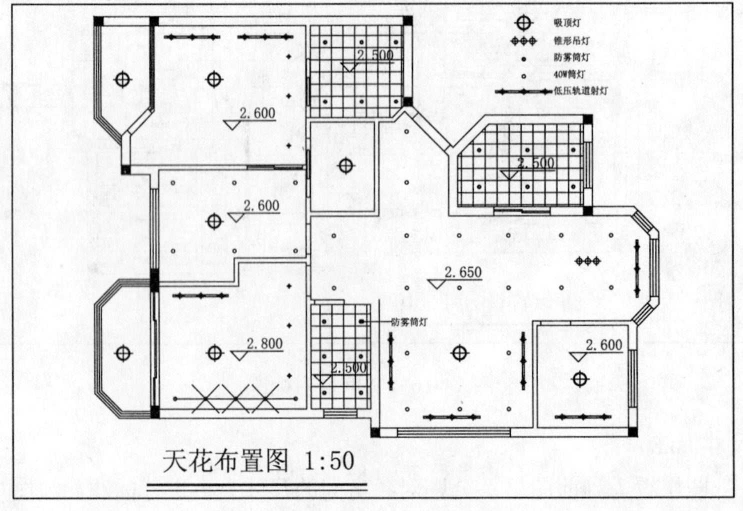

图 14-18 天花布置图效果

要点流程

- 首先打开事先准备好的“原始平面图.dwg”图形文件，再将其另存为用户所需的“天花布置图.dwg”。
- 首先将门块对象删除，再使用直线命令将门轮廓连接起来。使用图案填充命令，将卫生间、主卫生间及厨房进行图案填充，形成吊顶布置效果；
- 使用插入块命令，分别将不同的灯具图块插入到指定的房间位置，再在不同的房间插入标注图块，并输入不同的标高值，然后标注出灯具的图示内容。

操作步骤

步骤 1 打开并另存图形文件

启动 AutoCAD 2010 中文版，打开附盘的“原始平面图.dwg”图形文件，再将其另存为“天花布置图.dwg”。

步骤 2 删除门块对象并连接其门轮廓

使用“删除”命令，将图形中的所有门图块删除。选择“0”图层，使用直线命令，设置直线颜色为灰色（颜色代号为 8），对其进行直线连接，如图 14-19 所示。

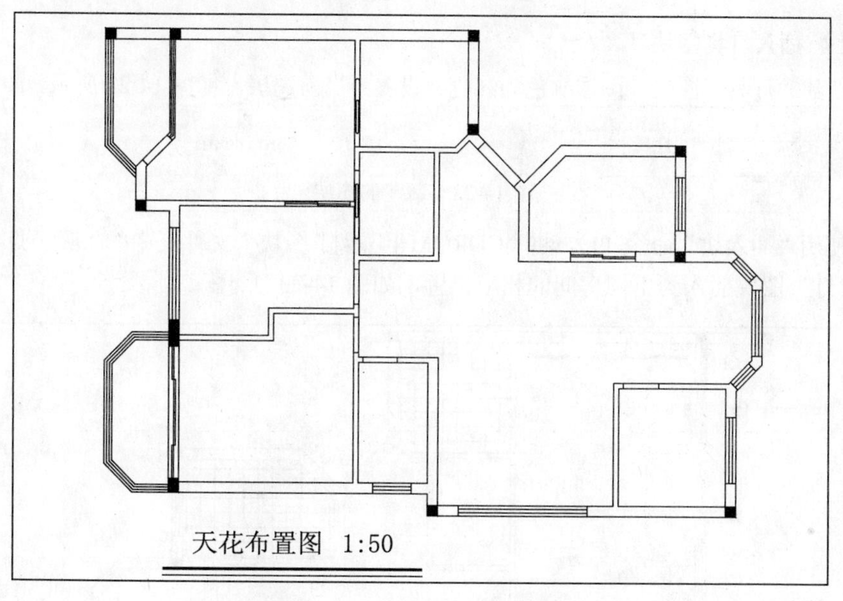

图 14-19　天花布置图效果

步骤 3 图案填充

①新建“图案填充”图层，设置其颜色为灰色（颜色代号为 8），并设置为当前图层，如图 14-20 所示。

图 14-20　新建的图层

②填充图案。单击“图案填充”按钮，选择卫生间、主卫生间、厨房区域作为填充

的区域，填充图案类型为“NET”图案，填充比例为 100，填充后的效果如图 14-21 所示。

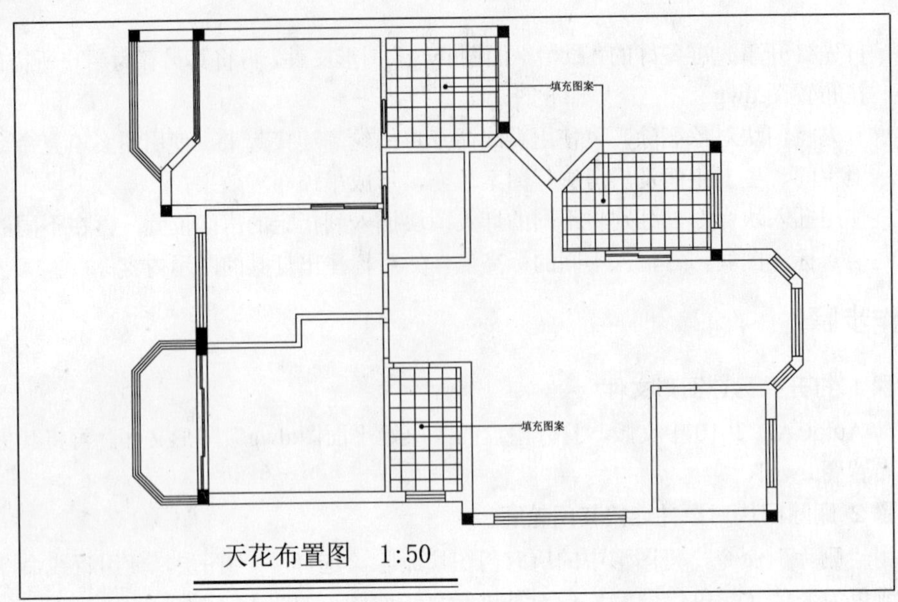

图 14-21 填充的图案

步骤 4 插入灯具图块

①新建“灯具”图层，图层颜色为红色并设置为当前图层，如图 14-22 所示。

图 14-22 新建的图层

②使用“插入块”命令（I），将“CDROM\14\素材\图块”文件夹中的“吸顶灯”和“低压轨道射灯”图块插入到不同房间的相应位置，如图 14-23 所示。

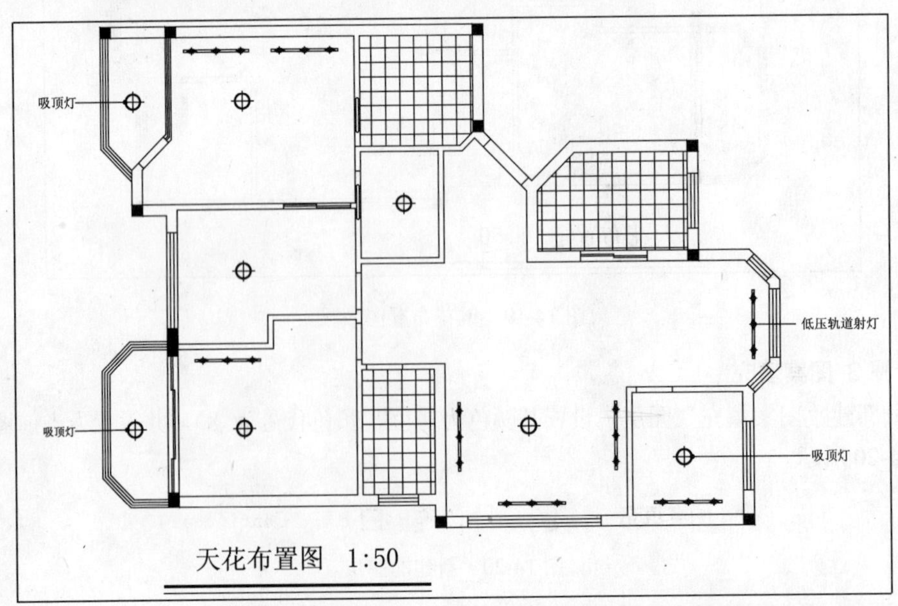

图 14-23 插入的灯具图块

③使用“直线”命令（L），绘制相应的辅助线段，线段颜色为灰色，确定 40W 筒灯的位置。再使用“插入块”命令（I），将“CDROM\14\素材\图块”文件夹中的“40W 筒灯”图块插入绘制轴线的交点位置，如图 14-24 所示。

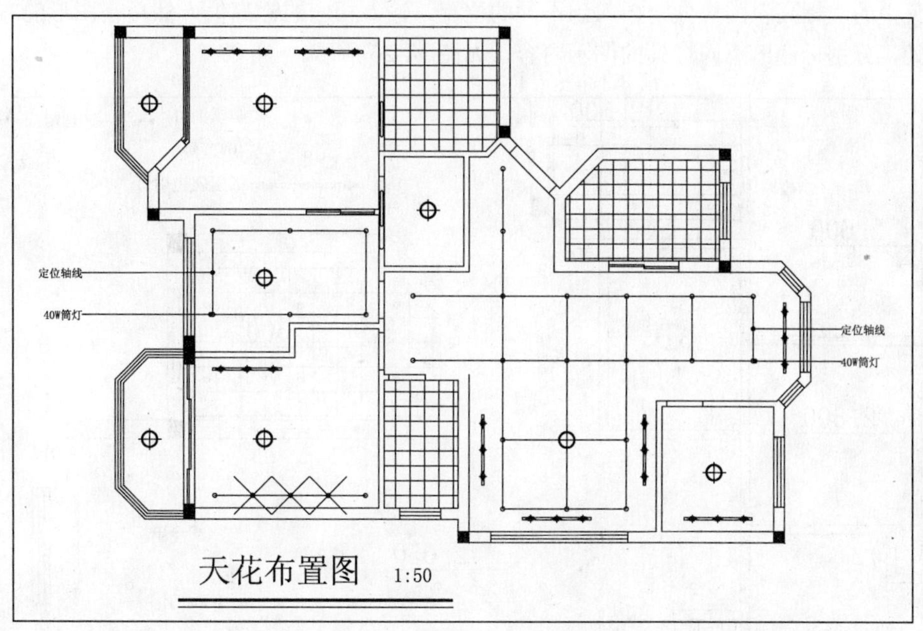

图 14-24　插入的 40W 筒灯

④将绘制的辅助轴线删除，在卫生间、主卫生间、厨房空间中各插入“防雾筒灯”图块，在主人房和儿童房空间中各插入“射灯”图块，如图 14-25 所示。

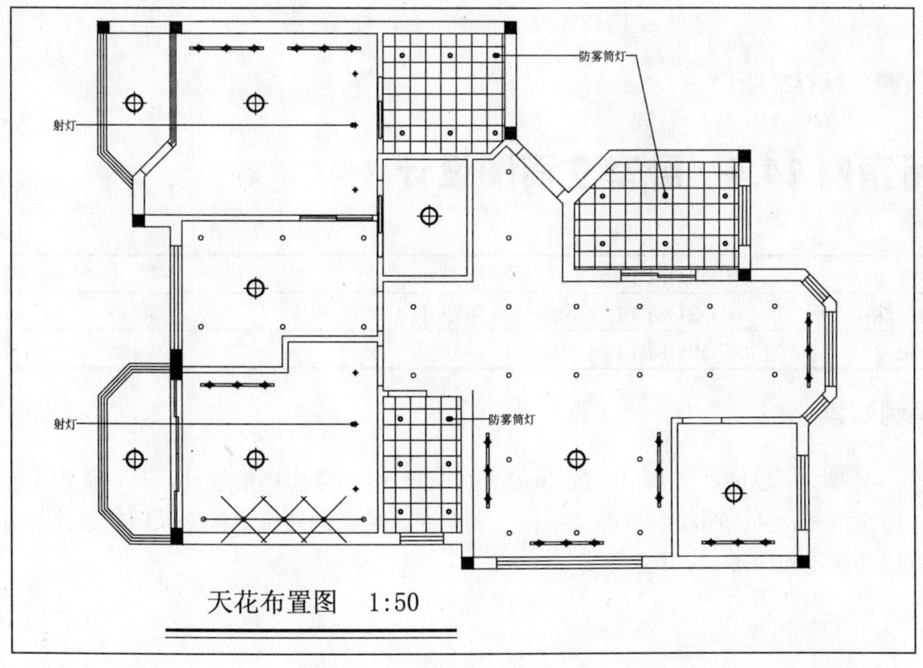

图 14-25　插入的防雾筒灯和射灯

步骤 5 插入标高图块

将“文字”图层置为当前图层，使用“插入块”命令（I），将“CDROM\14\素材\图块”文件夹中的“标高”图块分别插入到不同的位置，输入相应的标高值。然后在图形的右上角位置处，分别标注出不同灯具的图示内容，如图 14-26 所示。

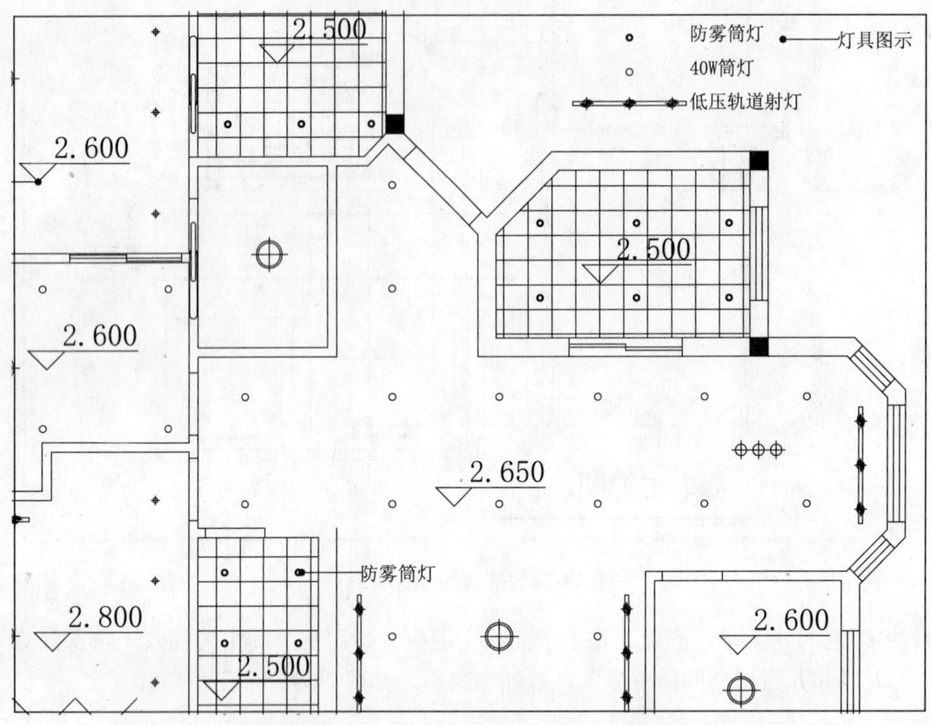

图 14-26　插入标高及标注灯具图示

步骤 6 保存文件

实用案例 14.4　卧室立面图设计

素材文件:	CDROM\14\素材\原始平面图.dwg
效果文件:	CDROM\14\效果\卧室立面图.dwg
演示录像:	CDROM\14\演示录像\卧室立面图.exe

案例解读

在本案例中，通过“原始平面图.dwg”文件进行卧室立面图的设计，其中使用了直线、偏移、图案填充、插入图块、修改文字标注等命令，使读者熟练掌握立面图的设计与方法，绘制完成的效果如图 14-27 所示。

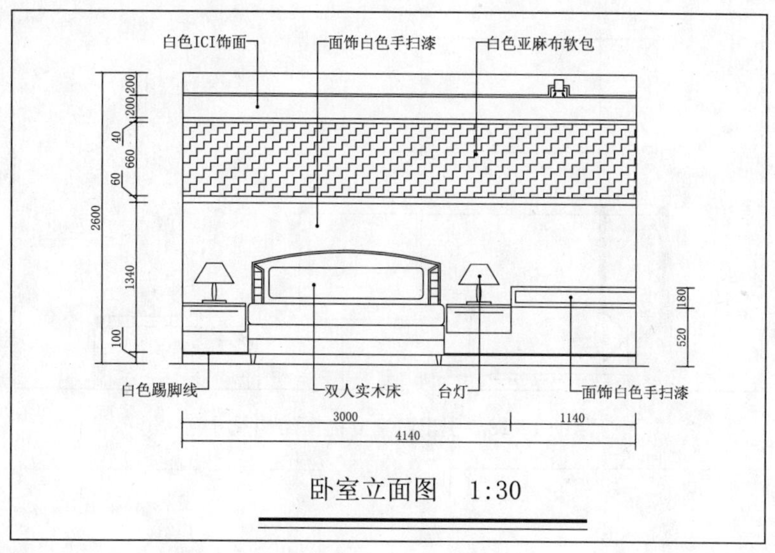

图 14-27　卧室立面图效果

要点流程

- 首先打开事先准备好的“原始平面图.dwg”图形文件，再另存为用户所需的“卧室立面图.dwg”；
- 从主人房左右两侧的边缘线引出两条垂直的线段，再绘制一条水平的线段，并偏移出立面图的高度，形成该卧室立面图的轮廓尺寸；
- 分别偏移水平线段，形成脚踢线和顶板轮廓线，插入相应的立面图块对象。然后对指定的墙面区域进行图案填充，并进行文字及尺寸的标注。

操作步骤

步骤 1 打开并另存图形文件

启动 AutoCAD 2010 中文版，打开附盘的“原始平面图.dwg”图形文件，再将其另存为“CDROM\14\卧室立面图.dwg”。

步骤 2 引出卧室立面图结构尺寸

将“0”图层设置为当前图层，使用“直线”命令（L），分别为主人房的左右上角点绘两条向上的直线，再绘制一条长于主人房开间的水平直线，然后使用“偏移”命令（O），将该水平直线向上偏移 2600，如图 14-28 所示。

步骤 3 形成卧室立面图的外轮廓

使用删除命令，将下侧原有的图形删除。使用“修剪”命令（TR），修剪卧室立面图的结构，形成卧室立面图的外轮廓，如图 14-29 所示。

步骤 4 插入立面双人床

使用“插入块”命令（I），将“CDROM\14\素材\图块\立面双人床”图块插入到当前图形的左下角位置，如图 14-30 所示。

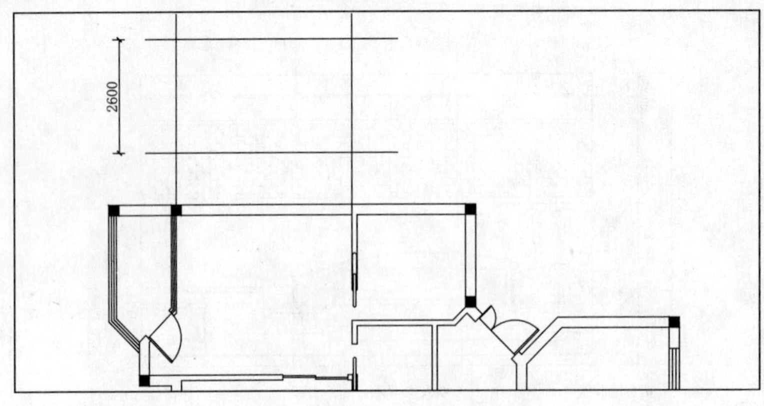

图 14-28　引出卧室立面图结构尺寸

图 14-29　立面图外轮廓

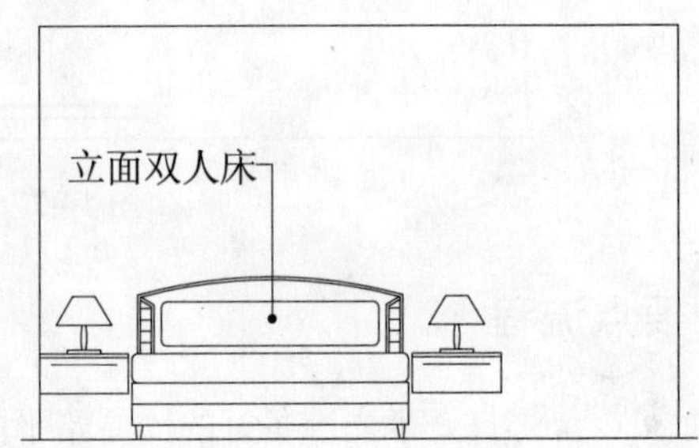

图 14-30　插入的图块

步骤 5 完成立面柜的绘制

①使用“偏移”命令（O），将下侧的水平线段分别向上偏移 90 和 10，形成脚踢线。将最下侧的线段向上偏移 1500，再将偏移得到的水平线段向下偏移 60，如图 14-31 所示。

②同样使用“偏移”命令（O），将左侧的垂直段向右偏移 3000（因为双人立面床的宽度是 3000），将下侧的水平线段向上偏移 700，绘制相应的线段，形成立面柜，如图 14-32 所示。

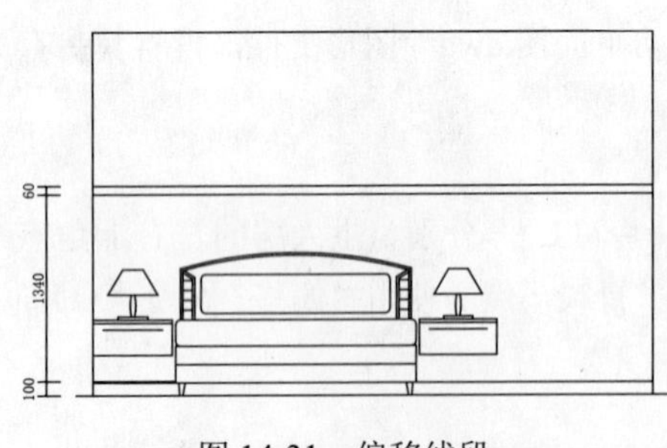

图 14-31　偏移线段

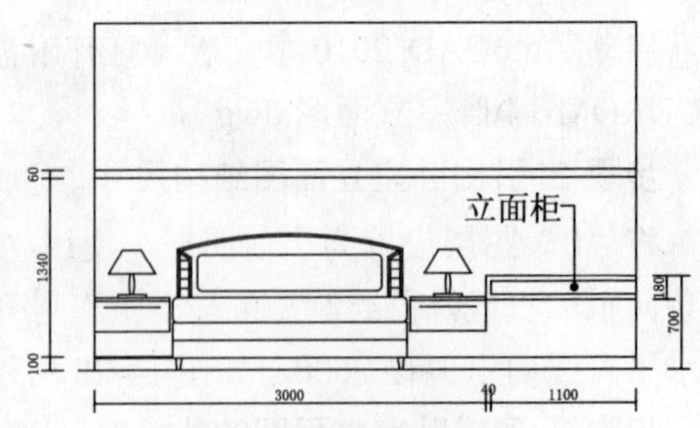

图 14-32　绘制的立面柜

步骤 6 绘制顶部轮廓并进行图案填充

①同样，将上侧的水平线段分别向下偏移 200、200，形成顶部立面轮廓，再在适当的位置插入“CDROM\14\立面射灯”图块，如图 14-33 所示。

②单击“图案填充”按钮，对指定的区域进行图案填充，填充的图案为“ZIGZAG”，比例为 20，如图 14-34 所示。

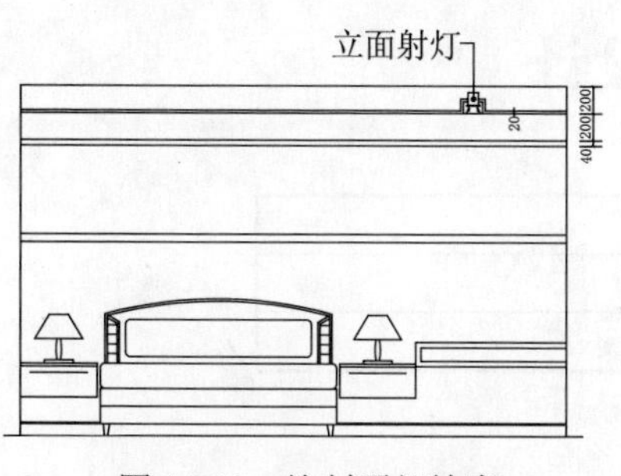

图 14-33　绘制顶部轮廓

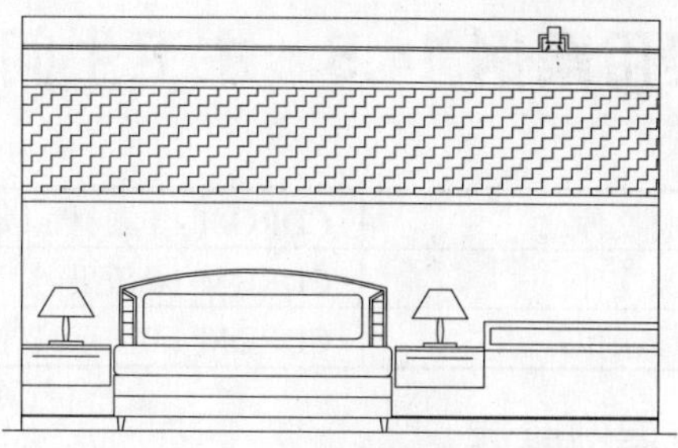

图 14-34　填充的图案

步骤 7 多重引线文字标注并进行尺寸标注

①参照前面的方法，对立面图进行多重引线的文字说明标注，修改“图内说明”文字样式的文字大小为 75，如图 14-35 所示。

②使用尺寸标注命令，对立面图进行相应的尺寸标注，如图 14-36 所示。

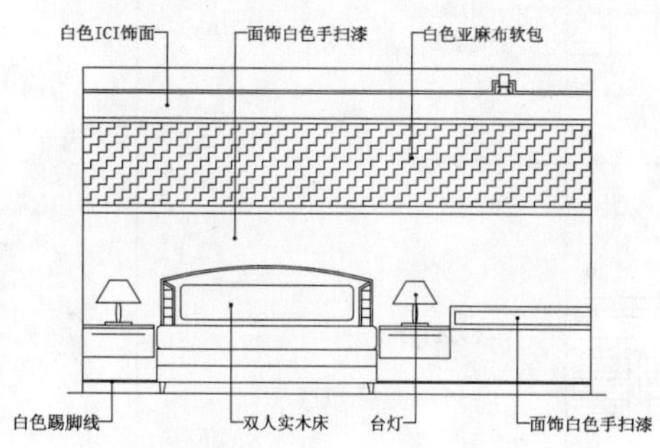

图 14-35　多重引线文字标注

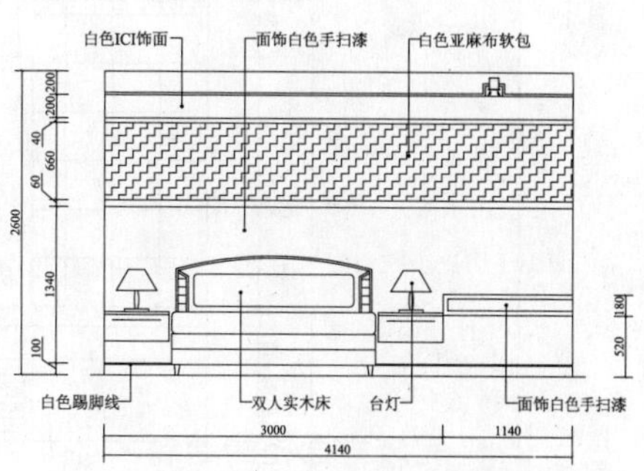

图 14-36　尺寸的标注

③使用文字命令，对立面图进行图名与比例大小标注，如图 14-37 所示。

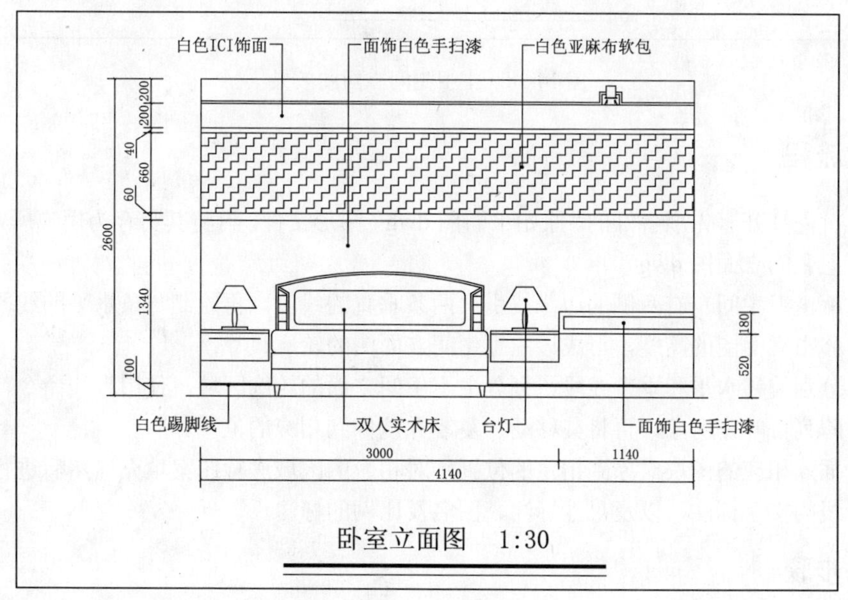

图 14-37　图名与比例的标注

步骤 8 保存文件

实用案例 14.5　主卫生间立面图设计

素材文件：	CDROM\14\素材\原始平面图.dwg
效果文件：	CDROM\14\效果\主卫间立面图.dwg
演示录像：	CDROM\14\演示录像\主卫间立面图.exe

案例解读

在本案例中，通过“原始平面图.dwg”文件对主人房卫生间立面图进行设计，其中使用了直线、偏移、图案填充、插入图块、多重引线、编辑文字、尺寸标注等命令，使读者熟练掌握卫生间立面图的设计与方法，绘制完成的效果如图 14-38 所示。

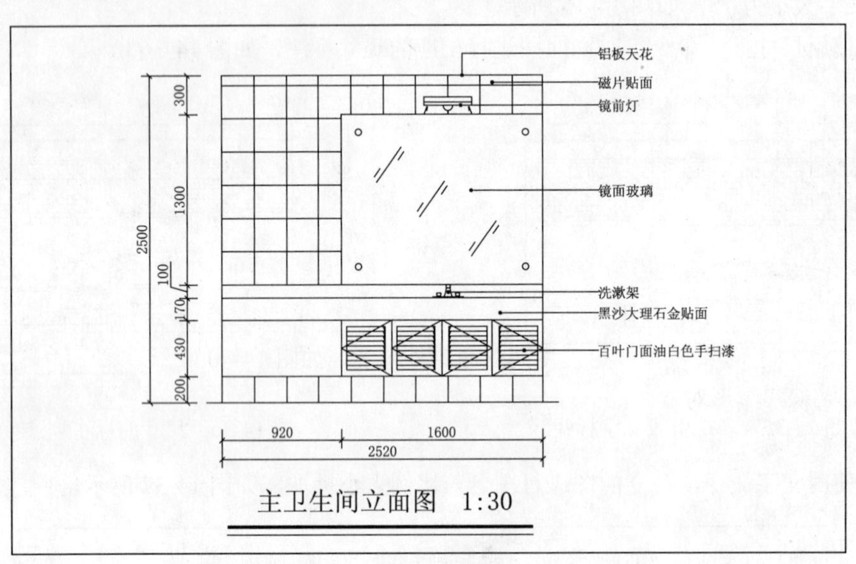

图 14-38　主卫生间立面图效果

要点流程

- 首先打开事先准备好的“原始平面图.dwg”图形文件，再将其另存为用户所需的“主卫生间立面图.dwg”。
- 从主卫生间左右两侧的边缘线引出两条垂直的线段，再绘制一条水平的线段，并偏移出立面图的高度，形成该主卫生间立面图的轮廓尺寸；
- 分别偏移水平和垂直线段，划分主卫生间立面的轮廓区域，使用直线命令，绘制并阵列百叶窗对象，再将其移动、复制并镜像到相应的位置。
- 插入相应的图块对象到指定的位置，对相应的区域进行图案填充，然后进行多重引线的文字标注，以及尺寸标注、图名及比例的标注。

操作步骤

步骤 1 打开并另存图形文件

启动 AutoCAD 2010 中文版，打开附盘的“原始平面图.dwg”图形文件，将其另存为“主卫间立面图.dwg”。

步骤 2 引出主卫生间立面图结构尺寸

将“0”图层设置为当前图层，使用“直线”命令（L），分别为主卫生间的左右上角点绘制两条向上的直线，再绘制一条长于主卫生间开间的水平直线。使用“偏移”命令（O），将该水平直线向上偏移 2500，如图 14-39 所示。

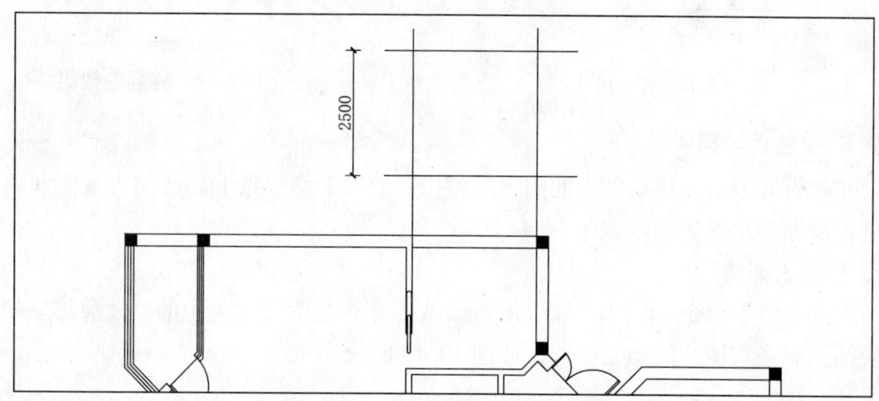

图 14-39　引出主卫生间立面图结构尺寸

步骤 3 形成主卫间立面图外轮廓

使用“删除”命令，将下侧原有的图形删除，再使用“修剪”命令（TR），将主卫生间立面图的结构进行修剪，形成主卫生间立面图外轮廓，如图 14-40 所示。

步骤 4 偏移图形对象

使用“偏移”命令（O），将下侧的水平线段分别向上偏移 200、430、170、100、1300，再将左侧的垂直线段向右偏移 920。使用“修剪”命令（TR），将不需要的线段进行修剪操作，如图 14-41 所示。

图 14-40　立面图外轮廓

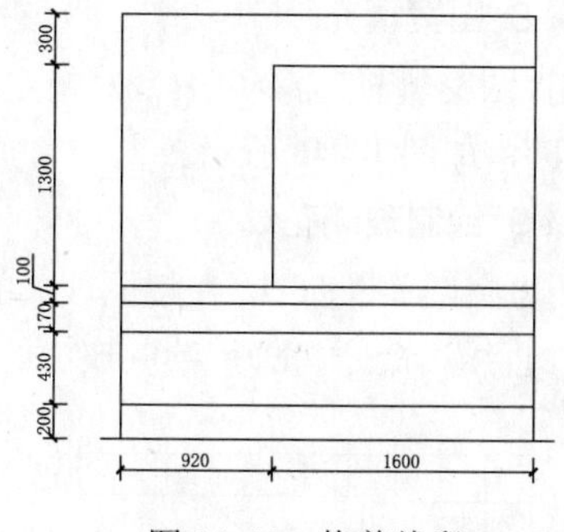

图 14-41　修剪线段

步骤 5 绘制矩形并阵列

①使用“矩形”命令（REC）绘制一个 300×37 的矩形，再使用“直线”命令（L）过矩形左下角点绘制一段斜线，如图 14-42 所示。

②使用“阵列”命令（ARR），将绘制的图形对象进行矩形阵列操作，阵列行数为 9，列数为 1，行间距为 37，从而形成百叶窗效果，如图 14-43 所示。

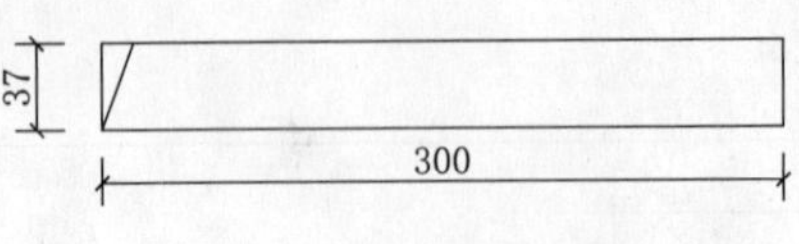

图 14-42　绘制的矩形

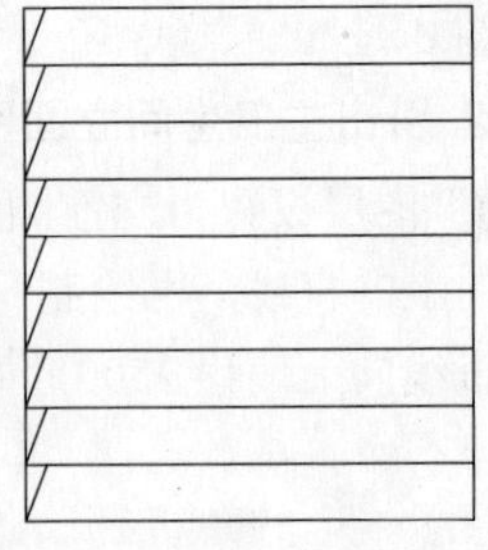

图 14-43　阵列的效果

步骤 6 安装百叶窗

将绘制的百叶窗对象移动到立面图上，使用“直线”命令绘制相应的直线段和斜线段，并对其进行复制和镜像操作，如图 14-44 所示。

步骤 7 插入图块

使用“插入块”命令（I），将“CDROM\14\素材\图块”文件夹中的“镜前灯”和“洗漱架”图块插入到当前图形的指定位置，如图 14-45 所示。

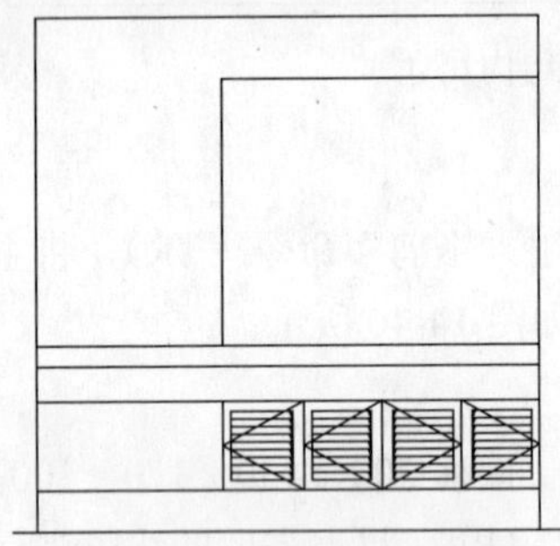

图 14-44　安装的百叶窗

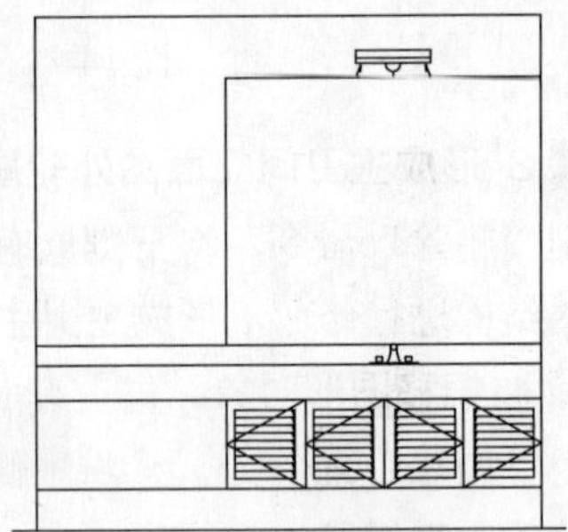

图 14- 45　插入的图块

步骤 8 图案填充

使用“图案填充”命令（BH），对指定的区域进行图案填充，填充的图案分别为“AR-SAND”和“NET”，如图 14-46 所示。

步骤 9 绘制玻璃花纹

使用“圆”命令（C），在镜面玻璃的四个顶角位置绘制 4 个大小相同的圆，形成安装钉，再使用“直线”命令（L），绘制玻璃的花纹，如图 14-47 所示。

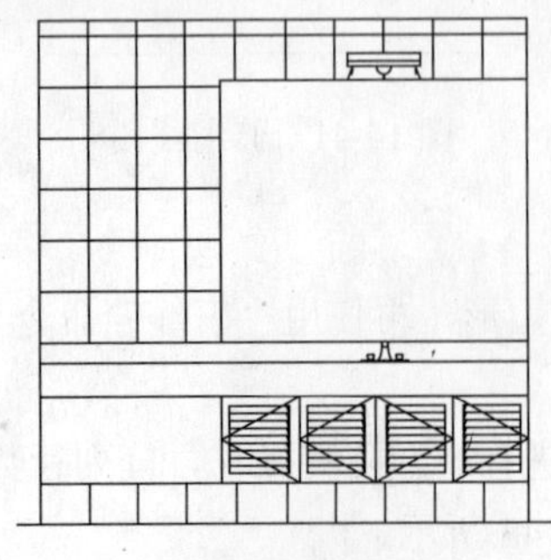

图 14-46　填充图案

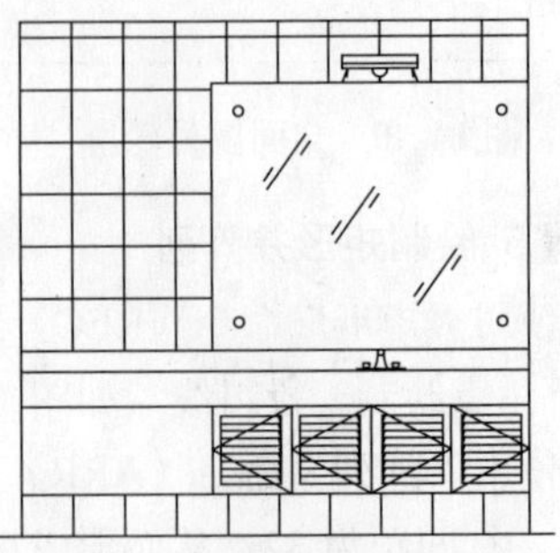

图 14-47　绘制的圆和直线

步骤 10 进行多重引线的文字说明标注

参照前面的方法，对立面图进行多重引线的文字说明标注，并修改“图内说明”文字样式的文字大小为 75，如图 14-48 所示。

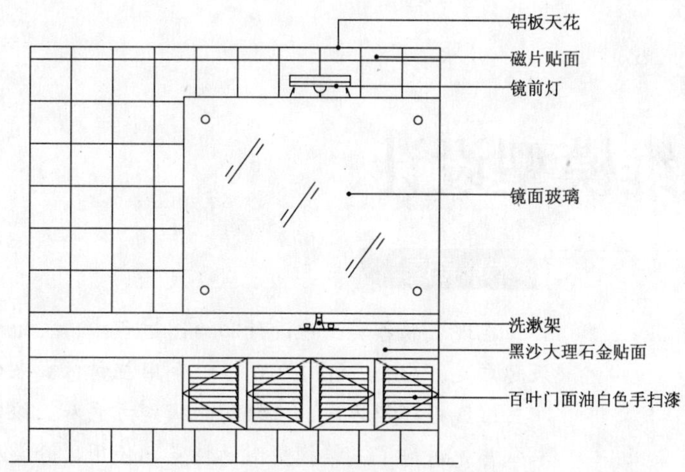

图 14-48　多重引线文字标注

步骤 11 尺寸标注

使用标注命令，对立面图进行尺寸的标注，并对其进行图名及比例的标注，如图 14-49 所示。

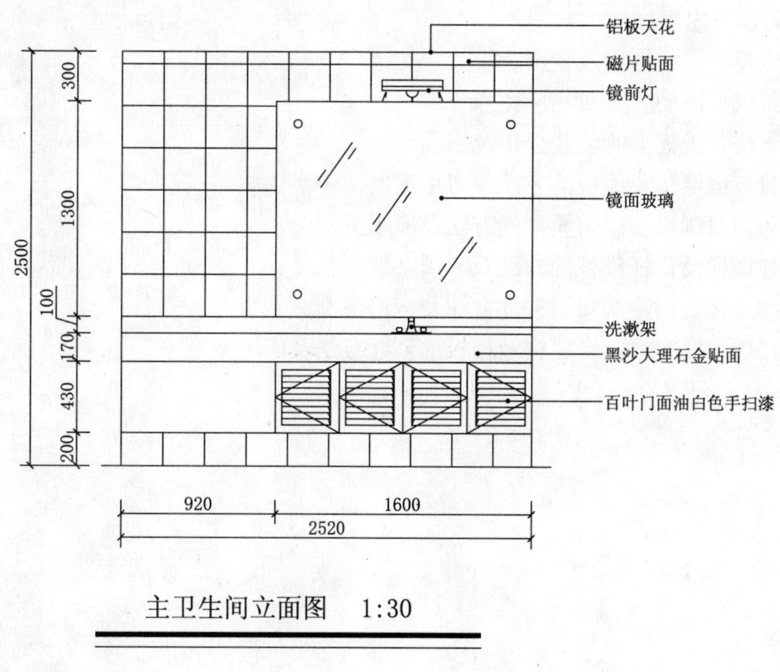

图 14-49　标注图名及尺寸

步骤 12 保存文件

第 15 章

建筑三维模型设计

本章导读

在现代的各类工程设计和绘图过程中，三维模型图的应用越来越广泛。AutoCAD 2010 可以利用三种方式来创建三维模型，即三维线框模型方式、三维曲面模型方式和三维实体模型方式。本章首先讲解了三维模型图的特点、使用、分类及相应特点，然后借助前面第 11 章~13 章所绘制的安置房平面图、剖面图、立面图的相应结构尺寸，来创建安置房的三维模型图。

本章主要学习以下内容：

- 了解三维模型图的特点及使用
- 了解三维模型图的分类及相应特点
- 掌握安置房三维模型的创建分析及步骤
- 掌握创建三维墙体及地板的方法及应用案例
- 掌握创建门窗洞口及门窗模型的方法及应用案例
- 掌握创建楼梯及栏杆模型的方法及应用案例
- 掌握二楼墙体、门窗洞口的创建方法及应用案例
- 掌握二楼门窗模型、阳台栏杆及楼板的创建方法及应用案例

实用案例 15.1　建筑三维模型设计基本原则

案例解读

随着 CAD 基础理论和应用技术的不断发展，对 CAD 系统的功能要求也越来越高。由于三维 CAD 系统具有可视化程度高、形象直观、设计效率高，以及能为企业数字化的各类应用环节提供完整的设计、工艺和制造信息等优势，目前正越来越多地应用于 CAD 设计中。

要点流程

- 介绍三维模型图的特点；
- 介绍三维模型图的优点；
- 介绍三维模型图的分类及相应特点。

操作步骤

步骤 1 三维模型图的特点

与二维模型图相比，三维模型有如下特点。

- 三维模型所表达的几何体信息更完整、更准确，能解决“设计”的范围越来越广。产品的三维模型可以直接通过投影生成二维工程图；三维 CAD 系统的模型包含了更多的实际特征，通过赋予三维部件一定的物理属性，就可以进行产品结构分析和各种物性计算。
- 三维模型采用的三维特征和参数化功能还可以更加准确地表达设计者的设计意图，使设计过程更加符合设计者的设计习惯和思维方式。
- 有的三维模型还支持结构分析的前后处理和设计仿真等复杂设计过程，方便进行后续设计工作及实效仿真模拟。
- 三维模型需要巨大的信息存储空间，对硬件的要求较高；对用户的知识和操作技巧要求也较高，掌握起来比较困难。

步骤 2 三维模型图的优点

利用三维效果图，不仅可以展示工程的最终效果，与客户进行设计思想交流，而且还可以拓宽工程设计市场，获得更多客户的信赖与支持。因此，学习使用 AutoCAD 绘制建筑和室内空间三维模型的方法，对一个建筑师或工程师是十分必要和实用的。

如图 15-1 所示为一个凉亭三维效果，如图 15-2 所示为模拟建筑的三维效果图，如图 15-3 所示为住宅内装修效果图。在已有平面施工图的基础上，再通过下面几个三维模型例图，可以很直观地看到设计者的意图和设计效果。所以，三维模型对设计的修改及设计方案的敲定有着不可替代的作用。

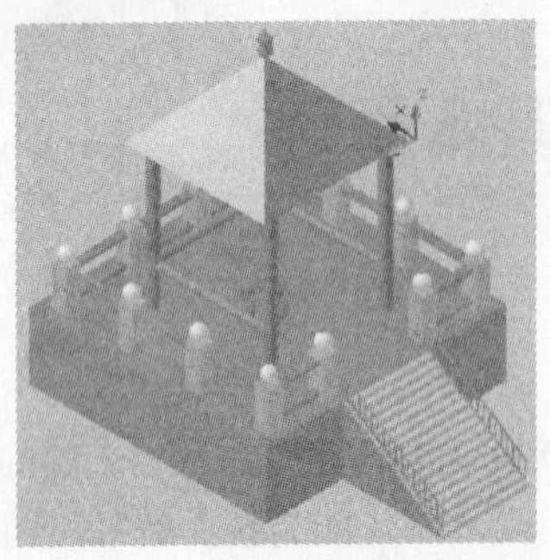

图 15-1　凉亭三维效果图

图 15-2　模拟建筑的三维效果图

步骤 3　三维模型图的分类及相应特点

AutoCAD 可以利用三种方法来创建三维图形，即线框模型方式、曲面模型方式和实体模型方式。

知识要点：

AutoCAD 三维线框模型介绍如下。

线框模型方式为一种轮廓模型，它由三维的直线和曲线组成。线框模型是用三维的直线和曲线组成模型轮廓，其不含面的信息；在 AutoCAD 中，用户可以在三维绘图环境中用二维绘图方法建立线框模型，三维线框模型中的所有部分都必须用二维绘图方法独立绘制，其线框模型不能进行消隐、渲染等三维操作。三维线框模型是用二维图形表达三维效果的模型，是介于二维图形与三维图形之间的一种图形模型，也就是通常说的 2.5D 模型，如图 15-4 所示。

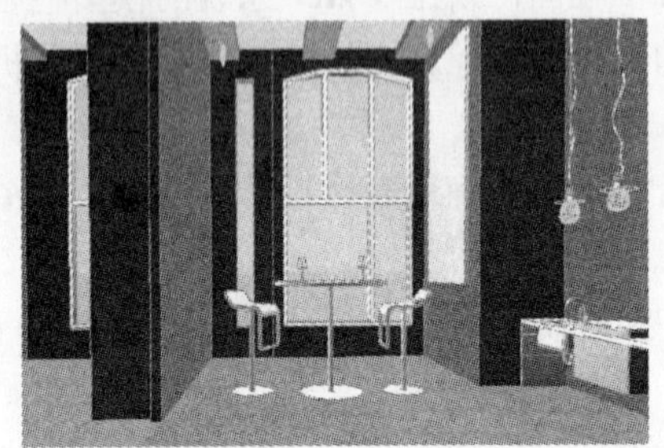

图 15-3　住宅内装修效果图

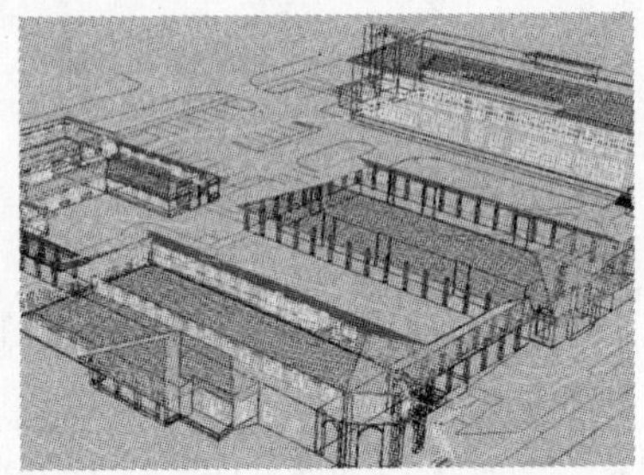

图 15-4　三维线框模型

知识要点：

AutoCAD 三维表面模型介绍如下。

- 三维表面模型优点：表面模型用面描述三维对象，它定义了三维对象的边界和表面。AutoCAD 的表面模型是用多边形网格（Mesh）定义表面的各个小表面，这些小表面组合起来可以构成复杂的三维实体表面，外加表面效果着色，从而体现三维实体的真实视觉效果。如图 15-5 所示，是用三维表面模型表达的一个单体建筑效果。
- 实例分析：从图 15-5 中鼠标光标指向建筑墙体后 AutoCAD 显示的对象类型可以看出，构成墙体三维模型的是多边形网格。事实上，如图 15-5 中所示所有三维建筑对象都是由一个个表面组成的。表面模型比线框模型更为复杂，它不仅定义二维对象的边，而且还定义面。表面模型最适用曲面建模，曲面建模使用的多边形定义镶嵌面。由于网格面是平面的，因此网格只能是近似的曲面，所以为了区分曲线类型，镶嵌面以网格形状显示。

知识要点：

AutoCAD 三维实体模型介绍如下。

- 三维实体模型优点：三维实体模型（Solid）不仅具有线和面的特征，而且还具有实体的特征，各实体对象间可以进行各种布尔运算，从而创建出复杂的三维实体图形。通过三维实体模型，还可以分析实体模型的体积、重量、惯性等物理特性。实体模型可以用线框模型或表面模型的显示方式来显示。在 AutoCAD 中，三维实体模型总是以线框模型来显示，是最高级别的实体模型。三维实体模型如图 15-6 所示。
- 实例分析：从图 15-6 中鼠标光标指向的建筑墙体实体特征显示可以看出，该图中构成墙体的是三维实体，该模型中所有建筑要素都是用三维实体构成的。实体建模是最容易使用的三维建模类型，用户可以通过创建长方体、圆锥体、圆柱体等基本三维对象，然后对这些形状进行合并，找出它们的差集或交集部分，结合起来生成更为复杂的实体。也可以通过将二维对象沿某一条路径延伸或绕轴旋转来创建实体。
- 三维实体模型缺点：由于三维实体所表达建筑三维模型具有三维体特征，其信息量要远远大于三维表面模型和线框模型。所以实体模型所占用的计算机内存、图形变换所需要的计算机运算速度、磁盘文件所占空间大小都要远远大于三维表面模型。如图 15-7 所示是三维实体模型和三维表面模型磁盘文件的大小。

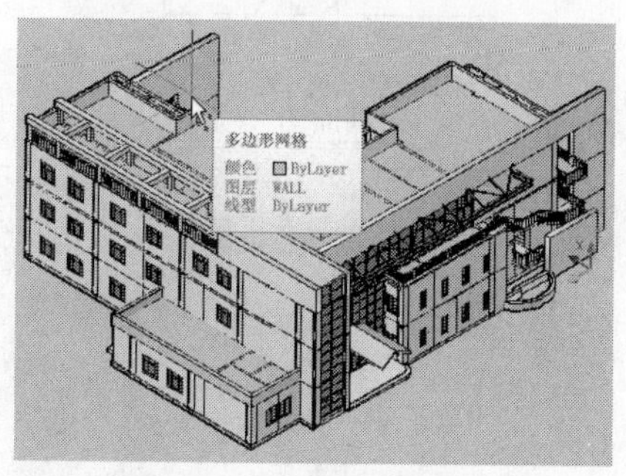

图 15-5　三维表面模型

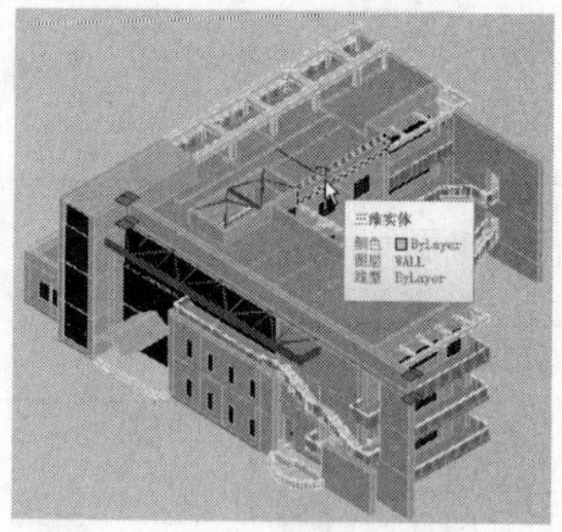

图 15-6　三维实体模型

3dsolid.dwg	2,830,036	324,137	AutoCAD 图形
3dmesh.dwg	596,749	362,272	AutoCAD 图形

图 15-7　两种三维模型磁盘文件大小对比

注意

由于各种建模采用不同的方法来构造三维模型，所对应的模型类型及编辑方法也各不相同，生成的模型效果也不相同，因此不要混合使用不同的建模方法。不同的模型类型之间只能进行有限制的转换，可以从实体转换到曲面或从曲面转换到线框，但不能逆转。

实用案例 15.2　安置房三维模型创建实例

素材文件：	CDROM\11\效果\安置房平面图.dwg
效果文件：	CDROM\15\效果\安置房三维模型图.dwg
演示录像：	CDROM\15\演示录像\安置房三维模型图.exe

案例解读

在前面第 11 章至 13 章中，分别讲解了安置房的平面图、剖面图和立面图的创建方法和应用案例，在本章中要以这些已有的图形为依据来创建安置房的三维模型图。如图 15-8 至图 15-10 所示为该安置房的平面图、剖面图和立面图。如图 15-11 所示为所创建好的安置房三维模型图效果。

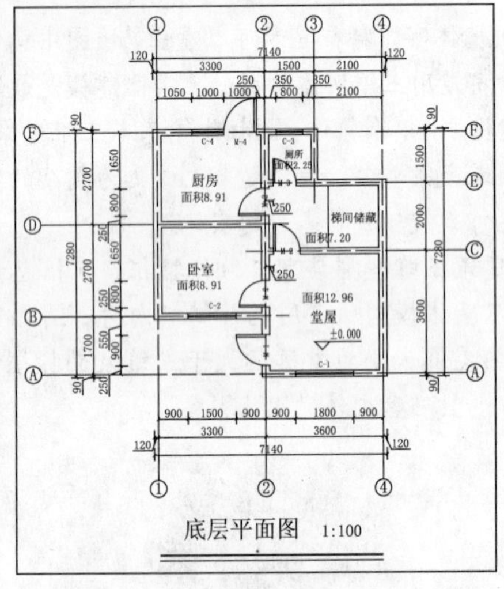

图 15-8　安置房平面图

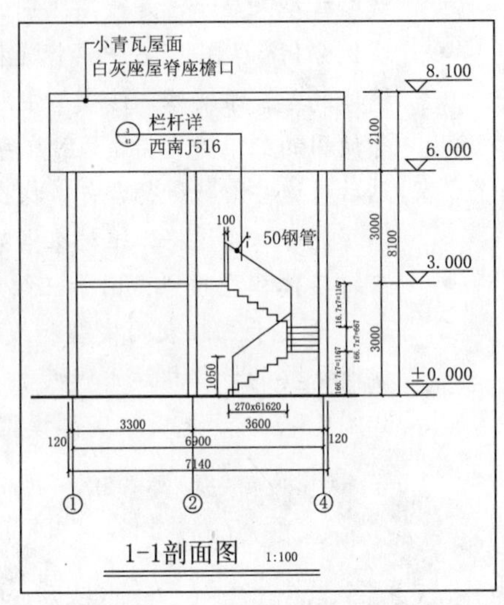

图 15-9　安置房剖面图

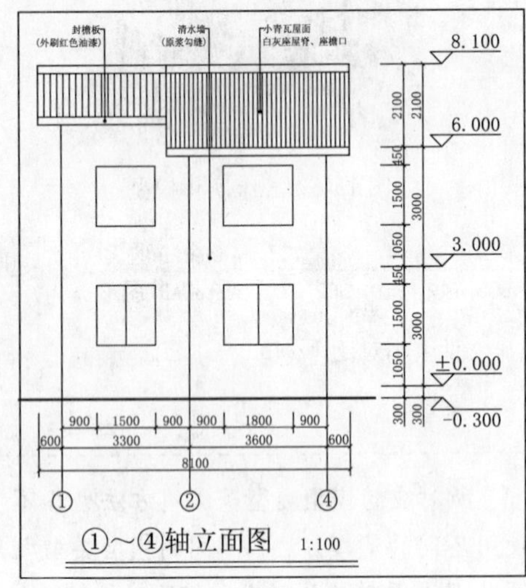

图 15-10　安置房立面图

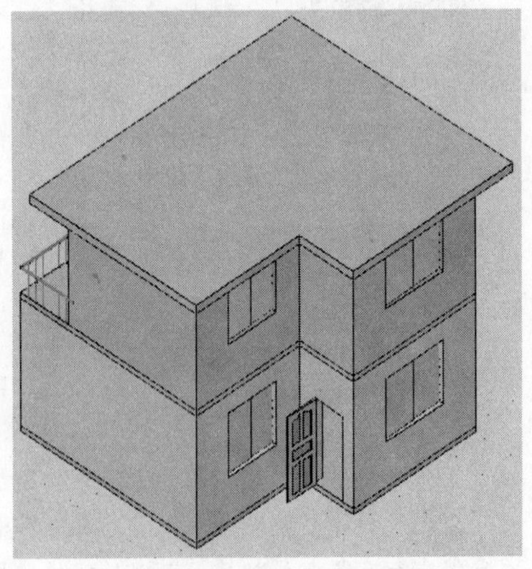

图 15-11　安置房三维模型图

要点流程

- 首先打开事先准备好的“安置房平面图.dwg”图形文件，将其另存为用户所需的“安置房三维模型图.dwg”，然后创建相应的三维模型图层；
- 在原有图的基础上，绘制外墙和内墙的多段线轮廓对象，再将其转换为一层楼的三维墙体；同样开启一层的三维门窗洞口，并创建相应的门窗模型，然后将其门窗模型安装到相应的位置；

- 使用多段线绘制楼梯的轮廓，再转换为多段体，使用圆柱体命令创建栏杆，使用样条曲线连接栏杆，使用扫掠功能创建相应的楼梯扶手，然后将创建的楼梯和栏杆进行并集处理；
- 使用同样的方法绘制二楼墙体的轮廓对象，将其转换为实体，开启门窗洞口及安装门窗模型，再创建阳台栏杆，以及创建二楼的楼板。

操作步骤

步骤 1 打开并另存图形文件

①启动 AutoCAD 2010 中文版，打开附盘的“安置房平面图.dwg”图形文件，将其另存为“安置房三维模型图.dwg”文件。

②根据需要，用户应新建几个单独的图层，即三维墙体、三维楼板、三维门窗和三维楼梯，并分别设置不同的颜色，如图 15-12 所示。

状态	名称	开	冻结	锁定	颜色	线型	线宽
	三维楼板				200	Continuous	—— 0.15 毫米
	三维楼梯				235	Continuous	—— 0.15 毫米
	三维门窗				150	Continuous	—— 0.15 毫米
	三维墙体				250	Continuous	—— 默认

图 15-12　新创建的图层

步骤 2 创建三维墙体

①将标注和文字图层关闭，视图中只显示出门窗、墙、轴线图层的对象。

②将“三维墙体”图层置为当前图层，使用“多段线”命令（PL），过该平面图的外墙轮廓绘制宽度为 60 的闭合多段线，如图 15-13 所示。

③同样，使用多段线命令，绘制平面图内墙的多条轮廓线，宽度为 30，如图 15-14 所示。

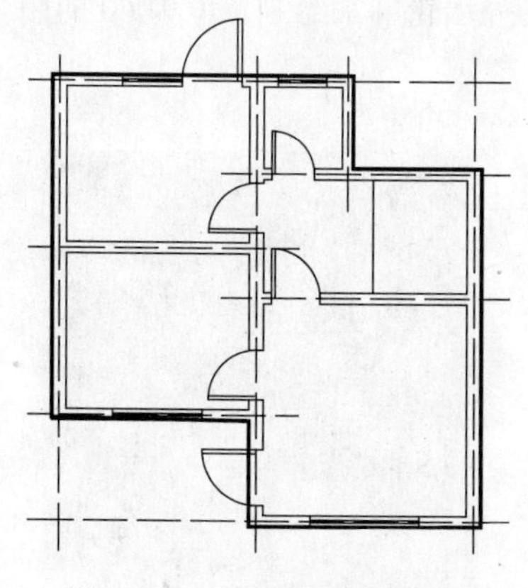

图 15-13　绘制的外墙轮廓线

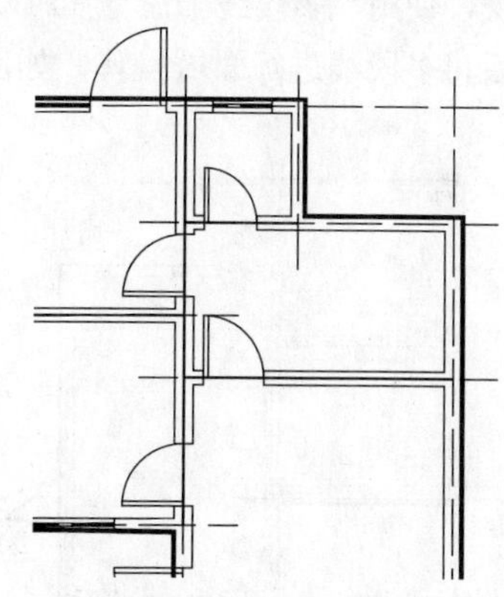

图 15-14　绘制的内墙轮廓线

④暂时将墙、门窗和轴线图层关闭，在“建模”工具栏中单击“多段体”按钮，设置高度（H）为 3000，宽度（W）为 240，对齐方式设为左对齐，然后选择最外侧的多段线轮廓对象，再切换为“西南等轴测”视图，即可看到所绘制出的外墙实体对象，如图 15-15 所示。

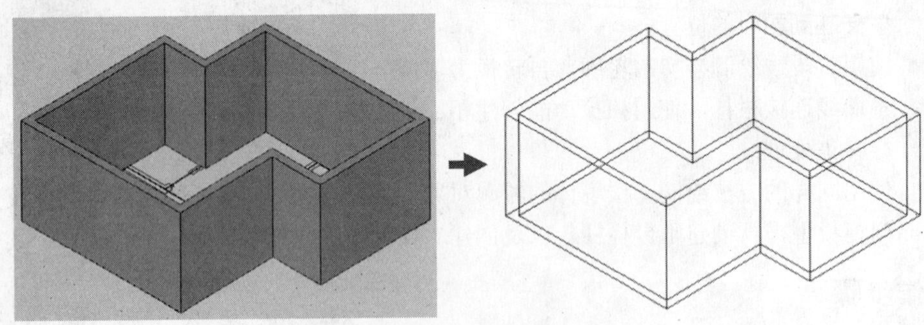

图 15-15　绘制的外墙轮廓实体

⑤同样，在“建模”工具栏中单击“多段体”按钮，设置高度（H）为 3000，宽度（W）为 180，对齐方式为中对齐，依次选择绘制的多条内墙多段线，即宽度为 30 的多段线，从而绘制出内墙实体对象，如图 15-16 所示。

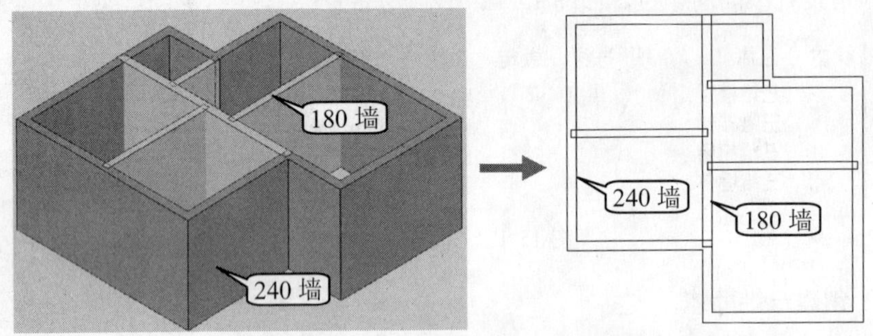

图 15-16　绘制的内墙轮廓实体

步骤 3 创建三维地板

①关闭“三维墙体”图层，打开“墙”和“轴线”图层，选择“三维楼板”图层作为当前图层，使用“多段线”命令（PL），过该平面图的外墙轮廓来绘制宽度为 60 的闭合多段线，然后将多段线进行面域操作，如图 15-17 所示。

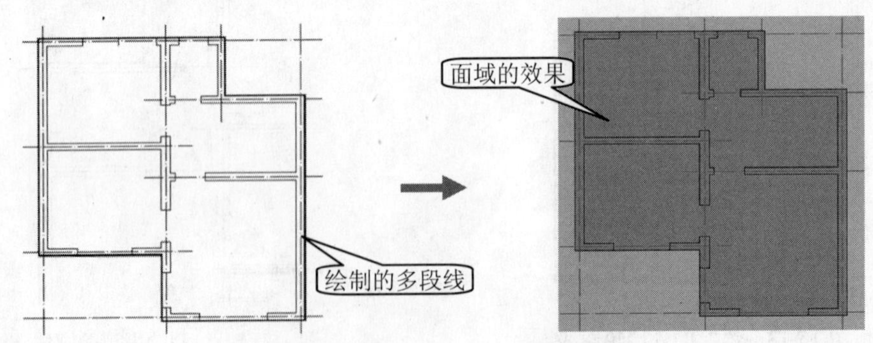

图 15-17　绘制多段线并进行面域

②单击“建模”工具栏的“拉伸”按钮，将面域的对象拉伸-120，从而形成地板实体，再将“三维墙体”图层显示出来，将前面创建的外墙和内墙实体进行并集操作，如图 15-18 所示。

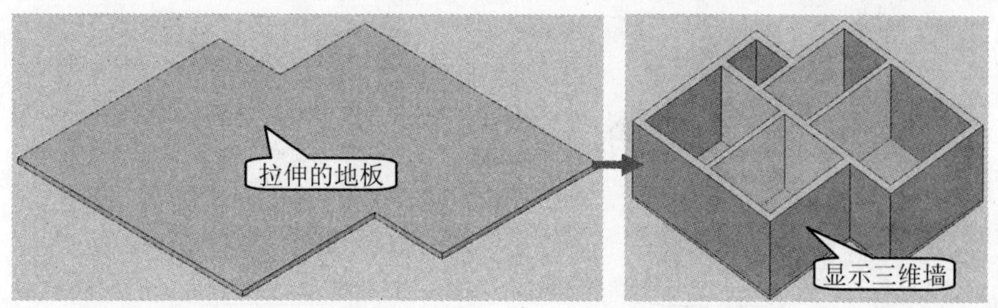

图 15-18 拉伸地板并显示墙体

步骤 4 开启一楼门窗洞口

①关闭“三维墙体“和”三维楼板“图层，将“墙”图层显示出来，选择“三维门窗”图层作为当前图层，使用“直线”命令（L），分别过相应的门窗位置的中点绘制相应的直线段，如图 15-19 所示。

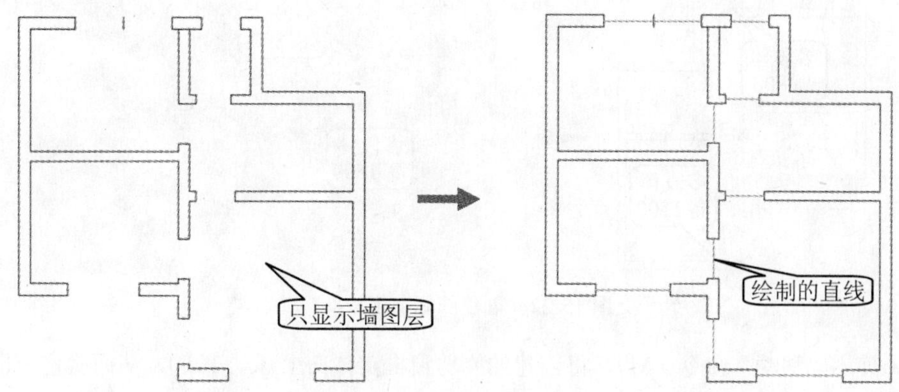

图 15-19 绘制的直线段

②在“建模”工具栏中单击“多段体”按钮，设置高度（H）为 2000，宽度（W）为 260（比 240 墙宽就行），对齐方式为中对齐。依次选择绘制门位置所绘制的直线段，从而创建出修剪门框的实体，并切换到“西南等轴测”视图和“概念视觉”模式，效果如图 15-20 所示。

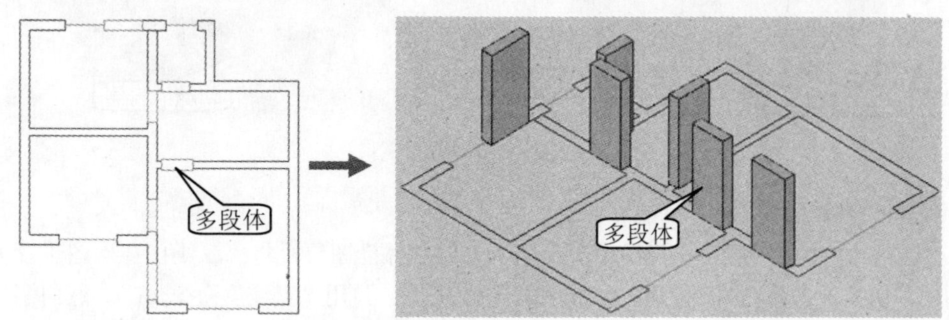

图 15-20 创建的修剪门框实体

③将“三维墙体”和“三维楼板”图层显示出来，使用“差集”命令，将创建的门框实体从墙体中修剪出来，形成门洞口，如图 15-21 所示。

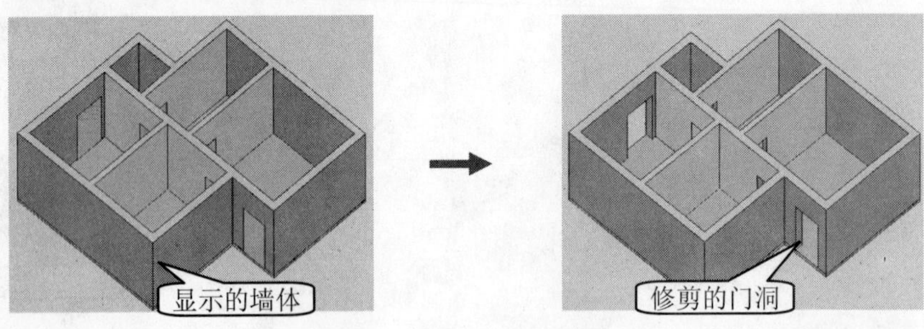

图 15-21　修剪的门洞口

④将“三维墙体”和“三维楼板”图层关闭，在“建模”工具栏中单击“多段体”按钮，设置高度（H）为 1500 或 800，宽度（W）为 260（比 240 墙宽就行），对齐方式为中对齐。依次选择绘制窗位置所绘制的直线段，从而创建出修剪窗框的实体，并切换到“西南等轴测”视图和“概念视觉”模式，效果如图 15-22 所示。

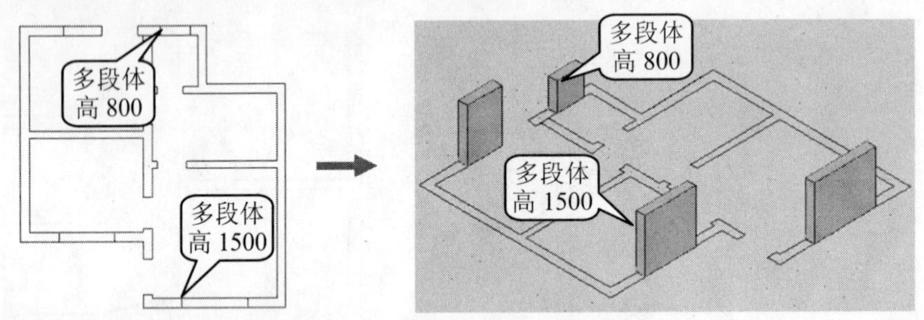

图 15-22　创建的修剪窗框实体

⑤使用“移动”命令（M），将创建的修剪窗框实体向上移动 1050，从而确定窗框的位置高度。将“三维墙体”和“三维楼板”图层显示出来，使用“差集”命令将创建的窗框实体从墙体中修剪出来，从而形成窗洞口，如图 15-23 所示。

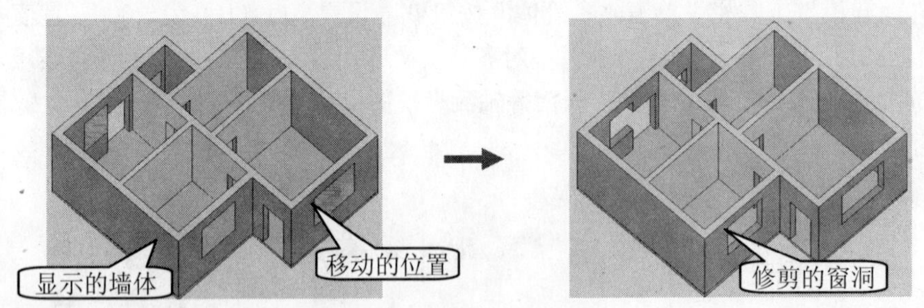

图 15-23　修剪的窗洞口

步骤 5 创建门模型

①关闭“墙”图层，让视图中只显示“三维墙体”图层，将“三维门窗”图层置为当前图层，切换到“俯视图”和“二维线框”模式。使用“直线”命令（L），过门洞口位置的中点绘制直线段。

②在“建模”工具栏中单击“多段体”按钮，设置高度（H）为 2000，宽度（W）为 40（门的厚度），对齐方式为中对齐。依次选择绘制门位置所绘制的直线段，从而创建出门实体的大致效果，并切换到“西南等轴测”视图和“概念视觉”模式，效果如图 15-24

所示。

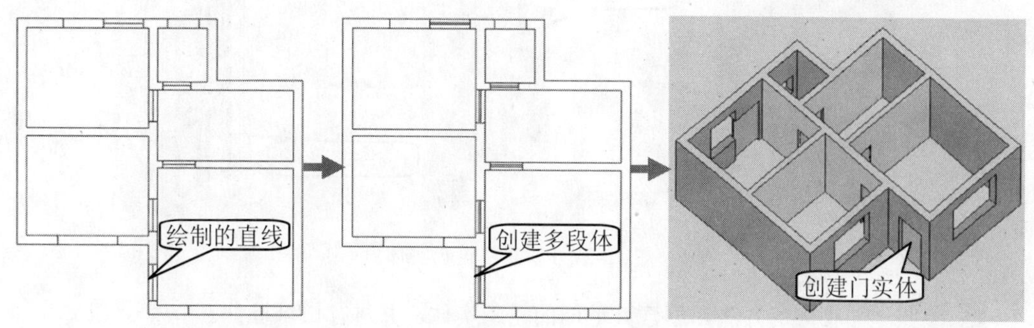

图 15-24　创建的门毛坯模型

3 切换到“俯视图”和“二维线框”模式，使用“移动”命令（M），将创建的多段体毛坯门进行移动，移动时按照门的开启方向和位置进行移动，如图 15-25 所示。

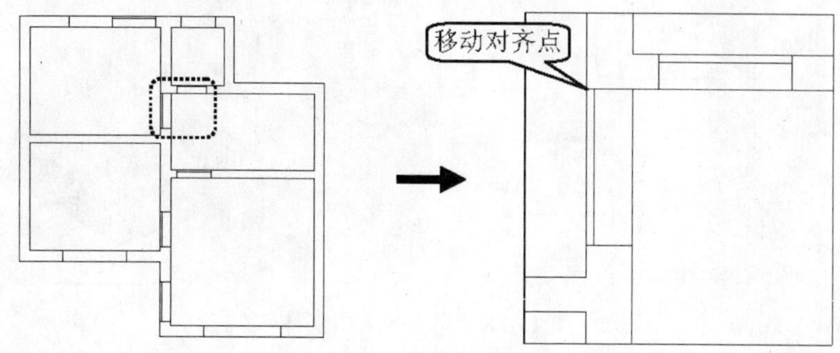

图 15-25　移动门实体的位置

4 切换到“西南等轴测”视图和“二维线框”模式，在“UCS”工具栏中单击“原点”按钮。在原大门的左下角点单击，确定当前 UCS 的坐标原点，再切换到“左视图”，在大门的对象上绘制相应的轮廓对象，如图 15-26 所示。

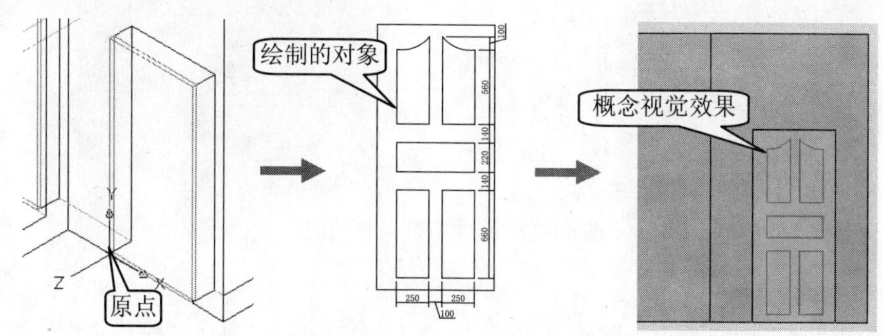

图 15-26　绘制门的装饰轮廓

5 单击“面域”按钮，将绘制的轮廓对象进行面域操作。再单击“拉伸”按钮，将面域的 5 个对象拉伸-10。选择“修改>三维操作>三维镜像”命令，选择拉伸的 5 个实体作为镜像对象，选择门的上侧、右侧和下侧的三个轮廓中心点进行镜像，如图 15-27 所示。

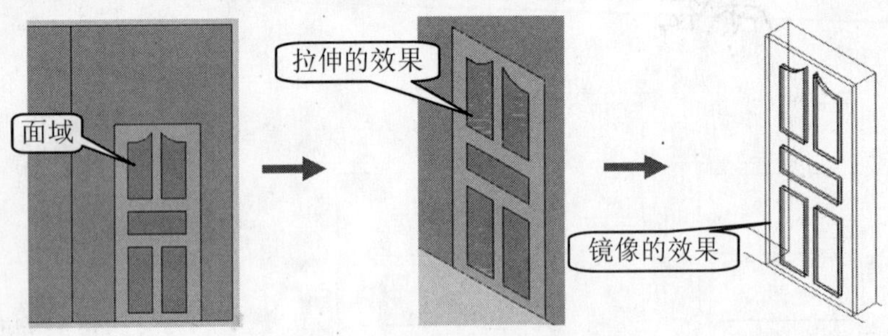

图 15-27　创建门轮廓实体

⑥参照上面相同的方法，创建其他门的轮廓实体，并进行修饰操作。

⑦单击“差集”按钮，选择该大门作为源实体，选择前面刚创建的 10 个实体作为修剪体，再选择“修改>三维操作>三维旋转”命令，将该门绕 Y 轴旋转 90 度，效果如图 15-28 所示。

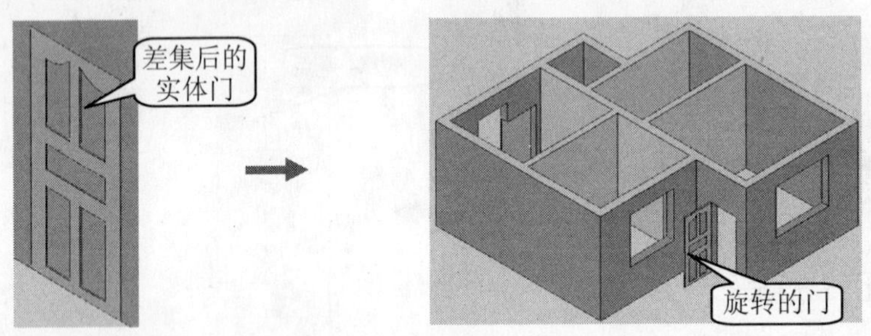

图 15-28　完成的大门实体

⑧同样，选择“修改>三维操作>三维旋转”命令将其他的门进行三维旋转操作，旋转的角度分别为 45 度、60 度、90 度，如图 15-29 所示。

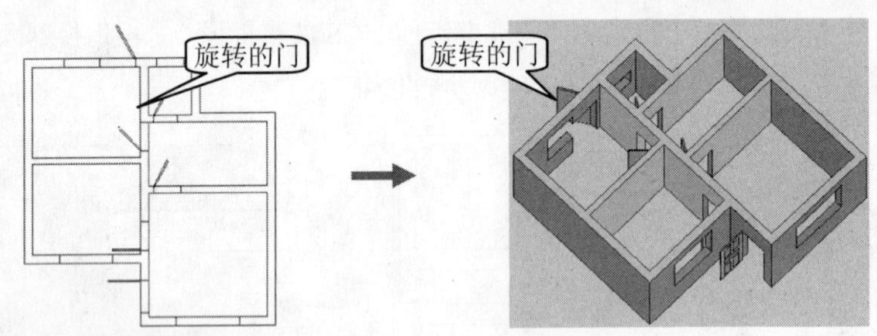

图 15-29　三维旋转其他的门

步骤 6 创建窗模型

①关闭“墙”图层，让视图中只显示“三维墙体”图层，将“三维门窗”图层置为当前图层，切换到“俯视图”和“二维线框”模式，使用“直线”命令（L），过窗洞口位置的左右边的中点绘制相应的直线段。

②在“建模”工具栏中单击“多段体”按钮，设置高度（H）为 1500 或 800，宽度（W）为 20（单扇窗的厚度），对齐方式为左对齐或右对齐。依次选择窗位置所绘制的直线段，从而创建出推拉窗实体，并切换到“西南等轴测”视图和“概念视觉”模式，效果如图 15-30 所示。

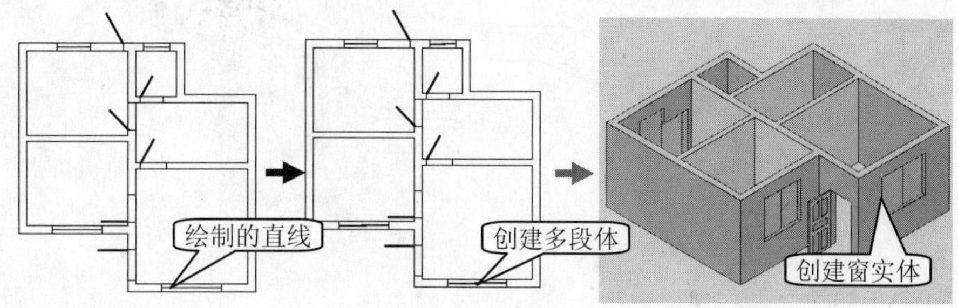

图 15-30　创建的窗模型

步骤 7 创建楼梯模型

①切换到“前视图”和“二维线框”模式，使用“多段线”命令（PL），在视图中绘制一多段线，如图 15-31 所示。

②在“建模”工具栏中单击“多段体”按钮，设置高度（H）为 670，宽度（W）为 60（楼梯板的厚度），对齐方式为中对齐。选择刚刚绘制的多段线，切换到“西南等轴测”视图和“概念视觉”模式，效果如图 15-32 所示。

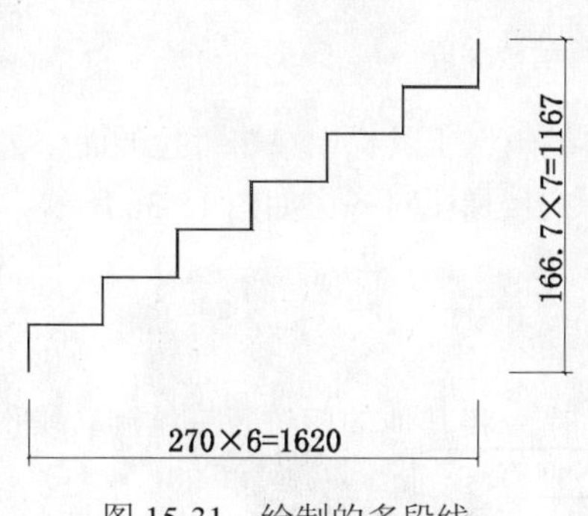

图 15-31　绘制的多段线

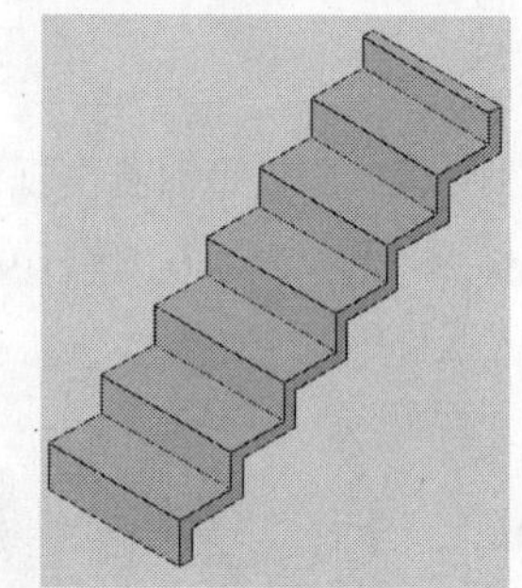

图 15-32　转换的多段体

③切换到“左视图”和“二维线框”模式，使用“多段线”命令（PL），以创建的楼梯顶端右侧为起点，按 F8 键切换到正交模式，绘制相应的多段线，如图 15-33 所示。

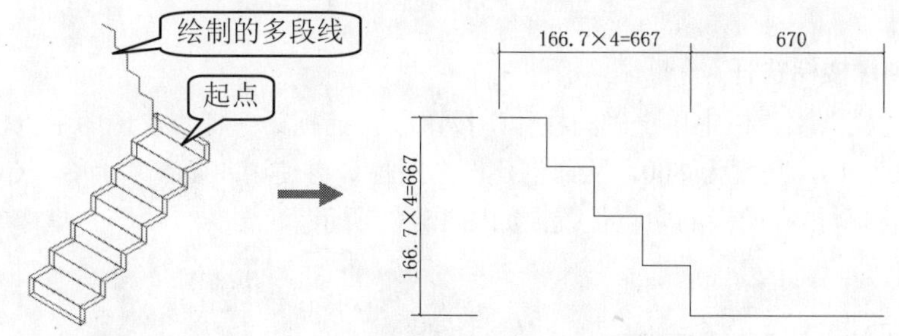

图 15-33　绘制的多段线

④在“建模”工具栏中单击“多段体”按钮，设置高度（H）为 990，宽度（W）为 60（楼梯板的厚度），对齐方式为右对齐。选择刚刚绘制的多段线，并切换到“西南等轴测”视图和“概念视觉”模式，效果如图 15-34 所示。

⑤选择“修改>三维操作>三维镜像”命令，将下侧的楼梯段进行三维镜像操作，再使用“移动”命令（M），将镜像的楼梯段移至上侧指定的角点位置，如图 15-35 所示。

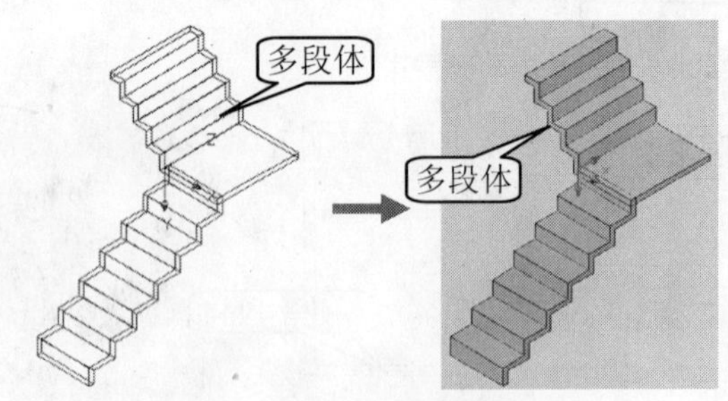

图 15-34　转换的多段体

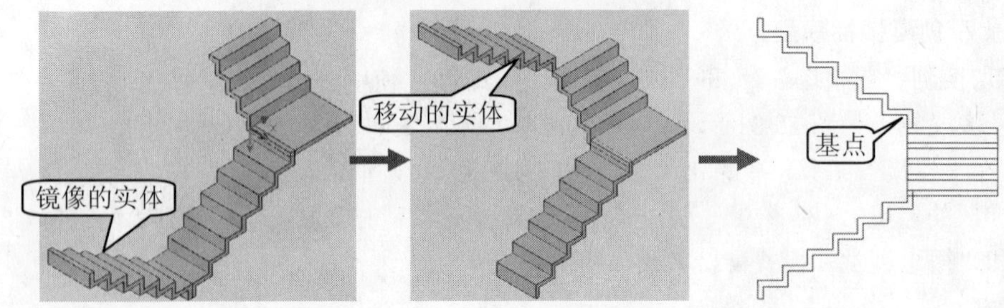

图 15-35　镜像并移动楼梯段

⑥切换到“东北等轴测”视图，在“实体编辑”工具栏中单击“拉伸面”按钮，选择中间楼梯段的指定面，拉抻 670，使之与上侧的楼梯段对齐，如图 15-36 所示。

图 15-36　拉伸面

步骤 8 创建楼梯扶杆

①在“建模”工具栏中单击“圆柱体”按钮，捕捉第一梯步左侧的中点作为圆心点，输入底面半径为 10，高度为 800，从而创建一个圆柱。再使用“复制”命令（CO），将创建的圆柱体分别移至相应梯步的中点位置，如图 15-37 所示。

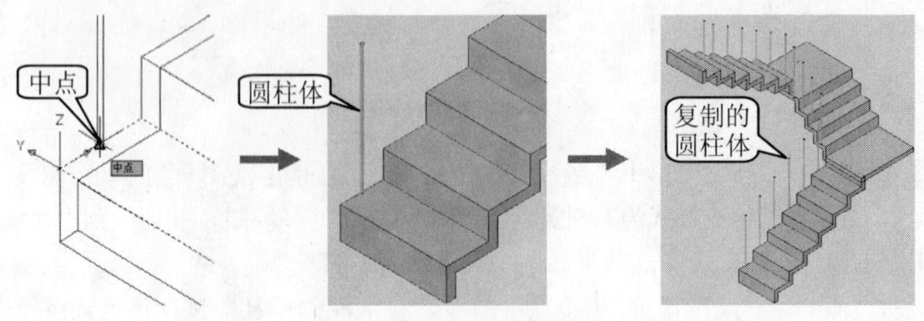

图 15-37　创建的楼梯栏杆

②使用“移动”命令（M），分别将创建的圆柱体向内移动 15，使之与边缘有一定的距离，如图 15-38 所示。

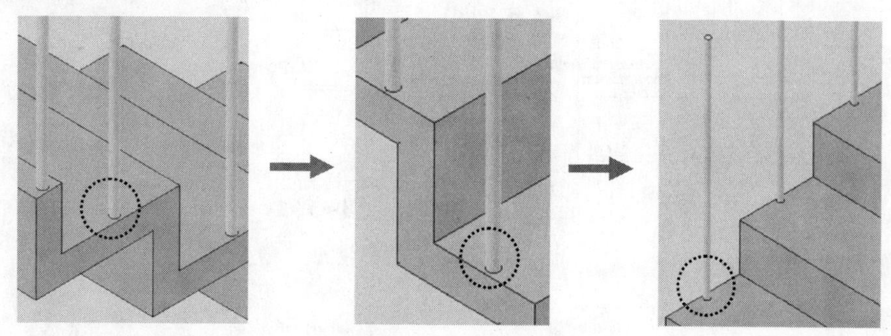

图 15-38 移动的楼梯栏杆

③切换到“前视图”和“二维线框”模式，过顶部绘制一条水平线段，使用“线性”标注命令，分别标注出超出水平线段长度栏杆的距离，再选择相应的栏杆实体，在“特性”面板中修改圆柱体的高度值，使之与水平线长度相同，如图 15-39 所示。

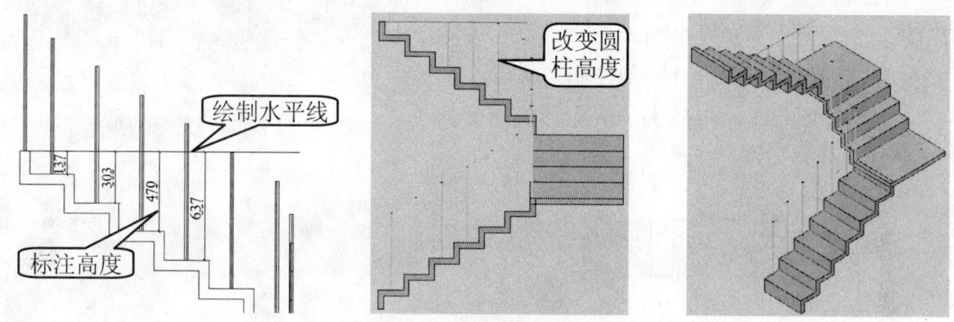

图 15-39 改变圆柱体的高度

④使用“样条曲线”命令（SPL），过相应栏杆顶端的圆心点进行连接。使用“圆”命令（C），在视图中绘制一个直径为 50 的圆，单击“建模”工具栏的“扫掠”按钮，以直径为 50 的圆作为扫掠对象，再单击绘制的样条曲线作为扫掠路径，如图 15-40 所示。

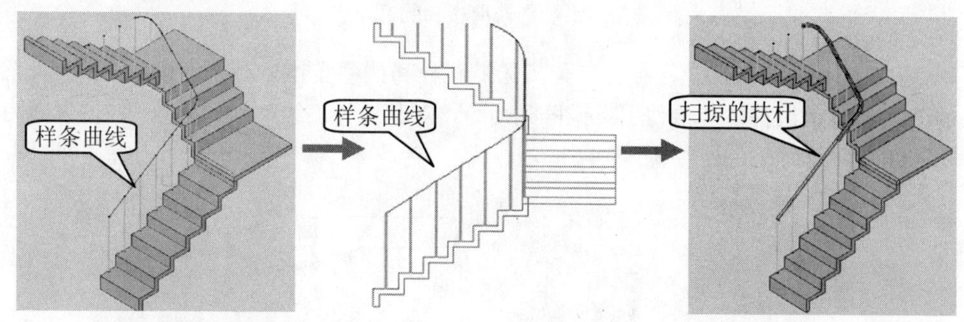

图 15-40 创建的扶杆实体

⑤至此，整个楼梯模型已经创建完毕，单击“并集”按钮将各个部件进行并集操作。

⑥接下来将创建的楼梯模型移至相应房间的指定位置，如图 15-41 所示。

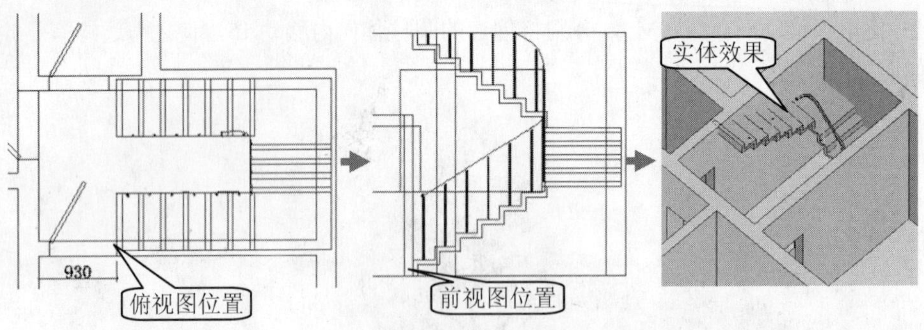

图 15-41　移动的楼梯位置

步骤 9 创建一楼楼板

①由于一楼的楼板与地板形状、结构、大小均相同，用户可将其复制。将“三维楼板”图层置为当前图层，使用“复制”命令（CO），将地板向上复制 3120，如图 15- 42 所示。

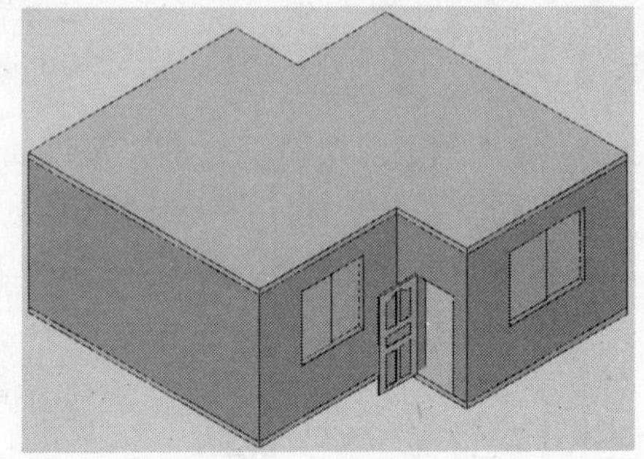

图 15-42　复制的楼板

②切换到“俯视图”和“二维线框”模式，在楼梯的上段模型位置绘制一个大小适当的矩形，然后将其进行面域拉伸 120。使用“差集”命令，将该矩形实体从楼板中减去，从而形成楼梯间的开口，如图 15-43 所示。

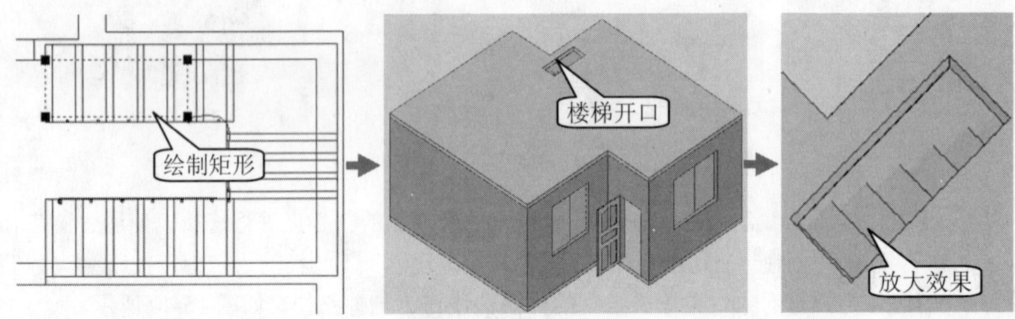

图 15-43　修剪楼梯的开口

③按照同样的方法，在楼梯开口位置绘制栏杆和扶手实体。首先创建一个底面半径为 10，高度为 600 的圆柱体，再使用三维阵列命令，对其进行三维阵列（行数为 2，列数为 7，行距为 490，列距为 210），如图 15-44 所示。

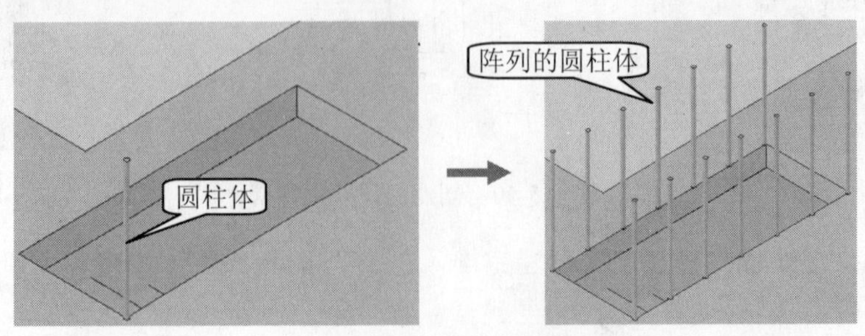

图 15-44　创建的圆柱体

④使用“移动”命令（M），分别将阵列的圆柱体向楼梯开口外的方向移动 15，然后使用复制命令，在楼梯的开口位置另外一侧将圆柱体复制，如图 15-45 所示。

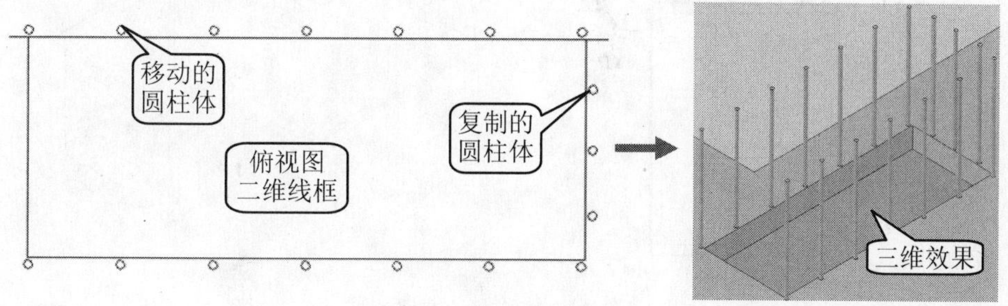

图 15-45　创建的圆柱体

⑤使用样条曲线连接圆柱体上侧的圆心点绘制样条曲线，再绘制一个直径为 50 的圆。单击“扫掠”按钮，选择直径为 50 的圆作为扫掠对象，选择样条曲线作为扫掠路径，然后将整个栏杆和扶手合并，如图 15-46 所示。

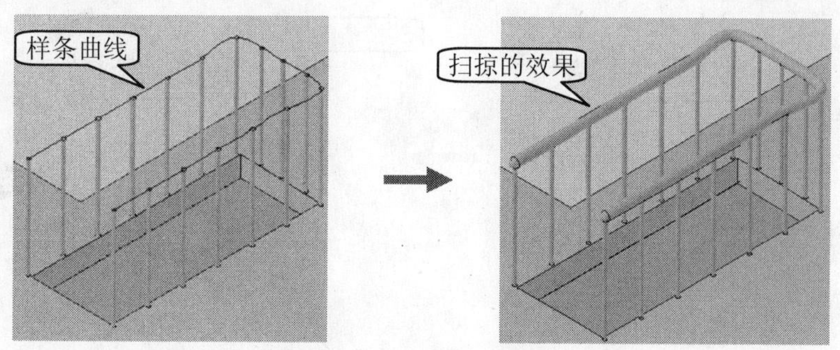

图 15-46　创建完成的栏杆

步骤 10 创建二楼墙体

①在视图中将“三维门窗”和“三维楼梯”图层关闭，打开“三维墙体”和“三维楼板”图层。

②切换到“西南等轴测”视图，在“UCS”工具栏中单击“原点”按钮，将当前 UCS 坐标置于楼板的顶面角点位置，再切换到“俯视图”和“二维线框”模式，如图 15-47 所示。

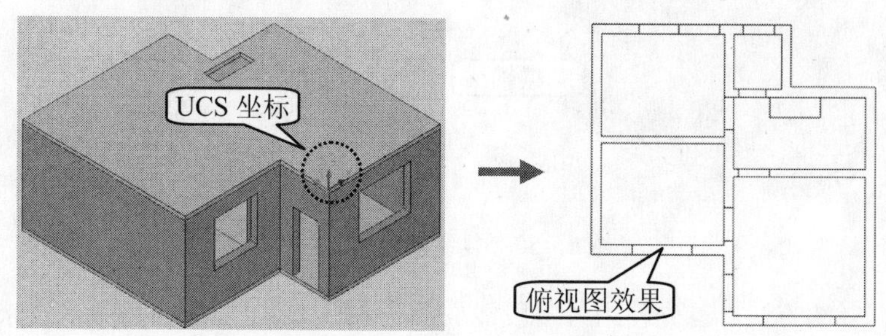

图 15- 47　调整 UCS 坐标

③将“三维墙体”图层置为当前图层，使用“多段线”命令（PL），在楼板的角点位置绘制相应的多段线，宽度为 60，如图 15- 48 所示。

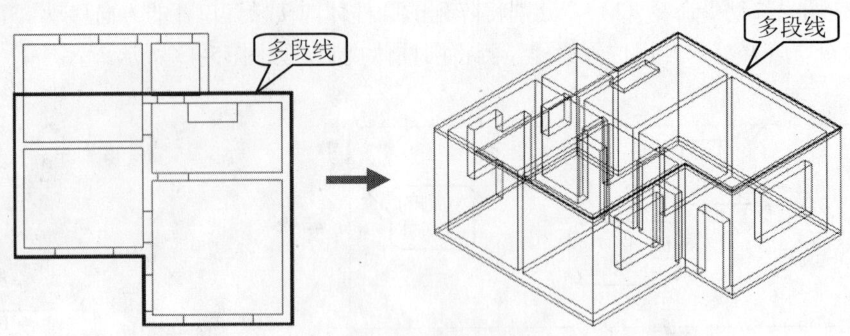

图 15-48　绘制的多段线

4 在“建模”工具栏中单击“多段体”按钮，设置高度（H）为 3000，宽度（W）为 240，对齐方式为右对齐。将刚绘制的多段线轮廓对象转换为多段体，再切换为“西南等轴测”视图观看，即可看到所创建出的二楼外墙实体对象，如图 15- 49 所示。

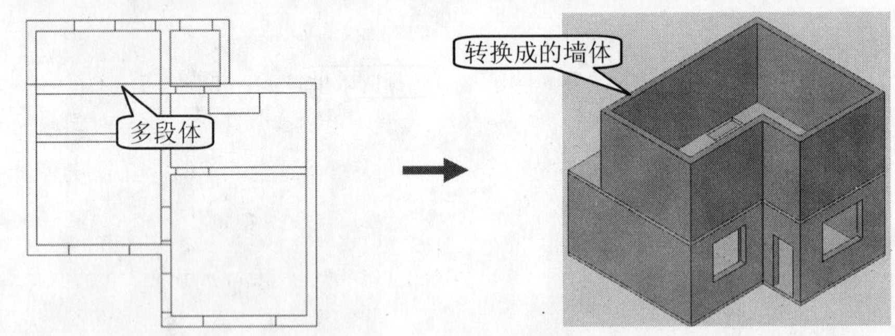

图 15- 49　创建的二楼外墙实体对象

5 打开“轴线”图层，使用“复制”命令（CO），将底层楼的轴线对象向上复制 3120，新建“二楼轴线”图层，然后将复制的轴线对象转换为“二楼轴线”图层，如图 15-50 所示。

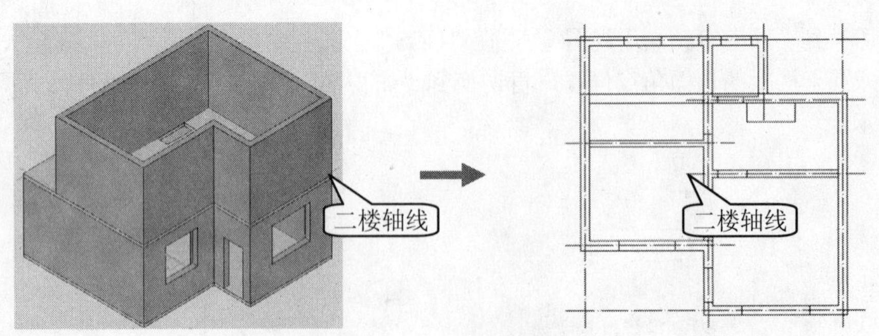

图 15-50　复制的二楼轴线

6 按照同样的方法，首先使用“多段线”命令（PL），过轴线的相应交点来绘制二楼内墙体的多段线，再将其转换为多段体。设置多段体的高度为 3000，宽度为 240 或 180，对齐方式为中对齐，如图 15-51 所示。

7 单击“并集”按钮，将二楼的内外墙实体对象进行并集操作。

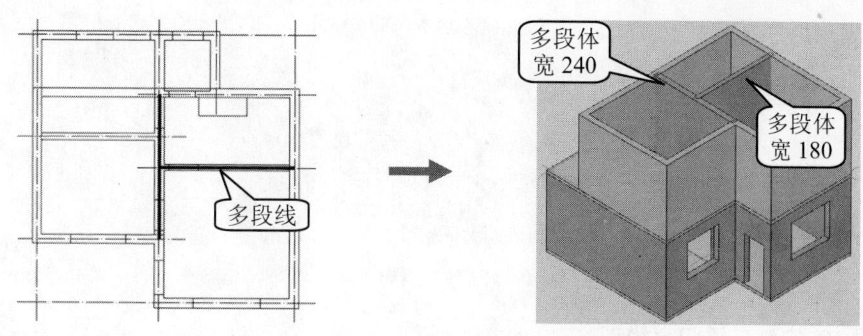

图 15-51　创建的二楼内墙体

步骤 11　开启二楼门窗洞口

①使用“多段线”命令（PL），过底楼窗口位置绘制宽度为 60 的两条多段线。

②由于此处所绘多段线是在一楼的窗口位置所绘制的，再使用移动命令将这两条多段线垂直向上移动 3120，从而移动到二楼的相应窗口位置处，如图 15-52 所示。

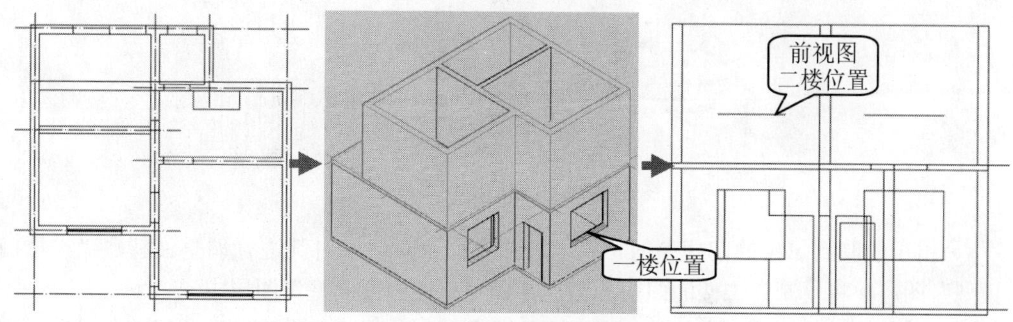

图 15-52　绘制的多段线

③在“建模”工具栏中单击“多段体”按钮，设置高度（H）为 1500，宽度（W）为 240，对齐方式为中对齐，将刚刚绘制的多段线转换为多段体。单击“差集”按钮，将多段体从二楼墙体中减去，形成二楼的窗口结构，如图 15-53 所示。

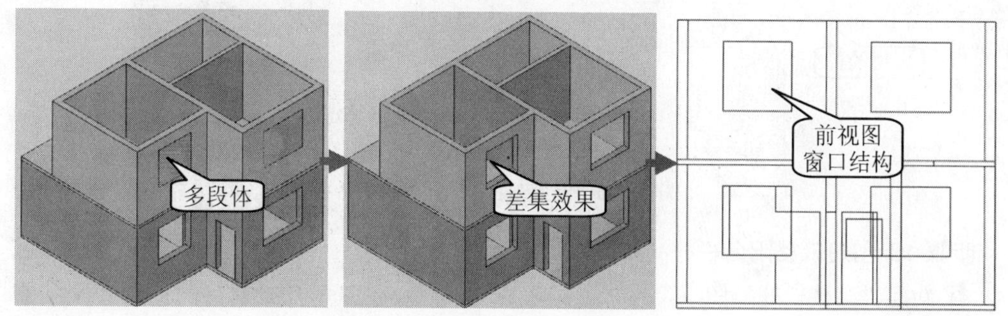

图 15- 53　开启的二楼窗洞口结构

④同样，使用“多段线”命令（PL），过底楼门口位置绘制宽度为 60 的三条多段线，将它们垂直向上复制 3120，然后转换为多段体（高度为 2000，宽度为 240，对齐方式为中对齐），最后单击“差集”按钮，将其从二楼墙体中减去，形成二楼的门窗口，如图 15-54 所示。

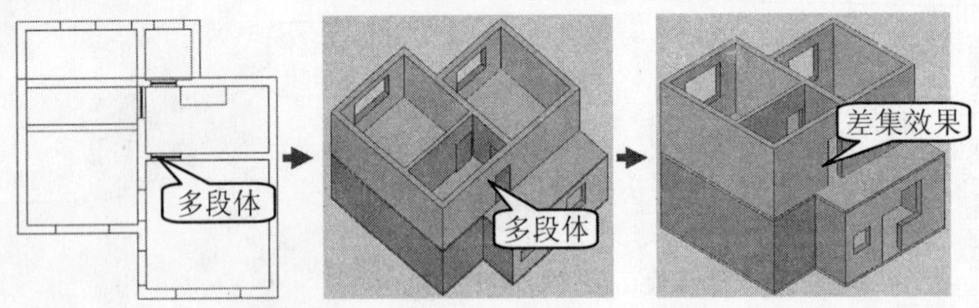

图 15-54　开启的二楼门洞口结构

步骤 12　安装二楼门窗模型

①由于二楼的门窗结构尺寸与一楼的大致相同，用户将一楼的门窗模型复制到二楼即可。

②将“三维门窗”图层打开，选择一楼的相应窗模型，将其向上复制 3120，如图 15-55 所示。

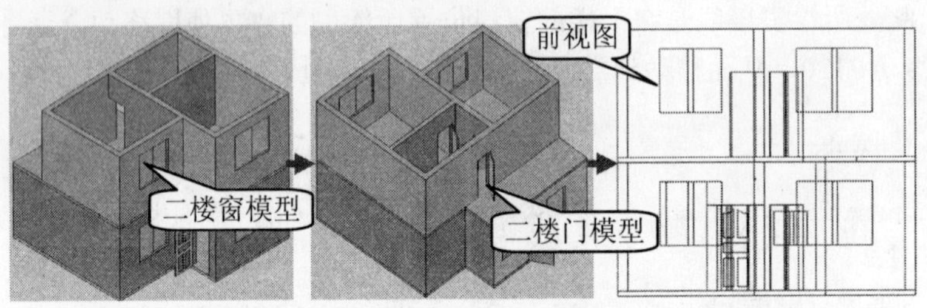

图 15-55　复制后的门窗模型

③由于复制到二楼的门模型时，门的开启方向不对，应对其进行调整。新建“二楼门窗模型”图层，将复制到二楼的门窗模型置换到“二楼门窗模型”图层中。

④切换到“俯视图”和“二维线框”模式，关闭“三维门窗”图层，此时所看到的门窗对象即为二楼的门窗对象，使用三维镜像或三维旋转命令，对指定的门进行三维操作，如图 15-56 所示。

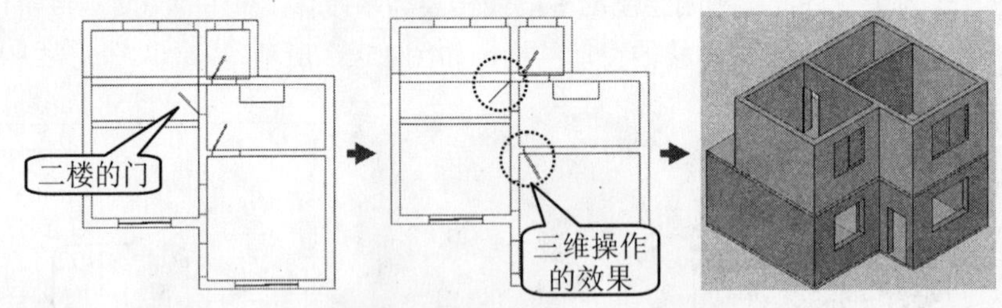

图 15-56　安装好的二楼门窗模型

步骤 13　创建二楼阳台栏杆

①新建“二楼栏杆”图层，单击“圆柱体”按钮，在二楼休息台的角点位置创建底面半径为 10、高度为 600 的圆柱体，再将圆柱体向内移动 20 的距离。选择“三维阵列”命令，将栏杆进行阵列，其阵列的列数为 22，列间距为 236，然后将两端的圆柱体进行多次复制，复制距离为 236，如图 15-57 所示。

②使用“多段线”命令（PL），分别过圆柱体上侧的圆心点绘制连接的多段线，使用“圆”命令（C），绘制半径为 25 的圆。单击“扫掠”按钮，选择圆作为扫掠的对象，再选择多段线作为扫掠的路径，从而创建出扶手，如图 15-58 所示。

图 15-57 安装好的二楼门窗模型

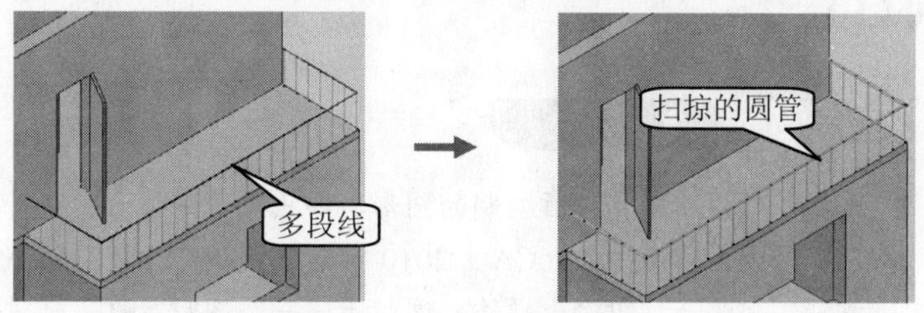

图 15-58 创建的扶手

步骤 14 创建二楼楼板

①将“二楼门窗模型”和“二楼栏杆”图层关闭，让视图中只显示“三维墙体”和“三维楼板”对象，并切换到“俯视图”和“二维线框”模式。使用“多段线”命令（PL），过二楼的外墙体轮廓绘制多段线，宽度为 60，再使用“偏移”命令（O），将多段线向外偏移 600，如图 15-59 所示。

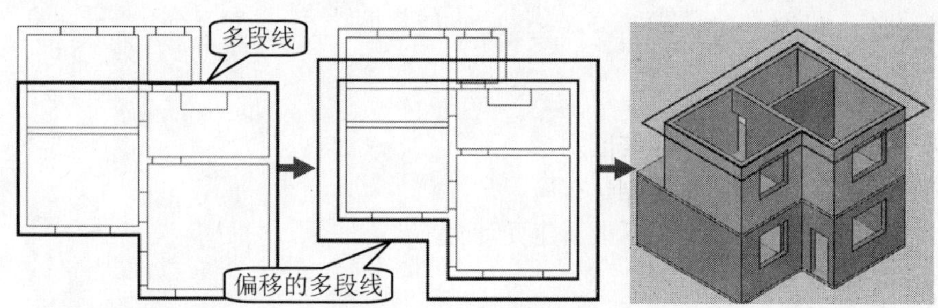

图 15-59 绘制并偏移多段线

②将内偏移的多段线删除，使用“面域”命令将偏移的多段线进行面域，然后向下拉伸 200，如图 15-60 所示。

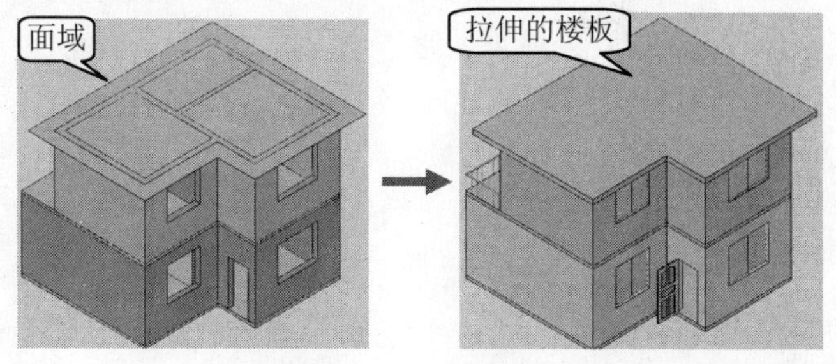

图 15-60 面域并拉伸的楼板

步骤 15 保存文件

第16章 图纸输出

本章导读

只有将所绘制的图形打印出来，才能方便设计人员和施工人员阅读。AutoCAD 2010 为用户提供了方便的图纸布局、页面设置与打印输出操作，这对于同一个图形对象，可进行多种不同的布局，以方便不同设计的需要；如果只做了很小的修改（如仅仅是图形的比例值不同），那么只需要在“打印”对话框中进行一些必要的设置，即用打印机或绘图仪以不同的比例值将该图形对象输出到尺寸大小不同的图纸上就可以了，而不必绘制两张不同比例值的图形。

本章主要学习以下内容：

- 掌握模型与图纸空间的特点与区别
- 使用“创建布局向导”命令创建布局
- 使用“页面设置管理器”对话框新建页面设置
- 输出 PDF 文件
- 将 PDF 文件附着为参考底图
- 创建图纸集
- 创建子集
- 综合实例演练——批量虚拟打印户型填色图

实用案例 16.1　切换图纸空间与模型空间

素材文件：	CDROM\16\素材\切换图纸空间与模型空间素材.dwg
演示录像：	CDROM\16\演示录像\切换图纸空间与模型空间.exe

案例解读

通过本案例的学习，使读者学习和掌握图纸空间和模型空间的概念和功能。

要点流程

- 打开附盘中的文件“切换图纸空间与模型空间素材.dwg”；
- 切换图纸空间和模型空间。

操作步骤

步骤 1 图纸空间

①打开附盘中的文件“切换图纸空间与模型空间素材.dwg”，如图 16-1 所示。

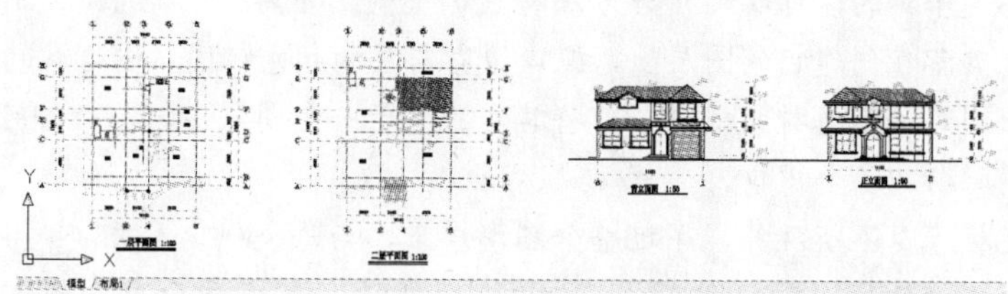

图 16-1　素材

②单击绘图区下方的 布局1 标签，切换到“布局”设置视口后，如图 16-2 所示的图纸空间。

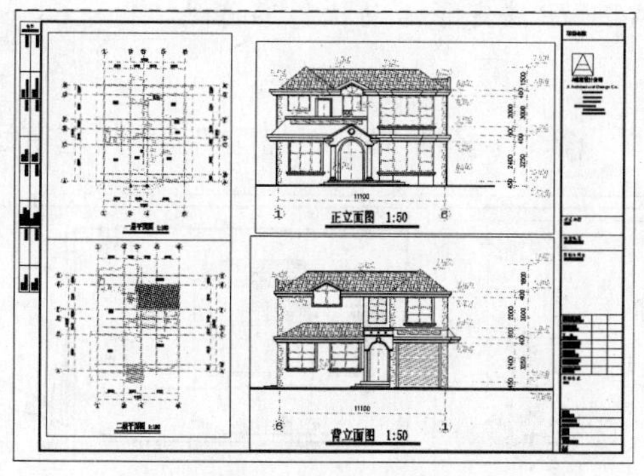

图 16-2　切换到布局的图纸空间

知识要点：

在 AutoCAD 中，图纸空间是以布局的形式来使用的。一个图形文件可包含多个布局，每个布局代表一张单独的打印输出图纸，主要用于创建最终的打印布局，而不用于绘图或设计工作。在绘图区域底部选择“布局 *n*”选项卡，就能查看相应的布局，也就是指的图纸空间，如图 16-3 所示。

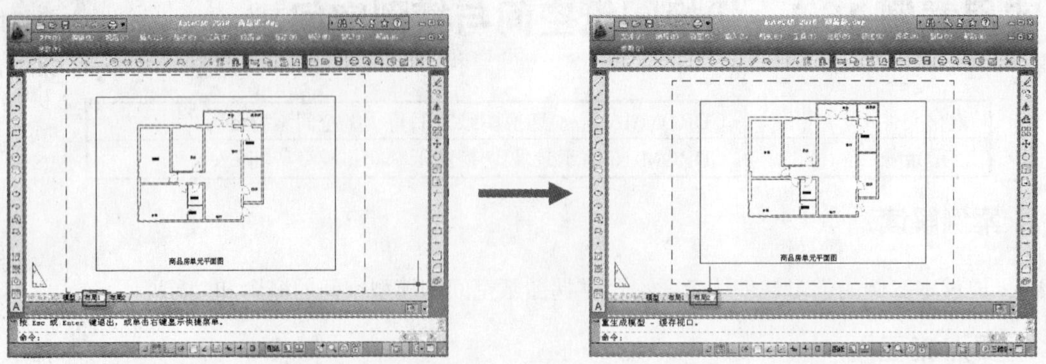

图 16-3　布局空间

下面就针对图纸空间的所有特征归纳为以下几点。

- VPORTS、PS、MS、和 VPLAYER 命令处于激活状态。(只有激活了 MS 命令后，才可使用 PLAN、VPOINT 和 DVIEW 命令)。
- 视口的边界是实体。可以删除、移动、缩放、拉伸视口。
- 视口的形状没有限制。例如：可以创建圆形视口、多边形视口或对象等。
- 视口不是平铺的，可以用各种方法将它们重叠、分离。
- 每个视口都在创建它的图层上，视口边界与层的颜色相同，但边界的线型总是实线。出图时如不想打印视口，可将其单独置于一个图层上，冻结即可。
- 可以同时打印多个视口。
- 十字光标可以不断延伸，穿过整个图形屏幕，与每个视口无关。
- 可以通过 MVIEW 命令打开或关闭视口；SOLVIEW 命令可以创建视口或者用 VPORTS 命令恢复在模型空间中保存的视口。
- 在打印图形并且需要隐藏三维图形的隐藏线时，可以使用 MVIEW 命令并选择“隐藏(H)”选项，然后拾取要隐藏的视口边界即可。
- 系统变量 MAXACTVP 决定了活动状态下的视口数是 64。

步骤 2 模型空间

单击状态栏中的“图纸”按钮，在布局中将视口切换到模型空间，如图 16-4 所示。

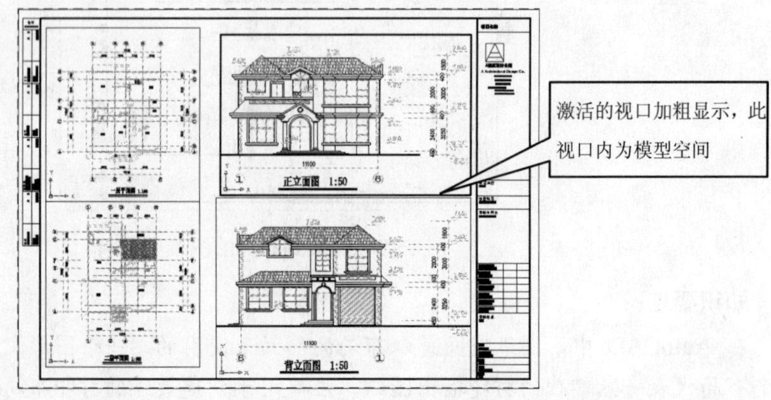

图 16-4　在视口中切换到模型空间

知识要点：

在新建或打开 DWG 图纸后，即可看到窗口下侧的视图选项卡上显示有“模型”、“布局1”和“布局 2”。在前面讲解的各个章节中，所绘制或打开的图形内容，都是在模型空间中进行绘制或编辑操作的，其绘制的模型比例为 1:1。

使用“模型”选项卡，可以将绘图区域拆分成一个或多个相邻的矩形视图，称为模型空间视口。在大型或复杂的图形中，显示不同的视图可以缩短在单一视图中缩放或平移的时间，而且在一个视图中出现的错误可能会在其他视图中表现出来，如图 16-5 所示。

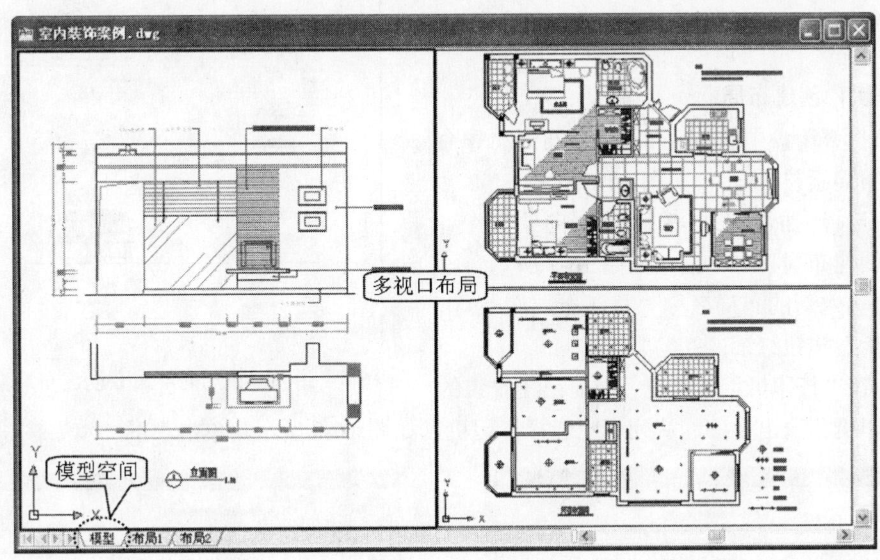

图 16-5　模型空间

下面就针对模型空间的所有特征归纳有以下几点。

- 在模型空间中，可以绘制全比例的二维图形和三维模型，并带有尺寸标注。
- 模型空间中，每个视口都包含对象的一个视图。例如，设置不同的视口会得到俯视图、正视图、侧视图和立体图等。
- 用 VPORTS 命令创建视口和视口设置，并可以保存起来，以备后用。
- 视口是平铺的，它们不能重叠，总是彼此相邻。
- 在某一时刻只有一个视口处于激活状态，十字光标只能出现在一个视口中，并且也只能编辑该活动的视口(平移、缩放等)。
- 只能打印活动的视口；如果 UCS 图标设置为 ON，该图标就会出现在每个视口中。
- 系统变量 MAXACTVP 决定了视口的范围是 2~64。

步骤 3 保存文件

实用案例 16.2　使用“创建布局向导”命令创建布局

素材文件：	CDROM\16\素材\用创建布局向导命令创建布局素材.dwg
效果文件：	CDROM\16\效果\用创建布局向导命令创建布局.dwg
演示录像：	CDROM\16\演示录像\用创建布局向导命令创建布局.exe

案例解读

通过本案例的学习，使读者学习和掌握如何用“创建布局向导”创建布局。

要点流程

- 打开附盘中的文件“用创建布局向导命令创建布局素材.dwg”；
- 使用创建布局向导创建布局。

操作步骤

步骤 1 创建布局

①打开附盘中的文件“用创建布局向导命令创建布局素材.dwg”，如图 16-6 所示。

②选择“插入>布局>创建布局向导”命令，打开“创建布局”对话框，如图 16-7 所示。

③输入新的布局名称“打印布局”，单击“下一步”按钮继续。

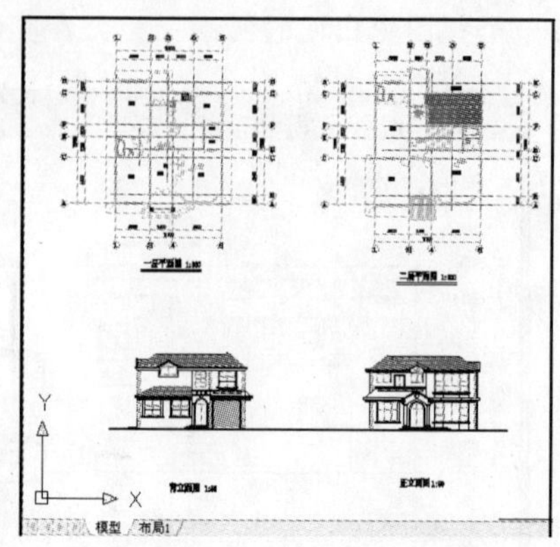

图 16-6　用创建布局向导命令创建布局素材

④在“打印机”页列出了当前已经安装的所有打印机和输出设备，从列表中选择打印机，如图 16-8 所示，单击“下一步”按钮继续。

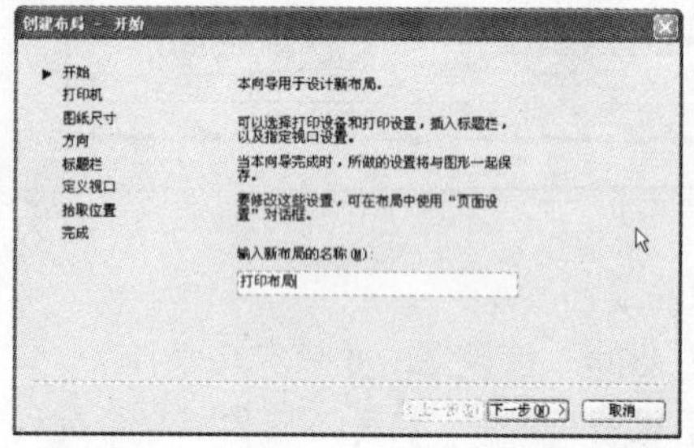

图 16-7　“创建布局”对话框

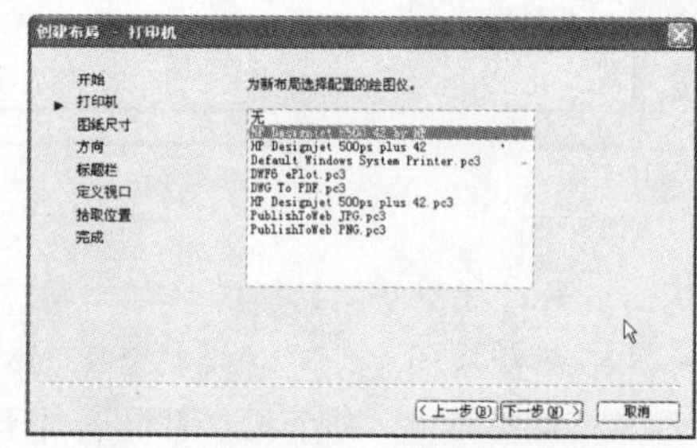

图 16-8　选择打印机

⑤选择图纸尺寸“ISO A1”，并选择图形单位为毫米，如图 16-9 所示。

⑥选择图形在图纸上的方向，如图 16-10 所示。因为 A1 图纸的尺寸是 841 毫米×594 毫米，所以如果打印机用的纸卷宽度是 841 毫米的，就应选择纵向，如果纸卷是 594 毫米宽的，就选择横向。

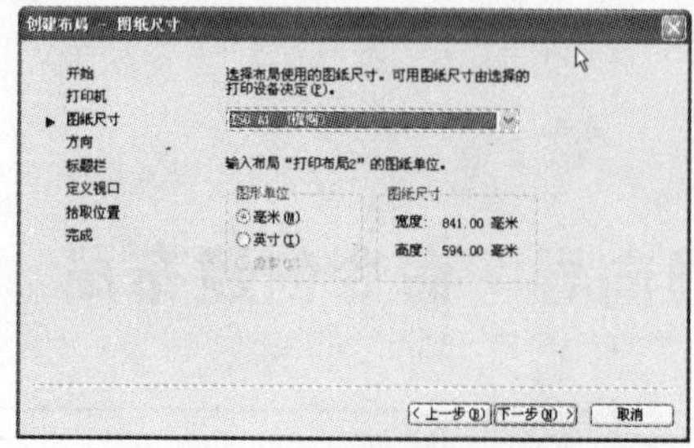

图 16-9　选择图纸尺寸

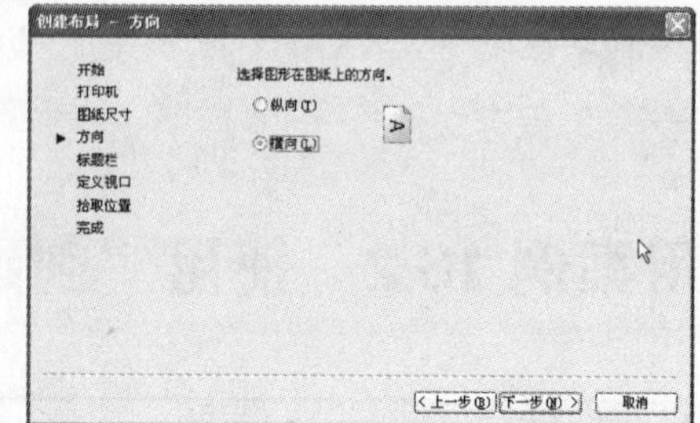

图 16-10　选择图纸方向

⑦选择图纸标题栏，如图 16-11 所示，已经列出了定义好的“标题栏”（也就是图框），

根据需要选择一个“标题栏”。

8 选择视口的个数和比例，如图 16-12 所示。

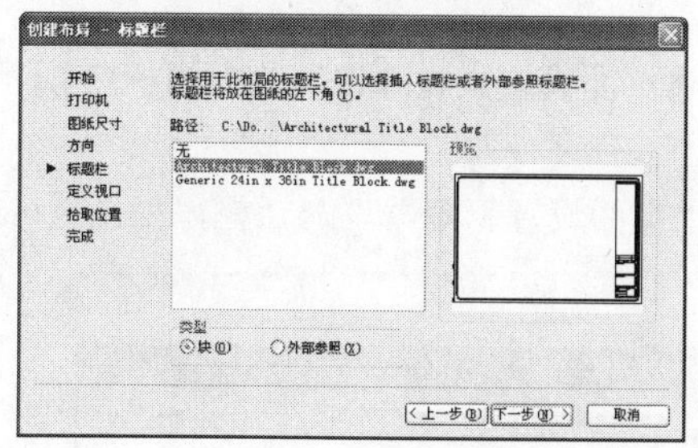

图 16-11　选择标题栏

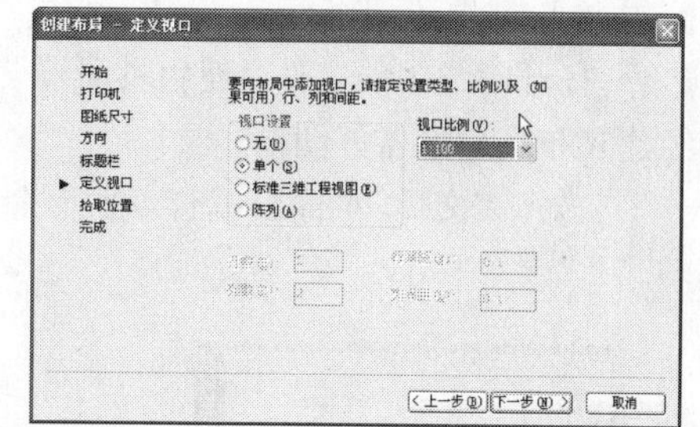

图 16-12　选择视口的个数和比例

9 单击“选择位置”按钮，在图纸空间中选择视口的范围，如图 16-13 所示。

10 单击“完成”按钮完成创建，效果如图 16-14 所示。

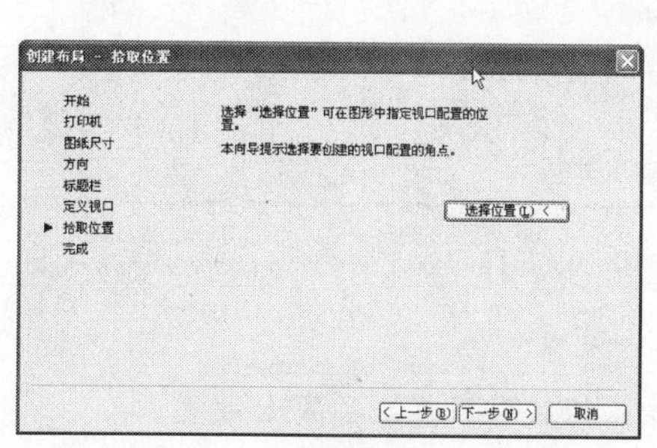

图 16-13　选择视口位置

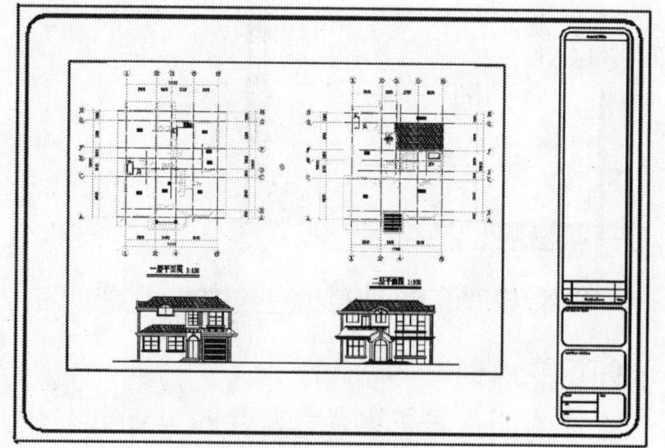

图 16-14　效果图

步骤 2 保存文件

实用案例 16.3　使用页面设置管理器新建页面设置

素材文件：	CDROM\16\素材\使用页面设置管理器新建页面设置素材.dwg
效果文件：	CDROM\16\效果\使用页面设置管理器新建页面设置.dwg
演示录像：	CDROM\16\演示录像\使用页面设置管理器新建页面设置.exe

案例解读

通过本案例的学习，使读者学习和掌握如何使用页面设置管理器新建页面设置，其中包括打印比例、图纸尺寸和打印区域的设置。

要点流程

- 打开附盘中的文件“使用页面设置管理器新建页面设置素材.dwg”；
- 启动“页面设置管理器”命令，新建页面设置，接着设置打印比例、图纸尺寸、打印区域，最后进行打印预览。

操作步骤

步骤 1 新建页面设置

①打开附盘中的文件“使用页面设置管理器新建页面设置素材.dwg”，如图 16-15 所示，已经建立布局并准备好图框。

②选择“文件>页面设置管理器”命令，激活“页面设置管理器”对话框，如图 16-16 所示。

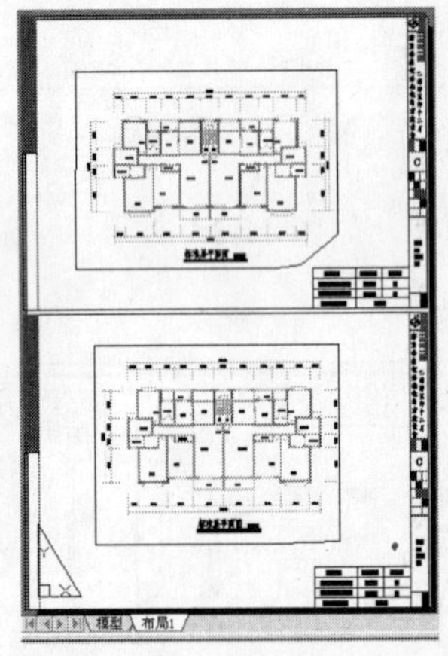

图 16-15 准备打印的图纸

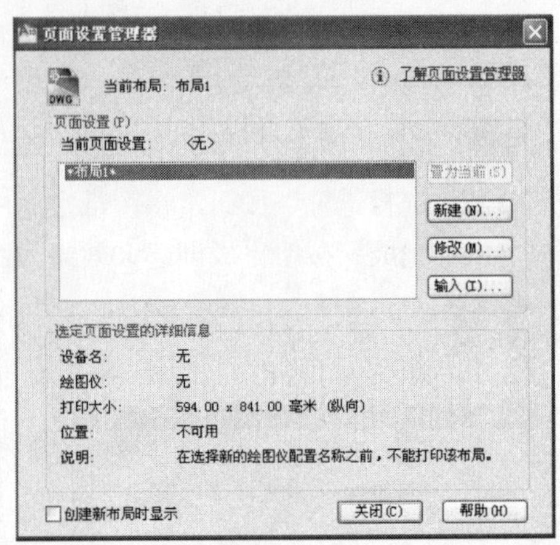

图 16-16 “页面设置管理器”对话框

知识要点：

在“页面设置管理器”对话框中可以创建、删除、修改和设置当前页面设置。

页面设置管理器的启动方法如下。

- 选择“文件>页面设置管理器”命令。
- 在命令行输入 PAGESETUP 命令，按 Enter 键确定。

③单击“新建”按钮，激活“新建页面设置”对话框，如图 16-17 所示。

④在“新页面设置名”文本框内输入新建设置的名称“打印上图”。在“基础样式”列表框中选择*布局 1*以此创建基于布局 1 的页面设置。单击“确定”按钮继续。

⑤激活“页面设置 － 布局 1”对话框，如图 16-18 所示。

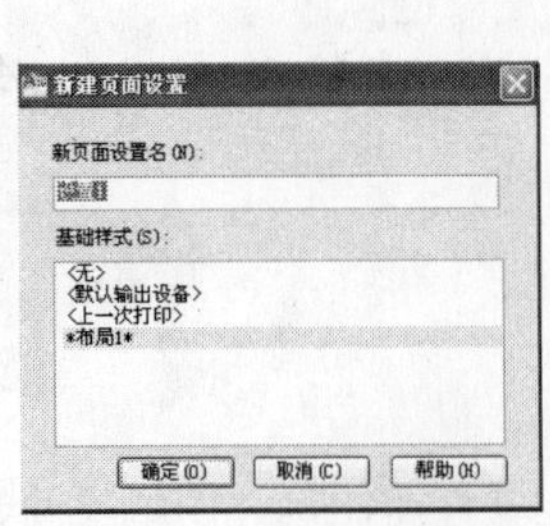

图 16-17 新建页面设置

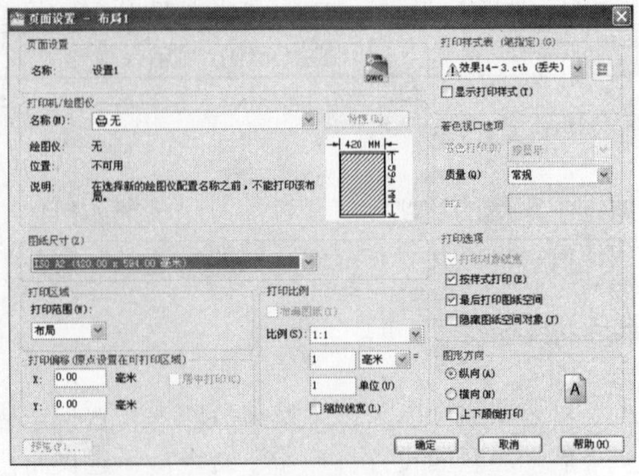

图 16-18 “页面设置—布局 1”对话框

步骤 2 设置打印比例

在打印机绘图仪下拉列表中选择打印机，在打印样式表中选择打印样式表，将打印比例设为 1:1，图形方向为横向，其他项保持默认值。

知识要点：

图纸比例要求：工程制图对于图纸比例有比较严格的要求，图形必须按照标准比例打印，以便读图时可以直接在图纸上测量尺寸。常用的图形比例有 1:50、1:100、1:200 等，一般来说使用的比例是 50 或 10 的整数倍，尽量不使用带有 3、5 等不易计算的倍数。

在 AutoCAD 2010 中，有两种方式可以控制打印出图比例。

◆　在打印设置或页面设置的“打印比例”区域直接设置比例，如图 16-19 所示。

◆　在图纸空间中使用视口控制比例，然后按照 1:1 比例进行打印，如图 16-20 所示。

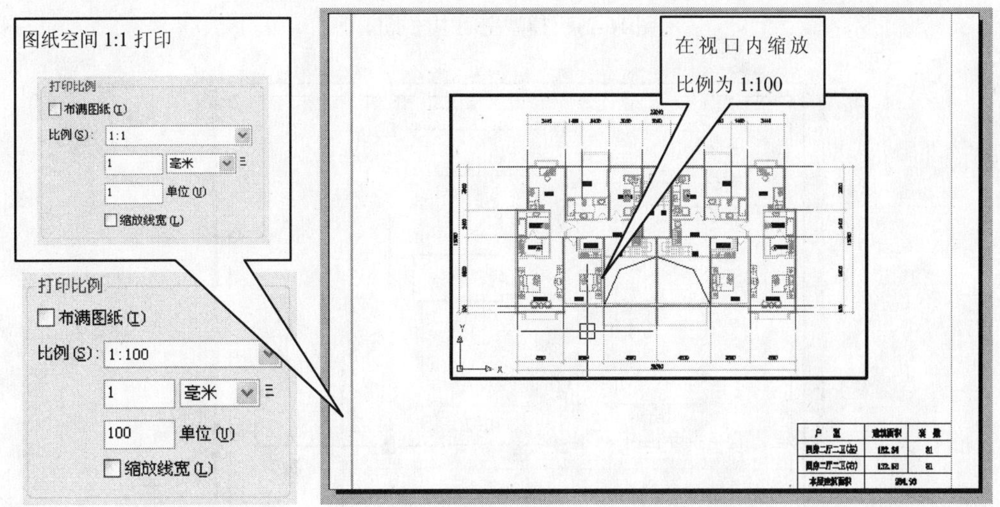

图 16-19　直接设置比例　　　　图 16-20　视口控制比例

一般而言，在模型空间中出图时，设置打印比例为需要的比例；在图纸空间中出图时设置打印比例为 1:1，而在视口中控制图形比例。在模型空间中按比例打印时，文字和图框也会相应地按比例缩放，有可能造成文字过小看不清。在图纸空间中按 1:1 打印时，直接绘制一个真实大小的图框，使用真实大小的文字，不论视口中设置图形比例为多少，文字和外围项目都不会改变尺寸。下面就针对图纸空间中控制出图比例问题进行详细介绍。

◆　视口

AutoCAD 中可以建立很多窗口，从窗口中以不同的方向、角度、比例观察模型空间中的图形对象，这样的窗口就叫做“视口”。在 AutoCAD 中，一共可以建立 32000 个视口。如图 16-21 所示，在模型空间中建立的视口，可以同时从多个方向观察同一个物体。如图 16-22 所示，在图纸空间中建立的视口，可以在不同比例下显示同一个图形，这样就可以在同一张图中打印不同比例的图纸。

模型空间中的视口为“平铺视口”，平铺视口将整个绘图空间分成若干区域，所有的平铺视口合起来必须铺满模型空间绘图区。

图纸空间的视口为“浮动视口”，浮动视口的边界框是一个图形，可以放在任意图层上，可以进行移动、复制、剪切、倒角等图形操作，浮动视口不需要占满整个图纸空间。

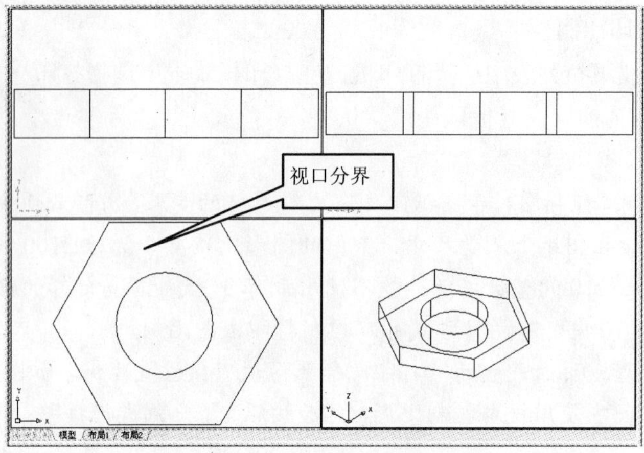

图 16-21　模型空间中的视口

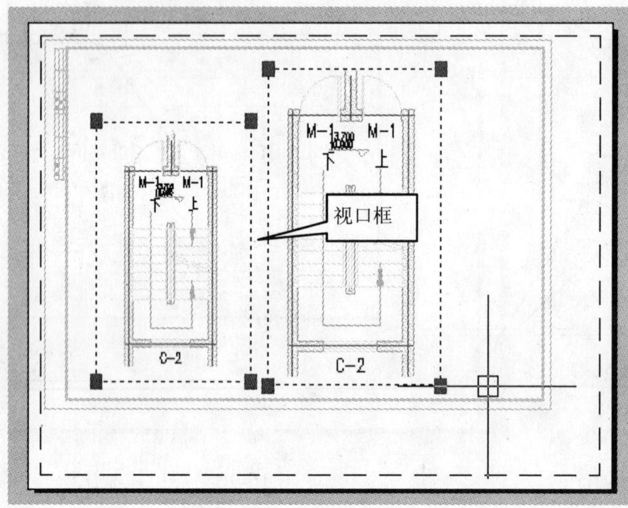

图 16-22　图纸空间中的视口

视口的创建方法如下。

- 选择“视图>视口>新建视口”命令，直接创建一个、两个或若干个视口。
- 在图纸空间中选择“视图>视口>对象”命令，将绘制好的边框转换为视口边框。
- 在命令行输入命令-VPORTS。命令行操作如下。

```
命令: -VPORTS
指定视口的角点或 [开(ON)/关(OFF)/布满(F)/着色打印(S)/锁定(L)/对象(O)/多边形(P)/恢复(R)/图层(LA)/2/3/4]
<布满>:
指定对角点：正在重生成模型。
```

步骤 3 设置图纸尺寸

在“图纸尺寸”下拉列表中选择“ISOA2（42.00 毫米×594.00 毫米）”，在“打印区域”下拉列表中选择“窗口”，如图 16-23 所示。

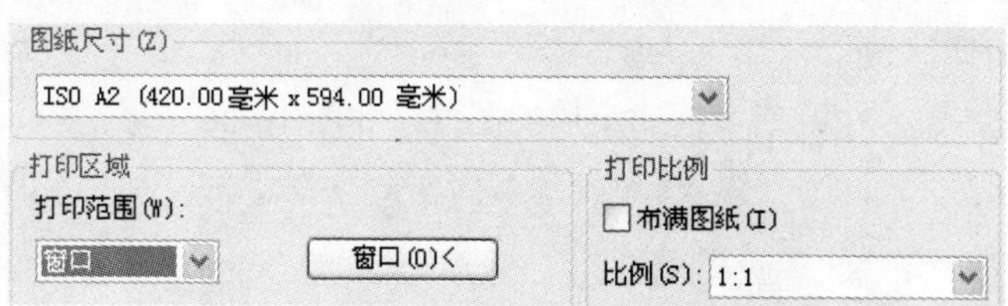

图 16-23　选择图纸尺寸

知识要点：

打印机打印图纸时，会默认保留一定的页边距，而不会完全布满整张纸。纸张上除了页边距之外的部分叫做“可打印区域”，如图 16-24 所示。在打印出图时，图纸边框是按照标准图纸尺寸绘制的，所以打印时必须将页边距设为 0，将可打印区域放大到布满整张纸面，这样打印出来的图纸才不会出边，如图 16-25 所示。

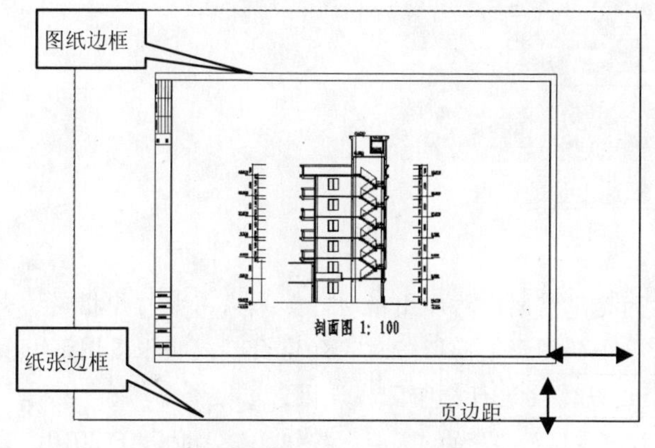

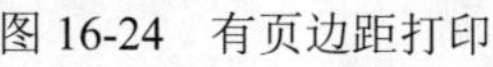

图 16-24　有页边距打印

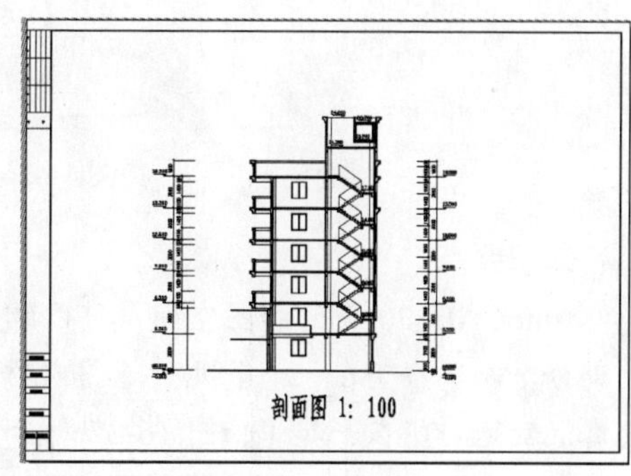

图 16-25　无页边距打印

图纸的标准尺寸：工程制图的图纸有一定的规范尺寸，一般采用英制 A 系列图纸尺寸，包括 A0、A1、A2 等标准型号，以及 A0+、A1+等加长图纸型号。图纸加长的规定是：可以将长边延长 1/4 或 1/4 的整数倍，最多可以延长至原尺寸的 2 倍，短边不可延长。各型号图纸尺寸见表 16-1。

表 16-1　标准图纸尺寸

图 纸 型 号	长宽尺寸（毫米）
A0	1189×841
A1	841×594
A2	594×420
A3	420×297
A4	297×210

技巧

“Oversize”或“过大尺寸”开头的系列图纸尺寸，已经默认页面四个方向上的页边距为 0，也就是说可以保证用 A2 的纸张打印 A2 的图框时，图框边缘不会超出打印范围。一般大型绘图仪的驱动程序都包含类似的图纸尺寸项。

步骤 4 设置打印区域

单击“窗口”按钮，在图形中框选上边的图框，如图 16-26 所示。

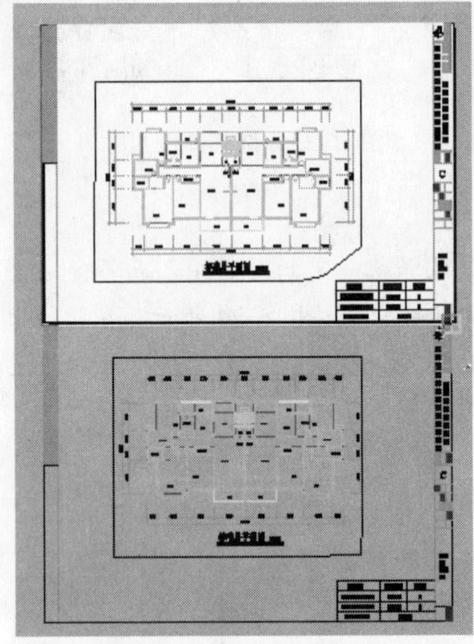

图 16-26　框选上边的图框

知识要点：

AutoCAD 2010 的绘图空间是可以缩放的无限空间。打印图纸时，如果只需要打印指定的部分，而不希望在一个很大的范围内打印很小的图形，而留下过大的空白，或将很多图形内容混乱地打印在一起（如图 16-27 所示），这就需要进行打印区域设置。

在“页面设置”对话框中，曾经使用过“打印区域”部分的“窗口”按钮。在 AutoCAD 2010 中打印区域设置有四种方式，如图 16-28 所示，分别是布局、窗口、范围和显示。

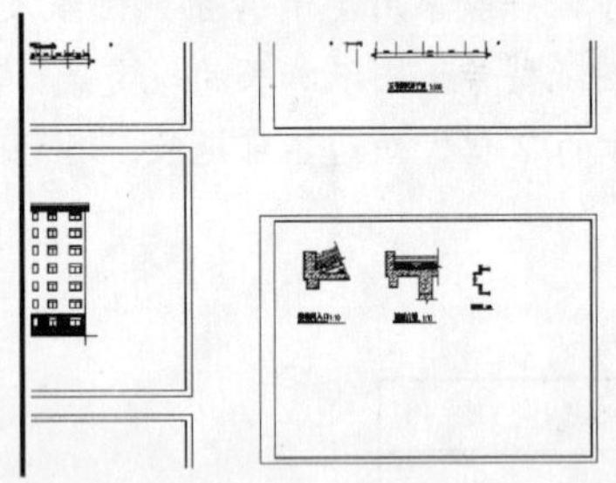

图 16-27　打印范围设置不当

打印区域
打印范围(W):
窗口
窗口(O)<
布局
窗口
范围
显示
置在可打印区域)
毫米
居中打印(C)

图 16-28　打印区域选项

◆　窗口

前边例子中常用的“窗口”方式，是最准确的区域设置方式。不论是直接使用 PRINT 命令还是在页面设置中，都可以使用窗口方式精确框选打印区域，如图 16-29 所示，单击“窗口”按钮后，在图形中框选矩形的打印区域。

图 16-29　窗口选择打印区域

◆　布局（图形界限）

若使用 LIMITS 命令定义过图形界限，选中此项则打印图形界限的范围，如图 16-30 所示，若没有定义过图形界限则会打印出空白。

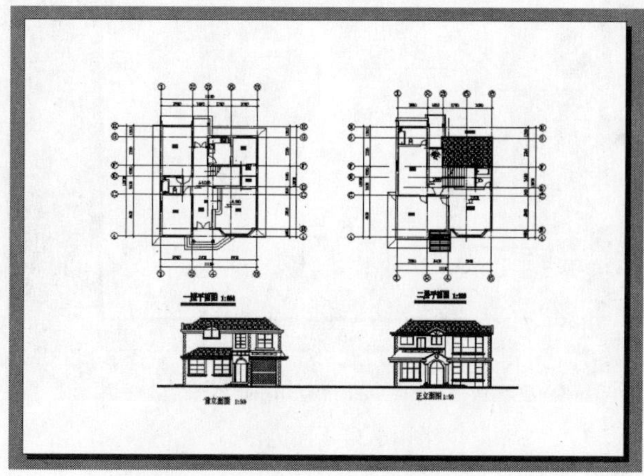

图 16-30　打印图形界限

◆　范围

类似于 ZOOM 命令缩放时的“范围”选项，AutoCAD 会自动查找所有图形对象，假想一个矩形正好将图形全部装在内，然后以这个矩形为窗口进行打印，如图 16-31 所示。

◆　显示

将当前显示的范围当作假想中的窗口矩形进行打印，如图 16-32 所示。

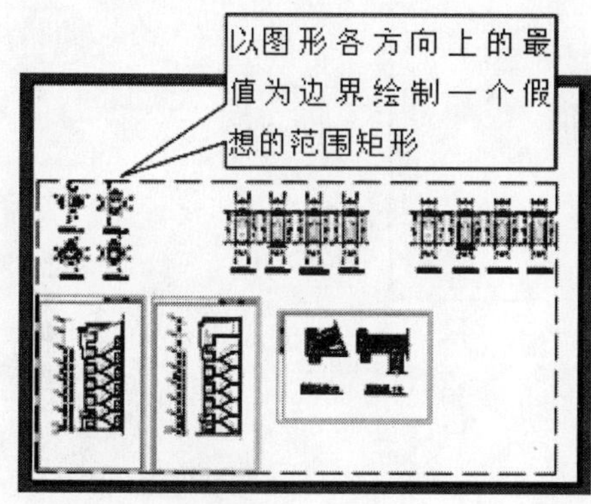

图 16-31　范围打印

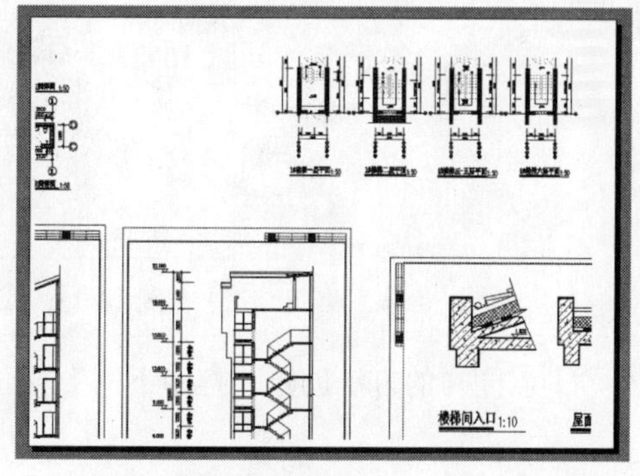

图 16-32　打印显示

步骤 5　打印预览

单击“预览”按钮，查看当前页面设置的打印效果，如图 16-33 所示。按 Esc 键返回“页面设置”对话框。

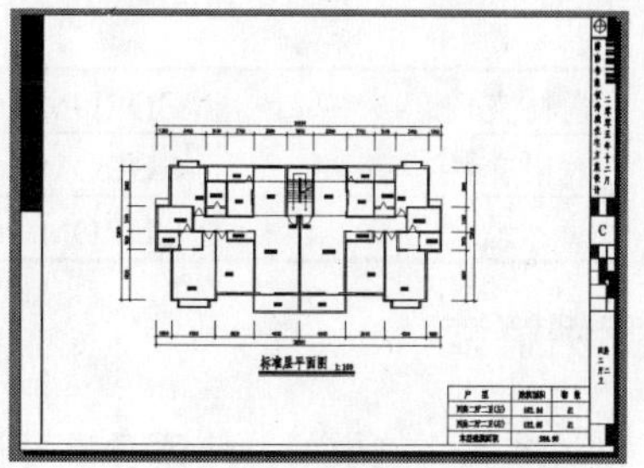

图 16-33　预览页面设置效果

知识要点：

AutoCAD 中，完成页面设置之后，发送到打印机之前，可以对要打印的图形进行预览，以便发现和调整错误。

如图 16-34 所示，预览时进入预览窗口，在预览状态下不能编辑图形或修改页面设置，可以缩放、平移和使用搜索、通信中心、收藏夹。

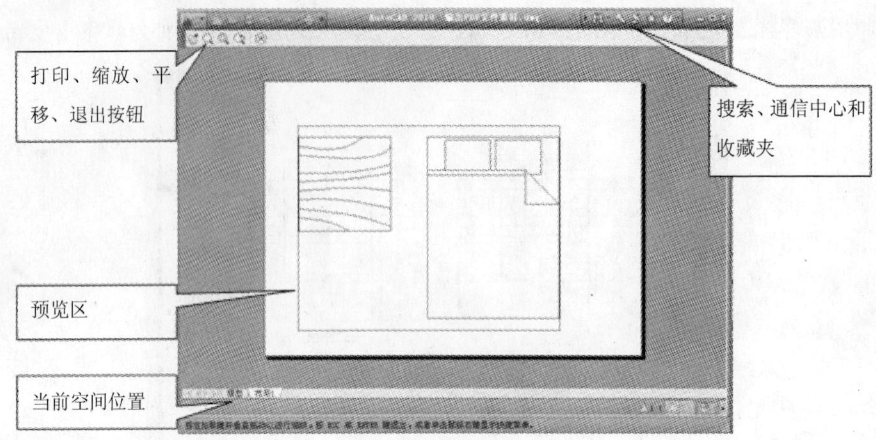

图 16-34　预览窗口

步骤 6 查看打印信息

①单击“确定”按钮，返回“页面设置管理器”对话框，如图 16-35 所示，可在页面设置详情中查看打印设备、打印大小等信息。

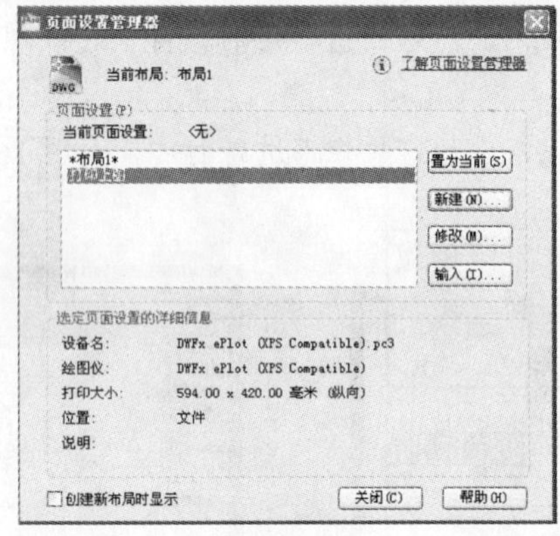

图 16-35　页面设置详细信息

②以同样的方法创建“打印下图”页面设置。

实用案例 16.4　输出 PDF 文件

素材文件：	CDROM\16\素材\输出 PDF 文件素材.dwg
效果文件：	CDROM\16\效果\输出 PDF 文件.pdf
演示录像：	CDROM\16\演示录像\输出 PDF 文件.exe

案例解读

通过本案例的学习，使读者学习和掌握如何输出 PDF 文件。

要点流程

- 打开光盘文件“输出 PDF 文件素材.dwg”；

- 切换到图纸空间，用 EXPORTPDF 命令输出 PDF 文件。

操作步骤

步骤 1 切换到图纸空间

①打开光盘文件“输出 PDF 文件素材.dwg”，如图 16-36 所示。

②单击绘制区域下方的“布局 1”标签。

步骤 2 输出 PDF 文件

在功能区单击“输出”选项卡选择“输出为 DWF/PDF 面板>输出>”命令，打开“另存为 PDF”对话框，不勾选“包含打印戳记”复选框，在“文件名”中输入“输出 PDF 文件”，单击“保存”按钮，保存文件，结果如图 16-37 所示。

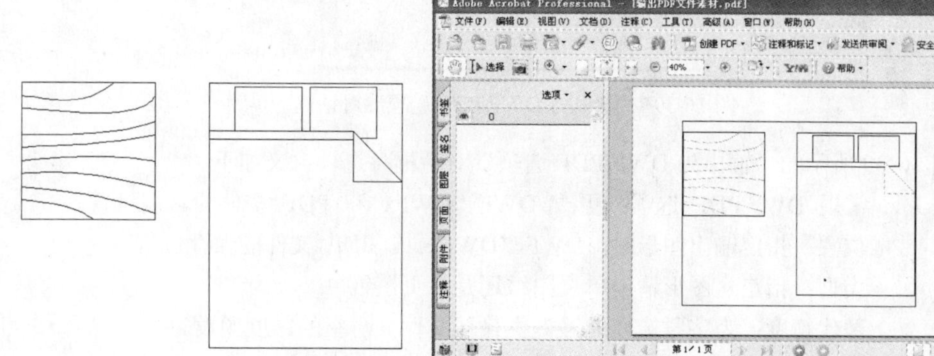

图 16-36 输出 PDF 文件素材　　图 16-37 输出 PDF 文件

知识要点：

输出 PDF 文件是指创建 PDF 文件，从而可以用不同的页面设置和替代精度把图形文件保存成 PDF 文件。

输出 PDF 文件的启动方法如下。

- ◆ 功能区：单击“输出”选项卡选择“输出为 DWF/PDF 面板>输出>”命令
- ◆ 输入命令名：在命令行中输入 EXPORTPDF，并按 Enter 键。

启动命令后，打开如图 16-38 所示的“另存为 PDF”对话框，该对话框用于在创建 PDF 文件时，可以快速替代设备驱动程序的页面设置选项，添加打印戳记以及更改文件选项。

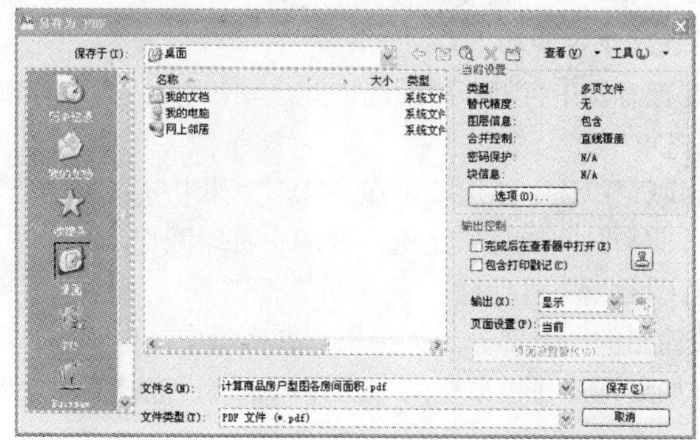

图 16-38 “另存为 PDF”对话框

“另存为 PDF”对话框各选项含义如下。

- 选项：单击该按钮，打开如图 16-39 所示的“输出为 DWF/PDF 选项”对话框。在该对话框中，可以更改 PDF 文件设置，例如文件位置、密码保护以及图层信息。

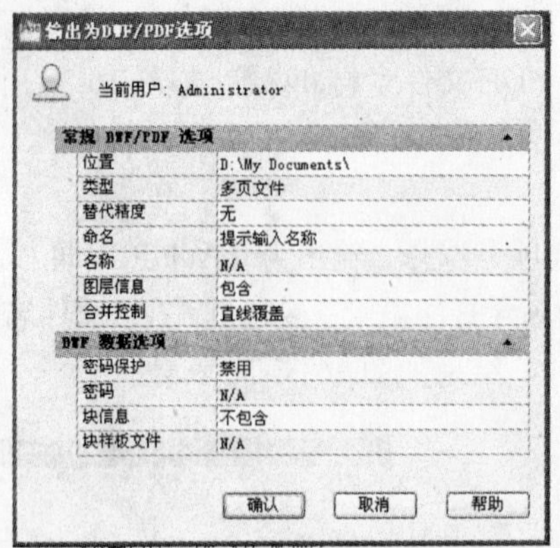

图 16-39 “输出为 DWF/PDF 选项”对话框

如图 16-39 所示的“输出为 DWF/PDF 选项”对话框各选项含义如下。

- ➢ 常规 DWF/PDF 选项：更改 DWF、DWFx 和 PDF 文件的常规设置。

  位置：指定输出图形时，DWF、DWFx 或 PDF 文件的保存位置。

  类型：指定从图形输出单页图纸还是多页图纸。

  替代精度：为字段选择能够提供最佳文件分辨率的精度预设。

  命名：命名多页文件、在输出过程中提示输入名称或在输出前指定名称。

  图层信息：在 DWF、DWFx 或 PDF 文件中包含图层信息。

  合并控制：指定重叠的直线是执行合并（直线的颜色混合在一起成为第三种颜色）操作还是覆盖（最后打印的直线遮挡住它下面的直线）操作。

- ➢ DWF 数据选项：更改仅适用于 DWF 和 DWFx 文件的设置。

  密码保护：为 DWF、DWFx 或 PDF 文件提供密码保护。可决定是在输出过程中提示输入新密码，还是在此对话框中指定密码。

  密码：为 DWF、DWFx 或 PDF 文件输入密码。

  块信息：在 DWF、DWFx 或 PDF 文件中指定块特性和属性信息。

  块样板文件：提供用于创建新的块样板 (DXE) 文件、编辑现有块样板文件或使用以前创建的块样板文件设置的选项。

- 输出控制：具体选项说明如下。
  - ➢ 完成后在查看器中打开：如果选中此选项，则文件输出完成后将在默认查看器中打开 PDF 文件。
  - ➢ 包含打印戳记：选中该选项可在 PDF 文件中包含用户定义的信息，例如图形名称、日期和时间或打印比例。要编辑打印戳记，先单击“打印戳记”按钮，打开“打印戳记”对话框。
- 输出：选择要输出的图形部分。如果用户在图纸空间中工作，则可以选择当前布局或所有布局。如果用户在模型空间中工作，则可以选择当前显示的对象、图形范围或选定区域。
- “窗口选择”按钮：使用鼠标或输入 X 轴，Y 轴坐标来选择区域，以此选择窗口区域从模型空间中输出。

- 页面设置：使用“页面设置管理器”中的设置输出 PDF 文件，也可以选择替代这些设置。
- 页面设置替代：使用户可以通过“页面设置替代”对话框来替代页面设置。

实用案例 16.5　将 PDF 附着为参考底图

素材文件：	CDROM\16\素材\商品房素材.dwg CDROM\16\素材\卧室家具 1.pdf CDROM\16\素材\卧室床.pdf CDROM\16\素材\客厅家具.pdf CDROM\16\素材\书房家具.pdf CDROM\16\素材\卫生间家具.pdf
效果文件：	CDROM\16\效果\商品房.dwg
演示录像：	CDROM\16\演示录像\商品房.exe

案例解读

通过本案例的学习，使读者学习和掌握如何将 PDF 附着为参考底图，效果图如图 16-40 所示。

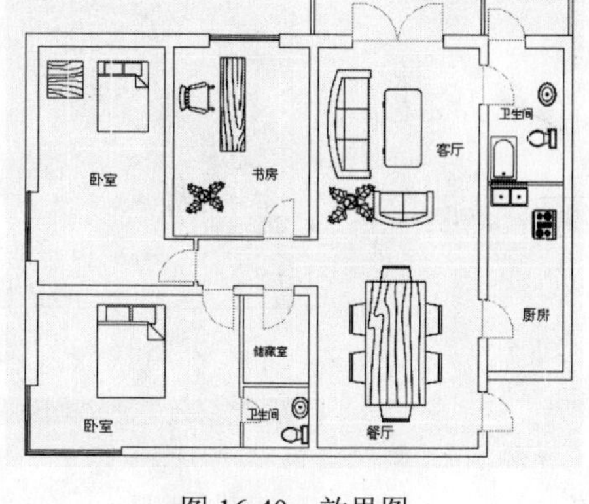

图 16-40　效果图

要点流程

- 打开光盘文件“商品房素材.dwg”；
- 用“PDF 参考底图”命令将 PDF 文件附着为参考底图。

操作步骤

步骤 1 打开图形文件

打开光盘文件“商品房素材.dwg”，如图 16-41 所示。

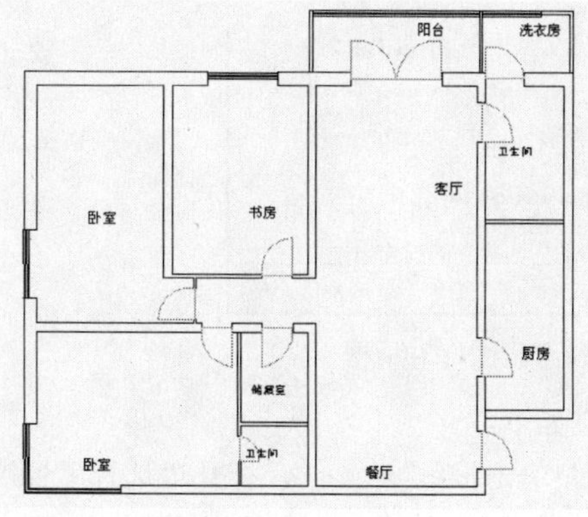

图 16-41　商品房素材

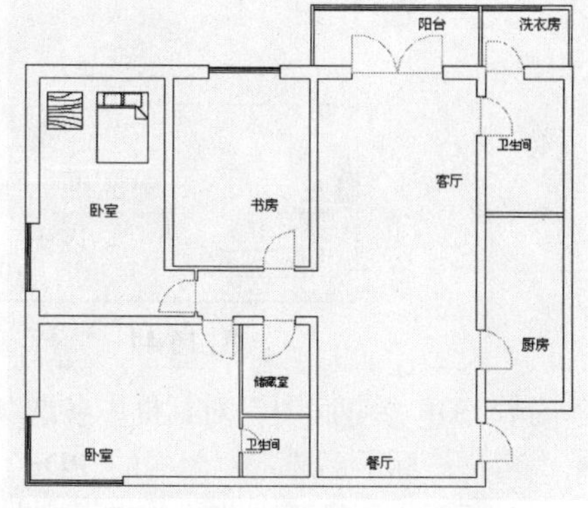

图 16-42　插入卧室家具

步骤 2 将 PDF 附着为参考底图

①在菜单区选择“插入>PDF 参考底图”命令，打开光盘文件“卧室家具 1.pdf”，单击“打开”按钮，打开“附着 PDF 参考底图”对话框。在该对话框中，不勾选“比例”列表框中的“在屏幕上指定”复选框，输入比例为 15，单击“确定”按钮，插入卧室家具，结果如图 16-42 所示。

知识要点：

将 PDF 附着为参考底图是指将 PDF 文件作为参考底图插入当前图形中。

将 PDF 附着为参考底图的启动方法如下。

- ◆ 菜单区：“插入>PDF 参考底图”命令。
- ◆ 输入命令名：在命令行中输入 PDFATTACH，并按 Enter 键。

命令启动后，打开如图 16-43 所示的“选择参照文件”对话框，选择参照文件。选择文件后，单击“打开”按钮，打开如图 16-44 所示的“附着 PDF 参考底图”对话框。该对话框用于命名、定位和定义附着 PDF 参考底图的插入点、比例和旋转角度。

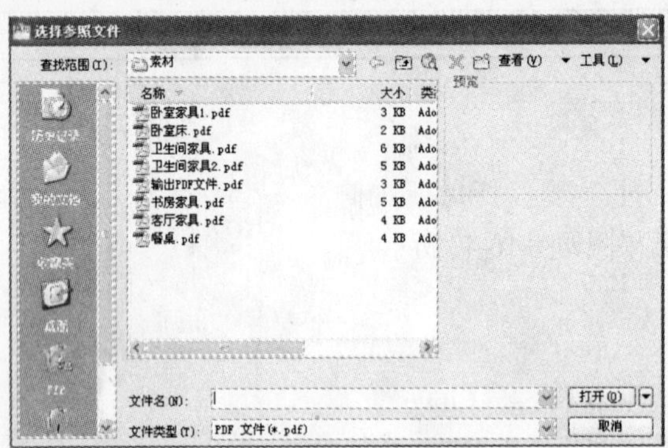

图 16-43 “选择参照文件”对话框

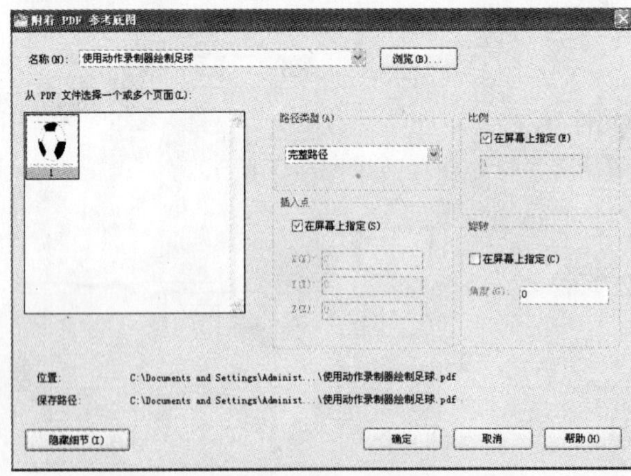

图 16-44 “附着 PDF 参考底图”对话框

“附着 PDF 参考底图”对话框中各选项含义如下。

- 名称：标示已选定要附着的 PDF 文件。单击按钮[浏览(B)...]，打开“选择参照文件”对话框，选择要附着的 PDF 文件。
- 从 PDF 文件中选择一个或多个页面：显示在 PDF 文件中找到的所有页面。如果 PDF 文件仅包含单个页面，则将列出该页面。可以通过按住 Shift 或 Ctrl 键同时选择多个页面。

- 路径类型：选择 PDF 文件的完整（绝对）路径、相对路径或“无路径”，以及 PDF 文件的名称。对于“无路径”选项，PDF 文件必须位于当前图形文件的同一个文件夹中。
- 插入点：指定选定 PDF 文件的插入点。默认设置是“在屏幕上指定”。默认插入点是（0，0，0）。
  - 在屏幕上指定：指定是通过命令提示输入还是通过定点设备输入。如果未选择“在屏幕上指定”选项，则需输入插入点的 X 轴、Y 轴和 Z 轴坐标值。
  - X：设置 X 轴坐标值。
  - Y：设置 Y 轴坐标值。
  - Z：设置 Z 轴坐标值。
- 比例：指定选定 PDF 参考底图的比例因子。
  - 在屏幕上指定：在命令提示下或通过定点设备输入信息。如果没有选择“在屏幕上指定”选项，则需要输入比例因子的值。默认比例因子是 1。
  - “比例因子”字段：为比例因子输入值。默认比例因子是 1。
- 旋转：指定选定 DWF 参考底图的旋转角度。
  - 在屏幕上指定：如果选择了“在屏幕上指定”选项，则可以在退出该对话框后用定点设备旋转对象或在命令提示下输入旋转角度值。
  - 角度：如果未选择“在屏幕上指定”选项，则可以在对话框里输入旋转角度值。默认旋转角度是零度。
- 显示细节：显示 PDF 文件的路径。
  - 位置：显示 PDF 文件的路径。
  - 保存路径：显示附着 PDF 文件时与图形一起保存的路径。路径取决于“路径类型”设置。

注意

在“特性”选项板中可以修改图纸框的颜色。

(2) 同理，重复上一步骤，插入其他的家具，结果如图 16-40 所示。

步骤 3 保存文件

实用案例 16.6　创建图纸集

效果文件：	CDROM\16\效果\图纸集.dst
演示录像：	CDROM\16\演示录像\图纸集.exe

案例解读

通过本案例的学习，使读者学习和掌握如何运用“图纸集管理器”创建图纸集。

要点流程

- 打开图纸集管理器；

- 按向导新建图纸集。

操作步骤

步骤 1 打开图纸集管理器

在菜单区选择“工具>选项板>图纸集管理器”命令，打开“图纸集管理器”面板。

知识要点：

在工程制图的过程中如何管理图形文件是一个重要问题，特别是当多人合作制图时，保持图纸文件的统一是很重要的。多数图形工作者都有自己组织文件的方式，一般来说会使用特定的命名规则，例如本书中的示例文件都命名为“素材 *N*”或“效果 *N*”，这样就可以将文件和书对应起来。但是当图纸量很大时，命名可能会变得更复杂，而且只有制图者自己知道文件的内容，其他合作者必须逐一打开文件核对。

为了便于管理图纸文件，从 AutoCAD 2005 版本开始提供了“图纸集”功能。图纸集会生成一个独立于图形文件之外的数据文件，这个文件中记录关于图纸的一系列信息，并且可以管理控制集内图纸的页面设置、打印等。

图纸集管理器：如图 16-45 所示，在图纸集管理器中可以看到当前所有的图纸集，每个图纸集下的布局。图纸集中按照布局组织，也就是说按照最后打印为单位组织的。

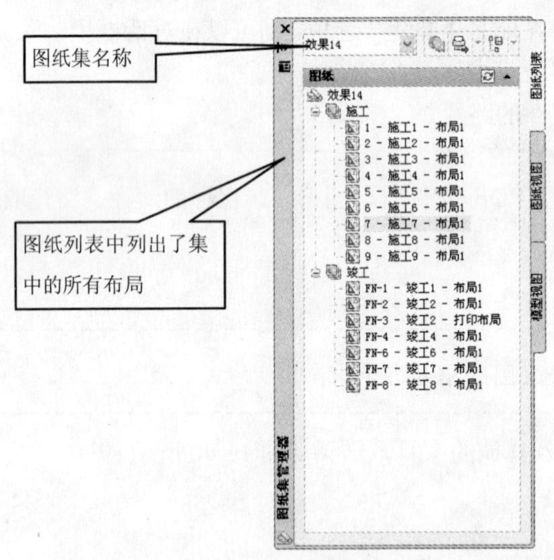

图 16-45 图纸集管理器

图纸集管理器分为以下几个部分。

- “图纸集”控件：列出了用于创建新图纸集、打开现有图纸集或在打开的图纸集之间切换的菜单选项。
- “图纸列表”选项卡：显示了图纸集中所有图纸的有序列表。图纸集中的每张图纸都是在图形文件中指定的布局，在列表中双击即可打开该文件。
- “图纸视图”选项卡：显示了图纸集中所有图纸视图的有序列表，仅列出 AutoCAD 2005 以上版本创建的图纸视图。
- “模型视图”选项卡：列出了一些图形的路径和文件夹名称，这些图形包含要在图纸集中使用的模型空间视图。

打开图纸集管理器有如下几种方法。

- 选择“工具>选项板>图纸集管理器”命令。
- 在命令行输入 SHEETED 并按 Enter 键。
- 在命令行输入OPENSHEETSET并按Enter键，指定路径和文件名打开特定的图纸集。
- 双击图纸集“.dst”文件。

步骤 2 新建图纸集

①在“图纸集管理器”面板的下拉列表中选择“新建图纸集”选项，弹出“创建图纸集”向导首页，选中“现有图形”单选框，如图 16-46 所示，单击“下一步”按钮继续。

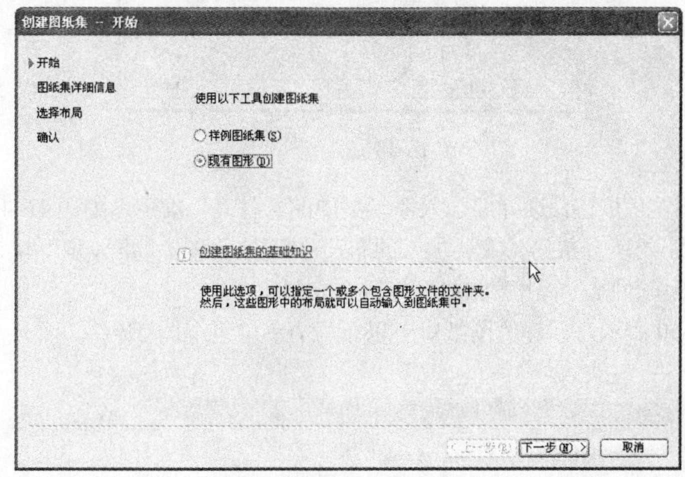

图 16-46　选择创建方式

②命名图纸集并选择保存图纸集文件的路径，如图 16-47 所示。

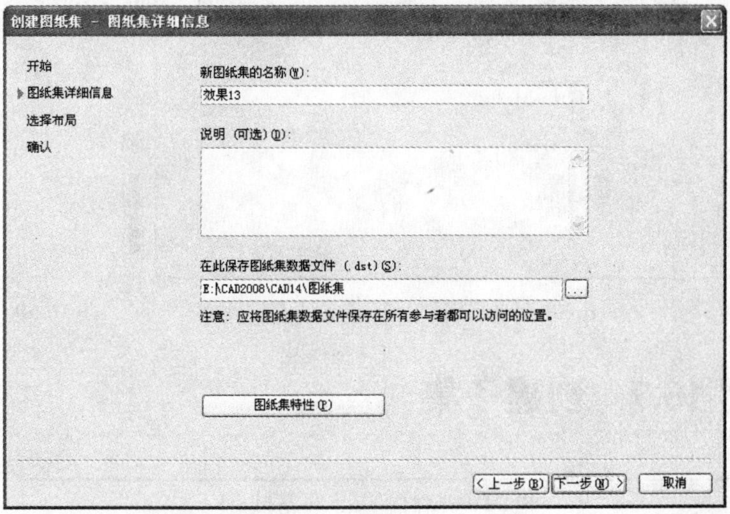

图 16-47　保存图纸集位置

③单击“图纸集特性”按钮，填写图纸集特性中“项目编号”、“工程名”等项目，如图 16-48 所示，单击“确定”按钮返回，单击“下一步”按钮继续。

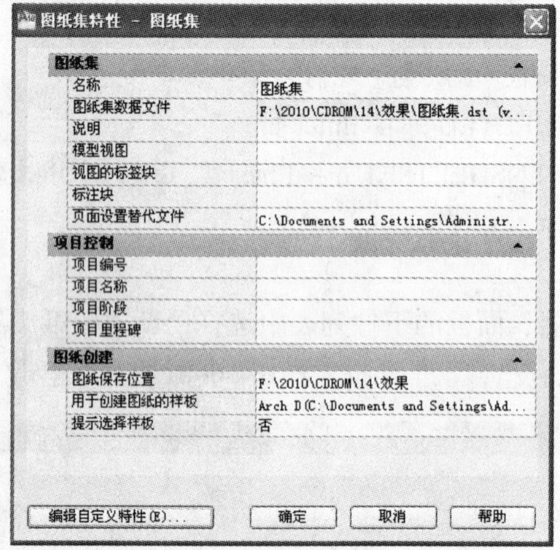

图 16-48　保存图纸集

④单击“浏览”按钮，选择要加入图纸集中的文件夹，确定后如图 16-49 所示，其中列出了所选文件夹中的所有布局，在要加入的布局前打钩，单击“下一步”按钮继续。

⑤预览图纸集数据，单击“完成”按钮完成创建。

⑥如图 16-50 所示，创建的图纸集中以布局为单位组织图纸。

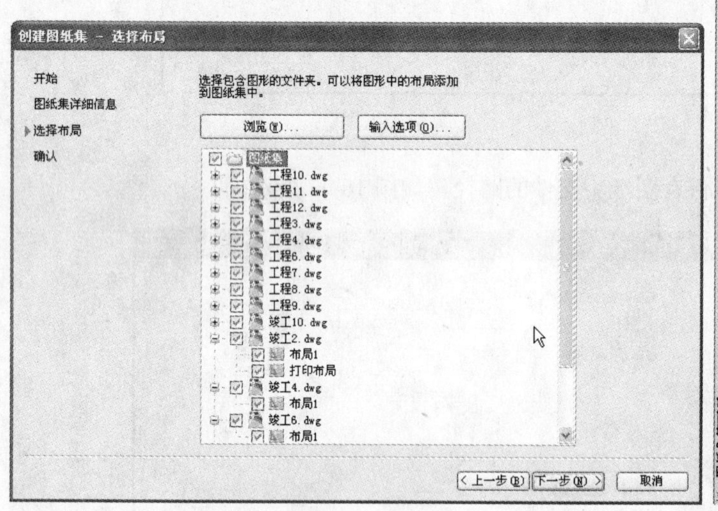

图 16-49　选择图纸

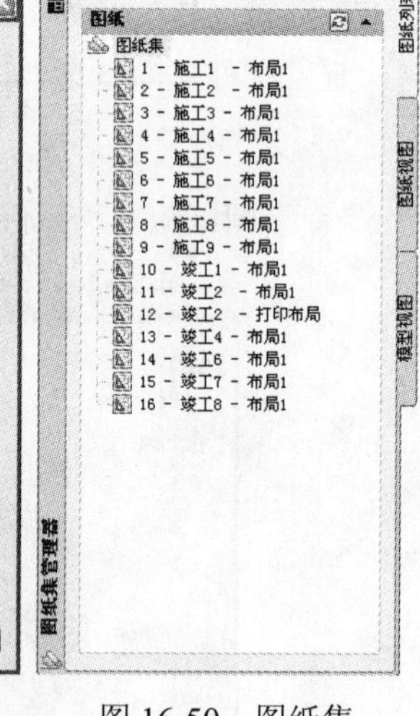

图 16-50　图纸集

实用案例 16.7　创建子集

素材文件：	CDROM\16\素材\创建子集素材.dst
效果文件：	CDROM\16\效果\创建子集.dst
演示录像：	CDROM\16\演示录像\创建子集.exe

案例解读

对于较大的图纸集，有必要在树状图中整理图纸和视图。

在“图纸列表”选项卡上，可以将图纸整理为“子集”；在“图纸视图”选项卡上，可以将视图整理为“类别”。子集和类别各自都可以嵌套。

图纸子集通常与某个主题相关联。例如在土木工程设计中，可能使用名为“建筑”、“结构”的子集；而在机械设计中，可能使用名为“标准紧固件”的子集。视图类别通常与功能相关联。例如，在土木工程设计中，可能使用名为“平面图”的视图类别；而在机械设计中，可能使用名为“分解”的视图类别。可以在树状图中拖动子集或类别进行排序。

要点流程

- 打开图纸集“创建子集素材.dst”；
- 使用“新建子集”命令新建“竣工”和“施工”两个子集。

操作步骤

步骤 1 新建子集

①打开图纸集“创建子集素材.dst”，如图 16-51 所示。

②在“创建子集素材”上单击鼠标右键，在弹出的菜单中选择“新建子集”命令，如图 16-52 所示，在“子集特性”对话框中填写子集名称“施工”，选中“创建相对于上级子集存储位置的文件夹”复选框，单击“确定”按钮返回。

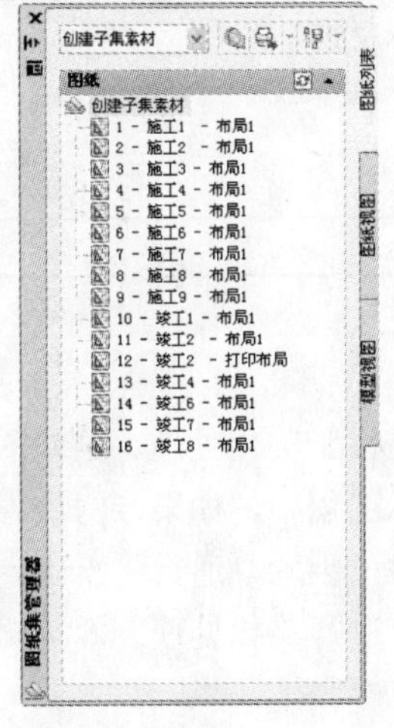

图 16-51　创建子集素材

图 16-52　“子集特性”对话框

③如图 16-53 所示，新创建的子集位于树状图底端，选取施工系列布局，拖放到子集内。

④以同样的方法创建“竣工”子集并拖放布局到子集中。

步骤 2 修改子集名称

在“创建子集素材”上单击鼠标右键，在弹出的菜单中选择“特性”选项，将名称修改为“创建子集”，最后效果如图 16-54 所示。

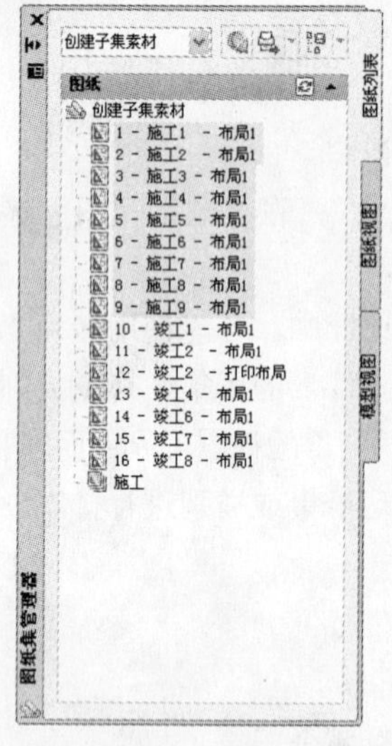

图 16-53 子集创建成功

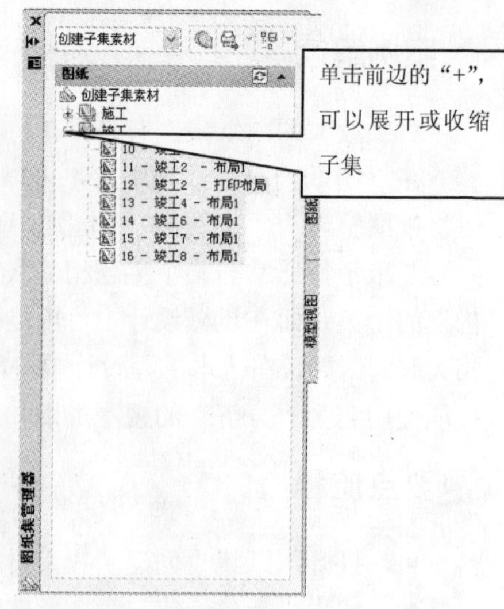

图 16-54 效果图

综合实例演练——批量虚拟打印户型填色图

素材文件：	CDROM\16\素材\工程师实践\打印户型图素材 A.dwg CDROM\16\素材\工程师实践\打印户型图素材 B.dwg CDROM\16\素材\工程师实践\打印户型图素材 C.dwg CDROM\16\素材\工程师实践\打印户型图素材 D.dwg
效果文件：	CDROM\16\效果\工程师实践\打印户型图 A.jpg CDROM\16\效果\工程师实践\打印户型图 B.jpg CDROM\16\效果\工程师实践\打印户型图 C.jpg CDROM\16\效果\工程师实践\打印户型图 D.jpg
演示录像：	CDROM\16\效果\工程师实践\打印户型图.exe

案例解读

在房地产销售中，业主看到的户型图是彩色的，有时还进行了美化处理。这些图的外观明显不同于工程用图，但其内容又必须与工程图一致。在实际工程中，如果专门单独绘制这种更具美化效果的图形，既耗费人力又很难保证绘制的准确性，因此，通常将绘制完成的工程图纸整理后进行虚拟打印为光栅图形，后期会在光栅图形上进行美化处理。本实例将主要介绍如何使用 AutoCAD 2010 制作光栅图形。

现有四个住宅户型图，如图 16-55 所示。已经设定好布局和图框，比例为 1:100，大小为 A3 图纸，希望出一套用于填色的 JPG 文件，大小为 3000 像素×2000 像素。首先确定要使用虚拟打印，使用页面设置管理器和绘图仪管理器，创建一个打印到 JPG 文件的布局。为了简化打印过程，应当创建一个图纸集，然后在图纸集中直接发布整个集。

AutoCAD 在用于室内布局设计时，常需要批量制作户型填色图。这种图是一种 JPG 文件，本身是无色的，后期则可通过 Photoshop 或其他软件对之进行填色。填色后的局部效果图如图 16-56 所示。

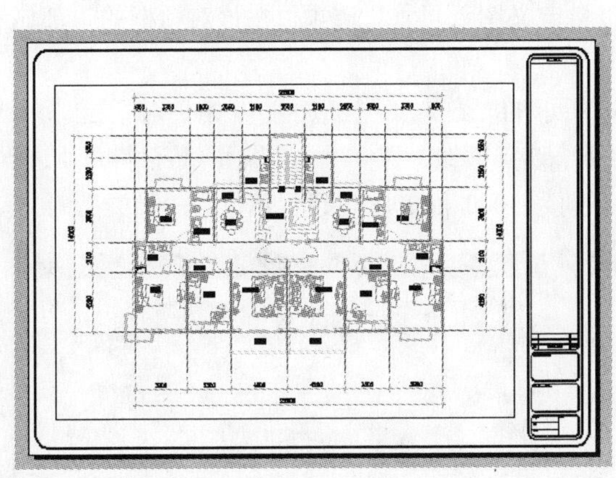

图 16-55　户型平面图

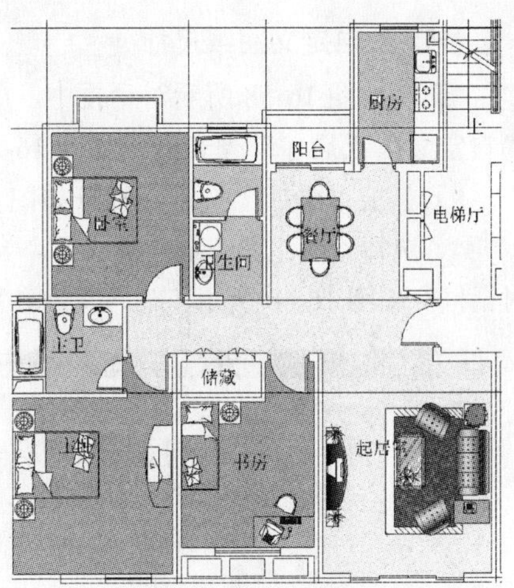

图 16-56　效果图

要点流程

- 打开“图纸集管理器”，新建图纸集“户型图”；
- 打开“绘图仪配置编辑器”对话框，自定义图纸尺寸 3000 像素×2000 像素；
- 打开“页面设置”对话框，进行页面设置；
- 设置打印到文件操作的默认位置；
- 将户型图发布到绘图仪。

操作步骤

步骤 1 新建图纸集

(1) 打开“图纸集管理器”，新建图纸集“户型图”，将四个户型布局输入图纸集，如图 16-57 所示。

(2) 在“绘图仪管理器”中双击“PublishToWeb JPG．pc3”，打开“绘图仪配置编辑器”对话框，如图 16-58 所示。

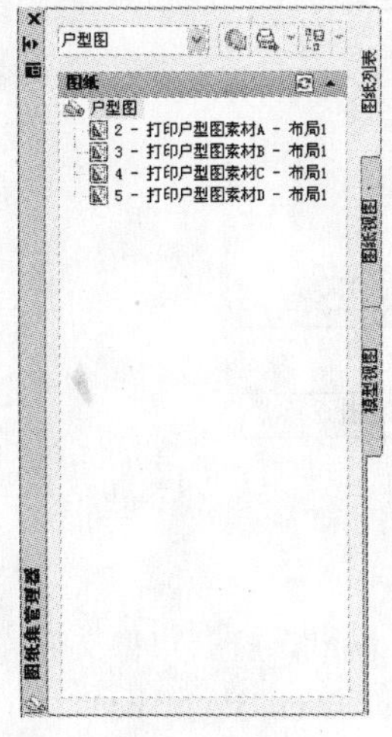

图 16-57　户型图集

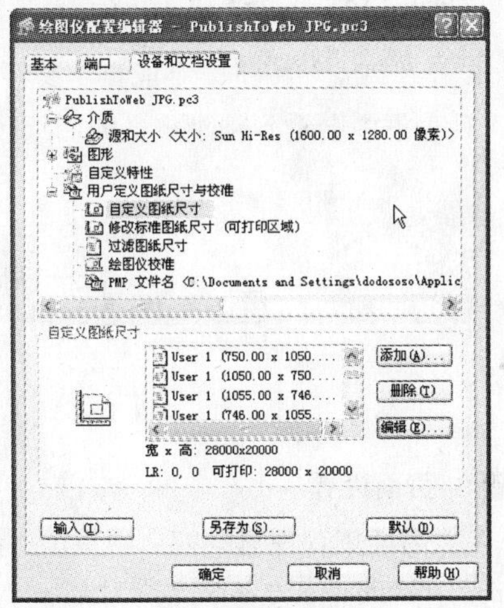

图 16-58　“绘图仪配置编辑器”对话框

步骤 2 自定义图纸尺寸

①在如图 16-58 所示对话框中，单击“自定义图纸尺寸”选项，在该对话框的中部显示“自定义图纸尺寸”列表框，如图 16-58 所示。

②单击“添加”按钮，打开如图 16-59 所示的“自定义图纸尺寸-开始”对话框。

③选择“创建新图纸”单选框，单击“下一步”按钮，打开“自定义图纸尺寸-介质边界”对话框，如图 16-60 所示，输入宽度和高度分别为 3000 和 2000，设置单位为“像素”。

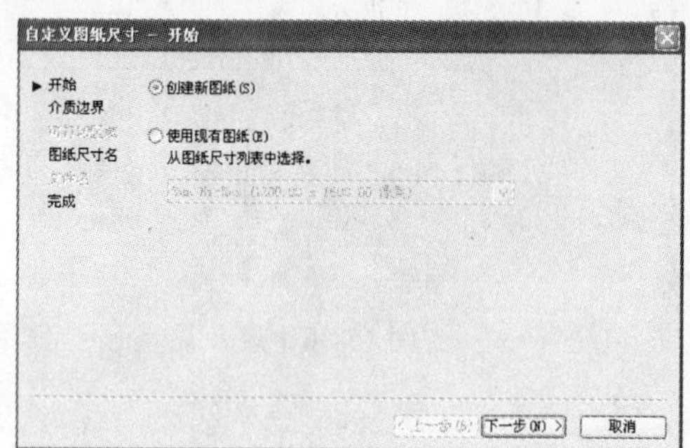

图 16-59 “自定义图纸尺寸-开始”对话框

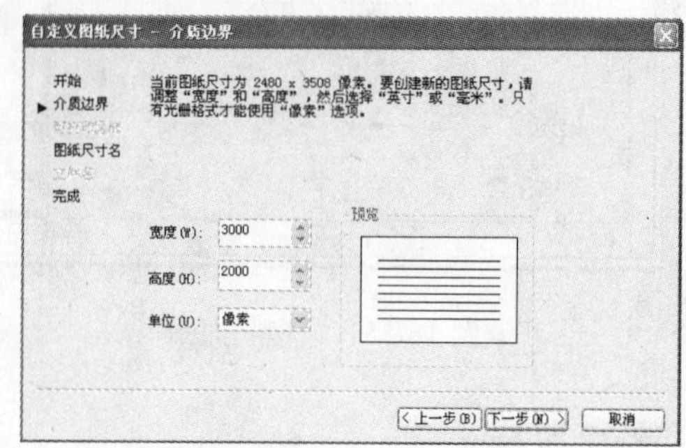

图 16-60“自定义图纸尺寸-介质边界”对话框

④单击“下一步”按钮，打开如图 16-61 所示的“自定义图纸尺寸-图纸尺寸名”对话框，采用默认设置，单击“下一步”按钮，打开如图 16-62 所示的“自定义图纸尺寸-完成”对话框。

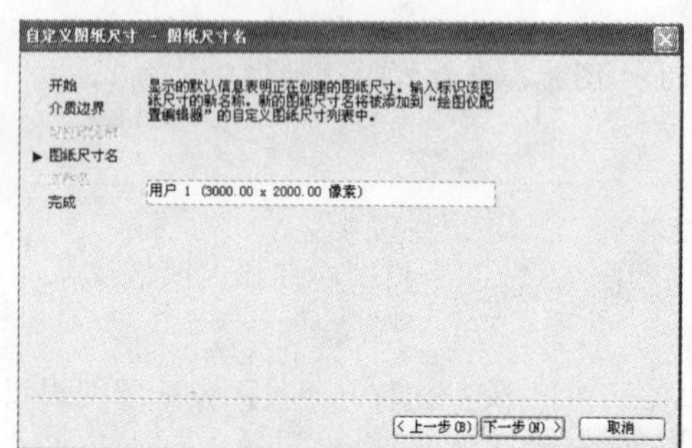

图 16-61 “自定义图纸尺寸-图纸尺寸名”对话框

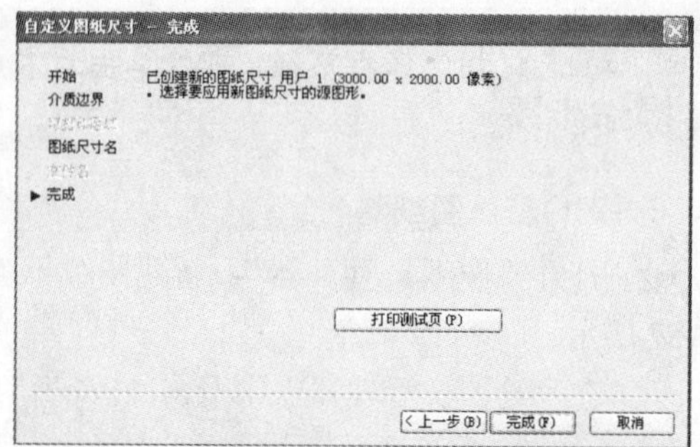

图 16-62 “自定义图纸尺寸-完成”对话框

⑤单击“完成”按钮，完成自定义图纸尺寸，在“绘图仪配置编辑器”的“自定义图纸尺寸”列表框中会看到刚刚定义的图纸尺寸，如图 16-63 所示。

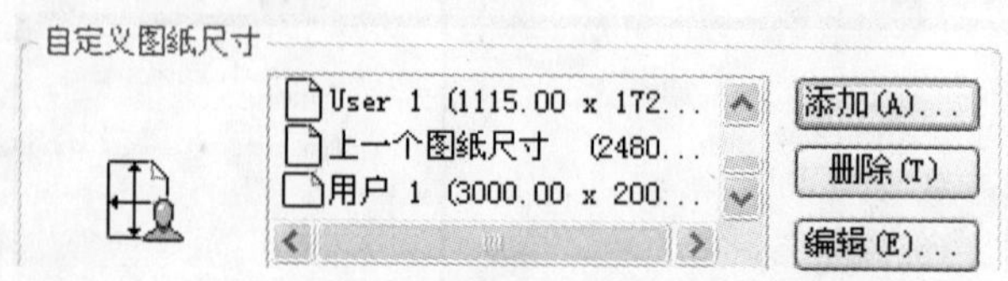

图 16-63 完成自定义图纸尺寸

步骤 3 页面设置

①在“图纸集管理器”窗口中双击“打印户型图素材 A.dwg”，打开户型文件，切换到图纸空间，在“页面设置”对话框中，将打印机设为“PublishToWeb JPG．pc3”，图纸尺寸

选取刚才新建的 3000 像素×2000 像素，如图 16-64 所示。

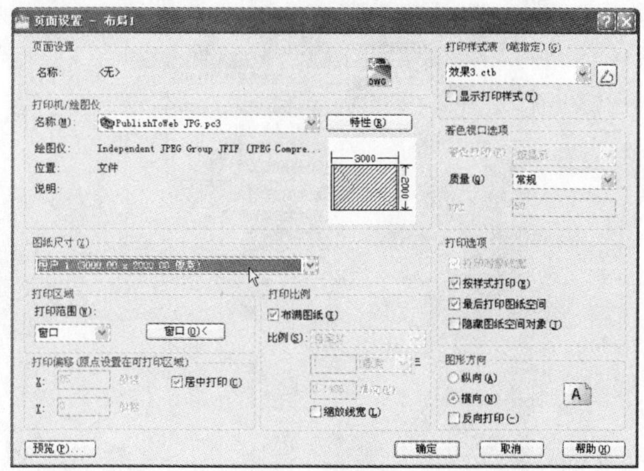

图 16-64 页面设置

②以同样方法设置其他户型图。

步骤 4 设置“打印到文件操作的默认位置”

选择“工具>选项”命令，打开“选项”对话框，在“打印和发布”选项卡中的“打印到文件操作的默认位置”文本框中指定要保存 JPG 文件的路径，如图 16-65 所示。

技巧

如果忘记指定保存路径，可以单击右下角的图标，查看打印详细信息，信息中记录了打印到文件的路径。

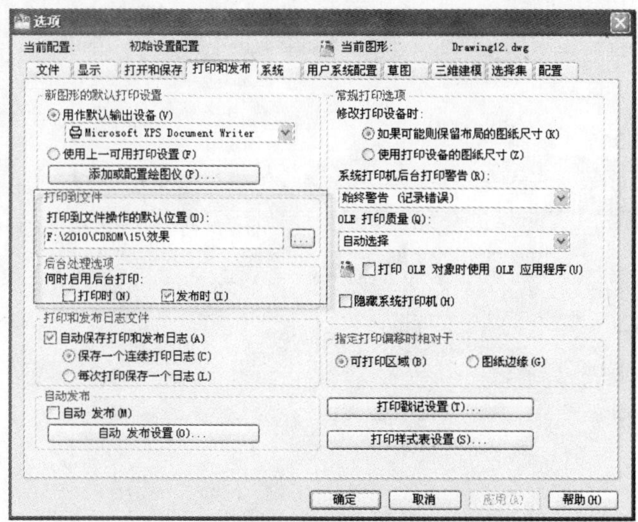

图 16-65 制定保存路径

步骤 5 发布到绘图仪

①在“图纸集管理器”选项板中，选中“户型图”图纸集，单击按钮，在下拉列表中选择“发布到绘图仪”选项，如图 16-66 所示。

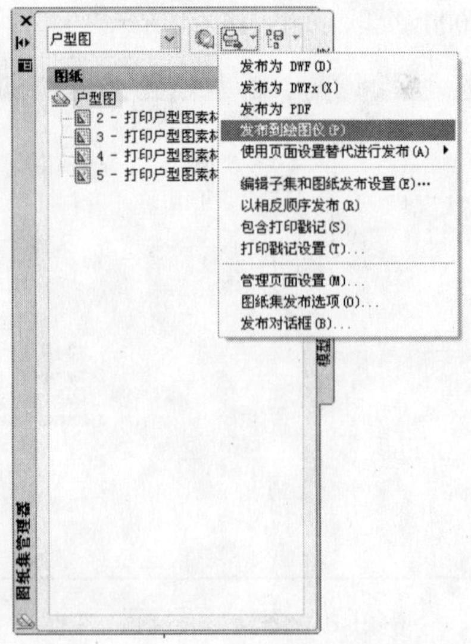

图 16-66 发布到绘图仪

②以“打印户型图 A、JPG”为例，打印完成的效果如图 16-67 所示。此效果图均为 JPG 文件，可以进行填色处理，使布局图更加美观。

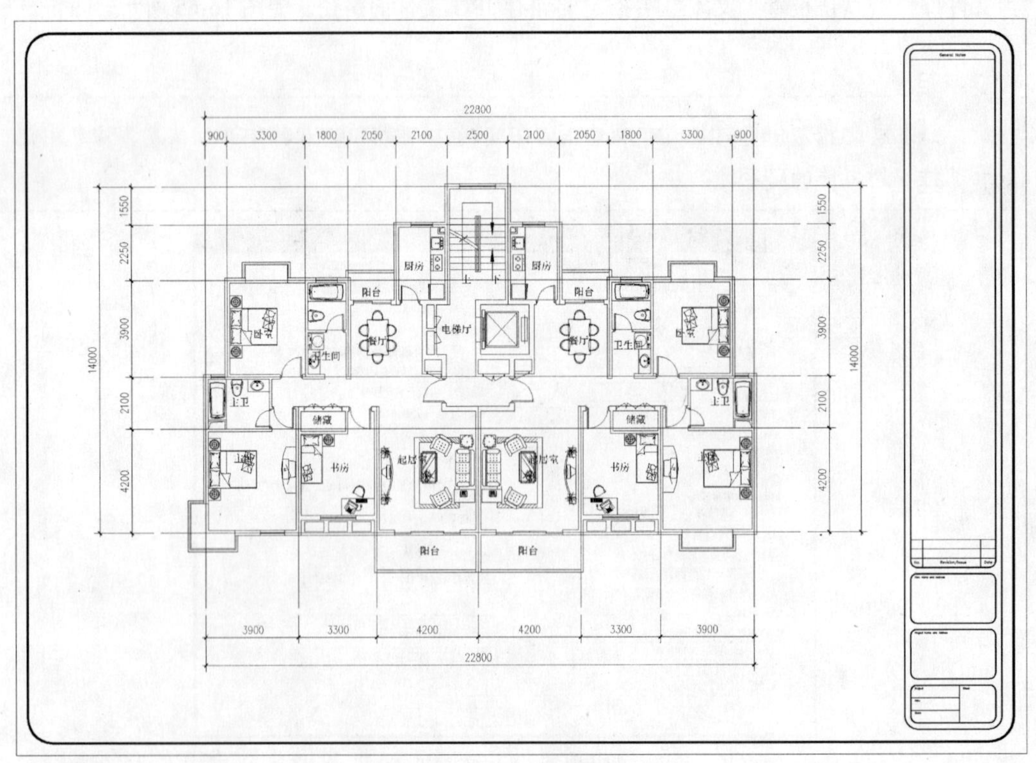

图 16-67 打印结果

步骤 6 保存文件

《手把手教你学 AutoCAD 2010 建筑实战篇》读者交流区

尊敬的读者：

感谢您选择我们出版的图书，您的支持与信任是我们持续上升的动力。为了使您能通过本书更透彻地了解相关领域，更深入的学习相关技术，我们将特别为您提供一系列后续的服务，包括：

1. 提供本书的修订和升级内容、相关配套资料；

2. 本书作者的见面会信息或网络视频的沟通活动；

3. 相关领域的培训优惠等。

请您抽出宝贵的时间将您的个人信息和需求反馈给我们，以便我们及时与您取得联系。

您可以任意选择以下三种方式与我们联系，我们都将记录和保存您的信息，并给您提供不定期的信息反馈。

1．短信

您只需编写如下短信： B 10531 +您的需求+您的建议

发送到1066 6666 789（本服务免费，短信资费按照相应电信运营商正常标准收取，无其他信息收费）

为保证我们对您的服务质量，如果您在发送短信24小时后，尚未收到我们的回复信息，请直接拨打电话 （010）88254369。

2．电子邮件

您可以发邮件至jsj@phei.com.cn或editor@broadview.com.cn。

3．信件

您可以写信至如下地址：北京万寿路173信箱博文视点，邮编：100036。

如果您选择第2种或第3种方式，您还可以告诉我们更多有关您个人的情况，及您对本书的意见、评论等，内容可以包括：

（1）您的姓名、职业、您关注的领域、您的电话、E-mail地址或通信地址；

（2）您了解新书信息的途径、影响您购买图书的因素；

（3）您对本书的意见、您读过的同领域的图书、您还希望增加的图书、您希望参加的培训等。

如果您在后期想退出读者俱乐部，停止接收后续资讯，只需发送"B10531+退订"至10666666789即可，或者编写邮件"B10531 +退订+手机号码+需退订的邮箱地址"发送至邮箱：market@broadview.com.cn亦可取消该项服务。

同时，我们非常欢迎您为本书撰写书评，将您的切身感受变成文字与广大书友共享。我们将挑选特别优秀的作品转载在我们的网站（www.broadview.com.cn）上，或推荐至CSDN.NET等专业网站上发表，被发表的书评的作者将获得价值50元的博文视点图书奖励。

我们期待您的消息！

博文视点愿与所有爱书的人一起，共同学习，共同进步！

通信地址：北京万寿路 173 信箱　博文视点（100036）　　电话：010-51260888

E-mail：jsj@phei.com.cn，editor@broadview.com.cn

反侵权盗版声明